国家出版基金项目
NATIONAL PUBLICATION FOUNDATION

高产高效养分管理技术创新与应用

上册

张福锁 张朝春 等著

中国农业大学出版社
·北京·

内 容 简 介

本书系统总结了养分管理技术研究与应用 20 年来各方面的工作,既是单一技术的总结,同时也是以养分管理技术为核心的高产高效集成技术的全面总结与展示。全书分为三篇:养分管理技术理论研究进展;区域养分管理技术创新与应用;顶天立地——从技术到政策,从国内到国际。

图书在版编目(CIP)数据

高产高效养分管理技术创新与应用/张福锁,张朝春等著. —北京:中国农业大学出版社,2016.2
ISBN 978-7-5655-1488-3

Ⅰ.①高… Ⅱ.①张… ②张… Ⅲ.①土壤有效养分-综合管理 Ⅳ.①S158.3

中国版本图书馆 CIP 数据核字(2016)第 017073 号

书 名	高产高效养分管理技术创新与应用
作 者	张福锁 张朝春 等著

策划编辑	孙 勇	**责任编辑**	冯雪梅 韩元凤
封面设计	郑 川	**责任校对**	王晓凤
出版发行	中国农业大学出版社		
社 址	北京市海淀区圆明园西路 2 号	**邮政编码**	100193
电 话	发行部 010-62818525,8625	**读者服务部**	010-62732336
	编辑部 010-62732617,2618	**出 版 部**	010-62733440
网 址	http://www.cau.edu.cn/caup	**E-mail**	cbsszs@cau.edu.cn
经 销	新华书店		
印 刷	涿州市星河印刷有限公司		
版 次	2017 年 2 月第 1 版 2017 年 2 月第 1 次印刷		
规 格	889×1 194 16 开本 94.5 印张 2 860 千字 插页 10		
定 价	360.00 元(上、下册)		

图书如有质量问题本社发行部负责调换

编写人员名单

中国农业大学　张福锁　张朝春　陈新平　江荣风　李晓林　崔振岭　米国华　苗宇新
　　　　张卫峰　申建波　范明生　张宏彦　刘学军　陈　清　冯　固　李　隆　左元梅
　　　　邹春琴　李海港　王　冲　程凌云　于福同　张　颖　侯　鹏　孟庆峰　熊宏春
　　　　郭笑彤　邱　巍　代　晶　李洪波　宋　玲　吴良泉　李升东　曹国鑫　郭明亮
　　　　易俊杰　黄高强　高利伟　武　良　李国华　魏文良　乔　磊　申建宁　王红叶
　　　　高杰云　张江周　严程明　李宝深　张　涛　余　赟　郭孟楚

东北农业大学　刘元英　彭显龙　孙　磊

吉林省农业科学院　任　军　蔡红光

吉林农业大学　高　强　王　寅　冯国忠　焉　莉　李翠兰

新疆农业科学院　白灯沙

中国科学院新疆生态与地理研究所　田长彦　王　平

石河子大学　危常州　李俊华　王　娟

甘肃省农业科学院　孙建好

西北农林科技大学　同延安　薛吉全　王朝辉　张树兰　谌　琛　杨莉莉　张仁和
　　　　路海东　郝引川　张兴华

内蒙古农业大学　樊明寿　陈　杨

中国科学院石家庄农业现代化研究所　马　林

河北农业大学　马文奇　孙志梅　张丽娟　吉艳芝　魏　静　米慧玲　高肖贤　籍姿杰
　　　　佟丙辛　孟庆健　杨晓卡　尹　兴　汪新颖　马振超　乔继杰　王　雪　张　阔

河北省农林科学院　贾良良　刘孟朝　韩宝文　孙世友　杨云马　孙彦铭

河南农业大学　叶优良　黄玉芳

河南省农业科学院　寇长林　马政华

山西省农业科学院　张强　杨治平　关春林　周怀平　解文艳　杨振兴

山东省农业科学院　刘兆辉　谭德水　江丽华　吴正锋　徐　钰　魏建林　石　璟
　　　　郑福丽

山东农业大学　贺明荣　姜远茂　彭福田　张吉旺　王衍安　魏绍冲　葛顺峰

青岛农业大学　李俊良　房增国　梁　斌

南京农业大学　郭九信　郭世伟　董彩霞

扬州大学　杨建昌

安徽省农业科学院　孙义祥　袁嫚嫚　邬　刚

安徽科技学院　汪建飞　陈世勇

湖南农业大学　刘　强　邹应斌　荣湘民　唐启源　彭建伟　宋海星　田　昌

华中农业大学　鲁剑巍　李小坤　任　涛　丛日环　王伟妮　邹　娟　王　寅　苏　伟

广东省农业科学院　钟旭华　黄农荣　田　卡　潘俊峰　黄振瑞

华南农业大学　廖　红　张承林　许锐能　李中华

广西大学 薛进军

中国热带农业科学院 石伟琦

西南大学 石孝均 周鑫斌 樊晓翠 王 洋 李红梅 罗孝华 熊晓丽

四川省农业科学院 吕世华 董瑜皎

四川省简阳市农业服务中心 袁 勇

四川农业大学 陈远学

云南农业大学 汤 利 郑 毅 肖靖秀

前言
PREFACE

养分管理在国际上是个常用词,是农业和环境管理领域最常见的调控手段,也是政策制定和立法的重要依据。但在中国,养分管理是最近这些年才被大家接受的概念。记得在20世纪90年代初,有人开始在中文文章中用到养分资源这一概念时,还引起过一些热议。但今天,养分管理不仅成为农业生产管理的重要手段,而且也是环境管理的主要抓手。养分管理的目标是多样化的,包括提高农业产量、改善农产品质量、提高养分利用效率、改善环境质量、减少污染排放、影响全球变暖等。因此,与时俱进地创新养分管理理论与技术对现代农业的发展显得极其重要。

21世纪初,农业部启动了"我国养分资源综合管理技术体系研究"重大国际引进项目,随后又以"土壤养分管理技术引进与建立"以及"最佳养分管理技术研究与应用"等"948"和行业重大专项连续支持了这一工作十多年,使我们有可能先后组织了近60个科研和教学单位建立了全国养分资源管理协作网,对土壤-作物系统养分循环和利用规律、高产作物养分需求与根层养分供应数量、时间和空间上的匹配原理以及高产高效现代农业理论基础等开展了大量研究,取得了重要突破。同时对主要粮食、蔬菜、果树和其他经济作物养分管理技术做了大批单项和集成创新,形成了技术体系,并针对我国小农户经营、技术推广难、研究与应用结合不紧密等突出问题,探索以研究生和青年教师驻扎农村一线、与农民一起开展高产高效技术集成与示范、在生产中做国际水平研究与应用的"科技小院"新模式,探索出"科技小院"结合"测土配方施肥"等国家重大行动大面积示范应用新技术的做法,取得了显著的经济、社会和生态效益。

本书系统总结了这十多年来协作网在养分管理理论与技术创新以及应用新模式探索方面的进展。上篇系统介绍了以根层养分调控为核心的养分管理理论与技术创新内容,中篇重点介绍了全国各地多种作物生产体系养分管理技术集成创新及应用情况,下篇介绍了国家和化肥产业政策以及国际行动方面的部分内容和进展,内容丰富,范例很多。由于组织难度和水平所限,本书难免存在不足之处,希望读者批评指正。

张福锁

2017年2月

目 录
CONTENTS

上篇

养分管理技术理论研究进展

第1章

养分胁迫诱导的根系分泌过程

高等植物20％～60％的光合产物会被输送到地下部分。除去维持根系生长和呼吸所消耗的碳外，还有一大部分光合碳进入到土壤，其中包括脱落的根冠和边缘细胞、死亡分解的根细胞、与根系共生微生物的消耗、气态物质、活细胞的可溶物（根分泌物）及分泌的不可溶多聚物（黏液）。有很多因素会影响到这些过程，如生长介质紧实度、有害元素、养分胁迫等。根分泌物是植物适应养分胁迫的重要机制之一。已有很多研究关注根分泌物对土壤中铁、锌、磷等元素有效性的影响。根分泌物活化土壤养分的化学反应主要有解吸、溶解、络合等过程。禾本科植物根际所分泌的植物铁载体能够特异性地结合 Fe^{3+}、Zn^{2+}，形成复合体后，通过质膜上的转运蛋白运输到植物体内，提高难溶性元素的生物有效性。根分泌物中的低分子质量有机物质具有很强的络合能力，能够置换吸附在土壤矿物表面的养分，或络合高价金属离子活化养分元素。根系分泌的酸性磷酸酶能够分解有机磷成为无机磷酸根离子增强植物对土壤有机磷的活化吸收。土壤 pH 参与了一系列土壤的化学过程，比如土壤磷的吸附/解吸、溶解/沉淀过程；铁的氧化/还原过程。本文重点阐述养分胁迫诱导的根系分泌过程及对养分有效性机制。

1.1 低铁锌胁迫诱导的专一性分泌物（植物铁载体）的分泌作用

1.1.1 低铁胁迫与植物铁载体的分泌

铁（Fe）是在地壳中仅次于铝的含量第二多的金属元素，约占 5.1％。土壤中铁的平均含量为 3.8％。虽然铁在地壳和土壤中含量丰富，但是在有氧的环境中铁的溶解度很低，尤其是在 pH 较高的中性或偏碱性钙质土壤中，可以被植物直接吸收和利用的铁远远不能满足于植物生长、发育的需要，因而作物因缺铁导致减产的现象普遍存在。铁在土壤中主要以三价离子的形式存在，这是因为铁极易被氧化。因为三价态的铁是强路易斯酸，和在土壤中普遍存在的强路易斯碱氢氧根离子有非常强的亲和力，从而易形成铁氧化物沉淀，所以在通常的非厌氧淹水条件下，离子态 Fe^{3+} 和 Fe^{2+} 在土壤溶液中浓度低于 10^{-15} mol/L，而植物能够正常生长发育所需求的浓度为 $10^{-8}～10^{-7}$ mol/L。如果土壤中铁离子的浓度低于植物的生长需求，就可能导致植物的缺铁黄化。在亿万年的进化过程中，随着生命的不断演化特别是具备光合作用功能的生物在地球上出现后，氧气逐渐成为大气中的主要成分，土壤中的有效铁含量急剧降低，植物只有进化出一些机理来主动获取土壤中的铁，即增加土壤中铁的生物有效性才能得以生存，保证生命的不断延续。植物在长期的进化过程中形成了两种截然不同的缺铁适应性机理。不同的机理在土壤铁活化方面存在差别（图 1-1）：生长在相同的石灰性土壤上，石茅高粱对土壤铁的吸收利用效率明显高于花生。这是因为两种植物适应低铁胁迫的机理有着明显的不同,分别属于机理 I 与机理 II。

双子叶及非禾本科的单子叶植物属于机理 I 植物。这类植物只能主要依靠吸收利用 Fe^{2+} 来完成生命周期。其活化吸收土壤铁机理包括受缺铁诱导的细胞原生质膜上的三价铁还原酶活性的提高、二价铁转运蛋白的诱导表达以及增强 ATP 酶介导的质子分泌能力的提高等,有些植物还能够增加还原剂/螯合剂(主要是酚类物质)等向胞外的分泌。在营养液培养条件下由于供应的铁源多数为螯合态的可溶性铁,加上营养液自身对植物所分泌的还原剂/螯合剂等的稀释作用,还原剂/螯合剂的分泌对于铁的活化显得不是很重要。但是在土壤

图 1-1　生长在钙质土壤上的花生(缺铁黄化)
与石茅高粱(无缺铁症状)

中,尤其是钙质土壤,质膜还原酶的底物(Fe^{3+})供应是植物根系铁活化及铁吸收的限速步骤,某些双子叶植物会增强还原剂/螯合剂分泌。质膜还原酶对 Fe^{3+} 的还原作用受低 pH 刺激而增强。田间和盆栽试验中发现,在通气不好的钙质土壤中,高浓度碳酸氢根极易导致机理 I 植物的缺铁黄化。其原因是碳酸氢根相当于溶液中的 pH 缓冲剂,不仅可以中和根系分泌的 H^+,降低质子对土壤铁的溶解,而且还抑制了质膜还原酶的活性,从而不能有效地将三价铁还原成二价铁(表 1-1)。根系分泌的 H^+ 是通过 H^+-ATPase 泵系统实现的。对拟南芥 H^+-ATPase(AHA)家族的研究表明,AHA7 基因的表达受缺铁强烈诱导,而且该基因受缺铁诱导的转录因子的调控。

表 1-1

花生在 pH 缓冲体系(pH=8.5)中的 Fe^{3+} 还原及 ^{59}Fe 吸收速率		nmol/(g 干重・h)
处理	Fe^{3+} 还原	^{59}Fe 吸收
对照	4 208	658
+10 m mol/L HCO_3^-	1 592	95

禾本科植物属于机理 II 植物,这类植物可以直接利用土壤中的 Fe^{3+}。其活化吸收铁机理包括两个过程:植物铁载体(phytosiderophores,PS)的分泌和质膜上高亲和力转运体系对 Fe^{3+}-铁载体螯合物的吸收。缺铁显著增加了植物铁载体的分泌,并呈现昼夜变化规律。外部 pH 不会影响到植物铁载体的分泌。缺铁还会增加 Fe^{3+}-铁载体螯合物的转运速率,主要是由于转运系统增加或转运效率的提高。Zhang 等 (1991)发现根系中的质外体铁在缺铁的情况下可以作为机理 II 植物可利用的铁库,利用量与植物铁载体的分泌速率紧密相关。如果土壤中存在相对高浓度的其他微量元素,如锌、锰、铜等,会明显干扰植物铁载体对土壤铁的活化作用。其干扰的程度,取决于这些重金属阳离子对植物铁载体的亲和力大小。微生物对铁载体存在分解作用,灭菌处理可明显增加铁载体的活化能力。植物铁载体在禾本科植物吸收铁的过程中起着关键的作用,因此参与植物铁载体合成的基因也调控了植物对铁的吸收,缺铁大麦根系基因芯片的结果表明,麦根酸植物铁载体合成途径中的关键基因在缺铁条件下都上调表达。

1.1.2　低锌胁迫与植物铁载体分泌

生长在高度风化的酸性土壤和石灰性土壤上的植物容易缺锌。土壤黏粒或碳酸钙对锌的吸附是造成石灰性土壤中锌生物有效性低的主要原因。此外,高浓度的 HCO_3^- 也会影响根系对锌的吸收及向地上部的转运。

Zhang 等(1989)发现小麦缺锌也能引起铁载体的分泌,恢复供锌会抑制铁载体的分泌。缺锌小麦的分泌过程呈现昼夜周期性变化的规律,如图 1-2 所示。开始光照 2 h,分泌速率急剧增加,10 h 后,有一个明显降低的过程。但是,供锌小麦几乎检测不到铁载体的分泌。缺锌诱导的铁载体明显受到作物品种和环境盐浓度的影响。由于缺铁和缺锌所诱导分泌物同为铁载体,所以缺锌小麦会明显增加铁的吸收(表 1-2)。相应的,缺铁小麦也会增加锌的吸收,其吸收的时间规律与铁载体的分泌规律相契合。

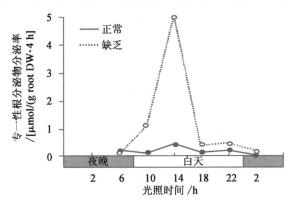

图 1-2　缺锌小麦植物铁载体分泌的昼夜变化规律

表 1-2

小麦缺锌对铁吸收的影响　　　　　　　　　　　　　　　　　　　　　　　　　　　　　　mg/kg 干重

处理	锌浓度		铁浓度	
	根系	地上部	根系	地上部
供锌	25	26	613	172
不供锌	10	9	974	275

1.1.3　植物铁载体分泌的遗传机制

植物铁载体的分泌能力和植物耐低铁胁迫的能力密切相关,因而挖掘植物自身通过提高植物铁载体分泌能力进而提升植物耐低铁胁迫的遗传潜力十分重要。Yu 等(1999,2001)和 Zhang (2003)分别利用一套小麦的染色体代换系、三套小麦的山羊草同核异质系以及小麦杂种研究了植物铁载体染色体效应、异源细胞质效应和杂种优势效应,发现植物铁载体的分泌受到 1A,3A,4A,6A,3B,4B,2D,3D 和 7D 染色体上的基因控制;而且异源细胞质可以促进(如中国春和柱穗山羊草)或者抑制(如高大山羊草、方穗山羊草、牡山羊草和拟斯卑尔脱)植物铁载体的分泌;杂种小麦可以显著提高植物铁载体的分泌,其中 3338/F390 还表现出明显的超亲优势。

1.1.4　土壤中铁载体的浓度与微量元素的活化

大多数关于铁载体的研究是在水培条件下进行的,这些研究结果在一定程度上揭示了铁载体合成和分泌的机理。由于土壤条件远比水培复杂,存在着植物/微生物分泌和微生物分解/土壤吸附等动态过程,因此,水培的研究结果不能简单地推广到土壤中。根际中铁载体的浓度很低,一直是原位测定的主要限制因素。Shi 等(1988)运用根袋法测定了根际中铁载体的浓度在 10^{-6} mol/L 的范围内。Römheld (1991)采用琼脂膜提取的方法发现生长在钙质土壤上的大麦铁载体的分泌量是非钙质土壤上的 5 倍。

受研究方法所限,上述研究并没有做到真正的原位测定。在最近的研究中,Oburger 等(2014)运用无损的原位根际溶液提取技术定量分析了小麦在钙质土壤上的根系铁载体的分泌规律。结果表明,土壤溶液的铁载体浓度明显受土壤类型和生育期的影响,浓度范围在0.1~1.44 $\mu mol/L$ 之间,因此铁载体对土壤元素活化效应的评价应在 $\mu mol/L$ 范围内,而非 $mmol/L$。铁载体的分泌呈现昼夜变化,但根中铁载体的浓度在夜间达到最高。根际中铁载体明显增加根际溶液中铜离子的浓度,镍、锌和钴离子的浓度也有所增加,但铁离子的浓度并没有在所有的根际溶液呈现增加的趋势,这可能是由于小麦对 Fe-PS 的吸收造成的。

综上所述,缺铁、缺锌会诱导禾本科植物分泌植物铁载体,与土壤中铁、锌形成络合物,同时对土壤中铜、镉也有一定的络合能力,但不能络合锰。这些络合物中的金属元素最终会以分子或离子的形式进入细胞,为植物所吸收。具体过程如图1-3(彩图1-3)所示。

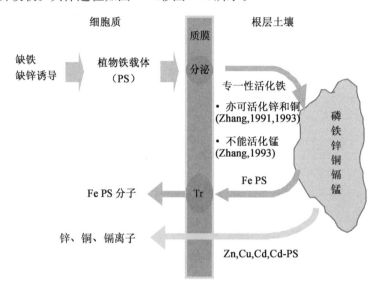

图1-3 铁载体分泌的机理示意图

1.2 低磷胁迫诱导的根系分泌作用

磷(P)是植物正常生长发育必需的营养元素之一,参与植物体内的一系列生物学和生物化学过程:能量代谢、核酸生物合成、膜生物合成、光合作用、呼吸作用和酶功能的调节。然而,在大多数土壤里,土壤溶液的磷浓度仅有0.1~10 $\mu mol/L$,远低于植物达到最佳生长所需的磷浓度。在中性和碱性土壤中,游离的磷酸盐离子易与土壤溶液中的钙离子形成难溶性的磷酸钙盐,在酸性土壤中,则易形成磷酸铁和磷酸铝沉淀,从而降低了磷的生物有效性。小分子有机酸阴离子和酸性磷酸酶的分泌是植物适应低磷胁迫的主要机理。

1.2.1 有机酸阴离子活化养分机理

有机酸阴离子(如苹果酸阴离子、柠檬酸阴离子、草酸阴离子)可以明显增加土壤磷的活化。基于土壤类型、有机酸阴离子的种类和数量,土壤溶液中的磷可提高10~1 000倍不等。不同的有机酸阴离子对土壤磷的活化效率存在差异,一般情况下,活化铝磷效率的次序为:柠檬酸阴离子>草酸阴离子>苹果酸阴离子>乙酸阴离子。有效的土壤磷活化效应需要高浓度有机酸阴离子,如>100 $\mu mol/L$ 柠檬酸阴离子>1 mol/L 草酸阴离子、苹果酸阴离子。土壤 pH 和矿物组成也会影响到有机酸阴离子的活化效率。其活化机理包括:有机酸阴离子与吸附在土壤矿物表面的磷酸根离子直接发生置换作用、与磷酸根离子结合的阳离子发生螯合作用(图1-4),及对磷酸钙晶体生长的阻遏效应。Qin 等(2013)运用原子力显微镜直接观察到10~100 $\mu mol/L$ 柠檬酸阴离子对磷酸钙晶体生长的阻遏作用。

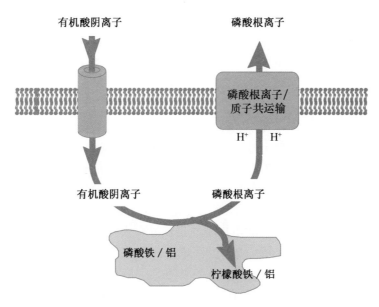

图 1-4　有机酸阴离子活化土壤铁磷、铝磷的机理示意图

1.2.2　不同物种有机酸阴离子分泌种类与数量

缺磷会增强植物根系对小分子有机酸阴离子的分泌。不同植物种类分泌有机酸阴离子的种类差异很大。玉米分泌的有机酸阴离子种类有苹果酸、酒石酸、反乌头酸、柠檬酸等；菜豆分泌的有机酸阴离子以柠檬酸、酒石酸、草酸为主；油菜根系能够分泌苹果酸和柠檬酸阴离子；蚕豆主要分泌柠檬酸阴离子；白羽扇豆主要分泌苹果酸和柠檬酸阴离子，其新生排根分泌近等量的苹果酸和柠檬酸阴离子，成熟排根主要分泌柠檬酸阴离子。不同植物种类在有机酸分泌能力上有着明显的差异（表 1-3）。羽扇豆（包括白羽扇豆和黄羽扇豆）排根的分泌能力较其他植物种类强很多。

表 1-3

不同植物种类分泌有机酸阴离子种类与数量				pmol/[g 根（鲜重）·s]
植物种类	部位	有机酸阴离子种类		参考文献
		苹果酸阴离子	柠檬酸阴离子	
油菜	根尖	10～58	4～18	Hoffland，1992
油菜	根基部	2～14	0.5～9	Hoffland，1992
白羽扇豆	排根	8～141	6～158	Johnson et al.，1996
黄羽扇豆	排根	11	274	Hocking and Jeffery，2004
黄羽扇豆	根尖	25	22	Hocking and Jeffery，2004
白羽扇豆	整根	—	2.8～74.4	Li et al.，2008
苜蓿	整根	0.8～1.7	0.2～0.8	Lipton et al.，1987
白羽扇豆	整根根际	102～304	205～461	Li et al.，2010
蚕豆	整根根际	—	110～380	Li et al.，2010
玉米	整根根际	—	4～26	Li et al.，2010
白羽扇豆	排根根际		2 000～12 000	Li et al.，2010

根系的分泌作用只是根际中有机酸阴离子的来源之一，根际微生物的分泌物也被认为是重要的来源之一。根际磷的活化是总有机酸阴离子的效应总和，因此，有机酸阴离子在活化土壤磷效应时，根际

中有机酸阴离子的浓度更符合真实的土壤环境。土壤中有机酸阴离子会时刻发生着分解和吸附作用，鉴于土壤有机酸阴离子提取方法的限制，表1-3中的根际有机酸阴离子的数值仅能作为一个评价指标，不能等同于真实的有机酸阴离子的数量。白羽扇豆根际中柠檬酸阴离子的浓度可达12 000 nmol/g土，甚至更高。

1.2.3 有机酸分泌生理分子机理

由于磷参与了植物体内的一系列生理过程，缺磷明显影响与碳代谢相关的某些酶的活性，其中包括参与有机酸合成和分泌的酶。在缺磷白羽扇豆形成的排根中，PEPC、苹果酸脱氢酶、柠檬酸合成酶的活性明显增加，这些酶直接参与苹果酸和有机酸阴离子的代谢。PEPC活性增强能够使更多的碳绕过丙酮酸激酶的途径，合成有机酸阴离子。Neumann和Römheld发现顺乌头酸酶的活性降低25%，利于体内柠檬酸阴离子的积累。体内有机酸阴离子的累积是有大量分泌的必要基础，但不是决定因素。如缺磷小麦和番茄的根系中积累了大量的有机酸阴离子，PEPC活性也显著增加，但是根系并没有分泌有机酸阴离子。白羽扇豆体内与有机酸代谢相关酶类的活性并不与分泌作用保持一致。因此，控制有机酸阴离子分泌应该是细胞膜上的转运过程。Zhang等运用膜片钳技术证实了在小麦质膜上有机酸阴离子通道的存在，Piñeros和Kochian在玉米质膜上也有类似的发现。阴离子通道的存在，确保缺磷植物的根系能够向根际迅速分泌大量的有机酸阴离子，进而起到活化土壤磷的作用。Sasaki等从小麦中克隆到一个分泌苹果酸的转运蛋白基因，将其命名为 *ALMT*1(aluminum-actived malate transporter)，发现其具有分泌苹果酸的功能，对植物抵抗铝的毒害有重要作用。Magalhaes等利用图位克隆的方法从高粱中分离到一个编码柠檬酸转运蛋白的基因(*SbMATE*)。随后，Furukawa等也从大麦中克隆到一个类似的基因 *HvAACT*1，*SbMATE* 和 *HvAACT*1 都属于 MATE(multidrug and toxic compound exudation)基因家族，将 *SbMATE* 转到拟南芥以后能够促进柠檬酸的分泌。随后，在诸如拟南芥、水稻、黑麦物种中也都发现了相似的具有分泌柠檬酸功能的转运蛋白基因。以上这些已报道的苹果酸和柠檬酸转运蛋白基因都与植物抗铝毒胁迫有关。然而，负责缺磷胁迫下苹果酸和柠檬酸分泌的转运蛋白基因目前尚缺乏报道。

1.3 酸性磷酸酶分泌

1.3.1 酸性磷酸酶分泌与有机磷的水解

有机磷在土壤磷库中占相当大的比例，有机磷在土壤中的比重占15%～80%。土壤有机磷主要以肌醇磷酸盐、磷脂、核酸等形式存在，还含有少量的核苷酸和磷酸糖类等。肌醇磷酸盐占有较大的比例，磷脂、核酸、核苷酸和磷酸糖类占2%左右。肌醇磷酸盐中又以肌醇六磷酸盐(植酸)为主，它在总磷中所占的比重为1%～100%。有机磷只有发生矿化作用产生磷酸根离子，才能被植物根系吸收利用。而矿化作用只有依靠磷酸酶才能完成，因为磷酸酶通过水解作用能够打断有机磷的C—P键，使磷酸根离子脱离下来。

缺磷能够增加植物根系酸性磷酸酶的分泌。Tarafdar和Claassen发现有机磷的水解作用与酸性磷酸酶的活性呈直线相关关系，且水解的磷酸根离子数量是植物需求的20倍，这说明根系分泌的酸性磷酸酶活性能够满足植物对有机磷活化的需求。在以前研究中也证明了酸性磷酸酶在活化有机磷过程中的效率，如：根际中有机磷的耗竭曲线与酸性磷酸酶的活性相吻合，转入植酸酶基因的三叶草在琼脂上生长时，也呈现出相似的趋势。然而，当相同的转基因三叶草生长在土壤上时，与野生型相比，并不是所有植株在有机磷活化吸收上都有明显的优势。有机磷在土壤中也发生与磷酸根离子相似的吸附/解吸、沉淀/溶解的反应，这些过程会减低土壤溶液中可溶性有机磷分子的浓度，进而造成酸性磷酸酶的底物不足，最终影响其活化效率。因此，缺磷植物根系分泌的小分子有机酸阴离子可以减少土壤矿物对有机磷分子的吸附,增加酸性磷酸酶的底物浓度,促进其对有机磷的活化效率。Neumann 和 Römheld 发现有机酸和酸性磷酸酶的混合溶液对沙土磷的活化效率比单一有机酸或酸性磷酸酶增加 40%～100%。此外,酸性磷酸酶的活性明显受环境 pH 的影响,在 pH 5～7 范围内,酶活性最强。

1.3.2　酸性磷酸酶的分泌特征

不同物种之间,酸性磷酸酶分泌能力差异显著(表 1-4)。白羽扇豆、苜蓿与其他植物相比,根系酸性磷酸分泌能力较强。缺磷诱导的酸性磷酸酶分泌过程受转录水平的调控,白羽扇豆缺磷 2 天后,酶的合成增加,15 天后显著增加。外部磷浓度也可能掺入了分泌过程的调控,当白羽扇豆植株从供磷条件移到无磷条件时,即使体内磷含量很高,根系也会分泌酸性磷酸酶,同时体内磷浓度控制酸性磷酸酶基因的表达水平,因此酸性磷酸酶分泌过程受体内和环境磷浓度共同调控。白羽扇豆酸性磷酸酶合成的蛋白质前体分子质量为 52 ku,包含了一个 31-氨基酸前导序列。在分泌过程中,前导序列被切掉,最终产生 49 ku 的蛋白。酸性磷酸酶是一种糖蛋白,用抗体免疫印迹方法可以看到缺磷根系中蛋白积累。白羽扇豆酸性磷酸酶 cDNA 包含了一个 1 380 bp 的开放阅读框,能够编码 460-氨基酸蛋白。酸性磷酸酶 mRNA 的表达主要在缺磷的排根中。

表 1-4

不同物种分泌酸性磷酸酶分泌的数量

植物种类	部位	酸性磷酸酶活性	参考文献
		nmol p-NPP/(s·g 鲜根)	
玉米	整根	1.4～2.5	Li et al.,1997
鹰嘴豆	整根	2.8～6.9	Li et al.,1997
白羽扇豆	排根	14～49	Gilbert et al.,1999
白羽扇豆	侧根	14～21	Gilbert et al.,1999
		nmol p-NPP/(s·g 干重根)	
玉米	整根	0.1～0.3	Gaume et al.,2001
苜蓿	整根	63～100	Li et al.,1997
		nmol p-NPP/(s·g 土)	
白羽扇豆	整根根际	13	Li et al.,1997
玉米	整根根际	0.1～0.2	Li et al.,1997
鹰嘴豆	整根根际	0.2～0.4	Li et al.,1997

1.4　养分吸收与根际 pH

1.4.1　根际 pH 改变的影响因素:阴阳离子吸收不平衡、不同基因型

根际 pH 与土体相差可达 2 个单位,差值大小还受土壤和植物因素的影响。同一植物在不同土壤上,根际 pH 的变化趋势可能不同。

根系从土壤中吸收养分时往往伴随着质子的分泌,这一过程是引起根际 pH 变化的主要原因之一。植物对养分离子的选择性吸收,会引起阴阳离子吸收的不平衡而造成质子和氢氧根离子的分泌。植物根系细胞质的 pH 需要维持在 7.3 左右,质膜上 H^+-ATPase 能够调控质子的跨膜运输,是稳定细胞质 pH 的重要途径。植物吸收阳离子的数量超过阴离子,根系会向胞外分泌质子;吸收阴离子数量超过阳离子,根系分泌 OH^-/HCO_3^- 或吸收质子。当大麦供应 K_2SO_4 时,由于 SO_4^{2-} 膜透性比较差,致

使阳离子吸收远大于阴离子,而供应 $CaCl_2$ 时,阴离子吸收远大于阳离子。Tang 等发现12种豆科牧草的阴阳离子差值与分子分泌呈直线相关,其斜率接近于1。氮素吸收在根系阴阳离子吸收平衡方面具有重要的调控作用。铵根离子是一种阳离子,根系吸收铵根离子往往导致根际酸化,硝酸根离子作为阴离子被根系吸收,往往导致根系分泌 OH^-/HCO_3^-。固氮豆科易于从土壤吸收更多的阳离子,因此根际酸化明显。植物体内阴阳离子平衡不仅仅指根系对离子的吸收,也包括所有离子和电荷的跨膜运输,如有机酸阴离子分泌。根系诱导的根际 pH 变化存在着时间和空间上的变异。Tang 等发现,夜间菜豆质子分泌量较白天有所降低,且在沿根轴方向质子分泌量也存在很大的差别。这些结果表明,沿根轴阴阳离子的吸收也存在差异。

根系向土壤中贡献了相当多的 CO_2,包括根系呼吸以及根际微生物呼吸产生的 CO_2。这两种呼吸往往能够消耗掉 $10\%\sim50\%$ 的光合产物。呼吸产生的 CO_2 会影响到根际 pH。因为 H_2CO_3 的第一步电离系数是 6.36,所以知道中性和碱性土壤能够有影响,对酸性土壤影响可以忽略。土壤初始 pH 和缓冲能力在一定程度上决定了植物对根际 pH 的影响程度。适宜根系生长的土壤 pH 往往局限一定范围内,有些植物具备了调节土壤 pH 至适宜范围的能力。Schubert 等发现蚕豆改变根际 pH 的能力与土壤缓冲能力显著相关。

1.4.2 根际 pH 与土壤养分有效性:磷(铁磷与钙磷)与铁的氧化还原

在中性和碱性土壤中,磷酸根离子易与钙离子结合形成磷酸钙盐(磷酸二钙盐、磷酸八钙盐、羟基磷灰石);在酸性土壤中,磷酸根离子会吸附在铁铝氧化物上,难以被植物吸收。铁铝磷酸盐的溶解性随土壤 pH 上升而增加,而钙磷随土壤 pH 上升溶解性降低,pH>8 时,趋势相反。水培条件下,缺磷的番茄、鹰嘴豆和白羽扇豆有明显的质子分泌,恢复供磷后,番茄与鹰嘴豆的质子分泌明显降低,小麦的质子分泌对磷供应不敏感。生长在中性土壤上的缺磷菜豆能够明显的酸化根际。蚕豆生长在钙质土壤上能够酸化根际,在酸性土壤上能够提高根际 pH。植物这些调节生长介质 pH 的能力,能够有效地活化土壤磷,提高根的磷吸收。

根际中铁元素的氧化还原反应都涉及质子的消耗与产生。一个 Fe^{3+} 还原成一个 Fe^{2+} 的过程会消耗 3 个质子和 1 个电子,反之亦然。Begg 等发现水稻根际 Fe^{3+} 的还原过程伴随着明显的根际酸化过程。所有机理I植物缺铁时都会分泌质子酸化根际,增强根际 Fe^{3+} 的还原。如缺铁向日葵在根尖后部会发生明显的酸化现象,同时增加铁转运载体的数量,增强质膜还原酶的活性,形成根表皮转运细胞及增生根毛。番茄突变体 fer 不能对缺铁胁迫做出上述反应,在根系表皮细胞和根毛区薄壁细胞中 FER 基因转录增加,这些发现表明 FER 基因参与了机理I植物的缺铁反应。缺铁诱导的质子分泌仅局限于根尖,这一特征能够确保植物即使在缓冲能力很强的土壤上也能对根际进行有效酸化。

1.5 结语

近些年随着分子生物学技术的发展,养分胁迫诱导的根系分泌过程的生理和分子机理也逐渐清楚。但是根系分泌物在土壤中的反应过程方面的研究,由于研究技术的限制并没有明显的突破。Qing 等运用原子力显微镜观察到了有机酸阴离子在磷酸钙晶体表面的界面反应,为使用新技术研究根系分泌物与土壤矿物的反应提供了新的思路。模型手段的应用,是根系分泌物研究的另一个新动向。Devau 等用 1-pK Triple、ion-exchange 和 NICA-Donnan 机理模型定量描述了土壤 pH 对土壤磷有效性的影响。Schnepf 等运用 3D 模型直观定量描述了油菜根分泌物对土壤磷的活化与吸收。在根际研究中引入模型手段,能够弥补一些直接观测技术的缺陷,促进对根际过程的理解。

1.6 本章择要

高等植物的 $20\%\sim60\%$ 光合产物会被输送到地下部分,其中根分泌物是重要的组成部分。铁、锌、磷元素在土壤具有容易被土壤矿物固定的特性，因此生物有效性较低容易导致植物的低养分胁迫。根分泌物是植物适应这类养分胁迫的重要机制之一。禾本科植物缺铁/锌时能够分泌专一性分泌物（铁载体）来提高土壤铁的有效性，且这种分泌具有昼夜规律。根系分泌的小分子有机酸阴离子和酸性磷酸酶具有有效活化土壤无机磷和有机磷。植物种类的分泌能力差异较大。其分子生理机制的研究近些年也有较大的进展，有机酸阴离子转运蛋白和酸性磷酸酶的基因在一些植物相继被克隆。根系质子和氢氧根离子的分泌土壤某些吸附/解吸、溶解/沉淀、氧化/还原等过程起到了决定性的作用。土壤pH直接决定了土壤磷在不同形态的转化。质子/氢氧根离子参与高价金属离子铁在土壤中的氧化还原过程，每还原1分子Fe^{3+}，消耗3分子的质子。本文对上述过程的研究成果做了回顾，并关注到新技术如原子力显微镜和模型手段给根际研究带来的新方向。

参考文献

[1] 于福同,张爱民,张福锁. 小麦植物铁载体分泌基因的染色体定位. 遗传学报,1999,26:552-557.

[2] Begg C,Kirk G,Mackenzie A,Neue HU. Root-induced iron oxidation and pH changes in the lowland rice rhizosphere. New Phytologist,1994,128:469-477.

[3] Colangelo E P,Guerinot M L. The essential basic helix-loop-helix protein FIT1 is required for the iron deficiency response. The Plant Cell Online,2004,16:3400-3412.

[4] Daneshbakhsh B,Khoshgoftarmanesh A H,Shariatmadari H,Cakmak I. Phytosiderophore release by wheat genotypes differing in zinc deficiency tolerance grown with Zn-free nutrient solution as affected by salinity. Journal of Plant Physiology,2013,170:41-46.

[5] Devau N,Le Cadre E,Hinsinger P,Gérard F. A mechanistic model for understanding root-induced chemical changes controlling phosphorus availability. Annals of Botany,2010,105:1183-1197.

[6] Dinkelaker B,Römheld V,Marschner H. Citric acid excretion and precipitation of calcium citrate in the rhizosphere of white lupin (*Lupinus albus* L.). Plant, Cell & Environment, 1989, 12:285-292.

[7] Gaume A,Mächler F,De León C,Narro L,Frossard E. Low-P tolerance by maize (*Zea mays* L.) genotypes:significance of root growth, and organic acids and acid phosphatase root exudation. Plant and Soil,2001,228:253-264.

[8] George T,Richardson A,Hadobas P,Simpson R. Characterization of transgenic *Trifolium subterraneum* L. which expresses phyA and releases extracellular phytase:growth and P nutrition in laboratory media and soil. Plant,Cell & Environment,2004,27:1351-1361.

[9] Gilbert G,Knight J,Vance C,Allan D. Acid phosphatase activity in phosphorus-deficient white lupin roots. Plant,Cell & Environment,1999,22:801-810.

[10] Hayes J,Richardson A,Simpson R. Components of organic phosphorus in soil extracts that are hydrolysed by phytase and acid phosphatase. Biology and Fertility of Soils,2000,32:279-286.

[11] Hayes J E,Richardson A E,Simpson R J. Phytase and acid phosphatase activities in extracts from roots of temperate pasture grass and legume seedlings. Functional Plant Biology,1999,26:801-809.

[12] Haynes R. Active ion uptake and maintenance of cation-anion balance:A critical examination of their role in regulating rhizosphere pH. Plant and Soil,1990,126:247-264.

[13] Hinsinger P,Plassard C,Tang C,Jaillard B. Origins of root-mediated pH changes in the rhizosphere and their responses to environmental constraints:A review. Plant and Soil,2003,248:43-59.

［14］ Hinsinger P,Plassard C,Tang C,Jaillard B. Origins of root-mediated pH changes in the rhizosphere and their responses to environmental constraints:a review. Structure and Functioning of Cluster Roots and Plant Responses to Phosphate Deficiency:Springer,2003,43-59.

［15］ Hinsinger P. Bioavailability of soil inorganic P in the rhizosphere as affected by root-induced chemical changes:a review. Plant and Soil,2001,237:173-195.

［16］ Hocking P,Jeffery S. Cluster-root production and organic anion exudation in a group of old-world lupins and a new-world lupin. Plant and Soil,2004,258:135-150.

［17］ Hoffland E. Quantitative evaluation of the role of organic acid exudation in the mobilization of rock phosphate by rape. Plant and Soil,1992,140:279-289.

［18］ Johnson J F,Allan D L,Vance C P,Weiblen G. Root carbon dioxide fixation by phosphorus-deficient *Lupinus albus* (contribution to organic acid exudation by proteoid roots). Plant physiology,1996,112:19-30.

［19］ Jones D,Nguyen C,Finlay R. Carbon flow in the rhizosphere:carbon trading at the soil-root interface. Plant and Soil ,2009,321:5-33.

［20］ Jones D. Organic acids in the rhizosphere-a critical review. Plant and Soil,1998,205:25-44.

［21］ Jones D L,Darrah P R. Influx and efflux of organic acids across the soil-root interface of Zea mays L. and its implications in rhizosphere C flow. Plant and Soil,1995,173:103-109.

［22］ Lambers H,Atkin O,Millenaar F. Respiratory patterns in roots in relation to their functioning. Plant Roots The Hidden Half:Marcel Dekker,Inc,1996:323-362.

［23］ Lemanceau P,Bauer P,Kraemer S,Briat J F. Iron dynamics in the rhizosphere as a case study for analyzing interactions between soils,plants and microbes. Plant and Soil,2009,321:513-535.

［24］ Li H,Shen J,Zhang F,Clairotte M,Drevon J,et al. ,Dynamics of phosphorus fractions in the rhizosphere of common bean (*Phaseolus vulgaris* L.) and durum wheat (*Triticum turgidum durum* L.) grown in monocropping and intercropping systems. Plant and soil,2008,312:139-150.

［25］ Li H,Shen J,Zhang F,Lambers H. Localized application of soil organic matter shifts distribution of cluster roots of white lupin in the soil profile due to localized release of phosphorus. Annals of botany,2010,105:585-593.

［26］ Li H,Shen J,Zhang F,Marschner P,Cawthray G,et al. ,Phosphorus uptake and rhizosphere properties of intercropped and monocropped maize,faba bean,and white lupin in acidic soil. Biology and Fertility of Soils,2010,46:79-91.

［27］ Li H,Shen J,Zhang F,Tang C,Lambers H. Is there a critical level of shoot phosphorus concentration for cluster-root formation in *Lupinus albus*? Functional Plant Biology,2008,35:328-336.

［28］ Li M,Osaki M,Rao I M,Tadano T. Secretion of phytase from the roots of several plant species under phosphorus-deficient conditions. Plant and Soil,1997,195:161-169.

［29］ Li M,Shinano T,Tadano T. Distribution of exudates of lupin roots in the rhizosphere under phosphorus deficient conditions. Soil Science and Plant Nutrition,1997,43:237-245.

［30］ Lindsay W L. Chemical equilibria in soils:John Wiley and Sons Ltd,1979.

［31］ Lipton D S,Blanchar R W,Blevins D G. Citrate,malate,and succinate concentration in exudates from P-sufficient and P-stressed *Medicago sativa* L. seedlings. Plant Physiol,1987,85:315-317.

［32］ Li S,Li L,Zhang F,Tang C. Acid phosphatase role in chickpea/maize intercropping. Annals of Botany,2004,94:297-303.

［33］ Liu J,Magalhaes J V,Shaff J,Kochian L V. Aluminum-activated citrate and malate transporters from the MATE and ALMT families function independently to confer Arabidopsis aluminum tolerance. The Plant Journal,2009,57:389-399.

[34] Magalhaes J V,Liu J,Guimaraes C T,Lana U G,Alves VM,et al.,A gene in the multidrug and toxic compound extrusion (MATE) family confers aluminum tolerance in sorghum. Nature Genetics,2007,39:1156-1161.

[35] Ma J,Taketa S,Chang Y,Iwashita T,Matsumoto H,et al.,Genes controlling hydroxylations of phytosiderophores are located on different chromosomes in barley (*Hordeum vulgare* L.). Planta,1999,207:590-596.

[36] Marschner H,Marschner P. Marschner's mineral nutrition of higher plants. Academic press,2012.

[37] Marschner H,Römheld V,Kissel M. Different strategies in higher plants in mobilization and uptake of iron. Journal of Plant Nutrition,1986,9:695-713.

[38] Marschner H,Römheld V. Strategies of plants for acquisition of iron. Plant and Soil,1994,165: 261-274.

[39] Marschner H,Treeby M,Römheld V. Role of root-induced changes in the rhizosphere for iron acquisition in higher plants. Zeitschrift für Pflanzenernährung und Bodenkunde,1989,152: 197-204.

[40] Marschner H. Mineral Nutrition of Higher Plants. Academic Press,1995.

[41] Miller S S,Liu J,Allan D L,Menzhuber C J,Fedorova M,et al.,Molecular control of acid phosphatase secretion into the rhizosphere of proteoid roots from phosphorus-stressed white lupin. Plant Physiology,2001,127:594-606.

[42] Nagasaka S,Takahashi M,Nakanishi-Itai R,Bashir K,Nakanishi H,et al.,Time course analysis of gene expression over 24 hours in Fe-deficient barley roots. Plant Molecular Biology,2009,69: 621-631.

[43] Neumann G,Massonneau A,Langlade N,Dinkelaker B,Hengeler C,et al. Physiological aspects of cluster root function and development in phosphorus-deficient white lupin (*Lupinus albus* L.). Annals of Botany,2000,85:909-919.

[44] Neumann G,Massonneau A,Martinoia E,Römheld V. Physiological adaptations to phosphorus deficiency during proteoid root development in white lupin. Planta,1999,208:373-382.

[45] Neumann G,Römheld V. Root excretion of carboxylic acids and protons in phosphorus-deficient plants. Plant and Soil,1999,211:121-130.

[46] Oburger E,Gruber B,Schindlegger Y,Schenkeveld W D,Hann S,et al.,Root exudation of phytosiderophores from soil grown wheat. New Phytologist,2014,203:1161-1174.

[47] Piñeros M A,Kochian L V. A patch-clamp study on the physiology of aluminum toxicity and aluminum tolerance in maize. Identification and characterization of Al^{3+}-induced anion channels. Plant Physiology,2001,125:292-305.

[48] Qin L,Zhang W,Lu J,Stack A G,Wang L. Direct imaging of nanoscale dissolution of dicalcium phosphate dihydrate by an organic ligand:concentration matters. Environmental Science & Technology,2013,47:13365-13374.

[49] Raghothama K G. Phosphate acquisition. Annual Review of Plant Physiology and Plant Molecular Biology,1999,50:665-693.

[50] Römheld V,Marschner H. Iron deficiency stress induced morphological and physiological changes in root tips of sunflower. Physiologia Plantarum,1981,53:354-360.

[51] Römheld V. Different strategies for iron acquisition in higher plants. Physiologia Plantarum,

1987,70:231-234.

[52] Römheld V. The role of phytosiderophores in acquisition of iron and other micronutrients in graminaceous species:an ecological approach. Plant and Soil,1991,130:127-134.

[53] Sasaki T,Yamamoto Y,Ezaki B,Katsuhara M,Ahn S J,et al. ,A wheat gene encoding an aluminum-activated malate transporter. The Plant Journal,2004,37:645-653.

[54] Schmidt W. Iron solutions:acquisition strategies and signaling pathways in plants. Trends in Plant Science,2003,8:188-193.

[55] Schnepf A,Leitner D,Klepsch S. Modeling phosphorus uptake by a growing and exuding root system. Vadose Zone Journal,2012,11 (3).

[56] Schubert S,Schubert E,Mengel K. Effect of low pH of the root medium on proton release, growth,and nutrient uptake of field beans (*Vicia faba*). Plant and Soil,1990,124:239-244.

[57] Shen H,Yan X,Zhao M,Zheng S,Wang X. Exudation of organic acids in common bean as related to mobilization of aluminum-and iron-bound phosphates. Environmental and Experimental Botany,2002,48:1-9.

[58] Shi W,Chino M,Youssef R A,Mori S,Takagi S. The occurrence of mugineic acid in the rhizosphere soil of barley plant. Soil Science and Plant Nutrition,1988,34:585-592.

[59] Takagi Si,Nomoto K,Takemoto T. Physiological aspect of mugineic acid,a possible phytosiderophore of graminaceous plants. Journal of Plant Nutrition,1984,7:469-477.

[60] Tang C,Barton L,McLay C. A comparison of proton excretion of twelve pasture legumes grown in nutrient solution. Animal Production Science,1997,37:563-570.

[61] Tang C,Drevon J J,Jaillard B,Souche G,Hinsinger P. Proton release of two genotypes of bean (Phaseolus vulgaris L.) as affected by N nutrition and P deficiency. Plant and Soil, 2004, 260:59-68.

[62] Tarafdar J,Claassen N. Organic phosphorus compounds as a phosphorus source for higher plants through the activity of phosphatases produced by plant roots and microorganisms. Biology and Fertility of Soils,1988,5:308-312.

[63] Tarafdar J,Jungk A. Phosphatase activity in the rhizosphere and its relation to the depletion of soil organic phosphorus. Biology and Fertility of Soils,1987,3:199-204.

[64] Turner B L,Frossard E,Baldwin D S. Organic phosphorus in the environment:CABI,2005.

[65] Wasaki J,Ando M,Ozawa K,Omura M,Osaki M,et al. ,Properties of secretory acid phosphatase from lupin roots under phosphorus-deficient conditions. Plant Nutrition for Sustainable Food Production and Environment:Springer,1997:295-300.

[66] Wasaki J,Omura M,Ando M,Shinano T,Osaki M,et al. ,Secreting portion of acid phosphatase in roots of lupin (*Lupinus albus* L.) and a key signal for the secretion from the roots. Soil Science and Plant Nutrition,1999,45:937-945.

[67] Wasaki J,Yamamura T,Shinano T,Osaki M. Secreted acid phosphatase is expressed in cluster roots of lupin in response to phosphorus deficiency. Plant and Soil,2003,248:129-136.

[68] Watt M,Evans J R. Linking development and determinacy with organic acid efflux from proteoid roots of white lupin grown with low phosphorus and ambient or elevated atmospheric CO_2 concentration. Plant Physiology,1999,120:705-716.

[69] Yokosho K,Yamaji N,Ma J F. An Al-inducible MATE gene is involved in external detoxification of Al in rice. The Plant Journal,2011, 68:1061-1069.

[70] Yokosho K,Yamaji N,Ma J F. Isolation and characterisation of two MATE genes in rye. Func-

tional Plant Biology,2010,37:296-303.

[71] Youssef R A,Chino M. Root-induced changes in the rhizosphere of plants. I. pH changes in relation to the bulk soil. Soil Science and Plant Nutrition,1989,35:461-468.

[72] Yu F,Zhang A,Zhang F. Hybrid effects on the release of phytosiderophores in winter wheat (*Triticum aestivum*). Acta Botanica Sinica,2001,44:63-66.

[73] Zhang A,Yu F,Zhang F. Alien cytoplasm effects on phytosiderophore release in two spring wheats (*Triticum aestivum* L.). Genetic Resources and Crop Evolution,2003,50:767-772.

[74] Zhang F,Römheld V,Marschner H. Effect of zinc deficiency in wheat on the release of zinc and iron mobilizing root exudates. Zeitschrift für Pflanzenernährung und Bodenkunde,1989,152:205-210.

[75] Zhang F,Römheld V,Marschner H. Role of the root apoplasm for iron acquisition by wheat plants. Plant Physiology,1991,97:1302-1305.

[76] Zhang F,Treeby M,Römheld V,Marschner H. Mobilization of iron by phytosiderophores as affected by other micronutrients. Plant and Soil,1991,130:173-178.

[77] Zhang F-S,Römheld V,Marschner H. Diurnal rhythm of release of phytosiderophores and uptake rate of zinc in iron-deficient wheat. Soil Science and Plant Nutrition,1991,37:671-678.

[78] Zhang W H,Ryan P R,Tyerman S D. Malate-permeable channels and cation channels activated by aluminum in the apical cells of wheat roots. Plant Physiology,2001,125:1459-1472.

（执笔人：李海港　程凌云　于福同　申建波　张福锁）

第 2 章

玉米/花生间作根际互作改善作物铁营养和提高资源利用的机理

间套作是利用不同作物间互惠作用提高资源利用效率的一种重要的农业种植模式,该体系不仅可以高效利用地上部的光、热等资源,而且也可以通过根际之间的互作提高养分、水分的高效利用,同时该体系也可以明显的减轻病虫害,因此,间作是能够实现资源高效利用和保持农业生产持续发展的重要的技术途径。事实上,间套作在中国具有悠久的历史,每年种植面积大于 2 800 万 hm^2,因此,该体系通过高效利用环境资源为中国的农业生产发挥了重要的作用,更为重要的是这一具有传统特色的农业生产体系蕴含了国际前沿的科学问题。花生是世界上第五大重要油料作物,在中国花生是华北地区重要的油料经济作物。然而,花生缺铁黄化现象在石灰性土壤地区极其普遍,是花生高产、稳产的主要限制因子之一。实际上,许多双子叶植物在石灰性土壤上都不同程度的存在缺铁问题。我们课题组的研究曾首次发现黄淮海平原广泛实行的玉米/花生间作能明显减轻花生的缺铁黄化现象并能提高其各器官铁含量和产量。我们 10 多年系统和深入的研究表明,从生理生化水平而言根际互作这一生态优势能够明显地影响间作花生根系对铁的吸收和体内运输。与这一生理生态现象相对应,从分子水平而言,间作如何调控属于缺铁适应性反应机理Ⅰ的花生从石灰性土壤中获得足够的铁也是本领域国内外科学家始终关注的研究热点和前沿问题。

2.1　石灰性土壤上玉米根际效应对改善花生铁营养具有重要的作用

花生(*Arachis hypogaea* L.)是华北地区重要的油料作物。然而,花生单作缺铁黄化现象在石灰性土壤地区极其普遍(图 2-1A),是花生高产、稳产的主要限制因子之一。实际上,许多双子叶植物在石灰性土壤上都不同程度的存在缺铁问题。1995 年我们课题组的研究曾首次发现黄淮海平原广泛实行的玉米/花生间作能明显减轻花生的缺铁黄化现象并能提高其各器官铁含量和产量 (图 2-1B),而且在田间条件下,距离玉米越近的花生其铁营养的改善效果越明显,一般两行玉米与 4～6 行花生是改善花生铁营养效果最为明显的间作模式;同时,通过温室根箱土培试验表明,当玉米与花生地上部遮阴效果相同,而唯一的差别是将玉米、花生根系用隔板隔开时,花生新叶表现明显的缺铁黄化(图 2-2A;彩图 2-2A),而玉米和花生根系能够相互作用时,玉米能够明显地改善花生铁营养(图 2-2B;彩图 2-2B),这些研究结果表明这种改善作用主要来自玉米的根际效应。从生理生化水平而言,玉米植物铁载体合成和分泌这一生态优势不仅能够满足其自身对铁的需求,更为重要的是能够明显地影响间作花生根系对铁的吸收和体内运输。

A. 单作花生新叶缺铁黄化　　　　　　　　B. 玉米花生间作改善花生铁营养

图 2-1　田间条件下石灰性土壤玉米花生间作根际效应改善花生铁营养

单一作物制　　　　　　　　　　　　　间作

A. 根系之间无相互作用　　　　　　　　B. 根系之间相互作用

图 2-2　土培条件下石灰性土壤玉米花生间作根际效应改善花生铁营养

2.2　间作体系玉米根系分泌的麦根酸改善花生铁营养的生理和分子机制

2.2.1　铁高效的机理Ⅱ植物分泌的麦根酸通过间作可以改善机理Ⅰ植物花生的铁营养

为了适应缺铁胁迫环境,植物在长期进化过程中形成了从土壤中获取铁的机理Ⅰ和机理Ⅱ适应性反应的生理和分子机制。对于机理Ⅰ植物而言,在缺铁胁迫条件下,主要通过根尖主动向外界分泌大量的 H^+ 酸化根际环境提高了根际可溶性铁浓度,根尖表皮细胞原生质膜上 Fe^{3+} 还原酶活性增强(ferric reductase oxidase,FRO gene family)将土壤中的 Fe^{3+} 还原为 Fe^{2+},随后被还原的 Fe^{2+} 通过跨膜运输蛋白(iron-regulated transporter,IRT gene family)进入植物根细胞增强植物缺铁胁迫的适应性从而保证植物的正常生长,而机理Ⅰ植物中各个生理反应过程所对应的基因表达调控主要通过模式植物拟南芥(*Arabidopsis thaliana*)研究得到了明确的验证。而对于机理Ⅱ植物,当铁供应不足时,植物体内能够合成并向根际主动分泌的麦根酸类植物铁载体(phytosiderophore,PS,该过程需要 13 个基因参与),它与根际土壤中的三价铁发生螯合作用形成的 Fe(Ⅲ)-PS 迁移到根系质膜并在专一性转运蛋白(如 Yellow Stripe 1,YS1)作用下,将三价铁和植物铁载体的螯合体 Fe(Ⅲ)-PS 运输进入根细胞内,这一生理和分子功能由于不受环境 pH 的影响决定了机理Ⅱ植物在石灰性土壤上具有很强的生态优势。石灰性土壤上玉米是铁高效机理Ⅱ植物,而花生是铁低效的机理Ⅰ植物,玉米/花生间作能明显减轻花生的缺铁黄化现象并能提高其各器官铁含量和产量。通过将分泌麦根酸能力不同的机理Ⅱ植物,如:大麦、小麦、燕麦、玉米、高粱和玉米,分别与花生间作(图 2-3),结果玉米与其他分泌麦根酸能力较高的麦类作物一样都具有明显改善花生铁营养的能力,这些结果表明,从生理生化水平而言,玉米植物铁载体合成和分泌这一生态优势不仅能够满足其自身对铁的需求,更为重要的是能够明显地影响间作花生根系对铁的吸收和体内运输。

图 2-3　分泌麦根酸能力不同的机理Ⅱ植物改善花生铁营养

2.2.2　玉米分泌麦根酸突变体与花生间作证明麦根酸对改善花生铁营养的关键作用

在石灰性土壤上将花生与玉米分泌麦根酸突变体间作,突变体主要包括不能分泌麦根酸的玉米突变体 ys3,能够分泌麦根酸但不能吸收麦根酸铁的突变体 ys1,同时以普通玉米品种农大 108 与花生间作为对照,结果表明:当单作花生生长 35 d 表现缺铁黄化时,与玉米突变体 ys3 间作的花生也表现了明显的缺铁黄化症状,然而与玉米突变体 ys1 以及农大 108 间作的花生并未出现缺铁黄化症状,两种间作方式其叶绿素含量和活性铁含量都明显地高于单作花生和与玉米突变体 ys3 间作的花生。结果表明石灰性土壤间作系统中,玉米突变体 ys3 不能提高花生的铁营养状况,而玉米突变体 ys1 与农大 108 一样能够改善花生的铁营养状况(图 2-4)。从而进一步证明了石灰性土壤上的间作体系中玉米根系分泌的麦根酸在改善花生铁营养方面发挥了关键的作用。同时,从分子和生理层面证明间作促进玉米麦根酸合成和分泌的增加。通过设置花生玉米单间作盆栽试验,结果表明,与单作相比较,间作玉米根系麦根酸分泌能力显著提高,且与花生间作的玉米根系中包括甲硫氨酸循环和麦根酸生物合成基因在内的麦根酸合成相关基因表达总体上调。这些结果表明花生玉米间作促使玉米根系麦根酸分泌增加,间接暗示麦根酸可能在提高间作花生铁营养中起到重要作用。

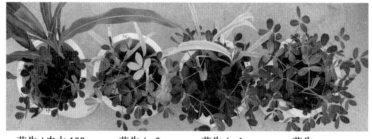

花生 / 农大 108　　　花生 /ys3　　　花生 /ys1　　　花生

图 2-4　玉米分泌麦根酸突变体与花生间作对改善花生铁营养的影响

2.2.3　花生根系存在吸收和运输 Fe(Ⅲ)-PS 的铁运输载体 YSL 基因

通过同源克隆及数据库比对分析等方法在花生根系中获得了 5 个同源的 YSL 基因。利用酵母功能互补试验表明 AhYSL1 基因能够专一性地吸收转运 DMA-Fe(Ⅲ),但不能转运 Fe(Ⅱ)-NA 和 Fe(Ⅲ)-NA。进一步通过激光微切片技术及原位杂交表明 AhYSL1 基因主要在花生根系表皮细胞中高效表达,其中玉米活化的 Fe(Ⅲ)-DMA 可能被邻近的花生根表皮细胞 AhYSL1 基因直接吸收利用,这对玉米花生间作改善花生铁营养发挥了重要的作用。

总之,我们十多年系统和深入的研究表明在石灰性土壤条件下,从生理生化水平而言,铁高效的机理Ⅱ植物玉米植物铁载体合成和分泌这一生态优势不仅能够满足其自身对铁的需求,更为重要的是能够明显地促进铁低效的机理Ⅰ植物—花生根系对铁的吸收和体内运输,以此为依据和切入点进一步从分子水平研究玉米根系分泌的麦根酸所螯合的铁如何被花生吸收利用以及间作调控作物吸收转运铁的生物学机制和生态适应规律,运用分子和生理水平证据首次发现并证明了未测序完全的花生根系存在能够吸收麦根酸铁复合物的 YSL 基因,存在于花生根系表皮细胞中的 AhYSL1 基因能够专一性地吸收转运麦根酸铁复合物,开创性地阐明了间作根际机理Ⅱ植物玉米所产生的麦根酸铁复合物可能被机理Ⅱ植花生直接吸收利用(图 2-5;彩图 2-5),该研究成果对于从分子、生理和生态层面理解利用不同植物生物学特性的互惠作用改善根际生态环境、活化和提高作物铁营养和资源高效利用的效应与机制提供重要的理论和技术依据。

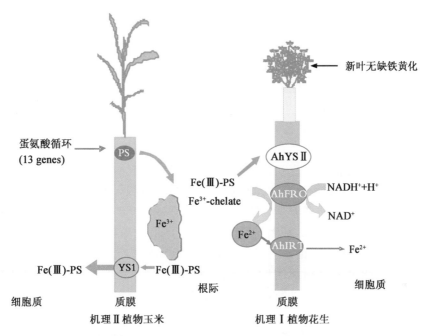

图 2-5　间作体系中玉米分泌麦根酸改善花生铁营养的生理和分子机制

2.3 铁高效的禾本科植物与铁低效的双子叶植物间作通过根际效应提高作物微量元素富集是通过"生物强化"改善人体微量营养元素的重要技术途径

铁是生物体生命活动中必需的微量元素之一,由于植物是动物和人类最根本的食物来源,从长远的经济和社会效益考虑其中通过生物学手段培育富含高铁含量和人体能够有效吸收的作物籽粒——"生物强化"(biofortification),对改善人类铁营养缺乏具有较大的优势和潜力,因此任何提高和促进作物对环境中铁的吸收、体内运输和向籽粒转移的措施和技术手段将发挥重要的作用。针对这一研究的重要性和挑战性,来自世界各地的土壤植物营养、生理和生态、分子遗传、动物营养、医学和公共卫生科学家共同发起了具有全球挑战性和合作的 Harvestplus 研究项目,其宗旨就是通过各种措施和手段提高粮食籽粒微量元素含量并达到解决人类微量元素缺乏症。1995 年曾首次发现石灰性土壤上玉米/花生间作能够改善花生的铁营养状况,并抓住这一生产重大问题对其作用机理进行了深入的系统研究,从生理水平证明了玉米的根际效应能够活化花生根际铁并促进间作花生根系对铁的吸收和利用,从而改善花生各部位的铁营养状况,尤其是能够提高花生籽粒铁和锌含量,这一重要发现为通过根际营养调控机理提高作物籽粒中的微量元素含量并进而改善人体微量营养元素缺乏具有极为重要的意义。目前,实现"生物强化"的主要理论和技术途径是不仅要改善作物的生长条件,而且更要充分挖掘和利用植物自身的生物学潜力提高作物对铁的吸收和利用,其中主要包括合理施肥和农艺措施、遗传育种和基因工程等,近年来铁高效的机理Ⅱ植物与铁低效的机理Ⅰ植物间作改善机理Ⅰ植物的铁营养这一种植模式也成为通过"生物强化"提高作物对铁的吸收和富集的重要途径之一,其中石灰性土壤上铁高效机理Ⅱ植物玉米与铁低效的机理Ⅰ植物花生间作能够改善花生铁营养这一典型的具有生态优势的农业生产体系成为"生物强化"的典型范例,该研究也是根际调控理论与生产实践紧密相结合的典范,是未来根际生态学研究发展的重点,利用作物互作互惠这一根际调控措施可以成为"生物强化"改善人类健康营养的重要技术途径。

2.4 展望

多样性种植(间套混作)在我国已经有悠久的历史,并在解决粮食安全和促进社会经济发展方面起到了至关重要的作用。对于玉米/花生间作这一我国特有的生产体系,蕴涵了国际铁营养研究的前沿和热点科学问题,针对我国北方石灰性土壤上铁高效机理Ⅱ植物玉米与铁低效的机理Ⅰ植物花生间作能够改善花生铁营养这一典型的具有生态优势的农业体系,结合国际上理论研究的前沿思路和技术,我们提出了对功能基因组研究由模式植物走向大田作物,基因表达由实验室稳定条件调控走向土培和大田试验,进一步从分子水平阐明作物互作这一农业生产技术调控作物高效利用养分资源的生物学机制,我们的系列研究文章发表后被广泛引用,被认为是铁高效的禾本科植物与铁低效的双子叶植物间作通过根际效应提高作物养分利用效率的典型范例,成为国内外根际营养理论研究和实践相结合的典范,也被国际上许多同行作为植物营养学和植物生理生态学的教学范例。

对上述问题的研究不仅可以揭示基因与基因、基因与环境的相互作用并阐明其分子生态效应,而且可进一步丰富根际微生态系统中植物间相互作用的分子机制,为充分挖掘和利用植物间互惠作用的遗传潜力,高效利用环境资源提供科学的理论依据。此外,该机理的研究也为发挥我国历史悠久的禾本科/豆科作物间套作的增产效应提供新颖的理论依据,即从分子水平和基因调控方面阐明典型的农业生产体系高效利用资源的生物学机制,对于了解不同间作作物之间的互惠互利作用,发挥间作最大优势、促进农业的可持续发展、实现作物高产高效和环境友好具有重要的理论和实践意义,应用前景十分广阔。

2.5 本章择要

间作是能够实现资源高效利用和保持农业生产持续发展的重要种植体系。1995 年我们的研究曾首次发现黄淮海平原广泛实行的玉米/花生间作能明显减轻花生的缺铁黄化现象并能提高其各器官铁含量和产量,这一具有传统特色的中国农业生产体系蕴含了国际前沿的科学问题。十多年系统和深入的研究表明,从生理生化水平而言,根际互作这一生态优势能够明显地影响间作花生根系对铁的吸收和体内运输,从分子水平证明了花生根系存在能够吸收麦根酸铁复合物的 YSL 基因,存在于花生根系表皮细胞中的 AhYSL1 基因能够专一性地吸收转运麦根酸铁复合物,开创性地阐明了间作根际机理Ⅱ植物玉米所产生的麦根酸铁复合物可能被机理Ⅱ植物花生直接吸收利用。同时,铁高效机理Ⅱ植物玉米与铁低效的机理Ⅰ植物花生间作能够改善花生铁营养这一具有生态优势的农业生产体系成为"生物强化"的典型范例,利用作物互作互惠这一根际调控措施可以成为"生物强化"改善人类健康营养的重要技术途径。该研究是根际调控理论与生产实践紧密相结合的典范,对于从分子、生理和生态层面理解利用不同植物生物学特性的互惠作用改善根际生态环境、活化和提高作物铁营养和资源高效利用的效应与机制提供重要的理论和技术依据。

致谢

感谢国家自然科学基金项目(项目编号:31272223)和创新群体项目的资助(项目编号:331121062).

参考文献

[1] Banuelos G S, Lin Z Q (eds). Development and use of biofortified agricultural products. CRC Press, Taylor & Francis Group, New York, 2008.

[2] Curie C, Panaviene Z, Loulergue C, Dellaporta S L, Briat J F, Walker E L. Maize yellow stripe1 encodes a membrane protein directly involved in Fe(Ⅲ) uptake. Nature, 2001, 409:346-349.

[3] Ivanov R, Brumbarova T, Bauer P. Fitting into the Harsh Reality: Regulation of Iron。Irond efficiency Responses in Dicotyledonous Plants. Molecular Plant, 2011:1-16.

[4] Jeong J, Guerinot M L. Biofortified and bioavailable: The gold standard for plant-based diets. Proc. Natl. Acad. Sci. USA, 2008, 6:1777-1778.

[5] Liu X H. The farming systems. Beijing: China Agricultural University Press, 1994.

[6] Marschner H, Rohmeld V. Strategies of plants for acquisition of iron. Plant Soil, 1994, 165: 375-388.

[7] Nagasaka S, Takahashi M, Nakanishi-Itai R, Bashir K, Nakanishi H, Mori S, Nishizawa N K. Time course analysis of gene expression over 24 hours in Fe-deficient barley roots. Plant Mol Biol, 2009, 69:621-631.

[8] Vandermeer J. The Ecology of Intercropping. Cambridge: Cambridge University Press, 1989.

[9] Vert G, Grotz N, Dedaldechamp F, Gaymard F, Guerinot M L, Briata J F, Curie C. IRT1, an Arabidopsis transporter essential for iron uptake from the soil and for plant growth. Plant Cell, 2002, 14:1223-1233.

[10] Xiong H C, Kobayashi T, Kakei Y, Senoura T, Nakazono M, Takahashi H, Nakanishi H, Shen H Y, Duan P G, Guo X T, Nishizawa N K and Zuo Y M. Molecular evidence for phytosiderophore-induced improvement of iron nutrition of peanut intercropped with maize in calcareous soil. Plant Cell Environ, 2013, 36:1888-1902.

[11] Xiong H C, Shen H Y, Zhang L X, Zhang Y X, Guo X T, Wang P F, Duan P G, Ji C Q, Zhong L N, Zhang F S, Zuo Y M(Corresponding Author). Comparative proteomic analysis for assessment of the ecological significance of maize and peanut intercropping, Journal of Proteomics, 2013, 78: 447-460.

[12] Zhang F, Shen J, Zhang J, Zuo Y, Li L, Chen X. Rhizosphere processes and management for improving nutrient use efficiency and crop productivity: Implications for China. Adv Agron, 2010, 107:2-28.

[13] Zhao F J and McGrath S P. Biofortification and phytoremediation. Current Opinion in Plant Biology, 2009, 12:373-380.

[14] Zuo, Yuanmei, Cao Yiping, Li Xiaolin and Zhang Fusuo, Studies on the improvement in iron nutrition of peanut by intercropping with maize on a calcareous soil. *Plant and Soil*, 2000, 220(1/2): 13-25.

[15] Zuo, Yuanmei, Fusuo Zhang. Effect of peanut mixed cropping with gramineous species on micro-

nutrient concentrations and iron chlorosis of peanut plants grown in a calcareous soil. Plant Soil，2008，306：23-36.

[16] Zuo，Yuanmei，Fusuo Zhang. Iron and zinc biofortification strategies in dicot plants by intercropping with gramineous species. A review. Agron. Sustain. Dev，2009，29：63-71.

（执笔人：左元梅　熊宏春　郭笑彤　邱甍　代晶　张福锁）

第 3 章

间套作地下部种间相互作用及增产和资源高效利用研究进展

间套作是一种具有悠久历史、在我国传统农业和现代农业中都做出了巨大贡献的种植体系。目前全国约有 4.2 亿亩间套作面积(刘巽浩,1996)。我国耕地面积的 1/3,粮食总产的 1/2 来自间套复种(佟屏亚,1994)。几千年来,我国劳动人民从生产实践中认识到,豆科和非豆科作物间作,不仅可以充分利用地上部的光热资源,还可通过豆科作物的固氮作用给间作的非豆科作物提供氮素营养,但其机理不清楚。20 世纪 70 年代随着我国人口和粮食压力的不断增加,农业科技工作者在总结农民经验的基础上进行了大量的田间试验,通过优化不同作物之间的搭配,在一熟制地区创造了一种禾本科/禾本科作物间作套种的高产种植方式,最为普遍的就是小麦/玉米带田,使单位面积作物产量大幅度增加。如在甘肃河西走廊、宁夏和内蒙古的河套平原,利用这种种植方式实现了每 667 m² 耕地生产 1 000 kg 粮食的"吨粮田"。1996 年在甘肃省这种"吨粮田"的面积就达到了 10 万 hm²;在宁夏引黄灌区,小麦/玉米间作生产的粮食占全宁夏粮食总产的 43.3%,占宁夏引黄灌区粮食总产的 53.8%。然而所有这些研究大多都集中在优化田间作物搭配模式和研究地上部光热资源利用方面,较关注地下部根系的相互作用及其在养分资源高效利用和增产中的作用。

20 世纪 80 年代后期,我们在甘肃河西走廊绿洲灌区开始间作套种栽培模式的研究,逐渐认识到间套作体系植物种间相互作用与产量和资源高效利用的关系。与此同时,植物根际研究的最新理论与方法为地下部作物根系相互作用的研究提供了新的手段,群落生态学种间相互作用的理论的发展,特别是自然生态系统植物间促进作用的研究进展为我们提供了新的研究思路。20 世纪 90 年代,我们在田间条件下发现了植物种间竞争作用和促进作用。当小麦和玉米间作在一起时,两作物之间的相互作用导致玉米生长受到显著的抑制;而当蚕豆和玉米间作在一起时,明显地促进了玉米的生长(图 3-1)。因此,从 90 年代开始,我们将植物生态学和植物营养学研究的最新进展与我国农业生产的实际紧密结合起来,以种间促进作用和竞争作用为切入点,以氮、磷等限制我国农业生产的重要大量养分元素为对象,从作物对不同磷源和不同形态磷活化利用的种间差异及种间相互促进作用的机理,豆科、非豆科植物氮素的补偿利用,以及禾本科/禾本科种间营养竞争吸收等方面进行了一系列的研究,旨在系统阐明间套作体系养分资源高效利用的机理,为进一步优化间套作生产体系提供理论依据。

图 3-1　小麦对玉米的竞争作用和蚕豆对玉米的促进作用(甘肃靖远)

3.1　地下部根系相互作用在间作优势中的重要作用

我们在田间应用塑料膜分隔(消除种间根系相互作用)、尼龙网分隔(种间根系相互作用只有通过根际效应体现,每种作物所占土壤空间同塑料膜分隔)和不分隔(根际效应和土壤空间效应共同起作用)的方法,证明了蚕豆与玉米间作系统根系相互作用在间作产量优势形成中的重要作用,其不仅体现在两作物所占据土壤空间的互补效应上,而且体现在作物种间的根际效应上。蚕豆与玉米间无分隔(即种间根系完全相互作用)时 LER(土地当量比,其值大于 1 时表明有间作优势,≤1 表明无间作优势)为 1.21,间作优势明显;当用尼龙网分隔(只有种间的根际效应)时,LER 为 1.12,有一定的间作优势;当用塑料膜分隔时(根系所占土壤空间同尼龙网分隔,但无种间根际效应)时,LER 为 1.06,基本无间作产量优势(Li et al.,1999)。这些努力使我们的间套作研究由地上部走向地下部,使我们后来的研究更多集中在种间根际效应方向。

3.2　豆科/非豆科间作中的磷素营养促进机理

3.2.1　蚕豆/玉米间作体系对难溶性无机磷活化促进吸收利用的机理

以往对间套作的大量研究多集中在优化田间作物搭配模式和研究地上部光热资源利用方面,对地下部养分资源利用的研究也主要集中在氮素方面,因为豆科植物具有固氮作用,因此在许多间套作体系中人们常常选择豆科植物以节约氮肥。面对全球磷矿资源日趋紧张的局面,土壤缺磷成了一个全球性的问题,寻求生物学途径提高作物对土壤难溶性磷素的利用,成了国内外研究的热点。

我们通过多年田间试验,结合室内模拟研究,对蚕豆促进玉米磷营养的机理进行了系统研究。在甘肃武威进行的 4 年田间定位试验结果表明,相对于单作,间作玉米产量 4 年平均提高了 43%,蚕豆产量平均提高 26%,证明玉米/蚕豆间作具有显著的互惠作用(Li et al.,2007)。应用根系分隔技术发现无论在田间条件下还是室内盆栽条件下,蚕豆均能改善玉米磷营养。这一促进作用不仅体现在作物根系占据土壤空间的互补性方面,而且也体现在蚕豆的种间根际效应上,即蚕豆的根际效应有利于玉米从土壤中获得更多的磷(图 3-2)。一系列研究揭示了蚕豆改善玉米磷营养的根际效应机理主要包括:蚕豆相对于玉米具有更强的质子释放能力,能够显著地酸化根际(图 3-3;彩图 3-3),从而有利于难溶性土壤无机磷(如 Fe-P 和 Al-P)的活化和蚕豆及玉米对磷的吸收利用。此外,蚕豆根系释放更多的有机酸,也能促进难溶性磷的活化,从而有利于两种作物的磷营养(Li et al.,2003;Li et al.,2007;Zhou et al.,2009)。

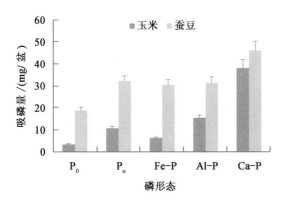

图3-2　蚕豆对难溶性无机磷和有机磷的利用能力均
远远强于玉米(修改自 Li et al.,2007,PNAS)
P_0:不施磷;P_o:有机磷;Fe-P:$FePO_4$;
Al-P:$AlPO_4$;Ca-P:CaH_2PO_4

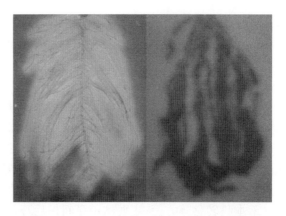

图3-3　蚕豆(左)和玉米(右)根际酸化能力的差异
(Li et al.,2007)
蚕豆和玉米根系在含 pH 指示剂——溴甲苯酚紫的琼脂中反应
6 h 根际 pH 的变化情况,黄色表明酸化,紫色表明碱化

　　这些发现揭示了作物间的根际互惠作用及其机理,不仅对利用间套作种间根系相互作用提高养分利用效率有重要意义,而且对利用生物多样性原理提高生态系统生产力和稳定性有重要的指导作用。

3.2.2　鹰嘴豆/小麦和鹰嘴豆/玉米对土壤有机磷活化吸收利用的机理

　　土壤中的磷不仅以无机磷的形态存在,更重要的是有相当一部分磷是以有机磷的形态存在于土壤中的。有机磷不能被植物直接吸收利用,必须分解为无机磷以后才能被植物吸收利用。植物种在活化利用土壤有机磷方面具有显著的差异。当这些有机磷活化能力强的物种和有机磷活化能力弱的物种在一起时,是否具有种间的促进作用?在有机磷供应条件下,鹰嘴豆的根际效应可以改善小麦的磷营养(Li et al.,2003;2004),并且明确了这种促进作用除了根际酸化的机制外,另外一个主要原因是由于鹰嘴豆根系分泌更多的酸性磷酸酶(图3-4),鹰嘴豆根际土壤酸性磷酸酶活性因而也比玉米根际酸性磷酸酶活性高出 1~2 倍(Li et al.,2004)。

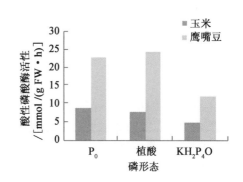

图3-4　鹰嘴豆根系酸性磷酸酶活性显著高于
玉米(修改自 Li et al.,2004,Annals of Botany)

3.2.3　蚕豆/玉米间作—接种根瘤菌改善在宁夏新开垦土壤上的应用

　　基于上述发现,我们在宁夏新开垦土壤上试验和验证利用玉米/蚕豆间套作并接种根瘤菌提高磷肥的利用率和增加土壤肥力的效果。在宁夏红寺堡新开垦土壤上设置了不同磷肥用量(2008 年为P_2O_5 0 和120 kg/hm^2,2009 年为P_2O_5 0,60 和120 kg/hm^2)试验,研究了玉米蚕豆间作,同时接种根瘤菌对生产力和磷肥利用率的影响。结果表明,间作蚕豆和间作玉米相对于单作增产分别达到30%~197% 和0~31%。间作蚕豆结瘤数量和获取磷量均显著高于单作,但对施磷水平没有显著的反应。间作体系的磷素回收率显著高于单作蚕豆和单作玉米的加权平均回收(Mei et al.,2012)。

3.3　豆科/非豆科间作中的氮素补偿利用机理

　　豆科/非豆科间作不仅生产了禾谷类粮食,而且能够生产豆科作物。特别是豆科作物生物固氮作用,使得该体系成为一种稳产、高产、高效、可持续的种植体系,普遍分布在世界各地。如丹麦(Jensen,1996;Hauggaard-Nielsen et al.,2001)、英国(Bulson et al.,1997)、乌干达(Kasenge et al.,2001)、印度(Singh et al.,1998)、美国(Lesoing and Francis,1999)、澳大利亚(Unkovich et al.,2003)和巴西(Nichols et al.,2001)等地。

豆科/非豆科间作在中国分布面积较大,包括西北地区的蚕豆/玉米和小麦/大豆、西南地区的蚕豆/小麦和蚕豆/油菜等。过去大量的研究主要集中在这种间作的地上部光能资源的高效利用(Rodrigo et al.,2001;Tsubo et al.,2001)、减缓病虫害发生(Theunissen and Schelling,1996;Banks and Ekbom,1999;Zhu et al.,2000)、种间相互作用和养分互作等(Lehmann et al.,1999;Li et al.,2003)。对其中的生物固氮的研究,过去的研究主要集中在低投入农业条件下豆科植物固氮的比例和豆科植物氮向禾本科转移等方面,主要结论是间作后豆科植物来自于大气氮素的比例上升,而固氮量并不一定相应提高。然而,集约化农业中化学氮肥大量施用,间作套种也不例外,即使是豆科/禾本科间作,氮肥用量都在 200 kg/hm² 以上。对于集约化大量施用化学氮肥的豆科/非豆科间作体系研究相对较少。

我们对高氮肥用量条件下,豆科作物的生物固氮进行了多年的研究。研究证实,玉米/蚕豆间作后地上部氮素累积量显著高于单作加权平均氮素累积量(Li et al.,2003;Zhang et al.,2003;Fan et al.,2006;Li et al.,2009a)。

3.3.1 禾本科和豆科间作有利于缓解生物固氮的"氮阻遏"

一般认为,高肥力或高氮肥投入条件下,生物固氮的潜力被显著抑制。Salvagiotti 等对 1966—2006 年间发表的 630 多组数据进行系统分析后发现,大豆生物固氮量与化学氮肥施用量呈现一个显著的指数负相关关系,表明化学氮肥施用明显抑制豆科作物的生物固氮(Salvagiotti et al.,2008),即豆科作物的生物固氮存在"氮阻遏"现象。

中国农业大学和甘肃农业科学院在甘肃武威的田间试验中观察到,随着施氮量的增加,"氮阻遏"效应明显,与不施氮相比,150,225,300 kg/hm² 处理的蚕豆根瘤数分别降低了 6.6%,16.6%和 21.8%,但在 75 kg/hm² 处理中增加了 7.6% (Li et al.,2009b);与不施氮相比,75,150,225,300 kg/hm² 处理的蚕豆根瘤重分别降低了 8.8%,32.5%,42.3%和 53.8% (Li et al.,2009b),进一步证实了这种氮阻遏作用的存在。

豆科作物和禾本科作物间作后可以缓解豆科作物生物固氮的氮阻遏作用。我们在甘肃武威进行的田间试验在初花期、盛花期、鼓粒期和蚕豆收获期测定蚕豆的结瘤状况后发现,与单作蚕豆相比,蚕豆/玉米根系相互作用显著增加了间作蚕豆的单株瘤重,平均增幅为 22.5%($F=35.8,P<0.0001$)(Li et al.,2009b)。蚕豆/玉米根系相互作用显著促进了间作蚕豆根瘤的发育,与单作相比,使其单瘤重平均增幅为 14.6%($F=4.3,P=0.0440$)。间作蚕豆相对于单作蚕豆的根瘤重在初花期、盛花期、鼓粒期和成熟期分别增加了 7%~58%,8%~72%,4%~73% 和 7%~62%。

由于蚕豆和玉米种间相互作用强化了结瘤作用,相应的间作蚕豆固氮量(Ndfa)显著增加。在田间条件下,用 $\delta^{15}N$ 自然丰度法,测定了与玉米间作的蚕豆的生物固氮量比单作蚕豆增加了 8%~33%(初花期),54%~61%(盛花期),18%~50%(鼓粒期)和−7%~72% (成熟期)(Li et al.,2009b)。

由蚕豆的总氮累积量和固氮比例计算得到固氮量(图 3-5)。施用氮肥显著降低了 3 种种植方式下的蚕豆的固氮量,蚕豆/玉米、单作蚕豆和蚕豆/小麦分别降低 36%,43%和 34%。不施氮肥时,蚕豆/玉米显著高于单作,增幅到达 87%,而蚕豆/小麦显著低于单作,降幅为 29%。在 120 kg/hm² 时,蚕豆/玉米显著高于单作,增幅到达 109%,而蚕豆/小麦显著低于单作,降幅为 18% (Fan et al.,2006)。

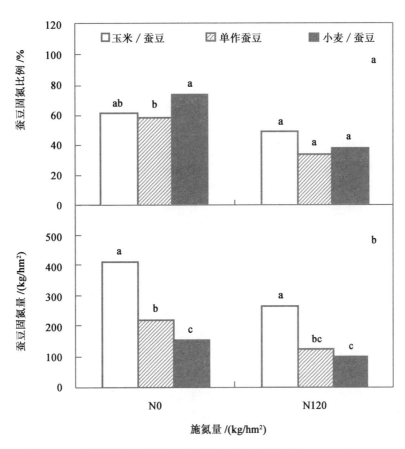

图 3-5 三种种植体系中蚕豆固氮比例(a)和固氮量(b)(Fan et al. ,2006)
图中同一氮肥水平内的不同字母表示具有显著性差异。

总之,与禾本科作物间作,随施氮量增加,单作蚕豆的结瘤固氮作用显著下降,而间作蚕豆的结瘤固氮作用下降幅度较小。这充分说明了禾本科作物与豆科作物间作,缓解了豆科作物生物固氮的氮阻遏作用。

3.3.2 禾本科作物对土壤氮素的竞争作用

应用^{15}N 同位素标记技术和自行建立的根系分隔装置,中国农业大学对这种促进作用的机理进行了深入的研究。将^{15}N 肥料施入土壤,并让小麦和蚕豆的根系间无分隔(根系完全相互作用),尼龙网分隔(只有根际效应存在而根系之间不直接接触)和塑料膜分隔(种间根系无相互作用),研究根系相互作用的强度对土壤中氮的利用能力。结果表明,小麦对土壤和肥料氮素具有更强的竞争能力,小麦与蚕豆种间的根系相互作用使得蚕豆吸收施入土壤中的^{15}N 降低 80.1%,但蚕豆地上部总吸氮量并没有显著下降,表明蚕豆体内来自大气的氮素显著增加。同时,间作使得小麦从土壤中获得更多的氮,间作小麦吸收来自于施入土壤中的^{15}N 量比单作增加 79.2%(Xiao et al. ,2004)。氮素利用上的生态位分离,是豆科与非豆科间作体系氮素补偿利用的主要机制。

3.3.3 作物种间的氮转移

应用高丰度^{15}N(99%)同位素溶液在蚕豆叶柄上注射标记的方法,证实了豆科作物体内的氮有4%向与之间作的非豆科作物转移,豆科植物固定的氮向非豆科植物的直接转移并不是氮素高效利用的主要途径(Xiao et al. ,2004)。

南京农业大学对旱稻/花生间作体系中的研究表明,旱稻和花生间的氮转移具有双向特征(Chu et

al.，2004)。在氮肥施用量分别为15,75和150 kg N/hm²，水稻体内的氮有11.9%、6.4%和5.5%来自于花生转移。表明只有在很低氮肥用量时，这个转移才对间作体系中非豆科作物的氮营养具有实质性贡献(Chu et al.，2004)。

综上所述，在豆科/禾本科间作体系中，禾本科植物吸收利用更多的土壤氮，降低了土壤中的氮素浓度。一方面，使禾本科作物获得充分的氮素营养，具有显著的增产作用；另一方面，土壤氮素浓度的降低，促进了豆科作物的结瘤固氮作用，从而实现了禾本科作物和豆科作物在氮素利用上的生态位分离，降低种间竞争，两种作物均获得高产。

总之，经过多年的研究，我们不仅明确了豆科/非豆科间作体系中氮素的互惠作用机理，而且更重要的是，我们在国际上率先揭示了这些种植体系中磷和微量元素等营养互惠机理，为国际植物营养，尤其是根际营养研究找到了实践证据和生产范例，也为挖掘生物学潜力提高养分利用效率探出了一条可行的途径。

3.4 禾本科/禾本科作物间作根系养分竞争-恢复生产原理

禾本科与禾本科作物间作时，由于它们都具有强大的须根系，对根际养分的竞争作用很强。如果根际养分供应不足就会显著相互抑制，造成减产。由于竞争的对象主要是养分水分，只要保证根际养分水分供应，强竞争反而成了获得更高产出的优势所在。小麦/玉米间作养分高效和高产的关键机理在于：种间相互作用的优势种由于有更强的资源竞争能力，因此首先获得产量优势；而劣势种在优势种成熟收获后开始发挥优势，经过恢复-快速生长而获得高产。例如，小麦/玉米间作体系是我国北方大面积应用的禾本科作物间作的典型代表，其间作产量优势非常明显。一般来说，间作小麦产量为7 344～9 220 kg/hm²，而单作小麦只有4 716～5 995 kg/hm²。我们发现间作产量优势除了间作能大幅度提高对地上部光能利用效率以外，作物地下部根系间的相互作用对养分的高效利用贡献也很大。小麦/玉米间作体系有70～80 d的共同生长期，在这一时期两作物间具有明显的竞争作用，而这种种间竞争主要发生在两个作物根际界面上。间作体系中小麦竞争能力显著强于玉米，小麦相对于玉米的竞争力(aggressivity)为0.26～1.63。以养分竞争比率来表征两种作物对土壤中养分的相对竞争能力，小麦相对于玉米的氮素竞争比率为1.09～7.54,磷钾养分也有类似的趋势。正因为如此，小麦不仅具有明显的边行养分竞争优势，而且也具有明显的产量优势，边行籽粒产量比相应的单作高出56%～92%(Li et al.，2001a)。

劣势种在生长后期的恢复或补偿作用：在小麦/玉米间作体系中，由于两种作物种间竞争的结果，在小麦收获时，劣势种玉米的生长或营养吸收受到了明显的抑制。尽管间作小麦相对于单作小麦产量增加48%～56%;但小麦收获时间作玉米的生物学产量只有单作玉米的49%～61%。当优势作物收获后，共同生长期处于劣势的物种具有一个明显的营养吸收和生长的恢复过程。小麦收获后的玉米单独生长期玉米的干物质积累速率快速增加，高达59～70 g/(m²·d)，显著高于单作玉米的23～52 g/(m²·d)(Li et al.，2001b)；养分吸收也具有类似的规律。恢复作用保证了玉米等间作劣势作物的产量，使整个间作体系养分得以高效利用，增产有了保障。这也是为什么农民更喜欢高投入、高产出的小麦/玉米带田的奥秘所在(Li et al.，2001b)。

小麦/玉米间作体系中间作小麦具有明显的边行优势。与单作行产量相比，间作边行的增产率为124.9%，相当于6行平均增产42%;单作小麦行平均产量为67.4 g/(m·行)，间作内四行的行平均产量为90.1 g/(m·行)，即内行行产量也较单作行产量高33.7%，相当于6行平均增产22%;所以，间作小麦增产的64%中，边行的贡献有42个百分点，内行的贡献为22个百分点。与玉米间作的小麦产量增加74%，地上部与地下部分别占47%和27%;小麦地上部与地下部在小麦/玉米间作体系对氮吸收增加的贡献中分别占50%和59%;小麦地上部和地下部在对磷吸收增加的贡献在小麦/玉米间作体系中分别为56%和42%(Li et al.，2001)。可见，在间作体系中种间的地下部相互影响和根际效应在间作的产量优势方面起了重要作用。

由于深化了对间套作种植体系养分资源高效利用及其增产的根际营养调控机理的认识,使我们有可能利用这些新知识进一步优化间套作生产体系。我们十多年来在甘肃、内蒙古、河南、四川和云南等地探索的结果表明,不论是豆科/非豆科,还是禾本科/禾本科作物间作,都具有提高养分资源利用效率和显著增加产量的潜力。例如,蚕豆/玉米间作体系在保证高产的条件下,与单作玉米(施氮肥量为300 kg N/hm²)相比,每公顷也可节约氮肥和磷肥各100 kg以上,充分证明了作物养分资源高效利用的生物学潜力。

3.5 明确了种间相互作用与根系空间分布的密切关系

小麦/玉米间作中两个作物共同生长期间作物之间是竞争关系,而蚕豆/玉米间作体系是促进体系或者弱竞争体系。这为我们研究种间相互作用与根系分布的关系提供了很好的模式。在田间条件下,我们利用整个剖面获取根系样品的整剖面法研究了两个体系在不同生长期根系的水平和纵深分布。

(1)小麦、玉米和蚕豆的根长、密度和根系生物量在土壤剖面分布(间作和单作)的差异研究表明,两作物共同生长期,小麦根系占据了小麦和玉米两种作物的地下部空间。在两作物共处期间,扩大了养分吸收的有效空间,养分吸收量增加,特别是最靠近玉米的小麦行,获得更多的养分,从而提高了产量(Li et al.,2001a,b;Li et al.,2006)。

(2)玉米的根系分布则与小麦不同。两作物共同生长期间,玉米的根系进入小麦根区的数量很少(图3-6;彩图3-6;图3-7;彩图3-7)。当小麦成熟收获后,玉米根系逐渐占据两种作物的根区,扩大了玉米吸收养分的范围,为玉米后期的恢复作用提供了物质基础。显然,间作玉米根系分布的这种动态对进一步理解间作玉米后期生长和养分吸收的恢复作用提供了依据。与小麦间作的玉米在小麦收获后养分吸收之所以迅速增长,生长之所以迅速增加,出现了养分吸收速率和生长速率高于单作的特点,是因为间作玉米在后期有更多的地下部空间。

图3-6 单作玉米的根系在田间可侧向生长40 cm   图3-7 玉米与小麦间作时,其根系只能侧向生长20 cm

(3)在蚕豆/玉米间作中,间作蚕豆根系只需占据有限的土壤空间(侧向0.20 cm,深度0.70 m),就可以满足其养分需求,并且获得了相对于单作更高的产量;而与蚕豆间作的玉米的根系可以进入蚕豆下部,并与蚕豆的根系交织在一起(图3-8),并且玉米的产量至少不低于单作玉米的产量(Li et al.,2006)。

(4)相对于单作玉米,无论是与蚕豆间作的玉米,还是与小麦间作的玉米,在其单独生长的后期具有更大的根重、密度,占据的地下部空间也更大(Li et al.,2011)。更为有意思的是,间作玉米的根系寿命似乎明显长于单作玉米。这与间作玉米的后期恢复生长肯定有重要联系(Li et al.,2011)。但是导

图 3-8 蚕豆根系(棕色)和玉米根系(白色)在土壤剖面中相互交叉生长

致间作玉米根系大量增殖的机制是什么？值得进一步研究。

这些结果为进一步理解我们在国际上提出的种间竞争-恢复生产原理提供了重要的实验证据,同时对种间促进作用的理解获得了根系分布方面的支持,不仅对农业生态系统种间相互作用的理解提供了直接证据,而且对于自然生态系统种间相互作用机理的认识具有 定的参考价值(Li et al. ,2006;2011)。

3.6 本章择要

本文综述了我们在间作套种地下部种间相互作用挖掘和利用土壤氮磷养分高效利用的机制。在无机磷供应条件下,蚕豆活化利用土壤中难溶性磷(如 Fe-P 和 Al-P)的能力远强于玉米并促进玉米磷吸收,其机理是由于蚕豆具有更强的根际酸化能力和有机酸释放能力,不仅增加自身活化利用磷的能力,同时也有利于玉米对磷的吸收利用;在有机磷供应条件下,鹰嘴豆通过根系分泌较多的酸性磷酸酶,改善与之相间作的小麦或者玉米的磷营养。高生产力条件下豆科/非豆科间作中的氮素营养互惠机理,主要是由于禾本科植物的氮素竞争作用有利于消除大量施用氮肥对豆科植物结瘤固氮的抑制作用(氮阻遏),从而提高了豆科植物的结瘤固氮作用。作物种间相互作用与根系分布密切相关,小麦和玉米之间共同生长期的小麦的产量优势和玉米的产量劣势主要来自于小麦根长密度(RLD)的大量侧向分布,玉米根系分布空间的缩减。作物地上部的对称性种间促进作用主要是由于间作的两种作物根系分布具有兼容性。从种间相互作用的视角认识了间套作增产和资源高效利用的机制。

参考文献

[1] 刘巽浩. 耕作学. 北京:中国农业出版社,1996.

[2] 佟屏亚. 我国耕作栽培技术成就和发展趋势. 耕作与栽培,1994,65(4):1-5.

[3] Banks J E,Ekbom B. Modelling herbivore movement and colonization:pest management potential of intercropping and trap cropping. Agricultural and Forest Entomology,1999,1(3):165-170.

[4] Bulson H A J,Snaydon R W,Stopes C E. Effects of plant density on intercropped wheat and field beans in an organic farming system. Journal of Agricultural Science,1997,128:59-71.

[5] Chu G X,Shen Q R,Cao J. L. Nitrogen fixation and N transfer from peanut to rice cultivated in aerobic soil in an intercropping system and its effect on soil N fertility. Plant and Soil,2004,263(1-2):17-27.

[6] Fan F L,Zhang F S,Song Y N,Sun J H,Bao X G,Guo T W,Li L. Nitrogen fixation of faba bean (*Vicia faba* L.) interacting with a non-legume in two contrasting intercropping systems. Plant and Soil,2006,283(1-2):275-286.

[7] Hauggaard-Nielsen H,Ambus P,Jensen E S. Interspecific competition,N use and interference with weeds in pea-barley intercropping. Field Crops Research,2001,70(2):101-109.

[8] Jensen E. S. Grain yield,symbiotic N_2 fixation and interspecific competition for inorganic N in pea-barley inter-crops. Plant and Soil,1996,182(1):25-38.

[9] Kasenge V,Kyamanywa S,Bigirwa G,Erbaugh M. Farm-level Evaluation of Monocropping and Intercropping Impacts on Maize Yields and Returns in Iganga District-Uganda. Eastern Africa

　　Journal of Rural Development,2001,17(1):18-24.

[10] Lehmann J,Weigl D,Peter I,Droppelmann K,Gebauer G,Goldbach H,Zech W. Nutrient interactions of alley cropped Sorghum bicolor and Acacia saligna in a runoff irrigation system in Northern Kenya. Plant and Soil,1999,210(2):249-262.

[11] Lesoing G W,Francis C A. Strip intercropping effects on yield and yield components of corn, grain sorghum,and soybean. Agronomy journal,1999,91(5):807-813.

[12] Li L,Li S M,Sun J H,Zhou L L,Bao X G,Zhang H G,Zhang F S. Diversity enhances agricultural productivity via rhizosphere phosphorus facilitation on phosphorus-deficient soils. Proceedings of National Academy of Sciences USA,2007,104(27):11192-11196.

[13] Li L,Sun J H,Zhang F S,Guo T W,Bao X G,Smith F A,Smith S E. Root distribution and interactions between intercropped species. Oecologia,2006,147(2):280-290.

[14] Li L,Sun J H,Zhang F S,Li X L,Rengel Z,Yang S C. Wheat/maize or wheat/soybean strip intercropping. II. Recovery or compensation of maize and soybean after wheat harvesting. Field Crops Research,2001b,71(3):173-181.

[15] Li L,Sun J H,Zhang F S,Li X L,Yang S C,Rengel Z. Wheat/maize or wheat/soybean strip intercropping. I. Yield advantage and interspecific interactions on nutrients. Field Crops Research, 2001a,71(2):123-137.

[16] Li L,Sun J H,Zhang F S. Intercropping with wheat leads to greater root weight density and larger below-ground space of irrigated maize at late growth stages. Soil Science and Plant Nutrition,2011,57(1):61-67.

[17] Li L,Tang C,Rengel Z,Zhang F S. Chickpea facilitates phosphorus uptake by intercropped wheat from an organic phosphorus source. Plant and Soil,2003,248(1-2):297-303.

[18] Li L,Yang S C,Li X L,Zhang F S,Christie P. Interspecific complementary and competitive interactions between intercropped maize and faba bean. Plant and Soil,1999,212(2):105-114.

[19] Li L,Zhang F S,Li X L,Christie P,Sun J H,Yang S C,Tang C. Interspecific facilitation of nutrient uptakes by intercropped maize and faba bean. Nutrient Cycling in Agroecosystems,2003,65 (1):61-71.

[20] Li S M,Li L,Zhang F S,Tang C X. Acid phosphatase role in chickpea/maize intercropping. Annals of Botany,2004,94(1):297-303.

[21] Li W X,Li L,Sun J H,Zhang F S,Christie P. Effects of nitrogen and phosphorus fertilizers and intercropping on uptake of nitrogen and phosphorus by wheat,maize and faba bean. Journal of Plant Nutrition,2003,26(3):629-642.

[22] Li Y Y,Sun J H,Li C J,Li L,Cheng X,Zhang F S. Effects of interspecific interactions and nitrogen fertilization rates on the agoronomic and nodulation characteristics of intercropped faba bean. Scientia Agricultura Sinica,2009b,42(10):3467-3474.

[23] Li Y Y,Yu C B,Cheng X,Li C J,Sun J H,Zhang F S,Lambers H,Li L. Intercropping alleviates the inhibitory effect of N fertilization on nodulation and symbiotic N-2 fixation of faba bean. Plant and Soil,2009a,323(1-2):295-308.

[24] Mei P P,Gui L G,Wang P,Huang J C,Long H Y,Christie P,Li L. Maize/faba bean intercropping with rhizobia inoculation enhances productivity and recovery of fertilizer P in a reclaimed desert soil. Field Crops Research,2012,130:19-27

[25] Nicholsa J D,Rosemeyerb M E,Carpenterc F L,Kettlerd J. Intercroppinglegumetrees with native timber trees rapidly restores cover to eroded tropical pasture without fertilization. Forest Ecolo-

gy and Management,2001,152(1-3):195-209.

[26] Rodrigo V H L,Stirling C M,Teklehaimanot Z,Nugawela A. Intercropping with banana to improve fractional interception and radiation-use effciency of immature rubber plantations. Field Crops Research,2001,69(3):237-249.

[27] Salvagiotti F,Cassman K G,Specht J E,Walters D T,Weiss A,Dobermann A. Nitrogen uptake, fixation and response to fertilizer n in soybeans: A review. Field Crops Research,2008,108 (1):1-13.

[28] Singh P,Mahna S K. Symbiosis in nitrogen-fixing fabales trees of dry regions of rajasthan:A review. Arid Soil Research and Rehabilitation,1998,12(4):359-386.

[29] Theunissen J,Schelling G. Pest and disease management by intercropping:suppression of thrips and rust in leek. International Journal of Pest Management,1996,42(4):227-234.

[30] Tsubo M,Walker S,Mukhala E. Comparisons of radiation use effciency of mono-/inter-cropping systems with different row orientations. Field Crops Research,2001,71:17-29.

[31] Unkovich M,Blott K,Knight A,Mock I,Rab A,Portelli M. Water use,competition,and crop production in low rainfall,alley farming systems of south-eastern Australia. Australian Journal of Agricultural Research,2003,54(8):751-762.

[32] Xiao Y B,Li L,Zhang F S. Effect of root contact on interspecific competition and N transfer between wheat and fababean using direct and indirect N15 technique. Plant and Soil,2004,262(1-2):45-54.

[33] Yu C B,Li Y Y,Li C J,Sun J H,He X H,Zhang F S,Li L. An improved nitrogen difference method for estimating biological nitrogen fixation in legume-based intercropping systems. Biology And Fertility Of Soils,2010,46(3):227-235.

[34] Zhang F S,Li L,Sun J H. Contribution of above- and below-ground interactions to intercropping. In Horst et al. (eds) Plant Nutrition-Food security and sustainability of agro-ecosystems. Kluwer Academic Publishers,2001:979-980.

[35] Zhang F S,Li L. Using competitive and facilitative interactions in intercropping systems enhances crop productivity and nutrient-use efficiency. Plant and Soil,2003,248(1-2):305-312.

[36] Zhou L L,Cao J,Zhang F S,L Li. Rhizosphere acidifcation of faba bean,soybean and maize. Science of the Total Environment,2009,407(14):4356-4362.

[37] Zhu Y Y,Chen H R,Fan J H,Wang Y Y,Li Y,Chen J B,Fan J X,Yang S S,Hu L P,Leung H, Mew T W,Teng P S,Wang Z H,Mundt C C. Genetic diversity and disease control in rice. Nature,2000,406(6797):718-722.

[39] Zuo Y M,Liu Y X,Zhang F S,Christie P. A study on the improvement iron nutrition of peanut intercropping with maize on nitrogen fixation at early stages of growth of peanut on a calcareous soil. Soil Science and Plant Nutrition,2004,50(7):1071-1078.

[38] Zuo Y M,Li X L,Cao Y P,Zhang F S,Christie P. Iron nutrition of peanut enhanced by mixed cropping with maize:role of root morphology and rhizosphere microflora. Journal of Plant Nutrition,2003,26(10-11):2093-2110.

[40] Zuo Y M,Zhang F S,Li X L and Cao Y P. Studies on the improvement in iron nutrition of peanut by intercropping with maize on a calcareous soil. Plant and Soil,2000,220(1-2):13-25.

（执笔人：李隆　张福锁）

第 4 章

根层养分与根系发育

　　在田间土壤条件下,作物对养分的吸收依靠两个过程,根系的养分吸收特性和土壤养分供应特性(Barber,1995)。而土壤与根系之间有存在密切的互作。一方面,土壤的物理化学性状(温度、湿度、pH、通气状况、养分状况、紧实度等)对根系发育有强烈的影响(图4-1),良好的土壤不仅可以提高土壤养分有效性,而且有利于根系的生长发育。另一方面,良好的根系生长发育又会反过来促进土壤养分的高效吸收,而且通过根的生物学活性改变根际土壤的理化性状。农田土壤总是存在这样或那样的问题,但根系可以在一定程度上根据土壤理化性状的变化做出适应性反应,通过调整根系生长发育过程和根系构型,最大可能地适应土壤环境、获取其生长所需的养分和水分。因此,充分理解土壤与根的相互作用过程,有助于创造良好的土壤条件和发挥根系的生物学潜力,同步实现高产与土壤养分水分资源的高效利用。

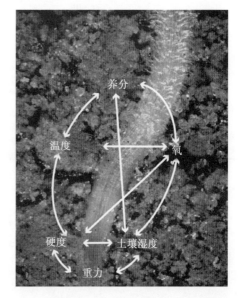

图 4-1　影响根系及养分有效性的土壤环境因素

4.1　根层养分供应

　　土壤中根系主要分布的垂直范围可以称为根层。虽然作物根系可以分布得很深,比如小麦可达2 m多,玉米达到1 m多。但一般而言,作物根系60%以上分布在0～20 cm土层内(Chen et al.,2014),这一层次通常是机械耕层的范围,也是肥料施用的范围,所以在这一层次的养分含量最高。尤其是磷这样移动性比较差的养分,更是主要集中在土壤表层(图4-2)。而移动性较强的硝态氮,则在生育期中可能不断下移。由于根系的腐烂和秸秆残茬的还田,表层中有机质的含量也比深层土壤中高得多。

　　土壤养分供应强度受施肥的影响很大,增施氮肥显著增加土壤中无机氮的含量(图4-3)。随着生育时间的延长,表层的硝态氮会逐步向深层移动,增加下层土壤的无机氮含量。在播种后80 d,可以淋失到60～90 cm土壤层。

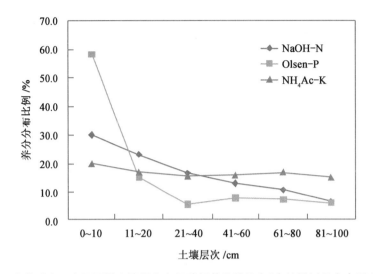

图 4-2　收获后春玉米田不同土壤层次中氮磷钾养分的分布（吉林梨树县农户调查结果）

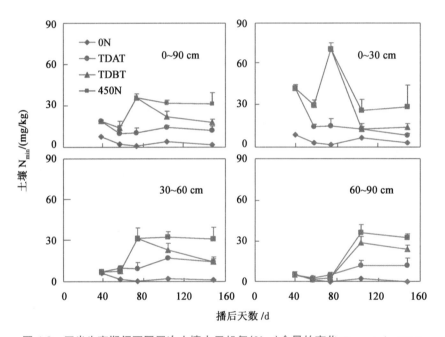

图 4-3　玉米生育期间不同层次土壤中无机氮（N_{min}）含量的变化（Peng et al. ，2012）

0N：不施氮；450N：基肥＋V8 肥＋V12 肥＋VT 肥（共 450 kg N/hm²）；TDAT：基肥＋吐丝肥（共 230 kg N/hm²）；
TDBT：基肥＋大喇叭口肥（共 395 kg N/hm²）。

　　根在生长的过程中不断挤压土壤，这使得根际土壤的坚实度比土体土壤要高，而且缺少孔隙。在 0～20 cm 土层内，通常根际土壤所占的比例不足 1%（玉米根际土壤约占总土壤体积的 0.4%）（Mengel and Barber，1974）。这意味着，根从根际土壤中直接截获的养分，不足土壤总有效养分的 1%。举例而言，在高产玉米田中，如果土壤中的无机氮含量达到 200 kg/hm²，则根系只能从根际土壤中直接截获约 2 kg 氮。不过，对于需求量较低的钙养分而言，根系截获量已基本能满足其生长需求。实质上在土壤溶液中存在大量养分（表 4-1），在根系吸收水分的同时，很多土壤溶液中的可溶性养分可以通过质流作用移动到根表，这极大地增加了土壤养分的空间有效性。除了磷以外，通过质流方式到达根表的养分要远远大于根系从根际土壤截获的养分（表 4-2）。作物吸收的大部分氮素和全部的镁、硫等养分是通过这一方式供应的。而对于溶解性相对较差的磷、钾养分而言，通过质流运到根际的养分尚不足以满足作物生长的需求，大量的磷钾（以及一部分氮素）需要通过扩散方式移动到根表，以满足根系吸收。而养分从土壤扩散到根表的距离只有 $0.1\sim15$ mm,也就是说,只有在根际这个范围内的土壤溶液中的养分才能扩散到根表,被根系有效地吸收。所以对磷、钾而言,增加根际局部土壤中的养分供应是必需的。所以生产中,将磷肥集中施于根际附近通常效果最好。根际土壤中的养分是否累积或者亏缺,决定于根系吸收、质流、扩散的相互作用的结果。虽然理论上根际磷易出现亏缺,但在肥沃的农田和施肥量较大条件下,根际并不一定出现磷的亏缺。

表 4-1

土壤溶液中的养分浓度

养分种类	土壤溶液中的浓度/$(\mu mol/L)$
NO_3^-	$100\sim50\ 000$
NH_4^+	$100\sim2\ 000$
$H_2PO_4^-$ 和 HPO_4^{2-}	$1\sim50$
K^+	$100\sim4\ 000$
Ca^{2+}	$100\sim5\ 000$
Mg^{2+}	$100\sim5\ 000$
SO_4^{2-}	$100\sim10\ 000$

Barber,1995。

表 4-2

不同土壤养分供应方式对玉米养分吸收的贡献

养分种类	养分需求量		不同养分供应方式的供应量	
	目标(产量 9 500 kg/hm²)	根系截获/(kg/hm²)	质流/(kg/hm²)	扩散/(kg/hm²)
氮	190	2	150	38
磷	40	1	2	37
钾	195	4	35	156
钙	40	60	150	0
镁	45	15	100	0
硫	22	1	65	0

Barber,1995。

无论是养分的质流还是扩散过程,都受到土壤中物理化学性状的影响。比如土壤温度、水分、坚实度等,对质流和扩散速率有强烈的影响。因此,通过调整播期、土壤耕作方式以及水分供应强度,可以有效地调节根层土壤养分有效性,进而调控作物的生长。比如在东北吉林春玉米区,采用免耕措施后可以有效地减少土壤风蚀和保持土壤水分,但也同时降低了早春土壤温度。对于土壤含锌量较低的土壤,尤其是砂土质,缺锌现象就会大量发生。为此,除了施用锌肥外,适当晚播、深松措施会有助于提高土壤中磷的有效性,减轻缺锌症状的发生。

4.2 根系生长发育

作物根系由胚根与次生根(胚后根)组成。玉米根属于须根系,胚根包括主胚根和种子根,而胚后根包括地下节根、地上节根(气生根)。各种根上生长的侧根。根的表皮细胞可以特异为根毛。对于有分蘖的小麦和水稻而言,每个分蘖的分蘖节位置可以发生自身的节根。双子叶作物的根系则主要由主根和侧根组成。如前所述,根系的分布在 $0\sim20$ cm 表层中最多,向下依次递减。在玉米中,表层根系较粗,而深层根较细(图 4-4)。

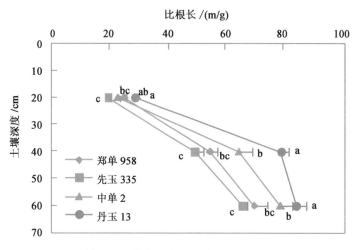

图 4-4　土壤不同层次中玉米根系的比根长(陈延玲等,2012)

根系作为重要的养分吸收器官,通常是苗期作物生长的中心,在此时根冠比最大。随后,地上部生长相对超过根系生长,根冠比不断降低。在作物的营养生长完成之时,通常根系总长度和总干重达到最大值。此后,随着生殖器官的生长发育,光合产物向根系的供应逐步减少,根的衰亡超过新根的生长,表现为总长度不断衰减。但早发育根、分布较深的根衰亡更快,导致 0～20 cm 浅土层内根长度的比例增加(图 4-5)。

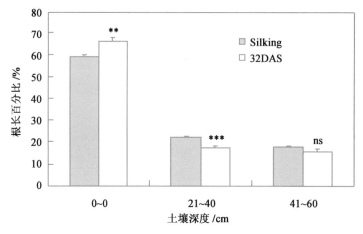

图 4-5　玉米吐丝期和灌浆期不同层次根系的分布比例
Silking:吐丝期;32DAS:吐丝后 32 d。

根系的生长受多种因素的调节,其中主要的包括土壤温度、湿度、通气状况、紧实度等因素。有关研究已经很多,简略而言,根系生长以田间持水量 60%～70% 为好,此时最有利于根系生长,低于 50% 根系生长会受到阻碍。水分亏缺会使表层土层中玉米的根长、根重和根表面积显著降低,而使得深层土层中的根系相对增加。慕自新等(2005)的结果表明,在干旱条件下玉米上层节根增粗,而中下层节根却变细。在土壤温度不低于 9℃下玉米根系表现出生长,在 28℃时根系生长速率最大(Barber et al.,1988)。也有研究认为地温 20～24℃是玉米根系生长的最适宜温度,当地温降低到 4.5℃时,根系生长基本停止;超过 35℃时,根系生长速度也会降低(乐章燕等,2013)。因此,在我国东北吉林春玉米区,起垄种植是历史上主要的耕作方式。起垄有利于增加地温,减轻早春土壤低温对根系生长的不利影响。但另一方面,起垄耕作过程中容易造成土壤水分的散失,不利于土壤水分保持。如果春播期降雨不及时,常常影响正常播种。最近由于全球变化,东北积温有了很大幅度的增加,而玉米改良也使品种所需的积温有所下降,相比而言,水分对根系生长的限制变得相对重要。因此,平作面积在不断扩大。但对于一些低洼地而言,起垄种植方式依然效果较好。

在紧实土壤中根系伸长速度减慢、根变短变粗。在土壤容重较大的土壤中根系在表层分布所占的比例较大。土壤质地不同影响到土壤中的理化性质,因此不同土壤类型上根的生长有很大差异。在吉林梨树县的调查中发现,在基本相同的气候条件下,3种土壤上根生长差异明显,表现为冲积土上根系生长最好,黑土上次之,风沙土上较差(图4-6)。

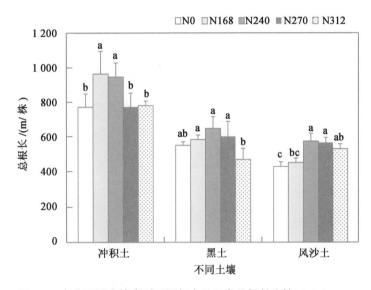

图4-6　东北不同土壤类型不同氮水平玉米总根长比较(张永杰,2011)

玉米种植密度对根系生长有显著的影响。增加种植密度使单位面积上总根长密度显著增加,但单株根系显著变小、变细。密度主要降低0~20 cm土层中的根系生长,对深层根系影响较小(图4-7)(陈延玲等,2012)。因此,在增密种植条件下,更需要提高根层养分的供应强度和持续供应能力,以弥补根系变小的劣势,满足地上部生长对养分的需求。

根层养分供应强度对根系生长有很强的调节作用。在水培条件下,当硝态氮供应在1 mmol/L左右时,根系生长通常达到最佳。极度缺氮在抑制地上部生长的同进,也抑制根系的生长。但供氮强度过强(常高于10 mmol/L),根系生长也往往受到抑制(Wang et al.,2004;Tian et al.,2005)。在田间条件下,过高的施氮量也同样抑制根的生长(图4-6)。以出苗至吐丝期间0~100 cm土层土壤硝态氮作为根层氮素供应强度,发现土壤硝态氮浓度与吐丝期玉米根长之间存在抛物线关系。当硝态氮供应强度在15 mg/kg时,根系生长最优(Shen et al.,2013)。在华北地区则发现,为保证玉米高产(9~14 t/hm² 产量水平),生长期内0~60 cm土壤的临界无机氮浓度需要达到6 mg/kg(Peng et al.,2013)。

在低氮条件下,氮素吸收量成为地上部生长的主要限制因素,氮吸收效率对于产量的决定作用要大于氮利用效率(米国华等,1998;Presterl et al.,2002)。此时,玉米主要依靠发育更发达的根系来寻找土壤空间的氮素资源(Sattelmacher et al.,1990;Lawlor,2002;米国华,2007),因而根的生长相对受到促进。在这种情况下,根系大小与吸氮量和玉米产量常表现出很好的相关性(图4-8)。

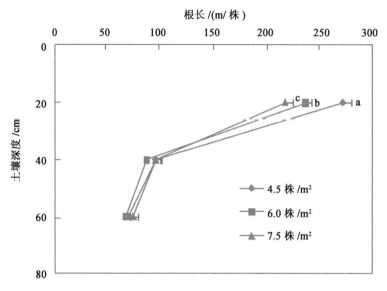

图 4-7　种植密度对玉米根系生长的影响(陈延玲等,2012)

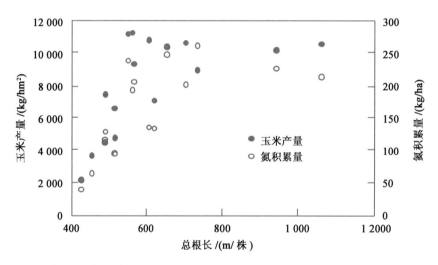

图 4-8　在施氮量较低条件下,玉米根系大小与吸氮量和产量的相互关系(张永杰,2011)

由于土壤中不同养分的移动特点不同,除了根系大小,根系构型(root system architecture,RSA)对于作物高效吸收土壤养分也至关重要。一般而言,较浅的根系更有利于获取磷等移动性差、在表层分布比例高的养分。非较深的根系则有利于获取氮素等移动性较强的养分,也有利于高效吸收水分(图 4-9)。同时,针对田间土壤养分分布的不均匀特性,在局部养分富集区发生大量的侧根或增加侧根长度,也是根系高效利用各种养分的重要反应。这种反应可以在苗期(Guo et al.,2005;Liu et al.,2000),也可以在灌浆期(Peng et al.,2012)。如前所述,有些养分(如磷等)主要以扩散方式向根表移动,对于这些养分而言,较多的侧根和根毛是非常重要的。

需要指出的是,在田间条件下,养分对根系生长的影响与气候条件及土壤环境有很强的互作,因温度、降水条件、生育时期及土壤氮供应水平的不同,增加氮素供应可能减少或促进根的生长,或没有显著影响(吴秋平,2011)。

最后,根系生长受遗传和环境因素双重调控。遗传改良可以在很大程度上改变根系的大小与构型,进而提高养分水分的利用效率(Zhang et al.,2012)。然而,针对根系性状改良的育种实践还很缺乏。在我国玉米高产育种过程中,根系性状也在发生相应的改变,从农家种到 1990s,玉米品种根系在

磷高效 – 浅根型　　　　　氮高效 – 深根型　　　　　氮素与水分高效 – 深根型
(Lynch,1995)　　　　　(Mi et al.,2010)　　　　　(Lynch,2013)

图 4-9　高效吸收土壤养分的根系构型模型

逐步增大,其分布呈现"纵向延伸、横向紧缩"的演进特点(王空军,2000)。但是在低氮条件下根系大小没有得到显著的改良(吴秋平等,2011)。从 1990s 后,新育种的品种(农大 108,郑单 958 和先玉 335)的根系显著小于 1990s 以前育成的品种(中单 2 号,丹玉 13 和掖单 13)(Chen et al.,2014)。研究发现,氮素供应与品种互作效应在不同生育时期作用较小,说明由品种遗传特性表现的根系性状差异受氮肥影响较小,选择优良根系性状品种可以适应不同供氮水平(吴秋平,2012)。

参考文献

[1] 陈延玲,吴秋平,陈晓超,等.不同耐密性玉米品种的根系生长及其对种植密度的响应.植物营养与肥料学报,2012,18:52-59.

[2] 乐章燕,等.土壤温湿度对玉米根系的影响.玉米科学,2013,21(6):68-72.

[3] 米国华,刘建安,张福锁.玉米杂交种氮农学效率及其构成因素剖析.中国农业大学学报,1998,3(增刊):97-104.

[4] 米国华,陈范骏,春亮,等.玉米氮高效品种的生物学特征.植物营养与肥料学报,2007,13:155-159.

[5] 米国华,陈范骏,吴秋平,等.玉米高效吸收氮素的理想根构型.中国科学:生命科学,2010,40(12):1112-1116.

[6] 慕自新,张岁岐,郝文芳,等.玉米根系形态性状和空间分布对水分利用效率的调控.生态学报,2005,25:2895-2900.

[7] 王空军.玉米不同产量潜力基因型根系生理特性及与地上部关系研究[博士学位论文].泰安:山东农业大学,2000.

[8] 王艳.玉米根系生长对硝酸盐反应的基因型差异及生理机制[博士学位论文].北京:中国农业大学,2001.

[9] 吴秋平,陈范骏,陈延玲,等.1973—2009 年中国玉米品种演替过程中根系性状及其对氮的响应的变化.中国科学-生命科学,2011,41:472-480.

[10] 吴秋平,基因型×环境互作对玉米根系生长和氮素吸收的影响[博士学位论文].北京:中国农业大学,2012.

[11] 张永杰.不同土壤类型条件下氮素调控对玉米根系生长和分布的影响[硕士学位论文].北京:中国农业大学,2011.

[12] Barber S A. Soil nutrient bioavailability:a mechanistic approach (2nd edition). John Wiley and

Sons, Inc. ,605 Third Avenue, New York, NY 10158-0012, USA, 1995.

[13] Barber S A, A D Mackay, R O Kuchenbuch and P B Barraclough. Effects of soil temperature and water on maize root growth. Plant Soil, 1988, 111: 267-269.

[14] Chen X, Zhang J, Chen Y, Li Q, Chen F, Yuan L, Mi G. Changes in root size and distribution in relation to nitrogen accumulation during maize breeding in China. Plant Soil, 2014, 374: 121-130.

[15] Guo Y. , Chen F. , Zhang F. , Mi G. Auxin transport from shoot to root is involved in the response of lateral root growth to localized supply of nitrate in maize. Plant Science, 2005, 169: 894-900.

[16] Mengel D B, Barber S A. Development and distribution of the corn root systems under field conditins. Agron J. , 1974, 66: 341-344.

[17] Lawlor D W. Carbon and nitrogen assimilation in relation to yield: mechanisms are the key to understanding production systems. Journal of Experimental Botany, 2002, 53: 773-787.

[18] Liu J, An X, Cheng L, Chen F, Bao J, Yuan L, Zhang F, Mi G. Auxin transport in maize roots in response to localized nitrate supply. Annals of Botany, 2010, 106: 1019-1026.

[19] Peng Y, Li X, Li C. Temporal and spatial profiling of root growth revealed novel response of maize roots under various nitrogen supplies in the field. PLoS ONE, 2012, 7(5): e37726.

[20] Peng Y F, Yu P, Li X X, Li C J. Determination of the critical soil mineral nitrogen concentration for maximizing maize grain yield. Plant Soil, 2013, 372: 41-51.

[21] Presterl T, Groh S, Landbeck M, Seitz G, Schmdt W, Geiger HH. Nitrogen uptake and utilization efficiency of European maize hybrids developed under conditions of low and high nitrogen input. Plant Breed, 2002, 121: 480-486.

[22] Sattelmacher B, Klotz F, Marschner H. Influence of nitrogen level on root growth and morphology of two potato varities varing in nitrogen acquisition. Plant Soil, 1990, 123: 131-137.

[23] Shen J, Li C, Mi G, Li L, Yuan L, Jiang J, Zhang F. Maximizing root/rhizosphere efficiency to improve crop productivity and nutrient use efficiency in intensive agriculture of China. J Exp Bot, 2013, 64: 1181-1192.

[24] Tian Q, Chen F, Zhang F, Mi G. Possible involvement of cytokinin in nitrate-mediated root growth in maize. Plant Soil, 2005, 277: 185-196.

[25] Wang Y, Mi G. H. , Fanjun Chen; Jianhua Zhang; Fusuo Zhang, Response of root morphology of nitrate supply and its contribution to nitrogen accumulation in maize, J Plant Nutrition, 2004, 27: 2189-2202.

[26] Zhang Y, Chen F, CHen X, Long L, Gao K, Yuan L, Zhang F, Mi G. Genetic improvement of root growth contributes to efficient phosphorus acquisition in maize (Zea mays L.). Journal of Integrative Agriculture, 2013, 12(6): 101-108.

（执笔人：米国华）

第5章

根层养分调控原理与途径

5.1 根层养分调控原理

如何实现"高产高效"作物生产,同时提高作物产量和养分利用效率是我国农业面临的重大问题。合理施肥是提高作物生产力的重要手段,而传统施肥方法大多是在养分资源不足的情况下建立的,注重为土壤本身施肥,忽视了对根系生物学潜力和根际过程的调控作用,这是造成我国过量施肥的重要原因之一。在作物系统中,根的生长和活力及其主导的根际过程主宰着根层养分的有效性、供应能力和动态过程,根层养分状况直接决定着作物的生长和生产力水平,适宜的根层养分供应既能充分发挥根系高效利用养分的生物学潜力,又不至于过量施用肥料导致养分资源的浪费和环境污染。因此,如何实施有效的根层养分调控就成为同时实现高产高效的关键(图 5-1),这主要表现在必须解决根层调控理论与技术途径两方面的问题,一是根层调控的理论基础是什么?即根系能否高效利用养分?如何调控根系?调控的机制是什么?二是根层养分调控的技术途径如何?即如何在田间条件下实施有效的根层养分调控?关键技术途径是什么?本文从个体水平下的根系和根际以及群体尺度下的根层角度系统阐述了根层养分调控的原理与技术途径。

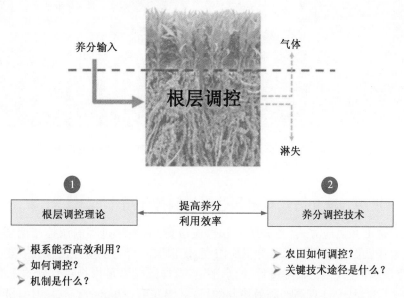

图 5-1　根层养分调控的意义与核心作用

5.1.1　根系主导的根际过程与调控

土壤和肥料的养分是通过根际被作物根系吸收的。根系在土壤中的生长具有高度的可塑性,表现在根系形态和生理特征的适应性变化方面,由于根系的生长和生理活性的改变直接主导着根土界面微域土壤的生物和化学过程,从而深刻影响了养分的空间和生物有效性。这种根土界面养分动态过程直接反映了根系主导的根际过程的适应性改变。

根层养分调控的核心是如何保持适宜的根层养分供应,适宜的根层养分供应既能充分发挥根系高效利用养分的生物潜力,又不至于过量造成资源的浪费和环境污染(图5-2;彩图5-2)。根际过程直接反映了根层养分的供应能力。根际是受植物根系生长活动影响的,在物理、化学和生物学特性上不同于原土体的特殊土壤微域,是植物-土壤-微生物及其环境相互作用的场所,是各种养分、水分、有益和有害物质进入根系参与食物链物质循环的门户。在自然生态系统中,植物根系和土壤紧密接触,形成了变异性很大的土壤微区。根际过程是地球上植物-土壤-微生物及其环境相互作用的核心,是地球陆地表面最基本的生态过程。农田生态系统的基本功能之一是提高作物生产力。近20年来,由于我国区域经济发展的不平衡,农田生态系统的外部资源投入存在较大差异,导致我国东部地区成为集约化程度较高的地区,其特点是:养分投入过量,土壤肥力高,作物产量水平高,环境污染严重,因此养分管理的目标是优化养分投入,通过根际调控发挥作物对养分高效吸收利用的生物学潜力,实现高产高效协调发展;另一方面,我国仍存在较大面积的低投入区,其特点是:养分资源的投入有限,增产潜力较大。如何通过根际调控进一步优化植物-土壤-微生物之间的关系,提高养分利用效率和作物生产水平,是低投入地区面临的首要问题。

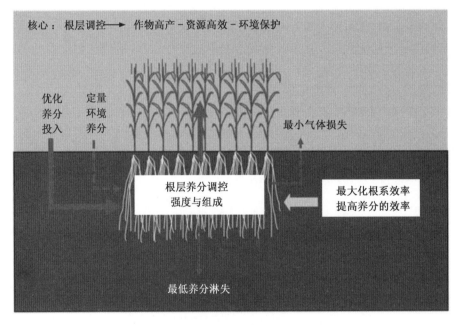

图5-2　根层养分调控实现作物高产高效和环境保护的原理
(修改于张福锁等,2008;Zhang et al.,2010)

5.1.2　养分供应强度和方式对根际过程的调控作用

改变养分供应强度和供应方式(养分组成和供应位置)对根际过程的调控作用至关重要。确定与植株养分需求速率相匹配的临界根际养分供应浓度,使根层养分的供应强度保持在能够充分发挥根系生物学潜力(调控根系形态、强化根际过程)的水平上,这样既能满足作物对养分的需求,又能避免环境污染(图5-3;彩图5-3),从而实现高产高效协同的目标(图5-4)(Zhang et al.,2010;Shen et al.,2013)。

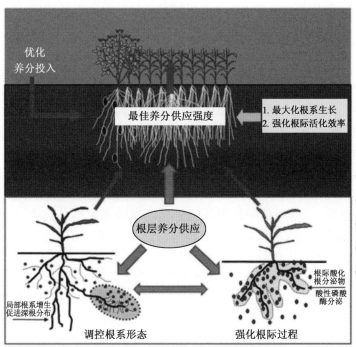

"以根层养分调控为核心"的养分管理思路包括 5 个关键基础研究问题:

(1) 养分空间有效性

(2) 养分生物有效性

(3) 养分时空变异性

(4) 根系主动反应

(5) 高产作物养分吸收规律

图 5-3　根层养分调控的理论基础(修改于张福锁等,2008;Zhang et al.,2010)

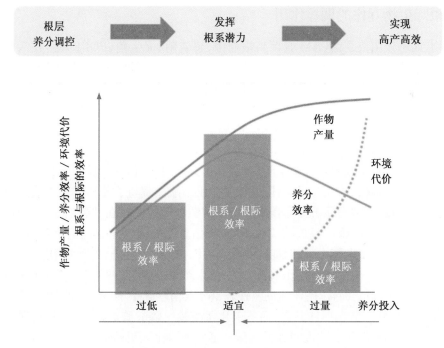

图 5-4　根系/根际养分调控的概念模型(修改于 Shen et al.,2013)

以根层养分调控为核心的养分管理思路主要包括以下 5 个关键性基础研究问题:养分的空间有效性、养分的生物有效性、养分的时空变异性、根系主动反应以及高产作物的养分吸收规律。这 5 个方面共同作用于根层养分的时空有效性和供应能力。研究表明,养分供应强度和供应方式可以深刻影响根系的生长和分布,局部养分供应显著促进根系的增生和深层根系的分布,深层根系的分布增强了作物对亚表层土壤水分和养分的利用能力,结合上层土壤中根系对局部养分的高效利用,实现养分和水分高效利用的协同(Shen et al. ,2013);养分供应强度和供应方式也能深刻修饰根际过程,局部养分供应可以通过增强质子分泌,提高根际的酸化能力,增强酸性磷酸酶的活性,提高了作物对难溶性养分特别是磷和微量元素(Zn 和 Fe)的活化利用效率(Jing et al. ,2010,2012;Ma et al. ,2014)。

目前的氮肥推荐技术,主要是通过在作物关键生育时期测定土壤无机氮浓度来有效地估计土壤中可利用的无机氮总量,根据下一阶段作物生长所需求的总氮量,可以确定施氮量(见其他有关章节)。这种方法可以有效地控制不同阶段的土壤无机氮总量,却忽视了根层养分供应强度对根系和根际过程的影响。由于养分元素在土壤中行为及分布具有较大变异性,且受土壤水分、温度、质地等因素的影响。施入的养分并不能代表植物真正能利用的部分,只有到达根际并被植物吸收的养分才是有效养分。因此,首先要确定根际养分浓度或供应强度达到多少时才可以满足植物生长的需求;再根据土壤水分、温度等影响养分运移的因素,分析施入多少肥料、施在什么部位才能满足这一养分供应的需求,从而实现定向调控。在水培条件下发现,作物苗期达到最大生长速率的氮素养分供应浓度一般为0.5~1 mmol/L,可作为根层养分调控的重要参考指标。在田间条件下,通常利用土壤溶液提取器来测定土壤溶液中的氮素养分浓度,由于养分向根际的运移受到土壤水分、温度、质地等因素的影响,所以,满足作物生长所需要的土壤溶液中的养分浓度可能要高于在营养液培养条件下获得的数值。通过对高产高效田间试验结果的分析,初步证明即使在高产高肥力土壤上,土壤磷从土体溶液向根表的扩散补充需要超过21次才能满足作物生长的需求。由此可见,如何持续性保持稳定的养分供应强度对于发挥根系的功能具有重要意义。在一定的生态及栽培条件下,通过设置一系列的施肥处理,定点监测根际养分浓度变化以及作物生长速率,可建立根际养分供应强度与作物生长速率之间的回归关系,用于指导施肥,实现根际定向调控的目的。

5.1.3 根际生物互作的调控作用

根际微生物,如丛枝菌根真菌(AM 真菌)、根瘤菌、解磷菌、促生菌(PGPR)等,在活化土壤磷氮养分,提高作物产量和品质方面发挥着不可替代的作用。其中 AM 真菌和根瘤菌是两种能够与作物共生的微生物,植物和微生物之间互惠共存的共生关系在根际生态系统养分循环、植物养分需求、群落多样性和稳定性等方面具有重要的作用。

AM 真菌能够与大多数作物共生形成菌根,其在改善植物磷营养方面具有显著的作用,菌丝吸收的磷可以占宿主植物吸磷总量的70%以上,其机理主要包括:①根外生菌丝能够进入根系不能到达的土壤空间中获取磷,扩大根系吸收养分的空间有效性(扩大了约60倍);②菌根菌丝能够分泌有机酸和质子等活化难溶性的无机磷、锌、铜等元素,同时能够分泌植酸酶促进有机磷矿化提高养分的生物有效性,促进作物对养分的吸收,从而显著提高作物产量和磷的利用效率。在缺磷的土壤条件下,有可能造成微生物和根系竞争土壤中的磷。最近的研究证明,在菌丝际施入一定量的启动磷,可以显著促进菌根的生长,提高根系对磷的摄取能力,同时能够降低 C∶P,抑制微生物量磷库的增加,将根际或者菌丝际中生物之间的竞争关系转化为协同互作关系,这一成果对于理解"四两拨千斤"的根际调控提供了理论依据(Zhang et al. ,2014)。而且,菌丝际供应铵态氮导致菌丝际土壤 pH 降低,供硝态氮导致 pH 升高;pH 降低使菌丝际酸性磷酸酶活性升高,而 pH 升高使碱性磷酸酶活性增强,从而促进了有机磷的矿化,提高了玉米植株的磷含量。这说明菌根真菌分泌质子活化无机磷而解磷细菌分泌磷酸酶活化有机磷,进而强化土壤难溶性磷利用的机理,证明菌根真菌与解磷细菌互作对有机磷矿化有正效应,其效应受菌根际和菌丝际土壤 pH 调控(Wang et al. ,2013)。

进一步的研究表明,集约化农田系统中,菌根真菌对于作物的生长和营养状况仍然发挥着重要作用:从1950—2000s 的育种过程并未降低玉米菌根响应度,并且在高磷条件下 AM 真菌仍促进了某些玉米品种的磷吸收。认为高磷肥力条件下选育菌根响应度高的玉米品种,有利于菌根途径磷吸收作用的发挥,可以节省磷肥投入;适宜供磷强度下,菌根途径对玉米生长和磷吸收的影响最大(Chu et al. 2013)。

　　根瘤菌能够与豆科作物共生,通过固定空气中的 N_2 为植物提供充足的氮营养并增加土壤中的氮素含量。同时根瘤的结构和功能也能够对根瘤周围的物理、化学和生物学过程产生影响,改变根瘤周围养分的有效性,从而使根瘤能够获得更多的养分。由于根瘤代谢过程(固氮过程和呼吸过程)向根瘤外释放各种物质如质子、有机酸等,也能够显著改善植物磷营养。Ding 等(2012)通过组织化学原位染色技术,证明了根瘤能够分泌质子并酸化根瘤周围环境,此效应称为"根瘤际"酸化效应,并通过非损伤性电极技术证明了菌根真菌促进侧根上根瘤质子释放增加,根瘤也提高了菌丝的质子分泌。根瘤质子分泌速率加快的原因是菌根真菌提高了根瘤内的固氮酶的活性。这是首次揭示了根瘤质子分泌提高对难溶性磷的活化利用。

　　根际土壤中还存在植物促生菌(PGPR),这类微生物能够合成类似于植物激素的物质,刺激植物的生长。同时这类微生物也能够分泌抑制其他病原微生物生长的化感物质,起到保护植物正常生长的生物防治作用。

5.1.4　根层养分调控的思路与原理

　　理解不同生育时期植株的生长速率及相应的养分吸收速率。在特定的作物品种及生态条件下,植株的生长速率是相对稳定的,且与有效积温有较好的相关性。通过对特定品种的生长速率以及不同时期植株养分含量的定量研究,可以计算出不同生育时期养分的总需求量,以及不同生育时期的养分吸收速率,作为调控根层养分供应强度的指标依据。这种方法在营养液培养中已被很好地采用,在田间条件下尚缺乏相应的研究。通过相应的施肥技术调节根际养分浓度。在确定好根层养分供应强度的指标后,可以利用分次施肥、施用缓释肥和有机肥,以及不同深度施肥,采用条施或撒施等措施,能有效调节根层养分的供应强度。

　　此外,通过灌溉、播期控制、中耕等措施也可以调节根层养分供应强度。如前所述,土壤中养分元素的质流和扩散均受到土壤水分、温度等环境条件的影响很大,而灌溉、播期控制、中耕等栽培措施对土壤水分、温度等因素有显著影响,而且这些因素对根系生长发育也有强烈的调节作用。因此,以上这些栽培措施也可以作为田间条件下根际养分调控的重要途径。

　　综上所述,根层养分调控不仅仅考虑养分投入和养分供应强度的控制,而且也要将作物品种、栽培措施(灌溉、播期控制、中耕等)作为重要环节加以综合调控,建立综合的"根际养分调控体系",这样才能高效地调节根际养分的供应强度,减少肥料的过量投入,最大化根系和根际过程的生物学效能,提高作物产量和养分利用率。

5.2　根层养分调控的策略和技术途径

5.2.1　适宜根层养分供应强度及其调控技术

　　根层养分综合调控技术以根际营养调控原理为基础,通过动态实时监测和调控作物不同生育期根层养分供应强度的方法,协调根系养分吸收,土壤养分供应强度和肥料投入在时空上的同步关系,将根层土壤有效养分调控在既能满足作物高产优质需求,又不至于过量造成对环境的负效应(图 5-5)。根层养分调控的田间试验结果表明:在 66 个田间试验中,采用根层养分调控技术,作物平均增产119%,氮效率提高 91%;在 5 147 个试验示范中,进一步验证了增产增效的潜力,证明作物平均增产12%,氮效率提高 40%,磷效率提高 63%(Chen et al.,2011)。以上结果表明,适宜的根层养分供应既能充分发挥根系的潜力,又能节约养分资源,提高作物产量和养分效率。由此可见,把根际营养研究与作物生产体系有机结合,使根际过程的机理研究走向根层养分调控,并用于指导生产,服务于高产高效的目标。

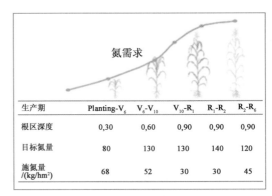

生产期	Planting-V_6	V_6-V_{10}	V_{10}-R_1	R_1-R_2	R_2-R_6
根区深度	0.30	0.60	0.90	0.90	0.90
目标氮量	80	130	130	140	120
施氮量 /(kg/hm²)	68	52	30	30	45

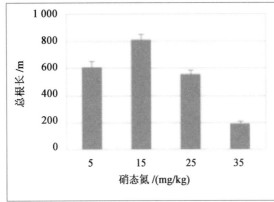
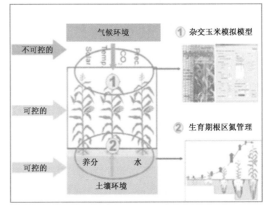

图 5-5　保持适宜的根层养分供应既能充分发挥根系的潜力,又能提高作物产量和养分效率,使根层机理研究走向根层调控(修改于 Zhang et al.,2010;Chen et al.,2011;Shen et al.,2013)

基于根层养分调控的思路与原理,设置了根层养分调控的技术要点,主要包括(图 5-6;彩图 5-6):

(1)根据高产作物不同生育阶段的养分需求量(如氮素)和土壤供肥能力,确定根层土壤养分供应的目标范围;

(2)根层土壤深度随作物根系吸收层次的变化而变化,并受到施肥调控措施的影响;

(3)通过土壤和植株速测技术及模型预测对根层土壤养分供应强度进行实时动态监测;

(4)通过综合的养分管理技术将根层土壤养分供应强度调控在合理的范围内。

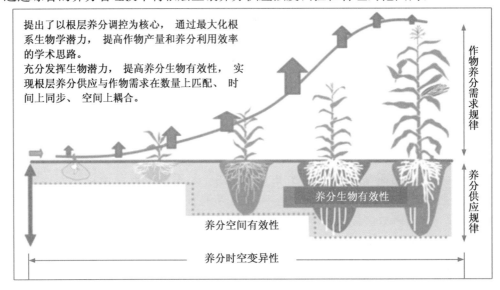

图 5-6　基于根际过程的根层养分调控策略(修改于张福锁等,2008;Zhang et al.,2010)

5.2.2　根层养分局部调控强化根系生长和根际过程的协同效应

大量研究发现田间适宜的根层养分调控强化了根系形态与生理作用的叠加效应,能同时提高作物产量和养分利用效率,起到"四两拨千斤"的效果(图 5-7)。根系调控显著的促进了玉米的生长:根长增加 45%;根际 pH 下降 2 个单位;磷酸酶活性增加 300%;启动磷高效协调根层生物互作,磷的生物有效性提高 150%。大田玉米根际调控的研究结果表明:产量增加 8%~27%;氮效率(AEN)增加 40%;磷效率(AEP)增加 200%。根系调控的措施主要包括以下几个方面:

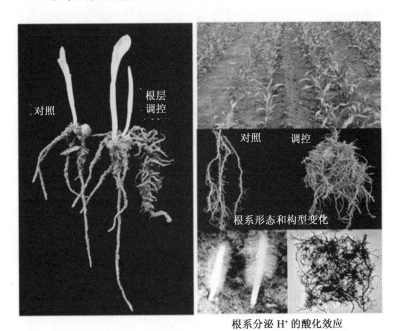

图 5-7　根层养分调控强化根系形态与生理反应的叠加效应
(修改于 Jing et al.,2010;Zhang et al.,2010)

(1)根系形态调控:在作物生长早期,特别是低温季节(如华北地区春玉米),土壤中有效养分供应较低(特别是磷的供应)。局部施用铵态氮和磷能够显著地促进玉米一级侧根的增生,因此提高了玉米地上部分的吸收和生物量(Ma et al.,2013)。

(2)根系生理的调控:根系生理调控指促进根分泌物的释放,强化根际效率。大量的研究表明局部供应铵态氮和磷不仅能够刺激根系的增生,还能使根系释放大量的氢离子,从而显著降低根际 pH。在石灰性土壤中,根际 pH 的降低能够显著提高磷的活化能力,同时也增强其他易固定养分元素(如微量元素)的有效性,从而提高作物对养分的利用效率(Jing et al.,2010,2012;Ma et al.,2013)。

(3)养分供应与植物生长时空一致性调控:保证土壤养分与作物根系时空分布同步耦合,是提高作物对养分利用效率的重要方面。我们的研究表明,在前期局部养分调控的基础上,于作物生长后期进行第二次局部养分调控能够显著促进微量元素锌和铁的吸收,提高了玉米花期叶片和籽粒中铁和锌的浓度,最终提高了玉米的产量(Ma et al.,2013,2014)。

5.2.3　生物互作对根际过程的强化作用

根瘤菌和 AM 真菌能够与植物形成共生体,与植物相互作用关系非常紧密和直接,因此被认为是最有效的微生物调控途径。

根瘤菌菌肥在低肥力和低投入的农业生产中能发挥明显的作用,然而其固氮酶合成和活性在高氮环境中容易受到抑制而失去固氮作用("氮阻遏"现象),因此在现代集约化种植体系的高投入条件下,间套作对作物增产的效果不佳。但在蚕豆玉米间套作体系中,当施氮量达到 225 kg/hm² 时,间作的蚕豆固氮量比单作高出 150%,使间作蚕豆和玉米都达到了高产水平。这与间作体系中,禾本科植物竞争吸收了豆科根际营养,排除了"氮阻遏"障碍有关。因此,基于作物根系和根际互作消除根瘤菌"氮阻遏"、提高养分利用率的根际调控技术,使根瘤菌在高投入的现代农业生产体系中依然能够发挥巨大的作用。

以往的研究认为 AM 真菌在低磷条件下对作物的生长具有重要的作用,但在高磷环境中对作物的生长有负效应;但最新的关于玉米新老品种菌根依赖性的研究表明,现代玉米品种(先玉 335)在低、中、高三种磷环境中接种菌根都显示了显著的正效应,因此现代育种过程强化了品种的菌根依赖性。这也为现代集约化种植体系中,如何充分发挥菌根的增效作用提供了科学依据。菌根菌剂商业化生产技术是一个国际性难题,但很多西方国家研究机构和企业也发明了多种制剂的方法并在农业和园艺作物上产生了良好的效益。

5.2.4　全生育期根层养分综合调控技术途径

根际是养分和水分进入植物体的重要区域和瓶颈,因此根际过程的调控深刻影响着作物生产力和养分资源的利用效率,基于根际过程的根层养分调控策略应包括以下方面(图 5-8)(Shen et al.,2013):

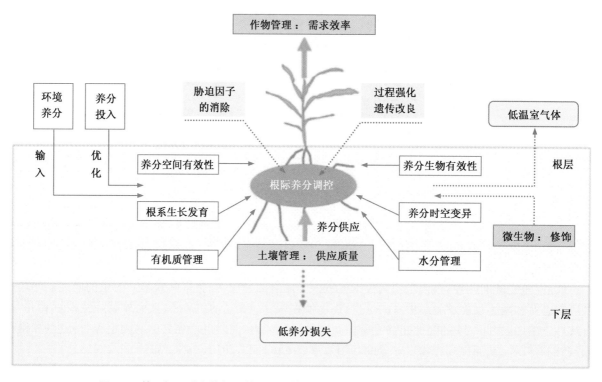

图 5-8　基于根际过程的根层养分调控策略(修改于张福锁等,2008;Shen et al.,2013)

(1)控制养分投入总量　根据作物对养分的需求规律、环境养分的输入和土壤养分的供应能力,同时综合考虑根系的生长和对土壤养分的利用能力,确定养分的总投入量,对于养分过量施用的田块,需要控制养分的投入总量;

(2)协调根系吸收和养分输入的时空同步性　养分的投入需要满足不同发育阶段作物对养分的需求。如氮素供应,不仅要考虑人为肥料的投入,还要考虑环境中养分的输入如氮沉降(每年约为 50 kg/hm²),优化养分的供应强度对于发挥作物自身生物学潜力具有重要的作用;

(3)局部养分调控　养分的投入要充分发挥局部养分对根系和根际过程的调控作用,促进根系的增生和强化根际过程,发挥土壤养分时空变异对根系的刺激作用,达到"小的启动性养分调控"诱导"促进作物生长和养分吸收大效果"的效果;

(4)挖掘根际养分高效利用的作物品种资源潜力　针对不同的土壤条件,选育根际过程强的作物品种,增强作物根系活化土壤养分的能力,提高养分的生物有效性。如:在间套作体系中,选用优化的作物组合,以发挥根际过程强的作物对根际过程弱的作物的"生长助推"作用;

(5)发挥根际生物合作的潜力　强化根际微生物与菌根活化和高效利用土壤养分的能力,充分利用间套作体系中根际互作高效活化和利用养分的机制,如:接种菌根和有益微生物,发挥禾本科与豆科作物的间作效应;解除间套作中根瘤菌的"氮阻遏"效应,提高间套作体系中豆科作物的固氮能力;

(6)创造良好的土壤条件,提高土壤养分的供应数量和质量　通过水分、耕作及有机质管理,增强土壤的持续缓冲和保肥供肥能力,为根系的生长创造良好的环境条件。如:提高土壤有机碳的水平,隔沟灌溉和中耕等,强化根系高效利用养分的生物学潜力,降低养分淋洗或挥发损失,当养分浓度过高时,活性养分能被土壤团聚体及其他颗粒表面吸附固持,当养分供应不足时,吸附在土壤颗粒表面的养分被解析下来,供作物吸收。创造这样良好的土壤环境条件是实现高产高效的基础。

综上所述,根际调控是作物-土壤系统调控的核心,根际调控的实质是依据根系主导的根际过程的原理,通过养分调控(供应强度和方式)和根际生物调控协调作物与土壤互作关系,最大化发挥根系和根际高效活化养分的生物学潜力,提高养分的利用效率,并降低环境风险,协同实现高产高效和环保的可持续发展目标。根际养分调控策略为作物全程根层养分调控、进而提高作物产量和养分效率提供了重要的科学依据和技术途径。

参考文献

[1] 张福锁,等. 协调作物高产与环境保护的养分资源综合管理技术研究与应用. 中国农业大学出版社,2008:111.

[2] Chen X P,Cui Z L,Vitousek PM,et al. ,Integrated soil-crop system management for food security. Proceedings of the National Academy of Sciences,USA,2011,108:6399-6404.

[3] Chu Q,Wang X X,Yang Y,et al. ,Mycorrhizal responsiveness of maize (*Zea mays* L.) genotypes as related to releasing date and available P content in soil. Mycorrhiza,2013,23:497-505.

[4] Ding X D,Zhang L;Li S Y,et al. ,Effects of inoculations of Glomus mosseae and/or Bradyrhizobium japonicum on formation and distribution of nodules and phosphorus uptake of soybean. Plant Nutrition and Fertilizer Science,2012,18(3):662-669.

[5] Jing J Y,Rui Y K,Zhang F S,et al. ,Localized application of phosphorus and ammonium improves growth of maize seedlings by stimulating root proliferation and rhizosphere acidification. Field Crop Research,2010,119(2):355-364.

[6] Jing J Y,Zhang F S,Rengel Z,et al. ,Localized fertilization with P plus N elicits an ammonium-dependent enhancement of maize root growth and nutrient uptake. Field Crop Research,2012,133:176-185.

[7] Ma Q H,L H B,L H G,et al. ,Localized application of NH_4^+-N plus P enhances zinc and iron accumulation in maize via modifying root traits and rhizosphere processes. Field Crop Research,2014.

[8] Ma Q H,Zhang F S,Rengel Z,et al. ,Localized application of NH_4^+-N plus P at the seedling and later growth stages enhances nutrient uptake and maize yield by inducing lateral root proliferation. Plant and Soil,2013,372(1-2):65-80.

[9] Shen J B,Li C J,Mi G H,et al. ,Maximizing root/rhizosphere efficiency to improve crop produc-

tivity and nutrient use efficiency in intensive agriculture of China. Journal of Experimental Botany,2013,64:1181-1192.

[10] Wang F,Jiang R F,Kertesz M A,et al. Arbuscular mycorrhizal fungal hyphae mediating acidification can promote phytate mineralization in the hyphosphere of maize (Zea mays L.). Soil Biology & Biochemistry,2013,65:69-74.

[11] Zhang F S,Shen J B,Zhang J L,et al. ,Rhizosphere processes and management for improving nutrient use efficiency and crop productivity:Implications for China. Advances in Agronomy,2010,107:1-32.

[12] Zhang L,Fan J Q,Ding X D,et al. ,Hyphosphere interactions between an arbuscular mycorrhizal fungus and a phosphate solubilizing bacterium promote phytate mineralization in soil. Soil Biology & Biochemistry,2014,74:177-183.

（执笔人：申建波 冯固 李洪波 张福锁）

第6章
多样化根层养分定量技术及其环境效应

作物养分主要来自土壤根层,根层养分有三大来源,分别为肥料、土壤和环境养分(刘学军和张福锁,2009)。长期以来,农业生产中人们多关注肥料养分尤其是化肥养分的投入,而忽略了来自作物根层的土壤和环境养分,造成过量施肥现象普遍发生(刘学军等,2011)。有证据表明,根层养分中土壤、环境养分对作物营养的贡献不容忽视,已成为土壤-作物系统中重要的养分资源(Liu et al. ,2013;Zhang et al. ,2012)。一方面,随着我国氮肥用量的不断增加,我国农田、菜地和果园土壤中硝态氮残留急剧升高(Ju et al. ,2006;Liu et al. ,2003);另一方面,随着全球环境问题的加剧,氮沉降等环境养分已日益引起人们的关注。有研究表明,工业革命以来全球大气氮沉降已增加 2.3 倍,达到 103 Tg N/年(Galloway et al. ,2004;2008)。新近欧美的氮评估报告(Sutton et al. ,2011;US EPA-SAB,2011)均显示,氮沉降已成为引起全球陆地生态系统物种多样性下降的重要影响因素。He 等研究表明,大气氮沉降等环境养分已成为我国华北集约化农田氮素输入的重要来源。本文将以氮素为例,就我国农田根层养分的来源、数量及其定量技术进行阐述,系统评价 1980 年以来我国土壤根层养分的时空变化及其效应,主要回答以下科学问题:①根层养分的主要来源及其历史变化;②如何科学定量这些根层养分;③过量根层养分的环境效应。

6.1 根层养分的多样化来源

根层养分具有来源多样化特征,是各种来源养分在土壤根层的聚集,这些养分主要包括 3 大类:①肥料养分;②土壤养分;③环境养分。总体而言,现代农业生产中肥料养分(包括化肥和有机肥)的残留是根层养分的主体,其中氮肥是肥料养分的主要来源,而有机肥养分供应主要取决于土壤有机肥施用量的高低。对于粮田,农民一般很少使用有机肥,那么只有作物根茬或秸秆还田后的微生物分解过程中先固定部分土壤原有氮素等养分,继而通过矿化作用释放出少量氮素养分进入土壤根层,其净固持和释放基本相当(Ju et al. ,2004),因此有机肥对于粮田根层养分的贡献和化肥相比基本可以忽略。对于菜地和果园土壤,有机肥用量较大,是根层养分的重要来源,其氮素养分贡献和氮肥相当,而磷钾养分的贡献甚至大于化肥(陈清,2007)。

土壤养分主要包括土壤原有无机氮以及土壤有机氮通过矿化作用进入根层的有效养分,这部分养分也是以无机氮(铵态氮和硝态氮)形式存在于土壤根层,其中硝态氮是旱地或非稻田土壤无机氮的主要形态,而铵态氮则是稻田土壤中无机氮的主体(陈德立,朱兆良,1988)。

环境养分是指来自大气沉降、灌溉水和生物固氮等环境来源养分(刘学军,张福锁,2009)。环境养分对土壤根层养分输入的贡献,随着人类活动尤其是人为活性氮排放的增加而迅速增加。其中,来自氮素干湿沉降的环境氮养分自工业革命以来增加显著(Galloway et al.，2004；Fowler et al.，2013)，而生物固氮主要来自豆科作物的根瘤共生固氮，主要受豆科作物种植面积和产量的影响，其数量相对稳定(Vitousek et al.，2013)。

6.2　根层养分的定量技术

6.2.1　土壤无机氮定量技术

土壤无机氮(包括铵态氮和硝态氮)是土壤中可被作物直接吸收利用的根层养分，土壤无机氮主要来源于土壤有机氮的矿化作用或者以往肥料氮的残留，间接反映了土壤供氮能力的高低。土壤无机氮可以通过取土直接测定。一般根据作物根系分布层次，取 0～90 或 100 cm 深度的土壤样品，采用 0.01 mol/L 的 $CaCl_2$ 溶液或者 2 mol/L 的 KCl 溶液(水土比为 10∶1 或 5∶1)进行浸提，过滤后采用连续流动分析仪或者传统比色法进行铵态氮和硝态氮的测定(Liu et al.，2003；Chen et al.，2006)。另外，也可以在田间原位土柱法或者室内控制条件下通过间歇淋洗法测定土壤矿化来估计土壤氮素养分供应能力(巨晓棠等，2003)。对于旱地土壤，可以采用土壤硝态氮速测箱法(崔振岭等，2005)来对土壤根层硝态氮含量进行快速检测。对于水稻土和长期淹水土壤，一般采用淹水培养法(陈德立和朱兆良，1988)开展土壤供氮能力的研究。

6.2.2　氮素干湿沉降定量技术

氮素干湿沉降的定量有两类方法，一类是通过[15]N 稀释法或者长期定位试验中无氮区作物吸氮量来间接定量氮素干湿沉降总量(He et al.，2007；2010)；另一类是通过收集和分析大气干、湿沉降样品，进行直接测定氮素沉降量的方法(Luo et al.，2013)。二者各有优缺点，直接法可以区分氮素湿沉降和干沉降的形态和数量，但测定技术尤其是干沉降监测相对复杂，对仪器设备有较高要求；而间接法测定相对容易，关键是可获得被当季植物直接利用的那部分环境氮养分数量，但缺点是不能区分氮素形态和干、湿沉降各自的贡献。图 6-1 为用[15]N 稀释法间接测定氮素沉降的田间照片。图 6-2 为用直接法收集干、湿沉降的相关仪器。

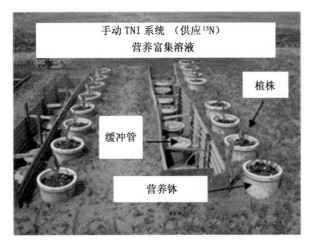

图 6-1　基于[15]N 稀释法、用于间接评估氮素
干湿沉降总量的盆栽-沙培系统

图 6-2　氮素干、湿沉降直接定量装置

以下简要介绍干湿沉降的直接定量技术。降水(湿沉降自动收集仪或量雨器收集)和大气活性氮气体与颗粒物(干沉降,分别用被动采样器结合颗粒物采样器或 DELTA 系统收集)。样品定期(湿沉降每日、干沉降每月收集一次)收集后应及时放入冰箱(4℃或−18℃)保存,尽快(2个月内)完成样品的分析。测定方法为,湿沉降样品中铵态氮和硝态氮一般用流动分析仪测定,水溶性总氮采用过硫酸钾氧化-紫外分光法测定,有机氮通过差减(总氮-无机氮)获得(Zhang et al.,2008)。干沉降样品的测定方法与湿沉降样品相似,氨气、硝酸蒸汽样品、颗粒物态铵离子和硝酸根可以通过流动分析仪或离子色谱法进行定量,而通过被动采样器得到的 NO_2 气体样品则需要通过比色法进行测定(Shen et al.,2009)。通过测定得到雨水氮浓度和大气活性氮浓度之后,再根据监测期间降雨量和大气活性氮组分的沉降速率(基于气象和地表条件计算或者文献获取)可计算得到氮素湿沉降和干沉降输入的养分数量。详细的测定和沉降通量计算方法可以参考相关文献(Liu et al.,2006;Luo et al.,2013)。

6.2.3　灌溉水养分定量技术

灌溉水的收集和氮素测定方法与湿沉降一致,前提是需要确定每次灌溉水的数量(m^3/hm^2),根据测定得到灌溉水氮素(N)浓度(mg/L 或 g/m^3)和灌溉水量(m^3/hm^2)再乘以一个转换系数 0.001 即可计算出每次灌溉水输入的氮素(N)养分数量(kg/hm^2),全年所有作物生长季灌溉水输入养分累计就为全年灌溉水带入养分数量。灌溉水输入的磷钾等养分也可通过同样的方法来进行估算,只不过要将灌溉水氮浓度换成磷、钾浓度即可。

6.2.4　生物固氮定量技术

生物固氮的定量技术包括乙炔还原法、^{15}N 同位素稀释法、^{15}N 自然丰度法、非同位素法、全氮差值法、AN 法等(陈韩勋等,2005)。本文重点介绍乙炔还原法、^{15}N 稀释法和全氮差减法这三种生物固氮定量技术。乙炔还原法是基于固氮酶具有还原分子 N 或利用其底物的能力,是乙炔还原为乙烯,作为固 N 的间接测定。该方法优点事灵敏度高、操作简单快速,其缺点是不能直接测得固氮量,不适用与田间共生固氮量的测定。^{15}N 稀释法是基于因固氮作用导致原有土壤标记 ^{15}N 库被稀释,从而使植物体内 $^{15}N/^{14}N$ 比例降低(和参考植物相比)原理来计算生物固氮的数量。^{15}N 稀释法是定量固氮作用的标准方法,同时也是最实用的方法,能够测定田间复杂条件下的生物固氮量。其计算公式为:

$$\% \ N_{dfa} = [1-(N_{fix}/N_{ref})]\times 100 \tag{1}$$

$$N_{dfa} = \% \ N_{dfa}\times N_{up-fix}\times 0.01 \tag{2}$$

式中,$\% \ N_{dfa}$ 为固氮植物吸氮量中生物固氮的百分数;N_{dfa} 为固氮植物吸氮量中生物固氮数量;N_{fix} 为固氮植物 ^{15}N 原子百分超;N_{ref} 为非固氮植物的 ^{15}N 原子百分超;N_{up-fix} 为固氮植物吸氮量。

全氮差值法基于固氮系统与非固氮系统作物总吸氮量的差值来估算生物固氮量,其计算公式为:

$$生物固氮量 ＝ 固氮作物总氮－对照作物总氮 \tag{3}$$

农田生物固氮主要是豆科作物的根瘤共生固氮以及各种形式的非共生固氮。一般而言,通过 ^{15}N 稀释法或全氮差减法能够较好估算生物固氮带入农田氮素养分数量。

6.3　根层养分的历史变化

6.3.1　氮素干湿沉降

关于我国大气氮沉降的数量与规模,由于缺乏系统的监测资料目前仍不是很清楚。Lü 和 Tian

(2007)利用零散的监测结果并结合模型首次估计了中国氮素干湿沉降的数量,发现 2003 年左右整个大陆地区氮沉降的均值为 12.9 kg N/(hm² · 年),总量为 12.4 Tg N/年,其不足是没有考虑湿沉降中有机态氮和干沉降中氨和颗粒物态氮的输入。随后 Tian 等(2011)又利用模型对原来氮素沉降的估计进行了修正,上调了氮素干湿沉降的数量,并评价了其对生态系统碳循环的影响。2010 年 Liu 等利用文献获得不同年代的多点湿沉降结果并按干、湿沉降各半的比例估计了全国氮素沉降总量,发现氮素沉降数量已经由 1980s 的 7.4 Tg N/年增加至 2000s 的 15.0 Tg N/年,增幅达 1 倍左右。但该文对氮沉降的农田输入直接采用了占总沉降 25% 固定比例的简单换算(农田实际面积只占中国国土面积的13%),显然所得数量较粗难以反映实际情况。为此,本文采用一种新的数据处理方法重新评估我国大气氮沉降的农田输入。具体方法为,第一步,先对我国 1980—2009 年 30 年期间所有公开发表的农田区域氮素湿沉降结果与年度变化的关系作散点图。第二步,用线性回归方程获得沉降年度变化的斜率和 1980 年湿沉降起始值计算每年对应每公顷农田氮素湿沉降年通量结果,然后根据文献报道结果按氮素干沉降为湿沉降 50% 计,即干湿沉降总量为湿沉降的 1.5 倍。这是因为文献报道的湿沉降实际为混合沉降(bulk deposition,已包括一部分干沉降),故干沉降比例低于湿沉降。由此获得每年每公顷农田氮素干湿沉降总量结果。第三步,根据氮素干湿沉降总量和我国农田的总面积(本文取固定值 1.3×10^8 hm²)从而计算得到大气沉降各年输入全国农田的氮素养分数量。

根据 Liu et al.,1980 年至今我国主要农田区域(不包括青藏高原)氮素湿沉降呈现显著增加的趋势($P<0.001$),按回归方程氮沉降年增加率约为 0.41 kg N/hm²,氮素混合沉降从 1980 年的 13.0 kg N/hm² 增至 2009 年的 25.0 kg N/hm²。相应地,干湿沉降总量则从 19.5 kg N/hm²(1980)增至 37.5(2009) kg N/hm²。这样,全国氮素沉降输入农田的养分总量在过去 30 年中增加近 1 倍,即从 1980 年的 2.53 Tg N/年增至 2010 年的 4.88 Tg N/年(表 6-1)。如果和整个 1980s 比较,2000s 氮沉降的农田输入分别比前者增加约 0.6 倍,增量达显著水平(表 6-1)。按全国氮干湿沉降总量 15 Tg N/年计,本研究结果(表 6-1)表明我国 2000 年以后进入农田的氮沉降数量约占全国氮素总沉降量的 1/3,略高于作者以往 25% 的估算值。与中国相反,由于采取较为严格的减排措施在欧洲和北美大气氮素沉降的数量呈现持平或者逐步下降趋势。

6.3.2 灌溉水带入养分

灌溉水带入农田的氮素数量取决于灌水量和灌溉水含氮量。由于灌溉水的来源——江、河、湖、地下水中的含氮量不同,不同地区灌溉方式不同,因此由灌溉水输入的农田生态系统的氮素养分量也存在很大差异。据张瑞清报道,我国南方的灌溉水带入的氮量约为 6 kg N/hm²,而北方灌溉水带入的氮量要低于南方,约为 4.7 kg N/hm²。此外,我国南方稻田灌溉面积大且灌水量多,而北方相对有效灌溉面积和灌水量都要少得多(主要是麦季灌溉),北方的水田仅占耕地的 5.5%,其中有灌溉条件的耕地只占35.6%,因此从整体上看南方灌溉水带入农田的氮素数量要高于北方。例如,全国稻田生态系统中,灌溉水带入的氮量变幅在 7～32 kg N/hm² 之间,而华北地区小麦-玉米轮作体系中约为 13 kg N/hm²。另外,华北是我国灌溉面积最大的地区,灌溉农田占耕地面积的近 60%,而华南是我国水田面积比例最大的地区,水田占该区耕地的近 70%,因此灌溉带入这两个地区的氮量较其他地区要大得多。

随着农田施氮量的增加,氮循环强度不断提高,氮素渗漏和径流损失的数量亦随之增加,从而导致水体氮素含量的增加,我国水体富营养化和地下水污染的加重便是其最好的证明。因此近年来灌水带入农田的氮量相应增加。由于各地不同灌溉水的来源数量非常复杂,故本部分采用估算氮沉降农田输入的相同思路,将各年代报道的灌溉水含氮量与年份作散点图(图 6-3),发现灌溉水含氮量年均增加约0.22 kg N/hm²,经线性回归方程获得每年输入农田的灌溉水平均氮量(图 6-4),从而根据统计年鉴的有效灌溉面积,可以计算得到灌溉水带入农田的氮素养分总量(表 6-2)。

表 6-1

我国无机氮沉降量年际变化及其输入农田生态系统的氮养分

年份	农田面积 /10⁶ hm²	湿沉降数量 /(kg N/hm²)	干湿沉降总量* /(kg N/hm²)	农田氮沉降输入 /(Tg N/年)
1980	130	13.00	19.50	2.53
1981	130	13.41	20.12	2.62
1982	130	13.83	20.74	2.70
1983	130	14.24	21.36	2.78
1984	130	14.66	21.98	2.86
1985	130	15.07	22.61	2.94
1986	130	15.49	23.23	3.02
1987	130	15.90	23.85	3.10
1988	130	16.31	24.47	3.18
1989	130	16.73	25.09	3.26
1990	130	17.14	25.72	3.34
1991	130	17.56	26.34	3.42
1992	130	17.97	26.96	3.50
1993	130	18.39	27.58	3.59
1994	130	18.80	28.20	3.67
1995	130	19.22	28.83	3.75
1996	130	19.63	29.45	3.83
1997	130	20.05	30.07	3.91
1998	130	20.46	30.69	3.99
1999	130	20.88	31.31	4.07
2000	130	21.29	31.94	4.15
2001	130	21.70	32.56	4.23
2002	130	22.12	33.18	4.31
2003	130	22.53	33.80	4.39
2004	130	22.95	34.42	4.47
2005	130	23.36	35.04	4.56
2006	130	23.78	35.67	4.64
2007	130	24.19	36.29	4.72
2008	130	24.61	36.91	4.80
2009	130	25.02	37.53	4.88
1980s	**130**	**14.86**	**22.30**	**2.90**
1990s	**130**	**19.01**	**28.51**	**3.71**
2000s	**130**	**23.16**	**34.73**	**4.52**

* 由于所查文献中湿沉降量多为混合沉降,即湿沉降和部分干沉降的总和。因此,在估计氮沉降总量时,我们取湿沉降和干沉降量比例为 2∶1。另 1980s,1990s,2000s 分别为 1980—1989,1990—1999,2000—2009 三个年代的平均值,以下同。

从表 6-2 可知,我国的农田灌溉水带入氮量在 1980 年约为 9.7 kg N/(hm²·年),到了 2009 年上升到了 16.0 kg N/(hm²·年),在过去 30 年间提高了近 0.6 倍。结合我国农田的有效灌溉面积,

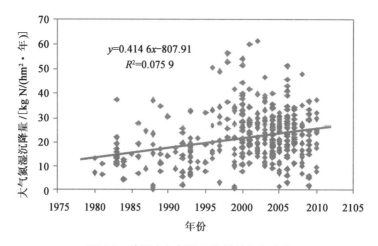

图 6-3　我国大气氮湿沉降量的年际变化

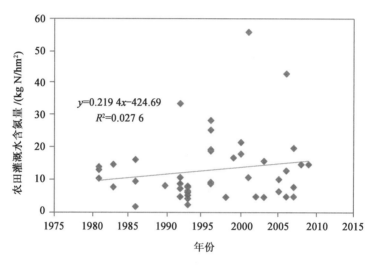

图 6-4　我国农田灌溉水含氮量年际变化

可以计算出灌溉水输入全国农田的氮素通量在 1980s 约为 0.46 Tg N/年,在 1990s 上升至
0.64 Tg N/年,随着灌溉水中含氮量的进一步增加,2000s 由灌溉水输入农田的氮素养分达到了
0.84 Tg N/年。需要指出的是,本文没有将设施菜地中灌溉水带入的氮量[64～457 kg N/(hm² ·
年)]计算进来,否则灌溉水输入农田的环境氮养分可能会更高。这是因为这些报道较零散,而且多
集中于 2000 年以后有关我国北方地区的研究,目前还不足以从全国层面上分析设施菜地中灌溉水
氮素输入量。

表 6-2

我国农田生态系统中灌溉水带入的氮养分

年份	灌溉面积* /10⁶ hm²	灌溉水含氮量 /(kg N/hm²)	灌溉水氮输入 /(Tg N/年)
1980	44.89	9.72	0.44
1985	44.04	10.82	0.48
1990	47.40	11.92	0.56
1991	47.82	12.14	0.58

续表 6-2

年份	灌溉面积* /10^6 hm²	灌溉水含氮量 /(kg N/hm²)	灌溉水氮输入 /(Tg N/年)
1992	48.59	12.35	0.60
1993	48.73	12.57	0.61
1994	48.76	12.79	0.62
1995	49.28	13.01	0.64
1996	50.38	13.23	0.67
1997	51.24	13.45	0.69
1998	52.30	13.67	0.71
1999	53.16	13.89	0.74
2000	53.82	14.11	0.76
2001	54.25	14.33	0.78
2002	54.35	14.55	0.79
2003	54.01	14.77	0.80
2004	54.48	14.99	0.82
2005	55.03	15.21	0.84
2006	55.75	15.43	0.86
2007	56.52	15.65	0.88
2008	58.47	15.87	0.93
2009	59.26	16.08	0.95
1980s	**44.46**	**10.27**	**0.46**
1990s	**49.77**	**12.90**	**0.64**
2000s	**55.59**	**15.10**	**0.84**

* 农田(有效)灌溉面积来自中国统计年鉴。

6.3.3 生物固氮

全球有 2 万多个物种具有生物固氮能力,每年固定近 120 Tg N,与全球化学工业合成氨年产量相当,是自然界植物所需氮的主要来源之一。生物固氮主要包括豆类植物的共生固氮以及旱地和稻田的非共生固氮两大类。在我国北方(内蒙古)和东北地区大豆种植面积占全国大豆播种面积的 40% 以上,生物固氮的比例也相对较高。例如,我国的黑龙江省,以黑土为主的土壤类型非常适合豆科植物生长,生物固氮的比例占到了该省氮素总投入的 30%。在农田生态系统中广泛存在的豆科作物如大豆、花生、豌豆、蚕豆等,其共生固氮量每年可以达到 75~150 kg N/hm²,条件适宜时甚至达到 300 kg N/hm²;豆科植物的共生固氮速率变化范围较大,国外的研究结果多在 80~120 kg N/hm² 之间。鲁如坤等估计大豆的固氮量也高达 128.5 kg N/hm²,而慈恩和高明则估计共生固氮率在 45~150 kg N/hm² 之间。我国的绿肥大多用作肥田,很少施用化肥,因此绿肥植物的固氮速率相对较高。红萍作为绿肥中最常见的一种,其共生固氮速率可以到达 150~300 kg N/hm²。淹水稻田的非共生固氮是水稻重要氮源之一,固氮率为 10~70 kg N/hm²。

由于生物固氮率受到土壤环境因子的影响,不同地区的研究报道生物固氮率的差异很大。为了从全国尺度上评价生物固氮对环境氮素养分的贡献,我们在计算时生物固氮通量时,参考张瑞清的结果,取豆科作物共生固氮的速率为 84 kg N/(hm²·年)。共生固氮的作物主要包括豆类、花生以及绿肥,用生物固氮速率乘以其种植面积,就可以计算出共生固氮固定的氮量(表 6-3)。其中豆类、花生以及稻谷的面积都可以参看中国统计年鉴,豆类的种植面积逐年递增,花生的种植面积变化不大,水稻的种植面积却有下降的趋势。由于绿肥的种植面积没有系统的权威报道,因此在本文中 1979—2000 年的绿肥种植面积参考张瑞清,2000 年以后随着绿肥种植面积数据来自中国农科院曹卫东研究员。关于稻田非共生固氮,本文综合朱兆良等和张瑞清的结果,取 30 kg N/(hm² · 年),结合稻田面积的变化获得全国稻田非共生固氮的数量;其他旱作农田(非豆科旱地)的非共生固氮量统一取 15 kg N/(hm² · 年),尽管单位面积固定的养分较少,但考虑到旱作农田面积较大,故其生物固氮的总量仍不容忽视。从表 6-3 来看,豆科植物共生固氮输入农田的氮素养分在过去 30 年中略微上升,1980s、1990s 和 2000s 分别为 1.33,1.53 和 1.75 Tg N/年,相对于氮沉降和灌溉水带入的氮养分来说,生物固氮的年度变化幅度较小;而旱地和稻田非共生固氮带入的氮量基本与我国旱地和稻田的面积一致,变化不大,平均为 0.57 Tg N/年。至此,我国农田生物固氮的数量从 1980s 和 1990s 的 1.93 和 2.10 Tg N/年,略增至 2000s 2.28 Tg N/年,年代之间差异不显著。

表 6-3

我国农田生态系统中的生物固氮量

年份	豆科面积/(10^6 hm²)			共生固氮 /(Tg N/年)	稻田面积 /(10^6 hm²)	非共生固氮 /(Tg N/年)	总计 /(Tg N/年)
	豆类	花生	绿肥				
1980	7.23	2.34	7.54	1.44	33.88	0.62	2.06
1983	7.57	2.20	5.68	1.30	33.88	0.62	1.92
1985	7.72	3.32	4.64	1.32	32.07	0.59	1.90
1986	8.30	3.25	4.42	1.34	32.07	0.59	1.93
1987	8.45	3.02	4.15	1.31	32.07	0.59	1.90
1989	8.03	2.95	4.03	1.26	32.07	0.59	1.85
1990	7.56	2.91	4.30	1.24	33.06	0.60	1.84
1991	9.16	2.88	4.41	1.38	32.59	0.59	1.98
1992	8.98	2.98	4.11	1.35	32.09	0.59	1.94
1993	12.38	3.38	4.03	1.66	30.36	0.55	2.22
1994	12.74	3.78	3.89	1.71	30.17	0.55	2.26
1995	11.23	3.81	3.95	1.60	30.74	0.56	2.16
1996	10.54	3.62	3.92	1.52	31.41	0.57	2.09
1997	11.16	3.72	3.97	1.58	31.77	0.58	2.16
1998	11.67	4.04	3.93	1.65	31.21	0.57	2.22
1999	11.19	4.27	3.98	1.63	31.28	0.57	2.20
2000	12.66	4.86	3.80	1.79	29.96	0.55	2.34
2001	13.27	4.99	3.80	1.85	28.81	0.53	2.38
2002	12.54	4.92	3.80	1.79	28.20	0.51	2.30
2003	12.90	5.06	3.80	1.83	26.51	0.48	2.31
2004	12.80	4.75	3.80	1.79	28.38	0.52	2.31
2005	12.90	4.66	3.80	1.79	28.85	0.53	2.32
2006	12.15	3.96	3.80	1.67	28.94	0.53	2.20
2007	11.78	3.95	3.80	1.64	28.92	0.53	2.17
2008	12.12	4.25	3.80	1.69	29.24	0.53	2.23
2009	11.95	4.38	3.80	1.69	29.63	0.54	2.23
1980s	**7.88**	**2.85**	**5.08**	**1.33**	**32.67**	**0.60**	**1.93**
1990s	**10.66**	**3.54**	**4.05**	**1.53**	**31.47**	**0.57**	**2.10**
2000s	**12.51**	**4.58**	**3.80**	**1.75**	**28.74**	**0.53**	**2.28**

* 豆科共生固氮和稻田非共生固氮速率按 84 和 18 kg N/(hm² · 年)计。

6.3.4 环境氮养分输入我国农田的养分总量

表 6-4 总结了 1980s、1990s 和 2000s 三个年代大气干湿沉降、灌溉水、生物固氮输入的环境养分总量。从表中可看出,环境养分的农田输入总量也呈现出快速上升的趋势,从 1980s 5.29 Tg N/年,增至 1990s 和 2000s 的 6.45 和 7.64 Tg N/年,相当于年均增加 0.12 和 0.24 Tg N。目前环境氮养分输入我国农田生态系统的氮素总量已接近 8 Tg N/年,为全国氮肥年施用量的 1/4,其中,干湿沉降、灌溉水、生物固氮三类环境氮养分的贡献分别占到了 59%,11% 和 30%。和 1980s 相比,2000s 氮素干湿沉降作为环境养分的主体,其增幅为 0.6 倍,是我国环境氮养分增加的主要贡献者。

表 6-4

环境养分输入我国农田氮素数量的历史变化 （Tg N/年）

项目	年代		
	1980s	1990s	2000s
干湿沉降	2.90	3.71	4.52
灌溉水	0.46	0.64	0.84
生物固氮	1.93	2.10	2.28
总计	5.29	6.45	7.64

6.3.5 土壤无机氮

Liu 等(2003)研究显示,常规施氮下华北小麦玉米轮作体系 $0 \sim 1$ m 土壤剖面中累积硝态氮高达 430 kg N/hm², 而 $1 \sim 3$ m 土体硝态氮累积为 345 kg N/hm²,二者之和远远高于小麦、玉米两季作物的氮素需要。Ju 等(2006)进一步发现,我国华北不同集约化程度的农田土壤剖面硝态氮数量呈阶梯状分布,以菜地(1 173 kg N/hm²)>果园(613 kg N/hm²)>大田(275 kg N/hm²),土壤硝态氮残留与氮肥和有机肥投入的养分数量呈显著正相关。王智超(2005)也总结发现全国不同地区的土壤硝态氮呈明显增加趋势。为了系统估计全国农田土壤剖面(0~1 m)中硝态氮(无机氮主体)数量,我们将农田分为菜园土壤、果园土壤、旱作农田和水稻土等四大类,根据这些土壤类型各自的所占面积和土壤剖面中无机氮残留情况,估算了全国尺度土壤无机氮总量(表 6-5)。结果表明,我国土壤硝态氮累积量从 1980s 的 8.9 Tg N 增长至 1990s 的 13.9 Tg N 以及 2000s 25.0 Tg N,共计增长 2.8 倍,尤其以菜地和果园土壤的贡献(种植面积和单位面积无机氮同步增加)更为明显。这也从另一个方面说明,集约化程度越高的农田过量养分投入带来的环境风险越大,其节氮空间也越显著。

表 6-5

我国主要农田土壤剖面中无机氮数量的历史变化

年代	农田面积 /(10⁶ hm²)	无机氮残留 /(kg N/hm²)	无机氮总量 /Tg N
1980s			
菜园土壤	3.0	150	0.5
果园土壤	2.5	100	0.3
旱作良田	97.5	75	7.3
水稻土	27.0	30	0.8
总计	130		8.9

续表 6-5

年代	农田面积 /(10⁶ hm²)	无机氮残留 /(kg N/hm²)	无机氮总量 /Tg N
1990s			
菜园土壤	6.3	400	2.5
果园土壤	5.0	250	1.3
旱作良田	92.0	100	9.2
水稻土	26.8	35	0.9
总计	130		13.9
2000s			
菜园土壤	19.7	500	9.9
果园土壤	10.1	300	3.0
旱作良田	73.7	150	11.1
水稻土	26.5	40	1.1
总计	130		25.0

注：不同类型农田面积来自中国农业年鉴等资料，土壤(0～1 m)剖面无机氮残留量来自不同年代文献报道的综合。

6.4 过量根层养分的环境效应

根层养分如果超过作物需要(具体表现为施肥作物不增产)，过量累积的话会引起一系列的生态环境问题，包括土壤酸化、水体富营养化、痕量气体排放等一系列健康环境代价。

6.4.1 土壤酸化

土壤酸化是土壤形成过程中一个自然现象，但是由于人类活动尤其是不合理施肥导致土壤根层养分(如硝态氮)的累积和向下淋溶，会大大加剧土壤的酸化过程。Guo 和 Liu 等(2010)首次系统报道了 20 世纪 80 年代以来我国主要农田土壤出现大范围显著酸化现象，发现耕层土壤 pH 平均下降 0.5 个单位，研究表明造成酸化的主要原因是过量使用氮肥引起的根层土壤硝酸盐和盐基的淋溶。进一步的调查表明，过量施肥导致的农田土壤酸化，已经在我国一些地区引起部分农作物减产、保护地菜园土壤线虫危害加剧和果树粗皮病发病率升高等问题。可见，土壤酸化对我国粮食安全的潜在威胁值得引起我们的高度重视。

6.4.2 水体污染与富营养化

根层氮、磷有效养分过量累积，会导致土壤中氮磷养分通过淋溶或地表径流，成为水体尤其是浅层地下水的重要污染源。中国农科院在北方五省 20 个县集约化蔬菜种植区的调查显示，在 800 多个调查点中，50％的地下水硝酸盐含量因过量用氮超标。过量使用氮肥不仅增加 0～1 m 土壤剖面中硝态氮含量，而且还导致更深层土壤中硝态氮的累积和淋溶。2010 年 2 月，国家环保部、国家统计局和国家农业部联合发布了全国污染源普查结果，发现农业是总氮、总磷排放的主要来源，其排放量分别占全国排放总量的 57.2％和 67.4％，而根层各种来源的氮磷养分流失在农业源排放中的贡献不容忽视。

6.4.3 土壤氮素痕量气体排放

不合理施肥导致的根层养分过量累积，同时会引起 NH_3、NO_x 和 N_2O 等农田氮素痕量气体排放(Liu and Zhang，2011)。因为这些挥发损失的活性氮气体会在大气层发生进一步的转化、迁移，加剧大气污染、酸沉降、温室效应以及平流层臭氧层破坏等严重后果。其中,NH_3 主要来自农业源的排放,包括氮肥氨挥发和畜禽养殖业的挥发(Liu et al.,2011)。据保守估计,我国农田 NH_3 的直接损失平均占氮肥用量的 11%(Xing and Zhu,2001),并随氮肥用量的增加而显著增加(Liu et al.,2013)。目前中国农田 N_2O 的(直接和间接)排放总量比 1980 年代增加 2 倍(Liu and Zhang,2011),与同一时期土壤剖面中硝态氮数量的增加(2~3 倍)基本同步(表 6-5)。

6.4.4 健康风险与环境代价

氮肥不合理施用引起的过量根层养分会引起土壤酸化、地下水硝酸盐污染和 N_2O 等痕量气体排放增加,进而直接或间接威胁人体健康、降低陆地和海洋生态系统的生物多样性,破坏生态系统的稳定性和服务功能。由于这方面的损害是长期渐进式的,其危害目前尚未引起人们足够的重视。赖力等以化肥施用的污染产生剂量分析为基础,借助能值分析理论和伤残调整生命年评估手段,初步估算出 2005 年全国化肥施用环境成本共计 188 亿元,约占当年农业增加值的 1.5%,但其不确定较大。马文奇等在综合分析我国资源、环境、粮食安全的关系基础上,提出应从整个化肥产业链的角度来探索化肥能源消耗、政策补贴和环境成本,这一新的思路值得借鉴。

6.5 结论与展望

业已证明,过去 30 年来我国农田根层养分(包括土壤养分和环境养分)发生了深刻变化,土壤和环境养分已经成为我国农田生态系统氮素养分的重要来源。因此,今后在制定养分管理策略时必须对考虑土壤-环境氮养分对农田的贡献,这样不仅可以减少肥料氮投入、降低施肥成本,还可以减轻其环境污染的风险。新近欧洲氮素评估的结果表明,过量的活性氮排放已经导致欧盟 27 国经济环境代价达到 700 亿~3 200 亿欧元/年。我国的环保部门也指出中国的环境污染代价大,年"折损"超万亿元,其中活性氮的污染亦非常惊人。可见,土壤-环境养分是关乎我国的粮食生产、环境保护以及经济发展的重要指示器,我们必须加强包括土壤 N_{min} 和氮沉降在内农田环境养分的深入研究和综合管理,为实现我国作物高产、资源高效与环境可持续发展的战略目标奠定坚实基础。

6.6 本章择要

本文以氮素为例阐述了我国农田根层养分的来源多样、数量巨大等特点,并对根层养分的定量技术及其环境效应研究进展作了综述。本文先简要介绍了根层养分的多样化来源,包括土壤养分、肥料养分和干湿沉降、灌溉水及生物固氮等环境养分。随后文章分别介绍了土壤无机氮、干湿沉降、灌溉水和生物固氮等根层养分的定量技术。进而总结了过去 30 年来,我国农田根层养分的历史变化。发现,土壤残留养分、干湿沉降和灌溉水输入养分数量均显著增加,其中全国农田土壤剖面(0~1 m)中硝态氮残留、干湿沉降、灌溉水和生物固氮年均带入氮素养分显著高于 1980s,数量分别为 25.0 Tg N、4.52 Tg N、0.84 Tg N 和 2.28 Tg N,与氮肥总量(约 32 Tg N/年)基本相当。这些根层养分如不能被作物吸收利用,将成为潜在的环境污染源。因此,系统定量土壤无机氮和氮沉降等根层养分,将其纳入养分资源管理体系,进而提高农田氮素利用效率、降低氮素环境风险,是保障我国农业高产高效和生态安全的关键所在。

参考文献

[1] 陈德立,朱兆良. 稻田土壤供氮能力的解析研究. 土壤学报,1988,25:262-268.
[2] 陈韩勋,席琳乔,姚拓,等. 生物固 N 测定方法研究进展. 草原与草坪,2005(2):24-26.

［3］陈清. 蔬菜养分资源管理理论与实践. 北京:中国农业大学出版社,2007.

［4］陈新平,张福锁. 小麦-玉米轮作体系养分资源综合管理理论与实践. 北京:中国农业大学出版社,2006.

［5］慈恩,高明. 生物固氮的研究进展. 中国农学通报,2004,20:25-28.

［6］崔振岭,徐永久,石立委,等. 土壤剖面硝态氮含量的快速测试方法. 中国农业大学学报,2005,10:10-12.

［7］方玉东,封志明,胡业翠,等. 基于 GIS 技术的中国农田氮素养分收支平衡研究. 农业工程学报,2007,23:31-41.

［8］何飞飞,任涛,陈清,等. 日光温室蔬菜的氮素平衡及施肥调控潜力分析. 植物营养与肥料学报,2008,14:692-699.

［9］巨晓棠,刘学军,张福锁. 冬小麦/夏玉米轮作体系中土壤氮素矿化及预测. 应用生态学报,2003,14:2241-2245.

［10］赖力,黄贤金,王辉,等. 中国化肥施用的环境成本估算. 土壤学报,2009,46:63-69.

［11］刘学军,张福锁. 环境养分及其在生态系统养分资源管理中的作用——以大气氮沉降为例. 干旱区研究,2009,3:306-311.

［12］刘学军,张卫峰,张福锁. 化肥与农业. 中国科学院院刊,2011,26:119-124.

［13］鲁如坤,刘鸿翔,闻大中,等. 我国典型地区农田生态系统养分循环和平衡研究Ⅱ. 农田养分收入参数,土壤通报,1996,27:151-154.

［14］马文奇,张福锁,张卫峰. 关乎我国资源、环境、粮食安全和可持续发展的化肥产业. 资源科学,2005,27(3):36-40.

［15］任涛. 不同氮肥及有机肥投入对设施番茄土壤碳氮去向的影响[博士学位论文]. 北京:中国农业大学,2011.

［16］申建波,张福锁. 水稻养分资源综合管理理论与实践. 北京:中国农业大学出版社,2006.

［17］张福锁,等. 协调作物高产和环境保护的养分资源综合管理技术研究与应用. 北京:中国农业大学出版社,2008.

［18］张瑞清. 我国农田生态系统的养分平衡[硕士学位论文]. 山东:莱阳农学院,2002.

［19］中国农科院调查报告,2011.

［20］中华人民共和国农业部,国家统计局,中华人民共和国环境保护部. 第一次全国污染源普查公报,2010.

［21］中华人民共和国统计局. 中国统计年鉴 2010. 北京:中国统计出版社,2010.

［22］朱建华. 蔬菜保护地氮素去向及其利用研究[博士学位论文]. 北京:中国农业大学,2002.

［23］朱兆良,文启孝. 中国土壤氮素. 南京:江苏科学技术出版社,1992.

［24］Chen X,Zhang F,V Römheld,D et al. Synchronizing N supply from soil and fertilizer and N demand of winter wheat by an improved N_{min} method. Nutrient Cycling in Agroecosystems,2006,74:91-98.

［25］Clark C M,Tilman D. Loss of plant species after chronic low-level nitrogen deposition to prairie grasslands. Nature,2008,451:712-715.

［26］Erisman J W,Sutton M A,Galloway J,et al. How a century of am-monia synthesis changed the world. Nature Geoscience,2008,1:636-639.

［27］Fowler D,Coyle M,Skiba U,et al. ,The global nitrogen cycle in the twenty-first century. Phil. Tran. Roy. Soc. B,2013,368:20130164.

［28］Galloway J N,Dentener F J,Capone D G,et al. Nitrogen cycles:Past,present,and future. Biogeochemistry,2004,70:153-226.

[29] Galloway J N, Townsend A R, Erisman J W, et al. Transformation of the nitrogen cycle: recent trends, questions, and potential solutions. Science, 2008, 320: 889-892.

[30] Guo J H, Liu X J, Zhang Y, et al. Significant soil acidification in major Chinese croplands. Science, 2010, 327: 1008-1010.

[31] He C E, Liu X J, Fangmeier A, Zhang F S. Quantifying the total airborne nitrogen-input into agroecosystems in the North China Plain. Agriculture, Ecosystems & Environment, 2007, 121: 395-400.

[32] He C E, Wang X, Liu X J, et al. Nitrogen deposition and its contribution to nutrient inputs to intensively managed agricultural ecosystems. Ecol Appl, 2010, 20: 80-90.

[33] He C E, Wang X, Liu X J, et al. Nitrogen deposition and its contribution to nutrient inputs to intensively managed agricultural ecosystems. Ecol Appl, 2010, 20: 80-90.

[34] Holland A H, Braswell B H, Sulzman J, et al. 2005 Nitrogen deposition onto the United States and Western Europe: Synthesis of observations and medels. Ecol Appl, 2005, 15: 38-57.

[35] Ju X T, Kou C L, Zhang F S, Christie P. Nitrogen balance and groundwater nitrate contamination: Comparison among three intensive cropping systems on the North China Plain. Environmental Pollution, 2006, 143: 117-125.

[36] Ju X T, Liu X J, Zhang F S. Nitrogen transformations in a Chinese Aquic Cambisol applied urea with dicyandlamide or plant residues. Communications in Soil Science and Plant Analysis, 2004, 35: 2397-2416.

[37] Kim J Y, Ghim Y S, Lee S B, et al. Atmospheric deposition of nitrogen and sulfur in the Yellow Sea Region: significance of long-range transport in East Asia. Water Air Soil Poll, 2010, 205: 259-272.

[38] Lü C Q, Tian H Q. Spatial and temporal patterns of nitrogen deposition in China: Synthesis of observational data. J Geophys Res, 2007, 112, D22S05, doi: 10. 1029/2006JD007990.

[39] Liu X J, Duan L, Mo J M, et al. Nitrogen deposition and its ecological impact in China: an overview. Environ. Pollut. , 2011, 159: 2251-2264.

[40] Liu X J, Ju X T, Zhang F S, et al. Nitrogen dynamics and budgets in a winter wheat-maize cropping system in the North China Plain. Field Crops Research, 2003, 83: 111-124.

[41] Liu X J, Ju X T, Zhang Y, et al. Nitrogen deposition in agroecosystems in the Beijing area. Agr Ecosyst Environ, 2006, 113: 370-377.

[42] Liu X J, Song L, He C E, et al. Nitrogen deposition as an important nutrient from the environment and its impact on ecosystems in China. J Arid Land, 2010, 2: 137-143.

[43] Liu X J, Zhang Y, Han W X, et al. Enhanced nitrogen deposition over China. Nature, 2013, 494: 459-462.

[44] Luo X S, Liu P, Tang A H, et al. An evaluation of atmospheric Nr pollution and deposition in North China after the Beijing Olympics. Atmospheric Environment, 2013, 74: 209-216.

[45] Peoples M B, Herridge D F, Ladha J K. Biological N fixation: An efficient source of N for sustainable agricultural production. Plant Soil, 1995, 174: 3-28.

[46] Shen J L, Tang A H, Liu X J, et al. High concentrations and dry deposition of reactive nitrogen species at two sites in the North China Plain. Environ. Pollut. , 2009, 157: 3106-3113.

[47] Sutton M A, Howard C, Erisman J W, et al. The European Nitrogen Assessment: Sources, Effects and Policy Perspectives. Cambridge University Press, 2011.

[48] Sutton M A, Howard C, Erisman J W, et al. The European Nitrogen Assessment: Sources,

Effects and Policy Perspectives. Cambridge University Press, 2011.

[49] Tian H Q, Molillo J, Lü C Q, et al. China's terrestrial carbon balance: Contributions from multiple global change factors. Global Biogeochemical Cycles, 2011, 25, GB1007, doi: 10. 1029/2010GB003838.

[50] U. S. Environmental Protection Agency Science Advisory Board. Reactive Nitrogen in the United States: An Analysis of Inputs, Flows, Consequences, and Management Options A Report of the EPA Science Advisory Board (August 2011). EPA-SAB-11-013. Washington, DC. , 2011.

[51] Vitousek P M, Menge D N L, Reed S C, et al. Biological nitrogen fixation: rates, patterns and ecological controls in terrestrial ecosystems. Phil. Tran. Roy. Soc. B, 2013, 368: 20130119.

[52] Wright R F, Alewell C, Cullen J M, et al. 2001. Trends in nitrogen deposition and leaching in acid-sensitive streams in Europe. Hydrology and Earth System Sciences, 2001, 5: 299-310.

[53] Xing G X, Zhu Z L. An assessment of N loss from agricultural fields to the environment in China. Nutrient Cycling in Agroecosystems, 2000, 57: 67-73.

[54] Yan X, Akimoto H, Ohara T. Estimation of nitrous oxide, nitric oxide and ammonia emissions from croplands in East, Southeast and South Asia. Global Change Biology, 2003, 9: 1080-1096.

[55] Zhang F S, Cui Z L, Chen X P, et al. Integrated nutrient management for food security and environmental quality in China. Advances in Agronomy, 2012, 116: 1-40.

[56] Zhang Y, Zheng L X, Liu X J, et al. Evidence for organic N deposition and its anthropogenic sources in China. Atmos. Environ. , 2008, 42: 1035-1041.

（执笔人：刘学军　宋玲　张颖　张福锁）

第7章

氮肥实时监控技术

氮素具有来源广、转化快、损失途径多、环境影响大的资源特征,是养分管理的重点和难点。我们发现适宜的根层土壤无机氮(N_{min})供应是保障作物高产、降低环境风险的关键,而传统高产施肥往往造成根层氮素供应浓度过高,不利于根系生物学潜力的发挥,也存在环境风险。通过全面更新小麦、玉米的氮肥参数,和适宜的根层氮素供应临界值,建立了基于根层土壤氮素供应的氮素实时监控技术,实现了来自土壤、肥料和环境的根层氮素供应与高产作物的需求在数量上的匹配、时间上的同步、空间上的耦合,保障了高产作物需求并最大限度地减少了养分向环境的排放。多年多点田间研究表明,氮肥实时监控技术可以维持和增加作物产量的同时,降低氮肥用量,减少施氮造成的环境效应。

无论是从经济、还是从作物高产与环境保护的角度出发,氮素管理都是养分管理的重点和难点。这不仅是因为氮肥占我国化肥总用量的 2/3、许多地区氮肥施用不合理,而且也是由氮具有来源广、转化快、损失途径多、环境影响大的特征所决定的。20 世纪 80 年代中期,通过田间试验、土壤测试等工作建立的肥料效应函数、土壤肥力丰缺指标、养分平衡等推荐施肥方法,基本上将土壤-作物体系视为"黑箱",主要根据投入产出关系来确定施肥量。这些方法较好地解决了大田粮食作物施肥不足和养分不平衡的问题,对粮食产量由低产到中产的跨越起到了关键作用,但却难以解决随后在我国很多地区出现的高投入集约化生产体系中作物高产与环境保护相矛盾的新问题。在国际上,发达国家由于对环境保护的高度重视,其推荐施肥工作更多地着眼于降低化肥对环境的负效应。因此,如何通过理论和技术创新,找到协调作物高产与环境保护的突破点,使集约化农业生产体系中的推荐施氮走出一条新路,是摆在我们面前的一项全新的课题。

早在 20 世纪 80 年代,我们项目组早期的研究就发现作物根层养分调控是协调作物高产与环境保护的关键。如果能把根层氮素实时调控在既能充分发挥作物生物学潜力、满足高产作物的养分需求,又不至于造成养分过量累积而向环境中迁移的范围内,那就有可能使来自土壤、肥料和环境的养分供应与高产作物养分需求在数量上匹配、在时间上同步、在空间上耦合,从而实现作物高产与环境保护相协调的目标。虽然这一新的技术思路令人振奋,但要实现就必须突破一系列关键技术问题:①如何定量土壤、肥料和环境来源养分资源的贡献、并确定其生物有效性? ②如何突破根层养分实时定量化与监控的技术难关? ③如何才能使根层养分的供应与高产作物根系生长和养分需求相同步?

我国一直沿用的土壤碱解氮测试方法被证明难以反映田间条件下土壤的供氮能力。近年来,欧、美等国研究者广泛采用土壤剖面无机氮(N_{min},NH_4^+-N 和 NO_3^--N)作为推荐施氮的诊断指标。根据土壤取样时期的不同,可分播前测试土壤硝态氮含量(PPNT,pre-plant nitrate test)和追肥前测试土壤硝态氮含量(PSNT,pre-sidedress nitrate test)。这两种方法均已被证明能成功的应用于小麦、玉米等旱地土壤的氮肥推荐。然而,在一特定区域的田块内,土壤的 N_{min} 含量受到氮素来源(包括前茬作物收获后残留 N_{min}、土壤矿化、环境氮素供应、氮肥投入等)以及氮素去向(如作物吸收、氮素损失等)等因素的影响。例如,作物长势好,地上部吸收氮素多,则残留 N_{min} 就会小;降雨多会导致硝酸盐的淋洗,也会导致残留 N_{min} 变小。因此,PPNT 和 PSNT 方法仅在作物生育内进行一次测试,很难实现土壤氮素供应与作物氮素需求时空同步的要求。

我们在引进国际先进农业技术项目、国家科技攻关、国家自然科学基金、北京市自然科学基金、中德国际合作等 10 项课题的持续支持下,从根层氮素动态研究(1994 年起)入手,突破了根层氮素定量化技术的瓶颈(1996 年起),创建了氮素实时监控技术的大田应用(1998 年起),以华北平原为核心开展了作物栽培、水肥管理和环境保护等多学科联合攻关(2001 年起),以主要作物体系养分资源综合管理技术创新与应用为重点组织了全国 20 个省(自治区、直辖市)12 种作物体系的技术集成和大范围试验示范(2003 年起),实现了作物高产与环境保护的协调。

7.1　氮肥实时监控原理及技术要点

作物根层土壤氮素供应强度既是保障高产作物氮素需求的关键,又是影响氮素向环境迁移的核心,是协调作物高产与环境保护的关键。过低的土壤养分供应强度,不利于根系发育,影响地上部生长及产量形成;过高土壤养分供应强度,同样抑制根系发育,降低养分利用效率,增加养分向环境中的迁移。如果能把根层土壤氮素供应实时调控在既能充分发挥作物生物学潜力、满足高产作物的养分需求,又不至于造成氮素过量累积而向环境中迁移的范围内,那就有可能使来自土壤、肥料和环境的氮素供应与高产作物养分需求在数量上匹配、在时间上同步、在空间上耦合,从而实现作物高产与环境保护相协调的目标,并据此建立了以基于根层氮素调控的氮肥实时监控技术(图 7-1;彩图 7-1),其要点如下:

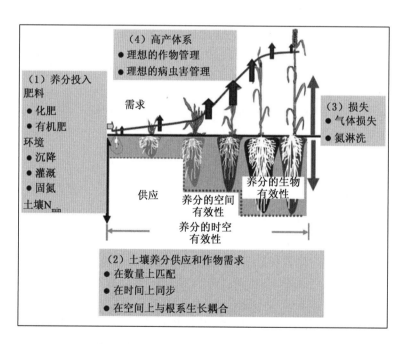

图 7-1　协调作物高产和资源高效的养分资源综合管理理论
(Zhang et al. ,2012)

(1)根据作物不同生育时期的氮素需求量确定相应根层土壤氮素供应强度的目标值。
(2)根层土壤深度随作物生育进程中根系吸收层次变化而变化,并受施肥调控措施的影响。

（3）通过土壤及植株速测技术对根层土壤氮素供应强度进行动态监测。

（4）充分利用土壤和环境养分,通过各种外部的氮肥施用将根层土壤的氮素供应强度始终调控在合理范围内,以实现土壤、环境氮素供应和氮肥投入与作物氮素吸收在数量上匹配,时间上同步和空间上耦合,最大限度地协调作物高产与环境保护的关系。

（5）尽一切可能有效阻控化肥氮素的损失。

（6）氮肥管理必须与其他养分管理、高产栽培、水分管理等技术有机集成,消除影响作物生长的障碍因素,发挥品种的增产潜力。

7.2　高产作物氮肥实时监控技术指标及模式

在上述理论基础上,创建了氮素实时监控技术(图 7-1)。该技术根据作物生长发育特点和区域施肥习惯,将作物的生育期分为 2～3 个阶段,每个阶段内根据作物氮素需求规律确定根层氮素供应目标值,根据根层土壤氮素供应的实时监测确定不同阶段的氮肥用量。在生育期内通过多次的土壤测试、土壤矿化、作物吸收以及高降雨量淋洗对土壤 N_{min} 的影响可以反映在下一次的土壤 N_{min} 测试值上,通过外部的氮肥施用将根层土壤的氮素供应强度始终调控在合理范围内。根据作物的氮素需求规律确定根层氮素供应目标后,基于土壤无机氮测试的氮肥实时监控技术的关键是监测整个生育期内的土壤氮素供应强度,即土壤中无机氮(N_{min})含量使其控制在合理的范围内,实现土壤氮素供应和氮肥投入与作物氮素吸收在数量上的匹配、时间上的同步和空间上的耦合。

7.2.1　高产高效作物的养分需求特征及其生理机制

通过大样本数据分析,在优化处理下每吨冬小麦的需氮量为 24.3 kg。生产 1 Mg 冬小麦籽粒产量的需氮量随着产量增加呈现先降低后持平的趋势。当产量水平从小于 4.5 Mg/hm² 提高到 6.0～7.5 Mg/hm² 时,每生产 1 Mg 冬小麦的需氮量从 27.1 kg 下降到 24.5 kg。这主要是由于籽粒氮浓度从2.41％下降到 2.21％,同时收获指数从 0.39 提高到 0.46;当产量水平进一步提高到9.0～10.5 Mg/hm²时,每生产 1 Mg 冬小麦的需氮量从 24.5 kg 下降到 22.7 kg,这一过程中收获指数没有变化,主要是由于籽粒氮浓度进一步下降,从 2.21％下降到 2.00％;当产量水平进一步提高到大于 10.5 Mg/hm² 时,每生产1 Mg 冬小麦的需氮量不再继续下降,主要是由于收获指数和籽粒氮浓度都已经趋于稳定。

与中产(7～9 Mg/hm²,$n=112$)和高产小麦(>9 Mg/hm²,$n=122$)相比,低产小麦(<7 t/hm²,$n=179$)的干物质及氮素吸收在每个生育阶段均明显偏低(表 7-1)。高产小麦干物质及氮素吸收与中产小麦在拔节前差异不明显,最大差异出现在拔节—扬花期。在拔节—扬花期,中产小麦干物质积累为6.3 Mg/hm²,而高产小麦为 8.7 Mg/hm²。同时,这个时期中产小麦的氮素积累为 55 kg/hm²,高产小麦为83 kg/hm²(表 7-1)。表明拔节—扬花期的干物质和氮素积累对高产小麦至关重要。

表 7-1

不同产量水平小麦、玉米的阶段氮素吸收及干物质积累

产量/(Mg/hm²)		数据量	氮素积累/(kg N/hm²)			干物质积累/(Mg/hm²)		
			拔节(V6)	扬花(VT)	收获	拔节	扬花	收获
小麦	<7 (5.3)	179	64	114	138	1.94	6.58	10.12
	7～9 (8.1)	112	106	161	206	3.74	10.08	15.70
	>9(9.7)	122	106	190	239	3.43	12.17	18.92
玉米	<8(7.1)	9	16	105	140	0.53	6.24	12.38
	8～10 (9.1)	27	23	128	201	0.71	7.44	17.25
	>10 (12.1)	26	49	149	256	1.39	9.41	22.54

生产 1 t 玉米籽粒所需氮量也随着产量水平的提高呈现先降低后持平的趋势,其主要原因是由于收获指数的增加和籽粒氮浓度的下降造成的,特别是籽粒氮浓度的下降。玉米单位籽粒氮素需求量随产量提高而降低的趋势可以分为 3 个阶段。第一个阶段是产量水平从 <6.0 Mg/hm² 到 $6.0 \sim 7.5$ Mg/hm²,单位籽粒氮素需求从 20.0 kg 下降到 17.5 kg。这个阶段主要是由于收获指数从 0.44 上升到 0.48,同时籽粒氮浓度从 1.31% 下降到 1.25%。第二个阶段是产量水平从 $6.0 \sim 7.5$ Mg/hm² 到 $9.0 \sim 10.5$ Mg/hm²,单位籽粒氮素需求稳定在 17.5 kg。第三个阶段是产量水平从 $10.5 \sim 12.0$ Mg/hm² 到 >12.0 Mg/hm²,单位籽粒氮素需求在 15.5 kg 左右。因此我们确定 $10.0 \sim 12.0$ Mg/hm² 夏玉米的氮素总需求量应该在 $175 \sim 195$ kg/hm²。

高产夏玉米各个阶段的氮肥吸收量都大于低产和中产,但是不同生长阶段的吸收量和吸收比例在不同产量水平之间存在差异。播种至 V6 期,高产玉米的氮素吸收量占到收获期总吸氮量的 20%,而中高产和低产玉米仅为 10%;而在 V6～VT 期,高产玉米氮素吸收量占到收获期总吸氮量的比例却小于中高产和低产玉米;在 VT 至收获期,高产玉米氮素吸收量以及吸收比例则要远远大于中高产玉米和低产玉米。分析发现随着产量水平的提高,夏玉米花后氮素吸收所占的比例不断增大,具体的从 <8 Mg/hm² 时的 16% 上升到 >10 Mg/hm² 的 45%(表 7-1)。这主要是由于高产玉米花后需要吸收大量的氮素来维持绿叶面积,增强光合作用,满足灌浆期对干物质和养分的需要。

7.2.2　高产作物适宜的根层氮素调控强度及氮肥实时监控技术指标

以小麦目标产量为 9 t/hm² 计算,达到该目标产量的地上部吸氮量为 204 kg/hm² 纯氮,其中从播种到拔节期,小麦地上部吸氮量为 100 kg/hm²。拔节期时,保证理论群体数量,0～60 cm 临界根层无机氮含量应保证在 44 kg/hm² 左右,此阶段氮素供应目标值(土壤无机氮＋肥料氮)为 144 kg/hm²,由于此阶段小麦根系主要分布在 0～60 cm 土层,因此土壤供氮量仅考虑 0～60 cm 土壤无机氮;从拔节至收获,地上部吸氮量为 104 kg/hm²,考虑到收获期保证最终有效理论群体数量,0～90 cm 临界根层无机氮含量应保证在 90 kg/hm² 左右,此阶段氮素供应目标值(土壤无机氮＋肥料氮)为 194 kg/hm²,由于此阶段小麦根系主要分布在 0～90 cm 土层,因此土壤供氮量仅考虑 0～90 cm 无机氮含量。

以玉米 12 Mg/hm² 为例,从播种至 V6 期,该阶段地上部植株吸氮量为 25 kg/hm²,通过文献总结根系吸氮量大概为地上部吸氮量的 20%,所以整个植株的吸氮量应该为 30 kg/hm²。V6 期要实现植株氮浓度达到或者超过临界氮浓度的 0～30 cm 根层土壤无机氮临界值为 45 kg/hm²,因此从播种到 V6 期 0～30 cm 根层土壤无机氮供应目标值＝植株吸氮量(30 kg/hm²)＋0～30 cm 根层土壤无机氮缓冲值(45 kg/hm²)＝75 kg/hm²。从 V6 期至 VT 期,该阶段植株吸氮量为 135 kg/hm²,该阶段植株根系分布在 0～90 cm,所以 VT 期要实现植株氮浓度达到或者超过临界氮浓度的 0～90 cm 的根层土壤无机氮临界值为 50 kg/hm²,因此从 V6 期至 VT 期 0～90 cm 根层土壤无机氮供应目标值＝植株吸氮量(135 kg/hm²)＋0～90 cm 根层土壤无机氮缓冲值(50 kg/hm²)＝185 kg/hm²。从 VT 期至 R6 期,该阶段植株吸氮量为 60 kg/hm²,该阶段植株根系分布在 0～90 cm,所以 VT 期要实现植株氮浓度达到或者超过临界氮浓度的 0～90 cm 的根层土壤无机氮临界值为 105 kg/hm²。因此从 VT 期至 R6 期 0～90 cm 根层土壤无机氮供应目标值＝植株吸氮量(60 kg/hm²)＋0～90 cm 根层土壤无机氮缓冲值(105 kg/hm²)＝165 kg/hm²。据此我们建立了各个生育时期的根层土壤氮素调控目标值。

7.3　氮肥实时监控技术指标验证及试验示范效果

在北京市海淀区东北旺进行的一个连续 5 年、面积为 75 亩的超大规模田间试验中(60 个小区,每个小区面积 600 m²),对氮素实时监控技术的根层土壤养分过程、产量和环境效应等进行了全面的监测和比较。与农民习惯施肥相比,氮素实时监控技术大幅度降低了氮肥用量,使根层土壤硝态氮始终处于相对适宜的水平。在连续 5 年 10 季作物的试验周期中,氮素实时监控技术的施氮总量为 737 kg/hm²,

平均每季作物约为 74 kg/hm²,仅为农民习惯施肥的 1/4。与传统的农民施肥"基追并重"模式截然不同的是,由于该试验地土壤肥力相对较高,根据实时监控技术 5 年 10 季作物都未施用氮肥作基肥。与不施氮处理相比,该技术通过关键生育阶段对根层土壤硝态氮的监测与调控,保持了相对较高的氮素供应;而农民习惯施肥始终保持了根层土壤极高强度的氮素供应。氮素实时监控技术保持了与习惯施肥相同的产量水平,极大地降低了氮素损失和对环境的负效应。在 5 年 10 季作物上,氮素实时监控技术与农民习惯施肥产量水平相当,都显著高于不施氮处理。氮素实时监控技术充分利用了土壤和环境的氮素供应,更好地同步了作物的氮素需求与根层土壤氮素供应,因此极大地降低了硝酸盐的淋失和氨挥发损失。

通过在华北平原多年多点的田间试验发现,相对于农民措施,根层养分调控减少小麦、玉米氮肥用量 49%~61%,增产 4%~5%,增加 REN 94%~146%,降低活性氮排放强度 45%~80%(表 7-2,Cui et al.,2008a,b)。为了进一步试验玉米的高产高效,我们进一步提出并建立了以"根际/根层养分调控为核心"的土壤-作物体系综合管理体系(ISSM)。首先是要设计最优的作物高产群体高效利用光温资源,通过作物模型模拟和专家经验,明确指定地区适宜的播期,密度,品种组合。依据根层氮素实时监控理论,优化肥水资源投入,明确作物生育期内氮素供应总量,依据不同生育阶段作物阶段氮素需求规律和土壤、环境养分阶段供应特征,确定氮肥基追比例,从而实现产量和资源利用效率的同步提高。在我们全国北方 33 个小麦点和 16 个玉米点的结果表明,土壤-作物系统综合管理技术可以增产 46%,70%,提高氮肥生产效率 15%,22%,减少生产每段籽粒氮素损失 11% 和 9.6%(表 7-3)。

表 7-2

小麦、玉米不同管理策略下的优化施氮量、作物产量、氮素平衡,
氮肥回收利用及生产单位籽粒的活性氮排放

作物	管理策略	施氮量 /(kg/hm²)	产量 /(Mg/hm²)	平衡 /(kg/hm²)	REN /%	活性氮排放强度 /(kg N/Mg)
小麦	根层调控	128	7.0	46	43.1	4.06
	农民措施	325	6.7	146	17.5	20.18
	变化量	61%	+4%		146%	80%
玉米	根层调控	156	8.8	34	16	7.5
	农民措施	257	8.4	75	31	13.6
	变化量	39%	+5%		+94%	45%

注:变化量=(根层调控-农民措施)/农民措施。

表 7-3

小麦、玉米不同管理策略下的优化施氮量、作物产量、氮肥生产效率,活性氮素损失及生产单位籽粒的活性氮排放

作物	处理	优化施氮量 /(kg/hm²)	优化施氮作物产量 /(Mg/hm²)	PFP_N /%	活性氮损失 /(kg N/hm²)	活性氮排放 /(kg N/Mg)
小麦	土壤-作物系统综合管理	185	8.6	46	43	5
	农民操作	149	5.9	40	33	5.6
	差异	24%	46%	15%	29%	11%
玉米	土壤-作物系统综合管理	250	14.8	59.7	115	7.9
	农民操作	181	8.7	49	75	8.7
	差异	38%	70%	22%	53%	9.6%

7.4 主要结论

针对农田土壤氮素时空变异大、作物氮素吸收与根层土壤氮素供应难以同步的主要问题,我们从根层土壤养分调控的思路出发,根据高产作物氮素吸收特征,实现来自土壤、环境和肥料的根层土壤氮素供应与作物氮素需求的同步,建立了以根层养分调控为核心的氮素实时监控技术。多年多点研究结果表明,仅氮素实时监控技术,相对于农民措施,根层养分调控减少小麦、玉米氮肥用量 $49\% \sim 61\%$,增产 $4\% \sim 5\%$,增加氮素回收利用效率 $94\% \sim 146\%$,降低活性氮排放强度 $45\% \sim 80\%$。当氮肥实时监控与高产高效技术配套,可以增产 $46\% \sim 70\%$,减少生产单位籽粒氮素损失 $9.6\% \sim 11\%$。氮肥实时监控技术实现了来自土壤、肥料和环境的根层氮素供应与高产作物的需求在数量上匹配、时间上同步、空间上耦合,保障高产作物需求并最大限度地减少养分向环境的排放。

参考文献

[1] 陈新平,张福锁. 小麦-玉米轮作体系养分资源综合管理理论与实践. 北京:中国农业大学出版社,2006.

[2] 朱兆良,文启孝. 中国土壤氮素. 南京:江苏科学技术出版社,1992.

[3] Bundy L G,Andraski T W. Diagnostic tests for site specific nitrogen recommendations for winter wheat. *Agron. J.* ,2004,96:608-614.

[4] Chen X P,Cui Z L,Fan M S,Vitousek P,Zhao M,Ma W Q,Wang Z L. Producing more grain with lower environmental costs. Nature,2014,514:486-489.

[5] Chen X P,Cui Z L,Vitousek P M,Cassman K G,Matson P A,Bai J S,Meng Q F,Hou P,Yue S C,Zhang F S. Integrated soil-crop system management for food security. *Proceedings of the National Academy of Sciences* ,2011,108:6399-6404.

[6] Cui Z L,Chen X P,Miao Y X,Zhang F S,Sun Q P,Schroder J. On-farm evaluation of the improved soil N_{min}-based nitrogen management for summer maize in North China Plain. *Agron. J* ,2008a,100(3):517-525.

[7] Cui Z L,Wu L,Ye Y L,Ma W Q,Chen X P,Zhang F S. Trade-offs between high yields and greenhouse gas emissions in irrigation wheat cropland in China. *Biogeosciences* ,2014,11:2287-2294.

[8] Cui Z L,Yue S C,Wang G L,Meng Q F,Wu L,Yang Z P,Zhang Q,Li S Q,Zhang F S,Chen X P. Closing the yield gap could reduce projected greenhouse gas emissions:a case study of maize production in China. *Global Change Biology* ,2013,19(8):2467-2477.

[9] Cui Z L,Zhang F S,Chen X P,Miao Y X,Li J L. On-farm evaluation of an in-season nitrogen management strategy based on soil N-min test. *Field Crops Res.* ,2008b,105(1-2):48-55.

[10] Hou P,Gao Q,Xie R Z,Li S K,Meng Q F,Kirkby E A,Römhelde V. Grain yields in relation to N requirement:Optimizing nitrogen management for spring maize grown in China. *Field Crop Res.* ,2012,129:1-6.

[11] Magdoff F R,Jokela W,Fox R H,Griffin G F. A soil test for nitrogen availability in the northeastern United States. *Commun. in Soil Sci. Plant Anal* ,1990,21:1103-1115.

[12] Magdoff F R,Ross D,Amadon J. A soil test for nitrogen availability to corn. *Soil Sci. Soc. Am. J.* ,1984,48:1301-1304.

[13] Wehrmann J V,Scharpf H C. Mineral nitrogen in soil as an indicator for nitrogen fertilizer requirements (N_{min}-method). *Plant and Soil* ,1979,52:109-126.

［14］ Yue S C,Meng Q F,Zhao R F,Ye Y L,Zhang FS,Cui Z L,Chen X P. Change in nitrogen requirement with increasing grain yield for winter wheat. *Agron. J.* ,2012,104:1-7.

［15］ Zhang F S,Cui Z L,Chen X P,Ju X T,Shen J B,Chen Q,Liu X J. Integrated nutrient management for food security and environmental quality in China. Advances in Agron. ,2012,116:1-40.

［16］ Zhao R F,Chen X P,Zhang F S,Zhang H,Schroder J,Roemheld V. Fertilization and nitrogen balance in a wheat-maize rotation system in North China. *Agron. J.* ,2006,98(4):938-945.

（执笔人:崔振岭　陈新平　张福锁）

第 8 章
磷素恒量监控技术

我国基于土壤测试的磷肥推荐最初是以培肥地力,获得稳定高产为目标进行的。自 20 世纪 80 年代起,经过 30 年的地力培肥,我国土壤中累积了大量的磷素。各种估算和测定结果表明,我国农田土壤有效磷(Olsen-P)已由 80 年代的平均 7.4 mg/kg 提高到当前的 25 mg/kg 左右(曹宁等,2007;Li et al,2011)。低磷土壤上大量施用磷肥可以培肥地力,但土壤速效磷超过一定值后,土壤水溶性磷含量的显著增大,对环境产生不利影响。Heckrath 等(2000)发现土壤磷素淋溶存在"突变点"(change-point),当土壤有效磷超过一定范围,磷向水体流失的风险会大幅度增加。过去基于土壤测试、肥料效应函数的磷肥推荐方法多注重产量的当季效应,在土壤有效磷含量较低的情况下适用性很好,却不能解决当前土壤有效磷含量不断升高可能造成的资源与环境问题,需要发展新的方法进行磷肥推荐。

磷素资源特征主要有:①肥料磷资源有限。磷矿石是不可再生的耗竭性资源,其资源的有限性已受到国际上的高度关注(Gilbert,2009);②磷的有效性低。施入土壤中的磷肥当季利用率仅为 10%～25%左右,每年施入的磷肥有 75%～90%的磷在土壤中积累起来;③磷肥后效期长。应发挥作物的生物学特性,高效利用土壤累积的磷;④环境危害大。过量的氮磷输入水体是造成其富营养化的主要原因,其中磷是水体富营养化的一个限制性因子,同时也是一个可控因子。

针对磷素的资源特征及我国新时期磷素管理面临的挑战,1995 年,中国农业大学养分资源管理课题组首先提出了磷肥恒量监控的概念(王兴仁等,1995),2006 年,本课题组对磷素恒量监控的技术内容进行了完整的阐述(陈新平等,2006)。经过将近 20 年的发展,磷素恒量监控技术已日趋成熟,并在指导我国的科学施肥方面发挥着重要的作用。

8.1 磷素恒量监控技术的要点

适宜的根层土壤养分供应是协调作物高产与环境保护的核心,对氮如此,磷钾也是一样。但是有别于氮的是:①氮素极易向水体和大气迁移,而磷易在土壤中累积;②以往认为磷肥施入土壤极易被固定而失去肥效,但研究证明,磷肥具有长期的、高出我们以前预期的叠加利用率;③土壤磷的利用效率极大地依赖于如何调控其生物有效性。基于这些新认识,本课题组建立了磷素恒量监控技术(图 8-1)。该技术的要点是:

(1)以保障作物持续稳定高产又不造成环境风险或资源浪费为目标,确定根层土壤有效磷的合理范围 保障持续、稳定的作物高产需要相对较高的土壤肥力,这是根层土壤有效磷应达到的低限;土壤有效磷不应高到对环境造成风险(水体富营养化),这是根层土壤有效磷应控制的高限。

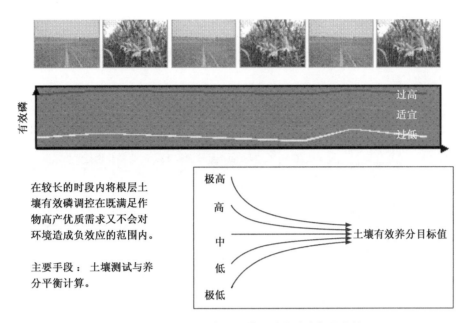

在较长的时段内将根层土壤有效磷调控在既满足作物高产优质需求又不会对环境造成负效应的范围内。

主要手段：土壤测试与养分平衡计算。

图 8-1　基于养分平衡和土壤测试的磷素恒量监控

（2）通过长期定位试验和养分平衡来调控磷肥用量　通过长期定位试验发现，磷肥具有长期的后效，且土壤有效磷的变化主要是由土壤-作物系统磷的收支平衡决定的，因此必须利用长期定位试验来研究根层土壤有效磷的定量化调控。

（3）对土壤有效磷定期监测，确定调控措施　由于根层土壤磷不像氮素那样易于随水淋洗或气态损失，因此在推荐施肥中不需要对土壤磷进行单一生长季或每年的频繁监测。根据长期定位试验的结果，可以将 3～5 年作为一个周期来进行监测，并根据监测结果调整采取"提高"、"维持"或"控制"的管理策略及对应的施肥推荐（王兴仁等，1995；李秋梅，2001；赵荣芳，2002）。

8.2　基于养分平衡和土壤测试的磷素恒量监控技术模式

基于养分平衡和土壤测试的磷素恒量监控技术模式如图 8-2 所示。根层养分调控上限为环境风险线，而根层养分调控下限为保证作物持续稳定高产线。在土壤有效磷处于极高或较高水平时，采取控制策略，不施磷肥或施肥量等于作物带走量的 50%～70%；在土壤有效磷处于适宜水平时，采取维持策略，施肥量等于作物带走量；在土壤有效磷处于较低或极低水平时，采取提高策略，施肥量等于作物带走量的 130%～170% 或等于吸收带走量的 200%。以 3～5 年为 1 个周期，3～5 年监测 1 次，调整磷肥的用量。

8.3　几个关键问题的分析

1. 为什么可以以 3～5 年作为一个监测周期

年复一年频繁的土壤取样和测试将付出巨大的经济成本。磷素恒量监控技术提出以 3～5 年为 1 个监测周期，这就大大节省了成本。那么，3～5 年作为一个监测周期的科学依据何在？

第一，我们对国内多种土壤类型上进行的长期定位试验结果的分析表明，平均而言，每 100 kg P/hm² 的磷素累积可以使农田土壤有效磷提高 3.1 mg/kg（Cao et al.，2012）；第二，当前我国大田作物的磷肥施用水平基本上在每季作物 20～40 kg P/hm²，而当前产量水平下一季作物吸收带走的磷在 20～

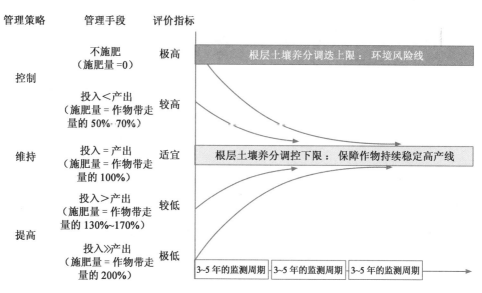

图 8-2　基于养分平衡和土壤测试的磷素恒量监控技术模式

$25\ kg\ P/hm^2$ 左右,以复种指数 2 计算,$3\sim5$ 年土壤累积的磷最多不超过 $150\ kg\ P/hm^2$,引起的土壤有效磷的变化一般不超过 $5\ mg/kg$。因此,在大田作物上,$3\sim5$ 年作为一个监测周期是合理、可行的。而在设施蔬菜等高施磷的条件下,磷素管理的重点应是不要超过环境阈值的问题。

2. 我国不同土壤类型的环境阈值在什么范围

2000 年 Heckrath 和 Brookes 首次在洛桑定位试验中发现土壤磷素淋溶存在"突变点"(change-point),即当土壤有效磷超过一定范围时,$CaCl_2$ 可提取的水溶性磷会随土壤有效磷的提高而线性提高,导致向水体流失的风险大幅度增加,这一突变点被定义为土壤有效磷的环境阈值。近年来,国内外围绕这一主题开展了大量的研究工作。

我们对我国开展的有关工作的总结表明,我国农田土壤有效磷的环境阈值一般为 $30\sim60\ mg/kg$(表 8-1)。

表 8-1

我国农田土壤有效磷的环境阈值

省份	作物	环境阈值/(mg/kg)	参考文献
陕西	小麦/玉米轮作	23	刘利花等,2003
河北	玉米	43	崔力拓等,2008
江苏	水稻	$25\sim32$	张焕朝等,2004
江苏	蔬菜	56	Liang et al,2009
浙江	水稻	$35\sim75$	章明奎等,2006
湖北	蔬菜、水稻、苗圃、棉花、玉米、小麦	56	刘子国等,2010
湖南	水稻、旱地作物	$28\sim65$	邱亚群等,2012
湖南	棉花	$41\sim62$	Li et al,2013

3. 既保障作物稳定高产,又能发挥作物生物学潜力的土壤有效磷范围的确定

以往确定土壤有效磷临界值(或范围)的方法主要是在多点(多年)的田间试验中,以相对产量为指标确定的。其中未能明确的问题是,在这样的临界值(或范围)作物还能不能发挥其高效利用磷的生物学潜力。

作物高效吸收利用磷的生物学能力既包括根系形态学和生理学的机制,又包括内生菌根(VAM)

等微生物学过程(Vance et al.,2003;Lambers et al.,2006;Richardson et al.,2009)。本课题组在过去几年的研究中,采用农学、根系形态学、生理学和分子生物学相结合的手段,在田间试验中揭示了集约化生产体系中在小麦(Teng et al.,2013)、玉米(Deng et al.,2014)上,土壤有效磷在农学临界值(范围)时,作物高效吸收利用磷的生物学能力可以得到一定程度的发挥。

8.4 磷素恒量监控技术指标的建立

近十年来,全国养分资源管理协作网根据磷素恒量监控的原理,开展了大量的研究工作,建立了不同地区、不同作物、不同土壤和产量水平下的技术指标,表 8-2 是本课题组较早建立的北京市冬小麦/夏玉米轮作中磷素恒量监控技术指标,表 8-3 是建立的山东省冬小麦磷素恒量监控技术指标。

表 8-2

北京市冬小麦/夏玉米轮作中磷肥推荐

分级	土壤速效磷 /(P,mg/kg)	产量/(t/hm²)		磷肥推荐用量/(P,kg/hm²)		
		冬小麦	夏玉米	短期和中期		长期
				秸秆还田	秸秆不还田	
高	≥30			0	0	每3~5年对土壤速效磷进行监测,调整磷肥的施用量
中	14~30	6	6	35~40	45~50	
低	≤14			48~58	58~68	

表 8-3

山东省冬小麦磷肥推荐用量(孙义祥,2010)

肥力等级	土壤有效磷 /(mg/kg)	施肥目标	不同目标产量下的磷肥用量/(kg/hm²)		
			6 000	7 500	9 000
极低	<10	增产和快速培肥地力	128	160	—
低	10~30	增产和培肥地力	96	120	143
中	30~40	保证产量和维持地力	64	80	95
高	>40	保证产量和控制环境风险	32	40	48

更多的技术指标可参考本课题组出版的《中国主要作物施肥指南》(张福锁等,2009)一书。

随着国家社会经济的发展,在稳定提高作物产量的同时,减肥增效、保护环境、可持续发展已成为养分管理的重点,磷素恒量监控技术顺应了这一发展方向,对我国磷素资源的管理具有重要的科学意义和应用价值。

参考文献

[1] 曹宁,陈新平,张福锁,等. 从土壤肥力变化预测中国未来磷肥需求. 土壤学报,2007,44(3): 536-643.

[2] 陈新平,张福锁,崔振岭,等. 小麦-玉米轮作体系养分资源综合管理理论与实践. 北京:中国农业大学出版社,2006.

[3] 崔力拓,李志伟. 洋河流域典型旱坡地土壤磷素淋失风险研究. 农业环境科学学报,2008,6: 2419-2422.

[4] 李秋梅. 高肥力土壤上冬小麦/夏玉米轮作中磷钾合理施用的研究[硕士论文]. 北京:中国农业大学,2001.

[5] 刘建玲,李仁岗,张福锁.小麦-玉米轮作土壤中磷肥化学行为及积累态磷生物有效性的研究.植物营养与肥料学报,1999,5(1):14-20.

[6] 刘建玲,张福锁.小麦-玉米轮作长期肥料定位试验中土壤磷库的变化Ⅰ.磷肥产量效应及土壤总磷库、无机磷库的变化应用生态学报,2000,11(3):360-364.

[7] 刘坤,陈新平,张福锁.不同灌溉策略下冬小麦根系的分布与水分养分的空间有效性.土壤学报,2003,40(52):697-703.

[8] 刘利花,杨淑英,吕家珑.长期不同施肥土壤中磷淋溶"阈值"研究.西北农林科技大学学报(自然科学版),2003,3:123-126.

[9] 刘善江,张成军.京郊小麦玉米轮作系统磷肥施用技术的研究.华北农学报,1998,13(论文集):39-42.

[10] 刘子国,黄敏,余翠,等.武汉市郊典型利用方式下土壤磷素特征及流失风险分析.环境科学与技术,2010,5:71-74,112.

[11] 鲁如坤,刘鸿翔,闻大中,等.我国典型地区农业生态系统养分循环和平衡研究Ⅳ:农田养分平衡的评价方法和原则.土壤通报,1996,27(5):197-199.

[12] 邱亚群.湖南典型土壤磷的吸附解吸机制及磷流失控制研究[硕士论文].长沙:中南林业科技大学(导师:彭佩钦教授),2012.

[13] 孙义祥.测土配方施肥中区域配肥关键技术的研究[博士论文].北京:中国农业大学,2010.

[14] 王兴仁,曹一平,张福锁,陈新平.磷肥恒量监控施肥法在农业中的探讨.植物营养与肥料学报,1995,1(2-4):59-64.

[15] 张福锁,陈新平,陈清,等.中国主要作物施肥指南.北京:中国农业大学出版社,2009.

[16] 张焕朝,张红爱,曹志洪.太湖地区水稻土磷素径流流失及其Olsen磷的"突变点".南京林业大学学报(自然科学版),2004,5:6-10.

[17] 章明奎,周翠,方利平.水稻土磷环境敏感临界值的研究.农业环境科学学报,2006,1:170-174.

[18] 赵荣芳.基于养分平衡和土壤测试的农田养分资源管理方法研究[硕士论文].北京:中国农业大学,2002.

[19] Cao N,Chen X,Cui Z,Zhang F. Change in soil available phosphorus in relation to the phosphorus budget in China. Nutrient Cycling in Agroecosystems,2012,94(2-3):161-170.

[20] Deng Y,Chen K R,Teng W,Zhan A,Tong Y,Feng G,Cui Z L,Zhang F S,Chen X P. Is the potential of maize roots efficient for soil phosphorus acquisition? PloS one,2014,9(3):e90287.

[21] Gilbert N. Environment:the disappearing nutrient. Nature News,2009,461(7265):716-718.

[22] Hesketh N,Brookes P C. Development of an indicator for risk of phosphorus leaching. Journal of Environmental Quality,2000,29:105-110.

[23] Lambers H,Shane M W,Cramer M D,Pearse S J,Veneklaas E. Root structure and functioning for efficient acquisition of phosphorus:matching morphological and physiological traits. Annals of Botany,2006,98(4):693-713.

[24] Liang L Z,Shen R F,Yi X Y,Zhao X Q,Chen Z C,Chen R F,Dong X Y. The phosphorus requirement of *Amaranthus mangostanus* L. exceeds the 'change point' of P loss. Soil Use and Management,2009,25(2):152-158.

[25] Li H,Huang G,Meng Q,Ma L,Yuan L,Wang F,Zhang W,Cui Z,Shen J,Chen X,Jiang R,Zhang F. Integrated soil and plant phosphorus management for crop and environment in China. A review. Plant and Soil,2011,349(1-2):157-167.

[26] Li Y Y,Gao R,Yang R,Wei H A,Li Y,Xiao H,Wu J S. Using a simple soil column method to evaluate the soil phosphorus leaching risk. Clean-Soil,Air,Water,2013,41(11):1100-1107.

［27］ Mallarin A P,Webb J R,Blackmer A M. Corn and soybean yields 14 years phosphorus and potassium fertilization on a high testing soil. Journal of Production Agriculture,1991,4 (3):312-317.

［28］ Richardson A E,Hoching P J,Simpson R J,George T S. Plant mechanisms to optimize access to soil phosphorus. Crop and Pasture Science,2009,60 (2):124-143.

［29］ Teng W,Deng Y,Chen X P,Xu X F,Chen R Y,Lv Y,Zhao Y Y,Zhao X Q,He X,Li B,Tong Y P,Zhang F S,Li Z S. Characterization of root response to phosphorus supply from morphology to gene analysis in field-grown wheat. Journal of Experimental Botany,2013,64 (5):1403-1411.

［30］ Vance C P,Uhde-Stone C,Allan D L. Phosphorus acquisition and use:critical adaptations by plants for securing a nonrenewable resource. New Phytologist,2003,157 (3):423-447.

（执笔人:陈新平）

第 9 章
氮肥总量控制施肥技术

9.1 氮肥总量控制的必要性

中国是全世界最大的氮肥消费国,2011年,中国氮肥消费量达到3 380万t,占全世界氮肥用量的31%。氮肥在中国农业生产中发挥了巨大作用,支撑了中国用9%的土地养活世界22%人口的传奇,但在中国的粮食作物生产中,氮肥施用仍存在较大的盲目性,中国小农户、小田块经营方式的特征,造成了中国农业生产中施肥存在的两大问题,一是很多地区普遍施肥过量,二是在各个地区均存在农户之间、田块之间施肥变异都非常大的现象。以玉米施肥为例,中国主产区235个农户玉米生产的氮肥平均用量为283 kg N/hm²,施氮量间存在较大变异,施氮量最低的为91 kg N/hm²,最高达到989 kg N/hm²。用量呈现偏态分布,在高施氮量区域有较大的变异。施氮量低于150 kg N/hm²的占17%,介于150~225 kg N/hm²的占26%,高于225 kg N/hm²的占57%。

施氮总量确定后,氮肥的合理运筹是氮肥效应的重要保证。近年来,由于劳动力等各方面原因,有些地方采用全部氮100%作为基肥的"一炮轰"策略,但氮肥的一次性施入对产量造成了显著损失。氮肥不合理施用造成的水体富营养化、地下水硝酸盐污染等问题已引起全社会的广泛关注,温室气体(N_2O)排放、土壤酸化等已引起国际上的高度重视。越来越多的研究表明,氮肥用量高,养分效率低,环境问题尤为突出。与20世纪80年代相比,当前中国华北平原小麦-玉米轮作生态系统小麦氮肥投入显著增加,但增产幅度(与不施氮区相比)并未显著增加,单位施氮量的增产效果降低显著(表9-1)。与20世纪80年代相比,除了化学氮投入的大量增加外,来自土壤和环境的氮素也显著增加,农田自然供氮量和作物基础产量明显增高。目前无氮区小麦平均产量达4 518 kg/hm²,比20世纪80年代增加了1 489 kg/hm²,土壤与环境供氮量平均增加了45 kg N/hm²(表9-1)。

表 9-1

中国华北平原小麦-玉米轮作农田土壤20年来氮肥用量、供氮能力及产量的变化　　　　　　　　　　　　　　　　kg/hm²

项目	20 世纪 80 年代	目前
土壤和环境供氮量	90~120	135~165
环境来源氮	22	80~90
播前土壤硝态氮	11~63	198

续表 9-1

项目	20 世纪 80 年代	目前
空白产量	3 029	4 518
农民施氮量	92	319
农民施氮条件下产量	5 272	6 121
施氮条件下的增产量(与空白比较)	2 243	1 603
吸氮量	154	179

近年来,科学家们在如何提高氮肥利用率,保障作物高产并降低环境污染方面已开展了大量研究工作。借鉴国际上的成果与经验,中国也相继建立了各种基于土壤测试的推荐方法和基于植株营养诊断的推荐方法,这些方法在各类试验中均取得了很好的成效。然而,如何在大面积上优化氮肥施用,提高氮肥效率仍需突破。因此,如何在上述科学研究的基础上,进一步发展有效应对中国农业生产特点的区域性氮肥管理方式是迫切需要解决的问题。

9.2　氮的总量控制基本原理

作物对施入氮肥的反应(氮肥肥效)取决于作物氮素需求与土壤和环境氮素供应,土壤和环境氮素供应过低,施入氮素对作物增产作用明显;反之,作物对施入氮肥反应不敏感。对于一定区域范围来说,土壤氮素供应受根层土壤剖面无机氮量(包括铵态氮和硝态氮)和作物生育期内有机氮矿化量的影响。Galvis 等认为在一定区域范围内,土壤有机质或全氮是影响土壤供氮能力的潜在指标,在一定的土壤属性、气候条件和耕种制度下,一定区域范围内的土壤有机质和全氮含量时空变异性相对稳定。崔振岭测试山东省惠民县土壤养分空间变异情况,除土壤 pH 外,土壤有机质和全氮含量的变异系数最小(土壤有机质变异系数 19%,土壤全氮变异系数 25%,土壤无机氮的变异系数 82%)。另据德国、丹麦、法国、波兰、英国等肥料长期定位试验表明,氮磷钾化肥配合连续施用 75,49,60,46,100 年,土壤有机质含量的变化分别为 +0.06,−0.12,+0.09,−0.12,+0.01 个百分点。一定区域范围内,土壤、气候条件相对均一,作物生育期内土壤潜在供氮能力的相对稳定性决定了区域土壤氮素供应的总体稳定性,而土壤剖面无机氮的空间变异决定区域氮素供应的局部变异性。

区域土壤氮素供应的稳定是指在一定土壤条件、气候条件和空间范围内,土壤潜在氮素供应水平从较长时段内看是相对稳定的,这是由土壤有机氮矿化决定的。从单个田块来看,由于前茬作物收获后高的土壤剖面无机氮残留,当季作物节氮潜力非常大,个别田块甚至无须施氮即可达到高产,但随着优化氮肥管理的不断进行,土壤剖面无机氮含量将会逐步减少,土壤有机氮矿化量占土壤供氮量的比例上升。因此,在一定区域内,土壤有机氮矿化才是持续、稳定的氮素供应指标。据此可将一定区域范围内作物全生育期氮肥施用总量控制在一个合理的范围内。

当前高产耐肥品种的应用,在一定施氮量范围内籽粒产量随着施氮量的增加而提高,产量到达最高并且在一定施氮量范围内,并不因施氮过量而立即导致倒伏和减产,籽粒产量会到达一个平台。在过量施肥的情况下,并没有因为倒伏和病虫害等问题造成作物减产,产量对肥料的反应大部分为线性加平台模型,所以农民不知道过量施肥,这时,施用氮肥不仅不会带来产量的增加,只能增加环境污染的风险。朱兆良在 1992 年指出,在田间试验中,有效氮的测试值与土壤的供氮量之间的相关系数不显著,不能作为土壤供氮量的指标,他在 2006 年的文章中又指出,由于缺乏土壤氮素供应能力的指标,用测土法进行氮肥推荐只能达到半定量推荐水平,其建议在中国应结合中国实际采用区域平均适宜施氮量法进行氮肥推荐。

9.3　氮的总量控制的技术指标

产量、氮素损失、氮肥回收利用率和土壤剖面中残存的活性氮数量是氮的总量控制的重要技术指标。

氮素损失是氮的总量控制的重要技术指标,随着施氮量的增加,肥料氮的损失量逐渐增加,在中国太湖地区的小麦-水稻轮作系统和华北平原的小麦-玉米轮作系统中,农户习惯施用氮肥是总量控制方法推荐氮肥用量的 1.5～2.5 倍,对应的氮肥损失量是 1.7～2.8 倍,在总量控制的条件下,可以大幅度降低肥料氮素损失。

中国华北平原小麦-玉米轮作体系氮肥总量控制的理论基础是定量化并调控氮素在农田生态系统的流动,使其达到满足高产、优质作物氮素需求和减少环境污染的目的;同时实现作物产量潜力,提高氮素资源利用效率。通过对 269 个田间试验结果的分析、汇总,我们将氮素总量控制点分为两个层次,基于当季土壤硝态氮供应的氮肥总量控制和未来氮素总量控制点。受农民过量施肥的影响,大量的活性氮储存在土壤剖面中,利用这部分土壤氮素供应,小麦季氮肥用量用应控制在 100～130 kg N/hm²,玉米季控制在 130～160 kg N/hm² 的范围内。随着氮肥优化措施的不断进行,土壤剖面的活性氮不断降低,最终应将小麦季氮肥用量控制在 150～180 kg N/hm²,玉米季控制在 170～190 kg N/hm²。

对两个层次氮肥总量的农学和环境效应进行定量分析表明,与基于土壤测试的氮肥当季优化相比,区域总量控制略微增加氮肥用量,减少了氮肥效率,增加氮素损失的危险;但比农民习惯施氮极大节省了氮肥,提高氮肥效率,减少氮素损失(图 9-1)。

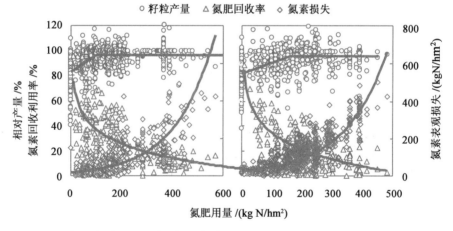

图 9-1　冬小麦(左)、夏玉米(右)籽粒产量、氮肥利用率及氮素损失与施氮量关系

9.4　氮的总量控制的效果

山东省冬小麦"3414"试验结果验证了氮的总量控制的效果,29 个"3414"试验肥料效应方程计算的氮肥最佳施氮量的最大值为 273 kg/hm²,最小值为 143 kg/hm²,平均为 202 kg/hm²,标准差为 34 kg/hm²,频率分布图可以看出,最佳施氮量主要集中在 165～225 kg/hm² 之间。山东省冬小麦的氮肥推荐用量有 62% 的试验点分布在 165～225 kg/hm² 范围内,全部 29 个点的平均值为 202 kg/hm²。

用一元二次方程对山东省 29 个冬小麦"3414"试验数据分别进行模拟,会得到每个点的肥料效应方程,并计算出其最佳施氮量,29 个最佳施氮量的平均值为 202 kg/hm²。当采用该平均值作为山东省冬小麦的氮肥总量控制值并代入每个试验的一元二次方程,可以得出对应的产量数据,即总量控制下的产量。从图 9-2 中可以看出,氮肥总量控制下的产量与田块最佳施氮量产量间存在线性相关,相关系数为 0.992，达到了极显著水平。从上面的分析可以看出，氮肥总量控制方法适宜于冬小麦的氮肥推荐。

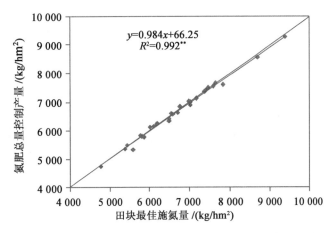

图 9-2　山东省冬小麦氮肥总量控制产量与田块最佳施氮量产量的关系($n=29$)

基于农民播前土壤硝态氮含量计算区域平均氮肥用量是充分利用土壤氮素的氮肥推荐用量，随着氮肥施用的不断优化，作物收获后（下茬作物播前）土壤硝态氮含量会逐渐减少，推荐氮肥用量也会逐渐增加。结合国际大量研究和我们大量水数据分析，我们认为小麦-玉米轮作体系作物收获后土壤硝态氮应维持在 80~90 cm 的范围内，过高的土壤剖面硝态氮残留则易引起作物体系内氮素损失的增加；过低的土壤剖面硝态氮残留可能会影响作物产量，引起产量下降。我们以播前作物 0~90 cm 土层播前硝态氮含量 90 kg N/hm^2 为标准计算，小麦季氮肥平均用量为 154 kg N/hm^2，玉米季为 172 kg N/hm^2，两季合计为 326 kg N/hm^2。依据农民田块播前土壤硝态氮含量计算区域平均氮肥用量可作为该地区最高节氮潜力；依据最低播前土壤硝态氮含量计算区域平均氮肥用量可作为该地区最低节氮潜力；优化氮肥用量应处于两者之间。

本研究计算华北平原小麦-玉米轮作体系区域平均氮肥用量最高为 326 kg N/hm^2，这一数值和当前作物氮素需求量（326 kg N/hm^2）相差不大，也就是说区域氮肥总量控制点最高应与作物氮素需求量相当。该结论可从长期定位试验结果得到印证。从在北京进行的连续 7 年定位试验的结果来看，氮肥用量呈逐年增加趋势，且最终趋于稳定，与作物氮素需求相当（表 9-2）。

表 9-2

连续 7 年定位试验每个轮作周期的推荐施氮量和氮素收支平衡　　　　　　　　　　　　　　　　kg N/hm^2

年份	输入				输出			输入-输出
	氮肥	播前 N_{min}	矿化氮	湿沉降	氨挥发	收获后 N_{min}	吸收带走	
1999—2000	97	85	240	28	22	119	291	18
2000—2001	139	119	75	27	32	30	230	67
2001—2002	160	30	131	28	36	91	258	36
2002—2003	116	91	87	32	26	52	223	25
2003—2004	226	52	140	33	53	76	231	91
2004—2005	229	76	86	30	49	50	224	98
2005—2006	225	50	93	43	52	51	215	93

作物产量、氮肥利用率及氮素损失与施氮量关系表明（图 9-1），无论在小麦季还是玉米季，氮肥用量增加到一定程度后随着氮肥用量的增加，作物产量不再增加，而氮肥利用率显著降低，氮素损失急剧

增加。基于土壤测试优化施氮和区域氮素总量控制技术在维持作物高产的同时,显著提高了氮肥利用率和农民经济效益,显著降低了氮素损失,有效降低氮肥对环境的污染。与农民传统施氮相比,基于区域氮素总量控制技术推荐施肥时,在保证作物产量的同时,在小麦季可分别节约氮肥 266 和 215 kg N/hm²,氮肥利用率分别增加了 21% 和 15%,氮素损失分别减少了 167 和 153 kg N/hm²;在玉米上分别节约了氮肥 85 和 68 kg N/hm²,氮肥利用率分别增加了 13% 和 11%,氮素损失分别减少了 56 和 48 kg N/hm²(表 9-3)。

表 9-3
小麦与玉米季氮肥优化、区域总量控制及农民氮肥管理的产量与环境效应评价

作物	氮肥管理	氮肥用量 /(kg N/hm²)	籽粒产量 /(t/hm²)	氮肥利用率 /%	氮素损失 /(kg N/hm²)
冬小麦	当季氮肥优化	103	6.0	37	35
	区域总量控制	154	6.0	31	49
	农民氮肥管理	369	5.8	16	202
夏玉米	当季氮肥优化	159	8.9	26	69
	区域总量控制	176	8.9	24	77
	农民氮肥管理	244	8.5	13	125

9.5 氮的总量控制的应用前景

氮的总量控制技术模式是制定作物施肥技术规程标准的主要依据,钟旭华等用总量控制原理制定的水稻"三控"施肥技术规程得到大面积应用,与常规施肥技术相比,"三控"施肥技术一般节省氮肥 10%~30%,增产 5%~10%,氮肥利用率提高 10 个百分点,环境污染大大减轻。王永华等制定的河南省不同类型麦区小麦丰产高效栽培技术规程中氮的优化施肥技术推荐氮肥用量 150~180 kg N/hm²。

大田粮食作物专用肥是根据区域土壤供应特征和作物的养分需求特点,将氮、磷、钾和中微量元素等营养元素进行科学配比,供特定区域作物专门使用的肥料,在设计作物专用肥配方时,所用区域配肥技术,需要考虑特定区域氮的氮肥用量。区域不同作物的氮肥用量确定根据多年多点的田间肥料试验,模拟出每个试验点的最佳施氮量,根据多点试验平均确定氮肥用量总量。崔振岭指出土壤氮素具有总体稳定性和局部变异的双重特点,据前者,可将一定区域范围内作物全生育期氮肥施用总量控制在一个合理的范围内。孙义祥根据区域总量控制、分期调控技术,磷钾肥恒量监控技术原理,设计安徽省玉米专用肥在安徽的大田应用中比农户习惯施肥的平均产量提高 338 kg/hm²,氮肥偏生产力提高 55%。

参考文献

[1] 陈新平,李志宏,王兴仁,等. 土壤、植株快速测试推荐施肥技术体系的建立与应用. 土壤肥料,1999,2:6-10.

[2] 陈新平,周金池,王兴仁,等. 小麦-玉米轮作制中氮肥效应模型的选择——经济和环境效益分析,土壤学报,2000,37(3):346-354.

[3] 陈新平. 土壤、植株测试推荐施肥技术项目介绍. 土壤肥料,1997,5:46-47.

[4] 崔振岭,张福锁,陈新平. 我国区域配肥之路-大配方复合肥和小配方掺混肥并举. 中国农资,2006,8:44-45.

[5] 崔振岭. 华北平原冬小麦-夏玉米轮作体系优化氮肥管理——从田块到区域尺度[博士论文]. 北京:

中国农业大学,2005.

[6] 高强,冯国忠,王志刚.东北地区春玉米施肥现状调查.中国农学通报,2010,26(14):229-231.

[7] 高强,李德忠,汪娟娟,白百一,黄立华.春玉米一次性施肥效果研究.玉米科学,2007,15(4):125-128.

[8] 贾良良,陈新平,张福锁,等.北京市冬小麦氮肥适宜用量评价方法的研究,中国农业大学学报,2001,6(3):67-73.

[9] 马文奇,毛达如,张福锁.山东省粮食作物施肥状况的评价.土壤通报,2003,30(5):217-220.

[10] 毛达如.近百年来国外长期肥料定位研究的进展.北京农业大学科技情报.资料汇编(肥料),1984,4:1-4.

[11] 司友斌,王慎强,陈怀满.农田氮、磷的流失与水体富营养化.土壤,2000,4:188-193.

[12] 孙义祥,袁嫚嫚,郭熙盛.玉米专用肥配方设计与效果验证.中国农学通报,2012,28(18):117-121.

[13] 王兴仁,曹一平,张福锁,等.磷钾恒量施肥法在农业中应用探讨.植物营养与肥料学报,1995,1(3-4):59-64.

[14] 王永华,郭天财,朱云集,等.河南省不同类型麦区小麦丰产高效栽培技术规程.河南农业科学,2006,5:12-16.

[15] 张福锁,等,华中、华南、西南和太湖地区的稻田土壤氮素矿化率稳定在 4.4%～4.8% 之间,2002.

[16] 张维理,田哲旭,张宁,李晓齐.我国北方农用氮肥造成地下水硝酸盐污染的调查植物营养与肥料学报,1995,2:80-87.

[17] 赵同科,张成军,杜连凤,等.环渤海七省(市)地下水硝酸盐含量调查.农业环境科学学报,2007,26(2):779-783.

[18] 钟旭华,黄农荣,郑海波,等.水稻"三控"施肥技术规程.广东农业科学,2007,5:13-15,43.

[19] 朱兆良,文启孝.中国土壤氮素.南京:江苏科学技术出版社,1992:220-282.

[20] 朱兆良.土壤氮素供应状况的研究 I:土壤碱解时氨的释放速度作为预测植稻土壤氮素供应状况的指标.土壤学报,1962,10(1):55-71.

[21] 朱兆良.推荐氮肥适宜施用量的方法论刍议.植物营养与肥料学报,2006,12(1):1-4.

[22] Cerrato,M E,Blackmer,A M,Comparison of models for describing corn yield response to nitrogen fertilizer. Agronomy journal,1990,82(1):138-143.

[23] Chien S H,Kallenbach R L,Gearhart M M. Liming requirement for nitrogen fertilizer-induced soil acidity:a new examination of AOAC guidelines. Better Crops with Plant Food,2010,94(2):8-9.

[24] Cui Z,Zhang F,Chen X,Miao Y,Li J,Shi L,Xu J,Ye Y,Liu C,Yang Z,Zhang Q,Huang S,Bao D. On-farm estimation of indigenous nitrogen supply for site-specific nitrogen management in the North China Plain. Nutrient Cycling in Agroecosystems,2008,81:37-47.

[25] Galvia-Spinola A E,Alvarea S,Etchevers J D. A method to quantify N fertilizer requirement. Nutriton Cycling Agroecosyst,1998,51:155-162.

[26] Garcia-Ruiz R,Baggs E M. N_2O emission from soil following combined application of fertiliser-N and ground weed residues. Plant and Soil,2007,299:263-274.

[27] Godfray H C,Beddington J R,Crute I R,Haddad L,Lawrence D,Muir J F,Pretty J,Robinson S,Thomas S M,Toulmin C. Food security:the challenge of feeding 9 billion people. Science,2010,327(5967):812-818.

[28] Godfray H C,Beddington J R,Crute I R,Haddad L,Lawrence D,Muir J F,Pretty J,Robinson S,Thomas S M,Toulmin C. Food security:the challenge of feeding 9 billion people. Science,2010,327(5967):812-818.

[29] Guo J H,Liu X J,Zhang Y,Shen J L,Han W X,Zhang W F,Christie P,Goulding K W T,Vitousek P M,Zhang F S. Significant acidification in major Chinese croplands. Science,2010,327:1008-1010.

[30]IFA,http://www. fertilizer. org/ifa/ifadata/results,2013.

[31] Ju X T,Kou C L,Zhang F S,Christie P. 2006,Nitrogen balance and groundwater nitrate ontamination:comparison among three intensive cropping systems on the North China Plain. Environmental Pollution,143:117-125.

[32] Ju X T,Xing G X,Chen X P,Zhang S L,Zhang L J,Liu X J,Cui Z L,Yin B,Christie P,Zhu Z L,Zhang F S. Reducing environmental risk by improving N management in intensive Chinese agricultural systems. Proceedings of National Academy of Sciences USA (PNAS) ,2009,106:3041-3046.

[33] Li F,Gnypc M L,Jia L,Miao Y,Yu Z,Koppe W,Bareth G,Chen X,Zhang F. Estimating N status of winter wheat using a handheld spectrometer in the North China Plain. Field Crops Research,2008,106:77-85.

[34] López-Fernández S,Díez J A,Hernáiz P,Arce A,García-Torres L,Vallejo A. Effects of fertiliser type and the presence or absence of plants on nitrous oxide emissions from irrigated soils,2007,78(3):279-289.

[35] Nyiraneza J,Dayegamiye A N,Gasser M O,Giroux M,Grenier M,Landry G,Guertin S. Soil and crop parameters related to corn nitrogen response in eastern Canada,Agronomy Journal,2010,102(5):1478-1490.

[36] Ortuzar I M A,Castelloacuten A,Alonso A,Besga G,Estavillo J M,Aizpuru A. Estimation of optimum nitrogen fertilizer rates in winter wheat in humid mediterranean conditions,I:Selection of yield and protein response models. Communications in Soil Science and Plant Analysis,2010,41(19):2293-2300.

[37] Watkins K B,Hignight J A,Norman R J,Roberts T L,Slaton N A,Wilson C E,Frizzell D L. Comparison of economic optimum nitrogen rates for rice in Arkansas,Agronomy journal,2010,102(4):1099-1108.

（执笔人：孙义祥　崔振岭）

第 10 章

"大配方、小调整"区域配肥技术

21世纪,世界农业发展面临着协同增加粮食产量与减小对环境影响的巨大挑战。据预测,到2050年,世界粮食需增产70%~110%才能满足人类需求;到2033年,中国粮食生产需增长35%才能满足中国人口增长及人均需求增长的需求。化肥是粮食生产的物质基础,对粮食的安全起到重要的保障作用,FAO的研究表明,化肥对世界粮食增产的贡献率为40%~60%。然而,养分的不平衡施用使得肥料利用效率与20世纪80年代相比已经呈下降趋势,同时带来了一系列的环境问题,如水体富营养化、温室气体排放、土壤酸化、活性氮沉降等。

保障当前和未来粮食安全的同时减少集约化农业带来的巨大环境影响成为农业可持续发展的必然要求,而科学施肥是保证粮食产量和提高肥料利用率的重要措施之一。多年来,我国科学家在推荐施肥理论与技术上取得了很大的进展,为保障国家粮食安全和环境安全做出了重要的贡献。然而,由于我国小农户分散经营的管理方式造成耕作分散、农事操作单元地块面积狭小,全国户均耕地面积只有0.5 hm²,却分成5.72块,平均地块面积仅为0.087 hm²。这导致这些技术很难被千家万户的小农户采用,实际生产上施肥依然有很大的盲目性。相关研究表明不同区域间养分分配不合理的问题比较突出。例如,Zhang等通过全国大样本的农户调查研究结果显示,在水稻、小麦、玉米、果树和蔬菜上农户平均化肥氮肥的用量分别为209,197,231,550和383 kg/hm²,过量的氮肥施用是大量的 N_2O 直接排放的重要原因。马文奇利用农户调查数据分析表明山东省主要粮食作物上各区域之间施肥不平衡;王圣瑞和巨晓棠等研究表明不同区域和农作物的施肥状况差异较大,主要受到了经济发展水平的影响;曹宁对全国2 300个县市磷平衡的研究结果表明,1996年及2002年我国县域农田土壤磷(P)平衡范围分别为-20~425及-17~450 kg/hm²,磷盈余量超过50 kg/hm² 的县市主要分布在经济相对发达的东部省份,如山东、河南、江苏和广东等省,而西部等省份的农田土壤磷盈余相对较低。另外,在同一区域内不同农户之间及地块间施肥变异也很大,农户之间不平衡的现象也比较普遍。例如,马文奇(1996)研究表明,农户间的肥料投入差异很大,在山东小麦和玉米上分别由81%和75%以上的农户氮肥投入量不合理。Cui等根据大量的农户调查数据研究表明,在华北平原,当前农户施肥管理下小麦和玉米的产量与氮肥用量间没有显著的相关关系。相关研究也发现根据实地管理确定的优化氮肥用量的变异要明显小于当地农民氮肥施用量的变异,这说明有很大一部分是由于盲目施肥造成的不合理变异。因此,优化不同区域的肥料用量和减少区域内农户施肥的不合理变异成为保障粮食安全和保护环境的必然要求。

肥料是提供养分的最重要载体之一,也是决定施肥是否合理的重要因素。通过肥料产品的优化是实现养分最佳管理的重要途径。当前我国化肥消费量达到 5 684 万 t(纯养分),为世界消费量的 34%,成为名副其实的世界第一化肥消费大国。肥料的施用在保障我国粮食安全起到了重大的作用。中国的肥料产品也正快速复合化,复合(混)肥在我国农业生产中起到越来越重要的作用。三大粮食作物中复合(混)肥中提供的氮、磷、钾养分已经占肥料总量的 32%,57% 和 58%,复合(混)肥支出占农户肥料支出的 55%。然而,当前的复合肥产品配方不能很好地满足农业需求,这是造成不合理施肥的重要原因之一。例如,日前根据农业部的统计资料显示,全国已经登记的复合肥配方多达 32184 个,然而这些复合肥配方与测土配方施肥项目推荐的配方符合度不足 3%;李亮科等通过全国 6 个省的农户调查研究表明,当前的复合(混)肥产品设计脱离了土壤和作物需求,施用复合肥导致养分投入数量和用肥成本的增加,但没有明显的增产效果;王兴仁等认为目前市场上流行的专用复混肥基本上是按照作物需肥总量设计而没有考虑到养分的基追分配,这在实际应用中造成了养分供应的失衡;张卫峰等研究表明,我国复合肥产品以高浓度、通用型和一次性基施型的配方为主,与农业生产需求相脱节。此外,肥料产品要求大规模工业化生产,近年来,我国复合肥产业集中度大幅度提高,复合肥(NPK),磷酸一铵(MAP)和磷酸二铵(DAP)前 10 名企业产量之和分别占全国总产量的 50%,60% 和 74%。因此,为更好地保障区域间农业生产的差异化需求,必须从区域配肥的理论和技术上进行创新,以指导不同区域主要作物复合肥配方的优化,并与肥料产业相结合,将科学施肥的理论与技术物化为肥料产品,协调和解决肥料大规模工业化生产和农业小规模经营之间的矛盾。

10.1 "大配方、小调整"区域配肥的理论与技术

"大配方、小调整"区域配肥理论与技术是在归纳区域作物生产体系与种植制度特点及土壤养分供应特点等共性规律的基础上,根据养分资源综合管理相关技术原理确定区域氮、磷、钾及中微肥的适宜用量、比例以及相应的施肥技术,并结合工艺与市场研发区域配方肥料作为技术载体,同时配套相应的施肥技术和农化服务,实现区域高产、优质、资源高效和环境保护的目的;在区域大配方的基础上,针对部分区域或田块,还可根据产量水平、气候/土壤条件、作物长势、土壤测试和植株营养诊断等调整用量或配施一定的单质肥料,即"小调整",以实现更为精确的养分管理。该理论与技术思路的要点(图 10-1):①根据不同养分资源的特征确定不同的管理策略;②根据不同作物的特点采用不同的配肥思路;③根据区域作物生产条件与土壤供应特点进行分区管理;④小调整作为补充以实现田块精确调控。

10.1.1 根据不同养分资源的特征确定不同的管理策略

由于氮素资源具有来源的多样性、去向的多向性及其环境危害性、作物产量和品质对其反应的敏感性等特征,因此氮的管理应采取"总量控制、分期调控"的管理策略(表 10-1)。土壤氮素具有总体稳定性和局部变异的双重特点,根据区域土壤氮素供应的总体稳定的特点,即在一定土壤条件、气候条件和空间范围内,土壤潜在氮素供应水平从较长时段内看是相对稳定的,这是由土壤有机氮矿化决定的。因此,可将一定区域内作物全生育期氮肥施用总量控制在一个合理的范围内。对于前茬土壤氮素残留较少的区域,如东北旱区、南方稻田,可以利用现有的田间试验直接通过肥料效应模型求得最佳推荐施氮量,并将多年多点的最佳产量施氮量平均获得一定区域内作物平均施氮量。对于前茬土壤氮素残留比较高的北方旱作地区,区域氮素总量控制应与作物吸收带走的氮素相当。根据局部变异性,可以在这个合理范围的基础上,根据作物氮素吸收规律,对不同生育期的氮肥用量进行分配,同时根据气候条件、作物长势、土壤测试及植株营养诊断结果对氮肥基、追用量进行微调。

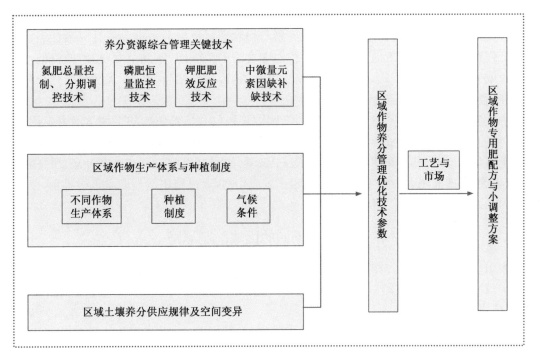

图 10-1 "大配方、小调整"区域配肥理论与技术模式图

表 10-1

不同养分资源的特征差异与管理策略

养分	资源特性	管理策略
氮	来源多样性	总量控制、分期调控
	去向的多向性	
	环境危害性	
	作物产量、品质对氮素反应的敏感性	
磷和钾	肥料资源有限	恒量监控、肥效反应
	土壤养分库总量大但有效性低	
	不易损失且有长期后效	
	作物产量、品质对磷钾素反应的敏感性相对较差	
中微量元素	中微量元素不足则会导致减产甚至绝产,过量则会导致作物毒害降低产量	因缺补缺、矫正施肥

对于磷钾而言,不像氮素那样易于随水淋洗或气态损失,而更容易在土壤中保持和固定(表 10-1)。土壤速效磷的变化主要受养分平衡的影响。根据相关研究表明,在不同的土壤类型上耕层($0\sim20$ cm)每累积 100 kg P/hm^2,土壤速效磷(Olsen-P)增加 $1.44\sim5.74$ mg/kg。因此,磷肥的施用可根据土壤测试和养分平衡计算将土壤速效磷含量持续控制在能够持续获得高产且不造成环境风险的适宜范围内。在土壤有效磷养分处于极高或较高水平时(大于环境风险阈值),采取控制策略,施肥量小于作物的带走量;在土壤有效磷养分处于适宜水平时,采取维持策略,施肥量等于作物带走量;在土壤有效磷养分处于较低或极低水平时,采取提高策略,施肥量大于带走量。以 $3\sim5$ 年为一个周期,并每 $3\sim5$ 年监测一次土壤肥力,以决定是否调整磷钾肥的用量。该方法协调了作物高产、肥料高效和土壤培肥三方面的关系,具有较强科学性,同时又具有简便可行性,便于在生产实践中应用。

对于钾而言,管理策略和磷相似。然而,由于我国钾素资源严重不足,当前大约有 50% 依靠进口,因此应优先考虑将矿物钾肥优先施到增产效应明显的区域和作物上。矿物钾肥推荐应采取"钾肥肥效反应"的技术模式,以田间试验为基础,通过施肥量与作物产量反应的数据关系计算最佳经济施肥量,这既能保证作物产量,同时有效地将肥料用量控制在合理的范围内,达到节肥、稳产的目的,并强调通过秸秆还田或施用有机肥的方式以保持和提高土壤地力,因为作物吸收的钾大部分贮存在秸秆中,如小麦、玉米吸收的钾素有 80% 以上贮存在秸秆中。

对于中微量元素而言,缺则造成作物减产,丰则贮于根层并依赖作物的生物学潜力发挥而被活化利用,而过量的微量元素会导致作物毒害降低产量(表 10-1)。由于需求量少,是否需要施用微量元素主要取决于土壤特性、作物种类和产量水平。因此,中微量元素的管理应采取"因缺补缺、矫正施肥"的技术模式,以土壤、植株监测为主要手段,对于缺素土壤或作物,通过施用适量肥料进行矫正,使其成为非产量限制因子。

10.1.2　根据不同作物的特点采用不同的区域配肥思路

对于大田作物来说,一般为深根系作物,对土壤养分和环境养分供应的依赖性极大。水稻、小麦和玉米地力贡献率分别达到 60.2%,66.5% 和 60.1%。因此,大田作物推荐施肥应同时考虑作物养分需求和土壤、环境养分的供应(表 10-2)。

表 10-2

不同作物的特性与养分调控策略

作物	大田作物	蔬菜	果树
养分需求特征	平缓、氮素前轻后重	需要高强度养分供应	贮藏营养、不同时期对养分需求不同
作物生物学特征	根系逐渐向深层发育	浅根系、高水分需求	深根系、多年生
环境养分供应	一般较低	较高	一般较低
有机肥养分供应	一般较低	非常高	非常高
土壤养分供应	较高	相对较低	相对较低
养分调控策略	同步高产作物养分需求与土壤、环境、肥料氮素供应	在土壤培肥的基础上,按照作物养分需求供应肥料	根据不同时期养分需求特征和作用配施一定比例的氮磷钾肥

与大田作物相比,大多数蔬菜养分需求强度大,根系较浅、养分吸收能力较差,相应地对水肥的依赖程度高。因此,对于蔬菜,应在土壤培肥的基础上,依据养分吸收规律进行区域配肥。由于蔬菜种类繁多,为了便于操作,可以根据蔬菜养分吸收特点进行蔬菜分类管理。例如,将蔬菜分为果菜类和叶菜类进行区域配肥。

对于果树而言,大多数果树为多年生作物,在不同树势不同营养阶段对养分需求有较大区别。由于大多数果树具有贮藏营养的特点,其生长状况和产量不仅受当年施肥和土壤养分供应状况的影响,同时也受上季施肥和土壤养分状况的影响,所以,土壤测试结果与当年的果树生长状况的相关性不如大田作物好。因此,果树应根据不同树势和不同营养阶段对养分的需求特点进行区域配肥。

10.1.3　根据区域作物生产条件与土壤供应特点进行养分分区管理

在一个区域内,对于同一作物可根据气候条件、栽培条件(作物生产体系与种植制度)、地形和土壤条件等因素分为几个养分管理类型区,然后对于同一类型区,可以采取相对一致的养分资源综合管理策略。对于不同区域尺度的养分管理区的划分所考虑的因素有所差异。在较小的尺度上(如县域或大规模农场),气候条件及栽培条件相对均一,养分管理分区应重点考虑的土壤养分的供应规律及空间变异;而到大农业生态区域尺度,气候及栽培条件成为影响的养分管理区域的划分的决定性因素,土壤养分的供应为次要影响因素。

1. 大农业生态区的区域配肥技术思路

大农业生态区域的配肥主要依据气候、栽培、地形等因素(土壤条件作为参考因素)进行区域划分,在分区的基础上进行区域配肥。例如,我们根据气候、栽培和地形等因素对中国玉米主产区进行施肥分区,在分区的基础上,基于测土配方施肥技术成果分析不同区域内土壤养分供应特征、作物养分需求和作物肥效反应,以氮肥总量控制、磷肥恒量监控、钾肥肥效反应的技术原理计算氮磷钾肥的优化用量,并根据"大配方、小调整"技术思路确定了中国玉米不同区域的肥料配方及施肥建议(图 10-2)。大农业生态区配肥适合于大中型肥料企业,并以复合肥为载体,养分配方稳定、均匀,有利于进行大规模生产和大范围应用,有利于从国家尺度上或省级尺度上宏观控制区域内养分的投入和产出的平衡,调控区域间肥料养分分配不合理的问题。

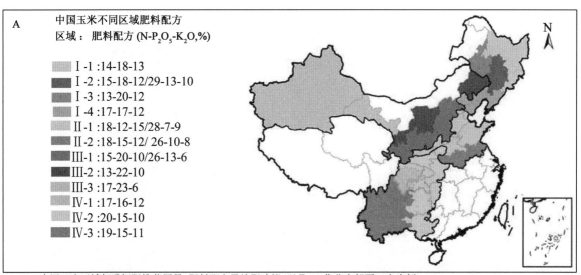

A 中国玉米不同区域肥料配方

区域: 肥料配方 (N-P₂O₅-K₂O,%)

- I -1 :14-18-13
- I -2 :15-18-12/29-13-10
- I -3 :13-20-12
- I -4 :17-17-12
- II -1 :18-12-15/28-7-9
- II -2 :18-15-12/ 26-10-8
- III -1 :15-20-10/26-13-6
- III -2 :13-22-10
- III -3 :17-23-6
- IV -1 :17-16-12
- IV -2 :20-15-10
- IV -3 :19-15-11

B 中国玉米区域氮磷钾肥推荐用量、肥料配方及施肥建议(以 II-12 华北中部夏玉米为例)

施肥方式	目标产量 N/(t/hm²)	(基肥 N+追肥)/(kg/hm²)	-P₂O₅-K₂O	推荐配方 B-P₂O₅-K₂O/%	产量水平 /(t/hm²)	基肥(配方肥)/(kg/hm²)	用量	追肥(尿素)用量/(kg/hm²)
基追结合施肥方式	8.3	178(72+105)	-46-63	18-12-15	6.8～8.3	307～375		200～245
					8.3～9.8	375～443		245～289
					>9.8	443～511		289～333
					<6.8	239～307		156～200
一次性施肥方式	8.3	178(178−0)	-46-63	28-7-9	6.8～8.3	526～643		0
					8.3～9.8	643～760		0
					>9.8	760～877		0
					<6.8	409～526		0

图 10-2 中国玉米不同区域肥料配方(A)及施肥建议(以 II-1 区为例,B)

2. 县域或大田块尺度的区域配肥技术思路

县域尺度配肥可根据地统计学的方法对土壤养分变异特性进行评价,进行土壤养分分区及区域配肥(图 10-3)。例如,我们基于全国测土配方施肥项目开展的大量的"3414"田间肥效实验和土壤养分测试数据,开展了县域尺度上的"大配方、小调整"区域配肥技术研究。根据田间肥效试验通过肥料效应模型求得最佳产量的施氮量,将多年多点的最佳产量施氮量平均获得区域内作物平均施氮量作为区域氮肥推荐用量,并根据作物的养分需求规律确定基肥氮用量;基于地理信息系统(GIS)平台,根据土壤测试结果制定区域性的土壤磷和钾养分图,并以磷钾恒量监控技术为基础建立磷和钾肥推荐用量图;最后通过基肥氮、磷和钾用量图层叠加形成区域配肥图。县域尺度配肥适合于农业技术人员和中小型肥料企业进行肥料配方的设计,以复合肥或掺混肥为载体,有利于破解县级尺度测土配方施肥技术推广难题。

　　大田块尺度配肥主要针对有条件的大型农场和种植大户,主要依据土壤肥力因素,基于地理信息系统(GIS)进行土壤分区及区域配肥,以掺混肥或复合肥为载体,解决田块尺度上养分合理利用的问题,实现精准施肥。

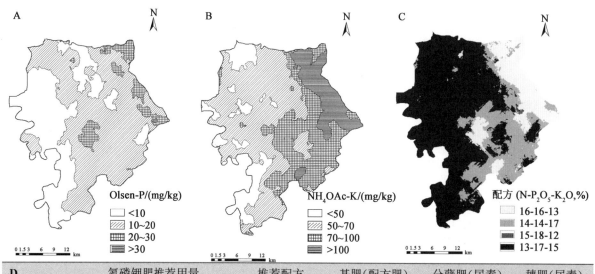

| D | 氮磷钾肥推荐用量 | 推荐配方 | 基肥(配方肥) | 分蘖肥(尿素) | 穗肥(尿素) |
分区	N(基施 N+分蘖肥 N+穗肥 N)-P$_2$O$_5$-K$_2$O/(kg/hm^2)	N-P$_2$O$_5$-K$_2$O /%	用量 /(kg/hm^2)	用量 /(kg/hm^2)	用量 /(kg/hm^2)
中磷高钾区	225(105+60+60)-105-90	16-16-13	660	130	130
中磷中钾区	225(105+60+60)-105-120	14-14-17	730	130	130
低磷高钾区	225(105+60+60)-135-90	15-18-12	730	130	130
低磷中钾区	225(105+60+60)-135-120	13-17-15	800	130	130

图 10-3　芜湖县土壤有效磷(A)和速效钾(B)分级图、一季稻肥料配方图(C)及施肥建议(D)

10.1.4　小调整作为补充实现田块精确调控

　　通过区域大配方可以有效解决区域间不合理施肥的问题,然而在实际生产中,气候和土壤条件(肥力)和产量水平等都存在一定变异。因此,应在区域大配方的基础上进一步微调,即在条件允许的情况下仍可在区域大配方的基础上通过"小调整"将肥料用量控制到最佳,以实现养分供需的时空一致,达到最大的经济效益和环境效益,"小调整"一般基于以下原则:

　　1. 基于产量水平调整总用量、钾肥的追肥用量和一次性施肥下缓控释氮素的比例

　　首先,作物养分需求规律是科学施肥的重要理论依据,随着作物产量的增加,养分需求量将会同步增加。例如,Hou 和岳善超等通过大样本数据研究表明,产量和地上部氮吸收呈显著的正相关关系,春玉米和夏玉米每生产 1 t 籽粒的需氮量分别为 17.4 和 17.5 kg N。相关研究也表明,磷和钾素的需求规律也呈现相应的趋势。因此,随着产量的变化应相应地调整养分的用量,例如,针对我国玉米,在每公顷产量增加 1.5 t 的情况下,若为基追施肥方式下,配方肥(45%养分含量)用量可适当增加 75~120 kg/hm^2,追肥尿素可增加 15~45 kg/hm^2;若为一次性施肥方式,配方肥用量可增加 135~

165 kg/hm²。反之,则相应减少肥料的用量。其次,对于高产粮食作物需要增加生育中后期的钾肥供应,以提高作物对抗各种生物与非生物胁迫(如倒伏和病虫害等)的能力和促进光合产物转移的作用。Zhang 等,通过大样本的数据研究表明,随着产量的增加,水稻钾需求也逐渐增加,$<7.5,7.5\sim9,9\sim10.5$ 和>10.5 t/hm² 四个产量水平下对应的生产 1 t 籽粒产量需钾(K)量分别为 18.7,19.4,20.5,21.7 kg,这主要由随着产量水平增加秸秆和籽粒钾浓度上升所导致。Wu 等的研究同样表明,随着玉米产量水平的提高秸秆中钾浓度也呈现上升趋势。因此,适当增加高产作物中后期钾肥的供应。例如,对于水稻,在增加配方肥用量的情况下,建议在穗粒肥中追施 $15\sim45$ kg/hm² 的氯化钾来补充水稻高产条件下(>9.0 t/hm²)的更高钾需求。此外,在一次性施肥下,应通过添加适宜比例的缓控释氮素以保障高产作物生长后期的肥料供应。相关研究表明,高产作物养分需求的显著特征是开花后氮素需求量增加,在未添加缓控氮素的情况下,一次性施肥下可能导致后期养分供应不足造成减产。例如,孟庆峰发现玉米花后氮素吸收比例由低产的 16% 上升到高产的 45%。因此,对于高产玉米,在一次性施肥方案,东北春玉米(>10.5 t/hm²),应添加 30% 以上释放期为 $50\sim60$ d 的缓控释氮素以保障花后的氮素营养供应。

2. 基于气候条件、土壤质地、作物长势、土壤测试和植株营养诊断调整氮肥追肥用量

氮素具有来源的多样性、去向的多向性及其环境危害性、作物产量和品质对其反应的敏感性等特征。因此,氮素管理应作为养分管理的核心,进行实时实地精确地调控。例如,根据土壤测试和植株营养诊断调整追肥的用量。在旱地土壤上,可以通过测定作物生育期土壤硝态氮确定追肥氮用量,该方法能简单快速地在田间应用,已经被证明是一项行之有效的技术并得到广泛应用;在水田上,可以通过 SPAD 和叶色卡植株快速测试氮素诊断的方法,诊断植株氮素营养状况并推荐氮素追肥用量;另外,还可通过植株硝酸盐诊断、作物冠层传感器及数码相机图像的作物氮营养诊断等方法确定追肥中氮素用量;此外,针对不同质地土壤调整追肥的次数,如沙质土的保肥性和供肥性能较差,应适当增加追肥的次数;如果没有相应的土壤测试条件或营养诊断工具,还可以根据作物长势或叶色状况调整追肥用量,由于突发降雨或土壤肥力较差等原因导致作物长势较差的田块可适当增加追肥的用量和次数,反之,长势过旺的田块可适当减少用量。

3. 基于土壤测试调整磷钾肥用量

可根据土壤测试结果,在土壤磷素和钾素较缺乏的情况下可在基肥中配施或在种肥中补充适当的磷肥或钾肥。例如,一些报道表明,在种肥中配施少量的磷肥作为启动肥,尤其是在作物生长前期温度较低的情况下,能达到很好的效果。

4. 基于土壤测试和作物营养诊断等补充中微量元素等

可根据土壤分析结果,对于微量元素缺乏的土壤采取土施、种子处理和关键生育时期喷施,或通过生育中后期进行植株诊断,准确判断植株的微量元素营养状况,配合喷施微肥等措施及时补充缺乏的微量元素。

10.2 "大配方、小调整"区域配肥技术的应用

20 世纪 90 年代开始,中国农业大学率先与德国巴斯夫公司合作首先研发了高氮型(21-8-11)和高钾型(12-12-17)两种专用型复合肥,分别应用到蔬菜和果树上,比传统的通用型复合肥(15-15-15)具有明显的增产、优质和增收的特点,打破了 15-15-15 一统天下的局面,由此带动了国内作物专用肥的发展。2004 年,我们与中化合作,通过大面积土壤肥力调查结果,基于氮肥总量控制、分期调控,磷钾恒量监控,中微量元素因缺补缺技术设计了黄河中下游小麦专用肥[16-20-8-0.5(ZnO)]。通过配方的调整,改变了农民原来氮肥基肥投入过量的现状,田间试验结果表明专用肥处理比农民习惯处理增产 10%～20%,增加农民收入 900～1 050 元/hm²。2005 年,中国政府启动实施了测土配方施肥补贴项目,到 2013 年中央财政累计投入资金 71 亿元,项目基本覆盖了所有的农业县(2 498 个),累积了大量的田间

肥效试验和测土测试等科学数据。从 2009 年开始,我们联合教学科研单位与地方政府及肥料企业合作,基于测土配方施肥的田间试验数据和测土数据开展不同尺度上的"大配方、小调整"区域配肥技术研究。例如,2009—2010 年,我们与推广部门和肥料企业合作,在全国的 5 个特定生态区域验证了该技术的可行性。在重庆江津,通过对一个村的农户进行调查表明,农民习惯($n=83$)的平均产量为 6.6 t/hm²,氮肥的平均用量为 138 kg/hm²(变幅 0~428 kg/hm²,变异系数为 58.9%),磷肥的平均用量为 28 kg P₂O₅/hm²(变幅 0~135 kg P₂O₅/hm²,变异系数为 109%),氮肥的基追比例(基肥:分蘖肥:拔节肥 D 穗粒肥)为 82%:17%:1%:0%;施用区域大配方肥料的农户($n=39$)的平均产量为 8.1 t/hm²(比农民习惯增产22.6%),氮肥的平均用量为 160 kg N/hm²(变幅 N 119~204 kg/hm²,变异系数为 11.5%),磷肥的平均用量为 86 kg P₂O₅/hm²(变幅 45~90 kg P₂O₅/hm²,变异系数为 11.1%,该用量设计符合该区域磷普遍低的现状),氮肥的基追比例(基肥:分蘖肥:拔节肥:穗粒肥)为 58%:31%:12%:12%(图 10-4)。可见,通过"大配方、小调整"区域配肥技术的应用,减少农民施肥的不合理变异和避免农民过于注重前期施肥的习惯,显著提高了作物产量和效率。

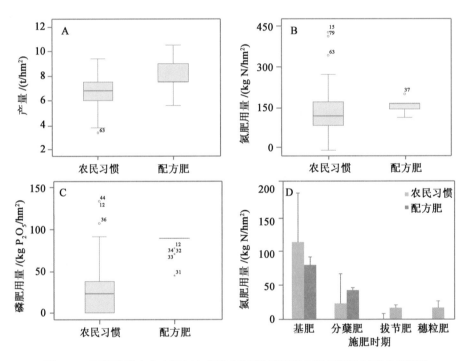

图 10-4　不同类型农户产量(A)、氮(B)和磷(C)肥用量及氮肥的基追分配(D)

此外,我们与全国 27 家科研、教学单位、3 家大型肥料企业及相应的政府推广部门联合建立配方肥研发与应用协作网。该协作网通过多学科、多部门的实质性合作和综合创新,依托国家测土配方施肥项目,共同开展了全国主要作物区域大配方的研究工作并在全国建立了 43 个试验示范基地。例如,我们和安徽、湖南两省土肥站、众多教学科研单位及肥料企业合作开展了两省主要作物区域肥料配方的研究及示范推广工作。在安徽省一季稻的 14 个田间示范试验验证表明,"大配方、小调整"与农民习惯施肥相比,产量增加 6%~12%,氮肥偏生产力提高 22%~24%,增加收入 1 622~2 563 元/hm²。为进一步验证"大配方、小调整"区域配肥技术在我国不同区域和不同作物体系的应用效果,我们收集和分析 2011—2013 年配方肥研发与应用协作网在全国 13 个省(市、自治区)的 236 个田间试验结果表明,与农民习惯相比,"大配方、小调整"区域配肥技术平均增产 8.6%~10.9%,提高氮肥利用率 32.6%~36.8%,净收入增加 4 703~5 228 元/hm²(表 10-3)。然而不同作物间的增产增收效果有较大的差异,在增产上,果树(12.7%)、大田经济作物(包括棉花、油菜和甘蔗,11.8%~13.7%)和三大粮食作物(包含玉米、小麦和水稻,7.6%~11.9%)均具有较好的增产效果,而蔬菜上的增产幅度较小(2.4%~

4.3%);在提高氮肥利用率上,果树(55.7%～91.2%)和蔬菜上(35.9%～46.0%)具有较大的提高,三大粮食作物次之(17.1%～45.2%),大田经济作物较小(6.2%～12.9%),这表明果树和蔬菜上有较大的节肥潜力;在增收上,果树上最高(31 824～33 847 元/hm²),蔬菜上其次(5 749～10 400 元/hm²),大田经济作物次之(2 334～2 989 元/hm²),三大粮食作物上较低(1 259～2 388 元/hm²),这主要与经济作物上的价格较高有关。可见,通过"大配方、小调整"区域配肥技术的应用显著提高了作物产量、效率和经济效益,主要原因为:①根据作物养分需求规律、土壤供应能力和肥效反应确定了区域养分优化用量,通过控制区域养分用量,减少农民施肥的不合理变异;②通过配方肥的施用优化氮肥的基追分配匹配作物养分需求规律,避免农民过于注重前期施肥的习惯。

表 10-3

"大配方、小调整"区域配肥技术的应用效果

作物	试验分布	试验点数	处理	Δ产量 /%	ΔPFP$_N$ /%	Δ净收入 /(元/hm²)
玉米	吉林,河北,河南,安徽	63	大配方	9.0±10.1	20.4±30.6	1 259±1 295
			小调整	11.2±14.7	17.1±36.7	1 417±1 894
小麦	河北,河南,陕西	36	大配方	7.6±6.9	34.1±27.6	1 439±945
			小调整	11.9±10.9	31.5±56.5	1 706±1 402
水稻	重庆,安徽,湖北,江苏,浙江	79	大配方	8.3±6.3	42.0±43.7	2 044±1 270
			小调整	10.5±8.9	45.2±43.8	2 388±1 722
大田经济作物	新疆,湖北,广西	21	大配方	11.8±12.2	6.2±14.9	2 334±3 271
			小调整	13.7±16.3	12.9±16.5	2 989±4 169
蔬菜	山东	17	大配方	2.4±3.6	35.9±16.9	5 749±7 746
			小调整	4.3±5.3	46.0±34.4	10 700±10 543
果树	山东,重庆,海南	20	大配方	12.7±4.8	55.7±24.2	33 847±14 681
			小调整	12.7±9.5	91.2±44.1	31 824±12 524
全部		236	大配方	8.6±8.2	32.6±35.4	4 703±10 140
			小调整	10.9±11.7	36.8±46.6	5 228±9 832

注:Δ产量,PFP$_N$,净收入指"大配方"、"小调整"与农民习惯的产量,PFP$_N$,净收入的差值。

目前"大配方、小调整"区域配肥技术已成为国家测土配方施肥项目的主推技术之一(http://www.moa.gov.cn/govpublic/)。例如,2012 年,农业部在全国选定 200 个肥料企业,以"大配方、小调整"区域配肥技术作为核心技术,期望进一步加强政府、科研单位、企业的合作,实现测土配方施肥技术成果的普及应用。2013 年,我们通过总结与分析 9 年来(2005—2013 年)全国测土配方施肥成果的基础上,根据我国玉米、小麦和水稻的养分需求规律、不同区域土壤养分供应特点及肥效反应研究制定了全国三大粮食作物(玉米、小麦和水稻)的区域大配方与施肥建议,并已经向全国推广应用,解决了配方肥大规模生产、大范围推广和大面积应用的难题 (http://www.moa.gov.cn/govpublic/)。

10.3 结语

通过在不同作物生产体系上的多年多点的田间试验验证表明"大配方、小调整"区域配肥理论与技术具有显著的增产、增收及提高肥料利用率的潜力,适合于我国农户知识水平不高、分散经营的现状——农民施肥盲目性大、技术推广难度大,将养分综合管理技术物化为肥料产品,找到了农企结合的途径,推动化肥企业对技术的应用,也便于农技人员和农民掌握,因此具有广阔的应用前景。该理论与技术思

路已经被学术界、政府和企业所接受,成为国家测土配方施肥项目的主推技术之一,未来将在更大范围内发挥作用,为解决中国特色的农田养分管理开辟一条新途径,保障粮食安全减少环境污染。

10.4 本章择要

保障当前和未来粮食安全的同时,减少集约化农业带来的巨大的环境影响,已成为农业可持续发展的必然要求,而科学施肥是保证粮食产量和提高肥料利用率的重要措施之一。然而,我国分散经营的小农户生产方式和规模化生产的肥料工业之间的矛盾要求区域配肥在理论和技术上有新的突破。本文提出了"大配方、小调整"区域配肥技术并论证了它的科学性和可行性,该技术思路的要点是:①根据不同养分资源的特征确定不同的管理策略;②根据不同作物的特点采用不同的区域配肥思路;③根据区域作物生产条件与土壤供应特点进行养分分区管理,;④以小调整作为补充以实现田块精确调控。通过在不同作物生产体系上多年的大范围田间试验验证表明,"大配方、小调整"区域配肥理论与技术具有显著的增产、增收及提高肥料利用率的潜力。该技术已经成为国家测土配方施肥普及行动主推技术,并被学术界、推广部门和企业所接受,这为解决中国特色的农田养分管理提供了新途径,找到了农企合作的途径,可有效地减少不同农户施肥总量差异较大、施肥不合理的现象,使区域整体的施肥量趋于合理。

参考文献

[1] 白灯莎·买买提艾力,宁新民,等.磷肥作种肥条施对棉花生长和产量的影响.中国棉花,2012,39(12):25-27.

[2] 曹宁,陈新平,张福锁,等.从土壤肥力变化预测中国未来磷肥需求.土壤学报,2007,44(3):536-543.

[3] 陈娟.基于"大配方、小调整"的芜湖县中籼稻测土配方施肥技术研究[硕士论文].北京:中国农业大学,2011.

[4] 陈新平,张福锁,江荣风,等.土壤/植株快速测试推荐施肥技术体系的研究.//张福锁,马文奇,江荣风.养分资源综合管理.北京:中国农业大学出版社,2003.

[5] 陈新平,张福锁.小麦-玉米轮作体系养分资源综合管理理论与实践.北京:中国农业大学出版社,2006.

[6] 杜森.测土配方施肥成效与展望.磷肥与复肥,2009:75-76.

[7] 范珊珊.安徽省一季稻区域大配方的制定及验证[硕士论文].北京:中国农业大学,2013:1-61.

[8] 侯鹏.黑龙江春玉米高产高效潜力与实现途径[博士论文].北京:中国农业大学,2012.

[9] 黄德明.十年来我国测土施肥的进展.植物营养与肥料学报,2003,9(4):495-499.

[10] 姜远茂.红富士苹果矿质营养特性及营养诊断与施肥研究.中国农业大学博士论文,2001.

[11] 焦丹枫.寒地水稻区域肥料配方制定与验证研究-以七星农场为例[硕士论文].北京:中国农业大学,2011.

[12] 巨晓棠,刘学军,张福锁,等.中国几个农业区的氮肥,土壤氮积累以及政策推荐.AMBIO-人类环境杂志,2005,33:278-283.

[13] 李红莉,张卫峰,张福锁,等.中国主要粮食作物化肥施用量与效率变化分析.植物营养与肥料学报,2010,16(5):1136-1143.

[14] 李亮科,张卫峰,王雁峰,等.中国农户复合(混)肥施用效果分析.植物营养与肥料学报,2011,17(3):623-629.

[15] 李秋梅,陈新平,张福锁,等.冬小麦-夏玉米轮作体系中磷钾平衡的研究.植物营养与肥料学报,

2002,8(2):152-156.

[16] 刘荣乐,金继运,吴荣贵,等.我国北方土壤作物系统内钾素循环特征及秸秆还田与施钾肥的影响.植物营养与肥料学报,2000,6:123.

[17] 马文奇.山东省作物施肥现状、问题与对策.北京:中国农业大学,1999.

[18] 孟庆锋.玉米和小麦高产与养分高效协同实现的技术途径研究[博士论文].北京:中国农业大学,2012.

[19] 孙义祥.测土配方施肥中区域配肥关键技术的研究[博士论文].北京:中国农业大学,2010.

[20] 谭德水,金继运,黄绍文,等.不同种植制度下长期施钾和秸秆还田对作物产量和土壤钾素的影响.中国农业科学,2007,40(1):133-139.

[21] 谭德水,金继运,黄绍文,等.长期施钾与秸秆还田对西北地区不同种植制度下作物产量及土壤钾素的影响.植物营养与肥料学报,2008,14(5):886-893.

[22] 谭淑豪,Nico H.,曲福田.土地细碎化对中国东南部水稻小农户技术效率的影响.中国农业科学,2006,39(12):2467-2473.

[23] 谭淑豪.现行农地经营格局对农业生产成本的影响.农业经济技术,2011,4:71-77.

[24] 汪菁梦."大配方、小调整"区域配肥技术研究—以曲周县为例[硕士论文].北京:中国农业大学,2011.

[25] 王卉.改变复合肥市场的混乱局面.科学时报,2010,4878:A1-A2.

[26] 王激清.我国主要粮食作物施肥增产效应和养分利用效率的分析与评价[博士论文].北京:中国农业大学,2007.

[27] 王圣瑞.陕西省和北京市主要作物施肥状况与评价.北京:中国农业大学,2002.

[28] 王兴仁,曹一平,张福锁,等.磷肥恒量监控施肥法在农业中应用探讨.植物营养与肥料学报,1995,1:59-63.

[29] 王兴仁,张福锁,陈新平,等.重点开发基肥型专用复混肥—再论我国复混肥的发展方向.磷肥与复肥,2006,21(2):12-15.

[30] 王雁峰.中国主要粮食作物测土配方施肥工程实施效果及优化策略[博士论文].北京:中国农业大学,2011.

[31] 吴良泉,蔡国学,石孝均,等.水稻配方肥与机插秧集成技术应用效果研究.中国农技推广,2013b(29):35-36.

[32] 吴良泉,陈新平,石孝均,等."大配方、小调整"区域配肥技术的应用.磷肥与复肥,2013,28(3):68-82.

[33] 吴良泉.基于"大配方、小调整"的中国三大粮食作物区域配肥技术研究[博士论文].北京:中国农业大学,2014.

[34] 武希彦,武雪梅.中国磷肥20年发展与展望.磷肥与复肥.2010,25(5):1-6.

[35] 杨俊刚,高强,曹兵,等.一次性施肥对春玉米产量和环境效应的影响.中国农学通报,2009,25:123-128.

[36] 杨玲.曲周县小麦、玉米配方肥应用效果研究[硕士论文].北京:中国农业大学,2013:1-71.

[37] 叶贞琴.巩固 深化 拓展 延伸 深入开展测土配方施肥工作.中国农技推广,2012(28):4-6.

[38] 岳善超.小麦、玉米高产体系的氮肥优化管理[博士论文].北京:中国农业大学,2013.

[39] 张福锁,崔振岭,陈新平,等.最佳养分管理技术列单.北京:中国农业大学出版社,2010:50-52.

[40] 张福锁,崔振岭,陈新平.高产高效养分管理技术.北京:中国农业大学出版社,2012:165-170.

[41] 张福锁,等.协调作物高产与环境保护的养父资源综合管理技术研究与应用.北京:中国农业大学出版社,2008a.

[42] 张福锁,江荣风,陈新平,等.测土配方施肥技术.北京:中国农业大学出版社,2011.

［43］ 张福锁,王激清,张卫峰,等. 中国主要粮食作物肥料利用率现状与提高途径. 土壤学报,2008b,45 (5):915-924.

［44］ 张福锁,王兴仁,巨晓棠,等. 农田氮/磷/钾养分时空变异和施肥调控//张福锁,马文奇,江荣风. 养分资源综合管理. 北京:中国农业大学出版社,2003.

［45］ 张世昌. 吉林梨树县域"大配方、小调整"施肥策略的制定及田间校验[硕士论文]. 北京:中国农业大学,2011.

［46］ 张卫峰,李亮科,陈新平,等. 我国复合肥发展现状及存在的问题. 磷肥与复肥,2009,24(2):14-16.

［47］ 张卫峰,马林,黄高强,等. 中国氮肥发展、贡献和挑战. 中国农业科学,2013,46(15):3161-3171.

［48］ 张毅. 长江流域水稻资源型功能肥料的设计与验证[博士论文]. 北京:中国农业大学,2013.

［49］ 张毅. 长江流域水稻资源型功能肥料的设计与验证[博士论文]. 北京:中国农业大学,2013.

［50］ 朱兆良,金继运. 保障我国粮食安全的肥料问题. 植物营养与肥料学报,2013,19(2):259-273.

［51］ 朱兆良. 推荐氮肥适宜施用量的方法论刍议. 植物营养与肥料学报,2006,12(1):1-4.

［52］ Borlaug N. Orientation. In:Tso T C,Tuan F and Faust M. Agriculture in China 1949-2030. Beltsville,MD,USA:IDEALS Inc. ,1998:XXIII-XXIX.

［53］ Cakmak,I. The role of potassium in alleviating detrimental effects of abiotic stresses in plants. Journal of Plant Nutrition and Soil Science,2005,168:521-530.

［54］ Cao N,Chen X P,Cui Z L et al. Change in soil available phosphorus in relation to the phosphorus budget in China . Nutr. Cycl. Agroecosyst. ,2012,94:161-170.

［55］ Chen X P,Cui Z L,Vitousek P M,et al. Integrated soil-crop system management for food security . Proc Natl Acad Sci USA,2011,108:6399-6404.

［56］ Chen X P,Zhang F S,Römheld V et al. Synchronizing N supply from soil and fertilizer and N demand of winter wheat by an the improved N_{min} method. Nutr. Cycl. Agron,2006,74:91-98.

［57］ Cui,Z. ,Chen,X. ,Miao,Y. ,et al. On-Farm Evaluation of the Improved Soil N-based Nitrogen Management for Summer Maize in North China Plain. Agronomy journal,2008a,100:517-525.

［58］ Cui,Z. ,Zhang,F. ,Chen,X. ,et al. On-farm evaluation of an in-season nitrogen management strategy based on soil N_{min} test. Field Crops Research,2008b,105:48-55.

［59］ Cui Z L,Chen X P,Zhang F S. Current Nitrogen Management Status and Measures to Improve the Intensive Wheat-Maize System in China. AMBIO,2010,39:376-384.

［60］ Cui Z L,Chen X P and Zhang F S. Development of regional nitrogen rate guidelines for intensive cropping systems in China. Agronomy Jounal,2013,105:1411-1416.

［61］ FAO,FAOSTAT,Crops. [Online]. Available:http: // faostat3. fao. org/faostat-gateway/go/to/ download/Q/QC/E[25Sept2013].

［62］ Guo,J,Liu,X,Zhang,Y,et al. Significant acidification in major Chinese croplands. Science,2010, 327:1008-1010.

［63］ Hou P,Gao Q,Xie R Z et al. Grain yields in relation to N requirement:Optimizing nitrogen management for spring maize grown in China. Field Crops Res. ,2012,129:1-6.

［64］ Jia L L,Chen X P,Zhang F S et al. Use of digital camera to assess nitrogen status of winter wheat in the Northern China Plain. J. Plant Nutr. ,2004,27(3):441-450.

［65］ Ju X T,Xing G X,Chen X P et al. Reducing environmental risk by improving N management in intensive Chinese agricultural systems. Proc Natl Acad Sci USA,2009,106(9):3041-3046.

［66］ Le,C,Zha,Y,Li,Y,et al. Eutrophication of lake waters in China:Cost,causes,and control. Environmental management,2010,45:662-668.

［67］ Li F,Miao Y X,Zhang F S et al. In-season optical sensing improves nitrogen use efficiency for winter wheat. Soil Science Society of America Journal,2009,73:1566-1574.

[68] Li H G,Huang G Q,Meng Q F et al. Integrated soil and plant phosphorus management for crop and environment in China. A review. Plant soil,2011,349:157-167.

[69] Liu,X J,Zhang,Y,Han,W X et al. Enhanced nitrogen deposition over China. Nature,2013,494:459-462.

[70] Peng S B,Buresh R J,Huang J L et al. Improving nitrogen fertilization in rice by site-specific N management. A review. Agron. Sustain. Dev,2010,30:649-656.

[71] Pennsylvania state university. starter fertilizer. http://extension. psu. edu/plants/crops/grains/corn/nutrition/starter-fertilizer,2003.

[72] Pettigrew,W T. Potassium influences on yield and quality production for maize,wheat,soybean and cotton. Physiologia Plantarum,2008,133:670-681.

[73] Roberts,T. Right product,right rate,right time and right place… the foundation of best management practices for fertilizer. Fertilizer Best Management Practices,2007:29

[74] Tilman D,Balzer C,Hill J et al. Global food demand and the sustainable intensifcation of agriculture. Proc Natl Acad Sci USA,2011,108:20260-20264.

[75] Wu L Q,Cui Z L,Chen X P et al. High-Yield maize production in relation to potassium uptake requirements in China. Agronomy Journal,2014,106(4):1153-1158.

[76] Zhang,J. China's success in increasing per capita food production. Journal of experimental botany,2011,62:3707-3711.

[77] Zhang,W F,Dou,Z X,He,P,et al. New technologies reduce greenhouse gas emissions from nitrogenous fertilizer in China. Proceedings of the National Academy of Sciences,2013b,110:8375-8380.

[78] Zhang F S,Chen X P and Vitousek P. Chinese agriculture:An experiment for the world. Nature,2013,497:33-35.

[79] Zhang F S,Cui Z L,Chen X P et al. Integrated nutrient management for food security and environmental quality in China. Advances in Agronomy,2012,116:1-32

[80] Zhang Y,Zhang C C,Yan P,et al. Potassium requirement in relation to grain yield and genotypic improvement of irrigated lowland rice in China. J. Plant Nutr. Soil Sci. ,2013,176(3):400-406.

[81] Zheng,X,Han,S,Huang,Y,et al. Re-quantifying the emission factors based on field measurements and estimating the direct N_2O emission from Chinese croplands. Global Biogeochemical Cycles,2004:18.

（执笔人：吴良泉　崔振岭　陈新平　张福锁）

第11章
中国三大粮食作物肥料利用率研究报告

我国是世界上化肥生产和消费的第一大国,近年化肥生产和消费量超过了5 000万t,占世界30%以上。如此大量的化肥生产和消费,不但关乎我国粮食安全,也关系到资源和生态环境安全。大量研究表明,肥料利用率是衡量施肥效果的主要指标,是制定肥料配方的关键参数,是指导科学施肥的重要依据。因此,我国各种作物肥料利用率状况一直是社会各界关注的重要问题,但目前仍然缺乏科学的定量评价。

近年来,各地在组织实施测土配方施肥过程中,获取了大量的土壤分析、田间试验、野外调查等数据。为了充分利用测土配方施肥数据成果和把握全国肥料利用率总体情况,农业部以全国测土配方施肥技术专家组成员为骨干,组成全国肥料利用率专题研究课题组,同时制定了《全国肥料利用率专题研究工作方案》,农业部办公厅专门以农办农函〔2010〕82号文件《农业部办公厅关于开展全国肥料利用率专题研究的函》对此项研究进行了部署和安排。课题组经过大量研究工作,形成了本报告。

11.1 数据来源和测算方法

11.1.1 数据来源和审核

1. 数据来源

(1)"3414"田间试验数据:2005年以来测土配方施肥项目开展了大量"3414"田间试验数据,其中部分试验实测了籽粒和秸秆产量、化验了籽粒和秸秆氮磷钾养分含量,完全满足差减法计算肥料利用率的要求。本报告对各省收集整理的2005—2009年期间三大粮食作物(小麦、水稻和玉米)的这类数据进行了统计分析,以代表测土配方施肥项目开始之后前期的肥料利用率。

(2)全国农技中心肥料利用率验证试验数据:2011年为了更好地评价我国肥料利用率现状,全国农技中心选择部分省市布置了肥料利用率验证试验,获得了产量、籽粒和植株养分含量数据,满足进行差减法计算肥料利用率的要求。三大粮食作物(小麦、水稻和玉米)这部分数据的测算结果,代表了测土配方施肥项目开展5年之后的肥料利用率。

(3)文献数据。总结2001—2005年文献报道的我国三大粮食作物(小麦、水稻和玉米)肥料利用率结果,作为测土配方施肥项目开展之前的我国肥料利用率的代表数据。同时,收集了2005—2010年全国各种期刊发表的文献数据,进行了三大粮食作物(小麦、水稻和玉米)肥料利用率的计算,代表测土配方施肥项目实施之后的肥料利用率,对前面测算结果进行旁证。

2. 数据审核

课题组在收集上述各种数据基础上,逐个试验和示范结果进行了数据审核,以保证数据完整、真实、可靠。具体原则如下：

（1）错误数据　如单位错误（亩和公顷、斤和公斤、％和 g/kg 等）、内容错误（小区产量和亩产量、小区施肥量和亩施肥量、鲜重和干重等）、录入错误（小数点错误等）等，需逐一进行核实，能更正尽量更正，难以更正的剔除。

（2）异常数据　先追溯原因，再决定是否剔除。有明显原因且由此可能导致肥料利用率结果差异非常明显的需剔除，无明显原因的核实后保留。

（3）缺失数据　查找原始数据，确定能否补齐；不能补齐的剔除，不能估计赋值。

11.1.2　肥料利用率测算方法

对于比较完整的试验数据，利用差减法测算每个试验的当季肥料利用率，基本计算公式如下：

$$肥料利用率=\frac{施肥区作物地上部养分吸收量-缺素区作物地上部养分吸收量}{施肥区养分投入量}\times100\%$$

其中，施肥区为"3414"试验中 N2P2O2 处理、验证试验中测土配方施肥区和文献数据资料中的施肥区；为加强数据代表性，文献资料中只选用接近优化施肥量的处理数据，舍弃施肥量过高或过低的处理。

缺素区分别为不施用氮、磷、钾的处理，如"3414"试验中 N0P2K2，N2P0K2 和 N2P2K0 分别代表无氮区、无磷区和无钾区。

$$养分吸收量=籽粒产量\times籽粒养分含量+茎叶产量\times茎叶养分含量$$

计算结果根据数据分布特征，利用统计学原理进行异常值的剔除，符合正态分布（或近似正态）数据，以 95％置信区间为控制标准；对于偏态分布数据，采用四分位距的异常值判别方法，以 3 倍 IQR 值作为标准。

在确认数据没有问题的基础上，计算肥料利用率平均值并分析数据分布情况，代表各个作物的肥料利用率。同时，按照三大粮食作物不同年代的播种面积，计算肥料利用率的面积加权平均值，作为三大粮食作物的肥料利用率。

11.2　三大粮食作物肥料利用率的年代变化

11.2.1　不同年代三大粮食作物的平均肥料利用率

三大粮食作物肥料利用率测算结果（表 11-1）表明，当前（2011—2012 年，下同）氮、磷和钾肥利用率分别为 33％，24％和 42％，测土配方施肥项目开展之前（2001—2005 年，下同）分别为 28％，12％和 32％，而测土配方施肥项目实施前期（2005—2009 年，下同）分别为 30％，20％，34％。

3 个时期相比，当前三大粮食作物氮、磷、钾肥利用率比测土配方施肥项目实施之前分别提高 5，12 和 10 个百分点；比测土配方施肥项目实施前期分别提高 3，4 和 8 个百分点。表明，测土配方施肥项目的实施，大幅度提高了三大粮食作物肥料利用率。

表 11-1

不同年代全国三大粮食作物肥料利用率统计表

年份	数据来源	肥料利用率/％			计算方法
		氮肥	磷肥	钾肥	
2001—2005	文献资料	28	12	32	
2005—2009	"3414"试验	30	20	34	面积加权平均
2011—2012	验证试验	33	24	42	

11.2.2 小麦肥料利用率

1. 不同年份小麦肥料利用率的比较

小麦肥料利用率测算结果(表 11-2)表明,当前氮、磷和钾肥利用率分别为 32％,19％,44％,而测土配方施肥项目开展之前分别为 28％,11％,30％;测土配方施肥项目实施的前期平均值则介于期间,分别为 30％,16％,26％。

表 11-2

不同年代小麦肥料利用率统计表

年份	数据来源	肥料利用率/％			样本数
		氮肥	磷肥	钾肥	
2001—2005	文献资料	28	11	30	588
2005—2009	"3414"试验	30	16	26	1 560
2011—2012	验证试验	32	19	44	301

3 个年份比较,当前小麦氮、磷和钾肥利用率比测土配方施肥项目实施之前分别提高 4,8 和 14 个百分点;也比测土配方施肥项目实施前期分别提高 2,3 和 18 个百分点。表明随着测土配方施肥项目的开展,小麦氮、磷、钾肥利用率逐渐提高。

2. 小麦肥料利用率分布

从小麦肥料利用率频率分布(图 11-1 和图 11-2)来看,不同试验之间肥料利用率存在显著差异。氮肥利用率 2011—2012 年以 30％～40％的比例最多;而 2005—2009 年则以 10％～20％占的比例最高;从氮肥利用率偏低(<30％)的比例看,2005—2009 年为 55％,2011—2012 年降低为 44％。磷肥利用率 2005—2009 年≤10％占的比例最高,2011—2012 年则以 10％～20％的比例最多;磷肥利用率低于 10％的田块比例,2005—2009 年为 35％,2011—2012 年为 21％;钾肥利用率 2005—2009 年是 10％～20％占的比例最高,2011—2012 年则以 40％～50％的比例最多。两个阶段相比,近 2 年氮磷钾肥利用率偏低的田块比例显著减少。

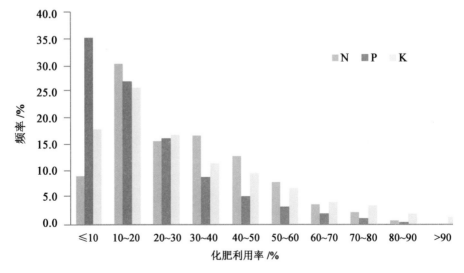

图 11-1　2005—2009 年期间全国小麦氮、磷、钾肥利用率分布状况

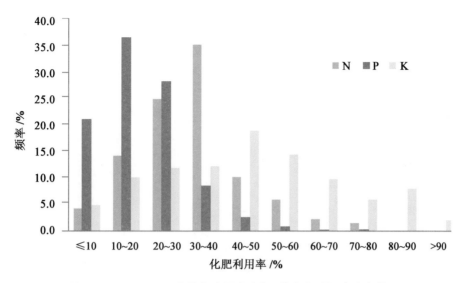

图 11-2　2011—2012 年期间全国小麦氮、磷、钾肥利用率分布状况

11.2.3　水稻肥料利用率

1. 不同年代水稻肥料利用率的比较

水稻肥料利用率测算结果(表 11-3)表明,当前水稻氮、磷和钾肥利用率分别为 35%,25%,41%,而测土配方施肥项目开展之前分别为 28%,13%,32%,测土配方施肥项目实施前期分别为 33%,22%,38%。

3 个年份比较,当前水稻氮、磷和钾肥利用率比测土配方施肥项目实施之前分别提高 7,12 和 9 个百分点;也比测土配方施肥项目实施前期分别提高 2,3 和 3 个百分点。表明测土配方施肥项目开展,也显著提高了水稻氮磷钾肥利用率。

表 11-3

不同年代全国水稻肥料利用率统计表

年份	数据来源	肥料利用率/%			样本数
		氮肥	磷肥	钾肥	
2001—2005	文献资料	28	13	32	396
2005—2009	"3414"试验	33	22	38	13 000
2011—2012	验证试验	35	25	41	509

2. 水稻肥料利用率分布

水稻化肥利用率频率分布(图 11-3 和图 11-4)来看,不同试验之间肥料利用率差异显著。氮肥利用率两个阶段均以 30%～40% 的比例最多;从氮肥利用率偏低(<30%)的比例看,2005—2009 年为 47%,2011—2012 年降低为 33%。磷肥利用率 2005—2009 年 10%～20% 占的比例最高,2011—2012 年则以 20%～30% 的比例最多;磷肥利用率低于 10% 的田块比例,2005—2009 年为 28%,2011—2012 年为 13%;钾肥利用率 2005—2009 年是 20%～30% 占的比例最高,2011—2012 年则以 30%～40% 的比例最多。两个阶段相比,近 2 年氮磷钾肥利用率偏低的田块比例显著减少。

11.2.4　玉米肥料利用率

1. 不同年份玉米肥料利用率的比较

玉米肥料利用率测算结果(表 11-4)表明,当前氮、磷和钾肥利用率分别为 32%,25% 和 43%,测土

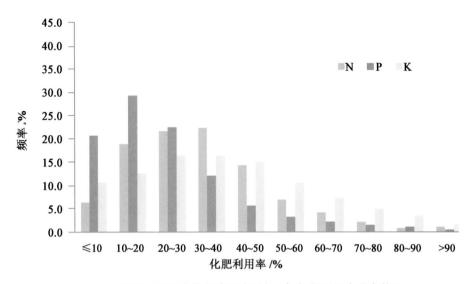

图 11-3　2005—2009 年期间全国水稻氮、磷、钾肥利用率分布状况

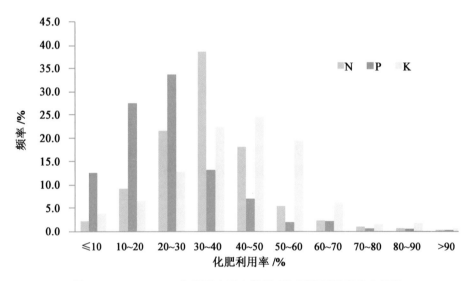

图 11-4　2011—2012 年期间全国水稻氮、磷、钾肥利用率分布状况

配方施肥项目开展之前分别为 26%,11% 和 32%,测土配方施肥项目实施前期分别为 30%, 21%,35%。

　　3 个年份比较,当前小麦氮、磷和钾肥利用率比测土配方施肥项目实施之前分别提高 6,14 和 11 个百分点;也比测土配方施肥项目实施前期分别提高 2,4 和 8 个百分点。表明测土配方施肥项目的开展,显著提高了玉米氮磷钾肥利用率。

表 11-4

不同年代玉米肥料利用率统计表

年份	数据来源	肥料利用率/%			样本数
		氮肥	磷肥	钾肥	
2001—2005	文献资料	26	11	32	349
2005—2009	"3414"试验	30	21	35	2 670
2011—2012	验证试验	32	25	43	372

2. 玉米肥料利用率分布

　　玉米化肥利用率频率分布（图 11-5 和图 11-6）来看，不同试验之间肥料利用率存在显著差异。氮肥利用率 2005—2009 年以 20%～30%占的比例最高，2011—2012 年则以 30%～40%的比例最多；从氮肥利用率偏低（<30%）的比例看，2005—2009 年为 50%，2011—2012 年降低为 44%。磷肥利用率两阶段均以 10%～20%的比例最多；磷肥利用率低于 10%的田块比例，2005—2009 年为 20%，2011—2012 年为 11%；钾肥利用率 2005—2009 年是 30%～40%占的比例最高，2011—2012 年则以 40%～50%的比例最多。两个阶段相比，近 2 年氮磷钾肥利用率偏低的田块比例显著减少。

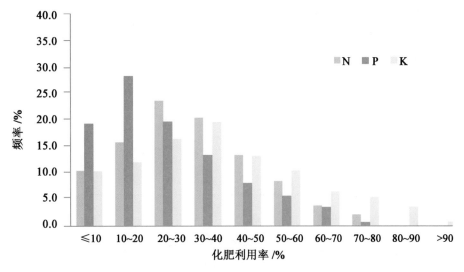

图 11-5　2005—2009 年期间全国玉米氮、磷、钾肥利用率分布状况

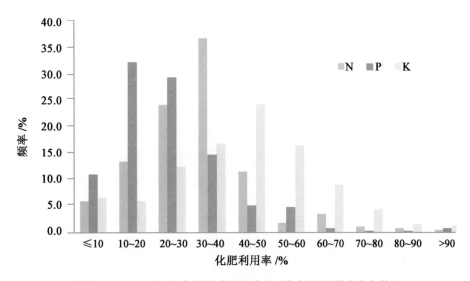

图 11-6　2011—2012 年期间全国玉米氮、磷、钾肥利用率分布状况

11.3　与国内外肥料利用率结果的比较

11.3.1　与国内文献数据的比较

　　我国文献中有大量肥料利用率的报道（表 11-5）。20 世纪 80 年代肥料利用率数据来自第二次土壤普查中田间试验的总结，大家普遍接受朱兆良等的结果，认为当时主要粮食作物氮肥利用率为 30%～

35%,磷肥利用率为 15%~20%,钾肥利用率为 35%~50%(朱兆良,文启孝,1992;李庆逵,朱兆良,于天仁,2008)。第二次土壤普查之后,缺乏大规模全国性的肥料试验,受资料限制,很少有人总结我国的肥料利用率,人们仍然沿用肥料利用率只有 30%的普遍说法。

表 11-5

我国主要作物不同年代肥料利用率研究结果

年份	作物	肥料利用率/%			来源
		氮肥	磷肥	钾肥	
2011—2012	小麦、水稻、玉米	33	24	42	本次报告
2005—2009	小麦、水稻、玉米	30	20	34	本次报告
2005—2010	小麦	35	11	31	张福锁等,文献数据总结
	玉米	36	21	36	
	水稻	30	19	36	
	小麦、水稻、玉米	32	17	35	
2001—2005	小麦、水稻、玉米	28	12	32	张福锁等,2008
2002—2005	小麦、水稻、玉米	29	13	27	闫湘等,2008
1981—1983	小麦、水稻、玉米	30~35	15~20	35~50	李庆逵、朱兆良、于天仁,2008

21 世纪初,开始有一些系统研究。中国农业大学总结了 2001—2005 年大量试验结果,认为小麦、玉米和水稻的氮肥利用率在不同地区间的变异也很大,变幅为 10.8%~40.5%,平均为 27.5%;磷肥利用率变幅为 7.34%~20.1%,平均为 11.6%;钾肥利用率变幅为 21.2%~35.9%,平均为 31.3%(张福锁等,2008)。中国农科院通过对 2002—2005 年全国 165 个田间试验统计得出,中国小麦、水稻和玉米的氮肥当季利用率在 8.9%~78.0%之间,平均 28.7%,磷肥当季利用率在 3.0%~49.3%之间,平均 13.1%;钾肥当季利用率在 4.5%~82.8%之间,平均 27.3%(闫湘等,2008)。这两个十分相近的结果均说明测土配方施肥项目实施之前我国三大粮食作物肥料利用率比 20 世纪 80 年代有大幅度降低,其中氮肥利用率也低于人们通常认为的 30%;肥料利用率低的问题比较突出,这也是农业部启动测土配方施肥项目的重要原因之一。

本次研究表明,测土配方施肥项目开展之后,2005—2009 年三大粮食作物肥料利用率有所回升,氮肥利用率在 30%左右、磷肥利用率接近 20%、钾肥利用率除小麦较低外,均在 35%左右;这一结果也与张福锁教授课题组总结 2005—2010 年文献数据的结果相近(表 11-5)。说明测土配方施肥项目实施前期已经遏制了肥料利用率下滑的趋势,并且比测土配方施肥项目实施之前有了较大提高。

而到了 2011—2012 年,肥料利用率进一步提升,氮肥利用率达到 33%,磷肥利用率超过 20%,钾肥利用率超过 40%;即在化肥用量大幅度提高条件下,肥料利用率已经处于或超过 20 世纪 80 年代水平。说明测土配方施肥技术推广在化肥增效上效果十分显著。

总之,从 20 世纪 80 年代到 21 世纪初,由于化肥用量快速增长,而粮食作物产量增长相对较慢,使得三大粮食作物肥料利用率大幅度下降,其中氮肥利用率不足 28%;低于人们通常说的 30%;而 2005 年以来,随着测土配方施肥项目开展和作物产量的提高,肥料利用率不但遏制了继续下滑的趋势,还有了较大提高,其中氮肥利用率已经达到 33%,在施肥量大幅度提高的条件下,接近了 20 世纪 80 年代的上限。

11.3.2 与国外文献数据的比较

国际上一些学者讨论了世界主要作物的肥料利用率问题,但由于受各种因素的影响和样本数量的限制,其结果代表性并不高。如 Ladha 等(2005)根据有限的田间试验结果(表 11-6),认为世界各大洲的氮肥利用率在 46%～68%之间,而水稻、小麦和玉米分别为 46%、57%和 65%,平均为 55%。这一结果远高于我国各个年代我国三大粮食作物的肥料利用率数值,也成为许多人认为我国肥料利用率低于国际水平的依据。实际上,由于肥料利用率受多种因素特别是施肥量和产量水平影响,而表 11-6 中各个地区和作物施氮量水平远远低于我国施氮水平,因此,不适宜直接比较。

到底肥料利用率达到多少合适,国际一些专家给出了适宜范围。如 Dobermann(2007)给出了适宜肥料利用率的范围,其中氮肥适宜利用率为 30%～50%,磷肥利用率为 10%～30%,而钾肥利用率的适宜范围是 40%～60%,这一范围也得到一些专家如 Sydner(2007)的认可。与此范围相比,我国三大粮食作物的氮磷钾肥利用率均进入了适宜范围,其中氮肥利用率仍然处于下限水平,而磷钾肥利用率则达到中间范围。说明我国三大粮食作物肥料利用率仍有提升的空间。

表 11-6

世界主要粮食作物氮肥施用增产效应和养分利用效率数值

地区/作物	施氮量(N)/(kg/hm²)		氮肥利用率 REN/%	
	平均	样本数	平均	样本数
非洲	140	24	63	21
澳洲	50	1	46	—
欧洲	101	12	68	12
美洲	111	97	52	80
亚洲	116	277	50	251
水稻	116	165	46	158
小麦	113	185	57	145
玉米	123	61	65	61

数据来源:Ladha et al.,2005。

11.4　影响肥料利用率变化的因素分析

很多因素会影响肥料利用率的高低,这些因素包括施肥因素(如施肥量、施肥方法、肥料品种等)、土壤因素(土壤类型、土壤质地、土壤肥力等)、作物品种因素、栽培管理因素和气候因素,其中有些因素的影响表现在产量上。从前面的分析可以看出,测土配方施肥项目开展以来,三大粮食作物肥料利用率有了大幅度提高。其原因可以归结为以下几个方面。

首先是施肥量的变化。施肥量是影响肥料利用率的关键因素之一,从差减法计算肥料利用率的公式可以看出,肥料利用率与施肥量一般成反比,即随着施肥量增加,肥料利用率将降低。这已经为国内外大量研究结果所证实。例如,对东北玉米"3414"试验不同氮、磷、钾肥用量统计分析(表 11-7)表明,玉米的氮、磷、钾肥利用率随施肥量的增加而逐渐下降。

从不同年代我国三大作物施肥量的变化看,氮肥用量以 2005—2009 年期间最高,2001—2005 年期间最低,即测土配方施肥项目开展之后,田间试验采用的氮肥用量有所增加,同期氮肥利用率也有所增加,说明氮肥用量对肥料利用率的减低作用被其他因素所抵消,氮肥用量变化不是肥料利用率变化的主导因素。而磷钾肥用量,除了 2010—2012 年小麦磷肥用量比 2005—2009 年有所提高之外,其他均表现随年代而降低的趋势,而同期磷钾肥利用率均大幅度提高,说明磷钾肥用量的降低对磷钾肥利用率的提高有一定作用。氮肥和磷钾肥用量变化的差异,也是氮肥利用率提高幅度低于磷钾肥利用率提高幅度的重要原因之一。

表 11-7

玉米"3414"试验不同氮、磷、钾肥用量条件下肥料利用率比较

肥料	用量分级	用量/(kg/hm²)	利用率/%
氮肥(N)	<120	102	44
	120～160	136	41
	160～220	186	27
	>220	228	25
磷肥(P_2O_5)	<75	67	30
	75～105	87	23
	105～135	115	16
	>135	144	12
钾肥(K_2O)	<20	14	57
	20～40	31	49
	40～60	44	42
	>60	75	35

其次是产量变化的影响。产量水平也是影响肥料利用率的重要因素。从表 11-8 可以看出,随着年代的渐进,三大粮食作物的产量均有大幅度提高,说明测土配方施肥项目的开展,大幅度提高了三大粮食作物的产量,从而促进了肥料利用率的增加。作物产量水平的提高,除了与测土配方施肥技术本身的作用之外,还与近年来作物生产管理水平的提高有重要关系。

表 11-8

不同年代全国粮食作物施肥量和产量统计表

作物	年份	施肥量/(kg/hm²)			产量/(kg/hm²)
		氮肥	磷肥	钾肥	
小麦	2001—2005	169	114	110	5.7
	2005—2009	199	95	97	5.8
	2011—2012	193	100	67	6.6
水稻	2001—2005	150	90	86	6.8
	2005—2009	163	68	95	8.0
	2011—2012	159	62	90	8.1
玉米	2001—2005	162	114	116	7.1
	2005—2009	188	93	88	8.6
	2011—2012	204	83	64	9.5
三大作物	2001—2005	160	105	103	6.6
	2005—2009	187	84	95	7.3
	2011—2012	182	77	77	7.9

除了施肥量和产量因素之外,还有一些因素会影响到肥料利用率的变化。如作物综合管理就是重要因素,其直接影响到作物产量潜力发挥,进而影响到肥料利用率高低。作物产量潜力发挥好的田块,肥料利用率就高。

11.5　提高肥料利用率的策略和技术途径

11.5.1　大力推进科学施肥技术应用,实现控量施肥

合理确定施肥量是提高肥料利用率的重要手段,而测土配方施肥就是进行科学施肥推荐的关键技术。从几种作物肥料利用率测算结果看,测土配方施肥技术确实能提高作物的肥料利用率,因此,进一步加强测土配方施肥技术的推广和应用是提高肥料利用率的重要途径,其中最重要的是将测土配方施肥技术落到实处。配方肥是测土配方施肥技术的物化载体,推广配方肥是落实测土配方施肥技术的有效方式,是解决科学施肥技术"最后一公里"、实现"控量施肥"的重要抓手。近年来大量研究与实践证明,通过区域"大配方"发展配方肥是一条科学可行的途径。区域大配方的制定,统筹兼顾了配方的科学性和企业生产的可行性,为配方肥区域化需求和规模化生产找到结合点,提高大中型企业参与的积极性,有利于实现配方肥的大规模生产,有利于实现配方肥的大面积应用。同时,结合我国现代农业发展和土地规模经济的扩大,继续发展"代煎式"的小区域因土配肥、大户特色服务等配方肥推广新模式。

11.5.2　加强农机农艺结合,促进施肥方式转变

施肥方式是影响肥料利用率的重要因素。根据肥料和作物特点,选择合适的施肥方式是进一步提高肥料利用率的重要措施。目前,在我国施肥实践中,仍然存在许多施肥方式不合理之处,有的没有根据肥料特征进行施用,如铵态氮肥不能深施、磷肥不能集中施用、追肥表施等;有的没有根据作物养分需求特点进行施用,如生产中普遍存在的一次性施肥,很容易造成前期施肥过量,后期营养不足;这些问题与施肥机械的缺乏有极大关系。因此,要加强相应施肥机械的开发,把农机农艺紧密结合,促进施肥方式的改变,才能更好地发挥肥料的增产效果,既提高了肥料利用率,又提高产量。

11.5.3　加强有机无机配合与肥料品种升级,提升养分利用效率

肥料品种特性也是影响肥料效用发挥的重要因素。目前,在粮食作物生产中普遍存在重化肥、轻有机肥的倾向,不但增大了对化肥的依赖,造成化肥用量偏高和肥料利用率的下降,也影响土壤肥力的提升,因此,要继续鼓励在粮食作物上施用有机肥和秸秆还田,促进有机无机的配合。同时,鼓励开展化肥品种的创新和生产技术的更新换代,发展满足作物需求、切实能节肥、增效、增产、增收的肥料新品种并进行大面积推广应用。

11.5.4　应用综合管理技术,实现高产高效

目前化肥利用率不高的一个重要原因是重化肥、轻有机肥等其他养分资源,同时,养分管理与其他栽培管理技术不匹配,影响了肥料效应的发挥。因此,加强养分资源综合管理,根据土壤养分供应状况、作物目标产量和养分需要量,合理确定肥料用量、基追比例、施用时间,既保障作物生育期有充足的养分供应,同时要最大限度地减少养分的损失。同时,把各种栽培措施和高效施肥措施相结合,充分发挥肥料的增产作用,提高肥料利用率,实现高产高效。

11.6　本章择要

利用测土配方施肥项目"3414"试验数据、全国农技中心提供的肥料利用率验证试验数据和文献数据对小麦、水稻和玉米肥料利用率进行了测算,结果表明,三大粮食作物肥料利用率20世纪80年代之后一直呈下降趋势,2005年实施测土配方施肥项目之后又开始回升。当前氮肥、磷肥和钾肥利用率分别为33%,24%,42%,比实施测土配方施肥项目之前提高了5,12和10个百分点。其中,当前小麦氮

肥、磷肥、钾肥利用率分别为 32%,19%,44%,比实施测土配方施肥项目之前提高 4,9 和 14 个百分点；当前水稻氮肥、磷肥、钾肥利用率为 35%,25%,41%,比实施测土配方施肥项目之前提高 7,12 和 9 个百分点；当前玉米氮肥、磷肥、钾肥利用率为 32%,25%,43%,比实施测土配方施肥项目之前提高 6,14 和 11 个百分点。当前肥料利用率水平已经进入国际上公认的适宜范围，但仍然处于下限水平，还有提升空间。肥料利用率大幅度增加的主要原因是施肥量逐年优化和作物产量的提高。进一步提高肥料利用率的技术途径包括：大力推进科学施肥技术应用，实现控量施肥；加强农机农艺的结合，促进施肥方式的转变；加强有机无机配合与肥料品种升级，提升养分利用效率；应用综合管理技术，实现高产高效。

参考文献

[1] 李庆逵,朱兆良,于天仁. 中国农业持续发展中的肥料问题. 南昌:江西科学技术出版社,1998.

[2] 闫湘,金继运,何萍,等. 提高肥料利用率技术研究进展. 中国农业科学,2008,41(2):450-459.

[3] 朱兆良,文启孝. 中国土壤氮素. 南京:江苏科学技术出版社,1992.

[4] 张福锁,王激清,张卫峰,等. 中国主要粮食作物肥料利用率现状与提高途径. 土壤学报,45(5):915-924.

[5] Ladha,J K,H Pathak,T J Krupnik,J Six,and C van Kessel. Effi ciency of Fertilizer Nitrogen in Cereal Production:Retrospects and Prospects. Advances in Agronomy,2005,87:85-176.

[6] Snyder C S and T W. Bruulsema,Nutrient Use Efficiency and Effectiveness in North America:Indices of Agronomic and Environmental Benefit. A publication of the International Plant Nutrition Institute (IPNI),http://www. ipni. net/. June 2007 Ref. # 07076.

(执笔人:马文奇　郭世伟　王朝辉　叶优良　高强　石孝均　江荣风　张福锁)

第12章

中国养分管理技术大面积应用模式创新

20世纪70年代以来,大量施肥带来的环境问题使得欧美发达国家迅速从施肥转向了养分管理,也就是从单纯增产转向增产与环境保护相协调,不仅逐步推动种植业中肥料投入精量化,而且逐渐扩大到动物体系养分管理与种植业的衔接,近些年正在扩大到土壤、大气、水体、人类活动中的养分综合管理阶段。经过三十多年的不懈努力,欧美发达国家实现了肥料用量下降而作物产量持续增长的目标,例如美国玉米氮肥效率从1974年的44 kg/kg提高到了2010年的66 kg/kg(USDA,2013)。在实现这一转型中,技术进步毫无疑问很重要,但是为了助推技术到位所采取的一系列服务体系和管理体系创新却值得借鉴。以美国为例(图12-1),委托"赠地大学"建立公益性的农业技术教育培训基地,为农民提供农业科学知识培训,同时建立了养分管理咨询师制度,为农户提供专业化服务。养分管理咨询师计划又是环境保护法规的重要组成部分,农户必须在咨询师的帮助下向环境保护部门(仅大型养殖户)和农业部门提交养分管理计划(nutrient management plan)。养分管理咨询师不仅从农户服务中收取费用,而且可以得到政府补贴,但必须接受政府农技推广体系的培训和政府认证,而农民按照养分管理计划生产才可获得农业补贴。欧盟要求农户肥料储存、施用必须达到国家限制要求,否则将罚款。欧盟国家的技术推广体系也比较完善,如英国政府每年出版的《作物肥料推荐手册》(Fertilizer Recommendations for Agricultural and Horticultural Crops RB209),为农民提供详细的肥料选择、施用等信息,农户调查表明英国农户用肥行为和推荐手册基本一致,技术服务体系配合于环境法规是欧美国家实现养分管理技术进步的关键措施(王雁峰,2011;向月娇等,2011;曾运婷等,2011)。

中国长期以来保持有机肥施用传统,直到新中国成立后才开始施用化肥,但用量并不大,到1981年时单位面积化肥用量仅达到151 kg/hm²,只有当时德国的1/2。在20世纪70年代欧美国家开始保护环境时,中国借助改革开放的契机大力发展化肥生产和施用,经过30多年的发展,2012年中国化肥产量和用量均超过全球30%,单位面积的化肥用量已经达到400 kg/hm²,居世界首位(张卫峰和张福锁,2013),解决了化肥供应和施用不足的问题。此时化肥用量超过发达国家,而农业产出并没有同步增长,例如粮食单产仅达到欧美发达国家的70%左右;氮肥效率降低到了全球最低水平的28 kg/kg(2006年)。化肥效率降低的同时环境污染问题逐步凸显,如土壤酸化、水体富营养化、地下水硝酸盐超标、大气素沉降增长、温室气体排放等(Guo et al.,2010;Liu et al.,2013;Zhang et al.,2013)。同时过量施肥抑制了作物根系生长,导致作物养分吸收不平衡、作物群体不健康、病虫害加重、作物品质下降都成为制约增产增收和粮食安全的关键因素(Chen et al.,2011)。未来,随着人口的增长,中国仍然需要进一步提高作物单产,但同时也迫切需要加强环境保护,从施肥走向养分资源管理已经迫在眉睫。然而发展养分管理是一个系统工程,需要破解目前的各种制约因素,并从技术、市场、服务体系和管理

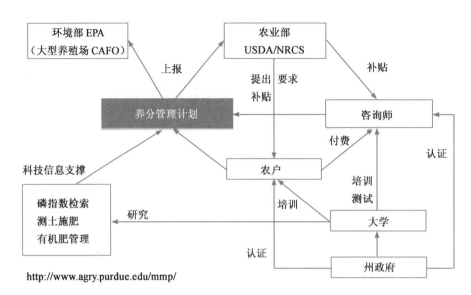

图 12-1　美国养分管理制度框架

制度各个方面进行创新,中国农业大学在近 20 年中一直在发展以保护环境为主的高产高效养分管理技术,也探索了一些技术到位的服务机制,在此予以总结。

12.1　养分管理技术大面积应用面临的制约因素

养分管理技术是以养分定量化为核心,仅就种植业而言,需要根据土壤养分供应能力、作物养分吸收特性、环境养分供应能力来确定合理的养分投入总量、投入时期、投入位置和肥料产品,从而能够实现作物产量最高、资源利用效率最高、环境代价最小。实现这些技术需要生产者掌握这些知识,这就需要科学家和政府提供相应的技术知识信息,同时需要农户具备一定的知识水平去理解和接受。而要在田间实现这些操作还依赖于市场提供有效的设备和肥料产品去确保肥料带入的养分数量并且保证施用到恰当的位置。因此,养分管理技术是以知识为核心,协调政府、科研、市场、农户和自然条件等多个环节的系统体系,必须采取综合管理措施。然而由于国情限制,以下因素长期制约着我国养分管理技术的应用(表 12-1)。

1. 知识水平的制约

养分管理是一个知识性很高的技术,如小麦"水氮后移"技术是建立在对小麦群体特征做出正确判断的基础上开展的一项关于施用氮肥并结合灌溉的管理措施,需要结合前期气象条件、小麦的群体数量、生长状况确定氮肥施用量、灌溉量以及管理时期,技术复杂程度较高,农户在操作过程中经常会出现管理时间过早、施肥量过高的问题,特别是在异常气象条件下,农民的不正确行为往往加重了气象灾害带来的损失。农户技术掌握不到位与农户教育和技术传播不到位有关,我国仅在 20 世纪 60 年代、80 年代及 2005 年之后每隔 30 年进行一次土壤普查和全国性的肥料试验,大部分时间科学施肥技术由科学家自行发展,由此导致了知识技术不统一,传播慢。另一方面我国长期忽视农民教育,到目前农业从业者的平均受教育年限仅达到初中水平,无法掌握这些知识。据调查,目前农户认识氮磷钾符号的比例不到 1/3(王雁峰,2011),而能够计算养分需求的农户比例不足 10%,农户决定肥料用量主要参考邻居、经销商的推荐(张卫峰,2007)。农户体会不到科学施肥对增产、增收的作用,而多用肥的环境风险又不可见,因此农户认为只需要多施肥就能增产,对科学施肥的重视和需要不断下降,远远排在种子、栽培、植保、农机等之后(黄武,2009),又进一步制约了养分管理的发展。

表 12-1
养分资源综合管理技术特性及制约因素

养分管理技术特性	养分管理技术要求	农民习惯	制约因素
合理用量	根据目标产量、作物养分吸收规律、土壤养分供应能力、环境养分供应量确定肥料投入量	根据经验、土壤、作物产出和肥料价格确定肥料投入量,秉承多投入多产出理念	①科技创新慢 ②服务体系不健全 ③农户教育不足 ④自然条件制约 ⑤地块面积小、劳动力缺乏 ⑥机械缺乏、肥料产品不配套 ⑦工业发展缺乏引导 ⑧市场管理不善,鼓励高投入高产出的政策
合理时间	根据作物养分吸收规律、田间长势、气候因素统筹养分在不同时期的用量	重视基肥,一次性的"一炮轰"越来越普遍	
合理位置	肥料深施到作物根层、集中施用提高效率减少损失	撒施、表施、随水冲施	
合理产品	要根据肥料的物理、化学、农学、环境特性选择与土壤、作物及生产目标一致的产品。注重有机无机配合	农民选用商品性状好、价格低廉的产品,不用有机肥	

2. 农村社会经济条件的制约

全国农业生产经营户不断减少,但仍有 1.98 亿,而户均经营规模仅0.47 hm²(中央农村工作领导小组办公室,2013),分为 6.1 块,每块仅 0.087 hm²(谭淑豪等,2003),要在这么小的地块计算用多少肥料本身就是一个难事。而地块狭小又制约机械化施肥的发展,目前我国农机综合化率达到 57%,但施肥是机械化程度最低的农事环节,据 2009 年调查调研,水稻、小麦、玉米三大作物机械化施肥率分别为 4%,12%,64%(Zhang,2013)。手工撒施是肥料损失率高、利用率低的主要原因。机械化程度低也促使很多农户减少施肥次数,一次性施肥的发展又进一步推动了过量施肥。另外,地块狭小、分散经营也导致土壤养分变异大,增加了科学施肥管理难度。而更重要的是中国 70% 的中低产田具有多种多样的障碍因素,不仅限制产量提升,也对施肥技术提出了更高的要求,如山坡丘陵地区土壤养分淋失的防控难度也大幅提高。虽然目前全国有 51% 的耕地具备灌溉条件(中央农村工作领导小组办公室,2013),但是灌水保证率不高,无水就无法施肥,而在雨养区等雨施肥也进一步提高了养分管理的难度。

3. 制度、政策、市场的制约

肥料一直被当作增产的关键措施,由于粮食安全问题,我国政府一直鼓励高投入高产出,尤其鼓励肥料投入,从肥料供应不足时期的奖售制度,到近些年大量工业补贴和农资综合直补,都在通过扭曲肥料价格变相推动肥料的施用。据研究,我国对肥料补贴总额已经达到 1 570 亿元,相当于尿素价格的 21%(Li et al.,2013)。肥料的低价格是农户忽视肥料和环境成本的重要因素。而在市场方面,我国肥料工业由于得到补贴较多,因此主攻方向是增加肥料产量而忽视农业适用性,如氮肥中商品性状好但农业性状并不好的尿素占比已经超过 60%,相反硝态氮素的比例降低到 3% 以下(张卫峰等,2013)。复混肥作为科技的载体,但缺乏引导和管理,配方以经济效益为主,忽略了农业需求,全国 3 万多个产品中符合农业需求的仅 3%(李亮科等,2011)。而肥料工业补贴不断催生过度竞争,追求差异化和新颖化使得我国已经拥有世界上所有的 6 大类、50 余种、3 万多个产品,农民面临的最大问题是选肥难(张卫峰和张福锁,2013)。

12.2　技术集成创新破解各种制约因素

针对中国农民、农村、社会环境等方面的特殊情况,养分管理技术应用之前首先要做好技术的集成创新工作,提高技术的适应性、可操作性。经过全国各界努力,近些年在以下四个方面实现了技术集成创新:其一是,针对技术目标不一致、技术手段过于繁杂,农民知识水平低无法甄选,将技术标准化。其二是,针对养分管理技术知识性高而农户知识水平低,准确把握技术难度较大,将技术简化甚至做到一定程度的傻瓜化。其三是,针对地块小、劳动力不足导致的施肥时间和位置不科学需要通过机械化来解决。其四是,适应规模化、信息化、精准化发展的要求,发展技术信息化。

12.2.1 技术标准化

20 世纪 30 年代第一次肥效实验网及 20 世纪 60 年代的全国土壤普查发现,我国普遍缺氮,而长江以南缺磷,但当时主要以氮肥施用为主尚没有磷肥,也没有发展土壤测试技术,因此主推的是叶色诊断施肥技术,其中以陈永康提出的水稻三黑三黄最为典型(凌启鸿,2008)。1979—1994 年,第二次土壤普查发现氮仍是第一限制因素但肥效略有下降,而全国各地磷肥显效,部分地区钾肥显效。该阶段建立了我国土壤分类系统和"土壤养分丰缺指标体系"及 60 余种推荐施肥方法。1992 年(UNDP)平衡施肥项目的实施,在全国组建了不同层次的多种类型土壤测试点 4000 多个,分布在 16 个省区的 70 多个县,代表 20 多种土壤类型。期间,原化工部在不同地区复合肥料厂试点建立了 100 余个农化服务中心,由化肥企业开展测土施肥。同时中国农科院土肥所与加拿大钾磷研究所合作,在部分省市开展"土壤养分系统研究"。这一个阶段摸索了根据土壤养分状况科学定量施肥的技术,施肥目标是培肥地力、充分发挥增产作用,并不定量环境养分也不强调保护环境。在平衡施肥的理念下,大幅度推动了磷钾肥的施用。

在长达 40 余年的增施化肥的主导思想影响下,20 世纪 80 年代太湖地区、90 年代华北地区氮肥用量很快超过作物需要,资源浪费和环境污染两个问题的凸显促使我国科学家的研究开始从单一的增产施肥走向协调高产和环保的高效施肥(朱兆良,1990;张福锁,1992)。20 世纪 80 年代中国农业大学与德国霍恩海姆大学合作的华北平原环境可承受的持续农业研究(BMBF)项目,开始创建根际养分调控技术,在进一步将施肥定量化的同时,着重协调生产与环境的关系。经过多年发展逐渐摸索出土壤、灌溉水、大气相互平衡的养分管理技术体系,也称为"养分资源综合管理"(张福锁,2003)。而到了 21 世纪,过量施肥普遍发生以及由此产生的土壤酸化对生产的抑制凸显,而肥料成本不断增长也降低了农业经济效益,高产、高效、环保需求进一步提高。因此自 2008 年开始在 973 项目"主要粮食作物高产栽培与资源高效利用的基础研究"项目支持下,开始发展根据生产目标和环境目标设计品种、栽培、土壤、肥料、植保等多个环节综合管理的技术,形成了高产高效养分资源综合管理理念,于 2013 年发表在《Nature》上(Zhang et al.,2013)。2005 年全国测土配方施肥项目的启动成为推动养分管理技术统一的平台,经过近 10 年努力全面普及了"增产肥、经济肥、环保肥"三统一的理念,同时形成了"氮素总量控制、分期调控,磷钾元素衡量监控,微量元素因缺补缺"为原则的技术体系,随着每年发布的《科学施肥指导意见》从中央走向各省各县,随后省级、市级标准化养分管理规范纷纷出台。至此,全国逐渐从传统施肥转向养分管理(表 12-2)。

表 12-2
中国高产高效养分管理技术演变

目标	理论发展	主推技术	标志性成果	代表学者	时间
增产	氮素叶色诊断	看苗施肥,三黑三黄	《陈永康水稻高产栽培技术总结》	陈永康	1950—1960
增产、提升地力	氮磷钾平衡施肥	根据氮素吸收调节磷钾投入	《农田施肥原理与实践》	陈伦寿	1970—1980
增产、增效、优质	根际养分管理	回归模型半定量诊断施肥	《高级植物营养学》	Horst Marschner	1980s
增产、增效、环保	土壤、水体、大气资源综合管理	区域适宜施氮技术 根层养分监控技术	《中国土壤氮素》《养分资源综合管理》	朱兆良 张福锁	1990s
高产、高效、环保	目标管理,从育种、栽培、土壤、植物营养综合管理	氮素总量控制分期调控、磷钾衡量监控、中微量元素因缺补缺	《主要粮食作物高产栽培与资源高效利用的基础研究》	张福锁	2000s

12.2.2　技术物化

自 20 世纪 90 年代以来,养分管理技术逐渐统一到高产、高效、环境友好协同发展的道路上。然而,由于分散经营体制,及 20 世纪 80 年代以来全国农技推广服务体系的衰落,各种技术仍然停留在政府和科研领域。农户施肥依然有很大的盲目性(朱兆良,2006;Chen et al.,2011;Zhang et al.,2013)。同时,由于中国先发展肥料工业,施用技术都服务于产品推广应用,碳酸氢铵和过磷酸钙等传统单质肥料养分含量低、粉末剂型难以通过机械化施用,因此让农户精确计算养分含量和不同元素的搭配是很难的。在无法快速改变农业经营体制、重建农技推广体系并提高农户知识水平的情况下,发展适合于作物和土壤特性的、同时含有多种元素的复合肥料成为破解技术应用难题的有效途径。从 20 世纪 70 年代我国开始从俄罗斯等欧洲国家进口三元复合肥,进口复合肥大多是 15-15-15 或者 16-16-16 的平衡型配方。平衡型配方的复合肥被农民广泛应用到各种作物体系,从增产角度而言具有养分全面的特点,符合当时平衡施肥的技术思想。随后中国发展的国产复合肥"红日型"工艺也以平衡型配方为主(沈兵,2008)。然而连续多年施用问题逐渐突出,一方面这种配方不能满足作物对不同养分的差异化需求,导致部分元素过多、部分元素过少,不仅影响产量、品质和经济效益,而且导致土壤养分不均衡发展,例如磷素的累积,而中微量元素的缺乏,越来越不适应高产、高效、环保的需要。

20 世纪 90 年代德国巴斯夫公司与中国农业大学合作研发了高氮型(21-8-11)和高钾型(12-12-17)两种专用型复合肥,分别应用到蔬菜和果树上,比传统的通用型复合肥(15-15-15)具有明显的增产、优质和增收的特点,由此带动了国内作物专用肥的发展(张福锁等,2008)。2004 年,与中化合作,通过土壤肥力调查,基于氮肥总量控制、分期调控,磷钾恒量监控,中微量元素因缺补缺技术设计了黄河中下游小麦专用肥[16-20-8-0.5(ZnO)],田间试验结果表明专用肥处理比农民习惯处理增产 16%,节肥 30%(张福锁等,2008)。但是由于国内复合肥企业秉承了大工业发展思路,配方设计不是以科学为基础,而更多的以经济效益为主,哪种元素便宜就多放哪种元素(王兴仁等,2006;张卫峰等,2009),例如 2001—2005 年钾肥价格低就大力发展高钾肥,2006 年钾肥价格开始高涨而氮肥价格走低,再加上为了迎合农民一次性施肥的需求就发展高氮复合肥,复合肥中的氮含量从 15% 提升到 30% 左右,很快产生了烧种、烧苗、后期脱肥、早衰等生产问题,企业又开始大力发展缓控释高氮复合肥。复合肥的发展严重偏离了服务于技术应用的主题,据研究目前中国复合肥氮磷钾养分配比多达 4 000 多种,但与测土配方施肥项目推荐配方比较,符合度不足 3%(李亮科等,2011)。因此,规范引导复合肥发展成为一个新时期的关键问题(表 12-3)。

2005 年,我国政府启动了测土配方施肥补贴项目,到 2013 年中央财政累计投入资金 71 亿元,项目基本覆盖了所有的农业县,累积了大量的田间肥效试验和测土测试等科学数据(杜森,2009;叶贞琴,2012)。2009 年以来,中国农业大学与全国 27 家科研教学单位、3 家大型肥料企业及相应的政府推广部门联合建立配方肥研发与应用协作网,在全国建立了 43 个试验示范基地、236 个田间试验,结果表明与农民习惯相比,"大配方、小调整"区域配肥技术平均增产 8.6%～10.9%,提高氮肥利用率 32.6%～36.8%,净收入增加 4 703～5 228 元/hm²(表 12-4)。2013 年,农业部测土配方施肥专家组对 9 年全国测土配方施肥技术成果进行分析,根据"大配方、小调整"的技术思路确定了我国三大粮食作物(玉米、小麦和水稻)不同区域的肥料配方及施肥建议,并向全国推广应用(农业部办公厅,2013)。这为引导大中型肥料企业参与测土配方施肥项目、优化升级复合肥产品有重要推动作用。同时,农业部启动了农企对接活动,在全国选择 200 个肥料企业,期望进一步加强政府、科研单位、企业的合作,探索配方肥下地的有效模式,实现测土配方施肥技术成果的普及应用。通过物化的配方肥推动养分管理技术应用对于解决现阶段农户盲目施肥具有重要意义。

表 12-3

中国复混(合)肥配方演变历程

年份	配方类型	配方制定原则	存在问题	参考文献
1996 年以前	配方单一,15-15-15 通用型配方占 100%	红日法工艺决定了通用型配方	无差异化造成资源浪费,不能满足作物需求	沈兵,2008
1996—2005	氮磷钾的配方差异化出现,但通用型仍占主导	主要由生产工艺决定,开始考虑农业需求	配方差异化初步发展,但施用方式无差异化	张福锁,2008
2005—2012	差异化配方占主导,配方中添加中微量元素、缓控释材料、有机无机结合增多	根据生产工艺、市场竞争、原料价格决定配方,少部分考虑农业需求	配方过多,各种添加物缺乏针对性,假冒伪劣增多,施用方式仍不科学	王兴仁,2006;张卫峰,2009;李亮科,2011
2013 年开始	配方规范化	根据土壤作物需求决定,大配方小调整	需要与企业紧密结合	农业部办公厅,2013

表 12-4

"大配方、小调整"区域配肥技术的应用效果(吴良泉,2014)

作物	试验分布	试验点数	处理	Δ产量/%	ΔPFP_N/%	Δ净收入/(元/hm²)
玉米	吉林,河北,河南,安徽	63	大配方	9.0±10.1	20.4±30.6	1 259±1 295
			小调整	11.2±14.7	17.1±36.7	1 417±1 894
小麦	河北,河南,陕西	36	大配方	7.6±6.9	34.1±27.6	1 439±945
			小调整	11.9±10.9	31.5±56.5	1 706±1 402
水稻	重庆,安徽,湖北,江苏,浙江	79	大配方	8.3±6.3	42.0±43.7	2 044±1 270
			小调整	10.5±8.9	45.2±43.8	2 388±1 722
大田经济作物	新疆,湖北,广西	21	大配方	11.8±12.2	6.2±14.9	2 334±3 271
			小调整	13.7±16.3	12.9±16.5	2 989±4 169
蔬菜	山东	17	大配方	2.4±3.6	35.9±16.9	5 749±7 746
			小调整	4.3±5.3	46.0±34.4	10 700±10 543
果树	山东,重庆,海南	20	大配方	12.7±4.8	55.7±24.2	33 847±14 681
			小调整	12.7±9.5	91.2±44.1	31 824±12 524
全部		236	大配方	8.6±8.2	32.6±35.4	4 703±10 140
			小调整	10.9±11.7	36.8±46.6	5 228±9 832

注:Δ产量,PFP_N,净收入指"大配方"、"小调整"与农民习惯的产量,PFP_N,净收入的差值。

12.2.3 机械化

要保证科学的施肥位置和施肥时期必须依赖于机械的进步。当前我国农业生产机械化水平已经初具现代农业雏形,尤其在种、收环节。但是肥料施用的机械化程度却非常低,手工撒施化肥 50 年不变,施肥已成为农业机械化发展中最艰难的环节。而发达国家经过几十年的探索,已逐步建立了适合于本国的机械施肥技术体系。如美国玉米的机械追肥体系,第一,该技术实现的基础是标准化的栽培模式。美国玉米种植行宽统一为 72 cm,增密主要是缩小植株间的距离,而我国玉米种植规格极其不规范,玉米种植行宽模式多样化(宽窄行、等行距、起垄、平播等),机械手从一家到另一家需要不断调整机械,作业效率较低。第二,美国机械实现了与肥料的匹配。美国 2/3 的氮肥是液态,因此其农机部门对应研发了浅层注射机和条式注射机等配套设备,实现了肥料的注射施入,不仅提高了作业效率,而且有助于提高肥料利用率。第三,机械与施肥技术的配合。美国玉米追肥在十叶期进行,因为美国追肥使用大型高地隙追肥机,可以确保不伤苗的情况下提高肥料效率。

相对于美国而言,我国机械施肥的发展面临很多制约因素:①机械动力的制约,受地块较小的限制,我国大部分拖拉机都是低地隙小马力,难以保障施肥深度和作业效率,阻碍了机械施肥。②生产过程复杂,我国小农户一般需要综合功能的作业机械,例如大部分作物基肥施用机械需要包括整地播种施肥一体化等,甚至还要包括起垄覆膜。而追肥过程中还需考虑中耕除草、起垄等功能配套,对机械功能要求较高。③与农机配合的农艺标准化参数尚没有建立,例如肥料用量、时间、位置等,缺乏标准化的农艺参数导致机械手操作不规范降低了机械施肥的效益。④农业生产方式的制约:要将施肥改为机械施肥,现有生产方式需要转变。例如小麦和玉米实现追肥机械化需要规范化行距,而水稻基肥机械化需要改变栽插方式,澳大利亚和美国的水稻是直播稻、通过机械(甚至飞机)可以实现播种施肥一体化。⑤肥料产品的制约:我国肥料形态以固体肥料为主,容易出现出肥不均、调节不便、生产效率低等问题。因此,需要调控肥料的物理化学性状,减少肥料颗粒粘连、粉化,并提高均匀性。⑥农户规模小、购买力不足,需要建立相应的市场化服务机制。

针对这六条限制因素,我国科学施肥的机械化需要实现技术与社会经济条件的匹配。从 2003 年农业部“948”重大国际合作项目“养分资源综合管理技术的引进和中国体系的建立与推广”(2003—Z53)开始,与养分资源综合管理技术结合的农机与农艺研究推广开始实施,目前已经引进和研发了小麦、玉米、水稻、蔬菜、柑橘、马铃薯、番茄、萝卜、油菜等作物生产体系中,播种、施肥、灌溉、覆膜等多个生产环节相结合的机械设备。如玉米种肥同播机、玉米中耕追肥机、小麦宽幅播种施肥机、马铃薯滴灌施肥播种机、萝卜起垄播种一体化机,机械施肥体系表现了良好的节肥、省工、增产作用。例如集成玉米启动肥、播种施肥一体化技术以及根层机械追肥技术的 2BGF-4 高地隙玉米追肥机,重量约 200 kg,32 马力的拖拉机即可牵引,适应玉米 40 cm×80 cm 大小行及 60 cm 等行距种植模式,可实现单体仿形、开沟、施肥、覆土、镇压等功能。能够对高达 1.2 m 的玉米进行追肥作业。这种机械的成本大概为 6 000 元/台,作业效率达到每天 60 亩,是人工撒施的 40~50 倍,可节约劳动力 4.8 个工时。经过 1 000 多亩次的试验,可增收节支 150~200 元/亩,经济效益显著(表 12-5)。

12.2.4　信息化

欧美发达国家从 20 世纪 80 年代开始研究基于信息技术的精准养分管理,开发了变量施肥机械,根据田块内的土壤养分变异进行标量精确施肥。在研究手持式作物营养诊断仪器的基础上,开发了机载遥感诊断及施肥系统,对每一个地块进行实时诊断和变量施肥,进行精准管理。同时,也应用卫星及航空遥感技术进行作物生长诊断并指导精准养分管理。然而中国地块过于狭小,地块变异大,农户无法发展昂贵的机载系统,也无法应用卫星遥感技术。必须发展适合于中国的信息化服务手段。近些年我国也充分利用信息化技术加强养分管理技术的推广应用,尤其针对大规模经营的农场。例如通过卫星遥感及便携式主动冠层传感器进行作物营养诊断与调控技术在黑龙江农垦开始试用,在新疆建立了棉花计算机决策系统。来自于国际水稻所(IRRI)叶色卡诊断施肥技术也已经经过 10 年左右的推广应用。另外针对小农户的网络专家咨询系统得到快速发展,例如中化公司建立的 800 免费电话已经运行 10 年。随着测土配方施肥项目的发展,部分地区已经建立了基于县域尺度的分地块施肥建议系统,通过手机就可实时查询地块土壤信息、肥料施用建议,其中吉林尹通模式最具典型性。农业部正在全国进一步推广基于手机服务的测土配方施肥信息化系统。信息化技术提供了针对性强的指导,在养分管理技术到位方面具有极其显著的效果,如表 12-6 所示。

表 12-5

集中典型的机械化施肥效果统计

地点	技术名称	节肥/%	节水/%	作业效率提高/倍	增产/%	参考文献
曲周	玉米追肥机	20	—	8～10	16.7	曹国鑫,2010
吉林梨树	高地隙追肥机	15～20	—	40～50	12	边秀芝,2006;韩志勇,2012
重庆	水稻垄作免耕轻简化栽培水肥最佳管理技术模式	10	10	5～10	10	
内蒙古	西北旱地马铃薯地膜覆盖水肥一体化技术	12～20	36	—	14	陈杨,2009
新疆	新疆加工番茄水肥一体化技术	36～50	41	—	10.9	郭金强,2009;赵玲,2004;马腾飞,2010;郭金强 2008

表 12-6

信息化养分管理技术发展情况

地点	技术集成名称	效果	参考文献
曲周遥感	基于主动作物传感器 Green Seeker 的冬小麦氮肥追肥技术	氮肥利用率提高 37.4%～59.1%	Li Fei,2009
江苏省东海农场试验点	叶色卡	稻麦两熟产量连续两年超过 21 t/hm²,较当地高产栽培增产 35.04%～37.06%,净增纯收益 7 625～8 119 元/hm²	杨建昌,2008
建三江遥感	integrated precision rice management（PRM）system	产量提高 10%,氮肥利用效率提高 51%～97%	Zhao guangming,2013
新疆棉花	视觉诊断	小区试验,氮肥利用率提高到 56.02%,产量基本持平;大田示范结果表明,该技术可以优化肥料在作物全生育期的分配比例	董鹏等,2011
尹通手机系统	12316 测土配方施肥手机信息服务:让农民在自家田地通过拨打手机,完成手机定位、自动回复短信的方式,实现对农民的施肥指导	2013 年 3 月初正式运行,高峰时每天 600～700 位农民应用该技术。截止到 2013 年 9 月伊通县已经有 2 万多农户应用了此服务,极大地方便了农民选肥、配肥、购肥	吉林省土壤肥料工作站

12.3 技术扩散组织模式创新

中国农业技术科研推广力量主要由政府部门的农技推广体系、科研机构和农资营销体系 3 个主要部分构成。政府农技推广体系由全国农技推广中心为上层,下设省、市、县三级体系和不太完整的乡镇农技站,其中全国农技中心的职责是寻找发展方向、制定宏观政策、鉴定农业生产资料质量。省级农技体系的职责是协调上下关系,分析、上报、解决辖区内农业生产问题,保障区内农业生产的稳定与安全,按照国家农业发展规划,确定区内优势农业发展方向,也承担部分农业生产资料质量监督职责。市县农技站则组织进行试验示范,帮助农户解决农业生产的实际问题,调查、上报突发性应急问题。乡镇农技人员具体负责试验示范地点的选址和试验的示范。据估计全国农技推广体系仍有 80 万的工作人员,全国农机推广体系具备完整的系统设计,容易大面积推广技术,而丰富的基层工作经验能够解决地方问题。但由于经费不足、服务设备不齐全、人员老化等问题,农技推广体系在技术升级、示范、推广和咨询等方面已经越来越吃力(胡瑞法,2006)。

科研机构的农技研发推广体系由国家级农业大学、农科院,省级农业大学、农科院,县级农业技术专科学校三部分组成,在科研推广过程中的主要职责是研究、教育培训和试验示范。按照教育部统计的农业院校的师资力量和招生规模估计,目前科研机构的师生力量大约也有 80 万(教育部网站:www.moe.gov.cn/)。科研机构推广体系的优点是科研能力强、创新多、能够突破原有技术的制约,责任心强、公益性明确,可以覆盖所有农户从而避免技术扩散的排他性和竞争性。但缺点是注重于研究,科研成果与农业生产对接不足,缺少强大的组织力和影响力导致技术大面积到位率低。技术服务依托科研项目,项目结束服务结束,缺乏长效机制。科研教学任务重、难以满足广大农户的及时性和专业化需求。

农资营销体系由原材料商、生产商、代理商和零售商四部分组成,按照我国统计的肥料企业数以及相关研究,估计我国农资营销体系有约 80 万人(Li et al.,2013)。目前农资生产商主要围绕着经销商的需求提供服务,虽然大部分生产企业期望建立直接服务于农户的技术服务队伍,但由于缺乏有效的技术来源和公信力,导致农户服务工作一直停滞不前。代理商更多的提供物流和资金服务,也承担部分宣传职责,但在农户技术咨询服务中缺乏技术、人力条件。目前零售商大部分是由原来的农业三站和供销社系统的人员转型而来,具备一定的农业技术,而且农民在购买农资的同时可顺带咨询技术问题,因此已经成为农技服务的主体。但零售商的技术服务缺乏国家支撑,技术更新慢,而且服务目标是销售农资,对农户知识提升有限。

虽然目前有 240 万人与农业技术推广服务有关,按照农户数统计(1.98 亿户),每 100 户就有 1.2 个农技人员,但三个体系没有形成优势互补、知识不统一、机制不明确,都没有做好技术服务工作。相对于建立新的体系,充分发挥现有体系的职能是搞活农技推广最有效的途径。中国农业大学自 2000 年开始,逐步从四个方面摸索了现有技术服务体系升级改造的模式。其中包括科研体系推广服务机制的完善、科研体系与政府推广体系的合作模式、科研体系与企业合作,科研、政府、企业三方合作(科技小院)等四种模式。其中科研体系推广服务的完善更多体现在技术统一,联网试验示范等方面。通过联合 59 个协作单位,建立 127 个示范基地,集中突破了 12 种作物体系的高产高效养分管理技术(张福锁等,2008),在技术升级和标准化方面做出了突出贡献,但在技术大面积应用中仍然乏力。

因此,与政府体系合作推动大面积应用成为必然选择,科研政府合作平台通常以技术研发、交流、试验示范、培训为主要方式开展工作。相对于单一的科研体系和政府体系,两者结合的优点是同时发挥了科研机构在技术创新方面的优势以及政府部门在技术影响面扩大方面的优势。自 2005 年开始,中国农业大学与全国 110 个县级农技部门合作,具体合作流程为,大学或科研机构提供技术方案,并对基层技术人员进行技术培训。安排布置 110 个示范县、2 136 个示范方(张福锁,2008),同时结合全国测土配方施肥项目,示范面积扩大到 6.5 亿亩(张卫峰和张福锁,2013),培养人员 200 余人。这一模式快速提升了技术应用面积,但缺点是仍以项目式运行,缺乏长效机制;人员限制,未能解决对农户面对面服务的问题。

充分利用企业人员和资金优势强化农户服务是另一条途径。科研-企业合作模式以产品研发、示范、培训为主要方式开展工作,在产品研发中体现技术,通过示范展示产品效果,通过培训推动产品应用,重点是通过企业产品转型和人力优势扩大技术应用。自 1996 年与德国巴斯夫工作合作,2003 年与中化合作,2010 年与新洋丰、司尔特和天脊公司合作,中国农业大学不断摸索校企合作的模式。最终建立了"政府测土、专家配方、企业供肥、联合服务"的测土配方施肥服务模式(张卫峰等,2014)。政府提供全国性的土壤、植株测试、田间试验等基础数据,同科研单位联手挖掘数据并设计区域大配方,通过行政组织(招标、补贴、宣传)推动大配方应用,监督肥料产品质量、保证农民的切身利益及企业的公平竞争。科研单位利用国家测土配方施肥成果,结合高产高效技术研究成果,形成科学的肥料配方以及配套的高产高效生产技术规程,并系统培养基层科技人员、农化服务人员、营销人员、经销商和农民,提高他们的知识水平及农化服务能力。企业根据政府和科研机构提供的配方生产供应质量可靠的配方肥,并组建农化服务队伍,组织观摩和培训,在配方肥销售后及时提供技术服务,确保配方肥应用到位。在这一过程中体现了各自的优势,同时在满足国家和农民需要的同时,企业通过产品优化升级、提升农化服务水平、提高品牌竞争力而增加销量和效益,增加了参与的积极性。

湖北新洋丰公司自 2010 年以来共设计专用配方肥 74 个,作物专用配方肥销量占比从零提高到 8%,覆盖面积达到百万亩以上,平均增产 8.6%,为农民增收 314 元/亩,降低氮磷钾投入分别达到 5,5,1 kg/亩。通过建立两个培训中心培训经销商 800 人次,培训业务员和农化员 400 人次,培训基层农技人员、零售商、农民 3.4 万人次。三年中销售收入从 60 亿元增长到近 100 亿元。这一模式通过市场机制调动了各方积极性,表现了良好的发展势头。2011 年农业部开始在全国范围内推动农企对接活动,组织 200 个企业参加,在 100 个县做试点工作。

通过上述 3 种模式的摸索,我们发现 3 个技术服务体系的充分融合在推动养分管理技术应用上是可行的。在这一模式中,通过产品研发调动生产企业积极性,通过示范调动经销商积极性,通过培训提高现有政府体系、生产企业和经销商的知识水平,通过实时指导调动农户生产积极性。在这一个模式中,科研体系利用知识和技术优势担任组织协调作用,生产企业提供启动基金并获得产品创新、品牌知名度提升、市场占有扩大,经销商提供活动经费获得市场占有扩大,各级政府农技体系发挥组织协调作用实现从点到面的应用。从而实现技术服务有价值、技术服务大众化、技术服务可持续化、技术真正到田入户(图 12-2)。

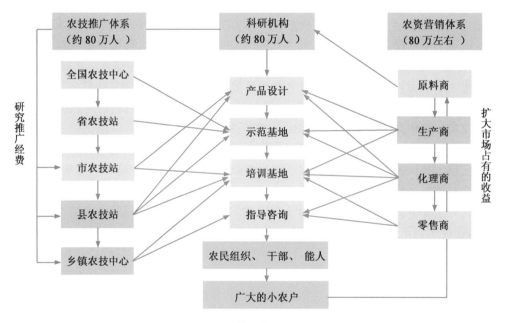

图 12-2　中国"三位一体"养分管理技术服务体系组织框架

然而 3 个体系的结合仍有很多问题需要突破,其中校企合作模式将传统的"以产定销"改为"以需定产"对企业的生产-物流-营销-宣传-服务链条提出了新的要求,而且企业经营扩大的高诉求与科技服务的高成本低回报之间需要有效的协调。另一方面,在技术服务方式上,校企合作搭建集产品研发、示范、培训、指导四位一体的全套服务模式也是成功的,但科研单位从传统的示范走向大范围的培训和指导也是一个挑战,既有科研与推广的矛盾,也有科研机构评价体系的问题。其中核心问题是缺乏直接服务于农户的人员。如何更有效的培养一批可以为农服务的人员?中国农业大学自 2009 年开始探索科技小院模式(science and technology backyard),特色是以研究生与科技人员驻村,与农户同吃同住同劳动,开展零距离、零门槛、零时差和零费用的服务,在服务中培养研究生、农技人员、企业服务人员,在技术服务的同时开展农户组织促进农业产业发展,探索现代农业可持续发展之路。

经过五年的发展,截止到 2015 年 12 月全国已经成功建设 71 个小院,覆盖了十几个省,发展出来政府主导模式(梨树、建三江、曲周),肥料企业主导模式(洋丰苹果科技小院),农业企业主导模式(广西金穗)等。科技小院累计培养研究生 150 余名,培养科技农民 200 人左右。2013 年科技小院研究培养模式得到了教育部的认可,取得了显著的成效。

12.4　技术扩散途径创新

传统技术推广服务方式通常包括宣传、示范、培训、观摩和初步应用五部分(聂海,2007)。通过宣传让农户认知技术、通过示范让农户感兴趣、通过培训让农户掌握技术(赵怡,2011)、通过观摩让农户对技术进行评估,然后初步应用。但是这种传统方式适合于成熟的老技术,而且以技术应用为目标,无法满足知识型养分管理技术推广的需求。首先养分管理技术更多的是综合型技术,需要根据农户土壤、作物和农村条件设计从种到收一整套养分管理技术,这就需要从研究开始,要研究技术集成、技术应用条件和技术扩散途径。同时由于养分管理技术知识性较强、农户经过一次观摩和培训之后往往不能完全掌握,碰到小问题不能解决往往导致放弃使用,因此咨询和陪伴式服务尤为重要(Jia,2013)。另外,养分管理技术的产量增益是显著的但直接评估有困难,而经济效益滞后、环境效益不可见都导致农户采用的积极性不高,一些竞争性的措施是推动农户应用的有效手段,例如高产竞赛、知识竞赛、文化活动等,近些年东北粮王大赛和吉林梨树的高产竞赛已经取得很好的成绩,调动数千农户参加,带动玉米产量大幅提升(Shen,2013)。在有些时候,还需要一些约束型机制,例如大型农业企业的生产规范(如广西金穗公司统一的水肥管理要求)、甚至政府行政命令和法规(黑龙江农垦统一生产技术要求)。也需要通过市场机制来调动农户采用的积极性,例如将信贷和补贴发放作为约束农户采用的必要条件,符合技术要求就可以得到信贷和补贴(欧美发达国家成熟的做法,在墨西哥也开始推广,Pamela,1998)。

而且这些措施不是孤立的和唯一的,应该在不同的地方选择不同的方式并与其他措施形成有特色的组合,从而实现扬长避短。例如培训的方式就有多种,有农户参与式的"田间学校"和非参与式的"讲课",有以听为主的"课堂教学"和眼见为实的现场观摩。养分管理技术贯穿作物生产全周期,田间学校可以系统的传授技术和知识,但是覆盖面较小,对于一些关键环节可以通过培训和现场观摩,例如河北曲周水肥后移技术就是在生长季在田间直接讲解,而深耕技术就通过现场观看土壤剖面增加农户的认知(王芳华,2013)。而在生产水平已经较高的吉林梨树,农户间的讨论和相互学习是更好的一种培训方式。因此,不同方式最好能够有效结合,实现能看到、能听懂、会操作,既能覆盖较多农户同时能够保证技术真正到位。而对于小户较多的河北曲周和北京,田间学校则是较好的方式,但田间学校的组织方式又不一样,河北曲周是农户自发的,无须经费支持。同样对于示范,科研机构完全主导的试验站点最好和农户田中的示范方结合起来,既能讲清楚道理,又能接近农户生产实际,例如河北曲周,在试验站中实现了玉米产量 13 t 的技术,到农户田中仅能实现 40%～60%。从全面推进区域技术到位来讲,组合式的技术扩散方式是一个必需的途径,即技术研发集成—示范培训—咨询—竞赛等激励性措施—行政命令—市场机制(表 12-7)。

表 12-7

高产高效养分管理技术大面积扩散方式

主要环节	典型方式	影响范围	优点	制约因素
研究与技术集成 (技术完善)	标准化	范围宽	容易掌握	知识普及难
	物化	范围宽	技术到位快	知识普及难
	机械化	范围宽	技术到位快	知识普及难
	信息化	范围宽	针对性强	知识普及好

续表 12-7

主要环节	典型方式	影响范围	优点	制约因素
技术示范（提高兴趣）	研究机构试验站 农户示范方	科学家、领导 邻居等小范围	过程容易控制 接近农户	技术扩散慢
培训与宣传（认知与掌握）	田间学校 现场观摩 课堂教学	有基础的农户 所有农户 所有农户	透彻 直观 系统性好	周期长 不系统 不直观
咨询（消除障碍）	现场咨询 远程信息化	有限 范围广	针对性强 及时性强	服务力量需求大 成本较高
竞赛（提高自主性）	高产竞赛 知识竞赛 文娱活动	较大 较大 较小	积极性高 积极性较高 积极性高	周期长、组织强度大
行政命令（限制消极因素）	企业生产标准 国家行政法规	小 大	容易一步到位	员工创新性低 监督成本高
市场机制（消除成本限制）	信贷机构 合作社	大	弹性约束	监督成本高

12.5　结论

养分管理技术的特点决定了其大面积应用的挑战，结合社会经济和农户特征进行创新是必然选择。中国农业大学在过去十几年中探索的标准化-物质化-机械化-信息化技术集成模式，政府-企业-科研机构三位一体运行机制，驻村服务的科技小院模式，集成—示范培训—咨询—竞赛等激励性措施—行政命令—市场机制推动的技术扩散方式都取得了较好的效果，对于进一步创新我国养分管理技术应用具有积极的支撑作用。

12.6　本章择要

21世纪中国施肥已经进入了全面协调粮食安全和资源环境的综合养分管理阶段，然而中国分散的小农户经营、农业基础条件差和服务管理体制不健全等严重制约着这一转变。实现养分管理技术大面积应用需要在3个方面创新。第一，要经过标准化统一思想、通过物质化简化技术、通过机械化规范农户行为、通过信息化提高精确度，使这一知识型复杂的技术变得容易理解、能够掌握、便于应用。第二，在技术扩散机制中，充分利用政府组织宣传的优势、科研体系技术优势、农资销售体系资金和人力优势，要组建科研为龙头、多方共建的三位一体服务平台，创建驻村的"科技小院"服务模式，通过市场调动各方积极性。第三，在技术扩散方式上，要突破只传授技术不普及知识的传统方式的缺陷，构建研发集成—示范培训—咨询—竞赛—行政命令—市场机制等多环节一体化的组合模式，从而为大面积应用提供支撑。

参考文献

［1］边秀芝,任军,刘慧涛,等.玉米优化施肥模式的研究.玉米科学,2006,14(5):134-137.

［2］曹国鑫,雷友,张宏彦,等.曲周夏玉米生产中小型追肥机特点与应用.现代农村科技,2010,(20):61-62.

［3］陈娟.基于"大配方、小调整"的芜湖县中籼稻测土配方施肥技术研究［硕士论文］.北京:中国农业大

学,2011.

[4] 陈伦寿. 农田施肥原理与实践. 北京:中国农业出版社,1984.

[5] 陈杨,樊明寿,李斐等. 氮素营养诊断技术的发展及其在马铃薯生产中的应用. 中国农学通报,2009, 25(3):66-71.

[6] 杜森. 测土配方施肥成效与展望. 磷肥与复肥,2009,24(6):75-76.

[7] 范珊珊. 安徽省一季稻区域大配方的制定及验证[硕士论文]. 北京:中国农业大学,2013:1-61.

[8] 郭金强,危常州,侯振安,等. 北疆棉花膜下滴灌耗水规律的研究. 新疆农业科学,2005,42(4): 205-209.

[9] 郭金强,危常州,侯振安,等. 施氮量对膜下滴灌棉花氮素吸收、积累及其产量的影响. 干旱区资源与 环境,2008,22(9):139-142.

[10] 韩志勇,徐长青,高强,等. 东北地区玉米高产高效养分管理技术现状及影响因素. 吉林农业科学, 2012,37(1):34-37.

[11] 胡瑞法,李立秋,张真和,等. 农户需求型技术推广机制示范研究. 农业经济问题,2006(11):50-57.

[12] 黄武. 农技推广视角下的农户技术需求透视——基于江苏省种植业农户的实证分析. 南京农业大 学学报(社会科学版),2009,9(2):15-20.

[13] 焦丹枫. 寒地水稻区域肥料配方制定与验证研究-以七星农场为例[硕士论文]. 北京:中国农业大 学,2011.

[14] 李亮科,张卫峰,王雁峰,等. 中国农户复合(混)肥施用效果分析. 植物营养与肥料学报,2011,17 (3):623-629.

[15] 凌启鸿. 中国特色水稻栽培理论和技术体系的形成与发展—纪念陈永康诞辰一百周年. 江苏农业 学报,2008,24(2):101-113.

[16] 马腾飞,危常州,王娟,等. 不同灌溉方式下土壤中氮素分布和对棉花氮素吸收的影响. 新疆农业科 学,2010,47(5):859-864.

[17] 聂海,郝利. 以大学为依托的农业科技推广新模式分析. 中国农业科技导报,2007,9(1):64-68.

[18] 沈兵. 中国复合肥产业发展模式的探索(以中-阿公司为例). 北京:中国农业大学,2008.

[19] 孙义祥,袁嫚嫚,郭熙盛. 玉米专用肥配方设计与效果验证. 中国农业科学,2012,28(18):117-121.

[20] 孙义祥. 测土配方施肥中区域配肥关键技术的研究. 北京:中国农业大学,2010.

[21] 谭淑豪,曲福田,Nico Heerink. 土地细碎化的成因及其影响因素分析. 中国农村观察,2003(6): 24-30.

[22] 汪菁梦. "大配方、小调整"区域配肥技术研究——以曲周县为例[硕士论文]. 北京:中国农业大 学,2011.

[23] 王兴仁,张福锁,陈新平,等. 重点开发基肥型专用复混肥—再论我国复混肥的发展方向. 磷肥与复 肥,2006,21(2):12-15.

[24] 王雁峰. 中国主要粮食作物测土配方施肥工程实施效果及优化策略. 北京:中国农业大学博士学位 论文,2011.

[25] 吴良泉,蔡国学,石孝均,等. 水稻配方肥与机插秧集成技术应用效果研究. 中国农技推广,2013,29 (1):32-36.

[26] 吴良泉,蔡国学,石孝均,等. 水稻配方肥与机插秧集成技术应用效果研究. 中国农技推广,2013,29 (1):32-36.

[27] 吴良泉,陈新平,石孝均,等. "大配方、小调整"区域配肥技术的应用. 磷肥与复肥,2013,28(3): 68-82.

[28] 吴良泉,崔振岭,陈新平,张福锁. "大配方、小调整"区域配肥技术. 中国科学,2014.

[29] 吴良泉,武良,崔振岭,等. 中国三大粮食作物区域氮磷钾肥推荐用量及肥料配方研究Ⅲ. 水稻. 植

物营养与肥料学报(待刊).

[30] 吴良泉,武良,崔振岭,等. 中国三大粮食作物区域氮磷钾肥推荐用量及肥料配方研究Ⅱ. 小麦. 植物营养与肥料学报(待刊).

[31] 吴良泉,武良,崔振岭,等. 中国三大粮食作物区域氮磷钾肥推荐用量及肥料配方研究Ⅰ. 玉米. 植物营养与肥料学报(待刊).

[32] 向明皎,覃伟,马林,等. 美国养分管理政策法规对中国的启示. 世界农业,2011,383(3):51-55.

[33] 杨玲. 曲周县小麦、玉米配方肥应用效果研究. 北京:中国农业大学,2013:1-71.

[34] 叶贞琴. 巩固深化扩展延伸深入开展测土配方施肥工作. 中国农技推广,2012,6:4-6.

[35] 曾韵婷,向明皎,马林,等. 欧盟养分管理政策法规对中国的启示. 世界农业,2011,384(4):39-43.

[36] 张福锁,崔振岭,陈新平. 高产高效养分管理技术. 北京:中国农业大学出版社,2012:165-170.

[37] 张福锁,等. 协调作物高产与环境保护的养分资源综合管理技术研究与应用. 北京:中国农业大学出版社,2008.

[38] 张福锁,江荣风,陈新平,等. 测土配方施肥技术. 北京:中国农业大学出版社,2011.

[39] 张福锁. 土壤-植物营养研究新动态. 北京:北京农业大学出版社,1992.

[40] 张福锁. 养分资源综合管理. 北京:中国农业大学出版社,2003.

[41] 张世昌. 吉林梨树县域"大配方、小调整"施肥策略的制定及田间校验[硕士论文]. 北京:中国农业大学,2011.

[42] 张卫峰,方杰,刘世昌,等. 农企对接整建制推动测土配方施肥应用的机制与做法. 中国磷肥工业协会六界三次理事会暨第二十一届全国磷复肥行业年会资料汇编,2014:5.

[43] 张卫峰,李亮科,陈新平,等. 我国复合肥发展现状及存在的问题. 磷肥与复肥,2009,24(2):14-16.

[44] 张卫峰,马林,黄高强,等. 中国氮肥发展、贡献和挑战. 中国农业科学,2013,46(15):3161-3171.

[45] 张卫峰,张福锁. 中国肥料发展研究报告 2012. 北京:中国农业大学出版社,2013.

[46] 张卫峰. 中国化肥供需关系及调控战略研究. 中国农业大学[博士论文],2007.

[47] 张毅. 长江流域水稻资源型功能肥料的设计与验证[博士论文]. 北京:中国农业大学,2013.

[48] 赵玲,侯振安,危常州,等. 膜下滴灌棉花氮磷肥料施用效果研究. 土壤通报,2004,35(3):307-310.

[49] 赵怡,曹国鑫,牛新胜,刘全清. 农民对科技培训的兴趣及其行为分析. 现代农村科技,2011(8):4-5.

[50] 中央农村工作领导办公室. 小康不小康关键看老乡. 北京:人民出版社,2013:11.

[51] 朱兆良,文启孝. 中国土壤氮素. 南京:江苏科学技术出版社,1990.

[52] 朱兆良. 推荐氮肥适宜施用量的方法论刍议. 植物营养与肥料学报,2006,12(1):1-4.

[53] Chen X P,Cui Z L,Vitousek P M et al.,Integrated soil-crop system management for food security. Proc Natl Acad Sci USA,2011,108:6399-6404.

[54] Guo,J H,Liu,X J,Zhang,Y,Shen,J L,Han,W X,Zhang,W F,Christie,P,Goulding,K W T,Vitousek,P M,Zhang,FS. 2010. Significant acidification in major chinese croplands. Science 327:1008-1010.

[55] Jia Xiang-ping,Huang Ji-kun,Xiang Cheng,Hou Linke,Zhang Fu-suo,Chen Xin-ping,Cui Zhenling,Holger Bergmann. Farmer's Adoption of Improved Nitrogen Management Strategies in Maize Production in China:An Experimental Knowledge Training. Journal of Integrative Agriculture,2013,12(2):364-373.

[56] Liu,X J,Y Zhang,W H Han,A H Tang,J L Shen,Z L Cui,P Vitousek,J W Errisman,K. Goulding,P Christie,A Fangmeier,and F S Zhang. Enhanced nitrogen deposition over China. Nature,2013,494:459-462. doi:10.1038/nature11917.

[57] Li Yuxuan,Zhang Weifeng,Ma Lin,Huang Gaoqiang,Oenema Oene,Zhang Fusuo,and Dou

Zhengxia. An Analysis of China's Fertilizer Policies：Impacts on the Industry，Food Security，and the Environment. Journal of Environmental Quality，2013，42：972-981.

[58] Pamela A. Matson，Rosamond Naylor，Ivan Ortiz-Monasterio. Integration of Environmental，Agronomic，and Economic Aspects of Fertilizer Management. Science，1998，280 (112)：111-115.

[59] USDA. Fertilzier use by crop.

[60] Zhang，W F，Z X Dou，P He，X T Ju，D Powlson，D Chadwick，et al. New technologies reduce greenhouse gas emissions from nitrogenous fertilizer in China. Proc. Natl. Acad. Sci. USA.，2013，110：8375-8380.

[61] Zhang F S，Chen X P and Vitousek P. Chinese agriculture：An experiment for the world. Nature，2013，497：33-35.

（执笔人：张卫峰　李升东　曹国鑫　吴良泉　苗宇新　江荣风　李晓林　张宏彦　王冲　崔振岭　陈新平　张福锁）

13.1 中国化肥生产施用发展阶段及其对粮食安全的贡献

13.1.1 中国化肥产量和用量占全球比重的变化

化学肥料的诞生改变了依赖于养分自然循环的传统农业,为作物的持续高产提供了可能,将全球人口从 10 亿推升到目前的 60 亿,并将继续增长到 90 亿(Godfray,2010)。欧洲于 19 世纪中期德国科学家李比希创建矿质营养学说时就开始施用化学肥料,中国于 1901 年从日本引进化肥在中国台湾试用,但直到 1949 年后才真正开始普遍施用,比欧洲发达国家整整晚了 100 多年。开始大量施用化肥的很长一段时间内,中国主要依赖于进口,1995 年中国氮肥进口量达到历史最高峰时占全球进口量的 20.8%,2002 年磷肥进口最高峰时占全球进口量的 18.7%,2005 年钾肥进口最高峰时占全球进口量的 21.0%。因此,实现化肥自给自足是中国在过去半个世纪不断奋斗的目标。

中国化肥生产起始于 1935 年的永利铔厂,但是受日本侵略者的影响,并没有真正生产。建国初期恢复生产后中国化肥生产能力仅 6 000 t,1961 年世界氮肥产量(N)1 233.8 万 t,中国只占其中的 1.4%;1965 年“联碱法”制取碳酸氢铵开始工业化生产,中国氮肥产量进入高速增长期。据 IFA 估计,1982 年中国氮肥产量超过美国,仅次于苏联,1990 年中国超过苏联成为全球最大的氮肥生产国,2012 年中国氮肥产量占全球的 28.9%,出口量为 488.3 万 t N,已成为全球重要的出口国。1842 年英国人用骨粉加硫酸制取过磷酸钙开启了化学磷肥的历史。中国 1942 年在昆明建设了第一个过磷酸钙生产厂,但开工半年就停产了。1952 年重新开始了用硫酸分解磷矿石生产过磷酸钙的研究和生产工作,随后进一步发展了热法生产钙镁磷肥。1961 年,中国磷肥产量 20.0 万 t P_2O_5,占全球产量的 2.0%。进入 21 世纪,随着“料浆法”磷铵技术的突破,利用 28% P_2O_5 的磷矿生产磷铵成为可能,磷酸一铵、磷酸二铵等高浓度磷肥生产得到了快速发展。2005 年中国磷肥产量超过美国成为世界第一,2012 年磷肥产量1 693.1 万 t P_2O_5,占全球总产的 38.6%,出口 251.7 万 t P_2O_5,成为全球重-要的出口国。中国科学家从 1956 年开始在青海察尔汗干盐湖找矿,1978 年开始建设钾肥生产装置,1980 年中国生产钾肥 2.6 万 t K_2O。21 世纪研发成功“反浮选冷结晶”工艺,中国钾肥生产才跨出了决定性的一步,2000 年中国生产钾肥 114.8 万 t K_2O,进口钾肥 399.8 万 t K_2O,进口依存度[进口量/(生产量+进口量)]为 77.7%。到 2012 年,中国生产钾肥 377.4 万 t K_2O,进口钾肥 388.6 万 t K_2O,进口依存度为 50.7%,开始扭转单纯依靠进口的不利局面。

1987 年中国开始成为世界上化肥用量最大的国家,2012 年农业化肥总用量为 5 029 万 t,其中氮肥用量为 3 337 万 t N,磷肥用量为 1 167 万 t P_2O_5,钾肥用量为 525 万 t K_2O。相比于 1981 年,中国化肥总量增加了 2.3 倍,氮肥用量增加了 2 倍,磷肥用量增加了 2.6 倍,钾肥用量增加了 6.2 倍。目前,氮肥用量已从高速增长阶段进入平缓增长阶段。如 1949—1979 年,30 年间中国氮肥用量增长到 1 000 万 t N;1979—1995 年,16 年间增长到了 2 000 万 t N;1995—2006 年,11 年增长到了 3 000 万 t N 水平;2006—2012 年,6 年增长了 156 万 t N,增速显著放缓。中国磷肥农业用量经过快速增长后已经进入平稳阶段。1990 年中国农业磷肥用量达到 577 万 t P_2O_5,成为世界第一大磷肥消费国;2004 年中国磷肥消费量突破 1 000 万 t P_2O_5;2005 年以来,中国农业磷肥消费量稳定在 1 100 万 t 左右 P_2O_5。1981 年以来中国农业钾肥消费量快速增加,从 1981 年的 73 万 t K_2O 增加到 2004 年的 546 万 t K_2O,成为世界第一钾肥消费国。2005 年以来中国钾肥农业用量有所波动,但总体来看在 600 万～700 万 t K_2O 之间徘徊(图 13-1a,b,c)。

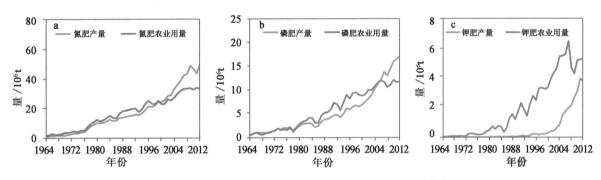

图 13-1　氮肥(a)、磷肥(b)钾肥(c)产量及农业用量的历史变化

13.1.2　对增产和营养改良的贡献

联合国粮农组织(FAO)最早统计了绿色革命之后肥料施用对作物单产的贡献,发现 20 世纪 60 年代至 80 年代,发展中国家通过施肥可提高粮食作物单产 55%～57%(FAO)。另外,中国农业工作者根据全国化肥试验网的大量试验结果表明,施用化肥可提高水稻、玉米、棉花单产 40%～50%,提高小麦、油菜等越冬作物单产 50%～60%,提高大豆单产近 20%。综合推算,1986—1990 年粮食总产中有 35% 左右是施用化肥形成的(林葆和李家康,1989)。戴景瑞院士通过对中国不同地区玉米的遗传产量和施肥产量的对比发现,在 1985—1994 年间施用肥料对于玉米的增产贡献率可以 50% 以上。Fan 等(2013)研究证明,20 世纪 80 年代至今,不施用化肥的作物单产和施用化肥的作物单产相差 55%～65%,30 年来这一贡献没有太大变化。

保障国家粮食安全是推动经济发展和维护社会稳定的重要基础。根据 FAO 统计数据,中国以占世界 9% 的耕地养活了占全球 21% 的人口,其原因是中国大幅度提高了作物产量(FAO,2012)。新中国成立后,中国人口总量由 5.4 亿增长至 2012 年的 13.5 亿,总量扩大了将近 2 倍。同时,中国粮食产量也由新中国成立初的 11 318 万 t 增长到 2012 年为 58 957 万 t,粮食产量扩大了 4 倍。而且,蔬菜、水果的产量也分别从 1980 年的 5 656 万 t 和 842 万 t 增长到 2012 年的 7.1 亿 t 和 2.4 亿 t(国家统计局,2012)。中国农产品产量的大幅度增长并不是依赖于面积的扩大,从 1961 年至 2012 年中国耕地面积仅增长了 6%,而人均耕地面积从 0.15 hm² 下降到 0.08 hm²。单位播种面积的产量却有大幅度的提升,据 FAO 统计,中国的单位面积产量中,谷物从 1961 年的 1.2 t/hm² 提高到 2012 年的 5.8 t/hm²;果树从 1961 年的 4.8 t/hm² 提高到 2012 年的 11.6 t/hm²;蔬菜和瓜果从 1961 年的 10.3 t/hm² 提高到 2012 年的 23.4 t/hm²。

肥料施用在提升作物产量的同时也改变了土壤。中国大量田间试验证明,近 20 年来土壤有机质在不断提升,黄耀等(2006)总结了文献资料,发现 20 世纪 80 年代至 21 世纪初,中国大陆农田面积53%~59%的土壤有机质含量呈增长趋势(主要在华南及华东地区),中国大陆农田表土有机碳贮量总体增加了 311.3~401.4 Tg。有机碳含量增加主要归因于秸秆还田与有机肥施用、化肥投入增加与合理的养分配比以及少(免)耕技术的推广使用。除过土壤有机质的变化,全国土壤有效磷含量 30 年来也呈大幅上升的趋势(Li et al.,2011);土壤钾素方面,多数地区在 80—90 年代土壤有效钾含量下降,而在 90 年代至新世纪初回升,这可能与秸秆还田面积扩大和钾肥大量施用有关。

施用化肥不仅增加了作物产量,丰富了餐桌食谱,而且补充了人体所需的大量营养元素。例如,大量肉制品、奶制品中的蛋白质来自于饲料,而饲料的生产也必须依赖化肥的科学施用。张卫峰等(2013)根据世界粮农组织统计的人均动物蛋白、植物蛋白和水产蛋白的数据及中国人口总量,计算了中国化学氮肥对中国蛋白质供应的贡献。结果表明 1961—2007 年中国新增蛋白消费中,氮肥贡献了56%。而 Erisman(2008)估计全世界人类消费的蛋白只有 48%来自于氮肥,中国氮肥的贡献明显高于全球水平,因为中国生物固氮水平远远低于全球水平,对化肥的依赖较大。

由于单位土地可以产出更多的作物,农业经济得以快速发展,不仅可以种植两季或者三季粮食,也可以种植两季或者三季蔬菜,这样不仅提高作物单产满足了粮食需求,还可以利用空闲土地生产蔬菜、水果、中药材,或者发展渔业和林业。中国农业 GDP 从 1978 年的 346 亿元增长到 2012 年的 52 373 亿元,农村居民家庭人均纯收入从 1978 年的 133.6 元/人增长到 2012 年的 7 916.6 元/人,其中农业为农户纯收入增长的贡献为 34.5%(图 13-2)。

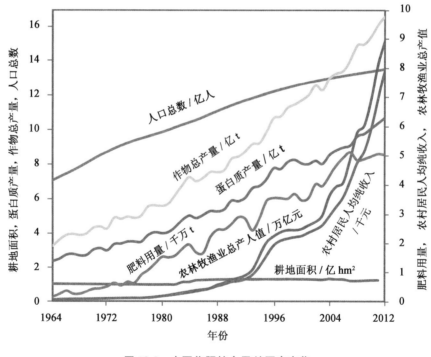

图 13-2 中国化肥综合贡献历史变化

13.2 化肥施用水平、效率等存在的问题

13.2.1 主要作物化肥用量变化及与国际对比

按照单位耕地(按照 FAO 标准,施用化肥的草地等长期作物计算在内),欧洲等国家用量较高,其中荷兰曾经是化肥用量最高的国家,在 20 世纪 80 年代曾经达到 810 kg/hm²。从 80 年代以后,欧洲和

日本等发达国家由于环境保护措施,化肥用量大幅下降(荷兰下降 67%,德国下降 52%,日本下降 34%)。目前中国已经成为单位面积耕地化肥用量最高的国家,是全球平均用量的 3.4 倍、美国的 3.4 倍、德国的 2.1 倍、非洲的 27 倍(表 13-1)。

表 13-1

中国化肥单位面积用量变化及与国际对比 　　　　　　　　　　　　　　　　　　　　　　　　kg/hm²

国家或地区	1961 年	1981 年	2001 年	2011 年
中国	10	151	271	400
非洲	4	19	18	19
美国	43	102	110	126
德国	266	389	217	188
日本	273	346	282	228
荷兰	466	810	443	268
全球	23	79	92	114

　　* 中国化肥用量较高的原因也与复种指数较高有关,按照国家统计局 2011 年统计的复种指数为 1.28,则中国每收获面积土地的化肥用量为 313 kg。即使如此,也远高于其他国家和地区。

　　中国主要作物化肥用量也明显高于国际高产国家。根据中国农业大学多年调研数据(截止到 2009 年),并参考其他国家农户调研数据发现,中国的水稻平均施氮量为 195 kg/hm²,施氮量最低的东北寒地水稻也有 155 kg/hm²,而日本的只有 105 kg/hm²。中国的小麦平均施氮量为 215 kg/hm²,而欧盟的单位面积施氮量只有 124 kg/hm²,单位面积产量比中国高 2 600 kg/hm²。中国的玉米单位面积施氮量为 209 kg/hm²,而美国的单位面积施氮量为 140 kg/hm²,单位面积产量比中国高 1 700 kg/hm²。在豆类、花生和棉花等作物上,其他国家的化肥用量更低,其中巴西的大豆氮肥用量仅 6.2 kg/hm²,只有中国的 1/10,美国的花生和棉花氮肥用量只有中国的 1/3。中国蔬菜和果树氮肥用量远高于其他国家,果园平均用量约 555 kg/hm²,设施蔬菜平均用量为 688 kg/hm²,而发达国家果树和蔬菜用量与粮食作物差不多(表 13-2)。发达国家肥料效率高的原因是施肥量低而作物单产高,这与气候、土壤、种植制度、作物品种和管理技术等多个因素有关,例如他们对养分投入总量和土壤养分残留都有严格的控制、他们的有机肥和豆科作物固氮提供了与化肥投入相当的氮素,另外轮作和休闲也为土壤养分的转化和利用提供了有效的缓冲,明显降低了氮肥的投入强度。

表 13-2

中外主要作物施肥量对比 　　　　　　　　　　　　　　　　　　　　　　　　　　　　　　　kg/hm²

作物		中国(2009)				其他国家				
		样本量	产量	N	P₂O₅	K₂O	产量	N	P₂O₅	K₂O	代表国家
水稻	寒地水稻	1 559	8 371	155	61	61					
	稻麦(油)	4 999	7 304	197	58	87					
	稻稻系统	2 359	6 732	223	59	103					
	平均	9 956	7 209	195	59	78	5 331	105	37	57	日本(2011)
小麦	冬小麦	3 362	6 600	232	96	56					
	稻麦	701	6 081	200	72	67					
	旱地小麦	2 039	4 737	193	84	20					
	平均	6 370	5 747	215	88	49	8 300	124	24	17	欧盟(2011)

续表 13-2

作物		中国(2009)					其他国家				
		样本量	产量	N	P₂O₅	K₂O	产量	N	P₂O₅	K₂O	代表国家
玉米	春玉米	1 641	9 520	188	81	59					
	轮作夏玉米	3 463	7 783	205	60	40					
	山地玉米	976	5 059	237	58	19					
	覆膜玉米	1 810	7 245	239	51	19					
	平均	9 956	7 655	209	65	42	9 300	140	61	72	美国(2008)
杂粮		258	2 624	189	73	47					
豆类		323	4 437	61	59	29	3 121	6.21	64	62	巴西(2011)
薯类		625	26 367	150	80	54					
花生		59	4 283	172	82	79		55	54	103	美国(2011)
烟叶		117	2 677	228	145	289					
油菜		740	2 402	131	61	46					
棉花		288	4 308	210	108	105		82	29	65	美国(2011)
茶园		70	3 071	535	96	68					
果园	平均	6 863	39 000	555	228	284					
蔬菜	设施	316	30 300	688	215	213					

数据来自于张卫峰和张福锁等,2013。

13.2.2　农户间施肥量变异分布

中国作物化肥平均用量大,但分布不均。部分地区部分农户用量过多,部分地区部分农户存在不足。以氮肥为例,2009 年全国调查结果表明,粮食作物过量施氮和施氮不足同时存在,其中小麦氮肥用量小于 150 kg/hm² ,介于 150～225 kg/hm² 之间,以及大于 225 kg/hm² 的农户比例分别为 32% ,28% 和 40% ,玉米分别占 25% ,29% 和 46% ,水稻分别占 29% ,29% 和 42%(图 13-3)。

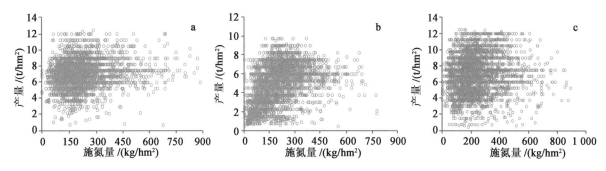

图 13-3　中国农户水稻(a,n=4 118)、小麦(b,n=4 515)、玉米(c,n=5 200)氮肥用量与粮食产量分布
注:数据来自于 2009 年全国农户调研,调研方法同表 2 所述

13.2.3　主要作物体系化肥用量及效率(PFP)变化

20 世纪 90 年代初期以前,中国计划经济体系中,粮棉收购与化肥奖售挂钩,估计这一时期各种作物上化肥消费总量分配与其种植面积一致。高祥照(2000)估计 1961 年中国粮食作物化肥消费比重为 81%(播种面积占 85%)。20 世纪 90 年代初期开始,"菜篮子工程"以及农产品市场化程度大幅提高,经济作物迅猛发展,同时化肥也从双轨制转变为市场化运行,不同作物施用化肥与经济效益紧密挂钩,高价值经济作物用肥量开始大幅增加。高祥照预计 1996 年粮食作物上化肥消费比重为 66%(播种面

积占 61%，FAO 计算中国粮食作物消耗了 54.8% 的化肥，其中，氮肥为 56.4%，磷肥为 54.8%，钾肥为 40.3%）。而不同化肥产品的普及也存在时空特点，20 世纪 80 年代磷肥供应快速提高，但施用侧重点在三北地区的小麦和玉米，钾肥施用重点在南方的水稻及经济作物。到 2001—2003 年间（中国农业大学调研资料，样本量为 25 000 个农户），粮食作物化肥用量占比为 60.6%。2008—2009 年粮食作物化肥用量占比为 44%（中国农业大学调研资料，样本量为 12 766）。相比而言，IFA 估计的数据略低于我们调研的估算，2006 年粮食作物的化肥用量占比为 44.4%，其中氮肥占比 48.4%，磷肥占比 38.4%，钾肥占比 34.6%；2010 年粮食作物的化肥用量占比为 42.5%，其中氮肥占比 44.6%，磷肥占比 42.1%，钾肥占比 36.8%。2003—2012 年全国氮肥用量增长了 829 万 t，其中蔬菜果树及其他经济作物上增长了 355 万 t，粮食作物上仅增加 254 万 t，但粮食产量却增长了 1.66 亿 t（图 13-4）。

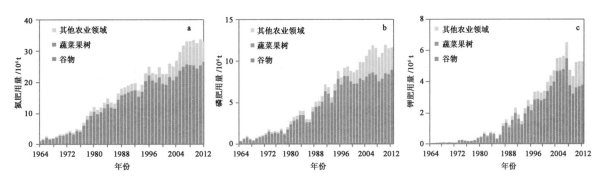

图 13-4　氮肥(a)、磷肥(b)、钾肥(c)施用到谷物、蔬菜果树季其他作物上的数量历史变化

根据不同阶段粮食产量和粮食上的化肥用量可以计算化肥偏生产率，在 20 世纪 80 年代中国粮食作物化肥偏生产力为 25 kg/kg，氮肥偏生产力为 33 kg/kg，到 2002 年左右化肥偏生产力降低到最低点（化肥偏生产力 20 kg/kg，氮肥偏生产力 28 kg/kg）。从 2004 年开始粮食生产进入恢复期，2005 年全国启动了测土配方施肥行动，但由于初期三年重点是取土测试、发展技术指标，技术未能大面积应用（粮食作物化肥偏生产力 21 kg/kg，氮肥偏生产力 30 kg/kg），粮食作物化肥用量和粮食产量同步增长，肥料生产效率在低谷波动。2009 年开始粮食生产进入十连增（第六个年头），测土配方施肥进入了大面积应用阶段，化肥用量开始平稳并有部分地区开始降低用量，而粮食产量持续增长，化肥偏生产力开始稳步回升，到 2012 年化肥偏生产力提升到 24 kg/kg，氮肥偏生产力提升到 35 kg/kg（图 13-5a）。

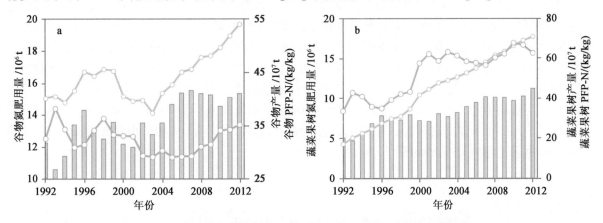

图 13-5　谷物(a)和蔬菜果树(b)的产量、氮肥用量及 PFP-N 年际变化

根据美国农业部（USDA，2012）统计，美国玉米氮肥生产效率已经提高到 66 kg/kg，中国仍有很大的发展空间。但同时可以看到，中国蔬菜和果树已经成为化肥施用的最大主体，但是由于化肥用量和产量同步增长，蔬菜和果树的氮肥生产效率在新世纪的 10 年中没有显著增长，基本维持在 63 kg/kg 左右（图 13-5b）。

13.2.4　肥料经济产出效率与其他国家的比较

肥料仍然是粮食生产的第一投入要素,而且随着肥料价格的增长和高浓度肥料产品的增加,肥料成本不断提高,发改委编制的《农产品成本收益资料汇编》显示(表 13-3),2008 年粮食作物每公顷的化肥成本已经超过 1 500 元,至 2011 年达到 1 920 元。然而由于机械、种子、劳动力、土地租赁等方面成本的增幅更大,化肥占粮食作物现金成本的比重从 2008 年的 37% 下降到了 32%,但仍高于其他投入品。与美国相比,中国农产品现金成本中化肥所占比例最高(因土地和劳动力差距过大而不包括在内),小麦、玉米分别达到 44%、45%,棉花达到 76%。而美国农产品现金成本中机械最高,肥料第二,小麦玉米分别达到 29%、33%,棉花为 18%,远低于中国。

表 13-3

2009 年中国美国主要农产品成本差异　　　　　　　　　　　　　　　　　　　　　　　　　　元/hm²

作物	国家	种子	肥料	农药	机械作业	灌溉	人工	土地	其他	总成本合计	现金成本	化肥占现金成本比例/%
小麦	美国	270	1 035	165	1 710	0	450	915	330	4 890	3 570	29
	中国	585	2 160	165	1 395	390	2 190	1 560	45	8 505	4 875	44
玉米	美国	1 335	2 235	480	2 340	0	480	1 965	405	9 225	6 840	33
	中国	480	1 770	150	855	180	2 895	1 755	180	8 265	3 960	45
大豆	美国	930	405	285	1 845	0	315	1 845	435	6 075	3 945	10
	中国	435	705	165	765	30	1 560	1 950	75	5 670	2 595	27
棉花	美国	1 245	1 500	1 170	3 795	45	690	1 080	420	9 930	8 415	18
	中国	615	2 460	810	795	555	8 520	2 550	660	16 965	3 255	76

* 数据来自于农产品成本资料收益汇编 2010。

13.2.5　肥料边际产出效率(AE)变化及与国际比较

肥料增产效率是反映单位肥料投入所增产的粮食的数量,俗称农学效率(通常用 AE 表示,即 Agronomic efficiency),实际测算中是根据施肥区产量减去不施肥区产量再除以肥料用量所得。由于粮食增产中既有肥料的贡献,也有其他栽培管理技术的贡献,因此这个指标反映的是化肥与其他农业生产技术配合的效率。从已有研究结果来看,在 20 世纪 80 年代至 2000 年左右,中国科技发展更重要的是充足供应肥料以获得高产,但由于与其他农学栽培技术的配合相对不足,肥料用量虽然上去了,但是产量没有大幅提高,所以肥料增产效率下降。2005 年以来,在测土配方施肥项目的推动下,施肥技术向协调增产、高效和环保发展,科学家的实验田中肥料投入没有大幅增加,甚至磷钾肥大幅降低,而栽培管理技术整体进步推动了粮食产量显著提高,因此肥料农学效率提高(表 13-4)。但与世界平均水平相比,中国化肥农学效率仍然很低,以氮肥为例,中国的水稻氮肥农学效率为 13 kg/kg,世界平均为 22 kg/kg;中国的玉米氮肥农学效率为 12 kg/kg,世界平均为 24 kg/kg;中国的小麦氮肥农学利用率为 11 kg/kg,世界平均为 18 kg/kg(表 13-5)。

表 13-4

中国化肥增产效率演变

肥料	作物	1958—1962 年 AE/(kg/kg)	1981—1983 年 AE/(kg/kg)	2000—2005 年 施肥量/(kg/hm²)	2000—2005 年 产量/(t/hm²)	2000—2005 年 AE/(kg/kg)	2006—2010 年 施肥量/(kg/hm²)	2006—2010 年 产量/(t/hm²)	2006—2010 年 AE/(kg/kg)
氮肥	水稻	15～20	9.1	149	6.8	10.4	170	8	12.7
	小麦	10～15	10	170	5.7	8	179	6.3	10.7

续表 13-4

肥料	作物	1958—1962 年	1981—1983 年	2000—2005 年			2006—2010 年		
		AE /(kg/kg)	AE /(kg/kg)	施肥量 /(kg/hm²)	产量 /(t/hm²)	AE /(kg/kg)	施肥量 /(kg/hm²)	产量 /(t/hm²)	AE /(kg/kg)
	玉米	20~30	13.4	163	7	9.8	183	8.8	11.9
磷肥	水稻	8~12	4.7	72	5.9	7.4	61	7.1	23.3
	小麦	5~10	8.1	95	4.7	8.1	95	5.8	15.1
	玉米	5~10	9.7	116	7.7	9.1	83	8.6	17.4
钾肥	水稻	2~4	4.9	106	5.9	4.9	88	7.2	16.5
	小麦	ns.	2.1	136	5.3	4.5	90	5.9	14.1
	玉米	2~4	1.6	126	7.6	4.5	83	7.7	12.4

1952—1958 年和 1981—1983 年数据没有施肥量和产量数据,所以没有列出;

1952—1958 年和 1981—1983 年数据来自 Jin. J. Y. , Yan. X, 2005. Changes in Fertilizer Agronomic Efficiency in China. XV International Plant Nutrition Colloquium (IPNC),Beijing,China.

2000—2005 年和 2006—2010 年为王桂良根据文献数据整理。

表 13-5

世界主要国家和地区粮食作物的 AE 对比

作物	地区 (国家)	施氮量 /(kg/hm²)	产量 /t	氮肥农学效率 AE/(kg/kg)
水稻	世界	115	7.2	22
玉米	世界	116	8.9	24
小麦	世界	114	5	18

数据来源:Cassman et al,2002,Cui et al. ,2010,Dobermann,2007。

13.2.6　肥料利用率年际变化及农田养分投入与平衡

肥料利用率是反映单位肥料投入被作物吸收的数量,俗称回收利用率(recovery efficiency,RE),实际测算中是根据[(施肥区产量×作物地上部养分含量)−(不施肥区产量×作物地上部养分含量)]÷肥料用量所得。理论上肥料利用率与土壤、肥料、施用方法和作物特性有关。20 世纪 80 年代至 2000 年,由于肥料用量快速增加,肥料产品中尿素、磷酸铵等高浓度、高水溶性、高损失率的产品增加,肥料施用方法中注重省工的撒施、水冲和一次性施肥,因此肥料利用率显著降低。2005 年以来,在测土配方施肥的带动下、总量控制(根据作物吸收确定投入量)技术快速普及、施肥机械化率提高(种肥同播、机械追肥),同时由于高效率种子的应用(如先玉 335),肥料效率有所回升(表 13-6)。但是与世界主要地区相应的作物相比仍有差距。例如美国 Cassman 教授(2002)等总结了一些国家的氮肥利用率,发现玉米氮肥利用率北美为 37%,而中国平均仅为 32%。东南亚水稻和印度的稻麦体系氮肥利用率都在 40%左右,而中国氮肥利用率仅有黑龙江寒地水稻达到这一水平,长江流域和华南都有较大差距,全国平均仅为 34.9%。

表 13-6

1981—2012 年中国三大粮食作物的肥料利用率

年代	作物	肥料利用率/%			数据来源
		氮肥	磷肥	钾肥	
2001—2005	水稻	28.3	13.1	32.4	张福锁等,2008
2005—2009	水稻	32.7	22	37.5	文献数据汇总

续表 13-6

年代	作物	肥料利用率/%			数据来源
		氮肥	磷肥	钾肥	
2011—2012	水稻	34.9	24.6	41.1	农业部测土配方施肥专家组
2001—2005	小麦	28.2	10.7	30.3	张福锁等.2008
2005—2009	小麦	29.7	18.7	26.9	文献数据汇总
2011—2012	小麦	32	19.2	44.4	农业部测土配方施肥专家组
2001—2005	玉米	26.1	11	31.9	张福锁等.2008
2005—2009	玉米	30.4	20.5	35	文献数据汇总
2011—2012	玉米	32	25	42.8	农业部测土配方施肥专家组
1981—1983	小麦、水稻、玉米	30～35	15～20	35～50	朱兆良
2002—2005	小麦、水稻、玉米	28.7	13.1	27.3	中国农科院.2008

中国肥料偏生产力(PFP)、增产效率(AE)、回收效率(RE)都较低的根本原因之一是过量施肥有关。关于施肥量的标准,经过多年研究发现保持化肥投入与作物带走量一致是同时满足作物生产、土壤肥力保持、环境成本最低的临界值(张福锁等,2006;Ju et al.,2012)。以此为依据发现,过量施肥从20世纪70年代就在太湖地区存在,随后关中灌区、华北平原也逐步出现过量施肥。根据已有研究结果(张卫峰等,2013)发现,1987年中国氮肥用量就超过作物地上部吸收量,出现了盈余,随后盈余量不断增加,至2012年每公顷耕地盈余量达到108.2 kg,作物当年地上部分收获带走约156 kg/hm²,相当于过量69%。根据Li等(2014)的研究结果发现,20世纪90年代初中国磷肥投入超过作物地上部带走量,随后磷素盈余不断增加,至2010年每公顷盈余达到31.2 kg,作物当年地上部收获带走量24 kg/hm²,相当于过量130%。而由于盈余的磷素大部分累积在土壤中而不会损失到环境中,因此至2010年全国有6 420万t磷素累积在土壤中(图13-7d),由此直接导致土壤磷素含量从20世纪80年代的8.4 mg/kg提高到了现在的23.7 mg/kg(Li et al.,2011)。中国由于施用钾肥较晚,土壤长期处于缺钾状态,但由于2000年以来大量施用钾肥,以及机械化生产带动的秸秆还田增加,2004年开始出现钾素盈余,至2012年盈余量达到295.5万t,相当于每公顷26 kg。钾素盈余也推动土壤钾素含量的提升(图13-6)。

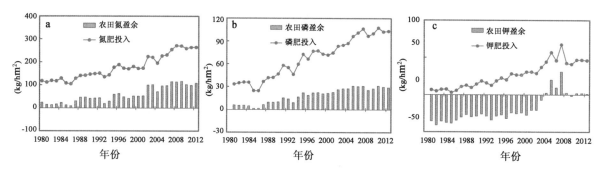

图 13-6　中国农田氮(a)、磷(b)、钾(c)料投入及盈余量历史变化

注:2011年、2012年农田磷盈余为估计值,估计值＝单位面积化肥投入－近五年单位面积养分投入与盈余差的平均值;2010—2012年农田钾盈余为估计值,估计值＝单位面积化肥投入－历年养分投入与盈余差值的平均值

13.3　化肥产业链条对资源环境的影响

化肥是一个高度依赖于能源和资源的产品,同时在生产和施用过程中又对环境产生一定的影响。关注化肥的资源环境问题与关注其增产效应同等重要,根据近些年国内外的研究,我们总结了中国化

肥各种资源环境代价。

13.3.1　氮肥的资源消耗和环境影响

现代氮肥生产是利用能源将大气中的 N_2 转化成作物可以吸收的 NH_4^+ 和 NO_3^-，因此氮肥属于能源依赖型产品。与国际上主要使用天然气不同，中国氮肥生产 76% 以煤炭为原料，而且中国 60% 的企业是中小型企业，由此决定了中国氮肥生产的高能耗、高排放特性(Zhang et al.，2013)。根据历史资料整理发现，中国每吨合成氨的能耗(标煤)从 20 世纪 80 年代的 2 714 kg/t(张卫峰，2007)下降到了 2012年的 1 561 kg/t[《重点化工行业节能减排规划研究(初稿)》]，但是与世界先进水平相比仍有很大差距，如 2012 年世界先进水平为 1 364 kg/t，比中国少 197 kg/t，约 12.6%(zhang et al.，2013；黄高强，2014)。2012 年中国氮肥产业耗能总量已经从 20 世纪 80 年代的 4 064 万 t 标煤增加到 9 399 万 t 标煤。合成氨工业是关系我国农业和国民经济发展的重要行业，其能源消耗量约占我国化学工业能源消费总量的 25%，为化工五大重点耗能行业之首，占全国能源消耗总量的 2.5%，其中无烟块煤约占76%，天然气约占 21%，油约占 2%，焦炉气约占 1%。氮肥生产的天然气和无烟块煤供应难度越来越大。

氮肥生产和施用中存在多种环境污染，在生产过程中氮肥企业会排放废水、废气和废渣。绿色和平组织调查涉及的 13 家氮肥龙头企业中，超标排污的达到 9 家，不达标的企业比例近七成。超标的污染物主要包括氰化物、硫化物、氨氮、总磷与化学需氧量等(未发表内部资料)。氮肥在施用中只有一部分会被作物吸收，例如前述的利用率为 34%。而有一部分会保留在土壤中，而有一部分会直接损失进入水体和大气，我们近期收集了 2006—2010 年全国 857 个试验数据，经过分析发现，三大粮食作物(水稻、小麦、玉米)的氮肥损失率分别达到 21.5%，25.2%，39.8%，而 20 世纪 80 年代分别为 19.9%，21%，35.5%，2000 年左右的分别为 20.6%，22.8%，36.9%，说明中国氮肥损失率在增加(张卫峰和张福锁等，2013)。据估计，全国氮肥总损失已经从 20 世纪 80 年代的 580 万 t 增长到 1 763 万 t，而活性氮损失量已经从 202 万 t 增加到 544 万 t(图 13-7a)。

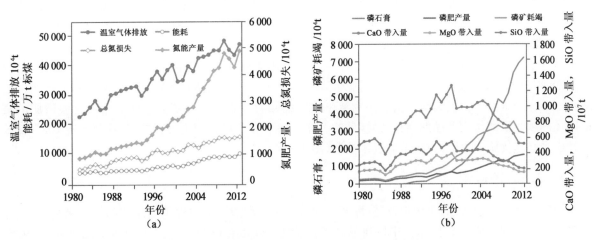

图 13-7　全国氮肥 a 和磷肥 b 的资源与环境影响变化

氮肥在工业生产和施用中的污染排放最终会导致几个方面的生态环境影响，包括土壤酸化、空气质量下降、臭氧空洞、水体富营养化、硝酸盐超标、生物多样性减少、近海赤潮、全球增温等(Galloway，2003)。近些年的研究对于量化环境污染有些进展，如 Science 杂志上报道了 20 世纪 80 年代至今中国主要农田土壤 pH 平均下降 0.5 个单位(Guo et al.，2010)。研究还表明农业生产是水体总氮、总磷排放的主要来源，其排放量分别占全国排放总量的 57.2% 和 67.4%，其中氮肥的作用在农业源排放中约占 1/2。中国的氮沉降量在 1980 年(13.2 kg/hm²)至 2010 年(21.1 kg/hm²)间增长了 60%，年增长速度达到 8 kg/hm²(Liu et al.,2013)。中国氮肥生产、运输和农田施用各个环节所产生的相关温室气体排放达到 4 亿 t,占全国温室气体排放总量的 7%(Zhang et al.,2013)。

13.3.2　磷的资源消耗和环境影响

现代磷肥生产是以酸(硫酸或者硝酸)分解磷矿石的酸法工艺为主,其中硫酸可通过矿物硫磺或者硫铁矿获得,但重点是通过石油天然气、有色金属冶炼、热电厂等含硫物质燃烧后的废气脱硫获得。中国既缺乏天然硫黄矿,也没有大规模回收硫,因此进口硫大幅增长,2012 年我国进口硫黄总量在 1 120 万 t,占全球进口量的 38%,同时中国开采一部分硫铁矿,石油与脱硫表观消费量 1 580 万 t,而磷肥生产消耗 1 185 万 t,占硫消费量的 75%。相对于硫,磷矿石则是生产磷肥的重要原料,而且并没有可替代性。目前中国开采的磷矿石形成于 6 亿年前的震旦纪,据美国地址调查局公布数据,2013 年世界磷矿储量 670 亿 t(含 P₂O₅ 30%),中国储量占 5.7%。相对于其他国家,中国磷矿胶磷矿多,杂质多、品位低导致开采难度大,资源回收率低。据研究,2003 年全国磷矿开采过程中磷回收率仅为 45%(张卫峰等,2008)。经过几年的整顿,尤其是关闭小磷矿、大型选矿装置上马之后,磷矿回采率有所提高。例如龙涛(2010)报道 2008 年 400 多家磷矿企业平均回采率约 51%。据估计,2012 年中国磷矿年产量已经达到 9 529.5 万 t,而磷肥占磷矿消耗量的 77%。按照这一开采速度 20 年磷矿资源将会耗竭。

磷肥在生产中存在多种环境影响。首先是耕地破坏,如磷矿开采土地破坏、选矿中的尾矿堆存、磷肥生产中磷石膏堆存等。对于全国而言,这并不是一个大数据,如 2005 年估计耕地占用面积为 475 km²,但对于生产地而言往往会成为一个大问题(Zhang et al.,2008)。磷肥生产中的环境问题可用磷石膏产量来笼统表示,磷石膏是磷肥加工后的废渣,高浓度磷肥(磷酸一铵、磷酸二铵、重过磷酸钙)生产后都会存在。一吨磷肥生产就会产生 5 t 的磷石膏,而且磷石膏以堆存方式处理,不仅占用土地,更重要的是磷石膏中存在含氟等有害物质,会随水流失,从而破坏生态环境。随着中国磷肥产量的不断增加以及高浓度磷肥比例的提高,2012 年磷石膏产量增加到了 6 000 万 t,综合利用只有 1 000 万 t(图 13-7b)。

磷肥施用后只有一少部分当季利用,大部分存留于土壤中,然而土壤磷累积存在上限,据曹宁(2008)研究土壤磷含量超过 40 mg/kg,会大幅增加淋洗量。按照目前中国磷肥用量,土壤磷的累积仍将继续,预计 2035 年之后土壤磷含量会超过临界值。磷肥的大量施用也会导致土壤锌的缺乏。磷肥施用另一个问题是导致 Ca,Mg,Si 等元素的不平衡。中国传统磷肥产品是过磷酸钙和钙镁磷肥,估计在 1998 年时通过施用过磷酸钙和钙镁磷肥带入土壤的钙镁硅分别达到 1 271 万 t 的 CaO、395 万 t 的 MgO、546 万 t 的 SiO₂,极大地平衡了作物从土壤中的吸收带走量。而随着过磷酸钙和钙镁磷肥的衰退以及高浓度磷酸铵类产品的增长,钙镁硅的补充大幅下降了 60% 以上,通过其他途径补充 Ca、Mg、Si 已经成为必然措施,由此导致大量的资源浪费(图 13-7b)。

13.3.3　钾资源

钾广泛的存在于海水、土壤中,从资源属性而言并不显珍贵。然而由于商品钾肥需要高纯度,只能依赖于开采富钾的矿石和卤水。中国钾资源缺乏,对国外依存度较高。据美国地质调查局(USGS,2012)数据显示,全球钾资源经济储量为 95 亿 t K₂O,主要分布在加拿大、俄罗斯、白俄罗斯,这三个国家的钾资源经济储量占世界的 88.9%。中国钾资源储量为 2.1 亿 t K₂O,仅占世界储量的 2.2%,钾资源极度缺乏。中国目前(2012)钾肥开采量约为 390 万 t/年,按照目前的速度,中国钾矿资源将会在 54 年之后枯竭。虽然目前利用钾长石生产枸溶性钾肥(含 K₂O 4%~7%),但不能替代高浓度水溶性钾肥(含 K₂O 50%~60%)。因此中国仍将依赖于进口钾肥。

13.3.4　资源环境价值估计

欧洲氮评估结果显示,欧洲氮的生态环境价值为 700 亿~3 200 亿欧元,折合每吨氮 7 000 万~

3.2 万欧元。由于中国环境评估尚不完善,我们无法得出中国化肥对生态环境破坏的价值是多少。但我们可以评估过量施肥损失的经济价值是多少。2012 年中国化肥产业产值为 8 047 亿元(张卫峰和张福锁,2013),由于中国肥料管理不到位、农田利用率较低,存在大量的浪费。2012 年中国实际生产氮肥 4 947 万 t,实际上满足工业和农业需求仅需要生产 3 000 万 t 即可,浪费 1 947 万 t。按照每吨氮肥消耗 2.37 t 标准煤的能源,浪费 4 614 万 t 标准煤。按照每吨氮温室气体排放 13.5 t CO_2 计算,浪费的氮肥排放 2.6 亿 t CO_2。按照每吨氮成本 5 000 元计算,浪费 975 亿元。环境成本按照 100 元(15 美元)每吨 CO_2,折合 19 亿元。中国实际生产磷肥 1 693 万 t,但由于不合理施肥有大量浪费,实际上满足工业和农业需求 1 000 万 t 即可,浪费 693 万 t。按照每吨磷肥消耗 6 t 磷矿(标矿)计算,浪费 4 158 万 t 标矿。按照每吨磷肥产生 5 t 磷石膏计算,浪费的磷肥排放 3 465 万 t 磷石膏。按照每吨磷 7 000 元计算,浪费 485 亿元。综合氮磷肥的浪费,每年损失相当于工业产值 1 500 亿元(表 13-7)。

表 13-7

中国化肥生产施用评估

10^4 t

种类	2012 年产能	2012 年产量	2012 年各领域总用量	2012 年农业用量	2030 年农业理论需求量	2030 年理论需求(加上工业)
氮肥	4 960	4 947	4 105	3 391	2 100	3 000
磷肥	2 200	1 693	1 471	1 167	800	1 000
钾肥	514	377	742	525	430	510

注:农业理论需求是根据 2030 年人口最大时作物产量目标,计算作物生产地上部分养分吸收量所得。工业需求包括出口和工业使用,假设在国家限制政策下,出口量保持目前水平(张卫峰和张福锁等,2013)。

13.4　中国化肥发展战略讨论

化肥已经成为保障粮食安全、资源环境的重要生产资料,针对目前用量大、效率低、资源保障不足、污染重的现状,需要尽快转变发展方式。欧美发达国家从 20 世纪 80 年代至今历时 30 年将化肥用量控制到合理水平、将化肥工业调整到高效水平,中国从现在开始至 2030 年是转型的黄金期。根据中国社会经济和农业发展需求,我们提出以下转型目标。第一要控制总量,将化肥投入控制到与作物需求一致,则现在氮肥和磷肥的生产量和施用量需要减少 40%,钾肥保持稳定。第二要调整产品结构提高农业效率,如氮肥中将硝态氮的比例提高到 40%,与德国和美国接近(张卫峰,2013),磷肥中应该保持和提升钙镁磷肥和过磷酸钙的比例为 40% 左右。第三要提高技术水平降低消耗,主要需要对现有近万个企业进行整合(Li et al.,2013),将合成氨能耗从目前的 51.3 GJ/t N 降低到 32.8 GJ/t N(Zhang et al.,2013),降幅为 36%。将磷肥的磷矿消耗从 3 555.7 万 t 降低到 2 416.2 万 t,降幅接近 32%。第四需要进一步降低环境排放,例如氮肥通过生产企业减排和农田施用减排将每吨氮的温室气体排放量从 13.5 t CO_2/t N 降低到 9.7 t CO_2/t N(Zhang et al.,2013),降幅为 28%。实现上述目标即可达到国际先进水平。需要以下支撑:

13.4.1　化肥工业技术进步方向

经过与中国氮肥工业协会、中国磷肥工业协会、中国钾盐(肥)分会的协商,确定以下工业技术进步方向:

1. 进一步增强原料保障能力

提高磷矿采选技术,增强磷资源保障度,增强国内石油天然气、冶炼烟气、热电厂等脱硫回收工作。加强国内钾矿资源勘探,对非水溶性钾资源的大规模产业化和海水钾资源的利用应稳步推进。有序挺进国外钾资源。

2. 化解产能过剩

限制新建项目,从行业准入和金融信贷等方面进行限制;引导现有企业进一步实现资源优化配置,鼓励兼并重组;以准入条件、污染物排放标准、清洁生产标准、磷石膏的利用和堆存等标准、法规淘汰落后产能。

3. 加快产品转型

对现有的尿素进行改性(开发低成本的抑制剂或者包膜肥料)、提高硝态氮肥和铵态氮肥的配合等。发展现代化的过磷酸钙和钙镁磷肥生产技术提高磷资源保障度,推广普钙无化成无熟化技术。进一步提高全水溶性专用磷肥发展适应滴灌施肥的需要,如工业级磷酸一铵和磷酸二氢钾作为叶面肥、水溶肥。

4. 延伸产业链

发展湿法磷酸净化,对磷酸进行肥料级-饲料级-食品医药级-电子级的梯级利用;做好磷矿伴生氟、碘、稀土等资源的回收利用,发展循环经济。加强磷石膏的综合利用。生产低单耗的优质钾肥产品品种,比如硫酸钾镁肥。

13.4.2　施用技术进步方向

1. 深化测土配方施肥,加快测土配方施肥整建制行动,促进农企对接,助推行业结构调整

建议加强全国测土配方施肥项目的数据公开,加强数据凝练形成公益性的科学配方,降低企业生产配方肥的成本。完善配方肥的登记管理等工作,缩短流程,提高企业运行效率。加强市场管理,避免"偷减养分"或不科学配方利用价格低廉的优势抵消配方肥的市场竞争力。加强施肥器械研发和补贴,助推科学施肥方式落地。探索合作社等大户开展社会化施肥服务的工作机制。

2. 加强高产高效技术集成与创新

结合育种和栽培,发展支撑高产的养分管理技术,并且通过配方肥、现代信息技术,实现肥料施用的优化。进一步开展水肥一体化技术、机械施肥技术、秸秆还田以及有机肥料合理施用技术,并加强土壤养分管理技术与作物轮作、栽培耕作等技术的集成研究,为减肥增产提供支撑。

3. 启动作物生产资源环境代价的监测与评估工作

应根据中国各个区域作物高产水平和高效目标要求,提出主要作物养分和水分总量控制指标。建立全国性作物生产资源环境代价监测网络,进行产量、效率、效益、环境影响等长期数据观测,为农业高产高效技术发展及其资源环境代价的评估奠定基础。同时,开展作物生产资源环境代价评价方法的研究。

4. 加强技术传播服务模式创新

主要包括:①技术服务模式创新,如科技小院模式扩大试点并探索推广应用的机制;②农资产品服务模式创新,重视产品服务新模式的探索和应用。同时,应加强基层经销人员的培训和管理,逐步建立准入制度,确保技术服务人员的专业性;③农机服务模式创新,急需加强对机手的培训,强调持证上岗,确保操作质量。加强培育市场化服务主体,例如农机合作社和农资经营者。探索降低机械化服务成本的机制。

13.4.3　管理进步方向

1. 建立市场调节机制,提高产业技术水平

中国政府为了提高化肥产量,降低化肥价格,促进粮食生产,长期以来对化肥的生产和施用给予财政补贴。然而,这一政策也导致了中国肥料生产行业的产能过剩,对整个肥料行业的发展造成了影响。目前,中国化肥产业正处于市场化进程的重大变革中,应当调整补贴政策,通过正常的市场竞争淘汰一批技术力量薄弱、环保设备不达标的小企业。同时通过必要的财政、税收等手段,帮助一些技术力量雄厚的企业通过提升产品附加值、加强环保等方式实现产业升级;而对于有机肥等环保型产品,国家应当加大补贴力度,促进应用,改善土壤土质、培肥地力,提高作物产量和品质。

2. 建立肥料法,加强肥料质量管理

中国肥料行业法制建设的滞后导致监管主体不明确。质监部门依据《中华人民共和国产品质量法》,工商部门依据《中华人民共和国工商法》,农业部门依据《农产品质量安全法》。此外,发改、环保等部门,也在依据各自领域的法律法规开展肥料监督管理工作。政出多门、职能交叉、责权不明、监管缺位等问题时有发生。因此,肥料行业立法已势在必行。通过立法加强肥料生产、销售及使用管理,创造良好的肥料生产和消费环境,对于维护农民的合法权益、保障粮食安全具有十分重要的意义。肥料立法内容既要包括有效性和危害性的列单管理,又要明确牵头主管部门,既要将肥料的登记、生产、经营、使用和监督管理统一起来,也要建立自上而下垂直管理的监管机构,以规范市场秩序,避免多头管理的现象发生。

3. 建立环境管理制度,推动科学用肥

通过环境制度约束肥料使用的有效性以及环境保护,要提升肥料使用者的专业技能。首先,建立环境管理体系,制定良好农业措施系统,对农田化肥和有机肥的施肥量和施肥时间,有机肥的质量标准,以及牧场的有机废弃物排放和处理建立严格的标准。通过不断加强的环境管理,促进肥料合理施用,推动施肥技术的发展,间接完善肥料产品管理。其次,建立完善的农技推广体系,实现农技推广主体多元化及推广方式多样化,充分发挥企业及高校、科研院所的力量。同时,借助于良好的技术服务体系,充分提高农户选肥的能力,对产品管理提供有效的支撑,在整个体系中体现了法律、教育和激励等多途径管理的优越性。

13.5　结论

中国化肥生产和施用都已经从不足快速走向了过量,肥料效率的下降,环境问题的不断扩大,需要重新梳理中国化肥的发展问题。从化肥发展数量、产品结构、资源效率和环境减排几个方面均有巨大的空间。应该调整现在的化肥产业政策,全面推进技术升级和产业转型。

13.6　本章择要

本文利用全国尺度的大样本统计数据、试验数据、农户调研数据,系统分析了新中国成立以来中国化肥生产、施用、效率、环境影响等方面的发展演变,并与国际情况做了对比分析,最终讨论了化肥转型方向和发展目标。结果表明,经过半个多世纪的快速发展,中国化肥生产总量和施用总量已经居于世界首位(占全球 30%),氮磷肥生产不仅满足国内需要而且已成为国际重要的出口国(自给率超过100%,钾肥自给率达到 50% 以上),化肥工业效率显著提升(合成氨单耗降低,磷资源效率提升)。进入新世纪的十多年,粮食作物化肥用量基本平稳,效率下降得到抑制并开始上升(氮肥偏生产力 35% 左右),而经济作物用量持续增长,效率没有提升(维持在 63% 左右)。与国际水平相比,我国化肥单位面积用量大、农户用量变异大、肥料利用率低、工业生产效率低、产品结构不合理、环境污染严重的特征比较突出。从可持续发展角度,需要重新梳理中国化肥的发展问题。从化肥总量降低(氮磷肥降低30%~40%)、产品结构调整(养分形态调整 30%~40%)、资源效率(提高 30%~40%)和环境减排(30%~40%)几个方面进行转型。应该调整现在的化肥产业政策,转变补贴方式,引导技术升级和产业转型。

参考文献

[1] 林葆,李家康.中国化肥的肥效及其提高的途径——全国化肥试验网的主要结果.土壤学报,1989,

26(3):273-279.

[2] 中国统计年鉴2012,http://www. stats. gov. cn/tjsj/ndsj/2012/indexch. htm.

[3] 黄耀,孙文娟. 近20年来中国大陆农田表土有机碳含量的变化趋势. 科学通报,2006(7):750-763.

[4] 高祥照. 中国肥料使用现状评价与发展战略研究[博士论文]. 中国农业大学,2000.

[5] 朱兆良. 中国土壤氮素研究. 土壤学报,2008,45(5):778-783.

[6] 朱兆良. 肥料与农业和环境. 大自然探索,2008（4）.

[7] 马文奇,张福锁,陈新平. 中国养分资源综合管理研究的意义与重点,2006.

[8] 钟茜,巨晓棠,张福锁. 华北平原冬小麦/夏玉米轮作体系对氮素环境承受力分析,2006.

[9] 张卫峰. 中国化肥供需关系及调控战略研究[博士论文]. 北京:中国农业大学,2007.

[10] 龙涛. 国内外磷矿开采技术的现状与展望. 化工矿物与加工,2010（1）:37-38.

[11] 崔振岭,曹宁,陈新平,等. 县级区域粮田土壤养分空间变异特征评价研究,2008.

[12] 黄高强. 我国化肥产业发展特征及可持续性研究[博士论文]. 北京:中国农业大学,2014.

[13] Cassman K G,Dobermann A,Walters D T. Agroecosystems,nitrogen-use efficiency,and nitrogen management. AMBIO:A Journal of the Human Environment,2002,31(2):132-140.

[14] Chen X P,Cui Z L,Vitousek P M,et al. Integrated soil-crop system management for food security. Proceedings of the National Academy of Sciences,2011,108(16):6399-6404.

[15] Dobermann A. Nutrient use efficiency-measurement and management. Fertilizer Best Management Practices,2007,1.

[16] Erisman J W,Sutton M A,Galloway J,et al. How a century of ammonia synthesis changed the world. Nature Geoscience,2008,1(10):636-639.

[17] FAOSTAT,http://faostat3. fao. org/faostat-gateway/go/to/home/E(2012).

[18] Galloway J N,Aber J D,Erisman J W,et al. The nitrogen cascade. Bioscience,2003,53(4):341-356.

[19] Godfray H Charles J,Beddington John R,Crute Lan R,et al. Food Security:The Challenge of Feeding 9 Billion People. Science,2010,327:812-818.

[20] Guo J H,Liu X J,Zhang Y,et al. Significant acidification in major Chinese croplands. Science,2010,327(5968):1008-1010.

[21] HU Y C,SONG Z W,LU W L,et al. Current soil nutrient status of intensively managed greenhouses. Pedosphere,2012,22(6):825-833.

[22] Li H,Huang G,Meng Q,et al. Integrated soil and plant phosphorus management for crop and environment in China. A review. Plant and soil,2011,349(1-2):157-167.

[23] Liu X,Zhang Y,Han W,et al. Enhanced nitrogen deposition over China. Nature,2013.

[24] Van Wart J,Kersebaum K C,Peng S,et al. Estimating crop yield potential at regional to national scales. Field Crops Research,2013,143:34-43.

[25] Zhang W,Dou Z,He P,et al. New technologies reduce greenhouse gas emissions from nitrogenous fertilizer in China. Proceedings of the National Academy of Sciences,2013,110(21):8375-8380.

（执笔人:张卫峰　郭明亮　易俊杰　黄高强　高利伟　武良　李国华　张福锁）

第14章

土壤生产力对我国高产高效农业的重要性与调控途径

过去几十年,我国作物生产取得了举世瞩目的成就,用占世界7%的耕地养活了22%的人口(Zhang,2012)。我国作物生产的成就得益于主要粮食作物矮秆、耐肥高产品种的培育和大面积推广,以及化肥、农药、水及动力等大量资源的投入(Fan et al.,2012;Tilman et al.,2002);同时,土壤生产力的增加对我国作物增产起到关键作用,根据最近的报道,近30年以来,我国主要灌溉作物体系土壤基础生产力提升对粮食增产的贡献平均达到了31%,因此没有土壤生产力的增加也就没有所谓的中国农业奇迹(Fan et al.,2013)。但是,进一步增加粮食生产,面临更多硬的约束,如耕地资源有限和耕地质量问题、水资源不足且分布不均衡、化肥大量使用引起的环境问题等。因此,如何持续提高作物产量,保证粮食安全基础上减少农业生产对自然资源和环境的压力,是我国农业面临的重大挑战(Fan et al.,2012)。土壤作为作物生产的基础,作物产量潜力和水肥调控作用的持续稳定发挥依赖于良好的土壤条件。尽管近30年来我国主要灌溉作物体系农田土壤生产力明显提高(Fan et al.,2013),但整体水平仍然偏低(张福锁等,2013)。因此,在保障我国未来粮食和环境安全的科技要素中,土壤生产力的持续提升仍然是最基本的保障条件之一。

14.1　土壤生产力的概念与内涵

土壤生产力是指一定的资源投入下土壤能够产出人类所需的植物产品的能力(全国科学技术名词委员会,1998),是土壤接纳和储存养分水分,提供作物根系发育环境的能力的具体表现(Zhang and Raun,2006)。土壤生产力在内涵上与其他表征土壤生产功能的概念,如土壤肥力和土壤质量,有一定的区别但又密切相关。国内外不同学者对土壤肥力有不同的定义,但总体上而言土壤肥力是反映土壤为植物生长提供和协调营养条件的能力,相对于土壤生产力而言,土壤肥力更侧重于土壤本身的特性与过程;土壤质量在内涵上更为丰富,不仅反映土壤支撑植物生产的能力,同时强调土壤维持环境质量和促进植物和动物健康的能力(Doran and Parkin,1994)。

土壤生产力是影响作物生产力形成的土壤内在性状和影响作物生长的其他外界条件(品种、水肥、气候条件等)相互作用的结果。而狭义的土壤生产力即土壤基础生产力,是土壤内在的支撑作物生产,同时提供各种生态服务功能的能力(Fan et al.,2013)。本文使用的术语"土壤生产力"是指狭义的土壤生产力概念,反映土壤本身对作物生产能力的支撑作用。

14.2 土壤生产力的评价

影响土壤生产力形成的关键要素包括可变因素、不可变因素和易变因素,可变因素包括:土壤有机碳、土壤结构、微生物量及其组成、水分特征曲线;不可变或难改变的因素包括:剖面结构、气候、坡度、质地、矿质组成和土层厚度,易变因素包括:pH,有效 N、P、K,容重,含水量,温度等(范明生等,2013)。因此,土壤生产力可通过评价上述影响土壤生产力形成的要素以及其他相关参数来实现。此类评价方法的优点在于可以具体到土壤某一特定性状,对进一步调控土壤生产力有明确的指向性。但其缺点一方面是,如果把所有指标作为评价参数的话,其可操作性较差;而另一方面,如果有选择性的选择参数,评价的结果就可能出现大差异,甚至相反的结果,因为往往不同土壤性状存在相反的演变方向,土壤生产力的演变决定于这些因素之间作用的平衡。比如,过去 30 年,我国主要农田土壤的有机质含量表现出上升趋势(Huang and Sun,2006;Ren et al.,2012;Xie et al.,2007;Yan et al.,2011),这将促进土壤基础生产力的改善;但同时,过量施肥也导致土壤酸化(Guo et al.,2010)和土壤生产力退化。

最近,Fan 等(2013)提出基于作物的土壤生产力评价方法。这个方法建议通过 1~2 年农户田块不施肥区(对照小区)产量来评价土壤的生产力。由于基于作物的评价方法受到气候,以及除养分外的其他管理措施的影响,所以此方法适用于在相同气候以及类似作物管理条件下土壤生产力的评价。基于作物的土壤生产力评价反映了土壤化学、物理和生物特性对作物产量的综合效应,但是这种方法掩盖了具体的土壤性状或过程对作物产量的影响,也不能够准确地反映某一具体土壤性状或过程的演变方向,对进一步的调控措施的实施缺乏指向性。

然而,与土壤肥力和土壤质量评价类似,定量化评价土壤生产力也是一个科学难题和挑战。因为作物生产很复杂,除土壤外还受其他不确定因素如气候以及管理措施的影响,土壤生产力的评价不可避免要受到这些因素的干扰。同时,就土壤本身来讲,影响土壤生产力的土壤性状多,且这些性状具有一定时空变异性,性状之间也相互关联和相互影响。因此,对土壤生产力获得一个比较客观和综合的评价同时又对进一步的调控有指导意义,一方面需通过基于作物的评价方法明确土壤生产力的总体状况,同时结合基于土壤性质的评价方法,遵循最小数据库的原则,确定特定的生态条件下影响土壤基础生产力的关键土壤性质。

14.3 土壤生产力对作物高产与资源高效的影响

图 14-1 表示了土壤生产力对作物产量和资源效率影响的概念图。图中的曲线 A 曲线 B 的关系表明:与基础生产力低的土壤相比(I_A),相同的资源投入下,高基础生产力的土壤(I_B)能获得更高的产量(Y_B)以及资源生产效率,表现出管理技术的"水涨船高"效应;目前的一些研究能支撑曲线 B 模式(王激清,2007;Peng et al.,2010;Fan et al.,2013)。曲线 C 表示,随着土壤基础生产力从 I_A 提高到 I_B,当曲线 A 中的管理技术也得到改进时,将会产生更大的增产效应(Y_C)。然而,最理想的模式将是管理技术的重大改进与土壤生产力提升产生额外的交互效应进而获得最大的增产与增效(如曲线 C' 与 Y_C')。不过,仍然需要深入的研究以验证上述理想模式的现实性,及其调控途径与机理。

生产力高的土壤也能提高其他管理技术应用条件下作物产量的稳定性。根据最近的报道:即使是在最佳的管理水平下,生产力较低的土壤会导致较高的产量变异,小麦和玉米尤为明显,在生产力 <4 t/hm^2 的土壤上,变异系数分别达到 25% 和 22%。而随着生产力的增加,产量的变异逐渐降低,在 >6 t/hm^2 土壤生产力的条件下,小麦、玉米、早稻、晚稻和单季稻的变异系数分别降低到 9%,12%,9%,12% 和 8%(Fan et al.,2013)。

土壤生产力越高对其他管理技术应用条件下作物产量的贡献也越大。Fan 等(2013)通过比较无

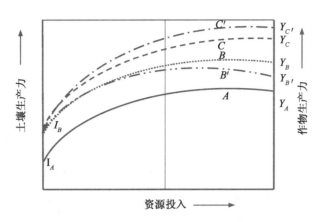

图 14-1　土壤生产力与作物产量和资源投入关系的概念图

注：I_A 与 I_B 分别表示土壤基础生产力 A 与 B；曲线 A 表示在基础生产力 A 的土壤上，作物产量随资源投入的变化；曲线 B 表示在土壤基础生产力 B 的土壤上，在应用与 A 相同技术的条件下，作物产量随资源投入的可能变化；曲线 C 表示在基础生产力 B 的土壤上，在应用改善技术的条件下（与 A 曲线时的技术相比），作物产量随资源投入的变化；曲线 C 表示管理技术的重大改进与土壤基础生产力的提升（从 I_A 到 I_B）产生额外的交互效应；Y_A，Y_B 与 $Y_{B'}$，Y_C 与 $Y_{C'}$ 分别表示曲线 A，B，C 和 C 时的产量

肥区产量对施肥产量的贡献发现：土壤基础生产力从 <4 t/hm^2 增加到 >6 t/hm^2，我国主要灌溉作物体系的平均土壤生产力的贡献率从 54% 增加到 79%。这些结果进一步表明作物越高产对好土壤的依赖性将越强。

14.4　我国主要作物系统土壤基础生产力的历史变化、现状与未来展望

通过基于作物的土壤生产力评价的方法定量化评价 20 世纪 80 年代以来，我国灌溉作物系统（北方冬小麦、北方夏玉米、南方早稻、南方晚稻和长江流域单季稻）土壤生产力的历史变化（Fan et al.，2013）。这几个作物系统对我国的粮食生产意义重大，其中，北方冬小麦占到了我国小麦总产的 50% 以上，北方夏玉米占到玉米总产的 40% 以上，而南方水稻占到我国水稻总产的 85% 以上。评价结果表明（表 14-1）：农户田块条件下，2000s 期间不施肥区的作物产量显著高于 1980s 的产量，增加的范围为 $0.73\sim1.76$ t/hm^2。其中，北方小麦增幅最大，每公顷增加 1.76 t，增幅达到了 60%，其次为南方双季稻，早稻增加了 31%，晚稻增加了 37%，北方玉米和南方单季稻增幅相对较小，每公顷分别增加 0.73 和 0.79 t，增幅为 15% 和 16%。品种改良以及氮沉降对产量正的影响作用能被气候变化、臭氧增加以及空气污染等对产量的副作用所抵消，因而无肥区产量的历史变化主要反映了土壤生产力的变化。土壤基础生产力改善对我国主要灌溉作物体系作物增产的贡献平均达到 31%。其中，北方小麦为 43%，北方玉米为 22%，南方早稻为 31%，南方晚稻为 35%，长江中下游单季稻为 22%。因此，没有土壤基础生产力的改善就不会有我国农业的奇迹发生。

表 14-1

我国主要作物系统土壤生产力的历史变化与贡献

地区	作物系统	土壤生产力变化/(t/hm^2)			对 1980 年以来增产的贡献/%
		1980s	2000s	增量	
北方	冬小麦	2.91（±1.14）	4.67（±1.29）	1.76**	42.5
南方	夏玉米	4.91（±1.44）	5.64（±1.40）	0.73**	21.8

续表 14-1

地区	作物系统	土壤生产力变化/(t/hm²)			对1980年以来增产的贡献/%
		1980s	2000s	增量	
长江流域	早稻	3.45 (±0.86)	4.54 (±1.01)	1.08**	31.2
	晚稻	3.39 (⊥1.06)	4.66 (⊥1.07)	1.27**	35.3
	单季稻	4.80 (±1.00)	5.60 (±1.14)	0.79**	21.8

注:**,$P<0.01$,采取基于作物的方法评价土壤基础生产力,即,通过1~2年农户田块不施肥区(对照小区)产量来评价土壤的基础生产力;产量数据分别来源于1980s和2000s田间试验数据,共7410个数据点,其中小麦有621个数据点(1980s:$n=271$;2000s:$n=350$),玉米457个数据点(1980s:$n=200$;2000s:$n=257$),水稻有6332个数据点(1980s:早稻,$n=307$,晚稻,$n=236$,单季稻,$n=115$;2000s:早稻,$n=1307$,晚稻,$n=1356$,单季稻,$n=3011$);(改自Fan et al.,Plos one,2013)。

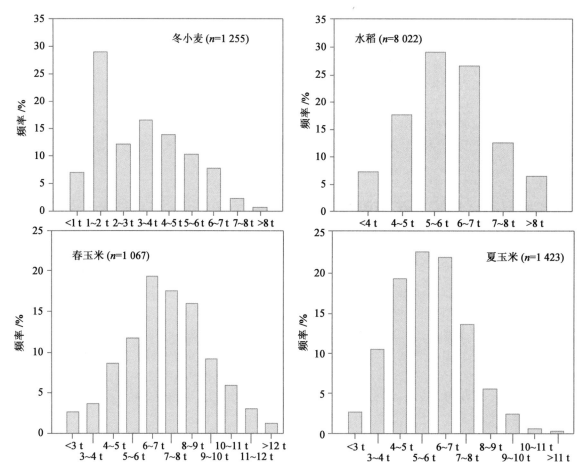

图 14-2　我国主要粮食作物体系土壤生产力状况

注:基于作物的方法评价土壤基础生产力;以1 t/hm²的步长对无肥区产量进行分级确定土壤基础生产的等级;分析了2000年以来,农田田间试验的无肥区产量数据($n=11\,767$),数据主要来源于2005—2010年间"测土配方施肥"项目中的"3414"无肥区产量数据以及2000年以后发表的文献数据(张福锁等,2013)

　　然而,当前我国主要粮食作物体系的土壤生产力水平以中低为主(图14-2)。通过对2000年以来我国主要粮食作物大田试验无肥区产量的总结发现,我国冬小麦生产体系土壤基础生产力低于3 t/hm²占到50%,3~5 t/hm²占30%,大于5 t/hm²占20%,表明中低土壤生产力的田块仍然占大多数;对于水稻,土壤生产力中等水平(5~7 t/hm²)约占54%,低(<5 t/hm²)和高土壤生产力的田块分别占25%和21%;春玉米、夏玉米与水稻表现出类似的趋势,中等土壤生产力的田块占一半以上,低与

高土壤生产力的农田分别占 20％～30％（张福锁等，2013）。因此，目前的土壤基础生产力水平仍不能支撑区域大面积大幅度均衡增产。

最近对稻作系统的一个分析表明：在目前品种条件下，进一步提高水稻产量的主要限制因子一是土壤，二是管理技术。优化水肥和作物管理技术可提高水稻总产量 9.7％，减少氮肥用量 24％；而在提高中低产稻作土壤生产力 1.5 t/hm²（0.1 t/667 m²）的基础上，同时采纳上述最佳水肥作物管理技术能在减少氮肥消费 21％的前提下，实现水稻总产增加 18％（表 14-2）。

表 14-2
不同发展策略下的主要稻作体系的水稻产量与氮肥消费

情景分析*	总产/10^4 t	氮肥消费/10^4 t
高产高效技术＋基础生产力改善	21 295 (17.8％[+])	392.8 (−23.9％)
高产高效技术＋当前地力水平	19 832.9 (9.7％)	407.0 (−21.2％)
[++]基础生产力改善＋农民管理习惯	19 779.8 (9.4％)	507.8 (−1.7％)
当前农民习惯	18 074.0	516.3

注：* 研究建立在分析 406 个田间试验，和 7 210 个点的地力频率分布基础上（An et al.，2014，unpublished）；[+]指相对于农民习惯，总产和总氮肥消费的增加（或减少）的量占农民习惯条件下的百分数；[++]最佳作物管理技术（增加密度，最佳养分管理以及水分干湿交替管理），地力改善指中低基础生产力水平提高 100 kg/亩（1.5 t/hm²）。

总之，持续提升土壤生产力是保障我国未来作物持续大幅增产的一个基本条件。

14.5　我国主要作物系统土壤基础生产力增加的历史经验

根系是植物的主要营养器官，任何作物要获得高产，都必须有一个发育良好的根系基础。提高土壤生产力的土壤实质就是能为作物根系生物学潜力的发挥提供良好的环境。因而，提升土壤生产力就是通过调控影响土壤生产力形成的关键要素，促进关键土壤过程优化，为作物的根系构建一个良好的生长发育环境，进而充分发挥作物的生物学潜力。影响土壤基础生产力形成的关键要素如前所述，包括可变因素、不可变因素和易变因素（范明生等，2013）；影响土壤生产力的关键土壤过程主要是：①土壤有机养分库供应增强为作物生长发育提供持续均衡的养分支撑作用；②良好的耕作层土壤结构为根系的生长发育创造适宜的物理环境；③对外源水肥热等的缓冲性增强，提高作物抵抗非生物胁迫的能力（图 14-3）。

过去几十年，我国土壤基础生产力的增加，一方面，归因于国家实施了一系列的农田基本建设项目，如 1970s 和 1980s 在黄淮海平原和南方丘陵区进行的中低产田治理和改良，1950s 以来在黄土高原和东北黑土区实施的水土保持工程等。主要的技术手段包括兴修梯田，平整土地和修建水利设施等。这些工程措施对作物生产土壤关键限制因子的消减和消除发挥重要作用。另一方面，我国农田土壤生产力的改善主要是土壤有机质以及土壤养分等增加的结果（Fan et al.，2013）。土壤有机质是影响土壤生产力的关键的土壤性状（Andrews and Carroll，2001；Renwick et al.，2002，范明生等，2013），提高土壤有机质不仅能提高土壤生产力（Fan et al.，2013；Pan et al.，2009；Bauer ＆ Black，1994），同时对维持生态系统碳平衡，应对气候变化具有重大意义（Lal，2004）。1980s 以来，我国大多数农田土壤有机质含量表现出增加的趋势，其原因包括：①"绿色革命"技术的广泛应用提高了作物产量和增加了根茬和根系分泌物量，进而提高了土壤有机质含量（Huang and Sun，2006；Ren et al.，2012；Yan et al.，2011）。例如，1980—2007 年间，水稻、玉米和小麦产量分别增加了 53％、76％和 153％。②秸秆还田（特别是 1990s 以来，农村开始使用天然气等代替作物秸秆作为家庭取暖和烹饪能源，秸秆还田量相应增加）和有机肥的施用是提高农田土壤表层有机质的含量的另一个因素（Huang and Sun，2006；Ren et al.，2012）。土壤养分含量的增加对 1980s 以来主要农田土壤生产力的提升也有关键作用。比如，在 1980s

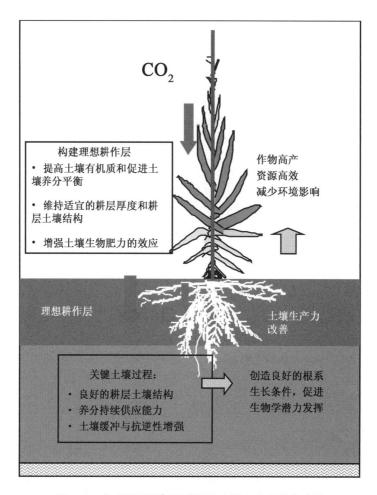

CO_2

构建理想耕作层
· 提高土壤有机质和促进土壤养分平衡
· 维持适宜的耕层厚度和耕层土壤结构
· 增强土壤生物肥力的效应

作物高产
资源高效
减少环境影响

理想耕作层

土壤生产力改善

关键土壤过程:
· 良好的耕层土壤结构
· 养分持续供应能力
· 土壤缓冲与抗逆性增强

创造良好的根系生长条件,促进生物学潜力发挥

图 14-3　构建"理想耕作层"提升土壤生产力的模式图

年代我国北方的石灰性土壤和南方水稻土壤上有效磷含量较低是制约其土壤生产力的主要因素(鲁如坤,1998)。但是经过 30 年来大量磷肥的施用,使我国土壤 Olesn-P 含量从 7.4 mg/kg 增加到了 24.7 mg/kg(Li et al.,2011)。

　　总之,我国过去几十年主要作物系统土壤生产力提升的一个基本的经验是:以工程措施为主的农田基本建设结合以碳与氮磷为主养分元素投入的增加。这对东南亚、非洲的亚撒哈拉沙漠地区和拉丁美洲等发展中国家也具有借鉴意义。当然,我们也应当注意到,过去以基于工程措施的农田基本建设和土壤有机质和养分含量增加主导的土壤生产力的提升并不排除我国主要农田土壤仍然存在各种形式的退化,如:大量氮肥使用引起的土壤酸化(Guo et al.,2010),小机械浅耕作以及土壤侵蚀等引起的耕作层变薄和土壤板结(Lindert,2000;彭世祺等,2006),部分农田的次生盐渍化等(Chen et al.,2002)。

14.6　构建"理想耕作层"持续提升土壤生产力

　　今后我国农田土壤生产力的持续提升,一方面仍然要加强小地块整合和修缮水利设施等为主的农田基本建设,同时重点要通过土壤耕作层的调控进一步消减和消除高产高效的限制因子。耕作层是经耕种熟化的表土层,受农事活动干扰和外界自然因素的影响最剧烈;是作物根系建成和分布的主要层次;也是对作物高产和资源高效利用影响最大且易于调控的土壤层次。在耕作层调控上,关键是构建作物体系高产高效的"理想耕作层"。途径包括:①增加土壤有机碳和促进土壤养分平衡;②维持适宜的耕作层厚度和耕层土壤结构；③增强化土壤生物肥力效应(图 14-3)。

1. 增加土壤有机质和促进土壤养分平衡

近 30 年来我国农田土壤有机质的含量有了明显增加 (Huang & Sun, 2006；Yan et al., 2011；Xie et al., 2007)，但总体而言，我国农田土壤有机质含量仍然较低，具有较大的提高潜力(Fan et al., 2010)。通过提高土壤有机质进一步提高我国的土壤的生产能力是当前学术界的普遍共识(潘根兴和赵其国，2005；徐明岗等，2007)。在全球尺度上，也有研究认为当前作物系统对 N 和 P 利用效率不高的原因之一在于土壤 C 与 N,P 的循环过程没有有效耦合 (Drinkwater and Snapp, 2007)。然而，依据周转速率的快慢，土壤有机质可被分解为不同的库/组分，不同库/组分具有不同的化学结构，对土壤物质和能量流动也起着不同的作用(Parton et al., 1987)。从环境的角度来说，旨在把碳储存在稳定的、周转慢的碳库中，从而减少土壤有机质的分解和 CO_2 排放，但是从作物生产角度来说，只有那些周转快的库/组分是重要的养分源(Janzen, 2006)。因此，寻求土壤有机质功能库的定向调控，协调环境与农学效益的统一可能是未来重点和难点。

在土壤养分库的调控方面，关键是在培育土壤有机养分库的基础上，同时要减少"无机养分库"的累积。过去 30 年，养分的高投入，尤其是氮肥，已经造成我国主要作物系统，如华北灌溉以及西北旱作农田无机氮的大量累积。如在华北的小麦-玉米轮作系统，农田土壤 0～90 cm 深度的平均硝态氮累积达到 221～275 kg N/hm², 90～180 cm 深度达到 213～242 kg N/hm²(Ju et al., 2006). 这些高累积的硝态氮通过反硝化，淋洗等途径损失到环境中，进一步造成 N_2O 排放增加和水体污染。类似于土壤无机氮库，我国主要农田的无机磷库也表明了增加的趋势 (Li et al., 2011)。然而，高累积土壤无机磷库也是一个潜在的水体污染源。因此，构建高产高效"理想的耕作层"，尤其需要把土壤无机养分库控制在不影响作物高产，又不至于过大而增加损失的风险的范围内。

2. 维持适宜的耕作层厚度和耕作层土壤结构

维持适宜的土壤耕作层厚度是我国的作物生产可持续发展的当务之急。由于土壤侵蚀以及小型机械耕作等原因，我国农田耕作层的平均厚度由 20 世纪 30 年代的 22.9 cm 降低到 20 世纪 80 年代的 17.6 cm(Lindert, 2000)；目前我国主要作物系统的土壤耕作层厚度的基本状况是：黄淮海平原区和东北黑土区大部分农田土壤耕作层厚度分别为 15cm 和 12～22 cm，长江流域 60% 稻田的耕层厚度为 13～16 cm(彭世祺等，2006)。因此，一方面主要通过深耕、深松耕等技术重新构建适宜的土壤耕作层厚度，同时采取恰当的保护措施减少耕层侵蚀使适宜的厚度得以维持；另一方面也通过增加土壤有机质等途径，改善耕作层的土壤结构。良好的耕作层团粒结构体多，团粒间较疏松，根系容易穿插，团粒内部又相对紧密，有利于根系的固着；良好的耕层土壤结构对外源的水肥投入的缓冲强，抗逆性强。

3. 增强土壤生物肥力的效应

土壤生物肥力是指土壤中的生物提供的有助于植物和食草动物在生长、繁殖和形成优良品质过程中获得营养需求的能力，同时能够保持土壤中的生物学过程对土壤的物理和化学状态产生积极作用(Lynette, 2003)。当自然生态系统被转变为农业生态系统后，土壤生物的群落组成，丰度和活性将发生显著改变(Lavelle et al., 1994)。而农业管理措施引起的土壤生物多样性下降也将深刻地影响腐解过程的生物学调节和土壤养分的有效性(Matson et al., 1997)。因此，相对于自然生态系统，当前以耐肥新品种和化肥大量使用为特征的集约化农业体系，作物主要依赖以化肥为主的外源养分，而土壤生物在土壤养分转化和物质循环方面的作用没有得到充分的发挥。但是，由于对土壤生物过程本身及其对土壤生产力形成的作用和贡献还存在认知上的巨大不足，因此通过定向调控土壤生物或土壤生物肥力过程而构建高产高效的"理想的耕作层"面临挑战。当务之急是改变集约化农业过度依赖化肥的现状，使土壤生物过程在土壤养分转化、物质循环和土壤结构形成中的效应最大化。

14.7　结语

实现粮食持续增产、保障国家粮食安全是我国农业当前及今后相当长时期的重大任务。在这个文章中我们强调土壤生产力对保障我国粮食安全的重要性。过去几十年,我国农业取得巨大成就,得益于基于工程措施的农田基本建设和土壤有机质和养分含量增加主导的土壤生产力改善。今后作物系统土壤生产力的持续提升,可通过进一步增加土壤有机碳和促进土壤养分平衡,维持适宜的耕作层厚度和耕层土壤结构,以及强化土壤生物肥力效应的多个途径以构建"理想耕作层"来实现。然而,面对耕地和水资源短缺,环境污染,以及气候变化的多重制约,未来实现我国粮食持续增产同时又减少对环境影响的任务比以往更加艰巨。实现粮食安全同时保护环境也建立在作物、水肥管理技术的重大进步和品种持续改良的基础上;需要在更高的水平上实现"良种＋良法＋良田";需要土肥,栽培和育种等多学科的更紧密的合作和协作。

14.8　本章择要

实现粮食持续增产同时又减少对环境的影响是我国农业当前及今后相当长时期的重大任务。而土壤生产力的提升是实现这一任务的最基本的保障条件之一。本文首先讨论土壤生产力的概念与内涵,评价方法,以及与作物高产与资源高效的关系;接着分析我国 20 世纪 80 年代以来主要作物系统土壤生产力增加的原因与历史贡献,和评价土壤生产力目前的现状;进一步提出通过构建"理想耕作层"持续提升我国作物系统的土壤生产力。构建"理想耕作层"的途径包括:增加土壤有机质和促进土壤养分平衡,维持适宜的耕作层厚度和耕作层土壤结构,和增强土壤生物肥力效应;其核心思想是:通过对耕作层影响作物生长发育的关键土壤性状和过程的调控为作物的根系构建一个良好的生长发育环境,进而充分发挥作物高产高效的生物学潜力。

参考文献

[1] 范明生,魏文良,乔磊,等. 土壤生产力对高产高效的贡献及其提升途径//张福锁、范明生,等. 主要粮食作物高产栽培与资源高效利用的研究. 北京:中国农业出版社,2013.

[2] 潘根兴,赵其国. 我国农田土壤碳库演变研究:全球变化和国家粮食安全. 地球科学进展,2005,20(4):384-393.

[3] 彭世琪,田有国,钟永红,等. 我国粮食主产省土壤退货及治理专题调研报告. 中国农技推广,22(增刊):280-291。

[4] 全国科学技术名词委员会. 土壤学名词. 北京:科学出版社,2006.

[5] 王激清. 我国主要粮食作物施肥增产效应和养分利用效率的分析与评价[博士论文]. 北京:中国农业大学,2007.

[6] 徐明岗,曾希柏,黄鸿翔. 现代土壤学的发展趋势与研究重点. 中国土壤与肥料,2006(6):1-7.

[7] 张福锁,马文奇,范明生,等. 结论与展望//张福锁、范明生,等. 主要粮食作物高产栽培与资源高效利用的研究. 北京:中国农业出版社,2013.

[8] Andrews S S,Carroll C R. Designing a soil quality assessment tool for sustainable agroecosystem management. Ecol Appl,2001, 11:1573-1585.

[9] Bauer A,Black A L. Quantification of the effect of soil organic matter content on soil productivity. Soil Science Society of America Journal,1994,58(1),185-193.

[10] Chen J,Tan M Z,Chen J Z,Gong Z T. Soil degradation:a global problem of endangering sustain-

able development. Adv Earth Sci,2002,17:720 -728.

[11] Doran J W,Parkin T B. Defining and assessing soil quality. in:Defining Soil Quality for a Sustainable Environment,eds Doran,J W,Coleman D C,Bezdickek D F,Stewart B A,1-21. Soil Sci. Soc. Am. ,Madison,W I,1994.

[12] Drinkwater L,Snapp S. Nutrients in agroecosystems:Rethinking the management paradigm. Advances in Agronomy,2007,92:163-186.

[13] Fan M,Christie P,Zhang W,Zhang F. Crop production,fertilizer use and soil quality in China. In:Lal R,Stewart BA,eds,Advanced in soil science:food security and soil quality. Boca Raton, London,New York:CRC Press,Taylor & Francis Group,2010:87-108.

[14] Fan M S,Lal R,Cao J,et al. ,Plant-based assessment of inherent soil productivity and contributions to China's cereal crop yield increase since 1980. Plos One. In Pressed,2013.

[15] Fan M S,Shen J B,Yuan L X,et al. Improving crop productivity and resource use effciency to ensure food security and environmental quality in China. Journal of Experimental Botany,2012,63 (1):13-24.

[16] Guo J,Liu X,Zhang Y,et al. Significant acidification in major Chinese croplands. Science,2010, 327:1008-1010.

[17] Huang Y,Sun W J. Changes in topsoil organic carbon of croplands in mainland China over the last two decades. Chinese Sci. Bull,2006,51:1785-1803.

[18] Janzen H H. The soil carbon dilemma:Shall we hoard it or use it? Soil Biology & Biochemistry, 2006,38:419-424.

[19] Ju X T,Kou C L,Zhang F S,Christie P. Nitrogen balance and groundwater nitrate contamination:Comparison among three intensive cropping systems on the North China Plain. Environmental Pollution,2006,143:117-125.

[20] Lal,R. Soil carbon sequestration impacts on global climate change and food security. *science*, 2004,304(5677):1623-1627.

[21] Li H G,Huang G Q,Meng Q F Ma L,Yuan L et al. ,Integrated soil and plant phosphorus management for crop and environment in China,A review. Plant soil,2011,349:157-167.

[22] Lindert PH. Shifting Ground:The Changing Agricultural Soils of China and Indonesia. MIT Press:Cambridge,MA,2000.

[23] Lu R K. The fundamentals of pedo-plant nutrition science and fertilization. Beijing:Chemical Industry Press,1998.

[24] Lynette K A. Soil Biological Fertility:A key to sustainable land use in agriculture,2003:99-102.

[25] Matson P A,Parton W J,Power AG,Swift M J. Agricultural intensification and ecosystem properties. Scence,1997,277:504-509.

[26] P. Lavelle,C. Gilot,C. Fragoso,B. Pashanasi. Soil fauna and sustainable land use in the humid tropics. In:Soil Resilience and Sustainable Land Use,D. J. Greenland and I. Szabolcs,Eds. (CAB International,Wallingford,UK,1994),1994:291-308.

[27] Pan,G,Smith,P,Pan,W. The role of soil organic matter in maintaining the productivity and yield stability of cereals in China. Agriculture, *Ecosystems & Environment*,2009,129(1), 344-348.

[28] Parton W J,D S Schimel,C V Coleand. Analysis of factors controlling soil organic matter levels in Great Plains grass-lands. Soil Science Society of American Journal,1987,51:1173-1179.

[29] Peng S,Buresh R,Huang J,Zhong X,Zou Y,Yang J,Wang G,Liu Y,Hu R,Tang Q. Improving

nitrogen fertilization in rice by site-specific N management. A review. Agronomy for Sustainable Development,2010,30(3),649-656.

[30] Rasmussen,P E,Goulding,K W,Brown,J R,Grace,P R,Janzen,H H,Körschens,M. Long-term agroecosystem experiments: assessing agricultural sustainability and global change. *Science*, 1998,282(5390):893-896.

[31] Ren W,Tian H Q,Tao B,Huang Y,and Pan S F,China's crop productivity and soil carbon storage as influenced by multifactor global change. Global Change Biol,2012,18:2945-2957.

[32] Tilman D,Cassman K G. ,Matson P A,et al. ,Agricultural sustainability and intensive production practices. Nature,2002,418:671-677.

[33] Xie Z,Zhu J,Liu G,Cadisch G,Hasegawa T,et al. ,Soil organic carbon stocks in China and changes from 1980s to 2000s. Global Change Biol,2007,13:1989-2007.

[34] Yan X Y. Cai Z C,Wang S W,Smith P. Direct measurement of soil organic carbon content change in the croplands of China. Global Change Biol,2011,17:1487-1496.

[35] Zhang H,Raun B. Oklahoma soil fertility handbook. Sixth edition,Published by department of plant and soil science,Oklahoma agricultural experimental station,Oklahoma cooperative extension services,and division of agricultural science and natural resources,Oklahoma state University,2006:1-5.

[36] Zhang J H. China's success in increasing per capita food production. J Exp Bot,2011,62: 3707-3711.

（执笔人：范明生　魏文良　乔磊　江荣风　张福锁）

中篇

**区域养分管理
技术创新与应用**

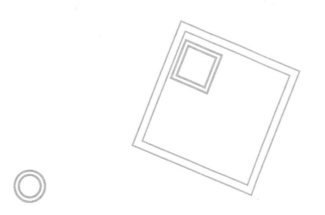

第一部分
东北区域养分管理技术创新与应用

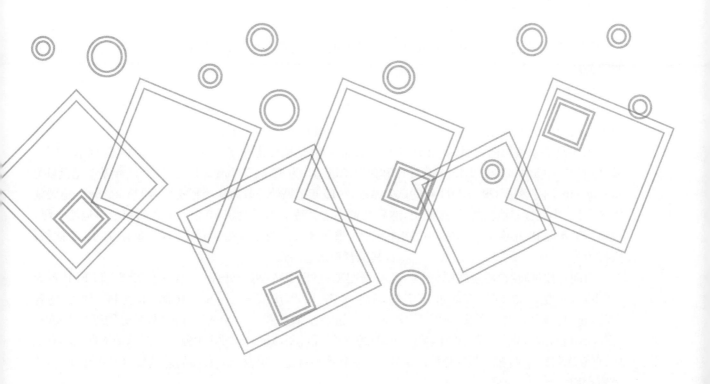

第15章

寒地水稻养分管理技术创新与应用

15.1 单项技术的创新

15.1.1 蘖肥减氮

传统习惯认为,水稻分蘖越多越高产,要想获得高的收获穗数,必须通过大量施用氮肥,认为分蘖肥氮量越高,水稻收获穗数越高。加之寒地稻田春季低温,水稻分蘖生长缓慢,为了促进水稻分蘖生长,因此生产上一直强调基蘖肥的施用,尤其是大量施用分蘖肥。因此,需要明确基蘖肥氮量和水稻分蘖的关系。

1. 试验方案

2011 年和 2012 年,在黑龙江农垦建三江分局大兴农场进行小区试验。试验共设 5 个处理,N0:不施氮肥处理,只施磷钾肥。各处理磷钾肥用量相同,均为 P_2O_5 35 kg/hm² 和 K_2O 75 kg/hm²。全部磷和 50%钾肥在水整地前施用,剩余 50%钾在 7.5 叶龄(幼穗分化期)施用;N1、N2 和 N3 处理基蘖肥氮量分别为 30、65 和 85 kg N/hm²,促花肥和保花肥量总计为 35 kg N/hm²;N4 处理:2011 年基蘖肥氮量为 150 kg/hm²,不施穗肥;根据 2011 年的试验结果,2012 年把该处理改为基蘖肥氮量为 115 kg/hm²,穗肥施用同 N1。小区打完池埂之后,施氮肥,然后平整小区。每个小区面积 70 m²,小区间用塑料池埂分隔,采用地下水灌溉,小区单排单灌,小区随机排列,重复 3 次。两年均为 4 月 15 日育苗,5 月 18 号插秧,株行距为 30 cm×13.2 cm,每穴 3~5 苗,其他管理措施一致。

田间对比试验:设习惯施肥(FFP)和基蘖肥减氮(SSNM)两个处理。阿城的 SSNM 和 FFP 各为 0.3 hm²,重复 5 次;友谊农场和 857 农场各 0.67 hm²,庆安各 1 hm²,五常、木兰和 852 农场各 0.5 hm²,均重复 3 次。阿城、庆安、五常、857、友谊、852 农场和木兰 SSNM、FFP 处理分别缩写为:AS,AF,QS,QF,WS,WF,857S,857F,YS,YF,852S,852F 和 MS,MF。SSNM 中氮、磷、钾总量依据土壤有机质、有效磷和钾含量,按土壤养分校正系数法和目标产量确定。预设 857 农场的总氮量为 120 kg/hm²,其余地点均为 90 kg/hm²。

2. 试验结果

(1)蘖肥氮量与水稻分蘖的关系　基蘖肥氮量与水稻分蘖的关系见图 15-1,不施氮肥处理分蘖最少,施氮肥能够促进分蘖的发生,随着氮肥用量的增加水稻分蘖有增加的趋势(图 15-1a)。移栽 18 天后,N1,N2,N3,N4 处理各个时期(除成熟期 N1)的分蘖数与 N0 相比都有显著的增加;成熟期,分蘖数最高的并不是基蘖肥氮量最大的 N4 处理,而是 N3 处理,这是因为施氮量过高反而使水稻分蘖成穗率降低(图 15-1b);整个生育期内,5 个处理的分蘖数都是先增加然后再减少。可以看出:5 个处理中,分蘖成穗率随着基蘖肥氮量的增加先上升,后下降,其中处理 N2 的分蘖成穗率最高,显著高于处理 N0 和 N4,处理 N4 的成穗率最低,仅为 78.42%。可以看出:施氮量过高可导致水稻分蘖成穗率的降低,虽然总的分蘖数较高,但并未增加收获穗数。因此,适宜的基蘖肥氮量是获得较高分蘖成穗率,改善群体质量的基础。

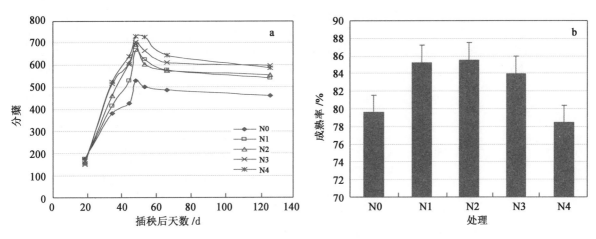

图 15-1　分蘖动态和成穗率

　　田间试验进一步证实(图 15-2),前期氮肥用量过多的处理最高分蘖数显著高于蘖肥减氮的处理,施氮较多的处理分蘖成穗率 73%~81%,平均仅为 77%。减氮处理分蘖成穗率均高于 80%,平均提高了 12 个百分点以上。以上结果表明,不是施氮量越高,水稻收获穗数越多。相反,前期氮肥用量过高会造成分蘖成穗率降低,群体质量下降,水稻容易出现后期早衰。

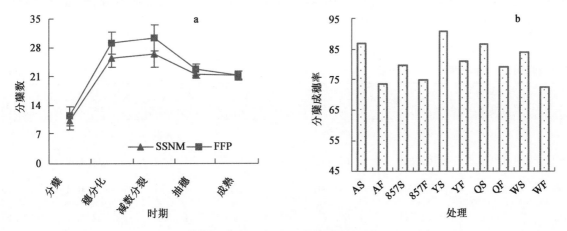

图 15-2　田间试验水稻分蘖及成穗率

　　(2)水稻产量及产量构成　虽然 N0 处理结实率和千粒重均较高,由于平方米穗数和穗粒数低于施氮处理,产量还是各处理中最低的(表 15-1)。施用氮肥后,绝大多数处理穗数和穗粒数显著提高,水稻产量提高了 15.5%~43.1%($P<0.05$)。2 年基蘖肥氮量与水稻产量均为二次曲线关系,当基蘖肥氮量超过 115~120 kg/hm² 时,氮肥用量继续提高,水稻产量反而下降。也可用线性加平台对基蘖肥氮量和产量的关系进行拟合,2011 年和 2012 年,转折点的基蘖肥氮量分别为 69 和 53 kg/hm²,超过此氮量产量不再增加。随着基蘖肥氮量的提高,水稻收获指数先增加,当氮量为 65 kg/hm² 时,收获指数最

高，氮肥用量再增加收获指数下降。可见，适宜的基蘖肥氮量是获得水稻高产的关键。2011 年水稻产量低于 2012 年，这是因为 2012 年平方米穗数更高，而其他指标年季间没有显著差异。

表 15-1

水稻产量、产量构成和收获指数

年份	处理	平方米穗数	穗粒数	结实率/%	千粒重/g	产量/(t/hm²)	收获指数
2011	N0	460d	52.45c	96.90a	27.11a	5.78c	0.58a
	N1	540c	55.47bc	96.48a	27.00a	6.94b	0.60a
	N2	554bc	62.32a	97.08a	26.19b	7.88a	0.61a
	N3	595a	58.58ab	94.34b	26.41ab	8.27a	0.59a
	N4	584ab	59.83a	93.29b	25.95b	7.87a	0.59a
2012	N0	516b	55.57b	93.65a	27.70a	7.82c	0.56c
	N1	630a	56.54b	93.04a	27.30ab	9.03b	0.57bc
	N2	657a	60.39ab	91.20a	27.41a	9.91ab	0.60a
	N3	628a	66.51a	90.13a	26.46b	9.91ab	0.58ab
	N4	660a	61.9ab	91.51a	26.86ab	10.05a	0.59ab

（3）氮积累　在抽穗期前，随着基蘖肥氮量的提高，水稻氮素积累量增加。在成熟期，随着基蘖肥氮量提高，水稻氮素积累先增加，当基蘖肥氮量超过 65 kg/hm² 时，再增加基蘖肥氮量，氮素积累量不再增加（表 15-2）。抽穗期以前氮素积累与基蘖肥氮量呈显著正相关关系（图 15-3）；而抽穗期以后和成熟期氮素积累与基蘖肥氮量均为显著的二次曲线关系（图 15-3）。这说明高的氮量能够促进抽穗期以前氮素积累，但这种效果在抽穗后表现的不明显。

表 15-2

2011 年和 2012 年水稻不同生育期氮积累　　　　　　　　　　　　　　　　　　　　　　kg/hm²

处理	2011 年				2012 年		
	分蘖期	幼穗分化期	抽穗期	成熟期	分蘖期	拔节期	成熟期
N0	3.03c	18.85d	48.64d	59.76c	8.92b	26.85c	75.58b
N1	4.20bc	22.24c	65.48c	82.41b	13.92a	36.35bc	103.77a
N2	5.63ab	26.94bc	85.53b	88.39ab	14.67a	44.40ab	114.77a
N3	5.90a	31.86b	90.46ab	93.47a	15.89a	52.47a	115.32a
N4	6.62a	41.18a	101.05a	83.89b	16.86a	55.95a	118.56a

（4）氮效率　两年的试验结果显示，随着基蘖肥氮量的增加，氮素吸收效率和氮肥偏生产力均降低（表 15-3），两者均为显著的负相关关系。随着氮肥用量的增加，氮肥农学效率先增加，然后降低，两年均是 N2 处理的氮肥农学效率最高，N4 处理的农学效率最低。两年处理间氮肥生理利用率无显著差异。这表明，大量施氮没有增加水稻产量，反而造成大量的氮素损失，降低氮效率。

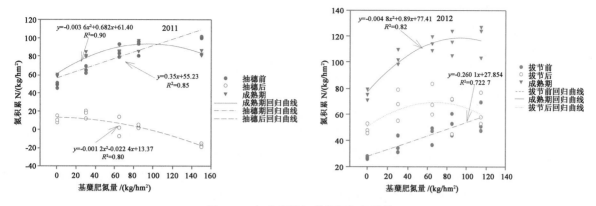

图 15-3 氮素积累与基蘖肥氮量的关系

表 15-3
氮肥吸收利用率、农学利用率、生理利用率和偏生产力

年份	处理	吸收利用率/%	农学利用率/(kg/kg)	生理利用率/(kg/kg)	偏生产力/(kg/kg)
2011	N1	34.85a	17.86ab	51.22a	106.83a
	N2	28.63a	21.00a	74.41a	78.84b
	N3	28.09a	20.69a	74.52a	68.89c
	N4	16.08b	13.93b	86.63a	52.49d
2012	N1	43.33a	18.61ab	43.86a	138.86a
	N2	39.17a	20.98a	54.56a	99.15b
	N3	33.10a	17.43ab	54.50a	82.57c
	N4	28.64b	14.87b	45.59a	66.98d

（5）小结 生产上农民习惯把大量的氮肥做基蘖肥施用,这种施肥方式虽然增加了前期（抽穗前）水稻氮素积累,提高了水稻最高分蘖数。由于降低了分蘖成穗率,并未获得较高的收获穗数。相反,由于穗小并未获得增产,反而造成氮效率降低。可见适宜的基蘖肥氮量对于水稻高产和氮高效十分重要,在建三江分局中等肥力的土壤上,基蘖肥氮量在 $53\sim69$ kg/hm²,能够保证水稻前期具有适宜的氮素积累,增加后期水稻的干物质和氮素积累,能获得较高的产量和氮效率。基蘖肥氮量提高到 $115\sim120$ kg/hm²,虽然水稻产量未明显降低,但是氮素吸收效率、农学效率和氮肥偏生产力均显著下降,适宜的基蘖肥氮量是水稻高产高效的关键。

15.1.2 氮肥后移

在黑龙江水稻需要在 8 月初抽穗,才能安全成熟。由于水稻生育较短,农户担心后期施用氮肥会造成贪青迟熟,因此把绝大多数氮肥均施在前期,一般在 6 月 20 日之后不再施用氮肥。这种施肥方式容易造成水稻前期旺长,使分蘖成穗率降低,群体质量下降;水稻需肥高峰期又容易缺肥,容易发生早衰。因此,必须根据土壤供氮和水稻需氮情况合理施用氮肥。

1. 试验方案

试验一:不同氮肥管理模式的^{15}N 示踪试验:小区试验设 3 个处理,N0,不施氮肥,只施磷钾肥,P_2O_5 45 kg/hm²、K_2O 90 kg/hm²;农民习惯施肥(FFP),根据农户施肥调查产生,N 150 kg/hm²、P_2O_5 60 kg/hm²、K_2O 50 kg/hm²。氮肥均作基蘖肥施用;以前氮后移技术为核心的养分综合管理模式(INM),N 110 kg/hm²、P_2O_5 45 kg/hm²、K_2O 90 kg/hm²,基肥、蘖肥和穗肥氮分别为 45,20 和 45 kg/hm²,其他管理措施同习惯施肥。每个处理小区面积 90 m²,重复 3 次。在 FFP 和 INM 处理小区内设^{15}N 微区，穗分化期和抽穗期取样^{15}N 微区面积 0.33 m^2，收获期取样^{15}N 微区面积 1.00 m^2，框内全部施用^{15}N 标记尿素，施肥时期和用量同小区。微区被埋入土中 20 cm，土壤上面留 13 cm 空间，以防小区中肥料渗入微区。微区和小区保持相同的水层管理，每次小区施肥时，用塑料罩覆盖微区，避免氮肥污染，其他管理措施一致。所有处理磷肥作基肥一次施用，钾肥分基肥和 7.5 叶龄（幼穗分化期）两次施用，前后两次各占 50%。

试验二：试验设 5 个处理，根据作者等多年研究结果，在寒地中等肥力的土壤上，氮肥用量 100 kg/hm^2 能获得较高的产量，除无氮区外，氮肥总量均为 100 kg/hm^2，所有处理 P$_2$O$_5$ 用量均为 30 kg/hm^2 和 K$_2$O 用量为 90 kg/hm^2。N0：无氮区；不施穗肥处理，基蘖肥和穗粒肥比例为 10：0；40%~20% 穗肥的处理，基蘖肥和穗粒肥比例分别为 6：4,6.5：3.5,7：3,8：2。小区面积 30 m^2，随机区组排列，4 次重复。每穴插 3~5 棵种子苗，各小区间用塑料板相隔，单排单灌，田间管理一致。

2. 试验结果

（1）土壤供氮与水稻需氮关系　如图 15-4 所示，在幼穗分化期，INM 和 FFP 处理土壤供氮量分别为 16.23 和 14.60 kg/hm^2，INM 处理略高，主要是由于前期 INM 处理氮肥投入较 FFP 少，因此 INM 处理从土壤中吸收了较多的氮素。随着 INM 处理穗分化期氮肥的追施，在抽穗期 INM 处理所吸收的肥料氮增多，对土壤氮的吸收相对减少，而此时 FFP 处理的肥料氮供应减少，土壤供氮比例增加；FFP 处理土壤供氮为 66.37 kg/hm^2，较 INM 处理高出 13.28%；同时，从幼穗分化期到抽穗期，INM 处理和 FFP 处理的土壤氮素积累分别为 42.36 和 51.77 kg/hm^2。说明前期较高的氮肥供给增强了水稻对土壤氮素的吸收。

在成熟期，对比两个处理的土壤氮素积累量可以发现，FFP 处理土壤氮素积累为 78.92 kg/hm^2，仅比抽穗期增加了 12.55 kg/hm^2。在成熟期 INM 处理土壤氮素积累较抽穗期提高了 40.41 kg/hm^2，为 98.60 kg/hm^2。对比两处理抽穗后土壤氮素的积累可以看出，INM 处理较 FFP 处理高出 24.93%（$P<0.05$）。笔者认为，土壤氮素积累差异的主要原因是由于 INM 处理穗肥氮肥投入较多，促进了水稻根系的生长，使在抽穗后水稻根系仍保持了较高的活力，增加了水稻根系对土壤氮素的吸收，从而吸收积累了更多的土壤氮素。

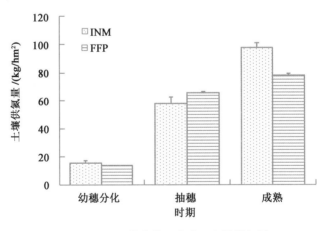

图 15-4　不同养分管理方式下土壤供氮量

由图 15-5 可以看出，随着生育期的进行，INM 处理和 FFP 处理的土壤供氮比例呈现出逐渐增加的趋势。由于 INM 处理在幼穗分化前施用了较少的氮肥，所以在这个时期 INM 处理所吸收的土壤氮素较多，土壤供氮比例为 60.01%，较 FFP 处理高出 21.73%。到了抽穗期，INM 处理和 FFP 处理的土壤供氮比例分别增加到 67.86% 和 64.38%。从幼穗分化期到抽穗期，INM 处理的土壤供氮比例增加 7.85%，增加较少。而 FFP 处理则增加了 26.1% 增加较多。两个处理之间肥料供氮比例差异变小，INM 处理较 FFP 处理高 3.48%。水稻抽穗后，土壤供氮比例继续加大，两个处理的土壤供氮比例分别达到 72.95% 和 70.11%。

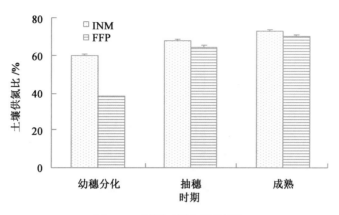

图 15-5　不同时期土壤供氮比

总体来说,INM 处理在整个生育期的土壤供氮比例都要高于 FFP 处理,特别在幼穗分化期;INM 处理在全生育期土壤供氮比例较为稳定,变化不大,说明 INM 处理整个生育期土壤和肥料氮素吸收均衡。在幼穗分化期,FFP 处理由于氮肥用量较大,肥料氮供应过多,以致土壤供氮比例显著降低。到了抽穗期,由于肥料损失和没有后期施氮,土壤供氮比例增大。但是,整体而言水稻吸收氮素以土壤氮素为主,如果集中大量施氮,可以改变这种关系,使水稻吸氮以肥料氮为主。以上研究表明,无论何种施肥方式,土壤供氮均不能满足水稻氮素需求,必须在水稻生育中后期施氮。

(2)高产水稻需氮规律　不同产量水平水稻氮素吸收动态如图 15-6 所示,产量越高,水稻总氮积累量越高,表明高产水稻总氮积累量较高。在插秧后 70 d 以前(抽穗期前),不同产量水平水稻吸氮量差异不大,高产水稻收获期氮积累量高,是因为高产水稻在抽穗到成熟期氮积累量更高,因此通过氮素调控增加抽穗后氮积累是水稻获得高产的关键。

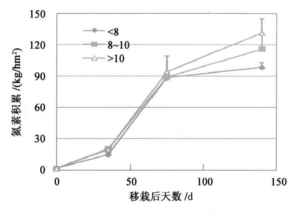

图 15-6　不同产量水平氮素积累动态

(3)穗肥对氮素积累的影响　图 15-7 结果显示,随着生育期的进行,水稻氮积累量增加。在穗分化期前,不施穗肥处理氮积累量高于其他施用穗肥的处理;到抽穗期,施用穗肥的各处理氮积累量均超过不施穗肥的处理。一直到成熟期,不施穗肥处理的氮积累都是最低的。

穗分化期到抽穗期氮积累量最高,占总积累量的 50% 以上,施用穗肥的处理水稻氮积累比不施穗肥处理高了 8%～25%,穗肥比例为 30% 和 35% 的处理增加达到了 5% 的显著水平。抽穗到成熟期,与不施穗肥处理相比,施用穗肥处理氮积累量增加了 32%～64%,均达到 5% 的显著水平。以上结果表明,在穗分化或者拔节期施用氮肥能够促进水稻抽穗后氮素积累的增加,满足高产水稻所需,为高产奠

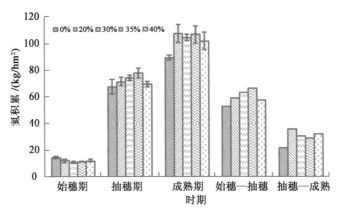

图 15-7　穗肥比例对水稻氮积累的影响

定了基础。

（4）穗肥对产量的影响　两年试验结果均表明（图 15-8），随着穗肥比例增加水稻产量先增加，然后降低，穗肥比例为 35％的处理产量最高。施用穗肥能够获得高产是因为减少前期氮量并未影响收获的穗数，后期施氮由于增加了后期氮素积累和物质积累，因此促进了水稻大穗形成，增加了千粒重，因此产量增加显著。可见，要实现水稻高产必须施用穗肥。

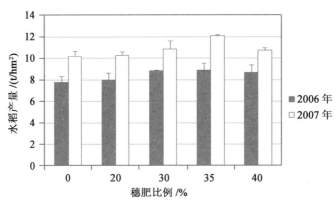

图 15-8　穗肥比例对水稻产量的影响

（5）小结　穗分化期以后水稻积累的氮占水稻一生需氮的 70％以上，是水稻需肥高峰；土壤供氮无法满足穗分化后水稻需氮，因此寒地水稻生产上必须施用穗肥；减少前期氮量，并在水稻生育后期施用氮肥，能够防止水稻早衰，促进穗分化到抽穗期，以及抽穗后的氮素积累的增加，从而促进了大穗形成，增加水稻粒重，提高了水稻产量。因此，必须进行氮肥后移。

15.1.3　肥料剂型

不同的肥料作用有很大差异，应该根据土壤性质和肥料特性选择相应的肥料品种，根据我们多年试验结果，我们分别对氮磷钾肥料的应用提出一些建议，供大家参考。

1. 氮肥的选择

目前北方水稻生产上常用的氮肥主要是尿素和硫铵，一般在水稻前期都用硫酸铵，生育前期用硫酸铵虽然肥效快，利于水稻分蘖早生快发，但是肥效持续时间比较短，不久又需要施肥，劳动强度过大。而前期施用尿素，尿素水解转化较慢，虽然肥效较长，但是见效不如硫酸铵快。我们针对两种肥料的特点，提出在水稻返青期尿素和硫酸铵配合施用。这样能够发挥两种肥料的优点，即促进了分蘖的早生快发，又延长了肥效时间。同时，这两种肥料配合施用还能降低水层 pH，从而减少氮素损失提高肥效。

2. 磷肥的选择

生产上农户施肥均是施用磷酸二铵,然而长期施用化肥已经造成稻田土壤酸化,在偏酸的条件下施用磷酸二铵易造成有效磷的固定,反而会降低磷肥肥效。我们试验发现,施用石灰能够中合土壤酸度,并且能够增产 10％左右。然而施用石灰难度较大,操作可行性差。为了解决这个问题,我们建议在偏酸的土壤上施用钙镁磷肥,这样既能调节土壤酸度,同时在偏酸性的条件下钙镁磷肥肥效较好,还能减少磷肥的固定。相反在种稻改良碱土的情况下,土壤 pH 较高,这样的土壤上既不能施用磷酸二铵,更不能施用钙镁磷肥。在这样的土壤上应该选择普钙,既能调节土壤酸度,又能提高磷的有效性。

3. 钾肥的选择

生产上应用最多的就是硫酸钾和氯化钾,很多人都喜欢选择硫酸钾,但是在水田上氯化钾和硫酸钾的效果是一致的,在供钾的作用上没有差异。由于硫酸钾价钱较高,因此建议选择氯化钾。但是对于缺硫的土壤应该选择硫酸钾,如果施用硫酸钾,需要注意水的管理,如果长期淹水,会产生硫化氢的毒害。因此,不能灌深水,并采用间歇灌溉的方式。

15.1.4　优化灌溉

目前水稻生产上多是采用传统的灌溉方式—淹水灌溉,这种灌溉方式一方面大量消耗水资源,另一方面容易造成土壤中还原性物质积累,危害水稻根系生长,影响根系的功能。因此必须优化灌水,以提高根系活力,防止根系早衰。

1. 灌溉方式对根系生长的影响

图 15-9(彩图 15-9)是分蘖期不同灌水方式的水稻根系。

淹灌　　　　　　　　　　　控灌

图 15-9　不同灌溉方式下水稻根系

可以看出,长期淹水灌溉(淹灌)水稻根系以红根为主,白根很少,表明水稻根系活力较低,淹水已经降低了根系的吸收能力。与之形成鲜明对照的是干湿交替(控灌)的水稻根系,根系多是白根,红根很少。以上结果说明,干湿交替灌溉能够使水稻具有较好的根系活力,利于养分的吸收。而长期淹水会影响根系的吸收功能。

2. 灌溉方式对水稻产量和氮效率的影响

与传统的习惯施肥相比,优化施肥显著提高了水稻氮效率,氮肥利用率由 30％提高到 50％,农学效率和氮肥偏生产力几乎翻番,生理利用率也稍有增加。相同施肥条件下,采用干湿交替灌溉方式,水稻产量提高了 0.4～0.7 t/hm²,氮肥利用率提高了 6～10 个百分点,其他指标也有不同程度的增加,这显示干湿交替的灌溉方式能够促进根系吸收养分,增加氮效率,从而提高水稻产量(表 15-4)。

表 15-4
施肥和灌溉对水稻产量和氮效率的影响

灌溉	施肥	产量/(t/hm²)	吸收利用率/%	农学利用率/(kg/kg)	生理利用率/(kg/kg)	偏生产力/(kg/kg)
淹灌	优化	8.75	50.24	19.25	38.69	75.60
	习惯	8.45	30.40	10.21	33.76	44.64
控灌	优化	9.35	62.94	34.18	54.34	81.10
	习惯	8.80	36.55	18.42	50.52	47.09

15.1.5 优化密度

黑龙江省水稻穗粒数多数在 70～100 之间,属于穗数型水稻品种。因此,保证收获期足够的穗数是水稻高产的关键。然而,在水稻生产中栽培密度差异较大,从 15～25 穴/m²,对于不同穗粒数的水稻品种,栽培密度差异较大,何种栽培密度适合与水稻高产一直是大家关心的问题。对于穗数型和大穗型品种何种密度适合与水稻高产?

1. 穗数型水稻品种的适宜密度

黑龙江省 3～4 积温带水稻品种多数都是穗数型水稻品种,插秧密度一般为 25 穴左右,随着插秧密度的增加水稻产量先增加,然后降低。这是因为插秧密度太高,反而会使水稻的穗粒数和千粒重降低,而造成水稻减产。上述结果表明,单位面积密度过高,反而造成个体变小,造成减产。合理密植能够协调水稻个体和群体生长矛盾,可以获得高产。可见,对于穗数型的水稻品种可以适当增加密度,每平方米 28～30 穴比较适宜。需要注意的是,密植后要减少前期的氮肥用量,避免前期旺长而造成减产。

2. 大穗型水稻品种的适宜密度

对于穗粒数在 100 以上的水稻品种(主茎总叶数为 13～14),插秧密度一般为 15～18 穴,由于水稻分蘖能力较强,每穴最高茎蘖数一般为 40～50 株,但是收获期水稻穗数只有 27～30,因此分蘖成穗率只有 70% 左右,分蘖成穗率低,群体质量差,水稻易发生倒伏。为了解决单穴水稻分蘖过高的问题,首先要把单穴插秧株数由 4～5 降低到 2～3,然后把单位面积插秧密度由 15～18 穴,提高到 20～22 穴(表 15-5)。

表 15-5
栽培密度对水稻产量的影响

密度/(穴/m²)	每平方米穗数	穗粒数	结实率/%	千粒重/g	产量/(t/hm²)
25	579.2	63.44	95.44	27.76	9.45
30	637.0	63.11	94.82	27.75	10.10
33	620.0	61.22	94.67	27.25	9.65

15.2 技术集成与示范

15.2.1 技术集成

综上所述,根据水稻生产中存在的限制群体建成的主要问题,课题组提出了具有针对性的关键技术,当这些关键技术集成为一个整体时,预期在水稻群体调控方面能发挥更大的作用(表 15-6)。集成技术如下:氮肥总量控制和分期调控技术:减少基蘖肥氮量,增加穗肥的比例,普通高产只在拔节期施

1 次穗肥,占总量的 30%；如果进一步提高水稻产量,穗肥分 2 次施用,占总量的 40% 左右；干湿交替灌溉技术：通过干湿交替灌溉,以提高根系活力,促进养分吸收,以延缓叶片与根系早衰,促灌浆；磷钾恒量监控,中微量元素因缺补缺：根据土壤养分状况进行其他养分的调控,以实现养分均衡供应；合理密植：采用适宜的移栽密度,并合理配置插秧的株行距。

表 15-6

东北水稻生产上高产高效技术集成

管理方式	产量/(t/hm²)	每盘播量/g	穴/m²	施氮量/(kg/hm²)	施氮时期	水分管理
农户习惯	7.0~8.0	130~150	15~25	135~150	集中在前期	长期淹水
高产高效	8.0~10.0	100~125	15~25	90~110	穗肥占 30%	干湿交替
再高产高效	>10.0	100~125	20~28	100~120	穗肥占 40%	干湿交替

磷钾肥的管理也采用国际上常用的衡量监控技术,课题通过大量的分析测试和田间试验,建立不同产量水平下的东北稻田土壤磷钾分级指标。不同地力、不同产量水平下,磷钾肥推荐量见表 15-7。表中推荐的磷肥全部做基肥施用,推荐的钾肥用量 50% 做基肥施用,余下的 50% 和穗肥中的氮一起施用。

表 15-7

东北稻田土壤速效磷钾分级及对应的磷钾肥用量

产量水平/(t/hm²)	速效磷/钾分级	Olsen-P(P)/(mg/kg)	磷肥用量(P₂O₅)/(kg/hm²)	速效钾(K)/(mg/kg)	钾肥用量(K₂O)/(kg/hm²)
<8.0	极低	<10	50	<60	75
	低	10~25	40	60~90	60
	中	25~35	30	90~120	45
	高	35~45	20	120~150	30
	极高	>45	0	>150	0
8~10.0	极低	<10	55	<60	90
	低	10~25	45	60~90	75
	中	25~35	35	90~120	60
	高	35~45	25	120~150	45
	极高	>45	0	>150	30
>10.0	极低	<10	75	<60	105
	低	10~25	60	60~90	90
	中	25~35	45	90~120	75
	高	35~45	35	120~150	60
	极高	>45	25	>150	45

15.2.2 示范效果

连续 4 年小区试验显示(表 15-8),习惯施肥的氮肥增产量为 2 t/hm²,产量增加主要是来自于平方米穗数和穗粒数的提高；相同的密度条件下,通过应用氮素调控和干湿交替灌溉技术集成了高产高效技术,与习惯施肥相比,高产高效技术平均增产为 10% 左右,效率提高了 80%。高产高效技术主要促进了水稻大穗的形成,并防止了水稻的早衰,提高了水稻结实率和千粒重；为了进一步提高产量,一方面增加了插秧密度,另一方面还提高了穗肥氮素比例,集成了再高产高效技术,与习惯施肥相比,产量提高了 20% 左右,效率增加 80% 左右。在高产高效基础上进一步增产,在维持水稻具有适宜结实率和千粒重的条件下,主要靠增加单位面积的颖花数而提高产量。

表 15-8

高产高效试验结果

处理	穗数	穗粒数	结实率/%	千粒重/g	产量/(t/hm²)	PFP/(kg/kg)
N0	471	56	94.5	26.66	6.45d	—
习惯	577	63	90.7	25.64	8.49c	56.62b
高产高效	571	69	92.3	26.04	9.27b	95.35a
再高产高效	643	66	91.8	26.15	10.08a	93.88a

同时3个处理田间对比试验结果也显示(表15-9),集成的高产高效处理能够增产14.7%,再高产高效处理产量提高了25.8%,同样第一步增产主要靠促进大穗形成,增加结实率和粒重,第二步增产靠增加单位面积的颖花数。

表 15-9

高产高效田间对比试验

处理	平方米穗数	穗粒数	结实率/%	千粒重/g	产量/(t/hm²)	PFP/(kg/kg)
习惯	603	73	82.3	25.59	8.94	59.63
高产高效	608	78	85.6	26.02	10.26	102.63
再高产高效	665	79	85.2	25.85	11.25	102.30

15.2.3　技术模式

在以往研究的基础上,根据寒地水稻目标产量和土壤养分状况,确定氮磷钾肥总量,并诊断施用中微量元素(测土配方施肥技术);按照高产水稻需氮规律和土壤供氮特性,在幼穗分化期和减数分裂期施用穗肥,使穗肥比例达到总氮量的30%~40%,形成以前氮后移为核心的养分管理技术(前氮后移);并集成了水稻控制灌溉技术和高产栽培技术,形成了寒地水稻高产高效施肥技术体系;在此基础上提出了返青肥和穗肥物化产品的理念,并与黑龙江倍丰农资集团有限公司合作,率先研制出水稻基肥、返青肥和穗肥,以"水稻套餐肥"形式投放市场,形成了以配套肥料销售推动技术推广的新模式(图15-10)。

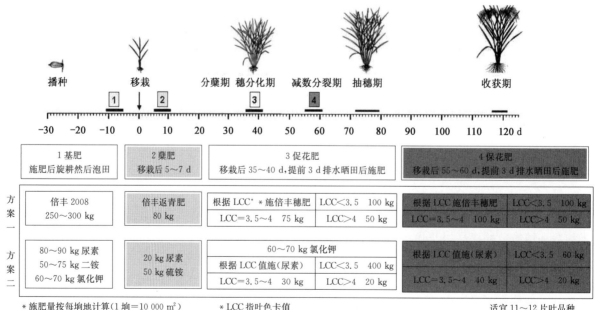

图 15-10　寒地水稻高产高效技术模式图

　　从 2005 年开始,项目进入大规模的示范和推广阶段,8 年上百个点次的示范结果见表 15-10。这些数据来自于示范项目的测产数据,我们直接给农户进行测土施肥,根据农户稻田的养分状况,提供高产高效施肥技术方案,并进行技术跟踪指导和测产分析。8 年来的试验示范结果显示,水稻增产稳定在 15% 左右,还可以节约氮肥 20% 左右(数据未列出)。该技术具有稳定的增产效果。

表 15-10
高产高效技术示范田与普通农户对比分析

年份	结实率提高百分点	千粒重增加/g	产量/(t/hm²)		增产/%	点次
			习惯	后移		
2005	8.8	0.9	7.34	8.46	15.2	13
2006	7.3	1.3	6.90	8.40	21.6	28
2007	4.5	0.7	7.80	9.11	16.7	52
2008	2.1	0.4	8.69	10.01	15.2	40
2009	4.0	0.6	7.85	9.18	17.2	45
2010	6.1	0.6	8.09	9.36	15.9	20
2011	4.5	0.6	8.40	9.75	17.5	12
平均	5.3	0.7	7.86	9.18	17.0	

(执笔人:彭显龙　刘元英)

第 16 章
黑龙江省春玉米高产高效的养分、水分管理

黑龙江地处我国玉米带最北端,是我国玉米生产最重要的省份之一,玉米是黑龙江省第一大作物,玉米面积占我国总玉米面积的 12%,玉米生产占玉米总产的 13%(FAO,2011),2011 年玉米种植面积达 580 万 hm²,玉米总产、人均占有量及商品化率均居全国首位(赵久然等,2011),对于保障我国的粮食安全具有重要的意义。然而,黑龙江玉米生产存在很多问题,例如,由于受机械水平的限制,玉米生育后期追肥困难,容易造成后期脱肥、玉米早衰,导致玉米产量降低;另外,灌溉设施建设不合理,西部干旱地区缺少有效的灌溉设施,东部多雨地区对玉米覆膜滴灌设施的建设投资过多,这些严重限制了玉米产量的提高,并且造成人力物力资源的浪费。如何利用科学规律及科学的工具与手段使玉米的生长需求与资源供给相匹配是实现黑龙江玉米高产高效亟须解决的问题。因此,研究黑龙江春玉米高产高效的养分、水分管理,对于保障粮食安全具有重要的理论价值和实践意义。

16.1 黑龙江省春玉米高产高效的养分资源管理技术
——以控释肥追施技术为例

黑龙江垦区位于世界著名的黑土带上,地力基础好,机械化程度高,玉米作为垦区的第二大作物面积逐年增加,2009 年总面积占黑龙江玉米播种面积的 14.7%,总产量占黑龙江玉米总产的 23.7%(王洪波,2010;张阔等,2011),对于保障我国的粮食安全具有重要的意义。

黑龙江垦区大面积玉米生产从整地、播种、施肥至收获机械化程度高,机械化施肥条件决定了其追肥只能在玉米封垄前进行,实际生产中垦区一般不追肥或只在玉米封垄前追肥一次(宫秀杰等,2011;钱海峰与李东涛,2011)。近年来垦区玉米密度不断提高,产量逐年提高,黑龙江垦区平均单产每公顷 7.5 t 左右,高于全国平均单产 (5.3 t/hm²)(张阔等,2011;http://www.agri.gov.cn/sjzl/);同时,高产田块不断出现,张阔等(2011)研究指出,黑龙江农垦科学院育成的垦单 15 号,适宜密度每公顷 8.5 万株,每公顷产量可达 13 t 以上,垦单 10 号适宜密度每公顷 7.5 万株,公顷产量可达 14 t 以上。随着玉米密度与产量的不断提高,玉米的需肥量增大,不追肥或一次追肥往往难以满足玉米的养分需求,容易造成玉米后期脱肥,不利于玉米产量的进一步提高。

控释肥可能是解决这一问题的有效措施。控释肥的肥效期长而且稳定,生产中可以根据玉米的生长发育需肥规律选择合适释放期的控释肥,保证玉米整个生育期的养分需求(郭庆法等,2004;李宗新等,2007;赵斌等,2010)。近年来,控释肥已经在花卉、蔬菜、水果等生产中应用(Shoij,1999;Phongpan,1995;张民,2000;俞巧钢等,2001;杨纯奇等,2001;宋付朋等,2002),在粮食作物上的应用还较少,主要是应用在水稻、小麦及玉米上(郑圣先等,2001;水茂兴等 2001;李方敏等,2005;杨雯玉等,2005;赵霞等,2008;谢佳贵等,2009)。控释肥能够提高肥料的利用效率和玉米的产量(赵先贵等,2002;李宗新等,2007a,b),赵斌等(2010)研究指出施用等量控释肥能显著提高夏玉米产量,增产幅度在 13% 以上,显著提高氮素利用效率。于淑芳等(2010)研究表明,在控释肥料用量减少 50% 情况下,玉米产量等多项生长指标无显著差异。但关于玉米的控释肥研究多集中于小面积的试验站试验,对于控释肥在大面积上的应用效果鲜见报道。

针对黑龙江农垦高产春玉米在机械化生产条件下后期难以追肥、容易缺氮的现象,我们根据高产玉米氮素需求设计了普通尿素和控释尿素按特殊配比掺混的专用追肥。本文目的是揭示黑龙江大面积机械化作业条件下追施控释尿素对于玉米生长与氮积累的影响,为解决黑龙江大面积高产条件下后期容易脱肥的问题提供科学依据和生产措施。

16.1.1　材料与方法

1. 研究区概况

试验分别于 2010 年与 2011 年在黑龙江农垦总局东部农场进行,2010 年在 852、友谊与 291 农场,2011 年在 852、友谊、291、853 与胜利农场,土壤类型包括黑土、草甸黑土、白浆土 3 个土壤类型(表 16-1),各农场位置及土壤有机质、pH、碱解氮、速效磷与速效钾含量见表 16-1。

表 16-1
2010 年与 2011 年各农场控释肥试验地位置、土壤类型与基础地力

年份	农场	纬度 (N)	经度 (E)	土壤类型	有机质 /%	pH	碱解氮 /(mg/kg)	速效磷 /(mg/kg)	速效钾 /(mg/kg)
2010	852	46°20′	132°39′	黑土	4.0	6.5	131	22	193
	友谊	46°43′	131°52′	草甸黑土	3.5	5.6	192	22	188
	291	47°05′	131°29′	草甸黑土	5.5	8.8	237	10	126
2011	852	46°14′	132°38′	白浆土	3.9	6.3	144	18	127
	友谊	46°42′	131°52′	黑土	2.8	6.3	123	19	201
	291	47°05′	131°26′	草甸黑土	4.7	7.4	216	17	216
	853	46°31′	132°56′	白浆土	3.9	5.3	215	32	189
	胜利	49°35′	138°32′	黑土	3.7	5.9	199	13	119

2. 试验设计

选用当地典型的玉米栽培品种种植(表 16-2),播期为 4 月下旬至 5 月中下旬,播种方式包括垄播与平播,每个农场每个地块划分成两个处理,2010 年每个处理面积 200 亩以上,2011 年每个处理面积 100 亩以上,处理 1 为普通尿素作为追肥(CK),处理 2 为掺混控释尿素作为追肥(CRU),控释肥选用高分子包膜控释尿素,追肥时期在 6 叶全展期,采用机械追肥,追肥量根据农场玉米高产创建方案而定,基本上在 $60\sim90$ kg/hm^2,各农场两处理氮肥纯量相同,两处理其他管理方式相同。

表 16-2
2010 年与 2011 年各农场控释肥试验品种、播期、播种方式、各时期氮肥及磷钾肥施用量　　　　　　　　kg/hm^2

年份	农场	品种	播期	播种方式	底肥-N	种肥-N	磷肥 P$_2$O$_5$	钾肥 K$_2$O	追肥-N	总氮量
2010	852	垦单 10	4 月 24 日	垄播覆膜	85	37	83	51	66	
	友谊	龙单 38	4 月 27 日	垄播覆膜	86	27	105	41	92	
	291	中单 18	5 月 12 日	垄播	0	63	63	32	66	

续表 16-2

年份	农场	品种	播期	播种方式	底肥-N	种肥-N	磷肥 P_2O_5	钾肥 K_2O	追肥-N	总氮量
2011	852	V86	5 月 4 日	平播	72	0	63	24	69	
	友谊	龙单 38	4 月 22 日	垄播覆膜	51	14	71	33	92	
	291	吉单 519	5 月 7 日	垄播	85	16	85	54	70	
	853	绥玉 19	5 月 10 日	垄播	0	103	83	58	69	
	胜利	哲单 37	5 月 20 日	垄播	70	30	83	53	69	

3. 测试项目与方法

收获期调查两处理玉米的产量及产量构成，每个处理随机选择 3 个点，每个点采用 66.7 m^2 面积进行测产，产量折合为含 15.5％水分的标准产量，产量构成包括公顷穗数、穗粒数与百粒干重，各处理每个点取 6 株长势均匀的植株，分为籽粒与秸秆，烘干称重，用来测收获指数，计算籽粒与秸秆生物量，之后粉碎，用来测籽粒及植株的氮浓度。

在 291 农场与 852 农场，准确称 3 g 掺混控释尿素放入小纱网袋中，封好，在追肥时埋入土中，肥料充分分散开，深度等于施肥深度，在吐丝，吐丝后 20 d，收获期取出肥料袋，每次 3 袋，取出肥料颗粒，放入封口袋，冷冻保存，至生育期结束，一起测定氮素残留量，计算控释肥氮素释放率。

植株与肥料中氮的含量采用凯氏定氮法测定，其他土壤等指标测试参考土壤农业化学分析方法（鲁如坤，2010）。

2010 年选择友谊农场进行照片采集，吐丝以后两处理照片采集，吐丝及吐丝后每隔 10 d 采集照片 1 次，从吐丝后 30 d 开始每隔 5 d 采集照片 1 次，观测玉米叶片的叶色动态变化，以友谊农场为例。

16.1.2 结果与讨论

1. 掺混控释尿素的释放速率

由图 16-1 看出，掺混控释尿素在施肥之后，至吐丝期 852 与 291 农场累积释放率为 82％，至吐丝后 20 d，在 852 与 291 农场试验中的累积释率为 88％与 89％，在 291 农场至收获期，掺混控释尿素的累积释放率为 92％，玉米在拔节至吐丝阶段需肥量较大，掺混控释尿素这一阶段的释放率也最大，且能持续至吐丝期，利于玉米的前期营养生长，普通尿素施入之后，在 20℃ 条件下，拔节后 10 d 左右释放完全（黄杏龙，1998），距离吐丝还有 20～30 d 时间，不能及时满足玉米生长的养分需求；吐丝以后，玉米仍然需要氮肥维持籽粒的建成，掺混控释尿素继续释放氮素，利于玉米生长，提高玉米产量，很多研究也证明了这一观点（李宗新等，2007a，b；赵斌等，2010）。

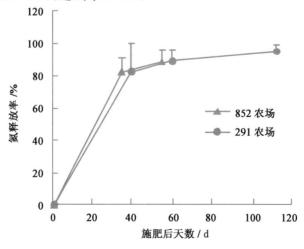

图 16-1 2011 年 852 与 291 农场不同时期肥氮释放速率（掺混控释尿素）

2. 2010 年掺混控释尿素对玉米生长及氮素吸收的影响

由图 16-2 看出,2010 年 852、友谊与 291 农场追施掺混控释肥尿素处理(CRU)产量均实现了大面积高产,产量分别为每公顷 13.4,13.3 和 11.5 t,追施普通尿素(CK)的产量分别为每公顷 12.4,11.2 和 9.4 t,CRU 处理比 CK 处理分别增产 8%,18% 与 22%。

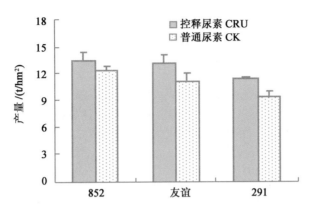

图 16-2　2010 年 852、友谊与 291 农场控释肥试验产量

由表 16-3,在收获密度相似的条件下,友谊农场 CRU 处理穗粒数与百粒重高于 CK 处理,在收获密度相似的 291 农场,掺混控释尿素提高了穗粒数;在 852 农场,CRU 处理产量的提高主要是收获穗数的提高,穗粒数与百粒重保持不变,可能是由于控释肥促进了玉米的成穗率,从而提高了公顷穗数。施用控释肥提高玉米产量的主要原因是提高了穗粒数与百粒重,赵斌等(2010)研究指出玉米千粒重显著增加是控释肥产量提高的基础,李宗新等(2007a)的研究指出施用等量控释肥夏玉米增产的主要原因是穗粒数与千粒重增加。

表 16-3

2010 年混控释尿素对玉米产量构成的影响

农场	处理	公顷穗数/(个/hm²)	穗粒数	百粒重/g
852	普通尿素 CK	81 197±3 248	548±165	30.2±1.0
	掺混控释尿素 CRU	85 043±4 847	548±162	29.5±1.0
友谊	普通尿素 CK	66 000±1 980	480±154	32.0±2.5
	掺混控释尿素 CRU	67 000±1 541	513±195	38.0±1.2
291	普通尿素 CK	52 564±2 208	644±211	32.7±0.1
	掺混控释尿素 CRU	51 100±1 533	662±214	32.2±1.7

图 16-3 表明,852、友谊和 291 三个农场 CRU 处理的籽粒氮浓度比 CK 处理分别高 13.1%,34.1% 与 3.5%,秸秆浓度分别高 7.1%,31.6% 与 3.1%。三农场氮积累量 CRU 处理高于 CK 处理,852、友谊和 291 三个农场 CRU 处理分别比 CK 处理高 21.8%,49.7% 与 21.9%。施用控释肥可以提高玉米植株氮浓度,谢佳贵等(2009)研究指出施用控释尿素可以提高籽粒蛋白质含量,于淑芳等(2010)研究指出在肥料量减少一半的基础上,施用控释肥与普通肥料玉米籽粒与秸秆含氮量没有显著差异,施用控释肥可以提高玉米氮吸收,很多研究者得出相似的结论(赵斌等,2010;于淑芳等,2010;易镇邪等,2006)。

由图 16-4(彩图 16-4)可以看出,CRU 与 CK 处理在吐丝后 20 d 及之前穗位叶与穗下第三叶在叶色上没有表现出明显差异,但 CK 处理从吐丝后 30 d 开始叶片衰老加快,尤其是穗下第三叶,穗位叶相对于穗下第三叶衰老不明显,但 CRU 与 CK 两处理间有明显差异。说明施用控释肥可以延缓玉米叶片衰老,增加玉米灌浆持续期,提高玉米产量(赵斌等,2010)。

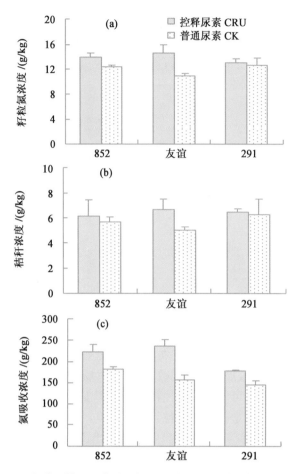

图 16-3　2010 年掺混控释尿素对籽粒(a)、秸秆(b)氮浓度与氮吸收(c)的影响

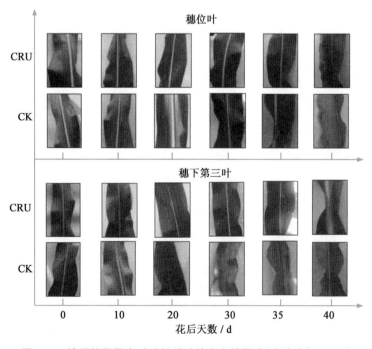

图 16-4　掺混控释尿素对吐丝后叶片衰老的影响(友谊农场,2010)

3. 2011 年掺混控释尿素对玉米生长及氮素吸收的影响

为了进一步验证控释肥在黑龙江地区玉米上的效果,2011 年在 852、友谊、291、853 与胜利 5 个农场继续开展掺混控释肥大面积机械化追肥试验。结果表明,在这 5 个农场,大面积试验均获得了较高的产量,大面积 CRU 处理在 852、友谊、291、853 与胜利 5 个农场分别为每公顷 13.6,11.1,11.4,11.4 和 13.8 t,比 CK 处理产量分别高 4.4%,5.7%,16.2%,5.8% 与 15.0%,平均 9.2%(图 16-5)。

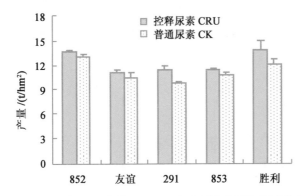

图 16-5　2011 年 852、友谊、291、853 与胜利农场控释肥试验产量

由表 16-4 可以看出,各农场的收获密度不同,以 853 农场的最低,每公顷 64 860 穗,胜利农场的最高每公顷为 84 450 穗,每个农场 CRU 处理与 CK 处理的收获穗数相同,CRU 处理主要提高了玉米穗粒数与百粒重,尤其是百粒重,从而提高了产量。

表 16-4

2011 年掺混控释尿素对产量构成的影响

农场	处理	公顷穗数/(个/hm²)	穗粒数	百粒重/g
852	普通尿素 CK	82 000±2 828	485±5	32.8±0.2
	掺混控释尿素 CRU	82 000±707	501±6	33.1±0.3
友谊	普通尿素 CK	71 000±6 035	453±22	32.5±0.5
	掺混控释尿素 CRU	72 700±1 527	446±9	34.1±0.3
291	普通尿素 CK	66 000±2 838	458±31	28.3±0.8
	掺混控释尿素 CRU	68 490±2 808	502±27	28.7±0.4
853	普通尿素 CK	64 860±2 020	525±11	31.5±1.5
	掺混控释尿素 CRU	64 860±1 021	538±24	32.5±1.5
胜利	普通尿素 CK	84 450±2 534	428±11	27.9±0.9
	掺混控释尿素 CRU	84 450±1 050	479±40	28.7±1.0

由图 16-6 知,2011 年各农场 CRU 处理籽粒氮浓度高于普通尿素处理,852、友谊、291、853 与胜利 5 个农场 CRU 处理籽粒氮浓度比 CK 处理分别高 7.5%,4.7%,1.6%,2.0% 与 3.6%,秸秆氮浓度除了 852 农场以外,CRU 处理高于 CK 处理,5 个农场 CRU 处理氮吸收比 CK 处理高,分别高 9.3%,10.6%,18%,5.6% 与 23.4%,与 2010 年趋势大体相同。

4. 经济效益评价

由图 16-7 可以看出,通过两年 5 个农场的大面积试验,追施掺混控释尿素可以显著提高经济效益,2010 年 852、友谊与 291 农场每 公顷增加效益 1 787,3 901 与 4 046 元,2011 年 852、友谊、291、853 与

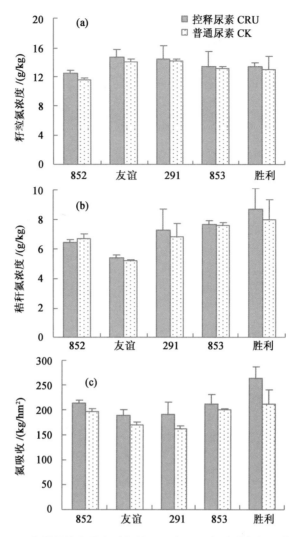

图 16-6　2011 年掺混控释尿素对籽粒(a)、秸秆(b)氮浓度与氮吸收(c)的影响

胜利 5 个农场每公顷增加效益 1 010,1 046,3 058,1 134 元与 3 486 元,平均每公顷增加效益 1 949 元,两年平均每公顷增加效益 2 435 元。

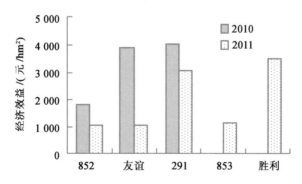

图 16-7　掺混控释尿素施用的经济增效,控释尿素价格
每吨 3 500 元,普通尿素每吨 2 200 元

16.1.3　小结

黑龙江垦区大面积机械施肥的条件下,高产玉米(>10 t/hm²)6 叶期追施掺混控释尿素相对于普

通尿素可以延缓氮的释放,延缓叶片衰老,增加穗粒数与百粒重,增加玉米产量;追施控释尿素可以提高玉米收获期籽粒与秸秆的氮浓度及氮积累量,并显著提高经济效益,是一项值得推广的高产高效措施。

16.2 黑龙江春玉米高产高效的水分管理技术
——灌溉增产潜力研究

黑龙江省水资源不足,近年来地下水位不断下降,降雨量年际间变化大,3 月下旬至 5 月末容易发生春旱,农作物单位面积缺水率达 69%,为东北地区最高,严重影响玉米的产量,水资源已日渐成为限制该地区农业可持续发展的瓶颈(甘红和刘彦随,2005;殷志强等,2009;魏永华和陈丽君,2011;邹文秀等,2011)。为了保障中国粮食安全,近年来国家不断加大对黑龙江省水利建设的投入(刘德方,2011)。

玉米是黑龙江省最重要的粮食作物之一。研究黑龙江省不同地区玉米灌溉的增产潜力,对规划与确定黑龙江省农业水利建设的优先序十分重要。一般来说,玉米的产量潜力是指在某一特定的环境条件下,水分养分无限制并且病虫害杂草有效控制的情况下所能取得的产量,即无水分限制的充分灌溉产量潜力(Evan,1993),只有降雨作为水分来源的产量潜力为雨养产量潜力(Yang et al.,2004,2006),产量潜力与雨养产量潜力的差即为在特定环境下的灌溉增产潜力。玉米灌溉增产潜力受到环境条件与玉米自身生理过程的综合影响,如气象条件(辐射、温度、降雨等)、土壤水分状况、玉米品种及密度等(陈玉民等,1995;张建平等,2009)。目前对东北地区的作物需水量已开展了一些研究(张建平等,2009;徐新良等,2004;李取生等,2004;梁丽乔等,2008),但这些研究大多是从气象条件入手,较少考虑玉米的品种特性、管理方式及当地农作物实际生育期等因素。因此,有必要从作物生产和区域气象条件 2 个因素着手,研究黑龙江省不同区域玉米的灌溉增产潜力。

本文的研究目的是:①通过田间试验验证 Hybrid-Maize 模型在黑龙江地区的模拟效果;②选择黑龙江省各积温带适宜的玉米品种,结合近 10 年气象数据,利用 Hybrid-Maize 模型分析黑龙江省不同地区玉米的灌溉增产潜力,为黑龙江省建立合理的水利灌溉设施提供参考。

16.2.1 材料与方法

1. Hybrid-Maize 玉米生长模型

本文采用美国内布拉斯加大学的 Hybrid-Maize 模型进行玉米产量潜力的模拟研究(Yang et al.,2004)。Hybrid-Maize 玉米生长模型是集合了现有作物通用型(如 INTERCOM)和玉米专用型(如:CERES-Maize)2 种作物模型的优点并加入了一些实用的新模块而开发的基于过程模拟的机理模型(Yang et al.,2004,2006)。用于模拟在无限制或水分限制条件下的玉米潜在生长、发育、光合同化、同化物分配和产量形成。它以 1 d 为步长,温度为玉米生长发育、冠层光合、器官生长和维持呼吸的驱动因子,这些模拟特点使玉米生长对环境条件的变化具有更为敏感的响应。模型所需输入参数较少,主要参数包括每日气象数据(太阳辐射、最高气温、最低气温、平均相对湿度、风速与降雨量),可以通过输入当年实际的气象数据与玉米主要生育期(播种、吐丝与成熟),来计算品种生长所需要大于 $10℃$ 的总生长积温(GDDtotal),及到吐丝期所需要的生长积温(GDDsilking)。GDD 计算参考 McMaster 与 Wilhelm 方法(McMaster and Wilhelm,1997)。通过输入气象数据、品种 GDD 信息、播期、密度和土壤质地等数据即可模拟玉米在该环境下的产量潜力及雨养条件的产量潜力。该模型在美国(Grassini et al.,2009;Setiyono et al.,2011)、南亚(Timsina,2010)和中国(刘毅等,2008;Bai et al.,2010;Chen et al.,2011;侯鹏等,2012)等很多地区已得到广泛的验证和应用。

2. 模型验证的田间试验

试验于 2009 年在黑龙江省农垦总局七星农场(132.72°E,47.29°N)与 850 农场(132.72°E,45.73°

N)进行。试验地点作物生育期降雨、太阳辐射及气温变化等见图16-8,七星与850农场玉米生育期内总的降雨量分别为378与444 mm。

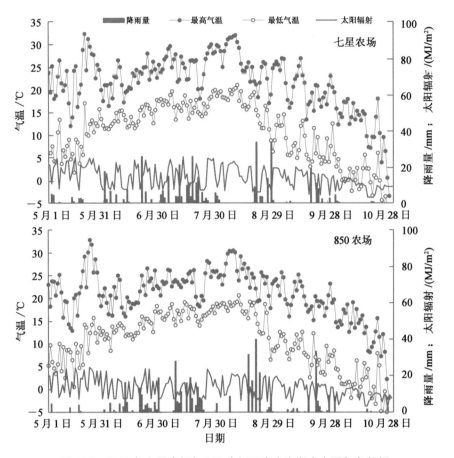

图 16-8　2009 年七星农场与 850 农场玉米生育期内主要气象数据

　　试验设灌溉及雨养两个处理,品种、播期、密度、灌溉量、施肥量与土壤条件见表16-5,七星农场采用滴灌,850农场采用沟灌,当土壤含水量低于田间持水量75%的时候进行灌溉,七星农场在三叶期与灌浆期每公顷分别滴灌50与75 m³,850农场在苗期每公顷沟灌300 m³水分。两个农场试验地土壤均为白浆土,根据玉米的养分需求规律及测土配方施肥技术保证充足的氮、磷、钾养分供应。

表 16-5

试验地栽培管理条件及土壤化学特性

农场/处理	品种	播期(月/日)	密度/(株/hm²)	灌溉量/(m³/hm²)	施肥量/(kg/hm²)			土壤化学特性			
					N	P₂O₅	K₂O	有机质/(g/kg)	pH	速效磷Olsen-P/(mg/kg)	速效钾NH₄OAc-K/(mg/kg)
七星农场/灌溉	绥玉 7	05/07	60 000	125	172	92	24	37.6	6.0	53.2	175
七星农场/雨养	绥玉 7	05/07	60 000	/	172	92	24	37.6	6.0	53.2	175
850 农场/灌溉	绥玉 19	05/02	70 000	300	165	117	75	59	5.8	29.8	178
850 农场/雨养	绥玉 19	05/02	70 000	/	165	117	75	59	5.8	29.8	178

　　试验在不同的玉米生育期采集玉米植株样品,七星农场分别于 3 叶期(V3)、6 叶期(V6)、10 叶期(V10)、吐丝期(R1)和生理成熟期(R6)在划定取样区进行取样,850 农场分别于 3 叶期(V3)、6 叶期(V6)、吐丝期(R1)、乳熟期(R3)和生理成熟期(R6)在划定取样区进行取样,每次连续随机采取 3 株生长均匀的玉米,将植株从近地面切下后,将样品置于 75℃烘箱中烘至恒质量,在生理成熟期(R6),将籽粒和秸秆分开处理,每次称量记录样品的生物量干质量,并换算为每公顷生物量。在收获期,每个小区的测产面积为 66.7 m²,每个处理 3 次重复。

3. 黑龙江省积温带的划分

　　黑龙江省通常被划分成 6 个积温带,积温计算方法参考 Yan 等(2011)的方法,即从第一个连续 5 天气温≥10℃的第一天至当年第一次发生霜冻的那一天的每天的平均气温之和。参考黑龙江省农科院 20 世纪 80 年代的标准,从南到北,6 个积温带的活动积温分别是>2 700,2 500～2 700,2 300～2 500,2 100～2 300,1 900～2 100 与 1 700～1 900 ℃·d,本研究中积温带的划分以此标准进行。积温带划分及模型模拟所用的气象数据来源为黑龙江省 31 个气象站点(图 16-9),包括每天的辐射、最高温、最低温、平均相对湿度、风速与降雨量,第一至第六积温带包括的气象站点数分别是 6,11,5,4,2 与 3 个。其中积温带的划分利用 1980—1989 年气象数据,模型模拟所用的气象数据为 2000—2009 年,模拟每年每点的产量潜力,利用 GIS 等值线方法进行绘图。

图 16-9　黑龙江省 31 个气象站点分布

4. 各积温带玉米主要品种所需>10℃生长积温(GDD)

　　为了更实际地研究各地区灌溉对于玉米产量潜力的影响,对黑龙江省现有的播种面积比较大的主要品种进行调查,主要通过试验、文献(杨镇等,2006)查阅及网上查询(http://202.127.45.197/),统计主推玉米品种在不同地区的播种期、吐丝期及生理成熟期,结合 Hybrid-Maize 模型,计算出第一至第五积温带(目前第六积温带达不到种植玉米的最低积温要求)主要玉米品种的 GDD,模拟时结合当地实际的播期与密度,见表 16-6。

表 16-6

黑龙江省各积温带所用主要品种、播期与密度

积温带	主要品种	品种所需＞10℃生长积温/(℃·d)		播期/（月／日）	密度/(株/hm²)
		全生育期	吐丝前		
一	吉单 517、兴垦 3、郑单 958	1 525	771	04/25～05/01	60 000
二	哲单 37、绿单 1 号	1 334	693	05/01～05/05	60 000
三	克单 8、克单 10、东农 251、绥玉 7	1 253	660	05/01～05/05	60 000
四	卡皮托尔、德美亚 1、克单 12、孚尔拉	1 103	598	05/05～05/10	60 000
五	克单 9 号、德美亚 2 号、边三 2 号	958	539	05/10～05/15	60 000

5. 灌溉增产潜力模拟

通过输入黑龙江省各气象站点的近 10 年（2000—2009 年）的气象数据（日最高温、日最低温、日平均温、辐射、降雨量）与玉米品种的全生育期所需生长积温（GDDtotal）、吐丝前所需生长积温（GDDsilking）、播期与密度，分别模拟玉米在充分灌溉条件下与雨养条件下的产量潜力，两者的产量差即为灌溉增产潜力。

6. 数据处理及统计分析

采用 Microsoft Excel 2003 与 GIS 软件对数据进行处理和作图。

16.2.2 结果与分析

1. Hybrid-Maize 模型在黑龙江省玉米灌溉和雨养条件下的试验验证

为了验证 Hybrid-Maize 模型在黑龙江省玉米生产中分别在灌溉和雨养条件下的模拟效果，本文以 2009 年田间试验数据为基础，通过输入试验地区 2009 年气象数据、玉米各生育期日期以及相关土壤参数，利用 Hybrid-Maize 模型对七星与 850 农场 2 个农场灌溉和雨养条件下的玉米生物量和产量进行模拟，获得玉米整个生育期地上部总生物量的动态模拟结果，并对模拟结果与实测值进行比较（图 16-10）。从图 16-10 可以看出，在七星与 850 农场，无论在灌溉还是雨养条件下，Hybrid-Maize 模型的生物量与产量模拟结果与实测值拟合效果理想，说明模型在该地区能够很好地模拟灌溉和雨养条件下的玉米生长与产量。

2. 黑龙江省不同区域产量潜力及灌溉增产潜力

（1）黑龙江省玉米积温与降雨量分布　图 16-11 为黑龙江省近 10 年平均的积温与降雨量分布，黑龙江省从西南部向北积温逐渐降低，西南部积温最高，大于 3 100℃·d，最北部积温最低，小于 1 900℃·d，中部大部分地区的积温 2 700～3 100℃·d（图 16-11a）。年平均降雨量分布与积温不同，自西南向东逐渐增加，黑龙江省西南部年降雨量最低，在 365～420 mm 之间，中北部地区最高，大于 560 mm，东部大部分地区年平均降雨量在 510～560 mm（图 16-11b）。

（2）黑龙江省六大积温带及代表站点玉米产量潜力与降雨量　表 16-7 是根据各积温带品种、播期与密度及近 10 年的黑龙江省各气象站点气象数据，用 Hybrid-Maize 模型模拟的玉米的产量潜力。结果表明，自第一积温带到第五积温带，无论是灌溉还是雨养的玉米产量潜力均呈逐渐降低的趋势，主要原因是种植品种的 GDD 变小，生育期缩短。第一至第五积温带灌溉产量潜力分别是 14 935，12 819，11 703，9 677 与 7 450 kg/hm²，雨养产量潜力分别是 13 266，12 395，11 614，9 541 与 7 442 kg/hm²。各积温带雨养产量潜力的变异大于灌溉产量潜力，说明各积温带内各站点之间的雨养产量潜力的变异更大。雨养产量潜力的变异主要与生育期内和全年的降雨量有关系，5 个积温带的玉米生育期内降雨量分别是 356，374，417，364 与 346 mm，全年的降雨量分别是 442，502，542，492 与 530 mm。第一积温带灌溉产量潜力与雨养产量潜力的差异最大，即灌溉增产潜力最大，主要原因是相对于其他积温带，第一积温带的生育期内以及全年的降雨量均最

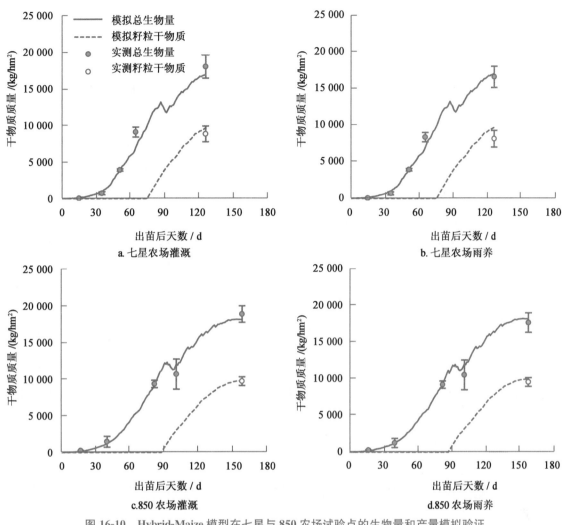

图 16-10　Hybrid-Maize 模型在七星与 850 农场试验点的生物量和产量模拟验证

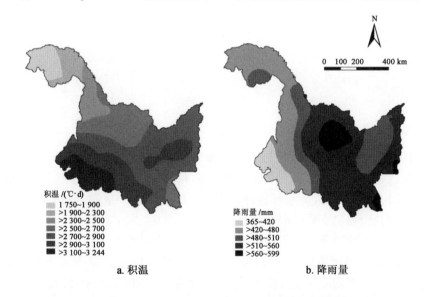

图 16-11　黑龙江省近 10 年平均积温与降雨量

低,而该积温带可利用的有效积温最高。第三、四、五积温带灌溉增产潜力小,主要原因是生育期内及全年降雨量大,第五积温带虽然生育期内降雨量小,但其积温较低、生育期短,玉米生长所需水分相对较少。

表 16-7

黑龙江省各积温带近 10 年玉米产量潜力及降雨量(基于近 10 年气象数据的平均值与标准差)

积温带	灌溉产量潜力 /(kg/hm²)	雨养产量潜力 /(kg/hm²)	生育期内降雨量 /mm	全年降雨量 /mm
一	14 935±388	13 266±1 287	356±50	442±63
二	12 819±399	12 395±483	374±38	502±52
三	11 703±470	11 614±523	417±28	542±36
四	9 677±242	9 541±277	364±68	492±91
五	7 450±222	7 442±238	346±13	530±59

在第一至第五积温带分别选择 7 个有代表性的站点进行研究,第一积温带包括西部的泰来与东部的哈尔滨,第二积温带西部站点富裕,东部站点鸡西,第三积温带通河,第四积温带伊春,第五积温带孙吴。不同站点随着积温的下降,产量潜力逐渐降低,在第一积温带,泰来与哈尔滨的灌溉产量潜力分别为 14 460 与 14 780 kg/hm²,但泰来与哈尔滨的雨养产量潜力分别为 11 270 与 14 230 kg/hm²,即泰来的灌溉增产潜力高于哈尔滨,主要原因是泰来生育期内与全年的降雨量低于哈尔滨且年际间降雨量变异比较大。第二积温带鸡西位于黑龙江省东部,生育期内与年降雨量比较大且变异较小,因此灌溉增产潜力小,富裕位于黑龙江省西部,与相同积温带的鸡西相比,由于生育期内与全年降雨量低,灌溉增产潜力比较大。第三、四、五积温带的通河、伊春与孙吴灌溉增产潜力小,主要原因可能是玉米生育期短,生育期内降雨量充足且全年的降雨量高(表 16-8)。

表 16-8

黑龙江省各积温带代表站点玉米产量潜力及降雨量(基于近 10 年气象数据的平均值与标准差)

代表站点 (积温带)	灌溉产量潜力 /(kg/hm²)	雨养产量潜力 /(kg/hm²)	生育期内降雨量 /mm	全年降雨量 /mm
泰来(一)	14 460±741	11 270±2 730	285±133	365±130
哈尔滨(一)	14 780±1 315	14 230±2 106	390±78	493±60
富裕(二)	12 691±1 203	11 469±2 057	333±144	419±124
鸡西(二)	13 280±1 554	13 040±1 447	383±98	504±111
通河(三)	11 213±1 707	11 041±1 787	375±117	492±116
伊春(四)	9 870±1 099	9 873±1 102	453±161	599±133
孙吴(五)	7 212±960	7 188±970	332±172	488±137

(3)黑龙江省区域灌溉增产潜力　图 16-12a 为基于 GIS 的黑龙江省不同区域玉米的灌溉产量潜力。结果表明,黑龙江省西南地区的灌溉产量潜力最高,每公顷产量潜力达到 15 000 kg 以上,随着向北部推移,灌溉产量潜力逐渐降低,最北部能种植玉米区域的灌溉产量潜力每公顷只有 7 212～8 000 kg,这一产量潜力主要是受热量资源的限制。

图 16-12b 为基于 GIS 的黑龙江省不同区域玉米的雨养产量潜力。结果表明,黑龙江省雨养产量潜力东部最高,最大雨养产量潜力每公顷 14 000～14 799 kg,以最北部雨养产量潜力最低,每公顷 7 188～8 000 kg,这一产量潜力除了主要受热量资源的影响外,同时受当地降雨的影响。

图 16-12c 是黑龙江省不同区域玉米灌溉增产潜力。结果表明,黑龙江省自西南向东、向北灌溉增产潜力逐渐变小,以黑龙江省西南部的灌溉增产潜力最大,每公顷达 1 600 kg 以上,以东部与北部最小,每公顷小于 300 kg。

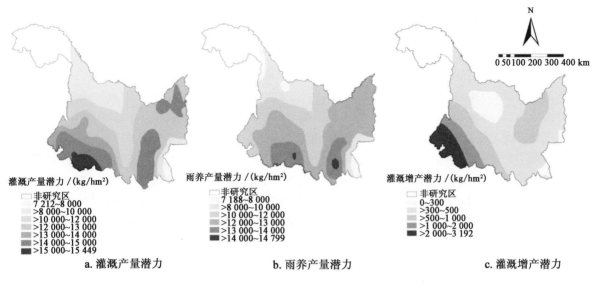

a. 灌溉产量潜力　　　　　b. 雨养产量潜力　　　　　c. 灌溉增产潜力

图 16-12　黑龙江省基于近 10 年气象数据的玉米灌溉、雨养产量潜力与灌溉增产潜力

（4）区域灌溉增产潜力与降雨量关系　由图 16-13 可以看出，黑龙江省玉米的灌溉增产潜力主要由降雨量和积温所决定。当生育期内降雨量在 350 mm 以下、全年降雨量在 430 mm 以下时灌溉增产潜力变异最大，灌溉增产潜力最大的是第一积温带，达到 1 800 kg/hm² 以上，灌溉增产潜力最小的是第四与第五积温带部分地区，低于 240 kg/hm²；生育期内降雨量在 425 mm 左右、全年降雨量在 550 mm 左右时灌溉增产潜力变异最小，在第一至第五积温带均有分布，因此，黑龙江省玉米生产中灌溉设施的建设，应该首先优先考虑第一与第二积温带内生育期降雨量在 350 mm 以下、全年降雨量在 430 mm 以下的区域，即西南部地区。在这些地区，灌溉增产潜力每公顷可以达到 1 000 kg以上。

16.2.3　讨论

与 CERES-Maize 等模型相比，Hybrid-Maize 模型的开发基于大量田间试验的基本数据，对环境变化更为敏感，需要输入的参数少，而且不影响模型模拟精度（Yang et al.，2004，2006）。该模型在美国（Grassini et al.，2009；Setiyono et al.，2011），南亚（Timsina，2010）和中国（刘毅等，2008；Bai et al.，2010；Chen et al.，2011；侯鹏等，2012）大部分地区得到很好的验证和应用。本研究结果表明，Hybrid-Maize 模型在黑龙江省地区充分灌溉与雨养条件下均表现出较好的模拟效果，说明模型在该地区对于预测玉米产量潜力和指导玉米生产具有较好的应用前景。

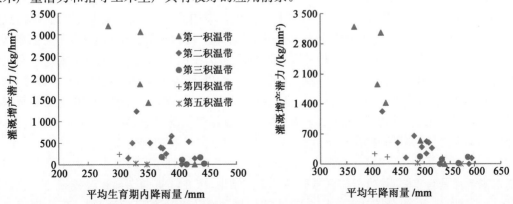

图 16-13　黑龙江省各代表站点近 10 年玉米灌溉增产潜力与降雨量关系

本研究中，第一积温带灌溉增产潜力最大，对黑龙江省各积温带不同的站点进行研究表明，第一、二积温带西部站点的灌溉增产潜力大，区域的研究表明，黑龙江省自西南向东、向北灌溉增产潜力逐渐变小，以黑龙江省西南部的灌溉增产潜力最大，每公顷达 1 600 kg 以上，以东部与北部最小，每公顷小于 300 kg。主要原因包括降雨量与积温两个方面，很多研究指出春玉米的需水量为 300～650 mm（李应林与高素华，2002；Gardiol et al.，2003；Gao et al.，2009），黑龙江省西部玉米需水量大于东部，尤其在 7 叶期以后（高晓容等，2012）。本文中，生育期内降雨量在 350 mm 以下、全年降雨量在 430 mm 以下时灌溉增产潜力变异最大，以第一积温带部分地区灌溉增产潜力最大，达到 1 800 kg/hm² 以上，灌溉增产潜力最小的是第四与第五积温带部分地区，低于 240 kg/hm²，说明降雨的缺乏在积温比较高的地区造成的减产影响更大，在积温较低的地区降雨量缺乏造成减产的影响则较小；生育期内降雨量在 425 mm左右、全年降雨量在 550 mm 左右时灌溉增产潜力小，且变异最小，主要原因是在这些地区降雨量（包括冬季土壤储水）基本可以满足玉米的生长需求（孟凯与张兴义，1996）。本研究利用玉米的实际品种特性及区域气象条件确定了黑龙江省玉米区域灌溉增产潜力，对于确定黑龙江省区域灌溉设施建设的地点优先序、发挥灌溉的最大潜力具有一定的意义。在生产中，为使研究结果更具有实际指导意义，合理灌溉设施地点优先序的确定还要同时考虑黑龙江省各地区水资源灌溉的保障度（甘红与刘彦随，2005）。

本研究中黑龙江省玉米近 10 年的灌溉产量潜力为 7 212～15 449 kg/hm²，平均 12 240 kg/hm²，雨养产量潜力为 7 188～14 799 kg/hm²，平均 11 679 kg/hm²，黑龙江省近 10 年统计数据的产量水平为 4 413 kg/hm²（http：//zzys.agri.gov.cn/），仅实现了灌溉产量潜力的 36% 和雨养产量潜力的 38%，而在美国玉米带从 1970—2008 年农民实现接近 80% 的产量潜力 Grassini et al.，2011），说明黑龙江省玉米还有很大的产量提升空间。基于作物生态生理的 Hybrid-Maize 模型，可以通过对区域多年光、温、水资源的分析，对玉米适应的品种、播期、密度等条件进行理论优化，再与实践验证相结合，可以提出进一步增产的综合管理措施（李少昆与王崇桃，2010；Chen et al.，2011；侯鹏等，2012；Meng et al.，2012）。最近的研究表明，基于 Hybrid-Maize 模型的土壤作物系统综合管理在国内 66 个试验点平均实现了 13 000 kg/hm² 的产量，接近农户产量的 2 倍，实现了产量潜力的 86%（Chen et al.，2012），类似的土壤-作物系统综合管理对于黑龙江地区未来进一步提高玉米产量、实现产量潜力具有重要的作用。

16.2.4　小结

Hybrid-Maize 模型对黑龙江灌溉和雨养玉米生产的模拟效果较好，在模拟产量潜力方面具有很好应用前景。验证结果表明，Hybrid-Maize 玉米模型在灌溉与雨养条件下模拟结果总体上与实际观测值吻合，说明该模型能够很好地模拟黑龙江地区灌溉和雨养条件下的玉米生长及产量潜力。

模拟结果表明，黑龙江省第一积温带灌溉增产潜力较大，第一与第二积温带带西部代表站点灌溉增产潜力大于东部；区域的模拟研究表明，黑龙江省西南部的灌溉增产潜力最大，每公顷达 1 600 kg 以上，以东部与北部最小，每公顷小于 300 kg，主要因为生育期内及全年的降雨量比较低。研究表明，在黑龙江玉米生产条件下，生育期内降雨量在 350 mm 以下、全年降雨量在 430 mm 以下时灌溉增产潜力变异最大。因此，黑龙江省玉米灌溉条件的建设应综合考虑积温和降雨 2 个要素，优先考虑积温较高（第一与第二积温带）、降雨较低（生育期降雨量在 350 mm 以下、全年降雨量在 430 mm 以下）的区域。

合理的养分管理对于实现黑龙江春玉米高产高效至关重要，本研究表明，在黑龙江大面积机械施肥的条件下，高产玉米追施控释尿素相对于普通尿素可以延缓氮的释放、延缓叶片衰老，延长灌浆有效期，从而增加玉米产量，并显著提高经济效益，是一项值得推广的高产高效措施。

根据黑龙江不同区域降水特征制定水分管理措施、有针对性的建设灌溉设施对于合理利用水分资源、提高玉米产量具有重要意义，根据区域的模拟研究结果，黑龙江省西南部积温较高、降雨量较低，该地区灌溉增产潜力最大，每公顷达 1.5 t 以上，东部与北部地区积温较低、降雨量较高，该地区灌溉增产潜力最小。因此，黑龙江省玉米灌溉设施的建设应综合考虑积温和降雨 2 个要素，优先考虑积温较高

（西南地区的第一与第二积温带）、降雨较低（生育期降雨量在 350 mm 以下、全年降雨量在 430 mm 以下）的区域。

参考文献

［1］陈玉民,郭国双,王广兴,等. 中国主要作物需水量与灌溉. 北京:水利电力出版社,1995:6-15.

［2］甘红,刘彦随. 中国东北农业灌溉水资源保障及空间差异分析. 农业工程学报,2005,21(10):31-35.

［3］高晓容,王春乙,张继权,等. 近 50 年东北玉米生育阶段需水量及旱涝时空变化. 农业工程学报,2012,28(12):101-109.

［4］宫秀杰,钱春荣,于洋,等. 玉米密植高产高效栽培技术模式及效益分析. 黑龙江农业科学,2011,12:27-30.

［5］郭庆法,王庆成,汪黎明,等. 中国玉米栽培学. 上海:上海科学技术出版社,2004.

［6］侯鹏,陈新平,崔振岭,等. 4 种典型土壤上玉米产量潜力的实现程度及其因素分析. 中国生态农业学报,2012,20:874-881.

［7］李方敏,樊小林,陈文东. 控释肥对水稻产量和氮肥利用效率的影响. 植物营养与肥料学报,2005,11(4):494-500.

［8］李取生,李晓军,李秀军. 松嫩平原西部典型农田需水规律研究. 地理学报,2004,24(1):109-114.

［9］李少昆,王崇桃. 玉米产量潜力·途径. 北京:科学出版社,2010:127-129.

［10］李应林,高素华. 我国春玉米水分供需状况分析. 气象,2002,2(28):29-33.

［11］李宗新,王庆成,刘霞,等. 控释肥对夏玉米的应用效应研究. 玉米科学,2007a,15(6):89-92.

［12］李宗新,王庆成,齐世军,等. 控释肥对玉米高产的应用效应研究进展. 华北农学报,2007b,22:127-130.

［13］梁丽乔,李丽娟,张丽,等. 松嫩平原西部生长季参考作物蒸散蒸发的敏感性分析. 农业工程学报,2008,24(5):1-5.

［14］刘德方. 黑龙江省农田水利设施建设研究. China's Foreign Trade,2011:18.

［15］刘毅,李世清,陈新平,等. 黄土旱塬 Hybrid-Maize 模型适应性及春玉米生产潜力估算. 农业工程学报,2008,24(12):302-308.

［16］孟凯,张兴义. 东北北部黑土区玉米耗水特征的介绍. 玉米科学,1996,4(3):66-67.

［17］水茂兴,符建荣,祖守先,等. 水稻专用控释 BB 肥增产效应的研究. 浙江农业学报,2001,13(5):287-292.

［18］宋付朋,张民,胡莹莹,等. 控释花卉肥在盆栽万寿菊上的肥效研究. 山东农业大学学报,2002,33(2):134-139.

［19］王洪波. 黑龙江垦区玉米生产能力与全省、全国对比一览表(1949—2009 年). 农场经济管理,2010,11:56-57.

［20］魏永华,陈丽君. 膜下滴灌条件下不同灌溉制度对玉米生长状况的影响. 东北农业大学学报,2011,42(1):55-60.

［21］徐新良,刘纪远,庄大方. GIS 环境下 1999—2000 年中国东北参考作物蒸散量时空变化特征分析. 农业工程学报,2004,20(2):10-14.

［22］杨雯玉,贺明荣,王远军,等. 控释尿素与普通尿素配施对冬小麦氮肥利用率的影响. 植物营养与肥料学报,2005,11(5):627-633.

［23］杨镇,才卓,景希强,等. 东北玉米. 北京:中国农业出版社,2006:69-70.

［24］易镇邪,王璞,申丽霞,等. 不同类型氮肥对夏玉米氮素累积、转运与氮肥利用的影响. 作物学报,2006,32(5):772-778.

[25] 殷志强,秦小光,李长生. 东北三省主要农作物耗水量与缺水量研究. 科技导报,2009,27(13): 44-49.

[26] 于淑芳,杨力,张民,等.控释肥对小麦玉米生物学性状和土壤硝酸盐积累的影响.农业环境科学学报,2010,29(1):128-133.

[27] 俞巧钢,朱本岳,叶雪珠.控释肥在柑橘上的应用研究.浙江农业学报,2001,13(4):210-213.

[28] 张建平,王春乙,杨晓光,等.未来气候变化对中国东北三省玉米需水量的影响预测.农业工程学报,2009,25(7):50-55.

[29] 张阔,胡洪林,刘清海,等.黑龙江垦区玉米产量突破途径探讨.现代化农业,2011,8:16-17.

[30] 张民.控释和缓释肥的研究现状与进展//植物营养研究进展与展望.北京:中国农业大学出版社,2000:177-179.

[31] 赵斌,董树亭,张吉旺,等.控释肥对夏玉米产量和氮素积累与分配的影响.作物学报,2010,36(10):1760-1768.

[32] 赵久然,赵明,董树亭,等.中国玉米栽培发展三十年,北京:中国农业科学技术出版社,2011.

[33] 赵霞,刘京宝,王振华,等.缓控释肥对夏玉米生长及产量的影响.中国农学通报,2008,24(6):247-249.

[34] 赵先贵,肖玲.控释肥的研究进展.中国生态农业学报,2002,10(9):95-97.

[35] 邹文秀,韩晓增,江恒,等.东北黑土区降水特征及其对土壤水分的影响.农业工程学报,2011,27(9):196-202.

[36] Bai J,Chen X,Dobermann A,et al. Evaluation of nasa satellite-and model-derived weather data for simulation of maize yield potential in China. Agronomy Journal,2010,102:9-16.

[37] Chen X P,Cui Z L,Vitousek P M,et al. Integrated soil-crop system management for food security. Proceedings of the National Academy of Sciences,2011,108:6399-6404.

[38] Evan L T. Crop Evolution,Adaptation,and Yield. Cambridge,UK:Cambridge University Press,1993.

[39] FAO. 2011. FAOSTAT-Agriculture Database. Available at http://faostat. fao. org/site/291/default. aspx15 (verified on 30th October,2011).

[40] Gao Y,Duan A W,Sun J S,et al. ,Crop coefficient and water-use efficiency of winter wheat/spring maize strip intercropping. Field Crops Research,2009,111:65-73.

[41] Gardiol J M,Serio L A,Della Maggiora A I. Modelling evapotranspiration of corn (Zea mays) under different plant densities. Journal of Hydrology,2003,271:188-196.

[42] Grassini P,Thorburn J,Burr C,et al. ,High-yield irrigated maize in the Western U. S. Corn Belt: I. On-farm yield,yield potential,and impact of agronomic practices. Field Crops Research,2011,120:142-150.

[43] Grassini P,Yang H,Cassman K G. Limits to maize productivity in Western Corn-Belt:A simulation analysis for fully irrigated and rainfed conditions. Agricultural and Forest Meteorology,2009,149:1254-1265.

[44] McMaster G S,Wilhelm W W. Growing degree-days:one equation,two interpretations. Agricultural and Forest Meteorology,1997,87:291-300.

[45] Meng Q,Hou P,Wu L,et al. Understanding production potentials and yield gaps in intensive maize production in China. Field Crops Research,2012,http://dx. doi. org/10. 1016/j. fcr. 2012. 09. 023.

[46] Phongpan S,Freney J R,Keerthisinghe and P D G. Chaiwanakupt. Use of phenylophosphorodiamidate and N-(nbutyl) thiophosphorictriamide to reduce ammonia loss and increase grain yield fol-

lowing application of urea to flooded rice . Fertilizer Research,1995,41:59-66.

[47] Setiyono T D,Yang H,Walters D T,et al.,Maize-N:A Decision Tool for Nitrogen Management in Maize. Agronomy Journal,2011,103:1276-1283.

[48] Shoij S. Meister Controlled Release Fertilizer- Properties and Utilization . Konno Printing Company Ltd. Sendai,Japan,1999

[49] Timsina J,Jat M L and Majumdar K. Rice-maize systems of South Asia:Current status,future prospects and research priorities for nutrient management. Plant and Soil,2010,335: ,65-82.

[50] Yang H S ,Dobermann A,Kenneth G,et al.,Features,applications,and limitations of the Hybrid-Maize simulation model. Agronomy Journal,2006,98:737-748.

[51] Yang H S,Dobermann A,Lindquist J L,et al.,Hybrid-Maize-a maize simulation model that combines two cropmodeling approaches. Field Crops Research,2004,87:131-154.

[52] Yan M H,Liu X T,Zhang W,et al.,Spatio-temporal changes of $\geqslant 10\,^{\circ}\!C$ accumulated temperature in northeastern China since 1961. Chinese Geographical Science,2011,21:17-26.

[53] Zhang F S,Cui Z L,Fan M S,et al.,Integrated soil-crop system management:reducing environmental risk while increasing crop productivity and improving nutrient use efficiency in China. Journal of Environmental Quality,2011,40:1051-1057.

（执笔人：侯鹏　陈新平　崔振岭　张福锁）

第 17 章

黑龙江省大豆养分综合管理技术创新与应用

17.1 黑龙江省大豆生产现状及施肥存在的问题

黑龙江省大豆种植面积 330 万～400 万 hm^2，占全国大豆种植面积的 37%～44%，大豆总产占全国的 38%～46%，商品率在 80% 以上。FAO 统计数据表明，半个世纪以来，中国和美国大豆的单产都在稳步提高，但美国大豆的单产始终是中国的 1.4～1.8 倍。黑龙江省是中国大豆主产区，但是近年来，随着种植结构的改变，黑龙江省大豆种植面积平均每年以近 10% 的速度递减。种植效益低是大豆种植面积减少的直接原因。因此，提高大豆产量，建立确保 3 000～3 500 kg/hm^2 产量水平的大豆施肥技术，是提高农民种植大豆积极性的有效举措之一。

黑龙江省作物种植制度为一年一熟，大豆主产区，如嫩江、讷河及克山等地的农户多年以种植大豆为主，造成大豆重迎茬现象极其普遍，多年重迎茬种植的结果导致土壤养分贫瘠，病虫害加剧，土壤结构变差。部分大豆种植户的科技意识淡薄，在大豆施肥上存在较多的误区。对黑龙江省 914 户大豆种植户的调查（表 17-1）表明，黑龙江省大豆生产过程中肥料施用不足与肥料施用过量的问题同时存在，

表 17-1

黑龙江省大豆施肥状况调查（$n=914$） kg/hm^2

年份	氮施用量（N）		磷施用量（P₂O₅）		钾施用量（K₂O）	
	范围	平均	范围	平均	范围	平均
2007	14～225	50	23～155	60	0～300	37
2008	14～213	51	23～176	62	5～306	37
2009	23～112	47	23～150	71	0～75	24

王伟，2009。

中微量元素补充不足是大豆生产过程中普遍存在的问题，特别硼和锌在种植大豆的地块中普遍缺乏。黑龙江大豆产区多为雨养农业，农田水利设施不够完善，因此，一旦遭遇旱涝年份，都将严重影响黑龙江省的大豆产量。例如 2013 年，受洪涝灾害影响，黑龙江省垦区大豆单产仅为 145 kg/亩，较 2012 年减少 80 kg/亩，个别受灾严重地区单产甚至不足 100 kg/亩。生育前期氮肥用量过多，造成土壤中有效氮含量

过高,抑制根瘤固氮,微量元素补充不足进一步抑制根瘤固氮功能的发挥。前期氮素的过量供应容易造成群体生长过旺,使群体质量变差,到大豆鼓粒期以后,土壤供氮不足伴随着根瘤退化,导致大豆氮素营养缺乏,严重影响大豆产量的形成。氮肥施肥位置不正确,还造成大量氮肥损失甚至根系受损。

由于生产上长期肥料品种选用不当,导致土壤 pH 降低,土壤结构变差,影响了根系及根瘤的生长和发育。根瘤在固氮过程中会向根际释放出 H^+,易造成土壤酸化,而在大多数大豆种植户的施肥措施中,并没有注重对土壤 pH 的调节。

17.2　黑龙江省大豆高产高效施肥单项技术的研究

为了有效改善大豆生育期的营养状况,针对黑龙江省大豆施肥中存在的以上问题,主要针对大豆氮肥施用时期、基追比例、中微量元素以及土壤酸度调节措施等内容进行了研究,明确了不同的管理措施对大豆干物质积累分配、大豆群体质量、大豆根瘤固氮性能以及大豆产量形成的影响。

17.2.1　根据大豆营养特点补充大量元素

1. 养分需求量

形成单位重量大豆籽粒的养分需求量是进行配方施肥的基础数据,以往进行需肥量计算时,各地均采用相同的参考数据。由表 17-2 可见,由于生长环境、生产技术水平等的差异,形成单位重量大豆籽粒的养分需求量有所不同,甚至差异相当大,特别是黑龙江省地处冷凉地区,作物生长量小,收获指数高,形成单位重量籽粒所需养分量普遍低于其他地区。因此应该针对不同种植区域进行单位产量养分需求量测定,避免一刀切,为实现真正的精准施肥提供有效的基础数据。

表 17-2

大豆对氮、磷、钾的需要量

栽培地区	产量水平 /(kg/hm²)	100 kg 籽粒需要养分量/kg		
		N	P_2O_5	K_2O
河南省	2 265	8.5	1.8	3.7
吉林农科院	2 490	7.5	1.5	3.9
吉林农科院	3 300	8.3	1.7	3.7
国际钾肥所	3 000	7.4	1.4	5.2
美国衣阿华州	3 360	9.2	2.1	4.1
黑龙江	3 000	6.6	0.9	3.5

2. 养分需求时期

与其他作物相比,大豆氮肥的施用具有一定的特殊性,大豆需氮量多于大多数作物,但由于大豆具有根瘤固氮能力,对氮肥的需求呈纺锤形,鼓粒期后随着根瘤的退化,大豆对土壤氮的依赖又开始增加,所以大豆的施肥策略既要满足生育前期、根瘤形成前植株对土壤氮的需求,又要防止氮肥用量过高抑制根瘤固氮。由表 17-3 可见,结荚-鼓粒期是大豆需氮高峰期,吸氮量占总吸氮量的50%～60%或以上,鼓粒期氮素供给对大豆产量形成至关重要,所以此时期务必保证氮肥的供应。因此,将氮肥施用时期适当后移,既不影响根瘤固氮,又能控制盛荚期前的营养生长,建立高光效群体,同时保证鼓粒后期氮素供给充足,减少落花落荚,形成高产群体(孙超,2012)。

由图 17-1 可见,R4 期开始是大豆氮素的快速积累时期,将全部氮肥作为基肥一次施入(N75),在R4 期根瘤固氮酶的活性已经开始衰退,而将部分氮肥在结荚-鼓粒期施入(N30+45),则有利于保持根瘤固氮酶的活性,延长根瘤固氮发挥作用的时期。在不同种植密度条件下,追施氮肥都有利于满足大豆生育后期对氮素的需求,提高了结荚鼓粒期后的净同化率(NAR),充足的光合产物有利于增加了单位面积的有效荚数(图 17-2)(孙文相,2013;张明聪,2013)。[15]N 示踪研究表明,结荚期追施氮肥可有效延缓大豆植株衰老,增加氮在籽粒中的分配比例,且 R4～R8 期大豆植株氮积累量与产量呈显著线性相关,因此提高结荚鼓粒期后大豆氮素积累量可以显著增加大豆产量(罗翔宇,2012)。

表 17-3

大豆不同生育期干物质和 N、P、K 的积累

生育期	时间/d	占全生育期/%			
		干物质	N	P_2O_5	K_2O
出苗-初花	29	2.1	2.8	2.6	3.2
初花-结荚	34	25.0	26.8	30.1	27.6
结荚-鼓粒前	34	47.3	44.1	45.4	52.7
鼓粒前-鼓粒后	13	19.0	24.2	14.3	13.6
鼓粒后-成熟	16	6.6	2.1	7.6	2.9
全生育期	126	100	100	100	100

张文钊,2008。

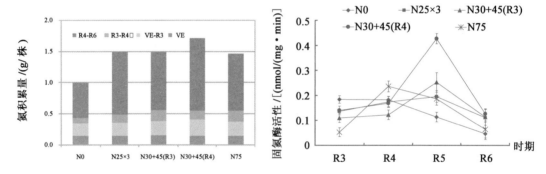

图 17-1　不同时期施氮对大豆氮素阶段积累量(左)及固氮酶活性(右)的影响(田艳洪,2007)

N30+45(荚):基肥施 30 kg N/hm²,结荚期追施 45 kg N/hm²;N30+45(粒):基肥施 30 kg N/hm²,鼓粒期追施 45 kg N/hm²;N25×3:基肥施 25 kg N/hm²,初花期和鼓粒初期各追施 25 kg N/hm²

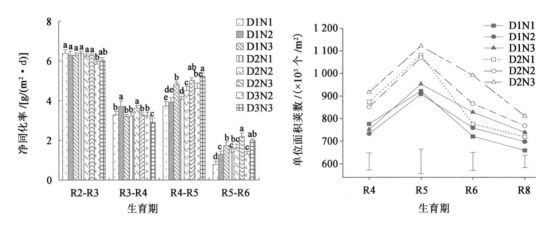

图 17-2　氮肥分施可显著提高大豆结荚鼓粒期后的净同化率(左),增加单位面积荚数(右)(张明聪,2013)

密度(D):D1、D2 和 D3 分别为 20 万株/hm²、25 万株/hm² 和 30 万株/hm²

氮肥(N):氮肥用量为 60 kg N/hm²,N1 为全部氮肥做底肥;N2 为 18 kg N/hm² 做底肥,42 kg N/hm² 在 R3 期追施,N3 为 18 kg N/hm² 做底肥,42 kg N/hm² 在 R4 期追施

将部分氮肥在花荚期施用,可通过提高单株粒数和百粒重实现增产的目的(表 17-4)。但由于在此时期追施肥料的实际操作难度较大,因此,可通过施用缓释氮肥实现分期施氮的效果(焦晓光,2004)。框栽试验表明,根据土壤性质,将普通氮肥与缓释氮肥按照一定的比例混合施用,既解决了大豆生育期追肥不易操作的问题,又满足了不同生育期大豆对氮素的需求(图 17-3)。

表 17-4
氮肥施用时期对大豆产量及产量构成因子的影响

处理	单株粒数/(粒/株)	单株荚数/(个/株)	百粒重/(g/100 粒)	产量/(g/株)
N0	93	41	19.41	18.2
N30	98	45	19.84	18.4
N60	101	44	19.98	19.3
N30+30R1	101	45	19.8	19.5
N30+30R2	110	51	20.16	21.6
N30+30R3	106	46	20.05	20.6
N30+30R4	107	48	20.18	20.9

张文钊,2008。

 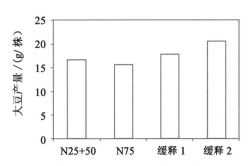

图 17-3　不同施氮处理对大豆生长(左)及产量(右)的影响(张金,2005)

17.2.2　根据需求补充中微量元素

落花落荚率高是造成大豆低产的重要原因之一,因此,降低落花落荚率可实现增产。镁是植物生长的必需元素。近年来,许多欧洲学者还把镁列为仅次于 N,P,K 的植物第四大必需元素,植物所需的镁主要来自土壤。随着 N,P,K 化肥量的增加和有机肥用量的减少,以及高产耐肥品种的大面积种植,含镁高的作物不断将镁携出农田,同时土壤又长期缺少镁肥补充,因而土壤镁含量逐渐下降,植物缺镁现象在各地陆续出现,成为限制作物产量和品质提高的一个重要因素。框栽试验表明(徐洋,2009),在不同氮肥用量条件下,适量补充镁营养,可使植株生长健壮,降低落花落荚率,提高大豆产量(图 17-4;彩图 17-4,表 17-5)。施镁可以提高光能利用率,合成的碳水化合物充足,满足营养生长与生殖生长同时进行的需要,与不施镁肥相比,施用镁肥可显著降低落花落荚率,使易落花、座荚难的问题得到缓解(郎漫,2006)。

图 17-4　不同氮用量配施镁肥条件下大豆生长状况(2004)

表 17-5

氮镁交互对大豆落荚的影响

处理	R5/ (个/株)	R8/ (个/株)	未成荚数/ (个/株)	落荚率/%	产量/ (g/株)
N30	18.7	14.3	4.3	23	17.2
N30+Mg15	18.0	14.7	3.0	17	18.3
N30+Mg30	17.0	14.7	2.3	14	18.1
N60	20.0	13.7	6.3	31	16.8
N60+Mg15	16.7	14.7	1.7	11	19.6
N60+Mg30	19.0	16.7	2.3	13	20.3

徐洋,2009。

17.2.3 调节土壤 pH

豆科植物以固氮形式摄取氮源时,由于进入根中的 N2 不带电荷,而固氮产生的 NH_4^+,需要向根际释放较多的 H^+,使根际 pH 降低,根瘤菌的最适 pH 为 6.5～7.5,当 pH 为 5.2 时,65％的根瘤菌将不能存活,因此根瘤固氮过程造成的土壤酸化,需要一定量的钙来中和。此外,保持土壤适宜的 pH,还可提高土壤中大多数养分的有效性,提高土壤地力,消除土壤障碍因子,促进根系发育,增加根瘤数量(图 17-5;彩图 17-5)。

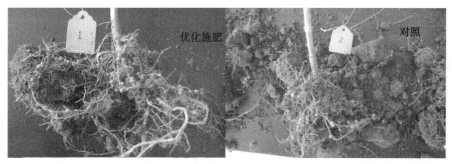

852 农场

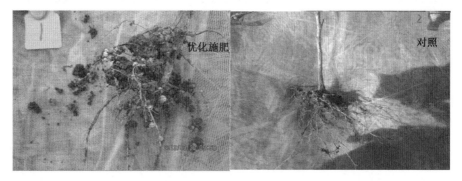

嫩江

图 17-5　养分调控对大豆根系生长的影响(2013)

17.3　黑龙江省大豆高产高效综合养分管理技术集成与示范

研究表明,结荚—鼓粒期是大豆需氮高峰期,此时期氮素的满足程度对大豆产量形成至关重要,因此是追施氮肥的关键时期,可将氮肥总量的 30% 作基肥施用,70% 作为追肥在盛花期施用,这几年我们推荐的基追比是 3∶7。

　　为使大豆生产过程轻简化,大豆高产高效综合养分管理技术以缓释氮肥为核心,将粒径、比重基本相同的氮磷、氮钾复合粒及钙、镁、硼和锌等中微量元素的复合粒,根据种植地区土壤养分状况和大豆需肥特性,配制成大豆多元配方肥,形成了养分总量控制、前氮后移、中微量元素因缺补缺、土壤酸度调整以及合理密植等多项技术于一体的东北春大豆高产高效综合养分管理技术。该技术减少前期供氮量,增加后期肥料氮的供应,既有利于充分发挥大豆自身的根瘤固氮能力,又有效满足大豆生长后期对氮的需求,使氮供应强度与大豆需求相吻合,不但有利于大豆高产优质,还提高了肥料的利用效率,减少农业生产对环境造成的面源污染。

　　自 2008 年开始,北起黑河,南至牡丹江,西起克山,东至双鸭山,该技术通过多年多点的试验和推广,与当地现有技术相比,均实现了增收节支、高产高效的目的(表 17-6,图 17-6)。2008—2011 年期间,该技术在黑龙江省覆盖面积达 37 万亩,使农民增收近 3 000 万元。

表 17-6

大豆高产高效综合养分管理技术示范效果

年份	产量/(kg/亩)		增产率/%	PFP		试验点次
	习惯施肥	优化施肥		习惯施肥	优化施肥	
2008	161	185	15.0	48.3	64.0	2
2009	181	208	14.9	46.5	75.3	3
2010	166	199	19.9	49.6	67.9	12
2010 鉴评	222	257	15.8	60.5	70.1	1
2011 鉴评	191	226	18.3	52.1	56.7	1
2013	229	260	13.5	55.1	65.0	1

图 17-6　黑龙江省大豆高产高效综合养分管理技术示范(2010)

参考文献

[1] 焦晓光,罗盛国,刘元英,等. 施用控释尿素对大豆吸氮量及产量的影响研究. 中国生态农业学报,2004,12(3):95-98.
[2] 郎漫,刘元英,彭显龙,等. 不同氮肥用量下镁对大豆碳氮代谢的影响. 大豆科学,2006,25(1):48-52.

［3］罗翔宇,董彦明,刘志远,等.启动氮加追肥对氮在大豆体内积累分配规律及产量的影响.大豆科学,2012,31(3):443-448.

［4］孙超,王海艳,刘元英.优化施肥对大豆群体质量的影响.东北农业大学学报,2012,43(8):110-113.

［5］孙文相,张明聪,刘元英.启动氮加追氮对不同密度大豆氮素吸收的影响.大豆科学,2013,32(4):506 511.

［6］田艳洪.不同时期施用氮肥对大豆根瘤固氮酶活性及产量的影响［硕士学位论文］.东北农业大学,2007.

［7］王伟.黑龙江省大豆合理施肥参数的研究［硕士学位论文］.东北农业大学,2009.

［8］徐洋,罗盛国,刘元英,等.氮镁交互对大豆生长及产量的影响.东北农业大学学报,2009,40(1):49-53.

［9］张金.多元缓释尿素对大豆养分吸收和根瘤固氮的影响［硕士学位论文］.东北农业大学,2005.

［10］张明聪.启动氮加追氮对不同密度大豆光合生产能力的影响［博士学位论文］.东北农业大学,2013.

［11］张文钊.氮素调控对大豆碳氮代谢及产量的影响［硕士学位论文］.东北农业大学,2008.

(执笔人:刘元英　孙磊)

第18章
建三江科技小院技术创新与应用

18.1　建三江科技小院

18.1.1　建三江科技小院所在区域特点

黑龙江垦区位于世界闻名的三大黑土带之一,是中央直属的三大垦区之一,地处三江平原、松嫩平原和小兴安岭山麓,土地总面积 5.54 万 km²,耕地面积 265 万 km²,是国家级生态示范区。黑龙江垦区也是我国重要的商品粮生产基地和粮食战略后备基地,现有 9 个管理局、113 个农牧场,总人口 166 万人,其中农业从业人员 49.1 万人。垦区利用 48 年时间,到 1995 年实现了 50 亿 kg;1995—2005 利用 10 年时间登上了 100 亿 kg,从 2005—2009 年利用 4 年时间登上了 150 亿 kg,从 2009—2011 年利用 2 年时间突破了 200 亿 kg,实现了 203.7 亿 kg,也为黑龙江连续两年粮食生产做出了重大贡献,昔日的"北大荒"真正成为今天的"中华大粮仓"。美丽富饶的建三江,地处乌苏里江、松花江、黑龙江冲积而成的三江平原腹地,辖区总面积 1.24 万 km²,现有 15 个国有农场,耕地面积 73 万 km²。经过五十多年的开发建设,建三江已经具备年粮食总产量 60 亿 kg 以上的生产能力,粮食商品量占全省的 1/5,粳稻总产量占全省的 1/3。作为全国机械化程度最高、最重要的商品粮基地、最大的绿色食品基地建三江现代化大农业走在了全国前列(图 18-1)。

18.1.2　建三江科技小院建设的背景

站在"引领中国现代农业,保障国家粮食安全"的战略高度,中国农业大学与黑龙江垦区强强联合,开展农业科技合作与共建。以高产高效现代农业研究与示范基地建设为平台,以高产高效现代农业示范农场建设为突破口,立足垦区,面向东北,为高产高效现代农业发展做出贡献。现代农业的发展需要靠人才! 这种人才需要既具备农业领域的理论水平,又具备较强的解决生产实际问题的能力。我国农业的发展需要依靠这种复合型、具备创新能力的人才。在这片沃土上,中国农业大学有了更加广阔的平台,既能做国际前沿的科学研究、又能服务于当地的生产实践,为保障国家粮食安全做出更大的贡献,同时培养出服务于现代大农业的复合型人才,彰显了中国农业大学"解民生之多艰,育天下之英才"的校训和使命。通过 2005 年的测土配方施肥技术拉开序幕,经过数次的农业合作及高产高效技术的大面积示范、应用与推广,到目前为止有 30 多位中国农业大学的莘莘学子在这片大农业的沃土上留下了印记。为了与建三江展开长期有效的合作、为现代化大农业做出属于我们自己的贡献以及为了培养更多农业生产实践性人才,建三江科技小院应运而生。

图 18-1　现代大农业

18.1.3　建三江科技小院的基本定位

中国农业大学建三江科技小院是我国第一个以规模经营机械化现代农业为重点的科技小院,以"引领中国现代农业,保障国家粮食安全"为目标,深入农业生产一线,进行现代农业科技创新与技术集成和示范,建立大面积可持续绿色优质高产高效现代农业技术体系,探索现代农业发展模式,力争为保障国家粮食安全、食品安全和生态安全,实现国家农业可持续发展战略目标,建设新农村、培养知识型农民以及国际化优秀人才的培养做出重要贡献。

18.2　建三江科技小院技术创新

中国农业大学建三江科技小院以科技合作为主导,科技创新为理念,研究和探索在规模经营现代化大农业条件下如何实现大面积高产高效,为保障国家粮食安全,促进可持续发展做出贡献！首先针对建三江垦区绿色稻米产业以及现代农业发展的需要,中国农业大学组织国内外优势力量,组建多学科团队,协同作战,联合攻关,用农业高新技术推动建三江农业发展。中国农业大学建三江科技小院涉及来自中国农业大学的资源与环境学院、农学与生物技术学院、工学院、理学院、信息与电气化工程学院以及东北农业大学、扬州大学、黑龙江农垦水稻研究所、建三江农业科学研究所、七星农场研发中心、德国科隆大学等单位的植物营养、水稻栽培、农业气象、植物保护、农业工程、信息技术和精准农业等不同学科和领域的专家团队;其次为了促进成熟的高产高效现代农业技术在垦区的推广应用,中国农业大学与建三江管理局农业局、七星农场农业生产技术部紧密结合组织实施"高产高效"创建工作,通过农大师生长期驻扎基地开展"四零"(零距离、零费用、零时差、零门槛)服务实践和"双高"技术培训、指导核心示范农户和万亩高产高效示范片建设,增产增效显著。2009 年 6 月,胡锦涛总书记在黑龙江考察时强调,粮食安全始终是治国安邦的头等大事,希望黑龙江特别是黑龙江垦区"积极发展现代化大农业,建设国家可靠大粮仓。"为了实现这个伟大目标,中国农业大学针对寒地水稻生产存在的问题,开展系统研究及技术集成(图 18-2)。

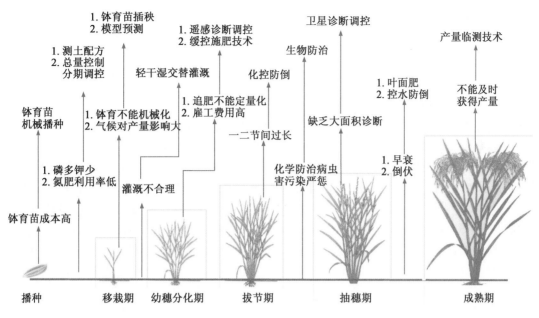

图 18-2　寒地水稻生产上存在的问题及对策

从 2005 年开始,我校与黑龙江农垦总局开展了大规模合作共建,开展了高产高效全国核心示范农场建设,在建设的过程中我们以技术创新为主线,集合多学科、多层次专家教授、学生和全国性、国际性团队攻坚克难,研究更适合寒地水稻的高产高效技术,目前,各项技术理论体系已经形成,有些技术正在大面积示范与推广。

18.2.1　测土配方施肥技术——大配方小调整

施用化肥对水稻产量的提高起着举足轻重的作用,而究竟施用多少肥料是广大水稻种植户最关心的问题。有些农户过于重视氮肥的施用,无论在什么时期,都大量施用氮肥,结果得不偿失,不是水稻发病重,就是大面积倒伏,空粒增加,粒重下降,减产严重,现在化学肥料涨幅很大,这样做不仅增加了成本,而且造成了负面影响,所以,一定要科学合理施用化肥,争取做到以最少的投入取得最大的收益。以土定产、以产定氮、因缺补缺、有机无机相结合、氮、磷、钾平衡施用为原则,根据水稻各个时期生长发育实际需肥量进行施用,本着"少食多餐"、"适量补施"作为基本原则,满足水稻每个时期的养分需求,使其健壮生长、提高产量,叫作测土配方施肥。

1. 大配方小调整

立足于黑龙江省农垦总局建三江管理局七星农场,根据当地 2006—2008 年的"3414"试验数据以及土壤养分测试值推荐出区域配方,在 2010 年我们设置试验,在寒地水稻整个生育期设计 4 个田块处理对推荐的区域配方进行验证,即空白对照处理、农户习惯处理、区域配方处理和优化配方处理。事实证明区域大配方再加上部分的优化调整的施肥策略确实效果明显。

2. 效果

在七星农场 14 个试验点,区域配方处理与农民习惯相比 PFP(N)降低 9%,优化配方处理的 PFP(N)与农民习惯相比增加 2%。区域配方处理的 PFP(P)与农民习惯相比增加 55%,增效显著;优化配方处理的 PFP(P)与农民习惯相比增加 80%。区域配方处理与农民习惯相比 PFP(K)降低了 42%,优化配方处理与农民习惯相比下降了 10%。农户习惯处理的部分养分效率高是因为整体的农户习惯施肥偏低造成,优化配方施肥处理增效明显。

3. 经济效益评价

按照氮肥(N)4.13 元/kg、磷肥(P_2O_5)7.77 元/kg、钾肥(K_2O)4.94 元/kg 与水稻 1.60 元/kg 的价

格来计算,14个试验点农民习惯处理的施肥效益平均值为 13 061 元/hm²;区域配方处理的施肥收益平均值为 14 079 元/hm²;优化配方处理的施肥收益平均值为 15 332 元/hm²。优化配方处理的效益与农场配方处理的效益相对于农民习惯处理的效益都有所增加,分别增长了18%和8%。

18.2.2 遥感技术在寒地水稻高产高效管理中的应用研究

1. 应用叶绿素仪 SPAD 和荧光传感器 Dualex 4 诊断寒地水稻氮素营养状况

植物叶绿素在蓝光区域(400~500 nm)和红光区域(600~700 nm)吸收达到峰值,但在近红外光区没有吸收利用叶绿素的这种吸收特性,SPAD-502 测量叶片在红光区(650 nm)和近红外光区(940 nm)的吸收率,通过这两个波段的吸收率,来估算叶绿素相对含量(SPAD 值)(李志宏等,2003;Hansen et al.,2003)。叶绿素仪体积小,重量轻,携带方便,测定方法简单,广泛应用于各种作物及林木氮素营养诊断,荧光传感器 Dualex 4 是一种新型的手持式传感器,它通过评估叶片多酚化合物的含量来反映作物氮胁迫的程度,结合叶片叶绿素的含量,能够比较准确地诊断作物的氮素营养状况(图 18-3)。它的测定原理是通过双重激发的叶绿素荧光来获取叶片表皮的紫外光(375 nm)吸收率,进而评估叶片的多酚化合物含量。多酚是植物的次生代谢产物,在 UV-A 和 UV-B 紫外线波段具有典型吸收峰,能够防止叶片受过多紫外线辐射的伤害。多酚化合物的合成受叶片氮水平以及辐射程度等因素的影响。

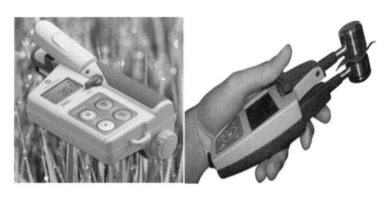

图 18-3 叶绿素仪 SPAD(左)和荧光传感器 Dualex(右)

通过系列的结果分析表明,Dualex 4 和 SPAD 在估测叶片叶绿素浓度、叶片氮浓度方面和植株氮浓度的能力相当,解释叶绿素浓度变异均在80%以上,但解释叶片氮浓度和植株氮浓度变异的能力受品种和生育时期的影响,不能简单地使用单一指数来进行寒地水稻氮素营养状况的诊断。Dualex 4 多酚值与叶片氮浓度、植株氮浓度在水稻拔节期和抽穗期显著线性负相关,但解释其变异性仅为30%~60%,而且引入的新指数 NBI(Chl/Flav)并没有提高估测叶片和植株氮浓度的准确性,这说明,水稻叶片多酚值可能受氮素影响之外,还有其他因素具有同等或更大的影响,能否很好地反应氮素营养状况还需要进一步进行研究。由于 SPAD 和 Dualex 4 在大田作物氮素营养诊断上费时、费力,一项由 Zhang et al.(2008)的研究表明 SPAD 在调整氮肥施用量以及使用过程中的工作量大等,在实践中还存在一定的限制因素。因此,SAPD-502 在黑龙江这样大规模的农场中展开营养的实时诊断与调控研究不仅费时而且费力。所以,我们根据黑龙江农垦的实际情况要发展一种更高效的氮素营养诊断方法。

2. 基于 GreenSeeker 的寒地水稻氮素营养诊断和氮肥推荐技术

20 世纪 90 年代中后期,美国 Oklahoma 州立大学研制出了作物冠层遥感光谱仪 GreenSeeker(NTech Industries,Inc.,Ukiah,CA),在依据作物的生长状况指导施肥方面进行了研究,并在多个国家进行了示范和推广应用(图 18-4)。GreenSeeker 自身携带具有高强度发光二极管发出的红光和近红外光的自身光源,克服了被动传感器易受外界光强和云层等干扰的缺点,更加适合在大田条件下实时地诊断作物生长和氮素营养状况。GreenSeeker 使用红光[(650±10) nm]和近红外[(770±15) nm]

两个波段,发出的光经过作物反射后再被二极管所接受和测量,并将这些信息传递给自身携带的掌上电脑,通过软件计算出归一化植被指数 NDVI 值(normalized difference vegetation index)和比值植被指数 RVI (ratio vegetation index). NDVI 是使用最为广泛的植被指数,是植物生长状态及植被空间分布密度的最佳指示因子(Moges et al. ,2004)。国内外已经对应用主动作物冠层传感器 GreenSeeker 进行作物氮素营养状况诊断做了大量研究(Ruan et al. ,2002;Li et al. ,2009;Yao et al. ,2012;Samborski et al. ,2009;郭建华等,2008)。

图 18-4　GreenSeeker 在寒地水稻氮素营养诊断及推荐的应用

建三江科技小院在参考国内外相关研究的基础上,建立了基于 GreenSeeker 的寒地水稻氮素精准管理方法。该方法首先确定一个初始的目标产量,根据预先确定的基肥:分蘖肥:穗肥:粒肥的比例,确定基肥和分蘖肥的数量。在幼穗分化期应用遥感技术对水稻氮营养和生长状况进行诊断,在此基础上估测可能获得的产量,对初始目标产量进行调整,并根据调整后的更现实的当季目标产量确定中后期穗、粒肥的施用数量,进行中后期的管理(图 18-5)。在此基础上,我们进一步建立了基于 GreenSeeker 作物传感器的寒地水稻氮素精准管理策略,以区域优化施氮量作为初始的总施氮量(90~110 kg/hm²),按照固定比例确定基肥和返青分蘖肥数量,在拔节期追施穗肥前,应用 GreenSeeker RVI 估测不施追肥可能获得的产量,然后计算氮反应指数(response index,RI)和追施氮肥后可能获得的产量,据此估测需要追施氮肥的数量。该策略于 2011 年在建三江农户田块进行验证,可以在不减产的情况下比农民传统施肥提高氮肥偏生产力 48%(Yao et al. ,2012b)。这个技术比基于叶绿素仪的氮素精准管理方法具有 4 个优点:①本方法根据当季的作物生长情况调整当年的目标产量,并根据比较现实的目标产量确定后期追肥的数量,而不是根据诊断结果上下浮动固定的施肥量;②该方法使用冠层传感器,比叶片传感器叶绿素仪效率更高,更适合田间实际应用;③该方法不受测试环境及时间的影响,因为 GreenSeeker 传感器是主动传感器,具备自己的光源,更符合田间应用的需要;④该方法使用充足施氮小区或田块作为参照田块,可以消除不同品种及其他环境因素的影响(Yao et al. ,2012b)。

GreenSeeker 传感器只有两个波段,在叶面积超过 2~2.5 或者氮浓度超过 3% 会出现饱和现象(Heege et al. ,2008),所以,GreenSeeker 在诊断高产作物的氮素营养状况时会受到一定得限制,从而出现误差(Heege et al. ,2008;Yao et al. ,2012;Samborski et al. ,2009;Li et al. ,2010)。

3. 基于 Crop Circle ACS-470 传感器在作物施肥诊断中的应用研究

美国 Holland Scientific 公司生产的 Crop Circle ACS 470 是一种新型主动光源作物冠层传感器。与具有 2 个固定波段的 GreenSeeker 传感器最大的优点是 Crop Circle ACS470 传感器有六个可选波段,分别为可见光区的(450±20) nm、(550±20) nm、(650±20) nm、(670±11) nm、(730±10) nm、近红外区的 760~800 nm。用户可以根据不同作物类型、不同品种、不同作物生育时期或估测不同农学参

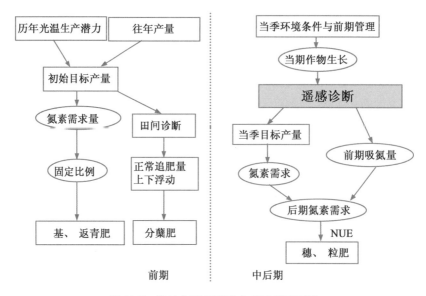

图 18-5　寒地水稻氮肥动态精准管理思路

数的需要,选择合适的 3 个波段,随时进行更换,因此使用起来更加灵活,更能满足实际生产的需要。

根据前人的研究基础,我们从 Crop Circle ACS 470 6 个备选的波段中选择了近红外、红边和绿光 3 个波段。在初步的研究中,我们发现叶绿素指数 CI(R_{760}\R_{550}−1)可以较好地估测寒地水稻生物量($R^2=0.83$)、植株吸氮量($R^2=0.85$)和氮营养指数 NNI($R^2=0.73$),而对植株氮浓度的估测效果则不够理想(Cao et al.,2013a)。在进一步系统研究中,我们用这 3 个波段组合了 40 个不同的植被指数,发现 MCARI1 这个植被指数与生物量($R^2=0.79$)和吸氮量($R^2=0.83$)的线性关系最好(图 18-6),在高生物量和吸氮量情况下没有出现饱和现象,因此比 GreenSeeker NDVI 更适合高产作物的氮营养诊断(Cao et al.,2013b)。有 4 个红边植被指数(MRESAVI,RESAVI,REDVI 和 RERDVI)均与氮营养指数 NNI 高度相关($R^2=0.75-0.76$)。与植株氮浓度相关性最好的植被指数的 R^2 只有 0.31(Cao et al.,2013b)。因此对于高产作物可以采用 Crop Circle ACS 470 估测生物量,根据生物量和氮稀释曲线计算临界氮浓度,并进而计算临界吸氮量。然后用 Crop Circle ACS470 估测当前植株吸氮量,然后与临界吸氮量进行比较,进而计算出氮营养指数 NNI,对作物进行氮营养诊断。另一种方法是直接估测 NNI,然后进行氮营养诊断。

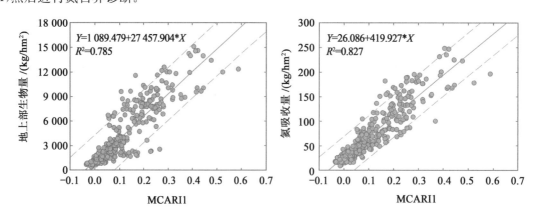

图 18-6　Crop Circle ACS 470 植被指数 MCARI1 与水稻生物量(左)和植株吸氮量(右)的关系

4. 基于卫星遥感的寒地水稻大面积诊断与调控技术

建三江管理局是集约化大规模现代农业生产模式,是全国农业的排头兵。但是据调查,农户由于缺乏相应技术支持,在施肥时普遍选择全田统一的施肥量,忽略土壤的空间变异特性及作物的需肥特性。这是导致肥料利用效率低的重要原因之一。针对上述问题,2010 年开始开展应用卫星遥感技术进行大面积氮素营养诊断与调控的研究,建立了相应的调控方法。

在应用卫星遥感诊断作物营养和长势时,第一种策略是计算与作物长势和氮营养关系密切的植被指数,在田间调查的基础上,确定合适的阈值,然后将田间作物长势或氮营养状况划分成不同的管理区,然后采取相应的调控措施。图 18-7 是应用不同水稻生育期获取的 FORMOSAT-2 卫星影像对不同农户及同一农户不同格田诊断的结果。在管理时,可以对长势适宜的田块或格田按照原计划进行追肥,而对于长势弱的田块可以适当增加追肥量。在长势旺的田块或格田,则可以适当减少追肥。

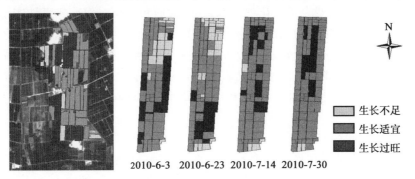

图 18-7　基于卫星遥感影像的不同农户(左)及同一农户不同格田水稻长势诊断图

第二种策略是与地面传感器相结合。比如叶绿素仪 SPAD 已经被比较广泛地用于作物氮营养诊断,已经建立起不同的诊断方法。但因为是叶片尺度传感器,单独应用仍然比较费时。而卫星遥感虽然可以覆盖较大面积,效率高,但卫星影像仍然需要地面数据的校正,而传统破坏性取样效率低、成本高、时效性差。因此可以用卫星影像数据估测大面积作物相对叶绿素浓度(SPAD 值)的空间分布,然后在地面代表性位点实测 SPAD 值,校正卫星影像估测模型,然后可以按照阈值法或氮充足指数法进行氮营养诊断。在黑龙江农垦的寒地水稻卫星遥感研究中,FORMOSAT-2 卫星遥感影像计算的比值植被指数 RVI 与 SPAD 值显著相关($R^2 = 0.24$),特别是分品种单独建立关系时,其相关性显著得到提高($R^2 = 0.36 - 0.68$)(Huang et al.,2013)。

常规的光学卫星遥感应用于大面积作物氮营养诊断与调控时容易受到天气的影响很大,常常会造成关键生育期无法获得卫星影像的问题。雷达遥感因使用本身的能量源,不受天气影响,可以进行全天候观测,并且能够透过云层覆盖,可有效解决因天气原因无法获得影像的难题。在黑龙江农垦,我们探索了应用多时相高空间分辨率双极化合成孔径雷达影像(TerraSAR-X)监测寒地水稻长势的可行性。研究结果表明,水稻移栽后 35 d,VV 反向散射特征与植株茎秆重量关系密切($R^2 = 0.69$),而在移栽后 46 d 和 79 d,VV 反向散射特征分别与叶片重量($R^2 = 0.72$)和穗重($R^2 = 0.64$)密切相关(Koppe et al.,2013)。这些结果表明了合成孔径雷达影像估测作物生物量的应用潜力。但总体来说,应用雷达影像对作物生长进行监测的研究还处在刚刚开始阶段,还需要进一步深入研究。

2011 年结合中国农业大学与黑龙江农垦开展的高产高效示范推广合作项目,在建三江管局七星农场 69 作业站,应用卫

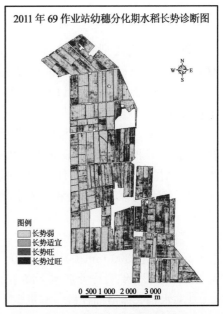

图 18-8　2011 年 69 作业站幼穗
分化期水稻长势诊断图

星遥感技术,监测全作业站水稻幼穗分化期生长状况(图18-8),为该作业站各户提供穗肥施用建议。在为该作业站各户提供穗肥施用建议后,经测点验证其结果产量平均提高了11.7%,氮肥偏生产力提高32.3%。该技术可以在不减产的情况下提高氮肥利用率和净收入,减少因过量施肥造成的环境问题。

18.2.3 水稻钵育苗机械播种及插秧技术

水稻钵育摆栽是寒地水稻高产稳产栽培技术之一,优点是秧苗健壮、带蘖率高、移栽不伤苗、不返青、促进早分蘖,可有效提高水稻单产、增加收益。据专家统计测算,同常规的栽培技术比较,产量可提高10%~20%,但是费时费力机械化程度低,不能大面积应用。而毯式育秧实现了机械化插秧技术,提高工作效率,但是机插秧过程中容易伤苗,并且基部带土坨少,营养少,返青慢。针对以上生产问题中国农业大学工学院宋建农教授研制了水稻钵苗育秧机械化播种机及插秧机。采用钵形毯状秧盘培育具有毯下钵形状的水稻机插秧苗,结合了钵形秧苗和毯状秧苗的优点,可利用播种流水线,定量定位播种器播种并自动覆土,而用配套的插秧机插秧,秧苗素质高、机插漏秧率低、返青快。

1. 水稻盘育秧生产线研究与开发

(1)2ZBL-400型水稻盘育秧生产线 主要由机架、减速电机、秧盘输送链、铺底土装置、精密播种装置、覆土装置、刮土装置等组成。可一次完成水稻盘育秧的秧盘输送、铺底土、精密播种、覆土和表面刮土等作业工序。与水稻钵苗育秧盘配套(图18-9)。

图18-9 水稻钵苗育秧盘配套机

该机采用勺式型孔轮排种器(专利号:ZL201020141596.4)和同步柔性皮带护种装置(专利号:ZL200720187281.1),排种性能稳定,故障率低,有效地减少了对水稻芽种种子的损伤;采用链传动/输送机构(专利号:ZL200820110232.2),结构简单、运动精确、无打滑现象,输送过程无任何移动,保证种子精确投入育秧盘的孔穴内。

(2)ZPY-GH530型水稻纯钵苗行栽机 采用链条式输送机构和单辊式夹拔秧机构、间隔斗式分秧、导管式导秧装置和波浪形防拥水拖板,为国内外首创。实现了水稻钵苗的成行有序抛栽,充分发挥了水稻抛秧栽培的技术优势,节本增产效果显著,而且具有结构简单、重量轻、加工制造成本低、操作方便、工作可靠、对秧盘和秧苗损伤小、生产效率高、作业质量好等优点。技术性能居国际先进水平。

其性能指标:①配套动力:水田四轮驱动通用底盘;②生产效率:3.0~5.0亩/h;③工作幅宽:1.5 m;④行距:300 mm;⑤株距:100~250 mm(6级可调)。与现行相同级别插秧机相比,整机造价下降20%~40%,综合作业成本下降40%~60%,作业质量显著提高,每亩增产10%~15%。

(3)水稻大钵苗插秧机 本机主要由插秧工作部分与动力行走部分组成。插秧工作部分由分插机构、移箱机构、送秧机构、秧箱、提升机构等组成;动力行走部分由发动机、行走传动箱、驱动轮、操向装置、牵引架和船板或浮板等组成。与水稻大钵苗机插育秧盘配套,其技术关键是:①保证横向采秧次数与育秧盘横向钵孔数一致；②秧箱的秧苗输送装置应与育秧盘的纵向钵苗间距一致；③纵向采秧量根据专用育秧盘的钵苗的纵向尺寸，保证秧箱纵向秧苗移送量与之匹配。

主要技术指标：①作业行距：30 cm；②作业株距：12,14,16,18,21 cm；③横向移箱次数：14 次；④纵向采秧量：19 mm；⑤作业速度：0.34～0.77 m/s；⑥作业效率：2～3 亩/h。

2.应用效果

从示范的效果可以看出，产量上纯钵、大钵和小钵处理较农户常规相比差异显著（图 18-10；彩图 18-10 和表 18-1），相比较农户常规处理纯钵与大钵处理的产量分别提高 21.23%,11.61%,在每平方米穗数上纯钵与大钵处理同小钵相比差异显著，小钵处理与农户常规处理相比差异显著，而在穗粒数、结实率和千粒重方面均无差异。因此从产量构成上来看，产量高的处理与产量低的处理相比，穗粒数、结实率、千粒重随产量变化不明显，产量的提高主要来自于每平方米穗数的贡献，而每平方米穗数的差异主要体现在有效分蘖数方面。

图 18-10　从左至右依次为纯钵、大钵、小钵、农户常规处理，
上下两行依次为七星一号 5 月 31 至 6 月 26 日每隔一周取样

表 18-1

空育 131 各处理产量与产量构成

	每平方米穗数	穗粒数	结实率/%	千粒重/g	实测产量/(t/hm²)
纯钵	754.17a	68.28	88.70	26.34	10.72a
大钵	712.51a	68.65	86.27	26.52	9.87ab
小钵	645.33b	65.27	88.22	26.23	9.03bc
农户常规	583.59c	70.43	88.31	26.25	8.84c

实际经济效益计算，以每公顷为单位，假设多育 10% 的秧苗作为补苗用途，需要纯钵，大钵，小钵和农户常规秧盘数量分别为 764,659,387 和 440 个，按每个秧盘 0.6 元，则纯钵、大钵、小钵和农户常规处理秧盘投入分别为 458.4,395.4,232.2 和 264 元；4 个处理占大棚面积分别 160.44 ,112.56,66.1 和 71.48 m²；按大棚每平方米 41.67 元造价，纯钵、大钵、小钵和农户常规处理在秧田投入成本分别为 6 685.53,4 690.38,2 754.39 和 2 978.57 元。由于实验是人工收割样方测得，因而较机械收割几乎无损失，以机械收割损失为 10% 计算，七星一号的田间机械收割纯钵、大钵、小钵和农户常规处理每公顷产量分别为 10.51 ,10.04 ,9.89 和 8.30 t；以每千克水稻 2.8 元价格计算，纯钵、大钵、小钵和农户常规处

理每公顷毛收益分别为 29 433.6,28 098,27 694.8,23 234.4 元。空育 131 的田间机械收割纯钵、大钵、小钵和农户常规处理每公顷产量分别 9.64 ,8.88,8.13 和 7.96 ,同样按每千克水稻 2.8 元价格计算,纯钵、大钵、小钵和农户常规处理每公顷毛收益分别为 26 989.2,24 872.4,22 755.6 和 22 276.8 元。所以,减去大棚与秧盘投入后,七星一号四个处理的收益分别为 22 939.1,23 474.6,24 979.7 和 20 286.6 元,纯钵、大钵和小钵较农户常规处理相比分别增加收益 2 652.5,3 187.9 和 4 693.1 元;空育 131 四个处理的收益分别为 20 494.7,20 249,20 040.5 和 19 329.0 元,纯钵、大钵和小钵较农户常规处理相比分别增加收益 1 165.7,920.0 和 711.5 元。两个品种纯钵、大钵和小钵处理相对农户常规处理每公顷平均增加收入 1 909.1,2 054.0 和 2 702.3 元。

18.2.4 缓控释技术的应用研究

缓控释肥是指通过各种调控机制使其养分最初缓慢释放,延长作物对其有效养分吸收利用的有效期,使其养分按照设定的释放率和释放期缓慢或控制释放的肥料。这种肥料具有提高化肥利用率、减少使用量与施肥次数、降低生产成本、减少环境污染、提高农作物产品品质等优点,突出特点是其释放率和释放期与作物生长规律有机结合,从而使肥料养分有效利用率提高。相对于速效肥,有以下一些优点:①在水中的溶解度小,营养元素在土壤中释放缓慢,减少了营养元素的损失;②肥效长期、稳定,能源源不断地供给植物在整个生产期对养分的需求;③由于肥料释放缓慢,一次大量施用不会导致土壤盐分过高而"烧苗";④减少了施肥的数量和次数,节约成本。

针对集约化规模经营劳动力短缺、雇工费高等问题,2011 年展开了缓控释的研究及应用,其结果相对农户常规,缓控释肥及缓控释肥+碳能都减小一次返青分蘖肥,节省一次雇工费,但是分别增产 5.45%,7.40%(图 18-11),氮肥偏生产力分别提高 66.6%,74.3%;相对农户常规,缓控释肥节省纯氮 55 kg/hm²。经过 2012 年小区试验的研究发现,施用缓控释肥可以使水稻增产,同习惯施肥相比增产率在 10% 以上;同时增收幅度也较大,如果缓控释肥价格不上涨,一般施用缓控释肥比习惯施肥增加收入 2 000 元/hm² 左右,而且省工省时,减少追肥次数,解决了农民长期施肥集中在水稻生育前期的习惯,同高产高效处理相比差别不大,与农户常规相比,在减少 20% 氮素用量的情况下,增产 2.99%。

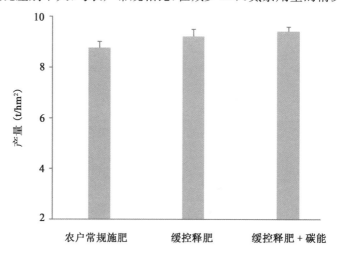

图 18-11 缓控释肥应用效果

18.2.5 动力伞高效施药技术示范与应用

针对黑龙江农垦规模化经营,病虫害大面积发生而不能及时有效防止问题,2011 年 7—8 月期间在黑龙江农垦地区,对植保动力伞的相关性能进行了测试与研究,并进行了大面积的实际生产作业推广(图 18-12)。主要研究内容包括有效喷幅确定、喷雾均匀性测试、雾滴沉积分布研究等。

图 18-12　动力伞高效施药现场

研究结果表明,飞行高度为 3 和 5 m 时,10 m 范围内横向雾滴沉积量较高,沉积分布较均匀,在静风与相对湿度比较大的情况下,使用标准扇形喷头与射流防漂喷头并没有显著区别。最终确定植保动力伞的有效喷幅为 10 m。通过数据能够发现,由于植保动力伞的中间部分没有配置喷杆,以及中央螺旋桨筒形风的存在,使得在喷幅中间位置的农药有效沉积小于两侧的农药沉积,因此需要在后期的研究中对植保动力伞的喷洒系统进行改进,解决这一问题。动力伞喷药效果与人工手动作业效果相当。由于冠层上部叶片的拦截作用,冠层内部的药液沉积量小于冠层外部的沉积量。喷头类型之间的药液沉积没有显著差异。通过测试水敏纸上的雾滴粒径以及覆盖密度,沉积在玉米以及水田中的雾滴粒径为 90~120 μm,雾滴覆盖密度$\geqslant$10 个/cm^2,可以满足防治要求。2011 年 6—9 月期间,在北大荒农垦集团的 854 农场、名山农场、延军农场针对玉米与水稻作业面积累计 17.8 万亩,达到防治作业要求。

18.2.6　联合收割机智能测产系统应用研究技术

谷物联合收割机智能测产系统是基于差分全球定位系统(DGPS)技术,传感器技术和微处理器技术的集成系统,主要包括 3 部分:数据获取部分,监控器硬件电路部分和监控器软件程序设计部分。数据获取部分包括前端传感器和 GPS 接收机,前端传感器包括:谷物流量传感器、谷物湿度传感器、谷物温度传感器、割台高度传感器、地速传感器和升运器转速传感器,GPS 接收机为系统提供实时定位信息。将所采集的数据综合处理后,就可以得到精确的收获谷物产量信息。谷物测产系统工作时,由传感器组实时测得单位时间谷物质量或流量,谷物含水率,收割机前进速度,割台高度和升运器转速,据此可以计算谷物单位面积产量。DGPS 系统可以每秒给出收割机在田间作业时 DGPS 天线所在地理位置的经纬坐标动态数据,流量传感器在设定时间间隔内自动计量累计产量,再根据作业幅宽换算为对应时间间隔内作业面积的单位面积产量,从而获得对应作业区域的空间地理位置数据和有关的产量数据。这些原始数据经过数字化后存入产量记录系统的智能卡上,通过专用软件进一步处理分析,生成产量空间分布图。

2011 年 9 月,中国农业大学精细农业研究中心测产研究小组使用美国 Micro-Trak 公司生产的 Grain-Trak 测产系统,在东北建三江农场进行了系统的安装和测试(图 18-13)。安装收割机为 John Deer3316,收获地块位置为北纬 47.173 488°~47.173 833°,东经 132.430 639°~132.431 951°,面积为 13.36 hm^2,种植水稻为"七星一号"。通过该测产系统测得实收水稻平均含水率 18.4%,总产量 110 280.12 kg,亩产约为 550.30 kg。此外通过产量分布图软件生成了水稻产量分布图,为下一步的变量施肥提供了科学依据。

图 18-13　2011 年 9 月在七星农场 36 作业站联合收割机智能测产现场

18.2.7　生物防止稻瘟病

从 1992 年至今,建三江管理局先后被确定为"省级绿色产业经济技术开发区""国家级生态示范局""中国绿色米都"。目前,对水稻生产中病虫害的防治以化学药剂为主,大面积飞机航化作业会对生态环境及水稻品质造成一定影响。为建设"绿色米都",寻求新的更高效的药剂来满足绿色水稻生产的需求,2011 年对中国农业大学提供的植物源农药 0.5% 小檗碱进行田间防病试验。

1. 成分

0.5% 小檗碱、2% 阴性与非阴性杀菌药、3% 强力综合杀菌药,总碱为≥8%,纯植物提取物,不含任何有毒农药的化学成分。

2. 原理

纯植物源萃取的生物高科技产品。经国家指定的医学科学院及残留检测专业机构多次作出检验结果,无毒、无残留属内吸外敷药,施药后将在 30 min 内能抑制菌类及病毒害对植物的危害,能使菌害迅速窒息死亡,被作物吸收后迅速将病毒排泄,3 d 转化为叶面肥的效果。

3. 试验效果

小檗碱对稻瘟病防效一般,其中叶瘟的防治效果达到 24.3%,穗颈瘟防效 37.0%。造成防治效果不理想的原因可能是由于小檗碱使用量较低和 2011 年病害发生较轻有关。

18.2.8　化控技术

在黑龙江农垦对水稻收获穗数调查中,发现有效穗数不足,种植户平均插秧密度 24 穴/m²,严重影响产量,根据目标产量可以根据品种适当的增密,但是在增密过程中容易造成后期倒伏现象,高产与倒伏的矛盾已成为限制水稻产量持续增长的重要因素,针对这一现象,中国农业大学对化学防倒技术进行研究示范(图 18-14;彩图 18-14)。

研究结果表明:缩短基部 3 个节间长度,增加茎节粗度和充实度,提高抗倒伏能力;增强根系吸收,提高叶片光合能力,促进物质向籽粒中分配,协调水稻亩穗数、穗粒数和千粒重,增加水稻抗病、抗低温、抗干旱等逆境能力。喷施时间在拔节前 10 d 至拔节初期叶面喷雾,配合适当增加密度,有一定的增产效果。

高产高效管理中,适当增密的情况下化控技术使寒地水稻降低了倒伏风险,龙粳 21 和空育 131 倒伏指数分别为 94.3 和 60.1 cm·g/N,而不使用化控技术的分别是 161.7 和 124.1 cm·g/N,降低了40%～50%的倒伏风险。株高方面,龙粳 21 和空育 131 分别为 76.6 和 66.1 cm,分别降低了 14.6% 和18.3%。抗折力方面,龙粳 21 和空育 131 分别为 6.59 和 5.93 N,分别提高了 36% 和 48%。地上部鲜重方面,化控技术对空育 131 和龙粳 21 两个品种地上部鲜重的影响差异不显著。产量方面,龙粳 21和空育 131 两个品种产量分别是 12.6 和 11.7 t/hm²,但是使用化控技术和不使用化控技术对产量没有差异(图 18-15)。

图 18-14　化控技术效果

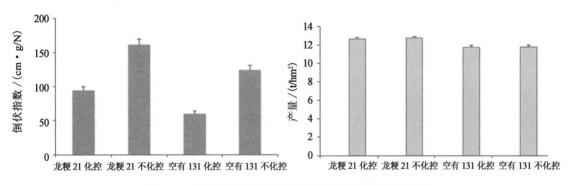

图 18-15　化控技术对寒地水稻抗倒伏指数级产量的影响

18.2.9　寒地水稻氮肥用量对病害发生和农药用量的影响

氮肥施用水平的高低显著影响着水稻的群体指标、叶绿素含量和氮含量的高低;不同氮肥施用水平的病害发生程度也存在着明显的差异,特别是鞘腐病。通过相关性分析我们发现,水稻叶绿素含量的高低能够显著地影响水稻鞘腐病及褐变穗的病害发生程度,最终的原因是由于氮肥水平的不同所导致的。由于 SPAD 值与叶片含氮量呈正相关,因此水稻鞘腐病及褐变穗的病害发生程度与叶片含氮量呈正相关。有关研究表明,随着叶色的加深,低分子态非蛋白氮含量直线上升,游离氨基酸含量增加,而游离氨基酸是病菌繁殖的较佳氮源。深绿色稻叶的游离氨基酸含量较高,有利于病害的发生和蔓延。另外,群体指标与病害发生程度在统计上的相关性不明显,但是高氮情况下,水稻的分蘖数,叶面积指数及生物量均呈现升高的趋势,使群体密度增加,非常有利于病害的蔓延与扩展。

研究结果显示,优化施氮使病害发生程度明显降低,并且在优化施氮、减量施药的情况下,可以使水稻鞘腐病病害发生程度控制在与优化施氮、常规施药无明显差异的水平上。

18.2.10　寒地水稻高产高效适应性栽培技术

近几十年来东北水稻单产与其生长季的日平均气温呈明显递增趋势,但与降水量变化相关不显著。理论推算表明,水稻生长季最低气温升高 1℃,水稻单产可提高 6.0% 以上。田间试验发现,在目前的气温背景下,水稻冠层气温升高 1℃,单产可提高 10% 左右。近 40 年来东北水稻新品种的生育期每 10 年约延长 3 d,与近 20 年来田间观测到的水稻实际生育期延长幅度基本一致,达 5 d 左右;与 1970

年相比,2010 年黑龙江省的水稻种植面积扩大了 24 倍,种植重心向北位移了近 110 km,与东北水稻生长季≥10℃有效积温带北移的幅度一致,气候变暖对东北水稻的增产效应显著(张卫建等,2012),因此在气候变化的情况下通过品种改良、栽培改进和区域调整等策略来逐步适应气候变化的趋势。建三江管理局处于第三积温带,粳稻产量占全国的 12%,要注意因水稻生育期延长和种植区域北扩而可能遭遇的低温冷害等极端性天气。本研究针对寒地水稻在气候变化的情况下,如何实现高产高效综合栽培措施,以期为广大种植户提高技术保障和科学依据。

运用 ORYZA 水稻模型对建三江地区近 50 年水稻生产潜力进行评估(图 18-16),发现气候波动对建三江地区水稻(11 和 12 叶)产量潜力的影响程度分别为 10.2%～32.5%和 11.6%～43.4%,平均分别为 21.4%和 33.5%,气候年际间的差异对水稻产量的影响不容忽视,要根据当季气候类型进行合理的管理尤为重要。据黑龙江省农垦科学院水稻研究所多年来的观察研究和生产实践,认为寒地水稻的感温性较感光性更为敏感。感温性是指在适宜水稻生长温度范围内,高温使生育期缩短,低温使生育期延长,尤其是生育期短、主茎叶片数少的极早熟品种表现更甚。寒地水稻为交错型水稻,即在水稻的生育过程中,营养生长后期和生殖生长前期有一段是重叠、交错进行的。也就是说,幼穗分化后才拔节、分蘖才终止;在营养生长结束之前就开始转入生殖生长,其主茎叶片数少、生育期短。经过多年的研究表明(图 18-17),寒地水稻外界环境所能提供的日平均温度实际状况是在 1～3 叶期 20～25℃,4～6 叶期 15～20℃,7 叶期以后 20～25℃,而实际在水稻生育前期应以 28～30℃为适宜,生育中期应以 30～32℃为适宜。通过对近 13 年水稻生育期日平均气温分析,在水稻移栽后到有幼穗分化期为有效分蘖期(11 叶品种 7.5 和 12 叶品种 8.5 叶)平均有效积温为 687℃,从有穗分化到抽穗期为长穗期平均有效积温 805℃,从抽穗期到成熟期为结实期平均有效积温为 850℃。如果在每个生育阶段有效积温大于或小于平均有效积温一定程度就会对水稻生长造成影响。

寒地水稻适应性高产高效栽培综合技术主要包括适应本地区气候条件的高产高效群体发育建成(群体起点和群体发育建成)、适应水稻高产高效群体发育建成的根层水肥调控等措施和适应水稻高产高效良好生长的土壤环境。

在全球气候变暖的大背景下,综合分析近几年不同气候类型对建三江地区水稻生产影响,总的趋势是具有增产效应。然而气候变暖也引发极端性天气,在水稻生育期持续高温或持续低温等灾害性天气发生较为频繁,可能导致水稻减产。因此,在应对策略上,要趋利避害,充分适应气候的变化提高水稻系统的抗逆能力,从而挖掘水稻产量潜力。经过 2013 年小区研究和农户验证表明,寒地水稻高产高效适应性综合栽培技术体系,增加了花后物质积累,产量提高了 12%左右,实现 85%以上产量潜力,而农户常规管理只实现了 73%左右,氮肥偏生产力提高了 25%左右,且增强了抗倒伏能力。在作物品种布局和农时配置上,应科学权衡技术调整的减产风险,从品种类型和农时安排上进行科学配置。在气

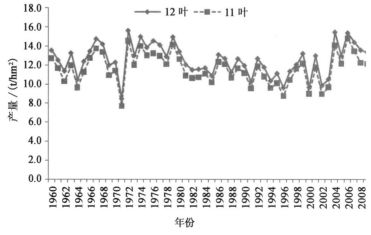

图 18-16　气候对建三江地区水稻产量潜力的影响

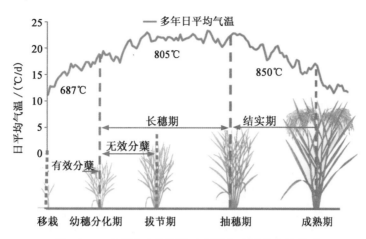

图 18-17　水稻生育期间活动积温与生长发育的关系

候变暖的应对技术选择和种植制度调整上,要充分重视极端性天气的潜在风险,以降低灾害风险,提高水稻生产的稳产性。在气候变暖的总体趋势下,要注意由于品种生育期延长、播期提前、成熟期推迟和种植区域北扩而可能遭遇的低温冷害。要从农田、品种和耕作栽培等方面着手,提升水稻系统对环境变化的适应能力,降低灾害性天气的影响,以确保水稻的持续高产稳产,保障国家粮食安全。

18.2.11　寒地水稻中微量元素硅肥和锌肥应用效果研究

近二十年来,建三江地区水稻单产基本维持在 500~600 kg 之间波动,如何能够在稳产的基础上进一步提高产量是水稻专家的研究重点。提高水稻产量的途径主要包括两个方面,一个是通过育种手段培育高产品种,譬如袁隆平院士的杂交育种实现了南方籼稻的大面积产量提高,但目前常规育种方法在寒地粳稻高产方面短期内难有突破,而张启发院士的绿色超级稻(转基因水稻)虽然潜力大,但基于国内外民众对转基因食品的担忧以及三江地区主推绿色大米的政策,目前不太可能采用转基因技术;另一个途径是通过综合养分管理和调控技术来实现现有高产品种的高产潜力。目前建三江高产创建示范田最高产量能达到亩产 900 kg,而根据 ORYZA 模型模拟结果,建三江地区历年平均的产量潜力也能达到亩产 650~750 kg,这表明还有进一步提高产量的潜力。

硅元素对水稻生长发育具有非常重要的作用,有学者甚至将硅认为是水稻的必需元素。这是因为有研究表明水稻对硅元素的吸收量要远远大于对氮磷钾的吸收,每生产 100 kg 稻谷需 17~18 kg 硅,每亩高产田每季可从土壤带走二氧化硅 75~130 kg。例外更细致的硅营养研究认为水稻植株各部分含硅的比例如下:根含 2%,茎含 5%,叶鞘含 10%,叶片含 12%,谷壳含 15%。这种分布遵循"末端分布律"的原因在于硅的吸收和转运是通过侧根和木质部共同完成,在地上部器官中积累到一定浓度后形成硅胶而不能移动,所以老化的组织器官含有较多的硅含量。硅元素对水稻的作用主要包括:a. 促进水稻根系生长,提高根系活力,抑制对铁锰离子的吸收;b. 改善水稻叶片分布结构,提高光合作用;c. 提高水稻的抗倒伏能力和抗病虫害能力,提高其抗逆性。通过这些综合的作用,能够一定程度上达到增产效果。

锌元素是微量元素,但对水稻增产有明显效果。锌肥能够增加水稻有效穗数、穗粒数、千粒重等,还能降低空秕率,起到增产的效果,在新改水田、酸性田和冷浸田中作用更为明显。

通过 2013 年的研究表明,硅肥对寒地水稻的基本抗倒伏指标茎粗和节充实度有显著的提升(表18-2),而且对于水稻的产量也有提升作用,两个试验地的施用矿物硅 15 处理和硅 30、硅 45 处理的产量差异不显著,表明施用少量的硅肥已经能够起到增产的效果,继续施用硅肥的增产效果不明显。因此在实际生产中,建议施用硅肥 15~30 kg/亩即可,过多的硅肥无疑增加肥料成本和劳动力成本,同时增产效果不明显(图 18-18)。

表 18-2

硅肥试验抗倒伏相关指标

处理	农户 A			农户 B		
	茎粗	壁厚	节充实度	茎粗	壁厚	节充实度
CK	3.70d	0.59b	0.083c	3.34c	0.55d	0.091d
EcoSi	3.93c	0.64ab	0.100b	3.69c	0.56cd	0.105cd
Si15	4.15b	0.78ab	0.096b	3.97b	0.64bc	0.118bc
Si30	4.28b	0.72ab	0.109a	4.36a	0.67ab	0.134ab
Si45	4.68a	0.81a	0.114a	4.48a	0.72a	0.144a

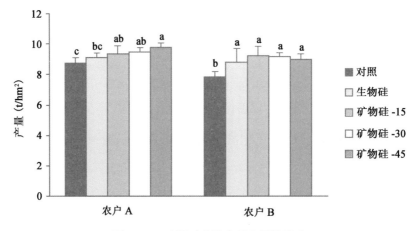

图 18-18　硅肥对寒地水稻产量的影响

在水稻三个关键生育时期,施用锌肥都表现为显著的茎蘖数提高(图 18-19),表明锌肥的确具有促进水稻分蘖的作用,尤其在生育前期表现较为明显,但在生育后期可能表现不突出。对产量而言,不同的试验地效果并不完全相同,对农户 A 和农户 B,施锌处理相对不施锌处理,产量有所增加,但两个施锌量的处理,产量差异不显著,而对于农户 C,施锌则完全没有增产的表现,这可能土壤供锌能力的差异造成的。

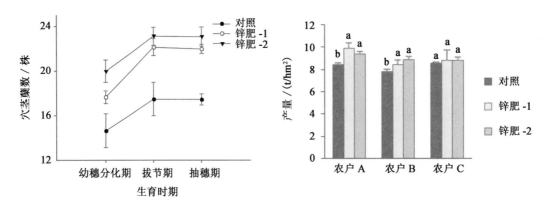

图 18-19　锌肥对寒地水稻茎蘖数及对产量的影响

在实际的生产中,锌肥或许能够提高品质,增加稻谷中锌的含量,打造富锌大米的品牌,但如果仅从增产方面考虑还是需要根据具体的土壤调查结果进行锌肥的推荐施用,不应盲目施用锌肥。

18.2.12　土壤酸化改良技术

经过大量的采集土壤样品化验得知,建三江部分地区土壤存在一定程度上的酸化现象,特别是部分老稻田酸化现象明显及中微量元素的施用不足,不仅限制了水稻高产而且影响品质。

针对七星农场的老稻田酸化现象(图 18-20;彩图 18-20)我们建三江科技小院展开了土壤酸化改良试验,分别采用石灰、钙镁磷肥和氯化钾进行调酸。结果表明:调酸对农户 A 和 B 都有增产效果,并且以钙镁磷肥的效果最好;农户 C 的调酸处理增产效果不明显(图 18-21)。

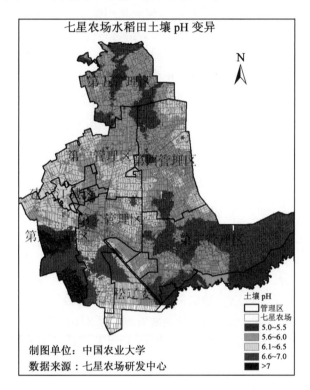

图 18-20　建三江管理区七星农场土壤 pH 变异情况

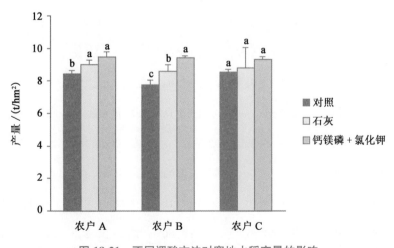

图 18-21　不同调酸方法对寒地水稻产量的影响

18.2.13　侧深施肥技术的研究与示范

侧深施肥是在水稻插秧的同时将肥料施于秧苗的侧位土壤中的施肥方法,是一种可促进水稻前期生长发育、防御低温冷害、减少水质污染、稳产高产的技术。由于侧深施肥是将肥料施于秧苗的一侧，比表层施肥和全层施肥更接近于水稻根系，肥料集中施于还原层，可减少肥料的流失，更有利于水稻的根部吸收利用，所以侧深施肥肥料利用率高，可以达到节肥增产的目的。水稻侧深施肥技术的应用，一是解决了传统肥料表施，特别是磷肥施在土壤表层，易与高价铁结合形成难溶的磷酸铁，施于还原层时与二价铁结合，形成磷酸亚铁，易被水稻吸收；二是减少人力输出，节本增效；三是提高肥料利用率，促进水稻根系吸收。

2013 年东北农业大学在大兴农场采用插秧同时施分蘖肥和长效氮肥代替穗肥（纯氮 100 kg/hm²），增产 28%，PFP 增加了 45%。七星农场侧深施肥采用施基肥和分蘖肥（纯氮 105 kg/hm²），需要增施穗肥，增产 17%；减量 10%，增产 8%；减量 20%，增产 3%。而存在的问题是三种单一肥料混合之后装入施肥器容易分层，造成颗粒不均匀，肥料容易堵塞施肥口，容易潮解，导致施肥管道施肥不均匀。针对以上存在的问题，中国农业大学建三江科技小院 2014 年分别在七星农场第二管理区、第四管理区和研发中心，前进农场展开了一次性施用长效氮肥与复合肥结合的侧深施肥试验。预期在不减少产量的情况下，能节省人力物力，大幅度的提高肥料利用效率。

18.3 寒地水稻高产高效技术集成研究与应用

18.3.1 寒地水稻高产高效技术集成

1. 基于叶绿素仪的高产高效综合管理技术

在理解寒地水稻生产限制因素、高产水稻生长发育和养分吸收规律的基础上，结合文献资料查阅、吸收和结合了当前优化的水分、养分管理模式，集成测土施肥、基于叶绿素仪的氮素精准管理、调密保穗和干湿交替灌溉技术，建立了针对三江地区的寒地水稻高产高效综合管理技术体系，并与养分高投入的当地农户管理和高产管理体系、水肥优化的高效管理体系对比，进行了田间小区试验验证和研究，比较了不同管理体系的产量（表 18-3）、氮肥效率（表 18-4）以及群体质量和抗倒伏能力。结果表明，与

表 18-3

不同水稻管理体系产量、产量构成与收获系数

年份	处理	穗数/(10^4/hm²)	穗粒数	结实率/%	千粒重/g	产量/(Mg/hm²)	收获系数
2010	对照	483±11c*	60.4±0.9b	94.0±0.9a	27.38±0.28a	7.6±0.2c	0.54±0.02ab
	农户常规	620±10ab	62.7±2.9ab	88.9±0.8b	26.41±0.14c	9.6±0.1b	0.54±0.01ab
	高效	597±7b	64.7±1.8a	94.2±0.9a	27.17±0.12ab	9.4±0.1b	0.51±0.01b
	高产	646±21a	63.7±2.7ab	92.1±1.1a	27.06±0.23ab	10.6±0.4a	0.55±0.02a
	高产高效	635±11a	61.7±1.1ab	92.9±0.8a	26.82±0.16bc	10.3±0.1a	0.53±0.01ab
2011	对照	454±10c	61.2±2.0b	95.3±1.0a	28.36±0.17a	7.5±0.2c	0.50±0.02b
	农户常规	563±15b	74.6±1.9a	89.5±1.1bc	27.38±0.27b	10.1±0.2b	0.53±0.02ab
	高效	582±22b	68.7±2.6a	91.9±1.0b	27.39±0.22b	10.2±0.1b	0.56±0.02a
	高产	654±19a	74.2±2.6a	87.6±1.0c	27.09±0.07b	11.4±0.4a	0.54±0.02ab
	高产高效	640±7a	72.3±1.3a	89.1±0.5c	27.26±0.20b	11.3±0.2a	0.54±0.02ab

* 同一年份同行右侧标有不同小写字母的为差异显著（$P<0.05$）。

农户常规管理体系相比,高效管理技术体系在产量不变的情况下,氮肥回收利用率(RE)、农学利用率(AE)和偏生产力(PFP)分别提高 63%,46% 和 49%;高产高效综合管理技术体系节省氮肥 27%,在 RE,AE,PFP 分别提高 97%,95% 和 51% 的同时,产量提高 10%。与高投入的高产管理体系相比,高产高效综合管理技术体系在保证产量相同的情况下,节省氮肥 21%,AE 和 PFP 分别提高 22% 和 27%,实现了寒地水稻生产的高产与氮肥利用高效。

2. 基于 GreenSeeker 传感器的高产高效综合管理技术

为了同时提高作物产量和资源利用效率,我们建立了基于 GreenSeeker 传感器的寒地水稻高产高效精准管理技术,将基于 GreenSeeker 的氮素精准管理技术与调密保穗、测土施肥、干湿交替灌溉技术相结合。2011 年田间试验结果表明,该技术比农户传统管理提高水稻产量 8%~11%,提高氮素吸收利用率 12%~34%。与固定时期、固定比例的区域优化管理技术相比,该策略可以进一步提高氮素利用效率 8%~23%(Wang et al.,2013)。

表 18-4

不同水稻管理体系氮肥利用效率

年份	处理	氮用量/(kg/hm²)	回收利用率/%	农学利用率/(kg/kg)	偏生产力/(kg/kg)
2010	对照	0	—	—	—
	农户常规	150	24.6±2.5c*	13.0±1.5c	63.7±0.5c
	高效	100	41.8±2.2b	18.0±1.1bc	94.4±3.2a
	高产	140	43.2±2.3ab	21.2±4.0ab	75.5±3.0b
	高产高效	109	47.7±1.8a	24.5±1.1a	95.2±4.8a
2011	对照	0	—	—	—
	农户常规	150	25.3±2.1c	17.7±0.3c	67.5±1.1c
	高效	100	39.7±4.8b	26.9±1.9b	101.5±1.0a
	高产	140	50.8±2.4a	27.8±1.7b	81.1±2.8b
	高产高效	110	50.7±2.8a	35.2±2.5a	103.1±2.1a

* 同一年份同行右侧标有不同小写字母的为差异显著($P<0.05$)。

18.3.2　制定高产高效技术规程(附件)

以七星农场为示范基地,集多家(中国农业大学、黑龙江农垦总局、黑龙江农垦水稻所、东北农业大学、扬州大学、建三江分局、七星农场)合作单位力量,2010 年重点建设一个 3 万亩核心示范作业站(69 作业站),带动全场实现大面积高产高效。在满足农场需求的同时,在以水肥为调控核心的高产高效技术与遥感信息技术结合上的取得进一步突破,服务垦区,服务农民。

18.3.3　目标规划

在 2010 年实现百亩核心示范户产量和效益在全场平均水平上提高 15%~20%;在 2011 年实现 3 万亩示范作业站产量和效益在全场平均水平上提高 10%~15%;在 2012—2013 年争取实现全场全面积高产高效,产量和效益在 2010 年全场平均水平上提高 5%~10%。

18.3.4　具体思路

在"重点突破、以点带面、全面开花"的指导思想下,2010 年在 69 作业站选择几户作为高产高效共建百亩核心攻关示范户,集多家单位力量,形成水稻高产高效栽培综合管理技术,以点带面,辐射周边,实现水稻产量、效益同步提高。同时,2010 年根据 69 作业站实际情况,为了便于互帮互助,共同提高水稻管理技术水平与种植户创高产的积极性,将全作业站水稻户划分为 10 个高产高效互助组,每组推选组长一名,在全作业站开展高产竞赛,以此奖励机制推动整个 69 作业站全面增产增效。由中国农业大学、农垦总局农业局、农垦水稻所、东北农业大学、扬州大学和七星农场水稻办的专家和研究生组成评奖委员会,共同制定奖励机制,进行各项奖金评定。2011 年在满足农场需求的同时,在以水肥为调控核心的高产高效技术与遥感信息技术结合上的取得进一步突破,通过卫星遥感诊断技术来有效的指导农户的田间生产。2012 年在 2011 年的基础上,进一步扩大高产高效技术的应用面积,科技小院研究生实现水稻生产全程跟踪,提高技术到位率。2013 年根据寒地水稻生产中所遇到的问题,建三江科技小院的师生扎入农业生产一线,发现生产问题,进行针对性研究,同时在农户的尺度上大面积示范与推广。2014 年为了扩大高产高效技术的大面积应用,科技小院研究生分别进入前进农场、胜利农场和七星农场,了解农业生产实际状况,进行高产高效技术的总结以及针对近些年限制寒地水稻生产的突出问题进行示范研究。

附件

寒地水稻高产高效生产技术规程

目标产量:600～700 kg/亩。

1. 秧田管理

品种选择:根据气候条件选用抗寒性、抗病能力较强的水稻品种,如龙粳 21,垦稻 6,龙粳 29 等主栽品种。决定种植品种时应该注意品种的合理搭配,避免选用品种的过度单一化,从而提高农户和作业站的水稻生产整体抗病抗灾能力。

浸种催芽:由农场统一按标准实施。播种时切忌种芽过长。

播种:当日气温稳定通过 5℃ 以上时开始播种,一般在 4 月 15—25 日之间。机插秧每盘播芽种125～140 g。播种后将种子轻轻压入土中,使种子三面着土。覆土 0.5～0.7 cm,厚薄一致。

封闭除草:播种覆土后,选用 50% 禾草丹乳油 300～400 mL/亩或新马歇特乳油 100～130 mL/亩,兑水 15 L/亩进行土壤喷雾处理。

秧田各期温度与水分管理:

(1)播种至出苗期　以密封保温为主,最适温度 25～28℃,最低温度不低于 10℃,前期播种预防低温要采用三膜覆盖,超过 32℃ 时开始通风。此期一般不浇水。

(2)出苗至 1.5 叶期　温度控制在 22～25℃,最高不超过 28℃,及时通风炼苗,水分管理除过干处补水外,一般少浇水或不浇水,保持旱育状态。

(3)秧苗 1.5～2.5 叶期　重点是控制温度和水分,温度控制在 20～22℃,最高不超过 25℃。此期要加大通风炼苗的力度,棚内湿度大时下雨天也要通风炼苗。

(4)秧苗 2.5～3.0 叶期　棚温控制到 20℃,移栽前 3～4 d 全天揭膜,使秧苗老健,适应移栽后的自然环境。

苗床灭草与立枯病防治:水稻 1.5～2.5 叶期,用 10% 千金 60～80 mL/亩或 10% 千金 60 mL/亩加上 48% 排草丹 160～180 mL/亩进行防治。此期发现中心病株时,30% 恶·甲(瑞苗青)水剂 1～1.5 mL/m²,兑水 5 L 喷雾。严格做到边喷药边喷水洗苗,严防烧苗现象发生。

中期追肥:秧苗 2.5 叶龄期如发现脱肥,每 100 m² 用硫酸铵 150～200 g,硫酸锌 25 g,稀释 100 倍叶面喷施。喷后及时洗苗。

潜叶蝇预防:于起秧前 1～2 d,每 20 m² 苗床用 40% 乐果 100 mL 兑水 20 kg 进行喷雾。

2. 整地与移栽

整地:旱整地与水整地相结合,旱耙、旱平,结合泡田打好池埂;在插秧前进行水整地,整平耙细后保证充分沉降(一般需 8~10 d)。

移栽日期与秧龄:日平均气温稳定通过 13℃时开始插秧,一般在 5 月 15—25 日之间完成,坚决不插 6 月秧。

移栽秧龄以 3 叶 1 心为宜,根据苗情调整移栽日期,避免移栽超龄秧苗。预计有超龄秧趋势时以及秧苗有徒长趋势时,提早揭膜通风降温,控制苗床湿度,尽量抑制秧苗生长。

移栽密度:抓住移栽质量关,保证密度和基本苗数量。

机械插秧:对于龙粳 21、垦稻 6 等 12 叶品种,密度 30 cm×12 cm 或 30×13.2 cm,每平方米 25~28 穴,分蘖力强的每平方米 25 穴,分蘖力弱的可以每平方米 28 穴,每穴插 5 苗左右,确保 4 苗成活;对于空育 131 等 11 叶品种,密度 30 cm×10 cm,每平方米 30~33 穴,每穴插 5~6 个苗,保 4 苗成活。壮苗可按上述密度插秧,弱苗要密些,每穴上调 1~2 苗,钵育摆栽可适当下调插秧密度。插秧过程尽可能减少植伤,避免卷秧操作。

插秧机选型:尽量使用高性能插秧机。做好机械维护,熟悉机械性能,保证栽插密度要求的实现。

质量标准:插秧深度 2 cm 左右,表观上以不浮秧的最浅深度为最佳。每平方米穴数均匀,不伤苗,不空穴。插后及时补苗,注意边角旮旯的穴数均匀。

3. 施肥技术

根据水稻群体发育养分吸收规律、土壤基础供氮能力等确定氮肥计划总量和分期施用量(附表 18-1),并根据后期长势诊断调整追肥用量。

700 kg 产量目标,基准总施氮量(N)为 7 kg/亩左右,磷(P_2O_5)3 kg/亩左右,钾(K_2O)5 kg/亩左右(注:具体施肥量根据土壤测试结果进行调整)。具体施肥量为:全生育期施肥尿素 12~13 kg,磷酸二铵 6.5~7 kg,33%钾肥 15 kg 左右。硅肥等其他肥料根据土壤丰缺情况诊断施用。

附表 18-1

施肥时期及占总量的比例				%
种类	基肥	返青肥	分蘖肥	穗肥
氮肥	40	10	20	30
磷肥	100			
钾肥	50			50

基肥:亩施尿素 3.2~3.5 kg,磷酸二铵 6.5~7 kg,33%钾肥 7.5 kg。微肥根据各地号土测值来决定施用与否,因缺补微。

施用时间和方法:打浆前施入,或边撒边打浆。

返青肥:通常亩施硫酸铵 3 kg,如无硫酸铵,则每亩施尿素 1.5 kg。

返青肥施用时间和方法:在水稻返青后(插秧后 5~7 d,出现白根,早晚叶尖吐水)立即施用,促早发。施肥前 3 天稻田无明显水层,先灌水,后施肥,以水带氮。

分蘖肥:通常亩施尿素 3 kg。

分蘖肥施用时间和方法:插秧后 15 d 配合本田封闭除草将将返青肥与除草剂混拌施入。

穗肥施用量与方法:

按照叶龄进程适时追施。施肥量:此期施肥需要根据田间长势判断穗肥施用量,如水稻叶片黄绿色,挺立,则亩施尿素 4.3 kg;如果叶片颜色以绿为主,叶片挺立则亩施尿素 2.8 kg;如果叶片颜色深绿,叶片披垂则不施氮肥。

施用时间和方法:水稻拔节始期(11 叶品种叶龄 9.1~9.5,一般在 7 月 2 日左右;12 叶品种叶龄 10.1~10.5,一般在 7 月 9 日左右)施用,施肥前 1 周开始晒田,无水层状态 2~3 d,然后先灌水,后施肥,以水带氮提高肥料利用率。

施肥时观察田间病害情况,如有稻瘟病发生应晚施轻施,先晒田壮根或先防病后施肥。

不同农户的氮磷钾施肥总量应根据当户品种特性、目标产量、土壤氮磷钾养分含量进行调整,并确定适宜的氮磷钾比例;结合测土配方施肥技术,将按不同地号给予肥料推荐量。

4. 灌溉技术

(1)采取轻度干湿交替节水灌溉技术,达到增温、壮根、防倒、高产稳产和节水之目的。

①花达水插秧,插秧后如遇低温灌 3～5 cm 护苗水,否则插后不马上灌水。插秧 5～7 d 后(返青时,有白根长出)施返青肥,灌浅水层 3 cm 左右,插秧后 15 d,进行本田封闭化学除草,保 3～5 cm 水层 7～9 d。

②化学除草结束后至($N-n$)叶龄期(6 月 15—18 日):间歇湿润灌溉,灌 2～3 cm 水层,让其自然渗干,直到地面无水,脚窝有浅水时再灌 2～3 cm 水层。

③$N-n$ 叶龄期就应该开始注意控制灌水,到 $N-n+1$ 叶龄期(有效分蘖临界叶龄 6 月 22—25 日)达到田面无水状态,开始搁田 5～7 d。

④搁田后～抽穗后 5 d(长穗期),间歇湿润灌溉,灌 2～3 cm 水层,让其自然渗干,直到地面无水,脚窝有浅水时再灌 2～3 cm 水层。

当水稻剑叶叶耳间距处于下叶叶耳±5 cm 期间,根据天气预报,如有 17℃以下低温时,应灌温度 18℃以上的水 17～20 cm 预防障碍性冷害。

⑤从抽穗后 5 d 至抽穗后 40 d(结实期),进行干湿交替灌溉,灌 2～3 cm 水层,让其自然渗干,直到脚窝无水,地面出现小裂缝时再灌 2～3 cm 水层。

⑥抽穗 40～45 d 以后停灌。

(2)应用井水综合增温技术。生长期尽量保持晒水池贮水量,采取昼灌远地,夜灌近地;创造条件进行回水灌溉,充分利用地表水等,确保进田间水温达到 18℃以上。

灌溉原则:干湿交替,尽可能减少灌溉次数,尽可能浅水灌溉。做到尽快提高土温和田间水温。

采取单排单灌的方式,能及时灌得上排得出,通过水层管理控制肥力和长势。

高产点不能设在晒水池和主渠道附近,应设在远离水源及主输水渠处。

5. 本田植保技术

(1)防除杂草　本田除草二次用药,使用有质量保证的药剂,以减轻药害,提高灭草效果,灭草药剂要根据杂草群落,除草剂的杀草谱,田间情况选择配方标准,目前常用二次灭草方案及其配方:

①插前封闭:插前 5～7 d(插前水整地后第一次封闭灭草),用 30％阿罗津 50～60 mL/亩,或 50％瑞飞特 50～70 mL/亩。

②插后施药:插后 15～20 d 用(在水稻 5.5 叶期),用 30％阿罗津 40～50 mL/亩或 50％瑞飞特 50～60 mL/亩＋草克星 15～20 g/亩或 15％太阳星 10～15 g/亩或 10％金秋 13～17 g/亩。

注意:施药后保持 3～5 cm 水层 7～9 d,地必须整平达到标准,采取毒土或甩喷法,禁止用毒肥法。发生水绵多的田块最好选用金秋,草克星和太阳星。

④池埂早期化除:用克芜踪 100 g/亩或农达 200 mL/亩。应注意水稻安全,喷头必须用防护罩。

原则:药剂防治后出现残留杂草,尽早采取人工拔除,禁止再采用药剂防治。

(2)灭虫　潜叶蝇、负泥虫:水稻在 5.6～6.1 叶期,亩用 70％艾美乐 2 g/亩＋敌杀死 25 mL/亩,喷液量 15 L/亩。

(3)防病　以防治稻瘟病和纹枯病为重点。水稻叶龄在 9.1～9.5 期、孕穗期、抽穗期、齐穗期喷施(破口左右最好不喷,容易伤穗)2％加收米 80 mL/亩＋25％施保克乳油 75 mL/亩再加增产菌浓缩液 10 g/亩加磷酸二氢钾 100 g/亩加米醋 100 mL/亩,严格按照施药注意事项进行喷施。

6.收获

水稻抽穗后 45 d 以上,一次枝梗黄化率达到 90% 以上为收获适宜期。脱谷机转速 550～600 r/min,托谷损失率不大于 3%,破碎率不大于 0.5%,清洁率大于 97%。根据情况决定采用适宜的收割方式(割晒或直收)。

(执笔人:苗宇新　王红叶　申建宁)

第 19 章

黑龙江省高产高效玉米生产气候因素分析及其适应性研究

　　黑龙江地区地处北半球高纬度,是全球气温升高最快的典型地区之一。20世纪80年代以来,该地区气温显著升高,远高于全球变暖的平均速度(IPCC,2007)。根据最新估计,未来几十年该地区的气候变暖速度还将进一步加快(Hansen et al.,2006)。以黑龙江为代表的高纬度地区,气候要素变化对植被、生物多样性等非农业生态系统的影响已经引起了广泛的关注(Lee et al.,2011;McManus et al.,2012)。然而,气候变化对作物高产高效生产的影响及其机理目前还不清楚,需要进一步研究。一般来说,传统农业主要分布在黑龙江一线以南的中低纬度地区(<45°N)。在这些地区,气候要素变化对农业生产的影响已经有大量的研究(Peng et al.,2004;Schlenker and Lobell,2010;Lobell et al.,2011)。多数研究表明,气候变化比如温度升高等已经对这些地区的农业生产带来了负面的影响,导致主要粮食作物减产然而,与这些地区不同,有研究表明气候变暖可能给高纬度地区带来正面的影响,比如会促进产量的提高(Gregory and Marshall,2012;Liu et al.,2012)。这些区域间不同的结果大大的提高了气候变化对农业生产影响的不确定性,理解气候变化背景下以黑龙江地区为代表的高产高效作物生产具有重要的现实意义。

　　在黑龙江为代表的北半球高纬度地区,由于80年代较低的基础温度,即使在近些年气候显著变暖的背景下,当前的温度可能并没有超过作物最大化光合速率所需温度的最高限。所以,温度升高可能有利于作物生产。一方面,气候变暖带来的作物生长发育有效积温(GDD)的增加意味着生产中可以采用更高积温需求和更长生育期品种,这必将会大大提高作物产量。另一方面,气候变暖、积温增加也将使得以前由于温度过低,不适合种植粮食作物(比如玉米)的地区可以进行粮食生产(Olesen et al.,2007)。然而,尽管存在这些理论假设,很少有实例研究黑龙江等地区气候变化条件下高产高效的作物管理、产量和种植区域变化等。

　　本文主要以中国东北部高纬度地区黑龙江省(121.2°~135.1°E,43.4°~53.4°N)玉米生产为例(图19-1),开展研究。黑龙江地区玉米主要是以雨养为主,2009年玉米生产占全国玉米总产的13%,全球玉米总产的2.4%(FAO,2013)。本文的主要研究目的是:①定量化气候要素变化对黑龙地区玉米生产的影响;②理解玉米生产对气候因素变化的响应机理;③调查适应气候因素的高产高效玉米生产措施和适应性。

19.1　材料与方法

19.1.1　研究地区

黑龙江位于我国的最北部地区,占地面积 454 000 km²,拥有人口 3 820 万。该地区是典型的温带大陆性季风气候,冬季较长且寒冷干燥,夏季温暖湿润。根据积温特点,黑龙江地区农业生产分为六个积温带。根据 20 世纪 80 年代黑龙江农科院的划分标准,六大积温带积温分别为:>2 700℃、2 500~2 700℃,2 300~2 500℃,2 100~2 300℃,1 900~2 100℃,<1 900℃。根据黑龙江省 32 个气象站在 80 年代的气象数据,结合地理信息系统的方法划分了 6 大积温带(Yan et al.,2011)(图 19-1)。从南到北,6 大积温带的面积分别为 493 万,178 万,573 万,607 万,205 万,498 万 hm²。

在最南部第 1 积温带,1980s 积温与南部地区(中低纬度)比较接近。第 2~6 积温带则代表了典型的高纬度寒冷地区。所以,在黑龙江地区开展第 1 积温带与其他积温带之间气候变化对玉米生产的比较研究具有重要的现实意义。

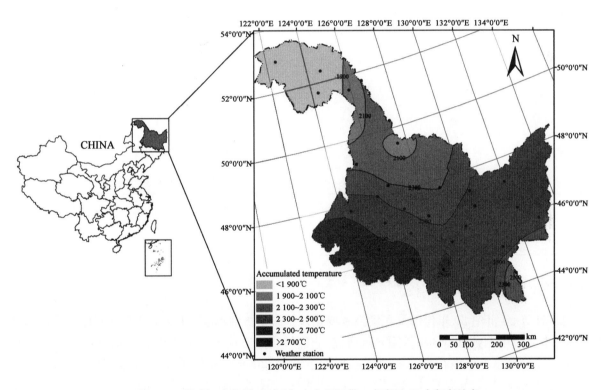

图 19-1　黑龙江省位置、气象站、六大积温带。点表示 32 个气象站点

19.1.2　气象数据和种植信息

本研究收集了中国气象局网站上黑龙江省 32 个气象站点的 30 年(1980—2009)气象数据(中国气象局,2013)。32 个站点在黑龙江地区的分布如图 19-1 所示。在每个气象站,收集的主要数据包括日照时数、最高、最低和平均温度、降雨和风速。太阳辐射根据日照时数对应关系进行转化(Jones,1992)。为了解农民对气候变化的适应性,收集了不同年代的玉米品种信息。品种信息(播种、收获和生育期天数)根据文献结果(姜丽霞等,2000;常大军和刘淑玲,2001;杨镇和才卓,2006)和农气站记录(中国气象局,2013)结合。同时,本研究中还根据收集到的信息对当地农业专家进行了咨询,以确保所

收集信息的准确性。根据收集到的品种信息，不同年代(1980s,1990s,2000s)代表性品种的名称和GDD详见表19-1。GDD的计算主要是依据Mcmaster和Wilhelm(1997)。

1980—2009年，黑龙江地区玉米的单产、总产和收获面积等统计数据主要由中国农业种植业信息网获得(中国农业统计年鉴,2013)。同时,1986年和2009年基于县域的玉米收获面积数据也被进一步收集。

表 19-1
主要积温带典型品种及 GDD

年代	区域	品种 GDD	代表性品种
1980s	1st zone	1 347±24	黑玉 46、嫩单 1 号、黑玉 71
	2nd zone	1 249±38	北种玉、利合 16、KX9384
	3rd zone	1 124±112	北玉 5 号、八趟子
	4th zone	973±25	八趟子、海珍珠
1990s	1st zone	1 390±85	中单 2 号、四单 16、本育 9 号
	2nd zone	1 289±25	四单 19 号、本单 9 号
	3rd zone	1 220±23	东农 248、龙单 8、绥玉 7 号、克单 8 号
	4th zone	1 065±107	和育 14、海玉 4
2000s	1st zone	1 525±131	吉单 517、兴垦 3、郑单 958
	2nd zone	1 334±8	哲单 37、Lvdan1
	3rd zone	1 253±49	克单 8 号、10 号、DN251、绥玉 7 号
	4th zone	1 103±68	德美亚 1 号、克单 12

19.1.3 作物模型及其校验

为了计算 20 世纪 80 年代以来气候因素变化对玉米生产的影响，以及农民更换品种对产量提高的贡献，本文应用 Hybrid-Maize 模型开展研究，它能够较好应用于中国玉米的模拟(白金顺,2010)。为了进一步测试这个模型在高纬度地区模拟的准确性,2009 年开展了 3 个田间试验来校验模型。田间试验在 850 农场(132.72°E,45.73°N),852 农场(132.65°E,46.41°N)和七星农场 (132.72°E,47.29°N)开展,3 个试验都是雨养玉米。在 850 农场,品种为郑单 37,5 月 2 日播种,收获密度为64 455 株/hm²。在 852 和七星农场,均采用绥玉 7 号。852 农场在 5 月 7 日播种。七星农场播种日期为 5 月 1 日。852 农场玉米收获密度为 64 530 株/hm²。七星农场收获密度为 65 000 株/hm²。在850 和 852 农场,在三叶、六叶、吐丝、蜡熟和收获期取样。七星农场在三叶、六叶、十叶、吐丝和收获期取样。Hybrid-Maize 模型利用农场附近气象站获得的气象数据,结合实际田间观测数据进行模拟。模型结果表明,在高纬度地区 Hybrid-Maize 模型能够很好地模拟玉米的生长发育和最终产量(图 19-2)。除基本气象数据外,Hybrid-Maize 模型需要输入品种的 GDD、播种日期、收获密度。根据 11 个农气站点的资料显示,20 世纪 80 年代以来黑龙江地区玉米播期变化不大(图 19-3)。因此,在进行不同年代模拟时,播期设置为 80 年代不变。不同年代播种密度统一设置为 60 000株/hm²。

由于 Hybrid-Maize 模型未进行 CO_2 相应模块的设计,本研究中不考虑 CO_2 浓度变化的影响。同时,在大量的田间研究中表明,作为 C4 作物,玉米对 CO_2 浓度增加反应较小(Leakey,2009;Markelz et al.,2011)。本研究中玉米产量均按照国际通用的 15.5％含水量标准进行折算。

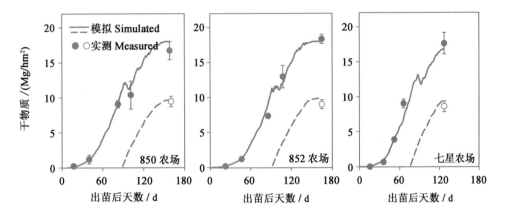

图 19-2　3 个田间试验中模拟和实测生物量
实线和虚线分表代表模拟总生物量和籽粒生物量。
黑圈和白圈分别代表实测总生物量和籽粒生物量

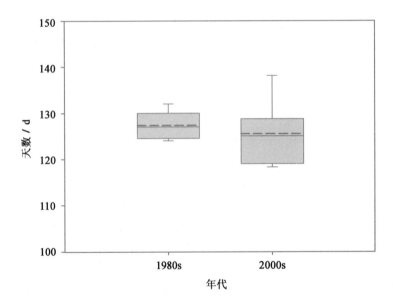

图 19-3　11 个农气站点 1980s 和 2000s 播期

19.2　结果与讨论

1980—2009 年,黑龙江地区年度和玉米生长季的温度均显著提高(图 19-4)。该地区平均温度每 10 年增加 0.40℃,远远高于中低纬度温度升高的趋势,同时也大于全球每 10 年增加 0.13℃ 的变暖趋势(IPCC,2007;Hansen et al.,2006)。30 年以来,降雨和辐射保持相对稳定(表 19-2)。在玉米生长季(5—9 月),在 1~5 积温带,温度以 0.37~0.52℃/10 年的温度升高。玉米生长季内,太阳辐射和降雨在第 1 积温带有所下降,其他积温带保持不变 (图 19-5)。

为研究上述气候变化对玉米生产的影响,在品种保持 20 世纪 80 年代以来不变的条件下,应用 Hybrid-Maize 模型模拟了产量的变化(图 19-6)。在 80 年代,1~4 积温带是主要的玉米种植区。由于温度较低和缺少合适的玉米品种,5~6 积温带没有种植玉米。模拟结果发现,只有第 1 积温带产量显著下降,20 世纪 80 年代以来每 10 年产量平均下降 7%。

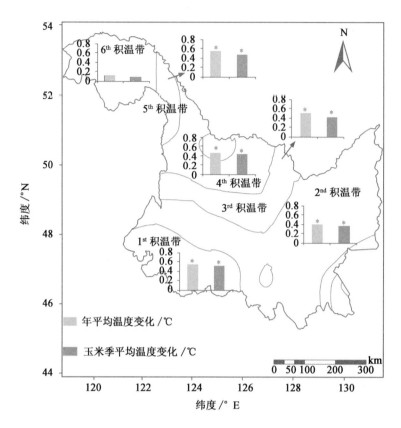

图 19-4　20 世纪 80 年代以来黑龙江地区温度变化($P<0.05$)

表 19-2

1980—2009 年均、最高、最低温度、降雨、辐射平均值及变化趋势

气候要素	平均值	变化趋势
平均温度	1.67℃	0.040℃/年 **
最高温度	8.19℃	0.043℃/年 **
最低温度	−4.24℃	0.038℃/年 **
降雨量	523 mm	−2.3 mm/年
太阳辐射	4 455 MJ/m²	0.5 MJ/(m² · 年)

** $P<0.01$。

　　为进一步理解不同积温带产量对气候变化的不同响应,所有气象站点模拟的 1980—2009 年同化和呼吸速率、生长天数、产量的变化与 1980s 生育期基础温度一起进行综合分析(图 19-7)。研究发现,当 1980s 最低温度低于 11.2℃、平均温度低于 16.8℃、最大温度低于 22.9℃时产量变化很小甚至会有所增加。在这个温度范围内,同化和呼吸(维持和生长呼吸总和)与 1980s 相比均呈现相似的增长趋势。当高于这个临界温度范围时,产量下降,主要原因是这段时期内同化下降速率(二次曲线 $a=-1.83$)大于呼吸下降的速率(二次曲线 $a=-0.93$)。

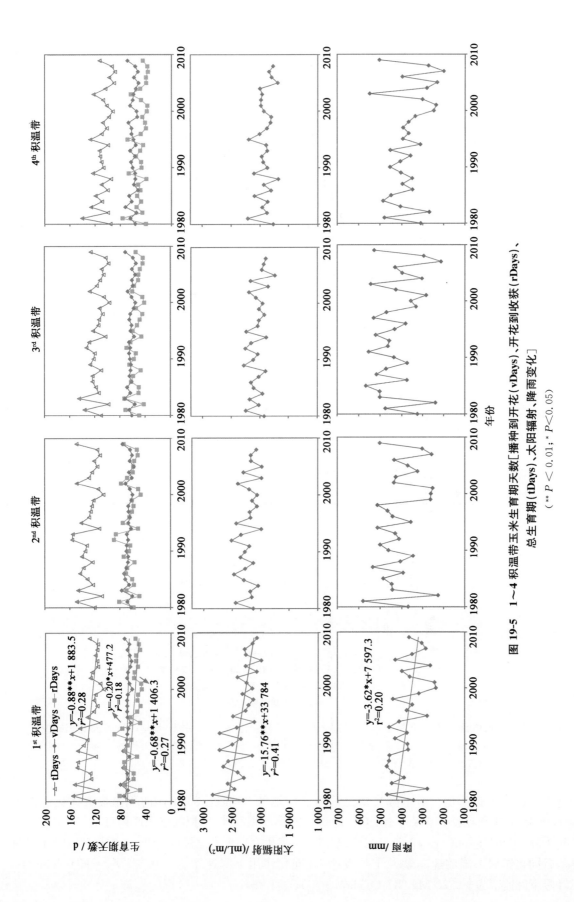

图 19-5　1～4 积温带玉米生育期天数［播种到开花（vDays）、开花到收获（rDays）、
总生育期（tDays）］、太阳辐射、降雨变化

（** P < 0.01；* P < 0.05）

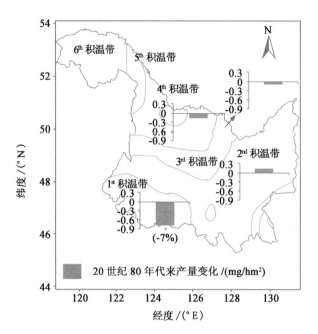

图 19-6　20 世纪 80 年代以来玉米产量的变化. 括号中数字表示 1980s—2000s 之间每 10 年的产量平均变化

$^* P < 0.05$

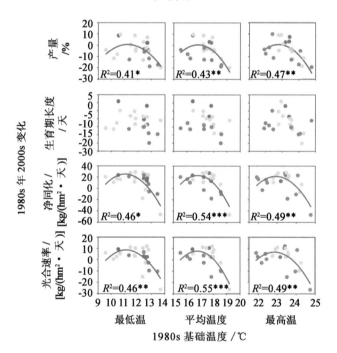

图 19-7　1980s—2000s 玉米产量、生育期长度、净同化和光合速率变化与 1980s 最低、平均、最高温度之间的关系

第一列蓝色、绿色和红色点分别代表最低温度增长 <0.3℃,0.3~0.5℃,0.5~1℃/10 年。第二和

第三行,蓝色、绿色和红色点分别代表平均和最高温度增长<0.3℃,0.3~0.5℃,0.5~0.7℃/10 年

2~4 积温带模拟产量没有下降主要是因为这些地区 20 世纪 80 年代的积温接近优化值。从 1980s—2000s,同化和呼吸基本保持不变(图 19-8)。在第 1 积温带,模拟的玉米产量每 10 年下降 7%,每 10 年下降 0.79 Mg/hm²(图 19-6)。在该积温带,玉米生育期大大缩短(图 19-5),同化和呼吸速率同时下降,且同化作用下降的速率远大于呼吸速率[同化作用下降速率为 −0.31 Mg CH₂O/(hm² · 年)],呼吸下降速率为 −0.20 Mg CH₂O/(hm² · 年)(图 19-8)。

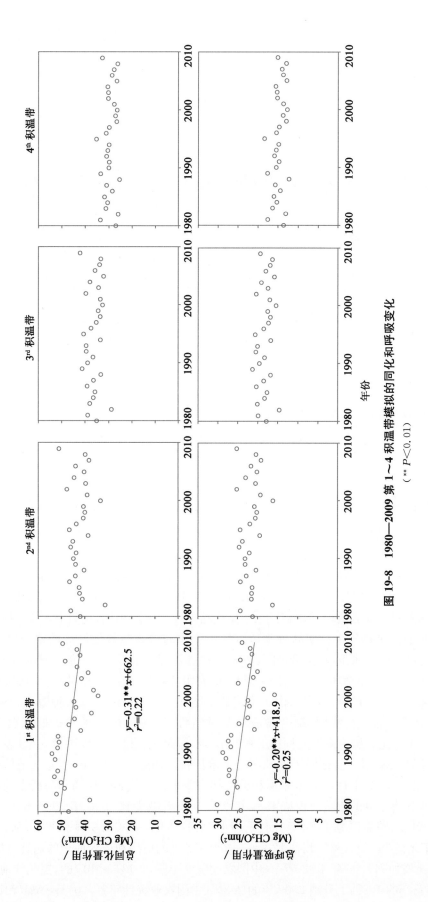

图 19-8　1980—2009 第 1～4 积温带模拟的同化和呼吸变化

(**$P<0.01$)

由于在第 1 积温带主要气候要素(温度、辐射和降雨)都发生了变化,本研究进行了敏感性分析来进一步明确各气象要素在第 1 积温带产量变化中的作用(图 19-9)。研究发现,产量下降主要是由于气候变暖引起的,温度升高对产量的影响远大于辐射和降雨变化带来的影响,这与其他区域和全球的研究结果基本一致(Lobell and Burke,2008;Schlenker and Lobell,2010)。同时,进一步的情景分析表明,如果温度不变的情况下,黑龙江地区产量将不下降(表 19-3)。

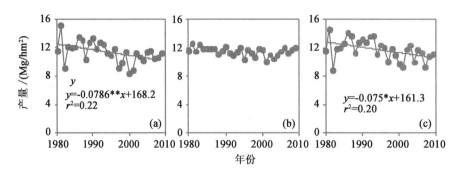

图 19-9　应用 80 年代品种模拟的 1980—2009 年产量变化

(a)应用 1980—2009 年的实际气象数据模拟。(b)1980 年以来温度设定不变模拟。

(c)1980 年以来太阳辐射和降雨设定不变模拟($*P<0.05$)。

表 19-3

假定 1980 年以来温度不变条件下新旧品种(1980s 和 2000s)产量变化				%
品种	1st 积温带	2nd 积温带	3rd 积温带	4th 积温带
1980s 品种	−1.4±2.5	1.3±2.6	1.6±0.1	2.9±0.7
2000s 品种	−4.4±3.4	0.9±2.9	1.4±0.6	2.1±1.6

为了研究当地农民对气候变化的适应性,首先调查了过去 30 年来玉米品种的变化。1980s 以来,第 1~4 积温带玉米品种的 GDD 增加了 85~178,与气候变暖增加的 GDD 相吻合(图 19-10)。在不同年代应用农民采用的实际品种 GDD 模拟发现,与 20 世纪 80 年代品种相比,80 年代以来第 2~4 积温带玉米产量增加了 8%~17%[0.86~1.18 Mg/(hm² · 10 年)](图 19-11)。在第 1 积温带,品种更替并没有导致玉米产量的显著增加,但相对于 80 年代品种产量下降相比,仍具有 7%的增产作用。本研究中发现的农民通过更换长生育期品种来适应气候变化的措施与其他区域的研究结果一致(Liu et al.,2010)。对整个黑龙江地区来说,80 年代以来品种更替带来了玉米 8%的增产。这段时期内,统计数据表明玉米单产每 10 年增加 23%(图 19-12)。这表明,黑龙江地区品种对产量增加的贡献占 35%。

随着高纬度地区温度的升高,原来由于温度低不能种玉米的地区可以播种短生育期玉米品种,带来了玉米种植带的扩张。在我国,结合现有的品种特性,适应种植玉米的最低积温为 950~1 000 GDD。这表明,21 世纪开始原来不能种植玉米的第 5 积温带现在已经可以种植玉米(表 19-4)。图 19-13 基于县域的统计数据进一步证明了该地区的玉米扩张。1980—2009 年,黑龙江地区玉米收获面积从 1.88 百万 t 增加到 4.01 百万 t,玉米面积的增加主要来自取代其他作物和向新土地的扩张(图 19-12)。比如,该地区春小麦的收获面积从 1980 年 211 万 hm² 减少到 2000 年 29 万 hm²。2009 年,第 5 和 6 积温带玉米的收获面积为 4 000 hm²(图 19-13)。这表明,玉米面积显著北扩,从 50.8°N 被移到 53.4°N,相当于北移 290 km,每年北移 12 km。由于新品种的应用和玉米面积的显著增加,玉米总产由 1980 年 520 万 t 增加到 2009 年 1 920 万 t(中国农业统计年鉴,2013)。相应的,黑龙江地区玉米总产由 1980 年占世界总产的 1.3%上升到 2009 年的 2.3%(中国农业统计年鉴,2013;FAO,2013)。

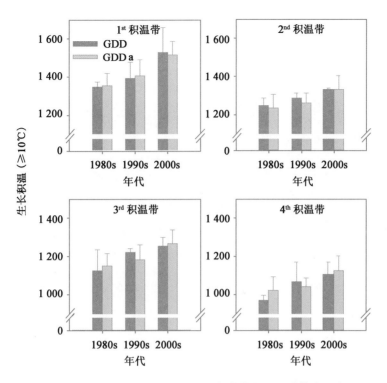

图 19-10　1980s、1990s、2000s 根据气象数据理论计算的玉米
生育期 GDDa 和农民实际玉米品种 GDD

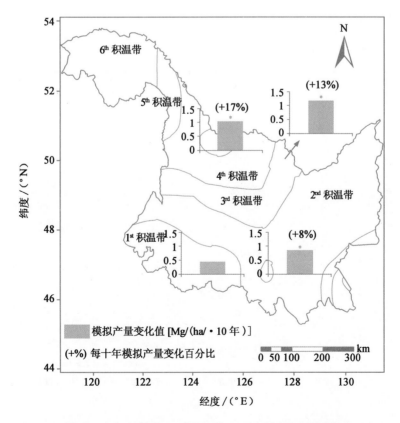

图 19-11　应用新品种后的 1980—2000 年玉米产量变化

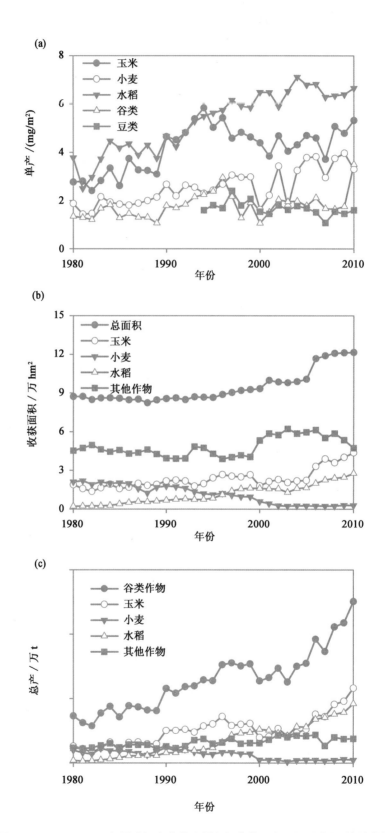

图 19-12　1980—2009 年黑龙江省作物产量(a)、收获面积(b)、总产(c)统计数据

表 19-4

1980s、1990s、2000s 第 5～6 积温带理论可用 GDDa 与玉米品种 GDD 由于较低的积温,1980s 和 1990s 第 5 和 6 积温带没有玉米种植 ℃

年代	区域	理论生长积温	品种生长积温
1980s	5th 积温带	868±52	—
	6th 积温带	698±69	—
1990s	5th 积温带	932±59	—
	6th 积温带	729±40	—
2000s	5th 积温带	996±69	958±10
	6th 积温带	728±75	—

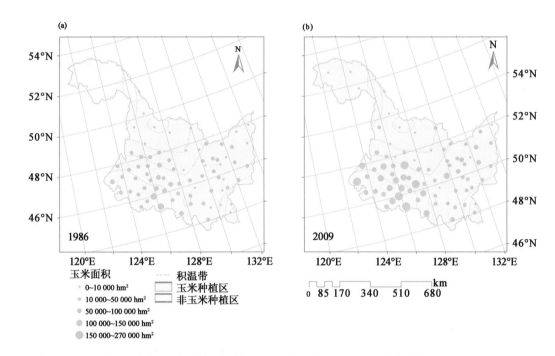

图 19-13 1986 年和 2010 年黑龙江地区玉米收获面积

绿色表示玉米种植区,黄色表示非玉米种植区。圆点表示玉米播种主要分布区,
圆点大小玉米播种面积大小。蓝线表示积温带分界线

　　根据统计数据,玉米北扩也发生在其他高纬度地区。比如丹麦、加拿大、俄罗斯(图 19-14)。耕种面积的增大对于增加粮食总产量具有重要作用。然而,由于当前高纬度地区面积相对较小,同时粮食生产受土壤等条件制约比较严重(Euskirchen et al.,2006),高纬度地区种植带扩张对全球粮食安全的作用并不十分清楚。尽管如此,全球变暖为玉米取代其他低产作物提供了良好的发展机遇和可能性。

　　就全球尺度来说,农业土地扩张主要来自于低纬度地区。1980—2000 年之间,83％的全球新增加的耕地来自低纬度森林、草地等(Rosenzweig and Parry 1994;Gibbs et al.,2010;Foley et al.,2011)。当前,除巴西以外,通过破坏森林和草地等途径以难以增加农业用地(DeFries and Rosenzweig,2010;Foley et al.,2011)。同时,过去在这些地区的农业扩张已经引起了大量的生态环境问题,比如温室气体排放、生物多样性降低、生态服务功能退化等(Friedlingstein et al.,2010;Foley et al.,2011)。比如,2000—2005 年,热带地区砍伐森林等共增加全球耕地 2.5％,但是却排放了占全球 39％的温室气体(DeFries and Rosenzweig,2010)。本研究表明,高纬度地区的农业耕地扩张为农业用地增加提供了新

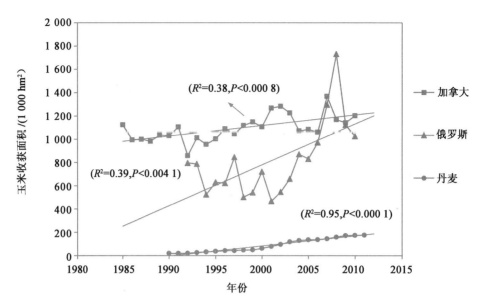

图 19-14　1980—2009 加拿大、俄罗斯联邦和丹麦等高纬度地区玉米收获面积变化(统计数据来自 FAO(2013))

的机会和可能。但是,高纬度地区农业扩张带来的环境问题当前还并不清楚,需要进一步深入研究。

在黑龙江和其他高纬度地区,玉米面积的扩张主要是通过取代其他作物(比如豆类和小麦)和其他自然系统(比如第 5~6 积温带)。与其他作物相比,玉米具有独特的优势。作为 C4 作物,玉米具有较高且稳定的产量水平,较高的光热、水、氮等资源利用效率(Grassini and Cassman,2011),同时具有与其他作物相似甚至较低的环境影响(Linquist et al.,2012)。同时,气候变暖也为采用长生育期且产量潜力更高的品种提供了可能。

19.3　结　论

黑龙江地区是 20 世纪 80 年代以来全球气候变暖最快的地方之一。最近 30 年以来,在保持 80 年代品种不变的情况下,玉米产量除了在黑龙江南部地区有所下降以外,大部分地区没有发生显著性变化。同时,农民采取适应性措施使得气候变暖有利于该地区玉米生产。农民采用长生育期品种,产量每 10 年增加 7%~17%。与此同时,玉米种植面积进一步扩张,从 1980 年 188 万 hm² 扩大到 2009 年 401 万 hm²,种植界限北移 290 km,从北纬 50.8°扩张到 53.4°。综合来看,适应气候要素变化的措施为该区带来了 35% 的产量增加。然而,这些地区高产高效的玉米生产的资源环境代价、可持续性等仍然不清楚,需进一步研究。

参考文献

[1] 白金顺. 应用 Hybrid-Maize 模型评价与挖掘玉米产量潜力[博士学位论文]. 北京:中国农业大学,2010.

[2] 常大军,刘淑玲. 部分玉米品种或品系在黑龙江垦区的表现. 玉米科学,2001,9:60-64.

[3] 姜丽霞,孙孟梅,于荣环,孙玉亭. 黑龙江省玉米品种布局的农业气候依据. 资源科学,2000,22:60-64.

[4] 杨镇,才卓. 东北玉米. 北京:中国农业出版社,2006.

[5] 中国农业统计年鉴 (CAD). http://zzys.agri.gov.cn/,2013.

[6] 中国气象局 (CMA archives). http://www.cma.gov.cn/,2013.

[7] DeFries R, Rosenzweig C. Toward a whole-landscape approach for sustainable land use in the tropics. Proc. Natl. Acad. Sci. USA, 2010, 107: 19627-19632.

[8] Euskirchen E S, McGuire A D, Kicklighter D W, Zhuang Q, Clein J S, Dargaville R J, Dye D G, Kimball J S, McDonald K C, Melillo J M, Romanovsky V E, Smith N V. Importance of recent shifts in soil thermal dynamics on growing season length, productivity, and carbon sequestration in terrestrial high-latitude ecosystems. Global Change Biol, 2006, 12: 731-750.

[9] Foley J A, Ramankutty N, Brauman K A, Cassidy E S, Gerber J S, Johnston M, Mueller N D, O' Connell C, Ray D K, West P C, Balzer C, Bennett E M, Carpenter S R, Hill J, Monfreda C, Polasky S, Rockstrom J, Sheehan J, Siebert S, Tilman D, Zaks D P M. Solutions for a cultivated planet. Nature 478: 337-342.

[10] Food and Agricultural Organization of the United Nations (FAO). FAO Database. http: // www. faostat. fao. org/, 2013.

[11] Friedlingstein P, Houghton R A, Marland G, Hackler J, Boden T A, Conway T J, Canadell J G, Raupach M R, Ciais P, Le Quere C. Update on CO_2 emissions. Nature Geosci, 2010, 3: 811-812.

[12] Gibbs H K, Ruesch A S, Achard F, Clayton M K, Holmgren P, Ramankutty N, Foley J A. Tropical forests were the primary sources of new agricultural land in the 1980s and 1990s. Proc. Natl. Acad. Sci. USA, 2010, 107: 16732-16737.

[13] Grassini P, Cassman K G. High-yield maize with large net energy yield and small global warming intensity. Proc. Natl. Acad. Sci. USA, 2011, 109: 1074-1079.

[14] Gregory P J, Marshall B, Attribution of climate change: a methodology to estimate the potential contribution to increases in potato yield in Scotland since 1960. Global Change Biol, 2012, 18: 1372-1388.

[15] Hansen J, Sato M, Ruedy R, Lo K, Lea D W, Medina-Elizade M. Global temperature change. Proc. Natl. Acad. Sci. USA, 2006, 103: 14288-14293.

[16] Intergovernmental Panel on Climate Change (IPCC). Fourth assessment report of the intergovernmental panel on climate change. Cambridge University Press, Cambridge, UK, 2007.

[17] Jones H G. Plant and microclimate: a quantitative approach to environmental plant physiology, 2nd edn. Cambridge University Press, Cambridge, UK, 1992.

[18] Leakey A D B. Rising atmospheric carbon dioxide concentration and the future of C4 crops for food and fuel. Proc. R. Soc. B, 2009, 276: 2333-2343.

[19] Lee X, Goulden M L, Hollinger D Y, Barr A, Black T A, Bohrer G, Bracho R, Drake B, Goldstein A, Gu L, Katul G, Kolb T, Law B E, Margolis H, Meyers T, Monson R, Munger W, Oren R. Paw U K T, Richardson A D, Schmid H P, Staebler R, Wofsy S, Zhao L. Observed increase in local cooling effect of deforestation at higher latitudes. Nature, 2011, 479: 384-387.

[20] Linquist B, van Groenigen K J, Adviento-Borbe M A, Pittelkow C, van Kessel C. An agronomic assessment of greenhouse gas emissions from major cereal crops. Glob. Change. Biol, 2012, 18: 194-209.

[21] Liu Y, Wang E L, Yang X G, Wang J. Contributions of climatic and crop varietal changes to crop production in the North China Plain, since 1980s. Global Change Biol, 2010, 16: 2287-2299.

[22] Liu Z J, Yang X G, Hubbard K G, Lin X M. Maize potential yields and yield gaps in the changing climate of northest China. Global Change Biol, 2012, 18: 3441-3454.

[23] Lobell D B, Burke M B. Why are agricultural impacts of climate change so uncertain The importance of temperature relative to precipitation. Environ. Res. Lett, 2008, 3, 034007.

[24] Lobell D B,Schlenker W,Costa-Roberts J. Climate Trends and Global Crop Production Since 1980. Science,2011,333:616-620.

[25] Markelz R J C,Strellner R S,Leakey A D B. Impairment of C4 photosynthesis by drought is exacerbated by limiting nitrogen and ameliorated by elevated $[CO_2]$ in maize. J. Exp. Bot,2011, 62:3235-3246.

[26] McManus K M,Morton D C,Masek J G,Wang D,Sexton J O,Nagol J R,Ropars P,Boudreau. S. Satellite-based evidence for shrub and graminoid tundra expansion in northern Quebec from 1986 to 2010. Global Change Biol,2012,18:2313-2323.

[27] McMaster G S,Wilhelm W W. Growing degree-days:one equation,two interpretations. Agric. For. Meteorol,1997,87:291-300.

[28] Olesen J E,Carter T R,Diaz-Ambrona C H,Fronzek S,Heidmann T,Hickler T,Holt T,Minguez M I,Morales P,Palutikof J P,Quemada M,Ruiz-Ramos M,Rubaek G H,Sau F,Smith B,Sykes M T. Uncertainties in projected impacts of climate change on European agriculture and terrestrial ecosystems based on scenarios from regional climate models. Climatic Change,2007,81: 123-143.

[29] Peng S B,Huang J L,Sheehy J E,Laza R C,Visperas R M,Zhong X H,Centeno G S,Khush G S,Cassman K G. Rice yields decline with higher night temperature from global warming. Proc. Natl. Acad. Sci. USA,2004,101:9971-9975.

[30] Rosenzweig C,Parry M L. Potential impact of climate change on world food supply. Nature, 1994,367:133-138.

[31] Schlenker W,Lobell D B. Robust negative impacts of climate change on African agriculture. Environ. Res. Lett,2010,5:014010.

[32] Yan M H,Liu X T,Zhang W,Li X J,Liu S,Spatio-temporal changes changes of≥10℃ accumulated temperature in northeastern China since 1961. Chin. Geogr. Sci,2011,21:17-26.

（执笔人：孟庆锋　侯鹏）

第 20 章

吉林省春玉米区域养分管理技术创新与应用

20.1 吉林省不同生态区玉米高产田氮磷钾适宜用量

吉林省玉米主产区化学肥料的施用存在明显的不平衡现象,同时,随着近年来玉米主推品种的更新、土壤肥力状况的变化、产量水平的不断提高及玉米价格与化肥价格的变化,玉米生产的经济效益呈逐年下降趋势,为降低农民的施肥成本,提高种植玉米的经济效益,有必要对不同生态区玉米品种的经济施肥量做进一步研究。

20.1.1 材料与方法

1. 试验区域与地点

本项研究的试验区域分为东部冷凉湿润区、中部半湿润区和西部半干旱区,3 个生态区共计 12 个试验点。具体试验地点分别设在吉林省东部的桦甸市、中部的公主岭市和西部的乾安县。试验地块土壤化验结果如表 20-1。

表 20-1

不同生态区土壤有机质和速效养分含量

区域	有机质/%	N/(mg/kg)	P_2O_5/(mg/kg)	K_2O/(mg/kg)
东部	3.238 6	218.4	27.0	70.5
中部	1.819 5	140.9	22.6	115.5
西部	1.549 1	125.6	5.3	66.6

2. 供试品种及肥料

吉林省东部的供试品种为吉单 209、中部为吉单 255、西部为吉单 325 和吉油 1 号。

供试肥料:氮为尿素,磷为磷酸二铵和重过磷酸钙,钾为氯化钾。

3. 施肥方法

全部氮的 1/5(基肥尿素施用量不超过 50 kg/hm²,多余部分随追肥一起施用和全部磷、钾作底肥深施,氮的 4/5 作追肥深施。

4.试验设计

(1)氮肥施用量试验 试验在 P_2O_5 90 kg/hm²、K_2O 75 kg/hm² 的基础上,设 6 个氮量处理,N 施用量分别为 0,90,180,270,360 和 450 kg/hm²。

(2)磷肥施用量试验 试验在 N 270 kg/hm²、K_2O 75 kg/hm² 的基础上,设 5 个磷量处理,P_2O_5 施用量分别为 0,45,90,135 和 180 kg/hm²。

(3)钾肥用量试验 试验在 N 270 kg/hm²、K_2O 75 kg/hm² 的基础上,设 5 个钾量处理,施用量分别为 0,37.5,7,112.5 和 150 kg/hm²。

20.1.2 结果与分析

1.不同生态区施用量与产量关系

通过对 12 个生态区田间试验结果的分析,可以建立吉林省不同生态区氮、磷、钾施用量与玉米产量之间的函数关系(表20-2)。从表20-2可见,吉林省不同生态区氮、磷、钾施用量与玉米籽实产量之间呈二次函数关系,相关性均达到了极显著水平。

表 20-2

不同生态区施肥量与产量关系

区域	品种	养分	方程	相关系数
东部	吉单 209	N	$Y=-0.0128X^2+8.321\ 1X+8\ 625.8$	$R=0.939\ 2^{**}$
		P_2O_5	$Y=-0.146\ 4X^2+33.345X+8\ 709.6$	$R=0.982\ 7^{**}$
		K_2O	$Y=-0.392\ 0X^2+88.784X+6\ 263.6$	$R=0.969\ 5^{**}$
中部	吉单 255	N	$Y=-0.019\ 4X^2+11.176X+9\ 096.3$	$R=0.951\ 6^{**}$
		P_2O_5	$Y=-0.075\ 4X^2+19.329X+9\ 427.3$	$R=0.903\ 4^{**}$
		K_2O	$Y=-0.109\ 3X^2+22.405X+92\ 553.8$	$R=0.983\ 7^{**}$
西部	吉单 342	N	$Y=-0.014\ 7X^2+9.759\ 4X+5\ 632.2$	$R=0.948\ 2^{**}$
		P_2O_5	$Y=-0.090\ 4X^2+24.755X+5\ 313.2$	$R=0.981\ 3^{**}$
		K_2O	$Y=-0.111\ 6X^2+26.665X+6\ 282.1$	$R=0.972\ 5^{**}$
西部	吉油 1 号	N	$Y=-002\ 37X^2+15.471X+3\ 564.7$	$R=0.979\ 2^{**}$
		P_2O_5	$Y=-0.076\ 0X^2+20.138X+5\ 205.9$	$R=0.949\ 2^{**}$
		K_2O	$Y=-0.121\ 2X^2+27.999X+5\ 154.0$	$R=0.984\ 6^{**}$

2.不同生态区施用量与玉米产量的相互关系

从表20-3可见,不同生态区最大效益施氮量由西至东逐渐降低,即西部>中部>东部;最高产量施氮量呈两端高中间低的趋势,即西部>东部>中部;最大效益产量与最高产量的规律一致,即中部>东部>西部。

表 20-3

不同生态区施肥量与产量结果分析   kg/hm²

区域	东部	中部	西部
最大效益产量施氮量	172.4	187.4	199.1
最高产量施氮量	325.0	288.0	332.0
最大效益产量	9 680.1	10 509.2	6 992.5
最高产量	9 978.2	10 705.9	7 252.0

注:N 为 2.39 元/kg,玉米为 0.75 元/kg。下表同。

吉林省玉米最大效益产量施氮量呈西高东低趋势,变幅为 $172.4 \sim 199.1$ kg/hm^2,这一数值与吉林省目前大部分高产地区的平均施氮水平相近,生产上无须增加氮肥的用量;而目前的生产水平略低于最大效益产量,这与部分地区磷、钾营养水平相对较低有直接关系,通过平衡土壤氮、磷、钾营养关系可达到提高产量的目的。

3. 不同生态区磷肥施用量与产量的相互关系

从表 20-4 可见,不同生态区最大效益施磷量和最高产量施磷量均呈西高东低趋势。最大效益施磷量是西部最高,东部与中部地区相近;最高产量施磷量是西部＞中部＞东部;最大效益产量与最高产量的规律一致,即中部与东部地区产量相近,而西部则较低。

表 20-4

不同生态区施磷量与产量结果分析　　　　　　　　　　　　　　　　　　　　　　　　　　　　　　　kg/hm^2

区域	东部	中部	西部
最大效益产量施磷量	98.3	97.9	111.7
最高产量施磷量	113.9	128.2	136.9
最大效益产量	10 572.8	10 597.1	6 950.4
最高产量	10 608.0	10 666.1	7 007.9

注:P_2O_5 为 3.42 元/kg。

吉林省玉米最大效益施磷量为 $97.9 \sim 111.7$ kg/hm^2,这一数值与吉林省目前大部分高产地区的平均施磷水平相近,生产上无须增加磷肥的用量;而目前的生产水平略低于最大效益产量,这与部分地区氮、钾营养水平相对较低有直接关系,通过平衡土壤氮、磷、钾营养关系可达到提高产量的目的。

4. 不同生态区钾肥施用量与产量的相互关系

从表 20-5 可见,不同生态区最大效益施钾量和最高产量施钾量均呈两端高中间低的趋势。东部与西部地区的最大效益施钾量相近,中部地区相对较低;最高产量施钾量是西部＞东部＞中部;最大效益产量与最高产量的规律一致,即东部＞中部＞西部。吉林省玉米最大效益施钾量为 $90.3 \sim 109.8$ kg/hm^2,这一数值明显高于吉林省目前大部分高产地区的平均施钾水平,生产上需增加钾肥的用量,以获得更大的经济效益。

表 20-5

不同生态区施钾量与产量结果分析　　　　　　　　　　　　　　　　　　　　　　　　　　　　　　　kg/hm^2

区域	东部	中部	西部
最大效益产量施钾量	109.8	90.3	107.5
最高产量施钾量	113.2	102.5	119.5
最大效益产量	11 286.2	10 385.7	7 859.0
最高产量	11 290.8	10 402.0	7 874.9

注:K_2O 为 2.0 元/kg。

5. 不同生态区玉米氮、磷、钾肥效比较

(1)氮、磷、钾肥料经济效益分析　对试验结果的进一步分析表明,不同生态区玉米氮、磷、钾的最大效益施肥量与最高产量施肥量相互关系差异较大:最大效益施氮量占最高产量施氮量的平均比例为 63.8%,磷为 81.6%,钾为 91.7%,这表明供试品种对氮的需求程度相对较小,磷居中,对钾的需求程度相对较高;从最大效益产量到最高产量的过程中,氮、磷、钾施用量分别增加近 40%,20% 和 10%,而产量仅增加了 4%,1% 和 1%。

(2)不同生态区单位养分的增产效果 从表20-6可见,在最大效益产量条件下,氮、磷、钾三元素单位养分增产效果差异较大。千克氮增产量依次为中部＞西部＞东部;千克磷、钾增产量趋势相同,依次为东部＞西部＞中部。而三要素平均增产量也存在明显的区域性差异,依次为东部＞西部＞中部。

表 20-6

不同生态区单位养分增产效果比较 kg/kg

区域	N	P$_2$O$_5$	K$_2$O	平均
东部	6.11	19.16	45.73	23.67
中部	7.54	11.94	12.54	10.67
西部	6.83	14.66	14.67	12.05
平均	6.83	15.25	24.31	

注:表中数字为千克肥料增产量。

(3)不同产量条件下的氮、磷、钾比例 在吉林省不同生态区及不同产量水平条件下,氮、磷、钾比例关系差异较大,而且最大效益条件下的氮、磷、钾比例明显高于最高产量条件下的比例,表明从最大效益产量到最高产量过程中,N肥的作用是重要的。前者的比例关系为:东部1:0.57:0.64,中部1:0.52:0.48,西部1:0.35:0.35;后者的比例关系为:东部1:0.35:0.35,中部1:0.45:0.36,西部1:0.41:0.36。

6. 不同类型品种氮、磷、钾施用效果的差异

我们以吉单342和吉油1号为代表品种,在吉林省西部半干旱区开展了不同类型品种施肥效应的研究。试验结果表明,供试品种在相同条件下对氮、磷、钾肥料的敏感性存在明显差异(表20-7)。

表 20-7

不同类型品种对氮、磷、钾肥料敏感性差异

项 目	吉单342(普通优质型)			吉油1号(高油玉米)		
	N	P$_2$O$_5$	K$_2$O	N	P$_2$O$_5$	K$_2$O
最大效益施肥量	199.1	111.7	107.5	243.9	102.5	104.5
最高产量施肥量	332.0	136.9	119.5	326.4	132.5	115.5
单位养分增产效果	6.8	14.7	14.7	9.7	12.4	15.3
经济施肥量/最高产量施肥量		81.6	90.0	74.7	77.4	90.5
最大效益氮:磷:钾		1:0.56:0.54			1:0.42:0.43	
最高产量氮:磷:钾		1:0.41:0.36			1:0.41:0.35	

表20-7结果表明,吉单342对养分的敏感性强于吉油1号(仅最大效益施N量为吉油1号高于吉单342)。最大效益条件下,吉单342的氮:磷:钾比例明显高于吉油1号,表明前者对磷、钾的需求更高,而后者对氮的需求量相对较高。最高产量条件下的氮:磷:钾比例两者几乎相等。单位养分增产效果,氮是吉油1号较高,磷是吉单342较高,钾是吉油1号较高;最大效益施肥量占最高产量施肥量的比例,氮是吉油1号较高,磷是吉单342较高,钾基本相等。

20.1.3 结论

(1)吉林省玉米最大效益产量施氮量呈西高东低趋势,东部、中部、西部地区分别为172.4,187.4和199.1 kg/hm²;最高产量施氮量呈两端高中间低的趋势,东部、中部、西部地区分别为325.0,288.0,

和 332.0 kg/hm²。

（2）吉林省玉米最大效益产量施磷量与最高产量施磷量均呈西高东低趋势，东部、中部、西部地区最大效益产量施磷量分别为 98.3,97.9 和 111.7 kg/hm²；东部、中部、西部地区最高产量施磷量分别为 113.9,128.2 和 136.9 kg/hm²。

（4）吉林省玉米最大效益产量施钾量与最高产量施钾量均呈两端高中间低趋势。东部、中部、西部地区的最大效益产量施钾量分别为 109.8,90.3 和 107.5 kg/hm²；东部、中部、西部地区最高产量施钾量分别为 113.2,102.5 和 119.5 kg/hm²。

（5）不同生态区、不同产量水平条件下氮、磷、钾比例关系差异较大，且最大效益条件下氮、磷、钾比例明显高于最高产量条件下的比例。前者的比例关系为：东部 1∶0.57∶0.64，中部 1∶0.52∶0.48，西部 1∶0.56∶0.54；后者的比例关系为：东部 1∶0.35∶0.35，中部 1∶0.45∶0.36，西部 1∶0.41∶0.36。

（6）从整体上看吉单 342 对养分的敏感性强于吉油 1 号，仅最大效益施氮量是吉油 1 号高于吉单 342。最大效益条件下，吉单 342 的氮、磷、钾比例明显高于吉油 1 号，表明前者对磷、钾的需求更高，而后者对氮的需求量相对较高。最高产量条件下的氮∶磷∶钾两者几乎相等。

20.2　吉林省中低产田玉米氮磷钾适宜用量

吉林省是我国粮食主产区，是增加粮食收益的重点省份，全省玉米种植面积约 5 400 万亩，但约有 2/3 的耕地为中低产田，产量水平低下一直是制约玉米高产的主要因素。全省玉米高产是各种因素的综合反映，增加种植密度、提高施肥量和施肥品种，采用合理的施肥方式是获得高产的主要栽培措施。近年来，许多研究从提高玉米产量和肥料利用率及培肥地力等方面进行研究，但不同地区、不同的生态条件、不同品种及密度、玉米不同施肥量及施肥技术有较大差异，本研究着重探讨在中低产田的条件下，吉林中部地区玉米施肥模式。

20.2.1　材料与方法

1. 试验时间与地点

2010 年 4 月至 2011 年 10 月，在公主岭市朝阳坡乡大房身村、孔家村和吉林省农业科学院试验地。连续两年进行氮肥量级试验、钾肥量级试验、有机无机肥配合试验，采用田间小区定位试验。

2. 研究内容

研究增施有机肥定位调控两年对玉米产量构成因素及产量结果的影响；研究氮、钾肥平衡调控两年对玉米产量构成因素及产量结果的影响；研究平衡调控后玉米高产氮、钾肥适宜用量。

3. 试验设计

试验在 2010 年试验基础上，田间小区试验设计为，10 m 行长，6 行区，小区面积 37.8 m²，随机排列，3 次重复，区间步道 1 m。供试玉米品种：先玉 335，播种密度 5.0 万～6.0 万株/hm²。各小区统一管理，收货后实际测量产量及百粒重。

（1）氮肥适宜用量研究　在 P₂O₅ 90 kg/hm²、K₂O 90 kg/hm² 基础上，施氮量从 0～300 kg/hm²，级差 75 kg，5 个处理的施氮量分别为 0,75,150,225,300 kg/hm²。磷、钾肥和 2/5 的氮肥底肥施用，3/5 的氮肥玉米拔节期追施。

（2）钾肥适宜用量研究　在 P₂O₅ 90 kg/hm²、N 180 kg/hm² 基础上，施钾量从 0～180 kg/hm²，级差 45 kg，5 个处理的施氮量分别为 0,45,90,135,180 kg/hm²。磷、钾肥和 2/5 的氮肥底肥施用，3/5 的氮肥玉米拔节期追施。

（3）有机肥施用研究　在常规施肥基础上，底肥增施优质有机肥。

20.2.2 结果与分析

1. 氮肥用量试验结果

试验结果表明,在一定氮量范围内,随施氮量增加,玉米产量增加(表 20-8),每公顷施氮量 225 kg 处理产量最高,11 590.27 kg/hm²,比无氮区增产 12.3%,产量差异达极显著水平;施氮 150 kg 处理比无氮区增产 8.4%,产量差异达极显著水平。增产处理主要表现玉米穗粗增加,百粒重增加 1.5~1.8 g(表 20-9)。施氮与玉米产量关系为抛物线相关,效益方程为 $Y = 10\,358 + 11\,576N - 0.032\,1N^2$,$R^2 = 0.825\,5$。最大产量施氮量为 180 kg/hm²;最大效益施氮量为 147 kg/hm²。

表 20-8

氮肥量级对玉米产量的影响(2010 年)

处理	产量/(kg/hm²)			平均	增产/%
	I	II	III		
N0	10 798.51	10 469.25	10 154.23	10 474cB	0.0
N75	10 859.21	10 934.47	10 671.3	10 821.7bcAB	3.3
N150	11 594.38	11 574.33	10 891.95	11 353.55abA	8.4
N225	11 606.2	11 862.59	11 302.03	11 590.27aA	12.3
N300	10 481.79	11 105.87	10 882.64	10 823.43bcAB	3.3

表 20-9

氮肥量级对玉米粒重的影响(2010 年)

处理	穗粗/mm	增加/mm	百粒重/g	增加/g
N0	51.2	0.0	39.5	0.0
N75	52.2	1.0	40.5	1.0
N150	52.5	1.3	41	1.5
N225	52.2	1.0	41.3	1.8
N300	52.1	0.9	40.5	1.0

2011 年施氮区比无氮区产量增产幅度比 2010 年明显增大,施氮 75 kg/hm² 比无氮区增产 10%,产量差异达到显著水平(表 20-10),增产因素,单穗粒数增加 50 粒左右;施氮 150 kg/hm² 以上比无氮区增产 20% 左右,增产因素,单穗粒数增加 70~80 粒。产量差异达到极显著水平,施氮与玉米产量关系为抛物线相关,效益方程为 $Y = 10\,264 + 20.342N - 0.047\,9N^2$,$R^2 = 0.986\,2$。最大产量施氮量为 212 kg/hm²;最大效益施氮量为 183 kg/hm²。

表 20-10

氮肥量级对玉米产量的影响(2011 年)

处理	平均/(kg/hm²)	百粒重/g	穗粒数
N0	10 314.49	36.25	575.48
N75	11 375.85	36.48	625.12

续表 20-10

处理	平均/(kg/hm²)	百粒重/g	穗粒数
N150	12 370.63	36.91	647.84
N225	12 381.3	36.99	660.59
N300	12 047.26	36.58	645.34

两年结果比较,2010 年增产主要表现粒重的增加,玉米生育前期各处理差异不明显,少施氮肥可以维持玉米开花前的生长发育,而在玉米吐丝后无氮和低氮处理表现养分不足,粒重降低。2011 年产量增加处理主要表现单穗粒数的增加,适宜施氮处理玉米全生育期氮肥充足,促进营养元素的平衡吸收,单穗粒数和粒重增加,产量明显增加,增产幅度明显增大。而连续两年的无氮和低氮处理,玉米生长全生育期表现营养不足,影响果穗分化大小,导致单穗粒数减少。

2. 钾肥用量试验结果

增施钾肥表现明显的增产作用,在一定钾量范围内,随施钾量增加,玉米产量增加(表 20-11),每公顷施钾 90 kg 以上处理,产量 10 755.02～11 030.47 kg/hm²,比无钾区增产 18.7%～21.7%,产量差异达极显著水平,每公顷施钾 90 kg,再增加钾肥不表现再增产;施钾 45 kg 处理比无钾区增产 14.1%,产量差异达显著水平。增产处理主要表现玉米穗粗增加,百粒重增加 0.7～2.8 g(表 20-12)。施钾与玉米产量关系为抛物线相关,效益方程为 $Y = 9\ 080 + 30.587K - 0.120\ 2K^2$,$R^2 = 0.949\ 5$。最大产量施钾量为 127 kg/hm²;最大效益施钾量为 118 kg/hm²。

表 20-11

钾肥量级对玉米产量的影响(2010 年)

处理	产量/(kg/hm²)			平均	增产/%
	I	II	III		
K0	8 591.0	9 295.5	9 294.3	9 060.27 cB	0.0
K45	10 121.3	10 304.9	10 590.7	10 338.98 bA	14.1
K90	11 713.6	10 793.6	10 584.3	11 030.47 aA	21.7
K135	10 932.7	10 665.2	10 667.1	10 755.02 abA	18.7
K180	11 077.3	11 122.8	10 696.3	10 965.49 abA	21.0

表 20-12

钾肥量级对玉米粒重的影响(2010 年)

处理	穗粗/mm	增加/mm	百粒重/g	增加/g
K0	50.2	0.0	38.6	0.0
K45	51.3	1.1	39.3	0.7
K90	51.5	1.3	41	2.4
K135	52.2	2.0	41.4	2.8
K180	51.4	1.2	40.1	1.5

施钾 90 kg/hm² 以上,比无钾区增产 6.5%～7.6%,产量差异达到极显著水平,百粒重增加 1.0～1.6 g,穗粒数增加 26～37 粒(表 20-13)。施钾与玉米产量关系为抛物线相关,效益方程为 $Y = 11\ 189 + 11.982\ 7K - 0.042\ 1K^2$,$R^2 = 0.898\ 3$。最大产量施钾量为 142 kg/hm²;最大效益施钾量为 100.7 kg/hm²。

表 20-13

钾肥量级对玉米产量及其组分的影响(2011 年)

处理	产量/(kg/hm²)	百粒重/g	穗粒数
K0	11 268.48	35.78	613.85
K45	11 459.13	36.58	621.60
K90	11 997.40	37.40	639.67
K135	12 128.13	37.37	643.65
K180	11 926.25	36.73	650.61

两年试验结果,玉米增产趋势相同,施钾 90 kg/hm² 表现明显增产,再增加施钾量不表现增产。2010 年增产主要表现粒重的增加,玉米生育前期各处理差异不明显,少施钾肥可以维持玉米开花前的生长发育,而在玉米吐丝后无钾和低钾处理表现养分不足,粒重降低。2011 年产量增加表现单穗粒数和粒重同时增加。适宜施钾处理,不但保证全生育期钾肥的供应,而且协调各营养元素之间的平衡性,促进各营养器官生长和分化最大值,单穗粒数和粒重均表现增加,产量明显增加。而连续无钾和低钾处理,影响玉米全生育期的生长发育,导致穗粒数和粒重的减少,最后减产。

3. 有机肥对玉米的增产效果

表 20-14 为 2010 年产量结果,增施有机肥玉米表现增产,肥效维持的时间长,促进玉米灌浆和干物质积累,百粒重增加 0.2～2.3 g,增产 5%～10%,产量差异达显著水平;表 20-15 为 2011 年结果,连续增施优质有机肥,单穗粒数增加 33～39 粒,增产幅度明显增大,增产 9%～18.5%。

表 20-14

增施有机肥对玉米产量的影响(2010 年)

处理	产量/(kg/hm²)			平均	增产/%	百粒重/g	增加/g
	Ⅰ	Ⅱ	Ⅲ				
常规 1	7 993.0	7 928.1	7 453.0	7 791.4	0.00	33.8	0.00
有机肥 1	8 079.3	8 718	8 231.6	8 342.9	7.08	36.1	2.30
常规 2	8 805.55	7 887.21	8 825.61	8 506.1	0.00	41.30	0.00
有机肥 2	8 928.09	8 949.06	9 154.61	9 010.6	5.93	41.50	0.20

表 20-15

增施有机肥对玉米产量的影响(2011 年)

处理	产量/(kg/hm²)			平均	增产/%	单穗粒数	增加/粒
	Ⅰ	Ⅱ	Ⅲ				
常规 1	9 934.52	10 387.55	9 697.74	10 006.60	0.00	534.08	0.0
有机肥 1	11 097.49	13 065.25	11 410.27	11 857.67	18.50	573.26	39
常规 2	9 717.49	9 425.54	10 246.76	9 796.60	0.00	491.79	0.0
有机肥 2	10 839.54	10 950.81	10 314.15	10 701.50	9.24	524.89	33

20.2.3 结论

两年田间定位试验结果表明,吉林省中低产田,在 P_2O_5 90 kg/hm² , K_2O 90 kg/hm² 基础上,适宜施氮量为 180~210 kg/hm² ,玉米产量可达到 12 000 kg/hm² 左右;在 P_2O_5 90 kg/hm² , N 180 kg/hm² 基础上,适宜施钾量为 100~140 kg/hm² ,玉米产量也可以 12 000 kg/hm² 左右;正常施无机肥基础上,增施优质有机肥 1 000 kg/hm² ,玉米可增产 6%~7%,连续施优质有机肥,玉米增产 9%~18.5%,有机肥对玉米高产稳产和地力提升效果明显。

20.3 吉林省杂交玉米制种田施肥技术

玉米种子是自然条件下农田生产的特殊生产资料,在追求产量和质量的同时,生产的种子必须具有生命活力。种子作为玉米生产的最初投入,其差异大小对植株的生长及其产量必然有很大的影响。玉米制种田,播种的是玉米亲本自交系,与杂交种相比,其单产低,生命力弱,单株个体发育较小,对肥、水的吸收能力相对较差;加之严格的隔离条件要求,使制种田多选在自然条件隔离较好的半山区,多坡耕地,土质瘠薄;单株果穗小,果穗尖部籽粒在产量中所占比例大,这部分籽粒受自然条件和栽培技术的影响力大,某种营养元素的缺乏或过多都会招致玉米发育不良或减产;北方玉米制种一般较生产田偏早收获 15 d 以上,其籽粒成熟度相对较差,诸多不利因素成为制种田高产高效的障碍因子。针对这些特点,我们对杂交玉米制种田的施肥技术进行了针对性的研究。为杂交玉米制种的高产、优质、低成本、高效益提供科学依据。

20.3.1 材料与方法

1. 供试材料

玉米骨干自交系 Mo_{17} ,与对应的杂交种丹玉 13、四单 19 等。供试肥料为尿素、磷酸二铵、硫酸钾、磷酸二氢钾、优质有机肥和吉林省农科院肥料厂生产的多元复合微肥。

2. 试验地点

吉林省中部半湿润区 4 个县市的 6 个乡镇制种基地,公主岭市的小顶山村;梨树县的哈福村;双阳区的鹿乡镇;伊通县黄岭子、迎风、烧锅等地。

3. 试验方法

采用田间小区试验,3~4 次重复,小区面积 30 m²,和大面积高产田相结合,测全生育期干物质积累与氮磷钾吸收。在幼苗期、拔节期、吐丝期、乳熟期、完熟期各处理分别取代表性植株 5 株,风干后烘干,常规法测全 N, P_2O_5 , K_2O ,测产小区全区收获,常规考种测产。

20.3.2 试验结果

1. 自交系与对应杂交种的干物质积累和氮磷钾吸收特性对比

(1)自交系 Mo_{17} 与对应杂交种丹玉 13,全生育期干物质积累与氮磷钾吸收比较 从表 20-16 生育期干物质积累和氮磷钾吸收的比较结果看:

干物质积累 Mo_{17} 为丹玉 13 的 60.2%,生育前期所占比例较小,幼苗期仅为杂交种的 44.9%,拔节期 48.0%,吐丝期为 82.9%,乳熟期、完熟期相当杂交种的 60% 左右。

氮吸收 Mo_{17} 仅为丹玉 13 的 52.8%,拔节期之前仅为杂交种的 40% 多,吐丝期为杂交种的 60.7%,乳熟期之后为杂交种的 50% 多。

磷吸收 Mo_{17} 为丹玉 13 的 58.6%,拔节期之前仅为杂交种的 25%~27%,吐丝期为杂交种的 75.6%,乳熟期为杂交种的 52.4%。

钾吸收 Mo_{17} 占丹玉 13 的 67%，拔节期前仅为杂交种的 13.9%~21.8%，吐丝期为 66.9%，乳熟期为 58%。

完熟期自交系 Mo_{17} 与对应杂交种丹玉 13 相比，氮、磷积累比例小于干物质积累比例，分别少 12.3% 和 2.7%，而钾积累比例高出 11.3%，即生产单位干物质 Mo_{17} 较杂交种丹育 13 吸收氮、磷较少，而钾较多。

表 20-16

各生育期干物质积累与氮磷钾吸收比较 %

Mo_{17}/丹玉 13	幼苗期	拔节期	吐丝期	乳熟期	完熟期	完熟期比较
干物质	44.9	48.0	82.9	58.8	60.2	100.0
N	41.2	44.4	60.7	51.7	52.8	87.7
P_2O_5	27.0	25.5	75.6	52.4	58.6	97.3
K_2O	13.9	21.8	66.9	58.0	67.0	111.3

(2)玉米自交系 Mo_{17} 与对应杂交种丹玉 13 氮磷钾吸收速度比较　从表 20-17 可见，Mo_{17} 氮磷钾的吸收速度，氮为杂交种的 60.0%、磷为 66.5%、钾为 88.5%。Mo_{17} 与丹玉 13 相比，乳熟期之后杂交种吸磷很少，钾由于植株淋洗作用积累速度为负值，而 Mo_{17} 还在继续吸收磷和钾，因此，在制种田施肥上要重视生育后期磷、钾肥的施用。

表 20-17

自交系与对应的杂交种各生育期氮磷钾吸收速度比较 %

Mo_{17}/丹玉 13	幼苗-拔节	拔节-吐丝	吐丝-乳熟	乳熟-完熟	全生育期
N	44.09	56.44	62.50	71.60	59.84
P_2O_5	43.48	79.09	44.07	168.60	66.53
K_2O	41.03	88.89	60.95	252.63	88.45

(3)每生产 1 t 籽实所吸收 N、P_2O_5、K_2O 的数量和比例　自交系 Mo_{17} 较杂交种丹玉 13 生产 1 t 籽粒所需氮相对较少，P_2O_5 相当，K_2O 较多。Mo_{17} 吸收 N 23.9，P_2O_5 9.8，K_2O 21.8，其比例为 1:0.41:0.91，丹玉 13 吸收 N 26.7，P_2O_5 9.9，K_2O 19.3，其比例为 1:0.37:0.72。自交系需钾多的原因是其经济系数较低为 0.4，杂交种丹玉 13 的经济系数为 0.49，如表 20-18 所示。

表 20-18

亲本自交系与对应的杂交种生产 1 t 籽实所需氮磷钾比较

	N	P_2O_5	K_2O	N:P_2O_5:K_2O	经济系数
Mo_{17}	23.9	9.8	21.8	1:0.41:0.91	0.40
丹玉 13	26.7	9.9	19.3	1:0.37:0.72	0.49

2. 不同氮肥用量对玉米种子产量和质量的影响

本试验置于制种基地的中上等肥力地块，在底肥施 N 36 kg/hm²，P_2O_5 92 kg/hm²，K_2O 60 kg/hm² 基础上，设 6 个处理，拔节期追施 N 量分别为 0，34，68，102，136，170 kg/hm²。试验结果，氮肥增产效果明显，追施氮量可增产 7.7%~14.4%，百粒重可增加 0.5~0.9 g。在追施 N 68~170 kg/hm² 范围内的四个处理，产量差异不显著，即一般情况下追施氮肥 68 kg/hm² 即可，连同底肥中 N 量共施 N 104 kg，如表 20-19 所示。由于种子田多处半山区，地力差异大，具体地块施 N 量，可在此基础上适当修正。

表 20-19

不同施氮量试验（四单 19 制种田）

处理/(kg/hm²)	单产/(kg/hm²)	产比/%		百粒重/g	百粒增重/g
1 追 N_0	3 206	100	94.1	28.5	0.0
2 追 N_{34}	3 407	107.7	100.0	29.0	0.5
3 追 N_{68}	3 667	1 14.4	107.6	29.2	0.7
4 追 N_{102}	3 557	1 11.0	104.4	29.2	0.7
5 追 N_{136}	3 656	114.0	107.3	29.3	0.8
6 追 N_{170}	3 547	110.6	104.1	29.4	0.9

3. 不同磷肥用量对产量和质量的影响

试验在 120 kg N、60 kg K_2O 基础上，磷肥设 4 个处理，施 P_2O_5 量分别为 0,46,69,92 kg/hm²。从表 20-20 可见，施用磷肥增产作用非常显著，施磷 46～92 kg/hm² 的 3 个处理较无磷区增产 70% 左右，施磷 46 与 69 kg/hm² 的两个处理产量差异不显著，92 kg/hm² 无显著增产作用，故以 69 kg/hm² 磷为宜。

表 20-20

不同磷肥用量试验（丹玉 13 制种田）

处理/(P_2O_5 kg/hm²)	产量/(kg/hm²)	产比/%		增产/(kg/hm²)	百粒重/g	增加/g
0	2 527.4	100	58.1	0	22.5	0.0
46	4 346.4	171.0	100.0	1 819.0	27.7	5.2
69	4 483.6	177.4	103.2	1 956.2	27.4	4.9
92	4 205.0	166.4	96.7	1 677.6	27.0	4.5

4. 有机肥在高产田中的作用

施用优质有机肥（腐熟的鸡、猪、鹿粪），对消除土壤限制因子，提高种子产量和质量非常重要。在常年不施有机肥地块，常规施肥基础上，配施优质有机肥对提高种子产量，增加百粒重，降低收获时种子含水量都有明显效果，一般增产 14.8%～21.1%，百粒重增加 1.4～2.4 g，收获种子含水量降低 3.2%～5.1%，如表 20-21 所示。

表 20-21

有机肥的增产作用（丹玉 13 制种田）

有机肥	双阳区鹿乡镇	公主岭小顶山	伊通县烧锅乡	伊通县迎风村	梨树县哈福村	梨树县哈福村
	鸡粪 20 m³	猪粪 30 m³	猪粪 30 m³	猪粪 30 m³	鹿粪 20 m³	鹿粪 20 m³
单产/(kg/hm²)	5 516	5 263	5 317	5 250	4 700	5 110
增产/%	21.1	18.0	15.5	14.8	15.3	15.0
百粒增重/g	2.4	1.9	1.7	1.4	1.6	1.5
提早成熟/d	5	3	3	3	4	4
收获种子含水量降低/%	5.1	3.2	3.5	4.7	4.1	4.0

注：表中所列数据为施有机肥各处理与不施有机肥处理的比较数。

5. 巧施多元复合肥

根据玉米亲本自交系与杂交种相比根系不发达,吸收能力弱的特点,为保障生育关键时期养分的及时、足量供应,促进其吸收强度,采取多元复合肥液体灌根,获得显著增产效果,可起到节肥增效作用。

多元复合肥的配方为尿素、硫酸钾、多元复合肥、磷酸二氢钾 2∶1∶1∶1。设 2 个施肥量,37.5 和 25.0 kg/hm²,稀释 60 倍,在(7 月下旬)玉米抽雄前灌根,以不灌根为对照。

在低肥力的坡耕地灌根,增产 12.8%~15.2%,每公顷增产种子 533~633 kg,增产增收显著,如表 20-22 所示。

表 20-22

复合肥灌根试验(低肥力地块、坡耕地,丹玉 13 制种田)

处理/(kg/hm²)	单产/(kg/hm²)	增产/(kg/hm²)	产比/%
37.5	4 800	633	115.2
25.0	4 700	533	112.8
CK	4 167	0	100

在高肥力平洼地灌根,增产 4.8%~7.9%,每公顷增产种子 233 和 383 kg。高肥力平洼地效果低于坡耕地,如表 20-23 所示。

表 20-23

复合肥灌根试验(高肥力地块、平洼地,丹玉 13 制种田)

处理/(kg/hm²)	单产/(kg/hm²)	增产/(kg/hm²)	产比/%
37.5	5 250	383	107.9
25.0	5 100	233	104.8
CK	4 867	0	100

20.3.3 结论

杂交玉米自交系 Mo_{17} 与对应的杂交种丹玉 13 对比,全生育期单位面积干物质积累仅为杂交种的 60.2%,氮磷钾的吸收总量分别为杂交种的 52.8%,58.6% 和 67%。Mo_{17} 生产 1 t 籽粒吸收 N 23.9 kg、P_2O_5 9.8 kg、K_2O 21.8 kg,较杂交种丹玉 13(N 26.7 kg、P_2O_5 9.9 kg、K_2O 19.3 kg)吸收 N 少而吸收钾多,磷差异不大。N∶P_2O_5∶K_2O 丹玉 13 为 1∶0.37∶0.72;Mo_{17} 为 1∶0.41∶0.91。

杂交玉米制种田,在中等肥力地块每公顷施 N 104~120 kg、P_2O_5 46~69 kg、K_2O 60~90 kg 可以满足生产需要。配施有机肥较生产田的增产效果更加明显,且有提早成熟、增加百粒重、降低种子收获含水量的作用。用尿素、硫酸钾、多元复合微肥、磷酸二氢钾等配制的复合肥液体灌根,可以显著提高种子产量和质量,增加效益,越是瘠薄地块,增产作用越突出。

20.4 吉林省半干旱区玉米保护性耕作关键技术

吉林省西部耕地土壤以沙质性的黑钙土为主,是黄金玉米带的重要组成部分,玉米是该区主要的粮食作物,其种植面积占该区总面积的 40% 左右。多年来,由于栽培技术比较落后,不仅单产水平低而不稳,而且,耕层土壤风蚀现象十分严重,自然降水的利用效率较低,农田生态环境逐年恶化。为建立吉林省西部半干旱区玉米保护性耕作技术体系,我们于 2002—2005 年在吉林省松原市前郭县和乾安县开展了玉米留茬直播技术与大垄双行覆膜技术的实际效果及相关技术的研究工作,以期为吉林省半干旱地区合理耕作制度提供指导。

20.4.1　材料与方法

1. 大垄双行覆膜栽培的效果

(1)大垄双行覆膜栽培的增产效果　试验设大垄覆膜区与对照区两个处理,采用大垄双行种植法,大垄覆膜区垄宽 1.3 m,在大垄中间 0.4 m 的垄台上种 2 行玉米,种植密度为 45 000 株/hm^2,追肥期,用犁深趟垄沟 0.25 m 左右,蓄存雨水。对照区为 0.65 m 常规垄,其他栽培措施同前。

(2)不同栽培密度与覆膜效果的关系　试验设稀植型品种覆膜区、密植型品种覆膜区与对照区 3 个处理,供试品种为吉单 209(密植型)与铁单 19(稀植型)。稀植品种密度 45 000 株/hm^2,密植品种密度 60 000 株/hm^2。小区面积 50 m^2,3 次重复。

2. 留茬直播栽培模式关键技术研究

(1)保护性耕作一次性施肥技术研究

试验处理:

①习惯施肥区:N,P_2O_5,K_2O 施用量分别为 172.5,69.0 和 30.0 kg/hm^2。

②一次性施肥区:(21-7-12)一次性专用肥 550 kg/hm^2(N、P_2O_5、K_2O 施用量分别为 115.5,38.5 和 66.0 kg/hm^2)。

小区面积 50 m^2,三次重复。

(2)保护性耕作除草技术研究

本项试验采用裂区试验设计,主因素为水分条件,副因素为除草剂处理,小区面积 50 m^2,3 次重复。试验处理如下:

①主因素

a. 干旱区:人为创造 350 mm 的半干旱条件。

b. 湿润区:人为创造 550 mm 的半湿润条件。

②副因素

a. 对照区。

b. 阿-乙合剂苗前封闭(阿乙合剂 1.5 kg/hm^2,兑水 450 kg)。

c. 阿-乙合剂苗前封闭(同上)+玉农乐苗后除草(4%玉农乐 1 000 mL/hm^2,兑水 450 kg,5 叶期用药)。

20.4.2　结果与分析

1. 大垄双行覆膜的增产效果及其与种植密度的相互关系

2002—2005 年的田间调查及测产结果表明,采用覆膜技术可明显促进玉米的生长发育,具有明显的增产效果(表 20-24)。

表 20-24

半干旱区覆膜对玉米的增产作用($n=10$)

处理	绿叶片数/片	叶面积指数	单产/(kg/hm^2)	增产/(kg/hm^2)	增产/%
覆膜区	15.6	4.348	8 127.5	1 185.5**	17.1
对照区	14.2	3.543	6 942.0		

由表 20-24 可以看出,乳熟期覆膜区玉米的保绿度明显好于对照区,绿叶数平均比对照区多 1.4 片,叶面积指数平均提高 22.7%,为获得高产创造了较好的群体条件,覆膜区比对照区增产 1 185.5 kg/hm^2,

达到了极显著水准,相对增产 17.1%。进一步试验结果表明,种植密度对覆膜条件下的自然降水利用效率及玉米产量有明显的影响(表 20-25)。

表 20-25

覆膜条件下不同种植密度对玉米生长的影响(2004)

处理	绿叶数/片	穗粒数/(粒/穗)	水分利用效率/[kg/(mm·hm²)]	提高/%	单产/(kg/hm²)	增产/%
对照区	10.3	288	9.09	—	2 800	—
覆膜区(稀)	13.2	576	16.70	83.72	5 256**	87.71
覆膜区(密)	12.8	342	13.58	49.39	4 237**	51.32

由表 20-25 可见,在覆膜条件下,高密度区和低密度区玉米绿叶数分别比对照区高 24.3% 和 28.2%,低密度区绿叶数比高密度区高 3.1%。覆膜后玉米生长情况明显改善,为增产奠定了基础。

在覆膜条件下,高密度区和低密度区穗粒数分别比对照区多 18.8% 和 100.0%,低密度区的穗粒数明显高于高密度区,两者相差 68.4%。高密度区和低密度区单产分别比对照区增加 51.3% 和 87.7%,而低密度区比高密度区增产 24.1%,两者之间差异极显著。这表明,在本试验条件下,低密度具有更高的单产。田间水分测定结果表明,高密度区和低密度区的水分利用效率分别比对照区高 49.4% 和 83.7%,而低密度区的水分利用效率比高密度区高 23.0%。试验结果表明,覆膜可大幅度地提高水分利用效率,在本试验条件下,低密度区水分利用效率明显高于高密度区。

2. 留茬直播栽培模式关键技术

一次性施肥技术和除草技术是保护性耕作栽培体系中的重要组成,开展此方面的研究工作对完善吉林省西部半干旱区保护性耕作技术体系具有重要意义。

(1)保护性耕作一次性施肥技术 2000—2002 年我们在吉林省中西部地区开展了玉米一次性专用肥料的研制工作,在确定配方的基础上,我们于 2003—2004 年选用吉单 180、四单 19、吉油 1 进行了玉米长效专用肥料一次性施用与习惯施肥方式(基肥+追肥)施肥效果试验,试验结果见表 20-26。

表 20-26

玉米产量与施肥量的关系(2003—2004 年)

品种	习惯施肥/(kg/hm²)	一次性施肥/(kg/hm²)	增产/(kg/hm²)	增产/%
吉单 180	5 603.9	6 032.5	428.6	7.6
四单 19	7 828.8	8 362.6	533.8	6.8
吉油 1	5 416.5	6 120.7	704.2	13.0
平均	6 283.1	6 838.6	555.5*	8.8

试验结果表明,该施肥方案具有营养平衡、后期不脱肥、增产增收的特点,平均增产 8.8%,达到了显著水准。因此,此模式可作为吉林省西部半干旱区保护性耕作的推荐施肥模式。

(2)保护性耕作除草技术研究 田间除草效果调查结果表明,土壤水分状况对阿-乙合剂的除草效果及不同药剂组合的施用效果具有明显的影响作用。当土壤湿润度较好时,采用阿-乙合剂进行封闭除草的方法是可行的;而在土壤水分状况较差或阿-乙合剂除草较差时,可采用玉农乐进行苗后处理,也可直接采用玉农乐进行苗后处理。

在干旱条件下,采用阿-乙合剂封闭对禾本科和阔叶杂草的除草效果分别为 51.05％和 35.95％,在此基础上施用玉农乐进行苗后处理,对禾本科和阔叶杂草的除草效果分别为 90.34％和 88.55％。而在湿润条件下,采用阿-乙合剂封闭对禾本科和阔叶杂草的除草效果分别高达 86.38％和 88.63％(表20-27)。

表 20-27
不同药剂组合的除草效果(施药 15 d)

处理		禾本科		阔叶杂草	
		数量/(株/m²)	防效/％	数量/(株/m²)	防效/％
干	1	62.1	—	136.3	—
旱	2	30.4	51.05	87.3	35.95
区	3	6.0	90.34	15.6	88.55
湿	1	85.9	—	174.2	—
润	2	11.7	86.38	19.8	88.63
区	3	4.6	94.64	12.7	92.71

20.4.3　结论

研究结果表明,玉米大垄双行覆膜比裸地栽培有明显的增产效果,但增产幅度在年际间变化较大,主要与年际间降雨量及其分布状况有关。在本试验条件下,3 年平均增产 17.1％;而在覆膜条件下,产量水平与栽培密度相关性明显。种植稀植品种(45 000 株/hm²)自然降水的利用效率及产量水平相对较高。一次性施肥技术和田间杂草的防治是保护性耕作技术体系的核心技术之一。多年来,在吉林省西部半干旱区平衡施肥和田间杂草控制问题一直没能得到很好的解决。本项研究所提出的一次性施肥技术和田间杂草的防治技术对本地区的条件具有较强的针对性,完全可以在吉林省西部半干旱区推广应用。

20.5　吉林省玉米中微量肥料施用技术

吉林省是我国粮食大省,其中以玉米为主,种植区主要分布在中部半湿润区和西部半干旱区,占到全省 70％以上,主要土壤类型为黑土和黑钙土。吉林省土壤中微量元素丰缺情况曾在 20 世纪 80 年代第二次土壤普查时进行过系统调研,至今已有近 30 年时间。随着化肥的大量施用,土壤中微量元素的含量也发生了很大的变化。与大量元素相比,中、微量元素肥料的应用程度严重不足,同时也存在明显的盲目性。尤其在当代高产栽培条件下,增施中微量元素是否对作物生长、产量形成及养分吸收有促进作用,是否存在潜缺乏现象,均需要进行系统的探讨与分析。本研究通过对吉林省主要玉米种植区不同中微量元素肥料效应的评价,在当前高产栽培模式下探明吉林省中部及西部玉米对何种中微量元素存在"潜缺乏",以期为我省玉米生产中中微量元素的施用提供指导。

20.5.1　材料与方法

1. 试验地概况

试验在吉林省中部半湿润区公主岭市、农安县,西部半干旱区乾安县、前郭县进行。4 个试验点均是以当地高产栽培技术模式为指导的为玉米连作区。土壤类型及耕层理化性状见表 20-28。

表 20-28

试验点基本理化性状

试验地点	土壤类型	土层/cm	有机质/(g/kg)	碱解氮/(mg/kg)	速效磷/(mg/kg)	速效钾/(mg/kg)	pH(1:2.5)
公主岭	黑土	0~20	16.2	180.4	20.8	148.9	5.5
		20~40	15.7	159.5	20.6	144.1	5.8
农安	黑土	0~20	15.2	185.9	24.8	146.5	6.4
		20~40	12.2	126.2	14.5	114.9	6.5
前郭	黑钙土	0~20	9.0	80.3	11.9	80.9	8.3
		20~40	8.2	41.6	12.7	51.8	8.2
乾安	黑钙土	0~20	15.0	123.7	9.8	97.9	8.3
		20~40	12.3	104.9	7.0	66.4	8.4

2. 试验设计

每个试验点均设 6 个处理,分别为 CK,CK+硫(S),CK+镁(Mg),CK+锌(Zn),CK+锰(Mn),CK+硼(B);每处理重复 3 次,随机区组排列,小区面积为 30 m²。CK 为对照,分别施氮 195 kg/hm²,磷(P_2O_5)75 kg/hm²,钾(K_2O)82.5 kg/hm²。磷肥为磷酸二铵(18-46-0),钾肥为氯化钾(含 K_2O 60%),均一次性基施。氮肥为尿素(N 46%),30%基施,其余于拔节期开沟(8~10 cm)追施。S,Mg,Zn,Mn,B 用量参考任军等及课题组前期资料总结,分别为 45,45,20,10,8 kg/hm²,均为单质肥料。试验于 4 月下旬播种,10 月上旬收获。其他管理方式均同一般大田。

3. 测定项目与方法

在玉米播种前采集 0~40 cm 耕层土壤样品,每 20 cm 一层,采用常规方法测定土壤养分。成熟期收获中间 2 行玉米,装入尼龙网袋,晒干脱粒称重,以含水量 14%的重量折算小区产量。每个处理选取有代表性的植株 3 株,分秸秆、籽粒,烘干,粉碎,测定 N、P、K 含量。其中全氮采用凯氏定氮法,全磷采用钼锑抗比色法,全钾采用火焰光度计法。

4. 数据处理与计算方法

所有数据均采用 Microsoft Excel 2003 软件处理后,用 SAS 8.0 统计软件进行分析。

20.5.2 结果与分析

1. 对产量及生物量的影响

吉林省中部和西部玉米产量差异较大,这是由于地域差异所引起的。从表 20-29 中结果来看,中部地区产量较西部高 37.1%,生物量高 33.0%。各处理对产量和生物量的影响因种植区域不同而差异较大。在中部地区公主岭,各处理产量在 10 922~12 349 kg/hm² 范围内,增幅 2.9%~13.1%,平均 9.1%;生物量在 20 323~24 527 kg/hm² 范围内,增幅 3.7%~20.7%,平均 10.8%;以 CK+Mg 处理下产量最高,生物量亦最高;产量大小依次为 CK+Mg>CK+S>CK+Zn>CK+B>CK+Mn>CK,生物量大小依次为 CK+Mg>CK+S>CK+Zn>CK+B>CK+Mn>CK。农安增施中微量元素也具有一定增产效果,但差异不显著;产量在 9 470~10 949 kg/hm² 范围内,增幅 8.9%~15.6%,平均 11.3%;生物量在 19 161~24 242 kg/hm² 范围内,增幅 4.9%~26.5%,平均 15.3%;以 CK+B 处理下产量最高,生物量亦最高;产量大小依次为 CK+B>CK+Mn>CK+S>CK+Mg>CK+Zn>CK,生物量大小依次为 CK+B>CK+S>CK+Mn>CK+Zn>CK+Mg>CK。

表 20-29

不同中微量元素处理下对玉米籽粒产量及生物量

kg/hm²

处理	公主岭		农安		前郭		乾安	
	产量	生物量	产量	生物量	产量	生物量	产量	生物量
CK	10 922a	20 323b	9 470b	19 161b	7 821b	14 543c	5 842b	11 042b
CK+S	12 236a	23 240a	10 451a	22 849a	9 496a	17 052b	7 364a	14 787a
CK+Mg	12 349a	24 527a	10 317a	20 109ab	9 887a	21 536a	5 637b	12 051b
CK+Zn	11 947a	21 995b	10 308a	21 114ab	10 555a	21 273a	6 932a	14 575a
CK+Mn	11 235a	21 076b	10 678a	22 103a	9 725a	19 586a	6 719a	15 021a
CK+B	11 810a	21 784b	10 949a	24 242a	10 075a	20 265b	6 702a	15 680a

注：不同字母表示差异达 5% 显著水平。

在西部地区各处理增产效果显著；前郭各处理产量在 7 821～10 555 kg/hm² 范围内，增幅 21.4%～35.0%，平均 27.2%；生物量在 14 543～21 536 kg/hm² 范围内，增幅 17.3%～48.1%，平均 37.1%；以 CK+Zn 处理下产量最高，CK+Mg 处理下生物量最高；产量大小依次为 CK+Zn>CK+B>CK+Mg>CK+Mn>CK+S>CK，生物量大小依次为 CK+Mg>CK+Zn>CK+B>CK+Mn>CK+S>CK。乾安各处理产量在 5 842～6 932 kg/hm² 范围内，增幅 −3.5%～26.1%，平均 14.2%；生物量在 11 032～15 680 kg/hm² 范围内，增幅 9.1%～42.0%，平均 30.6%；以 CK+S 处理下产量最高，CK+B 处理下生物量最高；产量大小依次为 CK+S>CK+Zn>CK+Mn>CK+B>CK+Mg，生物量大小依次为 CK+B>CK+Mn>CK+S>CK+Zn>CK+Mg>CK。

2. 对氮素累积的影响

增施中微量元素显著促进了植株对氮素的吸收，但因地域，中微量元素种类不同而有所差异（表 20-30）。中部以增施锌肥（CK+Zn）对植株氮素的累积促进最大，与 CK 相比，籽粒吸氮量平均增幅达 28.0%，其次是锰（CK+Mn），平均增幅为 22.6%；相比而言，秸秆中氮累积量增幅较少，平均为 11.3%。与中部相比，西部增幅较大，籽粒、秸秆以及总累积量分别增幅达 44.5%、39.4% 和 42.9%；增幅效果依次为 CK+Zn>CK+B>CK+Mn>CK+Mg>CK+S。

表 20-30

不同微量元素处理下玉米籽粒及秸秆中氮素累积

kg/hm²

处理	公主岭		农安		前郭		乾安	
	籽粒	秸秆	籽粒	秸秆	籽粒	秸秆	籽粒	秸秆
CK	141.9c	65.1b	122.6c	65.8b	105.2c	32.2c	80.7b	36.6b
CK+S	157.6b	74.3ab	135.9b	76.7a	141.0b	37.1c	122.5a	42.0 ab
CK+Mg	162.1b	77.3a	128.8 bc	64.2b	164.2a	64.1a	76.9b	48.3a
CK+Zn	178.4a	65.6b	159.6a	66.7b	177.0a	46.2b	118.9a	46.2a
CK+Mn	158.2b	83.0a	164.2a	80.1a	150.2b	44.6b	119.4a	50.0a
CK+B	160.9b	65.9b	156.1a	74.6a	157.5 ab	49.6b	122.6a	49.2a

注：不同字母表示差异达 5% 显著水平。

3. 对磷素累积的影响

与氮相比，磷的增幅较小（表 20-31），中部地区平均增幅 10.7%，且处理间差异较大；公主岭 CK+S 和 CK+Mn 处理下秸秆中的磷增幅效果较大，分别为 42.9% 和 32.2%，而籽粒中平均增幅仅为 4.1%，且均无显著差异；农安地区以增施锰肥（CK+Mn）效果最好，籽粒和秸秆中的磷累积量与 CK 相比分别增幅36.4%和21.9%;其次是硫(CK+S)。与中部地区相比,西部地区除CK外各处理植株吸磷量均显著增加,植株体内磷总累积量增幅24.9%~49.5%,平均为36.8%;各处理增幅次序依次为CK+Zn>CK+B>CK+S>CK+Mn>CK+Mg。

表 20-31

不同微量元素处理下玉米籽粒及秸秆中磷素累积 kg/hm²

处理	公主岭		农安		前郭		乾安	
	籽粒	秸秆	籽粒	秸秆	籽粒	秸秆	籽粒	秸秆
CK	65.5a	17.4b	54.2b	18.1b	35.4c	6.4c	21.4b	7.0a
CK+S	68.8a	24.8a	62.0 ab	26.0a	45.9b	6.9c	36.4a	6.1a
CK+Mg	70.6a	18.5b	57.5b	15.3b	52.3a	11.9a	20.6b	6.8a
CK+Zn	65.7a	18.0b	56.6b	18.1b	57.9a	8.8b	33.0a	6.6a
CK+Mn	66.6a	23.0a	73.9a	22.1a	44.8b	8.5b	30.8a	6.5a
CK+B	69.1a	15.0b	67.1a	17.5b	49.9 ab	9.8b	32.2a	8.0a

注:不同字母表示差异达5%显著水平。

4. 对钾素累积的影响

总体上来看,中部地区各增施中微量元素处理下植株钾累积量平均增幅4.8%,增幅部分主要来自于籽粒,其中以CK+S、CK+B、CK+Mn处理效果最为显著,秸秆中多以负增长居多;此外,公主岭增施镁肥(CK+Mg)效果也较为显著,籽粒和秸秆中钾累积量增幅分别达30.0%和10.6%;与中部相比,西部地区秸秆和籽粒中的钾累积量平均增加35.9%和39.0%,且差异显著,处理间比较,依次为CK+B>CK+Mg>CK+Zn>CK+Mn>CK+S(表20-32)。

表 20-32

不同微量元素处理下玉米籽粒及秸秆中钾素累积 kg/hm²

处理	公主岭		农安		前郭		乾安	
	籽粒	秸秆	籽粒	秸秆	籽粒	秸秆	籽粒	秸秆
CK	24.3b	101.6a	28.2a	112.1 ab	20.6b	51.7b	22.6b	47.0b
CK+S	37.8a	102.6a	34.1a	105.1b	25.7 ab	55.9b	34.4a	56.0 ab
CK+Mg	31.6a	112.4a	29.1a	104.9b	35.7a	80.4a	26.0 ab	63.9a
CK+Zn	25.4b	104.0a	24.1a	103.0b	29.6a	93.5a	26.1 ab	50.1b
CK+Mn	31.5a	114.0a	36.1a	121.1a	31.1a	63.2b	27.3 ab	63.9a
CK+B	35.7a	97.6a	34.6a	105.7b	31.4a	76.5a	31.9a	68.4a

注:不同字母表示差异达5%显著水平。

20.5.3 结论

中、微量元素肥料的应用水平与农业生产的发展阶段密切相关。当农业生产的发展到依靠大幅度提高单产来增加作物产量时,中、微量元素肥料的缺乏问题就极易表现出来。本课题组综合前期研究成果,在当代玉米高产栽培条件下,针对性的在吉林省中、西部玉米主产区进行了硫、镁、锌、锰、硼5种元素的效果试验。研究结果表明,增施中微量元素可以有效的促进植株对养分的吸收,籽粒的形成,以及植株干物质的累积;但中部和西部对不同中微量元素的响应程度差异较大,同时不同中微量元素之间也有所差异。西部地区对中微量元素的反应更为敏感,增施中微肥后,其产量增加幅度和养分累积幅度均显著高于中部地区,这可能与其土壤肥力水平或其土壤质地有关。

综合来看,中部地区以增施硫肥效果最好,产量增幅 10.4%～12.0%,生物量增幅 14.4%～19.2%,氮磷钾养分累积量分别增幅 12.0%～12.8%,12.9%～21.7%,0.0%～11.5%,其次是硼、镁;西部地区以增施锌肥效果最好,产量增幅 18.7%～35.0%,生物量增幅 32.0%～46.3%,氮磷钾养分累积量分别增幅 40.8%～62.4%,39.4%～59.5%,9.4%～70.5%,其次是硼、锰、硫。

20.6　吉林省春玉米大面积高产高效主要限制因子

吉林省是我国主要的玉米生产区,其种植区根据气候及生态因子分为东部湿润冷凉区、中部半湿润雨养区、西部半干旱灌溉区。目前,我省玉米生产存在着显著的产量水平年际间和地区间的不平衡。研究多侧重于(超)高产田,但就如何实现大面积高产同时提高水肥等资源利用效率鲜见报道。本研究基于多年试验数据总结和区域文献分析,在明确吉林省春玉米大面积高产和资源增效的限制因子基础上,拟阐明实现吉林省三大玉米生产区玉米大面积增产与资源增效的关键限制因子,并评估其限制程度权重,定量估算目前吉林省高产高效技术在突破关键限制因素方面的具体贡献。

20.6.1　材料与方法

1. 研究方法

各区域主要依据所在区域文献分析、生产调研和专家咨询的基础上,列出影响东北春玉米大面积增产与资源增效的主要因子并赋值。对各个限制因子,进行限制程度的重要性排序,并进行影响贡献的定量估算,明确不同因子对产量及资源效率(以产量为主)的影响大小。明确不同因子对产量变化的大概贡献大小。分区域进行总结归纳,然后再综合提出所在区域的关键因子,结果基于可靠数据之上。

2. 数据来源

在明确了限制因素的基础上,采用开放式问卷调查形式进行评估。主体对象为省内不同区域相关专家。本次调查与 2010 年 10 月至 2011 年 4 月进行,评估专家主要来省内科研、高校、农技推广、生产企业等部门;主要从事玉米耕作栽培、遗传育种个、土壤肥料、植物保护、农业经济等领域;调查区域包括东部柳河、东丰、东辽、梅河口、辉南、舒兰、磐石、蛟河、桦甸、永吉;中部双辽、九台、伊通、公主岭、梨树、榆树、农安;西部乾安、扶余、前郭、洮南、镇赉等市县。共计整理 126 份有效问卷。

3. 数据计算方法

数据用百分数表达,主要通过调研和专家打分的方法,采用权重分析法进行估算。主要限制因素的权重计算:某限制因素权重(%)＝ 区域 1 中某因子的比例×占省总产量份额(%)＋ 区域 2 中某因子的比例×占省总产量份额(%)＋ ……。

20.6.2　结果与分析

1. 各区域大面积高产增效关键限制因子权重分析

吉林省春玉米生产按气候条件可分为东部湿润区,中部半湿润区,西部半干旱区。通过对各地区限制玉米产量提升因子的调研及专家咨询,分别对吉林省 3 个主要玉米生产区内的大面积高产增效限制因子按其影响程度进行排序。

东部湿润区:栽培技术落后＞施肥技术落后＞土壤保肥性差＞土壤肥力贫瘠＞耕作技术落后＞无霜期短＞倒伏严重＞区域高产品种缺乏＞生长期积温不足＞耕层浅＞耕性差＞病虫害＞现有品种增产潜力有限＞伏涝＞春低温危害＞早衰＞杂草害＞春涝。其中,增产增效配套技术是主要限制因子,限制程度约为 30%;农业气候因子中无霜期短是主要限制因子,限制程度约为 6%;土壤因子中供肥性能是主要限制因子,限制程度约为 13.8%,主要表现为土壤基础肥力贫瘠,保肥性能较差;作物因子中缺乏区域高产品种和倒伏现象是主要限制因子,限制程度均为 5%左右。

中部半湿润区:伏旱＞耕层浅＞栽培技术落后＞施肥技术落后＞耕作技术落后＞倒伏＞早衰＞春

旱＞无霜期短＞区域高产品种缺＞耕性差＞现品种增产潜力有限＞病虫害＞生长期积温不足＞春低温＞伏涝＞土壤保肥性差＞土壤肥力贫瘠＞杂草害。其中，农业气候因子中的伏旱是主要限制因子，限制程度约为15％；其次为土壤因子中的耕层较浅，限制程度约为14％；配套管理技术仍是中部半湿润区玉米高产的主要限制因子，限制程度约为30％，表现为栽培技术、施肥技术、耕作技术及其相应的技术集成落后；作物因子中主要限制因子为倒伏和早衰，二者的限制程度分别为6％和5％。

西部半干旱区：伏旱＞春旱＞施肥技术落后＞栽培技术落后＞耕作技术落后＞耕层浅＞倒伏严重＞早衰严重＞土壤保肥性差＞土壤肥力贫瘠＞区域高产品种缺＞病虫害＞无霜期短＞耕性差＞现品种增产潜力有限＞生长期积温不足＞伏涝＞杂草害＞春低温危害。其中农业气候因子中伏旱和春旱是主要限制因子，限制程度分别为17.5％和10.5％；其次为配套管理技术，即栽培技术、施肥技术、耕作技术及其相应的技术集成落后，限制程度约为25％；土壤因子中耕作性能和供肥性能均为主要限制因子，限制程度分别为8％和10％，主要表现为耕层浅，土壤肥力贫瘠，保肥性差；作物因子中倒伏和早衰现象是主要限制因子，二者的限制程度均为5％。

2. 大面积高产与资源增效技术突破关键限制因子的贡献

针对吉林省东部湿润区、中部半湿润区、西部半干旱区春玉米生产中的主要限制因子，为实现各区域增加15％、增效10％～20％的春玉米大面积高产高效生产（表20-33）。相应的解决措施及途径权重分析如下。

表 20-33

吉林省春玉米大面积高产高效技术主要突破的限制因子及其权重　　　　　　　　　　　　%

区域	限制因素序号	针对问题	主要解决途径	突破限制因素程度	解决方法为确保增产增效的贡献率
湿润区	1	低温冷害严重	选择抗逆品种，增温促早熟	85	30
	2	土壤肥力水平低	增施有机物料，深松打破犁底层，平衡施肥	95	30
	3	收获密度偏低	选择适宜品种，提高播种密度与播种质量	95	25
	4	病虫害严重	选择抗性品种，适时药剂防控	95	15
半湿润区	1	收获密度偏低	选择适宜品种，提高播种密度与播种质量	95	30
	2	倒伏早衰严重	选择抗逆品种，化控，防病，深松	80	30
	3	季节性干旱	夏季深松蓄水，秋整地保墒	90	20
	4	耕地质量下降	增施有机物料，深松打破犁底层	95	15
	5	病虫害严重	选择抗性品种，适时药剂防控	95	10
半干旱区	1	季节性干旱	夏季深松蓄水，秋整地保墒，节水灌溉	95	30
	2	收获密度偏低	选择适宜品种，提高播种密度与播种质量	90	25
	3	土壤肥力水平低	增施有机物料，深松打破犁底层，平衡施肥	95	20
	4	倒伏早衰严重	选择抗逆品种，化控，防病，深松	90	15
	5	病虫害严重	选择抗性品种，适时药剂防控	95	10

东部湿润区：针对该生产区低温冷害严重的问题，通过选择抗逆品种，前期增温促早熟等技术措施，可在80％的程度上解决该问题，为该区域的玉米生产增产增效目标贡献30％；针对土壤肥力水平低，可通过增施有机物料，深松打破犁底层，根据作物需求平衡施肥等技术措施可基本解决，为该区域的玉米生产增产增效目标贡献30％；针对收获密度偏低，可通过选择适宜品种，提高播种密度与播种质量等技术措施可基本解决，为该区域的玉米生产增产增效目标贡献25％；针对病虫害严重，通过选择抗

性品种,适时进行药剂防控,可基本上解决该问题,为该区域的玉米生产增产增效目标贡献 15％。

中部半湿润区:针对该生产区收获密度偏低的问题,通过选择适宜品种,提高播种密度和播种质量的方法,可基本上解决该问题,为该区域的玉米生产增产增效目标贡献 30％;针对倒伏早衰严重等现象,通过选择抗逆品种、化控、防病、深松等技术措施,可解决该地区 80％的玉米倒伏早衰情况,为该区域的玉米生产增产增效目标贡献 30％;针对季节性干旱,采用夏季深松蓄水,秋季整地保墒等技术措施可基本上解决该问题,为该区域的玉米生产增产增效目标贡献 20％;针对耕地质量下降,通过增施有机物料,深松打破犁底层等技术措施,经过 3～5 年可基本上解决,为该区域的玉米生产增产增效目标贡献 20％;针对病虫害严重,通过选择抗性品种,适时进行药剂防控等可基本上解决该问题,为该区域的玉米生产增产增效目标贡献 10％。

西部半干旱区:针对该生产区季节性干旱的问题,通过夏季深松蓄水,秋整地保墒和节水灌溉等技术措施可基本解决,为该区域的玉米生产增产增效目标贡献 30％;针对收获密度偏低,可通过选择适宜品种,提高播种密度与播种质量等技术措施可基本解决,为该区域的玉米生产增产增效目标贡献 25％;针对土壤肥力水平低的问题,可通过增施有机物料,深松打破犁底层,根据作物需求平衡施肥等技术措施可基本解决,为该区域的玉米生产增产增效目标贡献 20％;针对倒伏早衰严重等现象,通过选择抗逆品种、化控、防病、深松等技术措施可基本解决,为该区域的玉米生产增产增效目标贡献 15％;针对病虫害严重的问题,通过选择抗性品种,适时进行药剂防控可基本上解决该问题,为该区域的玉米生产增产增效目标贡献 10％。

20.6.3　结论

吉林省春玉米生产按气候条件可分为东部湿润冷凉区,中部半湿润雨养区,西部半干旱灌溉区。三个区域玉米种植面积分别为 65 万 hm^2,占全区域的 16.6％;135 万 hm^2,占全区域的 53.2％;100 万 hm^2,占全区域的 30.2％。玉米平均产量分别为 5 500,8 500,6 500 kg/hm^2。玉米生产区主要以中部半湿润区为主,西部半干旱区次之,二者玉米播种面积占吉林省总播种面积的 83.4％。

综合吉林省各区域玉米生产面积、生产水平和对本区域玉米生产中所占的比重进行分析。可以看出,在两大玉米生产区吉林省春玉米大面积增产与资源增效的关键限制因子主要是季节性干旱(伏旱,春旱),土壤质量退化(耕层较浅,土壤供肥性能较差),配套管理技术(施肥技术、栽培技术、耕作技术)落后,倒伏和早衰等现象严重。对吉林省玉米高产的限制程度分别为 19.0％(13.4％,5.6％),16.3％(9.9％,6.4％),23.2％(8.9％,8.5％,5.7％),5.5％,4.6％。针对以上主要限制因子,通过改进耕作栽培措施(夏季深松蓄水,秋季整地保墒,增施有机物料等),高产土壤定向培肥及农艺措施(选择适宜品种,提高播种密度与质量)、优化现有技术组合,可望实现吉林省春玉米的大面积高产。

同时,从大面积增产和资源增效的长期可持续性出发,土壤质量更是在整个吉林省普遍存在的问题。大量试验结果及文献资料总结表明造成玉米倒伏早衰的因素(旱害、涝害、病害、土壤腐生微生物)均与土壤的不良环境有关;季节性干旱的解决也有待于土壤质量(蓄水保水能力)的进一步提高。这均需要通过长期有效的高产土壤培肥技术来实现。如玉米秸秆有效还田,增加土壤碳储量等;未来需要在土壤耕下层培育技术,提升耕地质量;平衡施肥等方向开展持续深入的研究。

20.7　吉林省高产土壤培育技术

土壤肥力是在自然条件下土壤生长植物的能力。陈恩凤将土壤肥力分为肥力体质与肥力体型两个方面。大量研究结果表明,培肥土壤和高产施肥技术是玉米高产栽培的重要保障。良好的土壤是可以为作物生长发育提供适宜的土壤环境,而不单纯是增加或补充植物生长所需的矿质营养,从春玉米高产世界纪录的产生过程中可以证明土壤培肥对玉米高产栽培的意义十分重大。从这个意义上说,施肥并不全等于培肥,它只是培肥这个集合中的一个子集。在玉米的高产栽培技术体系中,土壤环境与植物营养是重要的组成部分。本研究拟从施肥、耕作等多个角度来探讨吉林省高产田土壤肥力培育技术。

20.7.1 试验设计

1. 适宜施肥量试验

2006～2007 年在农安县靠山镇东排木村中等肥力黑土上进行,设氮、磷、钾 3 个量级试验,各设 6 个处理,3 次重复,4 行区,小区面积 20 m²。

2. 耕作与养分定位试验

试验在梨树县大房身乡高家村进行。耕作试验设置常规耕作区、秋翻区、深松区 3 个处理,无重复,试验区面积 4 500 m²;养分定位试验设常规施肥区、氮肥 1 次施肥区、磷钾追施区与推荐施肥区 4 个处理,3 次重复,10 行区,小区面积 200 m²。

3. 土壤亚耕层培肥定位试验

试验设常规施肥、基肥深施、氮肥深追、深松及全元处理区(基肥深施＋氮肥深追＋深松)5 个处理,试验采用田间微区方式进行,小区面积 0.5 m²,4 次重复。

4. 玉米吸肥规律与土壤养分变化试验

试验是在农安县靠山镇东排木村高肥力黑土上进行,设置习惯施肥与高产施肥 2 个处理,分别研究不同产量条件下玉米吸肥规律及土壤养分变化趋势。

5. 高产田建设

选用两个不同类型的高产品种,每个品种 1 000 m²,采用分层、分次施肥方法,玉米大喇叭口期追氮肥,抽雄前追氮磷钾复合肥。有机肥施肥数量为 90 m³/hm²,N、P_2O_5、K_2O 的施肥水平分别为 340,150 和 160 kg/hm²,中微复合肥料 90 kg/hm²。

6. 分析方法

有机质-重铬酸钾法;容重-环刀法;pH-酸度计法;速效 N-碱解扩散法;速效 P_2O_5-钼锑抗比色法;速效 K_2O-火焰光度法;速效 Zn-原子吸收法;总孔隙度-环刀法;三相比-三相计法;含水量-重量法。

20.7.2 结果与分析

1. 适宜施肥量

通过两年的 N、P、K 适宜用量试验,得出最大效益施肥量和最高产量施肥量。玉米高产田最佳产量施肥量的 N：P_2O_5：K_2O 为 1：0.66：0.64,最高产量施肥量的 N：P_2O_5：K_2O 为 1：0.44：0.43。因此,玉米创高产需适当加大氮肥用量。

从表 20-34 可以看出,在试验条件下,玉米最大效益的 N,P_2O_5,K_2O 用量分别为 96.15,63.0 和 61.65 kg/hm²,玉米最高产量 N,P_2O_5,K_2O 用量分别为 163.2,72.6 和 69.6 kg/hm²。

表 20-34

氮磷钾肥量级试验效益分析结果					kg/hm²
养分	最佳产量施肥量	最佳产量	最高产量施肥量	最高产量	r
N	96.15	10 672.5	163.2	721.7	0.837 6
P_2O_5	63.0	11 166.0	72.6	745.8	0.946 9
K_2O	61.65	10 947.0	69.6	730.6	0.722 5

2. 高产土壤亚耕层培肥技术

研究结果表明,高产土壤在肥力上存在的问题首先表现在土壤物理性状上。随着土层深度的加深土壤容重明显增大,土壤构造性越来越差,土壤容重增加,犁底层的阻隔作用越来越严重,特别是 20~40 cm 土层的问题尤为突出,已成为我省耕地土壤高产栽培的主要限制因子之一。

高产土壤在土壤养分上也存在层次间的明显差异。大量土壤样本的分析结果表明:高产土壤 0~20 cm 和 21~40 cm 土层的速效性养分含量差异较大(表 20-35)。

表 20-35

玉米高产土壤不同层次肥力状况差异

土层/cm	有机质/%	容重/(g/cm³)	pH	速效 N/(mg/kg)	速效 P_2O_5/(mg/kg)	速效 K_2O/(mg/kg)	速效 Zn/(mg/kg)
0~20	2.915	1.34	7.00	120.0	30.5	190.3	1.43
21~40	2.313	1.41	7.39	93.1	16.4	128.9	0.94
41~60	1.720	1.44	7.57	67.6	13.1	113.1	0.48

耕作定位试验调查结果表明,不同处理区土壤物理性状(总孔隙度、容重、三相比等)发生了明显的改善。与常规区相比,秋翻区耕层物理性状明显改善,亚耕层变化不明显;而深松区耕层和亚耕层的物理性状均发生明显改善(表 20-36)。

表 20-36

不同耕作措施对土壤物理状况的影响

处理	深度/cm	总孔隙度/%	容重/(g/cm³)	三相比	含水量/%
常规耕作区	0~20	48.8	1.39	1:0.53:0.28	21.6
	20~40	45.8	1.45	1:0.46:0.22	19.7
秋翻区	0~20	51.5	1.32	1:0.63:0.38	26.3
	20~40	46.3	1.40	1:0.47:0.25	20.6
深松区	0~20	51.8	1.28	1:0.62:0.37	25.0
	20~40	49.5	1.32	1:0.51:0.36	22.1

注:秋收后采样本测定。

亚耕层培肥定位试验结果表明:深施肥技术可以明显改善主要养分在耕层与亚耕层之间的分配状况,深施肥具有改善亚耕层土壤肥力的作用(表 20-37)。

表 20-37

亚耕层培肥措施对土壤肥力的影响

处 理		养分性状/10^{-6}		
		速效 N	速效 P_2O_5	速效 K_2O
常规区	0~20 cm 土层	143.4	21.3	154.8
	21~40 cm 土层	89.6	7.4	97.2
基肥深施	0~20 cm 土层	119.7	18.1	139.1
	21~40 cm 土层	102.6	13.7	119.8
氮肥深追	0~20 cm 土层	131.8	20.4	140.1
	21~40 cm 土层	110.2	7.0	105.9

从表 20-35、表 20-36 可以看出,深松对改变耕层及亚耕层的物理性状具有明显作用,深施肥措施对改变耕层及亚耕层的养分状况具有明显作用,同时,也对改变土体的物理性状具有一定作用,最佳组合是由深松＋深施肥构成的亚耕层培肥技术。

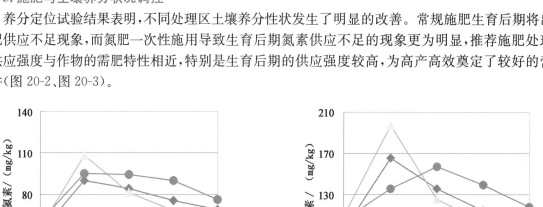

图 20-1 亚耕层培肥措施对玉米产量的影响

改善耕下层土壤肥力对提高玉米产量具有明显的促进作用(图 20-1)。与常规施肥相比基肥深施、氮肥深追、深松及全处理区增产效果达到极显著水平,分别增产 10.4%,15.6%,15.3% 和 20.3%。

生物试验与土壤分析结果表明,亚耕层培肥对土壤肥力与玉米产量有明显的促进作用。

3. 施肥与土壤养分状况调控

养分定位试验结果表明,不同处理区土壤养分性状发生了明显的改善。常规施肥生育后期将出现氮肥供应不足现象,而氮肥一次性施用导致生育后期氮素供应不足的现象更为明显,推荐施肥处理氮素供应强度与作物的需肥特性相近,特别是生育后期的供应强度较高,为高产高效奠定了较好的营养条件(图 20-2、图 20-3)。

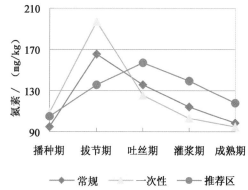

图 20-2 不同处理土壤氮素变化趋势(0～20 cm 土层)　图 20-3 不同处理土壤氮素变化趋势(21～40 cm 土层)

从图 20-4 至图 20-7 可以看出,与常规施肥相比,磷、钾肥追施可明显改善生育后期土壤磷、钾供应水平与强度,对提高作物产量具有明显的促进作用。

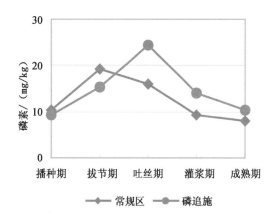

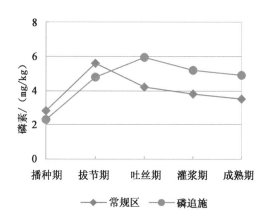

图 20-4 不同处理土壤磷素变化趋势(0～20 cm 土层)　图 20-5 不同处理土壤磷素变化趋势(21～40 cm 土层)

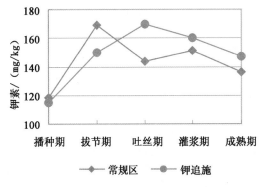

图 20-6　不同处理土壤钾素变化趋势（0～20 cm 土层）

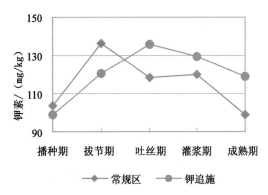

图 20-7　不同处理土壤钾素变化趋势（21～40 cm 土层）

4. 不同产量需肥规律及土壤肥力变化趋势

不同产量玉米吸肥规律研究结果表明，高产田氮、磷、钾吸收量高于普通生产田，高产栽培条件下，主要养分吸收高峰明显后移，中、后期是营养关键期（图 20-8 至图 20-10）。

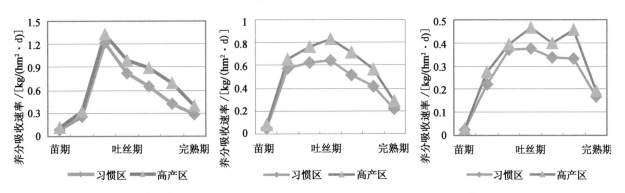

图 20-8　不同处理区玉米吸氮量对比　　图 20-9　不同处理区玉米吸磷量对比　　图 20-10　不同处理区玉米吸钾量对比

习惯施肥区与高产施肥区土壤养分分析结果表明，习惯施肥处理土壤养分明显存在后期供给量下降的现象，而推荐施肥处理可明显改善养分供给状况，0～20 与 21～40 cm 均存在此种现象（图 20-11 至图 20-13）。

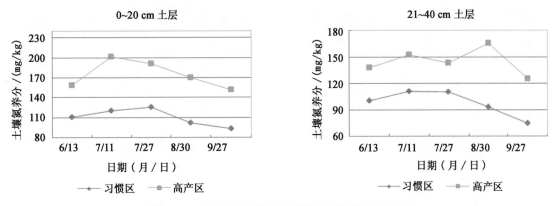

图 20-11　不同施肥条件下土壤养分变化趋势（碱解氮）

5. 高产田建设

试验在农安县靠山乡东排木村进行，中层黑土，肥力水平较高，土壤有机质 2.51%，土壤速效 N、速效磷（P_2O_5）和速效钾（K_2O）含量分别为 121.56，27.57 和 198.66 mg/kg。

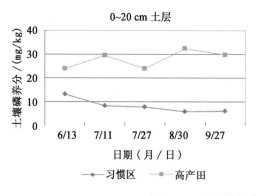
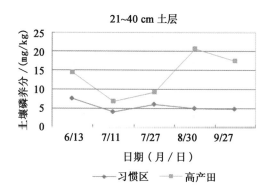

图 20-12　不同施肥条件下土壤养分变化趋势（P）

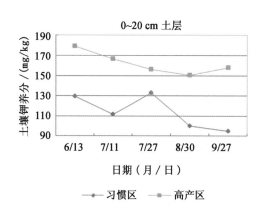
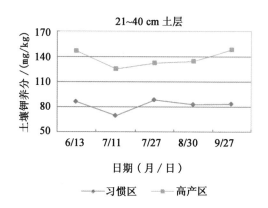

图 20-13　不同施肥条件下土壤养分变化趋势（K）

2005 年高产田的产量水平达到了较高水平，郑单 958 先玉 335 的单产分别达到 14 121 和 14 439.75 kg/hm²，创造了吉林省中部地区玉米单产水平的新纪录。2006 年高产田建设中，先玉 335 的单产分别达到 14 924.1 和 14 439.75 kg/hm²，虽然 2007 年遇到特大干旱，但先玉 335 的单产仍达到 13 663.95 kg/hm²（表 20-38）。

表 20-38

吉林省中部超高产建设情况（农安）

品种	面积/hm²	收获穗数/（穗/hm²）	产量/（kg/hm²）	穗粒数/粒	百粒重/g
郑单 958	157.5	66 540	14 121.00	588.4	43.3
先玉 335	18.0	72 540	14 924.10	596.2	37.5
先玉 335	18.0	71 040	14 439.75	574.8	39.4
先玉 335	22.5	79 995	13 663.95	473.9	34.8
平均	216.0	72 528.75	14 287.20	558.3	38.8

20.7.3　结论

从耕作技术来看，深松和秋翻可明显改善土壤物理性状，且深松略好于秋翻；将行间深松与深施肥相结合可以明显改善耕层及亚耕层土体物理性状和化学性状，且深施肥具有改善亚耕层土壤肥力的作用。提高亚耕层土壤肥力对提高玉米产量具有明显的促进作用。

吉林省中部玉米高产田最佳产量施肥量的 N：P_2O_5：K_2O 为 1：0.66：0.64，最高产量的 N：P_2O_5：K_2O 为 1：0.44：0.43。玉米最大效益的 N、P_2O_5、K_2O 用量分别为 96.1、63.0、61.6 kg/hm²，最

高产量 N、P_2O_5、K_2O 用量分别为 163.2,72.6,69.6 kg/hm^2。此外,玉米高产田需要考虑增施锌、镁、硫肥。

附录 1　吉林省玉米密植半湿润区玉米密植防衰高产高效生产技术规程

1　范围

本标准规定了半湿润区玉米密植防衰高产高效生产的整地、品种选择及种子处理、播种、施肥、补水灌溉、田间管理、病虫草鼠害防治、收获及贮存技术。

本标准适用于降雨量为 450～600 mm 的地区。

2　术语和定义

下列术语的定义适用于本文件。

2.1　半湿润区

降雨量为 450～600 mm 的玉米生产区。

2.2　玉米高产高效栽培技术

在常规生产水平条件下,与常规生产田相比,可使玉米增产 10%、水肥资源利用效率提高 20% 的生产技术。

2.3　耐密型品种

在 6 万株/hm^2 或更高密度条件下,能够表现出耐密抗倒、高产稳产特点的品种。

2.4　半耐密型品种

在 5 万～6 万株/hm^2 株密度条件下,能够表现出一定的耐密抗倒、高产稳产特点的品种。

2.5　中熟品种

出苗到成熟 125 d 左右的玉米品种,有效积温为 2 550～2 650℃。

2.6　中晚熟品种

出苗到成熟 127 d 左右的玉米品种,有效积温为 2 650～2 750℃。

2.7　晚熟品种

出苗到成熟 130 d 左右的玉米品种,有效积温为 2 750～2 850℃。

2.8　楼子

用木杆或铁管等物体进行搭架建造的贮存玉米果穗的设施,使玉米果穗不接触地面进行贮存和脱水。一般情况下,宽 1.8～2.4 m,高 2.2～2.5 m,长 3.5～6.5 m。距离地面 0.5～0.7 m。四周用木杆或铁网围成,间距 2～3 m。

2.9　生理成熟

达到生理成熟,果穗中下部籽粒乳线消失和胚位下方尖冠处出现黑色层。此时籽粒变硬,干物质不再增加,呈现品种固有的形状和粒色,是收获的适期。

3　规范性引用文件

下列文件中的条款通过本标准的引用而成为本标准的条款。凡是注日期的引用文件,其随后所有的修改单(不包括勘误的内容)或修订版均不适用于本标准,然而,鼓励根据本标准达成协议的各方研究是否可使用这些文件的最新版本。凡是不注日期的引用文件,其最新版本适用于本标准。

GB 4401.1—2005 玉米种子国家质量标准

GB 15671—1995 主要农作物包衣种子技术条件

4　选地与整地

4.1　选地

选择土壤 pH 6.0～7.5,有机质含量＞15.0 g/kg,全氮＞0.5 g/kg,速效氮＞150 mg/kg,速效磷(P_2O_5)＞20 mg/kg,速效钾(K_2O)＞120 mg/kg,耕层深度 20 cm 以上,保水保肥条件较好的中等以上肥力地块为好。

4.2　整地

4.2.1　秋整地

秋收后应立即进行灭茬、整地,灭茬深度应要达到 15 cm 以上,灭茬后应立即进行整地,在上冻前起好垄并及时镇压,达到待播状态。

4.2.2　春整地

在秋季来不及灭茬、整地的地块,应在春季土壤化冻层达到 15～18 cm 时尽早进行灭茬、整地,要做到随灭茬、随打垄、随镇压以待播种,还可结合整地进行深施底肥。

4.2.3　施底肥

在整地的同时应完成底肥施用。整地前,每公顷表施优质农肥 25～30 m^3。化学肥料结合整地深施于耕层 15～20 cm。每公顷施化肥纯 N:55～65 kg,P_2O_5:55～65 kg,K_2O:55～80 kg,$ZnSO_4$:15 kg,并根据实际情况确定其他微量元素肥料施用种类与数量。

5　品种选择及种子处理

5.1　种子选择

应根据当地的自然条件,因地制宜地选用经国家和省品种审定委员会审定通过的优质、高产、抗逆性强的优良品种,水肥条件好的地块以耐密和半耐密型品种为宜。

种子质量应达到玉米种子国家质量标准规定的二级种子标准,参照 GB 4401.1—2005 执行。

5.1.1　南部地区

生育期(5—9 月)≥10℃活动积温 2 800℃地区,以中晚熟品种为主,视降水条件不同,搭配晚熟品种或中熟品种。

5.1.2　北部地区

生育期(5—9 月)≥10℃活动积温 2 600～2 800℃地区,应以中晚熟品种为主,搭配中熟品种。

5.2　种子处理

5.2.1　发芽试验

播种前 15 d 应进行发芽率试验。

5.2.2　等离子种子处理

为提高种子发芽率,播种期前 5～12 d 进行等离子体种子处理,处理剂量为 1.0 A,处理 2～3 次,处理后妥善保管,适时播种。

5.2.3　种衣剂种子处理

应选择通过国家审定登记的高效低毒无公害玉米种衣剂进行种子包衣,使用含丙硫克百威、高效氯氰菊酯、吡虫啉、福美双、戊唑醇、三唑醇、烯唑醇等成分的多功能种衣剂进行包衣,防治苗期病害及丝黑穗病。参照 GB 15671—1995 执行。

6　播种

6.1　播种时期(分级)

当土壤 5 cm 处地温稳定通过 7℃、土壤耕层含水量在 20% 左右时可抢墒播种,以确保全苗。

播种期确定以生育期有效积温为主要依据。在此基础上,还应根据不同品种的熟期进一步确定适宜播种期,生育期较长的品种可适当早播,生育期较短的品种可适当晚播。

6.1.1　南部地区

5—9 月≥10℃活动积温在 2 800℃以上的地区,最佳播种期为 4 月 25 日至 5 月 5 日。

6.1.2　北部地区

5—9 月≥10℃活动积温在 2 600~2 800℃的地区,最佳播种期为 4 月 20—30 日。

6.2　播种方式

应采用机械化播种方式播种,并施入种肥,播深 3~4 cm,做到播种深浅一致,覆土均匀,土壤较为干旱时,采取深开沟,浅覆土,重镇压,应把种子播到湿土上。

6.3　种植密度

根据品种特性,土壤肥力与施肥水平、种植方式等确定种植密度。水肥充足、株型收敛、生育期较短的密植型品种宜密;水肥条件差、植株繁茂、生育期较长的大穗型品种宜稀。

种植耐密品种公顷保苗为 6.0 万~7.0 万株,半耐密型品种公顷保苗为 5.0 万~6.0 万株。

6.4　播种量

应根据品种适宜密度、百粒重及播种方式的不同确定播种量,一般公顷播种量为 25~40 kg。

6.5　种肥

播种时应采用侧深施方式,种肥置于种侧下 3~5 cm。公顷纯 N:5~15 kg,P_2O_5:10~15 kg。做到种肥隔开,防止烧种烧苗。

6.6　镇压

应视土壤墒情确定镇压时期与镇压强度。

当土壤含水量低于 24% 时,应立即镇压。当土壤含水量在 22%~24% 时,镇压强度为 300~400 g/cm²。当土壤含水量低于 22% 时,镇压强度为 400~600 g/cm²。

当土壤含水量大于 24% 时不宜立即镇压,待土壤含水量下降到 24% 后应立即镇压。

7　田间管理

7.1　封闭除草

播种后应立即进行封闭除草。选用莠去津类胶悬剂及乙草胺乳油(或异丙甲草胺),在玉米播后苗前土壤较湿润时进行土壤喷雾。干旱年份土壤处理效果差,可使用内吸传导型除草剂如草甘膦、扑草净等兑水按使用说明在杂草 2～4 叶期进行茎叶喷雾。土壤有机质含量高的地块在较干旱时使用高剂量,反之使用低剂量。要做到不重喷,不漏喷,不能使用低容量喷雾器及弥雾机施药。玉米与其他作物间作田,考虑对后茬作物的安全性。

7.2　查苗定苗

播种 10 d 后,每隔 5 d 应进行一次查种、查芽,对坏种、坏芽的应及时催芽坐水补种。幼苗 4～5 叶时一次性定苗。在正常出苗情况下,采用留均匀苗的原则进行定苗,在出苗不良情况下,采用不等距留大苗的原则进行定苗。

7.3　深松追肥

在 8～10 展叶期,结合行间深松完成追肥。深松深度 25～30 cm,公顷追纯 N:110～150 kg,追肥深度 10～15 cm。

7.4　促熟防倒

对于种植密度大、易遭风灾及植株高大的地块,应在拔节前及抽雄前选择性地喷施化控产品,防止倒伏。在使用化控产品时,应严格按说明书要求控制喷施时期及用量。

7.5　病虫害防治

7.5.1　黏虫

6 月下旬至 7 月上旬,调查虫情,如平均每株有一头黏虫,用 4.5% 高效氯氟氰菊酯乳液 800 倍液喷雾,把黏虫消灭在三龄之前。

7.5.2　蚜虫

蚜虫多发生在抽雄干旱时期,如遇蚜虫危害严重应进行田间灌溉,改善玉米缺水条件,提高抗蚜性,如蚜虫发生量较大,应选用 4.5% 高效氯氰菊酯乳油 800 倍液或 10% 吡虫啉可湿性粉剂 1 000 倍液喷雾防治。

7.5.3　玉米螟

防治玉米螟方法主要包括白僵菌封垛、赤眼蜂防治、白僵菌田间防治和化学药剂防治等。

7.5.3.1　白僵菌封垛

在 5 月上中旬,用白僵菌防治粉封垛。用机动喷粉器在玉米秸秆垛(或茬垛)的茬口侧面每隔 1 m左右用木棍向垛内捣洞 20 cm,将机动喷粉器的喷管插入洞中,加大油门进行喷粉,待对面(或上面)冒出白烟时或当本垛对面有菌粉飞出即可停止喷粉,再喷其他位置,如此反复,直到全垛喷完为止。

7.5.3.2　赤眼蜂防治

在 5 月中旬至 7 月初,应根据虫情调查情况,在成虫产卵初期释放赤眼蜂,每公顷分两次释放赤眼蜂 22.5 万头,第一次释放 10.5 万头,间隔 5～7 d 释放第二次,将玉米螟消灭在孵化之前。

7.5.3.3　白僵菌田间防治

在 7 月上中旬,幼虫蛀茎前,每公顷用 7.5 kg 白僵菌菌粉与 75～100 kg 细沙或细土混拌均匀,撒于玉米心叶中,每株用量为 1.0～1.5 g。

7.5.3.4　化学药剂防治

在 7 月上旬,玉米喇叭口期,调查田间玉米螟幼虫量,如虫量较大,应在蛀茎前,用 3% 克百威颗粒或 3% 辛硫磷颗粒剂均匀撒于玉米心叶中即可。使用上述药剂时应注意安全操作。

7.5.4　后期叶斑病防治

后期叶斑病主要为玉米大斑病、玉米灰斑病和玉米弯孢菌叶斑病,在发病初期喷施 30% 苯醚甲环唑 2 000～2 500 倍液或 50％多菌灵可湿性粉剂 300 倍液,每隔 7 d 喷一次,共喷 3 次。

7.6　补水灌溉

在关键生育时期如出现严重干旱应采用滴灌、小白龙等节水灌溉方式进行补充灌溉,每次灌溉量约为 300 t/hm²。

7.7　去分蘖

在玉米生育期,如玉米分蘖较多,要尽快去掉。

8　收获及籽粒脱水

适时晚收。玉米生理成熟后 7～15 d 为最佳收获期,一般为 10 月 10 日左右。

收获后玉米要及时扒皮,上楼子或自由堆放晾晒脱水。

附录 2　吉林省湿润区玉米增密促熟高产高效技术规程

1　范围

本规程规定了玉米主产区高产高效栽培技术的整地、品种选用、保苗密度、施肥、耕作、田间管理、病虫草鼠害防治、收获及贮存。

本规程适用于吉林省湿润区玉米增密促熟高产高效栽培。

2　术语和定义

本技术规程术语和定义参见附录 A。

3　整地及施肥

3.1　选地

选择土壤 pH 6.0～7.5,有机质含量＞2.5％,全氮＞0.04％,速效氮＞200 mg/kg,速效磷(P_2O_5)＞30 mg/kg,速效钾(K_2O)＞110 mg/kg,耕层深度 20 cm 以上的地块。

3.2　整地

在春季土壤化冻层达到 15～18 cm 时尽早进行机械灭茬。灭茬前先整地(清理田块),用耙子把田间残留的秸秆搂干净,或者把腐熟的农家肥、底肥均匀掺入原垄沟,进行机械灭茬,灭茬深度＞15 cm,碎茬长度要＜5 cm。也可以结合整地、深施底肥后进行机械灭茬。(两种操作方法。分级)

3.3　施肥

3.3.1　施底肥

施农肥 25～30 m³/hm²,结合机械灭茬或整地起垄一次施入。化肥结合整地机械灭茬或起垄深施于耕层 15～20 cm。底肥施化肥纯 N:50～70 kg/hm²,纯 P_2O_5:65～75 kg/hm²,纯 K_2O:70～80 kg/hm²,$ZnSO_4$:15 kg/hm²。

3.3.2　施种肥

在玉米播种时,种肥施用纯 N:9～18 kg/hm²,纯 P_2O_5:15～22 kg/hm²。混合后装入播种器的施肥箱,播种器施入种侧下 4～5 cm。

3.3.3 追肥

在玉米拔节期,追肥施用纯 N:110~150 kg/hm²。采用垄沟与垄侧深追方法,追肥深度 8~12 cm。

4 品种选择及种子处理

4.1 种子选择

选用经国家和省农作物品种审定委员会审定通过的生育期适宜的品种。种子选用达到或超过国家种子标准二级,例如:种子纯度≥96.0%,净度≥98.0%,发芽率≥85%,含水量≤16.0%。(提高标准)

选择种子根据当地气候条件确定。水肥条件好的地块以选用耐密和半耐密型品种为主。

生育期(5—9月)≥10℃的活动积温 2 850℃左右,降水量 700(650)mm 左右的地区,应以中熟品种为主,搭配中晚熟品种。

生育期(5—9月)≥10℃的活动积温 2 750℃左右,降水量约 700(650)mm 左右的地区,应以中熟品种为主,搭配中早熟品种。

生育期(5—9月)≥10℃的活动积温 2 650℃左右,降水量 800(750)mm 左右的地区,应以中早熟品种为主,搭配中熟品种。

4.2 种子处理

播种前 15 d 进行一次发芽试验。

播种前 6~10 d 进行精选种子,去除破、瘪、霉、病粒和杂质。

播种前 3~5 d 选无风晴天把种子摊开在干燥向阳处晒 1~2 d。

在预计播种期前,应用等离子体种子处理机处理种子,以 1.0A 剂量处理 2~3 次,处理后 5~12 d 播种。

根据当地病虫害发生情况,针对不同防治对象(去掉),播种前选用"三证俱全"的种衣剂进行种子包衣。使用克百威(不能用商品名称)含量在 7%(以上)的种衣剂进行包衣,可防治玉米异常苗。对于末用克百威包衣的种子,一定要用含克百威的种衣剂进行二次包衣;(去掉)同时,种衣剂中也要含有戊锉醇成分。

5 播种

5.1 播种时期

播种期要随春季土壤墒情状况来确定。当土壤 5 cm 处地温稳定通过 10℃、土壤耕层含水量在20%左右,即可开犁播种。5—9 月≥10℃的活动积温在 2 750℃以上的地区,播种期为 4 月 15—25 日;5—9 月≥10℃的活动积温在 2 750~2 650℃的地区,播种期为 4 月 20—30 日(延期)。同时,掌握岗地先播种,平地或低洼地块晚播种的原则。

5.2 播种方法

对坡耕地或山间平地,采用三犁穿起垄,起垄后及时清除垄台上的根茬、秸秆、垡块,(去掉)及时用木磙(磙子)镇压垄台。耕地坡度≥15°或者机械灭茬困难的耕地,可采用垄侧施肥起垄,做到随起垄随播种。

使用携式播种播器或滚动式播种器播种前,进行 30~50 次的播种量及施肥量的测试调整,达到计划用量。操作便携式播种器播种时,用力均匀,达到播种深浅一致,保持播种株距相同,达到覆土均匀。同时观察每次排种量及排肥量状况,发生变化及时调整。

操作滚动式播种器播种时,保持播种器平稳作业,排种口放置垄台中间,行走速度均匀,时时观察排量的变化,做到发现变化及时调整排量。

5.3　播种量和播种深度

播种量是根据品种密度和百粒重确定播种量,多采用双粒播种方式,一般播种量为 25～40 kg/hm²。播种深度 3～4 cm。

5.4　种植密度

根据品种特性,耐密型品种种植密度在 6 万～7 万株/hm²,半耐密型品种种植密度在 5 万～6 万株/hm²,大穗稀植型品种种植密度在 4.5 万～5 万株/hm²。土壤肥力与施肥水平高的地块,确定品种的种植密度上线。水肥条件差,确定品种的种植密度下线。

5.5　镇压

当土壤含水量低于 18% 时,镇压强度为 600～800 g/cm²,土壤含水量在 22%～24% 时,镇压强度为 300～400 g/cm²。做到随播种随镇压。

6　田间管理

6.1　查苗、间苗、定苗

播种 10 d(15 d)后,每隔 5 d 进行一次查种、查芽,对坏种、坏芽进行催芽坐水补种。幼苗 3 叶期进行间苗与疏苗,4～5 叶期进行定苗。去小苗、弱苗,留均匀苗,不等距留壮苗。

6.2　促熟防倒

对于种植密度较大、植株高大繁茂的品种和易遭受风灾的地块,喷施化控药剂。在拔节期玉米 8 片全展叶至 12 片全展叶期进行喷施化控药剂。或在玉米抽雄前 7～10 d(当抽雄株占 10%),使用超低量喷雾器喷施化控药剂,喷施浓度为 50 倍液。喷药时避免重喷、漏喷。

在使用化控药剂时,选用农业部登记的药品,按照说明书的要求,进行喷施时期和用药量的操作。或者在抽雄前期进行 1 次喷施化控药剂。

6.3　除草

播种后出苗前,进行苗带封闭除草。用莠去津类胶悬剂和乙草胺乳油(或异丙甲草胺)混合,兑水在玉米播后苗前土壤较湿润时进行土壤喷雾。干旱年份,用莠去津类乳油兑水在杂草 2～4 叶期进行茎叶喷雾。土壤有机质含量高的地块在较干旱时使用高剂量,反之使用低剂量,苗带施药按施药面积酌情减量,施药要均匀,做到不重喷,不漏喷,不能使用低容量喷雾器及弥雾机施药。对玉米与其他敏感作物间作的地块禁止使用化学除草剂(有兼用型除草剂)。6 月末前,进行人工除大草。

7　病、虫、害防治

7.1　防玉米花白苗病

5 月中旬至下旬(6 叶期前)发现病株,用 0.3% 的硫酸锌溶液喷洒 1～2 次。

7.2　防黏虫

6 月中下旬至 7 月上旬,如平均黏虫 1 头/株,用氰戊菊酯类乳油 2 000～3 000 倍液喷雾防治,还可用50%敌敌畏乳油1 000倍液喷雾防治,把黏虫消灭在3龄之前。

7.3 防治玉米螟(分级)

防治玉米螟方法主要分两类:封垛防治玉米螟和田间防治玉米螟。封垛防治玉米螟主要使用白僵菌粉剂或化学药剂。田间防治玉米螟主要使用赤眼蜂防治、白僵菌粉剂防治和化学药剂防治。赤眼蜂防治玉米螟要大规模应用群防或联防。

在5月上中旬,即发现有越冬幼虫爬出洞口活动时,用白僵菌防治粉封垛。用机动喷粉器在玉米秸秆垛(或茬垛)的茬口侧面每隔1 m左右(或1 m³)用木棍向垛内捣洞20 cm,将机动喷粉器的喷管插入洞中,加大油门进行喷粉,待对面(或上面)冒出白烟时或当本垛对面有菌粉飞出即可停止喷粉,再喷其他位置,如此反复,直到全垛喷完为止。

7月上中旬放蜂数量22.5万头/hm²,分两次放蜂,间隔5~7 d。第一次放蜂数量10.5万头/hm²,第二次放蜂数量12.0万头/hm²,将螟虫消灭在孵化之前。

在7月5—10日,用7.5 kg/hm²白僵菌菌粉与75~120 kg细沙或细土混拌均匀,撒于玉米心叶中,每株用量为1 g。

在7月上中旬,玉米抽雄前2~3 d,幼虫1~2龄期,用BT乳剂800~1 000倍液,喷施药液300~400 kg/hm²,喷施于中上部叶片防治玉米螟。或用7.5 kg/hm²呋喃丹与75~120 kg细沙或细土混拌撒于玉米心叶中。

7.4 鼠害防治

当农田鼠密度超过5%时,选用溴敌隆、敌鼠钠盐等药剂防治。

8 收获及脱水

适时晚收。玉米生理成熟后7~10 d开始收获期,一般为10月8日左右。收获后的玉米要及时扒皮晾晒,装入楼子(小楼子或长楼子)或自由堆放晾晒进行脱水。

附录3 吉林省半干旱区玉米节水保苗高产高效技术规程

1 范围

本规程规定了玉米节水保苗高产高效生产过程中的整地、品种选用、播种、施肥、灌溉、田间管理、病虫草害防治、收获等生产技术要求。

本技术规程适用于吉林省半干旱区。

2 术语和定义

本技术规程术语和定义参见附录A、附录B。

3 整地

3.1 灭茬

春季播种前,进行灭茬、整地。
技术要求:灭茬深度≥15 cm,碎茬长度<5 cm,漏茬率≤2%。

3.2 打垄

灭茬后即可进行打垄,在上年原垄沟处深耕一犁,要求犁尖至垄台深度达到的25~30 cm,将化肥施入该沟,再将有机肥 20~30 m³/hm² 施入该深耕沟内,破原垄合成新垄,实现垄沟与垄台轮换,合垄后适度镇压,避免失墒,达到待播状态。

打垄时间一般是 4 月中下旬。

4　品种选择及种子处理

4.1　品种选择

选用经国家或省农作物品种审定委员会审定通过的优质、高产、抗逆性强的玉米杂交种,以中熟、中晚熟品种为主,在土壤肥力较高、有灌溉条件的地块可选用耐密型高产品种。

单交种质量要达到国家标准,纯度≥96.0%,净度≥99.0%,发芽率≥85%,含水量≤16.0%。购种后,及时做发芽率试验(放于播种前)。

4.2　种子处理

播前 3~5 d 将种子精选,确保种子中没有虫霉粒、杂物,籽粒度均匀一致;将种子摊开在阳光下翻晒 1~2 d。

选择通过国家审定登记的含有克百威、烯唑醇、三唑醇和戊唑醇等成分的高效低毒无公害多功能种衣剂进行种子包衣,严格按照说明书进行种子包衣。

5　播种

5.1　播种时期

当土壤 5 cm 处地温稳定通过 7℃时,即可开犁播种。一般年份最佳播种期为 4 月 25 日至 5 月 5 日。

5.2　播种方式

采用机械化"一条龙"坐水种的方式进行播种,一般年份,坐水量 90~120 t/hm²。播深控制在 3~4 cm,覆土均匀,播种 1 d 后(视湿度),进行适度镇压。

5.3　种植密度

平展型品种播种密度 4.5 万~5.3 万株/hm²,半耐密型品种 5.3 万~6.0 万株/hm²,耐密型品种 6.0 万~6.8(7.5 或 7.2)万株/hm²。水肥充足地块适当增加播种密度。

6　施肥

6.1　肥料用量

按 NY/T496 肥料合理使用准则进行管理。

氮肥(N)总量控制在 120~210 kg/hm²;磷肥(P_2O_5)总量控制在 60~150 kg/hm²;钾肥(K_2O)总量控制在 70~130 kg/hm²;硫酸锌($ZnSO_4 \cdot 7H_2O$)总量控制在 8~20 kg/hm²。见附表 1。

附表 1

推荐施肥量　　　　　　　　　　　　　　　　　　　　　　　　　　　　　　　　　　　　kg/hm²

地力水平	目标产量	N 用量	P_2O_5 用量	K_2O 用量	$ZnSO_4 \cdot 7H_2O$
高	9 000~10 500	180~210	120~150	110~130	20~16
中	7 500~9 000	150~180	90~120	90~110	16~12
低	6 000~7 500	120~150	60~90	70~90	8~12

6.2 施肥方法

采用基肥-口肥-追肥相结合的方法。

6.2.1 基肥

氮肥的 30％～40％,磷肥的 90％～95％与钾肥及有机肥料作基肥,入土深度≥15 cm。

6.2.2 口肥

磷肥的 5％～10％(可用磷酸一铵)及硫酸锌溶入抗旱水箱中,坐水种时随水施入。

6.2.3 追肥

60％～70％的氮肥在玉米 7～9 叶期进行垄沟追施,入土深度≥10 cm。

7 灌溉

7.1 经济需水量

经济需水量与玉米生育期内降雨量总和要达到 400 mm,玉米生育期内灌水 3～5 次,每次灌水量达到 300 t/hm²,灌溉时避开玉米盛花期。

7.2 非充分灌溉节水技术

玉米生育期内出现干旱,可采用非充分灌溉节水技术。出苗至拔节,采用苗侧开沟注水灌溉技术;拔节至成熟,采用隔沟间歇灌溉技术。

保证玉米播种至拔节期灌溉水量＋降雨量达到 100 mm,拔节期至吐丝期灌溉水量＋降雨量达到 140 mm,吐丝期至成熟灌溉水量＋降雨量达到 160 mm。

8 田间管理

8.1 间苗、定苗、去分蘖

幼苗 4 叶左右,间苗、定苗。将弱苗、病苗、小苗去掉,留壮苗。5～6 叶期去除分蘖,除分蘖时注意避免损伤主茎。

8.2 深松

6 月下旬,雨季来临前进行垄沟深松,深度 25～30 cm。

8.3 中耕、追肥

在玉米拔节后期,进行垄沟深追肥,入土深度≥10 cm,同时中耕起垄。

8.4 喷施化控剂

对于高密栽培地块、易遭风灾的地块,在玉米 9 展叶时,及时喷施化控制剂,严格按照产品使用说明书要求喷施。

9 病虫草害防治

防治农药要求符合"GB 4285 农药安全使用标准"。

9.1 防治黏虫

6 月中旬至 7 月上旬,如平均每株玉米有一头黏虫,用氰戊菊酯类乳油 2 000～3 000 倍液喷雾防治,把黏虫消灭在 3 龄之前。

9.2　防治玉米螟

9.2.1　白僵菌封垛

在 5 月上中旬,如发现有越冬玉米螟幼虫爬出秸秆垛活动时,即可用白僵菌菌粉封垛。在玉米秸秆垛的茬口面,每隔 1 m 左右用木棍向垛内捣洞 20 cm 深,将机动喷粉器的喷管插入洞中进行喷粉,待秸秆垛对面或上面冒出白烟(菌粉飞出)时即可停止喷粉,如此反复,直到全垛封完为止。

9.2.2　赤眼蜂防治

在 6 月末,玉米螟卵孵化之前,释放赤眼蜂 22.5 万头/hm²,间隔 5～7 d 再释放一次。

9.2.3　白僵菌田间防治

在 7 月上中旬,玉米大喇叭口期,将 7.5 kg/hm² 白僵菌菌粉与 60 kg/hm² 细沙混拌均匀,撒于玉米心叶中,每株用量为 1 g 左右。

9.3　防治双斑萤叶甲

成虫发生时可用 10% 吡虫啉 1 000 倍液、50% 辛硫磷乳油 1 500 倍液或 20% 速灭杀丁乳油 2 000 倍液喷雾防治。

9.4　化学除草

9.4.1　播后苗前

玉米播后苗前,在土壤较湿润时进行土壤喷雾。

采用乙草胺 675 g(a. i.)/hm² ＋莠去津 855 g(a. i.)/hm² ＋2,4-D 丁酯 216 g(a. i.)/hm² 复配剂防治。

土壤有机质含量高的地块,可适当增加用药量。苗带施药时可酌情减量。

9.4.2　苗后

玉米出苗后 3～5 叶期,杂草 2～4 叶期,进行茎叶喷雾。

禾本科杂草多时,采用烟嘧磺隆 30 g(a. i.)/hm² ＋莠去津 600 g(a. i.)/hm² ＋2,4-D 丁酯 216 g(a. i.)/hm² 复配剂防治。

阔叶杂草多时,采用硝磺草酮 75 g(a. i.)/hm² ＋莠去津 600 g(a. i.)/hm² ＋2,4-D 丁酯 216 g(a. i.)/hm² 复配剂防治。

田间杂草多时,可适当增加用药量,施药要均匀,做到不重喷,不漏喷。

10　收获及降水

适时晚收,玉米生理成熟后 7～10 d 为最佳收获期,一般为 10 月 5 日左右。

收获后的玉米要及时进行扒皮晾晒,上站子或庭院摆放晾晒脱水。籽粒含水量低于 14% 时,入仓贮存。

参考文献

[1] 边秀芝,盖嘉慧,郭金瑞,等.玉米施磷肥的生物效应.玉米科学,2008,16(5):120-122.

[2] 边秀芝,郭金瑞,阎孝贡,等.吉林西部半干旱区玉米高产氮磷钾肥适宜用量研究.中国土壤与肥料, 2010(2):63-65.

[3] 边秀芝,郭金瑞,阎孝贡,等.吉林中部玉米高产施肥模式研究.吉林农业科学,2008,33(6):41-43.

[4] 边秀芝,任军,刘慧涛,等.杂交玉米制种田施肥技术的研究.吉林农业科学,2007,32(4):31-34.

[5] 边秀芝,任军,刘慧涛,等.生态环境条件对玉米产量和品质的影响.玉米科学,2006,14(3):107-109,132.

[6] 边秀芝,任军,刘慧涛,等.玉米施用氮磷化肥的后效研究.吉林农业科学,2005,30(4):33-36.

[7] 边秀芝,任军,刘慧涛,等.玉米优化施肥模式的研究.玉米科学,2006,14(5):134-137.

[8] 蔡红光,盖嘉慧,刘剑钊,等.不同栽培方式及氮肥施用水平下春玉米养分累积特征.玉米科学,2013,21(4):112-115.

[9] 蔡红光,米国华,张秀芝,等.不同施肥方式对东北黑土春玉米连作体系土壤氮素平衡的影响.植物营养与肥料学报,2012,18(1):89-97.

[10] 蔡红光,张秀芝,任军,等.不同品种氮素累积量及转移的基因型差异.玉米科学,2011,19(6):49-52.

[11] 蔡红光,张秀芝,任军,等.东北春玉米连作体系土壤剖面无机氮的变化特征.西北农林科技大学学报(自然科学版),2012,40(5):143-156.

[12] 蔡红光,张秀芝,闫孝贡,等.吉林省春玉米土壤中微量元素潜缺乏初探.玉米科学,2013,21(3):71-75.

[13] 曹国军,任军,王宇.吉林省玉米高产土壤肥力特性研究.吉林农业大学学报,2003,25(3):307-310,314.

[14] 方向前,边少锋,王立春,等.湿润区玉米增密促熟高产高效技术规程.吉林省质量技术监督局,2011.

[15] 高玉山,刘慧涛,边秀芝,等.吉林省西部淡黑钙土玉米钾肥适宜用量初探.吉林农业科学,2006,31(2):39-41.

[16] 高玉山,刘慧涛,窦金刚,等.半干旱区玉米节水保苗高产高效技术规程.吉林省质量技术监督局,2011.

[17] 郭金瑞,边秀芝,闫孝贡,等.吉林省玉米高产高效生产土壤调控技术研究.玉米科学,2008,16(4):140-142,146.

[18] 刘剑钊,蔡红光,闫孝贡,等.吉林省中部中低产田玉米适宜施肥量研究.农业与技术,2012,32(5):84-86.

[19] 任军,边秀芝,郭金瑞,等.黑土区高产土壤培肥与玉米高产田建设研究.玉米科学,2008,16(4):147-151,157.

[20] 任军,边秀芝,刘慧涛,等.吉林省不同生态区玉米高产田适宜施肥量初探.玉米科学,2004,12(3):103-105.

[21] 任军,边秀芝,刘慧涛,等.吉林省玉米高产土壤与一般土壤肥力差异.吉林农业科学,2006,31(3):41-43,61.

[22] 任军,边秀芝,刘慧涛,等.施硅对玉米水分生理特性的影响.吉林农业科学,2005,30(5):37-39.

[23] 任军,郭金瑞,边秀芝,等.土壤有机碳研究进展.中国土壤与肥料,2009(6):1-7,27.

[24] 任军,刘慧涛,高玉山.半干旱区玉米保护性耕作关键技术研究.耕作与栽培,2007(3):8-9.

[25] 任军,王立春,边少锋,等.半湿润区玉米密植防衰高产高效生产技术规程.吉林省质量技术监督局,2011.

[26] 任军,阎晓艳.我国化肥的施用现状及发展趋势.吉林农业科学,1997(1):64-67.

[27] 任军,朱平,边秀芝,彭畅,等.不同施肥制度对黑土磷、硫含量及空间变异特性的影响.水土保持学报,2010,24(3):106-108.

[28] 宋振伟,邓艾兴,郭金瑞,等.整地时期对东北雨养区土壤含水量及玉米产量的影响.水土保持学报,2012,26(5):254-263.

[29] 王立春,边少锋,任 军,等.提高春玉米主产区玉米单产的技术途径研究.玉米科学,2010,18(6):

83-85.

［30］闫孝贡,刘剑钊,郭金瑞,等. 微量元素肥料在农业生产中的有效施用. 农业与技术,2010,30(1)：69-71.

［31］闫孝贡,刘剑钊,张洪喜,等. 吉林省春玉米大面积增产与资源增效限制因素评估. 吉林农业科学,2012,37(6)：9-11.

［32］张宽. 吉林省肥料演变及提高化肥效益的重要措施. 吉林农业科学,1989(3).

［33］张梅,任军,郭金瑞,闫孝贡,等. 吉林中部黑土区玉米高产栽培土壤培肥技术研究. 玉米科学,2011,19(6)：101-104.

（执笔人：任军　蔡红光）

第 21 章
东北春玉米区域养分管理技术创新与应用

21.1 区域养分管理技术发展历程

东北春玉米区域养分管理技术的发展经历了从单项技术研究到综合技术探讨,从养分管理研究到养分和栽培综合管理的区域高产高效技术的历程。

第一阶段在养分管理技术研究方面,以吉林省为起点,先后进行了吉林省玉米生产和养分管理现状调查、吉林玉米带春玉米氮素循环及平衡状况总结、吉林省玉米养分资源管理技术构建与实践等几方面研究。在明确春玉米养分吸收规律和生长发育规律基础上,以土壤养分测试值和目标产量为指标,建立了春玉米氮素总量控制、实时实地监控,磷钾衡量监控的施肥技术体系,并确定了春玉米推荐施肥技术。

通过在吉林省中部地区的田间试验发现,采用推荐施肥技术相比农民习惯施肥有明显增产,平均增产 6.1%,节氮 19.8%,氮肥偏生产力增加 14.9%。以春玉米推荐施肥技术为基础制定了吉林省春玉米施肥规程,并在 2006—2008 年将相关技术物化为春玉米的专用复合肥。该复合肥配方为 13-19-17,其中氮素的 5% 为硝态氮肥,推荐施用量为 400 kg/hm²。在东北春玉米产区对专用复合肥进行多点田间验证试验,结果表明专用肥处理平均增产 10.5%,氮肥偏生产力提高 13.3%,第一阶段实现了增产 6%~8%,增效 5%~10% 的目标。

随着技术研究深入和示范推广面积扩展,发现合理养分管理技术实施需要建立在科学栽培措施基础上。因此,将养分管理与栽培措施进行有效结合成为进一步实现东北春玉米高产高效的必然途径。栽培管理方面,东北春玉米目前主要存在缺乏主栽品种、种植密度偏低、耕层土壤结构不合理、病虫草害防治效果不佳等问题。针对这些限制因素,探讨和提出了相应的解决措施与配套技术,与科学养分管理技术进行融合,从而逐步形成了适宜东北春玉米的区域高产高效养分管理技术。区域高产高效养分管理技术的探索与建立经历了小区精确试验到大面积示范推广的过程。

2008—2012 年通过在辽宁省(棕壤区)、吉林省(黑土、黑钙土及风沙土区)、黑龙江省(黑土区)及内蒙古自治区(东部灌区)布置"4+X"大田试验,结果显示高产高效模式较农户模式的增产率为15.6%~19.7%,氮肥偏生产力较农户模式高 26.9%~39.7%。2009—2010 年,在辽宁省海城市、昌图县,吉林省公主岭市、乾安县、桦甸县、梨树县及内蒙古通辽市进行了春玉米高产高效最佳养分管理技术的示范推广,推广面积合计 350 万亩,累计增加玉米产量 1.84 亿 kg,增加农民收入 2.88 亿元。

在区域高产高效养分管理技术取得一定应用效果基础上,提出了适合东北春玉米产区的肥料配方及施用措施。采用"政府测土、专家配方、企业供肥、联合推动"的技术推广模式,实现测土配方施肥技术成果普及应用。自 2011 年开展工作以来,配方肥累计销售 20 970 t,推广 52.8 万亩;共计节约 623.0 t N、172.5 t P_2O_5、235.8 t K_2O,累计增产 2 300 万 kg 玉米,增收 4 600 万元。第二阶段,实现了增产 15%～20%,增效 15%～20% 的目标(图 21-1)。

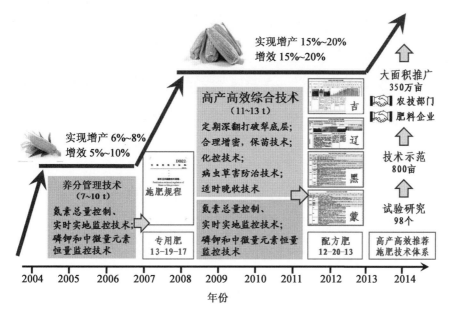

图 21-1　东北春玉米养分管理技术 10 年发展历程

21.2　区域生产中存在的主要问题

21.2.1　品种问题突出

东北春玉米区的品种问题比较突出。主要问题包括:①栽培品种混杂,且栽培品种与光温资源不匹配,不能实现品种产量潜力。目前东北春玉米的栽培品种多达 300 多个,播种面积最大的品种不足玉米播种总面积的 10%,基本上无主栽品种而言。②品种抗性较差。目前东北区春玉米的主栽品种对水分与养分胁迫及病害的抗性不高,导致其稳产性较差。③品种生育期偏长。由于东北春玉米主产区无霜期短、波动性大、与生育期的矛盾较为突出,主栽品种生育期相对偏长,籽粒成熟度较差。④品种增产潜力有限。在栽培技术水平不断提高的前提下,产量再提高的难度较大,增产潜力有限,耐密性品种较少,农户调查数据显示吉林省种植密度低于 50 000 株/hm² 的农户比例为 83.5%,辽宁省 90% 的农户玉米种植密度低于 45 000 株/hm²。⑤播种质量差是当前东北春玉米生产中存在的主要问题。主要原因是整地质量较差与播种环节粗放,导致播种密度偏低、播种深度不一致、覆土与镇压程度差、种肥隔离程度差、种子在垄上的分布均匀性较差,其直接后果是出苗率和保苗率较低(图 21-2;彩图 21-2)、"三类苗"现象严重,整齐度下降导致收获密度较低和小穗比例增大。

21.2.2　耕作技术落后

20 多年来,东北春玉米的耕作以小四轮拖拉机为主要动力,由于机械动力与耕作深度有限,连年施用导致土壤剖面结构发生变化,形成深厚与坚硬的犁底层,并在耕层与犁底层间形成"波浪形"界面(图 21-3),致使耕层变浅。调查数据显示吉林省、辽宁省、黑龙江省和内蒙古的耕层厚度分别为:15.3,14.6,14.7 和 13.3 cm,耕层变浅导致耕层有效土壤量锐减,接纳大气降水能力和抗逆性减弱,理化性状恶化,生产能力不断降低。

图 21-2　玉米播种质量差(缺苗、断垄)

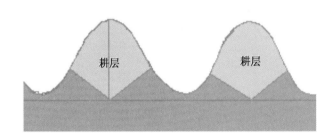

图 21-3　耕层与犁底层间形成的"波浪形"界面

21.2.3　农业机械化程度低

农业机械化程度低是制约玉米单产提高的重要因素之一,主要原因包括以下两点:①农艺农机不配套;②缺少大型农业机械。2010 年吉林省农机化管理局数据显示,吉林省拖拉机总量为 90.7 万台,农业机械总动力为 2.1×10^7 kW,其中大中型(14.7 kW 以上)拖拉机 29.4 万台,动力为 665.4×10^4 kW,所占比例分别为 32.4%,31.7%。采用机械深松的面积为 72.6 万 hm^2,所占比例为 14.2%(图 21-4)。缺少大马力拖拉机和配套的深松机具,不能进行深松和深翻整地,造成土壤板结,耕作层变浅,保肥蓄水能力变差。

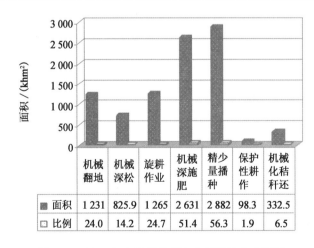

	机械翻地	机械深松	旋耕作业	机械深施肥	精少量播种	保护性耕作	机械化秸秆还
■ 面积	1 231	825.9	1 265	2 631	2 882	98.3	332.5
□ 比例	24.0	14.2	24.7	51.4	56.3	1.9	6.5

图 21-4　2010 年吉林省单项农业机械化作业情况

21.2.4　资源利用效率低

长期以来,东北地区农业生产中施用了大量化学肥料。通过对东北地区 1980s($n=117$)、1990s($n=177$)及 2001—2010 年($n=808$)农户施肥现状的调查(图 21-5)发现,农户的施肥量逐年增加,其中施氮量从 141 kg/hm² 增至 232 kg/hm²,施磷量从 45 kg/hm² 增加至 100 kg/hm²,施钾量增加至 71 kg/hm²,同时有机肥料用量则显著减少。2001—2010 年吉林省 808 份农户调查资料显示,施用有机肥的农户比例仅为 5.3%,秸秆还田农户比例仅为 3.5%。当前由于农民施肥盲目而导致土壤养分失衡的现象日益严重,特别是钾肥施用不足造成土壤钾素处于亏缺状态,从而导致氮、磷、钾肥料利用率偏低,分别为 35.3%,20.0% 和 38.6%。

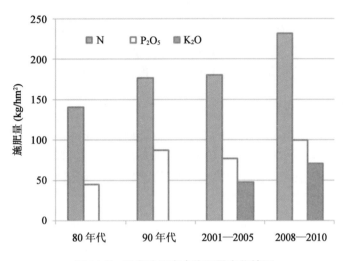

图 21-5　玉米种植农户施肥量变化情况

目前春玉米的养分投入不平衡,主要表现在氮肥一次性施用现象较多。调查发现,吉林省梨树县有 63% 的农户采用一次性施肥方式。该方式由于前期氮肥投入量过大,植株生物量累积较快,容易导致倒伏现象。另外 37% 的农户采用了分次施肥模式,而主要的追肥方式为人工撒施、中耕追肥机条施和常规拖拉机条施,这 3 种追肥方式的农户比例分别为 36%,32% 和 13%(图 21-6)。

图 21-6　吉林省梨树县玉米种植追肥农户比例及追肥方式

21.2.5　土壤肥力下降

东北地区以"世界三大黑土区之一"著称于世,这里雨热同季,土地肥沃,土地生产能力高。但近 20 多年来,由于重用地轻养地,导致土壤肥力明显下降,特别是耕作制度与施肥制度的不合理,加剧了耕地质量的急剧下降,土壤剖面构造发生变化,耕层有效土壤量锐减,多年不施有机肥并且秸秆还田量较少,土壤腐殖质层变薄,土壤接纳大气降水能力和抗逆性减弱,土壤养分不平衡、供应不协调,肥力降低。土壤肥力下降主要表现为黑土层变薄、土壤有机质降低、土壤物理性质恶化等方面。

随着开垦年限的增加,黑土层的厚度在逐年变小,统计显示,东北黑土地原来初垦时的厚度为 60~80 cm,开垦 70~80 年后的厚度减少为 20~30 cm。黑土层在变薄的同时,黑土有机质含量也在逐年降低。自然黑土开垦前的有机质含量为 3%～6%，开垦 20 年后的土壤有机质含量减少 1/3，开垦 40 年后土壤有机质含量减少 1/2，开垦 70～80 年后的土壤有机质含量减少 2/3，目前黑土区耕地有机质含量为 1.5%～3%。随着黑土层逐渐变薄、有机质含量逐年降低，黑土的物理性状也在逐渐恶化，主要表现为：土壤容重增加，孔隙减少，通透性变差，持水量降低。

21.2.6 病虫害严重

近年来，由于南方品种播种面积较大及玉米螟二代化等原因，导致春玉米区病虫害发生程度明显加重，主要包括：玉米螟、丝黑穗、叶斑病、灰斑病、茎腐病等。上述灾害会对玉米生产造成极大的影响，保守估计常年平均减产 10% 以上，严重发生年份减产程度将超过 20%。

21.2.7 季节性干旱

东北地区玉米生长季内干旱呈现明显的季节性和区域性（图 21-7）。干旱发生频率较高的时段主要在苗期，其次是灌浆成熟期；内蒙古东部、辽宁西部和南部、吉林西部和黑龙江西南部地区干旱发生频率较高，是干旱的主发区，玉米苗期、拔节期、抽雄期、灌浆期、成熟期，干旱发生频率分别为 60%～96%，30%～58%，20%～40%，30%～52%。

图 21-7　东北地区春玉米不同生育期干旱频率空间分布

张淑杰等，2011

21.2.8 倒伏

随着玉米种植密度和产量的不断提高，倒伏成为制约东北地区玉米高产稳产的因素之一。主要原因在于种植密度增加，同时施肥不合理，前期养分供应过多，导致植株旺长，地上部干物质累积量偏大。在高施肥量、高密度种植条件下，玉米植株节间增长，根系分支少且入土较浅，因而倒伏风险显著提高。东北地区是大风多发区，其中大兴安岭东侧、吉林省中西部平原春玉米种植区域为风灾多发区域，增加了该地区玉米倒伏的风险。

调查结果发现，随着施氮量增加玉米植株的倒伏率呈上升趋势（图 21-8）。其中，底肥氮素投入量为 56～80 kg/hm² 时玉米植株的倒伏率较低，当施氮量增加至 90～100 kg/hm² 时玉米植株的倒伏率明显升高。

21.3　区域养分管理技术创新与应用

21.3.1 技术思路

见图 21-9。

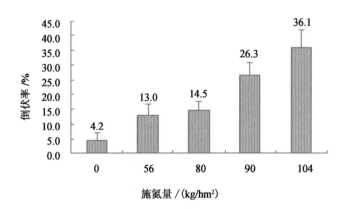

图 21-8　玉米植株倒伏率与底肥氮素投入量的关系

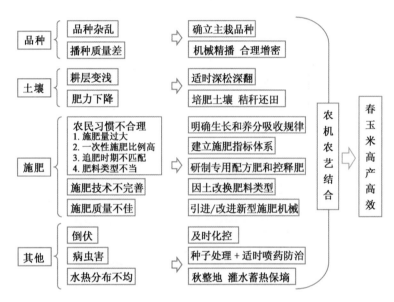

图 21-9　东北春玉米区域养分管理技术创新与应用思路

21.3.2　关键技术突破

1. 确定主栽品种

根据东北地区的生态气候条件,因地制宜地选用经国家和各省区品种审定委员会审定通过的具有亩产 800 kg 潜力的优质高产品种,要求株型紧凑,具有较强的耐密性、耐旱性、抗病性和抗虫性。推荐主栽品种包括:郑单 958、先玉 335、良玉系列等。

2. 提高播种质量、合理增密

播种前,对玉米种子进行晒种、包衣和催芽,并采用药剂进行拌种。根据大田条件合理确定玉米的播种时期。当土壤 5 cm 地温稳定通过 6～8℃、土壤耕层含水量 20%左右时可开犁播种。当土壤含水量低于 18%时,可在地温稳定通过 5℃时抢墒播种。5—9 月≥10℃的活动积温在 2 900℃以上的地区,最佳播种期为 4 月 15—25 日;5—9 月≥10℃的活动积温在 2 700～2 900℃的地区,最佳播种期为 4 月 20—30 日。最佳播种期应随春季土壤墒情适当调整,干旱年份可提前 3～5 d,多雨年应推迟 3～5 d,以确保全苗。

合理增密是保证春玉米高产高效的重要途径。不同玉米品种产量与种植密度的关系各异(图 21-10),其中先玉 335、郑单 958、吉单 209 产量与种植密度呈二次方程关系,并且具有良好的相关性,表明在合理密度范围内增加种植密度可以有效提高玉米产量。

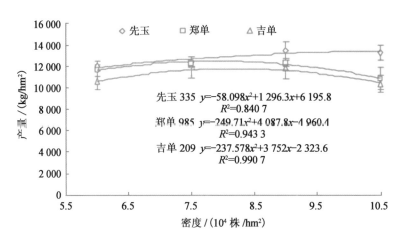

图 21-10　不同品种产量与种植密度的关系

陈传永等,2010

针对当前农户玉米播种过程中种植密度不一致、实际保苗率低的问题,推荐采用机械精量播种。保证种植密度在 6 万~7 万株/hm²,种植模式采用等距或宽窄行(宽行距 80 cm 与窄行距 40 cm 交替)。播种深度一般在 3~5 cm,做到播种深浅一致,覆土均匀,播种后要及时镇压保墒。

3. 适时深松深翻、打破犁底层

东北地区春玉米土壤耕层过浅,抑制了玉米根系的生长发育,影响玉米对养分的高效吸收。采用适时深松深翻、打破犁底层的方法,使土壤耕层由 13~16 cm 增加到 25~30 cm(图 21-11 和图 21-12)。此举可有效促进根系生长发育,起到抗旱抗倒伏的作用,同时可以提高玉米对土壤和肥料养分的吸收利用。

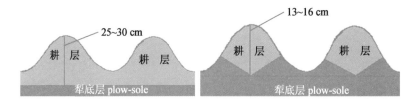

图 21-11　深翻打破犁底层(左)与农户常规耕作(右)的耕层示意图

图 21-12　深翻打破犁底层(左)与农户常规耕作(右)的土壤剖面

4. 培肥土壤、秸秆还田

地力下降是限制东北春玉米持续高产的主要原因。结合对耕层土壤的深耕深松,通过增施有机肥、推广秸秆还田可有效提高耕层土壤的有机质含量。当前推荐有机肥用量为 22.5 t/hm²,秸秆还田推荐收获留茬 30 cm 通过整地旋耕灭茬换入土壤,深度 15 cm。经过连续四季增施有机肥和实行秸秆还田,试验田耕层土壤的有机质含量显著提高(表 21-1)。0~20 cm 土层有机质含量分别增加了 1.8 g/kg (15.3%),易氧化碳增加了 0.36 mg/kg(23.8%)。除土壤碳大幅增加外,耕层土壤的各种速效养分含量均有明显提高。另外,耕层土壤的物理性质也有明显改善,容重下降,硬度也显著降低。

表 21-1
增施有机肥和秸秆还田对耕层(0~20 cm)土壤肥力的影响

处理	有机质 /(g/kg)	易氧化碳 /(mg/kg)	碱解氮 /(mg/kg)	速效磷 /(mg/kg)	速效钾 /(mg/kg)	土壤容重 /(g/cm³)	硬度 /(kg/cm²)
常规种植	11.8	1.51	110.5	18.6	146.5	1.45	18.2
培肥土壤	13.6	1.87	121.0	21.4	157.6	1.39	16.2

在内蒙古玉米产区,一些地方有机肥源相对较少,而秸秆还田受温度低和降水少的影响造成腐烂分解困难,直接影响到第二年的出苗。在这些地区,可推广苜蓿—玉米轮作实现大面积的地力培肥。苜蓿根系发达,能显著改善后茬玉米地耕层以下土壤的通透性,促进玉米根系生长,提高抗倒和防衰能力。针对苜蓿后作地土壤磷、钾养分含量降低的问题,建议在玉米季适当增加磷、钾肥的施用量。内蒙古玉米产区种植紫花苜蓿,春播当年可刈割 1~2 茬,干草产量可达 300~450 kg;翌年后每年可刈割 3~4 茬,干草产量可达 750~900 kg。种植紫花苜蓿期间,农民的收益与种植玉米持平。实施苜蓿—玉米轮作,可实现经济效益和生态效益的双赢,促进农业的可持续发展。

5. 明确玉米生长和养分需求规律

通过总结 2009—2011 年在吉林、辽宁和内蒙古开展的"4+X"和氮肥管理试验数据,确定了东北地区不同产量水平下春玉米生育期的干物质累积和养分素吸收规律(图 21-13 至图 21-16)。不同产量水平下,春玉米的干物质累积自拔节期后出现差异,并随生育进程推进差异逐渐增大,9 t 产量以下春玉米的干物质累积明显偏低。各产量水平春玉米的氮素累积动态差异在前期较小,吐丝期之后明显增大,在灌浆期表现出最大差异。各产量水平春玉米的磷素累积动态与干物质累积动态接近,自拔节期后出现差异且差异逐渐增大。各产量水平春玉米的钾素累积动态在播种后即出现差异,其后差异逐渐增大并在灌浆期达到最大。灌浆期后,各产量水平春玉米的钾素累积量并未像氮、磷养分持续上升,而表现出小幅下降。

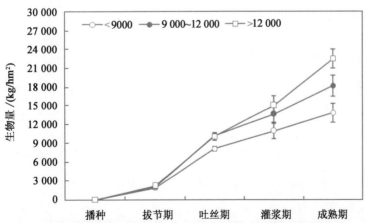

图 21-13　不同产量水平春玉米生育期的干物质累积动态

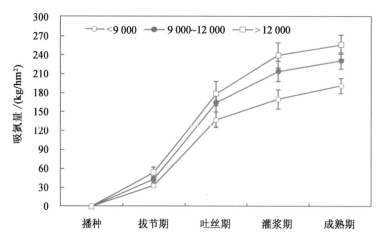

图 21-14　不同产量水平春玉米生育期的氮素吸收累积动态

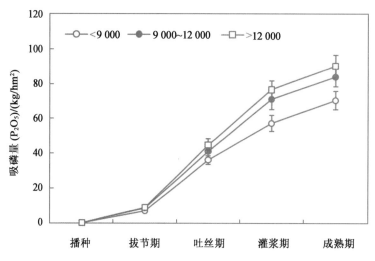

图 21-15　不同产量水平春玉米生育期的磷素吸收累积动态

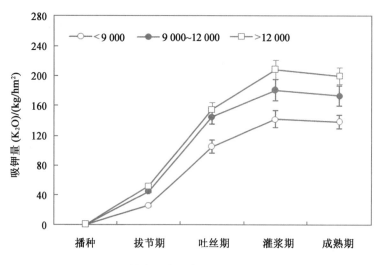

图 21-16　不同产量水平春玉米生育期的钾素吸收累积动态

通过总结 2009—2011 年在吉林、辽宁和内蒙古开展的"4＋X"和氮肥管理试验数据,确定出东北地区不同产量水平下春玉米的百千克籽粒养分吸收量(表 21-2)。随着玉米产量水平增加,百千克籽粒的氮、磷、钾吸收量均表现出下降趋势。产量在 9~10 t/hm² 水平下,春玉米生产 100 kg 籽粒产量时平均需吸收 2.33 kg N、0.84 kg P₂O₅ 和 1.62 kg K₂O。

表 21-2

不同产量水平下春玉米的百千克籽粒养分吸收量

养分	产量水平/(t/hm²)	样本数量	平均值/(kg/kg)	变异范围
N	>11	10	2.00	1.81~2.25
	10~11	14	2.21	1.23~3.02
	9~10	43	2.33	1.60~3.50
	<9	170	2.37	1.25~3.82
P₂O₅	>11	10	0.67	0.57~0.74
	10~11	14	0.87	0.69~1.04
	9~10	43	0.84	0.63~1.16
	<9	170	0.98	0.86~1.45
K₂O	>11	10	1.64	1.51~2.82
	10~11	14	1.65	1.42~2.70
	9~10	43	1.62	1.41~2.52
	<9	170	1.73	1.39~2.32

　　通过总结 2006 年以来吉林省测土配方施肥"3414"肥料试验验数据,可确定春玉米产量水平与单位籽粒产量氮素吸收量的关系(图 21-17)。随着产量水平从 7.5 t 以下增加至 13.5 t,春玉米每生产 1 t 籽粒产量所累积的氮素逐渐下降,尤其是产量水平在 10.5 t 以下时降低趋势更为明显。

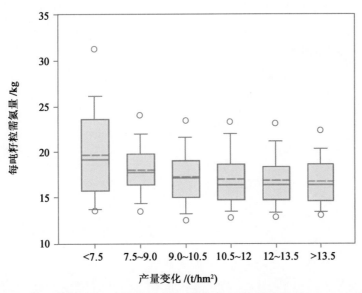

图 21-17　春玉米籽粒产量与氮素需求量的关系

6. 建立施肥指标体系

在总结大量试验数据基础上,建立了东北春玉米推荐施肥指标体系。氮磷钾肥施用原则为:氮肥总量控制、分期实时、实地精确监控技术;基于养分平衡和土壤测试的磷、钾肥恒量监控技术指标体系;中微量元素因缺补缺。对于磷肥施用,在低温干旱年份或地区可适当增施磷酸二铵作为种肥,结合磷肥局部深施,可显著提高产量及磷肥当季利用效率。东北春玉米推荐施肥指标体系具体如下(表21-3至表21-6):

表 21-3

东北春玉米高产高效氮肥推荐施用量   kg/hm²

目标产量	氮肥总量	基肥用量(N)	追肥用量(N)
12 000	200~230	60~70	140~160
13 000	230~260	70~80	160~180
14 000	260~290	80~90	180~200

表 21-4

东北春玉米高产高效磷肥推荐施用量

地力等级	土壤 Olsen-P /(mg/kg)	目标产量 /(kg/hm²)	磷肥用量(P₂O₅) /(kg/hm²)
中肥地块	25~45	12 000	90
		13 000	100
		14 000	120
高肥地块	45~65	12 000	85
		13 000	95
		14 000	100
较高肥地块	>65	12 000	60
		13 000	75
		14 000	90

表 21-5

东北春玉米高产高效钾肥推荐施用量

地力等级	土壤 NH₄OAc-K /(mg/kg)	目标产量 /(kg/hm²)	钾肥用量(K₂O) /(kg/hm²)
中肥地块	100~150	12 000	60
		13 000	80
		14 000	100
高肥地块	150~200	12 000	50
		13 000	70
		14 000	90
较高肥地块	>200	12 000	30
		13 000	50
		14 000	70

表 21-6

东北春玉米高产高效微量元素肥料推荐施用量

元素	提取方法	临界指标/(mg/kg)	推荐肥料	基施用量/(kg/hm²)
Zn	DTPA	1.0	七水硫酸锌	20～40
B	沸水	0.7	硼砂	10～20

7. 研制专用配方肥和缓/控释肥

根据东北春玉米的生长发育特点和养分吸收规律,结合东北玉米主要种植区的土壤养分状况,设计和研制了适合东北玉米主产区的玉米专用配方肥。

玉米专用复合基肥配方为 13-19-17,其中配方中氮素的 5% 为硝态氮肥,推荐施用量为 400 kg/hm²。对确定的配方采用中国-阿拉伯化肥有限公司的中试装置(化学合成工艺)加工成中试产品。另外,针对当前农民在玉米种植中倾向一次性施肥方式,研制或引入了多种新型的缓/控释肥。主要包括:树脂包膜肥、脲甲醛肥料、稳定性肥料、硫包衣肥料、硅酸盐包膜肥。

8. 因土改换肥料类型

当前,东北玉米产区农民施肥中还存在较严重的盲目随意施肥现象,尤其是不分土壤类型和土壤性质进行施肥。东北地区存在较大面积的盐碱土,在此类土壤上施用一次性掺混肥时,其中氯化钾含有的大量氯离子会进一步增加土壤盐基离子浓度,从而对玉米苗期根系造成伤害,导致烧苗烧种。针对此情况,在盐碱土分布地区建议改换氯基钾肥(氯化钾)为硫基钾肥(硫酸钾)。

9. 引进/改进新型施肥机械

2012 年引进康达 2BZF-2 免耕播种施肥机,实现玉米播种和施肥的一体化精量控制,促进出苗及苗期养分供应。采用改型机械,可将施肥深度控制在距离种子横向 5 cm,纵向 10 cm,作业时动土少,减少土壤水分蒸发,蓄水保墒,出苗效果显著,肥料精确深施有效减少肥料养分损失、提高利用效率。

氮肥大量基施不利于苗期生长,并且会导致后期脱肥并降低氮素利用率。根据春玉米的生长发育进程和养分需求特性,最佳追肥时期为 8～12 叶期(拔节期)。该时期玉米植株高度较高,普通追肥机械已无法完成追肥任务,农民普遍不愿进行追肥因而大量采用一次性的肥料施用方式。为了促进玉米拔节期追肥机械化和轻简化的实现,使养分供应在时间和数量上与作物需求相匹配,2012 年引入高地隙追肥机技术。进过两年的改装和调试,目前高地隙追肥机的最大作业高度可达到 70 cm,更好地匹配了玉米在拔节期的株高状况,减少对植株生长的影响和损伤。另外,对高地隙追肥机的施肥器组件进行了优化调整,可显著减小送肥和下肥的工作阻力,从而提高整体的作业速度和工作效率。

10. 其他技术

在高施肥量、高密度种植条件下,玉米植株节间增长,根系分支少且入土较浅,因而倒伏风险显著提高。在此情况下,除选用耐密性品种外,一方面应注重前期控氮,另一方面应在 6 叶期选用矮壮素类化控物质对玉米植株进行适时化控。经过减少氮肥基施量和应用矮壮素化控,降低了玉米植株高度、穗位高以及近地面结节距离(表 21-7)。

表 21-7

防倒伏管理模式应用效果

处理	施氮量 /(kg/hm²)	株高 /cm	穗位高 /cm	第一节 /cm	第二节 /cm	第三节 /cm
一次性施肥模式	194.4	357.0	132.0	5.6	10.2	14.3
改进管理模式	175.2	309.4	105.6	4.2	7.9	11.2

近年来东北春玉米区病虫害发生程度明显加重,对玉米生产造成极大的影响。当前虫害防治方式

以投放辛硫磷颗粒和释放赤眼蜂为主,而病害防治则主要依靠人工进行药剂喷洒,工作效率较低,防治效果差。针对此问题,推荐进行种子处理+高秆机械打药技术。首先,在种子处理方面,根据各地病虫害发生情况,针对不同防治对象,播种前选用"三证俱全"的高效、低毒、低残留的种衣剂进行种子包衣,防治地下害虫及丝黑穗病。使用含7%克百威的种衣剂进行包衣,可防治玉米异常苗,对于未用克百威包衣的种子,要用含克百威的种衣剂进行二次包衣。其次,在病虫害高发时期之前,可采用自走式可调高秆打药机进行喷药防治(图21-18)。该机械有效解放了劳动力,提高病虫害防治的工作效率,尤其是促进了后期对病虫害防治的能力。

图 21-18　玉米自走式可调高秆打药机

气候变化对自然生态系统和社会经济带来重大而深远的影响。近50年东北地区升温明显,生长季热量资源增加,农业可用水资源和光能资源则呈不同程度减少的趋势,且时空分布不均,相对来说旱灾发生频率增加,而极端降雨事件也时有发生。在一些水资源不足的干旱地区,为避免春季整地导致土层破裂散水跑墒的不利局面,推荐实施秋季整地,并在整地后进行灌水以促进土壤在冬季的保墒蓄热,为促进春后玉米早播创造有利环境。

21.3.3　技术集成创新、规程与模式

1. 吉林省春玉米高产高效技术规程

(1)品种选择　根据当地的自然条件,因地制宜选用经国家和省品种审定委员会审定通过的耐密型、高产、抗逆性强的优良品种,如郑单958、四密25、吉单264、辽单565、先玉335和吉单209等。

(2)播前准备　整地包括秋翻秋整地和秋翻春整地。秋翻秋整地为2~3年轮番1次,前作收获后及时灭茬施肥秋翻,做到根茬翻埋良好,耕深18~25 cm,耕后及时耙、压,注意保墒,即可在秋季达到可播种状态。也可采用深松措施(深度35~40 cm)。秋翻春整地即秋翻地且待土壤化冻15 cm左右时,耙、耢、起垄、镇压,达到待播状态。

在耕层较深地区,可采用宽窄行交互种植,即将原来65 cm行距两行做成一条带,该种成40 cm和80 cm的宽窄行。第一年在40 cm窄行上种两行玉米,夏季两行玉米留高茬60~70 cm。第二年在原80 cm的宽行距深松带上播种双行玉米,行距40 cm,原留高茬的地方成为80 cm宽行,夏季(6月下旬)深松、灭茬、就地腐熟还田。

施肥量的确定按土壤测试结果进行配方施肥,或根据当地土壤肥力参考一下标准施肥。底肥施用方法为:优质农家肥1.7~2 m³/亩,农家肥(根茬、秸秆粉碎直接还田或腐熟还田)结合秋翻地或整地一次施入;施用氮3.3~4.0 kg/亩、P_2O_5 4~5 kg/亩、K_2O 3.3~5 kg/亩,混匀后结合整地全耕层施入,深度为30~40 cm。口肥施用方法为:纯氮0.6 kg/亩、P_2O_5 1.67 kg/亩、K_2O 1 kg/亩、硫酸锌1 kg/亩,混合肥施入种床,做到种肥隔开以防烧种烧苗。

(3)精细播种　精选种子后,于播种前15 d进行一次发芽试验。播种前3~5 d,选无风晴天,将种子摊开在干燥向阳处晒2~3 d。播种前根据各地病虫害发生情况,针对不同防治对象选用通过国家审

定登记并符合绿色环保标准的种衣剂进行和种子包衣来防治地下害虫及各种病害。若采用催芽播种，则需在种子拧嘴露白时摊开，待阴干后播种。当耕层 5 cm 深处地温通过 8℃，且土壤耕层含水量在 20% 左右时即可播种。最佳播种期的确定应依据春季土壤墒情而进行适当调整。干旱年份，当土壤含水量<18%、地温稳定通过 5℃ 时，抢墒播种一般可提前 3～5 d；而多雨年份则可适当推迟 3～5 d 播种。

播种方式包括机械播种和人工播种器播种两种方法。机械播种一般深 2～5 cm，要做到播种深浅一致、覆土均匀。当土壤含水量<18% 而抢墒播种时，应采用深开沟、浅覆土、重镇压的措施，并保证将种子播到湿土上。对于干旱和半干旱地区，则要采用抗旱播种方法。人工播种器播种指使用手提式双孔播种器（双孔指一孔播种，一孔施肥）进行人工播种。播后最好采用 IYM 苗眼镇压器。土壤含水量<18% 时，镇压强度为 600～800 g/cm² 土壤含水量为 22%～24% 时，镇压强度为 300～4 000 g/cm²。

（4）合理密植　郑单 958 和先玉 335 等耐密型品种的适宜种植密度为 4 000～4 667 株/亩，保证收获穗数为 4 333 穗/亩左右。

（5）田间管理　幼苗 3 叶期间苗，4～5 叶期定苗。留大苗、壮苗、齐苗，不苛求等距，但要按单位面积保苗密度留足苗。除免耕地块外，当幼苗长至 2～3 叶时，进行铲前铲前深趟一犁，深度为 20～25 cm。为控制生育前期植株生长繁茂，追肥时期可适当晚些，一般在大喇叭口期前后（6 月底前）完成追肥。追肥方法为垄沟深追。追肥部位应在距植株 10～15 cm 处，追肥深度为 12～15 cm。追肥用量为氮 10 kg/亩、P_2O_5 3.7 kg/亩、K_2O 4.3 kg/亩左右。玉米后期如脱肥，用 1% 尿素溶液＋0.2% KH_2PO_4 进行叶面喷洒。喷洒时间最好为上午 9:00 前或下午 5:00 后。另外，适时喷药防治大斑病防治、小斑病防治、黏虫和玉米螟。

（6）适时收获　低温年份，对于中晚熟品种在蜡熟（抽丝 50～55 d）后要采取站杆扒开玉米果穗苞叶的措施以促进玉米成熟和籽粒降水。玉米成熟（籽粒出现黑层）后 7～10 d 为最佳收获期，一般为 10 月 5 日左右。及时收获，并将玉米于收获后及时扒皮，在通风向阳处搭架晾晒。

2. 辽宁省春玉米高产高效技术规程

（1）品种选择　选用株型紧凑、中熟、抗病抗倒伏耐旱、中大穗的优良耐密品种，如郑单 958、辽单 565 和京单 28，或选用植株高大、中晚熟、抗病性强、大穗型的高产品种如丹玉 39、东单 60 和辽单 526 等。

（2）播前准备　秋季收获玉米后，在机械灭茬和部分秸秆粉碎还田的基础上，深耕（松）30～40 cm，打破犁底层，平整土地（翻、耕、耙、耢），以增强土壤保水保肥能力，促进作物根系生长。根据玉米的吸肥规律以及土壤、肥料特点、营养元素施入土壤后的形态变化及转化行为确定适宜的施肥次数、施肥时间、肥料比例及施肥方法，以最大限度提高肥料利用率。播前要施足基肥，即包括全部的有机肥、磷肥、钾肥以及部分氮肥。肥料施用量为：优质有机肥 2 m³/亩；氮 5 kg/亩，即施入全部氮肥的 30% 左右（总施氮量 15～18 kg/亩，折合尿素约 33～39 kg/亩）；P_2O_5 10～12 kg/亩、K_2O 12～15 kg/亩（折合硫酸钾 25～30 kg/亩）。根据辽宁省气候和土壤条件，在播种期保证充足的土壤水分，以保证种子能够出苗，且苗齐、苗壮。

（3）精细播种　播种前应进行种子筛选，将大、中、小粒种子分开、分类进行播种，以使种子大小均匀、出苗整齐。播种前进行晒种、种子包衣或药剂拌种以增强种子活力，防治丝黑穗病、瘤黑粉病等病害及地老虎、蝼蛄等地下害虫。

由于早春温度较低，因此切忌早播以减少弱苗，提高出苗整齐度，避免病虫害侵害。一般在土壤深度 5～10 cm 的土温稳定达 8℃ 以上，即 4 月下旬至 5 月上旬进行播种。采用等行距或宽窄行（宽行距 80 cm 与窄行距 40 cm 交替）机械精量播种。做到播深一致、下种均匀。播种后要及时镇压保墒。播种量主要取决于种植密度、每穴粒数和粒重等因素，一般播种量为 3～4 kg/亩。一般施用磷酸二铵 3～5 kg/亩或尿素 5 kg/亩（约占总氮含量的 10%），以促进幼苗生长，增强其对干旱、地温、病害等不良因素的抵抗能力。种肥施用时注意将种子与肥料隔离。紧凑耐密型品种如郑单 958 和辽单 565 的种植密度为 4 500~5 000 株/亩;稀植大穗型品种如丹玉 39 和辽单 526 则为 4 000~4 500 株/亩(定苗时要多留 10%苗,留大苗、壮苗,以提高保株保穗率)。

(4)田间管理　玉米播种后及时喷施化学除草剂。当玉米有 13~15 片展开叶时,结合中耕或浇水施入全部氮肥的 30%左右。适时喷药防治瘤黑粉病、大斑病防治、小斑病防治、灰斑病和玉米螟。为延长根系和叶片的生理活性,以防止早衰、保粒数、增粒重,在玉米抽雄前后 15 d 施用攻粒肥,施用量不超过全部氮肥的 10%。抽雄吐丝期是该区玉米的第二个需水关键期,是玉米开花、授粉及籽粒形成的关键时期。因此,应及时补水以满足需要。

(5)适时晚获　坚持 10 月 5 日以后收获,使玉米籽粒充分成熟,降低籽粒含水率,增加百粒重,以提高产量。

3. 黑龙江省春玉米高产高效技术规程

(1)品种选择　根据生态条件,选用通过国家或黑龙江省审定的优质、适应性及抗病虫性强的优良品种。直播栽培选择生育期活动积温比当地常年活动积温少 100~150℃的品种;地膜覆盖栽培选择比当地直播主栽品种生育期长 10~15 d,或所需积温多 200~250℃,或叶片数多 1~2 叶的品种。

(2)播种前准备　大田耕地以松耕为基础,松、翻、耙相结合的土壤耕作制,3 年深翻一次。耕翻深度 20~23 cm,翻后耙耢,按种植要求的垄距即使起垄或夹肥起垄镇压。根据土壤供肥能力、土壤养分的平衡状况及气候、栽培等因素进行测土配方平衡施肥,做到氮、磷、钾及中、微量元素合理搭配。施用含有机质 8%以上的农肥 2~2.7 t/亩,结合整地撒施或条施钾肥。化肥的施用量为尿素 20~33.3 kg/亩,其中 20%~25%为底肥或种肥,磷酸二铵 20~25 kg/亩(底肥或种肥,结合整地施入),钾肥 6~10 kg/亩(种肥)。

(3)精细播种　播种前 15 d 将种子暴晒 2~3 d,2~3 h 翻动一次,并进行发芽试验。种子放在 28~30℃水中浸泡 8~12 h,然后捞出置于 20~25℃室温条件下进行催芽,每隔 2~3 h 将种子翻动一次。待催芽的种子露出胚根,将种子置于阴凉干燥出冻芽 6 h 后进行拌种或包衣,待播种。直播栽培条件下,在 5~10 cm 耕层地温稳定通过 7~8℃时抢墒播种。第一积温带 4 月 20—25 日播种;第二积温带 4 月 25 日至 5 月 1 日播种。覆膜栽培条件下,在 5~10 cm 耕层稳定通过 5~6℃,出苗或破膜引苗后能躲过−3℃的冻害时,抢墒播种后覆膜。一般较直播提前 3~5 d。采用常规清种或通透密植种植直播或覆膜的方式进行人工播种或机械精量播种。播种做到深浅一致,覆土均匀,直播的地块播种后及时镇压;坐水种的播后隔天镇压。镇压做到不漏压,不拖堆。镇后覆土深度 3~4 cm。按种子发芽率、种植密度要求等确定播种量。人工播种播量 2.3~2.7 kg/亩;机械播种播量 2.7~3.3 kg/亩。

(4)合理密植　直播栽培方式,耐密型品种保苗 3 667~4 333 株/亩;稀植品种保苗 3 000~3 333 株/亩。覆膜栽培则较直播增加 500~667 株/亩。

(5)田间管理

①直播栽培:土壤墒情好、整地精细的地区宜采取苗前化学除草。出苗前及时检查发芽情况,如发现粉种、烂芽,要准备好预备苗;出苗后如缺苗,要利用预备苗或田间多余苗及时坐水补栽或移栽。3~4 叶时,要将弱苗、病苗、小苗去掉,一次等距定苗。出苗后进行铲前深松或铲前趟一犁。头遍铲趟后,每隔 10~12 d 铲趟一次,做到三铲三趟。拔节期前后,应及早掰除分蘖。去蘖时应轻,避免损伤主茎。追肥于玉米 7~9 叶期或拔节前进行,追施总氮量的 60%~70%,追肥部位离植株 10~15 cm,深度 8~10 cm。生育期内适时喷药防治黏虫、玉米螟等虫害。

②覆膜栽培:玉米 1 叶 1 心至 2 叶 1 心时剪孔放苗,每穴只留 1 株,放苗后用湿土封严放苗孔;扎眼种的应在 3 叶期前及时间苗。如缺苗应及时补栽同龄预备苗。及时掰掉分蘖,但要避免损伤主茎。并于 6 月末至 7 月初,选晴天上午、表土已干燥且不黏膜时进行人工揭膜。气温高时可适当早些,气温低时则可适当晚些。揭膜后铲趟一次。除铲趟、苗后除草管理外,其他管理同直播栽培。

(6)适时收获　玉米蜡熟末期扒开玉米果穗苞叶晾晒,完熟期后收获,并要适时晚收。

4. 内蒙古自治区春玉米高产高效技术规程

（1）品种选择　选用适应性强、高产、质优、多抗和耐密紧凑型优良杂交种，如内单 314、先玉 335、金山 27、浚单 20、兴垦 3 号、郑单 958 和真金 8 号等。

（2）播前准备　秋收后及时灭茬，深耕 20～30 cm；耕翻后及时耙碎坷垃，修成畦田，平整土地，并达到埂直、地平。播前（3 月上中旬），于土壤昼化夜冻的顶凌期进行及时耙地、耱（耢）地，使耕层土壤含水量保持在田间持水量的 70% 以上，耕层上虚下实，以为适期早播及提高播种质量创造良好土壤条件。结合秋收后灭茬，施优质有机肥 2 000 kg/亩。秋收整地后，于 11 月下旬土壤封冻时进行冬灌（80～100 m³/亩）。

（3）精细播种　播前晒种 2～3 d，种子精选后采用机械或人工进行种子包衣。4 月 20 日至 5 月 5 日，当 5～10 cm 土层温度稳定通过 8～10℃，土壤耕层田间持水量 70% 左右时为适宜播期。采用宽窄行种植，株距依密度确定。采用机械精量点播，播深 5～6 cm。播后及时覆土镇压，使土、种密接，确保苗全。播种前或结合播种深施磷酸二铵 18～23 kg/亩、硫酸钾 5～8 kg/亩、尿素 5 kg/亩、硫酸锌 0.5～1 kg/亩。种肥随播种机深施于种子下方或距种子旁侧 5～6 cm 处，与种子分层隔开，以防烧苗。

（4）合理密植　平展型品种密度为 4 000～4 500 株/亩，紧凑型品种为 5 500～6 000 株/亩。

（5）田间管理　适时查苗补苗、间苗、定苗。玉米出苗 1 周内，如缺苗，或催芽补种或移栽以确定保苗株树。当玉米 3～4 片叶展开时，结合浅中耕间苗，去除弱苗、杂苗，留匀苗、壮苗；5～6 片叶展开时，结合深中耕定苗。如缺苗，可就近或邻行留双苗。玉米苗期如发生地老虎和蝼蛄为害，用 90% 敌百虫 0.5 kg/亩兑水 2.5～5 kg，拌入 50 kg 秕谷或麦麸中制成毒谷，或用 1 kg/亩辛硫磷兑水 5～10 kg，拌入 300 kg 细土中制成毒土，于傍晚撒在苗周围进行防治。

6 月中旬玉米拔节后陆续长出分蘖，为减少养分消耗，应及时去除。为保证玉米植株健壮生长及雄雌穗的顺利分化，于春玉米 6～7 片展开叶（6 月 15—20 日）时追施拔节肥（尿素 10～15 kg/亩），施肥后覆土并及时浇拔节水；玉米 12～13 片展开叶（7 月 10 日前后）时，雄穗进入小花分化期（即大喇叭口期），为促进中部以上叶片扩大并延长功能期、提高雌穗分化强度、争取穗大粒多，要重施孕穗肥（尿素 20～25 kg/亩），覆土后浇孕穗水。玉米 15～16 片展开叶（7 月中旬）时，于上部叶片喷施玉米健壮素（30 mL/亩，兑水 15～20 kg）以矮化植株、防倒、增粒、提高粒重和产量（注意：玉米健壮素不能与碱性农药或化肥混用）。

玉米吐丝期若发现叶片淡绿，有脱肥现象时，应立即补施氮肥攻粒肥（尿素 5 kg/亩左右）并及时浇水，以维持中上部叶片的功能期，促进籽粒的效能形成和灌浆饱满。为增加果穗长度和穗粒重，于玉米抽雄始期及时隔行去雄；或撒粉盛期于上午 9：00—11：00 隔日人工辅助授粉 2～3 次，以增加穗粒数，减少秃尖。若土壤墒情不好，按 60～70 m³/亩灌水定额浇抽穗水以促进授粉结实和籽粒的形成；8 月中下旬，若土壤田间持水量低于 70%，则按 50～60 m³/亩的灌水定额浇灌浆水以促进籽粒灌浆，增加粒重，从而提高产量。玉米撒粉后，选无雨天下午进行叶面喷肥（尿素 1 kg/亩和 KH_2PO_4 0.15 kg/亩，兑水 40 kg），以防叶早衰，增加粒重。8 月下旬，当 2 代玉米螟或 3 代黏虫发生为害时，用 50% 敌敌畏 800 倍液于每雄穗顶端喷洒 1 mL 防治，并可同时防金龟甲成虫为害。如发现有黑穗病，应将病株拔除，于田间外深埋或烧毁。

（6）适时收获　玉米籽粒乳线消失后，已达到生理成熟时，应适时收获。

21.4　应用方式

21.4.1　与地方农技推广部门合作进行高产高效技术应用与推广

从 2008—2013 年，区域高产高效技术模式的应用经历了从玉米高产高效竞赛到土地规模化经营的发展历程。结合地方农技推广部门,以科技支撑方式开展区域高产高效技术的推广应用。推广工作开展以来,参加玉米高产高效竞赛的农户数量及参赛地块面积在逐年增加。从2008年的80户40 hm²增加至2013年的1 800户1 900 hm²,连续6年的高产高效竞赛结果显示,示范户与常规农户相比平均增产19.5%,氮肥偏生产力增加32.2%。

通过多年高产高效竞赛活动发现,该活动虽然提高了农民产量,但是数量有限,仅仅是一些科技示范户。而大部分农户的大部分地块还处于低产水平,为更加广泛且有效推广区域高产高效技术,结合梨树县"三个方式"转变活动,在全县开展区域高产高效技术指导。通过对合作社苗期出苗情况及成熟期产量的调查发现(表21-8和表21-9),合作社农户地块的保苗率与非合作社农户相比增加11.1%,有效密度提高1.43万株/hm²,产量提高14.0%,肥料偏生产力提高7.4%。

表21-8

合作社玉米种植密度及保苗情况

合作社名称	种植密度/(万株/hm²)		保苗率/%	
	合作社	对照	合作社	对照
千程	6.5~7.0	5.5~6.0	95.1	85
富年	6.5~7.0	5.5~6.0	93.1	83.1
富民	6.0~7.0	5.5~6.0	95.2	83.4
创展	6.5~7.2	5.0~6.0	95.3	82.3
双亮	6.5~7.0	5.5~6.0	95.0	86.4
平均	6.4~7.0	5.4~6.0	95.1	84.0
有效密度	6.40	4.97		

表21-9

合作社玉米产量及施肥效果

合作社名称	产量/(kg/hm²)			施肥总量/(kg/hm²)		肥料偏生产力/(kg/kg)		
	对照	合作社	增产/%	对照	合作社	对照	合作社	增效/%
千程	9 253	10 451	12.9	450	470	20.6	22.2	7.9
富年	9 229	10 272	11.3	450	480	20.5	21.4	4.3
富民	8 405	9 623	14.5	445	480	18.9	20.0	6.1
创展	9 872	11 295	14.4	486	540	20.3	20.9	3.0
双亮	10 184	11 860	16.5	520	520	19.6	22.8	16.5
平均	9 389	10 700	14.0	470	498	20.0	21.1	7.4

21.4.2 与肥料企业合作进行高产高效技术应用与推广

2011—2014年在吉林省农安县运用高产高效养分资源综合管理技术成果,依据作物需肥规律、土壤测试结果、供肥性能及肥料效应,提出适应当地作物、土壤条件的肥料配方及施用技术,由企业定点生产配方肥,指导农民按方施肥,并且结合区域高产技术,达到高产高效的目的。采用"政府测土、专家配方、企业供肥、联合推动"的技术推广模式,实现测土配方施肥技术成果普及应用。

自2011年开展工作以来,在各方共同努力之下,农安县配方肥的销量及推广面积在逐年上升。2011年配方肥销量为2 400 t,推广面积为7.2万亩。2014年销量为7 900 t,增加了5 500 t,推广面积达到

20.1 万亩。2011—2014 年配方肥累计销售 20 970 t,推广 52.8 万亩;共计节约 623.0 t N、172.5 t P$_2$O$_5$、235.8 t K$_2$O。累计增产 2 300 万 kg 玉米,增收 4 600 万元。

21.5　应用效果

2008—2010 年,在东北地区进行春玉米高产高效最佳养分管理技术示范推广(表 21-10)。结果显示,在吉林省(公主岭市、乾安、桦甸、梨树县)、辽宁省(海城市、昌图县)和内蒙古自治区(通辽市)推广面积合计 350 万亩,增加玉米产量 1.84 亿 kg,增加农民收入 2.88 亿元。

表 21-10

东北春玉米高产高效最佳养分管理技术集成及示范效果

地区	存在主要问题	解决措施	技术集成	示范效果
辽宁省	低密、耕层浅、氮肥用量过高、氮磷钾养分比例失调、产量徘徊不前、肥料利用效率较低	选择耐密品种、深松、选择控释氮肥做底肥与磷钾肥一次基施,总量控制	辽宁省春玉米高产高效最佳养分管理技术	与农民习惯相比,增产 28%,氮肥偏生产力和农学效率分别提高了 30% 和 32%
内蒙古东北灌溉区	农田耕层变浅,热量资源分布不合理,养分利用率不高,地力下降,超高产大密度种植倒伏风险较高	土壤深松;秋整地并灌水蓄热的对策;有机、无机肥并施和优化施肥技术;苜蓿-玉米轮作培肥地力	内蒙古灌区春玉米高产高效最佳养分管理技术	与农民习惯相比,高产高效模式增产 30.9%,氮肥偏生产力提高了 24.2%
黑龙江省	低密、倒伏、早衰	选择优良耐密品种、适时精密播种、拔节期与抽雄前期化控防倒伏与早衰	黑龙江省春玉米密植防衰高产高效技术	与农民习惯相比,高产高效模式增产 19.6%,水分生产效率平均提高 7.6%～11.6%
吉林省	低密、耕层浅、土壤肥力较低,保水保肥能力较差	合理增密和深翻打破犁底层技术,增施有机肥,播后重镇压,拔节前深松蓄水,实时补水灌溉	吉林省春玉米节水保苗高产高效最佳养分管理技术	与农户模式相比,高产高效模式增产 12.5%～16.8%,氮肥生产效率提高 12.5%～16.8%,生育期水分生产效率提高 3.3%～16.8%

参考文献

[1] 边秀芝,闫晓艳,张大光. 玉米自交系的干物质积累与氮磷钾吸收. 吉林农业大学学报,1997,19(3):29-34.

[2] 蔡红光,米国华,陈范骏,等. 东北春玉米连作体系中土壤氮矿化、残留特征及氮素平衡. 植物营养与肥料学报,2010,16(5):1144-1152.

[3] 蔡红光,米国华,张秀芝,等. 不同施肥方式对东北黑土春玉米连作体系土壤氮素平衡的影响. 植物营养与肥料学报,2012,18(1):89-97.

[4] 蔡红光,张秀芝,任军,等. 东北春玉米连作体系土壤剖面无机氮的变化特征. 西北农林科技大学学报自然科学版,2012,40(5):143-148.

[5] 陈传永,侯玉虹,孙锐,等. 密植对不同玉米品种产量性能的影响及其耐密性分析. 作物学报,2010,36(7):1153-1160.

[6] 冯国忠,张强,顾明,等. 吉林玉米带春玉米专用肥配方的确定. 中国农学通报,2010,26(13):225-229.

[7] 冯国忠. 东北地区玉米氮素效率基因型差异研究[硕士学位论文]. 长春:吉林农业大学,2010.

［8］高炳德,李江遐,周燕辉,等. 内蒙古平原灌区每公顷产量 13.7～15.9 t 不同品种春玉米氮、磷、钾吸收规律研究. 内蒙古农业大学学报,2000,21(增刊):62-71.

［9］高强,冯国忠,王志刚. 东北地区春玉米施肥现状调查. 中国农学通报,2010,26(14):229-231.

［10］韩志勇. 东北地区春玉米高产高效最佳养分管理技术研究［硕士学位论文］. 长春:吉林农业大学,2011.

［11］李伟波,张效朴. 吉林中部玉米高产施肥与提高化肥利用率研究. 玉米科学,1998(2):65-68.

［12］齐晓宁,王洋,王其存,等. 吉林玉米带的地位与发展前景. 地理科学,2002,22(3):379-384.

［13］任军,边秀芝,刘慧涛,等. 吉林省不同生态区玉米高产田适宜施肥量初探. 玉米科学,2004,12(3):103-105.

［14］张淑杰,张玉书,纪瑞鹏,等. 东北地区玉米干旱时空特征分析. 干旱地区农业研究,2011,29(1):231-236.

［15］张颖. 北方玉米不同生育期干物质积累与氮、磷、钾含量的变化. 玉米科学,1996,4(1):63-65.

［16］张颖. 不同产量类型春玉米养分吸收特点及其分配规律的研究. 玉米科学,1997,5(3):70-72.

［17］赵兰坡,王鸿斌,刘会青,等. 松辽平原玉米带黑土肥力退化机理研究. 土壤学报,2006,43(1):79-84.

［18］Cai H G,Gao Q,Mi G H,et al. Effect of environmental conditions on the genotypic difference in nitrogen use efficiency in maize. African Journal of Biotechnology,2011,10(59):12547-12554.

［19］Gao Q,Li C L,Feng G Z,et al. Understanding yield response to nitrogen to achieve high yield and high nitrogen use efficiency in rainfed corn. Agronomy Journal,2012,104(1):165-168.

［20］Hou P,Gao Q,Xie R Z,et al. Grain yields in relation to N requirement:Optimizing nitrogen management for spring maize grown in China. Field Crops Research,2012,129:1-6.

代表作

［1］蔡红光,米国华,陈范骏,等. 东北春玉米连作体系中土壤氮矿化、残留特征及氮素平衡. 植物营养与肥料学报,2010,16(5):1144-1152.

［2］蔡红光,米国华,张秀芝,等. 不同施肥方式对东北黑土春玉米连作体系土壤氮素平衡的影响. 植物营养与肥料学报,2012,18(1):89-97.

［3］蔡红光,张秀芝,任军,等. 东北春玉米连作体系土壤剖面无机氮的变化特征. 西北农林科技大学学报自然科学版,2012,40(5):143-148.

［4］冯国忠,张强,顾明,等. 吉林玉米带春玉米专用肥配方的确定. 中国农学通报,2010,26(13):225-229.

［5］高强,冯国忠,王志刚. 东北地区春玉米施肥现状调查. 中国农学通报,2010,26(14):229-231.

［6］高强,李德忠,黄立华,等. 吉林玉米带玉米一次性施肥现状调查分析. 吉林农业大学学报,2008,30(3):301-305.

［7］李翠兰,张晋京,高强,等. 松辽平原春玉米高产农田土壤有机碳特征. 水土保持学报,2013,27(5):159-163.

［8］郑伟,何萍,高强,等. 施氮对不同土壤肥力玉米氮素吸收和利用的影响. 植物营养与肥料学报,2011,17(2):301-309.

［9］Cai H G,Gao Q,Mi G H,et al. Effect of environmental conditions on the genotypic difference in nitrogen use efficiency in maize. African Journal of Biotechnology,2011,10(59):12547-12554.

［10］Gao Q,Li C L,Feng G Z,et al. Understanding yield response to nitrogen to achieve high yield and high nitrogen use efficiency in rainfed corn. Agronomy Journal,2012,104(1):165-168.

[11] Hou P, Gao Q, Xie R Z, et al. Grain yields in relation to N requirement: Optimizing nitrogen management for spring maize grown in China. Field Crops Research, 2012, 129: 1-6.

（执笔人：高强　王寅　冯国忠　焉莉　李翠兰）

第 22 章
梨树县春玉米高产高效技术与应用

随着我国人口的不断增加及耕地面积的日益减少,大面积提高作物产量,同时大幅度提高农业资源的利用效率,降低对环境的负面影响,实现生产与生态双赢的目标是我国农业面临的重大挑战。吉林省梨树县地处东北平原中部,是吉林省及全国玉米生产大县,每年种植面积约为 200 万亩。梨树县的气候与土壤条件适合玉米种植,土壤以黑土为主,玉米播种期在 5 月 1 日前后,收获期在 9 月 30 日前后,共计 150 d 左右。期间降雨量 450 mm 左右,是典型的雨养型农业。据模型测算,该地区气候条件的玉米最高产量潜力可达 15 t/hm²。但实际农户平均产量仅为 7~9 t/hm²(不同土壤)。梨树县农村人均 6 亩耕地,每户 1~2 hm² 耕地,是我国当前中等土地规模、农户分散经营的典型代表。从 2009 年以来,中国农业大学与吉林农业大学、吉林农业科学院及吉林省梨树县农业技术推广中心合作,在梨树县建立科技小院,师生长期驻扎在农村,开展科研、技术集成与示范,将玉米栽培技术与梨树县气候土壤特点相结合,针对在田间发现的生产问题,在科学试验与不断总结农户生产经验的基础上,将有效的技术进行集成,总结成"梨树县玉米高产高效技术规程",其中包括测土配方施肥技术、优良品种筛选、增密技术、播期控制、化控防倒技术、病虫害防治、晚收技术等环节。与此同时,通过组织"农户玉米高产高效竞赛"及扶持农民合作社的途径,实现了大面积玉米高产高效,并创造出玉米高产超过 15 t/hm² 的记录。

22.1 梨树县玉米高产高效技术规程

22.1.1 品种的选择

通过多年多点的品种比较实验,我们根据梨树县的自然条件,筛选出经国家和省审定的耐密型、高产、抗病性强的优良品种,主要包括良玉 11、郑单 958、先玉 335 和农华 101 等。

22.1.2 种植方式与种植密度

采用 80 cm∶40 cm 宽窄行种植,可以充分地利用日光能,同时留高茬还田培肥地力,增加土壤有机质含量,提高土壤蓄水保墒能力,增强了抗旱抗倒伏的能力,可以加大密度,而不影响通风透光,为亩产吨粮打下基础。

高产玉米田要求种植密度达到 6 万株/hm²(按 80∶40 宽窄行或 60 cm 等行距种植方式,株距 8 in)。亩产吨粮田则需要达到 7 万~7.5 万株/hm²(株距 7 cm),每公顷收获有效穗数 7 万株以上,每穗 550～600 粒,百粒重 40 g 左右为宜。

22.1.3　播前准备

1. 精细整地

整地的质量直接影响播种质量,最终决定苗全、苗匀、苗壮。目前在梨树推广的有两种方式,一是传统的垄作。秋收后封冻前整地。用旋耕机整地,旋耕 20～30 cm,并结合旋耕一次性施好底肥。如果秋季没来得及整地,则春季根据土壤墒情变化,适时旋耕、起垄。二是免耕播种。采用免耕播种机,在未经扰动或者简单灭茬的田块直接播种,同时施入种肥和底肥,在沙土地应用效果更好。不论哪种方式,提倡每 3 年秋季深耕或深松 1 次。

2. 选肥

选用正规厂家生产的化肥。厂家要具备三证(生产许可证、产品标准号、登记证号),包装上必须标明生产企业名称、地址、产品名称、批号、产品等级、产品净含量等,根据需要选择合理的配方。

3. 施肥

底肥施入腐熟的优质农家肥 30～40 t/hm²,在此基础上,按土壤测试结果进行配方施肥。没有测土结果的,也可以按目标产量水平估算施肥量。基本标准是:每 100 kg 玉米产量需要施氮肥(纯 N)2 kg,磷肥(P_2O_5)1 kg,钾肥(K_2O)1.5 kg。如果地力条件好,目标产量是 15 000 kg/hm²,则每公顷施氮肥(纯 N)300 kg,磷肥(P_2O_5)100 kg,钾肥(K_2O)200 kg。磷钾肥与农家肥在整地时一次性施入,氮肥的一半做底肥,另外一半在大喇叭口期(8 片展开叶)追肥。氮肥"一炮轰"虽然省事,但容易造成前期徒长、植株过高而倒伏,后期则脱肥。要做到种肥隔离,防止烧种烧苗。缺乏硫肥的地块使用硫酸钾型化肥即可。沙土地容易缺锌,玉米出现白化苗,可以施用硫酸锌做底肥(10～25 kg/hm²)。缺乏硼的地块,可以用硼肥拌种。

22.1.4　精细播种

1. 种子处理

将种子进行手选,选出特大和特小粒以及破半粒,留均匀一致的种子,保证出苗整齐。在播种前 3～5 d,选无风的晴天,将种子放在干燥向阳的地方,连续晒 2～3 d,晒时要经常翻动,使之受热均匀。晒种能提高发芽率和发芽势,提早出苗 1～2 d。

2. 药剂拌种

在播种前,将晒好的种子用种衣剂拌种。种衣剂要选择符合国家标准的绿色环保的种衣剂进行包衣。目前常用防治地下害虫(地老虎、金针虫、蛴螬等)的杀虫剂主要是克百威,防治苗期病害的杀菌剂主要是福美双,防治丝黑穗病的杀菌剂主要是戊唑醇、烯唑醇。可以根据田块的实际情况选用含以上成分的种衣剂。

3. 适时播种,一次播种一次拿全苗

苗全对产量的影响很大。当 5～10 cm 土层的温度稳定通过 8～10℃,土壤耕层田间持水量达到 70%,才可以播种。播深 4～5 cm,黏土地可以适当浅一些,沙土地适当深一些。播后及时镇压,镇压的轻重要适度。梨树县玉米最佳播种时间为 5 月 1—7 日。如果土壤适耕期及播种期紧张,可以采用免耕播种机抢时播种。为确保苗全,播种前应该进行发芽试验,确定发芽率,以调整播种量。机械化播种对整地质量及墒情要求较高,整地质量不好的地块,应该手工播种。

4. 喷洒除草剂

在播后苗前,选用除草剂(如阿特拉津、乙草胺等)进行土壤封闭处理。阔叶杂草多的阿特拉津多些,单子叶杂草多的乙草胺量大些。按说明书确定合适药量,不能超量(尤其是播种出苗期出现多雨情况下),以防出现药害。做到不重喷、不漏喷。播种后如果遇到多雨,最好在雨后喷洒除草剂,以减少药液渗入土壤,伤害已萌发的种子。

22.1.5　加强田间管理

1. 及时查苗

出苗后及时查苗,幼苗4~5叶期定苗,铲除病弱苗,留壮苗、齐苗,按单位面积保苗密度留足苗。如果发现地下害虫危害,可以用辛硫磷治理。

2. 及时掰玉米丫子

高肥水条件下会促进玉米长丫子,有些品种(如先玉335)反应更明显。虽然多数丫子最后会自然死亡,但如果丫子长得太大会与主茎争肥争光,建议及时去掉。

3. 深松

对于多年未深耕的地块,可以在拔节前深松一次,有利于打破犁底层,促进根系生长,增加地温,蓄积雨水。

4. 生长调节剂

吨粮田种植密度较大,控制倒伏是关键。在拔节期(6~8展片叶时)用玉黄金等矮壮素类调节剂进行叶面喷施可以有效控制基部节间伸长,减少倒伏。生长调节剂要严格按照产品说明使用,浓度不能过高会抑制植株生长,造成减产。过低不起作用。

5. 追肥浇水

在6月下旬玉米大喇叭口期(8~12片展开叶),及时在玉米行一侧约20 cm处追施氮肥。追肥深度为10~15 cm,追肥量为氮肥总量的1/2。可以利用高地隙玉米追肥机或手扶追肥机。在孕穗、吐丝期及灌浆期,遇到严重干旱一定要浇水,满足玉米不同时期对水分的需求。有条件的地区要采取水肥一体化技术。

6. 病虫害的防治

虫害:在6月末7月初,用康宽、福戈、杀螟灵、辛硫磷等药剂防治玉米螟和黏虫。在抽雄期及时用乐果喷药防治蚜虫。

病害:

(1)抽雄后及时用百菌清、多菌灵等防治大、小斑病,因为密度大的地块由于高温高湿病害严重、所以及时用药剂防治,延长叶片功能期,利于后期积累养分。

(2)穗期的高温高湿易造成穗腐病发生。播种前用占种子重量0.4%的75%百菌清可湿性粉剂、50%多菌灵可湿性粉剂、80%代森锰锌可湿性粉剂等拌种,可以减少病原菌的初侵染。生长期注意防治玉米螟、棉铃虫和其他虫害,减少伤口侵染的机会。玉米抽穗期用25%敌力脱乳油2 000倍液,或50%多菌灵可湿性粉剂500倍液,或70%甲基托布津可湿性粉剂800倍液喷雾,重点喷果穗及下部茎叶。

(3)茎腐病:细菌性茎腐病在高温高湿条件下发展迅速,侵染快,对玉米产量影响较大。在发病初期选用噻菌酮悬浮剂＋甲霜灵锰锌可湿性粉剂、77%可杀得可湿性粉剂或农用硫酸链霉素＋甲霜灵锰锌对玉米根部或茎基部喷雾防治。

7. 花粒期管理

在吐丝至成熟期,玉米如果脱肥,用1%的尿素溶液＋0.2%磷酸二氢钾进行叶面喷洒。吐丝期前后喷洒含硼的微肥可有效促进结实。喷洒腐殖酸类的叶面肥可以提高玉米的抗逆性。喷洒时间最好在上午9:00前或下午5:00后。有条件的可以选用水溶肥进行滴灌或喷灌施肥。如果遇到干旱,一定要及时补充灌溉。要及时去除弱株、病株,增加通风透光。

22.1.6　适时收获

适时晚收增加产量,降低玉米水分,有利于储藏保管。当玉米籽粒基部乳线消失,黑层出现后为最佳收获期,一般在 10 月 5 日后收获为宜。

22.2　高产高效的大面积应用

在梨树县开展的高产高效创建工作,主要通过两种方式,实现在大面积上应用"玉米高产高效技术规程"。

22.2.1　农户玉米高产高效竞赛活动

在全县范围内组织农民开展"农户玉米高产高效竞赛"活动,以此为平台,调动农户科学种田、应用先进科学技术的积极性。其中主要活动包括:

(1)每年春季隆重举办竞赛活动启动仪式,鼓舞农民的种田热情,让农民开始热身,同时也可以把当年的重点新技术及相关资料展示给农民,让他们学习、提高。

(2)开辟电视专题栏目。在梨树县电视台开辟了农业科普节目《科技天地》,每周一期,每次 5～10 min。其重点一是及时发现玉米生长发育中出现的问题,提醒农民采取相应的防治措施;二是向农民传达国家对农民的优惠政策等信息。节目除了来自于资料外,也及时报道专家教授在田间的科普活动。

(3)建立农户档案,记录每位参赛农户所属的村社、GPS 定位、土壤质地特点、种植历史、投入及产出情况、通常采用的栽培技术等。专家通过总结这些资料发现问题,提出有针对性的指导意见。

(4)发放技术资料,专家组制定一份《梨树县玉米高产高效创建规程》,并根据每年的应用情况进行更新、修改、补充,然后发放给农户参考。活动办公室还通过印刷科技挂历、小册子等途径,宣传各项高产高效栽培技术。

(5)建立梨树农技推广网。梨树县农业技术推广总站建立了"梨树农技推广网"(网址 http://www.lsnyzz.com/),通过网站与农民进行交流,解决农业生产中存在的问题。

(6)举办田间现场会。现场会是普及高产高效技术的最重要途径,每年《高产高效竞赛活动》都要在不同的乡镇举办现场会 5～6 次。这些年来相继召开的比较重要的包括春播现场会、保护性耕作现场会、抗旱节水现场会、测土配方施肥现场会、机械化追肥现场会等。

(7)举办形式多样的科技培训班。针对某一乡镇的具体问题,组织专家有针对性地举办培训班。为了推广测土配方施肥技术,每年农大师生和推广站技术人员要利用春播前的一个月时间,冒着严寒深入农村,直接在炕头上培训农民,并在田间地头实际示范指导。经过 3 年多的努力,专家组建立了梨树县的配方施肥分区图,为指导梨树县高效施肥提供了依据。现在的参赛农户普遍了认识了测土配方施肥的原理及重要性。

(8)重点示范户经验交流会。培养科技示范户,通过他们辐射高产高效技术,带动更多的农民提高种田水平,最终达到大面积高产高效,是高产高效竞赛活动的一个重要目标。而重点科技示范户的培养又是重中之重。为此,竞赛组委会每年要举行 3～4 次的重点示范户种田经验交流会,让每位农户发言,介绍其种田经验。在一年的年初,重点介绍本年度的高产高效方案;玉米生长期间,主要交流新出现的问题与对策;而到了玉米收获后,则主要交流一年来的经验教训。专家组要求每位重点示范户要有文字总结材料,专家教授则为他们的工作做出点评,解释他们不清楚的地方,以此提高他们的科技水平。通常多次的实践,这对于提高农户的科学种田水平十分有效。

(9)隆重举行颁奖大会。玉米收获后,经过一段时间的数据统计与总结,在每年的 11—12 月,举办隆重的农户玉米高产高效竞赛颁奖大会,表彰获得高产的农户,激发高产农户的种田自豪感,彰显高产高效创建活动的效果,在社会中产生了深远的影响。每年都会有 1 000 余名玉米种植户冒着严寒参加玉米高产高效竞赛表彰大会。除了主办方中国农业大学、吉林农业大学及梨树农技推广总站外,农业部、吉林省、四平市以及梨树县的专家领导都会出席祝贺,共同为高产能手们颁奖。每次颁奖大会都会引起社会媒体的广泛关注,中央电视台、吉林电视台、吉林日报、农民日报、光明日报、新华网等都给予了充分的报道。

22.2.2　组织农民种植业合作社,促进土地规模化经营

高产高效竞赛培养了一大批掌握玉米高产高效技术优秀科技农民,如何发挥他们的能力,在更大面积上实现增产增收? 2011 年,以各村的优秀科技示范户为依托,农大师生和农业推广站联于,以技术支持农民将自己分散的土地联合,在村村建立 10 hm² 玉米高产高效展示田,推广"玉米高产高效技术规程"。向土地规模化经营和建立合作社方向迈出了坚实的一步。根据 10 hm² 展示田的经验,2012年,梨树县开始大量涌现农民种植业合作社,实现四统一分,即"统一种子、统一化肥、统一种植方式、统一管理、分散收获"。2013 年,合作社获得全面发展,全县总数达到 61 个,经营土地面积 12 000 hm²。此时,中国农业大学师生的重要作用是从生产技术上为这些合作社"保驾护航",面向合作社主要成员定期开展科普活动,而不再是面对一个个分散的农户。这保证了《玉米高产高效技术规程》可以大规模地在这些合作社的土地上统一实施,从而极大地提高了科学技术的田间到位率。据统计,2013 年合作社的玉米产量比普遍农户增加 12%~26%。真正实现大面积增产增收。

到 2014 年,农大师生又支持梨树县农民合作社主要成员成立了联合社,搭建了一个合作社之间相互交流与合作的平台。可以相信,随着越来越多的合作社进入联合社的平台,玉米高产高效技术在梨树县到位率将快速提高,梨树农户田块间的技术水平和玉米产量差异将逐步缩小,全县产量水平因之会有一个大的提升。

22.3　高产高效技术规程应用效果与启示

通过 5 年来的不懈努力,"玉米高产高效竞赛活动"从 2008 年的 80 户增加到 2013 年的 1 500 户,而且在吉林中部黑土区首次创出吨粮高产,农民刘兴军的田块产量达到 1 085 kg/亩,氮肥偏生产力达到 80 kg/kg。高产高效竞赛参与农户的 4 年平均产量达到 10 t/hm²,平均增产 18%~24%;氮肥生产效率提高 15%。最关键的一点是,这项活动培养一大批优秀的科技农民,其中,西河村农民郝双获首届"吉林省乡土农民专家"称号及"2013 年度 CCTV 三农人物"称号。左向东获得 2013 年"东北王"玉米挑战赛冠军,陶树山获得 2012 年和 2013 年"东北王"玉米挑战赛亚军。这些农民具有很高的种田热情、较好的文化水平和一定的社会活动能力,是进一步组织合作社、开展土地规模化经营的中坚力量。

梨树基地工作的实践证明,科学家与农民面对面是提高农业技术田间到位率、实现大面积高产高效的关键,而科研院所与农技推广站、农民合作社的有机结合是最为有效的方式。没有科学家的技术支持,种植业合作社就只是单纯的土地整合,很难获得全面高产高效与增收,因而也就没有生命力,很容易解体。而如果科学家不与农民接触,则研究的课题很多是纸上谈兵、研发的技术很可能不适应农民的需求,因而也就谈不应用,更谈不上促进大面积高产高效,保障国家粮食安全也就成了一句空话。

（执笔人：米国华）

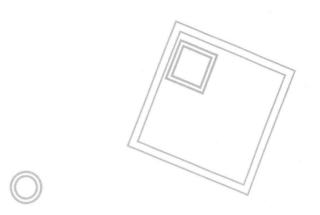

第二部分
西北区域养分管理技术创新与应用

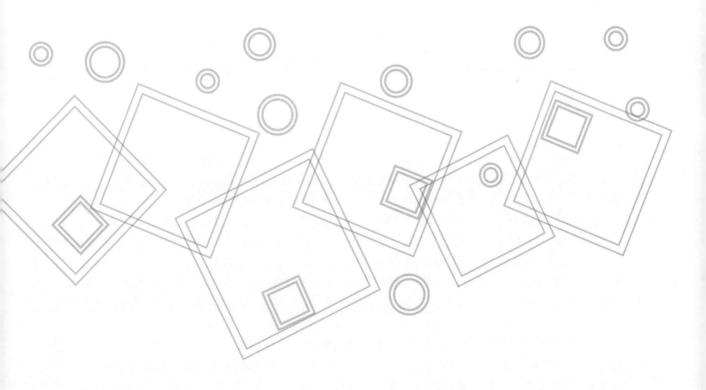

第 23 章

新疆盐碱土棉花养分管理技术创新与应用

23.1 新疆棉花生产发展现状

我国棉花年播种面积稳定在 8 000 万亩左右,总产量在 700 万 t 左右(喻树迅,2013)。新疆作为我国主要的棉花生产基地,近年来生产规模保持在 2 500 万亩以上,总产量保持在 300 万 t 左右,棉花播种面积、总产和单产均位居全国第一,新疆棉花生产为保障国家棉花有效供给做出了重大贡献。新疆已经成为我国农业调整后唯一具备大规模发展棉花生产的棉区。经过"九五"期间棉花基地县建设,2012 年新疆棉花种植面积已达 164.7 万 hm²,总产 318 万 t,分别占到全国的 34.4% 和 45.7%(新疆统计年鉴,2013),显现出强大的规模优势和产业发展优势,成为我国最重要的产棉基地,在国家棉花产业中具有举足轻重的地位。全区 42% 的耕地种植棉花(南疆达 50% 以上),棉花产值占全部种植业产值的 50%,农民纯收入的 35%,南疆棉区甚至高达 50%~70%。棉花加工、销售提供的利税占植棉县市财政收入的 50% 以上(艾先涛等,2011),种植棉花已成为新疆农民增收脱贫的主要途径。同时,我国棉花总产和单产已居世界第一位,尽管如此依然仍不能满足国内原棉需求,30% 需依赖进口,进一步提高单产水平、增加总产量依然是我国棉花产业面临的重大问题(喻树迅,2013)。

棉花是新疆最大的经济作物,因品种改良、栽培技术进步和化肥投入量的增加,产量由 50 年前的不足 200 kg/hm² 增加到目前的 2 060 kg/hm²,这为保证我国棉花有效供给和社会稳定起到了十分重要的作用。但是,该区棉花生产的化肥特别是氮肥投入量大、利用效率低是一个突出的问题。过高氮肥投入无助于棉花产量提高;随着施氮量的增加,氮肥利用率、农学利用率、偏生产力均显著降低(王肖娟,2012)。过多的氮肥投入不仅造成资源的浪费,降低农民收入,还会带来严重的环境污染问题(Ju et al.,2009;Peng et al.,2009;Guo et al.,2010;Zhang et al.,2013)。

为了提高氮肥利用效率,减少氮素损失对环境的不利影响,我国农业科学工作者对新疆棉花氮肥的适宜施用量和施用时期已经有了大量的研究,棉花需氮规律及新疆的土壤养分状况(张炎等,2005)、施氮效应(张炎,2003;李俊义,1993)及效应函数模型(张怀志,2004;张炎,2003)、膜下滴灌水氮耦合,以及棉花氮营养诊断推荐追肥用量等这些大量的研究结果(危常州等,2002;雷咏雯等,2005)为施肥技术的优化提供了基础科学依据。这些技术的共同特点是:根据目标产量和土壤供肥能力确定总施氮量,根据作物长势长相或叶色对追肥进行调节(危常州,2006);减少基肥施用量,增加花铃期施用比例(前氮后移)。这些技术可以减少蕾铃脱落,增加单株铃数,从而增加铃数获得高产(Bondada,1999;

Blaise,2005)。但这些技术大多集中在保持目前产量水平或略有增产前提下提高氮肥利用效率。自1999 年以来,尽管化肥投入量不断增加,但我国棉花单产却增加十分缓慢。

如何实现在持续提高作物产量的同时协同提高资源利用效率? 这不仅是生产上需要解决的重大技术问题,也是重大的科学命题。因此,创新并应用棉花高产高效养分管理技术,对于实现作物高产、优质、高效、安全、生态的目标,具有重大的意义。

23.2　新疆棉花高产高效生产的主要限制因素

调查和试验表明,限制新疆棉花高产与养分高效利用的主要因素有以下几种。

1. 土壤盐渍化

土壤盐碱是导致新疆棉花出苗保全苗困难、苗期植株生长不整齐、中后期早衰的区域性障碍因素,也是棉花从中低产到高产的主要限制因子。

2. 倒春寒

近年来,为了充分利用春季的光热条件以提高棉花产量,新疆普遍采用了地膜植棉,使棉花的播种期逐渐提早。但因春季气温变化不稳定,"倒春寒"对棉花生产带来严重的危害,致使棉花出苗困难,烂种、烂根,缺苗断垄,严重的甚至毁种重播。这不仅影响棉花产量进一步提高,而且造成棉花品质严重下降。在新疆,低温是影响棉花出苗的重要因素之一。北疆棉区播种期间地温低、气温变化剧烈是亟待解决的突出课题。

3. 种植密度过大

新疆棉花种植密度已经提高到了 18 万～24 万株/hm²,最高可以达到 30 万株/hm²,依靠进一步增加密度和提高施肥量来提高棉花单产的可能性已经十分有限,如何协调高密度、高投入与高产出的关系值得深思。

4. 中后期早衰

新疆棉花生产中普遍存在着植株"早衰"的问题,主要表现是在花铃期后期和吐絮前期,棉铃脱落严重、叶片提前变黄或变红、铃数减少、铃重降低,严重者在吐絮前叶片大量脱落,使棉花产量和品质受到严重影响。克服早衰问题、增加总铃数和铃重是棉花单产进一步提高的技术瓶颈,也是国内外棉花高产栽培的难题。因此,如何克服早衰、充分发挥棉花生育后期的生长潜力是新疆目前棉花单产上新台阶的关键科学问题。

5. 氮肥施用量大,前期施肥比例高

施肥一直是棉花增产的主要技术手段,然而生产中存在盲目投肥的现象,尤其高产地区棉花氮肥施用量有不断加大的趋势,造成氮肥利用率下降。在目前。栽培管理技术和经验已经形成较系统、规范的背景下,随着栽培技术的不断提高,种植密度的大幅度上升。棉田养分特别是氮肥施用技术发生了怎样的变迁,氮肥利用率,氮肥效益发生了怎样的变化,养分资源管理技术措施的进一步优化对农民节本增效的贡献有多大,还是亟待解决的问题。

6. 磷全部作基肥施用

基肥,一般叫底肥,是在播种前施用的肥料。它主要是供给植物整个生长期中所需要的养分,为作物生长发育创造良好的土壤条件,也有改良土壤、培肥地力的作用。一般底肥应施到整个耕层之内,即 20～30 cm 的深度。将肥料均匀地撒在地表,随即用旋耕机耕深翻入土,以利于作物耕层的根系对养分的吸收利用。这种施肥方式已经延续多年,对于土壤培肥、提高耕层土壤剖面整体的有效磷含量起到了积极的作用。但是,由于磷肥移动性差,且施入土壤后易被固定而失去有效性。从磷肥这一化学性质来说,磷肥更应该强调集中施用,而不是与土壤混合。尤其是在耕地土壤有效磷含量普遍达到 10～20 mg/kg 的今天,磷肥全部基施导致苗期分布于表层的根系会因为得不到充足的有效磷而生长受阻,影响幼苗早发。

7. 水分管理不到位

水分和养分是棉花生产中最重要的两大投入要素。棉花生产中为了片面追求高产，多强调大水大肥，水肥用量不合理现象十分突出，生产上这样做的结果不仅会造成水资源和肥料的浪费，还会造成农作物品质下降，环境污染加剧等不良影响。

23.3 棉花养分管理技术创新与应用

23.3.1 研究技术思路

根据膜下滴灌种植条件下土壤-植物系统水-盐运移的特点：①通过模式化滴灌与漫灌相结合，再辅助以盐斑快速洗脱实现根层（0～60 cm）脱盐淡化；②通过双膜覆盖升高地温、切断播种孔土壤水分蒸发消除"碱壳"，从而提高棉花出苗率；③通过磷酸二胺或三料磷肥种肥条施提高棉花根际土壤有效磷含量，解决棉苗因地温低、盐碱胁迫导致的根系吸磷困难、生长僵慢的问题，促进幼苗早发（图 23-1）。

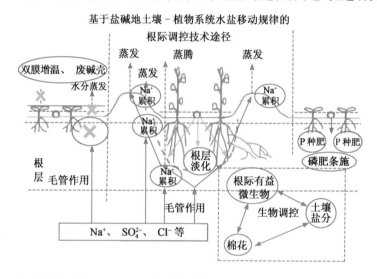

图 23-1　盐碱地膜下滴灌条件下实现作物抗盐增产的根际-根层盐分与养分调控理论模型

23.3.2 核心技术

（1）通过模式化滴灌与漫灌相结合，再辅助以盐斑快速洗脱实现根层（0～60 cm）脱盐淡化。

（2）通过双膜覆盖升高地温、切断播种孔土壤水分蒸发消除"碱壳"，从而提高棉花出苗率。

（3）通过磷酸二胺或三料磷肥种肥条施提高棉花根际土壤有效磷含量。具体做法是：磷肥的集中施用与基肥两种方式结合造成土体有效磷分为上下两层，即表层 5～10 cm、下层施 20～30 cm 的深度。上层主要满足作物苗期对磷的需求，下层供应作物生长中、后期的磷素营养。这样可以充分调动棉花根系的活力，提高养分效率。解决棉苗因地温低、盐碱胁迫导致的根系吸磷困难、生长僵慢的问题，促进幼苗早发。

23.3.3 配套技术

（1）"棉田滴灌压盐淡化根层、提高土壤肥力"的盐土改良技术。

（2）盐碱地棉花双膜覆盖增温控盐技术——双膜覆盖"防碱壳"提高保苗率、"升地温补种肥"促进幼苗早发。

（3）盐碱地棉花根际营养调控技术与配套播种施肥机械。

（4）盐碱地棉花种植技术模式（技术集成）。

23.4　技术应用效果

根据我们的调查和归纳总结，新疆农科院在玛纳斯县包家店镇的棉花研究基地自 2005 年开始在总盐含量大于 2‰的盐碱土上开荒，采用滴灌与大水漫灌压盐相结合的技术，大面积治理盐害；同时，辅之以小范围围灌、人工搅拌排盐、覆沙措施治理盐斑，取得了在节水条件下淡化耕层、压盐改土的成功经验，盐分被压在 60 cm 以下，0～30 cm 土层的总盐量逐年降低，土壤有机质含量、有效磷、氮等养分含量提升 1 倍以上，土壤微生物活性逐年增加，棉花产量逐年提高。棉花产量从盐荒地开垦之初几乎绝收，到 2012 年达到 380 kg/亩，技术实施总面积达到 1 100 亩。

23.4.1　棉田滴灌压盐淡化根层的盐土改良技术实施效果

1. 不同种植年限对土壤盐分和 pH 的影响研究

由表 23-1 和表 23-2 看出，0～100 cm 土层土壤盐分和 pH 随种植年限增加显著降低，以 0～20 cm 土壤降低最为迅速，0～20 cm 土层受人为干扰最为显著。与未开垦土地相比，种植棉花后 1 年后 0～20 cm 盐分降低 40.1%，棉花种植 6 年后土壤总盐含量最低，比未开垦土地降低 92.9%，比开垦 1 年土地降低 88.1%，其他土层盐分同样随棉花种植年限增加显著降低，其盐分降低速度低于 0～20 cm，土地种植棉花 3 年后均显著低于为开垦土地和种植棉花 1 年土地，土地开垦和棉花种植管理对盐渍化土壤具有良好改良效果，而棉花种植 5 年后，随种植年限增加，盐分和 pH 均无显著降低，说明目前改良措施尚存在一定不足，需采取新的改良方法继续改良以降低土壤盐分和 pH，生物改良可能是进一步改良盐渍化土壤的有效方法。

表 23-1
不同种植年限对土壤盐分的影响研究　　　　　　　　　　　　　　　　　　　　　　　　g/kg

土层 /cm	开垦年限/年							
	0	1	2	3	5	6	7	16
0～20	15.02	9.00	10.25	1.98	1.86	1.07	4.11	1.83
20～40	14.80	14.23	14.27	4.63	4.64	2.65	7.87	2.27
40～60	19.91	19.22	21.46	7.70	6.90	5.94	11.01	10.28
60～80	23.44	19.59	21.71	6.89	8.56	9.48	9.42	8.85
80～100	16.13	8.28	16.81	4.42	9.18	13.14	9.19	8.91

表 23-2
不同种植年限对土壤 pH 的影响研究

土层 /cm	开垦年限/年							
	0	1	2	3	5	6	7	16
0～20	8.88	8.51	7.79	8.09	8.06	8.16	8.15	8.02
20～40	9.01	8.27	8.21	7.86	7.96	7.91	7.99	7.85
40～60	8.95	8.13	8.33	7.70	7.95	7.84	7.88	7.65
60～80	8.83	8.31	8.42	7.79	7.94	7.83	7.94	7.62
80～100	8.84	8.78	8.39	8.00	7.85	7.78	8.09	7.63

2. 不同开垦年限对棉花产量的影响

由表 23-3 看出,随种植年限增加,棉花产量显著增加,种植 6 年棉花产量最高,6 年后随种植年限增加,产量无显著增加,前期棉花产量主要限制因子为土壤盐分含量,随种植年限增加,土壤盐分含量保持稳定,除需采取进一步措施降低盐分含量外,探寻新的限制因子是增加棉花产量的可行途径。

表 23-3

不同开垦年限对棉花产量的影响   kg/hm²

开垦年限	0	1 年	2 年	3 年	5 年	6 年	7 年	16 年
籽棉产量	0	179.50	1 899.27	3 410.94	4 789.04	5 834.42	4 885.93	4 859.24

3. 不同开垦年限土壤有机质和速效磷含量变化情况

由表 23-4 看出,与未开垦土地相比,种植棉花 1 年土地有机质和速效磷含量显著降低,随土地种植年限增加,0~20 cm 有机质和速效磷含量显著增加,种植棉花 6 年后其有机质和速效磷含量均为最大值,20~40 cm 土壤有机质含量随棉花种植年限增加而增加,但均低于未开垦土地,速效磷含量未增加,由此可见,土壤有机质和速效磷含量均处于较低水平,是棉花生长和增产的主要限制因子之一。

表 23-4

不同开垦年限土壤有机质和速效磷含量变化情况   mg/g

	土层 /cm	开垦年限							
		0	1 年	2 年	3 年	5 年	6 年	7 年	16 年
有机质	0~20	0.730	0.492	0.439	0.697	1.390	1.492	0.917	0.934
	20~40	0.828	0.235	0.486	0.544	0.594	0.661	0.789	0.592
速效磷	0~20	7.05	3.95	4.12	5.81	6.64	12.15	7.16	8.22
	20~40	5.85	4.12	3.12	6.03	4.04	4.99	4.72	4.72

4. 不同开垦年限土壤对土壤微生物量的影响

由表 23-5 看出,与未开垦土地相比,棉花种植 1 年和 2 年土地土壤微生物量均显著降低,随棉花种植年限增加,土壤微生物量显著增加,种植棉花 7 年后其达到最大值,分别比未开垦和种植棉花 1 年土地增加 154.8% 和 295.5%,土壤微生物生物量增加与土壤盐分降低和理化性质改善关系密切,另外,棉花稳定连续种植也是微生物量显著增加的原因之一。

表 23-5

不同开垦年限土壤对土壤微生物量的影响   mg/kg

开垦年限	0	1 年	2 年	3 年	5 年	6 年	7 年	16 年
微生物量	155.84	100.39	119.80	163.60	247.96	255.74	397.08	262.54

23.4.2 盐碱地棉花双膜覆盖增温控盐技术

1. 双膜覆盖对 0~25 cm 地温的增温效果

双膜覆盖比单膜覆盖有更好的增温效应,可明显地提高播种至出苗期间 0~25 cm 耕层的土壤地温。2010 年:播种后 4 d 之内单膜覆盖和双膜覆盖 0~5 cm 土壤温度基本一致,而从第 5 天至第 15 天双膜覆盖比单膜覆盖土壤温度明显提高,增幅在 2.8℃;16 天以后土壤温度基本一致。5～10cm,10～20,20～25 cm 土壤温度变化趋势同 0～5 cm。2013 年:播种后 1 天之内单膜覆盖和双膜覆盖 0～5 cm 土壤温度基本一致,而从第 2 天至揭膜双膜覆盖比单膜覆盖土壤温度明显提高;5～10 cm 土壤温度变化趋势同 0～5 cm。双膜覆盖对 0～5 cm 土层的增温效果优于 5～10 cm(图 23-2)。

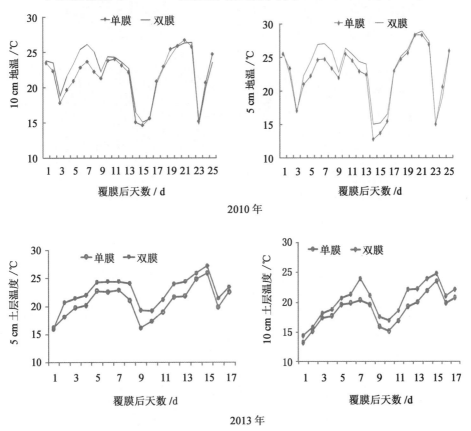

图 23-2　不同覆膜方式 0～5 cm 土壤温度变化情况

通过双膜覆盖技术的实施,明显提高了棉花出苗期对不良气候环境(低温、霜冻、降雨)的抵御能力,大大减轻了破碱壳的工作量,抑制了膜下水分通过种孔蒸发而引起的种孔附近盐碱上升,充分发挥了增温、保墒、防碱壳等作用(图 23-3;彩图 23-3)。

2. 双膜覆盖对盐碱地棉花出苗、植株生长和产量的效果

出苗早。从出苗率来看(图 23-4),双膜覆盖比单膜覆盖可提早 3 d 出苗。

幼苗早发。从生长势来看(表 23-6),双膜覆盖促进了棉株生长发育,在苗期双膜覆盖比单膜覆盖株高增加 2.3 cm,叶片增加 0.7 片;在蕾期株高增加 10.8 cm,叶片增加 2 片,果枝增加 1.5 个;在花铃期株高增加 14.3 cm,叶片增加 1.2 片,单株铃数增加 1.9 个。

A. 单膜覆盖在播种孔上形成的碱壳　　　　B. 人工破碱壳

C. 机械破碱壳　　　　　　D. 被碱壳伤害、致死的幼苗

E. 单膜覆盖形成明显的碱壳（箭头所指）F. 双膜覆盖处理没有碱壳，出苗整齐

图 23-3　盐碱地棉花传统单膜覆盖种植中存在的"碱壳"问题、危害以及双膜覆盖的效果

说明：由于土壤蒸发积盐在播种孔形成很硬的碱壳(图 23-3A)，碱壳对棉花出苗有显著的抑制作用、影响保苗(图 23-3E)，并抑制棉花幼苗生长甚至形成僵苗(图 23-3D)；通常必须采用人工或机械的方式破碱壳，以保证出苗和生长(图 23-3B 和 23-3C)。破碱壳过程中难免伤苗，采用双膜覆盖切断了播种口的水分蒸发，防止了碱壳的形成、提高了地温，促进棉花早发，实现增产(图 23-3F)。

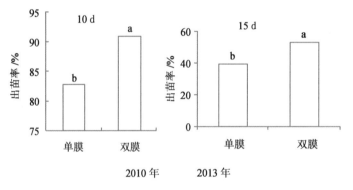

图 23-4　不同覆膜方式对棉花出苗的影响

产量增加。从两年的测产结果来看（表 23-7），双膜覆盖比单膜覆盖单株铃数增加 8.2%～23.2%，单铃重增加 6.6%～13.5%，籽棉产量增加 19.0%～36.4%。

表 23-6

不同覆膜方式对棉花生长的影响（2010 年）

	处理	株高/cm	叶片数	果枝数	蕾数	单株铃数
苗期	单膜覆盖	10.19	4.0			
	双膜覆盖	12.47	4.7			
蕾期	单膜覆盖	48.62	10.5	6.6	9.7	
	双膜覆盖	59.40	12.6	8.1	11.0	
花铃期	单膜覆盖	49.80	11.0	5.9		5.7
	双膜覆盖	64.10	12.2	6.5		7.6
吐絮期	单膜覆盖	49.80	11.0	5.9		3.8
	双膜覆盖	64.10	12.2	6.5		4.6

表 23-7

不同覆膜方式对棉花产量构成因素的影响

年限	处理	密度/(株/hm²)	单株铃数/个	单铃重/g	籽棉产量/(kg/hm²)
2010	单膜覆盖	232 855.5 a	3.8 b	4.66 b	4 104.0 b
	双膜覆盖	226 972.5 a	4.7 a	5.29 a	5 596.5 a
2013	单膜覆盖	148 155.0 a	4.9 b	5.00 a	3 630.0 b
	双膜覆盖	152 949.0 a	5.3 a	5.33 a	4 320.0 a

土壤盐分降低。从 0~10 cm 土层盐分变化情况来看(表 23-8、表 23-9),双膜覆盖可以降低播种孔和非播种孔的盐分。

表 23-8

不同覆膜方式对 0~5 cm 土壤盐分的影响(2013 年)　　　　　　　　　　　　　　　　　　　　　%

处理	4 月 13 日		4 月 28 日		5 月 9 日	
	播种孔	非播种孔	播种孔	非播种孔	播种孔	非播种孔
单膜覆盖	2.41	1.54	1.46	1.70	1.46	1.60
双膜覆盖	1.27	1.21	1.29	1.18	1.40	1.25

表 23-9

不同覆膜方式对 5~10 cm 土壤盐分的影响(2013 年)　　　　　　　　　　　　　　　　　　　　%

处理	4 月 13 日		4 月 28 日		5 月 9 日	
	播种孔	非播种孔	播种孔	非播种孔	播种孔	非播种孔
单膜覆盖	2.47	1.39	1.94	1.84	1.97	1.68
双膜覆盖	1.31	1.12	1.40	0.99	1.35	1.08

23.4.3　棉花抗盐增产的根际营养调控技术与配套播种施肥机械

1. 棉花抗盐增产的根际营养调控技术

(1)不同磷肥条施对棉花生长的影响　从蕾期(2009 年 6 月 12 日)的调查结果可以看出(表 23-10),在相同施磷量的条件下,磷酸二铵条施与全部作基肥比较,棉花株高、叶片数、蕾数、侧根数、单株生物量有所增加,但差异不显著,果枝数、根长差异显著;重过磷酸钙条施与全部作基肥比较,除果枝始节外其他各项均有所增加,差异显著;重过磷酸钙条施与磷酸二铵条施比较,除果枝始节、果枝数、根长外,其他指标均差异显著。磷肥条施有利于棉花根系生长和干物质积累。

表 23-10

不同施磷方式对棉花蕾期生长的影响

处理	株高/cm	叶片数/个	果枝始节	蕾数/个	果枝数/台	根长/cm	侧根数/条	单株干重/g
磷肥全部做基肥	27.2b	9.3b	5.8a	4.3b	4.5b	15.4b	11.5b	4.34b
磷酸二铵条施	28.2b	9.9b	5.6a	4.9b	5.2a	17.2a	11.7b	5.45b
重过磷酸钙种肥条施	34.9a	10.6a	5.7a	5.7a	5.8a	17.0a	14.0a	7.15a

注:不同字母表示在 P=0.05 水平差异显著,下同。

从花铃期(2009 年 7 月 15 日)的调查结果可以看出(表 23-11),在相同施磷量的条件下,磷酸二铵条施与全部作基肥比较,棉花株高、叶片数、果枝数、根长、单株生物量有所增加,但差异不显著,铃数增加80.8%,差异显著;重过磷酸钙条施比全部作基肥棉花株高增加15.1%,果枝增加19.8%,成铃增加123.1%,根长增加23.3%,单株生物量增加53.8%,差异显著,叶片、蕾数、侧根数有所增加,但差异不显著;条施重过磷酸钙比条施磷酸二铵棉花株高、根长、单株生物量分别增加13.8%、20.5%、31.1%,差异显著,而叶片数、果枝数、铃数、侧根数有所增加,但差异不显著。重过磷酸钙条施对棉花生长的促进作用优于磷酸二铵条施。

表 23-11

不同施磷方式对棉花花铃期生长的影响

处理	株高/cm	叶片数/片	果枝数苔	蕾数/个	成铃数/个	根长/cm	侧根数/条	单株干重/g
磷肥全部做基肥	80.7b	15.1a	11.1b	9.4a	2.6b	21.9b	15.0a	26.6b
磷酸二铵条施	81.6b	15.3a	12.1ab	10.9a	4.7a	22.4b	14.7a	31.2b
重过磷酸钙种肥条施	92.9a	16.3a	13.3a	11.6a	5.8a	27.0a	16.0a	40.9a

(2)不同施磷方式对棉花产量和磷肥利用效率的影响 从 2009 年 10 月 11 日的测产结果可以看出(表 23-12),在相同施磷量的条件下,磷酸二铵条施与全部作基肥比较,棉花单株铃数增加 36%、籽棉增产 35%,差异达到显著水平;重过磷酸钙条施与全部作基肥比较,棉花单株铃数增加 50%、籽棉增产 57%,差异达到显著水平;重过磷酸钙条施与磷酸二铵条施比较,棉花单株铃数、籽棉产量分别增加10% 和 15%,但差异不显著。磷酸二铵条施和重过磷酸钙条施均可提高棉花产量。

肥料利用效率是衡量肥料施用是否合理的一项重要指标。用差减法计算磷素偏生产力的结果表明(表 23-12),磷酸二铵条施和重过磷酸钙条施比全部作基肥磷素偏生产力分别增加 35.3%,56.3%。重过磷酸钙条施比磷酸二铵条施磷素偏生产力增加 15.5%。

表 23-12

不同处理的棉花产量构成因素和磷肥利用率

处理	密度/(株/hm²)	单株铃数	铃重/g	籽棉产量/(kg/hm²)	磷素偏生产力 P_2O_5/(kg/kg)
磷肥全部做基肥	188 668.5a	5.0b	5.48a	5 169.5b	30.0
磷酸二铵条施	185 668.5a	6.8a	5.55a	7 007.1a	40.6
重过磷酸钙种肥条施	185 760.0a	7.5a	5.81a	8 094.5a	46.9

(3)磷肥做种肥条施对棉花根系活力及产量的影响

a.磷肥条施对棉花生长的影响:从表 23-13 可以看出,磷肥条施能够显著促进棉花生长,增加地上部分生物量的累积。苗期磷肥条施的生物量与传统施肥方式基本一致,但在蕾期、铃期和吐絮期磷肥条施的生物量比传统施肥方式分别增加 29%,10% 和 22%,除苗期外其他 3 个时期磷肥条施的生物量与传统施肥方式相比较差异显著。

表 23-13

不同施肥方式对棉花生物量的影响　　　　　　　　　　　　　　　　　　　　　　　　　g

处理	苗期	蕾期	铃期	吐絮期
不施磷肥	1.9b	12.7c	41.1c	30.2c
传统施肥	2.7a	15.7b	59.8b	50.3b
磷肥条施	2.5a	20.3a	65.6a	61.3a

b.磷肥条施对棉花根系活力的影响:由图 23-5 可以看出,磷肥对棉花根系具有刺激作用,施磷肥后

棉花根系活力发生了变化。与对照（不施磷肥）相比,传统施肥方式和磷肥条施根系活力分别增加 47%,293%,磷肥条施比传统施肥方式根系活力增加 168%,各处理之间差异达到显著水平。

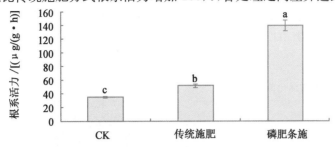

图 23-5　不同施肥方式对棉花根系活力的影响

c. 磷肥条施对棉花产量的影响:从表 23-14 可以看出,磷肥条施与不施磷肥、传统施肥相比较棉花籽棉产量分别增加 85% 和 15%,并且 3 种施磷方式之间差异达到显著水平。

磷肥偏生产力（PFPP）,是指单位投入的肥料磷所能生产的作物籽粒产量;磷肥农学利用率（APVE）,是指单位施磷量所增加的作物籽粒产量。从表 23-14 可以看出,磷肥条施比传统施肥磷肥农学利用率提高 38%,磷肥偏生产力提高 15%。结果表明,在施肥总量不变的情况下,施肥方式不同肥料农学利用率和肥料偏生产力不同。

表 23-14

不同施肥方式对棉花产量和磷肥利用率的影响

处理	籽棉产量（kg/hm²）	磷肥农学利用率/（kg/kg）	磷肥偏生产力/（kg/kg）
不施磷肥	3151.5c	—	—
传统施肥	5 101.5b	11.3b	29.6b
磷肥条施	5 842.5a	15.6a	33.9a

条施磷肥能有效提高土壤速效磷含量,促进棉花幼苗生长,结合硫酸铵条施能有效较低根际盐分含量和 pH,提高棉花根际土壤速效磷含量,有利于棉花根际环境改善和棉花幼苗生长,为后期生长和增产创造有利条件,最终达到棉花增产的效果。

（4）氮肥和磷肥条施作为种肥的效果　由表 23-15 看出,条施部分磷肥作为种肥能够促进苗期棉花生长,而条施 10 kg 磷肥作为种肥时,条施硫酸铵作为种肥对棉花幼苗生长更为有利。

表 23-15

不同氮肥和磷肥作为种肥条施对苗期棉花生长的影响　　　　　　　　　　　　　　　　　　　g

处理	CK	P5		P10	
		尿素	硫酸铵	尿素	硫酸铵
地上部	0.47±0.02c	0.68±0.05b	0.83±0.07ab	0.66±0.10b	0.99±0.07a
根	0.08±0.01c	0.10±0.01b	0.11±0.00b	0.10±0.01b	0.13±0.01a

由表 23-16 看出,花铃期滴施硫酸铵对产量具有显著促进作用,实验结果表明,条施 10 kg 过磷酸钙和硫酸铵作为种肥,结合花铃期滴施硫酸铵对棉花产量具有显著增加。

表 23-16

不同氮肥和磷肥条施作为种肥对棉花产量的影响　　　　　　　　　　　　　　　　　　　kg/hm²

处理	CK	P5＋Urea	P5＋APS	P10＋Urea	P10＋APSa	P10＋APSb
产量	7 123±534b	7 448±313ab	7 842±161ab	7 131±300b	7 506±224ab	8 115±186a

由表 23-17 看出,与非根际相比,条施硫酸铵作为种肥能够显著降低 5～10 cm 土层根际土壤 pH,条施 10 kg 磷肥作为种肥时,条施硫酸铵显著降低 10～20 cm 土层根际土壤 pH。与条施尿素相比,条施硫酸铵能够显著降低 5～20 cm 根际土壤 pH,与条施磷肥量无关。地表 5～20 cm 为苗期棉花根系主要分布和吸收营养土层,其 pH 降低有利于棉花幼苗生长和对养分吸收。

表 23-17

不同氮肥和磷肥条施作为种肥对棉花苗期土壤 pH 影响

土层/cm	取土位置	传统施肥	P5		P10	
			尿素	硫酸铵	尿素	硫酸铵
5～10	非根际	7.73	7.84	7.77	7.75	7.75
	根际	7.60	7.72	7.49	7.72	7.45
10～20	非根际	7.64	7.59	7.55	7.58	7.74
	根际	7.60	7.61	7.47	7.53	7.39

由表 23-18 看出,与非根际土相比,无论条施尿素还是硫酸铵,条施 10 kg 磷肥作为种肥都能有效提高 5～20 cm 根际速效磷含量;条施 5 kg 磷肥作为种肥时,结合硫酸铵作为种肥能有效提高 5～20 cm 速效磷含量,结合尿素作为种肥时,5～10 cm 土壤速效磷含量无显著提高,10～20 cm 速效磷含量显著提高。

表 23-18

不同氮肥和磷肥条施作为种肥对棉花苗期土壤速效磷含量影响   mg/kg

土层/cm	取土位置	传统施肥	P5		P10	
			尿素	硫酸铵	尿素	硫酸铵
5～10	非根际	10.91	11.89	13.25	13.58	12.53
	根际	11.55	11.53	24.25	19.09	15.40
10～20	非根际	16.97	11.83	8.35	13.81	11.94
	根际	13.91	21.09	19.23	17.67	16.30

同等磷肥种肥用量下,与条施尿素相比,条施硫酸铵对速效磷含量随磷肥种肥量和土层变化而变化。条施 5 kg 磷肥时,条施硫酸铵能够显著提高 5～10 cm 根际速效磷含量,10～20 cm 无显著变化;条施 10 kg 磷肥时,条施硫酸铵对 5～20 cm 土壤速效磷含量无显著影响。由此可见,速效磷含量随条施磷肥用量和氮肥种类变化而变化,以条施 5 kg 磷肥和硫酸铵时,其根际速效磷含量最高。

由表 23-19 看出,与非根际相比,条施磷肥和氮肥对根际盐分含量无显著正效应。条施同等量磷肥时,与条施尿素相比,条施硫酸铵能显著降低 5～20 cm 根际盐分含量,可能原因为硫酸铵促进作物生长,从而吸收部分土壤盐分。

表 23-19

不同氮肥和磷肥条施作为种肥对棉花苗期土壤盐分含量影响   g/kg

土层/cm	取土位置	传统施肥	P5		P10	
			尿素	硫酸铵	尿素	硫酸铵
5～10	非根际	2.49	2.34	2.90	3.75	2.31
	根际	2.08	3.48	2.18	3.79	2.31
10～20	非根际	1.93	2.63	3.04	3.84	2.06
	根际	2.22	3.59	3.36	3.63	2.72

2. 配套播种施肥机械

(1)配套播种施肥机械改装　根据棉花生长期间的需肥规律,改变了当地农民的施肥习惯,变春天施基肥为秋施基肥,不施种肥为带肥播种。并在原有播种机械的基础上做了适当改装,加装了种肥箱,改一膜两行施肥为一膜四行施肥。

①4 年多点试验结果,播种时条施磷酸二铵、三料磷肥,或者滴施磷酸二氢钾等磷肥能明显促进棉花生长,增加地上部分生物量的累积。在棉花蕾期、铃期和吐絮期种肥条施处理的生物量比传统施肥分别增加 29.6％,9.8％和 22.0％。条施磷肥提高铃数和单铃重,产量增加 10％～15％(表 23-20)。

表 23-20

磷肥作种肥条施对棉花生物量的影响   g

处理	苗期	蕾期	铃期	吐絮期
CK	1.9a	12.7a	41.1a	30.2b
传统施肥	2.7a	15.7a	59.8a	50.3a
种肥条施	2.5a	20.3a	65.6a	61.3a

②在关键生育期,比如花铃期滴施磷酸二氢钾 2～3 kg/亩,并结合在花铃期滴施适量的尿素能减缓衰老、使产量更进一步提高。

磷肥做种肥条施的单株铃数和单铃重比传统施肥方式分别增加 4.8％和 8.9％,籽棉产量增加 16.6％(表 23-21)。种肥条施处理的每千克磷酸二铵生产的籽棉产量(kg/kg)比对照增加 16.3％。

表 23-21

磷肥作种肥条施对棉花产量的影响

处理	株数/(株/亩)	单株铃数/个	单铃重/g	籽棉产量/(kg/亩)	磷肥效率(PFP)/(kg/kg)
CK	14 118.4a	3.1a	4.8a	210.1a	
传统施肥	14 353.7a	4.2a	5.6a	337.6a	13.5
种肥条施	14 667.4a	4.4a	6.1a	393.7a	15.7

现有的播种机,经过改装,增加种肥箱很容易实现磷肥的条施(图 23-6)。

种子：2 cm
磷肥：种子行左侧 5 cm 深 7 cm

播种孔深度 2 cm

（a）改装的 　　　　　　　　　　（b）改装后的

图 23-6　2010—2013 年在棉花播种机上改装条施磷肥的装置

（2）二代棉花播种机的研制　由于2012年试验园区及周围村队棉花种植模式改变，由往年的膜宽1.45 m四行种植模式变为2.05 m六行种植模式。改变后的模式增加了采光面，提高了种植密度，比原有模式增产幅度大。因此，2011年冬季课题组根据这种变化将原有定做的棉花精量种肥播种机（也就是一代棉花播种机）做了改进，按照新的模式重新定做，并结合2011年的使用情况做了改进和调整（图23-7）。

2 条滴灌带

3 条滴灌带

种子：2 cm
磷肥：种子行左侧 5 cm 深 7 cm

一膜六行

（a）一代播种机 　　　　　　　　（b）二代播种机

　　　种肥—覆膜—播种—覆膜为一体的，适用于膜宽1.45 m、一膜四行、两条滴灌带的播种模式。种肥箱中的肥料是通过施肥靴施入土壤中的。

　　　种肥—覆膜—播种为一体的，适用于膜宽2.05 m、一膜六行、三条滴灌带播种模式。种肥箱中的肥料是通过圆盘施入土壤中的。

图 23-7　棉花种肥播种机的研制与改进

新的播种机(也就是二代棉花播种机)不仅能更精确的施肥,而且还可以根据需要在机采棉模式和常规模式之间自由调节,达到一机两用的效果,这在实际使用中得到了印证。

在施肥总量不变前提下,变部分基肥为种肥,降低土壤对肥料的固定和分解作用,减少棉花根系与肥料间距离,增加肥料有效性。其特点:播种深度为 3 cm,肥料施于种子侧 5 cm,下 5 cm 处。为了使磷肥条施技术容易为农民接受和推广,我们根据上述技术原理,制作了一膜四行的带种肥箱的播种机,并根据机采棉逐渐普及的趋势,进一步研制了一膜六行的适合机采棉模式的种肥播种机,并且在肥料输送方式、施用量的准确性等方面做了改进。改进后的播种机的种肥施用位置可变,肥料与种子的距离、施肥深度可调,范围在 10~15 cm。改装后的一膜四行、一膜六行种植方式都取得了明显的效果。

23.4.4　示范结果

1. 不同施肥方法对棉花生长的影响

从表 23-22 可以看出,在相同施肥量的情况下,在土壤总盐为 0.43%时,带种肥比不带种肥株高增加 28%,叶片数增加 22%,果枝数增加 42%,蕾数增加 90%;在土壤总盐为 0.15%时,带种肥比不带种肥株高增加 9%,叶片数增加 20%,果枝数增加 29%,蕾数增加 30%;以上结果表明,带种肥可以促进盐碱地棉花生长。

表 23-22
不同施肥方法对棉花生长的影响(2011 年 7 月 2 日)

户主	总盐/%	处理	株高	叶片数	果枝数	蕾数
艾斯卡尔	0.43	农民习惯	35.2	8.3	4.5	4.8
		根际调控	45.2	10.1	6.4	9.1
海拉提	0.15	农民习惯	44.5	9.0	5.7	7.8
		根际调控	48.3	10.8	7.3	10.2

2. 不同施肥方法对棉花产量构成因素的影响

从 2011 年 9 月 13 日的测产结果可以看出(表 23-23),在土壤总盐为 0.43%时,带种肥棉花单株铃数增加 18.9%,单铃重增加 6.1%,籽棉产量增加 14.0%;在土壤总盐为 0.15%时,带种肥棉花单株铃数增加 25.0%,单铃重增加 11.2%,籽棉产量增加 14.0%;在土壤总盐为 0.52%时,带种肥棉花单株铃数增加 7.3%,单铃重增加 16.2%,籽棉产量增加 17.4%。以上结果表明在盐碱地带种肥可以增加棉花产量。

表 23-23
不同施肥方法对棉花产量构成因素的影响(2011 年 9 月 13 日)

户主	总盐/%	处理	密度/(亩/株)	单株铃数/个	单铃重/g	籽棉产量/(kg/亩)
艾斯卡尔	0.43	农民习惯	12 191.1	5.3	4.92	314.7
		根际调控	10 857.7	6.3	5.22	358.8
海拉提	0.15	农民习惯	12 909.1	4.0	4.47	228.7
		根际调控	10 556.1	5.0	4.97	262.1
周伯山	0.52	农民习惯	12 771.6	4.1	4.45	233.3
		根际调控	12 161.9	4.4	5.17	273.8

3. 不同肥料做种肥对棉花产量构成因素的影响

从 2011 年 9 月 10 日的测产结果可以看出(表 23-24),在相同 N,P 用量的情况下,在土壤总盐为

0.38%时,三料磷肥做种肥比磷酸二铵做种肥棉花单株铃数增加8.9%,单铃重变化不大,籽棉产量增加3.7%。研究结果表明,在相同N,P用量的情况下,三料磷肥做种肥的增产效果高于磷酸二铵做种肥。

表 23-24
不同施肥方法对棉花产量构成因素的影响(2011年9月10日)

处理	总盐/%	密度/(亩/株)	单株铃数/个	单铃重/g	籽棉产量/(kg/亩)
二铵	0.38	9 608.3	5.6	5.94	317.2
三料+尿素		9 118.1	6.1	5.91	328.9

参考文献

[1] 艾先涛,李雪源,王俊铎.新疆棉花植棉比较效益分析.新疆农业科学,2011,48(12):2183-2190.

[2] 白灯莎·买买提艾力,孙良斌;张少民,等.2013年双膜覆盖对盐碱地棉花出苗及产量的影响.中国棉花,40(1):26-29.

[3] 白灯莎·买买提艾力,宁新民,张少民,等.磷肥作种肥条施对棉花生长和产量的影响.中国棉花,2012,39(39):25-27.

[4] 白灯莎·买买提艾力,张少民,等.打顶后涂抹萘乙酸对海岛棉根系活力及丙二醛含量的影响.棉花学报,2013,25(4):359-364.

[5] 雷咏雯,郭金强,危常州,等.棉花膜下滴灌水氮耦合的初步研究.石河子大学学报(自然科学版),2005(1):43-47.

[6] 李俊义,刘荣荣,王润珍,等.棉花需肥规律研究.中国棉花,1990(4):23-24.

[7] 帕尔哈提·克依木,张少民,孙良斌,等.磷肥做种肥条施对棉花根系活力及产量的影响.中国农学通报,2015,31(9):158-161.

[8] 王肖娟,危常州,张君,等.灌溉方式和施氮量对棉花生长及氮素利用效率的影响.棉花学报,2012,24(6):554-561.

[9] 危常州,马富裕,等.棉花膜下滴灌根系发育规律的研究.棉花学报,2002,14(4):209-214.

[10] 新疆统计局编.新疆统计年鉴.北京:中国统计出版社,2013.

[11] 喻树迅,王子胜.中国棉花科技未来发展战略构想.沈阳农业大学学报(社会科学版),2012,14(1):3-10.

[12] 张怀志,朱艳,曹卫星,等.棉花氮肥和本分运筹的动态知识模型.应用生态学报,2004,15(5):777-781.

[13] 张少民,白灯莎·买买提艾力,刘盛林,等.新疆棉花早衰现象调查及其原因研究.新疆农业科学,2014,51(5):801-809.

[14] 张少民,白灯莎·买买提艾力,孙良斌,等.不同施磷方式对盐碱地棉花苗期生长和产量的影响.中国棉花,2013,40(12):21-23.

[15] 张炎,王讲利,李磐,等.新疆棉田土壤养分限制因子的系统研究.水土保持学报,2005,19(6):57-60.

[16] 张炎,王讲利,毛端明,李磐,等.新疆主要棉区棉花肥料效应的研究.中国棉花,2003(11):22-25.

[17] 喻树迅.我国棉花生产现状与发展趋势.中国工程科学,2013,15(4):9-13.

[18] Bondada B R,Oosterhuis D M,Tugwell N P. Cotton grow than yield as influenced by different timing of late-season foliar nitrogen fertilization. Nutrient Cycling in Agroecosystems,1999,54:

1-8.

[19] Blaise D,Singh J V,Bonde A N,et al. Effects of farm yard manure and fertilizers on yield,fiber quality and nutrient balance of rainfed cotton (Gossypium hirsutum). Bioresource Technology, 2005,96：345-349.

[20]Guo J H,Liu X J,Zhang Y,Shen J L,Han W X,Zhang W F,Christie P,Goulding K W T,Vitousek P M,Zhang F S. Significant acidification in major Chinese croplands. Science,2010,327： 1008-1010.

[21] Ju X T,Xing G X,Chen X P,Zhang S L,Zhang L J,Liu X J,Cui Z L,Yin B,Christiea P,Zhu Z L,Zhang F S. Reducing environmental risk by improving N management in intensive Chinese agricultural systems. Proceedings of the National Academy of Sciences of the United States of America,2009,106：3041-3046.

[22] Peng S B,Tang Q Y,Zou Y B. Current status and challenges of rice production in China. Plant Production Science,2009,12：3-8.

[23] Zhang F S,Chen X P,Vitousek P. An experiment for the world. Nature,2013,497(7447)： 33-35.

（执笔人：冯固　白灯莎·买买提艾力）

第 24 章
新疆蓖麻养分管理技术研究

　　蓖麻(*Ricinus communis* L.)为大戟科蓖麻属植物,双子叶一年生或多年生草本,是世界十大油料作物之一。利用蓖麻油作为原料生成的化学衍生物广泛应用于国防、航空、航天、化工医药和机械制造等方面,具备较高的经济价值和战略价值,全球对蓖麻原料的市场需求不断增加。由于产量低以及国内价格和市场等原因,蓖麻的种植面积一直较小,为了促进蓖麻产业的健康快速发展,中科院新疆生地所在北疆通过小区试验开展了蓖麻高产栽培技术研究。

24.1　材料和方法

24.1.1　试验区概况

　　试验于 2012 年,布置在克拉玛依小拐乡。该地区多年平均降水量 105.3 mm,潜在蒸发量 3 545 mm,无霜期 185～230 d,试验地土质为壤土 0～30 cm 土层土壤养分含量:有机质 11.59 g/kg,全氮 0.72 g/kg,全磷 0.69 g/kg,全钾 33.07 g/kg,水溶性无机氮 105.95 mg/kg,速效磷 7.15 mg/kg,速效钾 233.57 mg/kg,pH 8.15。

24.1.2　试验设计

　　试验采用品种为农风牌杂交种,设 6 个施氮水平:不施氮(N0,对照)、施纯氮 50 kg/hm²(N50),100 kg/hm²(N100),150 kg/hm²(N150),200 kg/hm²(N200),250 kg/hm²(N250),重复 4 次,随机区组设计,共 24 个小区。小区面积 100 m²。氮肥品种为尿素,磷、钾肥用量为 P_2O_5 35 kg/hm² 和 K_2O 50 kg/hm²。

　　采用膜下滴灌栽培方式,宽窄行设置(宽行间距 1.3 m,窄行间距 0.4 m,株距 0.45 m)。于 4 月下旬播种,每穴 3 粒种子,播深 5 cm。当蓖麻长到 3 片真叶时间苗,5 片真叶时结合中耕除草定苗,每穴留 1 株。

　　各处理氮肥 20% 播前基施,80% 生育期追肥,其中追肥按蕾期、开花期、花果期和灌浆成熟期15%,50%,15% 和 20% 的比例施用。磷肥和钾肥均以基肥的形式在播前一次施入。采用滴灌的方式,每周补一次水。

24.1.3　测定项目及方法

在蓖麻不同生育时期(蕾期 6 月 28 日、花果期 7 月 22 日、灌浆期 8 月 23 日)对各小区蓖麻生物性状、营养物质吸收和干物质累积进行测定,9 月底收获,并考种测产。苗期每小区随机选取连续生长的 4 株蓖麻作标准株,挂牌标记,并记录蓖麻各生育期的株高、茎粗、穗数、穗长、节数等指标,于各生育期取各个小区 4 株完整的蓖麻植株,分器官取样,90℃杀青,75℃完全干燥后测生长量,粉碎测氮、磷、钾含量。全氮采用凯氏定氮法,全磷采用钼锑抗比色法,钾采用火焰光度法。

9 月底收获并测定穗粒数、饱满率、粒数、蒴果数、百粒重,计算不同氮水平下的蓖麻产量。

24.1.4　数据处理

试验数据采用 SPSS16.0 统计软件进行方差分析和显著检验(Duncan 法 $P < 0.05$)。

24.2　试验结果和分析

24.2.1　蓖麻生育期有效积温特性

试验结果表明(表 24-1),蓖麻播种 24 d 后出苗,出苗所需有效积温为 417℃,苗期的有效积温为 788℃。主穗花蕾期、果期和灌浆成熟期的有效积温逐渐增加,分别为:176℃,264℃和 484℃。主穗从现蕾到灌浆成熟的整个发育成熟阶段所需有效积温为 924℃,而一级穗发育成熟阶段的总有效积温为 888℃,有效积温有降低的趋势。主穗和一级穗发育成熟均需要 58 d,三级穗在 8 月 25 日现蕾,已经不能发育成熟,从营养分配的角度分析,建议修剪掉三级穗,以促进蓖麻生育后期营养物质向一级和二级穗分配。

表 24-1
蓖麻各生育阶段所需有效积温

生育期		日期/(月/日)(天数/d)	平均温度/℃	有效积温/(℃·d)
出苗期		5/3—5/27(24)	18.9	417
苗期		5/27—6/28(33)	23.9	788
主穗各阶段	花蕾期	6/29—7/9(11)	25.2	176
	果期	7/10—7/25(16)	26.0	264
	灌浆期	7/26—8/25(31)	25.0	484
总生长阶段	主穗	6/29—8/26(58)	25.3	924
	一级穗	7/15—9/10(58)	24.3	888

24.2.2　蓖麻产量构成在各穗位粒位的分布

研究结果表明(表 24-2),蓖麻产量主要来自主穗,其次为一级穗,二级穗最少。籽粒的百粒重也有相同的趋势,主穗略大于一级穗,显著大于二级穗。但是籽粒的饱满率以一级穗最高,其次为主穗,再次为二级穗;就籽粒在每个穗上的分布而言,主要集中在中下部,上部籽粒较少。

表 24-2
蓖麻产量构成在各穗位粒位的分布

穗位	粒位	粒位产量/(kg/hm²)	百粒重/g	饱满率/%	种仁重/种皮重	粒位产量比
主穗	上	15.02	39.32	0.72	2.10	0.19
	中	29.08	34.54	0.83	2.10	0.36
	下	35.86	33.77	0.89	2.10	0.46
一级穗	上	6.58	32.25	0.81	1.87	0.19
	中	13.34	32.22	0.92	1.96	0.38
	下	15.08	32.93	0.88	1.65	0.43
二级穗	上	1.44	31.30	0.38	1.71	0.17
	中	2.92	24.33	0.77	1.30	0.35
	下	4.08	30.00	0.61	1.59	0.48

24.2.3 蓖麻干物质累计和养分累积规律

1. 蓖麻干物质积累量的动态变化

对蓖麻干物质的累积动态的研究结果表明(图 24-1),蓖麻在出苗后 40 d 左右穗的干物质累积即进入指数增长阶段,一直到出苗后 90 d 左右干物质累积速度开始减慢,说明果期是蓖麻生长发育的关键时期;叶片在出苗后 60 d 取样时干物质量达到最大,随后因为叶片脱落等原因开始减少;而茎秆的干物质累积在全生育期呈现持续增加的状态。

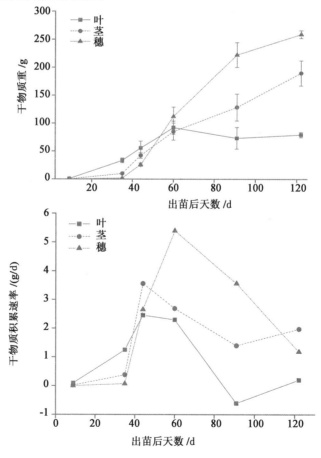

图 24-1 蓖麻各器官干物质积累量和积累速率动态曲线

2. 各生育期蓖麻干物质净积累量分配率的变化规律

由表 24-3 可知,蓖麻在花期前干物质分配率叶＞茎＞穗,干物质大部分用于营养器官的生长,蕾期后,干物质向穗部分配逐渐增多,果期穗部干物质分配率已大于营养器官。在灌浆期,穗的干物质分配率达到最大值 80%以上,叶的干物质分配率此时出现了负值,说明在灌浆期叶将营养物质转移到了穗部。在最后成熟期叶和茎的干物质分配率出现了升高的现象,据田间观察分析可能是因为在成熟期气温较高,蓖麻出现了返青的现象。

表 24-3

蓖麻干物质净积累量分配率在各器官中的分配率　　　　　　　　　　　　　　　　　　　　　%

项目	出苗后天数/d					
	9	35	44	60	91	122
叶	83.37	73.41	28.34	22.14	−13.97	5.86
茎	16.63	22.37	41.02	25.90	32.16	58.86
营养器官	100	95.78	69.36	48.04	18.19	64.72
穗	0	4.22	30.64	51.96	81.81	35.28

3. 蓖麻养分吸收累积规律

蓖麻养分吸收累积规律与干物质累积规律类似,开始吸收累积的慢,随后养分吸收累积速率快速增加,在出苗后 60 d 前后达到最大,随后累积速率放慢至停止(图 24-2)。氮素的吸收累积表现为出苗后 60 d 内吸收累积了大部分的氮素,后期随着叶片脱落等原因,氮素累积量呈下降趋势(表 24-4)。磷的累积过程与氮素不同,全生育期持续增加,尤其是穗。由于灌浆期叶片钾含量明显降低以及叶片的脱落,虽然生殖器官穗部钾养分持续累积,但全株钾累积量在灌浆后变化不大(图 24-2)。

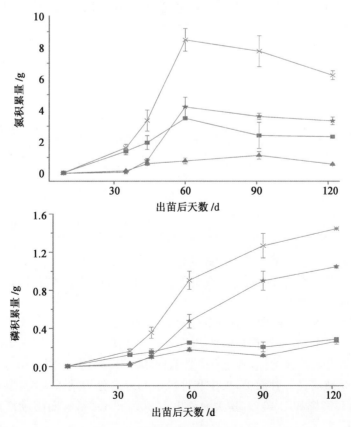

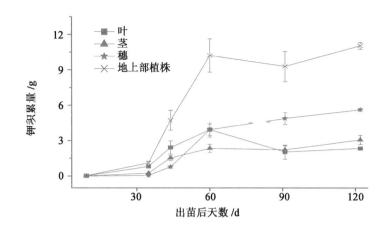

图 24-2　蓖麻各器官营养物质积累速率的动态变化曲线

表 24-4
蓖麻干物质净积累量分配率在各器官中的分配率

项目	氮含量/%		氮积累量/g	
	灌浆期	成熟期	灌浆期	成熟期
穗轴	0.56	0.45	0.09	0.09
果皮	1.38	1.24	1.06	1.12
籽	1.93	1.40	2.46	2.12

根据蓖麻各生育期地上部分营养物质积累量情况,可以给出蓖麻施肥总量和各生育期的施肥比例的推荐表,如表 24-5 所示。

表 24-5
蓖麻各生育期肥料推荐表

营养	施肥总量/(kg/hm²)	各生育期施肥比例/%					
		基肥	苗期	蕾期	花期	果期	灌浆期
氮 N	265	20	20	20	40	—	—
磷 P	45	—	10	10	40	30	10
钾 K	345	—	10	30	50		10

4. 各生育期蓖麻营养物质积累速率的动态变化

由图 24-3 可知,蓖麻氮磷钾的积累速率在出苗后 40 d(花期)到在出苗后 60 d(果期)期间都很高,说明花期和果期是蓖麻的需肥高峰期。

5. 各生育期蓖麻营养物质净吸收量分配率的动态变化

试验结果表明(表 24-6),在苗期蓖麻吸收的氮磷钾主要集中在叶片,其次为茎秆;开花期过后,生殖器官内分配的氮磷钾开始快速增加,甚至营养器官内的部分养分开始向生殖器官转运,至灌浆期,大部分的氮磷钾分配至生殖器官。对穗轴,果皮和籽粒内养分的分析结果表明,灌浆期和成熟期蓖麻籽的氮素浓度最高达到 1.93% 和 1.40%,其次为种皮 1.38% 和 1.24%,而穗轴氮素养分浓度较低仅为 0.56% 和 0.45%。

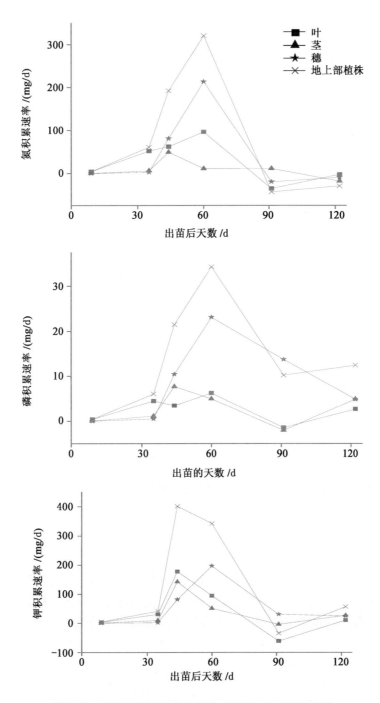

图 24-3　蓖麻各器官营养物质积累速率的动态变化曲线

表 24-6

蓖麻营养物质净吸收量在各器官中的分配率				%
营养	出苗后天数/d	分配率		
		叶	茎	穗
氮 N	9	91.85	8.15	0
	35	85.73	9.65	4.62
	44	32.33	25.64	42.03

续表 24-6

营养	出苗后天数/d	分配率		
		叶	茎	穗
	60	30.02	3.45	66.53
	91	−81.22	26.55	−45.33
	122	−7.50	−61.88	−30.62
磷 P	9	91.19	8.81	0
	35	74.12	18.07	7.81
	44	15.94	35.69	48.37
	60	18.23	14.44	67.33
	91	−14.28	−20.09	134.37
	122	21.39	39.67	38.94
钾 K	9	76.28	23.72	0
	35	73.18	22.31	4.51
	44	44.21	35.44	20.35
	60	27.71	14.86	57.43
	91	−177.19	−11.08	88.27
	122	17.91	47.4	42.33

24.2.4 不同氮肥水平对蓖麻生长发育的影响

1. 不同施氮量对蓖麻产量的影响

与其他作物的表现相似施氮量水平高低对蓖麻产量的影响显著 图 24-4 在 200 kg/hm² 范围内,蓖麻产量随施氮量增加而增加,当施氮水平继续提高至 250 kg/hm² 时,蓖麻产量不升反降。田间观察结果表明,在这一施氮条件下蓖麻长势很好但形成了更多的营养器官,表现出贪青晚熟的特征。因此,高量施氮会阻碍蓖麻产量的进一步提高。对产量和施氮量拟合的二次函数:$y=-0.043\,8x^2+23.117x+2\,711.5$ ($R^2=0.779\,1$),从中可以得到最佳施氮量 264 kg/hm²,在此施氮水平下蓖麻产量为 5 761 kg/hm²。

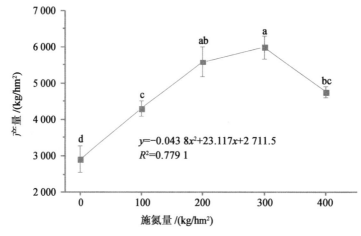

图 24-4 不同施氮量水平下蓖麻产量的变化

(不同小写字母表示处理间差异达显著水平,$P<0.05$,下同)

2. 不同施氮量对蓖麻穗长的影响

对蓖麻产量的构成因素进行分析发现,不同氮肥处理条件下穗长、种仁数及百粒重的变化趋势与产量基本一致,说明这三个因素的水平高低对产量形成有明显的影响。其中就穗长而言,主穗和一级穗对氮肥的响应更为显著,而三级穗不仅在各个氮水平下无显著差异(图 24-5),而且其变化也与产量表现不一致,这说明三级穗对产量的贡献有限,在实际生产中是否需要保留值得探讨。

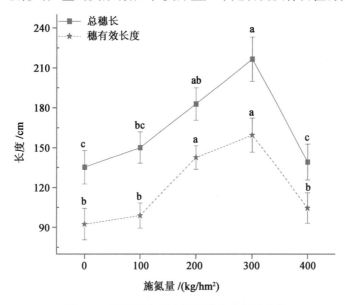

图 24-5　不同施氮量水平下蓖麻穗长的变化

3. 不同施氮量对蓖麻饱满率的影响

总体来看在蓖麻产量的形成上,百粒重的贡献相对于穗长及种仁数更大,其根据是在氮肥处理 50～200 kg/hm² 范围之间,随施氮量的增加,穗长与种仁数虽然也有所增加,但趋势并不明显,而百粒重却显著提高。此外,蒴果饱满率随施氮水平的变化与产量未表现出相似规律,与产量的相关性较小(表 24-7)。总之,保证百粒重对于产量的形成更有意义,而在穗子的选择上,似乎保留一二级穗舍弃三级穗对增加产量更为有利,同时要关注施肥水平对下粒种仁数的影响。

表 24-7

不同施氮水平下蓖麻饱和率的变化			%
处理	主穗	一级穗	二级穗
N0	0.84±0.03ab	0.71±0.14a	0.45±0.01d
N100	0.74±0.01b	0.82±0.01a	0.66±0.02bc
N200	0.80±0.05ab	0.87±0.03a	0.59±0.11cd
N300	0.92±0.01a	0.83±0.06a	0.96±0.01a
N400	0.90±0.03a	0.87±0.02a	0.81±0.06ab

4. 不同施氮量对蓖麻生物性状株高和茎粗的影响

由表 24-8 可知,除节数外随氮肥水平的增加,蓖麻各生育期的株高、茎粗、一级穗数、二级穗数总体上呈现增大的趋势,施氮量 150 kg/hm² 时蓖麻一级穗数在花果期就达到最大值而施氮量为 200 kg/hm² 和 250 kg/hm² 的蓖麻一级穗数在花果期较低,在灌浆期才达到最大值 其二级穗数在灌浆期增加也较多,说明施氮量增加能够促进蓖麻的生长,但是高量氮肥施用使蓖麻一级穗和二级穗的形成后延,蓖麻贪青晚熟,不利于蓖麻籽的灌浆成熟。

表 24-8

不同施氮水平下蓖麻株高和茎粗的变化

测定日期(月/日)	处理	株高/cm	茎粗/cm	节数	一级穗数	二级穗数
06/28	N0	54.0 d	15.98b	8.7	—	—
	N50	58.4dc	17.06b	9.0	—	—
	N100	62.7c	15.78b	8.6	—	—
	N150	69.8b	18.21ab	9.1	—	—
	N200	76.0b	17.62ab	9.1	—	—
	N250	85.7a	19.77a	8.8	—	—
07/22	N0	107.6b	20.89a	8.7	2.3	—
	N50	90.6c	20.35a	9.4	2.5	—
	N100	107.5b	20.49a	8.8	2.6	—
	N150	117.7ab	22.97a	9.1	2.8	—
	N200	109.9b	21.36a	9.1	2.5	—
	N250	129.0a	24.38a	9.0	2.2	—
08/23	N0	111.7bcd	21.49b	8.7	2.4	0.86
	N50	97.7d	22.12ab	9.4	2.5	0.89
	N100	108.1cd	20.78b	8.8	2.8	0.4
	N150	119.2abc	23.02ab	9.2	2.8	0.6
	N200	129.1ab	23.23ab	9.1	2.9	1.1
	N250	132.1a	25.00a	9.0	2.9	1.4

24.2.5 蓖麻植株营养诊断技术研究

1. 蓖麻不同部位的硝酸盐含量差异

对开花期蓖麻不同部位组织汁液中的硝酸盐浓度测定结果表明,叶柄汁液中硝态氮浓度最高,而穗轴和主茎组织汁液中硝酸盐浓度相对低得多,因此与棉花类似,蓖麻的叶柄应该是进行氮素营养诊断较合适的部位。对不同部位叶柄的分析结果表明(表 24-9),顶部新叶的叶柄硝酸盐浓度显著低于新成熟叶和中部叶,新成熟叶和中部叶的叶柄硝酸盐浓度显著低于下部叶。

表 24-9

花期蓖麻植株不同部位的硝酸盐含量

部 位		硝态氮含量
叶柄	新叶	3 345.03±707.91b
	新成熟叶	3 972.22±246.89ab
	中部叶	3 944.44±309.32ab
	下部叶	4 944.44±327.49a
穗轴	主穗轴	1 583.33±127.29cd
	一级穗轴	1 777.78±146.98c
主茎	第 1 节茎	1 555.56±168.96cd
	第 2~4 节茎	2 922.22±559.14b
	第 6~9 节茎	1 861.11±475.27c
	基部	472.22±246.89d

注:新成熟叶的选择标准为:顶 3 或 4 展开叶,即颜色刚由嫩绿变成深绿色的叶片。

不同小写字母表示处理间差异达显著水平,$P<0.05$,下同。

2. 蓖麻各生育期新成熟叶叶柄硝态氮含量和施氮量的关系

试验结果表明(图 24-6),在苗期、蕾期、花期、果期,蓖麻叶柄硝酸盐含量随施氮量增加呈现出线性增加的趋势。其中花期叶柄硝酸盐浓度和施氮量之间的相关性较好($r=0.95$)。在硝酸盐的含量上,随生育期推进,蓖麻叶柄硝酸盐含量略有下降,果期硝酸盐含量最低,在 2 000 mg/L 左右。

3. 蓖麻各生育期新成熟叶叶柄硝态氮含量和产量的关系

由图 24-7 可知,蓖麻产量在蓖麻苗期、蕾期和花期随成熟叶叶柄硝酸盐浓度增加呈开口向下的抛物线变化趋势,通过二次曲线模拟,相关性均达到了极显著水平,最高产量对应的这三个时期的成熟叶叶柄硝酸盐含量分别为苗期(5 437.5 mg/L)、蕾期(5 850 mg/L)和花期(3 974.9 mg/L),说明蓖麻在苗期和蕾期对氮肥的需求量比较大。但是果期成熟叶叶柄硝酸盐浓度和产量的二次曲线模拟结果相关性较差,并且叶柄硝酸盐含量较其他时期低(2 000 mg/L),只有在硝酸盐含量大于 2 200 mg/L 时,蓖麻产量才显示出增高的趋势,说明在果期蓖麻将叶部养分转移到了穗部,植株生长逐渐由营养生长向生殖生长转变,这个时期蓖麻对氮肥的需求非常大,应该增加随这个时期的追肥量。

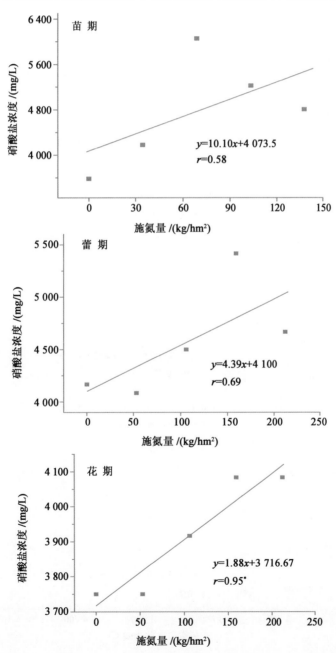

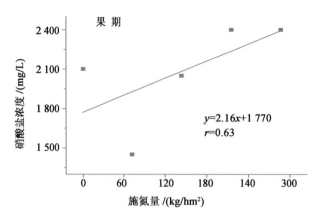

图 24-6　蓖麻不同生育期新成熟叶叶柄硝态氮含量和施氮量的关系
（图中 r 为相关系数。* 表示相关性达到显著水平，$P<0.05$，下同）

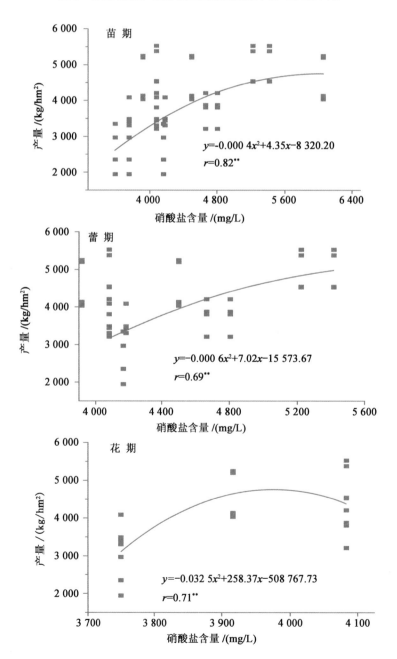

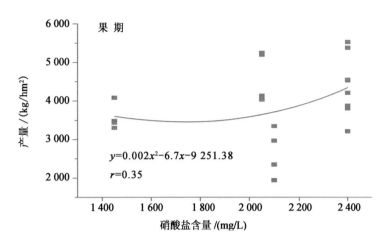

图 24-7　蓖麻不同生育期新成熟叶叶柄硝态氮含量和产量的关系

4. 施氮量与蓖麻产量的关系

对产量和施氮量拟合的二次函数如下：$y=-0.043\,8x^2+23.117x+2\,711.5(R^2=0.779\,1)$，$y$ 为蓖麻产量，x 为施氮量，单位均为 kg/hm^2。从中可以得到最佳施氮量 264 kg/hm^2，在此施氮水平下蓖麻产量为 5 761 kg/hm^2。264 kg/hm^2 为全生育期总施氮量，可以作为施氮总量的参考。

5. 蓖麻硝酸盐诊断指标体系的建立

根据蓖麻各生育期植株硝酸盐浓度与施氮量的线性关系，以及全生育期总施氮量（264 kg/hm^2）可以建立植株硝酸盐含量诊断追肥模型。设图 24-7 所示的线性关系求出的各生育期的氮肥水平为 N_{fert}，各生育期最佳施氮量为 N_{opt}，则各生育阶段追氮量：

$$N_d=N_{opt}-N_{fert} \tag{1}$$

图 24-7 中，各生育期植株硝酸盐诊断值 T_r 和 N_{fert} 之间具有线性回归关系。

$$T_r=b+aN_{fert}，即\ N_{fert}=(T_r-b)/a \tag{2}$$

将（2）式代入（1）式，得到硝酸盐含量诊断推荐追肥模型：

$$N_d=N_{opt}+b/a-T_r/a \tag{3}$$

式中，N_d 为各生育阶段追氮量，N_{opt} 为蓖麻各生育期最佳施氮量，单位为 kg/hm^2；a 为各生育期施氮量与植株硝酸盐浓度线性方程的回归系数；b 为截距；T_r 为植株硝酸盐测定值，单位为 mg/L。将 $N_{opt}=$ 264 kg/hm^2 以及确定的 a、b 代入（3），可以得到各生育期推荐追肥模型（表 24-10）。

表 24-10

蓖麻各生育期氮肥推荐模型

蓖麻生育期/（月/日）	a	b	氮肥推荐模型
苗期（6/18）	10.10	4 073.5	$N_d=667.32-0.10\ T_r$
蕾期（7/6）	4.39	4 100	$N_d=1\,197.94-0.23\ T_r$
花期（7/11）	1.88	3 716.67	$N_d=2\,240.95-0.53\ T_r$
果期（7/28）	2.16	1 770	$N_d=1\,083.44-0.46\ T_r$

在确定蓖麻各生育期氮肥推荐模型基础上，就可以得到不同叶柄硝态氮诊断值对应的追肥量（表 24-11）。

表 24-11
蓖麻植株硝酸盐浓度和各生育期氮肥追肥推荐表

苗期		蕾期		花期		果期	
NO_3^- 诊断值/(g/L)	追肥量(5 次)/(kg/hm²)	NO_3^- 诊断值/(g/L)	追肥量(4 次)/(kg/hm²)	NO_3^- 诊断值/(g/L)	追肥量(3 次)/(kg/hm²)	NO_3^- 诊断值/(g/L)	追肥量(2 次)/(kg/hm²)
4～4.5	267～217	4～4.2	278～232	3.7～3.8	278～227	1.8～1.9	255～209
4.5～5	217～167	42～4.4	232～186	3.8～3.9	227～174	1.9～2	209～163
5～5.5	167～117	4.4～4.6	186～140	3.9～4	174～121	2～2.1	163～117
5.5～6	117～67	4.6～4.8	140～94	4～4.1	121～68	2.1～2.2	117～71
6～6.4	67～27	4.8～5	94～48	4.1～4.2	68～15	2.2～2.3	71～25

6. 供氮强度对 SPAD 值的影响

试验结果表明,不同施氮量对新成熟叶片的 SPAD 值有显著影响(表 24-12)。在 7 月 24 日测定时随施氮量增加 SPAD 值也增加,8 月 6—22 日的观测结果表明,施氮量 150 kg/hm² 时即达到最大,施氮量再增加对 SPAD 值影响不大;8 月 31 日时,施氮量 150 kg/hm² 时 SPAD 值达到最大,施氮量再增加 SPAD 值呈减小趋势。

表 24-12
不同供氮强度对 SPAD 值的影响

		N0	N50	N100	N150	N200	N250
7 月 24 日	SPAD 值	65.0	63.2	62.3	82.2	89.1	107.9
	STDEV	12.2	15.6	15.2	15.8	17.0	15.3
8 月 6 日	SPAD 值	47.9	50.1	68.2	87.8	74.5	79.1
	STDEV	11.3	7.3	12.6	92.0	13.5	12.0
8 月 22 日	SPAD 值		59.6	65.5	73.5	52.2	71.4
	STDEV		11.5	11.0	10.7	8.4	12.5
8 月 31 日	SPAD 值		58.7	61.2	63.4	54.8	47.2
	STDEV		14.9	12.5	14.8	12.2	9.8

附录　北疆蓖麻高产高效技术规程

本技术规程针对北疆灌区,针对蓖麻产量亩产 450 kg 以上的目标制订,供生产中参考使用。

一、整地和底肥施用

(一)整地

严格按照"齐、平、净、碎、墒"的标准和土壤上虚下实的蓖麻播种要求进行土地处理。达到边齐、地平、土层松软、地表土碎、土壤墒足、田间干净无残茬和上虚下实 7 项标准,为一播全苗创造条件。

(二)化除

整地前采用施田补化除封闭,每亩使用 100 g,药水混合均匀,每亩喷雾工作液 45 kg,喷雾均匀,不重不漏,进行土壤封闭处理。封闭后立即翻耕,提高药效。

(三)底肥施用

根据测土分析结果施用底肥,一般情况下,亩施棉籽饼 100~150 kg;磷酸二氢钾 10 kg,尿素 25 kg,硫酸锌 1 kg。

二、品种选用和种子处理

品种选择个体长势强、抗旱、早熟、高产的蓖麻品种或者杂交种,如缁蓖 5 号、稼祥 2 号、东风杂交种等。

使用优质高活力蓖麻种,要求纯度达到 97%以上,发芽率达到 95%以上,人工精选蓖麻种,剔除破裂种、秕种及杂质,使破碎率控制在 1%以下。

种子处理:用甲基托布津浸拌种子,用量为种子量的 0.3%~0.5%,用 50%的多菌灵 1 000 倍液浸种;10%的多菌灵拌种,用量为种子量的 0.3%~0.5%,热水烫种。

三、播种

(一)播种时期

一般情况下根据春季气温回升情况,5 cm 地温连续 3 d 稳定通过 12℃时即可播种,一般情况下北疆 4 月 20 日前后,南疆 4 月 8 日前后为宜。

(二)播种质量

株行距配置标准,开沟覆土一条线,下种均匀空穴少,播行笔直不偏斜,播行到头又到边,播深适宜。

(三)株行距配置

缁蓖 5 号、稼祥 2 号,株行距按照(宽行 120 cm+窄行 60 cm)×株距 80 cm,每穴 2 粒种子,亩基本苗保苗株数达到 800 株以上。东风杂交种,株行距按照(120+40)×30 cm,每穴 2-1-2 下种,亩基本苗保苗株数达到 1 800 株以上。

覆膜栽培,常压滴管,干播湿出,单管配置,毛管单孔出水量以 3~3.2 L/h 为宜。

四、生育期管理

田间管理是蓖麻高产系统规程中的重要环节,要按照"四月种、五月初出苗、六月初现蕾、六月中旬开花坐果灌浆、7 月下旬主穗成熟,一级分枝灌浆;8 月初一级分枝成熟二级分枝灌浆、9 月下旬三级分枝成熟四级分枝灌浆"的目标进行管理,按照目标管理的长势长相指标实施管理。

五、水分管理

采用加压膜下滴灌技术,按照少量多次、不旱不灌的原则灌溉。蓖麻耐旱怕涝,按照蓖麻需水规律进行灌溉。

(一)头水管理

适当的蹲苗是促进蓖麻根系发育,防止早衰的重要措施,一般在蓖麻主穗现蕾才开始灌溉头水。

灌溉量:头水灌水量一定要大,促使根系向土壤深层扎根,防止根系出现浅表化趋势和团聚化趋势。头水的量根据土壤质地不同而不同,大致在每亩35~40 m³。

(二)生育期水分管理

每8~12 d灌1次水,灌水量控制在每亩25~30 m³,生育期累计灌水量300 m³/亩。要根据天气情况(下雨、降温等)、土壤水分情况、蓖麻生长情况适当调整灌水量和灌水频率。

六、养分管理

亩产500 kg蓖麻,亩施肥量为尿素40~45 kg,磷酸二氢钾15~20 kg。施肥方法如下:

基肥:每亩施入棉籽饼150~200 kg,尿素15 kg,磷酸二氢钾5 kg。在播种时用施肥器施入,施在种幅内侧5~10 cm,深8~10 cm处,或在种穴旁边5~10 cm穴施。

追肥:头水追肥每亩施入尿素15 kg,磷酸二氢钾5 kg;三水即一级分枝现蕾开花期每亩追肥施入尿素10 kg,磷酸二氢钾5 kg;四水每亩追肥施入尿素10 kg;五水每亩追肥施入尿素5 kg,磷酸二氢钾5 kg。

微肥:新疆土壤缺乏锌、铜、硼、锰等微量元素,一般在头水和三水前结合化控叶面喷施2次微量元素肥料。

七、化控

化控的原则是提前化控,少量多次的频繁化控,在出现旺长因素前即开始化控,把化控做在旺长之前。具体来说要做到:①从蓖麻苗期定苗开始第一次化控,三叶期第二次化控,五叶期第三次化控,头水前化控三次,用15%的立效可湿性粉剂75 g兑水15 kg,充分溶解后,均匀喷洒叶面;②每次灌水前两三天要化控,根据蓖麻长势确定具体化控的量;③出现果穗侧向生长、叶色翠绿、节间过长,即加大化控的量。调控的目标:株型矮壮,叶色油绿,地上部生长始终受控,根系发达。

八、病虫害防治

按照"预防为主,综合防治"的方针,以田间虫情调查为依据,抓住防治的关键环节,科学选药、用药,多种防治法方法有机结合,实施综合防治。

九、收获

蓖麻属于无限花序作物,主穗和各级分枝穗陆续成熟,可秋后各级果穗一次性收获。也可根据劳动力调配情况分2次收获。采用人工采穗方式收获。收回的果穗和蒴果经过晾晒后,用专用脱壳机进行脱粒,装袋入库。

参考文献

［1］班乃荣,张永宏. 西北干旱区种植蓖麻的有利条件及发展建议. 甘肃农业科技,2004,(3)：20-22.

［2］樊自立,马英杰,马映军. 中国西部地区的盐渍土及其改良利用. 干旱区研究,2001,18(3)：1-6.

［3］江惠琼,李文昌,郭顺堂,等. 云南红壤上蓖麻干物质积累和 N、P、K 吸收规律研究. 中国油料学报,2006,28(3)：324-329.

［4］梁飞,田长彦. 土壤盐渍土对尿素与磷酸脲氨挥发的影响. 生物学报,2011,31(14)：3999-4006.

［5］田福东,李金芹,张春华,等. 密度和肥料对蓖麻光合性能及产量的影响. 吉林农业科学,2000,25(1)：29-31.

［6］王界平,田长彦. 氮肥对盐角草生长及矿质灰分累积的影响. 干旱地区农业研究,2011,29(1)：102-114.

［7］王界平,田长彦. 施用氮磷肥对盐土中碱蓬生长及矿物质吸收累积特征的影响. 西北农林科技大学学报,2010,38(11)：201-208.

［8］郗金标,张福锁,毛达如,等. 新疆盐渍土分布与盐生植物资源. 土壤通报,2005,36(3)：209-303.

［9］熊志军,侯新宇. 蓖麻高产栽培技术. 经济作物,2002(2)：19-20.

［10］曾小龙. 蓖麻在逆境胁迫下的抗性及耐性机制研究进展. 中国农学通报,2010,26(4)：123-125.

［11］张契,姚舸,钦佩. 盐胁迫对蓖麻 Na^+、K^+ 吸收分布和叶绿素荧光的影响. 安徽农业科学,2008,36(29)：12566-12570,12606.

［12］张锡顺,杨建国,徐宁生. 密度、施肥、单株有效穗对蓖麻产量的效应. 中国油料作物学报,2006,28(4)：487-491.

［13］周桂生,万树文,董伟伟,等. 施氮量对蓖麻花后干物质积累、产量和产量构成的影响. 中国油料作物学报,2009,31(1)：39-43.

［14］张雁萍,陈宓,陈显国,等. 不同种植密度对蓖麻生长发育及产量的影响. 安徽农业科学,2012,40(19)：10043-10045.

［15］Hocking P J. Accumulation and distribution of nutrients in fruits of castor bean (*Ricinus communis* L.). Annals of Botany,1982,49(1)：51-62.

注：本章节内容为王晴晴硕士论文和王平的田间试验总结。

（执笔人：王平　田长彦　王晴晴）

第 25 章

新疆棉花、加工番茄高产高效养分资源管理

25.1 土壤微量元素有效性及丰缺阈值研究

25.1.1 新疆石灰性土壤锌状况及锌肥效研究

新疆棉花的主产区大都位于缺 Zn 的石灰性土壤上,这类土壤 Zn 含量平均值仅为 78 mg/kg,有效 Zn 含量一般低于 0.5 mg/kg 的缺 Zn 临界值。因而棉花易出现缺 Zn 症状或籽粒中 Zn 含量偏低,从而影响棉花产量和品质。

土壤是作物锌的主要给源。近些年来,高产品种的广泛栽培,化肥的普遍使用,有机肥用量的下降,导致土壤中锌被植物带走却得不到补充,加重了作物缺锌。前人研究表明土壤中锌供给不足原因有二:①土壤中有效锌含量偏低;②土壤中锌处于不能为植物吸收利用的状态。前者由土壤类型决定,后者是土壤条件的影响。土壤中锌的总含量对作物营养来说,没有直接关系,而土壤锌的有效态含量和转化条件与作物生长的关系很密切。余存祖等认为研究土壤元素有效形态的富集远比研究其总量有意义。锌缺乏主要发生在 pH 大于 7 的石灰性土壤,以及施磷过多的土壤。西北地区土壤中的全锌含量大多超过我国和世界土壤平均含量,但有效态含量却很少。土壤中有效锌含量不足,不能满足作物的需要,就需要施用锌肥料,这是作物高产优质的必要条件。

多年来,研究人员对我国北方作物施锌技术做过不少研究,但对新疆干旱半干旱气候条件下的石灰性土壤锌状况及锌肥与棉花生长间的关系未见深入和细致的报道。本试验采集新疆典型的石灰性耕地土壤,通过室内试验和盆栽试验相结合的方法,研究新疆石灰性耕地土壤供锌能力及锌肥施用效果,旨在探明施 Zn 对棉花生长发育和产量的影响,为合理利用土壤锌素资源和平衡施肥提供科学依据。

1. 材料与方法

(1)供试材料 土壤样品取自新疆 10 个地区。采样时间为 2010 年 2—3 月,选择作物产量中等,质地为轻壤-沙壤、无明显生长障碍因子的农田土壤,每个地区采集 7～9 个点,采取"S"状采样,除去地表秸秆,采样深度 20 cm,每个地点采样量 100～120 kg,采回的土壤样品及时风干,将土壤样品挑出石子、根茬残体以及各种杂物后过 5 mm 孔径的塑料筛,充分混匀后用四分法取 1 kg 左右带回实验室供化学分析,其余样品用于盆栽试验。根据成土条件和土壤剖面特征分类,阿克苏、库尔勒、和田、喀什、哈密地区土壤属于棕漠土,塔城、博乐、昌吉、伊犁土壤属于灰漠土,石河子土壤属于潮土(表 25-1)。盆栽试验于 2010—2011 年在石河子大学农学试验站网室进行,持续 2 个生长季节。棉花品种为惠远 710,锌肥料为 $ZnSO_4 \cdot H_2O$,水溶性 $Zn \geqslant 35\%$。

表 25-1
供试土壤基础营养状况

采样地点	土壤类型	全氮/(g/kg)	碱解氮/(mg/kg)	有机质/(g/kg)	速效磷/(mg/kg)	速效钾/(mg/kg)	pH
塔城	灰漠土	1.29	40.78	17.06	13.28	134.38	7.67
博乐	灰漠土	2.55	44.28	8.05	14.68	131.69	7.54
昌 I	灰漠土	1.32	40.08	5.26	7.97	156.97	7.82
昌 II	灰漠土	1.09	33.6	7.91	7.41	228.71	7.76
伊犁	灰漠土	1.11	56.18	20.95	13.19	80.79	7.45
阿克苏	棕漠土	1.31	59.33	16.07	19.2	60.11	7.62
和田	棕漠土	1.24	54.95	11.7	11.07	132.53	7.56
哈密	棕漠土	1.14	68.78	12.72	11.42	210.15	7.27
库尔勒	棕漠土	1.76	77.7	18.71	7.06	152.31	7.86
喀什	棕漠土	1.1	42.7	15.95	14.9	126.18	7.59
石 I	潮土	1.43	43.75	17.05	9.85	224.94	7.71
石 II	潮土	2.43	121.98	27.9	13.63	326.86	7.82
石 III	潮土	1.45	64.4	19.65	12.62	311.74	7.9

(2)试验设计　选用 14 cm×18 cm 的塑料盆,装盆前把小砾石、尼龙纱放入盆底。每盆装土 2.0 kg,试验设施锌处理(叶面喷施,Zn)和不施锌处理(叶面喷施清水,CK),每个处理重复 4 次。基肥氮磷钾肥用量:P_2O_5 0.32 g/kg 风干土、K_2O 0.64 g/kg 风干土,N 0.64 g/kg 风干土。氮肥追基比为 1:1,追肥在棉花的蕾期、铃期进行,追肥量分别占全生育期总施氮量的 20%、30%。4 月 22 日在温室内播种,待棉花长出四片真叶后定苗两株搬入网室,在自然光照条件下生长。施 Zn 处理在棉花蕾期、初花期、盛花期分别叶面喷施质量浓度为 0.3% 的 $ZnSO_4$ 溶液,喷施时间为晴日 16:00 以后,喷至棉花叶面布满雾滴但不形成水滴。水分管理采用称重法控制土壤含水量,棉花生长期间土壤含水量为 60%~85%。

(3)样品采集及测定方法

①土壤锌及基础养分测定:土壤全锌采用酸熔法分解 AAS 法测定;有效锌采用 DTPA 溶液(pH 7.3)浸提 AAS 法测定。土壤 pH 采用 2.5:1 水土比,pH 计测定;土壤有机质采用重铬酸钾外加热法;全氮采用半微量开氏法测定;碱解氮用碱解扩散法测定;速效磷用 0.5 mol/L $NaHCO_3$ 浸提-钼锑抗比色法;速效钾用 1 mol/L NH_4OAc 浸提-火焰光度法。

②棉花收获和测定方法:棉花吐絮后,从棉花的子叶节将棉花地上部分剪下,通过水洗法小心取出棉花根部。地上部分为茎、叶、籽粒和铃壳 4 部分,将各器官用水清洗 3 次以洗净黏着的土壤、灰尘等,再用蒸馏水冲洗 3 次。在烘箱内 105℃ 下杀青 30 min,然后 75℃ 下烘 72 h,称重,各部分器官用不锈钢粉碎机粉碎过 2 mm 筛。称取 0.500 0 g 左右粉碎样品,灰化后采用 AAS 法测定待测液中的 Zn 含量。

(4)数据处理　数据处理和分析在 Excel 2003 或 SPSS 11.5 中进行。

2. 结果分析

(1)新疆石灰性耕地土壤锌含量及有效性　新疆土壤全锌含量范围为 67.48~131.89 mg/kg,平均为 93.84 mg/kg,高于北方石灰性土壤平均值(78 mg/kg),低于我国土壤全锌平均含量(100 mg/kg)。如表 2 所示,供试三种类型土壤灰漠土全锌含量为 83.73~114.48 mg/kg,平均为 91.86 mg/kg;棕漠土全锌含量为 95.36~131.89 mg/kg,平均为 107.21 mg/kg;潮土全锌含量为 67.48~83.27 mg/kg,平均为 74.88 mg/kg。表明不同土壤类型全锌含量差异明显,为棕漠土>灰漠土>潮土。变异系数为灰漠土>棕漠土>潮土。

土壤有效锌含量是衡量土壤中锌丰缺程度和锌肥效应大小的主要指标。新疆土壤有效锌含量范围为 0.301~0.864 mg/kg,平均为 0.574 mg/kg。供试土壤灰漠土有效锌含量范围为 0.301~0.769 mg/kg,平均含量为 0.507 mg/kg;棕漠土有效锌含量为 0.533~0.669 mg/kg,平均含量为 0.572 mg/kg,接近新疆土壤有效锌平均含量;潮土有效锌含量为 0.504~0.864 mg/kg,平均含量为 0.688 mg/kg(表 25-2)。不同土壤类型有效锌含量较为接近,潮土>棕漠土>灰漠土,变异系数为灰漠土>潮土>棕漠土。

表 25-2

不同土壤类型土壤锌含量
mg/kg

土壤类型	样品数	有效锌			全锌		
		范围	均值	变异系数	范围	均值	变异系数
灰漠土	5	0.301~0.769	0.507	33.69	83.73~114.48	91.86	13.91
棕漠土	5	0.533~0.669	0.572	11.38	95.36~131.89	107.21	13.8
潮土	3	0.504~0.864	0.688	26.18	67.48~83.27	74.88	10.61

(2)施锌对棉花干物质及各器官分配比例的影响　试验结果表明(表 25-3),施用锌肥显著影响棉花干物重,三种类型土壤施锌与不施锌对照相比干物质产量均达到(极)显著增加;锌对潮土叶干物重无显著影响,土壤有效锌含量较低的棕漠土、灰漠土,锌对棉花叶影响分别为显著、极显著。施锌后棕漠土棉花除籽棉外其他器官干物重均(极)显著增加,籽棉所占比例有所降低;灰漠土有效锌含量较低,施锌后籽棉干重显著增加,表明土壤存在缺锌状况,锌已经成为灰漠土棉花产量提高的限制因子。棕漠土、潮土籽棉干物质有所增加,但它所占比例降低,表明在锌有效性高的土壤,锌对籽棉的影响小于其他器官。锌(极)显著增加了棕漠土、潮土棉花根干物重,根冠比增加;灰漠土棉花根有所增加但不显著,根冠比降低,说明灰漠土施锌对棉花根系影响小于锌对冠层干物质的影响。

(3)棉花施锌增产率与土壤有效锌含量　各土壤施用锌肥的增产率用公式(+Zn 处理产量-CK 处理产量)/(CK 产量×100)表示。由图 25-1 可知,棉花增产率与土壤有效锌含量的关系可以用乘幂函数表示:$y=1.0159x-4.6581$,相关系数达 0.8345,两者极显著负相关。当土壤有效锌含量低于缺锌临界值(0.5 mg/kg)时,棉花喷施锌肥效果极为显著,表明供试土壤供锌能力比较低,土壤严重缺锌;当土壤有效锌含量介于 0.5~0.7 mg/kg 时,棉花施锌效果稳定,表明土壤具有一定的供锌能力,但是尚不能满足棉花的正常生长发育的需要,土壤缺锌;当土壤有效锌含量高于 0.7 mg/kg 时,对棉花喷施锌肥增产效果不明显,表明供试土壤具有较强的供锌能力,土壤锌水平适宜或者丰富。本试验采集的石灰性耕地土壤,有效锌含量为 0.301~0.864 mg/kg。有效锌含量低于 0.7 mg/kg 的土壤共有 11 个,叶面喷施锌肥后棉花增产率在 10% 以上的有 9 个,占 81.8%;当有效锌含量高于 0.7 mg/kg 时,施锌增产率平均仅为 2.4%。可见土壤有效锌含量越低,施用锌肥增产作用越显著。

表 25-3
锌处理下棉花各器官干物重（g/株）及其比例（%）

土壤类型	处理	根		茎		叶		铃壳		籽棉		总干物重	根冠比
		含量	比例	含量	比例	含量	比例	含量	比例	含量	比例		
灰漠土①	CK	1.69±0.69	15.60	2.03±0.36	16.5	1.28±0.6	17.67	2.03±0.64	18.81	3.64±2.08	31.41	10.87±3.65	0.19±0.04
	Zn	2.1±0.82	15.36	2.38±0.42**	15.79	2.23±0.42**	16.63	2.38±0.69	17.5	4.9±1.96*	34.72	13.74±3.56*	0.18±0.06
棕漠土	CK	1.45±0.39	10.89	2.46±0.56	11.98	1.97±0.55	14.61	2.46±0.65	18.33	5.93±1.63	44.19	13.41±3.27	0.12±0.02
	Zn	1.87±0.44**	11.29	3.21±0.37*	12.55	2.47±0.29*	15.47	3.21±0.95**	19.14	6.87±1.54	41.55	16.42±3.02**	0.13±0.01
潮土	CK	1.97±0.25	13.90	1.15±0.28	8.23	2.34±0.74	16.25	3.16±0.64	22.08	5.66±1.04	39.53	14.29±2.23	0.16±0.01
	Zn	2.29±0.27*	13.53	1.87±0.62**	11.48	2.93±0.73	17.04	3.42±1.2	19.61	6.67±1.65	38.35	17.19±2.89*	0.16±0.02

注："*""**"表示显著、极显著，①为相同土类的平均值。

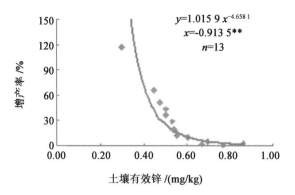

$$y=1.015\,9\,x^{-4.658\,1}$$
$$x=-0.913\,5**$$
$$n=13$$

图 25-1　棉花增产率与土壤有效锌之间的关系

从表 25-4 可以看出,不同土壤类型棉花增产率组间变异平方和为 0.727,自由度 $df=2$,组内变异误差为 0.607,自由度为 $df=10$,$F=5.99$,$P<0.05$,组间差异显著。说明不同土壤类型棉花在施锌条件下棉花增产率存在显著差异。

表 25-4
不同土壤类型棉花增产方差分析表

变异	平方和	自由度	方差	F 值	P 值
组间变异	0.727	2	0.363	5.99	0.02
组内变异	0.607	10	0.061		
总数	1.334	12			

(4)施锌对器官锌分配的影响　从表 25-4 可以看出,三种类型土壤施锌,棉花器官锌浓度均(极)显著提高,表现为叶>籽粒>茎>铃壳>根。而不施锌棉花器官锌浓度为籽粒>叶>茎>铃壳>根,表明施锌对叶锌浓度的影响大于籽粒。器官锌浓度净增加量为叶>茎>籽粒>铃壳>根。在不施锌情况下,三种土壤有效锌含量高时(表 25-5),锌的叶/根转运系数升高,此时锌易于在叶片大量积累。棕漠土不施锌时叶/茎转运系数最低,茎/根转运系数最高,但不稳定,此时锌主要集中在茎部,施锌后叶/茎、叶/根显著升高,而茎/根转运系数没有明显增加,说明施锌显著提高了锌由茎向叶的转运效率,但对根向茎部无显著影响。施锌能够提高茎/根转运系数,但不显著。

表 25-5
锌处理下棉花器官锌的分配

土壤类型	处理	锌浓度/(mg/kg DW)					锌转运系数		
		根	茎	叶	铃壳	籽棉	叶/根	叶/茎	茎/根
灰漠土	CK	11.99±3.05	9.29±1.69	21.43±3.67	9.02±2.05	31.67±3	2.51±1.84	2.69±0.8	0.88±0.43
	Zn	17.67±3.76**	20.18±4.79**	50.29±10.33**	17.66±5.35**	40.08±4.79**	3.29±1.22	2.81±0.87	1.31±0.67
棕漠土	CK	8.77±1.89	10.82±1.67	16.15±2.6	8.46±1.71	31.4±3.22	2.55±0.89	1.93±0.78	1.56±1.04
	Zn	13.72±4.48**	19.69±3.13**	40.39±10.37**	15.15±2.84**	37.64±2.03**	4.41±1.87**	2.87±1.26*	1.57±0.43
潮土	CK	5.81±1.16	9.25±4.96	14.92±3.07	7.21±1.68	28.08±8.97	3.08±0.7	4.68±2.77	0.87±0.49
	Zn	11.07±0.78**	16.85±3.47**	46.67±12.76**	12.67±4.45*	36.24±4.78**	5.28±2.33*	4.9±2.78	1.22±0.46

3. 讨论

(1)石灰性土壤锌供应能力　余存祖等认为研究土壤元素有效形态的富集远比研究其总量有意义。土壤有效锌是棉花锌素营养的主要来源,也是衡量土壤供锌能力的主要指标,石灰性土壤有效锌含量偏低是导致棉花缺锌的根本原因。前人把 0.5 mg/kg 作为石灰性土壤有效锌临界值指标,DTPA-Zn 处于 0.5~1.0 mg/kg 范围内时有效锌等级低。本研究所采集的新疆石灰性耕地土壤有效锌含量处于 0.301~0.864 mg/kg,平均值为 0.574 mg/kg,处于 0.5~1.0 mg/kg 的有效锌低等级。

土壤类型不同,有效锌含量较为接近。供试土壤潮土(0.688 mg/kg)有效性最高,其次为棕漠土(0.572 mg/kg),锌供应能力最差的是灰漠土(0.507 mg/kg),低于缺锌临界值的土壤主要是灰漠土,这主要与成土母质、土壤理化性质等有关。

(2)施锌对棉花的影响　本研究表明,施锌能够增加棉花总干物重,对棉花的地上部分生物量和籽棉产量都具有显著影响。施锌对棉花根系影响小于锌对冠层干物质的影响。锌对棉花茎、叶干物质所占总干物重比例无明显影响。在土壤缺锌条件下,施锌棉花总干物重均高于不施锌棉花,施锌棉花根冠比降低。土壤有效锌含量不同,棉花总干物重增加量也不同。支金虎指出锌素水平与棉花经济产量之间呈现显著的一元二次相关关系。本试验发现土壤增产率和有效锌两者也可以用乘幂函数表示:$y=1.015\ 9\ x^{-4.658\ 1}$,两者极显著相关。

三种类型土壤棉花在不供锌条件下,叶/根转运系数为灰漠土>棕漠土>潮土,表明土壤有效锌含量提高,增强了叶/根转运系数,利于锌由根部向叶的运输。由于锌素是直接喷施到棉花上面,可以认为锌主要被棉花叶片吸收,这是造成叶片锌浓度极显著升高的原因,此时棉花叶储存大量的锌,使其成为向地上部分转运锌的储备。

综上所述,叶面喷施锌肥能够减轻由于土壤供锌不足对棉花的影响,增加产量,但不同类型、不同土壤锌含量的土壤喷施锌肥的增产效果不同。从本试验看,所有供试土壤有效锌含量大多高于临界值却处于较低的水平,对棉花施锌肥增产效果比较明显。因此农业生产中在锌有效性低的土壤,应喷施锌肥以提高棉花产量。本试验仅通过盆栽试验棉花干物质和产量、器官干物质、锌分配等方面对新疆石灰性耕地土壤施锌的肥料效应进行了研究,还应在大田试验进一步研究,以便提供更充分的理论依据。

4. 结论

(1)三种类型土壤中,锌有效性为潮土>棕漠土>灰漠土。不同土壤类型有效锌含量较为接近,但是全锌含量差异明显。

(2)锌对棉花具有增产作用,施锌能够增加棉花总干物重。土壤有效锌越低,锌对棉花增产作用越显著,锌对根系受锌影响小于冠层,施锌降低了根冠比。

(3)棉花增产率与土壤有效锌呈显著负相关,可用函数表示:$y=1.015\ 9x^{-4.658\ 1}(r=-0.834\ 5)$。土壤有效锌含量不同,增产作用存在显著差异。锌对叶锌浓度的影响大于籽粒,施锌后棉花器官锌浓度均(极)显著提高,显著提高锌由茎向叶的转运效率。

25.1.2　新疆石灰性土壤锌有效性及其影响因素

土壤中锌的形态受锌元素本身性质、含量、土壤组成分如有机质、黏土矿物、锰铁铝氧化物、碳酸盐等及土壤环境条件(pH,温度等)的影响,其中,碳酸钙和黏土矿物对锌的吸附最为重要。能够被作物吸收利用的锌是有效锌,由于锌-土壤-植物间存在复杂的动态相互作用,只有部分土壤 Zn 能被植物吸收利用。有效锌数量的多少不仅取决于土壤中的锌含量,更取决于土壤其他理化因素的相互作用。前人研究表明,新疆石灰性土壤全锌量平均为 84.8 $\mu g/g$,低于全国平均值,而高于世界平均值;富含有机质的土壤,锌元素的有效态含量高;新疆盐碱土中,锌含量偏低,有效态含量变化较大,最高与最低含量之间相差 4 倍以上,高者可多达 10 余倍。这些研究仅仅说明了新疆石灰性土壤全锌及有效锌的含量状况,有关土壤锌有效性及其影响因素涉及较少。本研究以新疆代表性耕地土壤为材料,研究其锌库组成,土壤理化性质对 Zn 形态组分的影响,锌形态组分与土壤有效锌的相关关系,为评价石灰性土壤锌丰缺状况及其影响因素提供依据。

1. 材料与方法

(1)供试土壤样品采集　在南北疆采集 10 个地区农田耕地土壤样品,详见表 25-6。采样时间为 2010 年 2—3 月,选择作物产量中等、质地为轻壤-沙壤、无明显生长障碍因子的农田土壤,每个地点采集 7～9 个点,采取"S"状采样,除去地表秸秆,采样深度 20 cm,采回的土壤样品及时风干,过 5 mm 筛除去作物根系和石砾,充分混匀后用四分法取 1.0 kg 左右带回实验室供化学分析。

表 25-6
供试土壤基本性质

编号	采样地点	土壤	有机质/(g/kg)	物理性黏粒/%	碳酸钙/(g/kg)	电导率/(mS/cm)	pH
1	塔城	灰漠土	17.06	11.62	8.2	0.099	7.67
2	博乐	灰漠土	8.05	12.24	11.3	1.619	7.54
3	昌Ⅰ	灰漠土	5.26	4.41	10.98	0.293	7.82
4	昌Ⅱ	灰漠土	7.91	18.42	12.46	0.232	7.76
5	伊犁	灰漠土	20.95	24.39	16.33	0.137	7.45
6	阿克苏	棕漠土	16.07	13.88	12.27	0.691	7.62
7	和田	棕漠土	11.7	10.38	12.58	0.491	7.56
8	哈密	棕漠土	12.72	8.32	14.58	1.981	7.27
9	库尔勒	棕漠土	18.71	20.48	14.53	0.221	7.86
10	喀什	棕漠土	15.95	10.18	15.11	0.453	7.59
11	石Ⅰ	潮土	17.05	22.54	17.45	0.191	7.71
12	石Ⅱ	潮土	27.9	34.69	17.52	2.120	7.82
13	石Ⅲ	潮土	19.65	36.54	17.02	0.135	7.90

(2)土壤理化性质测定　土壤理化性质的测定参考鲍士旦的《土壤农化分析》,土壤 pH 采用 2.5:1 水土比,pH 计测定;土壤有机质含量采用重铬酸钾外加热法;土壤质地采用甲种比重计法;土壤电导率采用 5:1 水土比,电导率仪测定;土壤 $CaCO_3$ 含量采用中和滴定法。

(3)锌形态分级方法及提取原理　锌组分按照 Tessler、蒋廷惠及韩凤祥提出的 Zn 分级法(表 25-7),结合石灰性土壤特征,将土壤锌区分为 8 个形态,采用连续提取法提取交换态锌(Exc)、松结有机态锌(WBO)、碳酸盐结合态锌(CARB)、氧化锰结合态锌(OxMn)、紧结有机态锌(SBO)、无定型铁结合态锌(AOFe)、晶型铁结合态锌(COFe)和残留矿物态锌(Res),锌各级形态提取液用原子吸收分光光度计测定。土壤有效锌含量采用 DTPA 溶液(pH 7.3)浸提 AAS 法测定,全锌含量采用酸熔法。

用水或电解质溶液提取可溶态、交换态;弱酸提取碳酸盐结合态;弱还原剂提取氢氧化锰和无定形氢氧化铁结合态;弱氧化剂提取有机结合态;强酸提取残留态。一般而言,使用的提取剂化学酸碱性越强,说明锌与土壤其他物质的络合性越强,该组分越难以被作物吸收,有效性越差。在土壤中,不同形态的锌的生物有效性的顺序为:交换态 Zn>EDTA 浸提态 Zn>碳酸盐结合态 Zn>有机结合态 Zn,氧化铁锰态 Zn> 残留态 Zn。因此 Zn 组分中越靠后提取的锌形态其有效性越差。

表 25-7

土壤中各形态锌的连续提取法

提取形态	提取剂	土液比	条件
Exc	1 mol/L MgCl$_2$(pH 7.0)	1:4	恒温振荡 2 h
WBO	0.1 mol/L Na$_4$P$_2$O$_7$+1 mol/L Na$_2$SO$_4$(pH 7.5)	1:20	恒温振荡 2 h
CARB	1 mol/L NaOAC-HOAC(pH 5.0)	1:15	恒温振荡 6 h
OxMn	1 mol/L NHOH · HCl(pH 2.0)	1:20	恒温振荡 0.5 h
SBO	30% H$_2$O$_2$(pH 2.0) 1 mol/L MgCl$_2$(pH 7.0)	1:2.5 1:4	(85±5)℃水浴加热近干(两次) 恒温振荡 2 h
AOFe	(NH$_4$)$_2$C$_2$O$_4$-H$_2$C$_2$O$_4$(pH 3.25)	1:20	恒温振荡 4 h
COFe	0.04 mol/L NH$_2$OH · HCl-25% HOAC	1:20	96~100℃水浴加热,操作两次总土液比不变
Res	HF-HClO$_4$		高温消煮

(4)数据处理　数据处理和分析在 Excel 2003 或 SPSS 11.5 中进行。

2. 结果与分析

(1)土壤类型及取样地区对锌组分含量及分配率的影响

①土壤类型对锌组分含量及分配率的影响　新疆土壤主要是石灰性土壤,本试验采集的土壤包含潮土、棕漠土、灰漠土 3 种类型。土壤有效锌平均含量为潮土(0.69 mg/kg)>棕漠土(0.57 mg/kg)>灰漠土(0.51 mg/kg),变异系数为灰漠土>潮土>棕漠土(表 25-8)。在土壤锌组分中,WBO,CARB,OxMn,SBO,AOFe 平均含量均为潮土>棕壤土>灰漠土。不同土壤类型有效锌含量较为接近,但是全锌含量差异明显,趋势为棕漠土>灰漠土>潮土。

在 3 种类型土壤中,灰漠土、棕壤土锌组分平均含量(分配率):Res>COFe>AOFe>WBO>SBO>CARB>OxMn;潮土中锌组分平均含量(分配率):Res>COFe>AOFe>SBO>WBO>CARB>OxMn。由于潮土有机质含量显著高于灰漠土以及棕漠土但其有机质较为老化,因此其紧结态锌含量高于松结态锌含量。

②南北疆土壤锌组分含量及分配率　北疆土壤全锌平均含量(85.49 mg/kg)明显低于南疆(107.21 mg/kg),变异系数大(表 25-9),表明南北疆土壤锌背景值不同,南疆土壤全锌含量高于北疆土壤,而北疆土壤全锌变异较大。北疆土壤有效锌平均含量(分配率)高于南疆土壤,说明有效锌含量(分配率)的多少不仅仅取决于土壤中的锌含量,还受到土壤其他理化因素的影响。

(2)锌组分分配率与土壤理化性质的关系　锌组分分配率与土壤理化性质的相关分析表明(表 25-10),WBO 的分配率与有机质含量呈显著正相关,相关系数为 0.613,与 CaCO$_3$ 含量、物理性黏粒含量呈极显著正相关($r^2=0.837**$);SBO 分配率与 CaCO$_3$ 含量及物理性黏粒含量呈显著正相关($r^2=0.601*$,$r^2=0.635*$);CARB 分配率与土壤 CaCO$_3$ 含量、物理性黏粒含量均呈极显著正相关,相关系数分别为 0.746、0.799。CaCO$_3$ 含量和物理性黏粒含量是影响 WBO、CARB、SBO 分配率的重要因子。有效锌含量与物理性黏粒含量密切相关,即土壤黏性越强,有效性含量越高。

表 25-8

不同土壤类型土壤锌及锌组分平均含量（mg/kg）及分配率（%）

| | | Exc | WBO | | CARB | | OxMn | | SBO | | AOFe | | COFe | | Res | | 有效锌 | | 全锌 |
			含量	比例	含量	比例	含量	比例	含量	比例	含量	比例	含量	比例	含量	比例	含量	比例	含量
灰漠土	平均	0.02	1.03	1.04	0.72	0.76	0.64	0.72	0.73	0.82	4.75	5.17	9.13	10.09	74.52	81.07	0.51	0.55	91.86
	变异系数	nd*	90.81	74.30	53.21	45.04	32.10	38.35	40.09	45.47	57.38	59.19	37.42	40.74	16.04	4.48	33.69	22.52	13.91
棕漠土	平均	nd	1.10	1.05	0.87	0.83	0.73	0.71	1.02	0.97	5.44	5.08	18.02	16.57	79.54	74.44	0.57	0.54	107.21
	变异系数	nd	8.07	17.97	50.16	56.58	56.84	63.99	44.17	44.61	47.30	47.73	35.09	22.63	12.27	6.56	11.38	9.33	13.80
潮土	平均	nd	1.81	2.43	1.68	2.22	0.91	1.29	1.94	2.62	5.81	7.59	15.53	20.87	47.27	62.75	0.60	0.92	74.88
	变异系数	nd	11.42	12.60	34.33	31.09	104.12	112.25	7.56	17.78	41.16	30.86	13.87	12.96	11.62	4.55	26.28	24.25	10.61

* nd：痕迹。

表 25-9

不同地区土壤锌及锌组分平均含量（mg/kg）及分配率（%）

| | | Exc | WBO | | CARB | | OxMn | | SBO | | AOFe | | COFe | | Res | | 有效锌 | | 全锌 |
			含量	比例	含量	比例	含量	比例	含量	比例	含量	比例	含量	比例	含量	比例	含量	比例	含量
北疆	平均	0.01	1.32	1.56	1.08	1.31	0.74	0.93	1.18	1.49	5.15	6.08	11.53	14.13	64.3	74.2	0.6	0.68	85.49
	变异系数	nd*	62.12	60.16	60.31	67.06	73.71	91.2	56.54	67.31	48.25	47.92	37.78	46.32	26.45	13.46	32.41	35.98	16.06
南疆	平均	nd	1.1	1.05	0.87	0.83	0.73	0.71	1.02	0.97	5.44	5.08	18.02	16.57	79.54	74.44	0.57	0.54	107.21
	变异系数	nd	8.07	17.97	50.16	56.58	56.84	63.99	44.17	44.61	47.3	47.43	35.09	22.63	12.27	6.56	11.38	9.27	13.80

* nd：痕迹。

表 25-10

锌组分分配率与土壤性质间的相关分析

项目	有机质	全锌	CaCO$_3$	物理性黏粒	pH
Exc	0.285	0.306	0.301	0.225	−0.341
WBO	0.613*	−0.345	0.837**	0.837**	0.277
CARB	0.499	−0.466	0.746**	0.799**	0.234
OxMn	−0.038	−0.512	0.223	0.011	−0.065
SBO	0.283	−0.676*	0.601*	0.635*	0.47
AOFe	0.494	−0.192	−0.032	0.291	0.057
COFe	0.365	−0.102	0.482	0.214	0.345
Res	−0.55	0.315	−0.544	−0.462	−0.345
Avail. Zn	0.45	−0.466	−0.451	0.851**	0.438

　　（3）土壤有效锌与 Zn 组分的关系　　土壤中有效锌含量与锌组分含量进行相关分析表明（表 25-11），Zn 与 Exc，SBO，COFe，Res 间的相关系数为 0.385，0.363，0.245，0.032，相关关系不显著，与 WBO、CARB 显著，系数为 0.829，0.801。土壤 Exc 与 WBO 相关系数达 0.669，呈显著正相关。WBO 与 CARB 相关系数达 0.669，呈显著正相关。SBO 与 Res 呈显著负相关关系（$r^2 = -0.676**$）。

　　以有效锌含量与锌各组分含量进行拟合，得到土壤有效锌表达方程：$Y = 0.306 + 0.123$ WBO $+ 0.116$ CARB（$F = 20.095$，$r^2 = 0.801**$）。因此，在石灰性土壤中 WBO 和 CARB 是土壤有效锌的主要来源，这两种组分包含了超过 80％的有效锌来源。

表 25-11

土壤有效锌及锌各形态组分间相关关系

锌组分	Exc	WBO	CARB	OxMn	SBO	AOFe	COFe	Res	Avail.
Exc	1								
WBO	0.669*	1							
CARB	0.13	0.663*	1						
OxMn	−0.102	−0.057	−0.024	1					
SBO	−0.206	0.413	0.47	0.097	1				
AOFe	0.028	0.026	−0.033	−0.456	0.022	1			
COFe	−0.29	0.086	0.08	−0.012	0.126	0.262	1		
Res	0.412	−0.078	−0.329	−0.357	−0.676*	−0.022	0.069	1	
Avail. Zn	0.385	0.829*	0.801*	−0.317	0.363	−0.024	0.245	0.032	1

3. 讨论

(1)土壤理化性质对有效锌含量的影响 多数研究资料表明,进入土壤中的锌大约 90% 以上为硅铝酸盐矿物态和氧化铁结合态形式存在,而自由离子态和交换态含量之和不足 10%。碳酸盐不仅间接增强土壤氧化物和黏土矿物对 Zn 的吸附,其本身对 Zn 的吸附和固定作用较为重要。土壤 pH、有机质含量是影响有效态 Zn 的重要因素。新疆土壤 $CaCO_3$ 含量很高,为 5%～20%,$CaCO_3$ 的存在直接提高了土壤的 pH($CaCO_3 + H_2O \rightarrow CaHCO_3^+ + OH^-$),土壤较高的 pH 和 $CaCO_3$ 含量,限制了锌在土壤中的移动性和溶解度。研究表明,每增加一个 pH 单位,所有含锌矿物的溶解度可减少为其原溶解度的 1%。一般情况下,Zn 活性随土壤 pH 下降而升高。土壤有效锌含量与碳酸钙含量的单相关系数为 -0.451,虽然没有达到显著相关的阈值,但是表现了较显著的负相关的趋势,即碳酸钙含量越高,土壤有效锌含量越低。

土壤有效锌含量与土壤物理性黏粒呈显著正相关($r^2 = 0.707^*$),这是因为土壤颗粒影响土壤有效锌含量,黏粒含量高的土壤有效 Zn 含量也高。一般质地沙性越强,全锌含量和有效锌含量越低。新疆土壤风沙土比例较大,沙性较强,因此土壤有效锌含量较低。

也有研究认为土壤有机质分解过程中不仅可以产生酸性物质降低土壤 pH,而且其小分子物质可与锌形成溶解度大的络合物,从而增加有效锌含量。如表 25-10 所示,有效锌与土壤有机质含量间存在正相关关系($r^2 = 0.45$),但不显著。

(2)有效锌含量与土壤锌及其组分之间的关系 对土壤有效锌含量与土壤全锌进行相关分析,两者呈正相关关系($r^2 = 0.17$,),相关系数不大,说明土壤有效锌含量与全锌含量之间没有必然的相关性。有效锌与 WBO 呈显著正相关(表 25-11),说明土壤有机质含量对土壤有效锌含量起着重要的作用。土壤有效锌含量与 CARB 组分含量之间简单相关系数为 0.801,达极显著正相关。因此,在石灰性土壤上,由于碳酸盐构成的缓冲系统十分稳定,碳酸盐结合态锌组分反而是土壤有效锌的主要来源之一。

4. 结论

(1)新疆石灰性土壤有效锌平均含量为潮土(0.69 mg/kg)＞棕漠土(0.57 mg/kg)＞灰漠土(0.51 mg/kg),变异系数为灰漠土＞潮土＞棕漠土。在土壤锌组分中,WBO,CARB,OxMn,SBO,AOFe 平均含量均为潮土＞棕壤土＞灰漠土。南北疆土壤锌背景值不同,北疆土壤锌背景值变异较大。

(2)$CaCO_3$ 含量和物理性黏粒含量是影响 WBO,CARB,SBO 分配率的重要因子。WBO、CARB 及 SBO 含量与土壤物理性黏粒含量呈(极)显著正相关。

(3)有效锌含量与 WBO、CARB 含量相关关系显著,系数分别为 0.829、0.801。土壤 Exc 与 WBO 相关系数达 0.669,呈显著正相关。WBO 与 CARB 相关系数达 0.669,呈显著正相关。在石灰性土壤中 WBO 和 CARB 是土壤有效锌的主要来源。土壤有效锌含量可用方程:$Y = 0.306 + 0.123\ WBO + 0.116\ CARB$($F = 20.095, r^2 = 0.801^{**}$)预测。

25.2 棉花高产高效养分管理技术创新与应用

25.2.1 棉花盐胁迫研究进展

盐渍化是影响土地生产力的重要障碍因子,也是目前威胁农业可持续发展的全球性问题。全世界盐渍土约 15 亿 hm^2,我国约 2 600 万 hm^2,其中盐碱耕地约 660 万 hm^2,而且随着工业的发展、灌溉地和塑料大棚面积的不断扩大,土壤盐渍化日趋严重。新疆地处欧亚大陆腹地,典型的气候使新疆成为土壤盐渍化大区,盐渍土不仅种类多而且总面积超过 1 100 万 hm^2,且现有耕地中已有 31.1% 的面积受到盐渍危害,其中南疆盐渍化严重,占耕地面积的 25%～40%,尤其是塔里木盆地,钠盐含量较高,pH 8.5 左右。其中阿瓦提、巴楚、麦盖提、岳普湖、伽师等植棉区土壤盐渍化面积占各县耕地面积的

90%以上,每年都有盐化严重的土壤遭到弃用,给农业生产造成重大损失,并对绿洲生态环境的稳定及土地资源的可持续利用造成危害。因此在全球土壤资源日益紧张的今天,盐渍土的改良和综合利用越来越多地受到世界各地研究者的关注,其中有关作物耐盐性鉴定、盐胁迫对作物生长发育的影响、作物的耐盐机理及对盐渍土进行生物治理是目前研究的重要领域。

棉花是新疆主要的经济作物,不仅种植面积大而且产量位居全国之首,但棉田土壤不同程度的盐渍化却给棉花的正常生长、发育造成影响,土壤中的盐分对棉花生长和发育具有双重影响,较低浓度的盐分有利于棉花出苗,提高产量和品质,但是,当盐分浓度大于 0.2% 时,就会通过离子毒害和渗透胁迫影响棉花生长,轻则影响棉花的生长和发育导致减产,重则使棉花死苗,棉田绝收,对整个农业生产带来严重的经济损失,所以在新疆棉花优势种植区,结合光热水肥资源依据土壤含盐量种植具有不同耐盐特性的棉花品种是提高棉花产量、改善棉花品质的一条重要途径,也是植棉区加大对盐碱地及次生盐碱地有效利用的重要措施。

1. 盐胁迫对不同基因型棉花光合作用及叶绿素荧光特性的影响

本试验以人工气候室中水培的不同基因型棉株为材料,从叶绿素荧光动力学特征及叶绿素含量入手,探究不同强度盐胁迫对耐盐性不同的棉株生长及光合作用的影响。旨在了解不同基因型棉株的抗盐机制,揭示盐分胁迫与光合作用及相关指标之间的关系,为新疆不同基因型棉株栽培管理、抗盐性鉴定及抗盐性棉株新品种选育提供理论依据和参考指标。

(1)材料与方法

①试验材料　试验以芽期及苗期鉴定的中棉所 35、中棉所 41、新海 21 号及新海 28 号为材料。材料均由兵团种子管理总站提供。

②试验设计　试验于 2008 年 6—9 月在石河子大学绿洲生态农业重点实验室的人工气候室中进行。采用水培法培养不同基因型棉株,先将发芽后的种子播于蛭石中,当第 1 片真叶露尖后挑选生长一致的幼苗移入带孔盖板的 8 L 立方体 PVC 钵中(长×宽×高=38 cm×31 cm×13 cm),每钵 12 株,钵中装入 6 L 用去离子水配制的 Hogland 营养液,将培养钵放入 LT/ACR-2002 型人工气候室中培养,白天光照为 300 μmol photons/(m² · s),夜晚光照为 0,光暗周期为 14/10 h,昼夜温度为 28/20℃,空气相对湿度为 60%~70%,培养期间用电动气泵 24 h 持续通气。待幼苗第三片真叶完全展开后进行盐处理,设 6 个处理,即:0,50,100,150,200,250 mmol/L,每个处理重复 3 次。为避免盐激,采取浓度逐渐递加的方法,每天递增 50 mmol/L,最终达到预定的处理浓度,盐胁迫培养 30 d,前期(加盐处理前)每 6 d 换一次营养液,后期(加盐处理后)每 3 d 换一次营养液,每天用 0.1 mol/L 的 NaOH 或 0.1 mol/L 的 H_2SO_4 调节 pH,使 pH 维持在 5.8~6.5,同时加蒸馏水以补充水分的散失。盐处理 30 d 后测定相关指标。

③测定项目与方法

a. 棉株幼苗生长的测定:加盐处理前 1 d 及加盐处理后的第 7,14,21,28 天用卷尺测定每个处理的幼苗株高和根长,数据以每 10 株幼苗株高和根长的平均值表示,共测 30 株,单位为 cm。

b. 叶绿素含量的测定:参照丙酮乙醇混合液法(邹琦,1995)。

c. 叶绿素荧光参数测定:采用德国 WALZ 生产的 PAM 2100 便携式脉冲调制式叶绿素荧光仪参照 Genty 等(Genty,1989)测定功能叶的叶绿素荧光参数。测量前先使棉株暗适应 30 min,然后打开测量光,得原初荧光(F_0)及最大荧光(F_m)。后打开光化学光,强度为 300 μmol/(m² · s),光适应 15~20 min,测得 PSⅡ电子传递量子产量(ΦPSⅡ)等荧光参数,根据所测叶绿素荧光参数值计算出潜在光化学效率(F_v/F_0)和非光化学荧光淬灭系数(NPQ),其中:F_v(可变荧光)$=F_m-F_0$,NPQ$=F_m/F_m'-1$,$qP=(F_m'-F_t)/(F_m'-F_0)$。

d. 光合生理指标测定:采用 LI-6400 型光合仪(Li,USA),于上午 9:30—11:00 测定叶片净光合速率(Pn)、气孔导度(Gs)、蒸腾速率(Tr)、胞间 CO_2 浓度(Ci)等参数。使用开放式气路,CO_2 浓度为 385 μmol/mol 左右。选择红蓝光源叶室,设定光量子密度(PAR)为 300 μmol/(m² · s)。每处理每重复取 5 片生长一致且受光方向相近的功能叶测定,通过叶室夹住叶片进行活体测定,叶室温度设定为28±1℃。

(2)结果与分析

①NaCl 胁迫时间对棉株幼苗生长的影响

a. NaCl 胁迫时间对不同基因型棉株幼苗根长的影响:不同盐处理时间下,不同基因型棉株根系生长速度不同(图 25-2),ZH 21 加盐处理后,其根生长速度明显低于对照,且随盐胁迫浓度的增加,根生长速度越来越慢,根长也变得越来越短,尤其在 NaCl ≥200 mmol/L 处理浓度下,根长随盐胁迫时间的增加几无变化,在 NaCl 处理浓度达 250 mmol/L 14 d 后,所有棉株全部致死,可见,XH 21 根系所能承受的最大盐极限值分布在 200~250 mmol/L 间,XH 28 根长在各盐处理浓度下,随盐胁迫时间的延长而不断增长,尤其在 NaCL 浓度为 50 mmol/L 处理 21 d 后超过对照,28 d 后明显长于对照,可见,XH 28 根生长的最适土壤盐浓度为 50 mmol/L,此后,随盐浓度的增加,各处理下根的生长速度减缓,根长低于对照,根长变短。ZM 35 随盐胁迫时间的延长,各浓度下根长均随胁迫时间而增长,不过在 NaCl 浓度为 250 mmol/L 时,各时间段根长变化比较平缓,根长增加较少,而在 NaCl 浓度为 150 mmol/L 根生长速度最快,根长明显高于对照,可见 150 mmol/L 的盐浓度是 ZM 35 根生长的最适浓度。当 NaCl 浓度≤200 mmol/L 时,ZM 41 根长均随盐胁迫时间的延长而增加,而且根长在处理间变化差异显著,盐浓度越大,根生长速度越慢,当 NaCl 浓度为 250 mmol/L 时,在各时间段内,根长几无变化,但部分棉株依然存活,可能此浓度为 ZM 41 根所有忍受的最大极限。

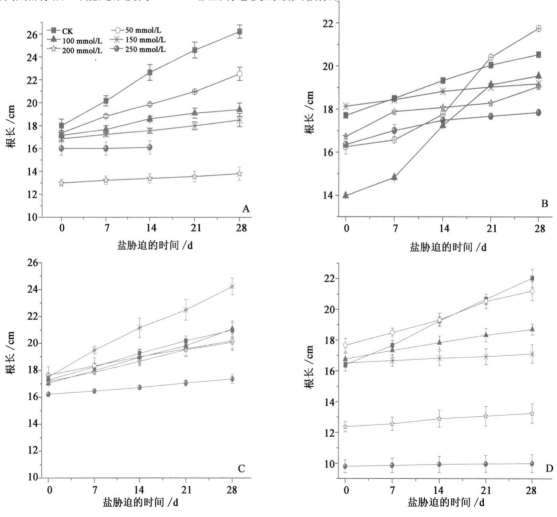

图 25-2 不同 NaCl 处理时间对不同基因型棉株根长的影响

(注:A:XH 21, B: XH 28, C:ZM;35, D:ZM 41)

　　此外,试验还对各品种在盐胁迫 30 d 内,每周根的平均增量做了统计,具体见图 25-3,随盐胁迫时间的延长,各基因型品种每周根长平均增量各不相同,XH 21 根长在盐处理下第一周根长平均增量较低,随后各周有所增加,但高盐浓度下各周根平均增量持平,XH 28 在盐处理第二周和第三周,每周根长平均增量在处理浓度达 50,100 mmol/L 达极值,而其他各处理浓度下增量相当,NaCl 处理浓度 150 mmol/L 下,ZM 35 根每周平均增量在所有处理浓度下最高,显著高于对照,使其最终根长超过对照,ZM 41 高盐处理下每周根长平均增量相当,NaCl 处理浓度为 50 mmol/L 时,每周根长增量在第三周达最大,随后下降。整体而言,盐敏感型品种每周根长平均增量低于耐盐品种且低于对照。

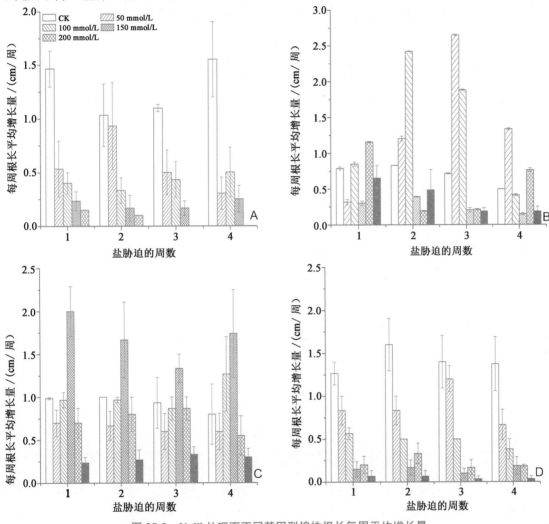

图 25-3　NaCl 处理下不同基因型棉株根长每周平均增长量
(注:A:XH 21, B: XH 28, C:ZM:35, D:ZM 41)

　　b. NaCl 胁迫时间对不同基因型棉株幼苗株高的影响:随盐胁迫时间的增加,不同基因型棉株株高变化呈相同的变化趋势(图 25-4),XH 21 在各处理浓度下,株高随盐胁迫时间的延长而增加,在低盐区株高增加速度较快,高盐区株高增加较慢,在 NaCl 处理浓度达 250 mmol/L 14 d 后,所有棉株全部致死,XH 28 株高在各盐处理下随时间延长,株高呈线性增加,NaCl 处理浓度达 50 mmol/L 时,株高明显高于对照,此浓度不仅有利于株高生长也有利于根系生长,此浓度使棉株地下地上生长达到最优状态,ZM 35,ZM 41 在盐胁迫浓度≤100 mmol/L 区间内,株高随时间延长而急剧增加,在盐胁迫浓度≥150 mmol/L 区间内,各浓度胁迫下株高随时间变化平缓,当盐胁迫浓度在 200～250 mmol/L 区间内,株高几无增长,其中盐敏感植株 ZM 41 表现尤其明显,说明此时的盐浓度已极大的限制了 ZM 41 地上部分的生长,地上部分几乎停止生长,棉株耐盐已到极值。

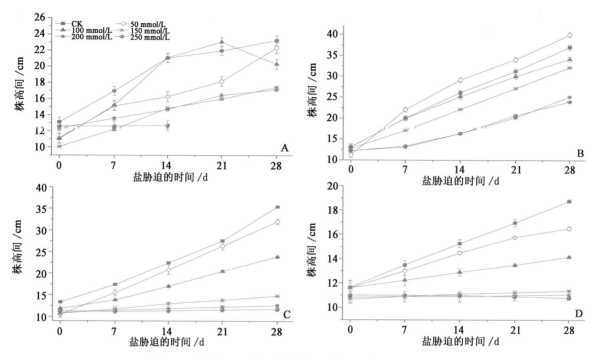

图 25-4　不同 NaCl 处理时间对不同基因型棉株株高的影响

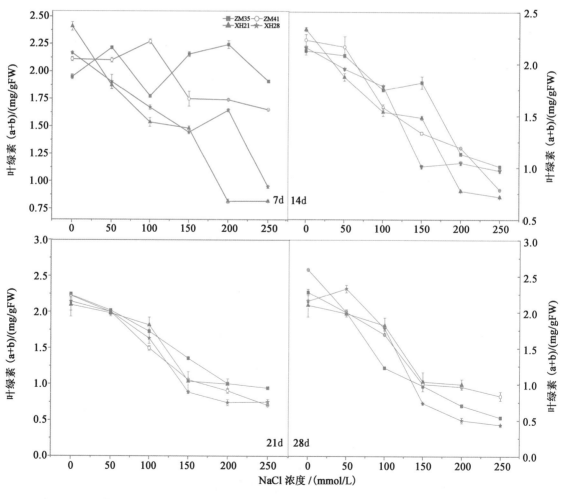

图 25-5　不同 NaCl 处理时间对不同基因型棉株叶片叶绿素总量的影响

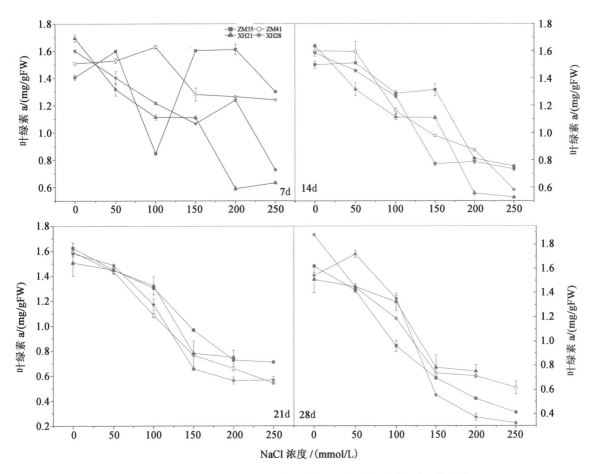

图 25-6　不同 NaCl 处理时间对不同基因型棉株叶片叶绿素 a 的影响

②NaCl 处理时间对不同基因型棉株幼苗叶绿素含量的影响

a. NaCl 处理时间对不同基因型棉株幼苗叶绿素总量的影响：叶绿素在作物光合作用中对光能的吸收、传递和转化起着极为重要的作用，其含量高低与叶片光合速率密切相关，不仅反映作物衰老状况，还是衡量作物光合能力的一个重要指标。从图 25-5 可以看出，NaCl 胁迫时间不同、NaCl 浓度不同则对不同基因型棉株叶片叶绿素总量影响也不同，随盐胁迫浓度的上升，所有基因型棉株叶叶绿素总量随盐胁迫时间的延长总体呈下降趋势，在盐胁迫第 7 天，ZM 35 叶片叶绿素总量随盐浓度的增加呈现先升后降再升的"N"型模式，ZM 41、XH 21、XH 28 d 时则为先升后降的倒"V"模式，在高盐区 ZM 35 叶绿素总量为所有供试品种中的最高者，而 XH 21 则为最低者。盐胁迫第 14 天、21 天不同基因型棉株在各处理浓度下，叶绿素含量差距趋小，在胁迫时间达 28 d 时唯有 XH 28 在盐处理浓度为 50 mmol/L 时，其叶绿素含量高于对照，其他 3 个品种在所有处理下叶绿素含量均低于对照。当盐处理浓度达 200 mmol/L 时，ZM 35，ZM 41，XH 28，XH 21 叶绿素含量与对照相比分别下降了 76.65%，67.92%，52.38% 和 80%，由此可见高盐浓度可使叶绿素的合成受到抑制。这可能是由于盐胁迫使捕光色素蛋白复合体和反应中心复合体受损伤或部分降解，导致转能效率降低所致。

b. NaCl 处理时间对不同基因型棉株幼苗叶绿素 a 的影响：叶绿素 a 是光合作用的中心色素分子，它能把光能转换为电能，然后转化为活跃的化学能供生命活动所需，叶绿素 a(chla)含量高低可直接影响电子传递和 ATP 的合成，同时对电子传递速率及 NADP$^+$ 的还原也有很大影响，研究表明逆境胁迫可影响叶绿素 a 的含量。由图 25-6 可以看出，盐处理 7 d 后，XH 28、XH 21 叶绿素 a 含量随盐浓度的上升而急剧下降，ZM 35，ZM 41 叶绿素 a 含量分别在盐浓度为 50,100 mmol/L 时高于对照，随后随盐浓度上升 ZM 41 叶绿素 a 含量呈下降趋势，ZM 35 则出现先下降后上升再下降的趋势；盐胁迫第 14、

21天,随盐浓度上升,各品种叶绿素 a 含量总体呈现下降趋势,且在同一盐处理浓度下,各品种叶绿 a 含量差距减小,当盐胁迫达 28 d 时,除 XH 28 叶绿素 a 含量在盐浓度为 50 mmol/L 时高于对照,其他所有品种叶绿素 a 含量均随盐浓度上升而大幅度下降且均低于对照,且在低盐区海岛棉品种叶绿素 a 含量高于陆地棉品种,当盐处理浓度达 200 mmol/L 时,ZM 35,ZM 41,XH 28,XH 21 叶绿素 a 含量与对照相比分别下降了 74.63%,67.23%,50.29% 和 79%,由此可见高盐浓度可使叶绿素 a(chla)含量急剧降低,下降原因可能是盐胁迫减缓了电子传递和 ATP 的合成,也可能是电子传递速率及 NADP+ 的还原被降低,从而导致叶绿素 a 含量的下降。

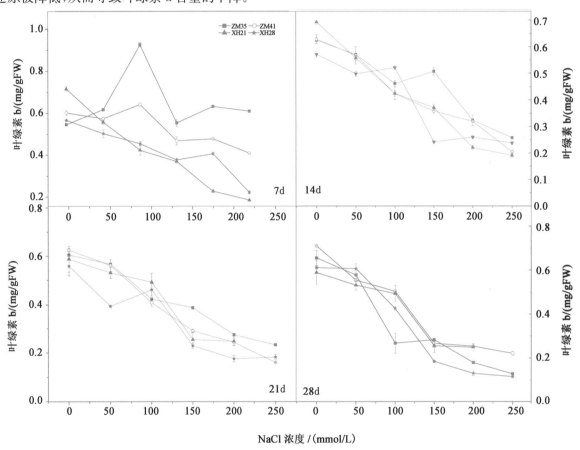

图 25-7　不同 NaCl 处理时间对不同基因型棉株叶片叶绿素 b 的影响

　　c. NaCl 处理时间对不同基因型棉株幼苗叶绿素 b 的影响:叶绿素 b(chlb)是一种捕光天线色素,主要功能是吸收和传递光能,同时在 PSII 复合体的组装及维持其稳定性中必不可少,其含量变化将影响叶绿体对光能的吸收,从而影响光能转化率和 ATP 的合成量。盐胁迫下不同基因型棉株随盐胁迫时间的延长,其叶绿素 b 含量变化有所不同。由图 25-7 可知,在盐胁迫第 7 天,ZM 35 叶绿素质 b 含量在盐处理为 100 mmol/L 达到峰值,在此胁迫时间内,在 NaCl 处理浓度超过 50 mmol/L 的区间内,耐盐品种 ZM 35,XH 28 叶绿素 b 含量分别高于盐敏感品种 ZM 41,XH 21,且陆地棉品种的叶绿素 b 含量高于海岛棉品种,在盐处理时间达 14,21 d 时,同一处理下的不同基因型棉株叶绿素 b 含量差距渐趋减小,所有供试品种叶绿素 b 含量均随盐浓度的上升而下降。当盐胁迫达 28 d 时,除 XH 28 在 NaCl 处理浓度为 50 mmol/L 时与对照没有显著差异外,其他所有供试品种在所有处理浓度下均显著低于对照,且随盐浓度的上升急剧下降,当盐处理浓度达 200 mmol/L 时,ZM 35,ZM 41,XH 28,XH 21 叶绿素 b 含量与对照相比分别下降了 80.52%,68.99%,57.76% 和 81.19%,由此可见一定盐浓度可使叶绿素 b(chlb)含量降低,而且盐浓度越高,被降低的也越多。

d. NaCl 处理时间对不同基因型棉株幼苗叶绿素 a/b 的影响：盐胁迫对不同基因型棉株叶叶绿素 a/b 的影响见图 25-8，盐处理第一周，XH 21，XH 28 叶绿素 a/b 值随盐浓度上升呈上升趋势，在处理浓度达 250 mmol/L 时，叶绿素 a/b 值分别达到峰值，ZM 35 叶绿素 a/b 值呈先升后降的趋势，其峰值在 250 mmol/L 时出现，ZM 41 叶绿素 a/b 随盐度上升呈先升后降再升的变化规律。当盐处理达 14,21 d 时各基因型叶绿素 a/b 值具有相同的变化规律，即整体呈上升趋势。而当盐处理达 28 d 时，各基因型随处理浓度呈先上升后下降的变化趋势。其中 ZM 35，XH 28 的峰值点出现在处理浓度达 100 mmol/L 时，ZM 41，XH 21 的峰值点出现在处理浓度达 150 mmol/L 时。

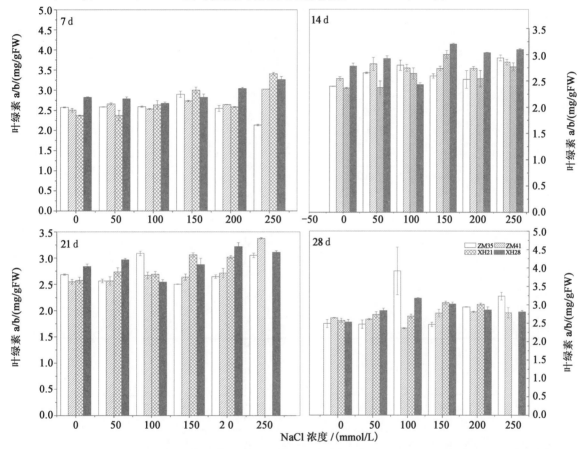

图 25-8 不同 NaCl 处理时间对不同基因型棉株叶片叶绿素 a/b 的影响

③NaCl 处理对不同基因型棉株幼苗光合作用的影响 叶片净光合速率(Pn)降低是叶片衰老的主要生理表现，Pn 的高低基本可反映叶片衰老程度和生理功能好坏。由图 25-9 可知，随着 NaCl 浓度的增加，XH 21 叶净光合速率显著下降，在 NaCl 为 200 mmol/L 处与对照相比下降 84.32%；XH 28 在 NaCl 为 50 mmol/L 高于对照后显著下降，在 NaCl 为 200 mmol/L 处与对照相比下降 72.12%，处理后两品种净光合速率有显著差异，XH 28 的净光合速率明显高于 XH 21，说明其生理活性受盐胁迫影响较轻。ZM 35、ZM 41 净光合速率随盐浓度的上升显著下降，在 NaCl 为 250 mmol/L 处与对照相比下降了 84.32%；处理后两品种净光合速率有显著差异，ZM 35 的净光合速率明显高于 ZM 41，此外，在盐胁迫下，不同种的净光合速率也有所不同，陆地棉耐盐品种 ZM 35 净光合速率高于海岛棉耐盐性品种 XH 28，陆地棉盐敏感品种 ZM 41 叶净光合速率高于海岛棉品种 XH 21。

气孔是植物叶片与外界进行气体交换的主要通道。植物在光下进行光合作用，经由气孔吸收 CO₂，所以气孔必须张开，但气孔开张又不可避免地发生蒸腾作用，气孔可以根据环境条件的变化来调节自己开度的大小而使植物在损失水分较少的条件下获取最多的 CO₂。气孔导度可用来表示气孔张开的程度,通常在逆境胁迫下,叶片气孔都有不同程度的关闭,从图 25-8 可以看出,不同浓度 NaCl 处理后四种不同基因型品种叶片气孔导度的变化趋势与净光合速率相似,即随着盐浓度的增加显著下降,但相同盐浓度下 XH 28 气孔导度高于 XH 21,ZM 35 气孔导度高于 ZM 41。在 NaCl≤100 mmol/L 的区间内,陆地棉耐盐品种 ZM 35 气孔导度高于海岛棉耐盐性品种 XH 28,陆地棉盐敏感品种 ZM 41 叶气孔导度高于海岛棉品种 XH 21。

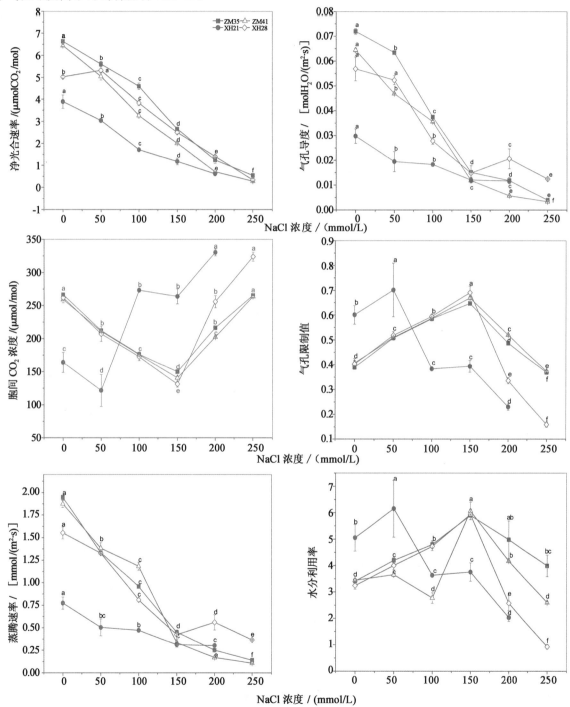

图 25-9 NaCl 浓度对不同基因型棉株净光合速率(P_n)、气孔限制值(L_s)、气孔导度(G_s)和胞间 CO_2 浓度(c_i)、蒸腾速率(T_r)、水分利用率(WUE:P_n/T_r)的影响

同一品种中标以不同字母的值在 0.05 水平上差异显著

植株叶片胞间 CO_2 浓度是影响光合作用的另一个重要因素,其变化规律与气孔限制值相反,胞间 CO_2 降低净光合速度就会下降,由图 25-9 所示,4 个不同基因型品种在各处理下,细胞间隙 CO_2 浓度均随着盐浓度的增加先降后升,而气孔限制值则出现相反的变化规律,XH 21 在 NaCl 为 50 mmol/L 时,细胞间隙二氧化碳浓度降至最低,而 XH 28、ZM 35、ZM 41 则延迟至 150 mmol/L 时,随后两品种在最大胁迫浓度时细胞间隙二氧化碳浓度最高而此时气孔限制值却最低,说明在高盐胁迫下时导致 4 种不同基因型净光合速率降低的原因可能不是气孔限制所引起。

以 Pn/Tr 计算的叶片瞬时水分利用效率(WUE)能表征棉株对自身蒸腾耗水量的利用能力。Heitholt 认为,适度盐胁迫能使植物 WUE 显著提高,本研究发现在盐胁迫浓度≤150 mmol/L 的区间内,随盐胁迫浓度的提高,耐盐品种 ZM 35、H 28 的 WUE 值明显上升,显著高于对照,而盐敏感品种 XH 21 的 WUE 值在盐胁迫浓度≤50 mmol/L 区间内明显上升且显著高于对照,盐敏感的 ZM 41 随盐浓度上升 WUE 呈现先下降后上升再下降的趋势,其中在盐胁迫浓度为 150 mmol/L,其 WUE 值到达峰值,所有供试品种在盐胁迫浓度超过 150 mmol/L 的区间内,随浓度的上升 WUE 值急剧下降,相比较而言,在盐胁迫浓度为 200 mmol/L 时,与对照相比,各基因型 WUE 值变化情况如下:ZM 35、ZM 41 分别上升了 46.3%、21.32%,XH 21、ZH 28 分别下降了 25.58%,20.52%。此外,所有供试品种蒸腾速度随盐浓度的增加而急剧下降。

④NaCl 处理对不同基因棉株幼苗叶绿素荧光参数的影响

a. 盐胁迫对不同基因型棉株叶片 F_0、F_m、F_v/F_0 和 F_v/F_m 的影响:叶绿素荧光是光合作用的探针,叶绿素荧光参数则反映光合机构内一系列重要的适应调节过程,通过对各种荧光参数的分析,可以得到有关光能利用途径的信息。4 个不同基因型棉株功能叶荧光参数随盐浓度变化趋势如表 25-12 所示。其中,基础荧光(F_0)表示 PSⅡ反应中心全部开放时即原初电子受体(QA)全部氧化时的荧光水平,理论上用来指反应中心恰未能发生光化学反应时的叶绿素荧光。最大荧光(F_m)是 PSⅡ反应中心全部关闭时的荧光,反映了可变荧光(F_m)PSⅡ的电子传递情况,可作为 PSⅡ反应中心活性大小的相对指标。表 25-12 显示随盐浓度的增加,4 个不同基因型棉株 F_0 成不同幅度的上升,各浓度下,XH 21 的 F_0 高于 XH 28,ZM 41 的 F_0 高于 ZM 35,在盐胁迫浓度低于 150 mmol/L 的区间内,陆地棉品种的 F_0 大于海岛棉品种。

荧光参数 F_v/F_m 和 F_v/F_0 常用于度量植物叶片 PSⅡ原初光能转化效率和 PSⅡ潜在活性,是光化学反应的两个重要参数。F_v/F_0 表示反应中心 PSⅡ潜在活性的变化,可以衡量光合机构是否受到损伤,暗适应后的 F_v/F_m 值影响 PSⅡ潜在量子效率,被认为是植物光合能力的敏感指标,可以表示 PSⅡ的最大光能转化效率。从表 25-12 可以看出,盐胁迫下不同基因型品种的 F_v/F_0 和 F_v/F_m 均低于对照,而且都呈下降趋势,在 0~200 mmol/L NaCl 浓度内 XH 21,XH 28 的 F_v/F_0 和 F_v/F_m 分别下降了 57.21%、19.88% 和 36.33%、9.4%,而 ZM 35、ZM 41 下降了 14.76%、3.75% 和 19.07%、4.99%,说明在相同盐胁迫浓度下 XH 21、ZM 41 的 F_v/F_0 和 F_v/F_m 比 XH 28、ZM 35 的下降速率更快、更明显,从而使 XH 21、ZM 41 叶片较 XH 28,ZM 35 叶 PSⅡ原初光能转换效率下降比例更大,潜在活性中心受损程度更高,光合作用原初反应抑制程度更严重。此外,海岛棉品种 F_v/F_0 和 F_v/F_m 的下降幅度均超过了陆地棉品种。

b. 盐胁迫对不同基因型棉株荧光猝灭动力学的影响:叶绿素荧光动力学特征能系统反映叶片对光能的吸收、传递、耗散与分配,被称为测定叶片光合性能快速、无损伤的探针,从叶绿素荧光动力学的结果看,$\Phi_{PSⅡ}$ 代表 PSⅡ实际光化学效率,表示 PSⅡ非环式电子传递效率或光能捕获的效率,从图 25-10 (A)可以看出,ZM 35,ZM 41,XH 21 在不同 NaCl 处理下的实际光化学效率($\Phi_{PSⅡ}$)随盐浓度的增加而显著下降,XH 28 在 50 mmol/L NaCl 处理的 $\Phi_{PSⅡ}$ 稍高于对照,100 和 200 及 250 mmol/L NaCl 处理则明显低于对照,从盐胁迫对不同种的实际光化学效率($\Phi_{PSⅡ}$)影响来看,在相同盐处理浓度下,XH 28 的实际光化学效率($\Phi_{PSⅡ}$)最高,而 ZM 41 的实际光化学效率($\Phi_{PSⅡ}$)最低,从盐胁迫对同种不同基因型的实际光化学效率($\Phi_{PSⅡ}$)影响来看,在相同盐处理浓度下,耐盐性品种的实际光化学效率($\Phi_{PSⅡ}$)高于盐敏感品种。

表 25-12

NaCl 对不同基因型棉株叶片 F_0，F_m，F_v/F_0 和 $F_v F_m$ 的影响

		NaCl 浓度/(mmol/L)					
		0	50	100	150	200	250
F_0	ZM 35	0.23±0.12b	0.26±0.02ab	0.25±0.01b	0.22±0.007b	0.25±0.009ab	0.30±0.033a
	ZM 41	0.23±0.01c	0.23±0.007c	0.25±0.009bc	0.24±0.006bc	0.28±0.004ab	0.31±0.03a
	XH 21	0.199±0.002e	0.217±0.002d	0.231±0.006c	0.254±0.002b	0.263±0.003a	—
	XH 28	0.197±0.003e	0.199±0.002e	0.212±0.002d	0.217±0.004c	0.235±0.004b	0.240±0.003a
F_m	ZM 35	1.17±0.06ab	1.29±0.02a	1.19±0.06ab	1.06±0.03b	1.14±0.03b	1.07±0.04b
	ZM 41	1.23±0.07a	1.15±0.03a	1.23±0.05a	1.14±0.03a	1.25±0.006a	1.10±0.05a
	XH 21	1.078±0.002a	1.003±0.012b	0.913±0.021c	0.853±0.040d	0.760±0.010e	—
	XH 28	1.083±0.002a	1.066±0.006a	0.964±0.019b	0.916±0.002c	0.908±0.009c	0.868±0.033d
F_v/F_0	ZM 35	4.08±0.02a	3.99±0.03ab	3.83±0.03ab	3.74±0.02bc	3.48±0.04c	2.59±0.22d
	ZM 41	4.30±0.17a	4.00±0.02ab	3.89±0.03b	3.73±0.01bc	3.48±0.08c	2.63±0.16d
	XH 21	4.407±0.043a	3.631±0.059b	2.962±0.167c	2.355±0.164d	1.886±0.065e	—
	XH 28	4.506±0.079a	4.346±0.027a	3.554±0.069b	3.191±0.077c	2.869±0.106d	2.616±0.172e
F_v/F_m	ZM 35	0.80±0.001a	0.79±0.001ab	0.793±0.001ab	0.789±0.001ab	0.77±0.001b	0.72±0.02c
	ZM 41	0.81±0.006a	0.80±0.001ab	0.79±0.001ab	0.789±0.001bc	0.77±0.004c	0.72±0.01d
	XH 21	0.815±0.002a	0.784±0.003b	0.747±0.011c	0.702±0.015d	0.653±0.008e	—
	XH 28	0.818±0.003a	0.813±0.001a	0.780±0.004b	0.762±0.004c	0.741±0.007d	0.723±0.014e

注：同列中标以不同字母的值在 0.05 水平上差异显著。

光化学猝灭系数（qP）反映了 PSⅡ 天线色素捕获的光能用于光化学电子传递的份额，从图 25-10(B)可以看出，ZM 35,ZM 41,XH 21 在不同 NaCl 处理下的光化学猝灭系数（qP）随盐浓度的增加而显著下降，XH 28 在 50 mmol/L NaCl 处理的 qP 稍高于对照但差异不显著，100 和 200 及 250 mmol/L NaCl 处理则明显低于对照，从盐胁迫对不同种的光化学猝灭系数（qP）影响来看，在相同盐处理浓度下，XH 28 的光化学猝灭系数（qP）为所有供试品种中的最高者，而 ZM 41 的光化学猝灭系数（qP）最低，从盐胁迫对同种不同基因型的光化学猝灭系数（qP）影响来看，在相同盐处理浓度下，耐盐性品种的光化学猝灭系数（qP）高于盐敏感品种。

NPQ 为非光化学猝灭系数反映 PSⅡ 天线色素吸收的光能不能用于光化学电子传递而以热的形式耗散掉的部分，从图 25-10(C)可以看出，所有供试品种非光化学猝灭系数（NPQ）均随盐浓度的上升而增大，但上升幅度在品种间有差异，在 200 mmol/L NaCl 处理浓度时，与对照相比，ZM 35 上升幅度最大，其次为 ZM 28，而 XH 21 的上升幅度最小。从图 25-10(C)可以看出，所有供试品种非光化学猝灭系数（NPQ）均随盐浓度的上升而增大，但上升幅度在品种间有差异，在 200 mmol/L NaCl 处理浓度时，与对照相比，ZM 35 上升幅度最大，其次为 ZM 41，而 XH 21 的上升幅度最小。

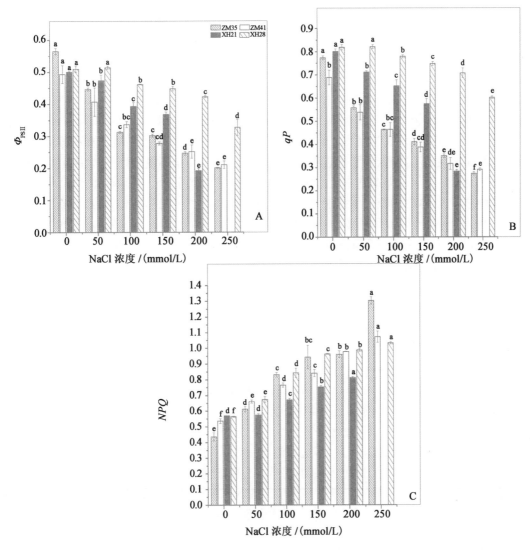

图 25-10 NaCl 浓度对不同基因型棉株(A)实际光化学效率(Φ_{PSII})、(B)光化学淬灭(qP)
和(C)非光化学淬灭(NPQ)的影响

（3）小结 盐逆境下,作物地下部及地上部生长速度存在差异,试验发现,陆地棉 ZM 35、ZM 41
地下部生长快于地上部,海岛棉 XH 21、XH 28 地下部生长慢于地上部,对盐敏感的部位陆地棉是地
上部分而海岛棉则为地下部分;盐胁迫加速了盐敏感品种叶绿素 a、叶绿素 b 的降解,降低了叶绿素
含量,却增加了 XH 28 的叶绿素的含量,高盐区叶绿含量的降低主要源于叶绿素 a 的下降;NaCl 胁
迫降低了 4 个不同基因型棉株叶片的净光合速率,导致棉株光合速率下降的原因既有气孔限制也有
非气孔限制的影响,4 个品种随着盐浓度的增加,光合作用的限制均由初期的以气孔限制为主导因
子而逐渐转变为以非气孔限制为主导因子,但两者因子的转换盐浓度不同,XH 21、ZM 35、ZM 41 为
50 mmol/L 而耐盐型的 XH 28 则为 150 mmol/L,适度盐胁迫可使供试品种的 WUE 值上升,但同时
却降低了其蒸腾速度;盐胁迫对不同基因型棉株荧光淬灭动力学参数的影响在不同种之间有差异,
在同种的不同品种间也有差异,低浓度盐胁迫就可使盐敏感品种 XH 21、ZM 41 光系统 II 的光化学
效率显著降低,并显著减少用于光化学途径的能量分配比例,同时不能有效启动非辐射热能量耗散
机制将过量的光能以热的形式散发掉,从而对光合机构造成伤害;XH 28 在 50 mmol/L NaCl 处理的
Φ_{PSII} 和 qP 均稍高于对照,100 和 200 及 250 mmol/L NaCl 处理其他所有品种则明显低于对照,盐处
理后的非光化学猝灭则显著高于对照,说明低 NaCl 浓度可提高耐盐基因型 XH 28、ZM 35 光系统 II

的光化学效率和激发能分配比例,同时通过有效启动非辐射热能量耗散机制将过量的光能以热的形式散发掉,从而保护光合机构的作用。

2. 盐胁迫对不同基因型棉株体内离子分布及产量和品质的影响

盐胁迫对作物生长的影响涉及离子毒害、渗透胁迫和矿质元素亏缺等,一般来讲,作物在短期(几小时)盐胁迫下会积累过多的盐分,造成作物体内的渗透胁迫,进而抑制作物生长,而长期盐胁迫(几周)会使作物体内形成离子毒害造成矿质元素的不足,进而影响作物生长发育进程,由此可见,盐胁迫时间长短不同,作物所受到盐害类型也不同。在盐分胁迫下,作物主要依靠吸收和积累无机盐离子进行渗透调解,增加细胞浓度,降低细胞渗透势,防止细胞脱水,但高盐环境导致 Na^+ 大量涌入胞内,影响植物细胞的离子稳态,不仅破坏细胞中已形成的 Na^+、Cl^- 平衡状态,而且影响 K^+ 和 Ca^{2+} 等的胞内分布。因此,盐胁迫环境下,植物获得耐盐能力的一个重要策略是离子稳态重建,即离子在植物体内不同组织及器官内的重新分配。NaCl 对作物的盐害主要是由 Na^+ 和 Cl^- 对作物所形成的单盐毒害,此外,还对其他离子如 K^+,Ca^{2+},Mg^{2+} 等的吸收产生拮抗作用使植株发生营养亏缺,渗透调节失衡。Cheeseman 等指出,作物抗盐生理实质上是矿质营养问题,因此,盐逆境下作物的抗盐生理应从矿质营养角度研究作物对不同离子的吸收、运输、分配的调控机制。当然,盐对作物的危害除了与盐分浓度及组成有关外,与作物生育期也有极大的关系,一般作物苗期是对盐分最为敏感的时期,只要渡过种苗期,作物发达深长的根系可提高作物对盐逆境的耐性。因此,盐逆境下,展开作物苗期不同盐胁迫时间内植物体内离子稳态重建过程的研究,是作物抗盐机理研究的重要内容。

棉花属于较耐盐的作物之一,但土壤盐分过高也会对其生长发育造成危害,有关盐碱逆境下棉株体内离子分布已有大量研究,Hirayama O,Gouia H 等报道,盐胁迫下耐盐性较强的棉花叶片中 Na^+ 浓度和 NaCl 积累量显著高于根部,而且 90% 以上的 Na^+ 会积累在地上部,但孙小芳等却报道耐盐品种根系具有一定的截留 Na 的作用,棉花地上部分 Na^+ 的分布具有区域性效应即茎、叶柄和老叶中 Na^+ 含量高而叶片中维持相对较低的 Na^+ 含量,这与棉花是公认的"喜钠作物"似乎存在矛盾,此外研究还发现盐分会阻碍棉花地上部 K^+ 的进一步移动,降低 K^+ 参与循环和再利用的功能。耐盐品种与不耐盐品种相比,其地上部分移动受盐分的阻碍作用较小。从 K^+、Na^+ 含量上看,K^+ 含量较高的部位大多也是 Na^+ 积累较高的部位,这种 Na^+、K^+ 关系有利于保持 Na^+ 区域化分布部位较高的 K^+/Na^+,维持离子平衡,棉株体内 Ca^{2+} 的浓度梯度为:叶片大于茎大于根。叶片中维持一定浓度的 Ca^{2+} 对棉花耐盐性来说,具有重要意义。但盐胁迫对棉花吸收和运输 Ca^{2+} 影响的研究结果不尽一致。有人认为 NaCl 强烈抑制棉根对 Ca^{2+} 的吸收和运输(Cramerg,1987;Gramer,1986),但也有否定的结果(陈德明,1996)。针对上述问题本研究在前人研究的基础上,采用营养液水培方法,研究不同浓度 NaCl 胁迫下不同基因型棉株幼苗体内主要离子含量变化时间梯度,分析这些离子在器官间分布的区域化效应、结合盐渍地棉株产量和品质参数的比较分析,探讨盐胁迫下离子伤害的机制和植株的耐盐机理,为提高作物耐盐性奠定理论基础。

(1)材料与方法

①试验材料 试验以芽期及苗期鉴定的中棉所 35、中棉所 41、新海 21 号及新海 28 号为材料。材料均由兵团种子管理总站提供。

②试验设计 试验于 2008 年 6—9 月在石河子大学绿洲生态农业重点实验室的人工气候室中进行。采用水培法培养不同基因型棉株,先将发芽后的种子播于蛭石中,当第 1 片真叶露尖后挑选生长一致的幼苗移入带孔盖板的 8 L 立方体 PVC 钵中(长×宽×高=38 cm×31 cm×13cm),每钵 12 株,钵中装入 6 L 用去离子水配制的 Hogland 营养液,将培养钵放入 LT/ACR-2002 型人工气候室中培养,白天光照为 300 $\mu mol\ photons/(m^2 \cdot s)$,夜晚光照为 0,光暗周期为 14/10 h,昼夜温度为 28/20℃,空气相对湿度为 60%~70%,培养期间用电动气泵 24 h 持续通气。待幼苗第三片真叶完全展开后进行盐处理,设 6 个处理,即:0,50,100,150,200,250 mmol/L,每处理重复 3 次。为避免盐激,采取浓度逐渐递加的方法,每天递增 50mmol/L,最终达到预定的处理浓度,盐胁迫培养 30 d,前期(加盐处理前)每 6 d 换一次营养液,后期

(加盐处理后)每 3 d 换一次营养液,每天用 0.1 mol/L 的 NaOH 或 0.1 mol/L 的 H_2SO_4 调节 pH,使 pH 维持在 5.8~6.5,同时加蒸馏水以补充水分的散失。盐处理 30 d 后测定相关指标。

大田试验设计:在南疆植棉区,依据土壤盐渍化状况选择轻度、重度盐碱试验用地二处共计 2.1 亩,试验地分别位于农一师 10 团 12 连(轻度)、塔里木大学试验站(重度),二块试验地于 2010 年 4 月 17—18 日 2 d 同时完成播种,随后进行常规大田管理,收获后分别测定产量和棉纤维品质。

a. 样品采集:水培试验苗加盐处理后,于盐处理的第 1,15,30 天,各处理随机选取具有代表性的棉花植株 3 株,将所选棉株拔出,后对每个棉花植株分别采集根、茎及同一叶位叶片,蒸馏水反复冲洗干净(根系首先用 0.5 mmol/L $CaCl_2$ 浸泡 20 min 以去除根质外体自由空间中的离子),吸湿纸吸干,105℃杀青,最后置于 70℃ 烘箱中鼓风烘 72 h。烘干植株,样品袋保存,留待指标测定。

b. 样品测定:样品采用 HNO_3-HCl 完全消解酸体系,MilestoneEthoS 微波消解仪消煮,用 ICP—OES6000 测定植株体内 Na、K、Ca、Mg、Mn、Fe、Zn 7 种离子含量。棉花纤维品质分析仪 90000(美国)分析测定棉纤维品质主要品质指标。

表 25-13

NaCl 浓度对棉株根 Na^+、K^+、Ca^{2+} 含量的影响

项目		NaCl 浓度/(mmol/L)					
		0	50	100	150	200	250
Na^+ 含量 /(mg/g)	ZM 35	0.96±0.003f	2.93±0.035e	3.70±0.04d	6.73±0.087c	9.00±0.019b	11.67±0.053a
	ZM 41	1.60±0.32d	4.65±1.35c	6.64±0.33bc	7.19±0.09bc	9.18±0.93b	13.44±1.60a
	XH 21	1.29±0.24b	4.21±1.47b	5.84±0.12b	6.08±0.54b	13.545±3.53a	15.69±0.73a
	XH 28	0.74±0.11c	1.67±0.52c	2.93±0.47c	5.81±1.30b	8.70±1.35a	10.82±0.53a
K^+ 含量 /(mg/g)	ZM 35	35.68±0.43d	36.80±0.27c	44.67±0.34a	40.50±0.26b	35.36±0.33d	31.77±0.16e
	ZM 41	39.21±1.37a	38.67±1.20ab	32±3.00bc	33±2.52abc	29.33±2.40cd	23.55±1.79d
	XH 21	45.92±4.87a	49.12±1.68a	31.75±6.58b	31.02±3.07	38.78±2.75ab	41.92±0.39ab
	XH 28	33.65±1.49b	33.20±0.59b	41.91±3.85a	42.36±1.45a	40.78±0.25a	41.61±0.63a
Ca^{2+} 含量 /(mg/g)	ZM 35	7.61±0.36a	6.36±0.33b	5.14±0.11c	4.06±0.032d	3.85±0.133d	3.55±0.24d
	ZM 41	6.31±0.62a	5.35±0.34ab	4.97±0.036b	4.22±0.39bc	3.48±0.15cd	2.65±0.28d
	XH 21	6.79±0.38a	6.29±0.05ab	4.39±0.95b	4.99±0.98ab	5.20±0.61ab	4.73±0.18ab
	XH 28	9.18±0.82a	8.72±0.66a	5.65±1.19b	5.81±0.67b	5.12±0.62b	6.15±0.85b
Mg^{2+} 含量 /(mg/g)	ZM 35	7.03±0.03a	6.87±0.03b	6.02±0.008c	5.5±0.06d	4.8±0.06e	4.17±0.03f
	ZM 41	5.01±0.99a	3.67±0.17b	3.21±0.19bc	2.71±0.18bc	2.18±0.16d	1.90±0.06d
	XH 21	4.49±1.26a	3.35±0.05ab	2.46±0.52b	1.97±0.04b	2.47±0.17b	2.39±0.14b
	XH 28	7.85±0.48a333	6.84±0.60ab	6.84±0.50ab	6.92±0.42ab	6.39±0.32ab	5.67±0.21b
Na^+/K^+ /(mg/g)	ZM 35	0.027±0.0003e	0.08±0.001d	0.08±0.001d	0.17±0.002c	0.25±0.002b	0.37±0.003a
	ZM 41	0.04±0.007d	0.123±0.04cd	0.21±0.03bc	0.22±0.02bc	0.32±0.05b	0.59±0.11a
	XH 21	0.028±0.004c	0.088±0.032bc	0.19±0.04b	0.19±0.003b	0.34±0.07a	0.37±0.02a
	XH 28	0.02±0.002c	0.05±0.02c	0.07±0.005c	0.14±0.03b	0.21±0.03a	0.26±0.009a
Na^+/Ca^{2+}	ZM 35	0.13±0.006e	0.46±0.02d	0.72±0.01d	1.66±0.01c	2.34±0.09b	3.31±0.21a
	ZM 41	0.27±0.07d	0.91±0.29c	1.34±0.07bc	1.7±0.17bc	2.67±0.37b	5.29±1.05a
	XH 21	0.19±0.04b	0.67±0.24b	1.45±0.28b	1.27±0.15b	2.80±0.88a	3.34±0.27a
	XH 28	0.08±0.02c	0.20±0.07c	0.59±0.17bc	0.97±0.13b	1.80±0.43a	1.82±0.23a

注:同一品种中标以不同字母的值在 0.05 水平上差异显著。

表 25-14

NaCl 浓度对棉株茎内 Na^+、K^+、Ca^{2+}、Mg^{2+} 含量的影响

项目		NaCl 浓度/(mmol/L)					
		0	50	100	150	200	250
Na^+ 含量 /(mg/g)	ZM 35	0.97±0.009d	2.49±0.75cd	5.33±0.92bc	10.56±2.08a	9.16±1.77ab	8.89±0.72ab
	ZM 41	1.03±0.04d	2.86±0.96cd	4.57±0.64cd	6.37±1.14c	11.09±1.73b	18.34±2.19a
	XH 21	1.03±0.04d	3.53±1.29cd	5.23±0.08cd	7.71±1.80c	13.42±1.91b	22.67±3.37a
	XH 28	0.96±0.02d	2.73±0.86cd	5.70±1.01bc	10.92±2.07a	9.39±1.87ab	8.96±0.65ab
K^+ 含量 /(mg/g)	ZM 35	57.84±10.66a	63.33±2.85a	59±0.58a	56±1.15a	53.33±0.88a	50.33±0.88a
	ZM 41	56.18±9.84ab	60.51±2.26a	57.31±0.34a	59.57±1.65a	54.07±3.27ab	40.61±5.69b
	XH 21	57.84±10.66a	71.85±1.93a	55.31±9.08a	60.23±6.96a	58.37±5.12a	71.61±8.18a
	XH 28	55.38±9.43a	56.59±3.84a	56.33±1.70a	54.34±1.96a	52.93±0.33a	51.43±0.93a
Ca^{2+} 含量 /(mg/g)	ZM 35	7.46±0.10a	6.54±0.42ab	5.46±0.43c	5.12±0.05c	5.72±bc	5.35±0.33c
	ZM 41	11.12±1.79a	9.03±1.93ab	6.56±0.27bc	6.00±0.43bc	5.52±0.17bc	4.95±0.49d
	XH 21	13.12±2.78bc	18.03±1.07ab	19.56±0.39a	16.00±2.43ab	9.52±2.00c	8.28±0.74c
	XH 28	8.17±0.31a	7.56±0.73ab	5.72±0.27c	5.60±0.09c	6.41±0.38bc	6.03±0.28c
Ma^{2+} 含量 /(mg/g)	ZM 35	3.72±1.64a	2.60±0.23a	2.83±0.08a	2.58±0.11a	1.69±0.4a	1.66±0.23a
	ZM 41	4.09±0.98a	2.80±0.09c	3.69±0.58b	4.14±0.15b	2.17±0.92c	1.40±0.11d
	XH 21	5.09±0.98ab	3.80±0.09abc	4.69±0.58ab	5.43±0.15a	3.17±0.92bc	2.40±0.11c
	XH 28	3.79±1.60a	2.54±0.16a	1.82±0.44a	1.78±0.21a	2.38±0.20a	2.35±0.13a
Na^+ / K^+	ZM 35	0.02±0.004b	0.04±0.01b	0.09±0.02b	0.19±0.04a	0.17±0.03a	0.18±0.02a
	ZM 41	0.02±0.003c	0.049±0.02c	0.079±0.01bc	0.11±0.17bc	0.210±0.04b	0.48±0.11a
	XH 21	0.019±0.003d	0.05±0.02cd	0.09±0.01c	0.12±0.02c	0.24±0.05b	0.31±0.01a
	XH 28	0.02±0.004c	0.05±0.02c	0.10±0.015bc	0.20±0.04a	0.18±0.04ab	0.17±0.02ab
Na^+ / Ca^{2+}	ZM 35	0.13±0.002c	0.39±0.13c	1.01±0.23bc	2.05±0.39a	1.64±0.42ab	1.69±0.23ab
	ZM 41	0.097±0.01c	0.38±0.15c	0.71±0.12c	1.09±0.25bc	2.01±0.32b	3.86±0.77a
	XH 21	0.087±0.01c	0.19±0.06c	0.27±0.01c	0.53±0.17c	1.59±0.45b	2.71±0.18a
	XH 28	0.12±0.005d	0.39±0.14cd	1.02±0.21bc	1.94±0.36a	1.51±0.39ab	1.50±0.17ab

注:同一品种中标以不同字母的值在 0.05 水平上差异显著。

(2)结果与分析

①短期盐胁迫对不同基因型棉株各器官离子分布的影响

a. 短期盐胁迫对棉株根内 Na^+、K^+、Ca^{2+}、Mg^{2+} 含量的影响:加盐处理 24 h 后,不同盐浓度对各基因型棉株根系 Na^+、K^+、Ca^{2+}、Mg^{2+} 含量的影响见表 25-13,盐处理 24 h 后,无论是陆地棉还是海岛棉,根内 Na^+ 含量随盐浓度的上升而急剧上升,当盐处理浓度为 250 mmol/L 时,与对照相比 ZM 35、ZM 41、XH 21、XH 28 根系 Na^+ 已达对照的 12.15、8.4、12.16 和 14.62 倍,同一盐处理浓度下,根系内 Na^+ 含量在同种的不同基因型间存在差异,其中盐敏感基因型根系内 Na^+ 高于耐盐基因型根内 Na^+。盐处理 24 h 后,不同基因型品种内 K^+ 含量变化规律与 Na^+ 明显不同,ZM 35 根内 K^+ 含量随盐浓度上升呈现先升后降的"抛物线"状变化,其峰值出现在盐浓度 100 mmol/L 处,高出对照 1.25 倍,ZM 41 根内 K^+ 含量随盐浓度上升出现线性下降趋势,在盐浓度最大处根内 K^+ 含量仅为对照的 60%,在盐处理浓度≥100 mmol/L 高盐区,耐盐品种根内 K^+ 含量高于盐敏感品种。XH 21 根内 K^+ 含量随盐浓度上升其变化为先升后降再升的"N"型变化模式,其最大峰值出现在处理浓度 50 mmol/L 处,根内 K^+ 含量为对照的 1.05 倍,除此浓度外,其他各处理浓度下的根内 K^+ 含量均低于对照,XH 28 根内 K^+ 含量随处理浓度的上升出现先降后升再降再升的倒双"N"型变化模式,根内 K^+ 含量最大值出现在处理浓度为 150 mmol/L 处。总的来看,在处理浓度超过 150 mmol/L 区间内海岛棉品种根 K^+ 含量高于陆地棉品种,高盐区盐敏感品种根内 K^+ 含量低于耐盐品种根内 K^+ 含量,根内 K^+ 含量在不同种间没有显著差异。无论陆地棉还是海岛棉加盐处理后,根内 Ca^{2+} 含量均随盐浓度的上升而不断下降,但下降幅在品种间有所不同,与对照相比 ZM 35、ZM

41、XH 21、XH 28 的最大降幅为 53.35%、58.03%、35.35%、42.3%，同一浓度处理下，盐敏感基因型根内 Ca^{2+} 含量低于耐盐基因型，高盐区海岛棉品种根内 Ca^{2+} 含量高于陆地棉品种。各品种根内 Mg^{2+} 含量变化规律与 Ca^{2+} 含量变化规律相似，盐胁迫使不同基因型棉根内 Na^+/K^+ 比随盐浓度上升不断上升，同一处理浓度下根内 Na^+/K^+ 比值最大者是 ZM 41，最小者是 XH 21，根内 Na^+/Ca^{2+} 比值随盐浓度上升不断上升，同一处理浓度下根内 Na^+/Ca^{2+} 比值最小者是 XH 28。

　b. 短期盐胁迫对不同基因型棉株茎内 Na^+、K^+、Ca^{2+}、Mg^{2+} 含量的影响：盐处理 24 h 后，不同基因型棉株茎内 Na^+ 含量随盐浓度的上升而不断上升（表 25-14），但上升幅度在不同品种间有所不同，与对照相比，在盐处理浓度为 250 mmol/L 处，茎内 Na^+ 含量分别为对照的 9.16、17.81、22.01 和 9.33 倍，在同种的不同基因型间，低盐区耐盐型品种 Na^+ 含量低于盐敏感品种，与叶内 K^+ 含量相比，茎内 K^+ 含量大幅增加，盐处理 24 h 后，各品种基因型随盐浓度上升均出现先升后降的趋势，但所有处理间差异不显著，随盐浓度的上升茎内 Ca^{2+} 含量在不同种间变化规律有所不同，陆地棉品种茎内 Ca^{2+} 含量随盐浓度的上升成线性下降趋势，且在高盐区内耐盐型品种茎内 Ca^{2+} 含量高于盐敏感品种，而海岛棉品种茎内 Ca^{2+} 含量则随盐浓度的上升呈现先升后降的抛物线模式，且在所有处理浓度下盐敏感品种茎内 Ca^{2+} 含量均高于耐盐品种，陆地棉茎内 Ca^{2+} 含量低于海岛棉。随盐浓度的增加，各基因型棉株茎内 Mg^{2+} 含量呈总体下降趋势，所有敏感品种茎内的 Mg^{2+} 含量均高于耐盐品种，茎内 Na^+/K^+ 比值随盐度上升大幅上升，低盐区 XH 28 茎内 Na^+/K^+ 比值最高，茎内 Na^+/Ca^{2+} 比值随盐度的上升整体呈上升趋势，在各处理浓度下 ZM 35 茎内 Na^+/Ca^{2+} 比值最高。

表 25-15

NaCl 浓度对棉株叶 Na^+、K^+、Ca^{2+}、Mg^{2+} 含量的影响

项目		NaCl 浓度/(mmol/L)					
		0	50	100	150	200	250
Na^+ 含量 /(mg/g)	ZM 35	0.73±0.11d	0.92±0.16d	2.42±0.71cd	3.83±0.29bc	6.38±1.19b	10.89±1.61a
	ZM 41	1.29±0.17d	1.84±0.17d	2.80±0.39c	3.69±0.29b	3.99±0.59b	4.82±0.32a
	XH 21	0.59±0.18c	0.60±0.13c	1.89±0.57c	3.92±0.61b	5.15±0.25ab	5.98±0.4a
	XH 28	0.44±0.26d	0.78±0.29d	2.42±0.66cd	3.80±0.35c	6.24±1.59b	9.10±0.83a
K^+ 含量 /(mg/g)	ZM 35	31.39±2.61bc	34.33±2.72ab	40±1.53a	37.67±2.19ab	28.67±3.18cd	21.33±1.86d
	ZM 41	30.67±2.93a	25.33±0.88ab	29±2.08a	26.67±2.18ab	22±1.53bc	18.55±1.72c
	XH 21	42.64±3.39a	38.64±3.17a	42.47±4.41a	41.54±2.71a	46.12±3.61a	36.42±6.91a
	XH 28	29.00±3.76a	35.89±4.92a	34.21±3.39a	30.67±0.15a	25.51±2.74a	30.67±1.14a
Ca^{2+} 含量 /(mg/g)	ZM 35	29.68±11.06a	43.67±1.85a	44.67±0.33a	42.67±0.67a	37.67±1.67a	33.33±1.86a
	ZM 41	31.29±11.87a	41.33±0.88a	39±0.58a	46.33±4.18a	48.67±1.21a	43.68±2.18a
	XH 21	32.54±12.5a	42.99±2.21a	39.38±0.091a	37.79±0.85a	47.88±3.83a	45.66±3.11a
	XH 28	30.07±11.26a	44.86±1.42a	44.87±0.56a	42.44±1.29a	39.54±1.07a	38.52±0.94a
Mg^{2+} 含量 /(mg/g)	ZM 35	7.08±0.07a	7.13±0.09a	6.87±0.04a	6.73±0.13a	6.76±0.03a	6.13±0.28a
	ZM 41	6.96±0.03a	6.49±0.20b	6.09±0.08bc	6.00±0.07c	5.57±0.07d	5.21±0.21d
	XH 21	7.51±0.32a	7.99±0.33a	7.61±0.23a	7.46±0.132a	7.32±0.32a	5.89±0.93b
	XH 28	6.79±0.11a	6.39±0.16ab	5.21±0.50bc	5.76±0.48abc	4.83±0.71c	4.61±0.29c
Na^+/K^+	ZM 35	0.02±0.001c	0.026±0.003c	0.05±0.02c	0.10±0.01bc	0.24±0.06b	0.53±0.11a
	ZM 41	0.044±0.009d	0.073±0.009d	0.096±0.007c	0.14±0.02bc	0.18±0.01b	0.27±0.04a
	XH 21	0.015±0.006d	0.016±0.004d	0.04±0.009cd	0.09±0.019bc	0.11±0.004b	0.18±0.038
	XH 28	0.014±0.006c	0.02±0.006c	0.08±0.024bc	0.12±0.01b	0.26±0.06a	0.30±0.02a
Na^+/Ca^{2+}	ZM 35	0.05±0.04c	0.02±0.003c	0.05±0.01c	0.09±0.01bc	0.17±0.04b	0.33±0.06a
	ZM 41	0.06±0.003ab	0.045±0.005b	0.072±0.01ab	0.08±0.001ab	0.08±0.003ab	0.11±0.01a
	XH 21	0.05±0.039bc	0.014±0.003c	0.05±0.015bc	0.10±0.018ab	0.11±0.005ab	0.13±0.01a
	XH 28	0.045±0.04c	0.02±0.006c	0.05±0.01c	0.09±0.01bc	0.16±0.03b	0.24±0.02a

注：同一品种中标以不同字母的值在 0.05 水平上差异显著。

c. 短期盐胁迫对不同基因型棉株叶 Na^+、K^+、Ca^{2+}、Mg^{2+} 含量的影响：表 25-15 所示，盐处理 24 h 后，叶内 Na^+ 含量低于根茎内含量，随盐浓度上升，四品种叶内 Na^+ 含量均呈上升趋势，且部分处理间达到显著差异，低盐区，ZM 41 叶内 Na^+ 含量远高于 ZM 35，随盐浓度增加不同品种叶内 K^+ 含量成总体下降趋势，但 XH21、XM 28 叶内 K^+ 含量在各处理间差异不显著；不同基因型叶内 Mg^{2+} 含量随盐浓度上升而不断下降，但 ZM 35、XH 21 叶内 Mg^{2+} 含量在各处理间差异不显著，叶内 Na^+/K^+ 比值 Na^+/Ca^{2+} 比值均随盐浓度上升而上升。

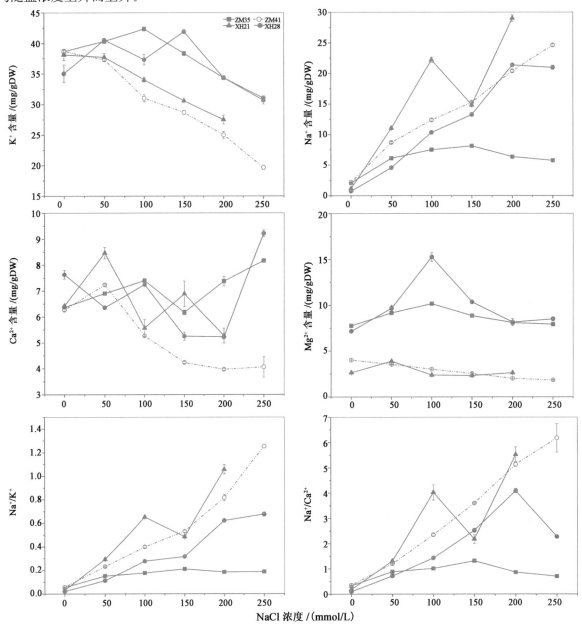

图 25-11　NaCl 浓度对棉株根内 Na^+、K^+、Ca^{2+}、Mg^{2+} 含量的影响(盐胁迫 15 d)

②中期盐胁迫对不同基因型棉株各器官离子分布的影响

a. 盐胁迫 15 d 对不同基因型棉株根离子分布的影响：加盐处理 15 d 后，不同品种根内 K^+ 含量随盐浓度的上升总体呈下降趋势，其中盐敏感品种内 K^+ 的降幅大于耐盐品种(图 25-11)，盐处理下，根内 K^+ 含量 ZM 35 大于 ZM 41，XH28 大于 XH 21，同一处理浓度下 ZM 41 根内 K^+ 含量最低。随盐浓度上升 4 个品种根内 Na^+ 含量呈明显的上升趋势，与对照相比，上升幅度最大的为 XH 21，其次为 ZM

41,盐敏感品种 ZM 41、XH 21 根内 Na⁺ 含量高于耐盐品种 ZM35、XH 28,各品种根内 Ca²⁺ 含量随盐浓度上升变化较为复杂,其中 ZM 35、XH 21、XH 28 根内 Ca²⁺ 含量随盐浓度的上升整体呈上升趋势,唯有 ZM 41 根内 Ca²⁺ 含量随盐浓度上升而下降,且下降幅度很大。盐胁迫下 ZM35、XH 28 根内 Mg²⁺ 含量随盐浓度上升呈微弱上升趋势,而 ZM41 XH 21 根内 Mg²⁺ 含量随盐浓度上升则呈微弱的下降趋势,耐盐的 ZM 35、XH 28 根内 Mg²⁺ 含量高于盐敏感的 ZM 41、XH 21。根内 Na⁺/K⁺ 比值、Na⁺/Ca²⁺ 比值均随盐浓度上升而上升,不过上升幅度在品种间明显不同,与对照相比,上升幅度最高的是 ZM 41,上升幅度最低的是 ZM 35。

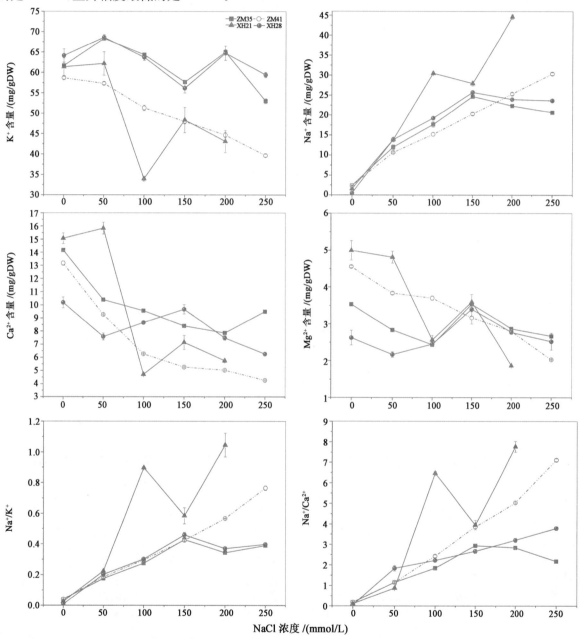

图 25-12　NaCl 浓度对棉株茎内 Na⁺、K⁺、Ca²⁺、Mg²⁺ 含量的影响(盐胁迫 15 d)

　　b. 中期盐胁迫对不同基因型棉株茎内离子分布的影响:加盐处理 15 d 后,不同基因型棉株茎内离子动态分布见图 26-12,加盐处理后,所有品种茎内 K⁺ 含量均随盐浓度增加而不断下降,在处理浓度达100 mmol/L 时,XH 21 茎内 K⁺ 含量降至最低峰值,且为所有供试品种中的最低值,茎内 K⁺ 含量 ZM

35 高于 ZM 41,XH 28 高于 XH 21。茎内 Na$^+$ 含量与 K$^+$ 含量的变化有相同的趋势,即随盐浓度的增加而急剧上升,且成线性上升模式,其中上升幅度最大的为 XH 21,其次为 ZM 41,耐盐品种 ZM 35、XH 28 茎内 Na$^+$ 含量分别低于盐敏感的 ZM 41、XH 21。茎内 Ca^{2+} 含量变化趋势与根相似,但其变幅更大,在供试的 4 个品种中变幅较大的是 ZM 41、XH 21,在相同处理浓度下,ZM 35 茎内 Ca^{2+} 含量高于 ZM 41,高盐区内 XH 28 茎内 Ca^{2+} 含量高于 XH 21。茎内 Mg^{2+} 含量随盐浓度上升出现先下降后上升再下降的变化趋势,根内 Na$^+$/K$^+$ 比值、Na$^+$/Ca^{2+} 比值均随盐浓度上升而上升,不过上升幅度在品种间明显不同,与对照相比,上升幅度最高的是 XH 21,上升幅度最低的是 ZM 35。

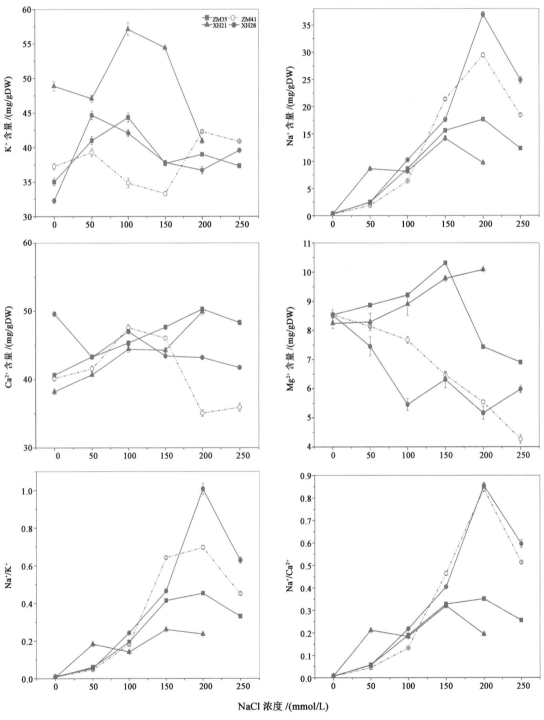

图 25-13　NaCl 浓度对棉株叶 Na$^+$、K$^+$、Ca^{2+}、Mg^{2+} 含量的影响(盐胁迫 15 d)

c. 中期盐胁迫对不同基因型棉株叶离子分布的影响：盐处理 15 d 后，4 个品种叶内 K^+ 含量变化趋势见图 25-13，随盐浓度的上升 ZM 35、XH 21、XH 28 叶内 K^+ 含量总体呈现先升后降的变化趋势，所有盐处理浓度下 3 品种叶内 K^+ 含量均高于对照，在处理浓度小于 200 mmol/L 区间内，XH 21 叶内 K^+ 含量最高，各基因型叶内 Na^+ 含量随盐浓度的上升而急剧上升，各处理浓度下叶内 Na^+ 含量均高于对照，XH 21 在盐浓度大于 150 mmol/L 时叶内 Na^+ 含量开始下降，ZM 35、ZM 41、XH 28 在盐处理浓度≥200 mmol/L 区间内，叶内 Na^+ 含量也开始下降，在盐处理浓度≥150 mmol/L 区间内，XH 28 叶内 Na^+ 含量高于 XH 21，ZM 41 叶内 Na^+ 含量高于 ZM 35。叶内 Ca^{2+} 含量在 ZM 35、XH 28 体内随盐浓度上升呈总体上升趋势，而在 ZM 41、XH 21 体内随盐浓度上升总体呈下降趋势，在 NaCl 处理浓度≤150 mmol/L 区间内 XH 28 叶内 Ca^{2+} 含量高于 XH 21，而在 NaCl 处理浓度≥150 mmol/L 区间内 ZM 35 叶内 Ca^{2+} 含量高于 ZM 41。XH 21 叶内 Mg^{2+} 含量随盐浓度上升，整体呈上升趋势，而 XH 28、ZM 35、ZM 41 则呈下降趋势，各盐处理浓度下，ZM 35 叶内 Mg^{2+} 含量均高于 ZM 41，而 XH 21 叶内 Mg^{2+} 含量高于 XH 28，在最大盐处理浓度时，叶内 Mg^{2+} 含量降幅最大的为 ZM 41，其次为 XH 28。叶内 Na^+/K^+ 比值、Na^+/Ca^{2+} 比值均随盐浓度上升而上升，不过上升幅度在品种间明显不同，与对照相比，上升幅度最高的是 XH 28，上升幅度最低的是 XH 21。

③长期盐胁迫对不同基因型棉株各器官离子分布的影响

a. 长期盐胁迫对不同基因型棉株根内离子分布的影响（盐胁迫 30 d）：加盐处理 30 d 后，不同基因型棉株根内 K^+ 含量变化趋势见图 25-14，随盐浓度的上升 ZM 35、ZM 41、XH 21、XH 28 根内 K^+ 含量总体呈现下降的趋势，所有盐处理浓度下，供试品种根内 K^+ 含量均低于对照，其中 ZM 41 根内 K^+ 含量最低峰值出现在处理浓度为 50 mmol/L 处，XH 21 出现在 150 mmol/L 处，ZM 35、XH 28 则出现在 250 mmol/L 处，耐盐品种 ZM 35、XH 28 根内 K^+ 含量分别高于盐敏感品种 ZM 41、XH 21。盐处理 30 d 后，所有品种根内 Na^+ 含量均随盐浓度的上升而急剧上升，在盐处理浓度大于 100 mmol/L 的区间内，XH 28 根内 Na^+ 含量高于 XH 21。XH 21、ZM 41、ZM 35 根内 Ca^{2+} 含量均随盐浓度上升整体呈下降趋势，而 XH 28 根内 Ca^{2+} 含量则随盐浓度上升呈微弱的上升趋势，在处理浓度≥150 mmol/L 的区间内，ZM 35 根内在 Ca^{2+} 含量高于 ZM 41，XH 21 根内 Ca^{2+} 含量高于 XH 28。Mg^{2+} 含量在不同基因型棉株根内变化规律完全不同，耐盐品种 ZM 35、XH 28 根内 Mg^{2+} 含量随盐浓度的上升而不断上升，盐敏感品种 ZM 41、XH 21 根内 Mg^{2+} 含量则随盐浓度的上升呈现先升后降的变化趋势，在处理浓度≥100 mmol/L 的区间内，耐盐品种 ZM 35、XH 28 根内 Mg^{2+} 含量远高于盐敏感品种 ZM 41、XH 21。根内 Na^+/K^+ 比值、Na^+/Ca^{2+} 比值均随盐浓度上升而上升，不过上升幅度在品种间明显不同，此外，在 NaCl 处理浓度<100 mmol/L 区间，XH 21 根内 Na^+/K^+、Na^+/Ca^{2+} 比值高于 XH 28，ZM 41 根内 Na^+/K^+、Na^+/Ca^{2+} 比值在各处理浓度下始终高于 ZM 35。

b. 长期盐胁迫对不同基因型棉株茎内离子分布的影响：盐处理 30 d 后，不同基因型棉株茎内 K^+ 含量随盐浓度上升而急剧下降，其中降幅最大的是 ZM 35，其次是 XH 28（图 25-15），在低盐区内耐盐品种 ZM 35、XH 28 茎内 K^+ 含量分别高于盐敏感品种 ZM 41、XH 21。随盐浓度上升，各基因型品种茎内 Na^+ 含量大幅上升，在 NaCl 处理浓度<100 mmol/L 区间内，XH 21 茎内 Na^+ 含量高于 XH 28，而在任何处理浓度下，ZM 41 茎内 Na^+ 含量均高于 ZM 35。

ZM 41、ZM 35、XH 38 茎内 Ca^{2+} 含量均随盐浓度上升整体呈下降趋势，而 XH 21 茎内 Ca^{2+} 含量则表现出随盐浓度上升呈微弱的上升趋势，在处理浓度为 100 mmol/L 时，XH21 茎内 Ca^{2+} 含量达到峰值，且高于所有供试品种，在高盐区 ZM 41 茎内 Ca^{2+} 含量始终低于 ZM 35。

Mg^{2+} 含量在不同基因型棉株茎内变化规律完全不同，耐盐品种 ZM 35、XH 28 茎内 Mg^{2+} 含量随盐浓度的上升整体呈上升趋势，盐敏感品种 ZM 41 茎内 Mg^{2+} 含量则随盐浓度的上升呈现先升后降的变化趋势，在处理浓度≤150 mmol/L 的区间内，耐盐品种 ZM 35 茎内 Mg^{2+} 含量远高于盐敏感品种 ZM 41，随盐浓度上升，XH 21 茎内 Mg^{2+} 含量随盐浓度上升急剧上升，在处理浓度为 50 mmol/L 时达到峰值，随后随盐浓度上升大幅下降，在处理浓度<150 mmol/L 区间内，其茎内 Mg^{2+} 含量为所有供试

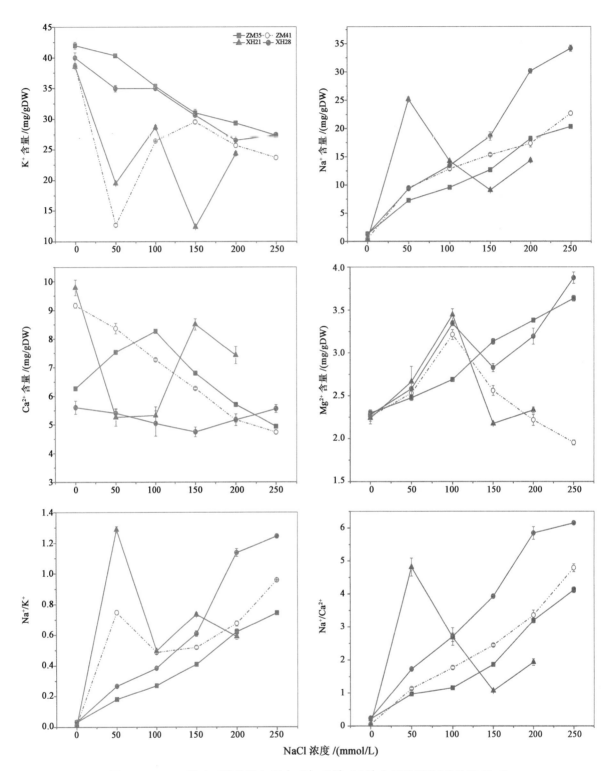

图 25-14　NaCl 浓度对棉株根内 Na$^+$、K$^+$、Ca^{2+}、Mg^{2+} 含量的影响(盐胁迫 30 d)

品种中最高的。茎内 Na$^+$/K$^+$ 比值、Na$^+$/Ca^{2+} 比值均随盐浓度上升而上升，在 NaCl 处理浓度<100 mmol/L 区间，XH 21 茎内 Na$^+$/K$^+$、Na$^+$/Ca^{2+} 比值高于 XH 28，ZM 41 茎内 Na$^+$/K$^+$、Na$^+$/Ca^{2+} 比值高于 ZM 35。

c. 长期盐胁迫对不同基因型棉株叶内离子分布的影响：加盐处理 30 d 后，各基因型棉株叶内离子含量变化见图 25-16，不同基因型叶内 K$^+$ 含量明显低于茎，随盐浓度上升 ZM 41 叶内 K$^+$ 含量线

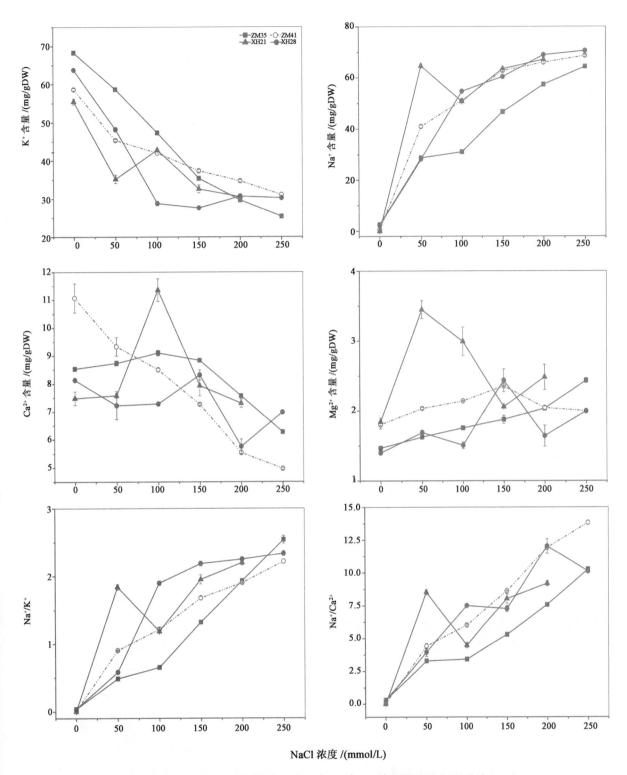

图 25-15　NaCl 浓度对棉株茎内 Na$^+$、K$^+$、Ca^{2+}、Mg^{2+} 含量的影响(盐胁迫 30 d)

性下降,在盐浓度最高时叶内 K$^+$ 含量达最低值,ZM 35 叶内 K$^+$ 含量则出现先降后升再降的变化趋势,各基因型叶内 Na$^+$ 含量随盐浓度上升而急剧上升,在处理浓度≤50 mmol/L 区间内,XH 21 叶内 Na$^+$ 含量高于 XH 28,ZM 41 高于 ZM 35,在处理浓度≥100 mmol/L 区间内,ZM35 叶内 Na$^+$ 含量高于所有供试品种。叶内 Ca^{2+}、Mg^{2+} 随浓度上升具有相同变化趋势,即随盐浓度上升整体呈下降态势。叶内 Na$^+$/K$^+$ 比值、Na$^+$/Ca^{2+} 比值均随盐浓度上升而上升,在 NaCl 处理浓度<100 mmol/L 区

间,XH 21 叶内 Na^+/K^+、Na^+/Ca^{2+} 比值高于 XH 28,ZM 41 叶内 Na^+/K^+、Na^+/Ca^{2+} 比值高于 ZM 35。

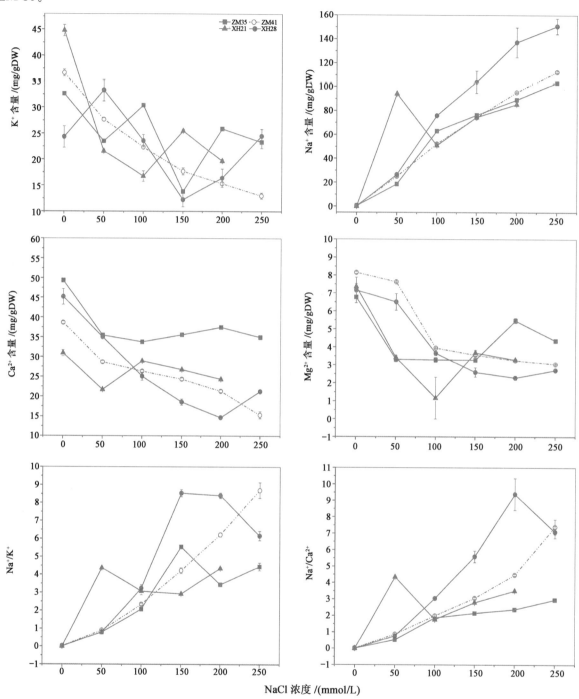

图 25-16　NaCl 浓度对棉株叶内 Na^+、K^+、Ca^{2+}、Mg^{2+} 含量的影响(盐胁迫 30 d)

④NaCl 胁迫对不同基因型棉株微量元素含量的影响　盐胁迫下棉株体内微量元素含量的变化见图 25-17,随盐浓度上升,XH 21 根内 Zn^{2+} 含量(图 25-17A)大幅上升且各处理间达到显著差异,茎内 Zn^{2+} 含量也随盐度上升而上升,叶内 Zn^{2+} 含量在处理间差异不显著,Zn^{2+} 含量在 XH 21 体内的含量根>叶>茎,根内 Fe^{2+} 含量(图 25-17B)随盐度上升而上升,与对照相比,盐处理降低了茎内 Fe^{2+} 含量,叶内 Fe^{2+} 含量也成总体下降趋势,Fe^{2+} 含量在体内的分布为根>叶>茎,XH 21 植株体内 Mn^{2+} 含量

随盐度变化见图 7c,随盐度增加根内 Mn^{2+} 含量呈先降后升再降的趋势,茎内 Mn^{2+} 含量除在 50 mmol/L 处理下有所增加外,其他所有处理均低于对照,叶内 Mn^{2+} 含量随盐度增加显著上升且均高于对照,叶＞根＞茎,ZM 28 根、茎、叶内 Zn^{2+} 含量(图 25-17A)随盐度上升而上升,且 Zn^{2+} 含量根＞叶＞茎,根内 Fe^{2+} 含量(图 25-17B)随盐度上升而上升,茎叶内变化平缓,根＞叶＞茎,Mn^{2+} 含量(图 25-17C)在叶内大幅下降,根茎内变化不明显,叶＞茎＞根。

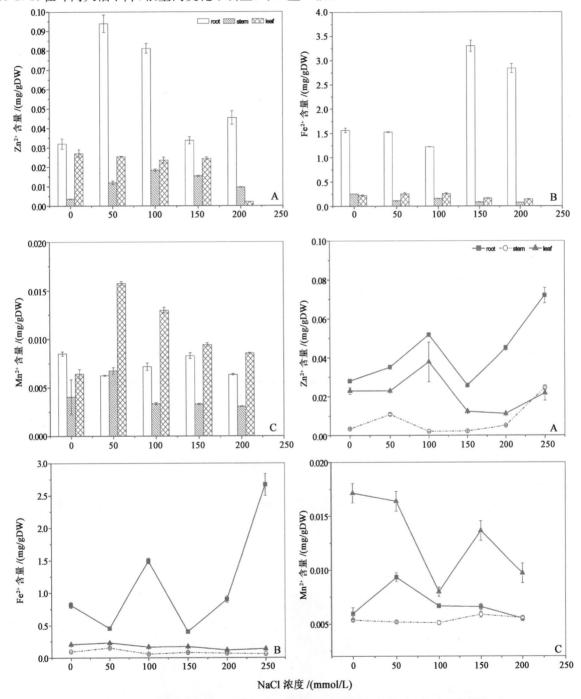

图 25-17　NaCl 浓度对不同基因型棉株根、茎、叶 Zn^{2+}、Fe^{3+}、Mn^{2+} 含量的影响

⑤NaCl 胁迫对不同基因型棉株产量及品质的影响　试验对盐胁迫与非盐胁迫条件下的陆地棉及海岛棉纤维长度、纤维整齐度、纤维比强度、黄度、麦克隆值等指标进行了测定,结果见表 25-16。

表 25-16
盐胁迫对不同基因型棉株纤维品质的影响

品种	处理	纤维长度/mm	纤维整齐度/%	麦克隆值	比强度(CN.tex^{-1})	断裂伸长率	亮度	黄度
ZM 35	对照	30.51	88.7	3.86	23.93	6.73	71.9	8.4
	盐处理	30.23	70.7	4.16	26.2	6.73	62.8	11.2
ZM 41	对照	27.68	85.47	4.42	29.87	6.8	73.1	7.76
	盐处理	24.22	83.13	4.36	30.43	6.9	62.8	9.17
XH 21	对照	35.8	86.87	3.99	38.23	6.83	72.6	7.6
	盐处理	34.87	85.37	3.19	33.4	6.83	69.8	8.6
XH 28	对照	33.28	87.83	4.34	42.13	6.87	71.33	8.4
	盐处理	34.14	83.4	3.97	32.87	6.83	66.87	9.73

从表 25-16 可以看出,盐胁迫对陆地棉及海岛棉品质纤维长度的影响较为明显,盐胁迫环境下陆地棉品种 ZM 35、ZM 41 纤维长度均较各自对照有不同程度的下降,其中,耐盐性较弱的品种纤维长度下降最为明显,与对照相比,盐胁迫下纤维长度下降了 3.46 mm,耐盐性较强的品种中棉所 35 纤维长度下降幅度较小,与对照相比,盐胁迫下中棉 35 的纤维长度下降了 0.28 mm,盐胁迫降低了海岛棉盐敏感品种 XH 21 纤维长度,却增加了耐盐品种 XH 28 的纤维长度,其增加量为 0.86 mm。可以看出,盐胁迫环境下各品种的亮度及黄度值均有不同程度的变化,盐胁迫降低了所有供试品种的亮度却增加了其黄度值,与对照相比,盐胁迫下 ZM 35、ZM 41、XH 21、XH 28 的亮度值分别降低了 12.65%、14.09%、3.86%、6.25%,黄度值分别增加了 33.33%、18.17%、13.16%、15.83%,盐胁迫对陆地棉亮度和黄度值的影响大于海岛棉。盐胁迫环境下 4 个品种的麦克隆值有不同的变化,其中盐胁迫下中棉 35 的麦克隆值较对照有所提高,其他 3 个品种的麦克隆值较对照有所下降,就纤维比强度而言,从表 25-16 可以看出,不同品种呈不同的变化趋势,盐胁迫增加了陆地棉品种的纤维比强度却降低了海岛棉品种的比强度,其中 XH 21、XH 28 的比强度与对照相比分别下降了 12.63%、21.98%。盐胁迫下棉纤维整齐度同样受到了影响,盐胁迫降低了所有品种的纤维整齐度,但对纤维断裂伸长率却几无影响。

盐胁迫对陆地绵及海岛棉产量的影响见图 25-18,与对照相比,盐胁迫降低了所有供试品种的产量,在对照情况下,ZM 35、ZM 41、XH 21、XH 28 的产量分别是 383.38、380.19、289.13、273.16 kg/亩,盐胁迫生境下其产量分别为 241.45、230.77、207.27、209.4 kg/亩,与对照相比,各品种产量的下降值分别为 37.02%、39.3%、28.32%、23.34%,由此可见,盐胁迫对陆地棉产量的影响大于海岛棉。

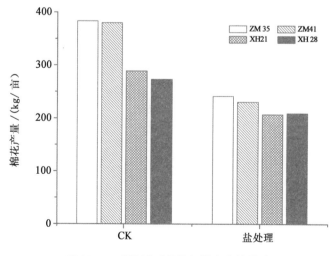

图 25-18　盐胁迫对棉株籽棉亩产的影响

（3）小结 无论短期、中期还是长期盐胁迫，棉株均会吸收大量 Na^+，随盐胁迫时间延长，Na^+ 区格化于不同部位，短期胁迫大量 Na^+ 被拦截在根内，中期胁迫茎内储藏大量 Na^+，长期胁迫大量 Na^+ 才输往叶内，且耐盐品种根、茎、叶内的 Na^+ 含量总是低于盐敏感品种；盐胁迫降低了棉株根、茎、叶内 K^+ 含量，耐盐品种茎内 K^+ 含量高于盐敏感品种，盐胁迫下 K^+ 从茎向其他部位输出，海岛棉根内以及陆地棉根、茎、叶内的 Na^+/K^+ 比是衡量棉株耐盐性的可靠指标；盐胁迫下棉株体内 Ca^{2+} 优先输往光合中心，且与盐敏感品种相比，耐盐品种叶内可积累更高的 Ca^{2+}，盐胁迫降低棉株整株水平 Ca^{2+} 含量，并使不同部位 Na^+/Ca^{2+} 比大幅上升，其中根 Na^+/Ca^{2+} 比最高，茎次之，叶最低；盐胁迫使棉株根、茎、叶内 Mg^{2+} 含量大幅下降，盐敏感品种降幅大于耐盐品种，Mg^{2+} 在叶内分布最多，根其次，茎内最少；一定浓度的盐生境有利于棉株根系对 Zn^{2+}、Fe^{2+} 的吸收且不会干扰根系对 Mn^{2+} 的吸收，微量元素在棉株体内的分配不受盐分的影响。

盐胁迫降低了陆地棉及海岛棉盐敏感品种纤维长度增加了海岛棉耐盐品种的纤维长度；盐胁迫降低了棉纤维的亮度并使其黄度增加，且对陆地棉的影响大于海岛棉；盐分对麦克隆值影响在不同种间存在差异：盐度提高了 ZM 35 的麦克隆值，降低了其他 3 个品种的麦克隆值；盐胁迫增加了陆地棉品种的纤维比强度，降低了海岛棉品种的比强度，还降低了所有供试品种的纤维整齐度，纤维断裂伸长率未受盐分影响；盐胁迫降低了棉株的产量，且对陆地棉产量的影响大于海岛棉。

3. 结论

（1）盐逆境下，作物地下部及地上部生长速度存在差异，试验发现，陆地棉 ZM 35、ZM 41 地下部生长快于地上部，海岛棉 XH 21、XH 28 地下部生长慢于地上部，盐胁迫加速了盐敏感品种叶绿素 a、b 的降解，降低了叶绿素含量，却增加了 XH 28 的叶绿素的含量，高盐区叶绿素含量的降低主要源于叶绿素 a 的下降；NaCl 胁迫降低了 4 个不同基因型棉株叶片的净光合速率，导致棉株光合速率下降的原因既有气孔限制也有非气孔限制的影响，四个品种随着盐浓度的增加，光合作用的限制均由初期的以气孔限制为主导因子而逐渐转变为以非气孔限制为主导因子，但两者因子的转换盐浓度不同，XH 21、ZM 35、ZM 41 为 50 mmol/L 而耐盐型的 XH 28 则为 150 mmol/L，适度盐胁迫可使供试品种的 WUE 值上升，但同时却降低了其蒸腾速度；低浓度盐胁迫可使盐敏感品种 XH 21、ZM 41 光系统Ⅱ的光化学效率显著降低，并显著减少用于光化学途径的能量分配比例，同时不能有效启动非辐射热能量耗散机制将过量的光能以热的形式散发掉，从而对光合机构造成伤害；低 NaCl 浓度可提高耐盐基因型 XH 28、ZM 35 光系统Ⅱ的光化学效率和激发能分配比例，同时通过有效启动非辐射热能量耗散机制将过量的光能以热的形式散发掉，从而保护光合机构的作用。

（2）无论短期、中期还是长期盐胁迫，棉株均会吸收大量 Na^+，随盐胁迫时间延长，Na^+ 区格化于不同部位，短期胁迫大量 Na^+ 被拦截在根内，中期胁迫茎内储藏大量 Na^+，长期胁迫大量 Na^+ 才输往叶内，且耐盐品种根、茎、叶内的 Na^+ 含量总是低于盐敏感品种；盐胁迫降低了棉株根、茎、叶内 K^+ 含量，耐盐品种茎内 K^+ 含量高于盐敏感品种，盐胁迫下 K^+ 从茎向其他部位输出，海岛棉根内以及陆地棉根、茎、叶内的 Na^+/K^+ 比是衡量棉株耐盐性的可靠指标；盐胁迫下棉株体内 Ca^{2+} 优先输往光合中心，且与盐敏感品种相比，耐盐品种叶内可积累更高的 Ca^{2+}，盐胁迫降低棉株整株水平 Ca^{2+} 含量，并使不同部位 Na^+/Ca^{2+} 比大幅上升，其中根 Na^+/Ca^{2+} 比最高，茎次之，叶最低；盐胁迫使棉株根、茎、叶内 Mg^{2+} 含量大幅下降，盐敏感品种降幅大于耐盐品种，Mg^{2+} 在叶内分布最多，根其次，茎内最少。

（3）一定浓度的盐生境有利于棉株根系对 Zn^{2+}、Fe^{2+} 的吸收且不会干扰根系对 Mn^{2+} 的吸收，微量元素在棉株体内的分配不受盐分浓度的影响；盐胁迫降低了陆地棉及海岛棉盐敏感品种纤维长度增加了海岛棉耐盐品种的纤维长度；盐胁迫降低了棉纤维的亮度并使其黄度增加，且对陆地棉的影响大于海岛棉；盐分对麦克隆值影响在不同种间存在差异：盐度提高了 ZM 35 的麦克隆值，降低了其他 3 个品种的麦克隆值；盐胁迫增加了陆地棉品种的纤维比强度，降低了海岛棉品种的比强度，还降低了所有供试品种的纤维整齐度，纤维断裂伸长率未受盐分影响；盐胁迫降低了棉株的产量，且对陆地棉产量的影响大于海岛棉。

25.2.2 灌溉模式及施氮量对棉花生长发育和氮素效率的影响

膜下滴灌是覆膜栽培和滴灌相结合的节水灌溉技术,新疆引进滴灌技术应用于棉花生产以后,棉花生产发展迅速,棉花面积和总产均居全国之首。膜下滴灌能根据作物的根系分布进行局部灌溉,并有效地保持土壤团粒结构,防止水分深层渗漏和地表流失。同时又具有保温、保墒及减少地表蒸发,提高水分利用效率的作用和肥料利用率的作用。由于滴灌大田一般一个轮灌区面积在 1 hm² 以上,难以开展小面积的田间试验,而大面积的试验由于土壤条件变异使试验结果稳定性受到影响。部分研究采用模拟滴灌系统进行,但是其灌溉速率和灌溉均匀度与实际的大田生产差异明显。因此多数滴灌与漫灌试验结果通常都是在不同试验条件下取得的,而采用接近大田生产滴灌的方法进行滴灌和漫灌对棉花干物质积累分配、氮素吸收分配、产量及氮素利用率的系统研究较少。

本研究采用微型滴灌系统,在较小面积同时设置滴灌、漫灌两种灌溉方式和不同施氮量试验,试图较为系统的研究灌溉方法和施氮量影响下,棉花干物质积累、氮素利用率和生产效率的差异,阐明滴灌提高水、肥利用率的机理。

1. 材料与方法

(1)试验区概况 试验于 2010 年 4 月至 2011 年 4 月作物生长期间在新疆石河子大学农学院试验站(86°03′E,45°19′N)进行,持续 2 年。试验区土壤为中壤土,其基本养分状况为:pH 7.9,有机质 19.9 g/kg,全氮 1.08 g/kg,碱解氮 60.88 mg/kg,速效磷 17.95 mg/kg,速效钾 134 mg/kg。前茬作物为棉花。

(2)田间试验设计与管理 田间试验采用裂区设计,设灌溉模式和氮肥水平两个因素,以灌溉模式(I)为主区,施氮量(N)为副区。灌溉模式为滴灌(D)和漫灌(F),氮肥处理共设 4 个氮肥水平,即:0、240、360、480 kgN/hm²(分别用 N0、N240、N360、N480 表示)。播前均施 P_2O_5 135 kg/hm²(重过磷酸钙,含 P_2O_5 46%)和 K_2O 用量为 90 kg/hm²(硫酸钾,含 K_2O 51%)全部作基肥。滴灌设计灌溉量 4 650 m³/hm²,生育期灌水 8 次,氮肥不施基肥。氮肥灌溉施肥全程同步,即肥料通过施肥罐溶解在灌溉水中,边滴灌边施肥,"一水一肥"。

采用自行设计的微型滴灌系统进行滴灌控制,其中压力系统采用 QDX3-50-1.1 潜水泵,功率 1.1 kW,输水能力为 3 m³/h,以直径 32 mm 的 PVC 管作为主管和副管输水,主管和每个副管首部安装一个水表控制流量。田间毛管采用北京绿源公司生产的 Φ15 内镶式滴灌带,滴头间距 30 cm,设计滴头流量 2.7 L/h。一条膜下铺两条滴灌毛管,都铺在窄行中,即一根毛管控制两行棉花。通过预备试验发现,该系统可模拟大田滴灌系统的首部压力和毛管内压力,灌溉均匀度和完成单次灌溉时间与灌溉大田接近。

供试作物为棉花(品种惠远"710")。2010 年和 2011 年分别于 4 月 25 日和 4 月 16 日播种。播种采用宽幅 1.5 m 地膜种植,一膜 4 行,播幅内宽、窄行距为 30-60-30 cm,株距为 10 cm,理论株数为 22.2×10⁴ 株/hm²,每个小区为两膜,面积为 3 m×6 m=18 m²。每处理重复 3 次,随机排列,共计 24 个小区,每个小区之间设 1 m 作为保护行。

漫灌设计灌溉量 6 000 m³/hm²,按氮肥总量的 50% 作为基肥播前撒施翻入土壤,其余 50% 作追肥在棉花初花至花铃期分 3 次追施,即在初花期、盛花期、花铃期随水施入,试验灌溉采用膜上畦灌方式,全生育期共灌水 4 次,分别为 1 500、1 500、1 500、1 500 m³/hm²。播种前,用厚塑料膜将各不同处理隔开,地上保留 10 cm,地下为 100 cm,以防止小区间水分和养分的相互渗透。灌溉量与石河子地区滴灌、漫灌保持一致,各次灌溉量、灌溉时期和施氮量设计见表 25-17。

表 25-17

灌溉时期、灌量及氮肥所占比例

项目	灌溉时间									
	播前	6 月 1 日	6 月 16 日	6 月 22 日	7 月 11 日	7 月 22 日	7 月 30 日	8 月 12 日	8 月 31 日	合计
滴灌灌量/(m³/hm²)	0	825	675	675	600	600	450	450	375	4 650
氮肥占比例/%	0	8	10	10	20	20	15	10	7	100
漫灌灌量/(m³/hm²)	0	1 500	0	1 500	0	1 500	0	1 500	0	6 000
氮肥占比例/%	50	25	0	12.5	0	12.5	0	0	0	100

　　(3)取样和分析方法　植株样品的采集与干物质测定:在棉花吐絮期采用挖掘法获取根系,参照陆地生态系统生物观测规范进行。即分别在外行和中行以棉花单株所占的面积进行挖掘,外行和内行各挖取 2 株(以膜间中央和宽行中央为界),挖取 90 cm×24 cm 的区域将棉花根系检出。获取根系时,将取样区域的地上部分全部采集后,按茎、叶、铃、根不同器官分离开,在 105℃下杀青 30 min,然后 70℃条件下烘干至恒重,称重,记录干物质重。烘干的植株样品经粉碎,过 0.5 mm 筛备用。植株样品用 H_2SO_4-H_2O_2 消煮,在 BUCHI-350 全自动定氮仪上测定植株不同部位全氮含量。

　　棉花产量结构及测产:在棉花吐絮后,每小区选取有代表性长势均匀的棉株,调差并计算全区株数、铃数及单株结铃数;每小区分 3 次采收 90 朵完全吐絮棉桃,测定平均单铃重和衣分;各小区内选取具有代表性的连续收获 6.67 m² 棉絮,换算为 hm² 作为实收产量。

　　试验数据采用 Excel 进行数据整理,用 SPASS11.5 软件进行双因素方差分析。

　　各参数根据下列公式计算:

$$氮肥利用率(NUE)=(施氮处理作物吸氮量-不施氮处理作物吸氮量)/施氮量×100\%$$
$$灌溉水生产效率(WUE)=籽棉产量(kg/hm^2)/总灌水量(mm)$$
$$氮肥农学利用率(NAE,kg/kg)=(施氮区籽棉产量-无氮区籽棉产量)/施氮量$$
$$氮肥偏生产力(NPFP,kg/kg)=施氮区产量/施氮量$$
$$植株总氮素积累量(kg/hm^2)=成熟期单株平均干重×小区植株密度×成熟期单株含氮量(\%)$$
$$氮素分配率=植株器官氮素阶段累积量/植株阶段总氮素累积量×100\%$$

2. 结果与分析

　　(1)灌溉模式、施氮量对棉花各器官干物质积累及分配的影响　不同处理棉花各器官的干物质积累量及分配率见表 25-18。滴灌模式棉花干物质积累量显著高于漫灌模式,增长率为 17.3%。滴灌模式下地上部营养器官(叶、茎)干物质积累量也显著高于漫灌模式,增长率为 16.8%,铃干物质累积量显著大于漫灌,达 28.7%,说明滴灌有助于干物质向繁殖器官分配,这是滴灌提高棉花产量的主要途径。但漫灌模式下地下部(根)干物质积累量显著大于滴灌处理,达 22.7%。滴灌模式和漫灌模式下各器官干物质积累量的大小顺序为铃>茎>叶>根。

　　施用氮肥显著增加了棉花各器官干物质积累量。与不施氮肥相比,随着施氮量的增大,棉花叶、茎、整株的干物质积累量也相应增大;而棉花的铃和根干物质积累量随着施氮量的增加,D360、D480 干物质积累量差异不显著,表明过多的氮肥投入生长了较多的营养器官,但对繁殖器官的形成并没有帮助,也表明过量施氮对地上部的促进作用大于地下部。

　　滴灌条件下,叶、茎干物质分配与漫灌没有差别,但铃分配比例显著高于漫灌,而根系的分配比例显著低于漫灌。同样也说明了滴灌有利于干物质在繁殖器官积累而抑制了根系的发展。在不同施氮量下,与对照相比,N360 铃干物质分配比例最大,而其他施氮量均高于对照,表明适度的氮肥施肥量有利于经济产量的形成,过高或过低的施氮量均不利于经济产量形成。

表 25-18

灌溉及施氮量对棉花各器官干物质积累量及分配率的影响

| 处理 | 叶 | | 茎 | | 铃 | | 根 | | 整株 |
	累积量 /(kg/hm²)	分配率 /%	累积量 /(kg/hm²)	分配率 /%	累积量 /(kg/hm²)	分配率 /%	累积量 /(kg/hm²)	分配率 /%	累积量 /(kg/hm²)
D	3 014.66a	15.68a	4 048.91a	21.61a	10 151.56a	52.62a	1 979.71b	10.37b	19 194.85a
F	2 539.91b	15.56a	3 506.29b	21.33a	7 885.95b	47.93b	2 429.84a	14.91a	16 362.00b
N0	2 214.45D	15.46AB	3 340.48D	23.22A	6 885.04C	47.66C	1 938.39B	13.66A	14 348.35D
N240	2 700.45C	16.18A	3 728.72C	22.51A	8 180.82B	48.75C	2 061.47B	12.55A	16 671.46C
N360	2 968.07B	15.14B	3 879.24B	19.98B	10 425.16A	53.25A	2 228.86AB	11.63A	19 501.32B
N480	3 226.19A	15.69AB	4 161.98A	20.17B	10 614.00A	51.43B	2 590.37A	12.71A	20 592.55A

注:同列数据后不同大、小写字母分别表示不同灌溉模式间和不同施氮水平间差异显著(P<0.05),下同。

(2)灌溉模式及施氮量对棉花吐絮期不同器官氮素积累量及分配的影响　从棉花不同器官氮素积累量和分配率看(表 25-19),滴灌模式棉花氮素积累量显著高于漫灌模式,增长率为 14.7%。滴灌模式下地上部营养器官(叶、茎)氮素积累量也显著高于漫灌模式,增长率为 21.1%,铃干物质累积量显著大于漫灌,达 12.6%,但漫灌模式下地下部(根)氮素积累量显著大于滴灌处理,达 35.3%,这与棉花各器官干物质累积量趋势一致。滴灌模式和漫灌模式下各器官氮素累积量和分配率的大小顺序为铃＞叶＞茎＞根。不同的灌水模式下棉花铃氮素积累量均占植株氮素总积累量 50% 以上。

与不施氮肥相比较,施用氮肥显著增加了棉花各器官的氮素积累量,表明施用氮肥促进了棉花氮素吸收;当氮肥用量由 360 kg/hm² 增加到 480 kg/hm²,叶片和铃的氮素累积量的增加幅度很小甚至开始降低。茎和根氮素累积量随着施氮量的增加,氮素累积量存在差异。

表 25-19

不同处理对棉花吐絮期不同器官氮素积累量及分配率的影响

| 处理 | 叶 | | 茎 | | 铃 | | 根 | | 整株 |
	累积量 /(kg/hm²)	分配率 /%	累积量 /(kg/hm²)	分配率 /%	累积量 /(kg/hm²)	分配率 /%	累积量 /(kg/hm²)	分配率 /%	累积量 /(kg/hm²)
D	64.05a	29.48a	29.03a	13.36a	119.53a	55.02a	4.64b	2.14b	217.25a
F	52.38b	27.67b	24.47b	12.93a	106.17b	56.09a	6.28a	3.32a	189.30b
N0	35.68C	28.67A	18.43D	14.74A	66.91C	53.76B	3.53D	2.84B	124.55C
N240	59.45B	28.70A	26.71C	12.89C	116.85B	56.41A	4.12C	1.99C	207.13B
N360	68.67A	28.62A	29.90B	12.46C	134.64A	56.21A	6.72B	2.80B	239.93A
N480	69.05A	28.60A	31.96A	13.24B	133.00A	55.08AB	7.47A	3.09A	241.48A

(3)灌溉模式及施氮量对氮素效率的影响　表 25-20 表明,灌溉模式对棉花氮肥利用率、农学利用率、偏生产力以及灌水生产率产生显著或极显著的影响。滴灌模式下氮肥利用率(NUE)、农学利用率(NAE)、偏生产力(NPFP)以及灌水生产效率(WUE)显著高于漫灌处理。

施氮水平对氮肥利用率(NUE)、偏生产力(NPFP)及灌水生产效率(WUE)影响极显著。氮肥利用率(NRE)、偏生产力(NPFP)随着施氮量的增加而减小;N240 和 N360 处理农学利用率(NAE)差异不显著;而灌溉水生产效率随着施氮量的增加而增加,可见施氮量与灌溉量之间存在正交互作用。

表 25-20

不同灌溉模式及施氮量下氮素利用效率差异

处理	氮肥利用率 /%	氮肥农学利用率 /(kg/kg)	氮素偏生产力 /(kg/kg)	灌溉水生产效率 /[kg/(hm² · mm)]
D	36.55A	5.78a	22.10a	15.41a
F	25.13B	1.46b	16.36b	11.43b
N0	—	—	—	11.35C
N240	36.45A	4.03A	24.76A	13.10B
N360	33.14A	3.71A	17.54B	14.56A
N480	25.89B	3.13B	13.29C	14.66A
F 值				
I	55.32**	3.10*	22.45*	77.45*
N	29.19**	33.14**	156.10**	182.85**
I×N	3.34	0.39	0.17	2.80

注:数值后不同大、小写字母和 ** 、* 分别表示差异达 1% 和 5% 显著水平,下同。

(4)灌溉、施氮量棉花产量及其构成因素的影响　灌溉模式对棉花的单株铃数、单铃重、衣分以及皮棉产量产生显著或极显著的影响。由表 25-21 看出,灌溉模式对棉花的单株结铃数影响极显著,滴灌处理单株结铃数比漫灌处理高 18.32%;滴灌处理单铃重比漫灌处理高 5.9%;棉花皮棉产量受灌溉模式影响显著,其中滴灌处理比漫灌处理产量高 24.2%;滴灌处理衣分高于漫灌处理 0.78%。

施用氮肥是棉花获得高产的重要措施。施氮量对棉花的单株铃数、衣分以及皮棉产量产生显著或极显著的影响。不同施氮量间单株铃数存在极显著差异,D480 最大,但与 D360 差异不显著。施氮量与棉花单铃重、衣分差异极显著,施肥处理与不施肥处理差异达到极显著水平,但随着施氮量的增加,处理之间差异不显著。棉花的皮棉产量随着施肥水平的提高而提高,且差异达到极显著,但过量施用氮肥 D480 与 D360 差异不显著。灌溉模式和施氮量互作效应对单株铃数产生显著影响。

表 25-21

不同处理产量及其产量构成因素的差异

处理	产量及产量构成因子			
	单株铃数/个	单铃重/g	衣分/%	皮棉产量/(kg/hm²)
D	6.55A	5.05A	40.37A	2 803.93A
F	5.35B	4.75B	39.59B	2 124.97B
N0	4.79C	4.96B	39.13B	2 029.96c
N240	5.92B	4.90A	39.82A	2 422.22b
N360	6.46A	4.98A	40.52A	2 697.41a
N480	6.62A	5.04A	40.43A	2 708.20a
F 值				
I	94.17**	61.49**	15.21**	95.21**
N	64.40**	15.75**	10.42**	66.15*
I×N	3.54*	0.38	0.94	8.53

3. 讨论与结论

(1)水是作物生长的基本条件之一,棉花是比较耐旱的作物,但是对水分比较敏感,水分过多会引起棉株陡长,郁闭,过少就会导致早衰、蕾铃脱落,过度干旱则导致蕾铃发育不足以及蕾铃脱落。灌溉模式不但影响到作物的土壤水分状况,而且还会影响到肥、气、热等其他作物生长条件,进而造成棉花生长指标的差异。膜下滴灌可为棉花生长创造更加良好的水、肥、气、热环境,使作物根区土壤始终保持疏松和最佳含水状态,从而达到综合的节水、增产和提高肥料利用效率的作用。由于滴灌仅对作物进行局部灌溉,对土壤结构不破坏,耕层土壤中空气仍然存在,透气性增加,有利于土壤微生物生长,土壤肥力得以充分发挥和释放。且滴灌施肥可将肥料随水均匀准确地滴入棉花根系土层中,并做到少量多次,实现水肥同步,有效避免了水肥流失,使肥料利用率提高了 11.4% 以上,且滴灌模式下棉花生物学产量、单株铃数、单铃重,衣分、皮棉产量以及农学利用率(NAE)、偏生产力(NPFP)以及灌溉水生产效率(WUE)显著高于漫灌处理。

(2)根系是吸收水分、养分的主要器官,其数量、生物量大小和分布可对土壤水分、养分状况作出适应性反应。根系的分布也直接影响土壤水分和养分的空间有效性。根系对水分和养分的吸收,取决于与其接触的土壤空间及根系的生理活性和吸收能力,因此作物根系和养分在土壤中的分布直接影响着作物对养分的吸收。在本试验中滴灌模式根干物质累积量小于漫灌模式。这是由于滴灌灌水方式灌溉周期短,土壤表层始终处于湿润状态且水分分布较浅,而土壤温度是影响棉花根系生长的主要因素,由于覆膜的增温效应,地膜棉花前期根系早发,根系吸收能力强,有利于促进棉花表层根系浅层生长,多集于覆盖区上层土壤,且适宜的水分条件不利于根系扩大型生长 ,而漫灌采取少次高量的灌水方式,浅层土壤含水量较低,存在较大数量水分渗漏损失,因此棉花表层根系分布较少,棉花的根系入土较深,最终导致漫灌模式下根干物质累积量大于滴灌处理模式。这与姜益娟等人的研究一致。较少的地下部生长和较多的地上部生长是滴灌和漫灌的显著区别之一。

(3)试验结果还表明,棉花在滴灌模式下地上部(叶、茎、铃)氮素累积量高于漫灌模式,且各器官氮素累积量和分配率的大小顺序为铃>叶>茎>根。滴灌灌溉模式有利于棉花植株对肥料氮素的吸收,尤其促进了氮素养分向棉花籽粒和叶部的移动,从而有利于植株光合作用和经济产量的提高。原因可能是滴灌条件下水分进入土壤的速度较慢,使施入的肥料随灌溉水均匀地分布在作物根际附近,从而促进了根系对肥料氮素的吸收;而在漫灌条件下,水分进入土壤的强度大,使肥料向土壤下层淋失较多,造成作物根际部位肥料氮素的浓度相对较低,就使得作物从肥料中吸收氮素的机会相对减少,从而导致漫灌处理棉花对氮素的吸收利用低于滴灌处理。

施氮极显著促进了棉花各器官对氮素的吸收,棉花各器官氮素吸收表现出随施氮量的增加而增加的趋势,但当施氮量超过 N 360 kg/hm² 后与 N 480 kg/hm² 施氮水平差异不显著,说明过量施氮既不能进一步提高棉花植株对氮素养分的吸收,也不利于棉花产量提高,大量施氮会造成植株的贪青旺长,大量氮素残留在茎秆中,不利于氮素向籽粒中转移,造成氮素资源浪费,从而导致氮素利用率下降,不被作物吸收利用的养分进入环境,直接或间接地产生对环境的潜在威胁,这是氮肥施肥中普遍存在的问题,本研究结果也证明了这一点。

25.2.3 基于 N_{min} 的棉田氮素养分实时监测和推荐施肥技术研究

1. 材料与方法

(1)试验点概况 田间试验在新疆乌兰乌苏气象站进行,供试作物为膜下滴灌棉花。试验区多年平均降水量208 mm,光照充足,热量丰富,日照时数年平均日照时间 2 865 h,≥10℃积温 3 400℃,无霜期 160 d,平均蒸发量 1 660 mm。试验地土壤质地为壤土,土壤有机质 14.5 g/kg,全氮 0.47 g/kg,0～20、20～40、40～60、60～80 cm 土壤容重和田间持水量分别为 1.27、1.31、1.39、1.5 g/cm³ 和 33.3%、29.7%、25.5%、23%。

(2)试验设计

不施氮处理(N0):不施氮,但是施用足量磷钾肥。

常规处理(N270):按照滴灌棉田一般的氮肥投入量纯 N 270 kg/hm²。

优化施氮:①目标产量的确定:目标产量水平设两个,皮棉产量 1 650 kg/hm²(110 kg/亩,简写为11)和 2 100 kg/hm²(140 kg/亩,简写为02),在当地略为偏高(皮棉,约 90 kg/亩)。②不同时期棉花阶段吸氮量的确定:根据前期试验结果,对不同施氮量下获得的产量-吸氮量用 Logistic 曲线进行模拟,得出不同目标产量下棉花的需氮量模型。③施氮量的确定:滴灌棉田,氮素来源主要包括施入的氮肥量,土壤供氮(初始土壤 N_{min} 和作物生育期内的净矿化量)和环境供氮(主要包括大气干湿沉降和灌溉水带来的氮素)。在本试验中,主要是利用了土壤无机氮测试和氮素平衡的氮肥优化管理技术对初始土壤进行监测,根据作物在不同生育阶段氮素吸收规律来确定不同阶段的供氮量(土壤无机氮+肥料氮);由土壤无机氮测试结果计算作物不同生育阶段氮肥用量;同时,综合考虑气候条件、作物生长状况等对氮肥用量进行微调。通过不同阶段的土壤 N_{min} 的监测对土壤氮素净矿化量和环境供氮进行估计,具体为土壤 N_{min} 测试结果仅代表当时的土壤无机氮供应情况,到下次测土过程中土壤氮素矿化、环境供氮、氮素固定,氮素损失等氮素循环无法监测,但这些氮素循环的综合结果会体现在下一次土壤 N_{min} 的测试中;若氮素损失和氮素固定高于土壤氮素矿化和环境供氮,则测定地土壤 N_{min} 低,下次增加氮肥用量;反之则测定土壤 N_{min} 高,下次减少氮肥用量,通过施肥对氮素循环的综合结果进行校正。

氮肥推荐量=推荐阶段吸氮量-(推荐阶段 N0 开始土壤根层硝酸盐累积量-推荐阶段 N0 上一阶段土壤根层硝酸盐累积量)=推荐阶段吸氮量-土壤 N_{min} 阶段盈亏量

虽然理论上,土壤 N_{min} 和肥料 N 位同效,但是根据前期研究结果,土壤无机氮并非全部被作物吸收,因此,还需要考虑到氮肥利用率不同,在各自优化内又设计 3 个优化水平,氮肥用量分别为 Opt1 的 1、1.4、1.8 倍和 Opt2 的 1、1.4、1.8 倍(简写为 O1-1、O1-2、O1-3 和 O2-1、O2-2、O2-3 表示,即 100%、140% 和 180% 优化处理),同时,还设一个常规处理(CON,270 kg/hm²),不施氮处理(N0,0 kg/hm²)。氮肥投入如表 25-22 所示,灌溉量 4 200 m³/hm²,在棉花生育期分为 6 次滴施,在各氮素水平下,配合施用磷肥和钾肥,分别为 105 kg/hm²、75 kg/hm²,以基肥在播种时一次施入。施用的肥料:氮肥为尿素(N,46%),磷肥为重磷酸钙(P_2O_5,46%),钾肥为硫酸钾(K_2O,50%)。小区处理随机区组排列,重复 3 次,共计 24 个小区,每小区两膜,一膜用于取样,另一膜用于测产。

表 25-22

施肥表

处理	施肥时期/(月/日)						总量 /(kg/hm²)
	6/28—7/5	7/5—7/12	7/12—7/19	7/19—7/26	7/26—8/3	8/3—8/19	
N0	0	0	0	0	0	0	0
Con	45	55	66	45	33	28	270
O1-1	0	15	26	73	52	16	181
O1-2	0	20	36	103	73	23	254
O1-3	0	26	46	132	93	29	327
O2-1	0	22	30	78	58	24	212
O2-2	0	31	42	110	81	33	297
O2-3	0	40	54	141	104	42	382

(3)不同肥力土壤矿化动态调查 设计 4 个调查点,分别用 I1、I2、I3、I4 表示,分 0～20、20～40、40～60、60～80 cm 土层取土样,按照测定方法和内容中的 2、5、6 测定硝态氮含量和植株全氮含量,取土样时间与植株样同步。I1 和 I4 为灌溉棉田,I2 为灌溉裸地,I3 为常规灌溉棉田,I1、I2、I3、I4 土壤有

机质和全氮含量分别为8.17、9.08、12.25、14.07和0.41、0.48、0.51、0.62 g/kg。分别代表不同肥力土壤矿化变化。其中I1代表低肥力,I2和I3代表中等肥力,I4代表高肥力土壤。

某阶段土壤氮素表观矿化量计算:在田间条件下,两段时间间隔之内的N_{min}变化符合方程:N_{min} t_1+(矿化+氮肥+干湿沉降+灌溉水带入氮)−(植物吸收+固定+NO_3^--N淋洗+反硝化+氨挥发)=N_{min} t_2。在本试验中,由于不施氮肥,可以用下列简化式计算土壤氮素净矿化量:某阶段土壤氮素矿化量=(t_2植物吸收+t_2残留N_{min})−(t_1植物吸收+t_1残留N_{min})。本文采用0～80 cm土层土壤氮素矿化累积量计算土壤无机的矿化量动态。

(4)测试内容与方法

①作物生长状况与产量测定　在棉花各生育阶段对不同处理小区进行生长状况的观测。每个处理小区选取长势均匀,有代表性棉花10株(中行、边行各5株)定期观测:叶龄、株高、果枝数、蕾铃数情况。测产:选取每一小区6.67 m²,记录株数、铃数计算理论产量;收获后对每小区测产膜进行统计,计算各处理实际产量水平。

②干物质积累量测定　从6—8月,7天采集一次,8月每10天采集一次样,9月采集2次,每个处理取3～6株代表植株(隔株采样),将植株根、茎、叶、蕾、铃分开,放入105℃烘箱中杀青30 min,然后降温至70℃烘干,称干重,然后放入样品袋中保存,集中测定含氮量。

③土壤水分含量测定　分0～20、20～40、40～60、60～80 cm土层取土样,用烘干法(105℃下烘12～14 h)测定土壤各层含水量。宽窄行各取一点,同层样品混合,每次取样与植株取样同步。

④植株含氮量测定　将植物样品在粉碎机上粉碎过100目筛,以H_2SO_4-H_2O_2法消化,在BUCHI-350全自动定氮仪上测定含氮量。

⑤土壤N_{min}的测定方法　称取5 g土加入50 mL浓度为2 mol/L的KCl溶液,振荡30 min后过滤,浸提液立即测定(或于0℃保存待测)。利用铜镉还原柱法测定土壤N_{min},同时,测定土壤含水量。

(5)数据处理

试验数据用Excel,Sigmaplot和SAS软件进行处理。

计算公式:

作物吸氮量:植株地上部各器官生物量和全氮乘积之和。

氮肥表观利用率:(施肥处理作物吸氮量−对照处理作物吸氮量)/氮肥用量。

氮肥生产率:(施肥处理产量−对照产量)/氮肥用量。

土壤氮素表观矿化量:不施氮肥作物吸氮量+收获后土壤无机氮残留量−土壤初始无机氮。

表观氮素损失量=总氮素输入量−作物氮素吸收量−土壤N_{min}残留量。

2. 结果与分析

(1)基于土壤的N_{min}棉田氮素优化管理体系质量评价

①不同氮肥处理对产量及产量结构的影响　由表25-23可知,O1-1、O2-1目标皮棉产量为1 650和2 100 kg/hm²,实际产量为1 760和1 880 kg/hm²,前者达到目标产量且增产7%,后者实际产量为目标产量的90%,但都极显著高于不施氮处理N0的籽棉产量和皮棉产量;O1优化的3个处理间没有显著差异,施氮量较高的O2 3个处理间有显著差异,且产量下降;O1、O2与常规相比,没有显著差异。由此可以看出基于无机氮测试O1-1和O1-2处理可以达到目标产量,且能够在现有施氮水平下大幅度的减少施氮量,100%优化氮素管理方法减少幅度可达21%～33%,同时减少氮肥投入,优化氮素管理无论在产量上还是在经济效益上都达到最优化。

进一步分析产量构成因素发现结铃数表现为施氮处理明显比不施氮处理高。结铃数有显著差异,这表明适量施用氮肥能够增加单位面积铃数,随施氮量增加有减少趋势,大量施氮前期营养生长旺盛,推迟了生殖生长和棉花成熟,降低了霜前花的比例。优化施氮能获得与常规施氮相同的单铃重,但显著高于不施氮处理。在本试验中衣分没有显著差异,氮肥处理对衣分影响不大。

表 25-23

不同氮肥处理对产量及产量结构的影响

处理	结铃数 /(千株/hm²)	单铃重 /g	衣分 /%	籽棉产量 /(t/hm²)	皮棉产量 /(t/hm²)
N0	678d	4.57b	38.2a	3.31c	1.30c
常规	815ab	5.74a	37.3a	4.78a	1.79ab
O1-1	849ab	5.67a	36.5a	4.87a	1.76ab
O1-2	796b	5.87a	38.2a	4.66a	1.78ab
O1-3	738c	5.99a	36.7a	4.28b	1.66b
O2-1	842ab	5.78a	38.4a	4.83a	1.88a
O2-2	760c	5.94a	37.8a	4.56ab	1.73ab
O2-3	734c	6.05a	36.3a	4.26b	1.63b

②不同氮肥处理棉花干物质积累的动态变化　结果表明(表 25-24),不同氮处理对单株干物质积累总量有显著的影响,总体而言,施氮处理显著大于不施氮处理,优化氮肥处理生物量大于常规灌溉处理,优化之间高施氮量生物量大于低施氮量。各处理的干物质累积规律总体上与棉花的生长发育规律一致,蕾期前累积速度慢,蕾期后开始加快,初花到结铃盛期棉花积累干物质达到高峰期,盛期以后累积速度又逐渐变慢。各生育期的干物质积累量虽有一定的差异,但各生育期的干物质积累的趋势是一致的。即现蕾以前极为缓慢,蕾期干物质积累量仅占全生育期干物质总积累量的 5.2%~6.7%;现蕾至开花期积累量占干物质总积累量的 18%~23%;开花期到盛铃期是棉花积累干物质的高峰期,积累量占全生育期干物质总积累量的 35%~48%以上,盛铃到吐絮期干物质积累占 21%~39%。

表 25-24

不同氮肥处理对棉花干物质累积的影响

处理	出苗后天数/d						
	37	51	64	78	92	107	135
N0	1.6	6.8	11.7	15.6	28.7	43.5	49.4
常规	0.9	6.1	11.6	20.7	32.1	57.4	70.7
O1-1	1.5	5.2	14.1	22.4	38.1	59.4	72.8
O1-2	1.3	6.5	15.9	24.0	45.8	61.3	79.2
O1-3	1.4	4.4	22.5	32.6	49.4	64.1	82.2
O2-1	2.0	6.7	16.3	27.5	47.1	64.6	83.6
O2-2	1.3	8.8	21.6	33.6	51.7	68.8	84.1
O2-3	1.5	11.1	25.0	36.7	57.7	71.5	85.7

蕾期棉花干物质在茎秆中累积量很少(表 25-25),绝大部分积累在叶片和根部,花铃期棉花进入营养生长和生殖生长期,此时累积的干物质仍然主要分配在茎叶中,但是所占比例不大,随着生育期的推进,生长重心向生殖生长转移,蕾铃花等生殖器官所占比例增加。各生育期不同器官干物质积分配存在一定的差异,蕾期、花铃期、吐絮期地下部分分别占整株重 9.5%~14.6%、8.3%~11.0%、4.2%~6.7%,表现出下降趋势,地上部分分别占整株重 85.4%~88.6%、89.0%~95.1%、93.3%~95.8%。不施氮处理蕾期干物质累积量占全生育期地上部累积比例(20.7%),显著大于施氮处理(11.9%~18.6%),而花铃期至吐絮期地上部干物质累积量所占比例(41.3%~87.7%)显著小于施氮处理(42.5%~98.9%),主要是由于不施氮处理苗期土壤残留养分,还不足以对棉花干物质积累造成影响。因此,苗期和蕾期干物质累积量与施氮处理之间差异不显著,而蕾期过后养分吸收明显加快,氮素缺乏对不施氮处理棉花

生长的胁迫作用逐渐显现，导致开花吐絮期提前，总干物质累积量受养分胁迫显著小于施氮处理所导致。

表 25-25

不同生育时期棉株干物质在各器官的分配

处理	生育期	天数	整株重/g	地上部分 g/株	地上部分 %	根 g/株	根 %	茎 g/株	茎 %	叶 g/株	叶 %	蕾铃 g/株	蕾铃 %
N0	蕾期	57	10.23	8.79	85.9	1.44	14.1	3.77	36.9	4.46	43.6	0.56	5.5
	花铃期	85	22.41	20.41	91.1	2.00	8.9	7.15	31.9	8.22	36.7	5.04	22.5
	吐絮期	125	43.10	40.20	93.3	2.90	6.7	9.47	22.0	5.36	12.4	25.37	58.9
Con	蕾期	57	8.40	7.26	86.4	1.14	13.6	3.18	37.8	3.40	40.5	0.68	8.1
	花铃期	85	30.02	27.33	91.0	2.70	9.0	10.54	35.1	9.37	31.2	7.42	24.7
	吐絮期	125	68.03	65.16	95.8	2.86	4.2	10.76	15.8	9.07	13.3	45.33	66.6
O1-1	蕾期	57	6.60	5.77	87.3	0.84	12.7	2.53	38.3	2.67	40.5	0.57	8.6
	花铃期	85	27.87	24.80	89.0	3.07	11.0	10.03	36.0	8.49	30.5	6.28	22.5
	吐絮期	125	70.83	67.45	95.2	3.38	4.8	13.74	19.4	10.74	15.2	42.97	60.7
O1-2	蕾期	57	9.26	8.28	89.4	0.98	10.6	3.80	41.0	3.81	41.2	0.67	7.2
	花铃期	85	36.93	33.30	90.2	3.63	9.8	13.41	36.3	11.77	31.9	8.12	22.0
	吐絮期	125	78.33	74.38	95.0	3.95	5.0	14.27	18.2	10.84	13.8	49.27	62.9
O1-3	蕾期	57	11.69	10.36	88.6	1.34	11.4	4.37	37.3	5.14	44.0	0.85	7.3
	花铃期	85	42.30	38.13	90.1	4.17	9.9	15.75	37.2	12.89	30.5	9.49	22.4
	吐絮期	125	80.30	76.11	94.8	4.19	5.2	15.31	19.1	12.85	16.0	47.95	59.7
O2-1	蕾期	57	11.81	10.19	86.3	1.62	13.7	4.89	41.4	4.68	39.6	0.62	5.2
	花铃期	85	36.87	33.67	91.3	3.20	8.7	12.50	33.9	12.05	32.7	9.12	24.7
	吐絮期	125	81.59	76.88	94.2	4.71	5.8	13.99	17.1	9.57	11.7	53.32	65.4
O2-2	蕾期	57	14.39	13.41	87.1	1.98	12.9	5.68	36.9	6.66	43.2	1.08	7.0
	花铃期	85	45.10	40.93	90.8	4.17	9.2	16.51	36.6	15.12	33.5	9.31	20.6
	吐絮期	125	81.45	76.60	94.0	4.85	6.0	15.94	19.6	9.88	12.1	50.78	62.3
O2-3	蕾期	57	15.96	14.49	86.2	2.47	13.8	5.96	38.7	7.41	41.3	1.12	6.2
	花铃期	85	54.17	49.69	91.7	4.48	8.3	19.30	35.6	19.13	35.3	11.25	20.8
	吐絮期	125	83.22	77.99	93.7	5.23	6.3	16.57	19.9	12.56	15.1	48.86	58.7

干物质累积过程符合典型的"慢-快-慢"过程，实质上是一个略呈拉长的"S"形累积增长或生长曲线，因此常用 Logistic 曲线进行模拟，可以得到很好的模拟效果，通过对干物质累积过程的数学描述可以定量化植物的生长过程，Logistic 生长函数模型及其性质为：$W = M/[1 + e(a + bt)]$，式中：t 为棉花出苗后的天数(d)；W 为棉花干物质或养分积累量；a、b、M 是 3 个待定系数，它们均具有一定的生物学意义。M 表示棉花干物质或养分的最大积累量(g/株)。对方程求二阶导数并令其为零，得 $t_0 = -a/b$，此时干物质或养分的积累速率达到最大值，即：$V_m = -M/4$；t_0 表示干物质或养分的积累速率最大的时刻，此时的积累速率(V_m)又叫作"速率特征值"。对方程求三阶导数并令其为零，得 $t_1 = (\ln(2 + \mathrm{sqrt}(3)) - a)/b$ 和 $t_1 = (\ln(2 + \mathrm{sqrt}(3)) + a)/b$。通过对各处理干物质模拟，决定系数可达到 0.991 3—

0.996 6(表 25-26)。

表 25-26

表 25-26

棉花总干物质累积模拟方程

处理	模拟方程	相关系数 R^2
N0	$W=51.649\ 8/(1+e^{(5.788\ 4-0.067\ 0t)})$	0.991 3
农户常规	$W=80.1207/[1+e^{(5.505\ 6-0.057\ 3t)}]$	0.993 9
O1-1	$W=74.353\ 9/[1+e^{(5.987\ 5-0.068\ 2t)}]$	0.996 6
O1-2	$W=87.843\ 3/[1+e^{(8.831\ 0-0.062\ 9t)}]$	0.996 1
O1-3	$W=84.250\ 1/[1+e^{(5.376\ 7-0.063\ 8t)}]$	0.995 7
O2-1	$W=88.420\ 3/[1+e^{(6.198\ 1-0.070\ 3t)}]$	0.993 0
O2-2	$W=93.274\ 7/[1+e^{(5.470\ 6-0.064\ 0t)}]$	0.995 4
O2-3	$W=94.810\ 4/[1+e^{(5.471\ 2-0.066\ 7t)}]$	0.996 3

③不同氮肥处理棉花氮素吸收规律　通过分析不同氮肥处理各生育期器官氮含量的变化,结果表明,随着棉花生育进程的推进,棉株和各器官中氮含量均呈下降趋势。但在不同生育阶段,各器官中氮素含量不一致。全生育期中根含氮量低于茎、叶、蕾铃,叶片含氮量始终高于茎枝,蕾期的蕾含氮量接近于棉叶,此后略低于棉叶。氮处理对含氮量有显著影响,施氮处理叶片全氮含量显著高于不施氮处理。各生育期不同处理吸氮量差别表明(表 25-27),蕾期不同处理差异不显著,后期随着施氮量增加氮素累积量逐渐升高。

表 25-27

棉花氮素吸收累积与模拟方程

处理	蕾期	盛花期	盛铃期	吐絮期	方程	相关系数 R^2
N0	32.93	92.32	129.45	149.98	$y=152.8/[1+e^{(4.259\ 4-0.060\ 46*x)}]$	0.994 9
Con	35.55	117.55	175.00	229.54	$y=238.75/[1+e^{(4.396\ 8-0.055\ 5*x)}]$	0.996 6
O1-1	34.60	104.23	176.01	203.00	$y=210.00/[1+e^{(5.556\ 7-0.716\ 9*x)}]$	0.997 6
O1-2	40.28	125.33	216.90	237.58	$y=234.46/[1+e^{(6.397\ 0-0.086\ 2*x)}]$	0.950 8
O1-3	43.88	163.40	220.26	243.44	$y=242.19/[1+e^{(5.383\ 1-0.075\ 26*x)}]$	0.995 5
O2-1	42.90	128.42	187.16	216.00	$y=227.00/[1+e^{(4.910\ 5-0.653\ 8*x)}]$	0.999
O2-2	45.50	176.71	216.76	241.95	$y=246.39/[1+e^{(5.195\ 2-0.073\ 42*x)}]$	0.991 8
O2-3	48.20	199.18	248.37	267.42	$y=273.03/[1+e^{(6.176\ 9-0.086\ 75*x)}]$	0.990 7

试验结果表明,棉株对氮素的吸收累积动态用 Logistic 函数曲线加以拟合,可以得到较好的拟合结果($R^2=0.950\ 8-0.999\ 0$)(表 25-28),Logistic 曲线有两个拐点(t_1,t_2),加上高峰点(t_0),这样有 3 个关键点,这 3 个点对应生长发育 3 个关键点:始盛期、高峰期、盛末期。这 3 个点可将养分吸收过程分为渐增期($t=0-(\ln(2+\text{sqrt}(3))-a)/b$)、快增期(($\ln(2+\text{sqrt}(3))-a)/b-(\ln(2+\text{sqrt}(3))+a)/b$)、缓增期($t=(\ln(2+\text{sqrt}(3))+a)/b-\infty$)。不同处理条件下的棉花对氮吸收在出苗后 49~59 d 进入快增期,约为开花前 5 d,养分吸收高峰期出现在出苗后 71~79 d,为开花后的 7~15 d,出苗后 82~103 d 养分吸收进入缓增期。快增期持续时间 30~48 d,此时是棉株氮素营养关键时期,也是光热条件最高的时期。因此在生产上该阶段的养分供应对确保高产至关重要,该阶段也是优化施氮技术的重点追氮肥时期。不同氮处理对氮素累积动态有显著的影响,表现为:不施氮处理比施氮处理提前 3~10 d 进入快增期,生育期提前,快增期持续时间与施氮处理相当,但是峰值累积速度显著低于施氮处理,由于不施氮造成养分胁迫,生长发育提前,快增期也显著提前。优化处理 O1-1、O2-1 较常规早 1~4 d 进入高

峰期,其他特征值相当,优化氮肥处理之间,随氮肥用量增加快增期持续时间缩短,但养分吸收速率显著增加,氮肥用量增加提高了养分吸收速率。

表 25-28

不同氮肥处理棉株氮素累积 Logistic 模型特征值

处理	模型参数			模型特征值				
	K	a	b	t_0 /d	t_1 /d	t_2 /d	Δt /d	v_m/[g/ (d·株)]
N0	152.80	4.259 4	0.060 5	70	49	92	44	2.31
Con	231.75	4.396 8	0.055 5	79	55	103	44	3.30
O1-1	210.00	5.556 6	0.071 7	78	59	96	37	3.76
O1-2	234.46	6.397 1	0.086 2	74	59	89	31	5.05
O1-3	242.19	5.383 1	0.075 3	72	54	89	35	4.56
O2-1	227.00	4.910 4	0.065 4	75	55	95	40	3.71
O2-2	246.39	5.195 2	0.073 4	71	53	89	36	4.52
O2-3	273.03	6.176 9	0.086 7	71	56	86	30	5.92

④不同氮肥处理下氮肥生产率及氮肥利用率　通过对不同氮肥处理下氮肥生产率及氮肥利用率的分析结果表明(表 25-29),氮肥用量对氮肥利用率的影响非常明显。传统施氮处理的施氮量为 270 kg/hm²,O1 和 O2 优化处理中各自的三个水平氮肥利用率并没有随着氮肥用量增加而增加,但大于或接近常规处理。同时也表明,随着氮肥用量增加,氮肥生产率呈下降趋势。优化 O1-1 和 O2-1 氮肥生产率为 8.5 和 7.3,高于传统施氮处理的氮肥生产率为 5.5,说明在试验处理中,O1-1,O1-2 和 O2-1 可提高氮肥生产率和利用率。

表 25-29

棉花对氮肥生产率和利用率影响

处理	施氮量 /(kg/hm²)	氮肥利用率 /%	氮肥生产率 /(kg/kg)
Con	270	28.9	5.5
O1-1	181	29.5	8.5
O1-2	254	29.2	5.4
O1-3	327	25.2	3.0
O2-1	212	31.8	7.3
O2-2	297	28.7	4.3
O2-3	382	28.6	2.6

⑤不同氮肥处理对土壤-作物体系中氮素表观平衡的影响　农田生态系统氮素输入方式主要有施肥、土壤初始无机氮和表观矿化量、干湿沉降和灌溉水带入的氮,而进入土壤-植物体系后的氮素主要有 3 个去向:一是作物吸收带走;二是在土壤中以无机氮形态残留;三是挥发或淋失或被土壤固持。在常规和优化田间管理措施中,0~60 cm 土体中无机氮均为作物有效态氮。60 cm 以外土体中无机氮,作物利用程度低,本研究不予考虑。在计算氮素平衡时,没有考虑沉降、灌溉、土壤固持的氮和气体损失的氮素量。土壤氮素净矿化量的计算是根据不施氮区棉花的吸氮量进行计算的。

本试验点土壤氮素净矿化量为 129 kg/hm²,氮素平衡计算结果表明(表 25-30),其中沉降参数是根据袁新民和关欣等人试验结果确定(袁新民,1997;关欣,1999,2000)。常规、O1-2、O1-3、O2-2 和 O2-3 施氮条件下,由于过量施氮,收获后氮素盈余量高达 380 kg/hm²。收获后 0~60 cm 土壤中无机氮和表观损失分别高达到为 187 和 193 kg/hm²,显著高于 O1-1 和 O2-1。硝态氮在 60～80 cm 增量随氮肥投入增加而增加。这一结果说明在 100%、140%、180%氮素优化管理体系下,140%、180%有较大的氮素损失,同时也表明同时也表明高施氮条件下,氮素被作物利用的程度下降,采用作物氮素动态管理,根据作物需氮量和土壤 N_{min} 适时提供氮肥可以明显提高氮素利用率。

表 25-30

不同氮肥管理条件下棉花－土壤体系氮素平衡

	N0	Con	O1-1	O1-2	O1-3	O2-1	O2-2	O2-3
氮输入								
1. 供氮量								
A. 播前 0～60 cm	72	72	72	72	72	72	72	72
B. 氮肥	0	270	197	275	354	233	326	420
C. 灌溉水带入	21	21	21	21	21	21	21	21
D. 沉降量	11	11	11	11	11	11	11	11
2. 表观矿化	129	129	129	129	129	129	129	129
共计	233	503	430	508	587	466	559	653
氮输出								
3. 氮吸收	153	239	210	234	242	227	246	273
4. 氮盈余	80	264	220	274	345	239	313	380
C. 收获后 0～60 cm	48	126	91	135	157	109	168	187
D. 表观损失	0	138	129	139	187	130	145	193
硝态氮累积 60～80 cm								
5. 播前	37	37	37	37	37	37	37	37
6. 收获后	33	83	48	85	157	54	105	145
增量＝6－5	−4	46	11	48	88	17	68	108
增量/表观损失/%	—	33	9	35	47	13	47	56
增量/氮输入/%	2	9	3	9	15	4	12	17

⑥不同氮肥处理对棉花不同时期土壤剖面无机氮的影响　在棉花的生长期间,土壤剖面中无机氮以硝态氮为主,且在棉花生长期变化不大,因此本文讨论的无机氮以硝态氮为主体,没有讨论铵态氮。

不同氮肥管理对土壤剖面中硝态氮的影响(图 25-19),总体而言,土壤剖面硝态氮含量随着施氮量的增加而增加,各处理之间差异显著,并且施氮量的增加,土壤硝态氮含量峰值有向下移动的趋势。

蕾期,土壤剖面各土层硝态氮变化趋势表现为 40 cm＜20 cm＜60 cm＜80 cm,盛花期表现出逐渐升高趋势,花铃期 40～60 和 60～80 cm 土层明显升高。收获后 20 cm ＜ 40 cm ＜60 cm＜80 cm 各土层硝态氮累积量依次增加。收获后至第二年棉花蕾期,由于地表土层有一定的湿度、温度上升,有部分土壤矿化,造成蕾期 0～20 cm 土层硝态氮的累积量增加,其他各土层硝态氮含量依次表现为增加趋势。从盛花期至花铃期土壤剖面无机氮含量迅速下降,这表明,从盛花期到花铃期棉花从 0～80 cm 的土层中吸收了大量的氮素。

O1-1 和 O2-1 处理土壤剖面无机氮含量明显低于常规,O1-2、O1-3 和 O2-2、O2-3 施肥处理,且各土层无机氮含量变化稳定,花铃期 O1-3、O2-2 和 O2-3 峰值主要出现在 40～60 cm,而收获后出现在

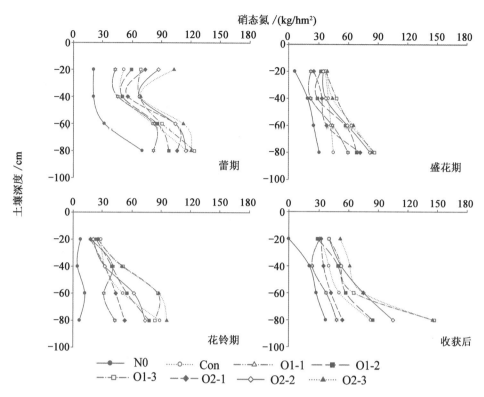

图 25-19　不同氮肥管理条件下对棉花不同生育时期土壤剖面硝态氮的影响

60~80 cm。说明优化施氮处理 O1-1 和 O2-2 在棉花整个生育期土壤剖面中硝态氮的浓度变化幅度不大,氮肥用量的增加会造成土壤剖面中硝态氮的浓度升高,向下运移,收获后残留量增加。

结果分析表明,对照和优化施氮处理土壤剖面中硝态氮的分布很相近,而高氮处理则有明显差异。说明当施氮量没有满足或刚刚满足作物生长需要时,土壤中不会有硝态氮的累积,或积累较少;一旦施氮量超过棉花生长的需要量,土壤中开始累积过量的硝态氮,甚至在作物收获时 0~80 cm 土体中残留量高达 304~333 kg/hm² 。

⑦不同氮肥处理土壤剖面无机氮的动态变化　从不同土层硝态氮的含量变化来看(图 25-20),0~40 cm 土层为变化剧烈型,40~80 cm 为逐渐累积型。从整个生育期土壤硝态氮的含量变化来看,初花期前为渐增期,初花期后为消耗期。

在传统施肥处理土壤硝态氮含量一直维持较高水平,在 0~80 cm 土层中,棉花收获后,土壤硝态氮含量还在 234 kg/hm² 以上。而 100% 优化施氮处理在整个生育期内土壤硝态氮含量较低,仅略高于不施氮处理,收获期优化施氮处理 0~80 cm 土体中无机氮总量为 110 kg/hm² 。O1 和 O2 优化处理中,100% 优化处理在 0~20 cm 土层硝态氮变化大,20~80 cm 各土层硝态氮含量较低,均表现出平行稳定状态,但仍高于不施氮处理。140% 优化处理土壤剖面硝态氮含量较高,与常规处理相当。而 180% 优化处理各土层硝态氮累积量明显增加,40~80 cm 有逐渐上升的趋势。说明优化施氮条件下,过大的施氮量仍然存在淋移损失的危险,只是 100% 优化处理淋洗损失量较少。

⑧不同氮肥处理条件下无机氮在土壤中的分布及残留特点　由表 25-31 可知,各土层无机氮都有所增加,但 60~80 cm 增幅最大。棉花播种前土壤无机氮含量和棉花收获后土壤无机氮含量相比,对照处理棉花收获后棉田土壤无机氮含量下降显著;100% 优化处理的棉田无机氮含量低于常规,140% 和 180% 施氮处理,而高于棉花播种前的土壤无机氮含量。说明在棉田氮素管理系统中,施肥与无机氮在土壤中的淋溶累积相伴而生,施肥量增加,必然导致土壤中无机氮的残留增加。收获后传统施氮处理土壤残留无机氮远高于优化施氮和不施氮处理残留的无机氮。在传统施肥、140% 和 180% 优化施

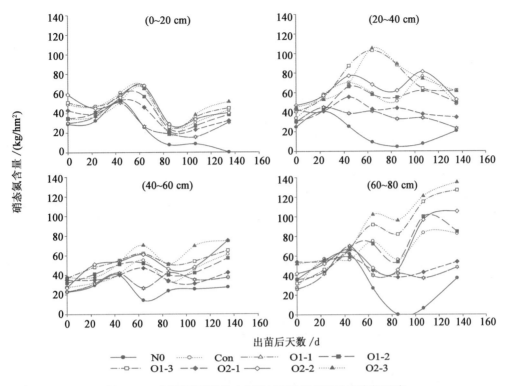

图 25-20　不同氮肥处理对土壤剖面无机氮的动态变化影响

氮条件下,在 60 cm 以下积累较多,根层之下无机氮植物利用较少,在第二年棉花的灌水中可能被大量淋洗,造成氮肥资源的浪费,同时也对环境构成潜在威胁;在优化 O1-1 和 O2-1 施肥条件下,与传统施肥处理相比,土壤中无机氮残留较少,既能保证达到目标产量,提高了氮肥的利用率,又减少了土壤环境污染。

表 25-31

不同氮肥处理对土壤中无机氮的分布及残留的影响　　　　　　　　　　　　　　　　　　　　　kg/hm²

土壤深度 /cm	播种前	收 获 后							
		N0	Con	O1-1	O1-2	O1-3	O2-1	O2-2	O2-3
0~20	29	0	32	31	28	40	32	40	52
20~40	20	21	40	23	49	52	35	53	61
40~60	23	27	51	37	57	65	42	75	75
60~80	37	33	82	48	85	147	54	105	145
0~80	109	85	205	139	220	304	163	273	333

　　从整体上看,即使不施氮处理 0~80 cm 残留量也达到 85 kg/hm²,明显高于水田 35~45 kg/hm²(陈欣等,2004),其原因可能为:旱田和水田土壤的理化性质和生物学特性存在很大差异,旱田的水分含量明显高于水田土壤,还原性弱,通透性好,氧气含量充分,因此其矿化作用强,矿化累积的无机氮多于水田土壤;充分的氧气条件有利于硝化作用。导致旱田土壤累计无机氮多于水田土壤,影响到不同处理之间差异的显著性。加之氮肥施用,施肥处理 N_2O 排放量高,也是不同处理之间无机氮累积量差异不显著的原因之一。

　　⑨不同肥力土壤氮素矿化与模拟　运用 logistic 累积方程可以很好对不同肥力土壤氮矿化进行模型(表 25-32),决定系数可以达到 0.99,F 检验结果达到极显著水平。I_1、I_2、I_3、I_4 土壤氮素矿化势分别为 80、85、96、120 kg/hm²。I_1、I_3、I_4 总矿化量分别占作物吸氮量 123、135、152 kg/hm² 的 65%、71%、

79%。这说明土壤肥力因子起着重要作用,有关矿化量与土壤理化性质关系方面的报道很多,普遍认为矿化氮与全N、全C、微生物态素有关。李慧琳等人通过在35℃培养,实验表明矿化量与有机质、全N密切相关,相关系数达到0.908 2** 和0.870 5**(李慧琳,2004),本试验也证实了这一点。在7月5日左右,达到最大矿化速率,裸地矿化量达到最大值时迟于滴灌棉田。不同肥力土壤氮素矿化量快速增长期没有明显区别,均集中在57~79 d时段内。I_1、I_2、I_3、I_4 模拟矿化势接近实际矿化势81、86、98、121 kg/hm²。

表 25-32

不同肥力土壤氮素矿化模型

试验点	N0 /(kg/hm²)	t_0 /d	v_m /[kg/(hm²·d)]	t_1 /d	t_2 /d	方程	R^2
I_1	80	67	1.35	59	76	$y=79.746\ 0/[1+e^{(4.557-0.067\ 90*t)}]$	0.998 4**
I_2	85	70	1.35	61	79	$y=84.641\ 5/[1+e^{(4.454\ 6-0.063\ 91*t)}]$	0.998 5**
I_3	96	66	1.54	57	75	$y=95.849\ 7/[1+e^{(4.268\ 1-0.064\ 31*t)}]$	0.998 3**
I_4	120	69	1.74	59	79	$y=119.709\ 0/[1+e^{(3.995\ 3-0.058\ 01*t)}]$	0.997 4**

棉田土壤氮素矿化量是植株氮素吸收的重要一部分,尤其在高肥力土壤上,土壤氮素的净矿化量更大。在灌溉量较大的农田,这部分氮素就会随水运移到更深土层,造成氮素资源浪费,但通过模型(Stanford G et al.,1972;Rasiah V et al.,1995;Janser Moura Pereira et al.,2005;Cabrera M L,1993;付会芳等,1997),在施肥前,对阶段的作物需氮和土壤氮素状况估计,进行氮肥的分期动态调控,使氮肥推荐变得简单易行,同时降低了环境风险,不失为一种优化的氮肥运筹。但土壤氮素矿化量存在着很大的年际变化,增加了氮肥推荐的难度。因此,不同肥力梯度土壤氮素规律及验证还有待于进一步深入研究。

(2)基于土壤 N_{min}棉田氮肥推荐量的确定

①肥料效应模型　试验结果表明,在滴灌棉田不同施氮量条件下,氮肥施用量会影响棉花的产量,与对照相比,100%优化氮肥处理增产显著,随着施氮量的增加,产量有下降的趋势。用一元二次方程对棉花的氮肥效应进行拟合,得出施肥量与棉花产量的相关关系如下:

$$Y=-0.030\ 7x^2+13.706\ 7x+328\ 6 \qquad R^2=0.733\ 5^{**}$$

式中:y 为籽棉产量,x 为施氮量。对上式求下一阶段导数得 $y'=0.061\ 4x+13.706\ 7$ 并令其为零,得到最佳施氮量为223.2 kg/hm²,对应的最佳籽棉产量为4 816 kg/hm²。223.2 kg/hm² 为全生育期总施氮量,可以作为施肥总量的参考。

②棉花产量与供氮量的关系及最大供氮量的确定　作物收获后残留在土壤中的无机氮和施入土壤的速效氮肥是等效的,因此,只要确定作物达到目标产量所需的氮素供应量(土壤初始无机氮+化肥氮),通过测定作物播前土壤无机氮,即可确定氮肥供应量。基于此,通过对不同土层供氮量与产量进行相关分析,确定最大供氮量。

分析结果表明,棉花皮棉产量与供氮量之间有很好的相关性,各土层供氮量与产量之间相关性都达到了极显著(图25-21)。分别令其一阶导数为零,求出 x 值,即达到最高产量时的供氮量为最大供氮量,采用0~20、0~40、0~60 cm不同土层供氮量为供氮指标时,最大供氮量分别为250.5、270.5、293.5 kg/hm²。随着土壤深度的增加,土壤剖面无机氮累积量增加,土壤供氮能力增强,不同土层最大供氮量也逐渐增加。最大供氮量只是一个潜在的供应能力,它和棉花作物根系分布深度、土壤水分运移(代表硝酸盐运移)关系密切,单纯就棉花根系分布深度而言,膜下滴灌条件下,60 cm 为比较合理的深度区间。

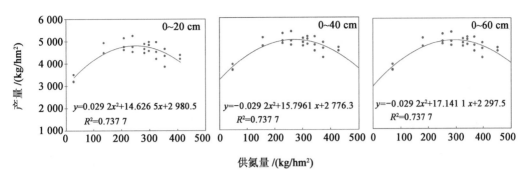

图 25-21　土壤供氮量与产量的关系

　　最大供氮量指标可以为确定氮肥总量和基肥量提供参考。首先确定采用的供氮土壤深度,其次,通过测定播前土壤初始无机氮含量,最大供氮量与无机氮含量的差值即为氮肥总用量,用公式表示:$N_f = N_{opt} - N_{soil}$。若施用基肥,按照基肥施用比例,可以确定基肥用量和追肥总用量。

　　③棉花各生育期氮肥追肥推荐指标的建立　通过分析不同生育期不同层次土壤供氮量与产量的关系(表 25-33)。结果表明,棉花产量与各生育期供氮量(土壤无机氮+肥料氮)有显著相关性,二者之间关系可以用二次曲线进行拟合。对时期模型求一阶微分,并令其为零,可以得到蕾期、花期和铃期的最佳供氮量。随着各土层供氮能力增强和棉花对养分需求量增加,最佳供氮量也在逐渐升高。同一时期不同土层供氮量与产量之间的相关系数有较大差异。蕾期以 0~20 和 0~40 cm 土层供氮量与棉花产量的关系较好。花期,与产量间的相关性逐渐增强。铃期相对于蕾期和花期,0~20、0~40、0~60 cm 相关系数最高且稳定,而 0~60 cm 供氮量在、铃期。这主要是由于在棉花生育前期,根系受其自身发育以及滴灌表层水分诱导作用,氮素养分主要分布在 0~40 cm 及以上的较浅土层,40 cm 以下深层养分很难被根系大量吸收利用;进入花铃期,随着根系的生长发育,能够吸收较深层次养分,40~60 cm 这部分土层养分逐渐对产量起到贡献作用。

表 25-33

棉花各生育期供氮量与产量的关系及供氮临界值

生育期	诊断指标/cm	模型	决定系数 R^2	供氮量临界值
蕾期	0~20	$y = -0.722\,0x^2 + 73.063x + 283\,8$	0.605 8	51
	0~40	$y = -0.709\,2x^2 + 98.968x + 135\,0$	0.625 7	69
	0~60	$y = -0.227\,0x^2 + 52.704x + 166\,8$	0.555 2	116
花期	0~20	$y = -0.057\,6x^2 + 17.717x + 346\,5$	0.683 6	154
	0~40	$y = -0.044\,8x^2 + 17.736x + 310\,3$	0.698 2	198
	0~60	$y = -0.025\,7x^2 + 14.136x + 290\,2$	0.759 7	275
铃期	0~20	$y = -0.151\,0x^2 + 32.098x + 310\,1$	0.805 6	106
	0~40	$y = -0.088\,6x^2 + 24.943x + 302\,7$	0.810 5	141
	0~60	$y = -0.048\,0x^2 + 18.881x + 295\,0$	0.786 9	197

　　因此,0~60 cm 各土层无机氮能够很好地表征棉花生育期的土壤供氮能力,可以作为各生育期追肥推荐的诊断指标。

　　在施肥前,测定一定土层无机氮含量(N_{min}),参照最佳供氮量(N_0),即可确定各生育时期追肥量

(Nt),可以用公式表示:Nt＝N0～N$_{min}$。根据上式,可以基于0～20 cm 土层 N$_{min}$测试的追肥推荐指标,如表25-34 所示。

表 25-34

基于 0～20 cm 土壤 N$_{min}$的棉花各生育期氮肥推荐量

N$_{min}$测试值	蕾期/(kg/hm^2)	花期/(kg/hm^2)	铃期/(kg/hm^2)
＜30	＞21	＞124	＞76
30～60	21～0	94～124	46～76
60～90	0	64～94	26～46
90～120	0	34～64	26～0
120～150	0	4～34	0
＞150	0	＜4	0

④分期优化施氮量的确定 对土壤无机氮进行实时监测,根据棉花需氮规律施肥调控,是一项快速准确高效的氮素管理措施。本研究 O1-1 和 O2-1 的皮棉目标产量为 1 650 和 2 100 kg/hm^2,与目标产量差异不显著,无机氮残留较少,既达到增产又节约养分资源,下面为三个分期优化处理施氮量结果,以期为本地棉田氮素优化管理提供依据。为了便于管理,根据棉花的生长特性及棉花需肥规律,把棉花的生育期分为 4 个阶段:出苗-初花期、初花期-盛花期、盛花期-盛铃期、盛铃期-吐絮期。具体优化施氮量见表 25-35。

表 25-35

棉花分期优化施氮量

项目	出苗-初花期	初花期-盛花期	盛花期-盛铃期	盛铃期-吐絮期
O1-1	15	26	125	16
O2-1	22	30	136	24

(3)小结与讨论

本研究通过田间试验以土壤 N$_{min}$为指标,氮素平衡为基础的优化施氮推荐技术,结合棉花栽培措施,建立基于棉田土壤 N$_{min}$的一个优化氮素养分资源综合管理体系,并且以传统施氮处理和不施氮处理为对照,研究优化氮肥管理体系下的棉花生长、产量、品质、氮素吸收和氮素平衡的状况,以及对土壤环境的影响。主要研究结果如下:

①棉花单株干物质积累和养分吸收过程能够很好地用 Logistic 曲线模型进行模拟,相关系数达到 0.950 8～0.999 0。各处理的干物质积累量变化趋势是一致的。即现蕾以前极为缓慢,蕾期干物质积累量仅占全生育期干物质总积累量的 5.2%～6.7%;现蕾至开花期积累量占干物质总积累量的18%～23%;开花期到盛铃期是棉花积累干物质的高峰期,积累量占全生育期干物质总积累量的 35%～48%以上,盛铃到吐絮期干物质积累占 21%～39%。

②通过对 Logistic 模型的特征值对氮素养分吸收规律进行分析,结果表明:不施氮处理比施氮处理提前 3～10 天进入快增期,快增期持续时间与施氮处理相当,但是峰值累积速度显著低于施氮处理,优化处理 O1-1,O2-1 较常规早 1～4 d 进入高峰期,其他特征值相当,优化氮肥处理之间,养分吸收速率显著增加,氮肥用量增加提高了养分吸收速率。

③100%优化施氮处理氮肥生产率与利用率分别为 12.2%、8.5%和 29.5%、31.8%,高于传统施氮处理的氮肥生产率为 5.5%和 28.9%,说明在棉花生育期,实时测定的土壤无机氮与施入土壤速效

氮肥是等效的,过量施氮或传统平均施氮处理并没有提高氮肥生产率和利用率。

④棉田氮素表观平衡计算结果表明,常规、140%和180%施氮处理,收获后氮素盈余量高达 348 kg/hm²。收获后 0～60 cm 土壤中无机氮和表观损失分别高达到为 187 和 161 kg/hm²,显著高于 100%优化处理。

⑤不同氮肥管理对土壤剖面中硝态氮的影响,总体而言,土壤剖面硝态氮含量随着施氮量的增加 而增加,各处理之间差异显著,并且施氮量的增加,土壤硝态氮含量峰值有向下移动的趋势。

⑥在本试验条件下,采用 0～20、0～40、0～60 cm 不同土层供氮量为供氮指标时,最大供氮量分别 为 250.5、270.5、293.5 kg/hm²。随着土壤深度的增加,土壤剖面无机氮累积量增加,土壤供氮能力增 强,不同土层最大供氮量也逐渐增加。

基于土壤 N_{min} 氮素优化管理体系的质量评价表明,无论从养分资源的有效利用上还是经济效益上 都要优于常规氮肥管理体系,同时,本研究揭示了氮肥的科学施用必须按照棉花需肥规律和土壤供氮 特点来进行,才能充分利用氮素资源,提高氮肥利用率。

在本研究中,主要有两方面:一方面是氮素吸收规律,这方面研究有很多,已经很成熟。另一方面 是土壤 N_{min},它是土壤供氮的重要一部分。不同时期、时段土壤 N_{min} 值,由于受许多因子的综合作用, 还有一些问题有待于作进一步深入的研究,主要有以下几点:a. 气候状况。不同的湿度、温度直接影响 氮素转化。b. 土壤状况。土壤矿化受土壤质地,土壤肥力,微生物状况等诸多因素影响。c. 作物栽培 耕作生产管理措施。施氮量、灌溉量、灌溉频率、连作与轮作或撂荒、滴灌与常规灌溉等。这些因素都 会影响到无机氮的累积残留,硝态氮淋溶程度,氮肥利用率和污染状况,因此,加强对这方面的研究,对 提高氮肥利用率,减少土壤污染具有重要意义。

3. 基于土壤无机氮和图像识别分析技术的农田氮素养分动态监测和管理示范

植物的缺素现象是农业生产和科学研究领域普遍存在的问题,如何能及时、快速地进行营养诊断, 一直是植物营养研究的一项重要内容。传统的植物营养诊断方法主要是采用一系列的化学分析方法, 包括植物分析,组织化学和生物化学方法,以及土壤分析等。但是,无论是传统的田间实验还是实验室 的模拟实验,都耗时、费力,且容易受到实验环境或气候条件的影响,难达到快速、准确目的。

在植物在生长过程中,叶色是氮素营养状况最敏感的指标,叶色与叶片中含氮量呈正相关(吴良欢 等,1999),由于缺乏某种营养元素会在叶片外形和颜色上表现出与正常植株不到之处。例如,当植物 缺氮时,叶片一般出现淡绿色或黄色。这是由于蛋白质合成少,酶和叶绿素含量下降,细胞分裂减慢、 叶色变黄(陆景陵,1994)。植物氮素养分失调后,会在叶片表面表现出不同的颜色和形状,这就给我们 利用计算机图像处理技术对缺素的叶片进行诊断提供了可靠的科学依据。通过数码相机所采集到图 像的颜色可以反映叶片对白光的吸收和反射的情况,获取光谱参数、应用光谱参数预测棉花氮营养状 况,使利用作物叶色进行定量诊断成为可能。

基于图像识别分析技术预测出棉花氮营养状况,根据作物达到一定产量某一阶段所需的氮素量和 当时土壤有效氮素含量,即可确定氮肥投入量,但如何确定土壤有效氮素含量?

棉花氮素实时诊断和氮素推荐包括三部分内容:作物氮素实时需求量,土壤实时供应量和作物体 内氮素储备量(吸收量),特定时段内棉花氮素推荐量=目标产量下棉花该时段氮素吸收量-该时段棉 花吸氮量-该时段土壤 N_{min} 供应量。

结合项目依托课题"948"重大专项"新疆兵团棉田土壤养分管理体系的建立和养分综合管理技术 研究"其他专题组成果,集成计算机叶色分析(计算机视觉)进行氮素营养诊断的主要模型,包括棉花吸 氮量模型(PGCV-吸氮量模型)、棉花含氮量模型(DGCI-含氮量模型)同时集成本研究获得的不同产量 下棉花需氮量时间模型、土壤 N_{min} 矿化时间模型,设计了"基于图像分析和土壤 N_{min} 的棉田氮素养分综 合管理系统(ferti exp)",该成果设计的技术路线如下图所示(图 25-22),成果已获得国家知识产权保护 登记(2006SR12119,2006 年 9 月确认)。

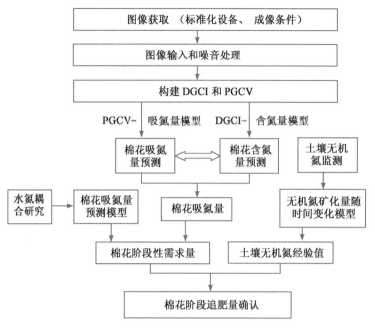

图 25-22　系统工作流程

其中功能模块类：

①用户界面　首先，运行 ImageExp1.0，将看到如图 25-23 所示的主界面。有填写表单，包括承包户名称、面积（亩）、条田名称、目标产量（皮棉，kg/hm²）、出苗后天数（DAE，days）、推荐有效期（days）和同期 N_min 矿化值（N kg/hm²）；分析结果，包括此期吸氮量（N kg/hm²）、实际吸氮量（N kg/hm²）、推荐追肥量（N kg/hm²）和总追肥量（尿素 kg/hm²）。该软件操作非常简单，适合农户或农场技术人员使用。

图 25-23　ImagerN 棉花氮素诊断系统

②参数设置　图像诊断系统是利用图像处理技术与植物营养知识结合在一起的专用营养诊断系统软件。该系统适用于各种工作条件（HSB Hue Saturate Bright，RBG Red Green Blue），不同生育时期（苗期－蕾期、始花期、盛花期和盛铃期），图片分析区（全图、左上 1/4、右上 1/4、左下 1/4、右下 1/4 和中间 1/4）（图 25-24）。参数设置可以改变图像识别的参数，因此用户应该根据图像的生育期、图像颜

色特征对参数进行修改。由于作物生长参数并不是自动生成的,因此调整参数设置只要用于研究目的,一般用户建议不修改参数。

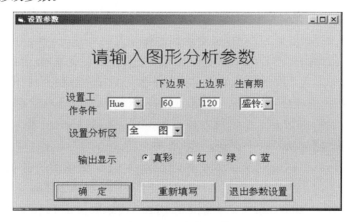

图 25-24　参数设置

③影像点分析　影像点分析主要提供用户对感兴趣的位点读取光谱参数(图 25-25),位点的光谱参数会在界面的右下角实时显示。

图 25-25　影像点分析

④光谱汇总信息　光谱汇总信息汇集了光谱分析的主要参数(图 25-26),如图像的 RGB、HSL 的平均值,另外还包含 PGCV,DGCI 平均值,用户可以采用这几个参数对不同棉田的模型参数进行校正,或用于关于光谱方面的深入研究。

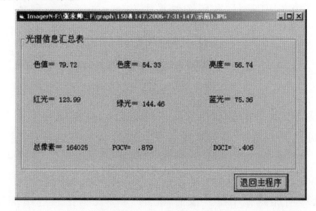

图 25-26　光谱汇总信息

（1）材料与方法

①示范点基本概况 示范试验设置在乌兰乌苏绿洲农田生态试验研究基地、兵团农八师 147 团和兵团农八师 150 团。

乌兰乌苏绿洲农田生态试验研究基地，位于新疆准噶尔盆地南缘的玛纳斯河流域绿洲内，是国家一级农业气象试验站。该站始建于 1963 年，除承担气象观测等基本业务外，还是农业气象与生态环境试验研究的基地。与乌鲁木齐沙漠气象研究所和石河了大学共同合作研究绿洲农田生态监测、绿洲农业气候资源开发利用、绿洲农业可持续发展等项目。试验区多年平均降水量 208 mm，光照充足，热量丰富，日照时数年平均日照时间 2 865 h，≥10℃积温 3 400℃，无霜期 160 d，平均蒸发量 1 660 mm。试验地土壤质地为壤土，土壤有机质 14.5 g/kg，全氮 0.47 g/kg。

147 农场位于天山中段北麓，准噶尔盆地南缘，玛纳斯县境内玛纳斯河东岸的冲积平原上。地理位于东经 85°52′～86°12′，北纬 44°31′～44°46′。年平均气温 5.3℃，≥10℃积温 3 558.7℃，无霜期 162 d。年降雨量 124.9 mm，始建于 1953 年 4 月，总面积 214 km²，耕地面积 22 万亩。棉花种植 6 670 hm²，皮棉总产 6 800 t，单产 981 kg/hm²（147 团 2004 年遇到冷害，产量较低）。

150 农场位于古尔班通古特沙漠南缘交接地带，海拔 320 m。属内陆干旱气候，光照充足、热量丰富。年平均温度 6.2℃，极端最高温度 43.1℃，极端最低温度－42.8℃，年平均降水量 117 mm，年平均蒸发量 1924.1 mm，年≥10℃积温 3 693.8℃，无霜期 166 d。棉花 8 660 hm²，籽棉总产 47 650 t，单产 5 502 kg/hm²（2004）。

②示范内容 示范内容主要采用 ImageExp1.0 作为氮素养分实时诊断和推荐的依据，以示范点常规施肥方法作为对照，在棉花不同发育时期进行作物氮素营养诊断，并提出施肥方案。示范单位根据施肥方案进行氮肥施肥管理。

采用土壤无机氮测试结果对棉花氮素营养状况进行预测，根据棉花素营养状况制定分阶段的施肥（追肥）方案，实现作物营养最优，肥料投入最佳，实现作物稳产高产。

采用数字图像识别和分析技术，对棉花氮素营养状况进行快速诊断，结合土壤供氮能力，做出追肥方案并指导追肥。

③示范目标 棉花产量比对照增产 5%～10%，氮肥投入量比对照施肥量下降 10%，实现棉花均衡营养。

④试验处理 147 农场设两个处理示范和对照，面积均为 72 亩，由连长亲自进行田间管理和施肥；150 农场设两个处理示范和对照，面积均为 93 亩，由连长亲自指导管理；乌兰乌苏农业气象站设田间试验小区，根据当地一般平均皮棉产量 1 575kg/hm²，施肥量为 270kg/hm²，设对照产量为 1 575 kg/hm²，其他田间管理按照常规措施进行。

⑤图像获取与分析 棉花田间冠层数码图像采用 Olympus C-740 型数码相机在晴天获取。获取时期是在每次灌水施肥前 1～2 d，拍摄时间选择在中午 12：00～13：00，拍摄时设定自动模式由相机自动控制快门速度和色彩平衡。影像采用 JPEG（Joint Photographic Expert Group）格式存储，文件大小为 2 048×1 536 像元。通过 ImageExp1.0 及时分析，将推荐结果告知用户，并立即滴施氮肥。

（2）结果与分析

①作物产量 获得较高的经济产量取得比较好的经济效益是棉花生产关注的重点，因此氮素调控的目标应该是能够保证达到合理的经济产量水平。示范和对照处理的经济产量如表 25-36 所示，分别达到了目标产量，其中对照处理同示范处理在经济产量上都没有显著差异，147 农场、150 农场和乌兰乌苏气象站示范棉田分别增产 12%，8% 和 5%。因此从最后的经济产量来看对照处理的氮素供应是充足的，对照处理增加氮肥用量并没有增加产量，表明在通过增加氮素施用量来提高产量的空间不大。氮素养分按照作物全生育期需求量均衡供应、减少氮素养分损失是高产稳产的另一个途径。

表 25-36

棉花产量与产量结构

项目	目标产量 /(kg/hm²)	保苗株数 /(千株/hm²)	单铃重 /(g/个)	实际产量 /(kg/hm²)	增产 /%
乌兰乌苏气象站					
示范	1 575	18	5.5	1 687	
对照		18	5.5	1609	5
147 农场					
示范	2 048	17.4	5	2 036	12
对照		18.8	5	1 822	
150 农场					
示范	1 980	18	5.5	2 129	8
对照		21	4.5	1 980	

②氮肥投入　从产量分析结果(表 25-37)可以看出,通过 ImageExp1.0 进行推荐调控的示范处理,其氮素供应水平已经达到或者接近当地临界值,继续下调的空间应该介于示范和对照处理的供应水平之间。147 农场和 150 农场示范棉田在保证达到目标产量的同时,又能节肥 68~161 kg/hm²。

表 25-37

氮肥投入状况　　　　　　　　　　　　　　　　　　　　　　　　　　　　　　　　　　　　　　kg/hm²

| 项目 | 日期(月/日) | | | | | 共计 | 节肥 /% |
	6/25—7/4	7/4—7/17	7/17—7/31	7/31—8/10	8/10—8/20		
乌兰乌苏气象站							
示范	15	15	21	22	26	109	60
对照						270	
147 农场							
示范	19	35	46	37	44	181	29
对照	26	52	61	57	57	253	
150 农场							
示范	25	38	42	40	65	210	25
对照	14	79	85	59	41	278	

③土壤剖面硝态氮变化　不同氮肥运筹模式对土壤剖面中硝态氮的影响(图 25-27),从总体上讲,表现为土壤硝态氮含量随着施氮量的增加而增加,处理之间差异显著,表现为 20 cm<40 cm<60 cm<80 cm。147 农场和 150 农场在前期(7 月 5 日),40~80 cm 土层明显高于 0~40 cm,后期(8 月 10 日),示范处理含量较低,变化稳定,乌兰乌苏示范点收获后对照处理硝态氮残留量高于示范。主要是由于在前期 60 cm 以下的各土层中,棉花根系很少,因此吸氮少。后期示范处理刚刚满足作物生长需要,土壤中硝态氮累积较少,当超过棉花生长的需要量时,土壤中开始累积过量的硝态氮,随施氮量的增加,土壤硝态氮含量峰值会有向下移动的趋势。

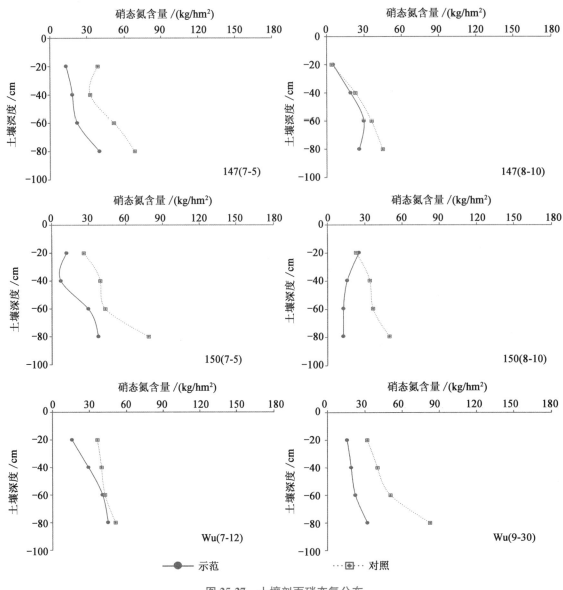

图 25-27　土壤剖面硝态氮分布

（3）小结与讨论

利用 ImageExp1.0 推荐施肥系统，能够很好地对棉花氮素营养状况进行快速诊断，结合土壤供氮能力，做出追肥方案并指导追肥。棉花实际产量与目标产量差异不显著，比对照增产 8%～20%，节肥下降 25%～60%。实现肥料投入最佳，实现作物稳产高产。

25.2.4　北疆棉花膜下滴灌耗水规律的研究

新疆北疆棉区地处欧亚大陆腹地，干旱少雨，年平均降雨量在 100～200 mm，棉花生产完全依赖于灌溉，水资源不足是制约新疆农业持续快速发展的核心因素，发展节水灌溉是新疆农业发展的根本出路。滴灌作为一种新型的灌溉技术，以其明显的省水、增产等特点，且容易实现计算机自动控制而成为世界上主要的精确灌溉技术。滴灌引入新疆后又与作物薄膜覆盖栽培技术相结合，发展成为膜下滴灌技术。膜下滴灌在灌水、施肥、排盐、灭虫、控制棉花生长等方面已总结出一套相当成熟的技术。但在棉花关键需水期，由于滴水量不足、滴水间隔时间过长等原因，引起棉花落蕾、落铃，造成减产。优化灌溉量成为棉花生产高产优质低耗的重要限制因素。本研究在北疆典型棉花生产条件的基础上研究各生育期棉花水分蒸散量,确定其需水规律,为制定科学的灌溉模式、促进棉花膜下滴灌达到优质高产高效栽培提供理论基础。

1. 材料与方法

(1)试验概况　试验于 2003 年和 2004 年在石河子大学农学院实验站进行。试验区位于东经 85°59′50″,北纬44°18′58″。海拔 433~437 m,平均地面坡度 6‰,土壤质地中壤土,基础养分见表 25-38。试验区地下水埋深 5 m 以下。供试品种为北疆主栽新陆早 13 号。滴灌地采用"干播湿出"方播种,一膜 4 行。行距为 30 cm+60 cm+30 cm+60 cm。株距 10 cm。保苗 1.95×105 株/hm²,2003 年 4 月26 日播种,2003 年 4 月 24 日播种。播前施三料磷肥 245 kg/hm²,硫酸钾 2 275 kg/hm²,全生育期施尿素 587 kg/hm²,其中 30%作为基肥播前施入,70%随水滴施。缩节胺化控 4 次。

表 25-38

试验地基础养分

有机质 /%	碱解氮 /(mg/kg)	速效磷 /(mg/kg)	速效钾 /(mg/kg)	全氮 /%	全磷 /%
1.54	63	16	208	0.08	0.12

(2)处理方式及小区划分　试验设 3 个水分处理,即 2 850、3 900、4 950 m³/hm²(分别用低水、中水和高水表示)完全设计。各处理灌溉量按 15 次分配,用水表控制。3 次重复,小区面积 13.5 m×3.6 m=48.6 m²,共计 9 个小区,随机排列,各小区均设有保护行,采用单独的滴灌设备以便于试验控制。

(3)测定项目及方法　重量法和 TDR 测土壤含水率。重量法每 7 天取 1 次样,测试深度 60 cm,每 20 cm 取一样,烘干法测定含水量。TDR 每 3 天观测 1 次,降雨或灌水时加测,测试深度 100 cm。测试 PVC 管理在棉花根系区(膜内窄行区中部)、膜内宽行区中部和膜外裸地中部。从地面以下每 20 cm 为一个测定区域。TDR 采用德国制造的 Trime-3。

2. 结果与分析

(1)棉花全生育期田间蒸散量　作物耗水量的计算式为:

$$ET_{1\sim2} = 3\sum_{i=1}^{n} r_i H_i (\theta_{i1} - \theta_{i2}) + M + P + K + C \tag{1}$$

式中:$ET_{1\sim2}$ 为阶段耗水量(mm);r_i 为第 i 层土壤干容重(g/cm³);H_i 为第 i 层土壤厚度(cm);θ_{i1}、θ_{i2} 为第 i 层土壤在计算时段始末的含水率(干土重的百分率);M、P、K、C 分别为时段内灌溉量、降雨量、地下水补给量和排水量(mm)。以无灌水和降雨时段内的土壤含水率作为计算依据,结合试验区条件,$M=P=K=0$。滴灌条件下 $C=0$,则式(1)变为:

$$ET_{1\sim2} = 3\sum_{i=1}^{n} r_i H_i (\theta_{i1} - \theta_{i2}) \tag{2}$$

由 2003—2004 年的蒸散量资料算,棉花从播种至收获生长期间的田间蒸散量为 434.08 mm,土壤贮备水耗量为 46.08 mm,实际灌水量 390 mm。根据 2a 的蒸散量值计算棉花全生育期的充分灌水量应为 434.08 mm,折成水方量为 4340 m³/hm²(表 25-39)。

在各处理中,棉花全生育期耗水量均大于灌溉量,即对土壤储备水有一定的消耗。灌溉量越大,棉花耗水量越大。从土壤储备水占棉花全部耗水量看,高灌溉量下土壤储备水量没有明显的提高。这可能是由于在本研究中水分投放次数是固定的,灌溉量越低,每次灌溉分配的水量越少,土壤湿润的体积越小,增强根系吸收非根际水分的区域越小。因此,在棉花膜下滴灌中,植物对灌溉的依赖程度是很大的;找出最佳的灌量,做到既不浪费又不对作物的生长发育造成影响,是干旱地区发展节水农业的根本出路。

表 25-39

棉花全生育期蒸散量及灌水量(ME±SE)   mm

处理	播种-出苗	苗期	蕾期	开花-吐絮	吐絮后	全生育期	实际灌量	土壤储备水耗量
高水	6.76±0.22	47.6±3.84	135.49±1.28	270.64±2.59	56.34±1.39	517.00±6.39	495	23.00±5.72
中水	5.80±0.32	37.27±3.29	113.32±2.00	237.45±2.52	40.00±1.17	434.08±6.50	390	46.08±5.16
低水	3.92±0.19	29.05±4.92	86.63±0.70	214.79±1.69	22.52±0.77	357.00±1.89	285	72.00±1.89

(2)棉花最大耗水时段与耗水量　根据棉花的生育特点,棉花最大蒸散量出现在花铃期,其中开花-吐絮期,耗水量240.96 mm,最大耗水时段为现蕾-吐絮,日均耗水量3.29～4.15 mm,5天耗水量为16.5～20.8 mm,10 d耗水量为33.0～41.6 mm(表25-40)。其中,在开花-吐絮期日最大耗水量2004年高水处理为4.73 mm,蕾期日均耗水量平均值为4.04 mm,最大耗水时段应为6月下旬至8月上旬,天数为51 d,其中7月最大,日均5.3 mm;从单日最大耗水量看,6月6.2 mm,7月7.3 mm,8月4.3 mm。所以,从6月下旬至8月上旬估算耗水量,以日均5.9 mm计算,5 d需耗水30 mm,最大量出现7.3 mm以上时,5 d则大于37 mm,总耗水量241 mm,以每次滴水量30.0～36.5 mm计算,需滴灌次数6～8次,平均5～7 d滴一次。

表 25-40

日均蒸散量及最大蒸散量   mm

处理	播种-出苗	苗期	蕾期	开花-吐絮	吐絮后	全生育期	日均蒸散量			日最大蒸散量		
							6月下旬	7月	8月上旬	6月	7月	8月
2003 年												
高水	0.57	1.27	3.93	4.60	1.95	3.08	5.3	5.8	5.6	6.0	7.0	4.2
中水	0.52	0.98	3.25	4.03	1.39	2.57	4.6	5.2	5.1	5.4	6.2	3.8
低水	0.32	0.66	2.58	3.75	0.79	2.15	4.2	4.8	4.3	4.6	5.7	3.5
2004 年												
高水	0.59	1.62	4.04	4.73	1.81	3.19	5.5	6.1	5.7	6.2	7.3	4.3
中水	0.49	1.28	3.42	4.16	1.27	2.69	5.2	5.4	5.2	5.6	6.5	4.1
低水	0.35	1.10	2.52	3.66	0.71	2.18	4.0	4.7	4.2	4.7	5.9	3.3

(3)灌溉量对耗水强度的影响　从图25-28中可以看出,灌溉量为2 850 m³/hm²时,耗水高峰期在7月9—29日之间,低灌溉量明显缩短棉花的生育期,同时也使得耗水高峰期缩短。灌溉量为3 900 m³/hm²时,耗水高峰期在7月9日至8月8日之间,与花铃期对应。灌溉量为4 950 m³/hm²时,耗水高峰期在6月19日至8月18日之间,由于土壤水分充足,棉花在蕾期就进入了耗水高峰。蕾期以前不同处理对干物质的积累影响不大(表25-41),而进入花期各处理的差异明显增大;从生物节水的角度讲,高灌溉量不可避免地产生相当数量的无效蒸腾,而棉花的需水关键期是花铃期,此时应充足供水。因此,从节水且不影响作物生长的角度分析,北疆膜下滴灌棉花灌溉量在为3 900 m³/hm² 左右较为合理。

(4)灌溉量对根系主要吸水层的影响　膜下滴灌是局部灌溉,地表湿润区有地膜覆盖,土壤水分蒸发微弱,棵间蒸发基本可以忽略。因此,根区土壤耗水强度可近似为根系吸水率。分析棉花根系不同深度吸水强度(图25-29)可知,膜下滴灌条件下,棉花根系主要吸水层在 40 cm 或60 cm土壤深度以内。灌溉量在 2 850～3 900 m³/hm² 之间,棉花的根系吸水强度在 40 cm 土壤深度内始终比高灌溉量 4 950 m³/hm² 的吸水强度小;而在 40 cm 以下则恰恰相反。作物根系生长有趋水性,当根系在上部土层受到水分胁迫时会向含水率较高的下部土层生长。膜下滴灌是浅层灌溉,土壤上层含水率始终高于下层,但灌溉量过高,使得根系主要吸水层变浅,可能造成渗漏。

(5)灌溉量对膜外土壤耗水的影响　全生育期膜外耗水率都在 2.0 mm/d 以下(图25-30),仅相当于棉花苗期的植株耗水率,而且膜外裸地耗水率与棉花叶面积指数 LAI 的关系如图 25-31 所示,为节约篇幅仅给出中水处理,其他各处理的趋势一致。

不同灌溉量下棉花膜外裸地土壤耗水率是不同的,各生育时期的大小从苗期至蕾期叶面积指数尚小,随着气温的升高膜外裸地蒸发强度逐步加大,这一时期表现为:高水>中水>低水;进入花期后,叶面积指数 LAI 和叶面蒸腾强度都在增大,低水由于 LAI 小,裸地面积较大,阳光照射强烈,导致蒸发量增大。此时膜外裸地蒸发强度降低则表现为:低水>中水>高水;花铃期叶面积指数 LAI 和叶面蒸腾强度都达到最大峰值,膜外蒸发强度降到最低,仅为 0.5～1.2 mm/d,这一时期则表现为低水>中水≈高水;盛铃期以后叶面积指数有所下降,叶面蒸腾强度降低,膜外蒸发强度先略有回升后随着气温的降低而下降,这一时期则表现为低水>高水>中水。不同灌量对各个生育时期膜外裸地土壤耗水率有很大的影响,但对全生育期裸地耗水总量影响差异不大,因此,在苗期应该适量控水可以减少裸地蒸发,提高水分利用效率,对根系垂直生长也有利。

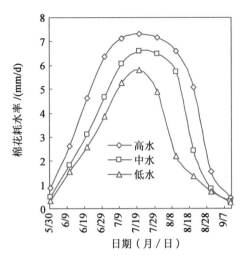

图 25-28　不同灌量下棉花的耗水强度

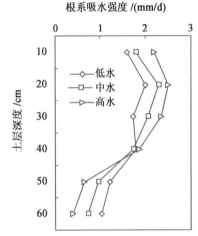

图 25-29　棉花根系不同深度吸水
强度(7 月 15—20 日)

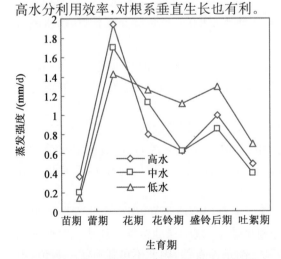

图 25-30　不同灌溉量下膜外土壤耗水强度

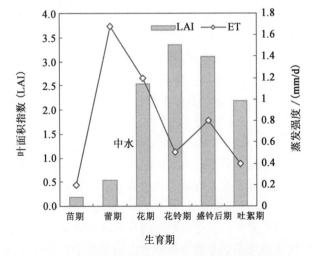

图 25-31　膜外土壤耗水强度与叶面积指数的关系

表 25-41

棉花干物质的积累（ME±SE） g/株

处理	苗期	蕾期	花期	盛铃前期	盛铃后期
高水	0.8 ±0.00	11.6±0.13	30.9±0.20	35.9±0.12	52.9 ±0.20
中水	1.0 ±0.04	9.9±0.11	26.2±0.13	32.5±0.02	49.1±0.02
低水	1.0±0.02	8.0±0.17	21.6±0.33	28.3±0.14	41.1±0.16

（6）不同灌溉量下各时期灌溉量与蒸散量的关系 棉花在各时期灌溉量与蒸散量的关系（表25-42）表明，低水处理棉花在开花以前灌溉量大于蒸散量，其他生育期蒸散量均大于灌溉量，但在开花以前总蒸散量小于灌溉量，这说明在花期前即使低水处理也不会对棉花的生长发育造成影响；中水处理花铃前期总蒸散量小于总灌溉量，高水处理到吐絮期以前总蒸散量始终小于总灌溉量；不同灌溉量下，棉花对土壤贮备水的消耗时期不同，低水出现在花铃前期，中水在花铃后期，高水在吐絮期。由此可知，棉花的水分敏感时期是蕾期以后；可以调节的时期是在开花以前；综合分析各生育期灌溉量与蒸散量及其与土壤储水量的关系，不难得出棉花在各时期的优化灌溉指标：苗期 34.00 mm，蕾期 119.00 mm，花铃前期 145.20 mm，花铃后期 103.00 mm 全生育期灌溉量 428.20 mm（与2.1的结论 434.08 mm 基本吻合）。

表 25-42

各时期棉花蒸散量与灌溉量 mm

处理	苗期		蕾期		花铃前期		花铃后期	
	蒸散量	灌溉量	蒸散量	灌溉量	蒸散量	灌溉量	蒸散量	灌溉量
高水	54.53	64.3	135.5	148.4	141.24	145.2	129.4	137.1
中水	43.31	48.9	113.33	119	128.68	119.1	108.77	103
低水	33.07	34	86.63	87.7	115.84	85.7	98.95	77.6

3. 结论与讨论

（1）棉花阶段性蒸散量受灌溉量影响较大。播种到出苗耗水量为 5.80 mm，苗期耗水量为 37.27 mm，蕾期耗水量为 113.33 mm，开花-吐絮耗水量为 237.45 mm，吐絮后耗水量为 40.00 mm，全生育期耗水量为 434.08 mm；灌溉量越大，棉花耗水量越大。

（2）棉花最大蒸散量出现在花铃期，其中开花-吐絮期，耗水量 240.96 mm，最大耗水时段为现蕾－吐絮，日均耗水量 3.29～4.15 mm，总耗水量 241 mm，以每次滴水量 30.0～36.5 mm 计算，需滴灌次数 6～8 次，平均 5～7 d 灌一次。

（3）高灌水量使得棉花耗水高峰期延长，低灌溉量明显缩短棉花的生育期，同时也使得耗水高峰期缩短，适宜的灌溉量使得耗水高峰期与花铃期对应，营养生长期需水比例降低而生殖生长期需水比例增加，从生理上提高作物水分利用率，增加经济产量。

（4）采用"浅灌勤灌"的方法可使棉花根系主要吸水层在 60 cm 土层深度以内，这不仅体现"膜下滴灌"的特点——减少地面蒸发及便于控制灌溉，而且可减少灌水定额及深层渗漏，提高土壤水分利用率。棉花水分敏感期在蕾期以后，可以调节的时期是在蕾期以前，在灌溉量一定的前提下，蕾期以前期控制灌溉量是工程节水和生物节水的有效结合。

（5）不同灌溉量对棉花膜外裸地的耗水强度的影响在各个生育期有所不同，但在全生育期的耗水总量差异不大。适量的控制开花以前灌溉量可以提高水分利用效率，减少裸地蒸发。作物生育期内的耗水强度不仅与作物长势和土壤含水率水平有关，还与当时气候条件有关，因此不可能有统一数值，但就某一品种来说，作物正常生长情况下各生育阶段的平均耗水强度应是较为稳定的值，因此本文给出的棉花膜下滴灌各生育阶段平均耗水强度对制定灌溉制度有重要指导意义。

25.2.5　膜下滴灌棉花水氮耦合效应的研究

水分和养分都是作物赖以生长发育所必需的条件。在当今工业高度发展,肥料问题基本解决的前提下,水成为当今绝大部分地区农业上的一个重要限制因素,尤其在那些降雨不稳,年潜在蒸发量大大超过降雨量的地区。过去的许多研究均表明,水分和肥料的交互作用非常明显,在适宜的范围内肥料越充足,根系越发达,吸水能力越强,水分利用率越高。但是陈尚谟在旱区研究得出玉米、谷子、大豆的水分利用率与施肥量的关系不是直线而是典型的抛物线;而徐学选等的研究则表明水肥主次效应存在着一个转换阀值。肥料 N 的损失与土壤性质、灌溉水量、肥料用量及施肥方式等有关。所以合理的水肥搭配不仅可以降低耗水量,减少水资源浪费,而且可以降低土壤养分损失和硝态 N 对地下水污染的威胁。滴灌作为一种新型的灌溉技术,以其明显的省水节能、增产等特点,且容易实现计算机自动控制而成为世界上主要的精确灌溉技术。滴灌引入新疆后又与作物薄膜覆盖栽培技术相结合,发展成为膜下滴灌技术。然而,在生产实践中仍缺乏水分、养分互相优化配合的定量模型指导。因此,研究水分与养分的相互搭配对膜下滴灌棉花产量及其构成的影响无疑具有重要意义,为当地优化的水肥管理技术提供有益的依据。

1. 材料与方法

(1)试验概况　试验于 2003 年和 2004 年在石河子大学农学院实验站进行。试验区位于东经 $85°59'50''$,北纬 $44°18'58''$。海拔 $433\sim437$ m,平均地面坡度 6‰,土壤质地中壤土(土壤理化状况见表 25-43)。试验区地下水埋深 5 m 以下。供试品种为北疆主栽新陆早 13 号。滴灌地采用"干播湿出"方播种,一膜 4 行。行距为 30 cm+60 cm+30 cm+60 cm。株距 10 cm。保苗 19.5 万/hm²,2003 年 4 月 26 日播种,2003 年 4 月 24 日播种。播前施三料磷肥 245 kg/hm²,硫酸钾 2 275 kg/hm²,氮肥以尿素施入,30%作为基肥播前施入,70%作追肥在棉花生长期间分 7 次滴施。全生育期缩节胺化控 4 次。其他农事操作均按大田膜下滴灌进行管理。

表 25-43

试验地基础养分

有机质 /%	碱解氮 /(mg/kg)	速效磷 /(mg/kg)	速效钾 /(mg/kg)	全氮 /%	全磷 /%
1.54	63	16	208	0.08	0.12

(2)处理方式及小区划分　试验设 3 个灌量水平即 2 850,3 900,4 950 m³/hm²(分别用 W1,W2 和 W3 表示)和 4 个 N 素水平既 0,180,270,360 kg/hm²(分别用 N0,N1,N2 和 N3 表示),完全设计,即 12 个处理。其中水分 2 850 m³/hm² 亩为水分胁迫类型,4 950 m³/hm² 为轻度过量类型。180 kg/hm² 为轻度缺氮处理,270 kg/hm² 为适量施氮处理,360 kg/hm² 为过量氮肥处理。小区宽 1.7 m(即一个膜),长 13.25 m,面积 45.05 m²,在田间列区排列,以水分处理为主区,氮素处理随机排列,重复三次。水肥的投放方法见(表 25-44)。

表 25-44

水肥分配比率

灌溉次数	1	2	3	4	5	6	7	8	9	10	11
灌溉(占总灌溉量%)	5	8	12	15	18	12	8	7	6	5	3
氮肥(占追肥量%)			10	15	25	20	15	10	5		

(3)测定项目及方法　重量法和 TDR 测土壤含水率。重量法每 7 d 取 1 次样,测试深度 60 cm,每 20 cm 取一样,电子天秤称量,烘箱烘干。TDR 每 3 d 观测 1 次,降雨或灌水时加测,测试深度 100 cm。测试 PVC 管埋在棉花根系区(膜内窄行区)、膜内宽行区和膜外裸地点上。从地面以下每 20 cm 为一

个测定区域。TDR 采用德国制造的 Trime-3。

作物耗水量的计算式为：

$$ET_{1\sim2} = 5\sum_{i=1}^{n} r_i H_i(\theta_{i1} - \theta_{i2}) + M + P + K + C \tag{1}$$

式中：ET_{1-2} 为阶段耗水量（mm）；r_i 为第 i 层土壤干容重（g/cm³）；H_i 为第 i 层土壤厚度（cm）；θ_{i1}、θ_{i2} 为第 i 层土壤在计算时段始末的含水率（干土重的百分率）。M、P、K、C 分别为时段内灌水量、降雨量、地下水补给量和排水量（mm）。以无灌水和降雨时段内的土壤含水率作为计算依据，结合试验区条件，$M=P=K=0$。滴灌条件下 $C=0$，则式（1）变为：

$$ET_{1\sim2} = 5\sum_{i=1}^{n} r_i H_i(\theta_{i1} - \theta_{i2}) \tag{2}$$

试验结束收时，测定各处理总干物质量及籽棉产量。水分利用率为单位面积单位蒸散量的籽棉产量或总干物质产量。

2. 结果与分析

（1）水肥搭配与棉花产量　棉花产量及产量构成要素受水肥供应水平的影响（表 25-45）。

表 25-45

棉花灌溉量和施氮量的产量效应及产量三因子*

灌溉量 /(m³/亩)	施氮量 /(kg/亩)	单铃重 /g	株数 /(株/亩)	单株铃数	籽棉产量 /(kg/亩)
	0	3.9	14 488.1	3.5	200.8
	12	4.3	14 420.3	3.6	224.6
190	18	4.4	14 963.0	3.7	248.3
	24	4.7	15 054.5	3.8	268.4
	0	4.3	14 880.2	3.5	224.2
	12	4.6	15 021.8	4.1	280.6
260	18	4.6	15 740.7	4.8	351.0
	24	4.6	15 132.5	4.5	312.2
	0	4.2	15 207.0	4.0	251.2
	12	4.6	15 435.7	4.7	332.1
330	18	4.6	15 424.8	4.5	321.2
	24	4.6	15 413.9	4.4	313.7

* 各项数据均为 3 个重复的平均值。

对棉花产量进行方差分析可知（表 25-46），灌水间、施肥间及灌水与施肥互作间产量均达极显著水平。

表 25-46

膜下滴灌棉花灌水和施肥两因素方差分析

误差来源	自由度	平方和	均方	F 值	显著性水平	
					$F_{0.05}$	$F_{0.01}$
区组	2	90.288 772	45.144	0.202	3.44	5.72
处理	11	77 871.992	7 079.272	31.682 7	2.22	3.18
灌水	2	32 431.19	16 215.595	72.571	3.44	5.72
施肥	3	36 011.672	12 003.891	53.722	3.05	4.82
灌水×施肥(W×F)	6	9 429.152 1	1 571.525	7.033	2.55	3.76
误差	22	4 915.784	223.443 1			
总和	35	82 878.029				

显著性检验结果(表 25-47)表明,在低水(W1)或中水(W2)下,施肥能显著提高棉花产量,但在低水下 N0 和 N1、N1 和 N2 产量之间无显著性差异。这是因为,施用氮肥改善了土壤养分状况,促进根系发育,提高了根系从深层摄取水分和养分的能力。但在低水处理下,肥料的作用受到限制,要进一步提高产量,水分因素就变得尤为突出。在高水下,以 N1 产量最高,但与 N2、N3 无显著差异,这说明在高灌溉量下,氮肥已经不是限制棉花产量的因子,过量施氮反而导致棉花产量的降低,这可能是由于高肥水势下的土壤碱解氮已降至无肥水平。在中水处理(W2)下,各处理之间都达及显著水平,但以 N2 的产量最高,这说明中水处理下无论低肥或高肥投入均没有 N2 处理产量显著,在适宜施氮范围内,水的增产效应是随着用氮水平的提高而变得明显。

表 25-47

各水分处理在 4 种施肥水平下的平均产量及其差异显著性

水分处理 W1				水分处理 W2				水分处理 W3			
施肥/ (kg/hm²)	产量/(kg/ 亩)	差异显著性		施肥/ (kg/hm²)	产量/(kg/ 亩)	差异显著性		施肥/ (kg/hm²)	产量/(kg/ 亩)	差异显著性	
		0.05	0.01			0.05	0.01			0.05	0.01
N3	268.4	a	A	N2	351.0	a	A	N1	332.1	a	A
N2	248.3	ab	AB	N3	312.2	b	B	N2	321.2	a	A
N1	224.6	bc	BC	N1	280.6	c	B	N3	313.7	a	A
N0	200.8	c	C	N0	224.2	d	C	N0	251.2	b	B

显著性检验结果(表 25-48)表明,在 N0、N1 和 N2 下,各水分处理之间均达极显著水平,但在 N2 水平下,W2 产量最高,在 N3 小,W1 与 W2 差异不显著,说明灌水有利增产,但在施肥量达到一定水平,过高灌水量下增产幅度很小或减产。在低肥水平下虽然供水充足,但肥力不足是制约产量的障碍因素;在高肥水平下,灌水充足并未引起产量显著提高,这可能与氮的淋溶损失有关,或可能由于在水分过多情况下施用大量氮素,棉株发生徒长,造成营养失调所致。N2 处理下 3 种灌水量的产量均达极显著水平,并以灌水 285 mm 处理的产量最高。由此可见,在适宜用水范围内,氮的增产效应是随着灌水量的增加而变得明显,量水施肥是滴灌棉花增产的关键措施。

表 25-48

各施肥处理在 3 种灌水量下的平均产量及其差异显著性

N0				N1			
灌溉量 /(m³/亩)	产量 /(kg/亩)	差异显著性		灌溉量 /(m³/亩)	产量 /(kg/亩)	差异显著性	
		0.05	0.01			0.05	0.01
330	251.2	a	A	330	332.1	a	A
260	224.2	b	B	260	280.6	b	B
190	200.8	c	C	190	224.6	c	C
N2				N3			
灌溉量 /(m³/亩)	产量 /(kg/亩)	差异显著性		灌溉量 /(m³/亩)	产量 /(kg/亩)	差异显著性	
		0.05	0.01			0.05	0.01
260	351.0	a	A	330	313.7	a	A
330	321.2	b	B	260	312.2	a	A
190	248.3	c	C	190	268.4	b	B

(2)水肥产量效应与模型　　根据两年的产量数据,对数据进行中心化以消除量纲不同造成的差异,采用 SPSS-RSREG 回归过程对施氮量 N(X_1)和灌溉量 W(X_2)二因素进行二元二次曲面回归模拟,得到 2003 年和 2004 年棉花产量回归模型分别为:

$$Y = 5105.25 + 330.26X_1 + 253.545X_2 - 100.97X_1X_2 - 471.38X_1^2 - 137.09X_2^2$$

$$Y=4375.95+1615.27X_1+715.494X_2-530.99X_1X_2-1186.42X_1^2-777.19X_2^2$$

统计检验表明,2年回归模型的F值分别为29.057和49.340,均达极显著水平,能反映产量与N、W的关系(表25-49)。

表25-49

产量回归模型系数 t 检验

年份	t_0	t_1	t_2	t_3	t_4	t_5
2003	27.809**	4.479**	3.793**	−1.270**	−2.926**	1.184**
2004	49.493**	4.895**	8.863**	−4.228*	−3.631**	−10.119**

表中各项回归系数的 t 检验结果表明,除交互项 X_1X_2 在2004年达显著水平外,其他一次项和二次项的回归系数均达极显著水平,这说明N、W不但对棉花产量有较大的影响并且有较强的交互作用。

(3)试验因素效应分析

①主因素效应 从产量模型的回归系数可以看出,在2年的一次项系数 N(X_1)、W(X_2)均为正值,表明2因素都有明显的增产作用,各因素对棉花产量的影响顺序为N>W 表明在一定的含水量范围内氮肥的增产效应大于灌溉的增产作用。

②单因素效应分析 2年棉花产量模型中N、W二次项 X_{12}、X_{22} 的系数均为负值,说明棉花产量随着N施用量和灌溉量的增加呈现出一条开口向下的抛物线变化,N和W的投入符合报酬递减率。而氮肥二次项的绝对值比灌溉的大得多,二次项系数大反映了氮肥的增产区间较为狭窄,而水分的增产区间较广的特点。因此在水肥耦合作用中,要重视充分发挥水肥的增产作用。由于氮肥的增产区间狭窄,应该确定最佳的施氮量,防止过多的施氮造成不良生理作用和肥料浪费,水分增产作用范围和宽,过低的灌溉量不利于棉花生产。

N、W边际产量变化规律的分析表明,2003、2004年的N边际产量分别为:$YN'=9.965-0.274+X$,$YN'=8.538-0.338X$;W边际产量分别为 $YW'=6.180-0.022X$、$YW'=6.188-0.022X$,通过对2年的边际产量汇总(表25-50,表25-51),表明各因素随着因素水平的增加,边际产量均呈现递减的趋势,在较高水平时,其增产报酬率降低,投入成本增大。

表25-50

棉田各氮肥水平上灌溉的产量边际效应

施氮量 /(kg/亩)	灌溉量/(m³/亩)					
	2003年			2004年		
	190	260	330	190	260	330
0	6.16	6.14	6.11	6.17	6.14	6.12
12	5.91	5.88	5.86	6.08	6.06	6.04
18	5.78	5.76	5.74	6.03	6.00	5.98
24	5.65	5.63	5.61	5.97	5.95	5.93

表25-51

棉田各灌溉水平上氮肥的产量边际效应

灌溉量 /(m³/亩)	施氮量/(kg/亩)							
	2003年				2004年			
	1	12	18	24	1	12	18	24
190	5.70	5.70	5.70	5.70	6.83	6.49	6.15	5.81
260	4.23	4.23	4.23	4.23	6.20	5.86	5.52	5.18
330	3.04	3.04	3.04	3.04	5.57	5.23	4.89	4.55

③因素间耦合效应分析　由产量模型可知 2003 和 2004 年 N、W 交互项 X1X2 的系数为负值,说明当其中一因子满足作物生长发育的需要时,另一因子对作物产量的影响十分敏感,成为影响产量的主导因素.灌溉量过大、施氮量过多时,负交互作用增大,影响棉花产量的提高。

(4)水氮耦合最佳组合的确立　以 2 年棉花产量回归模型为基础,通过计算机模拟寻优,并对水氮因素进行分析,得到籽棉产量为 350 kg/亩和 330 kg/亩水氮组合方案分别为 $W_{max}=280.1$ m³/亩、$N_{max}=16.0$ kg/亩和 $W_{max}=273.9$ m³/亩、$N_{max}=18.0$ kg/亩;综合分析 2 年的模拟数据,表明该地区的最佳施表明该地区的棉花最佳灌溉量为 280 m³/亩,最佳施氮量为(N)16～18 kg/亩。

(5)棉花蒸散量和产量的关系　作物产量随着蒸散量的上升而上升。陈玉民等的研究表明,当水源不足、管理水平较低时,小麦、玉米、棉花的产量与蒸散量之间往往呈直线相关;在肥水充足时,则呈抛物线关系。图 25-32 表明,从总的趋势来看,实际蒸散量与籽棉产量直线相关。籽粒产量(Y)与实际蒸散(X)之间的关系为:$y=10.11x + 15.401$,相关系数 $R^2=0.684\,2$;而总干物质产量(Y)与实际蒸散(X)之间的关系为:$y=13.906x + 349\,4.8$,相关系数 $R^2=0.585\,6$ 表明,不施 N 处理者,即使灌溉水达 285 mm 时,其实际蒸散量多在 300 mm 以上. 蒸散量在 350～450 mm 之间,N 素是籽棉产量的限制因素。蒸散量增至500 mm时,N 素已不再成为抑制籽棉产量的明显因素,而且 N3 处理的产量开始下降。

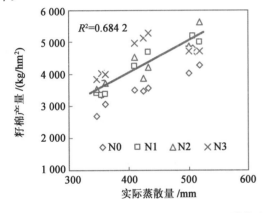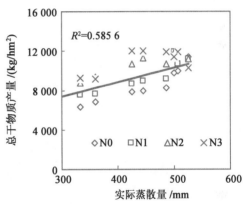

图 25-32　棉花实际蒸散量与产量的关系

(6)水肥(N)搭配与棉花水分利用率　图 25-33 结果表明,无论施 N 水平如何,总干物质水分利用率均随着灌溉水量的增加而降低。因此试验表明,棉花生育期内每增加一定的灌溉量都会使棉花总干物质水分利用率降低,籽棉的水分利用率却表现出不同的趋势。W2 处理的籽棉水分利用率处于比较高水平,依此为 W1、W3 处理。由于 W1 水平对棉花产量抑制较为显著,虽然总耗水量较少,但水分利用率却不如 W2;相反,W2 虽比 W1 处理多耗水 70 mm,但增产幅度平均将近 1 050 kg/hm²,水分利用率较高。可见,总耗水量由 354 mm 增至 424 mm,水分利用效率在这个区间较高。灌溉水量越大,耗水量越多,这是由于籽棉和生物量的形成并未随着灌水量的增多而按比例增加,同时由于每次灌水增加了上层土壤含水量,改善了植株的水分状况而增加了蒸腾耗水,在每次灌水之后都会产生一个耗水高峰,致使水分利用效率下降。因此,从产量和水分利用率相结合来分析,在膜下滴灌棉花上灌溉水平 W2 左右比较经济。

图 25-33 表明,在灌溉水量较低时,随着施 N 量增加,水分利用率有上升趋势;但在 W3 处理时,随着施 N 量提高,水分利用率开始有所提高,随着 N 肥用量的进一步增加,水分利用效益下降。这是由于 N 水平的提高将有利于产量水平的上升,水分利用率也随之上升。而过多 N 素,使茎叶旺长,蒸腾过旺,就导致了水分利用率的下降。

3. 小结

膜下滴灌棉田水氮耦合效应十分明显。低灌溉量下合理的增施氮肥可以改善棉花生物学特性,高

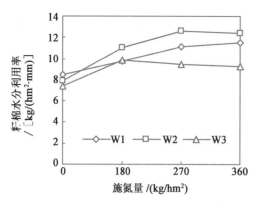
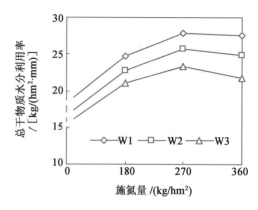

图 25-33　水肥(N)相互作用与棉花水分利用率

灌溉量下,过量的施肥棉花容易疯长,导致产量下降。

氮肥的增产效应强于灌溉的增产作用,但是其增产区间有限。这一方面反映了干旱地区水分决定生产的特点,另一方面也符合氮素过量容易导致棉花疯长影响产量的特点。根据两年的产量回归方程,计算得到滴灌棉花产量在 330~350 kg/亩的灌溉量应控制在 280 m³/亩,最佳施氮量为 16~18 N kg/亩。

25.3　加工番茄高产高效养分管理技术创新与应用

25.3.1　研究目标

加工番茄是新疆特色农产品之一,其产量和出口量在全国均占有重要地位。新疆加工番茄生产中普遍采用膜下滴灌技术,虽然目前产量较高,但普遍存在施肥量尤其是氮肥施肥量偏高,导致群体旺长,田间郁闭,病虫害加重。加工番茄脐腐病是生产中常见的由于钙失调引起的生理性病害,对产量和品质影响较大。上述问题的存在影响了加工番茄的可持续发展和养分资源高效利用。本研究设置不同氮素管理方法试验、根际施肥试验、磷钾肥做启动肥试验、不同施钙方法防治脐腐病四个田间试验,研究了不同氮素管理措施、根际施肥以及改变磷钾肥施肥方法对加工番茄产量和品质的影响以及氮磷钾肥料利用率的变化;不同施钙措施对脐腐病的防治效果以及对加工番茄产量和品质的影响,以期为加工番茄生产中养分的优化管理提供理论和技术支持。

25.3.2　材料与方法

1. 试验设计

本试验于 2011—2012 年在石河子大学农学院试验站进行,2011 年和 2012 年试验田块前茬作物分别为棉花和小麦。试验田块土壤为中壤土,有机质 19.9 g/kg,全氮 1.08 g/kg,碱解氮 66.88 mg/kg,速效磷 17.95 mg/kg,速效钾 195.25 mg/kg。本研究包括 4 个试验,分别为不同氮素管理模式试验、根际施肥试验、磷钾肥做启动肥试验和不同施钙措施试验。供试加工番茄品种为石红九号。试验设置 10 个处理,每个处理 3 个重复,共 30 个小区,小区之间设置 1 m 的保护行,小区面积:9.5 m(长)×1.8 m(宽)=17.1 m²。全生育期灌水 8 次,总灌水量为 3 900 m³/hm²,灌溉日期及灌溉量见表 25-52。

表 25-52

各试验灌溉量								m³/hm²
日期(月/日)	4/26	6/5	6/17	7/1	7/13	7/25	8/6	8/14
灌溉量	225	525	450	600	525	600	600	375

试验设计采用"3＋X"模式进行,即以不施氮肥、当地常规高产施肥管理措施、高产高效氮肥管理措施为基础,针对加工番茄生产中限制产量和品质提高的重要因素设置"X"试验,通过"X"试验探索进一步实现加工番茄高产高效的措施和机理。各试验田间管理除必要情况外,采用均一的管理措施,最大限度地减少因管理措施不同造成试验结果之间不能相互比较的问题出现。主试验和"X"试验如下:

(1)主试验:不同氮素管理模式试验

本试验设置常规氮素管理模式、基于 N_{min} 测试的氮素追肥管理模式,共 3 种处理,具体如下。

处理一:不施用氮肥(CK_{N0})。播前分别施入磷肥 135 kg/hm²(以 P_2O_5 计)和钾肥 135 kg/hm²(以 K_2O 计)。灌水量及灌水次数见表 25-52。生育期管理与当地高产田块相同。

处理二:传统施肥(CF)。播前分别施入磷肥 135 kg/hm²(以 P_2O_5 计)和钾肥 135 kg/hm²(以 K_2O 计)。氮肥用量为 300 kg/hm²,基肥占 30％,其余做追肥,追肥次数为 7 次,各生育期追肥量见表 25-53。

表 25-53

各生育期氮肥分配　　　　　　　　　　　　　　　　　　　　　　　　　　　　　kg/hm²

日期/(月/日)	4/26	6/3	6/16	6/29	7/11	7/23	7/30	8/7
氮肥量	0	31.5	37.8	42	25.2	31.5	25.2	16.8

处理三:基于 N_{min} 的氮素管理(N_{min})。播前分别施入磷肥 135 kg/hm²(以 P_2O_5 计)和钾肥 135 kg/hm²(以 K_2O 计),氮肥采用 N_{min} 推荐各阶段氮肥追肥量,氮肥基施 60 kg/hm²,每次追肥量按作物生长发育阶段性养分需求比例调节进行。目标产量:120 t/hm²。氮肥推荐方法:$N_{top}＝2\Delta N－N_{min}$。

本方法中假定 N_{min} 和肥料的肥效等效,N 肥利用率预设为 50％。N_{min} 通过每次田间取样,分析和计算获得。N_{top} 为氮素追肥量,ΔN 为目标产量下加工番茄阶段性氮素吸收量,由不同产量下加工番茄氮素吸收 logistic 曲线计算求得。

(2)X 试验一:根际施肥试验

本试验设置三个处理,分别为①不施用氮肥(CK_{N0})。其磷钾肥的施用量及施肥方法同主试验中处理一。②最佳氮素管理(N_{min})。施肥和其他方法同主试验中处理三,加工番茄各生育期灌水施肥全程同步。③根际施肥(N_{min}-R)。其他方法同 N_{min} 处理,第一、二次追肥时采用灌水＋(灌水/施肥)方法,其他 5 次追肥采用(灌水/施肥)＋灌水方法,主要目的是实现根际施肥,由于苗期根系较浅,采用灌水＋(灌水/施肥)的方法有利于根系在较浅土层分布,而后期根系较深,采用(灌水/施肥)＋灌水的方法,有利于肥料到达根系吸收养分较强的部位。

(3)X 试验二:磷钾肥做启动肥试验

本试验设置 5 个处理,包括两个对照处理,传统施肥、磷肥做启动肥处理和磷钾肥做启动肥处理。

CK_{P0}:不施用磷肥。钾肥在播前以基肥的形式施入,施用量为 K_2O 135 kg/hm²。

CK_{K0}:不施用钾肥。磷肥在播前以基肥的形式施入,施用量为 P_2O_5 135 kg/hm²。

传统施肥(CF):磷钾肥在播前以基肥的形式施入,施用量分别为 P_2O_5 135 kg/hm²、K_2O 135 kg/hm²。

磷肥做启动肥(PS):磷肥施用量为 82.5 kg/hm²,其中 45 kg/hm² 做种肥(三料过磷酸钙),采用穴施,剩余 37.5 kg/hm² 以 $NH_4H_2PO_4$ 的形式做追肥在初花期、初果期以滴灌的方式分 2 次施入;钾肥以基肥的形式施入,施入量为 K_2O 135 kg/hm²。

磷钾肥做启动肥(PKS):磷肥施入量及施入方法同 PS 处理,钾肥用量为 90 kg/hm²,30％(K_2SO_4)做种肥,70％(KNO_3)做追肥在初花期、初果期分两次随滴灌施入。

各处理氮肥施肥量和施用方法相同,为 300 kg/hm²,基肥占 30％,其余做追肥,追肥 7 次各生育期追肥量如表 25-53 所示。由于 $NH_4H_2PO_4$ 和 KNO_3 中含有氮素,施肥时相应减少尿素施用量,保证每次追肥时氮施用量和总施用量相同。

(4)X试验三:不同施钙措施试验

本试验设置3个处理,分别为:①不施钙肥处理(CK)。②喷施 $CaCl_2$ 处理:从加工番茄出现第一穗花开始,每隔一周左右向心叶和幼果上喷洒 0.5% 的 $CaCl_2$ 溶液。③滴施 $Ca(NO_3)_2$ 处理:选择尿素做基肥,硝酸钙做追肥。各处理NPK施肥量保持一致,氮肥总施用量为 300 kg/hm²,其中基肥占 30%,其余做追肥。磷钾肥在播前以基肥的形式施入,施用量分别为 P_2O_5 135 kg/hm², K_2O 135 kg/hm²。每个处理重复3次,田间随机区组排列。不同处理氮肥施用日期和施用量详见表25-53。

2. 研究方法

(1)土壤样品的各指标测定及方法

①土壤基础样品:播种前采集试验地基础土样,采取"S"状取样,除去地表秸秆,采样深度 30 cm 左右,将采集的土样于阴凉处风干,磨细过 20 目筛,测定土壤的基本理化性质。有机质采用重铬酸钾容量法,全氮采用凯氏定氮法,碱解氮采用碱解扩散法,速效磷采用 0.5 mol/L $NaHCO_3$ 钼锑抗比色法,速效钾采用 1 mol/L NH_4OAc 火焰光度法。

②土壤 N_{min}:生育期每次灌水前用土钻采集处理三各小区 0~60 cm 土样,每 20 cm 一层,采取"S"形取样,每个小区至少取 5 个样点,取后立即冷冻保存。收获后也分别采集 0~60 cm 土壤样品,每 20 cm 一层,分层冷冻保管。将土壤样品充分混匀过 2 mm 筛,用 2 mol/L KCl 浸提,铜镉还原法测定 $NO_3^- -N$ 含量,并根据土壤容重换算成单位面积氮素储量。

(2)植株样品的测定指标及方法

①植株干物质积累量及氮磷钾含量 在加工番茄的苗期、初花期、盛花期、初果期、盛果期、盛果后期、采收期,采取地上部分植株样(采取植株数量视植株生长情况确定),并将其分为茎、叶、果3部分,测定鲜重,烘干后测定其干物质积累量,然后将样品粉碎、过筛,用 $H_2SO_4-H_2O_2$ 消煮植株样品,分别用奈氏比色法、钒钼黄比色法、火焰光度计法、测定植株中氮、磷、钾的含量。

②加工番茄果实钙含量的测定 在加工番茄成熟期采取加工番茄果实,用自来水洗去其灰尘,再用去离子水冲洗干净,于 105℃ 杀青,75℃ 烘干,称重法测定其干物质积累量,然后将样品粉碎、过筛,采用 HCl+维生素 C 浸提法进行样品前处理,用原子吸收分光光度计测定植株钙含量。

③加工番茄品质的测定 加工番茄成熟后,每个小区选取 10 个番茄果实,测定番茄的品质。番茄红素、可溶性固形物分别采用紫外可见分光光度法(国标法)、手持折光仪测定,总酸、还原糖、维生素 C 含量分别采用酸碱滴定法、铜还原-直接滴定法、2,6-二氯靛酚法测定,番茄硬度采用果实硬度计测定。

(3)加工番茄脐腐病发生率和产量的测定

在加工番茄采收期随机抽取 100 个加工番茄,统计脐腐病果数,计算脐腐病发生率。提前划定测产区,在加工番茄成熟期,分次采摘测产区成熟果实,称重并计数,并测定全部小区收获株数,根据小区面积换算成亩收获株数。测产产量=亩收获株数×单株果数×单果重。

(4)基于 N_{min} 的氮素管理方法

基于 N_{min} 的氮素管理在加工番茄每次灌水前采集 0~60 cm 深度土壤样品,分析土壤 NO_3-N 含量,根据土壤体积质量换算成氮素储量。本研究假定 N_{min} 和肥料肥效等效、肥料的利用率为 50%,即 $Nt=2\Delta N-N_{min}$(例如,本试验第 1 次追肥,ΔN 由本课题组前前期科研建立的 Logistic 曲线计算为 34.01 kg/hm²,土壤根层 N_{min} 测定值为 85.44 kg/hm²,计算 Nt 为负值,即推荐施肥量为 0,其他施肥时期计算方法相同)。式中 Nt 为追肥量,ΔN 为目标产量下加工番茄阶段性氮素吸收量,由前期科研建立的高产条件下加工番茄氮素吸收的 logistic 曲线 $y=274.25/(1+e^{7.6464}-0.1135 t)$ 获得,N_{min} 通过田间取样分析获得。

3. 数据分析与计算

试验数据采用 Excel 软件进行处理,方差分析采用 Spss17.0 软件进行分析。

指标计算方法：

$$氮肥利用率(\%)=(施氮区地上部的吸氮量-对照区地上部的吸氮量)/施氮量$$
$$氮肥生理利用率(kg/kg)=(施氮区的产量-对照区的产量)/吸氮量$$
$$氮肥农学利用率(kg/kg)=(施氮区的产量-对照区的产量)/施氮量$$
$$氮肥偏生产力(kg/kg)=施氮区产量/施氮量$$
$$氮收获指数(\%)=籽粒中氮量/植株氮素累积量$$

25.3.3　不同氮素管理模式加工番茄生长发育及产量的研究

1. 不同氮素管理模式下的施氮量

N_{min}管理模式的总施氮量由传统施氮量的 $300 kg/hm^2$ 降低到 $225 kg/hm^2$，减少了 25%（表 26-54）。原因是试验地块氮素基础肥力较高，播前土壤 N_{min} 储量达到了 $117.8 kg/hm^2$，导致 N_{min} 管理模式前期氮素推荐施用量为零的主要原因。与传统施肥相比，N_{min} 推荐施肥中氮肥追施的时间集中在加工番茄初果期前后（表 25-54），这与加工番茄需氮高峰吻合。可见，通过监测土壤硝态氮含量可以达到氮肥施用量、施用时期与作物的需要量同步的结果，在土壤氮素基础肥力较高的情况下，减少了氮素的过量投放。

表 **25-54**

氮肥追肥时间及氮肥推荐量　　　　　　　　　　　　　　　　　　　　　　　　　　　　　　　　　kg/hm^2

追肥日期 （月/日）	N 吸收量 （初始值）	N 吸收量 （结束值）	土壤 N_{min}	N 追肥 计算量	N 实际 推荐量
6/3	10.54	40.80	120.30	-55.50	0.00
6/16	40.80	118.80	145.20	37.50	45.00
6/29	118.80	205.40	95.40	93.00	97.50
7/11	205.40	252.57	118.65	13.65	22.50
7/23	252.57	264.01	127.35	−88.80	0.00
7/30	264.01	270.02	133.80	−121.80	0.00
8/7	270.02	273.16	112.95	−113.00	0.00

2. 不同氮素管理模式下加工番茄的干物质积累与分配

由表 25-55、图 25-34 可知，不同氮素管理模式下加工番茄干物质积累速率变化趋势相同，都呈现先增加后降低的趋势，苗期到盛花期（出苗后 46 d 左右）干物质积累速率较小，说明这段时间干物质积累比较缓慢，从初果期（出苗后 56 d 左右）到盛果期（出苗后 80 d 左右）干物质积累速率呈现先增加后降低的趋势，盛果期之后干物质积累速率继续降低。用 Logistic 生长函数对不同氮素管理模式的加工番茄干物质积累进行拟合，决定系数 $0.97\sim0.98$，其 Logistic 模型及其特征值见表 25-55，加工番茄干物质快速积累的时间出现在出苗后 $58\sim80$ d，即初果期到盛果期这段时间是加工番茄养分快速吸收积累时期，CK、CF、N_{min} 干物质累积量分别占整个生育期干物质累积量的 58.01%、58.31%、58.57%，在这一时期应注意各种养分的及时供应，保证各种营养元素平衡充足，为加工番茄优质高产、养分高效创造条件。CF 和 N_{min} 处理的干物质积累速率最大时刻 t_0 分别较 CK 处理推迟 2.3、3.3，干物质最大积累速率分别较 CK 处理增加 111.9 $kg/(hm^2 \cdot d)$、98.1 $kg/(hm^2 \cdot d)$，说明施氮可以增加干物质最大积累速率；CF 处理和 N_{min} 处理的旺盛生长期 Δt 比 CK 长 0.9、1.5 d，说明施氮可以延长干物质进入快速积累的时间 t_1 和干物质快速累积的时间 Δt，而 N_{min} 推荐施肥干物质快速积累的时间较长。

表 25-55

干物质积累的 Logistic 模型及其特征值

处理	方程	t_0(d)	t_1(d)	t_2(d)	Δt(d)	v_m/[kg/(hm²·d)]	R^2
CK	$y=9\,360.81/(1+e^{8.6046}-0.128\,8\,t)$	66.8	56.6	77.0	20.4	301.4	0.980 5
CF	$y=13\,375.06/(1+e^{8.5453}-0.123\,6\,t)$	69.1	58.5	79.8	21.3	413.3	0.975 0
N_{min}	$y=13\,249.55/(1+e^{8.4277}-0.120\,3\,t)$	70.1	59.1	81.0	21.9	398.5	0.976 2

注:t 为番茄出苗后天数(d),y 为番茄干物质积累量(kg/hm²),t_0 为干物质积累速率最大时刻,t_1 和 t_2 分别为 Logistic 生长函数的两个拐点,v_m 是干物质最大积累速率(kg/(hm²·d)),Δt 称时间特征值,$\Delta t=t_2-t_1$。

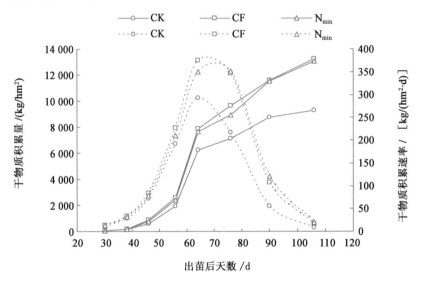

图 25-34 不同氮素管理模式干物质积累量和积累速率

注:"——"表示干物质积累量,"－－"表示干物质积累速率,下同。

施氮对加工番茄干物质分配动态为:叶的干物质百分比随着生育期的推进而逐渐降低,由苗期的 70.60%~71.45%降低到盛果后期的 22.49%~23.25%;茎所占干物质百分比由苗期的 28.66%~29.44%逐渐增大,初果期达到最大为 39.36%~41.14%,初果期后逐渐降低;果实的干物质百分比由初果期的 10.31%~13.09%增加到盛果后期的 56.97%~58.04%(图 25-35)。苗期是加工番茄的营养生长时期,各处理分配到叶中的干物质达到 50%以上,初花期至盛花期是加工番茄营养生长与生殖生长的并进时期,这一时期干物质的分配仍以营养器官为中心,各处理分配到叶中的干物质达到 60%以上,分配到茎中的干物质达到 40%。苗期到盛花期,CF、N_{min} 处理和 CK 处理干物质积累量差异不显著,这主要由于土壤基础肥力较高,土壤中供给的氮已经满足加工番茄生长的需要。初果期到盛果后期,营养生长衰退,生殖生长旺盛,主要增加果实干物质积累量,施氮处理果实干物质量大于 CK 处理。在加工番茄整个生育期,N_{min} 和 CF 处理果实干物质积累量差异不显著,都显著高于 CK 处理,说明施氮可以促进养分在果实中的吸收和积累。

3. 不同氮素管理模式下加工番茄的氮素吸收与分配

加工番茄氮素吸收速率变化如图 25-36 所示,不同氮素管理氮素吸收速率变化趋势相同,在加工番茄前期生长阶段氮素吸收速率较小,对氮素吸收相对较慢,苗期到初花期,不同氮素管理氮素吸收量不到成熟期总吸收量的 5%;氮素的吸收高峰期出现在初果期之后的 20 d 左右,各处理氮素的累积吸收量分别为 CK 96.49 kg/hm²、CF 161.36 kg/hm²、N_{min} 158.31 kg/hm²,分别占总生育期吸氮量的 58.19%、58.58%和 58.53%,盛果期之后氮素吸收速率又开始降低。CF 处理和 N_{min} 处理氮素吸收速率在加工番茄的整个生育期都很相近,都高于 CK 处理,说明 N_{min} 推荐施肥虽然减少了氮肥施用量,但是对氮素吸收速率影响较小。用 Logistic 方程对氮素吸收进行模拟,其拟合方程和方程特征值见表 25-56,不同氮素管理加工番茄氮素最大吸收速率出现的时间 t_0 不同,施氮处理比 CK 推迟了 $4\sim5$ d,其中 CF 和 N_{min} 处理分别较 CK 处理推迟了 4.5 和 5.1 d,而氮素最大吸收速率 v_m 分别较 CK 处理增加了 2.6 kg/($hm^2 \cdot$ d)、2.5 kg/($hm^2 \cdot$ d)。施氮增加了氮素快速积累时间 Δt,CF 和 N_{min} 处理间 Δt 相差0.1 d,但与 CK 相比延长了2.5 d(表 25-56)。

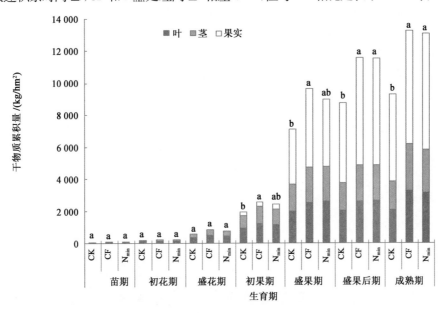

图 25-35　不同氮素管理模式各器官干物质分配

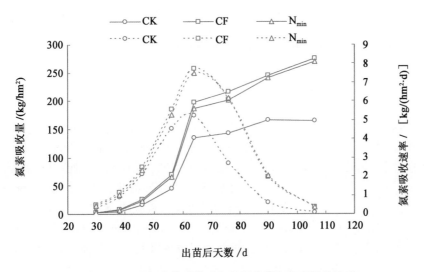

图 25-36　不同氮素管理模式氮素吸收量和氮素吸收速率

表 25-56

氮素积累的 Logistic 模型及其特征值

处理	方程	t_0/d	t_1/d	t_2/d	Δt/d	v_m /[kg/($hm^2 \cdot$ d)]	R^2
CK	$y = 167.25/(1 + e^{7.8849 - 0.1265\,t})$	62.3	51.9	72.7	20.8	5.3	0.934 2
CF	$y = 279.19/(1 + e^{7.5565 - 0.1132\,t})$	66.8	55.1	78.4	23.3	7.9	0.965 4
N_{min}	$y = 274.25/(1 + e^{7.6464 - 0.1135\,t})$	67.4	55.8	79.0	23.2	7.8	0.970 3

注:t 为番茄出苗后的天数(d),y 为番茄氮素积累量(kg/hm^2),t_0 为氮素积累速率最大时刻,t_1 和 t_2 分别为 Logistic 生长函数的两个拐点,v_m 是氮素最大吸收速率(kg/($hm^2 \cdot$ 天)),Δt 称时间特征值,$\Delta t = t_2 - t_1$。

加工番茄氮素在各器官的分配情况如图 25-37 所示。随着植株的生长,加工番茄叶片中氮素含量逐渐降低,由苗期的 76.02%～78.11% 降低到成熟期的 24.26%～25.32%;茎中的氮素含量由苗期的 21.89%～23.98% 增加到盛花期的 29.01%～33.40%,随后又逐渐降低;果实中的氮素含量一直在增加,由初果期的 9.61%～13.99% 增加到成熟期的 62.36%～66.12%。

在加工番茄的整个生育过程中,N_{min} 处理和 CF 处理氮素在各器官的分配都高于 CK 处理(图 25-37),说明施氮可以促进氮素的累积吸收;N_{min} 处理和 CF 处理在加工番茄的各个生育期氮素在各器官的吸收分配差异较小,这主要由于 N_{min} 推荐施肥的时间是初果期和盛果期之间,这一时期是加工番茄吸收氮素的高峰期。

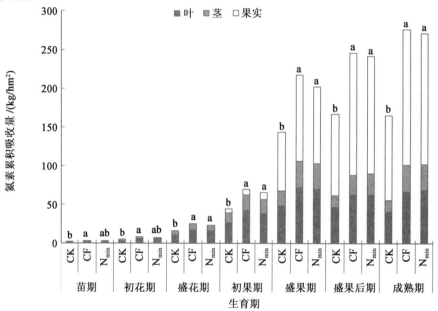

图 25-37　不同氮素管理模式各器官中氮的分配

4. 不同氮素管理模式下加工番茄的磷素吸收与分配

由图 25-38、表 25-57 可知,不同氮素管理模式加工番茄对磷素吸收速率的变化趋势相似,前期即盛花期之前加工番茄对磷素吸收速率较小,初果期之后开始迅速增加,盛果期达到最大,盛果期之后磷素吸收速率开始降低。相对于氮钾素而言,磷素快速吸收开始的时间 t_1 相对较晚,出现在出苗后 60 d 左右,且其累积吸收量远低于氮、钾,最高为 35.09 kg/hm²。N_{min} 处理和 CF 处理的磷素最大吸收速率分别为 0.99 kg/(hm²·d)、0.98 kg/(hm²·d),相差很小,较 CK 处理高 0.27 kg/(hm²·d)。施氮减少了磷素快速积累的时间 Δt,在 Δt 内,植株对磷素的吸收量占总吸收量的 58% 左右,成熟期各处理磷吸收量分别为 CK 24.79 kg/hm²、CF 35.09 kg/hm²、N_{min} 34.61 kg/hm²,CF 和 N_{min} 处理分别较 CK 处理多吸收磷 41.57%、39.61%,说明施氮可以促进植株对磷的吸收,提高磷肥的利用率。

表 25-57

磷素积累的 Logistic 模型及其特征值

处理	Logistic 方程	t_0/d	t_1/d	t_2/d	Δt/d	v_m/[kg/(hm²·d)]	R^2
CK	$y=25.30/(1+e^{8.0182}-0.1115\,t)$	71.9	60.1	83.7	23.6	0.71	0.978 2
CF	$y=35.52/(1+e^{8.5858}-0.122\,t)$	70.4	59.6	81.2	21.6	0.99	0.986 3
N_{min}	$y=35.26/(1+e^{8.1855}-0.114\,7\,t)$	71.4	59.9	82.8	23.0	0.98	0.980 0

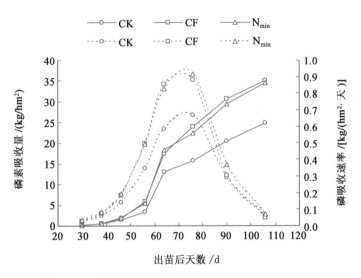

图 25-38　不同氮素管理模式磷素吸收量和磷吸收速率

不同氮素管理模式磷的分配情况见图 25-39,苗期、初花期磷主要分配到叶中,叶中磷吸收量占植株总磷量的 69.41%～82.64%,随着生育期的推进,叶中磷比例呈减小趋势。初果期之后磷素由营养器官向生殖器官转移,茎和叶中磷的比例开始下降,果实中磷的比例上升,到成熟期达到最大,占植株总磷含量的 63.92%～72.99%。

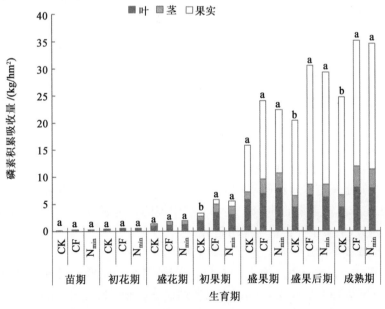

图 25-39　不同氮素管理模式各器官中磷的分配

5. 不同氮素管理模式下加工番茄的钾素吸收与分配

由图 25-40、表 25-58 可知,加工番茄对钾的需求量较大,最高达 283.63 kg/hm²,初花期之前,加工番茄对钾素吸收速率相差很小,初花期之后,钾素吸收速率随着施氮量的增加而增大,达到 v_m 后又开始降低。不同氮素管理模式钾素最大吸收速率出现的时间 (t_0)、钾素最大吸收速率 (v_m) 钾素快速吸收积累的时间 (Δt) 不同,CF、N_{min} 处理 t_0 分别较 CK 处理提前了 5.3 d、1.8 d,v_m 分别较 CK 增加了 5.3 kg/(hm²·d)、3.7 kg/(hm²·d),Δt 分别较 CK 缩短了 6.5 d、4.1 d,在 Δt 内,钾素的吸收量分别为 CK 133.97 kg/hm²、CF 162.52 kg/hm²、N_{min} 163.99 kg/hm²,分别占总生育期总吸钾量的 57.96%、57.95% 和 57.82%。说明随着氮素施用量的增加,钾素最大吸收速率增加、钾素快速吸收积累时间缩短。CF、N_{min}处理钾素总吸收量分别较CK处理增加了26.92%、28.35%,说明施用氮肥可以促进加工番茄对钾的吸收。

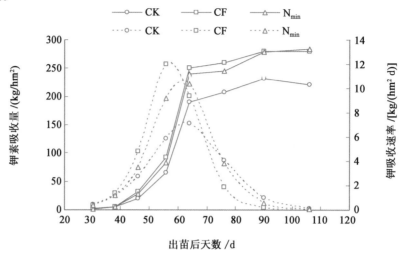

图25-40　不同氮素管理模式钾素吸收量和吸收速率

表 25-58

钾素积累的 Logistic 模型及其特征值

处理	Logistic 方程	t_0/d	t_1/d	t_2/d	Δt/d	v_m /[kg/(hm² · d)]	R^2
CK	$y=232.44/(1+e^{7.7616-0.1228t})$	63.2	52.5	73.9	21.4	7.1	0.8581
CF	$y=280.51/(1+e^{10.216-0.1764t})$	57.9	50.4	65.4	14.9	12.4	0.9877
N_{min}	$y=283.96/(1+e^{9.3437-0.1523t})$	61.4	52.7	70.0	17.3	10.8	0.9815

钾在各器官分配如图25-41所示,苗期钾主要分配在叶中,叶中钾量占植株总钾含量的60%以上,随着生育期的进展,茎中钾含量逐渐增加,到初果期达到最大,占植株总吸钾量的50%;加工番茄果实内的钾含量远高于茎叶是其植株对钾吸收的显著特点之一,从初果期到盛果期果实含钾量迅速增加,成熟期达到最大,占植株总钾含量的80%。茎和果实中钾的含量超过了氮和磷,叶和茎中钾的含量随生育期推移呈下降趋势,果实中钾含量呈递增趋势。

6. 不同氮素管理模式下加工番茄的产量和氮肥利用率

表25-59显示,基于N_{min}和传统氮素管理与目标产量相比,均略低于目标产量,其中N_{min}处理产量为117.3 t/hm²,比CF处理产量低4.4 t/hm²,二者均显著高于CK处理,增产率均达105%以上。与不施氮处理相比,施氮处理的单株果枝数增加1.66个,单枝果枝果数增加0.16~1.48个,单株果数增加11.6~19.73个,单果重增加4.38~21.55 g,说明施氮可以增加单株果枝数、单株果数和单果重,但对单枝果枝果数影响较小。N_{min}处理的单果重显著高于CF处理,表明N_{min}处理的高产主要通过增加单果重来实现。

不同氮素管理氮肥效率见表25-60,与CF处理相比,N_{min}推荐施肥处理能显著提高氮肥利用率和氮肥偏生产力,氮肥利用率由36.95%提高到47.06%,氮肥的偏生产力由23.65%提高到32.11%;农学利用率和生理利用率分别提高了4.96%、12.98%,但差异不显著;N_{min}处理和CF处理的氮素收获指数相差很小,都低于CK处理。

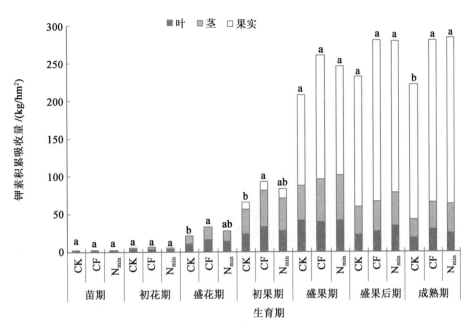

图 25-41　不同氮素管理模式各器官中钾的分配

表 25-59

不同氮素管理模式加工番茄产量

处理	株数 /(株/hm²)	单株果枝数 /个	单枝果枝数 /个	单株果数 /个	单果重 /g	产量 /(kg/hm²)
CK	48 790±535a	2.87±0.12b	8.21±1.08a	25.20±4.16b	53.77±3.54b	54 930±3 580b
CF	46 628±1 415a	4.53±0.12a	9.69±0.61a	44.93±4.12a	58.15±3.17b	112 931±5 802a
N_min	45 084±535a	4.53±0.12a	8.37±0.73a	36.80±6.21a	75.32±5.61a	117 283±10 641a

注:不同小写字母代表 0.05 水平下差异显著性结果,下同。

表 25-60

不同氮素管理模式氮肥效率

处理	氮肥利用率 /%	农学利用率 /(kg/kg)	生理利用率 /(kg/kg)	偏生产力 /(kg/kg)	氮素收获指数 /%
CK	—	—	—	—	66.12a
CF	36.95	5.52	6.02	23.65	63.21a
N_min	47.06*	7.45	6.61	32.11*	62.36a

7. 不同氮素管理模式下加工番茄品质

由表 25-61 可以看出,与不施氮相比,施氮处理下加工番茄中总酸、还原糖、番茄红素含量增加,维生素 C 的含量却有所降低,而可溶性固形物含量差异较小。N_min 处理和 CF 处理的各项品质指标差异不显著,但维生素 C 含量、糖酸比较 CF 处理稍高,番茄红素的含量稍有下降。

表 25-61

不同氮素管理模式加工番茄品质

处理	总酸 /%	还原糖 /%	维生素 C /(mg/100 g)	糖酸比	可溶性固形物 /%	番茄红素 /(mg/100 g)
CK	0.26±0.03b	2.54±0.16b	18.53±1.45a	9.77±0.79a	5.43±0.29a	10.64±1.03b
CF	0.37±0.07a	3.92±0.35a	15.56±1.31b	10.51±1.68a	5.87±0.65a	13.93±2.00a
N_min	0.32±0.02ab	3.64±0.21a	15.90±1.28ab	11.53±1.22a	5.31±0.58a	11.63±0.61ab

8. 结论与讨论

加工番茄干物质和氮磷钾吸收速率的动态变化趋势在不同氮素管理模式下基本相同,表现为慢-快-慢,但其最大积累速率、快速积累持续期不同。施氮可以增加干物质和养分最大积累速率,不同氮素管理模式干物质和钾的最大积累速率表现为传统施肥＞N_{min}推荐施肥＞不施氮处理,而氮磷素的最大积累速率传统施肥处理和N_{min}处理相差很小,都高于不施氮处理。干物质是形成产量的前提,养分是干物质形成的基础,加工番茄前期干物质的积累主要依靠氮钾的吸收,后期磷的贡献较大。施氮可以延长干物质和氮素快速积累时间,但缩短了磷钾快速积累时间,N_{min}推荐施肥干物质快速积累时间较传统施肥延长了 0.6 d。施氮可以显著增加加工番茄干物质积累量、氮磷钾累积吸收量,N_{min}推荐施肥与传统施肥处理间氮素吸收量差异不显著。N_{min}推荐施肥加工番茄的产量稍高于传统施肥处理,且加工番茄的各项品质指标差异不显著,氮肥用量减少为 225 kg/hm²,较传统施肥处理节氮 25%,氮肥利用率和偏生产力分别为 47.06%、32.11 kg/kg,显著高于传统施肥处理。

N_{min}推荐施肥在玉米、小麦中研究较多,在加工番茄中研究较少。王西娜等在黄土高原对夏玉米的研究表明,播前 0~200 cm 土层无机氮储量达到 174 kg/hm²,几乎与收获期植株的吸氮量一样,说明过量施氮不仅没有明显的增产效果,反而会使大量氮素肥料残留在土壤中。Krusekopf 等在加利福尼亚中央谷对加工番茄的研究表明,当氮肥施用量大于 120 kg/hm² 时,随着氮肥施用量的增加,加工番茄产量增加很少。本试验条件下,加工番茄播前 0~60 cm 土层硝态氮在 118 kg/hm²,如果不考虑土壤的残留氮,盲目过量施用氮肥则会造成氮肥利用率不高、土壤矿质氮大量盈余和累积。传统施肥氮肥施用量是 300 kg/hm²,其中基肥占氮肥总量的 30%,追肥在每次灌水时随滴灌施入,但每次追肥量不超过氮肥总量的 15%;而基于 N_{min} 的氮素管理模式氮肥施用量是 225 kg/hm²,其中基肥占氮肥用量的 26.67%,追肥 3 次,其中初果期追肥量最大,达到氮肥总量的 43.33%,既满足了加工番茄不同生育时期对氮素的需求,又避免了一次氮肥用量过大而造成的硝态氮累积和损失。

研究认为,氮肥用量过高、运筹不当、养分供应不同步是导致氮素利用率低的主要原因。本研究中 N_{min} 推荐施肥和传统施肥相比,氮肥施用量减少了 25%,但氮肥利用率提高了 27.36%,说明基于 N_{min} 进行氮素管理在加工番茄生产中有很好的应用前景。本研究应用氮素实时管理,虽然加工番茄产量达到 117 283 kg/hm²,达到了高产水平,但与农民习惯施肥相比,加工番茄产量仅增加 3.85%,我们在以后的研究中还需要把氮素实时管理与栽培管理更紧密地结合,在提高养分资源利用效率的同时,实现加工番茄产量更大幅度的提高。

本研究基于 N_{min} 的氮素管理模式进行氮肥追肥推荐时假定氮肥的利用率为 50%,实际测定基于 N_{min} 的氮素管理模式氮肥的实际利用率为 47.06%,和预设值相差很小。土壤氮素储备由播前的 118 kg/hm² 降低到收获后的 69 kg/hm²,说明 N_{min} 推荐施肥对土壤氮素有一定消耗,因此在低肥力土壤上则要考虑适度调高施氮量。

25.3.4 根际施肥对加工番茄产量和氮肥利用率的影响

1. 根际施肥对加工番茄产量的影响

根际施肥对加工番茄产量及其构成因素的影响如表 25-62 所示,与全程灌水施肥同步处理(N_{min})相比,根际施肥(N_{min}-R)加工番茄的产量有增加的趋势,但未达到统计检验差异显著,产量较 N_{min} 处理增加了 10.90%。从产量构成因素看,N_{min} 处理和 N_{min}-R 处理的单株果枝数、单株果数、单果重差异均不显著,而 N_{min}-R 处理中单枝果枝果数显著高于 N_{min} 处理,说明根际施肥有助于产量的提高。原因可能是根际施肥可以使氮肥进入到加工番茄根系吸收养分能力较前的部位。

表 25-62

根际施肥加工番茄产量

处理	株数 /(株/hm²)	单株果枝数 /个	单枝果枝果数 /个	单株果数 /个	单果重 /g	产量 /(kg/hm²)
N_{min}	45 084±535	4.53±0.12	8.37±0.73	36.80±6.21	75.32±5.61	117 283±10 641
N_{min}-R	43 540±1 605	4.47±0.23	9.67±0.14**	42.93±2.95	71.77±6.58	130 066±11 579

注:"**"代表 0.01 水平下差异显著性结果,下同。

2. 根际施肥对加工番茄干物质分配及氮素吸收量的影响

根际施肥加工番茄地上部干物质和氮素在各器官的分配如表 25-63 所示,与全程灌水施肥同步处理(N_{min})相比,根际施肥(N_{min}-R)加工番茄地上部分总的干物质量显著增加,增加幅度为 9.62%。N_{min} 处理和 N_{min}-R 处理加工番茄叶片和茎秆的干物质量差异不显著,而 N_{min}-R 处理中果实的干物质量显著高于 N_{min} 处理;从叶片、茎秆、果实干物质量占总干物质积累的比例看,根际施肥后加工番茄叶片和茎秆占总干物质的比例降低了,而果实占比例增加了。以上结果说明根际施肥可以增加果实中干物质的积累,而对叶片和茎秆干物质积累影响较小。加工番茄成熟期测定植株氮素吸收量,结果显示,采用根际施肥加工番茄叶片、茎秆、果实中氮素的吸收量稍高于 N_{min} 处理,但未达到显著水平,N_{min} 采用根际施肥加工番茄总吸氮量增加了约 21 kg/hm²,但与 N_{min} 处理相比差异不显著。

表 25-63

根际施肥加工番茄各器官干物质和氮素的分配 kg/hm²

处理	总干物质量	叶片		茎秆		果实	
		干物质量	N 吸收量	干物质量	N 吸收量	干物质量	N 吸收量
N_{min}	13 957±593	2 494±219	47.87	2 764±374	34.45	8 698±591	221.65
N_{min}-R	15 300±584*	2 593±155	52.87	2 833±221	35.56	9 873±271*	228.84

注:"*"代表 0.05 水平下差异显著性结果,下同。

3. 根际施肥对加工番茄品质的影响

采用根际施肥后,加工番茄的各项品质指标差异不显著,加工番茄中的还原糖、维生素 C 含量、番茄红素含量有降低的趋势,总酸、糖酸比、可溶性固形物变化较小(表 25-64)。

表 25-64

根际施肥对加工番茄品质的影响

处理	总酸 /%	还原糖 /%	维生素 C /(mg/100 g)	糖酸比	可溶性固形物 /%	番茄红素 /(mg/100 g)
N_{min}	0.32±0.02	3.64±0.21	15.90±1.28	11.53±1.22	5.31±0.58	11.63±0.61
N_{min}-R	0.30±0.05	3.48±0.11	14.86±1.65	11.65±2.59	5.23±0.16	10.52±0.85

4. 结论与讨论

根际施肥可以显著提高加工番茄果实干物质量、地上部总干物质量,显著增加单枝果枝果数,使加工番茄产量增加 9.62%。根际施肥对加工番茄的各项品质指标影响较小。

一般认为在一次灌溉过程中采用先滴水,再滴施肥液的滴灌施肥策略可以减少氮素的淋失,有助于提高肥料利用率。本研究发现加工番茄不同生育期根际施肥可以显著提高加工番茄地上部干物质积累,氮素吸收量也较灌溉施肥全程同步有所增加,但未达到统计检验显著水平。

基于根际施肥的思想是提高氮肥利用率的重要思路之一,本研究发现滴灌条件下根际施肥加工番茄产量有所提高,但是幅度不大。我们认为滴灌少量多次施肥、水肥耦合的特点相对削弱了根基施肥的效应。

25.3.5 磷钾肥做启动肥对加工番茄生长发育和产量的影响

1. 磷钾肥做启动肥对加工番茄干物质积累和分配的影响

由表 25-65 可知，与传统施肥处理相比，磷肥和磷钾肥做启动肥后加工番茄地上部总干物质量差异不显著。成熟期加工番茄各器官在整株的比例分配表现为果实＞叶片＞茎秆，分别占总干物质量的 56.43%～60.83%、20.89%～23.35%、17.07%～20.33%，各处理间叶片干物质量、茎秆干物质量差异不显著，而磷肥做启动肥处理果实干物质量显著高于传统施肥处理。

表 25-65

磷钾肥做启动肥加工番茄地上部干物质量及分配

处理	总干物质量 /(kg/hm²)	叶片		茎秆		果实	
		干物质量 /(kg/hm²)	占比例 /%	干物质量 /(kg/hm²)	占比例 /%	干物质量 /(kg/hm²)	占比例 /%
CF	13 307±473a	3 112±344a	23.35	2 698±496a	20.33	7 498±282b	56.43
PS	13 237±732a	2 930±313a	22.11	2 262±219a	17.07	8 044±290a	60.83
PKS	13 064±203a	2 730±197a	20.89	2 458±215a	18.80	7 876±211ab	60.32

注：不同小写字母代表 P<0.05 水平下差异显著性结果，下同。

2. 磷钾肥做启动肥对加工番茄产量和磷肥利用率的影响

磷钾肥做启动肥加工番茄产量及产量构成因子如表 25-66 所示，与传统施肥(CF)处理相比，磷肥做启动肥(PS)处理加工番茄的单枝果枝果数、单株果数降低了 13.62%、5.79%，单果重显著增加，加工番茄产量增加了 8.44%。说明磷肥做启动肥不但减少了磷肥的用量，而且可以提高加工番茄产量。与磷肥做启动肥(PS)处理相比，磷钾肥都做启动肥(PKS)处理加工番茄单枝果枝果数增加了 19.12%，单株果枝数、单株果数、单果重都降低了，降低幅度分别为 1.32%、4.56%、8.16%，加工番茄产量略有降低，说明钾肥可能不适合做启动肥。

表 25-66

磷钾肥做启动肥加工番茄产量

处理	株数 /(株/hm²)	单株果枝数 /个	单枝果枝果数 /个	单株果数 /个	单果重 /g	产量 /(kg/hm²)
CF	46 628±1 415a	4.53±0.12a	9.69±0.61a	44.93±4.12a	58.15±3.17b	112 931±5 802a
PS	45 084±1 415a	4.53±0.12a	8.37±0.73a	42.33±1.50a	69.72±2.54a	122 466±7 597a
PKS	47 246±926a	4.47±0.12a	9.97±0.59a	40.40±0.20a	64.03±4.17ab	118 531±8 014a

不同处理磷肥利用率如表 25-67 所示，磷肥做启动肥(PS)和磷钾肥都做启动肥(PKS)处理磷肥效率相差很小，两个处理的磷肥利用率、农学利用率、偏生产力都高于传统施肥(CF)处理，且达到显著性差异，原因主要是磷肥施用量减少且部分追施，而加工番茄磷素吸收和产量与 CF 处理相差较小。

由表 25-68 可知，与传统施肥(CF)和磷肥做启动肥(PS)处理相比，磷钾肥都做启动肥(PKS)处理钾肥利用率、生理利用率、农学利用率、偏生产力都提高了，其中钾肥利用率和偏生产力提高较大，达到了 14.18%～18.05%、50.32%～53.20%。

表 25-67

磷钾肥做启动肥磷肥利用率

处理	磷肥利用率/%	生理利用率/(kg/kg)	农学利用率/(kg/kg)	偏生产力/(kg/kg)
CF	16.84b	37.15a	22.20b	120.33b
PS	23.97a	42.95a	40.31a	201.86a
PKS	22.32a	44.25a	40.73a	202.28a

表 25-68

磷钾肥做启动肥钾肥利用率

处理	钾肥利用率/%	生理利用率/(kg/kg)	农学利用率/(kg/kg)	偏生产力/(kg/kg)
CF	48.87a	7.07a	17.66a	63.32b
PS	50.51a	7.50a	18.87a	64.53b
PKS	57.67a	7.96a	28.50a	97.00a

3. 磷钾肥做启动肥对加工番茄品质的影响

磷钾肥做启动肥加工番茄品质见表 25-69，与传统施肥（CF）处理相比，磷肥做启动肥（PS）处理加工番茄中总酸、还原糖、糖酸比、可溶性固形物含量相差很小，维生素 C 含量降低 8.48%，番茄红素含量降低 19.96%。磷钾肥都做启动肥（PKS）处理加工番茄中总酸含量较 CF 和 PS 处理分别增加 10.81%、7.89%，还原糖含量降低 5.36%、6.31%，以致加工番茄的糖酸比降低 14.18%、13.10%，影响了加工番茄的风味品质，维生素 C、可溶性固形物含量变化很小，番茄红素含量降低到 10.94 mg/100 g，显著低于 CF 处理，略微低于 PS 处理。

表 25-69

磷钾肥做启动肥加工番茄品质

处理	总酸/%	还原糖/%	维生素 C/(mg/100 g)	糖酸比	可溶性固形物/%	番茄红素/(mg/100 g)
CF	0.37±0.07a	3.92±0.35a	15.56±1.31a	10.51±1.68a	5.87±0.65a	13.93±2.00a
PS	0.38±0.07a	3.96±0.05a	14.24±0.85a	10.38±2.40a	5.88±0.16a	11.15±0.53b
PKS	0.41±0.06a	3.71±1.10a	14.69±2.41a	9.02±1.40a	5.53±0.54a	10.94±0.43b

4. 磷钾肥做启动肥对加工番茄经济收益的影响

不同处理加工番茄的经济收益如表 25-70 所示，2012 年加工番茄价格 0.35 元/kg，肥料价格按照当地市场价格。磷肥做启动肥（PS）和磷钾肥都做启动肥（PKS）处理加工番茄的产值分别较传统施肥（CF）处理增加 3 337、1 969 元/hm²；肥料成本都较 CF 处理低，其中 PS 处理肥料成本最低，较 CF 处理降低 240 元/hm²；纯收益分别较 CF 处理增加 3 577、2 172 元/hm²。说明磷肥做启动肥和磷钾肥都做启动肥都可以降低肥料成本、提高农民纯收益，其中磷肥做启动肥效果较好。

表 25-70

磷钾肥做启动肥加工番茄收益

处理	产量/(kg/hm²)	增产率/%	产值/(元/hm²)	肥料成本/(元/hm²)	ΔP/(元/hm²)
CF	112 931	—	39 526	1 439	—
PS	122 466	8.44	42 863	1 199	3 577
PKS	11 8531	4.96	41 486	1 227	2 172

注：产值=产量×价格，纯收益（P）=产值－肥料成本－其他投入成本，$\Delta P = P$ 启$- PCF$，ΔP 代表收益增加量，P 启代表施用启动肥的纯收益，PCF 代表传统施肥的纯收益，假设其他投入成本相等。

5. 结论与讨论

本试验在土壤有效磷含量高、有效钾含量很高的背景下，结果显示，磷肥和磷肥钾肥做启动对加工番茄成熟期干物质量影响较小，可以显著提高果实干物质量。磷肥做启动肥处理加工番果实中番茄红素含量降低显著，对其他品质指标影响较小；磷钾肥都做启动肥处理加工番茄糖酸比和番茄红素含量降低。磷肥和磷钾肥做启动肥都可以提高加工番茄产量、提高磷肥利用率、增加农民收益，其中磷肥做启动肥处理效果较好。

磷肥和钾肥对番茄红素形成影响较大。因此，虽然磷肥、钾肥做启动肥可以显著提高肥料利用率且有显著增产作用，但是从提高加工番茄果实品质的角度考虑，在磷钾肥做启动肥的基础上，在果实形成时期适当补充磷钾肥追肥,可能起到既提高肥料效率又保证高品质的效果。

25.3.6 不同施钙措施对加工番茄产量和脐腐病发生率的影响

1. 不同施钙措施加工番茄果实钙含量和脐腐病发生率

由表 25-71 可知,喷施氯化钙和滴施硝酸钙处理都可提高加工番茄果实中钙含量、降低脐腐病发生率,果实钙含量明显高于脐腐病果实中钙含量(0.96 g/kg),分别较不施钙处理增加了 5.23%、44.43%,脐腐病的发生率分别较不施钙处理降低了 37.81%、56.12%。滴施硝酸钙防治脐腐病效果较好,与不施钙处理和喷施氯化钙处理差异显著,说明滴施硝酸钙可以增加加工番茄对钙的吸收,起到很好的防治脐腐病的效果。

表 25-71

不同施钙措施果实钙含量和脐腐病发生率

处理	果实含钙量/(g/kg)	增减率/%	脐腐病发生率/%	增减率/(±%)
CK	$1.53 \pm 0.08b$		$9.9 \pm 1.1a$	
$SCaCl_2$	$1.61 \pm 0.01b$	5.23	$6.1 \pm 0.4b$	-37.81
$DCa(NO_3)_2$	$2.21 \pm 0.13a$	44.44	$4.5 \pm 1.0c$	-56.12

注:不同小写字母代表 0.05 水平下差异显著性结果,下同。

2. 不同施钙措施加工番茄产量

表 25-72 显示,与 CK 相比,喷施氯化钙处理加工番茄的单株果枝数、单枝果枝果数、单株果数、单果重、产量都有所增加,但差异不显著,分别较 CK 增加了 4.42%、0.72%、2.54%、15.25%、7.45%。与 CK 相比,滴施硝酸钙处理加工番茄的单株果枝数、单株果数、单果重都增加了,但差异不显著,其中单果重增加较多,较 CK 增加了 16.42 g;单枝果枝果数稍有下降,但加工番茄产量显著增加,达到了 140 t/hm²,较 CK 增加了 25 731 kg/hm²。与喷施氯化钙处理相比,滴施硝酸钙处理加工番茄的单株果枝数、单枝果枝果数、单株果数都有所下降,单果重、产量增加显著,分别较喷施钙肥处理增加了 11.65%、14.27%。滴施硝酸钙增产效果明显,与 CK 和喷施氯化钙处理差异显著。

表 25-72

不同施钙措施加工番茄产量

处理	株数/(株/hm²)	单株果枝数/个	单枝果枝果数/个	单株果数/个	单果重/g	产量/(kg/hm²)
CK	$46\ 628 \pm 1\ 415a$	$4.53 \pm 0.23a$	$9.69 \pm 0.36a$	$44.93 \pm 4.12a$	$58.15 \pm 3.17c$	$112\ 931 \pm 5\ 802b$
$SCaCl_2$	$45\ 084 \pm 1\ 415a$	$4.73 \pm 0.23a$	$9.76 \pm 0.70a$	$46.07 \pm 7.00a$	$66.79 \pm 4.07b$	$121\ 342 \pm 8\ 398b$
$DCa(NO_3)_2$	$45\ 084 \pm 1\ 415a$	$4.60 \pm 0.20a$	$9.36 \pm 0.40a$	$43.73 \pm 2.66a$	$74.57 \pm 1.98a$	$138\ 662 \pm 75\ 958a$

3. 不同施钙措施加工番茄品质

由表 25-73 可知,与不施钙相比,喷施氯化钙处理加工番茄中还原糖、维生素 C 含量、糖酸比、可溶性固形物含量稍有降低,但差异不显著;番茄红素含量降低显著,较不施钙处理降低了 35.53%;总酸含量和番茄硬度稍有增加,但差异不显著。与不施钙相比,滴施硝酸钙处理加工番茄中总酸、还原糖、糖酸比、可溶性固形物含量都有所降低,但差异不显著;番茄红素含量降低显著,较不施钙处理降低了 25.77%;维生素 C 含量和番茄硬度都增加了,番茄硬度较不施钙处理增加了 1.78 N/cm²,便于加工番茄的运输和储存。滴施硝酸钙处理与喷施氯化钙处理相比,加工番茄中番茄红素含量显著增加,而其他品质指标差异不显著,说明喷施氯化钙处理会影响加工番茄品质。

表 25-73

不同施钙措施加工番茄品质

处理	总酸 /%	还原糖 /%	维生素 C /(mg/100 g)	糖酸比	可溶性固形物 /%	番茄红素 /(mg/100 g)	番茄硬度 /(N/cm²)
CK	0.37±0.07a	3.92±0.35a	15.56±1.31a	10.51±1.68a	5.87±0.65a	13.93±0.61a	11.00±0.82a
SCaCl₂	0.39±0.02a	3.86±0.22a	14.97±1.38a	9.86±1.13a	5.12±0.32a	8.98±0.58c	11.66±1.62a
DCa(NO₃)₂	0.33±0.02a	3.43±0.28a	16.25±1.43a	9.78±0.91a	5.22±0.55a	10.34±0.49b	12.78±0.49a

4. 结论与讨论

喷施氯化钙和滴施硝酸钙均可增加加工番茄果实钙含量、降低脐腐病发生率,滴施硝酸钙的效果更显著。滴施硝酸钙肥可以显著增加加工番茄的产量,产量达到了 140 t/hm²,分别较不施钙和喷施钙肥处理增加了 22.8%、14.3%。硝酸钙滴施对加工番茄果实品质的影响不明显,但显著降低了番茄红素含量。

植物缺钙有两个原因,一个是土壤缺钙,一般发生于酸性砂质土壤。另一个原因是生理缺钙,尽管本地石灰性土壤含钙丰富,但是植物(如果树和蔬菜)依然出现钙缺乏现象。这主要由于 Ca^{2+} 在植物体内属难移动的元素,难以再运输和分配到新生部位和果实;另一方面,外在因素如干旱会导致钙随蒸腾流向地上部位的运输受限,此外氮肥施用过多,大量钙进入叶片,导致叶片与果实争钙,加剧了钙缺乏症。番茄花期缺钙会诱导下部的叶片失绿、早衰及果实脐腐病发生率的增加。张凤芸通过在番茄的不同时期喷施不同浓度的氯化钙研究表明,在番茄的初花期和初果期喷施氯化钙可以有效的预防脐腐病的发生。林葆等研究表明,土施硝酸钙可以显著地增加蔬菜产量,而且其增产效果优于喷施,土施硝酸钙也可增加大白菜中的维生素 C 含量。本研究结果显示,滴施硝酸钙可以显著增加加工番茄果实钙含量和加工番茄产量,加工番茄产量分别较不施钙和喷施氯化钙处理增加了 7.45%、14.27%,滴施硝酸钙和喷施氯化钙处理都可以显著降低脐腐病发生率,其中滴施硝酸钙的效果较好,施用钙肥处理加工番茄果实中番茄红素的含量显著降低,其原因有待进一步研究。硝酸钙的含氮部分为阴离子,硝酸根的吸收有利于植物有机酸代谢,且由于离子平衡的原因,阴离子养分的吸收有利于对其他阳离子的吸收。本研究中硝酸钙施肥果实的有机酸含量与其他处理比较反而降低,原因也有待研究。

综合加工番茄产量、品质、运输储存等因素,硝酸钙是一种很好的肥料选择,它既可以为作物提供氮素,又可以供给充足的钙营养。硝酸钙具有缓解番茄氯化钠胁迫的作用,在 NaCl 胁迫的介质中加入硝酸钙后番茄幼苗的耐盐性会提高,但硝酸钙浓度并非越高越好。左余宝等研究表明,在碱化土小麦栽培中施用硝酸钙后小麦出苗率提高,亩产量和氮肥利用率也大幅度增加。但 Ca^{2+} 过量会导致植株缺铁,易造成植株缺铁症,当土壤速效钾低于正常水平时,也会导致植株缺钾。因此,应注意硝酸钙用量,可以选择与酰胺态和铵态氮之间的搭配使用。

番茄生产中脐腐病是普遍存在的生理性病害,对生产危害较大。常规叶面喷施虽然有一定矫正效果,但人力、机力成本高,且在地面封闭后无法实施。本研究证明硝酸钙通过滴灌施用其增产作用及对脐腐病防治效果比叶面喷施显著,且能避免叶面喷施的缺点,因此该方法在滴灌条件下具有重要的应用价值。

25.3.7　展望

本文研究了加工番茄氮素优化管理措施、根际施肥、磷钾肥做启动肥、加工番茄脐腐病防治方法,为新疆加工番茄科学施肥提供了理论和技术基础。本研究指出,加工番茄产量在 120 t/hm² 时,采用基于 N_{min} 的氮素管理方法可以大幅度降低氮肥投入而不降低加工番茄产量,在氮素肥力较高的土壤上适宜的氮素施肥量为 225 kg/hm²,采用根际施肥措施有利于进一步提高氮肥利用率和提高产量。在磷肥肥力基础较高的土壤上,磷肥做启动肥有助于降低磷肥用量,提高磷肥利用率,适宜的用量为 P_2O_5

82.5 kg/hm²,施用方法为 45 kg/hm² 做种肥,采用穴施,剩余的做追肥在初花期、初果期分 2 次施入。采用硝酸钙滴施可大幅度降低脐腐病的发生,防治效果接近或优于叶面喷施钙肥,可减少作业成本,避免后期因机械操作对加工番茄造成机械伤害,提高综合效益,参考用量为 210 kg/hm²。

尽管本研究提出了若干优化加工番茄养分管理的方法,但仍然存在不少需要进一步研究的问题。在今后的研究中,为了实现加工番茄高产、资源高效,以下几方面应该受到重视:

(1)本研究中磷肥做启动肥是在磷肥基础肥力较高的土壤上进行的,而且磷肥量仅设置了一个值,对于磷肥做启动肥在磷肥基础肥力较低的土壤上的施用效果仍需要进一步研究,而且磷肥做启动肥的最佳用量也需要进一步研究。

(2)钾肥对加工番茄生长发育和产量形成均具有重要作用。本研究发现在土壤有效钾含量为195.25 mg/kg 即中等钾肥力的地块上磷钾肥改为启动肥虽然产量较高,但显著降低番茄红素含量,因此在加工番茄生产中尤其果实膨大期应重视钾肥施肥。

(3)需要对加工番茄追施硝酸钙的最佳用量进行研究,由于硝酸钙中钙的含量高于氮的含量,因此应注意硝酸钙用量,可以选择与酰胺态和铵态氮之间的搭配使用。

25.4　棉花、加工番茄高产高效栽培水肥管理技术规程

25.4.1　棉花高密度高产栽培技术模式

1. 高密度高产栽培基本模式

高密度栽培包括宽膜(膜宽 1.5 m)和超宽膜(膜宽 2.25~2.3 m)两种铺膜方式,主要采取缩小株距或增加行数的方式来提高单位理论株数,按株行距配置主要有以下几种方式:

(1)三膜 12 行　一膜 4 行,宽窄行配置。一般株距在 9~10.5 cm 之间,平均行距在 42~47.5 cm 之间,理论株数 21 万~25.5 万株/hm²,收获株数 16.5 万~19.5 万株/hm²。

(2)三膜 18 行　一膜 6 行,宽窄行配置。平均行距 21.5~28.3 cm,株距 11.5~12 cm,理论株数 25.5 万~29.7 万株/hm²,收获株数 21 万~22.5 万株/hm²。

(3)超宽膜二膜 18 行　一膜 9 行,宽窄行配置。平均行距 27.2~27.5 cm,株距 10~12.25 cm,理论株数 28 万~30 万株/hm²,收获株数 22.5 万~24 万株/hm²。

(4)超宽膜二膜 18 行　一膜 9 行,等行距配置。平均行距 27.2 cm,株距 10~12.5 cm,理论株数 28.5 万~30 万株/hm²,收获株数 22.5 万~24 万株/hm²。

(5)超宽膜二膜 24 行　一膜 12 行,宽窄行配置。平均行距 21.58 cm,株距 16 cm,理论株数 28.5 万~30 万株/hm²,收获株数 22.5 万~24 万株/hm²。目前,高密度栽培确定的株行距配置方式有以下两种:(20+50+20)×60×(20+50+20),株距 10 cm;(10+60)×(10+60),株距 10 cm。

在密度的配置上,各植棉单位根据土壤肥力情况和产量要求,合理确定单位理论株数。①肥力好的高产棉田,理论密度确定在 24.5 万~25.5 万株/hm²;②肥力中等的中产棉田,理论密度确定在 25.5 万~27 万株/hm²;③肥力差的三类棉田,理论密度确定在 27 万~30 万株/hm²。

2. 高密度栽培主要表现特点

(1)品种选择是关键　高密度植棉对品种选择十分重要,品种必须符合以下具体要求:早熟丰产、株型紧凑、生长稳健、节间短、叶片小而上举,有利于通风透光。中棉 35、新棉 99B 符合上述要求。

(2)成熟早,霜前花率高　由于高密度植棉品种选择早熟,生育期可提前 3~5 d,据高密度植棉专项技术调查表明,高密度栽培棉花生育期进程基本实现:4 月苗、5 月蕾、6 月花、8 月絮,霜前花率达到90% 以上。

(3)抗自然灾害能力强　高密度棉群体大,具有较强补偿能力,抗自然灾害(如旱灾、虫害等)能力强。

（4）有利于中低产田创高产　高密度栽培对一部分瘠薄地、未熟化耕地，难以依靠单株成铃抓产量的低产田，通过提高密度争取总铃数，是提高单产的有效途径。

（5）棉株后期早衰现象严重　高密度植棉由于株行距改变，化肥采取一次性全耕层深施肥，棉株前期生长快，化肥利用高，中后期易缺肥，造成棉株后期早衰。

（6）高密度栽培密度大，郁蔽棉田虫害发生早，发生量大

3. 高密度高产栽培主要技术措施

适宜的密度确定以后，配套栽培技术是高密度高产栽培成败的关键。目前，与高密度高产栽培的主要相关技术有：

（1）重施基肥　高密度植棉主要是依靠增加株数、增大群体，提高总铃数来获取高产。由于群体大，前期耗肥多，地膜覆盖使根分布浅，故生产中应加大基肥用量，一般基肥量占全生育期化肥总量的70%～75%，在施油渣 1 200～1 500 kg/hm² 基础上，施化肥 900 kg/hm²，其中：尿素 525 kg/hm²，磷酸二铵 300 kg/hm²，钾肥 75 kg/hm²，保证棉花生长需要。

（2）选择适宜品种　高密度植棉品种选择要在早熟、丰产、优质、抗病的基础上，重点选择株型紧凑，叶片大小适中，果枝上举，通透性好的品种，尤其收获株数 24 万～27 万株/hm² 的棉田，更应重视品种。现阶段中棉 35、新棉 99B 等品种适合高密度种植。

（3）确定最佳行距配置　目前，高密度栽培棉田的行距方式有多种，从棉花生长发育对光、热、水、肥、气的需求和高密度棉田专项技术调查表明：目前，高密度栽培适宜的株行距配置方式有以下两种：（20＋50＋20）×60×（20＋50＋20），株距 10 cm；（10＋60）×（10＋60），株距 10 cm；以三膜 12 行和超宽膜为好。

（4）及时定、间苗，均匀留苗　高密度栽培棉田群体大，棉花出苗后，应及时定间苗，避免形成高脚苗；留苗方面，在苗全情况下，坚持每穴留苗一株，杜绝留双苗，从而实现苗匀、苗齐、苗全、苗早、苗壮。

（5）合理全程化调　高密度棉田密度大，生育前期群体增长快，株型控制较困难，若管理不当，易造成经济系数下降，所以高密度棉田化调是关键。上密度，必降高度，一般高密度棉株高必须控制在 60～65 cm。全期全程系列化调，遵循"早、轻、勤"的原则，严格控制主茎节间出现忽长忽短的现象，使节间空间分布均匀。近几年高密度化调技术上已形成了比较成熟的经验，一般全生育期进行 4～5 次化调，根据时间、植株日生长量、品种、苗情、墒情具体定量，把始节高度控制在 20 cm 以下，主茎节间长度控制到 4～5 cm，通常在 3～5 叶期、7～9 叶期、10～12 叶期、打顶后 5～7 d，分别用缩节胺 4.5～7.5、9～12、30～37.5、75～105 g/hm² 进行化调，将棉花苗期、蕾期、花铃期植株日生长量控制在 0.8、1.0、1.5 cm 以内。

（6）科学灌水，保证灌水质量　高密度棉田，灌好头水是关键，根据几年的示范推广专项技术调查表明，头水宜适当推迟灌溉，以免出现旺长，长势长相正常棉田，灌头水以见花为好，适当蹲苗，促进根系下扎，增强棉花抗旱能力和棉株稳健生长。

高密度棉田灌水须始终坚持沟灌原则，头水应浅流灌溉，二水紧跟，二三水间隔稍长，以免二水后棉花疯长中空，三四水要及时。全期坚持以不受旱为原则，头水通常在 6 月中下旬，灌量不超过1 200 m³/hm²，二水在 7 月 10 日前后，灌量 1 200 m³/hm²，三水在 8 月初，灌量在 1 500 m³/hm² 左右，四水一般在 8 月下旬进行，用量不宜太大，停水不宜太晚。

（7）重施花铃肥　高密度棉花中后期应及时补施追肥和根外叶面肥，花铃肥追施分 2～3 次进行，以 N 为主；铃期普遍进行叶面肥喷施两次，以增加铃重。

在重施基肥基础上，通常二水前追施尿素 120～150 kg/hm² 作为花铃肥，满足棉花蕾铃营养需要；四水时滴灌尿素 105～120 kg/hm²，供应后期蕾铃养分。叶面肥根据棉田长势和生育进程的需要进行。

（8）适时打顶，加强整枝　主茎打顶严格遵循"枝到不等时，时到不等枝"的原则，适当提早打顶，一般打顶比常规密度早 5 d 左右，正常年份 7 月 5—10 日为打顶适期，一般单株留果枝 7～8 苔（收获株数

超 24 万株/hm²,留 6～7 蔓),总果枝 150 万～180 万蔓/hm²,打顶后棉株自然高度 55～60 cm 为宜。

高密度棉群体过大,还必须严格进行整枝,一般在 5 月底 6 月初蕾期进行脱裤腿,宜早不宜晚,盛蕾期结束。8 月 5 日后,以花为界进行人工剪除空果枝、打群尖、去老叶、抹赘芽,改善棉花田间后 期通风透光条件,促进株型调控和下部坐桃,降低蕾铃脱落率,促早熟吐絮。

(9)综合防治病虫害 高密度栽培虫害早,发生量大。因此,高密度棉田病虫害防治,主要加强田间有害生物调查、监控,严格防治指标,在坚持药剂拌种和种衣剂包衣基础上,以降低虫口密度为原则,坚持以物理防治和生物防治为主,化防为辅的综合防治措施,保护田间天敌,利用自然控制因素控制害虫。

(10)大力推广新技术 在不断完善棉花常规栽培技术的基础上,大力引进和推广高新精准农业技术,以优良品种为基础,以棉花高密度高产栽培技术为核心,继续贯彻"矮"、"密"、"早"、"膜"、"匀"的栽培技术路线,通过将超宽膜、机采棉、节水灌溉、精量播种等新技术的组装配套,实现棉花生产的优质、高产、高效。

25.4.2 加工番茄(育苗移栽)膜下滴灌栽培技术规程

本规程主要针对极早熟加工番茄新品种 IVF1106 在北疆地区种植栽培管理措施,其他相似品种可参照执行。

1. 品种特征特性

植株自封顶生长类型,长势中等,叶色深绿,微卷,株适中,坐果率高,单果重 60～70 g,果实可溶性固形物含量 4.5%,番茄红素含量 110 mg/kg 鲜重,果胶含量 130 mg/kg 鲜重,总酸 0.53%,pH4.23,硬度 0.65 kg/cm²,耐压力 6.50 kg/果,成熟集中。

2. 栽培技术要点

(1)播前准备 加工番茄 IVF-12 属极早熟品种,植株生育期内水肥供应不足易发生早衰,为防止植株早衰和发挥增产潜力,应在种植前增施基肥,肥料施用量根据土壤肥力进行安排,一般结合秋翻施磷酸二铵 20 kg/亩,钾肥 4 kg/亩,秋翻耕深 30 cm 以上。

(2)营养土配制 基质与蛭石按 3∶1 配合后混合均匀,每 1 m³ 再加复合肥 1.2 kg,过磷酸钙 5 kg,搅拌均匀,这样可以使育苗基质透气保湿,并为加工番茄幼苗提供充足的养分。

(3)适时装盘点种

加工番茄从播种到定植大田需 40～45 d,装盘点种时间一般比终霜结束期提前 50 d 左右,建议 3 月 5—15 日及时在大棚育苗,育苗盘选用 128 穴,可以采用人工点种或机械点种方式,按照计划种植面积,播量控制在 20～30 g/亩,每穴 2～3 粒,深度 0.5～1.0 cm,播后覆营养土,并用喷雾器轻微洒水,覆一层塑料薄膜以保墒提温,避开气象因素的影响,提高出苗率。及时检查漏播穴并及时补种,漏播率不超过 2%。

(4)苗期管理 当育苗大棚内的加工番茄出苗率达到 20% 时,揭去育苗盘上的覆盖膜,当出苗率达到 98%,苗龄达到一叶一心时进行定苗和补苗,浇好定苗水和补苗水,苗期保持棚内白天温度在 25～28℃,夜间 15～18℃,生长中后期白天适时通风,保持充足光照,有利促苗壮苗,浇水根据天气决定,天晴浇水,天阴不浇或少浇,出苗 20 d 后可适当叶面追肥,一般选用尿素和磷酸二氢钾喷施效果较好,前期喷施浓度控制在 0.1%,后期可增加至 0.2%,间隔 5 d 喷一次。

(5)成苗标准 植株自然生长无激素化调、无感病,要求株高 12～15 cm,茎粗 2～4 mm,茎基部紫色部分占 2/3,叶色深绿,具有 5～6 片真叶(4 叶一心至 5 叶一心),根系发达,色白且须根多,根坨紧实不松散。

(6)大田定植 适时移栽,出棚前根据苗情及移栽时间而定,一般提前 7～10 d 开始炼苗,移栽前浇足出棚水,移栽时间以 4 月 20 日至 5 月 1 日为最佳,栽苗时按株距均匀定植,移栽深度 8～10 cm,每穴单株,移栽原则是:小苗宜浅栽,大苗宜深栽,以子叶节与地面平行为宜,结合土壤肥力情况,IVF-12

移栽密度控制在 3 500～3 800 株/亩,移栽到大田后及时滴缓苗水。

(7)田间管理

①加强中耕　先中耕再栽苗或滴完缓苗水后中耕一次,间隔 10 d 滴二水时中耕第二次,这有利于提高加工番茄移栽苗的成活率,为壮苗形成提供条件,全生育期中耕 3～4 次,特别是遇雨水天气后及时中耕,以增强土壤透气性,促壮苗健苗。

②水肥管理　加工番茄移栽到大田后,采取一促到底的水肥管理模式,追肥时采用膜下滴灌技术,对所施化肥全部随水滴施,肥料供应按加工番茄生长发育阶段对养分的需求,实行"少食多餐"、合理供应的原则,特别是不能忽视后期肥水管理,要保证后期不脱肥、不早衰,在花蕾期每隔 7～8 d 滴水一次,每次滴水量在 20～30 m³/亩,每次滴施番茄专用肥 3～4 kg/亩,在果实膨大期每 5～7 d 滴水一次,每次滴水量在 30～35 m³/亩,每次滴施番茄专用肥 4～6 kg/亩,于采摘前 7 d 停止进水。

(8)病虫害防治

①棉铃虫害防治

农业防治:实行严格的轮作制度,与非茄科作物轮作 3 年以上,春、秋对林带、渠埂进行铲草除蛹,降低虫口基数。

物理防治:采用频振式杀虫灯诱蛾,在 4 月中下旬进行安装,诱杀时间从 5 月初开始至 7 月中旬结束。

药剂防治:在棉铃虫产卵高峰期,可喷施 2%过磷酸钙液,趋避棉铃虫产卵减轻危害;达到防治指标后,可使用 BT 可湿性粉剂 400～600 倍液、2.5%溴氰菊酯乳油 2 000～3 000 倍液、2.5%功夫乳油 2 000 倍液轮换使用进行防治,在棉铃虫产卵高峰和幼虫孵化高峰期施药。

②茎基腐病防治

农业防治:轮作倒茬,合理密植,移栽时要尽可能减少造成植株伤口,移栽后增加中耕次数,增强土壤透气性,增加田间通风透光,加强田间调查,发现点片病株要及时拔除。

药剂防治:茎基腐病一般在加工番茄初花期发病,对发病程度较轻的地块,可选用立克菌 800 倍液或 50%甲基硫菌灵 500 倍液进行叶片和茎基部喷药,发病严重的滴灌田可以随水滴施普力克 40 g/亩进行防治。

(9)适时采收　当加工番茄果实有 30%成熟时即可采摘,适时采摘可避免果实成熟过度及腐烂,第一遍采摘后,及时滴水滴肥,防止加工番茄早衰。

25.4.3　加工番茄(直播)早熟高效栽培技术规程

本规程主要针对极早熟加工番茄新品种 IVF1106 在北疆地区种植栽培管理措施,其他相似品种可参照执行。

1. 品种特性

植株自封顶极早熟一代杂种,长势中等,叶色深绿,舒展,株适中,坐果率高,单果重 60～70 g,幼果无绿色果肩,成熟果鲜红色,着色一致,果肉较厚,果实紧实,耐压,抗裂,耐贮运。果实可溶性固形物含量 4.5%,番茄红素含量 90 mg/kg 鲜重,果胶含量 121 mg/kg 鲜重,总酸 0.50%,pH 4.18,硬度 0.60 kg/cm²,耐压力 6.96 kg/果,抗黄萎、枯萎病小种 1 和 2,耐病毒病。成熟十分集中。

2. 栽培技术要点

(1)直播

①土地备耕

土地选择:选择土层深厚、保水保肥能力良好,富含有机质,土壤 pH 在 7～8 之间的中性、微碱性壤土或沙壤土。

秋翻施肥:秋翻耕深 30 cm 以上,结合秋翻施用磷酸二铵 25 kg/亩,钾肥 5 kg/亩。

机力破雪:开春采用重型缺口耙破雪,促使积雪早化,特别是对土壤质地为黏土的地块,机力破雪有利于早整地早播种,实现抓早苗,达到提早成熟。

②播种

播前准备:播前对种子进行晒种,提高种子发芽势,干燥后的种子采用"福多甲"种衣剂进行包衣,对已进行处理的包衣种子,可不处理直接使用。经过药剂处理的种子具有发芽率高、出苗早、苗齐、苗壮、抗逆、抗病、抗虫等特点。

播种质量:采用一机3膜12行膜上点播,覆膜施肥及播种一次完成。要求铺膜平展,下籽均匀,种孔覆土厚度均匀一致,平均每穴下种5~6粒,用种量在70 g/亩,播种深度2~3 cm。播后及时滴出苗水,要求滴水均匀,滴水量为30 m³/亩。

③生育期管理

苗期管理:在加工番茄两片子叶展平时开始疏苗,每穴留苗2~3株,2~3片真叶时及时进行定苗,每穴留苗1株,要求去弱苗留壮苗,去病苗留健苗。田间出苗50%时进行第一遍中耕,深度14~16cm,目的是破除板结层,促进根系下扎,提高地温。第二遍中耕与第一遍中耕间隔15 d,中耕深度16~18 cm。IVF1106属极早熟品种,苗期可不进行蹲苗,采取一促到底的栽培管理模式。

蕾期管理:喷施叶面肥,使用磷酸二氢钾溶液300倍液喷洒植株,促植株生长的同时还能趋避棉铃虫产卵。对于采用大3膜种植方式的农户要在蕾期破膜中耕,因为这时植株小,随着气温升高,阳光直接照射在宽行采光面上,形成膜下高温高湿,给根部的生长发育造成不利影响。破膜后适墒结合三遍中耕。

花期管理:做好水肥管理工作,一般每7~8 d滴水一次,每次滴水量在20~30 m³/亩,每次滴施番茄专用肥3~4 kg/亩。

果实膨大期管理:加强水肥调控,一般5~7 d滴水一次,每次滴水量在30~35 m³/亩,每次滴施番茄专用肥4~6 kg/亩。

生育后期要防植株早衰,一般滴防早衰水2~3次,隔10 d滴水一次,每次滴水量在25~30 m³/亩,每次滴施番茄专用肥2~3 kg/亩。

(2)育苗移栽

从播种至定植大田需40~45 d,建议3月5—15日及时在大棚育苗,叶龄达到4叶一心至5叶一心时及时移栽大田,移栽时间以4月20日至5月1日为最佳,5月5日后终止移栽。IVF1106长势中等,移栽密度控制在3 500~3 800株/亩为宜。IVF1106穴盘育苗移栽定植大田后可不进行蹲苗,采取一促到底的栽培技术,对所施化肥全部随水滴施,在全生育期内滴水10~12次,滴施番茄专用肥40~50kg/亩。

3. 病虫害防治

(1)棉铃虫害防治

采用频振式杀虫灯诱蛾,诱杀时间从5月初开始至7月中旬结束。达到防治指标后,可使用2 000倍液速灭杀丁乳油或2 000倍液功夫乳油交替使用,进行防治。

(2)根腐病防治

适时早中耕、深松土,适时早破膜降低膜下温度,严禁中量雨前后灌水,根腐病一般在苗期开始发病,可以喷施72.2%普力克1∶800倍液或58%甲霜灵锰锌1∶600倍液进行防治。

(3)茎基腐病防治

轮作倒茬,合理密植,增加中耕次数,增加田间通风透光。药剂可选用立克菌800倍液或50%甲基硫菌灵500倍液进行防治。

4. 采收

采摘前7 d停止进水,第一遍采摘后,及时滴水滴肥,防植株早衰,采摘次数以2~3次为宜。

25.5 高产高效创新技术大面积应用模式及应用效果

棉花是新疆最主要的作物,占全地区作物播种面积50%以上。新疆地区棉花播种面积占全国

45%,而产量超过全国50%。新疆地区棉花产量高于全国平均水平,主要技术特点是采用地膜覆盖技术升温保墒杀灭杂草,采用滴灌技术高效节约用水,采用机械化收获减少人工投入成本。加工番茄是新疆的特色作物之一。播种面积和产量均占全国90%以上,出口占全国95%以上。加工番茄的栽培技术特点基本与棉花相同,主要区别是部分地区采用育苗移栽技术。

新疆地区棉花和加工番茄施肥技术上的主要特点包括:100%采用滴管,相应采用水肥耦合施肥方法。作物全生育期施肥9~10次,每次施肥量2~3 kg/亩,因此施肥频率高,施肥量大,专业技术要求高。同时土壤为荒漠土壤,供应养分能力较低,因此作物对施肥的依赖程度高。

针对上述特点,我们在系统科学研究的基础上,采用大学+公司+农户的方式进行了高产高效创新技术大面积应用尝试。

25.5.1　总体方案

实施单位为石河子大学农学院和石河子开发区石大奥普莱科技有限公司(以下简称奥普莱公司或奥普莱)。石大农学院将技术成果转让给奥普莱公司,由奥普莱公司负责生产和市场销售以及售后服务,石大农学院则负责全程技术指导和农户技术服务。通过公司商业活动,带动先进农业技术到田间,出效益。

25.5.2　实施方案

1. 实施单位

石河子大学农学院,石河子开发区石大奥普莱科技有限公司。

2. 实施方法

石河子大学农学院将专利产品"一种水溶性高效硼肥生产方法"、"作物根际酸性肥料"的生产销售权利转让给奥普莱科技有限公司,由公司全面负责产品宣传、生产和销售。实现利润由公司和学校按照7:3分配。

3. 配套措施

(1)成立领导小组和专家组　领导小组由石河子大学专家团和奥普莱公司董事会主要人员组成,负责策划、组织和管理。专家组针对肥料生产中的产能优化、产品使用方法、农民培训。

(2)制订工作方案和技术集成方案　结合新疆农业生产高度机械化和滴灌的特点,首先制定了适应公司产品的棉花、加工番茄栽培技术规程,对公司技术人员和销售人员进行培训,使他们首先了解肥料的性能、施肥中的技术要求。对每个技术人员和销售人员定指标,定任务,定报酬分配方法,极大提高一线工作人员的积极性和主动性,以及专业技术能力。

(3)召开现场会　在作物生长发育关键时期,选择效果显著的地点,组织农民和技术人员、销售人员进行观摩。

(4)加强技术培训和田间指导　按照技术集成方案,定期组织农民进行技术培训,让农民掌握高产栽培的理论和主要技术要点。安排专家进行现场答疑。

25.5.3　成效

1. 大面积增产增收

通过3年的不懈努力,大学+公司+农户的模式取得了一定的成效。高产农户平均产量超过普通农户21.5%,投入则没有增加,充分显示了在高产地区通过肥料产品创新和测土配方施肥仍然具有一定的增产和节本高效的潜力。如2013年昌吉市在遭遇多种不利自然条件的情况下,公司联络户(科技示范户)平均亩产435 kg/亩,辐射带动农户产量378 kg/亩,普通农户平均产量335 kg/亩,高产高效创建示范户增产29.9%,辐射区增产12.8%。

2. 农技推广员技术队伍建设

通过大学＋公司＋农户这个平台,建设和锻炼了一只专业技术队伍,其中公司专职销售人员12人,农户442人,大学专家4人。销售人员普遍表示,通过理论知识和农业技术培训,专业能力有了很大提高。

3. 建设高素质的农业科技示范户队伍,打造了高产高效团队

在产品使用的过程中,通过价格优惠和免费上门服务,许多农户都自觉成为科技示范户,三年登记在册的示范户达到442名,项目组在其中选择11户经营规模超过300亩,产量超过350 kg/亩,懂技术,热心为他人传授知识,年平均收入10万元以上的农户作为核心示范户,对他们的全年生产过程进行全程跟踪服务,并在他们的土地上召开现场会。3年实践结果表明,这些核心示范户的生产水平得到明显提高,部分示范户还成为产品的代理销售员,成为新技术推广的"种子",辐射周围的农户,成为高产高效的生力军。

25.5.4 结语

高产高效在我国人均耕地资源不足的情况下,是一个永恒不变的主题。技术进步无止境,但是技术进步有瓶颈。在新疆普遍采用滴灌、覆膜栽培,农业生产已经达到较高水平的背景下,进一步提高作物产量和实现资源高效,具有很大的难度。高校＋公司＋农户示范经验证明,充分发挥肥料科学创新的作用,是进一步提高肥料效率,带动农业持续增产,增产增收的重要途径。新技术推广需要有效的技术推广途径。通过高校＋公司＋农户示范,明显加快了新产品的推广力度,锻炼了一只专业技术队伍,是新疆地区下一步实现高产高效增产增收的重要途径。

(本部分执笔人:危常州 李俊华 王娟)

第 26 章
间套作高产高效应用与研究

　　间作套种是我国传统农业中的精髓之一,不仅能够高效利用土地和增加单位面积粮食产量的,而且能够提高光、热、水分和养分等资源的利用效率,达到降低化肥用量的目的。合理的作物搭配还能够控制病虫害从而降低化学农药的施用。禾本科/豆科间套作体系,不仅具有一般间套作体系所具有的增加产量、资源高效利用和控制病虫害的特点,更重要的是还能够充分发挥其豆科作物的生物固氮潜力,降低化学氮肥用量,是可持续农业发展的一个重要方向。

　　最早开展间套作研究工作始于 1987 年,李隆等人参与甘肃省科技攻关项目"甘肃省灌区粮食作物模式化栽培研究与应用",在甘肃农科院李守谦和邱进怀等老师的指导下,在位于河西走廊的武威市白云村进行为期 3 年多的田间试验研究和示范工作,主要负责河西走廊灌区小麦/玉米间套作高产栽培模式研究。在这些研究中,逐步认识到间套作中的植物营养问题。1991—1995 年,作为主要参加人参加甘肃省科技攻关项目"河西高产带田作物营养特点及科学施肥技术研究",在甘肃省农科院金绍龄老师的指导下,在位于河西走廊的张掖市新墩乡与张掖农科所的同事一起进行了 4 年的田间试验研究工作,对小麦/玉米间套作地上部养分累积利用的特点进行了系统研究,并提出了相应的科学施肥技术,在间套作作物种间营养竞争利用方面也获得了一些认识,认识到种间地下部根系相互作用的重要性,及其在养分资源高效利用中的作用。1996 年有幸获得国家自然科学基金的资助,开始了地下部种间相互作用对养分吸收利用的研究。特别是 1996 年进入中国农业大学在职攻读博士学位,在张福锁和李晓林两位导师指导下,开始了间套作种间相互作用与养分资源高效利用机制的研究,将研究从生产应用深入到应用基础研究,由地上部的产量观测研究,进入到地下部过程的研究。先后得到 3 项国家重大基础研究(973)项目,1 项国家自然基金重大项目,5 项国家自然科学基金面上项目,4 项国家科技支撑计划课题和 2 项农业部公益性行业专项项目、3 项教育部学科点博士点基金项目的资助。研究内容涉及间套作作物种间相互作用与氮磷养分资源高效利用的机制与应用,生物固氮,根系分布和土壤地力变化等方面。已毕业 16 名博士研究生和 22 名硕士生,他们的博士论文和硕士论文研究涉及生物固氮测定方法,植物种间相互作用对土壤氮素影响,植物种间相互作用对结瘤过程的影响,以及豆科/非豆科间作和根瘤菌接种,养分活化种和非活化种间作改善磷营养的机制,根系互作对氮磷养分的竞争,对根系分布的影响,根分泌物在种间互作中的关键作用等诸多方面。走过了一条从田间生产实际发现可研究的科学问题,并将研究结果反馈给农业生产实践的道路。现将间套作高产高效相关的研究的历程和进展总结如下。

26.1 甘肃河西走廊间套作推广应用及其科学问题的提出

26.1.1 甘肃河西走廊的小麦/玉米带田作物配置研究与推广应用，及其作物营养与施肥的研究

1987年1月至1989年12月参与甘肃省科技攻关项目"甘肃省灌区粮食作物模式化栽培研究与应用"，在和甘肃农科院土壤肥料研究所的邱进怀、何琪耀等老师们一起开展小麦/玉米带田在武威的推广技术研究。对小麦/玉米带田的带幅，地膜覆盖，种植密度，品种搭配，施肥量，以及灌溉量等方面进行田间优化，采用田间对比和通用旋转回归设计提出了一整套适合当地发展小麦/玉米间作套种的作物品种搭配，高产的带幅为1.5 m（小麦6行0.72 m + 玉米2行0.78 m），优化的施肥量为300～400 kgN/hm²。为河西走廊东部发展小麦/玉米带田奠定了基础。随后的推广工作均是依据这些研究结果来制定相应的方案。3年的小麦/玉米间套作（带田）研究与推广，使得这一高产高效的种植模式得以在河西走廊的东部，武威地区大面积推广开来。同时，我们发现其中具有大量的作物营养与施肥问题，亟待研究。因此，20世纪90年代初，有甘肃农科院土壤肥料研究所金绍龄研究员牵头，与张掖农科所马永泰研究员合作，在甘肃省科技攻关项目"河西高产带田作物营养特点及科学施肥技术研究"的支持下，在河西走廊中部的张掖开展了该项研究，作为主要执行者，李隆和张掖农科所的同事们，在当地进行了4年（1991—1994年）的田间研究，对于小麦/玉米间套作中作物的营养特征和施肥措施进行了较为详尽的研究，对生产中的施肥提出了具体指导意见。同时，从这些研究中发现了作物之间的相互作用对于养分的竞争具有重要影响，同时施肥可以调控作物之间的种间相互作用，逐步认识到种间相互作用在产量形成中的关键作用。研究成果获得甘肃省科技进步三等奖，结果以系列论文的形式发表在1996年的《西北农业大学学报》等刊物上。

26.1.2 以种间相互作用为研究切入点，对间套作体系中地下部互作的重要性获得充分认识

在前面近8年小麦/玉米间套作生产实际和作物营养与施肥研究的基础上，我们逐步认识到间套作研究必须和生态学理论密切相结合，特别是充分认识种间相互作用在间套作高产高效中的重要作用，才能深刻理解这一传统农业生产体系。基于这一思路，从1995年开始申请国家自然科学基金面上项目"间作作物种间磷营养吸收促进作用机理研究"，并于1996年获得资助，这是我们获得的第1项间套作方面的国家自然科学基金面上项目。同年，作者考入中国农业大学，在李晓林和张福锁两位老师的指导下，攻读博士学位，博士论文的主要研究内容就是完成这项国家自然科学基金面上项目的研究，无论是研究的水平、深度和广度在两位导师的指导下，都获得了极大地提升。

该研究以小麦/玉米、小麦/大豆和蚕豆/玉米等间作方式为研究对象，通过大量的田间小区试验、根系分隔微区试验和盆栽试验研究，从间作作物种间的促进与竞争，特别是氮磷钾等养分吸收的促进与竞争作用的角度，系统地阐明了间作产量优势产生的作物营养生态生理学基础。

（1）明确了小麦/玉米、小麦/大豆和蚕豆/玉米等3种间作方式具有明显的间作产量优势；以籽粒产量为基础的土地当量比（LER）分别为1.21～1.58、1.23～1.26和1.13～1.34，均大于1；3种间作中各作物成熟期的籽粒产量均显著地高于可比面积上相应单作的籽粒产量。

（2）证实了小麦/玉米和小麦/大豆间作中小麦增产的主要原因是由于小麦具有明显的边行产量优势，两种种植方式中小麦籽粒产量的边行优势分别达到74.3%和53.5%，边行优势对小麦/玉米间作中小麦增产的贡献达2/3。

（3）证明了间作小麦边行优势的理论基础之一是作物种间竞争能力的差异。两作物共同生长期间，小麦竞争氮磷钾的能力强于玉米也强于大豆，在小麦和玉米及小麦和大豆的界面上种间相互作用

强烈,竞争能力强的作物获得更多的养分,改善了自身体内的营养状况,奠定了作物高产的营养基础,从而大幅度提高了边行的产量。

(4)小麦/玉米间作中小麦的根系可以进入玉米的地下部空间,而玉米的根系在前期很少进入小麦的地下部空间,这是小麦和玉米种间竞争能力差异的根本原因。

(5)发现在两作物共处期的竞争中处于不利地位的玉米和大豆在后期具有明显的恢复过程,小麦收获后,间作玉米和间作大豆植株体内的养分浓度逐渐高于相应单作作物,养分吸收速率加快,养分积累量直线上升,相应地生长速率加快,干物质积累量也直线上升,最终接近或超过相应的单作作物。这种恢复作用是共同生长期处于劣势地位作物获得产量优势的重要机制。

(6)地上部和地下部因素对间作小麦边行产量优势的贡献在小麦/大豆间作中具有同等重要性,在小麦/玉米间作中地上部的贡献为 2/3,地下部贡献为 1/3。

(7)应用尼龙网和塑料膜分隔两作物根系的方法,首次发现蚕豆/玉米间作产量优势完全取决于地下部根系的种间相互作用,当地下部根系种间用塑料膜分隔开时,地下部种间根系相互作用消除,间作产量优势也随之消失。

(8)证实了蚕豆/玉米间作中蚕豆的根系不需横向生长进入玉米根区即可获得生长所需的磷营养;蚕豆对玉米吸收磷具有明显的促进作用,这个促进作用可能包括活化磷供玉米吸收和增加玉米的有效吸收空间两个方面;种间根际的相互作用对两作物吸收氮的促进作用明显,玉米根系进入蚕豆根区使蚕豆的吸氮量显著增加,玉米自身的吸氮量也显著增加。

(9)采用尼龙网分隔和塑料膜分隔的方法用盆栽试验成功地解决了竞争作用和促进作用难以分开来研究的问题,研究了小麦/大豆间作中,竞争作用被人为消除后,小麦对大豆吸收磷的促进作用表现出来,证明种间在强烈竞争的同时,也存在种间促进的可能。

26.2　作物种间相互作用对土壤氮素竞争吸收利用的研究

26.2.1　小麦/玉米/蚕豆间作系统中氮、磷吸收利用特点及其环境效应

本研究于 2000 年在甘肃省武威市白云村进行,以小麦/玉米/蚕豆间作体系为研究对象,通过双裂区(主区 5 个氮水平,副区 2 个磷水平与 6 种种植方式)田间试验,对间作作物种间促进和竞争,特别是关于氮、磷养分吸收的促进和竞争进行了较为详尽地研究,并探讨了间作条件下施肥对硝态氮在土壤剖面累积及分布的影响。获得的主要结果如下:

(1)施磷肥和间作均显著提高小麦籽粒产量和生物学产量;施肥(包括氮肥和磷肥)显著提高玉米籽粒产量,而生物学产量主要取决于氮肥;蚕豆对于肥料反应不敏感;在相同的施肥水平下,与蚕豆间作的玉米籽粒产量和生物学产量要显著地高于与小麦间作的玉米,根据"线形＋平台"模型,与小麦间作的玉米达到最高产量所需的施氮量要高于与蚕豆间作的玉米,然而与小麦间作的玉米能够达到的最高产量却低于与蚕豆间作的玉米。

(2)间作小麦增产的主要原因在于小麦具有明显的边行产量优势,在低氮情况下尤为如此,但是随着施氮量的提高,边行优势有降低的趋势。

(3)小麦籽粒和秸秆中的氮浓度与施氮量呈明显的正相关,间作小麦籽粒和秸秆中的氮浓度较单作有明显的增加,施氮肥促进小麦对氮的吸收;施氮量显著影响玉米籽粒和秸秆的氮浓度,而与磷肥和间作形式无太大的关系,但是玉米的吸氮量则与间作形式和施氮量密切相关;蚕豆籽粒、秸秆的氮浓度、吸氮量与施肥及种植形式无明显地相关性。

(4)虽然施肥与种植形式对小麦秸秆、籽粒磷浓度无明显影响,但间作小麦的吸磷量却显著高于单作小麦;玉米籽粒磷浓度同样不受间作形式影响,但吸磷量与施氮量及间作形式密切相关;各处理蚕豆籽粒、秸秆磷浓度及吸磷量无明显差异。

（5）与蚕豆间作的玉米无论是吸氮还是吸磷量均要显著高于与小麦间作的玉米。

（6）在低氮情况下，间作小麦吸氮量的增加主要是边行贡献的结果，而在高氮情况下，边行优势不明显，吸氮量的增加主要是边行和内行共同作用的结果；而对于吸磷量来说，无论施磷肥与否，间作小麦边行吸磷优势明显。

（7）无论种植方式如何，土壤剖面硝态氮的累积量随施氮量的增加而增加；麦收后，小麦带土壤中累积的硝态氮最多，其次为种植蚕豆带，种植玉米带土壤剖面累积的硝态氮量最少，同时间作明显地减少土壤剖面硝态氮的累积量；玉米收获后，种植蚕豆带土壤剖面硝态氮累积量比麦收时有明显的增加，土壤中累积硝态氮的顺序由多到少依次为单作小麦、单作蚕豆、间作小麦、间作蚕豆、与蚕豆间作的玉米、与小麦间作的玉米；有机肥与化肥的合理配施有助于降低土壤硝态氮的累积。

（8）不施氮肥情况下，上层（0～60 cm）土壤剖面累积的硝态氮相对较多；在 N200 处理中，上层土壤剖面硝态氮相对累积量比不施氮肥处理有降低的趋势；而在高氮情况下，这种趋势更加明显，深层土壤剖面（60～100 cm）累积的硝态氮增加显著（李文学，2001）。

26.2.2　间作对氮素和水分利用的影响

间套作由于具有充分利用资源和增加作物产量的特点，在我国西北地区广泛应用。近年来，生产中氮肥用量不断增加，灌水用量也相对较高，但是关于间作对氮素和水分利用效率的研究较少。本文通过田间试验，对小麦/玉米、蚕豆/玉米、大豆/玉米和豌豆/玉米间作种植下作物对氮素和水分利用的影响进行了系统比较，获得的主要结果如下：

（1）蚕豆/玉米间作的土地当量比（LER）都大于1；豌豆/玉米间作以籽粒产量为基础的 LER 无论施氮还是不施氮都大于1，而以生物学产量为基础的 LER 只有施用氮肥时才大于1；大豆/玉米间作无论施氮还是不施氮 LER 均小于1。小麦/玉米间作，施用氮肥时的 LER 均大于1，而不施氮时，不同小麦品种和试验条件下表现不一样。

（2）蚕豆/玉米和豌豆/玉米间作时作物的吸氮量均高于单作，小麦/玉米间作时小麦吸氮量高于单作，玉米吸氮量低于或接近单作；而大豆/玉米间作时间作大豆吸氮量低于单作，间作玉米吸氮量高于单作。蚕豆、豌豆和大豆、小麦间作的氮素利用效率均高于单作，而玉米间作则低于单作。

（3）蚕豆、豌豆、大豆和小麦间作氮素盈余和损失都低于单作，氮肥当季利用率和生产率都高于单作。

（4）随氮肥用量增加，土壤硝态氮含量和累积量亦增加。蚕豆和豌豆间作土壤硝态氮累积量都高于单作，而大豆、小麦和玉米间作在不同时间和不同氮水平下表现不一样。

（5）在蚕豆收后测定时，蚕豆、豌豆、大豆和小麦间作土壤含水量都高于单作，玉米间作则低于单作；而在玉米收获后测定，间作玉米土壤含水量都高于单作。蚕豆/玉米间作相对于单作水分利用率（WUE）增加，豌豆/玉米和小麦/玉米间作在施用氮肥后增加，而大豆/玉米间作无论施氮还是不施氮都降低。

（6）不同灌水用量对小麦/玉米间作产量影响不大，施用氮肥后作物产量增加，但 225 与 450 kg/hm² 施氮量之间产量无明显差别。随氮肥用量增加，玉米带土壤硝态氮含量和累积量明显增加，且随灌水量增加，硝态氮向 140 cm 以下土层累积。氮肥当季利用率和氮肥生产率都是以225 kg/hm² 氮水平最高。WUE 随灌水用量减少或氮肥用量增加而增加，但 225 与 450 kg/hm² 施氮量之间差别较小（叶优良，2003）。

26.3　作物种间互作与豆科作物生物固氮

26.3.1　豆科/禾本科间作体系中养分竞争和氮素转移研究

鉴于国内以往对间作的研究主要集中在间作产量优势方面，而种间根系相互作用影响养分资源竞争的研究相对较少,本研究在对小麦/大豆、小麦/蚕豆这两种间作体系中养分特别是氮营养竞争和相互促进作用研究的基础上,应用根系分隔技术、同位素示踪土壤标记和叶柄注射技术等,探讨了小麦/蚕豆间作体系中氮素利用的种间促进作用和豆科作物固定的氮向非豆科作物的转移等,旨在深入了解豆科/禾本科作物间根系相互作用提高氮素利用效率的实质,为优化间作体系,提高间作体系生产力和资源利用效率提高科学依据。获得的主要结论如下:

(1)在小麦/蚕豆和小麦/大豆间作体系中,小麦始终处于竞争优势,而大豆处于竞争弱势,蚕豆在间作中未受显著影响;物种间的相互作用在小麦/大豆体系中以竞争作用为主,小麦/蚕豆体系中以促进作用为主,根系在尼龙网分隔和不分隔时明显促进了种间对氮和磷的吸收。

(2)接种试验表明不同根瘤菌菌株在小麦/蚕豆间作体系中对作物的生物量有显著影响。当小麦、蚕豆单独生长时(完全分隔),所有根瘤菌菌株对蚕豆的生长都有明显的促进作用,此时蚕豆的生物量在接种 NM353、LN732 和 LN566 比不接种分别增加 32%、13% 和 22%;当两种作物根系完全相互作用时(不分隔),蚕豆生物量以接种 NM353 最高,比接种 LN732、LN566 和不接种高 15%、29% 和 15%,此时接种 NM353 的小麦生物量在所有接种处理中也最高,分别比接种 LN732、LN566 和不接种高 15%、22%、12%;施氮情况下接种 NM353 在根系不分隔处理中重现了促进蚕豆和小麦生长的结果,此时还降低了土壤硝态氮残留。

(3)在小麦/蚕豆间作体系中通过根系分隔和标记 ^{15}N 的试验表明:小麦相对于蚕豆对土壤和肥料氮的依赖更强,蚕豆则更依赖于大气固氮。在根系完全分隔、尼龙网分隔和根系不分隔中小麦对 ^{15}N 的回收率分别为 58%、73% 和 52%,而蚕豆则分别为 30%、20% 和 3%。小麦对肥料氮的竞争促进了蚕豆固氮增加,在根系完全分隔、尼龙网分隔和根系不分隔时蚕豆来源于固氮的百分数(%Ndfa)分别为 58%、80% 和 91%,因此小麦/蚕豆中存在对氮的互补利用,该体系中氮营养竞争和促进作用同时存在。在小麦/蚕豆间作体系中应用叶柄注射 ^{15}N 和土壤标记稀释法都表明蚕豆固氮向间作小麦发生了转移,转移的量相当于蚕豆总吸 N 量的 5%(肖焱波,2003)。

26.3.2　豆科/禾本科间作的氮铁营养效应及对结瘤固氮的影响

前人对间作系统产量优势等方面已做了大量研究,但从作物地下部相互作用角度,间作系统内氮营养互补利用优势的研究尚需进一步加强和完善。本研究应用田间接种根瘤菌的技术,对间作系统中蚕豆的固氮作用作了初步探讨,重点研究了共生期长短不同的玉米/蚕豆、玉米/花生系统中氮素吸收利用的优势机理,同时也讨论了不同施氮水平和种间相互作用对豆科作物的结瘤固氮以及花生铁营养的影响。本研究结果表明:

(1)施氮、接种、间作均显著提高蚕豆生物量,但只有间作能显著增加其籽粒产量。施氮显著增加玉米生物量和籽粒产量。施 225 kg N/hm² 后,接种、间作对玉米生物量均无显著影响。但 N0 水平上与接种蚕豆间作的玉米,其籽粒和生物学产量较单作均显著提高,分别提高了 36.3% 和 13.8%。蚕豆接种处理与施 225 kg/hm² 纯氮处理的总产量相当,且接种提高了以籽粒产量为基础的土地当量比,可达 1.43~1.57。施氮显著抑制了蚕豆结瘤,接种显著促进生育后期蚕豆结瘤,而间作对蚕豆结瘤的促进作用则表现不稳定。

(2)间作显著促进蚕豆对氮磷的吸收;在施氮 225 kg/hm² 的条件下接种仍能显著缩短蚕豆植株氮素累积的进程;施氮促进作物吸收氮磷,不施氮而对间作蚕豆进行接种也可促进间作玉米对氮磷的吸收;间作对成熟期玉米氮、磷吸收影响不大。

(3)间作蚕豆竞争间作玉米的根区养分,蚕豆收获前,单作与间作蚕豆根际及非根际土壤 NO_3^--N 浓度变化较小;蚕豆收获后,间作玉米从蚕豆根区吸收较多的氮素,使间作蚕豆 0~20 cm 土壤 NO_3^--N 浓度显著低于单作;而单作与间作玉米根际及非根际 NO_3^--N 浓度始终变化不大。这是蚕豆/玉米间作系统氮营养优势存在的主要原因。

(4)在玉米/花生混作系统中,在不同施氮水平下,玉米/花生混作不仅均显著改善了花生铁营养,而且玉米对氮素的大量吸收显著降低了混作花生根际土壤的氮浓度,从而使得花生根瘤数增加,根瘤固氮酶活性增强。混作花生铁营养受混作玉米氮营养及作物发育状况的影响较大,并且下针期花生固氮酶活性受施氮抑制及花生铁营养改善的促进。因此,根际土壤氮浓度的降低和花生铁营养的改善是石灰性土壤上花生固氮能力增强的关键因素,而花生生物固氮作用的增强是该混作系统体现氮营养优势的主要原因(房增国,2004)。

26.3.3　蚕豆/玉米间作促进生物固氮的机制和应用研究

豆科/非豆科间作是分布最广的间作形式。其间作优势主要来自于豆科作物生物固氮能力。关于间作的生物固氮,目前的主要结论为:间作提高了豆科作物的固氮效率(固氮量占豆科作物植株总氮的比例,简称固氮比例),但由于间作抑制了豆科作物生长,最终降低了豆科作物的固氮量。本小组观察到蚕豆在蚕豆/玉米间作体系中大幅度增产。本研究在此基础上,采用 ^{15}N 自然丰度法,通过对比豆科受抑制的间作、豆科受促进的间作和单作豆科作物的生物固氮,深入探讨了间作豆科作物促进生物固氮的机制。在观察到地上部库强是决定间作豆科作物生物固氮量的基础上,重点分析了蚕豆地上部库强变化的原因、对种间竞争的敏感性和及对干物质分配的影响。本研究对间作改变豆科作物结瘤的根际过程,及根系相互作用时豆科作物干物质优化分配进行了探讨。最后,本研究还利用间作豆科作物生物固氮的研究结果对豆科/非豆科间作体系的氮肥管理进行了研究,得到的主要结论如下:

(1)与单作相比,蚕豆在蚕豆/小麦间作体系中减产 32%,尽管蚕豆固氮比例比单作高 21%,但由于总氮累积量下降 35%,最终间作蚕豆的固氮量比单作低 25%,这与以往的结论一致;与此形成对比,本研究发现,蚕豆在蚕豆/玉米间作体系中增产 76%,蚕豆的固氮比例与单作没有显著差异,但由于总氮累积量增加了 62%,最终固氮量比单作增加 95%。

(2)蚕豆的生物固氮量与其生物量、籽粒产量和总氮累积量的相关性都达极显著水平($P<0.0001$),相关系数分别为 0.82、0.86 和 0.84,而与固氮比例的相关系数为 0.53,显著水平也仅为 $P=0.02$,与吸氮量没有显著相关关系,说明间作蚕豆的固氮量受氮竞争的影响,但起决定作用的却是生物量、籽粒产量和总氮累积量,即相对于生物固氮的地上部库强。

(3)本研究中,白云和景滩试验点的蚕豆在蚕豆/玉米、蚕豆单作和蚕豆/小麦三种种植体系中株高、每株分枝数、每枝荚数、每荚粒数和粒重的平均变化幅度分别为 11.9%、73.6%、35.3%、9.3% 和8.1%;分枝数和每枝荚数与蚕豆生物量和籽粒产量的相关系数均在 0.76 以上,远高于其他形态特征,说明蚕豆地上部库强的变化主要源于分枝数和每枝荚数的变化;分枝数和每枝荚数随竞争强度的变化系数平均分别为 1.19 和 0.48,远高于其他形态特征,说明蚕豆分枝数和每枝荚数对竞争的敏感性最大;在蚕豆受促进的间作体系中,分配到籽粒中的干物质增加了 10%;间作体系中,蚕豆籽粒干物质随秸秆干物质增加的系数在蚕豆/玉米间作体系中为 0.65,在蚕豆/小麦中为 0.77,而在蚕豆单作中为0.37,蚕豆籽粒干物质随秸秆干物质增加的速度大于单作。这些结果对选择合适的蚕豆品种和间作优势的解释等方面具有较大的意义。

(4)根际过程是影响间作蚕豆结瘤的主要途径,包括:①间作通过降低根际硝态氮浓度促进蚕豆结瘤——与玉米间作时的根际硝态氮浓度仅为蚕豆单作的 1/10,根瘤数比单作高 19.5%、单瘤重比单作高 53.8% 和根瘤干物质比单作高 81.6%;②间作可以通过影响根瘤菌侵染方式影响蚕豆结瘤——水培条件下玉米根分泌物使根瘤菌对蚕豆的细胞间侵染方式的数量从每株 61 下降到每株 12。

(5)在发生根系相互作用时,根瘤与豆科作物的其他器官表现出干物质的优化分配规律,主要的证据有:①与玉米根系相互作用使蚕豆根冠比降低 21%,瘤/根比升高了 1.53 倍,单瘤重增加 1.7 倍;②种内竞争时,根冠比增加 44.7% 的豌豆其根瘤生长不变;根冠比不变的大豆其单瘤重增加 27%;③蚕豆、豌豆和大豆对单瘤重(或功能)的干物质分配都优于形成新的根瘤。另外,根瘤干物质的优化分配规律存在物种特异性。

(6)本研究中,以蚕豆的生物固氮量为参考的蚕豆/玉米间作的氮肥推荐量对间作蚕豆为

60 kg/hm²,对玉米为 240 kg/hm²,对蚕豆/玉米间作系统为 180 kg/hm²,比传统施氮量减少氮肥用量50%,但维持了蚕豆/玉米的系统生产力,并提高了经济效益,说明本氮肥推荐量在试验当地是可行的(范分良,2006)。

26.3.4　间作体系豆科作物生物固氮测定方法的改进

对豆科-根瘤菌共生固氮体系的固氮能力进行准确评价是农田豆科作物种植体系氮素高效管理的关键。目前的豆科作物固氮测定方法都是在单作条件下建立的,在间作条件下,由于存在种间相互作用,影响到各种测定方法的可靠性。因此,有必要根据间作特点,建立间作条件下豆科作物生物固氮评价方法。本文对广泛使用的总氮差异法和自然丰度法在间作条件下的相关计算因素的变化进行了研究,并考虑间作特点对二者进行了改进,建立了适宜间作条件的豆科作物生物固氮评价方法。研究结果如下:

(1)蚕豆、豌豆与玉米间作促进产量增加,大豆与玉米间作产量显著降低。种间相对养分竞争能力表现为蚕豆和豌豆都高于玉米,大豆低于玉米。以单作玉米为参比植物,使用传统的总氮差异法 $[Ndfa = (N_{int-leg} + N_{minint-leg}) - (N_{sole-ref} + N_{minsole-ref})]$ 计算获得的大豆固氮比例低于零。考虑到间作特点,将与豆科作物间作的非豆科作物纳入到计算之中,建立了一个改进的总氮差异法 $[Ndfa = N_{int-leg} + N_{minint-leg} + (x-1)(N_{int-ref} + N_{minint-ref}) - x(N_{sole-ref} + N_{minsole-ref})]$。以单作的非豆科作物做参比植物,采用改进的总氮差异法可以消除间作豆科作物和与之间作的非豆科作物之间的氮素竞争,同时可以部分消除豆科作物和非豆科作物之间在氮素损失方面的差异,减少了计算误差。结果表明,与传统总氮差异法相比,用改进的总氮差异法计算,在蚕豆、豌豆与玉米间作时固氮比例降低,大豆与玉米间作时固氮比例升高。这些变化趋势与豆科作物在间作体系中的相对养分竞争能力相反,说明改进的总氮差异法能够消除间作对固氮计算的影响,适宜于间作体系使用。

(2)随着间作小麦种植密度的增加,其相对于间作蚕豆的养分竞争能力降低。与传统总氮差异法相比,采用改进的总氮差异法计算获得的固氮比例变化趋势与小麦相对蚕豆的养分竞争能力变化规律一致,说明可以用种间相对养分竞争能力表征间作对固氮计算的影响,也说明改进的总氮差异法在消除种间养分竞争方面的可行性。

(3)小麦相对的氮素损失强度低于玉米和黑麦草。用小麦做参比植物计算得到蚕豆的固氮比例低于用玉米或黑麦草做参比植物计算得到的固氮比例,说明了不同作物氮素损失差异对固氮计算的影响。将与蚕豆间作的参比植物纳入到固氮计算之中,可以部分消除参比植物与豆科间的氮素损失差异对固氮计算的影响,进一步说明改进的总氮差异法的合理性。

(4)间作降低了蚕豆的 $\delta^{15}N$ 值,但对参比植物的 $\delta^{15}N$ 值影响不大,说明在没有单作参比植物的条件下可以用间作的不固氮植物做参比植物。

(5)在土培条件下,用同位素稀释法结合自然丰度法计算获得了蚕豆的氮素分馏值(B 值),与无氮营养液砂培获得的 B 值相比,土培获得的 B 值在单作时低于砂培,在间作时高于沙培。由于土培条件下能更好的反映大田条件下作物种间相互作用的实际情况,采用这种方法获取的 B 值能更准确的评价间作豆科作物的固氮能力(余常兵,2009)。

26.3.5　小麦/蚕豆间作系统中种间相互作用与氮素利用、病害控制及产量形成的关系研究

小麦/蚕豆间作是云南省小春作物多样性种植的主要模式。已有的研究主要着眼于系统的病害控制及产量优势上,至今还缺乏小麦蚕豆种间关系及其作用机制的阐明。本研究在温室和大田条件下,采用根系分隔技术,探讨了小麦/蚕豆间作系统中施氮磷、接种根瘤菌、间作及地上部地下部相互作用对病虫害发生、养分吸收及产量形成的影响。获得的主要结果如下:

(1)施氮显著增加小麦白粉病的发生;温室盆栽条件下,小麦蚕豆地下部相互作用在施 0 和

0.2 g N/kg 土时对小麦白粉病有明显控制作用,而在施 0.05 g N/kg 土时显著增加了小麦白粉病;田间条件下,不施氮时间作增加了小麦白粉病的发生,主要源于间作边行的白粉病比单作小麦显著增大;施氮 150 和 300 kg N/hm² 时,间作对小麦白粉病影响不大,但施 150 kg N/hm² 时间作边行的白粉病明显低于间作内行和单作行;小麦/蚕豆地下部相互作用在不同氮量下都增加了小麦白粉病的发生,而地上部相互作用在不施氮时增加,施氮 150 和 300 kg N/hm² 时降低小麦白粉病。表明小麦白粉病发生受小麦氮营养、小麦蚕豆根际效应和田间微气候变化的综合影响,低氮条件下主要受氮营养影响,充足或高量氮条件下主要受种间根际效应和田间微气候变化的影响。

(2)小麦锈病发生与小麦氮营养密切相关,小麦蚕豆地上部相互作用对控制小麦锈病有明显贡献,但施氮、小麦蚕豆间作及地下部或地上部相互作用对小麦锈病的影响在玉溪与陆良两地和不同生育时期表现不同,说明影响小麦锈病发生的因素很复杂。

(3)蚕豆斑潜蝇(成虫或幼虫)、赤斑病和锈病与蚕豆氮营养无明显相关性;盆栽中小麦蚕豆根系相互作用对斑潜蝇成虫和幼虫为害有控制效果,且地下部强相互作用的控制效果大于地下部弱相互作用;而在田间,小麦蚕豆地上部相互作用增加了斑潜蝇幼虫为害。

(4)小麦蚕豆间作相比单作明显降低了蚕豆赤斑病和锈病,其中小麦蚕豆地上部相互作用占主要贡献。

(5)盆栽试验中,施氮和小麦蚕豆地下部相互作用协同促进小麦生长,而地下部相互作用显著抑制蚕豆生长,且地下部强相互作用的促进(或抑制)作用比地下部弱相互作用更大,这是因为小麦对资源的竞争能力比蚕豆强,根系强相互作用时小麦相对蚕豆的竞争力比根系弱相互作用时大。

(6)田间试验中,小麦的间作优势和边行优势,以及蚕豆的生长状况在玉溪和陆良两地表现不同,这与品种组合不同作物群体结构不同而形成的不同种间关系有关;田间挖沟铺膜措施对土壤的扰动影响了蚕豆生长。

(7)施氮降低根瘤重,适量施磷增加根瘤重,间作相比单作明显提高蚕豆根瘤重;适量施磷有利于小麦、蚕豆的产量提高和氮素吸收;综合分析本研究结果,认为 150 kg N/hm² 和 75～150 kg P₂O₅/hm² 是较合适的施肥量。

(8)接种根瘤菌 R1 和 R2 对蚕豆生长无显著效果(陈远学,2007)。

26.4 作物种间互作与磷的高效利用

26.4.1 间作作物吸收磷的种间促进作用机制研究

磷是不可再生资源,是我国乃至世界农业生产最重要的限制因素。选择合适作物种类进行间作,可提高作物对磷的利用效率。因此间作在解决人口不断增长、资源日益枯竭和生态环境恶化等问题方面具有重要的现实意义,越来越受到农学家和生态学家的关注。本研究在田间观察现象的基础上利用水培模拟间作和根系分隔技术,研究玉米/鹰嘴豆、玉米/蚕豆两种间作体系作物活化吸收土壤有机磷和难溶性无机磷的种间促进作用机制,为提高间作体系生产力和资源利用效率提高科学依据。本试验主要获得以下结论。玉米/鹰嘴豆和玉米/蚕豆间作体系中,在供应有机磷条件下鹰嘴豆和蚕豆利用有机磷的能力强于玉米,玉米/鹰嘴豆和玉米/蚕豆间作体系吸磷总量高于相应单作总和。无论水培还是土培试验,与鹰嘴豆间作与鹰嘴豆根系不分隔的玉米生物量显著高于单作和与鹰嘴豆根系完全分隔的玉米生物量,鹰嘴豆促进了玉米对有机磷的活化吸收;水培条件下,间作玉米吸收有机磷比单作增加 116.7%,间作鹰嘴豆吸收有机磷比单作减少 14.7%;土培条件下,与鹰嘴豆根系隔尼龙网和不分隔玉米的总吸磷量和地上部磷浓度分别比根系完全分隔处理增加 118.0%,43.7%,28.1% 和 10.2%;缺磷和施有机磷使作物根系和根际土壤酸性磷酸酶活性显著增加,但鹰嘴豆的根系和根际土壤酸性磷酸酶活性显著高于玉米,在间作体系中对促进玉米吸收有机磷起重要作用。在土壤灭菌条件下,以有机磷为磷源在蚕豆/玉米间作中同样间作吸磷总量高于单作,菌根真菌在磷吸收的种间促进中没有起到明显作用,磷吸收的种间促进作用是根系相互作用的结果;但菌根真菌显著增加玉米和蚕豆根际土壤酸性和碱性磷酸酶活性,促进玉米和蚕豆对有机磷的吸收,接种菌根真菌后玉米和蚕豆的吸磷量是对照的 2.38 和 1.82 倍,同时接种菌根真菌和根瘤菌对蚕豆的生长有协同促进作用,蚕豆根瘤数增加,菌根侵染率提高,同时也改善了与之间作玉米氮素营养,对玉米生长起到间接促进作用。玉米/蚕豆间作根系分隔试验结果表明,蚕豆对难溶性 Fe-P 和 Al-P 的利用能力强于玉米,其可能的机理为蚕豆酸化根际土壤,并有较高比吸收速率;以 Fe-P 和 Al-P 为磷源时,蚕豆对 Fe-P 和 Al-P 的回收率分别是玉米的 4.13 和 1.06 倍;间作后蚕豆改善玉米根际的微域环境,使玉米根际土壤 pH 降低,比吸收速率增加,根系变长,总吸磷量平均比根系完全分隔增加 33.0%。进一步试验表明,蚕豆对玉米吸收磷的促进作用可能是根系分泌物的作用(李淑敏,2004)。

26.4.2　蚕豆、大豆、玉米根系质子和有机酸分泌差异及其在间作磷营养中的意义

磷作为不可再生资源,磷矿资源非常有限,如何充分挖掘土壤中的磷素来提高作物的磷利用效率越来越受到世界各国科学家的广泛关注。本研究在课题组前人研究的基础上,利用水培条件下去离子水收集根分泌物,土培条件下滤纸片原位收集根尖分泌物和滤纸培养条件下琼脂显色-质子定量化技术,从作物根系质子分泌和低分子量有机酸的分泌来研究蚕豆/玉米和大豆/玉米两种间作体系作物活化吸收利用土壤中的无机磷的种间促进作用机制,为间作套种的高产高效种植方式提供科学的理论依据,同时也为农业的可持续发展提供有力的保证。获得的主要结果如下:

(1)水培条件下,蚕豆、大豆和玉米根系有机酸分泌种类和数量明显不同。蚕豆根系分泌大量的酒石酸和丁二酸。蚕豆有机酸分泌总量在磷处理 9 d 和 15 d 分别是大豆分泌总量的 70.8 和 28.5 倍,是玉米分泌总量的 65.6 和 28.5 倍。土培条件下没有发现三种作物根系有机酸分泌的差异。

(2)无论是水培条件还是土培条件下,磷水平对三种作物根系有机酸分泌总量没有显著影响。对于水培间作系统,在缺磷 9 d 时,蚕豆/玉米间作根系有机酸分泌总量显著高于大豆/玉米间作;在缺磷 15 d 时,二者没有显著差异。

(3)蚕豆有很强的根际酸化能力。在水培实验预处理的前四天,单作蚕豆营养液 pH 下降到 4.4。在缺磷条件下,单作蚕豆营养液的 pH 在生长的 22 d 内始终低于最初的营养液 pH 6.0,其中在第 4 天到第 19 天,pH 基本维持在 4.0~4.5 之间。在根际显色实验中,蚕豆根系表现出明亮的黄色,根际质子释放量显著高于大豆和玉米。

(4)大豆无论在供磷还是不供磷条件下都维持一个较高的营养液 pH。根际显色实验中,大豆根系表现出微弱的黄色,且根尖处表现出紫色(碱化)。玉米的根际 pH 则表现出碱化,水培实验中玉米在缺磷处理的后期营养液 pH 显著下降。

(5)在水培实验间作系统中,无论是供磷还是不供磷,在生长前期约 13 d 以前,蚕豆/玉米间作系统营养液 pH 始终低于大豆/玉米间作系统(周丽莉,2005)。

26.4.3　蚕豆、大豆和玉米根际磷酸酶活性和有机酸的差异及其间作磷营养效应研究

蚕豆/玉米间作体系在我国西北甘肃地区被人们广泛采用,能显著改善作物的磷营养,田间试验还表明它比大豆/玉米间作体系的磷营养改善作用更为明显。本文研究了土培条件下蚕豆/玉米,大豆/玉米两个体系中蚕豆、大豆和玉米根际酸性磷酸酶活性及有机酸种类和数量的差异,探讨了这种差异在间套作体系磷高效利用中的作用。获得主要的研究结果如下:

(1)蚕豆和大豆根际有机酸组成以柠檬酸和苹果酸为主,玉米根际以苹果酸和反乌头酸为主,蚕豆和大豆根际的有机酸组成更有利于土壤磷的活化。单位根际土中及单位根干重下蚕豆根际柠檬酸和苹果酸总浓度及柠檬酸浓度显著高于大豆,远远大于玉米。

(2)大豆根际酸性磷酸酶活性不低于蚕豆、玉米,蚕豆和玉米间没有显著差异。

(3)种间根系相互作用对蚕豆、大豆和玉米根际酸性磷酸酶活性及有机酸的种类和数量没有显著影响。所以,我们认为酸性磷酸酶不是蚕豆/玉米间作体系种间磷营养的主要机理,有机酸可能在该体系种间磷营养的改善中起到主要作用(张红刚,2006)。

26.4.4 不同蚕豆品种磷利用能力的差异及其与玉米的间作效应研究

磷是植物生长必须大量元素之一,对植物生长发育有着极其重要的作用。但是磷素的缺乏已经成为世界范围内的一个普遍问题,是目前限制农林业产量的重要因素之一。在集约化农业生产条件下,充分考虑不同物种间养分吸收利用效率差异,对于作物的合理规划、布局,因地制宜地安排作物的轮、间作体系,充分发挥作物自身潜力等具有重要意义。相同作物不同品种或基因型间存在养分效率差异。本小组前人研究结果表明,蚕豆/玉米间作体系中蚕豆对玉米的磷营养具有明显地促进作用,且这种促进作用主要机制是由于蚕豆具有很强的利用土壤中难溶性磷的能力。因此,本文通过两个土培盆栽试验首先从来自全国各地的 14 个蚕豆品种中筛选不同磷利用能力的 4 个蚕豆品种,然后将其与玉米间作,观察种间磷营养促进作用。采用水培试验的方法,测定了 4 个品种蚕豆的根际酸化能力。研究目的进一步阐明种间磷促进作用的机理,为合理选择间套作作物品种,提高磷素的利用效率提供理论依据。

本研究获得的主要结论如下:

(1)不同品种蚕豆品种对磷的利用能力不同,根据生物量,磷的吸收量,根长,根冠比等参数将试验一使用的十四个品种分为:漳县红蚕、阿坝黑小蚕、临潭蚕豆、合水蚕豆和民勤蚕豆为磷低效不敏感型;张掖蚕豆、上海小青豆和凤豆 1 号为磷低效敏感型;芸豆 324 和康乐牛踏扁为磷高效不敏感型;临蚕 5 号和礼县蚕豆为磷高效敏感型。

(2)与蚕豆间作能显著的改善玉米的生长和磷吸收量,其中施用磷肥条件下与临蚕 5 号蚕豆间作的玉米的生物量分别比与民勤蚕豆、芸豆 324 和张掖蚕豆间作的玉米的生物量高 44.3%、24.0% 和 14.2%。不施磷的条件下根系相互作用对玉米磷的吸收量提高了 114.73%,施用磷肥的条件下提高了 38.51%。

(3)不同品种蚕豆利用磷的机理不同。临蚕 5 号的酸化能力较之其他三个品种强。临蚕 5 号的质子释放量约是芸豆 324 的 3 倍,比张掖蚕豆和民勤蚕豆的质子释放量约 1/4;芸豆 324 根表面积显著地高于其他三个品种(彭慧元,2006)。

26.4.5 灰钙土和灌漠土上玉米/蚕豆、玉米/大豆间作提高系统磷利用能力的机制

近年来,世界粮食危机逐渐加重,解决人类粮食安全问题越来越迫切,我国也面临着这样一个问题。间作在我国有着悠久的种植历史,间作可以充分利用资源,可以大幅度提高作物产量,可以缓解我国人口持续增长和耕地不断减少之间的矛盾,对我国农业发展具有重要的现实意义。而磷作为不可再生资源,磷矿资源非常有限,如何提高土壤中磷素的利用效率进而引起世界各国科学家广泛关注。本研究在课题组前人的研究基础上,选取甘肃武威和靖远两个试验点,在大田试验中,设置三个磷水平分别对玉米/大豆、玉米/蚕豆间作体系以及相应的单作体系作物进行根际生理过程(根际土壤 pH 和酸性磷酸酶活性)和根系形态(根长密度、根表面积和根直径)进行研究,来阐明间作体系提高系统磷利用能力的机制,为间作高产高效种植方式提供科学的理论依据。获得的主要结果如下:

(1)施用磷肥降低了玉米/蚕豆间作体系的间作优势,不施磷和施用纯磷 40、80 kg/hm^2 条件下的土地当量比分别为 1.23、1.06、0.96,玉米/大豆间作体系只在施磷 40 kg/hm^2 条件下具有间作优势,过量施磷和不施磷间作优势都不明显。

(2)随着施磷量的增加玉米、大豆、蚕豆籽粒产量和生物量均未显著增加;间作增加了蚕豆籽粒产量和生物学产量,特别是在不施磷肥条件下,但间作对大豆和玉米产量没有显著影响。

(3)施用磷肥降低了蚕豆地上部吸磷量,在不施磷条件下的吸磷量要显著高于施用纯磷 40 kg/hm^2

条件下的吸磷量,但对大豆和玉米吸磷量没有影响;蚕豆/玉米间作体系在低磷条件下具有更好的磷利用能力。

(4)大豆根际土酸性磷酸酶活性、根长密度、根表面积和根直径受磷肥施用调控,在不施磷条件下根际土酸性磷酸酶活性、根长密度、根表面积及根直径均高于施磷处理,但蚕豆和玉米没有类似反应(刘红亮,2010)。

26.4.6　曲周潮土上磷获取能力强作物与玉米间作提高系统磷利用能力机制

在间作系统中作物之间具有养分吸收利用的相互促进和竞争作用,蚕豆/玉米间作体系中利用两种作物对磷获取能力差异实现了间作系统的磷高效利用,前人已经做过大量研究。但是,对于更多的作物间作能否提高作物对磷的高效利用还不是很清楚。本实验正是基于这一点,利用磷获取能力不同作物(油菜、蚕豆、鹰嘴豆和大豆)与玉米间作研究作物根系的生理变化(包括作物根系质子分泌,酸性磷酸酶分泌)和根系形态变化(包括根长密度、根表面积和根直径等),对间作系统中磷利用的调控机制进行田间原位条件下的研究,为发挥间作优势,使间作体系稳产、高产提供依据。获得主要结果如下:

(1)间作具有明显的产量优势,所有间作体系总土地当量比都大于1(鹰嘴豆/玉米体系在施磷量为 80 kg/hm² 时除外)。

(2)间作提高了系统磷利用能力。油菜地上部总吸磷量随施磷量增加而显著提高;蚕豆、鹰嘴豆、大豆和玉米相对于相应单作,地上部总吸磷量随施磷量增加没有显著变化。

(3)玉米根际土 pH 随施磷量增加而上升,酸性磷酸酶活性则有所下降,油菜也具有类似特点。蚕豆和鹰嘴豆根际土 pH 随施磷量增加没有显著变化,但磷酸酶活性显著下降。大豆根际土 pH 和酸性磷酸酶活性受施磷影响不显著。

(4)玉米平均根长密度和根表面积都随施磷量而增加。

(5)油菜、蚕豆、鹰嘴豆、玉米和大豆在所有种植体系中根平均直径受施磷影响不显著,但玉米根直径受配对作物的影响(丁红波,2010)。

26.4.7　蚕豆/玉米间作接种根瘤菌在新开垦土壤上的应用

本研究于 2008 年在温室进行了蚕豆/玉米间作体系高效根瘤菌种和高效接菌方法筛选的盆栽试验,并于同年及 2009 年在宁夏红寺堡区新开垦土壤上,针对蚕豆/玉米间作进行了氮、磷梯度试验和接种根瘤菌的田间试验。结合温室和大田试验,采用 ^{15}N 稳定同位素自然丰度法研究了玉米/蚕豆-根瘤菌间作体系的结瘤及生物固氮情况,同时测定间作体系中生物量及养分吸收随着作物生长发育的动态变化规律。采用根钻法分层取土,并通过流动分析仪测定土壤无机氮(N_{min})含量,获得间作作物土壤无机氮在土壤中的累积情况。重点研究在 0、75、150、225 和 300 kg N/hm² 五个氮梯度下和(P_2O_5)0、60 和 120 kg/hm² 不同施磷水平下间作体系产量、地上部生物量、养分吸收、根瘤特性及生物固氮和土壤无机氮含量的变化趋势。最后,对玉米/蚕豆-根瘤菌高效体系的养分资源综合利用优势进行分析,探索一种高产、高效、低成本的农业种植模式,为该体系在农业生产中应用提供科学依据。

获得的主要结论如下:

(1)在新开垦土壤上成功构建了禾本科/豆科-根瘤菌高效体系。盆栽和大田试验均证实,用保水剂拌种的方式接种 NM353 根瘤菌的处理,蚕豆具有更高的生产力和养分吸收优势。蚕豆结瘤特性、固氮比例(%Ndfa)和固氮量(Ndfa)也因为间作种间促进作用和豆科-根瘤菌的生物固氮作用而高于单作蚕豆。

(2)在新开垦土壤上玉米/蚕豆-根瘤菌高效体系具有较高的间作优势,LER 为 1.17~1.78。在不施磷时,玉米/蚕豆-根瘤菌间作体系土地当量比(LER)已分别达到 1.56(2008)和 1.43(2009),其中,间作玉米和间作蚕豆的产量比其相应单作分别增加 76%~226% 和 0%~37%。

（3）间作玉米吸氮量在 0～225 kg N/hm² 随着施氮量的增加而增加,然而进一步增加施氮量并不能提高玉米吸氮量;间作蚕豆则在 150 kg/hm² 施氮量下达到施氮量 300 kg/hm² 的吸氮量水平。间作蚕豆在施氮量为 150 kg/hm² 时结瘤状况较佳,其固氮比例和固氮量分别比其相应单作增加 42.5％和 86.6％。而且,间作玉米和间作蚕豆的生物学产量在 150 kg N/hm²(2008 年为 75 kg N/hm²)时均达到最高值。在新开垦土壤上所构建的这个高效体系,能充分利用有限资源,从而可以使氮肥的施用量有所降低,这在一定程度上减少了因过度施用氮肥所带来的农业成本和环境风险。

（4）玉米/蚕豆-根瘤菌高效体系在低磷土壤上的产量优势主要来源于种间促进作用,而非施磷效应。在磷梯度试验中,间作促进了养分吸收,施磷量的增加反而降低了单间作蚕豆之间的差异;间作蚕豆的结瘤特性及生物固氮量均高于单作蚕豆,但蚕豆的结瘤固氮对施磷没有明显响应。说明了该间作体系能较好地适应低磷土壤环境,也进一步证实了玉米/蚕豆间种间促进作用和蚕豆-根瘤菌共生固氮两者具有很好的促进作用。

（5）玉米/蚕豆-根瘤菌高效体系在施氮 75 kg/hm² 时,作物整体养分吸收率具有明显优势,在(N) 150 kgN/hm² 时氮素经济利用效率为最佳。在适宜施氮量和施磷量条件下,氮肥和磷肥的当季表观回收率分别增加 4～26 和 1～17 个百分点 。

（6）施氮增加新开垦土壤各层 N_{min} 的累积量。在蚕豆收获期,尤其是在接种根瘤菌后,玉米/蚕豆间作体系表层土壤无机氮含量比相应单作高,施氮增加了单间系统间的差异;但至玉米收获期,间作体系中各层无机氮含量均低于单作,降低的程度因作物、接种方式和施 N 量有所不同。接种降低了单间作系统间的差异。在不施磷条件下,间作体系 0～20、20～40、40～60 和 80～100 cm 各层无机氮累积量与单作体系相比,分别降低了 21.4％、18.8％、13.3％和 46.9％,而施磷减弱了这种降低趋势(梅沛沛,2012)。

26.4.8　间作体系种间相互作用对作物磷吸收和土壤磷组分变化

本研究小组前面的研究已经发现蚕豆/玉米具有明显的间作优势,特别是能够显著增加对土壤磷素的吸收和利用。其机制主要是间作的作物之间存在种间根系生态位互补和种间促进作用,如蚕豆通过大量分泌质子和有机酸活化土壤磷被自己吸收的同时,还能被与之相间作玉米吸收利用,从而促进玉米的生长和产量。然而,蚕豆/玉米间作体系从土壤中摄取了大量的磷素,土壤磷的长期有效性如何变化? 是否能够提高磷肥的回收率? 土壤磷库中磷的无机组分和有机组分动态如何变化? 这些是众所关心的问题。因此,本研究基于一个在 2009 年开始的不同间作模式、不同施磷水平的定位试验,在 2012 年研究不同施磷水平下,间作种植 4 年后作物生产力、磷的吸收利用、磷肥回收率和土壤磷形态相对于单作的变化,来回答这些问题。试验设于甘肃省农科院土壤肥料与节水农业研究所的武威市白云试验站(38°37′N, 102°40′E)。试验为裂区设计,主区是不施磷处理和两个施磷水平(40 和 80 kg/hm²),副区是种植方式,包括蚕豆(*Vicia faba* L. cv. Lincan No. 5)/玉米(*Zea mays* L. cv. Zhengdan No. 958),鹰嘴豆(*Cicer* cv. Wuke No. 2)/玉米,大豆(*Glycine max* L. cv. Wuke No. 2)/玉米和油菜(*Brassica napus* L. cv. Longying No. 1)/玉米 4 个间作及其相应的蚕豆、鹰嘴豆、大豆、油菜和玉米单作。土壤磷组分采用顾益初和蒋柏藩(1989)与 Tissen 和 Moir(1993)两种方法测定。主要结果如下:

（1）不考虑作物组合和磷水平,间作的蚕豆/玉米、鹰嘴豆/玉米、大豆/玉米和油菜/玉米籽粒产量比单作分别增加了 20％,16％,23％和 35％。蚕豆/玉米、鹰嘴豆/玉米、大豆/玉米和油菜/玉米的土地当量比分别是 1.19、1.23、1.01 和 1.34,相当于间作分别节约了 19％,23％,1％和 34％的土地面积。

（2）种间相互作用和磷肥显著增加了作物籽粒产量和磷吸收量。除大豆/玉米体系外,其余三种体系磷吸收量显著地高于相应的单作。间作体系蚕豆/玉米、鹰嘴豆/玉米和油菜/玉米吸磷量加权平均值分别增加了 16.6％,29.9％和 38.5％。

（3）蚕豆/玉米、鹰嘴豆/玉米和油菜/玉米间作体系磷肥表观回收率显著高于单作体系。蚕豆/玉米、鹰嘴豆/玉米和油菜/玉米间作体系磷肥的表观回收率相对于相应作物单作加权平均值分别提高了11.4、13.7、16.0 个百分点，并且在低施磷量（40 kg/hm²）条件下的磷肥表观回收率高于高施磷量（80 kg/hm²）条件下。

（4）间作显著地消耗了土壤中的 Ca_2-P，Fe-P，O-P 和 Olsen-P。用顾益初和蒋柏藩（1989）方法测定的土壤 Ca_2-P，Fe-P，O-P 和 Olsen-P 浓度，间作比单作分别降低了 52%，20.8%，33.6% 和 33.4%。然而，土壤 Ca_8-P，Ca_{10}-P，Al-P 和总无机磷的浓度间作与单作相比没有显著改变。随着施磷量的增加，所有无机磷组分的浓度都显著地增加了。

（5）与油菜、蚕豆或鹰嘴豆间作的玉米跟单作玉米相比，显著地消耗了土壤 Ca_2-P，Ca_8-P，Al-P 和 Fe-P，在不施磷时差异更明显。用顾益初和蒋柏藩（1989）方法测定的土壤 Ca_2-P，Ca_8-P，Al-P 和 Fe-P，间作比单作分别降低了 32.5%、6.9%、7.2% 和 5.7%。

（6）Tissen and Moir（1993）方法研究结果表明，施磷显著的增加了土壤中磷组分的浓度，特别是 Resin-P，$NaHCO_3$-Po，-Pi 和 NaOH-Pi。间作显著地消耗了土壤中的 Resin-P。但是 $NaHCO_3$-Po 和 -Pi，HCl-Po 和 -Pi，NaOH-Po 和 -Pi 浓度在间作和单作之间差异不显著。

通过以上结论得出，间作通过种间相互作用提高了体系的地上部产量和磷表观回收率，原因可能是高效利用了土壤磷组分中的难溶性铁磷和闭蓄态磷（金欣，2013）。

26.4.9 玉米/鹰嘴豆间作条件下不同施磷量对灌耕灰钙土磷组分的影响

甘肃引黄灌区的灌耕灰钙土是典型的石灰性土壤，土壤有效磷含量低，施入的磷肥易被转化为固定态的磷，很难被作物吸收利用，出现资源浪费、环境污染、经济效率低下等问题。本研究以西北广泛种植的磷高效作物鹰嘴豆与磷低效作物玉米为研究对象，通过间作与各自单作种植的田间试验，采用蒋柏藩、顾益初石灰性土壤无机磷分级方法及 Tissen 和 Moir 修正的 Hedley 有机磷分级方法研究了三个施磷水平 P0（不施磷肥）、P40（施纯磷 40 kg/hm²）及 P80（施纯磷 80 kg/hm²）与间作种植方式对玉米、鹰嘴豆土壤磷素形态的影响。获得的主要结果为：

（1）研究区有机磷分级（Tiessen 法）各形态磷含量顺序为 1MHCl-Pi＞Residual-P＞浓 HCl-Po＞浓 HCl-Pi＞$NaHCO_3$-Po ≈ NaOH-Po＞$NaHCO_3$-Pi＞NaOH-Pi＞树脂-Pi。随着磷化肥施用量增加，鹰嘴豆和玉米无论单做还是间作，土壤中 Resin-Pi、$NaHCO_3$-Pi、NaOH-Pi、1MHCl-Pi 含量都显著增加；浓 HCl-P 的含量随施磷量增加变化不显著。$NaHCO_3$-Po 及 NaOH-Po 随施磷量增加含量变化不规律，但 $NaHCO_3$-Po 在单作玉米、单作鹰嘴豆及间作玉米土壤中 P40 处理含量最高。浓 HCl-Po 含量随施磷量增加变化不显著，Residual-P 含量在三种磷水平下除单作玉米土壤中无显著差异，在单作、间作鹰嘴豆及间作玉米土壤中都随施磷量增加而显著增加。

（2）与玉米间作的鹰嘴豆土壤中 Resin-Pi、$NaHCO_3$-Pi 和 NaOH-Pi 含量均低于单作土壤，1MHCl-Pi 和浓 HCl-Pi 含量在单作与间作鹰嘴豆土壤中无显著差异；$NaHCO_3$-Po 含量在三个磷水平下与单作均无显著差异，NaOH-Po 含量在 P40 和 P80 处理中显著低于单作，浓 HCl-Po 含量在三个磷水平下与单作均无显著差异，残余态磷含量仅在 P40 处理中显著低于单作。与鹰嘴豆间作的玉米土壤中 Resin-Pi、$NaHCO_3$-Pi 和 NaOH-Pi 含量均低于单作土壤，1MHCl-Pi 和浓 HCl-Pi 含量在单作与间作鹰嘴豆土壤中无显著差异；$NaHCO_3$-Po 含量仅在 P80 处理间作显著低于单作，NaOH-Po、浓 HCl-Po 和残余态磷含量在三个磷水平下与单作均无显著差异。

（3）研究区各无机磷形态含量顺序为 O-P＞Ca_{10}-P＞Ca_8-P＞Al-P＞Fe-P＞Ca_2-P，施磷能够显著提高玉米和鹰嘴豆土壤中 Ca_2-P、Ca_8-P、Al-P 和 Fe-P 的含量，O-P 和 Ca_{10}-P 的含量不随施磷量增加发生显著性变化。

（4）与单作相比，间作种植对鹰嘴豆土壤带各无机磷组分含量没有显著影响，但间作玉米种植带土壤各组分无机磷含量均低于单作土壤，其中 P40（施纯磷 40 kg/hm²）处理下 Al-P、P0（不施磷肥）处理下 Fe-P 及 P80（施纯磷 80 kg/hm²）处理下 Ca_{10}-P 的含量显著低于单作土壤（柴博，2014）。

26.5　地上部作物多样性对地下部生物多样性的影响

26.5.1　不同间作体系中作物根际微生物群落结构多样性特征

本研究利用 PCR-DGGE 的分子生物学方法,对位于甘肃省武威市白云实验站的间套作长期定位试验,特别是小麦/蚕豆、玉米/蚕豆和小麦/玉米间作体系中的作物根际微生物群落结构组成进行了系统分析。结果显示:

(1)间作能够促进不同作物根际细菌群落结构多样性增加并改变其群落结构组成,且间作的影响在定位试验实施第三年比第二年更加明显。小麦/蚕豆间作能提高和改变小麦、蚕豆两种作物根际细菌群落多样性和群落结构组成,并且主要表现在两种作物的花期(2005 年 6 月 20 日),苗期不显著(2005 年 5 月 13 日);玉米/蚕豆间作显著提高和改变了苗期玉米(2005 年 6 月 20 日)根际细菌群落多样性和群落结构组成;小麦/玉米间作对两种作物根际细菌群落结构没有产生显著影响。

(2)间作对不同作物根际真菌群落结构的影响作用较弱。仅 2005 年 6 月 20 日即玉米苗期时,与花期蚕豆或小麦间作显著提高和改变其根际真菌群落结构多样性和组成。

(3)间作对不同作物根际氨氧化细菌群落结构组成的影响作用较强。玉米/蚕豆间作体系中,在两种作物共同生长的前期和后期(2005 年 6 月 20 日和 7 月 24 日)均表现出间作显著改变了两种作物根际氨氧化细菌群落结构组成,且以共同生长前期的作用更显著;小麦/蚕豆间作体系中,在作物花期(2005 年 6 月 20 日)表现出间作显著改变了小麦根际氨氧化细菌群落结构组成;小麦/玉米间作体系中,间作显著改变了两种作物根际氨氧化细菌群落结构组成,但对玉米的影响更大。

(4)DGGE 条带序列分析结果表明:小麦、蚕豆和玉米三种作物根际的氨氧化细菌主要高度同源于亚硝酸螺菌;且各间作体系中作物根际主要氨氧化细菌的种类变化不明显。

(5)间作能够促进不同作物根际固氮细菌群落结构多样性增加并改变其群落结构组成。小麦/蚕豆间作能够提高和改变小麦、蚕豆两种作物根际固氮细菌群落结构多样性和群落结构组成,并且主要表现在作物花期(2005 年 6 月 20 日),苗期不显著(2005 年 5 月 13 日);玉米/蚕豆间作显著提高和改变了苗期玉米(2005 年 6 月 20 日)根际固氮细菌群落结构多样性和群落结构组成;小麦/玉米间作对两种作物根际固氮细菌群落结构没有产生显著影响。

(6)DGGE 条带序列分析结果表明:小麦、蚕豆和玉米三种作物根际的固氮细菌多与不可培养的固氮细菌相似性较高,并且三种作物间存在一定差异。与蚕豆间作的小麦、玉米根际主要固氮细菌种类明显增加;单、间作蚕豆根际主要固氮细菌种类差异较小。

(7)此外,作物生长发育阶段对根际微生物群落结构组成也具有重要影响。

综上所述,证实了间作对作物根际各种微生物群落结构的影响作用,揭示了间作种植体系中地上部植物多样性与地下部微生物多样性的紧密联系。为进一步深入研究各功能微生物群落变化在间作体系养分利用和产量优势中的作用与机制奠定了理论基础(宋亚娜,2006)。

26.5.2　间套作种植体系对地下蚯蚓生物多样性的影响

蚯蚓作为大型土壤动物,具有翻耕土壤、保持水土、分解土壤动植物残体、促进植物对氮磷等营养元素的吸收等作用,因此是土壤生物多样性的重要组成部分之一。本研究是在前人研究的基础上研究了作物多样性对蚯蚓的影响。在 2003 年建立了的长期定位试验中,其处理包括小麦、蚕豆、玉米连作,小麦-蚕豆、小麦-玉米、玉米-蚕豆轮作,小麦/玉米、小麦/蚕豆和蚕豆/玉米间作等种植体系。本论文研究了试验进行的第 2 年(2004)和第 3 年(2005)土壤蚯蚓物种多样性的变化,探索地上部植物多样性(间作套种)对蚯蚓生物多样性的影响,为间作套种的高产高效种植方式提供理论依据。获得的主要结果如下:

（1）本研究中共发现蚯蚓 2 科 3 属 4 种。根据个体数量分析，日本杜拉蚓在各处理中分布数量最大，单位面积的个体数目也最多，是适应当地环境的优势种，杜拉蚓数量最稀少，湖北远盲蚓和青甘腔蚓的数量介于上述两种蚯蚓之间，属于当地常见种。

（2）间作增加了作物根区蚯蚓的总个体数量，但对其物种多样性影响的趋势还不明显。间作对根区蚯蚓多样性的影响以作物不同而有所不同。对小麦而言，无论是与蚕豆间作、还是与玉米间作，均没有影响其根区的蚯蚓的香农指数，与蚕豆间作有降低根区蚯蚓均匀度的趋势，但和玉米间作则对均匀度没有显著影响；对蚕豆而言，无论是与小麦还是玉米间作，都没有显著影响其根区蚯蚓的香农指数，但与小麦间作有降低其均匀度的作用，与玉米间作则无此作用；对玉米而言，2004 年 10 月至 2005 年 10 月与小麦间作的玉米和与蚕豆间作的玉米根区土壤蚯蚓香农指数和均匀度都显著低于单作。

（3）不同的作物对地下部的根区蚯蚓物种多样性影响不相同，变化趋势为小麦＞蚕豆＞玉米，玉米能够显著降低根区土壤蚯蚓的总生物量、总个体数、香农指数和均匀度；蚕豆在连作时会导致地下部蚯蚓生物多样性的降低；小麦根区蚯蚓总个体数和生物多样性指数都比较高。

（4）随着试验时间的延长，不同的种植方式和不同的作物对蚯蚓的影响更加明显（李炎，2006）。

26.6　作物种间互作与根系分布、形态变化与养分高效利用

26.6.1　种间相互作用和供氮强度对不同间作系统间作优势、根系形态和氮素吸收的影响

本研究采用三种不同类型的间作体系作为研究对象，分别是大麦/玉米、小麦/玉米和蚕豆/玉米间作体系及其对应单作体系，于 2007 年和 2008 年在甘肃省武威市白云绿洲农业试验站进行，通过田间小区试验，在不施氮和每公顷施纯氮 75、150、225 、300 kg 情况下，重点研究间作优势、根系形态变化及氮素吸收差异，从地下部相互作用角度阐明三种类型间作体系具有间作优势的生态学机制，为该地区此种类型种植模式的发展提供理论依据。本研究获得的主要结论如下：

（1）蚕豆/玉米、小麦/玉米和大麦/玉米间作，其间作系统总土地当量比分别为 1.22、1.16 和 1.13，按间作玉米籽粒产量计算的偏土地当量比分别为 0.71、0.48 和 0.41，按间作蚕豆、小麦和大麦籽粒产量计算的偏土地当量比分别为 0.52、0.69 和 0.72，说明蚕豆和玉米是对称互利体系，而小麦和玉米及大麦和玉米是不对称互利体系，缺氮条件下种间竞争强度加剧，施用氮肥可以缓解大麦、小麦等优势物种对玉米生长的抑制作用。

（2）作物组合和施氮量影响间作产量优势发挥和作物间相互作用。间作产量优势获得与土壤肥力相关，禾本科与禾本科作物间作在充足施氮和高土壤肥力时依然可以获得间作优势，即间作优势获得依赖于土壤养分供应状况。施氮可以调节种间相互作用，在两作物共生前期调节作物之间的竞争作用，在生育后期调节弱势作物的恢复性生长。

（3）种间相互作用对玉米根系形态影响不同。蚕豆和玉米的种间促进来源于玉米根系的变长、变细、表面积增加，利于养分吸收；大麦和小麦的种间竞争会导致玉米根系变短、变粗、表面积减少，不利于养分吸收。间作体系中，弱势物种-玉米的根系形态在氮肥不足时受种间互作影响较大，在氮肥充足时影响较小。优势物种-大麦、小麦的根系形态受种间互作影响较小。

（4）作物对养分的竞争能力与其根区土壤无机氮浓度和累积量密切相关。两作物共生期不施氮肥时，0～100 cm 土层，间作大麦和小麦根区土壤剖面无机氮残留量分别比间作蚕豆根区减少 203～282 和 107～171 kg/hm²，与大麦和小麦间作的玉米根区土壤无机氮残留量分别比与蚕豆间作的玉米根区减少 93～120 和 56～87 kg/hm²。

（5）玉米根系形态与其根区土壤无机氮浓度显著相关。0～70 cm 土层，玉米根长密度、根表面积与土壤无机氮浓度的关系虽然在各层最佳的拟合曲线函数不同，但总体趋势是随土壤 N_{min} 浓度增加逐渐下降；在 70～100 cm 深度无显著相关关系。玉米根系平均直径与土壤 N_{min} 浓度无显著相关关系。

(6)在0～100 cm土层,根钻法取样,玉米根长密度平均值为0.56 cm/cm³(范围0～4.48 cm/cm³),剖面法取样平均值为0.37 cm/cm³(范围0～1.32 cm/cm³),二者相关系数为0.692($n=240$,$P<$0.01),表明对玉米而言,根钻法可以取代剖面法,但是在0～20 cm土层根钻法过高估计了玉米的根长密度。在0～100 cm土层,根钻法取样,蚕豆根长密度平均值为0.22 cm/cm³(范围0～1.86 cm/cm³),剖面法取样平均值为0.11 cm/cm³(范围0～1.19 cm/cm³),二者相关系数为0.2596($n=60$,$P<$0.05),在0～20 cm土层,二者相关系数为0.5186($n=12$),统计学差异为边缘相关,而在20～40、40～60、60～80、80～100 cm土层两种取样方法都是显著相关,说明对于蚕豆,根钻法可以取代剖面法。在0～100 cm土层,全剖面大麦和小麦的根长密度两种方法取样相关系数分别为0.78和0.6284($n=60$,$P<$0.01),统计学相关性显著,然而在各土层却无统计学差异($n=12$),说明需要进一步研究或者增加样本数量。

(7)种间相互作用提高了间作大麦和小麦的氮素当季回收率,但使与其间作的玉米氮素当季回收率降低。大麦/玉米和小麦/玉米竞争体系在低肥力不施氮肥时氮素利用效率最高。施用氮肥使大麦、小麦氮素收获指数降低,使玉米氮素收获指数升高,对蚕豆无影响。在选择配对作物时,为获得间作优势要充分考虑作物竞争能力、土壤基础肥力条件、施肥水平及配套栽培措施等,低肥力土壤宜选择豆科/禾本科互惠体系,高肥力土壤宜选择禾本科/禾本科竞争体系(李秋祝,2009)。

26.6.2 种间相互作用和供磷强度对玉米间作系统生产力、根系分布和养分吸收利用的影响

豆科作物和油菜分别与玉米间作是目前生产上广泛使用的间作模式,在中国西北半干旱灌溉农业生态区具有产量优势、生物固氮优势、磷素(P)获取优势和较大的种植面积及社会经济效益,但缺乏作物种间相互作用和磷肥用量对地上部作物生长、地下部根系分布以及养分吸收利用影响的系统研究。本研究拟通过设在甘肃省武威市白云村甘肃省农业科学院土壤肥料与节水农业研究所武威绿洲农业生态试验站为期三年(2009—2011)的田间定位试验,重点研究种间相互作用和施磷水平对间套作体系生产力、难溶性养分(磷、锰、铁、铜和锌)吸收利用和土壤Olsen-P含量的影响,并从地下部根系相互作用中根长分布的角度理解优势作物间作玉米地上部生物量和养分吸收及体系土壤Olsen-P含量变化的可能机制,为间套作体系土壤/根际-植株连续体中磷肥优化管理和间作作物籽粒营养品质维持和提升提供一定理论依据和生产应用参考依据。试验为裂区设计,主区为不同磷肥施用水平,分别为0,40和80 kgP/hm²,副区为不同间套作体系与相应的单作,间作体系为蚕豆/玉米间作,鹰嘴豆/玉米间作,大豆/玉米间作和油菜/玉米间作,相应地设置玉米、蚕豆、鹰嘴豆、大豆和油菜单作作为对照。主要研究结果如下:

(1)间作显著提高白菜型油菜、蚕豆、鹰嘴豆和大豆与玉米间作体系籽粒产量和磷素吸收量,与各自单作体系加权平均相比,平均籽粒产量分别提高了30.7%,24.8%,24.4%,25.3%,平均磷素吸收量分别增加了44.6%,30.7%,39.1%,28.6%;以单作体系不施磷为基础计算得到的间作体系的平均磷肥表观回收率分别从单作平均时的10.6%,9.7%,3.8%和3.8%提高到29.4%,22.6%,23.4%和21.6%。甘蓝型油菜/玉米间作体系与单作相比磷素吸收量和磷肥表观回收率没有受到显著影响,体系籽粒产量受到显著抑制,平均值减产19.4%,不具有间作优势。三年后,间作体系与相应单作体系加权平均相比Olsen-P含量普遍降低,平均降低了3.4 mg/kg。

(2)与甘蓝型油菜间作的玉米平均籽粒产量从单作平均时13 t/hm²显著降低到10 t/hm²,磷素吸收量无显著性变化,与其他配对作物间作的玉米平均籽粒产量和磷素吸收量分别从单作平均时13～14和28～37 kg/hm²提高到14～19和35～55 kg/hm²(仅就玉米所占的净面积而言)。白菜型油菜、蚕豆和鹰嘴豆与玉米间作是对称性种间促进体系,与玉米配对作物籽粒产量和磷素吸收量相对于单作也显著增加(仅就各作物所占净面积而言);玉米间作促进甘蓝型油菜籽粒产量和磷素吸收量的提高,却显著降低了大豆籽粒产量。由于豆科作物和油菜籽粒产量和吸磷量明显低于玉米,相对于单作体系,间作体系籽粒产量、磷素吸收量、磷肥回收率提高的贡献主要取决于间作后玉米生长优势的发挥。

（3）合理的磷肥用量（40 kg P/hm²）能够满足间作体系磷素吸收的需求（平均为 34 kg/hm²），实现供需平衡，达到作物体系和间作玉米最佳生产力、磷素吸收量和磷肥表观回收率，而且能够维持体系合理的土壤加权平均 Olsen-P 水平在 21.3 mg/kg，保持磷肥肥力的可持续性；此时间作体系的平均磷肥表观回收率从单作时的 6.1％提高到 30.6％，具有明显的磷肥回收率优势。

（4）间作显著提高玉米籽粒磷含量，与甘蓝和白菜型油菜、蚕豆、鹰嘴豆和大豆间作的玉米平均籽粒磷浓度比相应单作玉米分别高出 30.5％，14.2％，13.0％，17.2％和 12.0％；间作玉米相对于单作玉米收获指数和磷素收获指数均无显著变化；间作能明显降低玉米体内磷素利用效率，与甘蓝和白菜型油菜、蚕豆、鹰嘴豆和大豆间作玉米平均磷素体内利用效率比相应单作玉米分别降低 21.7％，12.7％，9.6％，14.9％和 8.5％。2010 年和 2011 年 40 和 80 kg/hm² 施磷量时玉米籽粒磷浓度显著高于不施磷时，两年平均值在各施磷水平分别提高 11.9％和 16.5％，与此同时，施磷降低了玉米体内平均磷素利用效率，平均分别降低了 9.1％和 10.6％；施磷对玉米收获指数无显著影响，对 2011 年磷素收获指数有增加的趋势。

（5）间作对甘蓝型油菜籽粒磷浓度、收获指数、磷素收获指数和磷素体内利用效率均无显著影响；施磷有降低磷素收获指数的趋势。间作对白菜型油菜籽粒磷浓度、收获指数和磷素体内利用效率均无显著影响，间作增加 2010 年平均磷素收获指数；施磷对磷素收获指数无显著影响，2011 年中等施磷量时收获指数显著高于最高施磷量，施磷增加了白菜型油菜籽粒磷浓度，但却降低了其磷素体内利用效率。间作对蚕豆籽粒磷浓度和体内磷素利用效率无显著影响，增加了磷素收获指数和收获指数；施磷对 2011 年籽粒磷浓度有增加作用，对 2011 年收获指数和磷素体内利用效率有降低作用。间作能够提高鹰嘴豆籽粒磷浓度，但却降低了磷素体内利用效率；鹰嘴豆籽粒磷浓度、收获指数、磷素收获指数和体内磷素利用效率均不受施磷水平的调控，表现出惰性。间作对大豆收获指数和磷素收获指数均无显著影响，对籽粒磷浓度和磷素在体内利用效率的影响 2010 年和 2011 年出现不一致的作用；施磷时籽粒磷浓度和收获指数增加而磷素体内利用效率则出现降低的趋势，磷素收获指数在 2011 年施磷时高于不施磷。豆科和油菜籽粒磷浓度的升高往往伴随着磷素在体内利用效率的降低，磷素存在奢侈吸收现象。

（6）玉米与蚕豆、鹰嘴豆和大豆间作大幅度提高玉米籽粒产量的同时，有降低玉米籽粒 Mn、Fe、Cu 和 Zn 浓度的趋势，分别从单作平均时的 3.2、23.5、1.6 和 10.1 mg/kg 降低到间作平均时的 2.5、19.8、0.8 和 8.6 mg/kg，相应的微量元素收获指数也出现降低的趋势，分别从平均 11.8％、7.1％、16.3％和 52.7％降低到平均 8.4％、6.6％、9.4％和 40.3％。而与白菜型油菜间作的玉米籽粒产量提高的同时，玉米籽粒 Mn、Fe、Cu 和 Zn 微量元素浓度和相应元素收获指数并未降低。与此同时，无论豆科作物还是油菜作物均能够保持或提高玉米地上部对 Mn、Fe、Cu 和 Zn 的吸收量。进一步的研究表明，玉米籽粒 Fe 和 Cu 的浓度与籽粒产量之间呈显著的线性负相关关系，Mn 和 Zn 的浓度与籽粒产量之间则没有；而所有这些微量元素的浓度与它们的收获指数间均呈显著的线性正相关关系。因此，与豆科间作玉米籽粒 Mn、Fe、Cu 和 Zn 浓度的降低主要是由营养器官向籽粒转移或再活化的程度降低所造成的，这可能同间作玉米衰老进程的减缓有关。

（7）发现与白菜型油菜、蚕豆和鹰嘴豆间作的玉米地下部根系生长发育和地上部生物量累积中"竞争-恢复-增产"的动态过程。间作玉米的根系与间作白菜型油菜、蚕豆和鹰嘴豆和大豆的根系能相互交叉在一起，配对作物的根长密度越大或根系生长越旺盛，则相应的玉米根系生长发育和地上部生物量受到的抑制程度越强烈。玉米拔节期整个土层根长，籽粒灌浆期表层 0～30 cm 土层根长和拔节期、抽雄-吐丝期、籽粒灌浆期直至成熟收获期玉米地上部生物量均受施磷水平调控。施磷水平与不同间作体系间没有交互效应。总之，玉米地下部根长生长与分布与相应的地上部生物量累积动态间具有很好的相关性。综合三次根系采样动态过程，0～30 cm 和整个采样土层地下部根长与对应地上部生物量间具有显著正相关关系，且这种相关性不受施磷水平和配对作物不同的影响（夏海勇，2013）。

26.6.3　种间相互作用对大豆、蚕豆和小麦根系形态的影响

间套作是我国精耕细作传统农业的精髓,具有充分利用资源和高产高效的特点,将在未来农业持续发展中占有越来越重要的地位。其中豆科/禾本科间作作为我国增加粮食产量的措施,起到了重要的作用。国内以往对间作系统中产量优势和养分竞争的研究较多,而对根系形态变化研究较少,特别是大豆和蚕豆在间作体系中表现差异极人,对其原理并不清楚,因此本研究在沙培条件下研究了人豆和蚕豆苗期根系形态的差异,并在土培条件下对大豆/小麦和蚕豆/小麦间作系统中根系形态进行了比较。获得的主要结论如下:沙培条件下,单作大豆和蚕豆苗期根系形态很大差异,在生长的42天中,蚕豆根系干重、表面积、体积、始终大于大豆,大豆和蚕豆根长的变化趋势同其他形态参数的变化趋势不同,出苗21天前大豆根长大于蚕豆根长,出苗21天后蚕豆的根长又明显的大于大豆的根长,出苗42 d时,蚕豆根表面积是大豆根表面积的2.61倍。大豆70.2%的根系直径集中在0.25~1.0 mm,蚕豆75.9%根系直径集中在0.5~1.5 mm。大豆和蚕豆根系主要分布在0~15 cm沙层,呈T形分布状态。蚕豆根系生长比大豆发达,而且在土壤上层分布的比例大于大豆。土培条件下,在大豆/小麦和蚕豆/小麦这两个间作系统中,小麦始终处于竞争的优势地位,而大豆处于竞争的劣势地位,蚕豆在间作体系中未受到太大影响。在小麦/大豆这个系统中,种间相互作用增加了小麦根系干重、表面积、体积和根长,使小麦根系变细;同时降低了大豆根系干重、表面积、体积和根长,使大豆根系变细。在蚕豆/小麦这个间作系统中,虽然种间相互作用增加了小麦根系干重、表面积、体积和根长,但是没有与大豆间作的小麦那样明显,种间相互作用对蚕豆地上部生物量和根系形态基本没有影响。小麦在与大豆间作时要比与蚕豆间作时生长的更好。种间相互作用与作物根系形态变化具有密切关系(陈杨,2005)。

26.6.4　小麦/蚕豆间作体系种间相互作用与根系分布的关系

小麦/蚕豆间作是一种重要的禾本科/豆科间作体系,在中国西北和西南部被广大农民普遍接受。本试验在大田条件下研究了不同施肥条件下小麦/蚕豆间作体系的产量优势、种间相互作用,以及在相对较优施肥条件下两种作物根系空间分布的特点及其与产量优势、种间相互作用的关系。主要获得以下结论:

(1)在小麦/蚕豆间作体系中,在大多数施肥处理下,间作小麦与单作小麦相比产量显著增加,间作蚕豆的产量较单作没有显著变化。施氮肥或氮磷配施都有利于小麦产量的增加而对蚕豆产量无明显影响。间作小麦、蚕豆与各自相应单作相比在大多数施肥处理下生物量都没有明显变化,而且施肥并不影响小麦、蚕豆的生物量变化。小麦/蚕豆间作体系具有产量优势,在小麦施磷肥40 kg P/hm²、施氮肥240 kg N/hm²、蚕豆施磷肥40 kg P/hm²、施120 kg N/hm²(P1N2)时相比较其他施肥处理产量优势达到最优。小麦的竞争力强于蚕豆,在施氮肥或氮磷配施处理中,随施氮量的增加竞争比率随之降低,小麦、蚕豆之间的竞争逐渐减弱,在小麦施磷肥40 kg P/hm²、施氮肥240 kg N/hm²,蚕豆施磷肥40 kg P/hm²、施120 kg N/hm²(P1N2)处理时小麦与蚕豆间的竞争减到最弱。

(2)通过小麦/蚕豆间作后与相应单作根系密度在不同生长期的比较,明确了间作后作物根系密度的变化。四次的取样结果表明,小麦与蚕豆根长密度发展高峰期在不同的时期出现。小麦、蚕豆的根系向不同的土层发展,小麦的根系可以伸入蚕豆根区并随着生长进程的推进分布越多,而蚕豆根系却相对较少分布于小麦根区,更多的是向深层土壤分布,因此小麦竞争力强于蚕豆,在体系中处于优势地位,间作产量明显增加。蚕豆根系分布虽然处于弱势,但间作产量仍然没有下降,这可能与蚕豆根系分布特点以及根系活化难溶性养分和根瘤共生固氮有关。因此,最终小麦/蚕豆间作体系表现出产量优势(高慧敏,2006)。

26.6.5　南疆果粮间作体系种间根系互作与氮素吸收利用研究

果粮间作系统在新疆维吾尔自治区农业生产当中发挥着重要的作用,特别是在人多地少地区解决

经济作物果树和粮食作物争地矛盾中具有决定性作用,但理论研究的滞后限制了这一措施的进一步健康发展。本研究于 2010—2012 年在新疆和田地区进行,以枣树(不同树龄)/小麦、核桃树/小麦两种果粮间作体系为研究对象,通过对不同体系中果树、小麦地下部根长密度变化的分析及地上部植物器官氮浓度的测定,对两种果粮间作系统进行了种间根系互作和种间氮素吸收利用的研究。采用根钻法分层取作物根样,从地下部作物根系相互作用中根系的变化(根长密度)和地上部产量、生物量的变化寻求二者之间可能的联系及其机制;采用[15]N 稳定性同位素法,研究了示踪元素在 20、40、80、120、200 cm 五个不同埋深深度条件下果粮间作系统的氮素吸收差异。从地下部根系相互作用和氮素利用效率角度阐明两种类型间作体系具有间作优势的生态学机制,为该地区果粮间作种植模式的发展提供科学依据。获得的主要结论如下:

(1)果粮间作体系具有种间优势。2、4、6 年生枣树/小麦经济学产量的土地当量比(LER)分别为 1.44、1.45、1.24,地上部生物量的 LER 分别为 1.38、1.67、1.51;3、5、7 年生枣树/小麦经济学产量的 LER 分别为 1.29、1.38、1.20,地上部生物量的 LER 分别为 1.23、1.32、1.30;(1~2)年生核桃树/小麦地上部生物量的 LER 分别为 1.44、1.45。说明两种间作体系对土壤资源的利用具有补偿效应,使土地利用率得到提高。

(2)两种果粮间作体系的产量及地上部生物量都较相应单作低,随果树年限的增加产量有明显消长变化。6~7 年生树龄枣树/小麦复合群体中间作小麦的生长、生物量和产量显著降低,而间作枣树没有显著下降;2~3 年生树龄枣树/小麦复合群体中间作小麦的生长、生物量和产量降低不显著,而间作枣树在一定程度上有所降低。4~5 年生树龄枣树/小麦复合群体产量和生物量降低的幅度介于 2~3 和 6~7 年生树龄复合系统之间。幼龄(1~2 年生)核桃/小麦复合群体中,2012 年的间作小麦产量和生物量、间作核桃树的生物量显著下降,但 2011 年间作体系下降不显著。果树树龄越大,对间作小麦产量和生物量的影响越大;树龄越小,对间作小麦的影响越小,间作小麦对幼龄果树产生影响越大。

(3)相对单作,间作枣树和间作小麦的根长密度受到地下根系竞争的影响而降低。间作枣树、小麦的根系趋向于在土壤剖面中分布更浅。枣树树龄越大,其降低相应间作小麦根长密度的能力越强;间作枣树的根系生长延展至间作小麦的根系区域之下。幼龄核桃树/小麦复合系统中间作核桃树的根系延伸至小麦根系之下,在土壤剖面各层中的根长密度值较单作核桃树低。间作小麦的根系在土壤剖面中较单作小麦分布浅,根长密度值也较低。距离核桃树越近,种间竞争越激烈。种间地下部竞争导致两种作物根长密度值在土壤剖面上的下降。

(4)枣树/小麦、核桃树/小麦的间作体系分别比相应单作更具有氮素利用的优势。两年内间作体系的 N 吸收量、作物吸收氮素来自肥料的比例(%NDFF)、氮素利用率(%UFN)较单作加权平均高;各系统的氮素利用率最低值出现在[15]N 施入的 120、200 cm 处理,这与作物根系在深层分布较少密切相关(张伟,2014)。

26.7　间套作与土壤肥力变化

26.7.1　灌漠土上连续间作对作物生产力和土壤肥力的影响

间套作在生产中广泛应用,具有生产力和养分利用优势。间套作在高生产力和高养分量携出条件下,土壤肥力是否维持或者降低成为众所关注的问题。然而,连续间套作条件下土壤肥力变化及其受作物组合和施肥影响仍缺乏系统研究。因此,在甘肃武威白云试验站进行两个间套作定位试验研究不同作物间作组合以及不同施磷水平对土壤肥力(物理、化学和生物)的影响。定位试验一始于 2003 年,试验处理包括三种间作作物组合(小麦/玉米、蚕豆/玉米及小麦/蚕豆间作连作和间作轮作);四种轮作(小麦-玉米、小麦-蚕豆、蚕豆-玉米和小麦-蚕豆-玉米)以及三种连作(连作玉米、小麦和蚕豆)。定位试验二始于 2009 年,试验为裂区设计,主因素为不同施磷水平(P)(0、40 和 80 kg/hm²),副因素为 4 种间作模式(玉米/蚕豆、玉米/大豆、玉米/鹰嘴豆和玉米/油菜间作)和相应5种单作(单作玉米、蚕豆、大豆、鹰嘴豆和油菜)。在定位试验一的第9年(2011年)和第10年(2012年),定位试验二的第3年(2011年)和第4年(2012年),分别测定作物生产力和养分吸收量及土壤肥力变化。土壤肥力特征从物理(入渗率、土壤机械组成、紧实度、水稳性团聚体含量)、化学(有机质、全氮、Olsen-P含量、速效钾、阳离子交换量和pH)和生物学(脲酶、酸性磷酸酶、硝酸还原酶和蔗糖酶活性)性质进行研究。主要研究结果如下:

(1)间作具有明显产量和养分吸收量优势 试验一,小麦和玉米,蚕豆和玉米及小麦和蚕豆三种作物组合平均下,两年间间作连作生产力比相应作物连作和轮作分别提高5.2%～29.5%和2.9%～12.8%;间作轮作比连作和轮作分别增加14.1%～33.3%和11.6%～16.2%均达到显著水平。三种作物组合平均下,两年里间作连作地上部氮吸收量分别比相应作物连作和轮作提高0～15.4%和4.4%～9.8%,间作轮作比相应作物连作和轮作增加8.4%～22.1%和12.7%～16.1%,间作连作地上部磷吸收量比相应作物连作和轮作增加0～14.4%及0～10.5%,间作轮作比相应作物连作和轮作提高3.7%～17.4%和7.3%～13.1%;间作连作地上部钾吸收量比相应作物连作和轮作提高0～14.3%和0～20.4%,间作轮作比相应作物连作和轮作增加6.1%～21.7%和2.3%～28.3%均达到显著水平。

试验二,三个磷水平平均而言,两年间蚕豆/玉米,大豆/玉米,鹰嘴豆/玉米及油菜/玉米间作比相对应单作分别增产14.5%～19.6%,19.3%～38.2%,20.7%～24.3%和24.8%～38.6%。两年间,间作地上部氮吸收量比对应单作分别增加19.2%～20.7%,2.2%～27.5%,24.8%～26.5%以及29.4%～39.7%;磷吸收量提高16.3%～27.3%,2.4%～30.6%,28.1%～35.1%和36.9%～40.7%,钾吸收量增加21.5%～31.9%,9.7%～52.9%,31.5%～38.1%和43.1%～49.2%。

(2)间作改善了土壤物理性状 试验一在第9年(2011年)作物收获后,大于2 mm土壤水稳性团聚体含量,蚕豆和玉米间作连作高于相应两作物的连作和轮作175%和105%,差异达到显著水平;间作轮作高于连作和轮作75%、65%,同样达到显著水平;在第10年(2012年),小麦和玉米间作连作高于相应两作物的连作和轮作188%和130%,小麦和玉米间作轮作高于连作和轮作138%和174%;蚕豆和玉米间作连作高于连作和轮作474%、450%,间作轮作高于连作和轮作135%、125%,均达到显著差异。2～0.25 mm水稳性团聚体含量,2011年小麦和玉米连作和轮作分别比间作连作增加36.9%和44%,比间作轮作增加16.2%和22.1%;2012年蚕豆和玉米间作2～0.25 mm土壤水稳性团聚体含量与相应连作和轮作相比,没有显著差异;蚕豆和小麦间作连作和间作轮作显著高于轮作。0.25～0.106 mm和小于0.106 mm土壤水稳性团聚体在每个作物组合下不同种植方式间均没有差异。种植方式对土壤容重、机械组成(沙粒、粉粒和黏粒组成)及紧实度没有显著影响;2011年间作连作和2012年轮作(小麦和玉米组合除外)显著提高土壤饱和入渗率。试验二,三个磷水平平均而言,蚕豆/玉米,大豆/玉米和油菜/玉米间作土壤饱和入渗率比相应单作分别提高91%～131%,31.1%～39.4%和9.6%～25.6%。大于2 mm水稳性团聚体含量,蚕豆/玉米,大豆/玉米,鹰嘴豆/玉米和油菜/玉米间作比相应单作分别提高12.2%～17.4%,0～46.7%,19.6%～39.2%和0～34.6%;2～0.25,0.25～0.106和小于0.106 mm水稳性团聚体在间作和单作之间没有变化。土壤机械组成和紧实度间作相对于单作没有显著变化。因此,间作具维持或改善土壤物理性状的潜力。

(3)间作维持土壤化学性状基本稳定 试验一,与连作和轮作相比,间作连作和间作轮作下土壤有机质、全氮、Olsen P、速效钾和阳离子交换量没有显著变化(2011年小麦/玉米和蚕豆/玉米间作土壤pH和2012年土壤速效钾和阳离子交换量除外)。试验二,三个磷水平平均而言,除2012年鹰嘴豆/玉米以及两年油菜/玉米间作外,土壤有机质在间作和单作之间没有差异;两年间土壤全氮含量在单作和间作之间均对施磷水平没有响应(2011年80 kg P/hm² 下蚕豆/玉米间作除外);2012年间作降低土壤Olsen-P含量,2011年和2012年土壤速效钾均降低,2012年土壤阳离子交换量和pH有降低趋势。施磷缓解土壤Olsen P下降。

(4)间作保持土壤生物学性状稳定　试验一,2011 年小麦/玉米间作和 2012 年小麦/蚕豆间作土壤脲酶显著高于连作和轮作,土壤酸性磷酸酶、硝酸还原酶和蔗糖酶活性没有显著变化。试验二,三个磷水平平均而言,两年间,除间作土壤酸性磷酸酶活性高于对应单作,土壤脲酶、硝酸还原酶和蔗糖酶活性没有受到种植方式的影响。

(5)温室模拟试验表明,土壤中大于 2,2～0.25 和 0.25～0.106 mm 水稳性团聚体含量与作物生产力显著相关。通径分析发现土壤中大于 2,2～0.25 和 0.25～0.106 mm 水稳性团聚体含量直接通径系数为－0.14,0.21 和 0.42,0.25～0.106 mm 水稳性团聚体对作物生产力影响显著。土壤物理性状解释 40％作物生产力变化(王志刚,2014)。

26.7.2　蚕豆/玉米间套作对新开垦土壤肥力的影响

通过开垦荒废土地,增加耕地面积是增加粮食总产量的途径之一。西北地区的荒漠土地由于灌溉条件的改善逐步开始开垦利用,增加了耕地面积。但这些土壤通常物理性状差,养分缺乏,土壤生物活性很低。如何提高新开垦土壤的肥力,增加作物产量和经济收入成为亟待解决的问题。间套作种植具有明显的生产力优势,很多研究已经证明间套作能够增加地上部生产力。但是否通过增加地下部根系生长和微生物活动,从而对土壤质量属性产生影响,还缺乏系统研究。本研究的目的就是通过在宁夏新开垦土壤上建立蚕豆/玉米间作接种根瘤菌的高效体系,进行定位试验观测,从土壤物理、化学和生物指标的测定,阐明间作模式与单作模式下新开垦土壤肥力的变化。试验采用裂区试验设计,主区处理为接种根瘤菌和不接种根瘤菌,副区处理为不同的施氮水平,即玉米每公顷施纯氮 0、75、150、225 和 300 kg,5 个处理(蚕豆每公顷施氮量比玉米减少 50％,即蚕豆每公顷施纯氮 0、37.5、75、112.5、150 kg),二级副区为蚕豆/玉米间作,蚕豆单作和玉米单作。试验设置三次重复,随机区组排列,共 90 个小区。2011 年为试验进行的第三年。研究的主要结果是:

(1)经过 3 年作物种植后土壤养分水平比 2009 年基础土壤显著提高。3 种种植模式 3 年后土壤与 2009 年基础土壤样品化学指标比较,土壤 pH 几乎没有变化;土壤有机质略有增长,但未达到显著水平。蚕豆/玉米间作的土壤全氮、Olsen-P、速效钾和缓效钾的含量相比 2009 年土壤基础土样分别显著增加 145％($P=0.001$)、234％($P=0.015$)、64％($P=0.001$)、16％($P=0.021$);单作蚕豆的土壤全氮、Olsen-P、速效钾、缓效钾的含量相比土壤基础土样分别显著增加 161％($P=0.001$)、214％($P=0.012$)、107％($P=0.001$)、40％($P=0.002$);单作玉米的土壤全氮、Olsen-P、速效钾、缓效钾的含量相比土壤基础土样分别显著增加 137％($P=0.001$)、164％($P=0.022$)、92％($P=0.006$)、32％($P=0.019$)。

(2)经过 3 年种植后,间作对土壤肥力的改善作用并没有完全优于单作种植。蚕豆/玉米间作与相应单作体系的加权平均值相比较,尽管>2 mm 和<0.106 mm 的水稳性团聚体的比例增加,蚕豆/玉米间作收获后的土壤缓效钾含量、酸性磷酸酶活性和 2～0.25 mm 土壤水稳性团聚体含量比单作加权平均值分别降低 14％($P=0.039$)、22％($P=0.006$)和 24％($P=0.024$)。

(3)3 种种植模式比较,单作蚕豆收获后的土壤速效钾和缓效钾含量,土壤酸性磷酸酶活性及 2～0.25 mm 水稳性团聚体含量比蚕豆/玉米间作分别高 26％($P=0.015$),21％($P=0.004$),24％($P=0.008$)和 35％($P=0.010$)。单作玉米作物收获后的土壤速效钾含量和酸性磷酸酶活性比蚕豆/玉米间作分别高 17％($P=0.017$)和 31％($P=0.008$)。

(4)蚕豆玉米间作种植 3 年确实改善了土壤的肥力状况。尽管改良的效果没有蚕豆单作种植的效果那么显著,但是与单作玉米改良土壤的效果相当。鉴于蚕豆/玉米间作相对于单作在该地区具有明显的产量优势,因此,它是新开垦土壤上既能高产又能提高土壤肥力的重要种植模式之一。在宁夏新开垦的土壤上,土壤肥力的空间变异性非常大,本研究仅仅是一年的测定结果,所得结论还需要更长时间的进一步验证(王晓凤,2012)。

26.7.3 灌漠土长期间作种植对土壤肥力的影响

已有大量的研究证明间作种植具有明显的产量优势和养分吸收优势。间作优势的产生主要是种间相互作用,包括地上部和地下部的相互作用。地下部如磷素的活化和生物固氮机制研究较多,但长期种植间套作是否影响土壤肥力的研究较少。基于一个始于2003年的长期定位试验,本研究在2013年,即连续11年的间作种植后,测定土壤肥力的物理、化学、生物学指标,对间套作长期种植条件下土壤肥力进行综合评价。试验采用单因素随机区组设计,共13个处理,包括蚕豆单作、玉米单作、小麦单作、蚕豆/玉米间作连作及轮作、蚕豆/小麦间作连作及轮作、小麦/玉米间作连作及轮作、小麦-玉米轮作、小麦-蚕豆轮作、蚕豆-玉米轮作、小麦-蚕豆-玉米轮作。主要结果是:

(1)间作连作和间作轮作籽粒产量比单作连作增产27.6%和40.7%,达到显著水平。其中,小麦/玉米间作,增产优势明显,分别比单作增产36.2%～50.0%。氮素吸收增加13.6%～29.6%,磷素吸收增加26.8%～43.9%,而钾吸收并无显著变化。蚕豆/玉米间作籽粒增产33.9%～47.7%,氮素吸收增加18.3%～29.6%,磷素吸收增加34.2%～62.2%,钾吸收并无显著变化。小麦/蚕豆间作轮作籽粒增产16.8%,氮素吸收增加19.5%,磷素吸收增加20.0%,小麦/蚕豆间作钾素吸收降低21.7%～56.3%。

(2)与单作相比,间作增加了土壤中粒径大于2 mm水稳定性团聚体的数量,3种体系平均增幅为17.7%～32.3%。其中小麦/玉米间作增幅为24.0%～66.0%,蚕豆/玉米间作,小麦/蚕豆间作没有显著增加。3种间作体系平均降低了粒径小于0.106 mm水稳定性团聚体的数量,降幅为11.1%～24.4%。其中小麦/玉米间作降幅为13.6%～34.0%,蚕豆/玉米间作降幅10.1%～25.8%,小麦/蚕豆间作没有显著降低。

(3)与相应单作相比,3种间作种植下土壤有机质和pH均没有显著变化,蚕豆/玉米和小麦/蚕豆间作也没有显著改变土壤全氮、速效磷、速效钾含量,只有小麦/玉米间作显著降低了土壤全氮、速效磷和速效钾;间作也没有显著降低所测定的土壤酶活性(李健鹏,2014)。

本文总结了截至2014年间套作部分研究生的工作,主要是涉及养分的相关研究工作,一些更偏重基础研究的工作并没有总结进来。总的来看,我们的间套作研究走过了一条从田间生产实际发现问题,特别是值得研究的科学问题。并将这些科学问题与最新的植物营养学理论,如根际过程理论,以及生态学理论,如生物多样性与生态系统功能等方面紧密结合,无论是对农业生产提供科学依据,和生态学理论的发展,都取得了一些进展。但这些进展,对于快速发展的现代生态农业体系的理论要求,还有很大的距离。一些结果,还没有上升到理论的高度。同时,对于完善间套作生态农业理论体系,还有很大的差距。因此,我们任重而道远。还需要继续努力。

(执笔人:李隆 李文学 叶优良 肖焱波 房增国 范分良 余常兵 李淑敏 周丽莉 张红刚 彭慧元 刘红亮 丁红波 梅沛沛 金欣 柴博 陈远学 宋亚娜 李炎 李秋祝 夏海勇 陈杨 高慧敏 张伟 王志刚 王晓凤 李健鹏)

　　甘肃省地处黄河上游黄土高原、内蒙古高原与青藏高原的交汇地区,为东部农业区与西部游牧畜
牧区的过渡带,气候类型十分复杂,大致由陇南的北亚热带与暖温带湿润区,渐向陇中暖温带半湿润与
温带半干旱区,河西温带、暖温带干旱区及祁连山地高寒半干旱、半湿润区,甘南寒湿润区过渡。

　　甘肃省粮食高产区存在施肥量偏高且施用不合理,水资源短缺而农田灌溉技术落后,农田光热水
肥资源利用效率整体较低的突出问题。本项目以养分资源综合管理的理论为核心,应用间套作种间养
分资源高效利用机制研究成果,结合当地高产实践经验和技术,通过作物新品种引进和搭配、养分资源
的高效管理技术,组装配套成水、肥资源高效利用的间套作种植新模式及建立相应的技术体系,在单一
作物高产栽培的基础上,重点围绕间套作种植光热资源高效利用,以及立体栽培制度下区域水资源限
制的等关键技术难点问题进行系统科技攻关和集成创新模式研究。

　　自 2009 年起在定西、靖远、武威和张掖开展 4 项间套作“4＋X”试验:在干旱雨养区通渭县进行“马
铃薯/玉米间作”集雨双垄沟“4＋X”试验;在沿黄灌区进行“蚕豆/玉米间作 4＋X 试验”;在武威进行
“豌豆/玉米水肥高效高作 4＋X 试验”;在张掖进行“小麦/玉米超高产 4＋X 试验”。试图将传统的粮田
带状套作栽培方式改造成节水、省肥、可持续的间套作种植模式并在适宜地区推广。通过本项目的实
施,在节约水资源、减轻肥料污染的前提下,能使河西走廊的粮食生产继续保持较高水平,甚至迈上一
个新台阶。

27.1　甘肃省间套作的主要种植模式及地域分布

　　甘肃省各地的间套作种植类型多种多样,可以说只要适合当地气候条件的农作物几乎都有相应的
间套作种植形式,据统计典型的间套作种植类型有 94 种(统计没有明确区分间作、套作)。

　　从调查结果看,蔬菜、经济作物间套作形式及种类多样占调查模式的 62.7%,但种植面积较小,多
在人多地少的城郊附近,经济效益较好,俗有“一亩园,十亩田”的说法。蔬菜、经济作物的间套作种植
的模式主要受当地市场的影响较大,普遍的做法是利用日光温室、塑料大棚或地膜的保温增墒作用,进
行反季节栽培。如喜温瓜菜西瓜、甜瓜、番茄、番瓜、甘蓝、菜花大多采用地膜、拱棚覆盖,甚至是双膜、
三膜覆盖,将产品的上市时间比传统提前 20～30 d,产生的经济效益大幅度提高。本研究主要针对粮
食作物间的间套作种植模式。

　　粮—粮间套作模式是甘肃“吨粮田”的主要构建方式,虽然种植的类型较少,仅仅占调查模式的
12.8%,但是种植技术成熟,生产面积大,生产的粮食达全省商品粮的一半以上。以不同的气候与生态

条件区分,在高寒阴湿地区主要采用豆类作物与小麦或玉米间套作,河西走廊绿洲灌区和甘肃中部沿黄灌区等"两季不足一季有余"地区主要有小麦/玉米带状间作,陇东和陇南等热量较足地区主要采用冬小麦间套复种玉米(或高粱)、水稻。

豆类间套粮食作物分布最广,在甘肃各地均有种植,主要类型有豌豆/玉米、大豆/玉米、蚕豆/玉米、小麦/蚕豆、小麦/大豆。一般带宽 1.2 m 左右,带型为小麦带 60 cm,豆类带 60 cm,或玉米采用宽窄行种植,在宽行中点播 2~3 行豆类作物。小麦或玉米是该间套作种植的主体,依靠边行优势的作用使粮食作物的产量和单作种植相当,但能多收获一季豆类,尽管豆类受小麦或玉米的影响产量较低。豆类/粮食作物间套作种植模式还有一个突出的优点是充分利用豆科作物的固氮功能,减少肥料投入,降低了生产成本投入。从统计结果看,在豆类与粮食作物间套作的种植模式的播种面积中,小麦/大豆种植面积约 162 万亩,主要分布在河西走廊灌区与沿黄灌区;其次是豌豆/玉米约 83 万亩,主要分布在古浪、定西、天水等地;小麦蚕豆约 20 万亩,主要分布在永登、临夏等蚕豆主产区。

小麦/玉米带状间作是甘肃省"吨粮田"的主体模式,自 20 世纪 70 年代由甘肃省农科院土壤肥料与节水农业研究所何其耀、邱进怀等研究推广以来,取得巨大的经济效益或社会效益,据文献资料,甘肃河西走廊的播种面积曾达到 350 万亩,由于玉米制种业的发展压缩了河西小麦/玉米带状间作的面积,目前全省播种达 250 万亩左右。主要采用 1.5 m 带宽,带型为小麦带 70 cm 种 6 行,玉米带 80 cm 种 2 行,玉米与小麦间距 27 cm。主要分布甘肃中部沿黄灌区(宁夏及河套平原面积也较大)。依靠小麦/玉米带状间作种植,80 年代河西走廊的临泽县大面积达到"吨粮田",是当时的全国粮食单产冠军县。为方便田间操作和提高经济效益,近年来还出现在玉米带再套一茬大豆的种植技术或增加小麦带副的 6:3 带型等多种栽培技术,中部地区还采用地膜小麦技术或小麦/玉米全膜覆盖技术,均取得良好的增产效果。在小麦/玉米带状间作基础上发展起来的复套立体种植模式是更加集约化的种植模式,有在小麦收获后套短期秋油菜,或利用稀植矮化果园与多年生经济林木的间作,如酒泉的锦丰梨、苹果梨与小麦/玉米带田的间作,临泽的红枣与小麦/玉米带状间作等已形成一定的规模。

复种在甘肃省种植模式比较多,占统计模式的 24.5%,占耕地面积的 23%。主要有冬小麦复种玉米(或高粱)、水稻主要分布在陇南和陇东无霜期在 200 天左右地区;河西地区有小麦复种油菜、绿肥、蔬菜等,尤其是小麦收后复种大白菜在城市郊区已具有一定规模。

27.2　甘肃间套作种植存在的主要问题

水资源是制约河西走廊乃至西部大开发的首要因素,节水农业是河西走廊持续发展必由之路。在种植面积最广、耗水量最大的小麦/玉米带状间作上挖掘节水潜力,进行节水技术的研究也就最具有重要意义。通过我们初步试验表明,通过化控技术,少免冬灌,垄作沟灌等技术,可使小麦/玉米带状间作在现有基础上亩均节水 80 m³ 以上,灌溉水利用率达到 70% 以上,作物水分利用效率提高 0.3 kg/m³。

河西走廊农民普遍存在盲目施肥的习惯,小麦/玉米带状间作平均施肥量为纯氮 350~400 kg/hm²,沙漠沿线的风沙土上甚至高达 900 kg/hm²。大量的施肥(尤其是氮)不但造成资源浪费和成本增加,还造成严重的环境污染。随着西部大开发和南水北调工程实施,肥料对生态环境的污染很可能使人们尝到自己酿酿的苦果。减少肥料用量,提高肥料利用率研究在间套作种植中显得格外重要。

小麦/玉米带状间作是在同一块地中种植两种作物,机械化难度较大。发展农业机械化,降低劳动强度,提高种植效益是农业的根本出路,也是发展劳动密集型(高效益)农业产业的前提条件。由于全国联合收割机的跨区作业制度的实行,目前河西走廊 90% 的单种小麦实行机械化收获。如果从种植技术和设备改进双管齐下,解决河西走廊小麦/玉米带状间作机械化问题是完全可行的。

27.3　河西走廊石羊河灌区豌豆/覆膜玉米间套作高产高效种植模式集成与创新

水资源短缺已经严重影响到我国传统灌溉区农业的可持续发展,提高农田水分利用效率和单位灌水效益是生产实践急需的技术。甘肃河西走廊石羊河灌区属于典型的干旱荒漠气候,降水量不足150 mm、主要集中在7—9月、年蒸发量超过2 500 mm,干旱时段明显。地下水过度开采导致开放30年来地下水下降20 m左右,石羊河上游来水量也由20世纪50年代的5亿 m³ 锐减至21世纪初的1亿 m³ 以下。水资源严重短缺,生态环境脆弱,在这些地区造成的生态问题将更加严重。农业用水占总用水量的73.4%以上,其中90%是灌溉用水。随着2006年起国家投入44亿元的《石羊河流域综合治理规划》项目的实施,如何实现农田节水及提高水分利用效率、提高养分资源高效利用和实现农业可持续发展是项目的核心和关键问题。

因此,现多采用更节水的种植方式豌豆/玉米间作代替小麦/玉米间作,因为水分是限制小麦产量的重要因子,玉米/小麦间作全生育期需灌8~9次水,而采用玉米/豆类间作,可以实现土壤中水分的补偿利用,整个生育期只有4次灌水,大大节约水资源。同时豌豆/玉米间作是在集成地膜玉米高产栽培的基础上,在玉米宽行间插入2行针叶豌豆,在玉米不减产、不增加任何水肥投入的前提下,亩增收豌豆150~250 kg,全生育期灌水与单作玉米相同,约440 m³,单方水效益显著提高,同时还利用豌豆固氮和活化磷素特性培肥土壤肥力,是一项高效生产、资源循环利用、农民增收的新技术。

27.3.1　石羊河流域豌豆/覆膜玉米间作高产高效种植技术栽培要点

1. 豌豆/覆膜玉米间作高产高效种植规格及模式

我们推荐2种种植方式,玉米×豌豆带幅有120 cm×60 cm(玉米3行豌豆4行),70 cm×70 cm(玉米2行豌豆4行)等,以70 cm×70 cm(图27-1)效益最佳。玉米采用70 cm地膜覆盖,膜面50 cm种2行玉米,行距40 cm;空行90 cm种4行豌豆,行距20 cm,玉米与豌豆行间距离20 cm。3月上旬整地施肥后,按带幅划行覆膜,播种豌豆,亩播种量15 kg左右,亩保苗75 000株;玉米播种期为4月中上旬,株距22~25 cm,用玉米穴播机点播在膜面上,每亩保苗4 000~4 500株。

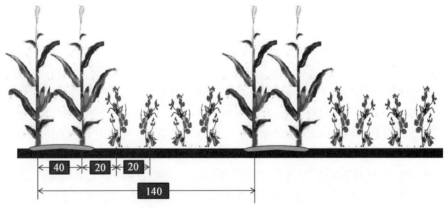

图 27-1　针叶豌豆/间作玉米种植模式示意图(单位:cm)

2. 豌豆/覆膜玉米高产高效技术田间管理技术

选择耕作土层深厚,质地疏松,有机质含量高,土壤肥沃的地块。在3月中下旬结合播前浅耕整地施入基肥。每亩施肥量为:优质农家肥5 000 kg、纯N 20~25 kg、P₂O₅ 8~12 kg、K₂O 5~10 kg、锌肥1~2 kg,其中氮肥的30%和全部的农家肥、磷肥、钾肥、锌肥作基肥结合耕地一次性施入,其他70%氮肥作追肥分别在拔节期(25%)和大喇叭口期(45%)结合浇水追施,玉米灌浆期根据玉米长势可适当追肥,亩追尿素10 kg。地膜选用幅宽70 cm的超薄地膜,覆膜时一定要把好质量关,做到严、紧、平、实的要求,膜与膜之间的距离为 90 cm。

玉米一般选用株型紧凑适合密植的沈单 16、金穗系列、临单 217、武科 2 号等包衣杂交品种,针叶豌豆选用中豌 4 号、陇豌 1、2 号等高产品种。

及时放苗:玉米出苗后要将错位苗及时放出,避免烧苗、烫苗,影响玉米产量。

灌水:掌握在拔节、大喇叭口、抽雄前、吐丝后 4 个时期。头水在 6 月中上旬灌溉,以后可根据玉米生长状况、地墒、天气等情况灌溉,一般每隔 20~25 d 灌一次水,全生育期灌 4 次水。

病虫害防治:玉米红蜘蛛在早期螨源扩散时选用 1.45% 阿维吡可湿性粉剂 600 倍液或每亩用 73% 克螨特 50 mL 兑水喷雾防治,在田埂杂草和玉米四周 1 m 内进行交替防治 2~3 次。7 月中旬若发现玉米上有红蜘蛛用 20% 双甲脒乳油 1 000 倍液或 1.45% 捕快可湿性粉剂 600 倍液进行防治;玉米棉铃虫用 35% 植保博士乳油 1 500 倍液于幼虫 3 龄前尚未蛀入果穗内部喷雾防治效果最佳,在入蛀果穗后用 35% 植保博士 2 000 倍液滴液防治;玉米丝黑穗病可用种子重量 0.5% 的粉锈宁可湿性粉剂拌种防治。

玉米/豌豆高产高效技术模式见表 27-1。

27.3.2 石羊河流域高产高效豌豆/覆膜玉米间作模式的优势分析

1. 豌豆/玉米间作体系能显著促进豌豆籽粒产量的增加

从表 27-2 中看出,在豌豆玉米间作体系中,种植方式对豌豆的影响达极显著水平,间作豌豆产量比单作平均增产 61.2%;豌豆对施用氮肥表现不敏感,在 5 个氮水平下差异都不显著;接菌对豌豆单作或间作都具有一定的增产作用,单作豌豆接菌比不接菌处理平均增产 12.5%,间作豌豆带接菌比不接菌平均增产 4.6%。2011 年,单作豌豆以施氮量 75 kg/hm² 接菌的产量最高,达到 2 735 kg/hm²,随施氮量的增加,产量逐步降低,以 450 kg/hm² 施氮量的豌豆产量最低,为 2 106 kg/hm²;单作豌豆以施氮量 75 kg/hm² 接菌比不接菌增产幅度最大,为 20.3%,接菌与不接菌差异达显著水平。间作豌豆以施氮量 75 kg/hm² 接菌为最高,随施氮量增加产量依次减低。2012 年,单作豌豆以施氮量 75 kg/hm² 接菌比不接菌增产幅度最大,为 25.2%。

2. 豌豆/玉米间作种植能促进玉米籽粒产量

从 2011 年及 2012 年两年产量结果可以看出(表 27-3),不同施氮量的各处理之间差异显著;间作比单作增产 61.7%,差异极显著;间作豌豆带接菌较豌豆带不接菌平均增产 2.7%。2011 年,施氮量在 300 和 450 kg/hm² 之间达显著水平,与其他三个处理达极显著水平。各处理产量随着施氮量的增加而增加,到 300 kg/hm² 时达最大值,随后减小。施氮量在 300 kg/hm² 时,间作豌豆带接菌与豌豆带不接菌差异显著,前者较后者增加 4.5%,其他处理二者之间差异不显著。间作与单作相比,5 个处理均达极显著水平,间作玉米比单作平均增产 59.5%。2012 年,豌豆带接菌比不接菌平均增加 3.9%,间作比单作增加 64%。施氮量在 300 和 450 kg/hm² 之间差异不显著,与其他三个处理极显著。除施氮量在 75 和 150 kg/hm² 差异不显著外,其他处理的豌豆带接菌与不接菌之间差异均显著。

3. 豌豆/玉米间作体系具有明显的间作产量优势,施肥和豌豆接种能促进间作产量优势的发挥

豌豆间作玉米体系土地当量比在不同施氮量和接种外源根瘤菌的条件下都大于 1(表 27-4),说明豌豆玉米间作体系的产量优势明显。两年均以不施氮豌豆带接菌的土地当量比最大,为 1.90,原因是在低氮环境下,豌豆相对竞争力远低于玉米,与单作相比,间作玉米不但接受更多的光、热、风等地上资源,而且可以更多的吸收豌豆带里的水分和养分等地下资源,不施氮肥处理的玉米间作产量远高于单作,所以大大地提高了 LER。但豌豆带接菌与不接菌的土地当量比差异不显著;随着施氮量的增加 LER 先减小后增大,两年的 LER 均以施氮量为 300 kg/hm² 处理最小,这是施氮量为 300 kg/hm² 时,单作玉米的产量达到最大值,间作豌豆的产量较低所致。接种根瘤菌对 LER 的影响主要是降低了施氮量为 75 kg/hm² 处理的值,因为在这个施氮量下豌豆间作和单作的产量最高,尤其是提高了单作豌豆接菌的产量,所以导致了土地当量比降低。

表 27-1

甘肃省玉米/豌豆高产高效技术模式

适宜区域	本技术适用于甘肃省沿黄灌区或河西灌区,海拔 1 650~1 900 m,年平均气温 6.0~8.2℃,≥10℃ 的积温 2 200~3 200℃ 及以上				
产量目标	产量指标:豌豆 150~250 kg/亩;玉米 650~850 kg/亩				
时期	3 月中下旬至 4 月中旬 整地—施肥—豌豆播种—开花;玉米播种	5 月初至 6 月中旬 豌豆开花—鼓粒;玉米出苗—拔节	6 月中旬至 7 月初 豌豆收获;玉米拔节—喇叭口期	7 月中旬至 9 月下旬 玉米喇叭口—灌浆期	10 月上旬 玉米收获
播种技术图示					
主攻目标	提高整地质量和播种质量,确保苗全、苗齐、苗壮	豌豆培育壮苗;玉米保证苗全、苗齐、苗壮	适时早收豌豆;玉米攻粒数、粒重	防病虫、防早衰,促灌浆、增粒重	适时收获
技术指标	精细整地,耕层深厚一致,地面平整,土壤松绵墒足	豌豆基本苗 5 万~6 万,玉米基本苗 4 500 株/亩	豌豆每株荚数 15~18 个,每荚粒数 3~4 个,千粒重 190~220 g	玉米亩穗数 3 500~4 000 穗,穗粒数 440~500 粒,百粒重 37~42 g	
主要技术措施	1. 玉米一般选用株型紧凑适合密植的沈单 16、金穗系列、临单 217、武科 2 号等包衣杂交品种;豌豆选用陇豌 1 号、2 号和中豌 4 号等高产品种。 2. 推荐底肥施肥量:每亩施优质农家肥 2 000 kg,纯 N 8~9 kg,P₂O₅ 8~10 kg,K₂O 5~6 kg,锌肥 1~2 kg。 3. 覆膜:现用划行器划行,120 cm 玉米覆膜带+40 cm 豌豆膜间带,地膜选用幅宽 140 cm 的超薄地膜,做到严、紧、平、实的要求,膜与膜之间间的距离为 40 cm。 4. 播种:3 月中下旬豌豆在膜间距露地上种,3 行豌豆,株距 15 cm,亩播量 14 kg 左右;玉米 4 月上中旬播种,地膜上种 3 行,行距 50 cm,株距 22~24 cm,亩保苗 5 500 株左右,亩播量 3 kg	1. 玉米放苗:玉米出苗后要格错位苗及时放出,避免烧苗、烫苗。 2. 追肥:灌水前追施纯 N 6~7 kg。 3. 灌头水:在 6 月上旬玉米拔节期灌头水,灌水量控制在 80 m³/亩。一般每隔 20~25 d 灌一次水,全生育期灌 4~5 次水	1. 豌豆收获:6 月中下旬豌豆收获。 2. 玉米大喇叭口期施肥,结合灌浆重施灌浆肥,每亩追施纯 N 12~14 kg	1. 花粒期要特别注意防止吐丝期出现的干旱,及时灌水,及时拔除空株。 2. 防治病虫害:防治玉米螟、蚜虫、玉米棉铃虫和红蜘蛛,可根据病虫草发生情况混合用药、杀虫、治病,防草药剂可混合施用,达到一喷综防	1. 玉米收获:10 月上旬,适时收获玉米,在条件允许的情况下尽量晚收。 2. 玉米晾晒:及时晾晒,等籽粒含水量小于 13% 时,脱粒、筛选、入库

表 27-2

氮肥和接种根瘤菌对豌豆/玉米间作体系豌豆产量的影响

年份	氮水平/(kg/hm²)	单作/(kg/hm²)		间作		5%显著水平
		豌豆不接菌	豌豆接菌	豌豆带不接菌	豌豆带接菌	
2011	0	2 508b	2 614b	3 955a	4 121a	a
	75	2 273c	2 735b	4 212a	4 273a	a
	150	2 371b	2 583b	3 947a	4 167a	a
	300	2 455b	2 652b	3 834a	3 970a	a
	450	2 106b	2 341b	3 765a	3 705a	a
2012	0	2 107b	2 352b	3 359a	3 609a	a
	75	2 046c	2 561b	3 791a	3 896a	a
	150	2 134b	2 325b	3 552a	3 750a	a
	300	2 159b	2 436b	3 450a	3 573a	a
	450	1 796b	2 107b	2 889b	3 384a	a

表 27-3

氮肥和接种根瘤菌对豌豆/玉米间作体系玉米产量的影响

年份	氮水平/(kg/hm²)	单作/(kg/hm²)	间作/(kg/hm²)		5%显著水平	1%极显著水平
		不接菌	豌豆带不接菌	豌豆带接菌		
2011	0	7 532b	16 405a	16 788a	e	D
	75	11 413b	17 745a	18 003a	d	C
	150	12 283b	18 502a	19 190a	c	B
	300	13 735c	19 648b	20 524a	a	AB
	450	13 210b	19 275a	19 610a	b	A
2012	0	7 243c	15 544b	16 275a	d	C
	75	11 216b	18 417a	18 791a	c	B
	150	11 931b	19 398a	19 924a	b	B
	300	14 394c	20 412b	21 666a	a	A
	450	13 612c	20 123b	20 871a	a	A

表 27-4

氮肥和接种根瘤菌对豌豆/玉米间作体系产量优势的影响

年份	施氮水平/(kg/hm²)	土地当量比		豌豆相对于玉米的竞争力	
		豌豆带不接菌	豌豆带接菌	豌豆带不接菌	豌豆带接菌
2011	0	1.88a	1.9a	−0.6	−0.65
	75	1.7a	1.6a	0.30	−0.10
	150	1.59a	1.6a	0.16	−0.08
	300	1.5a	1.5a	0.13	−0.02
	450	1.62a	1.5a	0.33	0.10
2012	0	1.87a	1.9a	−0.55	−0.71
	75	1.75a	1.6a	0.21	−0.15
	150	1.65a	1.6a	0.11	−0.06
	300	1.51a	1.5a	0.08	−0.04
	450	1.54a	1.6a	0.23	0.07

豌豆玉米间作体系相对竞争力结果表明,两年变化趋势基本一致。不接菌时,随着施氮量的增加,不施氮处理的豌豆相对于玉米的竞争力都小于零,其余 4 个处理均大于零。随着施氮量增加为 75 kg/hm² 时达最大值,然后减小到 300 kg/hm² 以后又增大,因为在不施氮的情况下,禾本科玉米对养分的竞争大于豆科豌豆,在 75 kg/hm² 豌豆的产量达到最大值;接菌后,从表 27-4 看出,随着施氮量的增加,豌豆相对竞争力呈不同程度的递增趋势,除 450 kg/hm² 处理豌豆相对竞争力大于 0,其他处理均小于 0。而且两年的豌豆带接菌处理竞争力都弱于豌豆带不接菌,可能是因为接种外源根瘤菌后,增加了豌豆自身的生物固氮量,减小了对土壤氮素的竞争,缓解了两种作物的种间竞争。

豆科作物因自身具有结瘤固氮功能,因此氮肥对它的增产效果不明显。房增国等研究表明,不施氮处理接种根瘤菌所获得的单作或间作系统产量与不接种但施氮量 225 kg/hm² 的相应系统产量相当,且施氮 225 kg/hm² 处理接种仍能促进蚕豆的结瘤作用。本试验结果表明,随着施氮量的增加,在施氮量为 75 kg/hm² 时,豌豆产量达最大值,继续增大氮肥施用量对豌豆的增产作用减弱甚至会降低豌豆的产量。间作能有效提高豌豆产量,与单作相比增产 62%。接种根瘤菌后对豌豆具有一定的增产作用。单作豌豆接菌比间作豌豆接菌增产幅度大,当施氮量在 75 kg/hm² 时,单作豌豆接菌比不接菌增产 20.3%。这可能是接种外源根瘤菌更加增强了豌豆的结瘤固氮,而增加结瘤固氮的同时也加大了对土壤氮素营养的需求,因此豌豆玉米间作体系豌豆高产高效栽培的措施是接种外源根瘤菌,且在豌豆全生育期最佳施氮量为 75 kg/hm²。

禾本科作物的增产主要依靠氮肥的投入,其产量随着施氮量的增加而增大。孙建好等在 2007 年的研究表明,随施氮量的增加,间作玉米产量成对数曲线变化,施氮量超过 450 kg/hm² 后产量变化趋于平缓。本研究表明,施氮量为 300 kg/hm² 的玉米产量最高,比 0、75、150、450 kg/hm² 的单作和间作分别增加 90.55%、24.34%、16.24%、4.68%、25.54%、10.78%、5.71%、1.69%,这也说明近年来施氮量在不断加大,土壤氮素残留量在逐年上升。间作玉米比单作增产 61.8%。间作玉米的豌豆接种外源根瘤菌后,对玉米也有 3.6% 小幅的增产作用,这是因为接种根瘤菌的豌豆收获后,其生长的土壤具有后效作用,对玉米后期的生长贡献了更多的养分或者土壤微生物。因此豌豆玉米间作体系玉米高产高效栽培的措施是豌豆带接种外源根瘤菌,最适施氮量为 300 kg/hm²。

表 27-5

氮肥对豌豆/玉米间作体系作物耗水量的影响

年份	施氮水平 /(kg/hm²)	作物耗水量 /mm			
		单作豌豆	间作豌豆	单作玉米	间作玉米
2011	0	301.84a	306.61a	807.98a	805.33a
	75	319.00a	336.4a	817.61a	817.18a
	150	329.00a	328.14a	823.61a	820.47a
	300	321.12a	319.9a	841.33a	839.35a
	450	333.83a	325.07a	795.04a	821.31a
2012	0	359.50a	345.73a	745.64a	758.92a
	75	381.88a	363.97a	763.63a	780.22a
	150	370.05a	361.29a	771.63a	787.25a
	300	384.34a	370.62a	788.35a	790.84a
	450	362.36a	360.99a	776.45a	771.75a

4. 豌豆/玉米间作体系的耗水量和单作玉米差异不显著

豌豆耗水量随施氮量增加有增大的趋势(表 27-5)。当施氮量在 75 kg/hm² 时,豌豆单作和间作均达到最大值或与高施氮量的耗水量接近,这是因为在此施氮量下豌豆的产量最高,豌豆生育期内形成产量所消耗的实际用水较多。两年玉米耗水量与施氮量呈正增长关系,在 300 kg/hm² 时玉米耗水量最大,两年平均耗水量为 815 mm,比 0,75,150,450 kg/hm² 分别增加 4.6%、2.6%、1.8%和 3.3%。从两年不同施氮量的和值比较,间作玉米比单作玉米的耗水量大,主要是豌豆和玉米共生期较短,豌豆收获后间作玉米有更长时间利用光、热、水、肥等自然资源和土地资源的优势,但因豌豆收获后的土地一直裸露,要经历全年最热的 3 个多月的高温大气,土壤蒸发量比单作高。另外,间作玉米较高的产量同样需要比单作更多的生理需水。经方差分析,施氮量对豌豆和玉米的耗水量差异均不显著。

5. 豌豆/玉米间作体系能显著提高水分利用效率

随施氮量的增加,两年豌豆水分利用效率呈递减趋势(表 27-6),单作豌豆和间作都以不施氮处理最高,450 kg/hm² 处理最低;两年玉米水分利用效率先增大后减小,单作玉米和间作都以 300 kg/hm² 处理最高。说明施氮量会降低豌豆水分利用效率,而适量施氮量能提高玉米水分利用效率,但过量的氮肥对玉米收获时玉米水分利用效率影响不大。2011 年,豌豆在不同氮梯度上的水分利用效率之间差异都不显著,单作豌豆不施氮处理最大,与其他各处理之间降幅在 31.7%~8.8%区间。间作豌豆水分利用效率同样以不施氮处理最高,与其他各处理之间的降幅在 11.4%~3%之内。但间作和单作水分利用效率达极显著水平,间作豌豆比单作的水分利用效率平均增加 67.7%;玉米在不同施氮量条件下,300 和 450 处理的水分利用效率之间差异不显著,而与另外 3 个处理差异显著,间作和单作之间达极显著水平,间作玉米比单作的水分利用效率增加 62%;2012 年,豌豆间作比单作的水分利用效率平均增加 71.6%,其他各指标变化趋势与 2011 年相同;玉米的 75 和 150 kg/hm² 处理之间差异不显著,间作比单作增加 64.2%,其他变化同 2011 年。

表 27-6
氮肥对豌豆/玉米间作体系水分利用效率的影响

年份	氮水平 /(kg/hm²)	水分利用效率				
		单作豌豆	间作豌豆	单作玉米	间作玉米	1%极显著水平
2011	0	8.31B	12.90A	9.32B	20.37A	D
	75	7.12B	12.52A	13.96B	21.72A	C
	150	7.21B	12.03A	15.28B	22.83A	BC
	300	7.64B	11.98A	16.93B	24.28A	A
	450	6.31B	11.58A	16.62B	23.76A	AB
2012	0	5.86B	9.72A	9.71B	20.48A	D
	75	5.36B	10.42A	14.69B	23.60A	C
	150	5.77B	9.83A	15.46B	24.64A	B
	300	5.62B	9.31A	18.26B	25.81A	A
	450	4.96B	8.00A	17.53B	26.08A	A

豌豆间作玉米体系土地当量比在不同施氮量和接种外源根瘤菌的条件下介于 1.5~1.9 之间。随施氮量的增加,豌豆土地当量比逐渐减小。与不施氮相比,75,150,300,450 kg/hm² 分别减低 8.0%,13.6%,19.7%和 15.7%。在低氮环境下,间作玉米增产幅度较大,因此对 LER 的贡献在不施氮时最大。豌豆相对竞争力远低于玉米,因为与单作相比,间作玉米不但接受更多的光、热、风等地上资源,而且可以更多的吸收豌豆带里的水分和养分等地下资源,不施氮肥处理的玉米间作产量远高于单作,所以大大地提高了 LER。玉米的 LER 均以施氮量为 300 kg/hm² 处理最小,这是因为施氮量为 300 kg/hm² 时,单作玉米的产量达到最大值和间作豌豆的产量较低所致。接种根瘤菌对 LER 的影响主要是降低了施氮量为 75 kg/hm² 处理的值,因为在这个施氮量下豌豆间作和单作的产量最高,尤其

是提高了单作豌豆接菌的产量,所以导致了土地当量比降低。

　　豌豆玉米间作体系相对竞争力结果表明,两年变化趋势基本一致。不接菌时随着施氮量的增加, 75 kg/hm² 时达最大值,然后减小到 300 kg/hm² 以后又增大;接菌后随着施氮量的增加,豌豆相对竞争力呈不同程度的递增趋势,除 450 处理豌豆相对竞争力大于 0,其他处理均小于 0。而且两年的豌豆带接菌处理竞争力都弱于豌豆带不接菌,可能是因为接种外源根瘤菌后,增加了豌豆自身的生物固氮量,减小了对土壤氮素的竞争,缓解了两种作物的种间竞争。

　　施氮量和间作可以显著地提高复合群体的水分利用效率。本研究表明,两年玉米水分利用效率先增大后减小,单作玉米和间作都以 300 kg/hm² 处理最高,而豌豆以不施氮的 WUE 最大,说明施氮量会降低豌豆水分利用效率,而适量施氮量能提高玉米水分利用效率,但过量的氮肥对玉米收获时玉米水分利用效率影响不大。2011 年,单作豌豆不施氮处理最大,与其他各处理之间降幅在 31.7%～8.8% 区间。间作豌豆水分利用效率同样以不施氮处理最高,与其他各处理之间的降幅在 11.4%～3% 之内。间作豌豆比单作的水分利用效率平均增加 67.7%;玉米在不同施氮量条件下,间作玉米比单作的水分利用效率增加 62%;2012 年,豌豆间作比单作的水分利用效率平均增加 71.6%,其他各指标与 2011 年趋于一致;玉米间作比单作增加 64.2%,其他变化与 2011 年基本相同。

27.3.3　武威玉米/豌豆节水最佳养分资源管理示范推广效果

　　示范方案:通过集成示范提出玉米采用宽窄行种植方式,宽行 80 cm,窄行 40 cm。宽行种植 3 行豆科作物,玉米 3 月底覆膜后种植豆科作物,4 月中旬豆科作物出苗后种玉米,豆科作物 6 月下旬收获,在不影响主作物玉米的前提下,收获一茬豆科作物。玉米宽行种 3 行针叶豌豆,玉米亩保苗 5 000 株,豌豆亩播量 10 kg,6 月下旬平均亩收获豌豆籽粒 178 kg,亩增加产值 460～530 元,亩收获豌豆青干草 600 kg,主作物玉米产量达到 947 kg。

　　示范效果:在武威市永昌镇白云村、高坝镇蔡庄村各建 200 亩,武南镇张英村建立 1 000 亩禾本科/豆科(玉米间作针叶豌豆)间作固氮、活化磷素的高效种植模式核心示范区,使间作的豌豆籽粒产量达到 210 kg/亩,增收 545 元/亩;玉米产量达 947 kg/亩,平均增产 85 kg/亩,节约氮肥(尿素)15 kg/亩,节本增收 695 元/亩。

　　示范推广面积 9 550 亩,辐射推广 5.5 万亩,使间作的豌豆籽粒产量达到 165 kg/亩,平均增收 428 元/亩;玉米平均产量达到 910 kg/亩,比农民习惯做法平均增产 68 kg/亩,增幅在 12% 以上;节水 80 m³/亩,节约氮肥(尿素)12 kg/亩,节本增收 554 元/亩,平均可增加效益 450 元以上。

27.4　沿黄灌区蚕豆/玉米间套作高产高效种植模式集成与创新

　　大量研究结果表明,在豆科/禾本科间作体系中存在种间氮营养互补利用机制,即禾本科作物通过竞争吸收土壤氮素,使得土壤氮素对固氮酶活性的抑制能力减弱,进而促进豆科作物对空气氮的固定。由于豆科作物吸收氮素减少,节约了土壤氮源以供禾本科吸收利用,对减少氮肥用量和促进土壤可持续利用也具有现实意义。肖焱波等进一步研究发现,小麦/蚕豆间作后发生了氮营养生态位的分离。小麦通过竞争吸收土壤有效氮,降低了豆科根区的有效氮含量,解除了豆科作物氮阻遏的障碍,增加了豆科对空气固氮的依赖,促进氮的互补利用。生态系统中资源短缺时,相互作用的物种间生态位宽度增加,使得单位资源的边际报酬达到最大化。

27.4.1　沿黄灌区玉米/蚕豆间作高产高效种植技术

　　蚕豆/玉米高产高效间作种植模式具有很好的前期增温保墒效果,能充分利用光、热、水、土资源,提高单位土地的利用效率,且种植方法简单、便于操作、适应性广、生产成本低而深受广大农民群众的欢迎,很多地方已把该模式作为种植业结构调整和发展高产优质高效农业的主导模式加以推广。

1. 蚕豆/玉米间作高产高效种植规格及模式

蚕豆/玉米间作采用 1.6 m 带幅(图 27-2),玉米带 80 cm 种 2 行,行距 40 cm;蚕豆带 80 cm 种 4 行,行距 20 cm。3 月上旬整地施肥后,按带幅划行覆膜,播种豌豆,亩保苗 8 000~8 500 株。玉米播种期为 4 月中上旬,通常采用 70 cm 地膜覆盖,膜面 50 cm 种 2 行玉米,行距 40 cm,株距 22~25 cm,亩保苗 3 500~4 000 株,玉米与豌豆行间距离 20 cm。

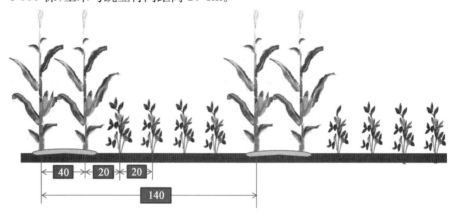

图 27-2　蚕豆/玉米间作栽培模式示意图(单位:cm)

2. 蚕豆/玉米高产高效技术田间管理技术

蚕豆品种　宜选择临蚕 2 号、5 号,该品种中早熟,株型紧凑,幼苗深绿色,叶片阔椭圆形,花浅紫色,始荚高 25 cm,有效分枝 1~3 个,单株结荚 20~30 个,单株荚数 10~15 个,荚长 10 cm,百粒重 165~200 g,籽粒粗蛋白含量 23.44%,粗淀粉 50.83%,粗脂肪 1.64%,生育期 150 d 左右。

玉米品种　在海拔 1 500~1 700 m 且受水资源限制较小的地区,可选择沈单 16 号、郑单 958、金穗等中晚熟品种;在海拔 1 700~1 800 m 且受水资源限制较小的地区,可选择中单 2 号、四单 19 号等早熟品种。

播前基施农肥 3 000 kg/亩、氮肥 20~25 kgN/亩、磷肥 8~10 kg P_2O_5/亩,其中农家肥和全部磷肥,以及氮肥使用量的 1/3(10 kg/亩)作基肥。播种覆膜前,用 48% 地乐胺乳油 200~250 mL/亩兑水喷洒土壤,以防除一年生种子繁殖的禾本科杂草及阔叶杂草。蚕豆和玉米出苗时要及时放苗,以免烧苗。5 月上旬及时灌足头水,6 月上旬和 7 月上旬分别灌好花水和籽粒膨胀水,以满足蚕豆生长对水分的需求;玉米在拔节期(5 月下旬至 6 月上旬)结合灌水追 1 次氮肥,追肥量为纯 N 5 kg/亩,蚕豆收获后正值玉米大喇叭口期(7 月中旬),结合灌水给玉米追施氮肥(N)10 kg/亩,8 月中下旬给玉米灌第 4 水,全生育期灌水 500 m³ 左右。

玉米病虫害主要有锈病、红蜘蛛和玉米螟。

蚕豆上的病虫害主要有赤斑病、锈病、枯萎病和蚕豆象。赤斑病在发病初期喷施 1:2:100 的波尔多液,以后每隔 10 d 喷 50% 多菌灵 500 倍液 1 次,连喷 2~3 次。锈病可用 15% 粉锈宁 50 g,兑水 50~60 kg 喷施,每亩用药液 40~60 kg,施药后 20 d 左右再喷药 1 次。枯萎病在发病初期可用 50% 甲基托布津 500 倍液浇施根部,用药 2~3 次有较好的防治效果。蚕豆象以幼虫钻进蚕豆籽实中危害,可在蚕豆初花至盛花期每亩用 20% 速灭杀丁 20 mL 兑水 60 kg 喷雾毒杀成虫,7 d 后再喷 1 次,防效良好。在蚕豆终花期,喷施 40% 乐果 1 000 倍液,毒杀幼虫也有良好效果。

27.4.2　沿黄灌区高产高效蚕豆豆/覆膜玉米间作模式的优势分析

1. 蚕豆/玉米高产高效间作模式的籽粒产量优势

蚕豆/玉米间作体系具有明显的产量优势(表 27-7),无论是蚕豆的籽粒产量还是玉米的籽粒产量,相对于单作都显著增加。接种根瘤菌能明显增加间作体系的产量优势,充分发挥了产量潜力。接种根瘤菌的间作体系具有很高的产量优势。间作蚕豆和玉米的籽粒产量均增加,尤其是间作体系接种根瘤菌后比相应的单作作物增产幅度更大。

表 27-7

不同接菌处理下单、间作蚕豆和玉米的籽粒产量和土地当量比(LER)

接菌处理	蚕豆		玉米		土地当量比 LER
	单作	间作	单作	间作	
不接菌	3 309	4 093	10 631	11 196	1.34
接菌	3 052	3 859	—	11 964	1.58

对于在不同生长时期的蚕豆地上部生物量来说,从盛花期之后对种植方式和接菌方式响应强烈,其地上部生物量由高到低的顺序为:接种根瘤菌的间作蚕豆>不接种根瘤菌的间作蚕豆>接种根瘤菌的单作蚕豆>不接种根瘤菌的单作蚕豆。这在玉米苗期和成熟期均表现出这样的趋势。由此可见,接种根瘤菌能明显增加间作体系的生物学产量。

2. 蚕豆/玉米高产高效间作模式的生物固氮优势

与单作蚕豆相比,蚕豆与玉米之间的种间相互作用显著促进了间作蚕豆的固氮比例,平均增加 10.5%(表 27-8)。另外,接种的间作蚕豆比接种的单作蚕豆固氮比例高 11.0%,而比不接种根瘤菌的单作蚕豆高 16.8%。实际上,固氮量也呈现出这样的增加趋势,甚至增加的更显著一些。与不接种根瘤菌的单作蚕豆相比,不接种根瘤菌的间作蚕豆固氮量增加 59.2%;与接种根瘤菌的单作蚕豆比较,接种根瘤菌的间作蚕豆增加 51.7%;在种间相互作用和接种根瘤菌的双重作用下,固氮量增加 80.8%。

表 27-8

不同接菌处理下单、间作蚕豆的固氮比例和固氮量(N)

接菌处理	固氮比例/%		固氮量/(kg/hm²)	
	单作	间作	单作	间作
不接菌	40.5	50.6	136.9	217.9
接菌	46.3	57.3	163.1	247.5

3. 蚕豆/玉米高产高效间作模式的氮素吸收优势

在收获时,对整个作物体系来说,接菌后间作体系养分吸收量也具有明显优势,但施氮水平间差异却不显著(图 27-3)。玉米/蚕豆-根瘤菌间作系统的氮累积量、磷累积量和钾累积量分别比不接菌的玉米/蚕豆间作体系增加 19.4%,33.3%和 25.3%。

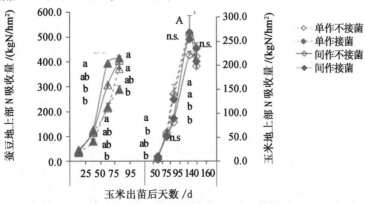

图 27-3　不同接菌处理下单、间作蚕豆和玉米的地上部吸 N 量

与不接根瘤菌的单作蚕豆相比,接根瘤菌的单作蚕豆平均吸 N 量在盛花期、鼓粒期、成熟期分别增加 1.2%,7.0%,0.2%,不接根瘤菌的间作蚕豆从盛花期到成熟期分别增加 11.6%、47.4%、20.2%;间作接菌的蚕豆在与玉米间作的四个生育时期,从初花期开始到成熟期(初花期、盛花期、盛花鼓粒期、成熟期)依次增加 2.7%,16.7%,72.0%,30.9%。蚕豆氮吸收的顺序基本上表现为:接种根瘤菌的间作蚕豆>不接种根瘤菌的间作蚕豆>接种根瘤菌的单作蚕豆>不接种根瘤菌的单作蚕豆;而玉米的吸 N 量受种间相互作用和接菌处理的影响不显著。

由此可知,在新开垦农田上构建的玉米/蚕豆-根瘤菌高效共生体系,相较于单作蚕豆和玉米的种植体系,具有充分利用土地资源和氮肥优势。

4. 玉米/蚕豆高产高效间作体系提高氮和磷肥当季回收率

无论是接种根瘤菌还是不接种根瘤菌,间作显著增加了作物对氮肥的表观回收率(表 27-9)。玉米/蚕豆间作体系的氮肥表观回收率相对于单作种植体系的加权平均值,得到大幅度提高。随施氮量增加,氮肥回收率有下降的趋势。不接种根瘤菌间作体系和单作体系加权平均值的氮肥表观回收率分别为 50.0% 和 30.8%,接种根瘤菌后间作体系和单作体系加权平均值的氮肥表观回收率分别为 75.8% 和 40.2%。可以看出,间作和接种根瘤菌两个措施均提高了氮肥的表观回收率,并且回收率值偏高。这可能主要是由于表观回收率的计算方法,没有考虑种间相互作用增加的生物固氮量和土壤接种根瘤菌增加的生物固氮量所致。除了在施氮量为 300 kg N/hm² 不接根瘤菌处理外,其余处理中间作体系的氮素回收率显著高于单作种植体系的加权平均值。并且随着施氮量的增加,单、间作体系之间的氮素回收率差异逐渐变小。新开垦土壤上,玉米/蚕豆间作接种根瘤菌,形成一个高效共生体系,能充分利用有限资源,可以使氮肥的施用量从 300 kg N/hm² 降到 150 kg N/hm² 左右,这就大大降低了施用氮肥所带来的过高投入和环境风险,还提高了肥料的利用率。

表 27-9

不同接菌处理和不同施氮水平下单、间作体系的氮肥当季表观回收率(NRE)　　　　　　　　　　　　　　　%

接菌处理	施氮水平 /(kg N/hm²)	2008 年		2009 年	
		间作体系[a]	单作体系	间作体系	间作体系
不接菌	0	—	—	—	—
	75	75.6a	20.8a	32.4a	73.6a
	150	39.2a	54.9a	44.3a	62.3a
	225	42.1a	26.4a	30.4a	35.1a
	300	33.6a	20.9a	45.6a	29.1a△
	Mean	47.6B	30.8A	38.2B	50.0B
接菌	0	—	—	—	—
	75	139.3a	72.6a	113.7a	147.4a△
	150	71.7ab	57.7a	60.7b	77.6b
	225	37.4b	14.6b	30.2b	41.4b△
	300	47.8b	15.8b	28.2b	36.6b△
	Mean	74.1A	40.2A	58.2A	75.8A **

注:同一列中不同大写字母表示同一种植方式下接菌处理间差异显著($P<0.05$);同一列中不同小写字母表示同一种植方式相同接菌处理 5 个施 N 水平间差异显著($P<0.05$);△和 ** 分别表示同一接菌处理相同施 N 量时单、间作间在 10% 水平上差异边缘性显著,在 1% 水平上差异显著。在计算 N 肥当季表观回收率时,蚕豆植株地上部吸 N 量包括蚕豆的生物固氮量。

a $NRE_{Intecrp/Intercrop0}=100 \times (U_{Intercropf}-U_{Intercrop0})/N_f$,$U_{Intercropf}$ 是接菌(或不接菌)条件下施氮时间作体系吸氮量,$U_{Intercroe0}$ 是接菌(或不接菌)条件下不施氮时间作体系吸氮量,P_f 则是所施用的氮肥量。b $NRE=100 \times (U_{Solef}-U_{Sole0})/N_f$,$U_{Solef}$ 是接菌(或不接菌)条件下施氮时单作体系吸氮量的加权平均值,U_{Sole0} 是不接菌条件下不施氮时单作体系吸磷量的加权平均值。c $NRE_{Intercrpf/Sole0}=100 \times (U_{Intercropf}-U_{Sole0})/N_f$,$U_{Intercropf}$ 是接菌(或不接菌)条件下施氮时间作体系吸氮量,U_{Sole0} 是不接菌条件下不施氮时单作体系吸磷量的加权平均值。

从不同磷梯度试验中磷肥当季利用情况分析可得,间作体系的磷肥回收率高于相应单作作物的加权平均值(表 27-10)。在施磷 60 kg P_2O_5/hm^2 时,单作体系的磷肥回收率为 -4.0%,间作体系为 18.8%;在施磷 120 kg P_2O_5/hm^2 时,单作体系的磷肥回收率为 $-9.5\%\sim12.8\%$,间作体系为 $5.8\%\sim$ 25.6%。说明相对于无种间相互作用的单作加权平均值,种间相互作用确实提高了蚕豆/玉米间作体系的磷肥回收率。

表 27-10

不同施磷水平下单、间作体系的磷肥当季表观回收率(PRE)[a]　　　　　　　　　　　　　　%

年份	施磷水平/(kg P/hm^2)	单作[b]			间作[c]
		蚕豆	玉米	加权平均	
2008	0	—	—	—	—
	120	12.9±11.3	12.8±7.5	12.8±9.3	25.6±13.9
2009	0	—	—	—	—
	60	12.7±47.2	−12.3±21.8	−4.0±1.7	18.8±7.1
	120	−15.5±10.9	−6.5±5.6	−9.5±6.6	5.8±3.7

注:[a] PRE＝100 × (U_f-U_0)/P_f,U_f 是施磷条件下的吸磷量,U_0 是不施磷条件下的吸磷量,P_f 则是所施用的磷肥量。[b] PRE＝100 × $(U_{Solef}-U_{Sole0})$/P_f,U_{Solef} 是施磷条件下单作体系吸磷量的加权平均值,U_{Sole0} 是不施磷条件下单作体系吸磷量的加权平均值。[c] $PRE^{Intercrpf/Sole0}$＝100 × $(U_{Intercropf}-U_{Sole0})$/$P_f$, $U_{Intercropf}$ 是施磷条件下单间作体系吸磷量,U_{Sole0} 是不施磷条件下单作体系吸磷量的加权平均值。

5. 靖远玉米/蚕豆节水最佳养分资源管理示范推广效果

该模式最大特点:相对于传统种植,蚕豆产量提高幅度较大;相对于垄作栽培,前期的保墒、保苗效果较好,在生产实践中更容易被农民接受。

技术内容:采用幅宽 120 cm 的地膜全地面覆盖,2 行玉米和 2 行蚕豆均种在膜上,玉米窄行距 40 cm、宽行距 80 cm、株距 25 cm,保苗 6.75 万株/hm^2;蚕豆种在玉米两侧,距玉米 20 cm,株距 15 cm,每穴 1 粒,保苗 8.34 万株/hm^2。施肥量为 N300P120,磷肥全部基施,氮肥 40% 基施,30% 给玉米苗期追施,30% 大喇叭口期追施。蚕豆初花期和结荚期防治蚜虫两次,防治方法是用 50% 抗蚜威可湿性粉剂 2 000～3 000 倍液,或 20% 氰戊菊酯乳油 2 000～3 000 倍液,或 2.5% 溴氰菊酯乳油 2 000～3 000 倍液,或 10% 吡虫啉可湿性粉剂 1 500 倍液喷洒防治,连续防治 2～3 次。

示范效果:从蚕豆产量来看,全膜覆盖＋优化施肥处理,不管是用长效尿素还是普通尿素,均比传统种植模式增产,增幅在 20.97%～23.39%,蚕豆产量最高达到了 2 126 kg/hm^2。从玉米产量来看,与蚕豆的结果相似,全膜覆盖＋优化施肥处理＋长效(普通)尿素处理比传统种植模式增产 10.91%～17.37%,玉米产量最高达到了 11 221 kg/hm^2。从混合产量来说,全膜覆盖处理比传统种植模式增产 12.891%～17.92%,混合产量最高达到了 13 305 kg/hm^2,距 15 000 kg/hm^2 的目标产量尚有 1 695 kg/hm^2 的差距。

27.5　甘肃河西小麦/玉米间作高产高效种植模式集成与创新

小麦/玉米带状间作是甘肃省"吨粮田"的主体模式,自 20 世纪 70 年代推广以来,取得了巨大的经济效益或社会效益,据文献资料,甘肃河西走廊的播种面积曾达到 350 万亩,由于玉米制种业的发展压缩了河西小麦/玉米带状间作的面积,目前全省播种达 250 万亩左右,主要分布在甘肃中部沿黄灌区(宁夏及河套平原面积也较大)。依靠小麦/玉米带状间作种植,80 年代河西走廊的临泽县大面积达到"吨粮田",是当时的全国粮食单产冠军县。

27.5.1 河西走廊小麦/玉米间作高产高效种植技术栽培要点

1. 小麦/玉米间作高产高效种植规格及模式

本技术适用于海拔 1 650～1 900 m。年平均气温 6.0～8.2℃,≥10℃ 的积温 2 195.5～3 100℃。产量指标:小麦 350～400 kg/亩,玉米 650～850 kg/亩。带幅宽 1.5 m,其中小麦幅宽 70 cm;种 6 行;玉米幅宽 80 cm,种 2 行(图 27-4)。在施过基肥浅耕耙糖半整的地块上,用长绳以 1.5 m 等距划带。先播种小麦,行距 12 cm,穴距 10 cm,每穴保苗 10～13 株,两侧距小麦 25 cm 远种 2 行玉米,行距 40 cm,株距 20 cm。以划好的带线为准,按行带顺序依次用 6 行播种机播种。

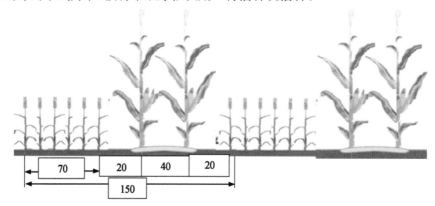

图 27-4 小麦/玉米间作种植模式图(单位:cm)

2. 小麦/玉米间作高产高效栽培种植种植技术要点

种植全膜春小麦间套玉米要求土层较深厚,质地良好,肥力中上等的水地。前茬以豆类、胡麻为好,避免重茬。上年秋季深翻 25～28 cm,再浅耕 1～2 遍,整平土地,灌足冬水,冬季适时耙耕镇压保墒。

施农家肥 1 500～4 000 kg/亩,N 肥 3 00 kg/亩,P_2O_5 肥 120 kg/亩,K_2O 肥 75 kg/亩。其中 P_2O_5 全部做底肥,N 肥 20% 做底肥,小麦挑旗期追肥 30%,小麦灌浆期追肥 30%,玉米灌浆中期追肥 20%。基肥结合播前浅耕翻入土壤,追肥灌水前在穴施于玉米棵间。

小麦播量以 16 kg 为宜,成穗 28 万～32 万;玉米播量以 4.5 kg 为宜,亩保苗 4 500～5 000 株。

当气温稳定通过 0℃,土壤表层 10 cm 深度夜冻昼消(3 月 10—20 日),播种小麦,播种深度 3～4 cm 为宜;在 4 月 8 日左右播种玉米,每穴点播精选种子 2～3 粒。

灌水量 400 m³/亩,灌水次数分为 5 次进行,分别在小麦三叶期、挑旗期、灌浆期、玉米吐丝期、灌浆中期,灌水定额分别占总灌水量的 15%,20%,25%,25% 和 15%。

5 月中旬以后当小麦百株有蚜 500 头时,亩用抗蚜威 5～10 g 或甲胺硫磷乳油 50～70 mL 兑水 50 kg,喷雾防治 1～2 次。7—9 月要密切注意二代黏虫的发生发展,一旦发生危害严重,立即用甲胺硫磷 100 mL,兑水 50 kg 喷雾防治,灭虫于 3 龄前。

在玉米生长过程中,要及时防除钻出地膜的杂草。

小麦于蜡熟后期及时收割,拉运上场,以利于玉米管理。玉米苞叶发黄时采收,晒干脱粒入库。

小麦/玉米高产高效技术模式见表 27-11。

27.5.2 小麦/玉米间作高产高效间套作种植模式的优势分析

1. 小麦/玉米间作种植具有明显的间作产量优势

籽粒产量的土地量比(LER)均大于 1,随施氮量的增加 LER 也由 1.31 逐渐增加为 1.53(表 27-12)。因此小麦/玉米间作具有明显的间作产量优势,施氮肥对这种优势具有促进作用。

表 27-11

甘肃省小麦/玉米高产高效技术模式

		3 月中下旬至 4 月中旬 整地—施肥 小麦播种—出苗;玉米播种	5 月至 6 月中旬 小麦拔节—抽穗 玉米出苗—拔节	6 月中旬至 7 月中旬 小麦灌浆—成熟 玉米拔节—喇叭口期	7 月中旬至 9 月下旬 玉米喇叭口—灌浆期	10 月上旬 玉米收获
适宜区域	本技术适用于甘肃省沿黄灌区或河西灌区,海拔 1 650～1 900 m。年平均气温 6.0～8.0℃,≥10℃的积温 2 000～3 200℃					
产量目标	产量指标:小麦 350～400 kg/亩,玉米 650～850 kg/亩					
时期						
播种技术图示						
主攻目标		提高整地质量和播种质量,确保苗全、苗齐、苗壮	促进分蘖,培育壮苗,保证安全过冬	及时收获小麦,玉米攻粒数、粒重	防病虫、防旱衰、促灌浆、增粒重	适时收获
技术指标		精细整地,表面没有明显的结秆	小麦基本苗 30 万～35 万/亩 玉米基本苗 4 500 株/亩	小麦亩穗数 25 万,每穗粒数 35～40 个,千粒重 40～45 g	玉米苗穗数 3 500～4 000 穗,每穗粒数 440～500 粒,百粒重 37～42 g	
主要技术措施		1. 播前整地:春季播前结合施耕—浅耕一次,做到耕层深浅一致,地面平整,土壤松绵墒足。 2. 推荐底施肥肥量:每亩施优质农家肥 2 000 kg,纯 N 10～12 kg,P₂O₅ 8～10 kg,K₂O 5～6 kg。 3. 覆膜:现用划行器划行,80 cm 玉米覆膜+70 cm 小麦膜同带,地膜选用幅宽 140 cm 的超薄地膜,做到严,紧,平,实的要求。膜与膜之间的距离为 70 cm。 4. 播种:小麦,3 月中下旬在膜间距露地上种 6 行小麦,株距 15 cm,亩播量 20 kg 左右;玉米于 4 月上中旬播种,地膜上种 2 行,行行距 50 cm,株距 22～24 cm,亩保苗 4 400 株左右,亩播量 3 kg	1. 玉米放苗:玉米出苗后要将错位苗及时放出,避免烧苗。 2. 灌头水:在 5 月上旬玉米出苗后灌头水,灌水量控制在 80 m³/亩。一般每隔 20～25 d 灌一次水,全生育期灌 5～6 次水。 3. 二水时结合灌水追施纯 N 5 kg 左右	1. 小麦收获:7 月中旬小麦收获。 2. 玉米大喇叭口期追肥:结合灌溉重施灌浆肥,每亩追施纯 N 10～12 kg	1. 花粒期要特别注意防止吐丝期出现的干旱,及时灌水及时拔除空株。 2. 防治病虫害:防治玉米螟、蚜虫,玉米粘铃虫和红蜘蛛,可根据病虫草发生情况混合用药,杀虫,治病,防草药剂可混合施用达到一喷综防	1. 玉米收获:10 月上旬,适时收获玉米,在条件允许的情况下尽量晚收。 2. 玉米晾晒:及时晾晒,等籽粒含水量小于 13%时,脱粒,筛选,入库

表 27-12

不同施氮水平小麦、玉米籽粒产量

施氮水平	小麦产量		玉米产量		土地当量比
	间作	单作	间作	单作	
N0	5 512.2(2 362.4)A	3 437.0B	7 000(4 000)C	6 472C	1.31
N150	5 405.4(2 316.6)A	3 925.9A	14 287(8 164)B	11 194B	1.32
N300	4 308.1(1 846.3)C	2 924.4B	20 194(11 540)A	14 194A	1.44
N450	4 332.1(1 856.6)C	3 080.0B	19 824(11 328)A	12 833B	1.49
N600	4 787.2(2 051.7)B	2 911.1C	19 111(10 921)A	13 278AB	1.53

注:括号中的值为间作总面积上的产量,括号外为小麦净占面积上的产量。不同字母代表5%的显著水平。

除 N450 处理外其他施氮处理小麦相对玉米的竞争力 A_{wm} 均大于 0,这说明在小麦/玉米间作中,小麦相对于玉米来说是更具有竞争力的作物,且施氮肥对小麦相对玉米的竞争力有减弱作用,即施氮肥可以改善玉米在间作中的不利地位。另外,随施氮量的增加,小麦相对玉米的竞争力 A_{wm} 呈马鞍型变化,这可能意味着过量施氮肥导致小麦/玉米间作中竞争补偿平衡的失调;适量施氮肥使两作物的竞争矛盾缓解;不施氮肥,当然作物间的竞争也最激烈。

2. 小麦/玉米间作促进小麦、玉米氮素吸收

不同施氮量和种植方式显著影响着小麦氮吸收量。总体说来,小麦的吸氮量与施氮量呈正相关关系,但是到达某一阈值后,吸氮量不再随施氮量的增加而升高,而是保持在相对稳定的水平或者略有降低。

与单作相比,所有施氮处理的间作小麦的吸氮量均高于单作小麦,差异达极显著水平。如不施氮处理 N0 的小麦吸氮量,单作小麦为 98.3 kg/hm²,间作小麦高达 165.4 kg/hm²。玉米随施氮量超过 300 kg/hm² 后间作玉米的吸氮量显著高于单作(表 27-13)。

表 27-13

不同施氮水平对小麦/玉米间作吸氮量的影响 　　　　　　　　　　　　　　　　　　　　 kg/hm²

施氮水平	小麦		玉米	
	单作	间作	单作	间作
N0	98.3	165.4	124.5	122.3
N150	148.1	248.9	227.3	225.5
N300	181.0	300.2	307.5	413.4
N450	188.9	278.3	301.6	440.3
N600	148.2	260.4	340.5	468.2

3. 间作种植显著提高氮素吸收效率而非利用效率

玉米氮吸收效率和小麦氮吸收效率的变化趋势完全相同,施氮量对玉米氮吸收效率的影响达到极显著水平。比较不同种植方式的玉米氮吸收效率,间作种植显著提高了玉米氮吸收效率,尤其是高施氮肥(N450、N600)时更为明显(表 27-14)。

表 27-14

不同施氮水平对小麦玉米氮吸收效率的影响 　　　　　　　　　　　　　　　　　　　　 kg/kg

施氮水平	小麦		玉米	
	单作	间作	单作	间作
N0	1.000	1.000	1.00	1.00
N150	0.600	0.767	0.88	0.85
N300	0.458	0.633	0.71	0.81
N450	0.347	0.441	0.53	0.77
N600	0.213	0.328	0.48	0.65

4. 小麦/玉米间作水分利用效率显著高于单作小麦和玉米

随着施氮量的增加各作物的耗水量都马鞍型变化,即适量的施氮肥可以减少作物耗水量,这可能是因为施氮量小(N0、N150),作物生长缓慢,土壤裸地蒸发量增加致使作物耗水量增加;施氮量大(N600)时,作物蒸腾量增加导致作物耗水量增加(表 27-15)。

表 27-15

不同施氮量对小麦/玉米间作耗水量的影响　　　　　　　　　　　　　　　　　　　　　　　　　mm

施氮水平	单作玉米	单作小麦	间作玉米	间作小麦	小麦对玉米的水分竞争比率(CR_{wm})
N0	808.37B	493.80B	805.47B	484.20C	0.98
N150	811.15B	535.94A	828.09AB	522.63A	0.96
N300	807.55B	474.49C	773.09C	483.27C	1.06
N450	757.62C	493.88B	778.51C	516.91AB	1.02
N600	860.44A	499.05B	861.88A	508.71B	1.02

注:不同字母代表 5% 的显著水平。

小麦相对于玉米的水分竞争比率 CR_{wm} 约为 1,这说明作物种间对水分资源的竞争在小麦/玉米间作种植中不是主要矛盾。进一步分析发现,当施氮量低(N0、N150)时小麦相对于玉米的水分竞争比率 CR_{wm} 小于 1;增加施氮量(N300、N450、N600),小麦相对于玉米的水分竞争比率大于 1。这说明在间作种植条件下,施氮水平低时,间作玉米能获取更多的水分资源,而对间作小麦的水分获取有不利的影响;增加施氮量,小麦对获取水分的能力大于玉米。

间作小麦收获时比单作小麦水分利用效率高 1.42~1.68 倍,间作玉米收获时水分利用效率是单作玉米的 0.70~1.41 倍,均有随着施氮量的增加而增加的趋势(表 27-16)。

表 27-16

不同施氮处理作物生育时期水分利用效率　　　　　　　　　　　　　　　　　　　　　　$kg/(mm \cdot hm^2)$

测定日期	施氮水平	水分利用效率(WUE)			
		单作小麦	间作小麦	单作玉米	间作玉米
小麦收获期 (7 月 22 日)	N0	25.43	42.65	2.40	1.28
	N150	27.79	41.52	3.25	4.03
	N300	30.75	46.71	3.67	4.67
	N450	27.47	39.00	3.70	4.81
	N600	29.39	41.75	3.48	4.08
玉米收获期 (10 月 12 日)	N0			20.13	14.09
	N150			27.30	32.49
	N300			38.77	47.46
	N450			33.87	47.44
	N600			31.01	43.83

在小麦收获时间作小麦的水分利用效率是 39.0~46.7 $kg/(mm \cdot hm^2)$,此时间作玉米的水分利用效率仅为 1.28~4.81 $kg/(mm \cdot hm^2)$,小麦的水分利用效率远远高于玉米,也高于单种小麦[25.43~30.75 $kg/(mm \cdot hm^2)$]。在小麦收获后,间作玉米(除 N0 处理)的水分利用效率迅速提高,当玉米收获时水分利用效率高达 32.49~47.46 $kg/(mm \cdot hm^2)$,明显高于单种玉米[27.30~38.77 $kg/(mm \cdot hm^2)$],因此前期小麦(相对玉米)高效地利用水分资源,玉米的水分利用效率很低;小麦收获后玉米迅速提高水分利用效率。

小麦和玉米两物种对水分生理需求时间的有效性差异是小麦/玉米间作高效利用水分资源的基础。前期小麦(相对玉米)高效地利用水分资源,玉米的水分利用效率很低;小麦收获后玉米迅速提高水分利用效率,这种水分利用效率的前期早熟作物高效利用恢复-后期晚输作物的补偿作用为两作物共同高产奠定基础。

间作后小麦与玉米两作物水分利用效率分布时间上的错位具有重要的生态学意义。首先,两作物水分生态位在时间上的分离,降低了作物种间的竞争作用增加了水分在时间上的有效性。其次,使两作物都拓宽了水分利用空间生态位。早种早收作物间作小麦在苗期就占有较多的生态位空间(因玉米前期影响较小),使其具有更强的竞争力;共生期又能竞争晚播作物玉米的水分资源,实际上又更大的资源空间获取更多的水分,有利于间作小麦提高产量。小麦收获后,晚种晚收作物间作玉米可以利用间作小麦的空间资源,迅速提高资源利用能力,具有明显的恢复功能。

氮肥对间作作物的水分利用能力具有调节作用。小麦收获时,间作小麦是单作小麦水分利用效率的 1.42～1.68 倍;玉米收获时,间作水分利用效率是单作玉米的 0.70～1.41 倍。随着施氮量的增加小麦这一比值呈下降趋势,而玉米随着施氮量的增加这一比值明显上升。施氮肥降低了间作小麦(相对于单作小麦)苗期的水分利用效率,灌浆期则超过单作小麦;施氮肥能大大提高了间作玉米的水分利用效率,尤其是小麦收获后间作玉米的水分利用效率的增长速度远远高于单作玉米。这一现象的可能解释是,施氮量小时小麦能有效减少土壤裸地蒸发,从而改善间作玉米水分条件;施氮量较高时小麦蒸腾量耗水量大于同期玉米的蒸腾量,在水分资源竞争中占优势。

5. 张掖小麦/玉米间作最佳养分管理示范效果

示范方案:有机肥 2 t/亩,磷肥 8 kg/亩,钾肥 8 kg/亩,都作底肥一次施入,纯氮 25 kg/亩,N 肥 20％作底肥,小麦挑旗期追肥 20％,小麦灌浆期追肥 30％,玉米灌浆中期追肥 30％。灌水量 400 m³/亩,灌水次数分为 5 次进行,分别在小麦三叶期、挑旗期、灌浆期、玉米吐丝期、玉米灌浆中期灌水,灌水定额分别占总灌水量的 15％,20％,25％,25％和 15％。

产量:小麦 5 000 kg/hm²,玉米 12 000 kg/hm²。

示范效果:在张掖市甘州区新敦镇建立小麦玉米带田节水、省肥增产、高效种植模式核心示范田 220 亩,示范田 1 500 亩,比农民习惯做法平均增产 80 kg/亩,增幅在 10％以上;节水 80 m³/亩,节约磷肥(过磷酸钙肥料)25 kg/亩,节本增收 140 元/亩。辐射推广 2.3 万亩,平均亩可节本增效 120 元以上。

参考文献

[1] 陈家琦.可持续的水资源开发与利用.自然资源学报,1995,10:252-258.

[2] 陈文新,陈文峰.发挥生物固氮作用减少化学氮肥用量.中国农业科技导报,2004,6(6):3-6.

[3] 陈文新,李季伦,朱兆良,等.发挥豆科植物-根瘤菌共生固氮作用——从源头控制滥施氮肥造成的面源污染.科学时报,2006,10:19.

[4] 杜雄,张立峰,杨福存,等.冀西北高原地区饲用玉米地膜覆盖效应研究.中国农学通报,2005,21:12-15.

[5] 桂林国.新垦淡灰钙土玉米施肥效应研究[硕士论文].北京:中国农业大学,2005.

[6] 吕殿青,王全九,王文焰,等.土壤盐分分布特征评价.土壤学报,2002,39(5):720-725.

[7] 罗玮.节水灌溉技术的发展现状及趋势.海河水利,2005,4:40-42.

[8] 毛丽丽.玉米/豌豆间作对水分和养分吸收利用的影响[硕士论文].北京:中国农业大学,2011.

[9] 梅沛沛.新开垦土壤上玉米/蚕豆-根瘤菌高效体系的构建及其高产高效机制研究[博士论文].北京:中国农业大学,2012.

[10] 沈世华,荆玉祥.中国生物固氮研究现状和展望.科学通报,2003,48(6):535-540.

[11] 王鸣远,关三和,王义.毛乌素沙地过渡地带土壤水分特征及其植物利用.干旱区资源与环境,

2002,16(2):37-44.

[12] 王琪,史基安,张中宁,等.石羊河流域环境现状及其演化趋势分析.中国沙漠,2003,23:46-52.

[13] 魏后凯.中国区域经济发展的水资源保障能力研究.中州学刊,2005,2:37-37.

[14] 肖焱波,段宗颜,金航,等.小麦/蚕豆间作体系中的氮节约效应及产量优势.植物营养与肥料学报,2007,13(2):267-271.

[15] 肖焱波,李隆,张福锁.根瘤菌菌株 NM353 对小麦/蚕豆间作体系中作物生长及养分吸收的影响.植物营养与肥料学报,2006,12(1):89-96.

[16] 肖焱波,李隆,张福锁.小麦/蚕豆间作体系中的种间相互作用及氮转移研究.中国农业科学,2005,38(5):965-973.

[17] 叶优良,李隆,孙建好.3 种豆科作物与玉米间作对土壤硝态氮累积和分布的影响.中国生态农业学报,2008,16(4):818-823.

[18] 张文慧.节水灌溉技术的现状及发展趋势.农村牧区机械化,2005,4:27-28.

[19] 李隆,杨思存,孙建好,等.春小麦大豆间作条件下作物养分吸收积累动态的研究.植物营养与肥料学报,1999,5(2):163-171.

[20] Adu-Gyamfi J J,Myaka F A,Sakala W D,et al.,Biological nitrogen fixation and nitrogen and phosphorus budgets in farmer-managed intercrops of maize-pigeonpea in semi-arid southern and eastern Africa [J]. Plant and Soil,2007,295:127-136.

[21] Ae N,Arihara J,Okada K,et al.,Phosphorus uptake by pigeon pea and its role in cropping systems of the Indian subcontinent. Science,1990,248:477-480.

[22] Cardoso E J B N,Nogueira M A,Ferraz S M G. Biological N2 fixation and mineral N in common bean- maize intercropping or sole cropping in southeastern Brazil. Experimental Agriculture,2007,43:319-330.

[23] Cassman K G,Whitney A S,Stockinger K R. Root growth and dry matter distribution of soybean as affected by phosphorus stress, nodulation, and nitrogen source. Crop Science, 1980, 20:239-244.

[24] Chu Gui-xin,Shen Qi-rong,Cao Jiang-li. Nitrogen fixation and N transfer from peanut to rice cultivated in aerobic soil in an intercropping system and its effect on soil N fertility. Plant and Soil,2004,263:17-27.

[25] Corre-Hellou G,Fustec J,Crozat Y. Interspecific competition for soil N and its interaction with N2 fixation,leaf expansion and crop growth in pea-barley intercrops. Plant and Soil,2006,282:195-208.

[26] Fan Fen-liang,Zhang Fu-suo,Li Long,et al. Nitrogen fixation of faba bean (Vicia faba L.)interacting with a non-legume in two contrasting intercropping systems. Plant and Soil,2006,283:275-286.

[27] Francis C A. Biological efficiencies in mixed multiple cropping systems. Advances in Agronomy,1989,42:1-42.

[28] Gardner W K,Boundy K A. The acquisition of phosphorus by Lupinus albus L. IV. The effect of interplanting wheat and white lupin on the growth and mineral composition of the two species [J]. Plant and Soil,1983,70:391-402.

[29] Graham P H,Vance C P. Nitrogen fixation in perspective:An overview of research and extension needs. Field Crops Research,2000,65:93-106.

[30] Graham P H. Some problems of nodulation and symbiotic fixation in Phaseolus vulgaris L.:a review. Field Crops Research,1981,4:93-112.

[31] Hauggaard-Nielsen H,Ambus P,Jensen E S. The comparison of nitrogen use and leaching in sole cropped versus intercropped pea and barley. Nutrient Cycling in Agroecosystems,2003,65: 289-300.

[32] Jakobsen I. The role of phosphorus in nitrogen fixation by young pea plants (*Pisum sativum*). Physiologia Plantarum,1985,64:190-196.

[33] Li Long,Sun Jian hao,Zhang Fu suo,et al. Diversity enhances agricultural productivity via rhizosphere phosphorus facilitation on phosphorus-deficient soils. Proceedings of National Academy of Sciences,United States of America,2007,27:11192-11196.

[34] Li Long,Zhang Fu-suo,Christie P,et al. ,Interspecific complementary and competitive interactions between intercropped maize and faba bean . Plant and Soil,1999,212:105-114.

[35] Li Long,Zhang Fu-suo,Christie P,et al. Interspecific facilitation of nutrient uptake by intercropped maize and faba bean. Nutrient Cycling Agroecosystems,2003,65:61-71.

[36] Li Long,Zhang Fu-suo,Rengel Z,et al. ,Wheat/maize or soybean strip intercropping. II. Recoveryor compensation of maize and soybean after wheat harvesting. Field Crops Research,2001b, 71:173-181.

[37] Li Long,Zhang Fu-suo,Rengel Z,et al. ,Wheat/maize or wheat/soybean strip intercropping. I. Yield advantage and interspecific interactions on nutrients. Field Crops Research,2001a,71: 123-137.

[38] Li Yu-ying,Zhang Fu-suo,Li Long,et al. ,Intercropping alleviates the inhibitory effect of N fertilization on nodulation and symbiotic N2 fixation of faba bean. Plant and Soil,2009,323: 295-308.

[39] Mandal B K,Das D,Saha A,et al. ,Yield advantage of wheat (Triticum aestivum)and chickpea (Cicer arietinum)under different spatial arrangements in intercropping. Indian Journal of Agronomy,1996,41:17-21.

[40] MAO Li-li,ZHANG Li-zhen,LI Long,et al. ,Yield advantage and water saving in maize/pea intercrop[J]. Field Crops Research,138(2012):11-20.

[41] MEI Pei-pei,Peter Christie,LI Long,et al. Maize/faba bean intercropping with rhizobia inoculation enhances productivity and recovery of fertilizer P in a reclaimed desert soil [J]. Field Crops Research,2012,130(2012):19-27.

[42] Morris R,Garrity D P. Resource capture and utilization in intercropping:Water . Field Crops Research,1993b,34:303-317.

[43] Mullen M D,Israel D W,Wollum A G. Effects of Bradyrhizobium japonicum and soybean (*Glycine max* (L.)Merr.)phosphorus nutrition on nodulation and dinitrogen fixation. Applied and Environmental Microbiology,1988,54:2387-2392.

[44] Peoples M B,Ladha J K,Herridge D F. Enhancing legume N2 fixation through plant and soil management. Plant and Soil,1995,174:83-101.

[45] Sanginga,Bowen G D,Danso K A. Intra-specific variation in growth and P accumulation of Leucaena leucocephala and Gliricidia sepium as influnced by soil phosphate status. Plant and Soil, 1991,133:201-208.

[46] Santalla J M,Amurrio J M,Rodino A P,et al. ,Variation in traits affecting nodulation of common bean under intercropping with maize and sole cropping. Euphytica,2001a,122:243-255.

[47] Santalla J M,Rodino A P,Casquerop A,et al. ,Interactions of bush bean intercropped with field and sweet maize. European Journal of Agronomy,2001b,15:185-196.

［48］Stern W R. Nitrogen fixation and transfer in intercrop systems. Field Crops Research,1993,34:335-356.

［49］Sun Hong-yong,Liu Chang-ming,Zhang Xi-ying,et al.,Effects of irrigation on water balance,yield and wue of winter wheat in the north china plain. Agricultural Water Management,2006,85:211-218.

［50］Vadez V,Lasso J H,Beck D P,et al.,Variability of N_2-fixation in common bean (*Phaseolus vulgaris* L.)under P deficiency is related to P use efficiency. Euphytica,1999,106:231-242.

［51］Vandermeer J H. The Ecology of Intercropping. UK, Cambridge, Cambridge University Press,1989.

［52］Walker S,Ogindo H O. The water budget of rainfed maize and bean intercrop. Physics and Chemistry of the Earth,Parts A/B/C,2003,28:919-926.

［53］ZHANG Fu-suo,LI Long. Using competitive and facilitative interactions in intercropping systems enhances crop productivity and nutrient-use efficiency. Plant and Soil,2003,248:305-312.

（执笔人:孙建好　吴科生　王志刚）

第28章

陕西省关中小麦/玉米轮作体系养分管理技术创新与应用

关中平原位于陕西省中部,东西横跨渭南潼关和宝鸡大散关(E107°02′～110°17′),南北纵览秦岭至北山山脉(N33°51′～34°57′),号称"八百里秦川"。该地区平均海拔520 m,属暖温带半湿润易旱气候区,年均气温11～13℃,年均降水量为500～700 mm,该地区地势平坦、土壤肥沃,有着良好的农业生产条件。作物以一年二熟制(冬小麦/夏玉米)为主要种植制度,农作物产量较高,本地区每年对国民生产总值和粮油产量的贡献占全省的2/3,在陕西省乃至全国都有重要地位。

关中平原是陕西省小麦、玉米的重要生产区,目前小麦种植面达到1 700万亩,玉米种植面也有1 040万亩左右,其总产量分别达到600万和380万t,分别占全省的85.3%和58.3%(李锦,2013),提升该区小麦/玉米轮作体系生产能力是保障陕西粮食安全、农村经济发展的重要内容之一。近年来农户调查显示关中平原小麦种植品种相对集中,主要以小偃22为主,约占60%的种植户,西农979以及西农88分别为8%和6%。但是冬小麦种植管理粗放、良种良法不配套,没有充分发挥品种潜力。关中夏玉米近10年来大面积生产水平一直波动在300～400 kg/亩水平,未能突破500 kg/亩水平(胥志文等,2009)。除了气候因素和灌溉不足之外,主要有品种杂乱、密度以及养分管理三个方面的因素影响玉米产量进一步提高。

陕西省1980年化肥施用量30万t左右(刘全清,2005),到2010年增加到197万t,增长了556%,粮食产量由757万t增长至1 165万t,增长了54%。可以看出化肥投入在成倍增加的同时,粮食产量增加有限。在1997—1998年对陕西关中西部(咸阳及以西地区)农户氮肥投入量的调查表明,不同县区小麦平均投入氮肥143～266 kg/hm²,玉米平均投入氮肥216～290 kg/hm²,相比较最佳推荐氮肥量,农户麦田过量施用氮肥55 kg/hm²,64%的农户玉米田过量施氮90 kg/hm²,或平均过量56 kg/hm²(同延安等,2004)。2008年在关中中部(高陵、武功和杨凌)农户的调查结果表明,小麦平均投入氮肥214～253 kg/hm²,玉米平均投入氮肥272～337 kg/hm²,与1997—1998年调查结果相比农户氮肥投入呈增加趋势(张明等,2011)。2009年在陕西关中(西安、宝鸡、咸阳和渭南)调查表明,小麦投入氮磷钾肥分别为(191±95),(130±68)和(44±82)kg/hm²,氮肥投入较高的占到50.0%,磷肥投入较高的占到35%(赵护兵等,2010)。由此看来,陕西关中地区小麦/玉米轮作区农户存在养分管理的问题。针对生产实际中的问题,科研工作者不断研究合理的养分管理技术,促进种植户施肥合理化,达到作物高产、资源高效与环境保护协同的目标。本文总结过去近20年关中小麦/玉米轮作区养分管理方面的研究工作,为该区小麦/玉米轮作体系高产高效的可持续发展服务。

28.1　生产中存在的主要问题

28.1.1　小麦生产中存在的主要问题

1.播前整地和播种问题

合理的群体是小麦高产的基础,高产群体的构建和调控是实现小麦高产高效的核心。关中地区小麦-玉米一年两熟制,争时矛盾突出,加之小麦播种期往往是雨水较多,常常导致有些区域整地、播种质量不高。关中地区处于小麦冬春性品种交替过渡的中间地带,生产上应用的小麦品种主茎总叶片数都在 11~14 片之间,均属弱冬性生态类型(杨选成和张杰,2010)。关中灌区一般较多发生小麦冻害,其中冬季冻害发生较凸显,冻害与寒潮降温强度和低温持续时间的长短有关,但冻害也与品种、播期和栽培管理等方面有很大关系。根据小麦栽培学,合理的播期取决于小麦越冬前累计的积温,达到合理壮苗的标准是 6 叶一心,这就要求越冬前>0℃的积温满足 600℃。以武功为例,统计 1985—2009 年的气象数据,10 月 1 日满足积温的概率在 84%以上,10 月 6 日下降到 48%,10 月 10 日为 12%,因此武功地区适宜的播期在 10 月 1—6 日内(表 28-1)。不过,据多年的试验观察,在其他因素相同的条件下(自然因素、管理因素),关中地区兴平市小麦产量的高低在很大程度上受小麦播期影响,正常年份 10 月 8日以前播种的冬小麦,播期越早,产量降低愈明显;而 10 月 8—10 月 25 日以前播种的冬小麦,产量降幅不明显(杨选成和张杰,2010)。

表 28-1

1985—2009 年陕西武功冬前积温

积温(>0℃)	10 月 1 日	10 月 6 日	10 月 10 日
>600℃/%	84	48	12

在小麦高产栽培中,随着产量水平的提高及环境条件的变化,高产与倒伏的矛盾显得尤为突出。倒伏成为限制小麦持续稳产高产的重要因素。据有关部门统计,我国每年因倒伏造成的产量损失高达20 亿 kg,陕西省小麦主产区关中,小麦生产常常受到倒伏的威胁,产量损失惨重(张睿和黄力,2001)。除收获前灾害性气候因素外,形成小麦倒伏的主要原因与播量过大有关,从苗期开始就造成群体和个体发育不协调,增加了个体间的营养竞争,使个体生长受到影响,埋下倒伏隐患。根据调查数据,以关中地区主栽品种小偃 22 为例,适宜播量为 135 kg/hm²(赵永萍等,2009),4%农民小麦播量偏低($n=$35),26%农民播量适宜($n=231$),48%农民播量偏多($n=429$),23%农民播种过量(表 28-2)。

表 28-2

2011 年陕西关中地区小麦播种量农户调查数据(小偃 22)　　　　　　　　　　　　　　　　　　kg/hm²

项目	较低 (<120)	合适 (120~150)	偏高 (165~195)	高 (>195)
播量/%	4	26	48	23
n	35	231	429	208

同时,根据调查上千个农户发现小麦播种前地块均没有深翻,均为旋耕,犁底层无法打破。不进行深翻,旋耕两遍直接播种,容易导致耕层墒情小于深翻田块,种子发芽困难,容易出现缺苗断垄(图 28-1)。

2.群体发育过程,包括肥水管理不当导致的群体数量和质量问题

以往的研究表明关中小麦氮肥适宜用量为 125~195 kg N/hm²(张树兰等,2000;付莹莹等,2009;

图 28-1　陕西关中冬小麦苗情中存在的缺行、断垄的情况

张鹏等,2010;张明等,2011),磷肥为 60~140 kg P_2O_5/hm²(付莹莹等,2009;张鹏等,2010),其中氮肥施用以基肥和追肥各 50% 可获得最高的小麦产量以及氮效率(陈祥等,2008)。2010—2011 年农户调查显示,关中小麦的总养分投入量和时期均不合理。小麦季氮肥以"一炮轰"为主,占调查农户的 80%,氮肥分次施用的农户中氮肥总量过高,其中基肥施用量为 155 kg N/hm²,基追比约为 6∶4,同时磷肥也过量投入(表 28-3)。

播前氮肥"一炮轰"容易导致小麦生育前期群体数量过大,后期成穗数降低(表 28-4)。这表明,拔节期追肥能够满足小麦后期的氮素需求,提高成穗数。最终,由于不合理的施肥导致产量下降 12%~18%。

表 28-3

2011 年陕西关中地区小麦季调查施肥量　　　　　　　　　　　　　　　　　　　　　　　　　　　kg/hm²

	纯 N	纯 N	P_2O_5	K_2O
基肥	203	155	165	26
n	1 261	318	1 579	1 579
追肥	0	89	0	0
n	0	318	0	0

表 28-4

陕西关中地区氮肥调控对群体和产量的影响

	基本苗/(万/亩)	成熟穗数/(万/亩)	产量/(kg/hm²)	资料
农民习惯	11	31	6 100	陈毓君等,2012
拔节追肥	11	36	6 900	
农民习惯	—	26	3 200	陈祥等,2008
拔节追肥	—	27	3 900	
农民习惯	—	36	7 000	
拔节追肥	—	43	8 200	

28.1.2　玉米生产中存在的主要问题

陕西夏玉米主要集中在关中地区,其总产量占全省玉米的 70% 左右,但近 10 年来大面积生产水平一直波动在 4 500~6 000 kg/hm² 水平,未能突破 7 500 kg/hm² 水平(胥志文等,2009)。除了气候因素和灌溉不足之外,主要有三个方面的因素影响玉米产量进一步提高。

1. 品种多乱杂,主导品种不突出

据在宝鸡调查显示市场供应的玉米品种有 100 多个,农民常因所购品种不适应当地自然条件"良种不良"或良种良法不配套而减产(胥志文等,2009)。本课题组 2011 年在宝鸡地区、咸阳地区以及渭南地区调查也显示 1 400 多个农户种植品种接近 100 个,大于 5% 种植比例的有 7 个品种/系列,但是没有那个品种/系列种植比例超过 20%(表 28-5)。同时,调查农户产量只有各品种区试产量的 60%~70%。

表 28-5

2011 年陕西关中地区农户种植夏玉米品种、产量调查数据

品种	农户数	比例/%	产量 /(kg/hm²)	区试产量 /(kg/hm²)	产量实现 比例/%
先玉 335	262	18	6 626	8 700	76
郑单 958	178	13	6 510	9 135	71
浚单	156	11	6 392	9 315	69
蠡玉	65	5	6 669	9 735	69
秦龙 14	72	5	6 219	9 840	63
正大 12	136	10	5 848	8 753	67
中科	218	15	6 108	9 126	67
总计	1 418	76			

2. 种植方式及种植密度不足,群体产量受限

目前推广的玉米品种多为紧凑型和半紧凑型品种。农民习惯了几十年稀植大棒栽培,仍以传统平展型品种确定留苗密度,群体不足,产量结构不合理,影响高产(胥志文等,2009)。在兴平市调查表明 80%~90% 面积种植密度 3 500~4 000 株/亩,10%~20% 面积种植密度在 4 000 株/亩以上(郝引川等,2008)。另外,70% 以上面积采用等行距种植方式,行距一般为 50~60 cm,30% 以下面积采用宽窄行种植方式,宽行 70~80 cm,窄行 40~50 cm(郝引川等,2008)。低密度与等行距种植可能是造成玉米产量与区试产量相差很大的两个原因(表 28-5)。

3. 施肥不合理

不少农民认为夏玉米生长期短,施用氮肥生长快,氮肥施用过量,而且 70% 以上农户在拔节期采用"一炮轰"施肥(表 28-6)。以往在兴平市调查也显示 70% 以上面积玉米在拔节期进行"一炮轰",10%~20% 采用种肥和拔节肥两次施用,三次施肥比例极低(郝引川等,2008)。夏玉米整个生育期所需要的氮肥一次性施用,会增加氮素的淋失(卜玉涛等,2010);同时容易造成前期玉米茎叶生长过于旺盛,植株节间细长,植株过高,根系生长不良,机械组织不发达,易引起茎倒伏(王振军等,2011;武继承等,2011)。而增加玉米拔节后氮素用量及次数能够显著增加产量及氮肥效率(吕鹏等,2011)。

表 28-6

2011 年陕西关中地区玉米季施肥量调查　　　　　　　　　　　　　　　　　　　　　　　　　kg/hm²

项目	农户数/个	纯 N	P₂O₅	K₂O
一次施肥	1 126	281	105	56
两次施肥	414	313		

28.2　养分管理技术创新与应用

28.2.1　土壤、植株快速测试氮肥推荐施肥技术

传统推荐施肥基于最常用的二次肥料效应函数法来推荐施肥总量,根据经验进行氮肥基追肥比例推荐。而实际上作物生长季节可能由于种种因素对养分需求可能发生变化,但是传统推荐施肥不能根据季节变化进行调整。由此可能造成养分施用与作物需求不匹配而降低养分效率。土壤、植株硝酸盐速测技术的发展为作物精确的氮肥管理提供了可能。为此,1996—1999 年由中国农业大学牵头组织,我们在陕西关中小麦、玉米轮作体系进行了土壤、植株测试推荐施肥技术研究。

1. 试验地点及研究方案

六水平氮肥田间试验在杨凌区穆家寨、西卫店及五泉进行,氮水平区间为 $0\sim375$ kg/hm²,施氮量间距为 75 kg/hm²。另外,在岐山北郭、杨凌以及兴平进行三类五水平氮肥田间试验,分别是 0,30,90,150,210 kg/hm²,0,60,120,180,240 kg/hm² 以及 0,90,150,210,270 kg/hm²。期间部分试验小麦拔节期、玉米大喇叭口期以及小麦、玉米收获期测定 1 m 剖面土壤以及植株硝酸盐含量。考虑到黄土区富钾,试验没有施用钾肥,满足磷肥。

2. 结果与分析

(1)小麦、玉米施肥模型选优及氮肥总量推荐　国内绝大多数的研究工作中都使用二次模型来拟合禾谷类作物对氮肥的反应。然而,一些研究表明,线性加平台、二次型加平台、二次多项式和平方根等模型都能够很好地拟合作物产量和施肥量的关系,其中以线性加平台和二次型加平台为最优。采用线性+平台模型或二次+平台模型不仅拟合程度较好,而且可以在产量不减的前提下有效地减少氮肥用量,提高氮肥的经济效益。通过关中地区多点多水平氮肥试验,分别采用线性加平台、二次型和二次型加平台模型对作物产量与施氮量关系进行拟合,结果表明:在关中 1996—1999 年进行的 12 个冬小麦氮肥试验中,8 个氮肥效应模型以线性加平台最优,2 个试验以二次型最优,1 个试验以二次型加平台最优,1 个试验施氮没有增产效应。另外有两个试验线性加平台和二次型加平台具有相同的显著性。在 13 个玉米试验中,7 个点施氮没有增产效应,4 个氮肥效应模型以线性加平台最优,2 个试验以二次型最优。小麦、玉米具体氮肥推荐量为冬小麦最佳施 N 量范围为 $59\sim225$ kg/hm²,夏玉米为 $66\sim194$ kg/hm²。

(2)基于土壤无机氮测试的氮肥基肥推荐　我国一般用碱解氮作为土壤供氮指标,但许多研究证明,碱解氮在盆栽试验中与作物产量和吸氮量有较好的相关性,但在田间条件下相关性很差,不宜作为氮肥推荐的指标。有关土壤剖面无机氮(N_{min})作为土壤供氮指标已进行了多年的研究,国内由于土壤深层取样困难、土壤测试繁琐等原因,使该项技术只停留在研究阶段。在欧美各国,土壤无机氮作为土壤有效氮的测试指标并进行氮肥推荐已有很长的历史,是一项较为成熟的方法,通过大量研究将传统的 $90\sim120$ cm 深度的土壤取样改为 $30\sim60$ cm,将土壤无机氮的测试改进为土壤硝态氮的测试,将传统的实验室分析改进为田间的快速测试,使这一技术更易为人们接受和推广应用。

硝态氮是旱地土壤无机氮的主要组成,特别是在高产、高投入地区,它可以表征土壤供氮能力。不同层次土壤硝态氮加肥料氮所求得的供氮量与小麦相对产量的相关性均非常接近(表 28-7),无显著差异,这说明用不同层次土壤硝态氮表征土壤供氮能力均是可行的。考虑到取样和测试的方便,在小麦的氮肥推荐中,建议采用 $0\sim20$ 或 $0\sim30$ cm 土壤硝态氮测试更加容易、方便。陕西多点玉米田间试验表明(表 28-8),播前土壤不同层次的硝态氮都能较好地表征土壤供氮能力,在综合考虑土壤供氮能力与玉米产量之间的相关性和减少工作强度以及简便易行的前提下,建议选用 $0\sim60$ cm 土壤硝态氮含量作为夏玉米基肥推荐指标。

根据试验结果,建立关中地区基于 $0\sim20$ cm(或 $0\sim30$ cm)土壤硝态氮测试的冬小麦基肥用量指

标(表 28-9),其中,基肥用量根据最佳供氮量的 50% 计算。根据多点多年的试验结果,建立陕西关中平原基于 0~60 cm 土壤硝态氮测试的玉米基肥用量指标(表 28-10),其中,基肥用量根据最佳供氮量的 50% 计算。

表 28-7

关中小麦相对产量与供氮量的决定系数及最佳供氮量

供氮指标	决定系数 R^2	最佳供氮量/(kg N/hm^2)
0~20 cm NO$_3^-$-N+肥料氮	0.791	103.3
0~40 cm NO$_3^-$-N+肥料氮	0.791	106.0
0~60 cm NO$_3^-$-N+肥料氮	0.801	111.5
0~80 cm NO$_3^-$-N+肥料氮	0.814	113.5
0~100 cm NO$_3^-$-N+肥料氮	0.796	122.8

表 28-8

关中玉米相对产量与供氮量的决定系数及最佳供氮量

供氮指标	决定系数 R^2	最佳供氮量/(kg N/hm^2)
0~20 cm NO$_3^-$-N+肥料氮	0.432 8	89.8
0~40 cm NO$_3^-$-N+肥料氮	0.455 0	133.0
0~60 cm NO$_3^-$-N+肥料氮	0.530 8	251.0
0~80 cm NO$_3^-$-N+肥料氮	0.529 6	282.2
0~100 cm NO$_3^-$-N+肥料氮	0.500 8	315.0

表 28-9

基于 0~20 cm 土壤硝态氮测试的冬小麦基肥推荐量 　　　　　　　　　　　　　　　　　kg/hm^2

0~20 cm 土层/(mg/kg)	土壤硝态氮	最佳供氮量	基肥推荐量
0~10	0~24	137	57~69
10~20	24~48	137	45~57
20~30	48~72	137	33~45
30~40	72~96	137	21~33
40~50	96~120	137	9~21
50~60	120~144	137	0~9

表 28-10

基于 0~60 cm 土壤硝态氮测试的玉米基肥推荐量 　　　　　　　　　　　　　　　　　kg/hm^2

0~60 cm 土层/(mg/kg)	土壤硝态氮	最佳供氮量	基肥推荐量
0~10	0~27	251	112~125.5
10~20	27~53	251	99~112
20~30	53~80	251	85.5~99
30~40	80~106	251	72.5~85.5
40~50	106~133	251	59~72.5
50~60	133~160	251	45.5~59
60~70	160~186	251	32.5~45.5
70~80	186~213	251	19~32.5
80~90	213~239	251	5.5~19
90~100	239~251	251	0~5.5

(3)应用植株硝酸盐测试进行氮肥的追肥推荐　植株快速测试技术的优点在于样品采集方便,而且因采用作物自身组织进行测定,可以综合地反映土壤养分供应状况。但是研究中也发现,植株硝酸盐临界水平在不同地点有变化,并且在不同生长发育阶段有很大的变异。因此,建立适合各地生产情况的不同生态区作物硝酸盐诊断指标是非常必要的。

①小麦植株硝酸盐测试指标的建立　小麦植株测试在拔节期,植株采样采用随机采样法。在试验的各个处理区随机选取五点,所选样点应能够代表整块地作物长势。将样点中小麦连根拔出,共取30～50株组成混合样品。用于测定植株硝酸盐浓度,采样时间控制在上午8:30—11:00之间。将采集的植株样品剪去根部,取茎基部1 cm长的样段。用压汁钳压榨出汁。汁液稀释后用反射仪测定硝酸盐浓度。全部测定过程均可以在田间完成。多点试验的结果表明,随氮肥施用量的增加,小麦茎基部硝酸盐浓度基本上趋于增加的趋势,并且茎基部硝酸盐浓度和施氮量之间的相关性都达到极显著的水平,二者之间关系可以用线性、指数和二次型曲线拟合。小麦茎基部硝酸盐浓度和产量之间有极显著相关。基本表现为当茎基部硝酸盐浓度比较低时,随硝酸盐浓度增加,产量也增加。当茎基部硝酸盐累积到一定程度后,产量不再增加,或略有下降。试验结果表明,茎基部硝酸盐浓度和相对产量之间相关系数高达0.904,达到极显著水平。当硝酸盐浓度低于1 120 mg/L时,产量随茎基部硝酸盐浓度增加而增加,高于1 120 mg/L后,产量基本保持平稳,不再增加。而在高产地块,当硝酸盐低于1 000～1 200 mg/L时,施肥对产量增加有较大作用。超过这个值,增加幅度较小。通过二次模型建立了关中不同地区小麦拔节期植株硝酸盐临界指标(表28-11)。

表 28-11

植株诊断追肥推荐表　　　　　　　　　　　　　　　　　　　　　　　　　　　　　　　kg/hm²

地点	目标产量 /(t/hm²)	测定值/(mg/L)					
		<500	500～750	750～1 000	1 000～1 250	1 250～1 500	>1 500
岐山	6.00～6.75	143	107～143	70～107	34～70	0～34	0
	5.25～6.00	147	109～147	75～109	38～75	18～38	18
	4.50～5.25	83	60～83	45～60	20～45	12～20	12
扶风	6.00～6.75	146	114～146	81～114	50～81	17～50	17
	5.25～6.00	153	119～153	84～119	50～84	15～50	15
	4.50～5.25	104	80～104	56～80	31～56	7～31	7
杨陵	5.25～6.00	116	92～116	68～92	43～68	19～43	19

从表28-11中可知,在高产条件下,岐山同扶风自然条件相近,因此它们的推荐量也相差不大,特别是在测定值低于750 mg/L时。杨陵推荐量在低于750 mg/L时,推荐量比岐山和扶风低28～30 kg/hm²。在750～1 000 mg/L范围内低15 kg/hm²,测定值大于1 000 mg/L时三个地区施肥量开始接近。

②玉米植株硝酸盐测试指标的建立　玉米植株测试在9～10叶期,即大喇叭口期之前进行,植株采样采用随机采样法。在试验的各个处理区随机选取三个1 m长样段,所选样段应能够代表整块地作物长势,避免样段中出现缺苗断垄现象。将样段中每株玉米最上部完全展开叶从叶鞘处取下,共采10～20个叶片组成混合样品。用于测定植株硝酸盐浓度,采样时间控制在上午8:30—11:00之间。将采集的叶片样品略加清洁,用湿润的吸水纸擦去叶片表面的尘土,然后将叶片中脉取下,并将叶脉中段部分剪成约1 cm长的样段。用压汁钳压榨出汁。汁液稀释后用反射仪测定硝酸盐浓度。全部测定过程均可以在田间完成。

多年多点的田间试验结果表明,玉米植株体内硝酸盐含量与施氮量之间也存在显著的相关关系,说明玉米植株体内硝酸盐含量可以反映土壤氮素的供应状况。采用与建立小麦诊断指标同样的方法,建立了不同生态区玉米植株硝酸盐测试追肥模型,通过这些模型可以计算出不同诊断值对应的追肥量(表 28-12)。

表 28-12

植株诊断氮素追肥推荐表 $\quad$ kg/hm²

地点	目标产量 /(t/hm²)	测定值/(mg/L)					
		<500	500~750	750~1 000	1 000~1 250	1 250~1 500	>1 500
扶风	6.50~7.00	158	131~158	104~131	76~104	50~76	50
合阳	5.25~6.00	132	105~132	78~105	50~78	23~50	23
杨凌	7.00~8.00	237	164~237	92~164	20~92	20~0	0

(4)土壤植株测试推荐施肥技术的应用 在项目进行过程中,我们本着边研究、边校验、边示范的原则,尽早进行田间校验和示范工作。在不同氮肥处理的田间校验试验中,经过不同生育期植株体内硝酸盐的测定,结合作物产量及土壤硝酸盐的残留累积,田间校验结果见表 28-13。结果表明根据 N 营养诊断进行追肥,80%表现有增产效果,平均增产约 13%。说明诊断具有很高的准确性,通过该技术使用能够达到合理施肥,增加产量和提高氮肥利用率的目的。1998—2001 年连续三年,在粮食作物上累积推广面积 80 万亩。通过几年来的试验示范,本项技术一般可使作物增产 5%~10%,在高投入地区节省氮肥 10%~30%,氮肥利用率提高 10~15 个百分点,过量施氮对环境的负效应得到控制,经济、社会、生态效益十分显著。2002 年获得陕西省人民政府推广成果二等奖。

表 28-13

田间 N 营养诊断及其产量结果

作物	测定值 /(mg/L)	目标产量 /(kg/hm²)	追肥量 /(kg N/hm²)	对照产量 /(kg/hm²)	追肥产量 /(kg/hm²)	增产 /%
玉米	1 020	3 900	46	3 023	4 355	31.0
	1 200	6 000	97	4 322	4 280	−1.0
	1 320	6 000	46	4 526	4 800	6.0
	1 240	4 500~5 250	12	4 151	4 605	11.0
	1 320	4 500~5 250	12	4 215	4 016	−5.0
小麦	800	4 500~5 250	45	3 354	3 845	15.0
	760	4 500~5 250	20	4 043	4 631	15.0
	1 240	4 500~5 250	60	4 781	5 175	8.0
	820	4 500~5 250	45	3 213	3 762	17.0
	1 000	4 500	48	3 756	4 301	14.5

28.2.2 冬小麦氮肥后移技术

随着肥料用量的不断增加,特别是过量施氮的情况下土壤的氮素累积量很高。以往的小麦生产往往采用"一炮轰"施肥技术,操作方便,用工少,农民广泛应用。但是由于小麦在生长前期养分需求量很小,而氮肥在土壤中容易迁移,转化以各种途径进入环境而损失,致使氮肥利用率很低。根据作物生长规律以及养分需求,把氮肥用量的相当一部分改作追肥,即氮肥后移。与"一炮轰"施肥技术相比,氮肥后移突出后期施肥的特点和重要性,为了改变农民将全部氮肥作为基肥的传统习惯,我们强调将部分基肥转移到小麦生育后期施用,称作氮肥后移技术。

1.试验地点及试验方案设计

试验于 2005—2006 年分别布置在陕西省杨陵区和陕西省凤翔县郭店镇上郭店村。杨陵区试验地海拔 534 m,年均温度 13～15℃。供试土壤为塿土,其耕层有机质含量 10.2 g/kg,碱解氮 85 mg/kg,速效磷 15 mg/kg,速效钾 93 mg/kg。凤翔县试验地海拔 725 m,年均温度 11～12℃。供试土壤为褐土,其有机质、碱解氮、速效磷和速效钾分别为 16.7,115.4,23 和 112 mg/kg。

试验根据氮肥追施时间和用量不同设 6 个处理,分别为 N1:CK 不施肥;N2:氮肥"一炮轰",氮肥作为基肥一次施入;N3:70％作为基肥,30％起身期追施(3 月 15 日);N4:50％作为基肥,50％起身期追施(8 月 15 日);N5:40％作为基肥,20％起身期追施(3 月 15 日),40％拔节时施入(4 月 5 日),N6:30％作为基肥,30％冬灌时追施(元月 5 日),30％拔节时施入(4 月 5 日),10％抽穗时追施(4 月 30 日)。磷钾肥作为基肥在播种时一次施入。磷肥用过磷酸钙,用量为 90 kg P_2O_5/hm²,钾肥用氯化钾,用量为 45 kg K_2O/hm²。氮肥用尿素,用量为 150 kg N/hm²,施肥方法按照各处理要求进行。杨陵区小区面积为 5 m×5 m＝25 m²,凤翔县小区面积为 6 m×3.5 m＝21 m²,试验设三次重复,随机区组排列。供试小麦品种为小偃 22,杨陵区试验于 2005 年 10 月 7 日播种,2006 年 6 月 4 日收获,凤翔县试验于 2005 年 10 月 16 日播种,2006 年 6 月 10 日收获。

2.结果与分析

(1)氮肥后移对冬小麦产量及产量构成的影响　杨陵区氮肥后移(N3,N4,N5,N6)与传统"一炮轰"施肥技术(N2)相比,分别增产 23.5％,25.8％,17.4％,3.6％(表 28-14),其中 50％作为基肥 50％返青后追施处理(N4)籽粒产量最高,为 3 857 kg/hm²。凤翔县氮肥后移处理(N3,N4,N5,N6)与传统"一炮轰"施肥技术(处理 N2)相比,分别增产 7.4％,17.3％,8.1％,4.2％,与杨陵区相同,处理 N4(50％作为基肥,50％返青后追施)籽粒产量最高,达到 8 240 kg/hm²。两个试验小麦穗数均以 N4(50％作为基肥,50％返青后追施)最高,与传统"一炮轰"施肥技术相比达到显著水平,增穗分别为 6.0％和 18.1％。穗粒数和千粒重除 N1(CK)较低外,其余各处理差异不明显,说明氮肥后移技术对穗粒数和千粒重影响不大。

表 28-14

氮肥后移对冬小麦产量与产量构成的影响

| 处理 | 杨陵区 | | | | 凤翔县 | | | |
	籽粒/(kg/hm²)	穗数/(×10³/hm²)	穗粒数	千粒重/g	籽粒/(kg/hm²)	穗数/(×10³/hm²)	穗粒数	千粒重/g
N1	2 850d	364d	31.5b	42.2b	6 470b	554b	28.8b	40.7a
N2	3 246c	387bc	33.8a	43.0a	7 025b	546b	31.0ab	41.2a
N3	3 575ab	400ab	34.1a	42.6a	7 545ab	576ab	31.3a	41.3a
N4	3 857a	410a	33.9a	44.1a	8 240a	645a	31.2a	40.6a
N5	3 618ab	375cd	34.8a	43.8a	7 595ab	595ab	31.1ab	40.7a
N6	3 446bc	380bcd	34.1a	43.0a	7 320ab	576ab	31.1ab	40.8a

注:同一列数据不同字母代表差异达 5％显著水平,下同。

综上所述,氮肥后移与传统"一炮轰"施肥技术相比有明显的增产及增穗效果,原因可能是氮肥后移有利于满足小麦第二吸氮高峰的需氮量,促进小花分化,提高结实率,从而增加了穗数及产量。但随着后移氮量增加,其增产效果不显著,这可能是由于前期施氮量偏少,其营养生长不足,即使后期追氮量增加也很难消除前期生长不良所带来的影响,从而导致增产效果不明显。

(2)氮肥后移对冬小麦氮素吸收累积的影响　两个试验冬小麦地上部各生育期各处理的氮素累积随生育期的延长总体呈增加的趋势(表 28-15,表 28-16)。冬小麦生长期间氮素最大阶段累积量出现在拔节至灌浆期,杨陵区和凤翔县试验此阶段的氮素最大累积量分别占总累积量的 41％～68％和 51％～55％。说明越冬返青后,小麦快速生长,需要吸收大量的养分作为干物质累积的基础。第二个较大阶段累积量在苗期,杨陵区试验苗期阶段累积量占最大累积量的 17％～32％,凤翔县试验苗期的阶段累积量占最大累积量的 12%～24%。此期的氮素累积量虽不是很高,但对小麦冬前分蘖却相当重要。在苗期至返青期阶段的氮素累积量很少,杨陵区和凤翔县分别仅占最大累积量的 3%～8%和 7%～11%,由此可以看出在寒冷的冬季,小麦基本不吸收氮素。在生育后期,两个试验均有一小部分氮素在灌浆后期损失掉。在各处理中,以处理 N4(50%作为基肥,50%返青后追施)总吸氮量最高,两个试验分别达到 95.9 和 199.9 kg/hm²,其次分别为处理 N5,N3,N6,N2,N1。

表 28-15

杨陵区冬小麦不同生育期植株中氮素的累积量　　　　　　　　　　　　　　　　　　　　　kg/hm²

项目	苗期	返青期	拔节期	灌浆期	收获期
N1	13.9	15.9	36.0	77.9	63.4
N2	25.2	30.9	44.8	90.8	78.6
N3	18.0	20.9	37.7	91.2	88.3
N4	18.9	21.5	35.1	108.8	95.8
N5	14.9	18.7	36.1	105.7	86.7
N6	17.8	24.3	35.1	98.0	84.7

表 28-16

凤翔县冬小麦不同生育期植株中氮素的累积量　　　　　　　　　　　　　　　　　　　　　kg/hm²

项目	苗期	返青期	拔节期	灌浆期	收获期
N1	22.3	35.9	57.3	132.0	136.8
N2	40.4	58.2	77.9	170.7	167.3
N3	28.8	43.7	88.7	185.6	189.7
N4	30.3	47.3	94.1	196.2	199.9
N5	23.8	38.1	90.4	185.9	186.9
N6	28.6	43.0	85.8	181.1	176.3

冬小麦氮素累积最主要集中在返青期后至灌浆期,占最大累积量的 50%～60%,由此可以说明在冬小麦返青后追施氮肥尤为重要。其次为苗期,占最大累积量的 15%～30%,因此在苗期,冬小麦植株体内需要累积一定的氮,这也证实了小麦施用基肥的必要性,一方面可以保证高出苗率,另一方面可以保证小麦冬前和春季有效分蘖的形成。在苗期至返青期阶段,由于天气寒冷,氮素累积量很少,仅占最大累积量的 5%～10%。综上所述,从产量和氮肥利用率及氮素吸收、累积方面考虑,本试验研究结果表明,在该试验条件下,冬小麦施肥应从传统的"一炮轰"施肥技术向氮肥后移技术转变,以实现冬小麦的高产,比较合理的氮肥后移方式为 50%作为基肥,50%返青后追施。

(3)氮肥后移对冬小麦氮肥利用率的影响　氮肥后移对氮肥利用率的影响见表 28-17,杨陵区氮肥后移处理,平均氮肥利用率为 17.0%,较处理 N2(传统"一炮轰"施肥技术)10.2%,增加了 6.8 个百分点,在所有氮肥后移处理(N3,N4,N5,N6)中,以处理 N4(50%作为基肥,50%返青后追施)氮肥利用率最高,为 21.6%,与 N2 处理相比,增加了 11.4 个百分点。凤翔县氮肥后移处理,平均氮肥利用率为 34.3%,较处理 N2(传统"一炮轰"施肥技术)20.3%,增加了 14 个百分点;在所有氮肥后移处理(N3,N4,N5,N6)中,以处理 N4(50%作为基肥,50%返青后追施)氮肥利用率为最高,为 42.1%,与 N2 处理相比,增加了 21.8 个百分点。综上所述,氮肥后移平均可提高氮肥利用率 56%～67%,以 50%作为基肥,50%返青后追施处理氮肥利用率最高。

表 28-17

氮肥后移对氮肥利用率的影响

处理	杨陵区		凤翔县	
	总吸氮量 /(kg/hm²)	氮肥利用率 /%	总吸氮量 /(kg/hm²)	氮肥利用率 /%
N1	63.4d	—	136.8d	—
N2	78.6c	10.2c	167.3c	20.3d
N3	88.3b	16.6b	189.7ab	35.3ab
N4	95.9a	21.6a	199.9a	42.1a
N5	86.7b	15.6b	186.9b	33.4bc
N6	84.7b	14.2bc	176.3c	26.3cd

注:氮肥利用率＝(施氮处理吸氮量－不施氮处理吸氮量)/施氮量×100％。

28.2.3 秸秆还田下小麦/玉米产量及氮素平衡

陕西关中地区秸秆资源十分丰富,但集中焚烧现象普遍,既污染环境又浪费资源。农作物秸秆不仅含有相当数量的碳、氮、磷、钾等营养元素,而且具有改善土壤理化性状、提高土壤肥力,提高作物产量等作用,但秸秆还田对农田土壤-作物系统氮素平衡影响并不十分清楚。鉴于此,通过 2008—2012 年连续 5 年田间试验研究了陕西关中小麦-玉米轮作区秸秆还田对土壤-作物体系氮平衡的影响,以期为当地农民合理施肥、粮食增产和环境保护提供一定理论指导。

1.试验地点及方案设计

试验于 2007 年 10 月至 2012 年 10 月在陕西省杨凌示范区"国家黄土肥力肥效监测基地"(34°4′N、108°2′E)进行。试验站位于关中平原西部,当地海拔 534 m,年平均气温 13℃,≥10℃积温 4 196.2℃。年平均降水量为 550～600 mm,主要集中在 7—9 月,年均蒸发量 993 mm,无霜期 184～216 d,属暖温带半湿润偏旱气候。地下水位 28 m,深井抽水灌溉。实行冬小麦-夏玉米轮作一年两熟制。试验土壤为渭河谷地的主要土类-塿土,成土母质为黄土,播前耕层土壤有机质含量 17.1 g/kg,全氮 0.85 g/kg,有效磷 15.0 mg/kg,有效钾 365.8 mg/kg,pH 7.38。

试验共设 2 个处理,3 次重复,小区面积 5 m×6 m＝30 m²,田间完全随机排列。处理分别为:优化施氮(N330)和优化施氮＋秸秆还田(N330＋S)。小麦和玉米季施肥方案见表 28-18。试验选用的小麦品种为小偃 22,玉米品种为郑单 958。氮肥用尿素(含 N 46.4％),磷肥用普通过磷酸钙(含 P_2O_5 12％),钾肥用氯化钾(含 K_2O 60％)。小麦季磷肥和 50％的氮肥在播前一次性撒施,然后翻耕入土,另 50％氮肥于返青后拔节前追施。玉米季磷、钾肥在 5 叶期施入,氮肥分 2 次施,第一次于 5 叶期施入(50％),另 50％于喇叭口期追施。小麦播前还田粉碎后的玉米秸秆,玉米 5 叶期还田粉碎后小麦秸秆,还田均为 5 000 kg/hm²。其他田间管理措施和当地农民习惯保持一致。

表 28-18

冬小麦及夏玉米施肥方案   kg/hm²

处理	冬小麦			夏玉米				年施氮量
	肥料施用量		秸秆还田	肥料施用量			秸秆还田	
	N	P_2O_5		N	P_2O_5	K_2O		
N330	150	100	0	180	60	75	0	330
N330＋S	150	100	5 000	180	60	75	5 000	330

2.结果与分析

(1)秸秆还田对小麦/玉米产量的影响   2008—2012 年秸秆还田对冬小麦和夏玉米产量的影响如

表 28-19 所示。小麦产量 N150＋S 处理随种植年限的推移其增产效果逐年增大,从 2010 年起(种植 2 年后),其产量已显著高于 N150,增幅分别为 19.0％(2010 年),29.8％(2011 年)和 36.8％(2012 年),5 年平均增产 17％。玉米产量秸秆还田 N180＋S 的增产效果也是在种植两年后达显著性水平,与优化施氮 N180 相比,2008 年其籽粒产量略有降低趋势,但差异不显著。从 2009 年开始,增产趋势明显,2010—2012 年增产分别达 12.5％,3.1％和 9.1％,但 2011 年增产不显著,5 年平均增产 5％。就小麦/玉米轮作体系总产量而言,秸秆还田(N330＋S)与 N330 相比,2008 年产量略有降低趋势,2009 年开始逐渐提高,2010—2012 年增产分别达 14.9％,14.2％和 20.7％,差异显著。就轮作体系 5 年的平均产量而言,N330＋S 较 N330 的增幅为 10.6％。

表 28-19

不同处理对冬小麦产量的影响(2008—2012 年)　　　　　　　　　　　　　　　　　　　　　　kg/hm²

年份	小麦		玉米	
	N150	N150＋S	N180	N180＋S
2008	4 479a	4 730a	8 739a	8 172a
2009	6 240a	5 821ab	7 330ab	7 911a
2010	5 947bc	7 080a	9 988b	11 236a
2011	6 163bc	7 996a	8 668ab	8 943a
2012	5 844b	7 996a	7 690b	8 393a
平均	5 735	6 724	8 483	8 931

注:小麦或玉米同行数据后不同字母表示差异达 5％显著性水平。

(2)秸秆还田对 0～100 cm 土体无机氮累积的影响　2008—2012 年施氮和秸秆还田对 0～100 cm 土层无机氮累积的影响如图 28-2 所示。不同年份间土壤无机氮累积量差异较大,但是秸秆还田与不还田相比对无机氮残留在不同年份均没有表现出明显影响($P > 0.05$)。

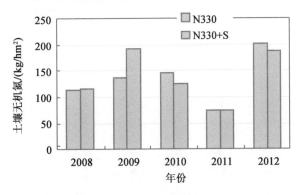

图 28-2　玉米收获期 0～100 cm 土层残留的土壤无机氮(2008—2012 年)

(3)秸秆还田对作物地上部氮素吸收量及氮肥利用率的影响　由表 28-20 所知,随着种植季的推移作物累积氮肥利用率不断增加,10 季作物氮素利用率分别为 53.9％和 67.1％。与优化施氮 N330 相比,N330＋S 处理作物累积氮肥利用率随种植季推移逐步提高,从第 5 季作物开始显著高于 N330,第 5～10 季分别提高了 6.5％,8.0％,12.6％,11.7％,13.3％和 13.2％,可见秸秆还田能明显提高小麦-玉米轮作体系作物累积氮肥利用率,但其效果的体现需要一定时间。

(4)秸秆还田对土壤-作物体系氮素表观平衡的影响　将小麦-玉米轮作体系作为一个整体,其氮素输入输出平衡结果如表 28-21 所示。在计算氮素表观平衡时,将土层定义在 0～100 cm 范围内,即作物根系的主要吸收区域。结果显示,在氮素的输入项中,化肥氮是氮素输入的主要部分,起始 N$_{min}$、矿化氮、灌水及沉降带入氮为 862.9 kg/hm²,占氮素输入量比例为 34.3％。土壤氮素输出项中,N330＋S

表 28-20

小麦-玉米轮作体系作物氮素吸收和累计氮肥利用率(5 年 10 季作物)

处理	麦 08	玉 08	麦 09	玉 09	麦 10	玉 10	麦 11	玉 11	麦 12	玉 12
作物累积氮肥										
投入量/(kg/hm²)										
N330	150	330	480	660	810	990	1 140	1 320	1 470	1 650
N330+S	150	330	480	660	810	990	1 140	1 320	1 470	1 650
作物累积氮素										
吸收量/(kg/hm²)										
N330	66	189	319	405	557	782	953	1 185	1 381	1 671
N330+S	69	188	308	410	610	861	1 097	1 339	1 577	1 888
作物累积氮肥										
利用率/%										
N330	17.1a	17.3a	28.7a	28.0a	31.6b	35.9b	40.7b	44.7b	48.6b	53.9b
N330+S	18.7a	16.9a	26.3a	28.8a	38.1a	43.9a	53.3a	56.4a	61.9a	67.1a

较 N330 作物累积氮素吸收量增加了 13.0%,累积氮肥利用率增加了 24.4%,氮素表观损失和损失率均降低了 31.6%,但对残留 N_{min} 和表观残留率的影响不显著。

表 28-21

2008—2012 年小麦-玉米轮作体系氮素平衡(5 年 10 季作物)

氮素各项收支	处理	
	N330	N330+S
土壤氮输入/(kg/hm²)		
1)肥料氮	1 650	1 650
2)起始 N_{min}	46	46
3)矿化氮	605	605
4)灌水及降雨带入	212	212
总输入(1+2+3+4)	2 513	2 513
土壤氮输出/(kg/hm²)		
5)作物吸收	1 671b	1 888a
6)残留 N_{min}	202a	187a
7)表观损失	640a	438b
氮盈余(6+7)	842	625
氮肥表观利用率/%	53.9b	67.1a
氮肥表观残留率/%	7.3a	6.4ab
氮肥表观损失率/%	38.8a	26.5b

注:同行数据后不同字母表示差异达 5%显著性水平。

本研究表明随着秸秆还田时间增长,小麦-玉米轮作体系产量明显高于不还田处理,秸秆还田显著提高了作物累积氮素吸收量和氮肥利用率,显著降低了氮素表观损失和损失率,但在土壤中残留 N_{min} 仍然较高,建议在秸秆还田一定时间后进行氮肥减量施用。

28.2.4 秸秆还田减量施氮技术研究

随着经济发展和人们生活水平的提高,农民生活中对作物秸秆的依赖程度大大降低,加之农业机械化快速发展,机械化秸秆还田应用将越来越广。关中地区每年有丰富的作物秸秆资源,小麦、玉米秸秆总量分别达 620 万 t 和 416 万 t,占全省秸秆总量的 64%左右(李锦,2013)。作物秸秆还田已成为有机肥用量不足情况下改善农田土壤有机质状况的最重要措施之一。目前本地区所产生的秸秆资源主要用于饲料、造纸及燃料,少部分用还入农田,其余的秸秆便以废弃物堆放在田间地头。作物秸秆还田对土壤养分转化、养分供应产生影响,若秸秆还田技术及相应的管理水平不高,可能出现作物出苗差、生长缓慢、病虫害严重、产量下降等一系列问题。另外,随着秸秆还田时间的增长,化肥氮施用量是否进行调整,调整幅度大小需要回答。针对这些问题,研究该地区在作物秸秆机械化还田条件下,保证作物高产优质,资源高效利用,减少环境污染的氮肥合理减量模式具有重要理论及实践意义。

1.试验地点及研究方案

田间试验在西北农林科技大学三原试验站进行,开始于 2008 年。试验站地处关中平原中部(E:108°52′,N:34°36′),海拔 427.4 m,属暖温带大陆性季风气候区,四季分明,气候温和;全年平均温度 12.9℃,年降水量为 526 mm,夏秋季降水占年降水量的 50%~70%,无霜期 218 天,日照 2 095 h。小麦/玉米一年二熟轮作体系是当地最主要的种植制度。供试土壤属于半淋溶土纲中的红油土,土壤养分含量为:有机质 18.22 g/kg,全氮 0.68 g/kg,NO_3^--N 14 mg/kg,NH_4^+-N 13 mg/kg,速效磷 53 mg/kg,速效钾 123 mg/kg。

试验设 3 个处理,分别为常规施 N、15%减量施 N、30%减量施 N,于 2008 年 6 月开始实施。常规施氮采用当地农民的平均施氮量,玉米季和小麦季施氮总量分别为 187.5 和 150 kg/hm²;15%减量施 N 及 30%减量施 N 是在常规施氮量的基础上分别减少 15%和 30%。试验中 N 肥采用尿素,P 肥采用磷酸氢二铵。田间采用完全随机区组设计,重复 3 次。

研究采用的玉米和小麦品种分别为当地广泛种植的"骏单 22"和"小偃 6 号"。试验期间田间基本农艺措施均实行机械化操作。于 2008 年 6 月,先采用小麦联合收割机高留茬收获(茬高 25~30 cm)小麦,再采用秸秆粉碎还田机进行粉碎还田,然后划区安排氮肥处理,之后用玉米免耕施肥播种机播种玉米。同年 10 月上旬,采用玉米联合收割机收获玉米,随后机械化粉碎玉米秸秆(秸秆粉碎长度小于 10 cm)覆盖于地表;继之用车载式撒肥机施肥,并进行浅旋,最后采用小麦免耕播种机播种小麦。上述过程中,小麦及玉米秸秆均实行全量还田。之后几年中每年 6 月、10 月期间的收获播种环节大致相同。田间管理措施主要包括灌水、化学防虫 2 项作业。玉米在生育期灌水 2~3 次,小麦分别在越冬期和拔节期各灌水 1 次,每次灌水量约 50 mm。试验其他管理措施按照当地习惯。

每季作物秸秆还田时,为了使前一季还田秸秆能及时腐解,满足后季作物生长发育的正常需要,玉米季播种时基施纯 P 22.5 kg/hm² 和 N 67.5 kg/hm²,喇叭口期追施 120 kg N/hm²;15%、30%减量施氮分别比玉米常规基施和追施的氮肥减量 15%和 30%。小麦季施纯 P 110 kg/hm²,常规施 N、15%减量施 N、30%减量处理的施 N 量分别为 150,127.5 和 105 kg/hm²,均作底肥一次施入。2 季作物均不施 K 肥。

2.结果与分析

(1)秸秆还田下减量施氮对作物产量的影响 从 2008 年 10 月至 2011 年 10 月,三年 6 季作物试验的平均产量(表 28-22)可以看出,在常规施 N、15%减 N、30%减 N 三个处理中,小麦、玉米籽粒或周年总产量均以常规施 N 处理下最高,且随着减量施 N 幅度的增大其产量呈下降趋势,但差异不显著。在 2011—2012 年度,不同处理小麦和玉米产量也没有显著差异,不过减 N 30%周年总产量显著低于常规施氮处理(表 28-23)。可见,15%减量施 N 处理即全年减 N 51 kg/hm²(玉米季减 N 28 kg/hm²,小麦季减 N 22 kg/hm²),是比较可行的减 N 范围,而 30%减量施 N 处理则有降低籽粒和秸秆产量的风险。

表 28-22

2008—2011 年减量施氮对玉米及小麦年均籽粒及秸秆产量的影响 kg/hm²

处理	小麦		玉米		周年总产量	
	籽粒	秸秆	籽粒	秸秆	籽粒	秸秆
常规施 N	5 611a	6 135a	6 450a	7 103a	12 061a	13 238a
15%减量施 N	5 328a	5 967a	6 438a	6 962a	11 766a	12 929a
30%减量施 N	5 192a	5 585a	5 978a	6 429a	11 170a	12 014a

表 28-23

2011—2012 年生长季减量施氮对玉米和小麦籽粒及秸秆产量的影响 kg/hm²

处理	玉米		小麦		总产量	
	籽粒	秸秆	籽粒	秸秆	籽粒	秸秆
常规施 N	6 196a	7 381a	5 464a	5 961a	11 361ab	13 166a
15%减量施 N	6 691a	7 325a	5 490a	6 172a	121 81a	13 322a
30%减量施 N	5 554a	5 779b	5 201a	5 797a	107 55b	10 892b

(2)秸秆还田下减量施氮对土壤剖面硝态氮累积的影响　表 28-24 表明,玉米收获后,减量施 N 处理较常规施 N 处理明显降低了土壤剖面各土层 NO_3^--N 累积量:在 0~100 和 100~200 cm 土层,15%及 30%减量施 N 处理 NO_3^--N 累积量较常规施 N 处理分别减少 31%和 52%,27%和 47%。除 100~200 cm 土层 15%减量施 N 处理外,不论 0~100 及 100~200 cm 抑或 0~200 cm 土层,减 N 处理均与常规施 N 有显著差异。

表 28-24

减量施 N 对土壤 NO_3^--N 累积量的影响 kg/hm²

时间	处理	土层深度/cm		
		0~100	100~200	0~200
玉米收获后(2011 年 10 月)	常规施 N	129.8a	74.6a	204.4a
	15%减量施 N	89.4b	60.5ab	150.0b
	30%减量施 N	62.7b	45.7b	108.4b
小麦收获后(2012 年 6 月)	常规施 N	97.0a	43.9a	140.9a
	15%减量施 N	82.9b	50.6a	133.6ab
	30%减量施 N	72.9b	54.6a	127.5b

(3)秸秆还田下减量施氮对土壤氮素平衡的影响　本试验采取了全量秸秆还田,因此拟对表观氮平衡公式进行修正,即将 N_a 分成两部分,一部分为 N_a'(表示作物籽粒携出的氮量),另一部分为 N_a''(表示秸秆携出的氮量),后者则通过秸秆还田归还进入土壤,因此应记为负值(表 28-25)。表 28-25 表明在第 8 季作物生长期(即 2011 年 10 月至 2012 年 6 月的第 4 季小麦生长期),与常规施 N 处理相比,减量施 N 处理显著降低了小麦种植前及收获后土壤 NO_3^--N 含量,并且植物籽粒及秸秆携出的氮量随之减少;从而使总 N 支出及总 N 投入减少。同时,15%及 30%减量施 N 处理较常规施 N 处理土壤表观氮平衡亦大幅度减小,分别减少 38.3%和 68.4%;土壤表观氮平衡所占总 N 投入的比例随着氮肥施用量的减少而下降,但下降幅度随 N 肥减量的增大而放缓。说明随着 N 肥减量增加,氮肥减量空间不断减少。研究认为当平衡率($N_{eq}/N_{收入}$)在±10%以内时,可以认为氮素基本达到平衡(崔骁勇等 1995)。可以看出,在本试验条件下,30%减量施 N 处理较为合理。上述结果表

明长期秸秆还田后小麦、玉米轮作体系氮肥用量可以逐渐减少,与不还田综合比较减 N 量可以达到 30%。

表 28-25

减量施氮条件下 2011—2012 年小麦季表观氮平衡

处理	$N_{收入}/(kg/hm^2)$			$N_{支出}/(kg/hm^2)$				$N_{eq}/(kg/hm^2)$	$(N_{eq}/N_{收入})/\%$
	N_f	N'_{min}	合计	N''_a	N''_a	N''_{min}	合计		
常规施 N	187.5	279.7	467.2	106.5	−30.5	179.2	255.2	212.0	45
15%减量施 N	159.4	218.8	378.2	107	−24.3	164.6	247.3	130.9	35
30%减量施 N	131.3	156.3	287.6	83.1	−20.8	158.4	220.7	66.9	23

注:计算土层深度为 0～200 cm。N'_{min} 为 2011 年 10 月 0～200 cm 土层矿质氮(硝态氮+铵态氮)含量;N''_{min} 为 2012 年 6 月 0～200 cm 土层矿质氮(硝态氮+铵态氮)含量。

28.2.5　小麦、玉米复合肥配方选优研究

关中地区冬小麦/夏玉米轮作体系存在氮肥的过量施用、磷肥偏高的施肥现状。基于我国农民文化程度低、种植户多为老年人以及妇女,尽管科研单位以及农业技术推广部门不间断进行施肥培训指导,由于种种原因农户接受能力十分有限。另外,由于市场上复合肥供应种类繁多,种植户无所适从。因此,有必要针对不同复合肥对作物产量以及养分效率进行对比研究,为本地区筛选作物专用肥配方,以便种植者方便应用,加快施肥合理化进程,达到作物高产、资源高效利用。

1. 试验地点及设计

试验设在陕西省杨凌区陈小寨村的中低肥力田块,供试土壤为塿土,前茬作物为夏玉米。试验地海拔 534 m,年均温度 13～15℃,属暖温带半湿润气候;0～20 cm 土壤基础肥力为:有机质 9.8 g/kg,速效氮 88 mg/kg,速效磷 13 mg/kg,速效钾 98 mg/kg。

试验以小偃 22 为供试小麦品种,2008 年 10 月 7 日播种,2009 年 6 月 4 日收获。基本苗数为 323 株/m²,田间管理同当地大田,在小麦苗期(1 月 10 日)冬灌一次,整个生育期间,降水总量为 185 mm,占全年降水量的 35% 左右。试验设 8 个处理,每个处理 3 次重复,共 24 个小区随机排列,每个小区面积 20 m²。基肥在苗期施入,追肥统一在小麦返青期施入(3 月 15 日)。各处理见表 28-26。

表 28-26

专用肥配方及基追肥用量

处理	肥料类型	肥料养分含量/% $N-P_2O_5-K_2O$	施肥方法和用量/(kg/hm²)		纯养分施用量/(kg/hm²)		
			基肥	追肥(N)	N	P_2O_5	K_2O
1	CK	0-0-0	0	0	0	0	0
2	复合肥	25-10-5	500	25	150	50	25
3	复合肥	22-10-10	500	40	150	50	50
4	复合肥	18-18-18	500	50	150	100	100
5	复合肥	24-16-6	500	30	150	80	30
6	复合肥	20-16-6	500	50	150	80	30
7	单质肥	尿素(46)-磷酸钙(11)-氯化钾(60)	261-455-83	30	150	50	50
8	复合肥	25-10-16	450	27	140	45	72

2. 结果分析

(1)产量效应　不同处理冬小麦产量及产量构成有显著差异(表 28-27)。施肥均显著增加小麦籽

粒和秸秆产量。处理4籽粒产量最高,较CK增产202.5%,其次是处理8,增产118.5%;施肥处理中,处理5,6产量最低,较CK仅增产10.8%和22.4%。处理4秸秆产量也最高,相比CK增加了70.1%,其次是农民习惯,增加62.7%;施肥处理中,处理5、6产量最低,相比CK仅增产18.2%和21.6%。处理4产量构成因素,穗数、穗粒数及千粒重最高,说明在试验土壤、气候条件下一定的氮素投入下,增加磷钾肥施用对小麦有显著的增产效果。

表 28-27

不同处理对小麦产量及其构成因素的影响

处理	籽粒产量 /(kg/hm²)	秸秆产量 /(kg/hm²)	有效穗数 /(万/hm²)	穗粒数	千粒重 /g
1	2 094.3d	6 102.5e	263.3d	28.1c	28.4c
2	3 090.3cd	8 101.6c	375.0c	29.3bc	28.5c
3	3 527.5c	9 149.0b	357.2c	29.9b	32.9b
4	6 334.9a	10 379.7a	560.7a	32.0a	35.3a
5	2 319.8d	7 214.7d	219.1d	31.2ab	34.2ab
6	2 563.7d	7 423.4d	251.3d	29.8ab	34.0ab
7	3 509.1c	8 122.6c	352.5c	30.1b	33.2b
8	4 577.0b	9 928.5a	461.6b	29.3bc	34.2ab

(2)不同养分配比对小麦养分吸收的影响 不同专用肥配方及其施用方法对小麦植株和籽粒氮、磷、钾养分吸收影响不同(表28-28)。施肥能显著增加小麦籽粒与秸秆中的氮、磷、钾含量。施肥处理相较CK,籽粒吸氮量增加35.9%～92.6%,秸秆增加29.4%～63.5%,总量增加33.1%～80.3%;籽粒吸磷量增加45.4%～104.1%,秸秆增加3.6%～39.3%,总量增加34.0%～80.4%;籽粒吸钾量增加32.2%～95.5%,秸秆增加11.9%～91.0%,总量增加22.6%～92.2%,均以处理4最高。

(3)不同处理对肥料利用率的影响 不同专用肥对氮、磷、钾肥料利用率有不同的影响(表28-29)。氮肥利用率在15.6%～37.8%之间,其中处理4氮肥利用率最高;磷肥利用率在10.4%～18.9%之间,处理8最高;钾肥利用率在46.3%～68.8%之间,以处理4最高,处理2次之。而氮肥偏生产力以及氮肥的农学效率都以处理4最大,可见合理施用磷钾肥能显著促进氮肥吸收,提高作物对氮肥的吸收利用效率。

表 28-28

专用肥对小麦吸收氮、磷、钾养分吸收量的影响   kg/hm²

处理	N			P₂O₅			K₂O		
	籽粒	秸秆	总量	籽粒	秸秆	总量	籽粒	秸秆	总量
1	40.7d	29.9c	70.6e	9.7e	5.6c	15.3d	20.2d	54.4d	74.6e
2	67.5b	39.4b	106.9c	14.1d	6.9b	21.0c	30.6c	60.9cd	91.5d
3	69.6b	45.1ab	114.7b	15.9c	7.0b	22.9c	35.6b	62.2c	97.8c
4	78.4a	48.9a	127.3a	19.8a	7.8a	27.6a	39.5a	103.9a	143.4a
5	55.3c	38.7b	94.0d	14.8c	5.8c	20.6c	28.6c	65.1c	93.7d
6	63.5bc	44.8ab	108.3c	14.2d	7.2b	21.4c	26.7cd	63.7c	90.4d
7	68.3b	40.9b	109.2c	15.1c	5.4c	20.5c	33.5b	68.4c	101.9c
8	73.4ab	44.4ab	117.8b	17.6b	6.9b	24.5b	37.0ab	79.5b	116.5b

表 28-29

不同处理对肥料利用率的影响

处理	N			P_2O_5	K_2O
	利用率(RE)/%	偏生产力(PFP)/(kg/kg)	农学效率(AE)/(kg/kg)	利用率(RE)/%	利用率(RE)/%
1	—	—	—	—	—
2	24.2d	20.6d	6.6d	11.4c	67.5a
3	29.4c	23.5c	9.6c	15.2b	46.3e
4	37.8a	37.2a	28.3a	12.3c	68.8a
5	15.6e	15.5e	1.5e	16.9ab	63.8b
6	25.1d	17.1e	3.1de	12.6c	52.6d
7	25.7d	23.4c	9.4c	10.4c	54.6cd
8	33.7b	32.7b	17.7b	18.9a	58.2c

（4）不同处理的经济效益分析　不同处理的专用肥因为养分含量略有不同,影响其养分成本投入,同时不同专用肥处理其产量不同,因此,不同专用肥处理其经济效益也有所不同（表 28-30）。其中处理 4 经济效益最大,相比农民习惯（处理 8）每公顷增加纯收入 2 143.4 元,有较强的经济效益。

表 28-30

不同处理对小麦经济效益的影响　　　　　　　　　　　　　　　　　　　　　　　　　　元/hm²

处理	成本	产值	效益
1	0	3 979.2e	3 979.2e
2	775.0	5 871.5cd	5 096.5d
3	790.0	6 702.3c	5 912.3c
4	1 050.0	12 036.4a	10 986.4a
5	780.0	4 407.7d	3 627.7e
6	800.0	4 871.0d	4 071.0e
7	630.0	6 667.3c	6 037.3c
8	785.0	8 696.4b	7 911.4b

注:小麦价格按 1.9 元/kg 计算,成本为肥料花费,包括基肥和追肥。

本试验结果表明关中地区低肥力土壤状况下冬小麦专用肥氮磷钾配方为 20-15-10,用量为 400～500 kg/hm²;返青期每公顷追尿素 100～150 kg。基肥用以保证小麦生长初期氮磷钾养分充足供应,保证壮苗率,返青期追肥保证后期小麦对氮素的大量需求,用以稳定和保证产量。其他土壤肥力条件下,合理配方还需进一步研究。

28.2.6　关中平原不同肥力水平推荐施肥方案制定

关中地区冬小麦/夏玉米轮作体系中施肥现状为施氮不足的农户比例约 10%,小麦氮肥过量施用约 50%,玉米过量施用超过 70%,而且氮肥前期投入偏多、后期投入偏少,另外磷肥施用也偏高（常艳丽等,2014）。目前肥料市场供应各种复合肥、小麦/玉米专用肥,大多数肥料均是三元复合肥,一般而言区域针对性小。陕西关中灌区土壤含钾量高,长期定位试验显示施用钾肥作物增产效果甚微。因此,农户购买三元复合肥无疑是增加生产成本,另外由于没有考虑土壤养分供应能力,这些复合肥或专用肥施用效果变异很大。现在种植户多为老年人以及妇女,尽管科研单位结合研究项目以及农技中心进行施肥培训指导,但是农户接受能力仍十分有限。因此,通过了解小麦/玉米对养分的吸收累积规律以及土壤养分供应能力,结合土壤肥力丰缺指标,制定现行小麦/玉米轮作体系不同土壤肥力水平下合理的施肥方案,其一可供实时生产专用肥,其二以便种植者直接应用单质肥配合,促进该区优化养分管理,达到作物高产、资源高效利用。

1.材料与方法

土壤样品于 2009 年小麦种植前,在陕西关中地区,有代表性的选取了冬小麦/夏玉米轮作体系的临渭区、富平县、周至县、户县、兴平县、武功县、泾阳县、杨凌区和扶风县、凤翔县、陈仓区和岐山县的 12个县/区采集了 0～20 cm 耕层土样 225 个,进行土壤有机质、全氮、碱解氮、速效磷和速效钾的测定。另外,收集关中地区 1990 年后发表的文献资料 21 篇,总结了冬小麦/夏玉米养分吸收累积规律以及不施肥区的作物养分携出量。

2.关中平原小麦/玉米轮作区土壤肥力及土壤养分供应量

关中平原小麦/玉米轮作区土壤有机质含量在 0.76%～3.69% 之间,平均含量 1.68%;土壤全氮含量在 0.6～0.15 g/kg 之间,平均值 1.13 g/kg;土壤碱解氮含量在 38.6～198.6 mg/kg 之间,平均值为 95.8 mg/kg;土壤有效磷含量在 3.4～80.2 mg/kg 之间,平均值为 20.2 mg/kg;土壤速效钾在 45～528 mg/kg 之间,平均值为 169.2 mg/kg。参照黄土高原养分分级指标(彭琳等,1995),88.5% 的有机质含量在 1%～2% 之间,总体土壤有机质属于中等水平;80% 以上的土壤样品全氮含量大于 1 mg/kg,全氮属于高水平;65.5% 的土壤样品碱解氮含量在 60～100 mg/kg 之间,土壤碱解氮属于中水平。80.7% 的土壤样品速效磷含量在 10～30 mg/kg 之间,土壤速效磷含量指标属于高水平;42.9% 的土壤样品速效钾含量在 110～165 mg/kg 之间,土壤速效钾的含量指标属于高水平。总的来说,氮磷养分中等水平占大多数,富钾,中肥力农田占较大比例。

土壤供应养分水平可以用不施肥情况下作物养分吸收总量来表征,从近年来关中不同地区田间试验空白区产量及氮磷养分吸收量(表 28-31)可以看出,空白区小麦产量为 1 336～6 470 kg/hm²,平均为 4 374 kg/hm²,氮吸收量为 25.6～196.8 kg/hm²,平均为 114.8 kg/hm²,磷吸收量为 5.28～39.9 kg/hm²,平均为 22.8 kg/hm²。根据空白区小麦产量水平,将土壤肥力分为高、中和低三个水平,高、中和低肥每公顷小麦产量临界值分别为 >4 500,3 000～4 500 kg/hm² 及 ≤3 000 kg/hm²。得到高肥力水平下氮素的平均吸收量为 143.6 kg/hm²,中低肥力下的氮吸收量分别为 113.2 和 58.5 kg/hm²,高中低肥力下磷的吸收量分别为 27.4,27.3 和 10.3 kg/hm²。这表明关中地区土壤不同肥力下养分的供应能力有所差异。

表 28-31

冬小麦不施 N/P 区的产量及 N/P 吸收量   kg/hm²

地点	样本数/n	产量	吸氮量	吸磷量	资料
杨凌	1	5 151	196.8	39.9	陈毓君,2012
扶风	1	5 867	173.4	16.6	陈祥,2008
凤翔	1	6 470	136.8		陈祥,2008
杨凌	1	4 600		33.3	王荣辉,2008
扶风	1	4 919	125.3	19.7	段敏,2010
杨凌	1	5 266	135.3		段敏,2010
扶风	1	5 472	140.7		赵营,2006
杨凌	1	5 338	131.8		赵营,2006
杨凌	2	5 339	108.6		948项目

续表 28-31

地点	样本数/n	产量	吸氮量	吸磷量	资料
杨凌	1	4 214	113.0		王西娜,2006
周至	16	4 391	128.1	27.3	张鹏,2010
杨凌	1	4 190	98.4		赵新春,2009
杨凌	1	2 094	70.6	15.3	张恒,2010
杨凌	1	2 850	63.4		陈祥,2008
长武	1	1 336	25.6	5.28	摄晓燕,2009
杨凌	1	2 484	74.2		赵满兴,2004

从近年来夏玉米不同地区田间试验空白区产量及氮磷养分吸收量(表 28-32)可以看出,空白区玉米产量为 2 758～8 761 kg/hm²,平均为 6 121 kg/hm²,氮吸收量为 83.9～196.8 kg/hm²,平均为 139.8 kg/hm²,根据田间空白区玉米产量水平,将土壤肥力分为高、中和低三个水平,高、中和低肥力每公顷玉米产量临界值分别为>6 000 kg/hm²,4 500～6 000 及≤4 500 kg/hm²。得到高肥力水平下氮素的平均吸收量为 134.9 kg/hm²,中低肥力下的氮吸收量分别为 120.0 和 95.1 kg/hm²,高中低肥力下磷的吸收量分别为 28.7,18.7 和 10.1 kg/hm²。

表 28-32

夏玉米不施 N/P 小区的产量及 N/P 吸收量　　　　　　　　　　　　　　　　　　　　　　kg/hm²

地点	样本数/n	产量	吸氮量	吸磷量	资料
岐山	3	8 761	173.3		948 项目
杨凌	1	7 823	161.7	33.6	陈毓君,2012
杨凌	1	7 193		28.8	陈毓君,2012
扶风	1	7 073	118.2		赵营,2006
杨凌	1	6 907	162		王西娜,2007
杨凌	1	6 126	110.3		948 项目
杨凌	1	6 095	83.9	23.6	张恒,2010
扶风	1	5 675	196.6		陈祥,2008
杨凌	3	5 471	106.9		郑险峰等,2009
杨凌	1	5 454	114.4		赵营,2006
扶风	1	5 230	216.6	37.2	陈祥,2008
扶风	1	5 004	139.6	18.7	段敏,2010
杨凌	1	2 758	95.1	10.1	李世清,1994

3. 关中平原小麦/玉米的需肥规律

(1)百千克籽粒的养分吸收量　每生产 100 kg 作物籽粒养分的携出量的计算,可以了解作物籽粒生产过程中植株直接从土壤中带走的氮、磷、钾养分,所以 100 kg 籽粒养分吸收量是推荐施肥总量的基础。理解了 100 kg 籽粒养分吸收的数量,从而指导作物生产中进行平衡施肥。每生产 100 kg 小麦籽粒所需 N、P_2O_5 和 K_2O 养分量平均分别为 2.74,0.44 和 2.62 kg(表 28-33 至表 28-35),每生产 100 kg 玉米籽粒所需 N、P_2O_5 和 K_2O 养分量平均分别为 2.26,0.37 和 1.98 kg(表 28-36 至表 28-38)。

表 28-33

冬小麦的百千克籽粒需氮量

数据量/n	均值/kg	变异/kg	区域	来源
7	3.24	2.01~4.22	陕西杨凌	张恒,2010
5	2.53	2.09~2.92	陕西周至	沈海军等,2012
6	2.41	2.22~2.49	陕西杨凌	陈祥等,2008
6	2.38	2.11~2.51	陕西凤翔	
4	2.72	2.038~2.90	陕西扶风	陈祥,2008
4	2.8	2.55~3.03	陕西扶风	段敏,2010
6	2.99	2.85~3.12	陕西杨凌	
8	2.76	2.30~3.32	陕西杨凌	赵新春,2009
12	2.17	1.64~2.61	陕西杨凌	"948"项目试验
100	2.80	1.90~3.70	陕西杨凌	娄土长期试验
5	2.80	2.58~2.96	陕西杨凌	赵营,2006
5	2.58	2.32~2.93	陕西扶风	
14	2.87	2.23~3.83	陕西周至	张鹏,2010
20	3.27	2.52~4.40	陕西杨凌	赵满兴,2004
均值	2.74	1.64~4.40		

表 28-34

冬小麦的百千克籽粒需磷量

数据量/n	均值/kg	变异/kg	区域	来源
7	0.29	0.19~0.39	陕西杨凌	张恒,2010
4	0.41	0.4~0.43	陕西扶风	段敏,2010
8	0.37	0.27~0.55	陕西杨凌	赵新春,2009
14	0.63	0.45~0.83	陕西周至	张鹏,2010
85	0.47	0.29~0.68	陕西杨凌	娄土长期试验
5	0.48	0.44~0.50	陕西扶风	赵营,2006
5	0.45	0.44~0.45	陕西杨凌	
均值	0.44	0.19~0.83		

表 28-35

冬小麦的百千克籽粒需钾量

数据量/n	均值/kg	变异/kg	区域	来源
7	2.49	1.88~3.35	陕西杨凌	张恒,2010
4	2.10	1.98~2.17	陕西扶风	段敏,2010
14	2.62	1.76~3.62	陕西周至	张鹏,2010
4	3.64	3.47~4.05	陕西杨凌	赵新春,2009
75	2.93	1.22~4.27	陕西杨凌	娄土长期试验
5	2.12	1.88~2.32	陕西杨凌	赵营,2006
5	2.42	2.20~2.66	陕西扶风	
均值	2.62	1.22~4.27		

表 28-36

夏玉米的百千克籽粒需氮量

数据量/n	均值/kg	变异/kg	区域	来源
15	1.99	1.77~2.25	陕西岐山	"948"项目试验
6	1.88	1.84~1.95	陕西杨凌	
8	1.53	1.44~1.62	陕西杨凌	张恒,2010
4	3.76	3.66~3.91	陕西扶风	陈祥,2008
6	2.65	2.21~3.23	陕西扶风	段敏,2010
3	2.44	2.35~2.53	陕西杨凌	王西娜,2007
95	2.11	1.49~3.23	陕西杨凌	塿土长期试验
4	2.20	2.04~2.31	陕西杨凌	赵营,2006
4	1.96	1.67~2.18	陕西扶风	
9	2.06	1.83~2.41	陕西杨凌	郑险峰等,2009
均值	2.26	1.44~3.91		

表 28-37

夏玉米的百千克籽粒需磷量

数据量/n	均值/kg	变异/kg	区域	来源
8	0.19	0.18~0.20	陕西杨凌	张恒,2010
6	0.33	0.29~0.37	陕西扶风	段敏,2010
2	0.6	0.54~0.67	陕西扶风	陈祥,2008
90	0.37	0.16~0.55	陕西杨凌	塿土长期试验
4	0.34	0.34~0.34	陕西扶风	赵营,2006
4	0.37	0.34~0.39	陕西杨凌	
均值	0.37	0.16~0.67		

表 28-38

夏玉米的百千克籽粒需钾量

数据量/n	均值/kg	变异/kg	区域	来源
8	1.27	1.3~1.37	陕西杨凌	张恒,2010
6	2.30	2.04~2.48	陕西扶风	段敏,2010
2	2.20	1.98~2.43	陕西扶风	陈祥,2008
4	2.01	1.81~2.19	陕西杨凌	赵营,2006
4	2.38	2.26~2.48	陕西扶风	
95	1.69	0.76~3.67	陕西杨凌	塿土长期试验
均值	1.98	0.76~3.67		

(2)阶段干物质累积及养分吸收规律 了解作物不同生育阶段的养分累积量及其占总吸收养分的比例,可以更好地把握养分累积的关键时期,为合理追肥,实现养分供应与作物需求同步提供科学依据。一般来讲,作物生物量随生育期的延长而不断增加,返青期前生物量累计较慢,约 2.0 kg/hm²,占整个生育期累积量的 15%(表 28-39),之后植株开始迅速增长生物量也开始增加,占整个生育期累积量的 22%,在拔节-扬花期增加迅速,占整个生育期累积量的 36%,之后增加趋于平缓,整体呈现了"慢-

快-慢"的变化趋势,且拔节期-收获期生物量累计占到整个生育期生物量累积量的66%。

表 28-39

陕西关中地区冬小麦阶段干物质累积及 N 吸收量

生育阶段	n	生物量 /(kg/hm^2)	生物量累积比例 /%	n	N 吸收量 /(kg/hm^2)	N 累积比例 /%
出苗-返青	55	2.0	15	72	60	35
返青-拔节	55	3.0	22	72	42	24
拔节-扬花	16	5.0	36	16	47	27
扬花-收获	16	3.7	27	16	24	14
拔节-收获	39	8.4	66	56	71	41

数据来源:陈祥 2008;段敏 2010;赵新春 2009;赵营 2006;赵满兴 2004;王春阳等 2008。

氮素吸收量在整个生育期也是增加的(表 28-39),苗期氮素吸收较多,占总吸收氮的35%,返青期开始增加相对缓慢,占总吸收氮的24%,返青期后进入拔节期,吸氮量相对返青期有所增加,占总吸收氮的27%,之后吸氮量降低,拔节-收获期占吸收总氮的41%,苗期-返青期和拔节-扬花期吸氮量较多,因此在氮肥施用中,应该分为两个时期进行分施。冬小麦对磷素的吸收,磷的吸收累积规律和氮基本相似,但吸收累积的量则比氮和钾低得多(陈祥,2008)。从返青期至灌浆期,逐渐累积到最大值,之后逐渐降低。小麦吸钾过程主要在前期,吸钾量的高峰值出现在抽穗期,明显早于氮磷,此后不再吸收,而是通过各种途径损失(王兵,2004)。

玉米生物量随生育期的延长而增加(表 28-40),夏玉米生物量累积动态曲线与小麦一样呈"S"形,玉米出苗-拔节期和拔节-大喇叭口期生物量累计较慢,约 1.4 kg/hm^2,分别占整个生育期累积量的12%和10%,之后植株开始迅速增长,生物量也开始增加,占整个生育期累积量的47%,灌浆期后继续增加,占整个生育期累积量的31%,且大喇叭口期-收获期生物量累计占到生物量累积总量的78%,主要的生物量累积阶段为大喇叭口期至灌浆期。

玉米生育期内氮素吸收动态与玉米生物量累计动态相似,苗期-拔节期氮素吸收量占总吸氮量的24%,拔节-喇叭口期增加相对缓慢,占总吸氮量的16%,喇叭口-灌浆期这一阶段吸氮量迅速增加,占总吸氮量的48%,之后吸氮量降低,在整个生育期最低。只有总吸氮量的12%,苗期-返青期和喇叭口-灌浆期吸氮量较多,因此在氮肥施用中,分为两个时期进行施用。

表 28-40

陕西关中地区夏玉米阶段干物质累积及 N 吸收量

生育阶段	天数/天	生物量 /(kg/hm^2)	生物量累积比例 /%	数据量 /n	N 吸收量 /(kg/hm^2)
出苗-拔节	44	1.4	12	34	24
拔节-喇叭口	13	1.4	10	23	16
喇叭口-灌浆	27	6.4	47	68	48
灌浆-收获	29	4.3	31	17	12

数据来源:陈祥 2008;赵营 2006。

(3)小麦、玉米养分利用率 关中平原冬小麦氮磷钾养分利用率分别为27.8%,28.4%和46.7%(表 28-41 至表 28-43),利用率之间差异较大,与气候、品种及施肥量等有关。夏玉米氮、磷、钾养分利用率分别为13.0%,19.2% 和 44.5%,肥料利用率较冬小麦偏低(表 28-44 至表 28-46)。关中地区与全国相比,肥料利用率相近,但是玉米的氮肥利用率只有14%左右,远远低于其他一些国家和地区在试验条件下所得到40%~60%的氮肥利用率。

表 28-41

关中平原冬小麦氮肥养分利用率

数据量 (n)	施氮量 /(kg/hm²)	均值 /%	变异 /%	试验年	区域	来源
5	150	31.5	20.3~42.1	2005—2006	陕西杨凌	陈祥,2008
4	266~300	26.1	19.8~33.8	2006—2007	陕西扶风	陈祥,2008
3	75~225	36.8	34.2~38.3	2004—2005	陕西扶风	赵营,2006
3	105~315	41.9	22.4~66.4	2004—2005	陕西杨凌	赵营,2006
7	140~150	27.4	15.5~37.2	2008—2009	陕西杨凌	张恒,2010
4	120~300	41.4	15.9~44.5	2010—2011	陕西杨凌	陈毓君,2012
8	140~150	11.3	3.94~20.7	2009—2010	陕西杨凌	张明,2011
4	150	37.8	29.2~48.1	2000—2001	陕西杨凌	翟军海,2002
16	60~300	32.6	25.7~40.1	2002—2003	陕西杨凌	赵满兴,2004
5	60~240	20.1	9.9~34.0	1994—1996	陕西杨凌	张树兰等,2000
6	80~240	57.5	31.6~100.1	2006—2008	陕西杨凌	赵新春,2009
6	120~240	38.6	17.8~60.7	2003—2005	陕西彬县	GAO,et al.,2009
6	180~240	26.8	26.6~34.2	2008—2009	扶风、周至、户县	张鹏,2010
4		34.9	11.7~50.7	1991—2010	陕西杨凌	杨旸,2012
均值		31.5			陕西关中	

表 28-42

关中平原冬小麦磷肥利用率

数据量 (n)	施磷量 /(kg/hm²)	均值 /%	变异 /%	试验年	区域	来源
7	45~100	14.0	11.4~18.9	2008—2009	陕西杨凌	张恒,2010
4	90~150	18.6	3.7~24.7	2010—2011	陕西杨凌	陈毓君,2012
6	45~100	34.9	2.2~95.9	2009—2010	陕西杨凌	张明,2011
3	75~135	13.6	7.0~21.7	2008—2009	扶风、周至、户县	张鹏,2010
4		12.5	6.6~20.9	1991—2010	陕西杨凌	杨旸,2012
均值		20.2			陕西关中	

表 28-43

关中平原冬小麦钾肥利用率

数据量 (n)	施钾量 /(kg/hm²)	均值 /%	变异 /%	试验年	区域	来源
7	25~100	58.8	46.3~68.8	2008—2009	陕西杨凌	张恒,2010
4	45~120	61.2	50~64.4	2010—2011	陕西杨凌	陈毓君,2012
8	25~100	41.4	7.8~73.3	2009—2010	陕西杨凌	张明,2011
3	60~180	29.8	15.0~29.8	2008—2009	扶风、周至、户县	张鹏,2010
4		14.6	5.0~30.1	1991—2010	陕西杨凌	杨旸,2012
均值		43.9			陕西关中	

表 28-44

关中平原夏玉米氮肥利用率

数据量 (n)	施氮量 /(kg/hm²)	均值 /%	变异 /%	试验年	区域	来源
4	314～361	7.1	4.3～12.3	2006	陕西扶风	陈祥,2008
3	125～375	11.8	10.2～17.9	2004	陕西扶风	赵营,2006
3	125～375	14.9	9.2～22.6	2004	陕西杨凌	赵营,2006
7	180～213	13.2	8.4～20.6	2009	陕西杨凌	张恒,2010
6	90～270	14.7	2.8～32.6	2010	陕西杨凌	张明,2011
2	120～240	13.3	3.9～22.4	2004	陕西杨凌	王西娜,2007
均值		平均值	13.0		陕西关中	

表 28-45

关中平原夏玉米磷肥利用率

数据量 (n)	施磷量 /(kg/hm²)	均值 /%	变异 /%	试验年	区域	来源
7	25～50	19.0	14.0～26.5	2009	陕西杨凌	张恒,2010
6	40～80	19.5	20.6～61.2	2010	陕西杨凌	张明,2011
19			4.2～32.3	2001—2005	陕西	张福锁等,2008
均值			13.0		关中	

表 28-46

关中平原夏玉米钾肥利用率

数据量 (n)	施钾量 /(kg/hm²)	均值 /%	变异 /%	试验年	区域	来源
7	25～100	48.3	33.7～56.6	2009	陕西杨凌	张恒,2010
6	50～100	39.3	2.8～88.4	2010	陕西杨凌	张明,2011
13			11.9～62.9	2001—2005	陕西	张福锁等,2008
均值			34.9		陕西关中	

(4)不同肥力土壤推荐施肥方案确定　基于关中地区土壤和种植制度等因素,采用目标产量施肥法和地力分区配方法进行小麦/玉米轮作区推荐施肥方案的制定。地力分区配方法农户容易接受,推广较为容易,目标产量法实施简便、并能按照土壤供肥量的不同使三要素平衡供给,充分发挥肥料的增产作用,纠正低产区的供肥不足,提高作物产量,对高产区则主要是限制过量施肥。基于土壤测试、短期和长期试验结果以及秸秆还田逐渐推广和应用,关中小麦/玉米轮作体系,建议不施用钾肥。氮磷施用量计算公式如下:

$$N 或 P 施用量＝(目标产量作物吸收 N 或 P 量－土壤供 N 或 P 量)/N 或 P 利用率 \qquad (1)$$

式中,目标产量作物吸收氮/磷量可以通过目标产量和生产 100 kg 作物的需氮/磷量计算得到,土壤供氮量多数研究倾向于 0～90 cm 土层深度的矿质氮(铵态氮和硝态氮之和)(MAFF,2000),0～90 cm 土层深度矿质氮的测定不仅取样费时费力,分析也需要大量时间、财力和人力,尽管体系较完善,但在目前分散经营的情况下,其实现程度很小。我国目前绝大多数情况下仍然分析耕层(0～20 cm)土壤碱解氮衡量氮素土壤供应水平,但是土壤碱解氮与产量相关性很差,不足以评价土壤的供氮能力,这可能与测定土层太浅,结果低估氮素供应值有关。土壤供磷能力可由耕层土壤有效磷水平表征。另外,综合反映土壤及环境养分供应可以用不施肥情况下作物养分携出量进行估算,短时间内,不同区域研究中的空白区可以提供较为准确的估算。本文采用近年来关中地区田间试验空白区的数据,获得不同肥力水平下土壤氮、磷供应值(表 28-47)。从关中地区小麦/玉米肥料利用率可以看出,由于各种因素当季利用率很低,特别是玉米仅 10% 左右,不能作为推荐施肥的合理指数。合理的肥料利用率应该是合理施肥的前提下获得,长期肥料试验的结果更为客观。因此,肥料利用率指标采用黄土长期试验的结果。关中地区长期试验结果表明,氮磷以及氮磷钾配合小麦氮素累积表观回收率基本稳定在 63%,磷素累积表观回收率基本稳定在 35%,氮磷以及氮磷钾配合玉米氮素累积表观回收率基本稳定在 38%,磷素累积表观回收率基本稳定在 57%。

表 28-47

不同肥力下土壤养分供应量　　　　　　　　　　　　　　　　　　　　　　　　　　　　　　kg/hm²

作物	肥力水平	数据量(n)	平均产量	吸氮量	吸磷量
小麦	高肥力	10	5 380	143.6	27.4
	中肥力	18	4 265	113.2	27.3
	低肥力	4	2 191	58.5	10.3
玉米	高肥力	5	7 551	134.9	28.7
	中肥力	8	5 675	120	18.7
	低肥力	2	3 881	95.1	10.1

注:陈祥(2008)研究结果(吸氮量 216.6 kg 和 196.6 kg)与其他研究结果差异较大,未纳入均值计算。

根据杨凌塿土 20 年长期试验小麦相对产量和耕层土壤碱解氮和 Olsen-P 的关系,并结合对关中地区小麦土壤养分丰缺指标分级(付莹莹,2010),得到土壤碱解氮临界水平在 60 mg/kg,低于此值,小麦对氮肥施用反应明显,高于 110 mg/kg 施肥响应不明显。据此可以得到小麦生产的土壤氮素肥力指标,同样可以得到 Olsen-P 指标(表 28-48),为方便起见,在此只划为高中低三个等级。同理,玉米分级指标根据杨凌塿土 20 年长期试验小麦相对产量和耕层土壤碱解氮和 Olsen-P 的关系,得到表 28-49。根据表 28-51 和表 28-52 的不同作物土壤养分分级指标,统计不同地区 225 个农户小麦/玉米轮作体系的土壤养分含量显示,23.6% 的农户小麦生产土壤碱解氮属于低肥力水平,中、高肥力水平的分别有 56.9% 和 19.6%,速效磷含量有 48.9% 的属于低肥力水平,中、高肥力水平的分别有 35.6% 和 15.6%。速效钾含量有 4.0% 的属于低肥力水平,中、高肥力水平的分别有 14.7% 和 81.3%。不同养分含量在不同肥力水平下有交叉,取低水平计算。总体来讲,48.9% 的小麦土壤肥力属于低水平,中高肥力水平的占到 51.2。对玉米而言 27.6% 的土壤属于低肥力,72.4% 的土壤属于中高肥力水平。

据此,根据氮肥施用量公式,结合土壤肥力状况以及氮磷施用的环境效应等因素,可以确定不同肥力水平氮磷肥施用量(表 28-50)。低、中和高肥力下小麦纯 N 推荐量分别为 135,114 和 98 kg/hm²,P_2O_5 分别为 84,46 和 37 kg/hm²,低、中和高肥力下玉米纯 N 推荐量分别为 62,86 和 91 kg/hm²,低肥力下 P_2O_5 推荐量为 40 kg/hm²,中肥力下土壤磷养分基本满足作物生长需要,但为了维持土壤肥力水平,根据作物携出量等于投入量,推荐施入 25 kg/hm²。小麦/玉米轮作体系关于磷吸收的研究较少,所以空白区吸磷量的数据较少,且不同研究之间又差异较大。不同肥力计算结果也差异较大。刘杏兰(1995)在关中的磷肥定位研究表明,若小麦玉米轮作体系粮食年产达到 10.5～12.0 t/hm² 时,又需维持土壤磷素的平衡,须投入磷肥(P_2O_5)105～120 kg/hm²。与本研究推荐施磷量(P_2O_5)相近。基于上述小麦/玉米轮作体系的推荐施肥量,结合养分需求规律,推荐施肥方案见表 28-51 和表 28-52。由于作物品种不同,养分吸收累积有一定的差异,因此上述不同肥力水平下小麦/玉米轮作体系的施肥方案还需在田间进一步验证和修订。加之氮肥需要实时监控,磷钾肥需要定期跟踪监测,不同肥力土壤的施肥方案实施需要定期跟踪与修订。

表 28-48

小麦生产土壤氮磷钾养分分级指标   mg/kg

级别	指标	碱解氮	有效磷	有效钾
Ⅰ	高	>110	>30	>115
Ⅱ	中	80~110	18~30	80~115
Ⅲ	低	<80	<18	<80

表 28-49

玉米生产土壤氮磷钾养分分级简化指标   mg/kg

级别	指标	碱解氮	有效磷	有效钾
Ⅰ	高	>98	>28	>113
Ⅱ	中	72~98	13~28	80~113
Ⅲ	低	<72	<13	<80

表 28-50

不同肥力目标产量下小麦和玉米推荐施肥量   kg/hm²

作物	目标产量	纯 N	P_2O_5
小麦	5 250	135	84
	6 750	114	46
	7 500	98	37
玉米	5 250	62	40
	6 750	86	25
	7 500	91	0

表 28-51

陕西省关中平原冬小麦施肥方案   kg/hm²

指标	施肥总量 ($N-P_2O_5-K_2O$)	基肥用量 ($N-P_2O_5-K_2O$)	追肥用量 $N-P_2O_5-K_2O$
高肥力	105-45-0	50-45-0	55-0-0
中肥力	120-60-0	60-60-0	60-0-0
低肥力	135-90-0	75-90-0	60-0-0

表 28-52

陕西关中平原夏玉米施肥方案   kg/hm²

指标	施肥总量 $N-P_2O_5-K_2O$	基肥用量 $N-P_2O_5-K_2O$	追肥用量 $N-P_2O_5-K_2O$	
			拔节期	喇叭口期
高肥力	120-0-0	0-0-0	60-0-0	60-0-0
中肥力	105-25-0	10-25-0	55-0-0	40-0-0
低肥力	90-45-0	10-45-0	50-0-0	30-0-0

28.2.7 小麦、玉米高产及超高产综合养分管理技术

在人口不断增加,耕地面积不断减少的情况下,提高作物单产是满足人们对粮食需求的重要措施之一。同时现有生产水平也表明农田作物产量水平均远远低于作物品种的区试产量或区域气候生产

潜力。这说明现有作物生产的管理技术,如养分管理、栽培等没有很好地匹配作物品种的生长特性,难以充分发挥作物品种的潜力。因此,我们在关中研究探索小麦、玉米高产、超高产的综合养分管理技术。

1. 小麦

(1)试验地点及方案设计 试验分别于 2008—2010 年在陕西省杨凌区大寨乡西小寨村、西北农林科技大学农作物新品种示范园以及西北农林科技大学农作三站进行。该区属暖温带半湿润易旱大陆性气候,年平均气温 12.9℃,降雨量为 550~650 mm,降雨多集中在 7—9 月(占年降水量 60%~65%)。供试土壤为塿土,0~20 cm 土层土壤性质见表 28-53。前茬为夏玉米。

表 28-53

供试土壤基本性质

试验地点	年份	有机质/(g/kg)	全氮/(g/kg)	速效磷/(mg/kg)	速效钾/(mg/kg)	硝态氮/(mg/kg)	铵态氮/(mg/kg)
西小寨	2008	12.8	1.06	25.3	168.8		
示范园	2009	12.1	1.24	27.8	146.5		
三站	2010	16.0	0.94	6.7	217.2	30.5	4.4

西小寨试验(试验 1)设 6 个不同施肥处理,分别为不施肥(CK)、农民习惯施肥(FP)、氮磷钾配合有机肥(MN1P2K1、MN2P1K2)、氮磷钾配合(N3P2K3)以及氮磷钾配合秸秆还田(SN4P1K2)。其中 SN4PK 处理前茬玉米收获后秸秆全部于小麦播种前翻压还田。各处理具体施肥量见表 28-54 所示。所有处理施用的氮肥为尿素(含 N46%),磷肥为过磷酸钙(含 P_2O_5 12%),钾肥为氯化钾(含 K_2O 60%),锌肥为硫酸锌,有机肥为鸡粪。磷、钾、锌肥和有机肥全部在播种前均匀撒于小区后翻入地下作为基肥。农民习惯施肥(FP)氮肥全部基施;N150P150K75,N225P120K120 和 N270P150K150 处理氮肥 1/2 在播种前基施,1/2 在拔节期追施;N300P120K120 处理氮肥 70% 在播种前基施,30% 在拔节期追施。供试小麦品种为小偃 22,于 2008 年 10 月 10 日播种,2009 年 6 月 10 日收获。田间管理同当地大田,在小麦苗期(1 月 8 日)冬季灌水一次,整个生育期间,降水总量为 190 mm,占全年降水量的 35% 左右。每个小区面积 25.2 m^2(4.5 m×5.6 m),重复 3 次,随机区组排列。

表 28-54

冬小麦氮、磷、钾和有机肥施用量   kg/hm²

处理	肥料施用量				
	N	P_2O_5	K_2O	ZnSO₄	有机肥
CK	—	—	—	—	—
FP	300	97.5	—	—	—
MN1P2K1	150	150	75	—	15 000
MN2P1K2	225	120	120	15	15 000
N3P2K3	270	150	150	—	—
SN4P1K2	300	120	120	15	玉米秸秆还田

示范园试验(试验 2)设 5 个不同施肥处理,分别为不施肥处理(CK)、农民习惯施肥处理(FP)、两个氮磷钾配施处理(N1P1K1 和 N2P3K2)及氮磷钾配施有机肥处理(MN2P2K1),各处理具体施肥量如表 28-55 所示。所有处理施用的氮肥为尿素(含 N 46%),磷肥为过磷酸钙(含 P_2O_5 12%),钾肥为氯化钾(含 K_2O 60%),有机肥为鲜鸡粪。磷肥、钾肥和有机肥全部在播种前均匀撒于小区后翻

入地下作为基肥,FP 处理氮肥全部基施,N1P1K1、N2P3K2 和 MN2P2K1 处理氮肥 1/2 在播前基施,1/2 在拔节期追施。每个小区面积 32.5 m²(6.5 m×5 m),重复 3 次,随机区组排列。冬小麦于 2009 年 10 月 21 日播种,2010 年 6 月 14 日收获,整个生育期间,降水总量为 190 mm。供试品种为小偃 22,播种量 120 kg/hm²,行距 20 cm,田间管理同当地大田,在小麦苗期(2010 年 2 月 4 日)冬季灌水一次(40 mm)。

表 28-55

冬小麦氮、磷、钾和有机肥施用量   kg/hm²

处理	肥料施用量			
	N	P₂O₅	K₂O	有机肥
CK	—	—	—	—
FP	300	97.5	—	—
N1P1K1	150	97.5	75	—
N2P3K2	225	150	150	—
MN2P2K1	225	120	75	15 000

农作三站试验(试验3)设 6 个处理,分别为不施肥处理(CK)、农民习惯施肥处理(FP)、氮磷钾不同配合(N1P1K1、N2P2K2 和 N3P3K3)以及氮磷钾加有机肥处理(MN3P3K3),各处理具体施肥量如表 28-56 所示。所有处理施用的氮肥为尿素(含 N 46%),磷肥为过磷酸钙(含 P₂O₅ 12%),钾肥为氯化钾(含 K₂O 57%),有机肥为干牛粪(含 N 1.41%,P₂O₅ 0.82% 和 K₂O 2.37%)。磷、钾和有机肥全部在播前均匀撒于小区后翻入地下作为基肥。其中,FP 处理为氮肥全部基施;其他施用氮磷钾的处理氮肥 50% 在播前基施,50% 在拔节期(4 月 1 日)追施。小区面积 30 m²(6 m×5 m),重复 3 次,随机区组排列。冬小麦于 2010 年 10 月 7 日播种,供试品种为小偃 22,播量 120 kg/hm²,2011 年 6 月 12 日收获,整个生育期,降雨总量为 170 mm。行距 20 cm,田间管理同当地大田,小麦越冬期(1 月 8 日)冬灌一次。

表 28-56

冬小麦氮、磷、钾和有机肥施用量   kg/hm²

处理	肥料施用量			
	N	P₂O₅	K₂O	有机肥
CK	—	—	—	—
FP	300	90	—	—
N1P1K1	120	90	45	—
N2P2K2	180	120	75	—
N3P3K3	240	150	120	—
MN3P3K3	240	150	120	20 000

(2)结果与分析

①施肥对冬小麦产量及其构成的影响 试验 1 结果显示施肥较对照均显著提高了冬小麦产量(表 28-57),其中氮磷钾配合有机肥小麦籽粒产量也显著高于农民习惯施肥,而氮磷钾配合(N3P2K3)或氮磷钾配合秸秆还田(SN4P1K2)与农民习惯施肥小麦籽粒产量相似。MN1P2K1 和 MN2P1K2 处理籽粒产量分别为 8 762 和 9 474 kg/hm²,较对照分别增产 66% 和 80%,比农民习惯施肥(FP)增产 29.5% 和 40%,接近或达到了超高产水平。秸秆产量与籽粒产量趋势基本相同。从各处理产量构成因素来看(表 28-57),N3P2K3 和 SN4P1K2 处理与 FP 差异不明显,MN1P2K1 和 MN2P1K2 处理千粒重明显高

于其他处理,说明这两个处理产量的提高是千粒重提高的结果。

表 28-57

试验 1 冬小麦产量与产量构成

处理	穗数 /(×10⁴/hm²)	穗粒数	千粒重 /g	籽粒产量 /(kg/hm²)	秸秆产量 /(kg/hm²)
CK	465b	28.8b	43.9b	5 266d	5 977d
FP	535ab	32.1ab	43.5b	6 766c	7 480c
MN1P2K1	571a	36.5a	46.6a	8 762ab	9 625ab
MN2P1K2	597a	37.2a	47.2a	9 474a	10 229a
N3P2K3	551a	33.2ab	44.5b	7 287bc	9 248ab
SN4P1K2	561a	32.7ab	44.6b	7 396bc	8 149bc

试验 2 中施肥各处理较对照也显著提高了冬小麦籽粒产量,氮磷钾不同配合以及氮磷钾配合有机肥小麦籽粒产量显著高于农民习惯,氮磷钾配合有机肥显著高于氮磷钾配合(表 28-58)。不同处理秸秆产量与籽粒产量表现类似的趋势。分析产量构成因素可知,施肥显著影响穗数,而施肥对穗粒数和千粒重影响不明显,表明各施肥处理的增产效应主要来源于穗数的增加(表 28-58)。

表 28-58

试验 2 冬小麦的产量与产量构成

处理	穗数 /(10⁴/hm²)	穗粒数	千粒重 /g	籽粒产量 /(kg/hm²)	秸秆产量 /(kg/hm²)
CK	384c	39.7a	44.0a	5 151d	5 990d
FP	407bc	41.9a	43.9a	5 922c	6 675c
N1P1K1	422bc	42.8a	44.6a	6 427b	7 740b
N2P3K2	432b	42.1a	43.7a	6 527b	7 679b
MN2P2K1	521a	43.5a	43.8a	7 225a	8 659a

由表 28-59 可知,试验 3 氮磷钾配合有机肥处理(MN3P3K3)籽粒产量达 10 444 kg/hm²,显著高于其他处理,较 FP 处理增产 71.0%。N3P3K3 和 N2P2K2 处理籽粒产量相似,分别为 7 003 和 6 927 kg/hm²,较 FP 处理显著增产 14.7% 和 13.4%,N1P1K1 则与 FP 处理产量相近。氮磷钾配合有机肥处理可达超高产水平(超 9 000 kg/hm²);而氮磷钾配施处理中,N2P2K2 可获得较高产量水平。从产量构成因素来看(表 28-59),各处理以 MN3P3K3 处理穗数最多,为 891.7 万/hm²,比 N3P3K3 和 N2P2K2 处理分别增加 48.8% 和 65.4%,达极显著水平,氮磷钾配施处理间也差异显著,其中 N3P3K3 和 N2P2K2 处理分别比 N1P1K1 处理高 23.8% 和 11.4%,比 FP 处理则高 29.1% 和 16.2%。穗粒数的变幅在 35.7~38.6 之间,处理间差异不显著;千粒重表现为随穗数增加而减小的趋势。根据产量构成算出的理论产量与实际产量相近。说明各施肥处理的增产效应主要是穗数增加的结果。另外,MN3P3K3 处理收获指数显著低于其他处理,为 40.1%,其他处理间差异不显著,说明 MN3P3K3 处理小麦超高产主要是干物质累积量显著提高的结果。

②冬小麦干物质累积 干物质累积是籽粒产量形成的物质基础,在一定的收获指数情况下,只有累积较多的干物质才能获得较高的籽粒产量。试验 3 各处理地上部干物质累积量随生长进程总体呈增加趋势,生育前期累积缓慢,起身后迅速增大,拔节至开花阶段最大,占总量 35.6%~44.7%,开花至灌浆阶段放缓,占总量 20.3%~26.4%,灌浆至成熟阶段,除 N1P1K1 处理外仍有少量累积(表 28-60)。

表 28-59

试验 3 冬小麦的产量、产量构成和收获指数

处理	穗数 /(×10⁴/hm²)	穗粒数	千粒重 /g	理论产量 /(kg/hm²)	实际产量 /(kg/hm²)	收获指数 /%
CK	445.8d	35.7a	40.4ab	5 465c	5 416d	46.2a
FP	464.2d	37.4a	40.3ab	5 051c	6107c	44.7a
N1P1K1	484.2d	36.7a	41.2a	6 232bc	6 150c	46.6a
N2P2K2	539.2c	37.5a	40.5ab	6 964b	6 927b	45.4a
N3P3K3	599.2b	36.3a	38.6b	7 120b	7 003b	44.9a
MN3P3K3	891.7a	38.6a	35.2c	10 309a	10 444a	40.1b

表 28-60

各处理冬小麦不同生育时期地上部干物质累积量   kg/hm²

处理	越冬期	起身期	拔节期	开花期	灌浆期	成熟期
CK	1 049d	1 416d	3 215d	8 131c	11 009d	11 711d
FP	1 480c	1 784c	4 151c	9 971b	13 580c	13 667c
N1P1K1	1 594c	1 854c	4 475c	10 617b	13 738bc	13 190c
N2P2K2	1 651c	2 152b	5 181b	11 485b	14 633bc	15 254b
N3P3K3	1 994b	2 376b	5 272b	11 596b	14 860b	15 601b
MN3P3K3	2 522a	3 020a	7 618a	16 896a	22 178a	26 026a

不同生育期各处理间干物质累积量表现出显著差异，N3P3K3 和 N2P2K2 处理较农民习惯可促进冬小麦生长发育，显著提高干物质累积速率；与 N2P2K2 处理相比，N3P3K3 处理没有显著提高干物质累积量，而 N1P1K1 处理则显著降低干物质累积量。而 N1P1K1 处理与 FP 处理相似。MN3P3K3 处理始终显著高于其他处理，且灌浆至成熟阶段累积量仍达 3 848 kg/hm²（占总量 14.8%），成熟期为 26 026 kg/hm²，比 FP 和 N3P3K3 分别高出 90.4% 和 66.8%。说明增施有机肥可维持冬小麦全生育期生长，特别是开花后仍可累积较多干物质，提供超高产所需的物质基础。

③施肥对冬小麦地上部养分累积、吸收的影响 试验 1 各施肥处理冬小麦地上部氮素累积量随生育时期的延长总体呈增加趋势（表 29-61）。CK、MN1P2K1 和 MN2P1K2 处理氮素累积量一直在增加，在成熟期累积量达最大，而其他处理灌浆期达最大。MN1P2K1 和 MN2P1K2 超高产处理地上部分别累积纯氮 249.3 和 283.0 kg/hm²，较农民习惯施肥处理分别增加了 25.3% 和 42.2%；N3P2K3 和 SN4P1K2 高产处理地上部分别累积纯氮 227.3 和 225.3 kg/hm²，较农民习惯施肥处理分别增加了 14.3% 和 13.3%。此外，不同施肥处理间小麦氮素阶段累积量、占总量的比例以及阶段累积高峰有明显差异。农民习惯施肥处理苗期氮素阶段累积比例最高，占全生育期总累积量的 32.6%。MN1P2K1，MN2P1K2，N3P2K3 和 SN4P1K2 处理除苗期出现第一个阶段累积高峰外，前两个处理在开花期至灌浆期，后两个处理在拔节期至开花期出现第二个阶段累积高峰，阶段累积量分别占全生育期总累积量的 30.7%，32.2%，27.1% 和 27.6%。从小麦生育前期（出苗到拔节）、中期（拔节到抽穗）和后期（抽穗到成熟）整个生育阶段来看，农民习惯施肥小麦生育中期和后期氮素累积量减少，氮磷钾配施小麦生育中期和后期氮素累积量明显提高，表明氮磷钾配施可以显著提高小麦生育后期吸氮强度和氮累积比重，从而提高小麦产量。

从表 28-62 可知，试验 3 各处理地上部氮、磷、钾养分累积随生育期的延长总体呈增加趋势。从播种至起身期，养分累积平缓，此阶段氮、磷、钾累积量分别仅占最大累积量 32.3%～36.9%，13.6%～20.4% 和 19.5%～25.8%；起身后，累积速率快速提高，至灌浆期氮和磷已达到或接近最大累积量，此阶段氮和磷累积量分别占最大累积量 53.2%～67.4% 和 65.3%～84.0%，以后趋于平缓或略有降低。

钾累积有所不同,CK 和 FP 处理在开花期累积量达最大,其他处理则在灌浆期达最大,各处理钾累积达峰值后都有较大幅度下降,损失了 10.3%～25.5%。因此,从冬小麦全生育期养分累积规律来看,为保证起身后植株迅速生长对养分的大量需求,可在此期适当追肥。

表 28-61

不同生育时期冬小麦地上部氮素累积量 　　　　　　　　　　　　　　　　　　　　　　kg/hm²

项目	苗期	返青期	拔节期	开花期	灌浆期	成熟期
CK	34.6d	40.3d	74.9f	108.7d	128.5d	135.3d
FP	65.6ab	107.2a	151.6c	186.1c	201.1c	198.9c
MN1P2K1	57.4c	93.6c	133.5e	209.9b	237.2b	249.3ab
MN2P1K2	62.4bc	103.5ab	142.6d	233.7a	281.4a	283.0a
N3P2K3	65.8ab	99.3b	163.1b	212.9b	235.1b	227.3bc
SN4P1K2	70.3a	109.8a	175.4a	208.1b	238.1b	225.3bc

表 28-62

冬小麦不同生育时期地上部氮、磷、钾养分累积量 　　　　　　　　　　　　　　　　　kg/hm²

处理		越冬期	起身期	拔节期	开花期	灌浆期	成熟期
N	CK	36.6d	53.7e	88.8d	116.7d	158.1d	155.5d
	FP	45.4cd	74.3cd	131.0c	157.2bc	214.0bc	203.3c
	N1P1K1	50.2bc	67.4d	125.2c	145.6cd	202.6c	199.2c
	N2P2K2	53.9bc	79.8c	153.5b	187.3b	214.6bc	235.7b
	N3P3K3	63.2b	91.4b	157.5b	191.7b	223.2b	247.6b
	MN3P3K3	100.0a	132.1a	237.4a	309.6a	354.1a	409.0a
P	CK	4.2d	4.8e	11.7e	22.3b	31.7d	35.2d
	FP	4.9cd	6.9cd	15.5d	26.1b	37.7c	39.4d
	N1P1K1	6.3bcd	6.6d	17.2cd	24.1b	41.5b	41.5cd
	N2P2K2	6.8bc	8.2bc	21.9b	28.4b	44.9b	50.9b
	N3P3K3	8.2b	8.5b	20.1bc	29.0b	44.0b	48.0bc
	MN3P3K3	14.3a	16.7a	30.2a	54.5a	70.2a	82.0a
K	CK	20.1c	40.0d	100.8c	187.1c	179.4d	169.2c
	FP	30.2bc	54.9c	130.0b	220.2bc	203.2d	195.0bc
	N1P1K1	32.9b	51.8c	124.3bc	196.2bc	243.8c	193.3bc
	N2P2K2	34.1b	60.1c	137.7b	232.0b	278.6b	207.6b
	N3P3K3	42.2b	73.2b	140.5b	231.1b	283.2b	219.0b
	MN3P3K3	61.2a	104.3a	231.7a	405.8a	535.2a	480.2a

　　不同生育期各处理间养分累积量表现出显著差异,大体随施肥量的提高而增加。成熟期 MN3P3K3 处理氮、磷、钾累积量均显著高于其他处理,其他施肥处理钾累积量差异不显著,而氮、磷累积量表现为,N3P3K3 和 N2P2K2 处理显著高于 N1P1K1 和 FP 处理,但 N3P3K3 和 N2P2K2 两者间以及 N1P1K1 和 FP 两者间差异不显著。较 FP 处理,MN3P3K3,N3P3K3 和 N2P2K2 处理氮累积量分别增加 101.2%,21.8%和 15.9%,磷累积量分别增加 108.3%,22.0%和 29.2%,钾累积量分别增加 146.3%,12.3%和 6.5%。说明氮磷钾配施较农民习惯在中等施肥以上水平可显著提高冬小麦养分吸收累积量,MN3P3K3 处理增幅超过 100%。

　　④不同施肥处理下土壤硝态氮残留　试验 2 不同施肥处理冬小麦收获期 0～100 cm 各土层硝态

氮累积量的情况如表 28-63 所示。与 CK 相比，FP 处理显著提高了 20～100 cm 土层硝态氮累积量，N1P1K1，N2P3K2 和 MN2P2K1 处理显著提高 0～60 cm 土层硝态氮累积量。从 0～100 cm 土层硝态氮总累积量来看，FP，N2P3K2 和 MN2P2K1 处理显著高于其他处理，分别比 CK 提高 75.4%，78.9% 和 72.7%，N1P1K1 累积量较低，比 CK 提高 50.8%。

以上说明施肥可显著提高土壤硝态氮残留量。农民习惯施肥由于氮肥全部基施，在冬小麦将近 8 个月的生育期，硝态氮从土壤上层下移到下层，60～100 cm 土层硝态氮累积量显著高于氮磷钾配施处理，有继续向下淋溶至根区以下损失、污染地下水的风险。而氮磷钾配施处理由于一半氮肥在拔节期追施，硝态氮主要累积在上层土壤，表层（0～20 cm）硝态氮累积量显著高于农民习惯施肥，土壤氮素累积于表层有利于下季轮作作物夏玉米生育前期吸收利用，但也有可能在降雨的作用下向下淋洗。

表 28-63

冬小麦收获期土壤硝态氮累积量　　　　　　　　　　　　　　　　　　　　　　　kg/hm²

处理	土层/cm					
	0～20	20～40	40～60	60～80	80～100	总和
CK	20.0c	15.1c	16.4b	15.7c	16.5b	83.7c
FP	24.1c	31.9ab	27.8a	30.3a	29.8a	146.8a
N1P1K1	31.2b	27.1b	25.7a	20.9b	21.4b	126.2b
N2P3K2	46.8a	38.7a	23.5a	20.5bc	20.2b	149.7a
MN2P2K1	44.2a	33.5ab	26.1a	20.3bc	20.4b	144.6a

⑤冬小麦肥料利用率　从表 28-64 可知，农民习惯施肥处理氮肥利用率仅有 15.2%，氮磷钾配施处理显著高于农民习惯施肥处理，氮肥利用率在 40% 以上，增施有机肥处理氮肥利用率更达 59.6%。说明农民习惯方式有大量氮肥当季未被利用损失掉，而氮磷钾平衡施肥可促进小麦对氮肥的吸收，减少氮肥损失量提高利用率。本研究氮磷钾配施（50%氮肥用做追肥）较农民习惯施肥（氮肥全部基施）节约氮肥 25%～50% 且使籽粒产量提高 8.5%～10.5%，氮肥利用率从 15.2% 提高到 41.3%～49.3%，氮、磷和钾吸收量分别提高 11.6%～19.5%，16.5%～17.7% 和 21.7%～27.6%，但 N1P1K1 和 N2P3K2 两处理间产量、籽粒氮磷养分吸收量差异不显著且 N1P1K1 氮肥利用率更高，表明在本试验条件下，单施化肥以 N1P1K1（N 150，P_2O_5 97.5，K_2O 75 kg/hm²）施用量较为适宜。增施有机肥处理籽粒产量最高，达 7 225 kg/hm²，氮肥利用率达 59.6%，表明有机无机肥料配合施用可充分发挥肥料的增产效果，促进冬小麦对养分的吸收累积。

表 28-64

不同施肥处理下冬小麦氮肥利用率（试验 2）

处理	施氮量/(kg/hm²)	硝态氮残留/(kg/hm²)	氮携出量/(kg/hm²)	氮肥利用率/%
CK	0	83.7c	196.8e	—
FP	300	146.8a	242.4d	15.2
N1P1K1	150	126.2b	270.7c	49.3
N2P3K2	225	149.7a	289.6b	41.3
MN2P2K1	225	144.6a	330.8a	59.6

由表 28-65 可知，氮磷钾配施处理间，RE_N（氮肥利用率）和 RE_P（磷肥利用率）以 N2P2K2 处理最高；RE_K（钾肥利用率）则是 N1P1K2 处理最高，N2P2K2 处理次之，但三者间差异不显著。三者的平均 RE_N 和 RE_P 较 FP 处理分别提高 150.3% 和 443.2%。表明氮磷钾配施可显著提高氮、磷肥利用率，但施用量超过 N2P2K2 水平 RE_N 和 RE_P 则有下降趋势。本研究结果表明与农民习惯不施钾且氮全部基

施的施肥方式相比,氮磷钾配施处理通过适宜的配比且 1/2 氮用于追肥的施肥方式,可在不减产的情况下,降低施氮量 20%~60%,平均 RE_N 和 RE_P 分别提高 150.3% 和 443.2%;且 N2P2K2 和 N3P3K3 处理可使产量、养分和干物质累积量显著提高,但两者差异不显著,说明中肥水平(N 180,P_2O_5 120,K_2O 75 kg/hm²)施用量较适宜。与氮磷钾配施相比,增施有机肥可显著提高 RE_N 和 RE_P,分别达 71.8% 和 40.2%,提高 80.4% 和 145.1%,RE_K 为 68.5%,提高 16.9%。

表 28-65

不同施肥处理对肥料利用率的影响(试验 3) %

处理	氮肥利用率	磷肥利用率	钾肥利用率
CK	—	—	—
FP	15.9c	3.7c	—
N1P1K1	36.4b	9.1c	64.4a
N2P2K2	44.5b	24.7b	61.7a
N3P3K3	38.4b	15.5bc	50.0a
MN3P3K3	71.8a	40.2a	68.5a

综上所述,从小麦籽粒产量和氮素吸收、累积方面、硝态氮残留以及肥料利用率等方面考虑,陕西关中地区冬小麦应该氮磷钾和有机肥配合施用,在基施有机肥(15~20 t/hm²),保证基肥的情况下,冬小麦氮肥用量应控制在 150~225 kg/hm² 之间为宜,氮肥 50% 用于拔节期追施,能够获得高产或超高产。

2. 玉米

(1)试验地点及方案设计

试验分别于 2007—2010 年在陕西省宝鸡陈仓区阳平镇宝丰村、扶风揉谷乡殿背湾村以及西北农林科技大学农作三站进行。供试土壤为塿土,0~20 cm 土层土壤性质见表 28-66。前茬为冬小麦。

表 28-66

供试土壤基本性质

试验地点	年份	有机质 /(g/kg)	全氮 /(g/kg)	速效磷 /(mg/kg)	速效钾 /(mg/kg)	全磷 /(g/kg)
宝丰村	2007	11.7	—	24.9	168.8	
殿背湾	2008	12.2	1.20	18.7	149.2	0.71
殿背湾	2009	13.2	1.06	18.3	152.8	
三站	2010	15.0	0.91	4.5	142.7	

宝丰村试验(试验 1)于 2007 年进行,共设 7 个处理,分别为目标产量 15.0 和 12.75 t/hm²,宽窄行(70/50 cm)以及目标产量 12.75 t/hm²,等行距(60 cm)的不同施肥处理,另设宽窄行不施肥对照(CK),具体施肥处理信息见表 28-67。本试验采用顺序排列,没有重复。1,3,5 处理面积为 0.5 亩,2,4,6 处理面积为 0.3 亩,7 处理面积为 0.05 亩,小区间距 0.5 m,硬茬机械旋播。玉米品种为郑单 958。

殿背湾试验(试验 2)设 3 个密度处理,分别为 4 500 株/亩、5 500 株/亩和 6 500 株/亩。宽窄行种植,宽行 70 cm,窄行 50 cm。在播种前所有处理基施有机肥 15 t/hm²,不同处理其他氮磷钾化肥用量如表 28-68 所示。试验施用氮肥为尿素(含 N 46%),磷肥为过磷酸钙(含 P_2O_5 12%),钾肥为氯化钾(含 K_2O 60%),锌肥为硫酸锌。具体施肥。氮肥苗期施 40%,拔节期追施 30%,大喇叭口期追施 30%;磷肥和钾肥苗期一次施入;锌肥和硼肥拔节期喷施,每隔一周喷施一次,共喷 3 次。采用大区试验,每个大区面积 6 m×70 m = 420 m²,不设重复,按密度顺序排列。供试玉米品种为郑单 958,购自西北农林科技大学农学院玉米研究所。2008 年 6 月 7 日整地,施鸡粪 3 000 kg/亩,6 月 8 日人工播种,

10 月 8 日收获。玉米苗期、拔节期、大喇叭口期施肥时各灌水一次,整个生育期灌水 3 次。采用大区试验,每个大区面积 6 m×70 m = 420 m²,不设重复,按密度顺序排列。

表 28-67

各处理具体施肥量　　　　　　　　　　　　　　　　　　　　　　　　　　　　　　　　kg/hm²

处理	N					P₂O₅	K₂O
	总量	基肥	3 叶期	7 叶展期	11 叶展期		
1.(15.0 宽窄行)	677	110	189	189	189	284	420
2.(15.0 宽窄行)	677	110	189	189	189	284	
3.(12.75 宽窄行)	531	87	148	148	148	224	330
4.(12.75 宽窄行)	531	87	148	148	148	224	
5.(12.75 等行)	531	87	148	148	148	224	330
6.(12.75 等行)	531	87	148	148	148	224	

表 28-68

夏玉米氮、磷、钾和微肥施用量　　　　　　　　　　　　　　　　　　　　　　　　　　kg/hm²

种植密度 /(株/亩)	肥料施用量				
	N	P₂O₅	K₂O	ZnSO₄	H₃BO₃
4 500	225	67.5	—		
5 500	300	90	60	15	15
6 500	375	112.5	75	15	15

殿背湾试验(试验 3)设 6 个处理,分别为不施肥(CK)、农民习惯施肥 (FP)、高产处理 1 (N1P1)、高产处理 2 (MN3P3K2)、高产高效处理 1 (MN2P2K1V)和高产高效处理 2 (MN3P3K2V)。其中,不施肥(CK)和农民习惯施肥(FP)处理种植密度为 3 200 株/亩,高产处理 1 种植密度为 4 500 株/亩,高产处理 2 和高产高效处理 1 种植密度为 5 500 株/亩,高产高效处理 2 种植密度为 6 500 株/亩。高产处理 2、高产高效处理施有机肥,高产高效处理 2 前茬小麦收获后秸秆全部于播种前翻压还田。所有处理施用的氮肥为尿素(含氮 46%),磷肥为过磷酸钙(含 P₂O₅ 12%),钾肥为氯化钾(含 K₂O 60%),锌肥为硫酸锌,有机肥为鸡粪(含氮 0.85% 左右)。磷、钾肥和有机肥作为基肥一次施入,农民习惯施肥氮肥采用"一炮轰",其他处理氮肥苗期施 40%,拔节期追施 30%,大喇叭口期追施 30%,锌肥在拔节期喷施,每隔一周喷施一次,共喷 3 次。所有处理在玉米生育前期喷矮壮素,抑制苗期过旺生长,防止生育后期倒伏。供试玉米品种为郑单 958。2009 年 6 月 12 日手工播种,9 月 30 日收获。在玉米苗期(7 月 21 日)灌水一次,玉米生育后期雨水充足,没有灌水。每个小区面积 4.8 m×5.2 m = 25 m²,重复 3 次,随机区组排列。各处理具体施肥量如表 28-69 所示。

表 28-69

夏玉米肥料施用量　　　　　　　　　　　　　　　　　　　　　　　　　　　　　　　　kg/hm²

处理	种植密度/ (株/亩)	肥料施用量				
		N	P₂O₅	K₂O	ZnSO₄	有机肥
CK	3 200	—	—	—	—	—
FP	3 200	300	—	—	—	—
N1P1	4 500	225	67.5	—	—	—
MN3P3K2	5 500	375	112.5	75	—	15 000
MN2P2K1V	5 500	300	90	60	15	15 000
MN3P3K2V	6 500	375	112.5	75	15	15 000

三站试验（试验 4）设 6 个不同施肥处理，分别为：不施肥处理（CK）、农民习惯施肥处理（FP）、四个不同的氮磷钾以及有机肥微肥配合处理（分别为 N1P1，MN2P2K1V，MN3P3K2 和 MN3P3K2V），具体施肥量如表 28-70 所示。所有处理施用的氮肥为尿素（含 N 46％），磷肥为重过磷酸钙（含 P_2O_5 46％），钾肥为氯化钾（含 K_2O 60％），有机肥为鲜鸡粪（含 N 0.8％左右）。磷肥、钾肥和有机肥全部在播种前均匀撒于小区后翻入地下作为基肥；FP 处理氮肥全部基施，N1P1，MN2P2K1V，MN3P3K2 和 MN3P3K2V 处理氮肥 60％在苗期施入，40％在大喇叭口期追施；MN2P2K1V 和 MN3P3K2V 处理的锌肥（$ZnSO_4$）和硼肥（H_3BO_3）溶度为 0.1％，混合后在拔节期叶面喷施，每周喷施 1 次，每次喷 750 L/hm^2，共喷 3 次。每个小区面积 25 m^2（5 m×5 m），重复 3 次，随机区组排列。供试品种为郑单 958，种植密度为 7.5×10^4 kg/hm^2，行距 60 cm，田间管理同当地大田，播种后和大喇叭口期分别灌水 50 mm。

表 28-70

夏玉米氮、磷、钾、有机肥和微肥施用量　　　　　　　　　　　　　　　　　　　　　　　　　　kg/hm^2

处理	肥料施用量					
	N	P_2O_5	K_2O	有机肥	$ZnSO_4$	H_3BO_3
CK	—	—	—	—	—	—
FP	300	—	—	—	—	—
N1P1	225	67.5	—	—	—	—
MN2P2K1V	300	90	60	15 000	33.75	33.75
MN3P3K2	375	112.5	75	15 000	—	—
MN3P3K2V	375	112.5	75	15 000	33.75	33.75

（2）结果与分析

①夏玉米产量　试验 1（2007 年）玉米生长中后期受阴雨寡照、较低气温的影响，其生产潜力未曾充分发挥，因而其产量水平未能达到预期的目标产量。但就其特殊气候下，以处理 3（目标产量 12 750 kg/hm^2，宽窄行种植，宽行 70 cm，窄行 50 cm，施钾肥）籽粒产量最高，达 8 727 kg/hm^2；其次为处理 5、处理 4、处理 1、处理 2、处理 6 和 CK（图 28-3），分别比对照 CK 增产 29.9％，25.9％，24.9％，24.3％，21.2％和 10.9％。在相同目标产量、种植模式处理中施钾肥有增产趋势。在相同种植模式、相同的施肥种类处理中，高肥投入处理产量低于低肥投入处理，这可能与施肥量过高有关。在相同目标产量、施肥模式处理中，宽窄行处理产量高于等行距，说明宽窄行种植模式较传统等行距种植模式提供了更有利于玉米生长的环境条件。本试验结果表明目标产量定位过高，速效养分投入量过大，加之气候因素导致玉米产量仅实现约 60％的目标产量。

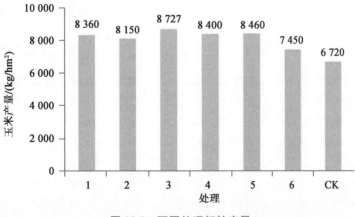

图 28-3　不同处理籽粒产量

试验 2 不同种植密度条件下夏玉米产量和收获指数显示高密度处理可以显著提高玉米籽粒产量，6 500 株/亩的产量最高，达 17 580，5500 株/亩的产量为 16 095 kg/hm²（表 28-71）。高密度（5 500，6 500 株/亩）较低密度（4 500 株/亩）分别增产 20.1%和 31.3%，表现出明显的产量优势。玉米产量构成因素中穗行数和穗粒数以 5 500 株/亩处理最大（表 28-71）。百粒重随着密度增加而减少，4 500 株/亩处理百粒重最大（32.6 g），5 500 株/亩和 6 500 株/亩处理没有差异。由于生育后期降雨等因素高密度容易倒伏，本试验以 5 500 株/亩较为合理，应该配合矮壮素施用。

表 28-71

不同种植密度夏玉米产量构成

种植密度 /(株/亩)	穗行数 /(行/穗)	穗粒数 /(粒/穗)	百粒重 /g	籽粒产量 /(kg/hm²)	秸秆产量 /(kg/hm²)
4 500	16.2a	571.9ab	32.6a	13 380b	9 060b
5 500	16.3a	579.8a	31.7b	16 095ab	13 050a
6 500	15.7b	554.3b	31.7b	17 580a	13 320a

试验 3 不同密度配合不同施肥显著影响夏玉米产量和产量构成因素（表 28-72）。氮磷钾配合有机肥处理可显著提高玉米籽粒产量，MN3P3K2，MN2P2K1V 和 MN3P3K2V 较农民习惯施肥（FP）分别增产 55.8%，59.8%和 80.0%。从各处理产量构成因素来看，每公顷穗数差异较显著，穗行数、行粒数和百粒重没有明显差异。从表 28-72 可以看出，随着种植密度增加，每公顷穗数增加，空秆率逐渐升高。高密度 MN3P3K2V 处理每公顷穗数最大，为 85 139 hm²，但空秆率也最高（12.1%）。在低密度条件（N1P1）下，虽然空秆率较低，但是每公顷穗数也较低，因此籽粒产量也不高。在高密度条件（MN3P3K2 和 MN2P2K1V）下，空秆率增加，但较多的穗数降低了由于空秆对产量的影响。穗粒数由于受双穗的影响随着种植密度增加先增加后减少，百粒重相对较稳定。但高密度条件下虽然每公顷穗数较多，由于密度过大，百粒重明显减小。

表 28-72

不同施肥处理夏玉米产量

处理	穗数/ (穗/hm²)	穗行数/ (行/穗)	行粒数/ (粒/行)	百粒重 /g	空秆率/ %	籽粒产量/ (kg/hm²)	增产率 /%
CK	54 976d	13.9ab	32.5ab	23.0bc	3.6	5 004d	—
FP	56 328d	13.6b	33.6a	25.1a	3.2	5 523d	10.4
N1P1	68 715c	13.9ab	31.5b	23.5b	5.4	6 981c	39.5
MN3P3K2	81 027ab	14.1a	32.4ab	22.6c	7.8	8 606b	72.0
MN2P2K1V	79 863b	14.2a	31.9b	23.4b	9.6	8 825b	76.3
MN3P3K2V	85 139a	14.0ab	32.4ab	22.3c	12.1	9 939a	98.6

在高密度下不同施肥管理对夏玉米籽粒产量、秸秆产量和产量构成有显著影响（表 28-73）。氮磷钾配合有机肥较单施化肥显著提高夏玉米籽粒产量，MN2P2K1V，MN3P3K2 和 MN3P3K2V 处理产量没有显著差异，分别为 8 802，8 843 和 9 020 kg/hm²，较 FP 分别增产 12.5%，13.0%和 15.3%。本试验条件下叶面喷施锌、硼微肥对夏玉米增产效果不明显，MN3P3K2 氮磷钾肥施用量较 MN2P2K1V 提高 25%，但产量并未提高，表明 MN2P2K1V 施用量满足了玉米的养分需求。各处理秸秆产量表现出与籽粒产量类似的趋势。从产量构成来看，MN2P2K1V，MN3P3K2 和 MN3P3K2V 处理穗粒数和百粒重均显著高于 FP 处理，说明施肥处理产量提高是产量构成因素共同提高的结果。

②夏玉米生物量累积　等密度下不同施肥夏玉米生育时期地上部干物质累积量变化情况显示播种至拔节阶段累积量仅占最大累积量 7.7%～8.9%，拔节至大喇叭口阶段累积量占最大累积量

28.1%～30.8%,大喇叭口至灌浆阶段累积量最高,占最大累积量 60.4%～64.1%,灌浆至收获阶段有所下降,损失了 3.3%～5.3%(表 28-74)。施肥对夏玉米各生育期干物质累积量有显著影响。MN2P2K1V,MN3P3K2 和 MN3P3K2V 三个处理在各生育期差异不显著,但都显著高于其他处理,成熟期干物质累积量比 CK 分别高 21.8%,21.0% 和 22.9%,比 FP 分别高 12.2%,11.4% 和 13.2%。说明氮磷钾配施且施有机肥可促进夏玉米生长发育,显著提高干物质累积速率。FP 与 N1P1 差异不显著。

表 28-73

不同施肥处理下夏玉米的产量

处理	穗粒数	百粒重 /g	籽粒产量 /(kg/hm²)	秸秆产量 /(kg/hm²)
CK	472.6c	29.6c	7 193c	6 893c
FP	487.5bc	30.9b	7 823b	7 470b
N1P1	486.6bc	30.9b	8 014b	7 571b
MN2P2K1V	527.0a	31.8ab	8 802a	8 350a
MN3P3K2	522.1ab	32.4a	8 843a	8 200a
MN3P3K2V	527.5a	32.0ab	9 020a	8 297a

表 28-74

夏玉米不同生育时期地上部干物质累积量　　　　　　　　　　　　　　　　　　　　　　　kg/hm²

处理	苗期	拔节期	大喇叭口期	灌浆期	收获期
CK	62b	1 143c	5 310c	14 804c	14 086c
FP	63b	1 343b	6 087b	15 993b	15 293b
N1P1	64b	1 413ab	6 127b	16 455b	15 585b
MN2P2K1V	82a	1 547a	6 910a	17 950a	17 153a
MN3P3K2	79a	1 560a	6 930a	17 626a	17 043a
MN3P3K2V	82a	1 567a	7 110a	17 974a	17 317a

　　夏玉米主要的生物量累积阶段是拔节期至大喇叭口期和大喇叭口期至灌浆期两个时期,后一阶段累积比例最高。

　　③夏玉米养分吸收与累积　不同密度及不同施肥配合下玉米对养分的吸收量不同(表 28-75)。玉米氮吸收总量随着施氮量的增加而增加,各施肥处理差异达显著水平。MN3P3K2 处理氮吸收总量最大,为 223.3 kg/hm²,比 CK 和 FP 处理分别增加 60.0% 和 25.2%,其次为 MN3P3K2V 和 MN2P2K1V 处理,氮吸收总量分别为 219.6 和 215.3 kg/hm²,较 FP 处理增加了 38.2 和 34.1 kg/hm²。说明养分协调供应以及大群体促进了玉米氮吸收总量。不过不同施肥方式各处理之间对秸秆氮吸收量没有显著影响。

　　从表 28-75 可以看出,玉米磷吸收总量随着施磷量的增加而增加,MN3P3K2 和 MN3P3K2V 处理最高,分别为 25.2 和 26.0 kg/hm²,比不施磷肥的 FP 处理提高了 31.9% 和 36.1%。MN2P2K1V 磷吸收量为 23.4 kg/hm² 也显著高于 FP 处理,而 N1P1 处理与 FP 处理磷吸收量相似。不同施肥处理对玉米钾吸收量有显著影响。施用钾肥明显增加了玉米钾吸收量,CK 和 FP 处理钾吸收总量分别为 120.9 和 137.0 kg/hm²,MN3P3K2V 处理最大,为 216.4 kg/hm²,其次为 MN3P3K2 和 MN2P2K1V 处理,分别为 194.4 和 202.3 kg/hm²。各处理之间秸秆钾吸收量差异达显著水平,秸秆钾吸收量随着施钾量的增加而增加,MN3P3K2V 处理最高,为 157.9 kg/hm²,其次为 MN3P3K2 和 MN2P2K1V 处理,分别为 132.9 和 139.1 kg/hm²,比 FP 处理增加了 43.1% 和 49.7%。

表 28-75

不同施肥方式玉米养分吸收量   kg/hm²

处理	氮吸收量			磷吸收量			钾吸收量		
	总量	籽粒	秸秆	总量	籽粒	秸秆	总量	籽粒	秸秆
CK	139.6e	103.0e	36.6c	18.7d	15.4c	3.2c	120.9f	40.8d	80.1e
FP	178.3d	128.5d	49.8b	19.1d	15.4c	3.8c	137.0e	44.1d	92.9d
N1P1	185.1c	138.0c	47.1b	21.6c	16.8b	4.8b	142.5d	48.1c	94.5d
MN3P3K2	223.3a	174.6a	48.7b	25.2a	18.0a	7.2a	194.4c	61.5ab	132.9c
MN2P2K1V	215.3b	166.7b	48.6b	23.4b	16.2bc	7.2a	202.3b	63.2a	139.1b
MN3P3K2V	219.6ab	162.6b	56.9a	26.0a	18.2a	7.7a	216.4a	58.5b	157.9a

从表 28-76 可知,2010 年各处理地上部氮、磷、钾养分累积随生育期的延长总体呈增加趋势。从播种至拔节期,氮、磷养分累积较为平缓,此阶段氮和磷累积量分别仅占最大累积量 14.8%～19.0% 和 9.0%～9.9%,而钾素累积较为迅速,此阶段钾累积量已占最大累积量 28.1%～34.8%。拔节后累积速率快速提高,拔节至大喇叭口阶段氮、磷、钾累积量分别占最大累积量 36.5%～41.1%,19.0%～20.9%,24.4%～32.9%。大喇叭口至灌浆阶段养分累积量最多,氮、磷、钾累积量分别占最大累积量 38.3%～47.5%,51.4%～65.6%,36.9%～42.2%。灌浆至收获阶段,氮累积量小幅下降,磷仍有 6.0%～18.9% 累积,钾有较大幅度下降,损失了 15.0%～19.8%。玉米吸收养分的高峰时期与生物量累积同步。

表 28-76

夏玉米不同生育期地上部氮、磷、钾养分的累积量   kg/hm²

	处理	苗期	拔节期	大喇叭口期	灌浆期	收获期
N	CK	1.4b	19.5c	68.9c	131.3c	126.2c
	FP	1.5b	30.7ab	97.2ab	159.0b	161.7b
	N1P1	1.6b	27.2b	87.6b	165.7b	165.0b
	MN2P2K1V	2.1a	30.9ab	102.0a	187.9a	178.4a
	MN3P3K2	2.0a	32.3a	104.3a	192.2a	186.9a
	MN3P3K2V	2.2a	32.0a	107.8a	195.4a	186.4a
P	CK	0.2b	2.7c	8.2c	27.0c	28.8d
	FP	0.2b	3.3b	10.3b	29.6bc	33.6c
	N1P1	0.2b	3.5b	11.4b	32.0b	39.3b
	MN2P2K1V	0.3a	4.4a	13.7a	37.8a	44.7a
	MN3P3K2	0.3a	4.8a	14.3a	39.0a	48.1a
	MN3P3K2V	0.3a	4.7a	14.5a	39.9a	48.0a
K	CK	1.9b	36.0c	77.2c	128.0c	106.7c
	FP	2.0b	43.0b	90.0b	142.6bc	116.3b
	N1P1	2.0b	45.9b	89.7b	152.1b	122.1b
	MN2P2K1V	2.6a	65.3a	113.1a	195.7a	158.3a
	MN3P3K2	2.5a	65.6a	112.0a	188.4a	160.2a
	MN3P3K2V	2.6a	66.2a	115.7a	195.6a	163.2a

④夏玉米氮肥效率 试验 4 不同施肥处理下夏玉米当季氮肥利用率只有 11.8%～17.4%,80% 以上的氮肥未被当季作物吸收利用,表明供试土壤肥力较高,氮肥投入过高,造成利用率偏低。不同试验氮肥偏生产力数据显示试验 2 氮肥偏生产力大于 45 kg/kg,并明显高于试验 1,3 和 4(表 28-77)。所有试验氮肥偏生产力的计算均没有考虑有机肥的含氮量。因此,氮素效率除试验 2 外均较低。

表 28-77

不同施肥处理下夏玉米氮肥偏生产力 kg/kg

试验 1		试验 2		试验 3		试验 4	
处理	PFP_N	处理	PFP_N	处理	PFP_N	处理	PFP_N
1	12.3	1	59.5	2	18.4	2	26.1
2	12.0	2	53.7	3	31.0	3	35.6
3	16.4	3	46.9	4	22.9	4	29.3
4	15.8			5	29.4	5	23.6
5	15.9			6	26.5	6	24.1
6	14.0						

综上所述,关中夏玉米高产和超高产养分管理应注重有机肥施用、宽窄行以及密度合理配置,化肥投入,特别是氮肥施用量不宜超过 225 kg/hm²,否则对产量没有贡献,导致氮素效率很低。

28.2.8 小麦、玉米高产高效技术规程

1. 冬小麦高产高效技术规程

本技术规程适用于陕西关中地区,供生产中参考使用。

(1)品种选用和种子处理 选用优质小麦品种小偃 22、西农 979。播种前种子进行精选,并采用杀虫剂、杀菌剂及生长调节物质包衣或药剂拌种,保证苗齐、苗壮,预防土传、种传病害及地下害虫。

(2)整地和肥料施用

①整地 玉米收获后,按规范化作业程序整地、播种。即在机械收获玉米的同时切碎并铺匀秸秆,然后施底肥。已连续 3 年以上旋耕的地块,须深耕 20 cm 以上,耕后耙地、糖压、耢地,做到耕层上虚下实,土面细平。最近 3 年内深耕过的地块,可旋耕 2 遍,深度大于 10 cm。必须确保旋耕质量,以防影响播种质量,造成缺苗断垄。

②肥料施用 施肥量可按氮肥(纯 N)105～135 kg/hm²,磷肥(P₂O₅)60～90 kg/hm²,可以配合有机肥或秸秆还田。全部有机肥、磷肥及氮肥的 60% 底施,拔节期追施 40% 氮肥。

(3)造墒播种 土壤墒情不足时,因地制宜为小麦播种创造良好的墒情,以保证苗齐、苗全、苗壮和安全越冬。在能保证小麦适时播种的前提下(10 月 10 日以前),玉米收获后浇水造足底墒。玉米收获较晚,小麦播种期较晚的,也要采取"宁晚勿滥"的原则,造足底墒,整地播种,并通过适当加大播种量来弥补晚播的缺陷。若因农时紧张需适时抢播,播后应马上灌"蒙头水"。

(4)播种技术

①播种质量 注重播种质量,播深适宜。一般播深 4～5 cm,深浅一致,落籽均匀,播行直,不漏播、不重播,无缺苗断垄,无疙瘩苗。特别注意播后田面镇压踏实,不跑风漏气,确保小麦越冬安全。

②播种期 播种期原则上控制在 10 月上旬,最适播期 10 月 5—10 日,一般不早于 10 月 3 日,最好不晚于 10 月 12 日。

③播种量　根据不同品种类型和地力情况,10月5—10日播种的每亩基本苗25万~30万,即亩播种量7~9 kg。10月10日以后播种的,每推迟1天增加基本苗1万,即每亩增加播种量0.5 kg。旋耕整地作业的播种量增加10%~15%。

(5)冬前管理　出苗后普查苗情,个别出苗不好的及时补种。根据降水情况和墒情,适时进行锄划保墒。11月下旬至12月上旬,此时土壤是日消夜冻,应浇冻水,起到保墒防旱的作用。浇冻水后,越冬期适时进行镇压,消除表层土壤裂隙,节水保墒。

(6)春季管理

①返青期　4月上旬(惊蛰-春分),返青期是增加生物量的时机,如果苗情弱(返青前每亩总茎数小于45万),则应追返青肥(在返青期随浇水每亩追施5~8 kg尿素),如果苗壮,就不用再追返青肥。注意:施肥越早越造成小麦贪青晚熟。返青期前后应锄草保墒。

②起身期　3月底至4月5日,施起身肥是增加穗数的时期,对于壮苗不用施起身肥,如苗情弱则需施起身肥,施肥量每667 m² 不要超过尿素18 kg。

③拔节期　4月5—10日,拔节肥是增加粒数的最佳时期。一般品种春季氮肥(占总氮量的40%)结合浇第一水一次性追施。

搞好"一喷综防"。在开花至灌浆期,第一次一般5月初,在小麦抽穗开花后用杀虫剂(吡虫啉等),杀菌剂(甲基托布津、多菌灵等+粉锈宁),叶面肥(磷酸二氢钾、二铵或尿素溶液及叶面肥等,叶面喷肥提倡使用磷酸二氢钾或尿素溶液,每亩用0.5~1 kg兑水40~50 kg均匀喷洒)混合喷施,可预防和防治蚜虫、白粉病、锈病和赤霉病等;在5月中下旬再补喷1次,既能治虫、防病又能促进小麦灌浆,提高千粒重,防止干热风的危害。

(7)病虫草害综合防治　在需用抗(耐)病虫品种的基础上,采用化学药剂或生防菌剂进行种子包衣或药剂拌种,防治全蚀病、根腐病、黑穗病、纹枯病等土传病害和地下害虫。

积极做好病虫害预测预报,采用生物防治与化学防治相结合的方法,苗期重点防治纹枯病、根腐病、全蚀病、锈病、白粉病、灰飞虱;中后期重点防治锈病、白粉病、纹枯病、叶斑病、赤霉病以及吸浆虫和麦蚜。注意发挥"一药多效"作用,突出搞好"一喷多防"。

针对秸秆还田后杂草种群变化的特点,采用新型高效、安全、低残留的除草剂进行杂草的除治,突出抓好麦田杂草秋季防治和返青期防治。

(8)收获　选用能将麦秸粉碎、抛匀的联合收割机,在蜡熟末期到完熟初期适时收获。收获期不要太晚,种子含水量在18%左右时收获为佳。

2.夏玉米高产高效技术规程

本技术规程适用于陕西关中地区,针对产量7 500 kg/hm² 以上,氮肥生产效率40 kg/kg左右的目标制订,供生产中参考使用。

(1)选用良种　选用发芽率高、颗粒大小均匀的郑单958、浚单20、浚单26、正大12种子,种子纯度95%以上,净度99%以上,种子发芽率90%以上。实行种衣剂包衣。

(2)肥水运筹　施用有机肥,总施氮量(纯N)为90~120 kg/hm²,苗期50%;大喇叭口期N 50%,磷肥用量(P₂O₅)45 kg/hm²。考虑到小麦秸秆还田,无须施钾。

(3)播种　小麦收获后,抢时早播,播期不晚于6月10日。若土壤墒情不足,及时浇好底墒水。等行距播种,行距60 cm,播深4~5 cm,深浅一致,覆土均匀,达到一播全苗。宽窄行种植,宽行70 cm,窄行50 cm,或者80~40 cm宽窄行播种。缩小株距,增加密度。株距24~28 cm,每亩4 500~5 000株,每亩播种3~4 kg。播种时每亩5~8 kg磷酸铵做种肥,种、肥分开,防止烧苗。如遇干旱应及时浇水,促进出苗。

(4)苗期管理

①间苗、定苗。出苗后及时查苗,3叶期及时间苗,4~5叶期及时定苗,保证留够每667 m² 4 500~5 000株,缺苗处可在邻株、邻行双株留苗。苗期达到齐、全、匀、壮。

②除草。3～5 叶期及时喷施玉米除草剂如玉美人、玉朵朵、玉草光或 38％莠去津悬乳剂苗后除草剂,消灭自生小麦和杂草,防止苗荒。

③防治虫害。3～6 叶期防治黏虫、地老虎,可用 90％固体敌百虫 100 g 溶于水中喷酒在 5 kg 切碎的青草或等量油渣上,制成毒饵,于傍晚撒入玉米行间,或用 4.5％高效氯氰菊酯乳油每亩 30～60 mL 兑水 50 kg 均匀喷雾;防治玉米双斑蚴萤叶甲:每亩用 20％的灭多威乳油 3 000 倍液喷雾防治。

(5)中后期管理

①防倒伏。8～10 叶期用缩节胺 8～10 g 加水 30 kg 防止倒伏。

②施肥。大喇叭口期(11～13 片叶)及时追肥,做到深施覆土。

③防治病虫。大喇叭口期发现玉米螟时要及时防治,玉米被害株率超过 5％时,用生物农药 Bt 乳剂每亩 200～300 mL 加水稀释灌心叶。用氧化乐果 100 mL 加水 50 L 防治穗蚜,用每 667 m² 50 g“可杀得”加水 30 L 防治青枯病,用 20％粉锈宁 50 g 加水 50 L 防治锈病。

④灌好关键水。拔节期(6～8 叶)干旱严重,轻灌拔节水;大喇叭口期至抽雄后 20 d 是玉米需水关键期,遇旱要及时浇水,以利于开花受精。乳熟至蜡熟期,遇旱要及时浇水,防止早衰,提高千粒重。

(6)收获

玉米收获期以不误小麦适时播种为最佳。玉米籽粒的生理成熟标志为胚乳黑层出现,乳腺消失,苞叶干枯。玉米应在完熟后收获,一般在 10 月 1—3 日收获为宜,推迟收获 7～10 d,可增产 15％～24％。

28.2.9　高产高效技术应用效果

小麦/玉米轮作体系养分管理技术在关中地区 17 个县市的应用效果如表 28-78 和表 28-79 所示。从 275 个小麦对比示范结果来看,示范区小麦施氮量平均为 196 kg/hm² 与农民习惯 217 kg/hm² 相比降低 6％,示范区小麦产量平均为 7.0 t/hm² 与农民习惯 6.1 t/hm² 相比增加 16％,示范区小麦氮肥偏生产力平均为 38 kg/kg,与农民习惯 30 kg/kg 相比增加 29％。这些结果表明尽管小麦高产高效技术集成应用效果在不同区域有一定的变异,但是总体效果达到预期目标,增产和增效 15％～20％。从 264 个玉米对比示范结果来看,示范区玉米施氮量平均为 218 kg/hm² 与农民习惯 268 kg/hm² 相比降低 17％,示范区玉米产量平均为 7.6 t/hm² 与农民习惯 6.6 t/hm² 相比增加 15％,示范区玉米氮肥偏生产力平均为 36 kg/kg,与农民习惯 26 kg/kg 相比增加 43％。与冬小麦类似,玉米高产高效技术集成应用效果在不同区域也有一定的变异,但是总体增产和增效达 15％～20％。

表 28-78

冬小麦技术集成效果

试验地点	n	年份	传统			优化		
			施氮量 /(kg/hm²)	产量 /(kg/hm²)	PFP /(kg/kg)	施氮量 /(kg/hm²)	产量 /(kg/hm²)	PFP /(kg/kg)
宝鸡市	43	2007—2010	171	6.3	37	154	7.2	47
高陵县	6	2010	260	6.4	25	193	7.4	39
武功	11	2009—2010	294	6.6	22	301	7.4	25
扶风	15	2008—2009	196	6.2	32	161	6.9	43
长安县	8	2010	123	5.9	48	139	7.0	51

续表 28-78

试验地点	n	年份	传统			优化		
			施氮量/(kg/hm²)	产量/(kg/hm²)	PFP/(kg/kg)	施氮量/(kg/hm²)	产量/(kg/hm²)	PFP/(kg/kg)
乾县	15	2009—2010	155	5.5	36	180	6.5	36
泾阳	25	2008—2009	278	6.8	24	176	7.8	44
三原县	14	2009—2010	210	6.6	32	200	7.4	37
渭南市	13	2008—2010	240	5.1	21	195	5.8	30
凤翔县	16	2008—2010	292	6.1	21	296	7.0	24
西安市	12	2008	244	5.7	23	198	6.5	33
兴平市	10	2009	210	6.5	31	184	7.4	40
潼关县	5	2009	136	5.4	40	174	6.9	40
咸阳市	35	2008—2010	247	5.9	24	236	6.6	28
礼泉县	10	2010	224	5.1	23	215	6.0	28
华县	12	2009	133	6.0	45	168	7.4	44
眉县	10	2010	255	7.4	29	158	8.5	54
岐山县	15	2008	235	6.0	26	208	6.8	33

表 28-79

夏玉米技术集成效果

试验地点	n	年份	传统			优化		
			施氮量/(kg/hm²)	产量/(kg/hm²)	PFP/(kg/kg)	施氮量/(kg/hm²)	产量/(kg/hm²)	PFP/(kg/kg)
杨凌	12	2008	214	6.6	31	223	7.5	34
宝鸡市	11	2010	255	8.3	33	210	9.4	45
高陵县	9	2010	258	7.8	30	212	8.9	42
武功	20	2009—2010	264	6.9	26	215	7.8	37
扶风	21	2009—2010	314	6.0	19	209	7.0	34
长安县	7	2010	274	5.4	20	167	6.3	38
周至县	8	2010	225	6.6	29	188	7.6	40
泾阳	14	2009—2010	286	7.1	25	271	7.8	29
三原县	16	2009—2010	193	6.7	35	192	7.5	39
渭南市	23	2009—2010	254	6.9	27	209	7.9	38
凤翔县	30	2009—2010	344	5.8	17	239	6.6	28
西安市	10	2010	314	5.6	18	246	7.2	29
兴平市	13	2009—2010	278	6.6	24	202	7.8	39
咸阳市	30	2009—2010	280	6.3	23	238	7.1	30
华县	7	2009	199	7.2	36	193	8.2	43
岐山县	15	2009	297	5.9	20	266	6.9	26
乾县	18	2009—2010	300	6.9	23	225	7.8	35

28.3 关中平原养分管理技术创新与应用的未来发展

关中平原土壤肥力水平中等及以下占50%,以往养分管理技术研究没有针对不同肥力水平土壤进行研究,从技术示范效果变异很大,说明技术针对性不强。另外,现有施肥管理强调分次施肥,由于实际经济效益以及机械化水平有限,种植户往往不愿意接受。因此,未来研究中应根据区域土壤肥力水平分类研究,并且结合机械施肥,进一步完善养分管理技术。

参考文献

[1] 常艳丽.关中平原冬小麦/夏玉米轮作体系施肥现状调查及施肥推荐[硕士学位论文].西北农林科技大学,2013.

[2] 陈祥.冬小麦/夏玉米高产研究中的养分资源管理[硕士学位论文].西北农林科技大学,2008.

[3] 陈毓君.陕西关中冬小麦/夏玉米轮作体系下施肥对作物产量、养分吸收及累积的影响.西北农林科技大学硕士研究生学位论文,2012.

[4] 段敏.陕西关中地区小麦玉米养分资源管理及其高产探索研究[硕士学位论文].西北农林科技大学,2010.

[5] 付莹莹,同延安,李文祥,等.陕西关中灌区冬小麦土壤养分丰缺指标体系的建立.麦类作物学报,2009,29(5):897-900.

[6] 付莹莹,同延安,赵佐平,等.陕西关中灌区夏玉米土壤养分丰缺及推荐施肥指标体系的建立.干旱地区农业研究,2010,28(1):88-93.

[7] 李锦,秸秆还田及其基础上氮肥减量对土壤碳氮含量及作物产量的影响[硕士学位论文].西北农林科技大学,2013.

[8] 刘全清,张卫锋,杜森,等.中国西北地区肥料使用和生产现状及问题.磷肥与复肥,2005(5):69-73.

[9] 刘杏兰.关中灌区小麦、玉米轮作田磷肥施用定位研究.西北农业学报,1995(3):85-88.

[10] 同延安,Ove Emteryd,张树兰,等.陕西省氮肥过量施用现状评价.中国农业科学,2004,37(8):1239-1244.

[11] 胥志文,张林约,郭德龙,邓石生.影响关中西部灌区夏玉米增产的主要因素及持续增产措施.农业科技通讯,2009(3):118-120.

[12] 杨宪龙.陕西关中冬小麦-夏玉米轮作区农田氮素平衡研究[硕士学位论文].西北农林科技大学,2013.

[13] 杨选成,张杰.陕西关中灌区小麦适宜播期的确定方法.现代农业科技,2010(16):115.

[14] 张恒.关中地区冬小麦/夏玉米轮作体系下作物专用肥配方及其养分吸收规律研究[硕士学位论文].西北农林科技大学,2010.

[15] 张明.陕西关中冬小麦/夏玉米轮作体系下合理施肥技术研究[硕士学位论文].西北农林科技大学,2011.

[16] 张睿,黄力.小麦生产中倒伏原因分析及解决对策.陕西农业科学(自然科学版),2001(5):39-40.

[17] 张树兰,同延安,赵护兵,等.冬小麦-夏玉米轮作氮肥施量与氮营养诊断.西北农业学报,2000(2):104-107.

[18] 赵护兵,王朝辉,高亚军.关中平原农户冬小麦养分资源投入的调查与分析.麦类作物学报,2010(6):1135-1139.

(执笔人:同延安 张树兰 陈祥 杨宪龙 李锦 张恒 常艳丽 段敏 陈毓君)

第 29 章

西北旱作土壤-作物系统综合管理技术

小麦是我国的主要粮食作物,年播种面积 3.6 亿亩,其中 20% 左右分布在西北旱地,西北旱地小麦的稳产高产对确保我小麦安全生产有重要意义。在西北旱地小麦生产中,制约小麦高产、水肥高效的因素很多。水资源缺乏、降水季节分布与小麦生育时期不一致,有限水资源利用效率低是制约西北旱地小麦产量提高的关键因素。多年来的研究表明,在西北主要的旱地冬小麦产区——陕西、山西、甘肃,冬小麦的气候生产潜力可高达 8.8 t/hm² 以上,然而,近几年的小麦平均产量仅相当于气候生产潜力的 40% 左右。因此,提高小麦产量的核心问题首先是增加有限水资源的保蓄和高效利用。"麦收隔年墒"——保住前一年夏季 7—9 月这 3 个月的降水,并通过播种、施肥、增蓄保水等栽培管理措施调整,高效利用这部分土壤贮水,是我国西北旱地小麦高产的关键。但目前生产实践中这部分土壤贮水往往得不到高效、合理利用。其中一个主要原因是播量不适、播期过早、冬前苗势过旺,大量、无效地消耗了土壤水分。在无灌溉条件的旱地,严格控制播期、播量,调控小麦冬前和春季返青后的土壤水分利用,是争取旱地小麦高产应特别重视的一个问题。

西北旱地土壤有机质较低,平均含量低于 <1.0%,土壤肥力差,且在小麦生产投入的养分资源中以化肥为主,有机肥投入严重不足,导致土壤肥力提升缓慢。对陕西渭北的长武、耀州、合阳三个种植大县小麦农户施肥情况进行了调查(赵护兵等,2013)。发现冬小麦氮肥平均用量为 191.5 kg N/hm²;磷肥平均用量为 121.2 kg P₂O₅/hm²;钾肥平均用量为 74.4 kg K₂O/hm²。氮肥投入量适中的农户占 30%;偏高或很高的占到 60.8%。磷肥投入量适中的农户占 14.2%;偏低或很低的占 56.7%。钾肥投入量适中的农户仅 2.5%;偏低或很低的占 80.8%。目前,在农民习惯的施肥模式下,磷钾肥全部以基肥投入,氮肥以基施为主,即主要采用"一炮轰"的栽培施肥技术,追肥相对不足。导致苗期植株发育偏快,分蘖过多,更激化了冬前苗势旺长,过早、过多地消耗了土壤水分,导致小麦返青、起身或开花期后因土壤缺水而大量死亡,收获时穗数降低。这样的田块占到调查田块总数的 30% 左右,严重影响小麦产量。

29.1 西北旱地小麦土壤－作物系统综合管理技术

29.1.1 选择优质、抗旱、抗寒、稳产型冬小麦品种

渭北一年一熟区旱地冬小麦高产的目标产量为 4 500～6 000 kg/hm²。选用品种特性符合当地生产条件的优质、抗旱、抗寒、稳产型冬小麦品种。基本苗控制在每公顷 255 万～300 万,冬前总群体控制

在每公顷 1 050 万～1 200 万,春季最大群体控制在每公顷 1 200 万～1 500 万为宜,以创建合理的群体结构。

29.1.2　夏闲保水、旋耕深耕结合培育高产土壤

秸秆全部还田,均匀覆盖地表。采用地膜保水栽培的田块,冬小麦收获时保留垄上覆盖的塑料薄膜,秸秆全部还田,覆盖于垄间沟内,整地前再清除残膜,以增加夏季降水集蓄,减少土壤水分蒸发损失。小麦播种前,连续 3 年以上旋耕的地块,须深耕 20 cm 以上,耕后耙地、糖压,做到土壤上虚下实,土面细平。结合整地防治地下害虫。方法是每公顷用 3%辛硫磷颗粒剂 45 kg 拌细土 375 kg,结合整地施入,防治金针虫、蝼蛄等地下害虫。

29.1.3　监控施肥、有机无机相结合,科学施肥

在小麦收获时或播前,进行土壤取样,测定有效氮、磷和钾养分,进行监控施肥。氮肥(纯 N)135～195 kg/hm²,磷肥 90～120 kg P₂O₅/hm²,钾肥 60～90 kg K₂O/hm²,七水硫酸锌 15～30 kg/hm²,腐熟有机肥 15 000～30 000 kg/hm²。全部有机肥、磷肥、钾肥及氮肥的 70%～80%混合底施,剩余氮肥在土壤开始解冻,小麦返青前,顶凌追施(王朝辉等,2013)。

29.1.4　适量、适期、精细播种

9 月 15—10 月 5 日期间,日平均气温达到 16～18℃时为适宜播期。根据品种特性、田块土壤肥力和墒情,确定适宜播种量,一般为 135～165 kg/hm²。每迟播 1 d 每公顷增加播种量 7.5 kg。播种时墒情差或整地质量差的地块应适量提高播种量,最大播量不超过 225 kg/hm²。旋耕整地的田块播种量增加 10%～15%。行距、播深要适宜。一般行距为 15～20 cm,播深 3～5 cm,深浅一致,落籽均匀,播行直,不漏播,不重播。播后田面镇压,踏实表土。播种前精选种子,并采用杀虫剂、杀菌剂及生长调节物质包衣或药剂拌种,预防土传、种传病害及地下害虫,保证苗齐、苗壮。

29.1.5　加强冬春管理,及时除草、防病治虫、保水追肥

及时进行冬前化除。化学除草于 10 月下旬至 11 月中旬,气温 10℃以上时进行,根据杂草种类选择除草剂,采用除草剂推荐方法均匀喷雾。越冬期要适时镇压,消除土壤裂隙,保水保墒。

在土壤开始解冻返浆、冬小麦返青前,顶凌追施,或根据苗情在起身前期结合降雨追肥,追施尿素 45～75 kg/hm²。搞好"一喷三防"。结合冬小麦苗情和田间病虫发生情况,用 0.2%磷酸二氢钾溶液或 1%尿素溶液,或两者混合溶液,加杀虫剂、杀菌剂制成药肥混合溶液,均匀喷施 1～2 次,每公顷每次药肥混合溶液用量 600～750 kg。

29.2　西北旱地小麦土壤－作物系统综合管理技术创新

29.2.1　建立了周年保水的旱地小麦"垄覆沟播"高产高效栽培技术

研究提出了周年保水的旱地小麦"垄覆沟播"栽培技术(图 29-1;彩图 29-1),即在小麦播前整地施肥完成后,起垄,垄宽 35 cm,并在垄上覆膜;两垄间距,即沟宽 30 cm。沟内播种小麦,行距 20 cm;在小麦生长的全生育期内保持土壤表面条带状覆盖,不揭膜的基础上;小麦收获后,秸秆全部还田,覆盖行间,下季小麦播前再清除残膜。这样可以做到,覆膜不仅能有效减少小麦生长季节的地表蒸发,在夏闲季节,也能充分接纳降水,降低土壤水分无效损失,有效增加夏闲季节保蓄在土壤中水分(薛澄等,2011;李强等,2014)。

图 29-1　周年保水的旱地小麦"垄覆沟播"高产高效栽培与施肥技术

在陕西长武(图 29-2),采用"周年保水垄覆沟播"栽培技术后,减氮 13%、氮肥基追比 7：3 的条件下,2009—2014 年小麦产量分别为 4.7,3.6,5.8,7.0,3.2 和 8.1 t/hm²,与农户常规的平作、不覆膜、"一炮轰"栽培施肥技术相比,分别增产 40.9%,15.1%,38.6%,7.6%,—19.4% 和 6.8%。在山西洪洞和甘肃定西,2012 年小麦产量比农户对照分别提高 19% 和 42%。小麦产量构成三要素(公顷穗数、千粒重、穗粒数)结果分析表明增产的主要原因在于周年保水垄覆沟播技术增加了小麦公顷穗数。

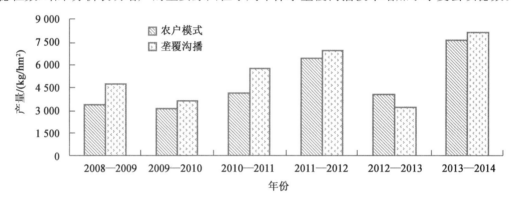

图 29-2　陕西长武周年保水垄覆沟播对小麦产量的影响

此外,"周年保水垄覆沟播"技术可充分接纳夏闲季节降水,并保蓄在土壤中,同时在小麦季节有效减少地表蒸发,降低土壤水分无效损失。在陕西长武,2012 年垄覆沟播模式在小麦夏收和秋播时 0～300 cm 土层贮水量分别为 514 和 627 mm,比农户模式高出 41 和 25 mm。2010—2011 年、2011—2012 年度水分利用效率分别由 12.7 和 12.2 kg/(mm·hm²)提高到 16.5 和 13.6 kg/(mm·hm²),其中平水年(2010—2011 年)要比丰水年(2011—2012 年)水分利用效率更高。

29.2.2　确立了基于 1 m 土壤硝态氮的测土监控施氮技术,降低氮肥用量

针对西北旱地的气候特点、土壤肥力特性和不合理的农户肥料养分管理问题,通过大量研究,提出了基于旱地作物生长季节土壤有机氮矿化量、环境氮投入量、秸秆还田带入量、种子带入量、目标产量需氮量、土壤氮素损失、收获期土壤氮残留安全量、土壤培肥需氮量,结合 1 m 土层硝态氮测定,确定氮肥施用总量的"旱地小麦高产培肥 1 m 土层硝态氮监控施氮技术",实行总量控制、追肥调控(章孜亮等,2012;曹寒冰等,2014)。确定氮肥用量的具体方法为:

结合目标产量的氮素需求量、土壤氮素丰缺情况,由式(1)计算得出。

$$施氮量＝目标产量需氮量＋土壤安全阈值－土壤有效氮 \tag{1}$$

其中,作物目标产量需氮量 ＝ 目标产量$(kg/hm^2)\div 100\times 2.8$,参数 2.8 为生产 100 kg 小麦籽粒的需氮量。收获/播前 1 m 土壤硝态氮安全阈值为 55.0/110.0 kg/hm^2。

式(1)根据养分平衡原理(Liebig's theory)和已有试验结果(表 29-1)推导而来,具体过程如下:

基于土壤养分平衡原理,有:氮素产出＝氮素投入,即:

$$A+B+C=D+E+F+G+H+I \tag{2}$$

则施氮量为:

$$D=A+B+C-E-F-G-H-I \tag{3}$$

由于该区域土壤有机氮含量低,施肥的目的应是平衡矿化作用造成的土壤有机氮损失,使土壤净矿化为零,或趋近于零,因此可假定 $E=0$;在这一地区目前小麦收获后秸秆通常不还田。即使秸秆还田,农田养分管理的目标也应设定为:减少还田秸秆矿化,通过施肥和其他田间管理措施让其所含碳氮尽可能通过腐殖化作用转化为土壤有机质,以培肥土壤,因此假定 $H=0$。则施氮量计算简化为:

$$D=A+B+C-F-G-I \tag{4}$$

分析表 29-1 可知,在田间条件下,土壤氮素的损失量(C)在数量上非常接近环境氮素投入(F)与种子带入氮素(G)之和,即 $C\approx F+G$,因此,施氮量计算进一步简化为:

$$D=A+B-I \tag{5}$$

即,施氮量 $D=$目标产量需氮量 $A+$土壤安全阈值 $B-$土壤有效氮 I。

表 29-1

旱地农田土壤氮素输入和输出

氮素携出(kg N/hm^2)	氮素投入(kg N/hm^2)
A(作物目标产量需氮量)＝目标产量÷100×2.8	D(施氮量)＝?(待求)
B(收获/播前土壤硝态氮安全阈值)＝55.0/110.0	E(生长季土壤氮素矿化)＝50
C(肥料氮素损失)＝25(NH_3,N_2O,NO_3^--N)	F(环境氮素投入)＝20
	G(种子带入氮素)＝3(播种量×0.02)
	H(秸秆还田)＝18(还田量×0.004)
	I(土壤有效氮)＝收获或播前 1 m 土壤硝态氮

该技术 2011—2012 年度在陕西渭北旱塬的永寿、彬县、合阳、蒲城、凤翔、耀州等县市进行了示范,结果表明监控施氮处理有明显的增产趋势,小麦籽粒产量比农户平均增加 9.4%,生物量平均增加 8.6%。同时,1 m 土层硝态氮监控施肥技术能够显著降低小麦氮肥用量(永寿氮肥用量由 148 kg/hm^2 降低到 30 kg/hm^2,合阳氮肥用量由 130 kg/hm^2 降低到 30 kg/hm^2),降低了小麦后期倒伏的可能性。且在小麦收获后,监控施氮处理与农户传统施肥相比,0～100 cm 土层硝态氮残留量显著下降(平均降低62.3%),说明,1 m 土层硝态氮监控施氮能够有效降低小麦收获后土壤硝态氮的残留。

29.3　西北旱地小麦土壤-作物系统综合管理技术示范效果

在陕西省各级农业科技推广部门的大力支持下,项目研究形成的旱地小麦"监控施氮"、周年保水的"垄覆沟播"及其及集成栽培与施肥技术于 2009—2012 年在陕西渭北旱塬的永寿、彬县、合阳、蒲城、凤翔、耀州等县市通过技术培训,进行了大面积试验与示范,对区域旱地小麦高产和稳产起到了重要的实践指导作用。2010 年 6 月 27 日,由陕西省农业厅组织专家对长武县小麦万亩示范点进行测产验收,项目巨家镇万亩示范方产量 6 100 kg/hm²,农户巨崇录示范田 1. 67 亩,产量 7 610 kg/hm²,分别创陕西旱地小麦最高纪录。2011 年,采用监控施肥技术,指导长武旱地小麦万亩高产创建,取得明显成效,旱地小麦最高单产达到 8 190 kg/hm²,为陕西旱地小麦最高产量。2012 年,长武旱地小麦万亩高产创建采用监控施肥技术,产量最高的三户平均 9 042 kg/hm²,万亩平均产量 7 471 kg/hm²,为陕西旱地小麦最高产量。

参考文献

[1] 曹寒冰,王朝辉,师渊超,等. 渭北旱地冬小麦监控施氮技术的优化. 中国农业科学,2014.

[2] 李强,王朝辉,李富翠,等. 氮肥管理与地膜覆盖对旱地冬小麦产量和氮素利用效率的影响. 作物学报,2014,40(1):93-100.

[3] 王朝辉,曹群虎,张睿,等. 陕西省质量技术监督局:渭北旱地冬小麦高产栽培技术规程. 标准号:DB 61/T587—2013,2013 -09-30.

[4] 薛澄,王朝辉,李富翠,等. 渭北旱塬不同施肥与覆盖栽培对冬小麦产量形成及土壤水分利用的影响. 中国农业科学,2011,44(21):4395-4405.

[5] 章孜亮,刘金山,王朝辉,等. 基于土壤氮素平衡的旱地冬小麦监控施氮. 植物营养与肥料学报,2012,18(6):1388-1397.

[6] 赵护兵,王朝辉,高亚军,等. 西北典型区域旱地冬小麦农户施肥调查分析. 植物营养与肥料学报,2013,19(4):840-848.

（执笔人:王朝辉）

第30章

西北旱作雨养区玉米高产高效栽培技术

干旱缺水是玉米生产可持续发展的第一限制因素。全世界由于水分亏缺导致作物产量的损失大于其他所有逆境造成损失之和。干旱问题是世界性的问题,干旱、半干旱地区遍及 50 多个国家和地区,约占陆地面积的 34.9%。就耕地而言,其中仅有 15.8% 有灌溉条件,其余都是依靠自然降水的旱作雨养农业。我国干旱和半干旱地区面积占土地面积 52.5%,主要分布在昆仑山、秦岭淮河以北的广大地区,67% 以上的玉米面积种植在旱地,其特点表现为:①降水少,甚至稀少,决定了旱作雨养的典型气候特征;②滋养的地面水和地下水资源短缺,局部地区虽可灌溉,但无灌溉是根本生产活动,构成了旱地农业的基本条件;③依靠不足的降水进行农业生产,存在着水分不足的胁迫,形成了旱地农业的主要障碍因素。

西北旱作区玉米生产主要包括陕西北部、甘肃、宁夏和山西等省区依靠自然降雨的旱地玉米种植区,主要种植模式为一年一熟春播玉米。该区地形复杂,气候多变,属大陆性季风北温带干旱半干旱、北温带湿润半湿润气候区,10℃ 以上活动积温 2 800~3 300℃,年降雨量 350~600 mm,无霜期 150~200 d,土壤类型以垆土、壤土为主。西北旱地玉米常年播种面积 276 万 hm²,占到西北区玉米总面积的 60% 以上,平均亩产水平 5 700 kg/hm² 左右,高出全国平均值 75~150 kg/hm²,影响该区域玉米增产稳产的主要制约因素:一是干旱频繁发生,十年九旱,降雨量少且降水时空分布变异幅度大、无效降水频率高、蒸发量大,影响了玉米的出苗和籽粒灌浆。二是耕层变浅,土壤瘠薄,水土流失严重,保水保肥能力差。三是品种因素:品种更新速度慢,品种老化。而光热资源丰富,昼夜温差大,病虫害轻,已成为我国最适宜种植玉米的四大区域之一。

干旱灾害频繁,播种期干旱和抽雄期卡脖旱,影响播种、影响群体整齐度不高,造成了玉米产量不高不稳,水分利用率低,降低旱灾对玉米产量的损失,实现玉米产量和水分利用效率的协同提高已成为未来玉米生产的重要课题。

针对西北旱地玉米生产水分利用率低、产量低而不稳、高产高效栽培技术不配套等主要障碍因素,以提高玉米产量和肥水资源的高效利用为目标,开展旱地玉米高产栽培关键技术的集成与示范,进行旱地玉米高产高效栽培理论和技术创新,提高技术的展示度、应用度和扩散度,为西北旱地玉米高产高效生产提供技术支持。

30.1 旱作条件下的雨热同步高效群体的构建

30.1.1 群体整齐度与产量的关系

保证旱作雨养区玉米播种质量,增加种植密度,提高群体整齐度是高产的重要措施。由于旱作雨养区播种期的干旱往往造成出苗不全、不匀,对产量造成重要影响,通常在缺苗情况下采用移栽和补种苗,进行弥补,但效果不佳。我们通过试验发现,移栽和补种苗株高虽有赶上正常苗的趋势,但单株叶面积、生物产量都显著低于正常苗,仅为正常苗的 68.6%～74.1% 和 33.5%～34.9%,而在缺苗旁留大小一致的双株苗与正常苗株高、叶面积和生物产量等均无多大差异。移栽苗、补种苗的单株生产力仅为对照的 19.9%～23.4%,而双株苗达到正常苗的 99.0%(表 30-1)。因此,我们认为,在旱作条件下,要做到全苗、壮苗,除了精选优良种子外,关键是保证播种质量,足墒等雨播种。

表 30-1
不同幼苗处理对植株性状的影响

| 处理 | 株高 /cm | 单株叶面积 /cm² | 生物产量 /(g/株) | 穗部性状 | | | | | 单株生产力 /(g/株) |
				穗长 /cm	结实长 /cm	秃顶率 /%	穗粒数 /(粒/穗)		
移栽	258.2	4 479.9	970.0	13.1	10.6	19.1	77.0		22.5
补种	278.6	5 755.1	173.0	10.8	8.5	21.3	83.3		19.0
留双株	284.6	6 157.4	206.0	18.4	16.3	11.4	511.7		95.0
对照	294.6	6 512.1	209.0	18.7	17.4	7.0	556.8		96.0

30.1.2 密度与产量的关系

密度是一项重要的增产措施,玉米产量的提高与密度的增加密切相关。2006 年我们在陕西杨陵、榆林(灌溉)和澄城(雨养区)3 个地点进行了 3 个品种(郑单 958、陕单 8806 和陕单 902)、2 个密度(3 000,5 000 株/亩)试验(图 30-1),从 3 个不同试点结果看出,在 3 000 株/亩,3 个地点差异较小,而当种植密度达到 5 000 株/亩,地点间和品种间差异明显。玉米要高产,种植高产品种要配置相应的适宜密度,与当地生态条件相适应。我们研究发现,保证一定总粒数,增加吐丝后干物质积累量,提高成穗率,协调群体库源关系是关键,适宜密度与吐丝后有效积温、日照时数等生态因素密切相关,与品种类型密切相关。

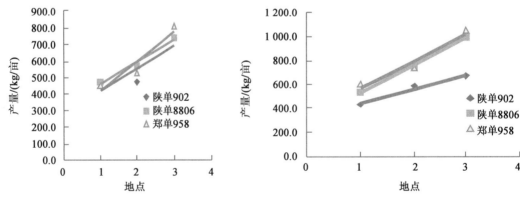

地点:1.杨陵;2.澄城;3.榆林。
左图:3 000 株/亩。右图:5 000 株/亩。

图 30-1　不同品种、不同密度在不同地点的产量表现

30.1.3 干物质生产与产量的关系

农作物生产的实质是物质生产,是以其遗传特性为基础,受环境条件和栽培条件的影响,表现为干物质的积累与转化。玉米产量的高低实质上可看作是生育期间群体水平上物质转化效率和光合生产效率的综合表现。通过对玉米干物质生产规律与物质生产诸因素(叶面积系数、净同化率、作物生长率等)的分析发现,不同玉米品种在不同密度条件下,干物质生产与产量的形成规律研究发现,吐丝至成

熟期的干物质积累量和物质生产效率是决定玉米产量的关键时期,吐丝期积累干物质占积累量的 40%
左右,这段时间占生育期的 65%～70%,这段时间主要是构造出能够高效吸收太阳光能的冠层结构,增
大叶面积系数,打好丰产基础,形成合理群体结构,保证后期物质生产和运转。吐丝至成熟期干物质积
累量占总积累的 60%,这段时间是形成籽粒产量的关键时期,保证较高的物质生产效率是产量的重要
保证,因此选择中熟品种,适期等雨播种,采用适宜栽培技术(地膜覆盖、合理密植),是提高旱作雨养区
玉米产量的关键技术(表 30-2)。

表 30-2
不同生育期干物质积累与籽粒产量的相关性

品种	项目	相关系数			
		出苗-大口	大口-吐丝期	吐丝期-成熟	成熟期
陕单 8806	籽粒产量与干物质	0.525 3	0.727 3*	0.921 4**	0.943 8**
京单 28	籽粒产量与干物质	0.532 1	0.756 2*	0.902 8**	0.926 1**
郑单 958	籽粒产量与干物质	0.507 9	0.723 1*	0.923 7**	0.948 3**

30.2　玉米逆境生理生态栽培

　　玉米的产量水平受制于遗传因素、环境条件(气候、土壤)和栽培措施等的影响,关键取决于生理代
谢过程的协调性。遗传因素、环境条件(气候、土壤)和栽培措施等实质上是通过生理代谢过程的调节,
影响产量的形成。干旱、土壤贫瘠等非生物逆境的危害日趋加剧,已成为玉米产量增进过程中不可逾
越的障碍因素。如何提高玉米品种对高密度、低氮肥和干旱等逆境条件下的适应能力,成为增加玉米
产量水平的重要课题。

　　为了阐明逆境(高密、低氮和干旱)对玉米品种产量形成的影响,我们于 2007—2008 年选用郑单
958、先玉 335、豫玉 22、京单 28、陕单 8806 和陕单 902 等 6 个不同类型玉米品种,在 2 种密度(3 000,
5 000 株/亩)(表 30-3)、2 种施氮水平(亩施纯氮 7.5,22.5 kg)(表 30-4)和 2 种灌水(前期控水、正常灌
水)(表 30-5)处理进行大田试验,结果表明在环境压力较小时(低密、高氮和正常灌水)玉米品种间产量
差异较小,而逆境下(高密、低氮和干旱)玉米品种间产量差异显著。群体源性状(叶面积系数、叶片净光合
速率和源供应能力)、群体库性状(群体库容量)、库源协调性状(库源比值、籽粒灌浆速率和收获指数),以
及成熟期干物质积累量、吐丝-成熟期干物质积累量表现同样的变化规律。适应性好的玉米品种郑单
958、先玉 335 表现为 2 种处理条件下产量差异较小,逆境下仍具有良好群体源性状(叶面积系数大、叶片
光合速率高、源供应能力强,保持适宜的库源比值(1.40)、较高的籽粒灌浆速率和收获指数(表 30-6)。

　　国内的等研究结果表明,美国玉米杂交种经过 70 多年遗传改良,玉米"固有"产量能力并没有改
变,现代杂交种产量高,归功于其在一定区域内抗逆性的提高。通过总结我们多年多点的试验结果表
明,品种和栽培技术的产量潜力与试验的地点和年份有密切的关系,玉米产量潜力在一定程度上,代表
了品种、栽培技术对当地生态条件的适应性。因而产量就是对当地生态条件的适应能力,即就是通过
优化的栽培技术和良好品种特性,最大限度适应当地生态条件能力。

　　要获得玉米高产高效,须重视农艺、生理与生态三方面的有效结合,协调群体与个体的矛盾,改善
玉米品种在逆境条件下群体库源性状,增强吐丝至成熟期功能叶片的光合生产效率,在足量的群体库
容基础上,保证强大的源系统支持,强源促库,提高植株在逆境下(高密、低氮和干旱)的生产能力,增进
品种在逆境下的适应性,通过育种和栽培技术持续改良,提高对逆境(生物和非生物)的适应性。

　　对旱作雨养区玉米而言,应研究玉米高产高效栽培技术,研究和总结与气候、品种和土壤条件相适
应的配套技术,增强品种和栽培技术对生态环境(气候、土壤)的适应性,通过调整播期、地膜覆盖,提高
土壤蓄肥蓄水、供肥供水能力,高效利用当年降雨,协调水热同步,实现水分资源高效利用。

表 30-3

不同密度条件下玉米品种产量的变化规律 kg/亩

密度(株/hm²)	豫玉 22	陕单 902	京单 28	陕单 8806	先玉 335	郑单 958	平均	变异系数 CV/%
3 000	459.65± 17.46Aa	438.18± 9.81Aa	465.2± 16.171Aa	434.15± 15.08Aa	494.67± 10.76Aa	534.87± 10.50Aa	471.12± 15.53	8.08
5 000	354.14± 4.65Bb	387.34± 11.85Bb	525.64± 5.76Aa	463.28± 7.18Aa	554.97± 12.07Bb	596.73± 12.94Ab	480.35± 39.17	19.98

注:同一列大小写字母分别代表达 0.01 和 0.05 显著水平。后同。

表 30-4

不同氮肥条件下玉米品种产量的变化规律 kg/亩

氮肥(kg/hm²)	豫玉 22	陕单 902	京单 28	陕单 8806	先玉 335	郑单 958	平均	变异系数 CV/%
高氮 22.5	388.53± 5.18Aa	397.57± 1.16Aa	448.93± 0.86Aa	401.90± 10.49Aa	498.08± 3.67Aa	464.32± 5.29Aa	433.22± 17.95	10.15
低氮 7.5	248.34± 2.75Bb	225.04± 3.08Bb	327.47± 0.9Bb	325.24± 0.86Ab	420.96± 1.92 Ab	409.96± 2.16Ab	326.17± 32.81	24.64

表 30-5

不同水分条件下玉米品种产量的变化规律 kg/亩

灌水	豫玉 22	陕单 902	京单 28	陕单 8806	先玉 335	郑单 958	平均	变异系数 CV/%
对照	387.81± 25.12Aa	378.14± 1.33Aa	425.93± 33.2Aa	448.44± 1.22Aa	430.64± 4.90Aa	565.79± 1.16Aa	439.46± 27.52	15.34
前期控水	164.27± 0.39Aa	203.84± 0.36Bb	193.43± 6.07Bb	236.81± 5.64Bb	265.00± 0.32Ab	352.33± 31.1Ab	235.95± 27.30	28.35

表 30-6

主要生理指标的参数变化

	逆境*		正常**	
	平均值	变异系数 CV/%	平均值	变异系数 CV/%
叶面积系数	2.91±0.18	26.25	3.16±0.12	15.82
成熟期干物质积累量	794.83±45.67	24.38	908.53±18.39	8.59
吐丝-成熟期干物质积累量	451.99±33.70	31.64	558.87±24.28	18.43
叶片净光合速率	15.72±0.65	17.51	20.12±0.34	7.20
群体源供应能力	732.54±37.48	21.71	1 018.33±33.63	5.65
群体库容量	931.61±0.174	12.20	1 018.33±33.63	14.01
群体库源比值	1.40±0.08	25.22	1.05±0.05	20.6
收获指数	0.432 9±0.174	19.02	0.467 0±0.010 9	10.2
籽粒灌浆速率	0.431 8±0.019 6	18.32	0.558 2±0.015 1	11.48
籽粒单株生产力	95.86±4.71	20.83	134.52±3.38	10.65
籽粒产量	361.43±18.24	34.98	448.99±7.35	11.34

注:* 逆境为高密、干旱和低氮条件下的参数;** 正常为低密、灌水和高氮条件下的参数。

30.3 关键技术

30.3.1 播期

播种期干旱,吐丝前后的高温、干旱,灌浆期阴雨寡照、低温和大风是影响夏玉米的主要因素。我们课题组(1992)以渭北旱原合阳县的玉米产量,选用降水、日照和气温三个气象因子,将玉米全生育期(4月下旬至8月下旬)按旬划分14个时段,利用积分回归方法分析得出,影响春玉米产量的主导气象因子为5月上旬至5月下旬、7月中旬至8月上旬的气温,4月下旬至5月中旬、6月中旬至7月下旬的降水。

采用地膜栽培选择中晚熟品种是关键,而科学的确定最佳播期是保证,在旱作雨养区玉米,"水分"是关键指标,使地膜玉米的生育高峰期与当地的降水高峰阶段基本吻合,保证拔节期到降水高峰的受旱天数缩短在30天以内,即在当地降水高峰期前70天左右播种。通过生产调查和试验,分析1991—2009年陕西渭北旱源降雨情况(表30-7),发现4月上旬一直到5月上旬,降雨量变异系数较大,在这一阶段总有一次有效降雨,据此我们提出了坚持适墒播种,以墒情定播期,以播期定品种的旱区玉米播期调整、适墒播种的旱作保苗技术措施。雨养旱作区的玉米适宜播期可从4月上旬一直延长至5月上旬。这样可以保证足墒播种,保证出全苗和壮苗。

表 30-7

陕西渭北旱塬 1991—2009 年 4—9 月的降雨量平均值

时间	降雨量/mm	变异系数/%
4月上旬	14.9±2.8	81.48
4月中旬	9.2±2.4	115.94
4月下旬	13.0±2.4	81.41
5月上旬	14.5±3.0	89.45
5月中旬	22.2±3.6	69.76
5月下旬	15.2±2.5	72.19
6月上旬	31.3±9.2	127.57
6月中旬	20.6±4.2	88.47
6月下旬	29.2±4.8	71.91
7月上旬	33.1±6.4	83.96
7月中旬	27.3±5.0	80.15
7月下旬	35.3±5.6	69.74
8月上旬	35.6±5.1	62.5
8月中旬	35.0±7.1	88.62
8月下旬	39.1±6.3	70.5
9月上旬	22.9±4.4	83.44
9月中旬	38.8±5.9	65.95
9月下旬	21.6±4.8	97.17

30.3.2　品种

1. 抗旱品种的筛选

对玉米生产区主要推广的57个玉米品种在陕西杨陵区、澄城县2个生态环境中进行抗旱性鉴定,同一品种在不同供水条件下抗旱性存在显著差异,在正常灌水条件下表现高产的品种,干旱胁迫条件下也表现高产。如郑单958、浚单20、沈玉17、章玉9号、豫玉23、先玉335、秦龙11、栗玉2号、富友9号、晋单50、冀丰58、章玉9号等13个品种。根据57个不同基因型玉米品种正常灌水和干旱胁迫产量潜力的平均值(481.98和325.47 kg/亩)划分为4类(图30-2)。

结合产量抗旱指数(DRI)>0.9(图中气泡大小表示抗旱指数),筛选出郑单958、冀玉9号、秦龙11、栗玉2号、冀丰58、先玉335等6个品种为抗旱品种。分别比平均产量(正常:481.98 kg/亩和干

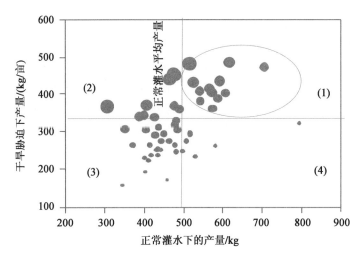

图30-2　不同条件下玉米品种的产量变化
(1)高产稳产;(2)低产适应干旱;(3)低产;(4)高产不适应干旱

旱:325.47 kg/亩)高出31.3%和31.2%,11.2%和14.9%,7.8%和24.9%,10.7%和21.9%,18.4%和25.5%,6.4%和3.4%。

2.水分高效利用型品种筛选

采用盆栽试验,选择10个玉米品种(郑单958、先玉335、陕单8806、豫玉22号、农大108、户单4号、户单1号、陕单308、陕单902、陕单9号)为供试材料,通过称重、烘干法计算水分利用效率(WUE)和生物学产量分析,初步筛选出:郑单958、陕单8806和陕单9号生物量大,水分利用效率高的高产水分高效利用型玉米品种。其中水分利用效率分别高出平均值的20.5%,29.9%和23.9%。

3.抗旱节水型品种筛选

通过采用盆栽控水试验发现,10个玉米品种(郑单958、先玉335、陕单8806、豫玉22号、农大108、户单4号、户单1号、陕单308、陕单902、陕单9号)的水分利用效率(WUE)(图30-3)、生物学产量和籽粒产量以及抗旱指数存在显著差异,对从水分利用效率(WUE)、生物学产量和籽粒产量以及抗旱指数3个关键因素综合考虑,筛选出2个抗旱节水型玉米品种:郑单958和先玉335(抗旱指数均大于平均值,而且水分利用效率分别比高出平均值8.6% 和12.4%)(图30-4)。

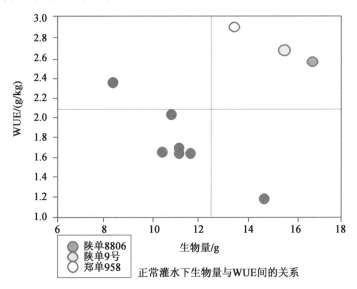

图30-3　不同条件下玉米品种生物量与水分利用效率的产量变化

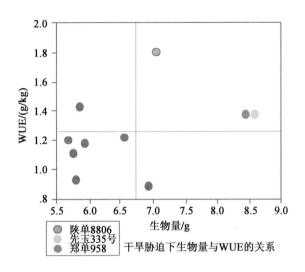
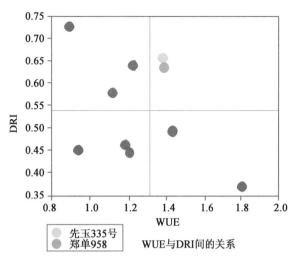

图 30-4　不同条件下玉米品种生物量、抗旱指数与水分利用效率的产量变化

30.3.3　宽窄行种植

宽窄行栽培模式是一种改良的栽培模式,它较传统栽培模式能够改善玉米群体内光能的分布特征,增加穗部光能截过量,提高光合效率,降低空秆率和倒伏率,提高适宜种植密度,达到增产的目的。通过基于玉米宽窄行条件下 6 个地点 5 个的密度梯度试验发现(表 30-8),采用宽窄行栽培模式在 4.5 万~10.5 万株/hm² 与等行距栽培模式相比分别增产 5.78%,7.56%,7.38%,9.54%,10.39%,平均增产8.13%,适宜栽培密度提高 0.52 万株/hm²,旱地条件下不同适宜种植密度下应在 6.0 万~7.5 万株/hm²。

表 30-8

不同株行距配置下不同种植密度不同地点产量表现

栽培模式	密度/(万株/hm²)	地点							增产/%
		澄城	黄龙	宜君	陈仓	临渭	杨凌	平均	
宽窄行栽培	4.5	8 625.3	11 544.3	10 269.3	7 141.5	8 250.2	5 734.1	8 594.1	5.78
	6.0	9 910.5	14 327.4	10 609.5	8 166.2	9 399.3	6 979.1	9 898.7	7.56
	7.5	11 833.5	14 851.8	11 461.5	9 592.5	10 149.3	7 829.2	10 953.0	7.38
	9.0	8 743.6	14 136.5	11 176.5	10 296.3	9 099.2	7 585.5	10 172.9	9.54
	10.5	8 077.5	13 663.6	10 650.3	10 041.5	8 350.5	6 428.5	9 535.3	10.39
等行距栽培	4.5	7 750.5	11 241.1	9 985.5	6 643.5	7 450.5	5 676.4	8 124.6	
	6.0	8 976.3	13 440.0	10 419.2	7 932.0	7 849.5	6 601.8	9 203.1	
	7.5	9 577.5	13 895.4	11 311.5	9 379.5	9 850.6	7 186.7	10 200.2	
	9.0	7 197.6	13 525.1	11 079.0	10 111.5	7 149.0	6 657.1	9 286.5	
	10.5	6 316.5	13 211.8	10 308.3	9 771.0	7 000.0	5 216.9	8 637.5	

30.3.4　覆膜栽培

通过等行距(60 cm+60 cm)和宽窄行(40 cm+80 cm)两种行距模式,黑色生物降解膜,白色生物降解膜,普通地膜和玉米秸秆 4 种覆盖物,以露地为对照,采用裂区设计,调查了不同覆盖模式对玉米产量及其构成因素、叶面积指数、干物质积累量、光能截获量、土壤含水量、土壤温度和水分利用效率的影响。

　　等行距模式下玉米产量为 9 167 kg/hm²,宽窄行模式下玉米产量为 9 488 kg/hm²,黑色生物降解膜、白色生物降解膜、普通地膜和玉米秸秆覆盖处理玉米产量分别增加 0.82%,5.17%,5.94% 和 2.04%(表 30-9),平均比等行距模式增产 3.38%,倒伏率减少 10.95%;每公顷实收穗数增加 364 个,穗粒数增加 25.45 粒,百粒重增加 1.3 g。

表 30-9

不同覆盖模式下玉米的产量

行距配置	覆膜物	产量/(kg/hm²)	平均产量/(kg/hm²)
等行距	黑色生物降解膜	10 097.34aA	9 166.62
	白色生物降解膜	9 212.17cB	
	普通地膜	9 529.29bB	
	玉米秸秆(对照)	7 827.69dC	
宽窄行	黑色生物降解膜	10 180.30aA	9 487.76
	白色生物降解膜	9 688.22bB	
	普通地膜	10 094.94aA	
	玉米秸秆(对照)	7 987.59cC	
	黑色生物降解膜	6 957.25	

　　黑色生物降解膜,白色生物降解膜,普通地膜和玉米秸秆覆盖较露地增产 13.37%～45.35%。成熟期单株干物质积累量分别增加 164.74,111.37,138.70 和 68.62 g。

　　玉米秸秆覆盖保墒效应最好,土壤含水量和田间贮水量较露地分别增加 3.16% 和 6.47 mm;后期有效降低地温,平均地温较露地下降 0.65℃。普通地膜具有明显的增温效应,0～20 cm 土壤地温比露地高 2.39℃。黑色生物降解膜和普通地膜处理下水分利用率较高,分别高出露地 48% 和 41.4%(表 30-10)。群体光能截获量分别增加 16.90%,9.36%,14.94% 和 4.8%。

表 30-10

不同覆盖模式下玉米水分利用效率

行距配置	覆盖物	产量/(kg/hm²)	耗水量/mm	水分利用效率/[kg/(mm·hm²)]	较对照±WUEY/%
等行距	黑色生物降解膜	10 097.34	437.04	23.10a	47.1
	白色生物降解膜	9 212.17	440.1	20.93b	32.2
	普通地膜	9 529.29	441.12	21.60b	37.5
	玉米秸秆	7 827.69	450.11	17.39c	10.7
	对照	6 957.25	442.9	15.71d	
宽窄行	黑色生物降解膜	10 180.3	435.2	23.39a	48.9
	白色生物降解膜	9 688.22	438.4	22.10b	40.7
	普通地膜	10 094.94	442.3	22.82b	45.3
	玉米秸秆	7 987.59	448.6	17.80c	13.3
	对照	6 957.25	442.9	15.71d	

　　在 4 种覆盖物中,玉米秸秆覆盖保墒效应最好,土壤含水量和田间贮水量较露地分别增加 3.16% 和 6.47 mm(表 30-11);后期有效降低地温,平均地温较露地下降 0.65℃。普通地膜具有明显的增温效应,0～20 cm 土壤地温比露地高 2.39℃。黑色生物降解膜和普通地膜处理下水分利用率较高,分别高出露地 48% 和 41.4%。综合行距配置、4 种覆盖物对玉米产量,产量性状以及土壤水温的影响,采用宽

窄行行距配置和黑色生物降解膜配套耕作模式有利于渭北旱塬玉米的生产。

表 30-11

不同覆盖模式下田间贮水量的变化　　　　　　　　　　　　　　　　　　　　　　　　　　　　　　mm

覆盖物	播种期	等行距种植成熟期	宽窄行种植成熟期
黑色生物降解膜	458.9	454.12d	455.94c
白色生物降解膜	458.9	457.25c	459.00b
普通地膜	458.9	461.23b	460.02b
玉米秸秆	458.9	467.52a	469.01a
CK	458.9	461.8b	461.8b

30.4　西北旱地玉米高产与水分高效栽培技术示范推广

30.4.1　不同栽培模式多点试验验证

　　为了验证高产高效栽培技术的多点适应性,优化高产高效栽培技术模式,2009—2012 年在陕西临渭、富平、浦城、澄城、泾阳、合阳、三原、兴平、眉县、扶风、榆阳、靖边、子洲、绥德、神木等全省 31 个地点,进行了 4 种栽培模式(农民种植模式,高产高效模式,创高产栽培模式和再高产高效模式)的试验验证,4 年多点试验结果表明(表 30-12),高产高效模式比农民种植模式产量增加 16.03%～23.01%,氮肥利用效率(PFP)提高 16.81%～22.99%。多点示范表明,高产高效栽培模式,集成技术成熟,验证性良好,可作为玉米高产高效栽培(产量和效率提高 15%～20%)主体技术模式进行大面积示范推广。创高产栽培模式和再高产高效模式比农民种植模式产量增加 30.31%～57.91%,氮肥利用效率(PFP)

表 30-12

4 种栽培模式多年多点试验验证结果

处理	年份	试验点次	平均产量 /(kg/hm²)	增产 /%	平均 PFP	PFP 增加 /%
农户种植模式	2009	9	8 130.75	—	36.14	—
	2010	27	8 381.7	—	37.25	—
	2011	31	8 203.5	—	36.45	—
	2012	28	9 192.0	—	40.85	—
高产高效模式	2009	9	10 002	23.01	44.45	22.99
	2010	27	9 842.7	17.43	43.75	20.01
	2011	31	9 519.3	16.03	42.31	17.08
	2012	28	10 738.1	16.82	47.72	16.81
创高产模式	2009	9	12 839.6	57.91	28.53	−21.04
	2010	27	11 401.4	36.03	25.34	−31.99
	2011	31	11 331.3	38.13	25.18	−30.94
	2012	28	12 796.2	39.21	28.44	−30.38
再高产高效模式	2009	9	12 327.8	51.62	41.09	13.72
	2010	27	10 976.9	30.96	37.01	−0.66
	2011	31	10 689.8	30.31	35.63	−2.27
	2012	28	12 083.0	31.45	40.28	−1.39

降低 0.66%～31.99%。目前要实现产量和效率同时提高 30%～50% 的目标，存在一定困难，今后玉米产量和效率的提升，需要通过育种和栽培技术持续改良，提高对逆境(生物和非生物)的适应性，建立资源环境——作物弱的竞争系统，具有良好的逆境适应性，即对环境和资源供给的适应性，不但在匮乏的环境中能高效利用资源，而且使作物群体中的相邻植株影响较少，植株间资源的竞争小。

30.4.2　旱地玉米高产与水分高效栽培技术示范推广

针对旱地春玉米降雨量少、变异幅度大、土壤水分供应有限，导致玉米播种质量差、保苗率低、群体结构不合理等突出问题，通过总结试验研究与示范，总结形成"抗逆玉米品种 + 深耕(松)改土 + 地膜覆盖 + 播期调控、适墒播种 + 氮肥分次施"为核心的旱地春玉米高产高效技术模式。2009—2013 年在陕西省玉米高产创建、陕西春玉米提升行动和旱作农业科技推广项目中，进行示范推广，取得了显著成效。

由陕西省农业厅邀请农业部玉米专家指导组成员和陕西省有关专家组成测产验收组，依据农业部玉米高产创建验收方法，进行了现场实产验收，2009 年在渭北旱塬旬邑县马栏镇实施 1 412 亩旱作雨养区玉米高产高效示范田，平均亩产 925.8 kg。

2010 年陕西旬邑县万亩高产示范田平均亩产 868.1 kg，创造了陕西省旱作雨养农业万亩连片春玉米高产纪录。陕西榆林市定边县万亩旱地玉米单产平均达到了 819 kg，在年降雨量 350 mm 的干旱地区，实现亩产 800 kg 的示范典型。

2011 年在前期干旱、后期低温寡照等不利条件下，陕西省靖边县 17 600 亩旱地玉米亩产达到833.2 kg/亩，麟游 10 130 亩旱地玉米亩产达到 834.5 kg，宜君 4 万亩旱地春玉米亩产达到 829.3 kg/亩，陕西定边实现了旱作雨养春玉米百亩连片亩产 977.1 kg 的高产典型。其中，5.6 亩旱作雨养高产攻关田亩产达到 1 025.5 kg。

2012 年陕西省定边 1 200 亩旱地春玉米平均亩产 903.0 kg，率先在全国实现了干旱地春玉米千亩示范田亩产 900 kg；澄城旱地春玉米 107 亩旱地春玉米亩产 1 058.1 kg，实现百亩连片亩产超过 1 000 kg 的高产典型，刷新了陕西省旱地春玉米高产纪录。

2013 年陕西省旬邑县 110 亩旱地春玉米亩产 1 064.2 kg，万亩旱地春玉米示范方亩产 902.0 kg，实现旱地春玉米百亩连片亩产超过 1 000 kg、万亩亩产超过 900 kg 的突破。榆林定边 5 亩旱地春玉米高产攻关田亩产达到 1 253.5 kg，实现了旱地春玉米小面积亩产超过 1 250 kg 的突破，刷新我国旱地春玉米高产纪录。

30.5　西北旱地春玉米高产与水分高效栽培的关键技术

根据旱作雨养区玉米生产存在的障碍因素，通过试验研究和生产调查分析，我们形成旱作雨养区玉米高产高效栽培技术，其技术核心为：

30.5.1　选择抗逆玉米品种

选用中熟(春播 120～125 d)、稳产(产量潜力 700 kg/亩)、耐密(4 000～4 300 株/亩)，抗病(抗大小斑病、丝黑穗病、矮花叶病和粗缩病等主要病害)、耐旱、抗倒伏的杂交种，如郑单 958、陕单 609、先玉 335 和榆单 9 号等。

30.5.2　深耕(松)改土、秸秆还田

秋季用秸秆粉碎机把玉米秸秆粉碎成不大于 10 cm，深翻 20～30 cm 或者用深松机深松 35 cm 并深施底肥，旋耕重镇压后，第二年春季播种。

30.5.3　地膜栽培、蓄水保墒

用地膜(秸秆)覆盖土壤降低土壤无效蒸发,因地制宜采用秋覆膜或早春覆膜全膜双垄沟播、膜上种植、膜侧种植等,提高自然降雨水分利用率。积温大于 2 700℃的旱作雨养区地膜玉米存在后期早衰和分次施肥困难的问题,通过改膜上栽培为膜侧栽培,可缓解后期地膜玉米地温高、根系衰老快的症状,有利于后期施肥管理,达到蓄水保墒的效果。

30.5.4　播期调控、适墒播种

传统春玉米的播种期确定以 0～20 cm 的地温稳定通过 8℃为适宜播种期,我们根据旱作雨养区玉米生产实际,以"水分"关键指标进行调整,坚持适墒播种,以墒情确定播期,以播期确定品种。以土壤水分达到 13%满足种子出苗为指标,将播期从 4 月上中旬适度延长至 5 月上旬,等雨适墒播种,确保出苗整齐、均匀,适当增加种植密度 300～500 株/亩,亩种植密度达到 4 000～4 300 株。

30.5.5　分次施肥、防衰增(粒)重

改氮肥底肥"一炮轰"为两次施肥,60%氮肥为底肥,40%氮肥结合土壤墒情和降雨,在拔节至大喇叭口期作为追肥,增加籽粒灌浆,提高粒重。

(执笔人:薛吉全　张仁和　路海东　郝引川　张兴华)

31.1 苹果产业的发展现状

31.1.1 国外生产现状

世界苹果产地主要分布在亚、欧、美洲。近 10 年来，美洲果品生产平稳，保持在 920 万 t 左右，欧洲的由 1 583 万 t 下降到 1 490 万 t，亚洲的由 2 932 万 t 上升到 3 921 万 t，增加 34%，这个增加部分主要来自中国。2012 年中国苹果产量已占世界总量的 56%，居世界首位。从未来苹果生产格局变化趋势看，将进一步向亚洲转移。中国苹果产业正抓住机会，实现由苹果大国向强国的转变。

31.1.2 国内生产现状

我国苹果产业从新中国成立后取得迅速发展。据统计，自 1990 年以后，我国苹果生产进入超常发展时期，产量和种植面积逐年增加。截至 2012 年全国苹果栽培面积达 3 500 万亩，产量约 3 500 万 t。苹果栽培面积、产量、浓缩苹果汁产量和出口量这 4 项指标均居世界前列，我国正朝苹果产业化强国迈进。

根据全国苹果生产战略调整规划，今后国家将把苹果生产由过去的四大栽培区向西北黄土高原和渤海湾两大优生区集中。而陕西抓住这一战略机遇，从政策及科学技术上给予了果农大力支持及正确引导。从 2003 年开始陕西省苹果栽培面积位居全国第一，山东位列第二。

苹果主产区产量，四大产区中的 7 个省份苹果产量占到了我国苹果总产量的近 90%，渤海湾优产区的山东省苹果产量在 2006 年以前稳居我国第一，而西北黄土高原优产区的陕西省在 2003 年后加大种植面积，逐年赶超山东省。2012 年，陕西与山东苹果栽培面积分别为 64 万与 38 万 hm²，产量分别为964 万和 838 万 t。黄土高原地区加上山西、甘肃苹果，总产量达到 1 599 万 t，占全国总产量的 45.6%。

31.2 苹果树体生长发育规律

31.2.1 苹果根系生长发育规律

黄土高原区限制苹果生产的主要障碍因素是干旱缺水，土壤贫瘠。根系是苹果重要的吸收器官，苹果正常生长发育所需的矿质营养与水分主要是通过根系来吸收的。苹果根系还是养分的贮藏器官,苹果落叶前,叶内的养分回流到枝干,很大一部分再从枝干回流到根系中,这一特征对于多年生的苹果具有重要意义,苹果第二年生长发育所需的养分多源于此,贮藏养分的水平决定花芽分化质量,并且对果树的抗寒性等有很大影响。苹果根系还是重要的合成器官,其新根中合成的细胞分裂素等活性物质对苹果正常生长发育起着不可替代的作用。苹果根系还具有运输和固定作用,对于养分上下交换和抗倒伏有重要意义。

年周期的变化动态　苹果的根系没有自然休眠,只要条件适宜,根系全年都可生长。器官生长发育协调丰产稳定树的根系年生长动态如表 31-1 所示,有稳定的发生规律,在大田条件下全年都保持有活跃新生根,而冬季新生根的功能明显减弱,呈白色初生结构,增长很慢,吸收功能低。

表 31-1

苹果不同类型树根系周年发生情况

树体类型	名称	测定时间		
		4 月 20 日	6 月 25 日	10 月 15 日
丰产稳产树	生长根/条	71	45	68
	吸收根/条	21 399	9 831	31 393
	生长点/个	3 613	673	5 818
大年后第二年树	生长根/条	69	39	9
	吸收根/条	28 801	5 419	1 931
	生长点/个	3 155	553	183(秋根少)
大年秋根少树	生长根/条	13	91	69
	吸收根/条	1 770	14 391	27 199
	生长点/个	417(春根少)	793(补偿生长)	4 801

王丽勤等,1997。

年周期根系生物量变化　研究表明,不同时期生物量变化与果树养分状况有密切的关系。由图 31-1可以看出,苹果树生物量随物候期进展而增长。

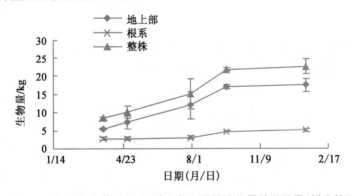

图 31-1　年周期中苹果根系、地上部和植株生物量的积累量(樊宏柱)

从 3 月 26 日至 4 月 30 日,整株生物量维持在 8～10 kg;4 月 30 日至 9 月 21 日,由于果实、叶片和新梢的迅速生长,与 4 月 30 日相比,到 9 月 21 日,整株生物量增加了 133%,达 22 kg;之后整株生物量变化很小。其中 1 月 15 日的生物量没有包括果实收获以及落叶的生物量,因为此时果实与树叶已不存在。地上部生物量与整株有相似的动态变化规律。根系生物量年周期内在 2.9～5.2 kg 范围内变化,自 3 月 26 日至 7 月 30 日,根系生物量变化很小,其快速生长出现在 7 月下旬后,9 月下旬以后基本不再增加。

31.2.2 芽、枝、叶、果的生长特性

1.芽的分化与萌发生长

芽长在枝上,随着枝条伸长在叶腋中产生芽原始体,再逐渐分化出鳞片、芽轴、节、叶原基等。位于枝条基部的芽无叶原基或只有1~2片叶原基,多形成潜伏芽,一般情况下不萌发,受到刺激时才能萌发。芽的形成当年多不萌发,经过自然休眠后气温平均在10℃左右开始萌发,但在受到强烈刺激时当年也会萌发生长。

2.枝条的生长及类型

新梢生长的强度,因品种和栽培技术的差异而不同,一般幼树期及结果初期的树,其新梢生长强度大,为80~120 cm;到盛果期生长势显著减弱,一般为30~80 cm;盛果末期新梢生长长度更加减弱,一般在20 cm左右,大部分苹果产区新梢常有两次明显生长分别称春梢和秋梢,春秋梢交界处形成明显的盲节。肥水管理不合理的果园,往往是春梢短而秋梢长,且不充实,对苹果的生长发育极为不利。优质丰产树要求新梢长度在30~40 cm,春、秋梢比在2~3,这也是判断施肥是否合理的重要反馈指标。

3.叶片生长

(1)叶原基开始形成于芽内胚状枝上。芽萌动生长,胚状枝伸出芽鳞外,开始时节间短叶形小,以后节间逐渐加长叶形增大,一般新梢上第7~8节的叶片才能达到标准叶片的大小。根据吉林农科院果树所的调查,苹果成年树约80%的叶片集中在盛花后较短时间内,这些叶片是在前一年叶内胚状枝上形成的。当芽开始萌动生长,形成的叶原基也相继长成叶片,约占总叶数的20%,是新梢生长继续延伸而分化的后生叶。

(2)叶幕的结构与苹果树体生长发育和产量品质密切相关。丰稳产园叶面积指数一般在3.5~4,且在冠内分布均匀。叶幕过厚树冠内膛光照不足,内膛枝不能形成花芽,枝容易死亡,反而缩小了树冠的生产体积。生长中在保证适宜叶面积的基础上,要注意提高叶片质量(厚、亮、绿);并使春季叶幕尽早建成,秋季延迟衰老,减少梢叶过度及无效消耗。

4.开花、结果

苹果是异花授粉果树,生产上必须配置一定数量的授粉树,同时要在花期选择花粉量多、授粉结实率在40%以上、授粉亲和力高、有较高经济价值的品种,采取其花粉进行人工授粉,另外要创造适宜的传粉条件,在自然条件下苹果是靠昆虫、风力实现传粉,因此花期放蜂有助于传粉。

31.3 营养元素在苹果树生长中的作用

31.3.1 氮素

氮素是苹果必需的矿质元素中的核心元素,在一定范围内其施用量与苹果的产量、品质密切相关。适量施氮不仅能提高叶片的光合速率,增加光合叶面积,还能促进花芽分化,提高坐果率,增加平均单果重。

31.3.2 磷素

磷能促进CO_2的还原固定,有利于碳水化合物的合成,并以磷酸化方式促进糖分转运,不仅能提高产量、含糖量,也能改善果实的色泽。磷营养水平高时,就能有充足的糖分供应根系,促进根系生长,提高吸收根的比例,从而改善整个植株从土壤中摄取养分的能力。供磷充足能使果树及时通过枝条生长阶段,使花芽分化时,新梢能及时停止生长,促进花芽分化,提高坐果率,此外磷还能增强树体抗逆性,减轻枝干腐烂病和果实水心病。

31.3.3 钾素

苹果需钾量大,增施钾肥能促进果实增大,增加果实单果重。森-山崎试验结果表明,钾浓度从0提

高到 100 mg/kg,红玉和国光苹果的单果重分别从 136 和 94 g 提高到 211 和 207 g,而且高钾处理含糖量高,色泽好。彭福田和姜远茂在不同果园上的研究结果表明,供钾 0～150 mg/kg 范围内,苹果产量随土壤含钾量的增加而提高,但土壤供钾过多也不利于产量提高。

苹果钾素水平的高低影响氮素同化,特别是硝态氮的还原转化。因为钾对还原酶有诱导作用。此外,钾在氮同化过程中的许多方面发挥独特作用。氮、钾配合施用并保持适宜比例对苹果产量、品质、发病率、着色度都有明显影响。

31.3.4　钙素在果树生长中的作用

适量的钙除能保护细胞膜,提高苹果品质,延长保存期外,还可以减轻 H^+、Na^+、Al^{3+}、Fe^{2+} 的毒害。苹果树整体缺钙情况十分少见,但苹果果实缺钙却比较普遍。通常,果实钙含量较低,大约是其临近叶片钙含量的 1/40～1/10。苹果果皮中钙含量低于 700 mg/kg 时或果肉中低于 200 mg/kg,易产生苦痘病、软木栓病,痘斑病、心腐病、水心病、裂果等生理病害,尤其低钙情况下更易发生。

31.3.5　微量元素在果树生长中的作用

果树需要的营养元素除氮、磷、钾、钙等大量元素外,还需要镁、铁、锰、锌、硼等微量元素。镁是叶绿素的组成部分,缺镁时果树不能形成叶绿素,叶变黄而早落。铁对叶绿素的形成起重要作用,果树缺铁时,也不能形成叶绿素,幼叶首先失绿,叶肉呈淡绿或黄绿色,随病情加重,全叶变黄甚至为白色,即我们平时常说的黄化现象——黄叶病。锌是许多酶类的组成成分,在缺锌的情况下,生长素少,植物细胞只分裂而不能伸长。硼是苹果必需的微量元素之一,它在细胞膜水平发挥作用,调节离子、代谢物和激素的跨膜转运,对细胞膜结构和功能的完整性有重要作用,充足的硼素供应能增强植物的抗逆性,适量的硼可以改善果实品质,使着色提前,可溶性固性物含量增加,可滴定酸下降,维生素 C 提高,Kin 等发现施硼可使苹果硬度提高。

31.4　苹果树养分吸收规律

苹果养分年周期累积动态　我国苹果主要分布在渤海湾和黄土高原两个主产区,在渤海湾产区四季分明、雨量充沛。黄土高原产区前期干旱少雨、灌溉条件差,后期多雨,其生长发育动态和养分累积动态有别于其他产区。

31.4.1　苹果氮素吸收累积年周期动态

1.新生器官氮累积量

苹果树新生器官(果实、叶片和新梢)中氮含量与氮累积有规律的变化(表 31-2 与图 31-2)。果实、叶片和新梢中的氮含量都是前期高,后期降低,可能是随其生长氮素被稀释。新生器官中氮累积量随果树生长而增加。苹果树年周期不同生育阶段以叶片氮累积量最多。最大吸收期在果实膨大期。

表 31-2

叶片、果实及新梢中氮含量与累积变化

日期（月/日）	氮含量(g/kg)			氮累积（g/hm²）		
	叶片	果实	新梢	叶片	果实	新梢
3/26	23.51a	—	—	1.24b	—	—
4/30	18.90b	19.33a	14.87a	23.26ab	1.45c	2.63c
7/30	16.02b	3.35b	7.63b	34.81a	4.36b	5.33bc
9/21	15.32b	4.90b	12.21ab	36.05a	29.90a	10.98ab
1/15	—	—	8.07b	—	—	14.32a

樊红柱,同延安。

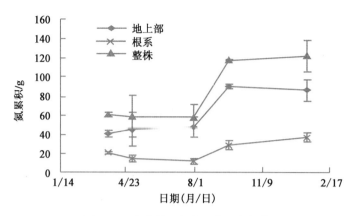

图 31-2　富士苹果氮素吸收累积规律

2. 氮素利用与施肥推荐

对盛果期大树而言,树体的需氮量主要是果实和叶片带走的氮。7 月 30 日至 9 月 21 日,富士苹果树(苹果产量 48 t/hm²)根系从土壤中吸收了 99.3 kg/hm² 的氮素,占吸收总量的 58.8%;自 9 月 21 日至翌 1 月 15 日,果树从土壤中吸收氮素 72.9 kg/hm²,占吸收总量的 43.2%,其从土壤中吸收氮素主要分两个时期,果实膨大期和秋季收获后。果实与叶片年带走 66 kg/hm² 的氮。果树(苹果产量 48 t/hm²)年推荐施纯氮 229.5 kg/hm²,秋季果实收获后基施氮 97.2 kg/hm²,7 月下旬前追施氮 132.3 kg/hm²。产 100 kg 苹果,需要吸收氮素 0.4 kg,果园施用纯氮 0.5~0.7 kg。

31.4.2　苹果磷素吸收累积年周期动态

1. 树体不同器官磷含量和磷累积

果实、叶片和新梢中磷含量表现出前期较高,中后期较低的消长变化。早春叶片磷含量较高,幼果期果实磷含量较高,果实成熟期新梢中磷含量较高,表明年周期内磷的分配随生长中心的转移而转移。从 3 月 26 日到 7 月 30 日,枝、干和根系中磷含量分别降低了 52.1%,38.6% 与 50.0%,枝、干和根系磷含量在同一物候期无显著性差异;7 月 30 日以后,各器官磷含量有不同程度的增加,枝、干和根系磷含量休眠期达最高;9 月 21 日以后,枝、干及根系磷含量达显著性差异水平,休眠期根系与枝干磷含量达显著差异水平。果实成熟时叶片和新梢磷含量较高,休眠期根系磷含量最高(表 31-3)。树体磷素吸收累积量在果实膨大期增加最快,在落叶前后仍然有一定的磷素吸收累积(图 31-3)。

表 31-3

苹果树体不同器官磷含量动态变化　　　　　　　　　　　　　　　　　　　　　　　　　　　　　　　g/kg

器官	采样日期(月/日)				
	3/26	4/30	7/30	9/21	1/15
果实	—	2.72±0.52a	0.47±0.07ab	0.77±0.09c	—
叶	7.40±0.99a	2.64±0.71a	0.81±0.26a	1.38±0.15a	—
新梢	—	2.03±0.79a	0.69±0.25ab	1.52±0.04a	1.30±0.27ab
枝	0.94±0.06b	0.50±0.16b	0.45±0.22ab	0.69±0.01c	0.79±0.04bc
干	0.44±0.02b	0.27±0.08b	0.31±0.19b	0.48±0.08d	0.55±0.11c
根系	0.92±0.04b	0.55±0.11b	0.46±0.19ab	0.97±0.16b	1.52±0.44a

注:"±"表示标准差,不同字母表示差异显著(P<0.05)。

樊红柱,同延安。

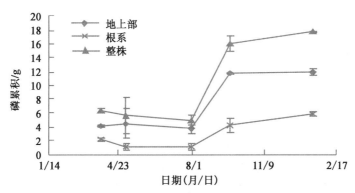

图31-3　富士苹果磷素吸收累积规律

2. 磷素利用与推荐施肥

由表31-4可以看出:从3月26日至7月30日,果树基本上没有从土壤中吸收磷素营养,新生器官生长所需要的磷素营养主要来自上年不同器官储存养分的转移。从7月30日到9月21日,树体磷累积量从7.5 kg/hm²增加到26.7 kg/hm²,根系吸收磷素18.3 kg/亩;9月21日到翌年1月15日,磷累积量从26.7 kg/hm²增加到29.1 kg/hm²,其中果实和叶片分别为4.65 kg/hm²与3.15 kg/hm²;表明根系继续从土壤中吸收磷素10.35 kg/亩。所以年周期内果树磷素吸收总量为28.65 kg/hm²,且主要集中在两个阶段,果实膨大期吸收量为18.3 kg/hm²,果实采收到休眠期吸收量为10.35 kg/hm²,分别占吸收总量的63.8%和36.2%。按照施肥量=(果树吸收量-土壤供应量)/肥料利用率,土壤供应量按吸收量的1/2计,肥料利用率为30%。苹果树(苹果产量48 t/hm²)年推荐施纯磷47.85 kg/hm²,果实收获后秋季基施磷17.25 kg/hm²,果实膨大期前追施磷30.45 kg/hm²。每生产100 kg苹果,吸收P_2O_5磷0.3~0.4 kg。

表31-4

苹果树体磷累积量　　　　　　　　　　　　　　　　　　　　　　　　　　　　　　　　　kg/hm²

项目	采样日期(月/日)				
	3/26	4/30	7/30	9/21	1/15
果实	—	0.20±0.04	0.70±0.64	4.72±0.89	—
叶片	0.39±0.03	3.36±1.73	1.70±0.87	3.22±0.01	—
新梢	—	0.37±0.21	0.44±0.32	1.37±0.20	2.32±0.47
整株	10.71±0.68	9.49±4.38	8.42±1.24	26.74±1.83	29.20±0.10

樊红柱,同延安。

31.4.3　苹果钾素吸收累积年周期动态

1. 树体不同器官钾累积变化

年周期内树体中钾累积量变化可分为以下4个阶段:第一阶段:3月26日至4月30日,整株中钾累积量变化很小,枝、干和根系中钾累积量均有不同程度的下降,而叶片钾累积量从1.00 g增加到11.42 g,这一阶段根系吸收较少的钾素养分;第二阶段:自4月30日到7月30日,整株钾累积量从39.75 g增加到72.58 g,果树从土壤中吸收了大量的钾。不同器官中钾累积量明显增加,其中果实与新梢增加较多,分别增加1224%和160%,叶片钾累积量增加了104%,而根系钾累积量仅增加了21%;第三阶段:7月30日到9月21日,整株钾累积量从72.58 g下降到63.92 g,果实中钾累积量从11.65 g增加到23.44 g,增加了101%,其余器官钾累积量均有不同程度的降低;第四阶段:9月21日到1月15日,整株钾累积量从63.92 g下降到49.65 g,但1月15日整株中钾累积量没有包括果实采收时带走的23.44 g钾,以及果实成熟时叶片钾累积量10.34 g。事实上整株钾累积量从63.92 g增加到83.43 g,说明在果实采收后根系仍继续吸收一定的钾素养分。随着养分回流,树体钾累积量明显增加。

2.钾素利用与施肥管理

年周期内果树总吸收钾素 87 kg/亩(表 31-5,图 31-4),分别在幼果期吸收 54.6 kg/hm²,占吸收总量的 62.7%,秋季吸收 31.5 kg/hm²,占 37.3%。果园(苹果产量 48 t/hm²)年推荐施纯钾 108.9 kg/hm²,幼果期追施钾68.25 kg/hm²,秋季基施钾 40.5 kg/hm²。生产 100 kg 苹果,需要吸收钾素 0.4 kg,果园需补充施用纯 K_2O 0.5~0.6 kg。

表 31-5

苹果树不同器官钾累积量统计   kg/hm²

器官	采样日期(月/日)				
	3/26	4/30	7/30	9/21	1/15
果实	—	0.88±0.26b	11.65±2.91b	23.44±3.90a	—
叶	1.00±0.20c	11.42±4.79a	23.33±3.05a	10.34±2.48b	—
新梢	—	1.08±0.25b	2.81±2.31c	2.19±0.35c	3.56±1.24d
枝	15.33±3.93a	9.74±3.94a	12.86±1.94b	10.93±0.72b	22.79±0.65a
干	9.46±0.38b	8.44±3.05a	12.02±3.75b	7.80±2.20b	12.46±0.46b
根系	10.00±2.89b	8.19±2.43a	9.91±2.96b	9.22±0.32b	10.84±0.32c
植株	35.79±0.86	39.75±0.55	72.58±5.75	63.92±1.63	49.65±1.38
合计	59.59±1.43	66.18±0.92	120.85±9.56	106.43±2.71	82.67±2.30

引自樊宏柱。

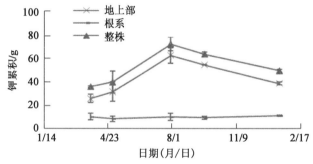

图 31-4 富士苹果钾素吸收累积规律

31.5 土壤供给养分状况

苹果树对土壤适应性广,在普通作物不能生长的土壤上种植,仍可取得良好效果。但以土壤深厚,透气性好,保水,蓄水力强的沙壤土和壤土为佳,适于苹果树经济栽培的土壤层厚度以不少于 60~80 cm,有机质含量在 1% 以上为好。陕西省是我国以及黄土高原地区重要的苹果生长基地,以陕西省为例了解当前果园的土壤养分状况。

31.5.1 陕西果园土壤养分状况

陕西省苹果园土壤养分状况不同地区差异较大。果园土壤有机质变化幅度为 0.77%~1.77%,小于 1.0% 占 60%,1.0%~1.77%占 40%。按照果树生产需要的土壤有机质标准(>2.5%为高含量、1.0%~2.5%为中等、<1.0%为低含量),陕西果园土壤缺乏有机质,尤其是洛川、黄龙比较突出。全省果园土壤碱解氮平均含量为 47 mg/kg,碱解氮含量最高的为甘泉土样,含量为 88 mg/kg;碱解氮含量最低的为富平和长武,含量均为 35 mg/kg。碱解氮能反映土壤近期内氮素供应状况,可见各地区果园氮肥使用极不平衡。

陕西省果园土壤中速效磷平均含量为 14.5 mg/kg,各采样点土壤磷含量差异较大,变化幅度为 1.8~31.2 mg/kg。其中富县、洛川、黄龙、黄陵和礼泉速效磷含量均低于 10.0 mg/kg,属于极缺磷水平,其他采样点土壤磷含量在 11.0~31.2 mg/kg,属于较缺磷到较丰富级(表 31-6)。随着农业产业结构的调整,苹果产业迅速发展,果农舍得投入,加大了磷肥的使用,加之磷素在土壤中迁移率低,使得果园土壤磷素上升。土壤中速效钾含量的分级标准为:<100 mg/kg 属缺钾,100~120 mg/kg 为较缺钾,120~150 mg/kg 为中等,>150 mg/kg 属钾丰富。由表 31-6 可以看出,果园土壤中缺钾或较缺钾的占33%,中等含钾的占 13%,钾含量较丰富的占 54%。可见有相当一部分果园钾素较缺乏。

表 31-6

陕西省苹果园土壤养分状况

采样地点	有机质/%	碱解氮/(mg/kg)	速效磷/(mg/kg)	速效钾/(mg/kg)
甘泉	0.99	88	25.0	192
富县	0.91	36	1.8	110
洛川	0.77	40	6.5	102
富平	1.04	35	11.0	184
蒲城	1.06	59	13.7	191
白水	0.99	46	16.9	129
黄龙	0.87	36	6.0	90
黄陵	0.91	46	3.5	97
淳化	1.17	50	31.2	244
乾县	0.90	41	14.8	174
礼泉	0.91	45	9.5	151
永寿	0.92	48	19	153
彬县	1.05	52	19.5	154
长武	1.17	35	23.7	88
旬邑	1.17	47	15.5	149
平均	0.99	47	14.5	147

引自张英利,李会民等。

31.5.2　果园土壤取样方法

果园土壤的取样方法到目前国际上还没有公布统一的方法。土壤是一个不均匀体系,而果树根系分布既深又广,所以选取有代表性的土样复杂且十分重要。现有的资料已提供了一些可遵循的原则,借此能取得比较有代表性的土壤样品。

分析目的不同,采样方法也不同。如果是土壤养分诊断,则在果园选取有代表性的果园片,按"Z"形或对角线取样。如果园面积不大,地力较匀,可选取 5~25 株生长正常的单株,在每一株树冠滴水线处(避开肥料沟)掐取不同层次等体积的土壤样品。用四分法弃去多余部分,每层保留混合土样 1 kg 左右,装入塑料袋内。取样点的深度根据根系深度而定,一般取至 1 m 左右即可。

如果研究施肥在土壤中的变化,应在施肥沟取样。要研究果树根系对养分的吸收,应在根际附近取样,但必须弃去土样中粗的有机物和未分解的肥料。

在研究果园土壤的肥力基本特性时,可以采用土壤调查的方法,即根据土壤的主剖面和对照剖面,按土壤发生学层次取样和描述,可每 5 年左右取样一次。

31.6　苹果养分管理技术

31.6.1　施肥量的确定

苹果树体每年的养分吸收量近似等于树体中养分含量与第二年新生组织中养分含量之和。Levin

(1980)建议:在苹果上的最佳施肥量是果实带走量的2倍,这样有近50%的剩余。因此,确定苹果施肥量最简单可行的方法是:以结果量为基础,并根据品种特性、树势强弱、树龄、立地条件及诊断的结果等加以调整。

$$施肥量＝(果树吸收肥料各元素的量－土壤供给量)/肥料利用率$$
$$果树吸收肥料各元素量＝果树单位产量养分吸收量×产量$$
$$土壤供给量＝土壤养分测定值×0.15×校正系数$$

1. 根据产量

山东地区苹果盛果期,平均亩产2 500 kg以上的,每生长100 kg果实施纯氮0.7 kg,纯磷(P_2O_5)0.35 kg,纯钾(K_2O)0.7 kg,有机肥150 kg。

陕西渭北成龄果园,亩产1 500～2 000 kg,每生产100 kg苹果施纯氮0.5～0.7 kg,纯磷(P_2O_5)0.3 kg,纯钾(K_2O)0.5～0.6 kg,有机肥150 kg。

2. 根据树龄

根据顾曼如等的试验结果及综合有关资料确定了不同树龄苹果的年施肥量(表31-7)。为了方便计算,列出了几种常见肥料(表31-8至表31-10)的纯养分含量,在生产上提倡采用复合肥或专用肥。苹果秋施复合肥(20-10-10)每亩20～30 kg;3月上中旬施复合肥(20-10-10)每亩55～70 kg;6月上中旬施复合肥(10-10-20)每亩46～56 kg;对晚熟品种在8月上旬增施复合肥(10-10-20)每亩14～28 kg。

表31-7

不同树龄苹果的施肥量 　　　　　　　　kg/亩

树龄/年	有机肥	尿素	过磷酸钙	硫酸钾或氯化钾
1～5	1 000～1 500	5～10	20～30	5～10
6～10	2 000～3 000	10～15	30～50	7.5～15
11～15	3 000～4 000	10～30	50～75	10～20
16～20	3 000～4 000	20～40	50～100	20～40
21～30	4 000～5 000	20～40	50～75	30～40
>30	4 000～5 000	40	50～75	20～40

表31-8

氮肥的主要成分、性质和施用注意事项

肥料名称	主要成分	N含量/%	性质	使用注意事项
尿素	$CO(NH_2)_2$	46	白色或淡黄色结晶粒状,吸湿性较强	肥效稍慢于硝酸铵,幼苗碰到易中毒,不易作种肥。含氮量高,可参土或兑水施用
硫酸铵	$(NH_4)_2SO_4$	21	白色结晶,生理酸性,有吸湿性,易溶于水	不可与石灰、草木灰混施,在酸性地区施用,要注意土壤酸化;在碱性区施用,注意盖土,防铵的挥发
硝酸铵	NH_4NO_3	33～34	白色结晶,有吸湿性及爆炸性,结块时不可密闭猛击	易受潮结块,注意随用随开,所含硝酸铵不能被土壤胶体吸附,易流失,应沟施盖土,不应与碱性肥料混合
碳酸氢铵	NH_4HCO_3	17.5	白色结晶,有吸湿性,常温下随温度升高而加快分解,至69℃全部分解	易挥发,不易放在温室内,以免熏伤作物,用作追肥时要求深施盖土,不能接触茎叶
氨水	NH_4OH	16～25	无色或深色液体,呈碱性,有刺激性气味,易挥发	要深施,施后迅速盖土。沙土不宜施用,因挥发性强,避免接触作物根、茎、叶,防止灼伤,不易作基肥

表 31-9

磷肥的主要成分、性质和施用注意事项

肥料名称	主要成分	P_2O_5 含量/%	性质	使用注意事项
过磷酸钙	$Ca(H_2PO_4)_2$ $CaSO_4$	14～20	灰白色粉末,稍有酸味,易与土壤中钙铁等元素化合成不溶性的中性盐	不易与碱性肥料混合贮存,酸性土壤要施生石灰 6～7 d 后再施用
磷矿粉		14～36	灰褐色粉末很难溶于弱酸	宜在酸性土壤中施用,石灰性土壤施用时要与土充分混合,易作基肥
钙镁磷肥		16～18	灰褐色或绿色粉末,含有可溶于柠檬酸的磷酸 14%～20%,碱性,不吸湿,易保存	肥效较慢不易用于追肥,最好与堆肥混合施用,深施在作物根系分布最多的土层效果最好,宜于酸性土壤

表 31-10

钾肥的主要成分、性质和施用注意事项

肥料名称	主要成分	K_2O 含量/%	性质	使用注意事项
硫酸钾	K_2SO_4	50～52	白色结晶,易溶于水,吸湿性较小,稍有腐蚀性,酸性	可作基肥,追肥施用,在酸性土壤中应注意施用石灰
硝酸钾	KNO_3	45～46	纯品为白色结晶,有助燃性,不易存放在高温或有易燃品地方	作基肥或追肥施用
氯化钾	KCl	60	白色结晶,生理酸性,易溶于水	作基肥或追肥均可,长期施用,能提高土壤酸性

3. 根据土壤分析结果

土壤分析在诊断过程中起着重要的作用。土壤的物理、化学特性可以提供许多有用的信息。首先土壤中各元素的有效浓度可以告知土壤能提供多少可用元素,而土壤物理结构特点又是施肥时考虑肥料利用率的重要依据。土壤分析可以使营养诊断更具针对性,分析土壤的组成可知在一定阶段内哪些元素可能缺乏,哪些基本不缺,哪些肯定会缺,从而可有针对性的对这些元素进行施肥。

但大量研究表明,土壤中元素含量与树体元素含量间并没有明显的相关关系,因而土壤分析并不能完全回答施多少肥的问题,所以它只有同其他分析方法相结合,才能起到应有的作用。中等肥力水平的土壤条件下,成龄果园一般每亩施纯 N 12.5 kg,P_2O_5 5 kg,K_2O 15 kg。根据山东果园土壤有效养分与产量品质关系制定的分级标准见表 31-11。

表 31-11

果园土壤有机质和养分含量分级指标

养分种类	极低	低	中等	适宜	较高
有机质/%	<0.6	0.6～1.0	1.0～1.5	1.5～2.0	>2.0
全氮/%	<0.04	0.04～0.06	0.06～0.08	0.08～0.10	>0.1
速效氮/(mg/kg)	<50	50～75	75～95	95～110	>110
有效磷/(mg/kg)	<10	10～20	20～40	40～50	>50
速效钾/(mg/kg)	<50	50～80	80～100	100～150	>150
有效锌/(mg/kg)	<0.3	0.3～0.5	0.5～1.0	1.0～3.0	>3.0
有效硼/(mg/kg)	<0.2	0.2～0.5	0.5～1.0	1.0～1.5	>1.5
有效铁/(mg/kg)	<2	2～5	5～10	10～20	>20

姜远茂。

王留好、同延安等(2006)调查发现(表31-12),陕西苹果园土壤0~40 cm土层有机质平均含量为1.26%,变幅0.86%~2.17%,变异系数0.191%。40~60 cm土层有机质平均含量为0.90%,变幅0.58%~1.59%,变异系数0.173%。调查的56个果园中,有机质含量≥1.0%的果园占89%,有11%的果园土壤有机质含量低于1.0%,有机质较低。参照山东省苹果园土壤有机质含量分级标准,陕西果园有2%达到高含量,14%为适宜,73%的果园土壤有机质为中等,11%的果园缺乏有机质。但是,根据绿色食品产地土壤肥力分级指标(表31 13),在调查的果园中,只有2%的果园土壤有机质含量达到优良,14%的果园土壤有机质含量达到了Ⅱ级标准,其余84%的果园较差(图31-5)。据报道,我国丰产优质苹果园土壤有机质均在1.5%以上,国外高达2%~6%。因此,要提高陕西省苹果产量和品质,达到绿色果园土壤肥力标准,还需在果园加大有机肥施用,使土壤有机质逐年提高。

表31-12

陕西省苹果园土壤有机质状况分析 %

苹果产区	果园数量/个	0~40 cm土层有机质含量			40~60 cm土层有机质含量		
		变幅	平均值	变异系数	变幅	平均值	变异系数
礼泉	9	1.01~1.28	1.13	0.089	0.59~1.01	0.79	0.092
旬邑	9	0.86~1.37	1.06	0.176	0.58~1.14	0.81	0.179
扶风	8	1.14~1.49	1.27	0.109	0.63~0.95	0.83	0.08
合阳	10	1.14~1.69	1.40	0.165	0.72~1.1	0.91	0.128
白水	10	0.99~2.17	1.55	0.228	0.74~1.59	1.19	0.159
洛川	10	0.97~1.33	1.13	0.075	0.64~0.98	0.82	0.104
总量	56	0.86~2.17	1.26	0.191	0.58~1.59	0.90	0.173

表31-13

绿色食品产地土壤肥力分级参考指标(中华人民共和国农业行业标准)

分级	Ⅰ(优良)	Ⅱ(中等)	Ⅲ(较差)
有机质含量/%	>2.0	1.5~2.0	<1.5

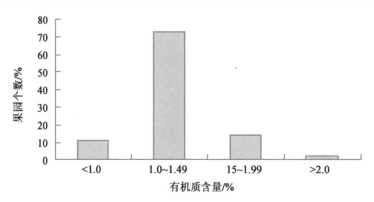

图31-5 陕西省苹果园土壤有机质含量的果园个数分布

31.6.2 施肥技术

苹果施肥一般分作基肥和追肥两种,具体的时间,因品种、树体的生长结果状况以及施肥方法而有差异。不同时期,施肥种类、数量和方法都不同。

1.基肥

基肥,要把有机肥料和速效肥料结合施用。有机肥料,宜以迟效性和半迟效性肥料为主,如猪圈粪、牛马粪和人尿粪,根据结果量一次施足。速效性肥料,主要是氮肥和过磷酸钙。为充分发挥肥效,可将几种肥料一起堆腐,然后拌匀施用。基肥施肥量,按有效成分计算,宜占全年总施肥量的 70% 左右,其中化肥的量占全年的 2/5。以施用有机肥料为主的基肥,最宜秋施。秋施基肥以中熟品种采收后、晚熟品种采收前为最佳。

2.追肥

指生长季根据树体的需要而追加补充的速效肥料,追肥因树因地灵活安排。

(1)因树追肥

旺长树:追肥应避开营养分配中心的新梢旺盛期,提倡"两停"追肥(春梢和秋梢停长期),尤其注重"秋停"追肥,有利于分配均衡、缓和旺长。应注重磷钾,促进成花。春梢停长期追肥(5 月下旬至 6 月上旬),时值花芽生理分化期,追肥以铵态氮为主,配合磷钾,结合小水、适当干旱、提高浓度、促进花芽分化;秋梢停长期追肥(8 月下旬),时值秋梢花芽分化和芽体充实期,肥种应结合补氮,以磷钾为主,注重配方、有机充足。

衰弱树:应在旺长前期追施速效肥,以硝态氮为主,有利于促进生长。萌芽前追氮,配合浇水,加盖地膜。春梢旺长前追肥,配合大水。夏季借雨勤追、猛催秋梢,恢复树势。秋天带叶追,增加贮备,提高芽质,促进秋根。

结果壮树:追肥目的是保证高产、维持树势。萌芽前追:硝态氮为主,有利发芽抽梢、开花坐果。果实膨大时追:以磷钾为主,配合铵态氮,加速果实开花,促进增糖增色。采后补肥浇水:协调物质转化,恢复树体,提高功能,增加贮备。

大小年树:"大年树",追肥时期宜在花芽分化前 1 个月左右,以利于促进花芽分化,增加次年产量。追氮数量,宜占全年总施氮量的 1/3。"小年树",追肥宜在发芽前,或开花前及早进行,以提高坐果率,增加当年产量。追氮数量,也占全年总施氮量的 1/3 左右。

(2)因地追肥

沙质土果园:因保肥保水差,追肥少量多次浇小水,勤施少施,多用有机态和复合肥,防止肥严重流失。

盐碱地果园:因 pH 偏高,许多营养元素如磷、铁、硼易被固定,应注重多追有机速效肥,磷肥和微肥,最好和有机肥混合用。

黏质土果园:保肥保水强,透气性差。追肥次数可适当减少,多配合有机肥或局部优化施肥,协调水气矛盾,提高肥料有效性。

(3)根外追肥　在苹果生长季中,还可以根据树体的生长状况和土壤施肥情况,适当进行根外施肥(表 31-14)。

表 31-14

苹果的根外追肥

时期	种类、浓度	作用	备注
萌芽前	2%~3%尿素	促进萌芽、叶片、短枝发育、提高坐果率	可连续 2~3 次
	1%~2%硫酸锌	矫正小叶病,保持树中正常含锌	主要用于易缺锌的果园
萌芽后	0.3%尿素	促进叶片转色、短枝发育、提高坐果率	可连续 2~3 次
	0.3%~0.5%硫酸锌	矫正小叶病	出现小叶病时应用
花期	0.3%~0.4%硼酸	提高坐果率	可连续喷 2 次
新梢旺长期	0.1%~0.2%柠檬酸铁或黄腐酸二铵铁	矫正缺铁黄叶病	可连续喷 2 次
5—6 月	0.3%~0.4%硼酸	防治缩果病	

续表 31-14

时期	种类、浓度	作用	备注
5—7月	0.2%～0.5%硝酸钙	防治枯痘病,改善品质	可连续喷2～3次
果实发育后期	0.4%～0.5%磷酸二氢钾	增加果实含糖量,促进着色	可连续喷3～4次
采收后至落叶前	0.5%尿素	延缓叶片衰老,提高贮藏营养	可喷3～4次,大年尤其重要
	0.3%～0.5%硫酸锌	矫正小叶病	主要用于易缺锌的果园
	0.4%～0.5%硼酸	矫正缺硼症	主要用于易缺硼的果园

31.6.3 施肥方法

1.环状施肥

特别适用于幼树基肥,在树冠外沿 20～30 cm 处挖宽 40～50 cm,深 50～60 cm 的环状沟,把有机肥与土按 1∶3 的比例和一定量的化肥掺匀后填入。随树冠扩大,环状逐年向外扩展。此法操作简便,但断根较多。

2.条沟状施肥

在树的行间或株间隔行开沟施肥,沟宽、沟深同环状沟施肥。此法适于密植园。

3.辐射状施肥

从树冠边缘向里开 50 cm 深,30～40 cm 宽的条沟(行间或株间),或从距干 50 cm 处开始挖放射沟,内膛沟窄些、浅些(约 20 cm 深,20 cm 宽),树冠边缘沟宽些、深些(约 40 cm 深,40 cm 宽),每株 3～6 个穴,依树体大小而定。然后将有机肥、轧碎的秸秆、土混合,根据树的大小可再向沟中追适量氮肥、磷肥,根据土壤养分状况可再向沟中加入适量的硫酸亚铁、硫酸锌、硼砂等,然后灌水,最好再结合覆盖或覆膜。

4.地膜覆盖、穴贮肥水法

3 月上旬至 4 月上旬整好树盘后,在树冠外沿挖深 35 cm,直径 30 cm 的穴,穴中加一直径 20 cm 的草把,高度低于地面 5 cm(先用水泡透),放入穴内,然后灌营养液 4 kg,穴的数量视树冠大小而定,一般 5～10 年生树挖 2～4 个穴,成龄树 6～8 个穴,然后覆膜,将穴中心的地膜截一个洞,平时用石块封住防止蒸发,由于穴低于地面 5 cm,降雨时可使雨水流入穴中,如雨不足,每半个月浇水 4 kg,进入雨季后停止灌水,在花芽生理分化期(5 月底 6 月上旬)可再灌营养液一次。这种追肥方法断根少,肥料施用集中,减少了土壤的固定作用,并且草把可将一部分肥料吸附在其上,逐渐释放从而延长了肥料作用时间,且草把腐烂后又可增加土壤有机质含量。此法比一般的土壤追肥可少用一半肥料,是一种经济有效的施肥方法,增产效应大,施肥穴每隔 1～2 年改动一次位置。

5.全园施肥

此法适于根系已经布满全园的成龄树或密植园。将肥料均匀地撒入果园,再翻入土中,缺点是施肥较浅(20 cm 左右),易导致根系上浮,降低根系对不良环境的抗性。最好与放射沟状施肥交替施用。

参考文献

[1] 安贵阳,史联让,杜志辉,等.陕西苹果叶营养元素标准范围的确定.园艺学报,2004,31(1):81-83.

[2] 白昌华,田世平.果树钙素营研究.果树科学,1989,6(2):121-124.

[3] 包雪梅,张福锁,马文奇,等.陕西省有机肥料施用状况分析评价.应用生态学报,2003,14(10):1669-1672.

［4］鲍士旦. 土壤农化分析. 北京：中国农业大学出版社，2002：99-100.

［5］北京农业大学. 农业化学（总论）. 北京：中国农业大学出版社，2000：112.

［6］樊红柱，同延安，等. 苹果树体磷素动态规律与施肥管理. 干旱地区农业研究，2007，25(1)：73-77.

［7］樊红柱，同延安，吕世华，等. 苹果树体钾含量与钾累积量的年周期变化. 西北农林科技大学学报（自然科学版），2007(5)：136-139.

［8］樊红柱，同延安，吕世华. 苹果树体不同器官元素含量与累积量季节性变化研究. 西南农业学报，2007(6)：56-58.

［9］樊红柱，同延安. 苹果树各器官钙素分布研究. 西北农林科技大学学报（自然科学版），2006(3)：32-33.

［10］范伟国，魏宗法，赵西平，等. 果树营养亏缺生理效应研究. 山西果树，2005，4(106)：5-7.

［11］高桂生，陈永华，张彦成，等. 苹果树缺铁症及其校正技术. 北方园艺，2004(4)：75.

［12］高义民，同延安. 关中平原区土壤5种微量元素的空间变异及分布评价. 西北农林科技大学学报（自然科学版），2007(10)：89-91.

［13］公庆党，黄景云，束怀瑞，等. 苹果根际土pH和有效养分的研究. 经济林研究，1995，13(3)：12-17.

［14］顾曼如，束怀瑞，曲贵敏，等. 红星苹果果实的矿质元素含量于品质关系. 园艺学报，1992，19(4)：301-306.

［15］顾曼如，束怀瑞，周宏伟. 苹果氮素营养研究Ⅴ 不同形态^{15}N吸收、运转特性. 山东农业大学学报，1987，18(4)：17-24.

［16］关军峰. 钙与果实生理生化关系的研究进展. 河北农业大学学报，1991，14(4)：105.

［17］韩振海，王倩. 我国果树营养研究的现状和进展——文献评述. 园艺学报，1995，22(2)：138-146.

［18］贺学贵，等. 苹果树营养诊断与配方施肥. 陕西：陕西科学技术出版社，1995.

［19］胡笃敬，董任瑞，葛旦之. 植物钾营养的理论与实践. 长沙：湖南科学技术出版社，1993：232-233.

［20］胡桂娟，刘寄明，刘嘉芳. 苹果树的产量与根的矿质元素含量研究初报. 烟台果，1994(3)：11-12.

［21］黄显淦，王勤，赵天才. 钾素在我国果树优质增产中的作用. 果树科学，2000，17(4)：309-313.

［22］黄显淦，曾有志，钟泽，等. 果树营养施肥及土壤管理. 北京：中国农业科学技术出版社，1993：5-10，104-105.

［23］姜远茂，顾曼如，束怀瑞. 山东省苹果园土壤营养成分分析. 果树学报，1997，14(增刊)：35-37.

［24］姜远茂，彭福田，等. 果树施肥新技术. 北京：中国农业出版社，2002.

［25］姜远茂，张宏彦，等. 北方落叶果树养分资源管理理论与实践. 北京：中国农业大学出版社，2007.

［26］姜远茂，张宏彦，张福锁 北方落叶果树. 北京：中国农业大学出版社，2007.

［27］姜远茂，张宏彦，张福锁. 北方落叶果树养分资源综合管理理论与实践. 北京：中国农业大学出版社，2007.

［28］李丙智，刘建海，张林森，等. 不同时间套袋对渭北旱塬红富士苹果品质的影响. 西北林学院学报，2005，20(2)：118-120.

［29］李港丽，苏润宇. 几种落叶果树叶片内矿质营养含量标准值的研究. 园艺学报，1987，14(2)：81-89.

［30］李会民，程雪绒，徐驰，等. 咸阳地区苹果园土壤养分状况调查及建议. 陕西农业科学，2002(2)：10-12.

［31］李延强，王昌全. 植物钾素研究进展. 四川农业大学学报，2001，19(3)：281-285.

［32］刘侯俊，巨晓棠，同延安，等. 陕西省主要果树的施肥现状及存在问题. 干旱地区农业研究，2002，3(1)：38-44.

［33］刘侯俊. 陕西省和北京市主要作物施肥现状与评价［博士论文］. 中国农业大学，2001：78，81-83.

[34] 刘如亮,同延安,等.渭北旱塬苹果园土壤养分状况分析与平衡施肥研究.西北农林科技大学学报:自然科学版,2008,36(3):135-140.

[35] 刘汝亮,同延安,樊红柱,等.喷施锌肥对渭北旱塬苹果生长及产量品质的影响.干旱地区农业研究,2007(03):125-128.

[36] 刘秀春.落叶果树的钙素营养.北方果树,2004(2):4-5.

[37] 龙兴桂.苹果栽培管理实用技术大全.北京:农业出版社,1994.

[38] 孟月娥,张绍玲,杨庆山,等.短枝型苹果树主要营养元素含量的季节性变化.果树科学,1994,11(3):166-168.

[39] 莫开菊,汪兴平.钙与果实采后生理.植物生理学通讯,1994,30(1):44-47.

[40] 彭福田,魏绍冲,姜远茂,等.生长季苹果硼素营养变化动态及诊断.2001,18(3):136-139.

[41] 曲桂敏,黄天栋,顾曼如.苹果树 Zn 含量的年变化及与根活力的关系.山东农业大学学报,1993,24(1):88-91.

[42] 全月澳,周厚基.果树营养诊断法.北京:中国农业出版社,1992.

[43] 陕西省统计局、果业局.陕西省果业统计资料(1949—2001),2002.

[44] 陕西土壤普查办公室.陕西土壤,北京:北京科学出版社,1992,519,400,449-451.

[45] 束怀瑞,顾曼如,黄化成,等.苹果氮素营养研究Ⅱ.施氮效应.山东农学院学报,1981(2):23-31.

[46] 束怀瑞.我国果树业生产现状和待解决的问题.中国工程科学,2003,5(2):45-48.

[47] 孙云蔚,王永蕙.果园土壤管理.上海:上海科学技术出版社,1982.

[48] 田世恩,王伟民.果园硼素营养及应用现状.烟台果树,1998(3):15.

[49] 万帅强,徐永阳,孙笑梅.苹果园生态系统营养元素的循环.果树科学,1995,12(增刊):73-76.

[50] 汪景彦.苹果生长上存在的问题及对策.北京:中国林业出版社,1995.

[51] 王衍安.苹果树的锌营养与小叶病矫治研究综述.落叶果树,2002(5):11-14.

[52] 王志恒,王吉祥.苹果园营养化诊断初报.陕西农业科学,1994(3):32-33.

[53] 王中英,古润泽,杨佩芳,等.矮砧苹果树氮素含量变化的研究.果树科学,1989,6(3):147-152.

[54] 王中英,古润泽,杨佩芳,等.不同砧木苹果树体内锌含量变化的研究.落叶果树,1992(3):9-12.

[55] 杨成恒,弈本荣,高艳梅.苹果树钙素营养及其诊断指标的研究.北方果树,1987(1):15-20.

[56] 于忠荷,姜学玲,于松福.苹果硼过多的危害及防止措施.烟台果树,2003(3):14.

[57] 曾骧.果树生理学.北京:北京农业大学出版社,1990:537.

[58] 张福锁,陈新平,陈清,等.中国主要作物施肥指南.北京:中国农业大学出版社,2009.

[59] 张福锁,马文奇,江荣风.养分资源综合管理[M].北京:中国农业大学出版社,2003.

[60] 张立新,耿增超,李生锈.渭北苹果不同形态钾与水交互作用及品质效应研究.西北农林科技大学学报(自然科学版),2002,30(2):21-26.

[61] 张敏,官美英.果树钙素营养浅析.山西果树,2001,11(4):30-31.

[62] 张绍玲.矮化中间砧红星苹果树各器官营养元素含量变化研究.华北农学报,1989,5(2):71-77.

[63] 张新生,熊学林,周卫,等.苹果钙素营养研究进展.土壤肥料,1999(4):3-6.

[64] 张英利,马爱生,杨岩荣,等.陕西苹果产区土壤养分状况研究初报.土壤肥料,2003(3):41-42.

[65] 赵政阳,戴军,王雷存.陕西苹果产业现状及国际竞争力分析.西北农业学报,2002,11(4):108-111.

[66] 郑成乐.钾素营养对果树增产增质效应.福建果树,1993(1):27-30.

(执笔人:同延安　谌琛)

第 32 章
猕猴桃高产高效养分管理技术

32.1 猕猴桃产业发展现状

32.1.1 国外生产现状

猕猴桃作为新型保健佳果,在世界各地得到迅速发展。根据世界粮农组织 2008 年统计,世界猕猴桃栽培面积较大的国家有中国、意大利、新西兰、智利、法国、希腊、日本、美国等国家。其中,中国猕猴桃种植面积和产量均居首位,面积约为 6.5 万 hm²,占世界猕猴桃种植面积的 46%,其次为意大利 2.2 万 hm²,新西兰 1.3 万 hm²,智利 0.9 万 hm²。

意大利、新西兰和智利为世界猕猴桃三大出口国。新西兰在 1904 年引种中国的猕猴桃,1924 年开始规模化种植,如今已经成为猕猴桃的最大出口国。2006 年至今,新西兰平均每年的猕猴桃产量在 38 万 t 左右,出口量为 35 万 t,出口比例达到 90% 以上。目前,中国已开始步入国际猕猴桃鲜果市场,但出口量较小,2009 年中国猕猴桃总产 49.1 万 t,出口量仅为 2.166 4 万 t。

世界主栽品种为"海沃德",占据世界首位,其次有新西兰产"早黄金"。我国产猕猴桃近年刚刚进入国际市场,还以"海沃德"为主,国产品种很少出口。以陕西为例,主产"秦美",但出口量很少。2006 年陕西产"红阳"开始出口,但销售量也很少。

32.1.2 国内生产现状

猕猴桃原产于我国一个古老野生果树,20 世纪 80 年代开始小规模生产栽培,90 年代初,猕猴桃生产进入大发展时期。目前,中国猕猴桃种植面积和产量基本稳定在 8.5 万 hm² 和 100 万 t。我国猕猴桃种植区主要分布在陕西,其次有四川、河南、安徽、江西、湖南、湖北等省份。其中陕西省栽培面积最大,2012 年达 5.76 万 hm²,占全国猕猴桃栽培面积的 67%,总产量 82.29 万 t,占全国猕猴桃产量的 80%。

近年来我国猕猴桃种植业发展迅速,也不乏高产优质典型,但总体来看生产水平还不够高,与新西兰、意大利等相比还有一定差距。这些差距主要表现在单产较低,品质较差两个方面。在单产上,近年虽有很大的提高,但在提高产量的过程中,由于不合理的施用化肥、农药,又不注意采后处理,致使我国猕猴桃优质果较少,次级果较多,因而在果的大小、风味、农药残留量,以及外观品质上往往达不到销售标准,严重制约猕猴桃鲜果的内销与出口。

32.2 猕猴桃生长发育规律

猕猴桃的生长发育规律与养分需求特性密切相关,而养分需求特性又是确定施肥种类以及合理的施肥量、施肥时期和施肥方法的基础,所以要做到科学的施肥管理必须先了解猕猴桃的生长发育规律。

32.2.1 根

猕猴桃为肉质根,1年生根含水量为84%,根的皮层厚,呈片状龟裂,容易脱落,内皮层为粉红色,根皮率30%~50%。猕猴桃的导管有两种:异形导管的细胞特别大,普通导管的细胞较小。猕猴桃根部的异形导管特别发达,根压也大,养分和水分在根部的输导能力很强,如3 cm粗的根被切断损伤1 h左右,整个植株的叶片会全部萎蔫。树液流动期,切断某一部分器官,就会发现很大的伤流(朱道迁,1999)。

猕猴桃直径>1 cm的根占根总量的60.23%,其中91.33%分布在0~40 cm土层;>1 cm的根没有到达60 cm以下;直径0.2~1 cm根占根总量的32.34%,分布在20~40 cm土层最多,占51.79%;其次是40~60 cm土层,占20.96%;0~20 cm和60~80 cm较少。直径<0.2 cm根占根总量的7.44%,与0.2~1 cm根一样分布在20~40 cm土层最多,占35.08%(表32-1)。

表 32-1

猕猴桃树不同直径根在土壤中的分布情况

土层/cm	根分类/cm	干重/g	干重/%
0~20	>1	737.02±103.3	34.89
	0.2~1	84.4±11.83	4.00
	<0.2	30.78±4.31	1.46
20~40	>1	424.94±112.83	20.12
	0.2~1	353.83±93.95	16.75
	<0.2	55.08±14.62	2.61
40~60	>1	110.33±20.65	5.22
	0.2~1	143.18±26.8	6.78
	<0.2	36±6.74	1.70
60~80	>1	0	0
	0.2~1	74.84±47.46	3.54
	<0.2	22.84±14.18	1.08
80~100	>1	0	0
	0.2~1	26.73±12.55	1.27
	<0.2	12.55±5.89	0.59

同延安,2010。

范崇辉等(2003)对7年生秦美猕猴桃的研究表明,根系水平分布最远在95~110 cm之间。距树干20~70 cm范围土壤内是根系分布密集区,约占统计总根量的86.5%;距树干80 cm以外,根系水平分布密度小。根系的垂直分布可深达近100 cm,距地表0~60 cm土层内根系分布密集,占总根量的90.6%~92.0%。其中0~20 cm土层内根系分布密度最大,向下依次降低。距地表60~100 cm土层内,根系分布数量很少。距树干50 cm处,根垂直分布最深,近达100 cm。对10年生秦美猕猴桃根生物量在土层中的分布研究表明(表 32-2)，猕猴桃根系不同时期在土壤中的分布情况变化不大，根系主要分布在 0～60 cm 的土层，占总根量的 93.05％，其中 40～60 cm 的根量占 14.95％。随土壤深度的增加，猕猴桃根量减少。60 cm 以下根量很少，60～80 cm 的根量只有 4.64％，80～100 cm 土层中仅为2.32％。这与范崇辉等的研究结果相似。

表 32-2

猕猴桃根在不同土层的分布

土层 /cm	项目	采样日期（月/日）						平均值
		3/28	5/17	7/9	9/8	11/6	1/11	
0～20	干重/kg	0.85±0.12	0.91±0.12	1.12±0.29	1.12±0.38	1.16±0.41	1.28±0.24	1.07
	比重/%	40.7±6	39.52±1.15	40.51±7.74	38.48±6.61	33.94±3.59	37.19±5.61	38.39
20～40	干重/kg	0.83±0.22	0.88±0.11	0.92±0.26	1.28±0.61	1.46±0.42	1.44±0.32	1.14
	比重/%	39.24±7.58	38.34±0.85	33.11±7.46	42.59±12.52	43.4±2.64	41.55±4.79	39.71
40～60	干重/kg	0.29±0.05	0.35±0.04	0.57±0.3	0.32±0.02	0.5±0.19	0.45±0.03	0.41
	比重/%	13.72±1.45	15.49±0.69	21.35±12.3	11.3±2.39	14.7±2.37	13.13±1.31	14.95
60～80	干重/kg	0.1±0.06	0.09±0.02	0.11±0.05	0.11±0.08	0.2±0.14	0.18±0.07	0.13
	比重/%	4.48±2.26	3.99±1.21	4.06±2.23	4.43±4.47	5.53±2.5	5.33±2.2	4.64
80～100	干重/kg	0.04±0.02	0.06±0.01	0.03±0.02	0.07±0.08	0.08±0.03	0.09±0.02	0.06
	比重/%	1.85±0.82	2.66±0.68	0.97±0.99	3.2±4	2.43±0.99	2.8±0.77	2.32

同延安，2010。

　　猕猴桃根系生长发育的年周期较地上部分更为复杂。据华中农业大学观察：土温 8℃左右，美味猕猴桃的无性系艾伯特的根系开始活动。约在 6 月，土温 20℃左右时，根系生长出现高峰。随着土温增高，根系活动减缓。至 9 月，果实发育后期，根系开始第二次迅速生长(肖兴国，1997)。在陕西周至的研究得出了同样的结果，即 5—7 月和 9—11 月生长较快(图 32-1)。随后，由于气温降低根系生长也逐渐减缓。根系生长和地上部分的生长发育常常是有节奏的进行。

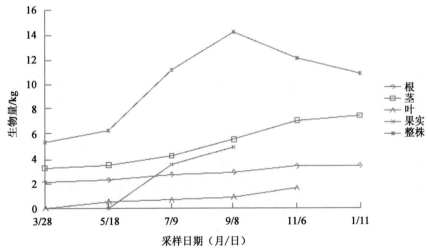

图 32-1　猕猴桃树生物量年周期变化动态(同延安，2010)

32.2.2　茎

　　猕猴桃属植物作为木质藤本植物，其幼茎与嫩枝具有蔓性，自身按逆时针旋转，缠绕支撑物，盘旋向上生长。成熟猕猴桃植株的骨架由茎(主干)、主蔓、侧蔓、结果母枝、营养枝、结果枝组成。枝条的年生长量及生长速度除了与品种的特性有关外,还取决于土壤温度、降雨等气象因素。在南京地区,中华猕猴桃的年生长期约170 d,有两个生长高峰:第一个在5月下旬至6月上旬,最大日生长量为15 cm;第二个在8—9月,但生长峰很小。然而在武汉地区,虽然中华猕猴桃的年生长期也约170 d,但有三个生长高峰,分别为4月中旬至5月中旬;7月下旬至8月下旬;9月上旬为第三个小高峰。河南郑州中华猕猴桃和陕西周至秦美猕猴桃的新梢都有两个生长高峰:前者在4月上中旬至5月下旬和7月;后者在4月中旬至6月上旬和8月(张洁,1993)。从各类茎的总生物量变化来看,表现为5—11月增加较快,生育初期和末期生长较慢(图32-1)。

32.2.3 叶

从图1可以看出叶的干物质量在3月底到5月中旬增加量较大,在5月中旬至9月8日之间增加较慢,9月8日至11月6日又有大幅度的增加,干物质累积量达到1.64 kg。猕猴桃正常叶从展叶到最终叶面大小,需要35～40 d,展叶后的第10～25天是叶面积扩大最迅速的时期,此期的叶面积可达到最终的90%左右(刘旭峰,2005),所以表现为前期干物质增加较快。中期的缓慢增加是由于树体的营养物质主要输送给果实,后期的迅速生长与一年枝的大量生长有关。

32.2.4 果实

猕猴桃果实为浆果,果实大小、皮色、被毛状况和品种、树龄、栽培条件等条件有关。果实形状有圆形、长圆形、球形、长柱形等;果皮有黄绿色、棕褐色、黄褐色。红褐色等;果肉有黄色、绿色、黄绿色与紫红色等。

综合各地研究结果(李洁维,1992;安华明,2000;刘世芳,1996;卢克成,1999;苍晶,2001;刘世芳,1997;高丽萍,1994),中华猕猴桃和美味猕猴桃果实生长一般分为以下3个时期:

迅速生长期:5月上中旬至6月中旬,45～50 d。此期果实的体积和鲜重达到总生物量的70%～80%;种子白色。

慢速生长期:6月中下旬至8月上中旬,约50 d。此期果实的生长放慢乃至停止生长;种子由白变浅褐。

微弱生长期:8月中下旬至10月上中旬,约55 d。此期果实体积增长量小,但营养物质的浓度提高很快,种子颜色更深,更加饱满。

从表32-3可以看出,猕猴桃果实在开始发育的50 d内,果实虽然生长迅速,但其干物质积累量和积累强度较小,这主要与营养物质分配的方向有关。在5月初,猕猴桃新梢生长旺盛,新梢的"库"强于幼果从而使其干物质积累少。这以后通过摘心抑制新梢生长,营养分配的"库"向果实转移,使其对干物质的积累量和积累强度迅速增加,并在7月初达到最大。此后,果实生长日趋缓慢,干物质的积累量和积累强度相应降低,并有起伏。在8月下旬,夏梢迅速生长,导致这一时期干物质的积累量和积累强度急剧下降至全生育期的最低水平。以后通过夏季修剪抑制夏梢生长,导致干物质积累迅速回升,并在果实几乎停止生长时期仍然持续较高的积累水平,这可能与果实成熟期间糖分和其他有机物积累有关。

表 32-3

生育期猕猴桃果实干物质积累量、积累增量及积累强度(单果)

测定时间 (月/日)	发育天数 /d	干物质积累 /g	干物质积累增量 /g	干物质积累强度 /(mg/d)
5/10	10	0.40	0.40	40.00
5/20	20	1.10	0.70	70.00

续表 32-3

测定时间 （月/日）	发育天数 /d	干物质积累 /g	干物质积累增量 /g	干物质积累强度 /(mg/d)
5/30	30	1.80	0.70	70.00
6/9	40	2.78	0.98	98.00
6/19	50	3.71	0.93	93.00
6/29	60	5.22	1.50	150.00
7/9	70	7.52	2.30	230.00
7/19	80	8.66	1.14	114.00
7/29	90	9.21	0.55	55.00
8/8	100	10.72	1.51	151.00
8/18	110	12.10	1.38	138.00
8/28	120	12.20	0.10	10.00
9/7	130	12.30	0.90	90.00
9/17	140	14.08	1.78	178.00

安华明，2003。

32.3　营养元素在猕猴桃生长中的作用

32.3.1　氮

氮是构成细胞原生质、核酸、磷脂、激素、维生素、生物碱及酶等的重要组分，因此，充足的氮是细胞分裂的必要条件，氮素供应的充足与否直接关系到器官分化、形成以及树体结构的形成。果树在早春从萌芽到新梢加速生长期为果树大量需氮期，此期氮素的稳定足量供应为根、枝、叶、花、果实充分发育的物质基础。一般认为，施用 N 肥，能提高猕猴桃产量、单果重和含糖量，但除降低果实硬度、含酸量，还会提高贮藏过程中乙烯含量和 NADP-苹果酸酶活性，促使果实软化加快（Wutscher H K，1989）。

32.3.2　磷

磷在植物体内是一系列重要化合物如核苷酸、核酸、核蛋白、磷脂、ATP 酶等的组分，它直接参与作物光合作用的光合磷酸化和碳同化，因此，磷不仅参与了细胞的结构组成，而且在新陈代谢及遗传信息传递等方面发挥着重要作用，是果树生长发育、产量和品质形成的物质基础。土壤湿度、温度影响土壤中磷的有效性（Rodriguez D，1996）。土壤水分充足，土壤磷的有效性高。土壤低温主要是降低了土壤微生物活性，从而降低了土壤磷的有效性，植物体内磷的浓度相应降低（Jawson M D，1993）。猕猴桃利用磷的能力较强，而在富钾土壤石灰岩红黄壤上，测定发现猕猴桃植物体内钾素含量较低。猕猴桃对土壤速效磷的要求可能较低，而对土壤速效钾的水平要求可能较高（刘应迪，2000）。

32.3.3　钾

钾是果树生长发育、开花结果过程中必需营养元素之一。钾与氮、磷等营养元素不同，它不参与果树体内有机物的组成，但却是果树生命活动中不可缺少的元素，它与代谢过程有着密切关系，并为多种酶的活化剂,参与糖和淀粉的合成、运输和转化(全月澳,1992;黄显淦,2000;郑成乐,1993)。钾对促进果实发育,提高产量,增进品质,提高抗逆性、抗病性等方面均有良好的作用,特别对果实品质的影响十分明显,故钾有"品质元素"之称(Fvallhi,1988;黄显淦,2000;何忠俊,2002)。猕猴桃果实在成熟前生硬是由于在初生壁中沉积了许多不溶于水的原果胶,以及果肉淀粉粒的累积造成的。淀粉作为内容物对细胞起着支撑作用,当淀粉被淀粉酶水解后,转化为可溶性糖,从而引起细胞张力下降,导致果实软化(胡笃敬,1993,工仁才,2000)。黄土区猕猴桃上施钾能显著增加猕猴桃一级果率、单果重、可溶性糖、维生素及硬度,显著降低果实酸度,显著增加果实糖酸比(何忠俊,2002)。过量施钾使果肉硬度降低,贮藏过程中硬度下降加快(王仁才,2006)。

32.3.4　钙

钙是植物体内重要的必需元素,同时它对植物细胞的结构和生理功能有着十分重要的作用。钙素在果树矿质营养中占有重要的位置(李湘麟,2001;张敏,2001)。果实硬度与果实中的钙水平呈正相关,较高的钙水平能增加果实硬度。陈发河等(1991)试验表明钙处理能明显减小果实硬度下降。缺钙还会影响根系的发育,导致根吸收能力的降低(刘秀春,2004;莫开菊,1994)。钙还能使原生质水化性降低,并与钾、镁配合保持原生质的正常状态,调节原生质的活力。同时钙还抑制果实中多聚半乳糖醛酸酶(PGA)的活性,减少细胞壁的分解作用,推迟果实软化(关军峰,1991)。猕猴桃采前喷钙能提高果实钙含量,能维持质膜的稳定性,而果实硬度与钙离子水平呈正相关,在一定范围内,较高钙水平能增加果肉硬度,延缓果实软化速度,提高耐贮性(肖志伟,2008)。

32.4　猕猴桃养分吸收规律

猕猴桃为多年生果树,枝梢年生长量远比一般果树大,而且枝粗叶大,结果较早而多,进入成熟后,一株树地上与地下部分干重的比例约为1.8:1。每年生长、发育、结果等都要从土壤中吸收大量营养,并通过修剪和采果从树体中消耗掉,而土壤中可供养分有限,因此需要通过施肥向土壤补充树体生长发育所需的营养。因此,了解猕猴桃的营养特性,做到科学施肥,是猕猴桃优质高产的基础。

32.4.1　猕猴桃氮素吸收规律

猕猴桃树各个时期吸收的氮量有明显的季节性变化,各器官氮累积量在不同时期也有各自的变化规律(表32-4)。一年内10年生秦美猕猴桃树体总吸收纯氮量为216.78 kg/hm²(产量40.16 t/hm²,每1 000 kg果实吸收5.4 kg纯氮),根、茎、叶、果分别吸收了15.78,47.3,40.93,112.77 kg/hm²。进入果实收获期的9月上旬以后和结果前的5月中旬前共吸收33.75 kg/hm²,整个果实生长期的5月中旬到9月上旬吸收183.03 kg/hm²,分别占总吸氮量的15.57%和84.43%,据此可以确定基肥和追肥的量,即基肥应占16%左右,追肥应该占84%左右。如果将大量肥料作为基肥提早施入,而没有被果树及时吸收,则会造成不必要的浪费,甚至会造成环境污染;反之,在树体需要大量养分的时候施入的肥料量不足,则会影响果树的生长发育,降低产量,损害品质。5月中旬到7月上旬和7月上旬到9月上旬两个阶段吸收的氮素量分别占总吸氮量的53.13%和31.30%,据此可以确定两次追肥的时间和用量。5月中旬到7月上旬是猕猴桃树的吸氮高峰期,肥料施用量应占总施用量的一半以上。

对美味猕猴桃米良1号的研究表明,根和茎内全氮含量在生长季前期(4—7月)逐渐升高,后期逐渐下降。而在叶中,4月的叶样由于叶龄短,全氮含量最高。在5月急剧下降,6—8月有所上升,以后呈逐渐下降的趋势,在11月的样品中,其全氮含量只有1.17%(刘应迪,2000)。

表 32-4

成龄猕猴桃树不同时期各器官及整株的氮累积量变化动态和吸氮量　　　　　　　　　　　　　　　　　　kg/hm²

器官	项目	3/28	5/18	7/9	9/8	11/6	1/11	合计
根	氮累积量	81.25	90.93	98.44	114.05	93.45	97.03	
	氮累积增量		9.68	7.51	15.61	−20.6	3.58	15.78
茎	氮累积量	30.59	25.36	31.29	59.91	60.83	77.89	
	氮累积增量		−5.23	5.93	28.62	0.92	17.06	47.3
叶	氮累积量		23.01	30.14	35.59	40.93		
	氮累积增量			7.13	5.45	5.34		40.93
果	氮累积量				94.6	112.77		
	氮累积增量				18.17			112.77
植株	氮累积量	111.84	139.29	254.46	322.32	195.21	174.91	
	氮累积增量		27.46	115.17	67.86	−127.12	−20.29	
	吸氮量		27.46	115.17	67.86	−14.35	20.64	216.78

王建,2008。

32.4.2　猕猴桃磷素吸收规律

表 5 是猕猴桃树不同时期各器官及整株的磷累积量变化动态和吸磷量,从表 32-5 可以看出,一年内 10 年生秦美猕猴桃树体吸收纯磷总量为 36.95 kg/hm²(猕猴桃产量 40.16 t/hm²,每 1 000 kg 果实吸收 0.9 kg 纯磷),根、茎、叶、果分别吸收了 5.88,6.97,6.28,17.82 kg/hm²。进入果实收获期的 9 月 8 日以后和结果前的 5 月中旬前共吸收 10.92 kg/hm²,整个果实生长期吸收 26.03 kg/hm²,分别占总吸收量的 29.55% 和 70.45%。从 5 月中旬到 7 月 9 日植株磷累积增量远远高于其他各时期,达到 20.47 kg/hm²,占总吸磷量的 55.40%,说明这一时期是猕猴桃吸收磷素的高峰期,吸收的磷素 58.73% 供给了果实,32.52% 供给了根系,8.83% 供给了茎(王建,2008)。根中全磷含量 4—5 月最高,6—7 月较低,而在茎中 4—6 月较低,7 月有所升高。叶中的全磷含量以 4 月的最高,5 月急剧下降,以后又有所回升。在生长季后期(9—11 月),3 种营养器官中全磷含量均呈上升趋势(刘应迪,2000)。

表 32-5

猕猴桃树不同时期各器官及整株的纯磷累积量变化动态和吸磷量　　　　　　　　　　　　　　　　　　kg/hm²

器官	项目	3/28	5/18	7/9	9/8	11/6	1/11	合计
根	磷累积量	10.8	10.68	17.34	13.58	17.25	16.67	
	磷累积增量		−0.12	6.66	−3.75	3.67	−0.58	5.88
茎	磷累积量	4.12	3.68	5.48	8.36	9.88	11.1	
	磷累积增量		−0.44	1.81	2.87	1.52	1.21	6.97
叶	磷累积量		2.67	2.65	3.28	6.28		
	磷累积增量			−0.02	0.64	3		6.28
果实	磷累积量			12.02	17.82			
	磷累积增量				5.8			17.82
植株	磷累积量	14.92	17.02	37.49	43.05	33.42	27.77	
	磷累积增量		2.1	20.47	5.56	−9.63	−5.65	
	吸磷量		2.1	20.47	5.56	8.19	0.63	36.95

王建,2008。

32.4.3 猕猴桃钾素吸收规律

猕猴桃树在年周期内的各个时期吸收的钾量有明显的季节性变化(表 32-6),各器官钾累积量在不同时期也有各自的变化规律。年周期猕猴桃树体吸收钾素的总量为 167.88 kg/hm²(猕猴桃产量 40.16 t/hm²,每 1 000 kg 果实吸收 4.2 kg 纯钾),进入果实收获期 9 月上旬以后和结果前 5 月中旬共吸收 43.18 kg/hm²,整个果实生长期吸收 124.70 kg/hm²,分别占总吸收量的 25.72% 和 74.28%。从 3 月底到 5 月中旬叶累积钾 17.16 kg/hm²,而根和茎的钾累积量分别减少了 3.92 和 4.12 kg/hm²,植株钾累积量增加了 9.12 kg/hm²。可见,在生育前期猕猴桃叶所需钾素的 53.15% 来自于土壤,22.84% 来自根上年贮藏钾的转移,24.01% 来自茎上年贮存的钾。说明猕猴桃树在生育前期叶生长所需的钾素很大程度上依赖于树体的贮藏钾,树体钾营养贮藏水平对新生器官的生长也非常重要。正如 Jones(1998)指出,对多年生的园艺作物来讲进行植株分析诊断比土壤分析诊断更有效。从 5 月中旬到 7 月 9 日植株钾累积增量远远高于其他各时期,达到 88.57 kg/hm²,占全年总吸收量的 52.76%,说明这一时期是猕猴桃吸收钾素的高峰期。从 7 月 9 日到 9 月上旬植株从外界吸收的钾量为 36.13 kg/hm²,占总吸钾量的 21.52%。

表 32-6

猕猴桃树不同时期各器官及整株的纯钾累积量变化动态和吸钾量　　　　　　　　　　kg/hm²

| 器官 | 项目 | 采样日期(月/日) | | | | | | 合计 |
		3/28	5/18	7/9	9/8	11/6	1/11	
根	钾累积量	17.66	13.74	15.45	22.21	32.69	22.94	
	钾累积增量		−3.92	1.71	6.77	10.48	−9.75	5.29
茎	钾累积量	18.58	14.46	20.11	26.62	37.91	38.73	
	钾累积增量		−4.12	5.65	6.51	11.29	0.82	20.15
叶	钾累积量		17.16	11.83	17.52	38.76		
	钾累积增量			−5.33	5.69	21.23		38.76
果实	钾累积量			86.54	103.7			
	钾累积增量				17.16			103.7
植株	钾累积量	36.24	45.36	133.93	170.06	109.36	61.66	
	钾累积增量		9.12	88.57	36.13	−60.71	−47.69	
	吸钾量		9.12	88.57	36.13	43	−8.94	167.88

同延安,2008。

32.5 土壤供给养分情况

32.5.1 猕猴桃生长的土壤条件

猕猴桃对土壤的要求为非碱性、非黏重土壤。如山地草甸土、山地黄壤、山地黄棕壤、山地棕壤、红壤、黄壤、棕壤、黄棕壤、黄沙壤、黑沙壤以及各种沙砾壤等都可以栽培。但以腐殖质含量高、团粒结构好、土壤持水力强、通气性好为最理想。在土壤 pH 为 5.5～6.5,含五氧化二磷 0.12%,氧化钙 0.86%,氧化镁 0.75%,三氧化二铁 4.19% 的土壤上中华和美味猕猴桃均生长发育良好。在中性(pH 7.0)或微碱性(pH 7.8)土壤上也能生长,但幼苗期常出现黄化现象,生长相对缓慢(王仁才,2000;陈业玉,1999)。

除土质及 pH 外,土壤中的矿质营养成分对猕猴桃的生长发育也有重要影响。猕猴桃除需要氮、磷、钾外,还需要丰富的镁、锰、锌、铁等元素,如果土壤中缺乏这些矿质元素,在叶片上常表现出营养失调的缺素症。猕猴桃对铁的需求量高于其他果树,要求土壤有效铁的临界值为 11.9 mg/kg,而苹果、梨分别为 9.8 和 6.3 mg/kg。铁在土壤 pH 高于 7.5 的情况下,有效值很低,故偏碱性土壤栽培猕猴桃,更要注意施铁肥(韩礼星,2001;王仁才,2000)。有研究表明,猕猴桃是喜钾喜氯作物,猕猴桃对氯需要量是一般作物的 10～30 倍(崔致学,1993;张有平,1993),也应注重氯肥的适当施入。

32.5.2　土壤样品田间取样方法

由于猕猴桃与苹果施肥方法相同,根系分布相似,所以采集土壤样品的方法基本相同。3 月初或采收后取样,对土壤相对一致,面积不大的果园取 12 点,采样点定在树冠外缘 4 个点、树干距树冠 2/3 处 4 个点、行间 4 个点(按照根系分布的百分比取土样)。土样采集和制备普通土样用土钻垂直采集。微量元素土样的采集与普通土样同步进行,采样时避免使用铁、铜等金属器具。

普通土样采集 1 kg,微量元素土样采集 1.5 kg。采样深度 0～100 cm,每 20 cm 为一层,且上下层采集样品数量相等。样品经过风干、粉碎、过筛后,用四分法提取,过 0.25 mm 筛(过筛孔径根据测定项目定),留取样品不超过 200 g。

32.6　施肥量与施肥技术

32.6.1　施肥量的确定

合理施肥量的制定主要是根据树体生长发育的需要和土壤肥力状况。树体需要成年树与幼树不同。土壤肥力状况取决于其各类营养元素的含量和可利用性,同时还取决于其"保肥性",但由于各地区的土壤类型及其含有的营养元素不同,施肥量较难确定。一般有经验的生产者,会根据树势、树龄、品种的生物学特性以及当地的气候土壤条件确定施肥量。

施肥应结合树龄,施肥量在不同年龄阶段是有区别的。猕猴桃在幼年阶段就需要吸收大量的营养元素。据史密斯等研究(表 32-7),从 1～5 龄的幼苗,随着生长,吸收的元素总量不断增加。

表 32-7

猕猴桃幼苗期吸收的大量元素						kg/亩
株龄	氮	钾	钙	镁	磷	硫
1	0.73	0.27	0.60	0.13	0.07	0.13
2	3.00	2.67	3.00	0.53	0.33	0.53
3	7.73	7.07	7.13	1.40	0.93	1.27
4	6.80	7.67	6.33	1.07	1.07	1.13
5	9.40	11.27	10.73	1.87	0.27	2.13

史密斯等,1987。

陕西猕猴桃试验表明:1～3 年生幼苗,亩施农家肥 1 500～1 800 kg,氮(N)6～8 kg,磷(P_2O_5)3～6 kg,钾(K_2O)3～5 kg。4～7 年生,亩施农家肥 3 000～4 000 kg,氮(N)15～20 kg,磷(P_2O_5)12～16 kg,钾(K_2O)6.5～10 kg,成龄园,目标产量 2 000 kg 左右,亩施优质农家肥 5 000 kg,氮(N)28～30 kg,磷(P_2O_5)21～24 kg,钾(K_2O)12～14 kg(乔继宏,2009)。

新西兰幼龄猕猴桃园的经验施肥量为:第一年,全年株施纯氮 14 g,从 4 月至 8 月(北半球,下同)

分 3～4 次施入,施入范围 1～2 m²。第二年,3 月株施纯氮 55 g,施入范围 3～4 m²,4—8 月补施 3 次追肥,每次施纯氮 28 g。第三年,3 月全员普施纯氮 115 kg/hm²,5 月补施纯氮 55 kg/hm²。

成年猕猴桃树的营养体应该基本处于一个平衡状态,果实带走的养分量是决定施肥量的决定性因素,可以根据表 32-8 直接计算施肥量,或者根据产量推算出果树的养分吸收量,即:

果树养分吸收量＝果实吸收量/果实吸收百分比

＝(果实产量×(1－果实含水量)×果实养分含量)/果实吸收百分比

成熟期果实含水量——79.55%

成熟期果实氮含量——13.73 g/kg

成熟期果实磷含量——2.17 g/kg

成熟期果实钾含量——12.63 g/kg

果实吸氮量百分比——52.02%

果实吸磷量百分比——48.23%

果实吸钾量百分比——61.77%(王建,2005)

表 32-8

成年猕猴桃幼苗期吸收的大量元素   kg/hm²

元素	年吸收量	果实累积	所占比例/%	每 1 000 kg 果实吸收养分量
N	216.7	112.8	52	5.40
P	36.9	17.8	48	0.92
K	167.8	103.7	62	4.2

王建,2005。

由于收获时间、气候、果园肥力等因素差异,果实成熟时的养分含量和含水量可进行实际测定。

在高肥力土壤上,不施肥也不会降低作物产量,所以仅从养分平衡的角度考虑,施用量应大体上等于果树养分吸收量。在中低肥力的土壤上,施用量则应考虑土壤的供肥量和肥料的利用率,以保证作物的产量和品质。

即:

果树合理施肥量＝(养分吸收量－土壤供肥量)/肥料利用率(%)

氮素土壤供肥量为吸收量的 1/3,氮肥利用率 35%;磷素土壤供肥量为吸收量的 1/2,磷肥利用率 20%;钾素土壤供肥量为吸收量的 1/2,钾肥利用率 45%(姜远茂,2007)。

对陕西周至秦美猕猴桃的施肥试验表明,猕猴桃树每株适宜施肥量为:N 0.170～0.213 kg、P_2O_5 0.157～0.197 kg、K_2O 0.149～0.175 kg。其适宜的配比为 1:(0.74～1.16):(0.70～1.02)(田全明,2004)。王建等(2005)则认为纯氮 412.91 kg/hm²、纯磷 92.38 kg/hm²、纯钾 186.53 kg/hm²,总的需要氮、磷、钾比例为 1:0.17:0.77。同延安等(2013)认为每 1 000 kg/亩产量的施肥量纯氮 231 kg/hm²、纯磷 126 kg/hm²、纯钾 166 kg/hm²,氮、磷、钾施肥基本比例为 1:0.5:0.7。

不同国家猕猴桃推荐施肥量有所不同。新西兰成年猕猴桃园施肥量:3 月全园普施纯氮 113 kg/hm²,纯磷 56 kg/hm²,纯钾 100～150 kg/hm²,5 月补施纯氮 57 kg/hm²。适量补施钙、镁、硼肥。

法国猕猴桃推荐施肥量如下:

第 1 年:每株施氮 60 g,分 2 次施。

第 2～7 年:每株施氮 80 g(全年分 3 次施用),施磷(P_2O_5)30 g,钾(K_2O)50 g。

第 7 年以上成年树:施氮 500 g,磷(P_2O_5)150 g,钾(K_2O)260 g,镁(MgO)75 g。

日本福田正夫提出了猕猴桃不同时期的施肥量,见表 32-9。

表 32-9

日本猕猴桃不同时期的施肥量　　　　　　　　　　　　　　　　　　　　　　　　　　　　　　kg/亩

施肥时期	N		P		K	
	施肥量	比例	施肥量	比例	施肥量	比例
基肥(11 月)	7.98	60	5.60	60	6.0	50
追肥(6 月)	2.66	20	1.87	20	3.6	30
秋肥(9 月)	2.66	20	1.87	20	2.4	20
全年施肥量	13.3	100	9.34	100	12.0	100

表 32-10 为日本猕猴桃园施肥量,供参考。

表 32-10

日本不同树龄猕猴桃的施肥量(330 株/hm²)　　　　　　　　　　　　　　　　　　　　　　　　kg/hm²

树龄	氮(N)	磷(P)	钾(K)
1 年	40	32	36
2~3 年	80	64	72
4~5 年	120	96	108
6~7 年	160	126	144
成龄树	200	160	180

果树体内矿质营养元素,除了与土壤养分含量有直接关系外,也与果树体内元素间的相互作用密切相关。各矿质元素之间既有拮抗关系,也有协同关系,试验证实,营养元素之间的拮抗作用相当普遍,在施肥中应予以考虑。猕猴桃叶片各矿质营养元素含量之间相关关系分析结果见表 32-11。

表 32-11

猕猴桃叶片各种营养元素含量之间的相关性系数值

元素	N	P	K	Ca	Mg	Cu	Fe	Mn	Zn
N	1.000								
P	0.665**	1.000							
K	0.788**	0.865**	1.000						
Ca	0.270	0.209	0.201	1.000					
Mg	0.094	0.455	0.212	0.491*	1.000				
Cu	0.231	0.595**	0.558*	−0.035	0.033	1.000			
Fe	0.321	0.446	0.533*	0.075	−0.113	0.537*	1.000		
Mn	0.410	0.197	0.232	0.415	0.043	0.310	0.092	1.000	
Zn	0.045	0.338	0.350	0.055	−0.053	0.833**	0.285	0.395	1.000

* 在 0.05 水平(双侧)上显著相关,** 在 0.01 水平(双侧)上显著相关。引自 Tran Le Linh,2012。

猕猴桃叶片中 N-P-K 、P-Cu-Zn 之间存在着明显的协同关系,K-Cu-Fe,Ca 与 Mg,Cu 与 Fe 之间也同样存在着相互协同关系,而 Ca-Cu Mg-Fe 和 Mg-Zn 之间,则是拮抗关系。对猕猴桃叶片各矿质元素进行研究,了解各元素之间可能存在的相互作用,在猕猴桃养分管理中可以根据相关关系采用适宜的措施来协调养分平衡,也可以通过减少某种养分的过量施用达到纠正另一种养分缺乏的目的。

32.6.2　猕猴桃施肥技术

根据猕猴桃的生长发育规律和营养特性,总结国外和国内主要猕猴桃生产基地的研究成果和栽培经验,现提出猕猴桃的最佳施肥方法。

1. 幼龄猕猴桃树的施肥

幼龄猕猴桃定植前的基肥施用非常重要,具体做法是在定植穴的底层施入秸秆、树叶等粗有机质,中层施入土杂肥 50 kg 左右或过磷酸钙或其他长效性的复合肥料,肥料与土充分混匀,穴面 20 cm 以上以土为主。定植 2~3 个月开始,适当追施 1~2 次稀薄的速效完全肥料。冬季落叶后结合清园翻土每株施饼肥 0.5~1 kg,或 10~15 kg 人粪尿。从第二年开始视树势发育状况,一般 4 月中下旬花蕾期每株施尿素 0.05~0.1 kg 或碳铵 0.15~0.2 kg;7 月根据植株长势每株施复合肥 0.25~0.35 kg。

由于定植后 1~3 年生幼树,根浅又嫩,吸肥不多。这时是"少吃多餐"。这一时期树冠在扩展,如果时间允许在 3—6 月可以每月追一次肥,其中尿素每株 0.2~0.3 kg,氯化钾 0.1~0.2 kg,过磷酸钙 0.2~0.25 kg。城市周围结合灌水施人粪尿。一律开沟放入,不和根直接接触。必须在 7 月以前结束追肥,以利于枝梢及时停止生长,防止冻死,同时促进组织成熟。

2. 成年猕猴桃树的施肥

从上面的分析来看,成年猕猴桃(8 年以上)由于生长、结果,每年要吸收大量营养。如不能及时补充,猕猴桃生长发育就会受到抑制,使产量降低,品质变差,因此,成年猕猴桃的施肥至关重要。

5 月中旬(果实生长始期)到 7 月 9 日(果实迅速膨大末期)是猕猴桃树营养最大效率期,在这一时期吸收的氮、磷、钾分别占其全年总吸收量的 53.13%,55.40%,52.76%,7 月 9 日(果实迅速膨大末期)到 9 月上旬(进入收获期)分别吸收 31.30%,15.05%,21.52%,进入果实收获期的 9 月上旬以后和结果前的 5 月中旬前吸收量占 15.57%,29.55%,25.72%。根据各时期的养分吸收动态,可以确定最佳的施肥时期和施肥量(表 32-12)。

表 32-12

猕猴桃树养分吸收动态与施肥 %

养分吸收量	生育期阶段(月/日—月/日)		
	9/8—5/18	5/18—7/9	7/9—9/8
吸纯氮量	15.57	53.13	31.3
吸纯磷量	29.55	55.4	15.05
吸纯钾量	25.72	52.76	21.52
施肥类型	基肥	追肥	追肥

王建,2005。

根据成年猕猴桃养分吸收动态,可以确定以下 3 个施肥时期:

催梢肥:也叫春肥,3 月萌芽前,春季土壤解冻,树液流动后,树体开始活动,此期正值根系第一次生长高峰,而且萌芽、抽梢等已消耗树体上年贮藏的养分,需要补充。此时施肥有利于萌芽开花,促进新梢生长。春肥在刚刚要发芽时进行,以速效肥为主,采取株施,然后灌水 1 次。

促果肥:花后 30~40 d 时果实迅速膨大时期,缺肥会使猕猴桃膨大受阻。在花后 20~30 d 时施入速效复合肥,对壮果、促梢,扩大树冠有很大作用,不但能提高当年产量,对来年花芽形成有一定关系。这一时期由于树体对养分的需求量非常大,所以应土施结合叶面喷肥,施后全园浇水 1 次。

壮果肥:在 7 月施入,此期正值根系第二次生长高峰、幼果膨大期和花芽分化期。而且此期稍后的新梢迅速生长又将消耗树体的大量养分。因而,此期补充足量的养分可提高果实品质,又弥补后期枝梢生长时营养不足的矛盾。这一时期应以叶面喷肥为主,可选用 0.5% 磷酸二氢钾、0.3%~0.5% 尿素液及 0.5% 硝酸钙。此期叶面喷钙肥还可增强果实的耐贮性。

为了尽快改变果农盲目施肥、超量施肥习惯,同延安等(2013)提出可以采用"傻瓜式"的两次施肥方案,秋基肥(全部有机肥和 1/2 化肥)和果实膨大肥(1/2 化肥)。基肥要早,采果后尽量早施。果实膨大肥也要偏早一些,在谢花后半个月内(5 月中下旬)施入。

32.7　猕猴桃高产高效养分资源管理模式

采用"傻瓜式"的两次施肥方案,两次施肥可采用不同的配方肥,每次施肥量为全年计划施肥量的 50%。猕猴桃是喜氯作物,但在黄土区猕猴桃株施氯化钾量不宜超过 1.0 kg,过量施氯对果实发育有明显副作用(何忠俊,2002)。综合考虑猕猴桃的营养特性和施肥成本,专用肥基肥配方可以设计为 45%(18-12-15)氯基复合肥;追肥配方设计为 45%(20-6-19)硫基复合肥。施肥基本配比为 $N : P_2O_5 : K_2O = 1 : 0.5 : 0.7$,可调范围为 $1 : (0.4 \sim 0.7) : (0.7 \sim 1.1)$。高效施肥可以比习惯施肥减少施肥量,增产幅度可达 13.4%~42.2%。

基肥采用距树干 70~80 cm 开宽深各 30~40 cm 的条沟集中施肥("断根施肥"),利于根吸收土壤表层下有机肥和移动性较差的磷肥。追肥可采用铁锨踩踏法(深 20~25 cm)在树冠范围内多点穴施(每个树 8~12 个点),以"保护绝大部分根系"。

在石灰性土壤区,微量元素有效性不高,出现不同程度的缺素症状,特别是 Fe、Zn、B 等需要补充,叶面喷肥是一个比较好的解决途径。建议全生育期喷施 4~6 次含 Fe、Zn、B 的高品质微量元素水溶肥料、大量元素水溶肥料或含氨基酸水溶肥料;黄化严重的加喷 2~3 次 EDDHA 螯合铁肥;套袋幼果期加喷 2~3 次钙肥。

参考文献

[1] 安华明. 秦美猕猴桃果实的生长发育规律. 山地农业生物学报,2000,19(5):355-358.

[2] 苍晶,王学东,桂明珠. 狗枣猕猴桃果实生长发育的研究. 果树学报,2001,18(2):87-90.

[3] 陈发河,张维一,吴光斌. 钙渗入对香梨果实贮藏期间生理生化的影响. 园艺学报,1991,18(4):365-368.

[4] 崔致学. 中国猕猴桃. 济南:山东科学技术出版社,1993:105-114.

[5] 范崇辉,杨喜良. 秦美猕猴桃根系分布试验. 陕西农业科学,2003(5):13-14.

[6] 高丽萍,陶汉之,夏涛,等. 猕猴桃果实生长发育的研究. 园艺学报,1994,21(4):334-338.

[7] 韩礼星. 猕猴桃优质丰产栽培技术. 北京:中国农业出版社,2001.

[8] 何忠俊,张广林,张国武,等. 钾对黄土区猕猴桃产量和品质的影响. 果树学报,2002,19(3):163-166.

[9] 胡笃敬. 矿质元素与种子营养品质. 作物研究,1993,7(3):3-4.

[10] 黄显淦,王勤,赵天才. 钾素在我国果树优质增产中的作用. 果树科学,2000,17(4):309-313.

[11] 姜远茂,张宏彦,张福锁,等. 北方落叶果树养分资源综合管理理论与实践. 北京:中国农业大学出版社,2007.

[12] 李洁维,李瑞高,梁木源,等. 猕猴桃优良株系果实生长发育规律研究. 广西植物,1992,12(2):152-156.

[13] 刘世芳,吴家森,郑炳松. 猕猴桃魁蜜 79-5 结实期形态变化与营养代谢. 浙江林学院学报,1997,14(3):255-261.

[14] 刘世芳,郑炳松,吴家森,等. 早熟猕猴桃结实期形态变化与营养代谢. 浙江林学院学报,1996,13(4):378-383.

[15] 刘秀春. 落叶果树的钙素营养. 北方果树,2004(2):4-5.

[16] 刘旭峰,姚春潮,樊秀芳,等. 猕猴桃品种引种试验. 西北农林科技大学学报,2005,33(4):35-38.

[17] 刘应迪,石进校,李菁. 美味猕猴桃米良 1 号营养元素及其季节变化. 吉首大学学报,2000,21(1):6-10.

［18］卢克成,史鼎新,倪竞德.中华猕猴桃果实生长发育规律的初步研究.江苏林业科技,1999,26(4):3-5.

［19］莫开菊,汪兴平.钙与果实采后生理.植物生理学通讯,1994,30(1):44-47.

［20］乔继宏,张斌,杨苏鲜.户县猕猴桃测土配方施肥技术.中国农技推广,2009,25(10):41.

［21］Tran Le Linh,马海洋,同延安,等.猕猴桃黄化病营养诊断与土壤养分相关性的研究.中国土壤与肥料,2012(6):41-44.

［22］田全明,于世峰,贺文英,等.猕猴桃园氮磷钾肥料配比试验研究,2004(4):10.

［23］全月澳,周厚基,孙楚,等.缺铁失绿梨树强力树干注射铁肥的效果Ⅱ.对树体中各种营养元素消长的影响.果树科学,1992,9(2):77-80.

［24］王建,同延安.称猴桃树对氮素吸、利用和贮存的定量研究.植物营养与肥料学报,2008,14(96):1170-1177.

［25］王建,同延安,高义民,等.猕猴桃树体年生长周期内生物量及不同器官钙累积动态研究.西北农林科技大学学报,2010,38(9):67-72.

［26］王建,同延安,高义民.关中地区猕猴桃树体周年磷素需量动态规律研究.干旱地区农业研究,2008,26(6):119-123.

［27］王建,同延安,高义民.秦岭北麓地区猕猴桃根系分布与生长动态研究.安徽农业科学,2010,38(15):8085-8087.

［28］王仁才,谭兴和,吕长平,等.猕猴桃不同品系耐贮性与采后生理生化变化.湖南农业大学学报,2000,26(1):46-49.

［29］王仁才,夏利红,熊兴耀,等.钾对猕猴桃品质与贮藏的影响.果树学报,2006,23(2):200-204.

［30］肖志伟,王仁才,贾德翠,等.采前喷钙与采后喷乙烯吸附剂处理对沁香猕猴桃耐贮性的影响.湖南农业科学,2008(3):131-133,137.

［31］张洁.猕猴桃栽培与利用.北京:金盾出版社,1993.

［32］张有平,龙周侠.秦美猕猴桃栽培.西安:陕西科学技术出版社,1993.

［33］朱道迁.猕猴桃优质丰产关键技术.北京:中国农业出版社,1999.

［34］Fvallhi E. Ranking tissue mineral analyses to indentify mineral limination on quality in fruit. JAmer Soc Hort Sci,1988,113(3):282-289.

［35］Rodriguez D, Goudriaan J, Oyarzabal M. Phosphorus nutrition and water stress tolerance in wheat plants[J]. Journal of Plant Nutrition,1996,19(1):29-39.

(执笔人:同延安　杨莉莉)

第 33 章

马铃薯高产高效养分管理技术创新与应用

33.1 马铃薯生产中限制产量和效率协同提高的主要因子

33.1.1 高产高效群体构建的起始限制因素

根据马铃薯生理,北方一作区合理的播期取决于马铃薯播前气温,当气温稳定通过 5℃时即可播种,从播种到出苗需要的>5℃积温>260℃。若播种过早容易导致"梦生薯",将严重影响出苗进而影响合理群体的构建。但播种过晚,易导致块茎生长期与高温相遇,不利块茎的膨大。以内蒙古武川为例,统计过去 30 年的气象数据,5 月 5 日气温稳定通过 5℃的概率在 90%以上,5 月 1 日下降到 75%,4 月 25 日下降到了 50%,因此武川地区适宜的播期在 5 月 1—5 日内。调查表明,该地区马铃薯的播期多集中于 5 月上旬,因此基本合理,播期不是马铃薯高产高效群体构建的限制因素。为保证马铃薯块茎生长需要的疏松土壤环境,80%～90%的马铃薯种植户均深翻土壤,而且整地质量较好,因此整地质量也不是马铃薯出苗以及高产高效群体构建的限制因素。

马铃薯种薯携带病毒通常会减产 30%以上,严重时会导致绝产。使用脱毒种薯是保障马铃薯高产高效群体结构进而高产高效的关键环节。而对内蒙古四子王旗、武川等马铃薯主产区的调查结果表明,马铃薯种植户脱毒种薯的使用率不足 40%。德国马铃薯的平均产量和肥料利用率远高于中国,其原因之一是重视脱毒种薯的使用。表 33-1 列出了德国巴伐利亚与中国内蒙古马铃薯生产中各项投入比例的差异,从中可看出,内蒙古马铃薯产区农民对脱毒种薯的效应缺乏足够的认识,用于购买脱毒种薯的经费占总投入的比例仅为 7%。

表 33-1

中国内蒙古与德国巴伐利亚州马铃薯生产中各项投入百分比   %

投入项目	中国内蒙古	德国巴伐利亚
种薯	7	12
化肥	29	17
机械设备	14	28
劳动力	26	12
其他	24	31

由于 70% 以上的马铃薯种植户采用耕地犁开沟人工撒籽的播种方式,这导致播种质量降低,种薯深浅不一,造成缺苗断垄。加上播种量不足,以及早期低温引起的马铃薯黑茎病,直接导致苗情不佳,亩株数不足(图 33-1;彩图 33-1)。在内蒙古四子王旗的调查表明,80% 以上田块的植株密度为 2 500~2 800 株/亩,难以构建高产高效的群体结构。

图 33-1　播种质量差造成的基本苗不足的马铃薯农田

33.1.2　群体发育过程中的高产高效限制因素

根据内蒙古调查数据,马铃薯的养分投入过量和不足同时存在(图 33-2)。根据 2008—2009 年对内蒙古乌兰察布地区 380 个农户的随机调查,马铃薯的平均产量为 1.3 t/亩,施氮量变动在 3~30 kg/亩,平均 13 kg/亩,氮肥的偏生产力(PFP,单位施氮量的块茎鲜重产量)平均为 172 kg/kg。不仅如此,施肥时期及养分比例均不合理。调查表明,乌兰察布地区马铃薯氮肥基追比在 100∶0 到 50∶50 范围内,平均 60∶40,且绝大多数农户只在现蕾(块茎形成期)追施氮肥 1 次,很少在块茎形成期与块茎膨大期分次追施。农户习惯模式氮磷钾的比例为 1∶0.43∶0.04,而测土配方施肥推荐该地区的氮、磷、钾比例为 1∶0.5∶0.42。

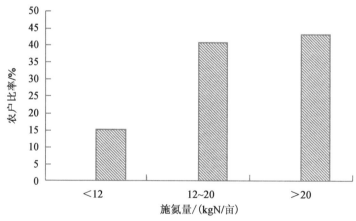

图 33-2　内蒙古地区灌溉马铃薯氮肥投入量分布(2008)

生产中,施肥过量同时伴随灌水量过大,这是生育过程中影响灌溉马铃薯高产高效(特别是高效)又一重要因素。过量的灌溉和前期过量的氮肥导致马铃薯块茎形成期叶丛过旺,不仅推迟了块茎的形成,同时易感病、后期早衰、影响块茎淀粉积累,最终导致产量、水分利用效率均显著降低。2009 年在集宁的试验表明,总灌水量不变,但增加灌溉次数可使薯田早疫病与黑胫病发病率由 34% 降低到 19%。

另外,由于马铃薯是典型的浅根系作物,根系集中分布在 10～30 cm 土层内。因此,集中且过量的灌水增加了养分特别是氮素淋洗到马铃薯根层以下的比例,氮肥利用率随之显著降低。

33.2　产量和效率协同提高 15%～20%的关键技术及技术集成

33.2.1　提高种薯质量

选用 G3 代种薯。与谷类作物不同,马铃薯种薯的选择除了考虑品种的适应性等问题,更重要的是了解种薯的世代,因此高产高效的技术集成中,应包括将选用 G3 代种薯,这样才有可能显著降低目前生产中出现的由于种薯带病引起的缺苗断垄问题,实现苗全苗壮。

实施播前催芽。播前 15～20 天出窖,放在向阳暖室内进行催芽晒种。每个薯块切成 30～50 g 的切块(或用 30～50 g 的小整薯播种),每块 2～3 个芽眼,切刀要用 75%的酒精溶液或 0.1%的高锰酸钾液进行消毒。若经催芽后芽眼没有任何萌动迹象薯块不能作为种薯。切好的种薯用滑石粉 100 kg：克露 0.1 kg：甲托 0.1 kg 拌种。实施播前催芽可进一步避免由于种薯质量引起的缺苗断垄问题,实现苗全苗壮。

33.2.2　增加播量、提高播种质量

高产高效的群体要求 3 500～4 000 株/亩的基本苗,若低于 3 500 株/亩,仅靠生育过程中的调控难以实现合理群体的构建。按照每个薯块 30～50 g,每亩播种量 150～200 kg 进行播种。

提高播种质量,主要采用变手工播种为播种机播种,同时针对目前中小型马铃薯播种机缺乏的问题,研制专用马铃薯播种机,实现农机农艺结合以确保播量准确、深浅一致、下种均匀。

33.2.3　氮肥的总量控制、分期调控

1.氮肥的总量控制

要实现氮肥的总量控制、分期调控,必须理解千千克块茎的氮素吸收量、不同生育阶段物质积累与氮素吸收规律以及土壤氮素的供应规律。

千千克块茎的养分吸收量是指生产 1 000 kg 块茎,马铃薯的养分吸收量,这是养分总量控制的基础。理解千千克块茎的养分吸收量(表 33-2),可以帮助准确估算马铃薯生育期内的养分吸收总量。由于种植模式存在差异,导致不同地区的马铃薯养分需求表现出一定的差异,因此,在应用时充分考虑地区的因素。如在内蒙古中部,生产 1 000 kg 块茎的氮素吸收量为 5.09 kg,实现 3 000 kg/亩的高产目标,马铃薯的氮素需求量为 15.27 kg/亩。

表 33-2

生产 1 000 kg 马铃薯块茎的需 N 量

数据量	均值	变异	区域	来源
101	5.36	3.0～6.0	中国	高媛等,2011
96	3.85	2.0～5.0	欧美	高媛等,2011
30	5.09	4.12～5.69	内蒙古	井涛等的试验数据总结
平均	4.77	2.0～6.0		

掌握了 1 000 kg 马铃薯块茎的养分吸收量,根据地力(基础产量)、目标产量,以及肥料氮肥当季利用率即可确定氮肥使用总量为:

施氮总量＝[(目标产量－基础产量)×1 000 kg 块茎氮素需求量]/氮肥利用率

其中,目标产量通常为当地正常年份产量平均值的115%~120%。

地力或基础产量用不施氮区产量表示,根据测土配方施肥项目"3414"试验中不施氮小区的马铃薯产量,将内蒙古阴山马铃薯产区土壤地力分为低(产量<1 000 kg/亩)、中(产量1 000~1 500 kg/亩)、高(产量1 500~2 000 kg/亩)、极高(>2 000 kg/亩),相应的土壤N供应量总结于表33-3。

采用高产高效综合管理技术,氮肥当季利用率在30%~36%范围内。

表33-3

内蒙古阴山马铃薯产区不施氮小区的马铃薯N吸收量
　　　　　　　　　　　　　　　　　　　　　　　　　　　　　　　　kg/亩

产量水平	样本数/n	平均产量	平均N吸收量
>2 000	5	2 381	13.67
1 500~2 000	18	1 558	8.55
1 000~1 500	33	1 242	6.64
<1 000	29	673	3.86

2. 氮肥的分期调控

了解马铃薯养分累积动态规律(表33-4),有助于实施氮肥分期调控并最终提高马铃薯产量和养分利用效率。从阶段养分累积规律可以看出,块茎形成及块茎膨大期调控是实现高产的关键。马铃薯块茎形成前生物量积累比例过低或过高均不利于高产,这是由于马铃薯块茎形成前生长中心是叶丛,叶丛生长不足,造成光合生产力过弱,若此期叶丛生长过旺,推迟了结薯,也难获得高产。

表33-4

马铃薯不同生育阶段养分吸收的比率

生育时期	养分吸收/%		
	N	P	K
苗期	15	18	20
块茎形成期	40	33	40
块茎膨大期	40	40	37
淀粉积累期	5	9	3

注:试验地点为:呼市;品种:克新一号。

根据马铃薯物质积累及养分吸收规律,氮肥分期调控的原则是氮肥总量的40%用于基施,60%在块茎形成期和块茎膨大期追施。各期氮肥追施量依据植株叶片SPAD值来确定。例如,根据基础地力、肥料利用率以及目标产量2 500 kg/亩,确定氮肥总量为20 kg/亩,其中8 kg将作为种肥投入,其余氮肥将依据如表33-5所示的SPAD值分次施用。

表33-5

中晚熟马铃薯品种各生育时期倒4叶与倒8叶SPAD差值及其对应的施氮量(亩产≥2 500 kg)

生育时期	块茎形成期				块茎膨大期			
SPAD$_{L4\sim8}$值	>1.6	1.1~1.5	0.6~1.0	<0.5	>2.6	2.1~2.5	1.6~2.0	<1.5
施氮量/(kg/亩)	11	8	5	2	12	8	5	3

33.2.4　磷钾肥恒量监控技术

有效磷是评价土壤磷素供应能力的重要指标,也是磷素恒量监控的重要依据。内蒙古阴山北麓(马铃薯主产区)土壤样点近70%的有效磷含量在<12.3 mg/kg的极低范围内。其次是在12.3~22.7 mg/kg的中等水平丰缺范围内,共占总土壤样本点的比例为23%,且相互差异不大。高和极高丰

缺范围内的土壤样点比例最少,共占总土壤样本点数的 7%(图 33-3 及表 33-6)。

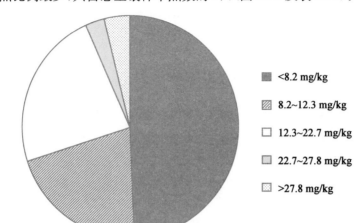

<8.2 mg/kg

8.2~12.3 mg/kg

12.3~22.7 mg/kg

22.7~27.8 mg/kg

>27.8 mg/kg

图 33-3　内蒙古阴山北麓地区水浇地土壤有效磷分布图

表 33-6

内蒙古马铃薯土壤有效磷钾丰缺指标

养分	相对产量/%	土壤有效养分等级	丰缺指标/(mg/kg)	施肥量/(kg/亩)
有效磷	<75	低	<12.3	>7.5
	75~90	中	12.3~22.7	7.5~5.0
	90~95	高	22.7~27.8	5.0~4.0
	>95	极高	>27.8	<4.0
速效钾	<75	低	<100	>18
	75~90	中	100~174	18~14
	90~95	高	174~209	14~9
	>95	极高	>209	<9

注:施肥量为亩产 2 500 kg 以上的对应数量。

　　如同有效磷一样,有效钾是评价土壤钾素供应能力的重要指标,也是钾素恒量监控的重要依据。内蒙古阴山北麓土壤有效钾主要分布在 100~174 mg/kg 的中等丰缺范围内,占总样点数的 49.8%。其次为<100 mg/kg 低等丰缺范围内,占总样点数的 27%(图 33-4 及表 33-6)。

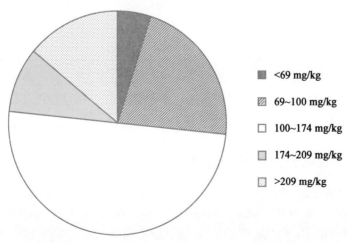

<69 mg/kg

69~100 mg/kg

100~174 mg/kg

174~209 mg/kg

>209 mg/kg

图 33-4　阴山北麓地区水浇地土壤有效钾分布图

在建立了有效磷钾的丰缺指标之后,根据磷钾恒量监控的技术原理,即在土壤有效磷钾养分处于极高或较高水平时,采取控制策略,不施磷钾肥或施肥量等于作物带走量的 $50\%\sim70\%$;在土壤有效磷钾养分处于适宜水平时,采取维持策略,施肥量等于作物带走量;在土壤有效磷钾养分处于较低或极低水平时,采取提高策略,施肥量等于作物带走量的 $130\%\sim170\%$ 或 200%。以 $3\sim5$ 年为一个周期,并 $3\sim5$ 年监测一次土壤肥力,以决定是否调整磷钾肥的用量。

33.2.5　根外营养延衰

针对马铃薯对硼敏感的特点,在常规的预防真菌病害的同时,结合喷施微量元素硼,共同延缓叶片的衰老,同时促进淀粉在块茎中的积累。

33.2.6　产量和效率协同提高技术集成

综上所述,根据马铃薯生产中存在的关于限制群体起点与群体构建的问题,对应提出了针对性的关键技术,当这些关键技术集成为一个整体时,预期在马铃薯群体调控方面发挥更大的作用。集成技术如下:①选用 G3 种薯,变农民自留种为高质量脱毒种薯。②实施播前催芽,变种薯"出窖——播种"为"出窖——催芽——播种"。③增加播量,变农民习惯的 100 kg/亩为 150～200 kg/亩。④实施机播,变手工播经验种为播种机精量播种。⑤氮肥总量控制、分期调控,变前重后轻为增加追肥比例及次数,基追比例降低为 4:6。⑥依据土壤丰缺指标施用磷钾肥,变经验施肥为测土施肥。⑦防病延衰结合,变单纯的农药防病为防病与微量元素根外营养结合进行。

33.3　关键技术及技术集成的应用成效

33.3.1　种薯处理及增密播种效果

多年的研究及调查表明,在其他措施不变的情况下,使用 G3 脱毒种薯比农民自留种可增产 $10\%\sim40\%$。若结合实施种薯催芽,出苗率提高 14% 以上,同时植株感病率或带病率下降 17%。

与传统播种相比,增加播量并结合机播显著提高播种质量,保证群体密度,最终提高产量。2009—2010 年在内蒙古卓子县的调查结果表明增密机播比常规播种措施可提高产量 28%。

33.3.2　氮肥的总量控制、分期调控技术的应用效果

氮肥总量控制,分期调控的结果表明,在与农户相比,氮肥投入减少 2 kg/亩的前提下,产量提高 11.1%,氮肥效率提高 29.5%(表 33-7)。

表 33-7
氮肥的总量控制、分期调控技术的应用效果

项目	产量/(kg/亩)	施氮量/(kgN/亩)	PFP/(kg/kg)
常规措施	1 800	14	129
总量控制、分期调控技术	2 000	12	167

33.3.3　高产高效综合技术的集成效果

从选用优质脱毒种薯开始,集成如前文所述的 7 项影响群体数量和结构质量的技术,形成综合管理技术,2008—2010 年在 4 个旗县不同地点的应用效果整理于表 33-8。应用高产高效综合集成技术比农户模式增产 49～900 kg/亩,平均增产 316 kg/亩,增产幅度 15%。氮肥偏生产力 PFP 较农户模式增加范围为 36～98 kg/kg,平均增加 53.3 kg/kg,增幅 41%。

表 33-8

技术集成效果

地点	n	年度	传统			优化		
			施氮量 /(kg/亩)	产量 /(kg/亩)	PFP /(kg/kg)	施氮量 /(kg/亩)	产量 /(kg/亩)	PFP /(kg/kg)
内蒙古武川	4	2008	14	1 800	129	12	2 202	184
内蒙古四子王旗	4	2008	20	2 480	124	16	2 864	179
内蒙古武川	4	2009	14	2 010	144	12	2 300	192
内蒙古集宁	4	2010	30	3 010	100	22	3 000	136
内蒙古察右中旗	4	2010	20	2 500	125	16	2 704	169
内蒙古武川	4	2010	14	1 940	139	12	2 840	237
内蒙古四子王旗	4	2011	20	2 720	136	16	2 768	173
平均			18.86	2 351.43	128.01	15.14	2 668.29	181.31

（执笔人：樊明寿，陈杨）

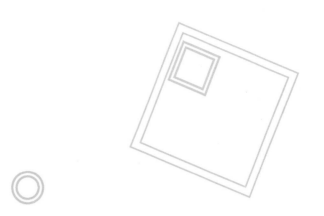

第三部分
华北区域养分管理技术创新与应用

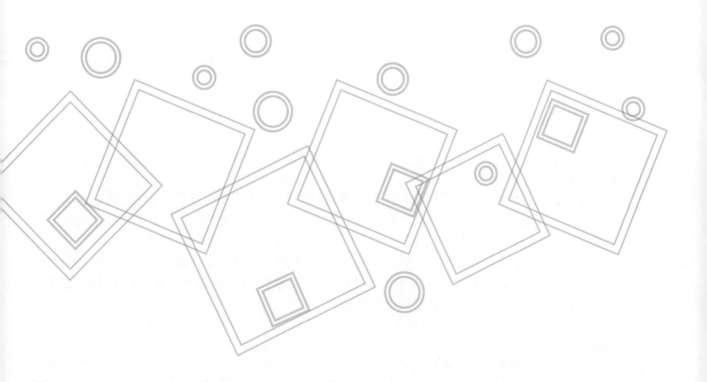

第 34 章

河北省山前平原区小麦-玉米区域养分管理技术创新与应用

34.1 区域养分管理技术发展历程

黄淮海地区是全国小麦-玉米的主产区,河北省作为黄淮海中北部地区的主体,是全国粮食主产省之一。河北省耕地面积 9 200 多万亩,小麦、玉米的播种面积和总产量在全国均居于第 3 位,小麦单产水平从 1949 年的 645 kg/hm² 提高到了 2012 年的 5 553 kg/hm²,玉米单产水平从 1978 年的 2 310 kg/hm² 提高到 2012 年的 5 410 kg/hm²,到目前产量还在持续增加。

集约化农业生产在创造粮食高产的同时,也造成了养分等资源的低效利用和环境的污染。通过对河北省部分县调查发现在当地农户习惯管理模式下:氮磷过量或超量的现象较为普遍,而且氮肥在生育期之间的配比不合理,表现为前氮较重;轻视钾肥的使用,特别是玉米季施钾较少,极少施用有机肥和微肥。说明河北山前平原区在冬小麦-夏玉米传统种植体系下,氮肥利用率低,残留严重,水资源大量损失。如何充分利用土地资源,在有限的耕地面积上,在不以环境代价为前提的条件下,达到作物生产的高产高效,广大的科研工作者积极探索,回顾河北山前平原区域养分管理发展历程,大致经历了以下几个阶段:

第一阶段:20 世纪 50 年代初到 80 年代中期,以"高产"为目标,养分管理技术初步建立。

从 20 世纪五六十年代开始农民使用化学氮肥,施用量小,对于施肥理论和技术进行了初步探索,只注重肥料用量与作物产量的关系研究。70 年代由于增施氮肥同时配施磷肥,使粮食平均产量又有所提高。80 年代随着化肥数量和品种的增加,除氮磷肥外,还配施少量钾肥。80 年代初到 80 年代中期随着化肥数量和品种的增加,除氮磷肥外,还配施少量钾肥。以单纯追求作物产量为目标氮、磷、钾肥料相继得到大面积推广应用,施肥效益不断增长。

第二阶段:20 世纪 80 年代中期到 20 世纪末,以追求"高产出、高效益"为目标,养分管理技术迅猛发展。

针对化肥用量增加快、品种结构调整缓慢、产量停滞不前的现状,开始考虑采用稳氮、补磷、增钾的战略步骤,根据土壤营养状况配比大中量元素和微量元素进行配方施肥。李仁岗首次提出将影响肥料效应的地点变量纳入到肥料效应方程中,建立综合肥料效应函数。该区域在有机肥施肥技术上,重点推广了农家肥、绿肥、饼肥、腐植酸类肥料、菌肥等肥料施用及秸秆还田技术。在无机肥施肥技术上,重点推广了集中施肥、按作物关键生育期施肥、氮磷配合施用、土壤与作物营养诊断施肥、测土配方施肥等项技术,施用无机肥的种类也从单纯施用氮肥发展到磷肥、钾肥、复合肥、微肥稀土等。1997 年,河北省首次在全国提出了肥料"统测统配"的概念,把测土、配方、生产、供应和施肥全过程有机结合为统一产业化链条。在农业部、省政府支持下,开展了"沃土工程",旨在查明全省土壤底数、肥力状况、利用程度以及培肥对策,并应用 GPS 和 GIS 技术,完成了全省土壤养分变异分析的数据库和变异图,在典型村建立农田养分管理档案,完成专家推荐施肥软件,为推荐施肥提供了更加直观、快捷的手段,实现了土壤养分的专家系统管理。赵同科等通过 8 年研究建立起了省内主要农作物的土壤养分和植株营养诊断系统,明确提出氮素化肥进行宏观时空调控的观点,初步建立起能够实现植物营养元素时空调控的现代施肥体系,把土壤肥料、植物营养、资源利用和农业持续发展统筹考虑,交叉研究,取得较大进展。

第三阶段:进入 21 世纪以后,以"优质、高产、高效、生态、安全"为目标,"科学、经济、环保"的养分资源综合管理技术得到发展。

近年来国家加大了对科学施肥的支持力度,以"优质、高产、高效、生态、安全"为目标,养分资源综合管理技术得到发展。从 2005 年起在全国实施测土配方施肥补贴项目,即利用四大作物不同产量水平施肥配方统计和耕地地力评价将耕地划分为不同的施肥分区,根据"大配方、小调整"的原则,针对当地的土壤类型、土壤理化性状和产量水平的实际情况调整肥料配方,供厂家生产,然后应用到相应地区。同时中国农业大学从产量效应、肥料效应和环境效应等方面对养分管理技术进行了综合研究,明确提出养分资源概念,并强调按不同养分的资源特征进行施肥决策,并将此理念应用于实践,创建了小麦-玉米轮作系统基于根层养分调控的农田氮肥实时监控技术体系、磷钾肥恒量监控技术体系和中微量元素因缺补缺矫正施肥体系。

我们小组也投入到了养分管理技术的相关工作中,2008 年开始在河北辛集、定州、清苑和徐水等地,通过调研、取样、文献分析和资料收集等途径,构建小麦玉米养分管理技术数据库、肥料信息数据库、高产高效潜力数据库以及作物养分吸收数据库,揭示河北省小麦玉米增产和增效的区域特征、关键资源和技术限制因素。并设置了春季追肥试验、玉米移栽试验,多年定点的 4 个不同种植模式(农民习惯、高产高效、再高产和再高产高效)试验和 N,P,K 肥料用量试验,集成与优化河北省小麦玉米高产高效最佳养分管理技术模式,使小麦玉米实现产量提高 10%~15%、养分效率提高 20% 的目标。

同时对测土配方技术也展开了应用研究,仅 2013 年和 2014 年就对河北保定市徐水县和清苑县的300 多个农户的大面积土壤理化性质进行了测试,然后根据目标产量、土壤基础地力,进行肥料施用量的推荐。另外,对全国 8 个省份不同作物配方肥施用情况展开调研,明确测土配方施肥技术推广应用的障碍因素,并且针对障碍因素提出相应的解决途径。同时还建立了示范田,对示范田无肥区、农民习惯、大配方和大配方小调整四个处理的作物产量情况进行比较,来验证测土配方施肥技术的技术效果。一定程度上改变了当地农民偏施、重施氮肥等不合理施肥习惯,促进了氮、磷、钾等养分均衡施用。

从养分管理进展来看,在田块尺度范围内,土壤有效养分动态监测、养分管理和推荐等方面研究较为系统,技术体系较为成熟,对农业生产的推动作用较大。然而,在区域尺度上,由于土壤、作物等因素空间变异的存在使得田块尺度的养分管理技术不能直接应用到区域尺度。河北山前平原区小麦-玉米轮作农田养分资源管理技术未来就要以做到土壤、肥料和环境的养分供应与高产作物养分需求在数量上匹配、在时间上同步、在空间上耦合的目标,达到作物高产与环境保护的协调一致。

34.2　区域生产中存在的主要问题

34.2.1　小麦生产中存在的主要问题

1.整地质量差

种好是小麦取得高产的基础,整地则是种好小麦的基础。对于冬小麦来说,整地可以改良土壤结构、为小麦创造良好的水肥气热协调生长的环境、减少病虫灾害,使播种质量得到保障,因此整地时一定要做到深、耕、碎、平。夏爱萍对河北省农户进行调查时发现,84%的农户玉米秸秆还田后进行旋耕,整地质量普遍不高,地面凹凸不平,玉米残茬、杂草依稀可见,由此造成小麦播种深浅不一,出苗不整齐,缺苗断垄,进而影响小麦产量。

2. 播量不合理

刘胜尧等研究表明,河北地区冬小麦最适播量为 12.5~18.5 kg/亩。而 2011—2012 年在清苑、定州调研结果显示,约一半以上农户播量不合理,其中 46% 的农户播量偏大(表 34-1)。播量过大对小麦造成不利影响,易形成弱苗、降低分蘖、后期易倒伏从而影响产量。

表 34-1

2011—2012 年小麦季 88 个农户播量调研数据统计

播量/(kg/亩)	10~12.5	12.5~18.5	>18.5
比例/%	9	45	46

3. 播后不镇压

大量研究表明,冬小麦播种后实施镇压,能使种子与土壤紧密结合,根系得到及时伸长,下扎到深层土壤中,深层土壤中的水分含量较高也相对稳定,这样即使上层土壤较为干旱,根系也能从深层土壤中吸收到水分和养分,提高出苗率保证麦苗整齐健壮和抗旱能力。而据调研情况表明,90% 以上的农户播后不镇压,从而使得土壤悬空不踏实,既不利于保墒又容易遭受冷风侵袭,冻害较重。

4. 冬前水分管理不当

据研究报道,浇蒙头水和越冬水可以促进小麦分蘖,进而提高产量,并且通过灌溉次数和产量之间的相关关系发现,小麦产量基本随灌溉次数增加而增加。而调研情况表明,50% 以上的农户认为蒙头水和越冬水没有必要二次都浇,只浇一水即可,还有约 15% 的农户既不浇蒙头水也不浇越冬水。

5. 养分投入不合理

2009—2011 年小麦季农户养分投入情况如表 34-2 所示。2009—2010 年农民施氮、磷、钾肥量最小值分别为 208.3,60.8,22.5 kg/hm², 最高值分别为 434.5,162.0,151.5 kg/hm², 平均施肥量分别为 286.5,90.9,83.2 kg/hm²。2010—2011 年农民施氮量有所增加,平均增加了 14 kg/hm², 施磷量平均增加了 11.8 kg/hm², 而钾肥用量减少了 22.4 kg/hm²。两年调研结果发现,农户平均施氮量远大于当地推荐的优化施氮量 180 kg/hm², 施磷量和施钾量明显小于优化施肥量。而且,氮肥在生育期间的配比不合理,约 90% 以上的农户选择在返青期追施氮肥,还有一部分农户选择"一炮轰"。

表 34-2

2009—2011 年农户养分投入情况统计 kg/hm²

项目	2009—2010 年(n=28)			2010—2011 年(n=35)		
	N	P_2O_5	K_2O	N	P_2O_5	K_2O
最小值	208.3	60.8	22.5	198.8	47	0
最大值	396.8	162.0	151.5	434.5	201	135
平均值	271.5	90.9	87.8	285.5	102.7	65.4

6. 品种多、乱、杂,良莠不齐

据不完全统计,一个村级种子市场经营的小麦品种有的多达 20 多个(表 34-3)。我们通过农户跟踪发现 2008—2009 年石新 828 品种购买的人数比例最小,而到了 2009—2010 年石新 828 购买人数最多,并且多了一些新品种,农民反映对于品种选择主要是盲目跟风,大多数比较倾向于经销商的推荐。

表 34-3

2008—2010 年小麦品种统计

品种	2008—2009 年						2009—2010 年							
	733	02-1	石新 828	6203	7369	733	石新 828	02-1	2018	8216	良星 66	石新 616	旱麦
样本量	14	8	1	1	1	22	25	5	1	1	1	1	1

34.2.2 玉米生产中存在的主要问题

1. 品种多、乱、杂, 不利于生产管理

种子作为生产的最初投入,对植株的生长和产量形成有着很大的影响。种子纯度差,自交株多,必然导致群体整齐度下降,产量降低。要获得高产,品种选择是一个不容忽视的因素。而实际调查发现,市面上玉米品种多、乱、杂,农民选择存在盲目性,如表 34-4 所示 2011 年夏玉米品种中郑单 958 和登海 1 号使用量占较大比例,而到了 2012 年浚单 20、农大 108 所占比重较大,农户对于品种如何选择无章可循。

表 34-4

2011—2012 年农户使用小麦品种统计

品种	2011 年					2012 年						
	郑单 958	西玉 3	登海 1 号	中单 2996	农大 108	郑单 958	京垦 114	农大 108	登海 1 号	华丰 16	京单 28	浚单 20
样本量	14	11	8	1	3	12	2	6	5	1	5	7

2. 密度不合理

合理密植可以使植株充分利用光、水、肥等资源,是提高玉米产量的重要环节。我国李登海 1989 年创造的夏玉米世界纪录为 16 445 kg/hm²,收获密度为每公顷 75 045 株;2005 年再次刷新纪录为 19 349 kg/hm²,收获密度高达每公顷 98 610 株。但在实际生产中有不少农民习惯随意性种植,调查发现,当地农户留苗密度平均在 3 800~4 200 株/亩,最少的留苗密度仅 2 700 株/亩,同一品种的田间密度(每 667 m²)甚至相差近 2 000 株,种得太稀导致难以高产、高效。如郑单 958 等紧凑、耐密植品种一般要求留苗密度在 4 000 株/亩以上,而由于受传统习惯影响,农户留苗密度容易偏低,往往达不到 4 000 株/亩,使得该品种的增产潜力受到限制。

3. 播期推迟

高肖贤等研究表明保定市夏玉米播期不应晚于 6 月 15 日。而在华北地区,无霜期虽长,但是一年二熟或三熟,季节矛盾突出,使得玉米播种期推迟。通过调研发现 30％ 左右的农户播期晚于 6 月 15 日,使得光热需求得不到满足,灌浆期缩短,玉米秃尖严重,产量降低。

4. 养分投入不合理(数量、时期、养分比例)

牛新胜等通过对河北省部分县调查发现在当地农户习惯管理模式下:氮磷过量或超量的现象较为普遍,轻视钾肥的使用,特别是玉米季施钾较少,极少施用有机肥和微肥。我们通过跟踪调查也发现农户施肥偏氮磷、轻钾肥的现象,而且农户大数喜欢用高氮型复合肥并且习惯一次性随种施肥,整个生育期不再追肥,后期追肥的农户仅占 30％ 左右,且后期追肥的农户大多撒施或随水冲施,养分得不到充分利用,极大限制了肥料养分的利用效率。

34.3 区域养分管理技术创新与应用

34.3.1 小麦"一整二适三补微"技术

1. 技术思路

根据相关文献资料查阅和农户跟踪调查,明确了河北省小麦大面积实现高产高效的关键限制因子,并设计各项试验进行验证,最后建立"一整二适三补微"的高产高效技术体系(图34-1)。主要内容包括:一整,即提高整地播种质量,保证苗全、苗齐、苗壮。二适,即适时适量播种与施肥。三补微,即小麦后期喷施磷酸二氢钾及硫酸锌,以增加千粒重。

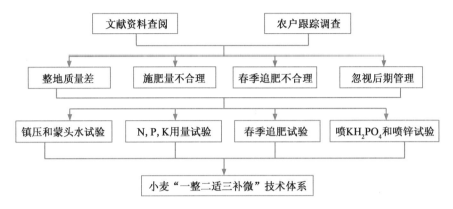

图34-1　小麦"一整二适三补微"技术思路

2. 关键技术突破

(1)提高整地播种质量　一是耕翻与耙耢、镇压相结合。连续多年种麦前只旋耕不耕翻的麦田,小麦各时期群体动态、产量及产量构成因素均显著降低深翻农户(表34-5)。因此小麦播种期应旋耕2～3年,深耕翻1年,破除犁底层。耕翻后及时耙耢2～3遍,在播种前进行镇压,播钟后再次镇压。

表34-5

深翻与旋耕对产量的影响

项目	产量 /(t/hm²)	基本苗 /(万株/亩)	返青苗 /(万株/亩)	亩穗数 /(万株/亩)	千粒重 /g
深翻农户	8.3	25.8	85.4	56.7	41.4
旋耕农户	7.7	23.6	80.2	52.4	38.6

二是酌情造墒。一般播种前0～20 cm土层保持土壤水分占田间最大持水量的70%～80%,不足的应灌水造墒或播种后及时浇蒙头水。2011—2012年的镇压和蒙头水试验对产量的结果可以看出(表34-6),镇压后浇蒙头水可以显著提高小麦产量,对亩穗数、穗粒数以及千粒重都有显著影响。因此,小麦播种后尽量选择镇压,而且要密切注意墒情,墒情不够要及时补浇蒙头水,以提高小麦防御自然灾害的能力,保收。

三是适量播种。播量要根据品种特性和播期而定,播量一般为15～16 kg,保证基本苗20万～25万,一般掌握密度适中或略高。在适当晚播、节水条件下种植密度适度增加有利于节水高产,晚播时要在播量上限基础上适当增加密度,一般晚播1 d增加播量0.5 kg。

表34-6

镇压和蒙头水对产量的影响

	亩穗数/(万/亩)	千粒重/g	穗粒数/个	产量/(kg/hm²)
镇压+蒙头水	53.3a	42.6a	34a	8 191a
蒙头水	52.9a	41.1ab	34b	8 092a
镇压	51.6a	40.6a	33ab	7 800ab
CK	49.4a	38.5b	32b	7 365b

（2）优化肥料配比　通过多年定点氮肥用量试验发现，冬小麦 4 季的平均产量和产量构成因素如表 34-7 所示。从产量上看，其他施氮水平与 N0 相比分别增产 79.9%，116.2%，115.2%，93.9%。在氮水平0～180 kg/hm² 范围内，随氮肥用量的增加冬小麦产量逐渐增加，在 N180 水平下产量达到最高，为 7 820.9 kg/hm²，N255 和 N180 水平相比产量无显著差异，N330 水平相对于 N180 水平产量则出现显著降低。从产量构成因素来看，在氮水平 0～180 kg/hm² 范围内亩穗数、穗粒数和千粒重均随施氮量的提高而增加，以 N180 水平最大。N330 水平亩穗数、穗粒数没有随着施氮量的提高而增加。

冬小麦 4 季的平均氮肥偏生产力与施肥量成反比，偏生产力随施氮量的提高而降低；不同施氮水平下，施氮量在 180 kg/hm² 水平下磷肥偏生产力最高，为 52.1 kg/kg，钾肥偏生产力也是在施氮量 180 kg/hm² 水平下最高，为 65.2 kg/kg。综合考虑产量和效率两方面，优化施氮量为 180 kg/hm²。

表 34-7

不同氮水平对小麦产量和肥料偏生产力的影响

处理	产量/(kg/hm²)	亩穗数/(万/亩)	穗粒数/粒	千粒重/g	偏生产力/(kg/kg)		
					N	P₂O₅	K₂O
N0	3 618c	26.6c	29c	40.1b	—	24.1	30.2
N100	6 508b	40.4b	34b	42.5ab	65.1	43.4	54.2
N180	7 821a	42.0a	37a	42.7a	43.4	52.1	65.2
N255	7 786a	40.7b	37a	42.3a	30.5	51.9	64.9
N330	7 016b	39.2b	35b	41.4b	21.3	46.8	58.5

通过多年定点磷肥用量试验发现，冬小麦 2 季的平均产量和产量构成因素如表 34-8 所示。从产量上来看，其他三个磷水平与 P0 相比分别增产 15.6%，16.9%，8.8%，P0 水平的产量为 6 818.7 kg/hm²，显著低于其他施磷水平。在磷水平0～150 kg/hm² 范围内，施磷量为 150 kg/hm² 时产量最高，达 7 971.4 kg/hm²，变化趋势表现为随磷肥施用量的增加，冬小麦产量不断增加，当磷肥用量为 195 kg/hm²，产量为 7 419.7 kg/hm²，反而低于 P150，相对于 P150 处理产量降低 6.9%。从产量构成因素来看，P0 水平的亩穗数、千粒重和穗粒数显著低于其他施磷水平，说明不施磷可导致冬小麦亩穗数、穗粒数、千粒重的降低，最终影响到冬小麦的产量。亩穗数、穗粒数在磷水平 0～150 kg/hm² 范围内以 P150 的达到最大，表现为随施磷量的提高而增加，当施磷量超过 150 kg/hm²，亩穗数、穗粒数和千粒重低于 P150 水平。说明不施磷和施磷过量冬小麦的产量和产量构成因素都会受到影响。

表 34-8

不同磷水平对小麦产量和肥料偏生产力的影响

处理	产量/(kg/hm²)	亩穗数/(万/亩)	穗粒数	千粒重/g	偏生产力/(kg/kg)		
					N	P₂O₅	K₂O
P0	6 819c	36.9b	33b	40.0b	26.7	—	56.8
P105	7 881a	42.8a	36a	43.3a	30.9	75.1	65.7
P150	7 971a	43.4a	37a	42.9a	31.3	53.1	66.4
P195	7 419b	41.3ab	36a	42.4a	29.1	38.0	61.8

冬小麦磷肥偏生产力与施磷量成反比，偏生产力随施磷量的降低而增加；不同施磷水平下，施磷量 150 kg/hm² 时氮肥偏生产力最高，为 31.3 kg/kg，相较于其他三个施磷水平，钾肥偏生产力变化和氮肥偏生产力变化相同，也是在施磷量为 150 kg/hm² 时最高，为 66.4 kg/kg。综合考虑产量和效率二方

面,优化施磷量为 150 kg/hm²。

通过多年定点钾肥用量试验发现,冬小麦 4 季的平均产量和产量构成因素如表 34-9 所示。从产量上来看,其他三个磷水平与 K0 相比分别增产 25.9%,40.6%,49.6% 和 42.6%。K0 水平的产量为 5 913.3 kg/hm²,显著低于其他施磷水平。在钾水平 0~120 kg/hm² 范围内,施钾量为 120 kg/hm² 时产量最高,达 8 846.7 kg/hm²,变化趋势表现为随钾肥施用量的增加,冬小麦产量不断增加,当钾肥用量为 156 kg/hm²,产量为 8 434.5 kg/hm²,反而低于 K120 水平。从产量构成因素来看,K0 水平的亩穗数、千粒重和穗粒数显著低于其他施钾水平,说明不施磷可导致冬小麦亩穗数、穗粒数、千粒重的降低,最终影响到冬小麦的产量。亩穗数、穗粒数在钾水平 0~120 kg/hm² 范围内以 K120 的达到最大,表现为随施钾量的提高而增加,当施钾量超过 120 kg/hm²,亩穗数、穗粒数和千粒重低于 K120 水平。说明不施磷和施磷过量冬小麦的产量和产量构成因素都会受到影响。

冬小麦钾肥偏生产力与施钾量成反比,偏生产力随施钾量的降低而增加;不同施钾水平下,施钾量 120 kg/hm² 时氮肥偏生产力最高,为 34.7 kg/kg,相较于其他三个施钾水平,钾肥偏生产力变化和氮肥偏生产力变化相同,也是在施钾量为 120 kg/hm² 时最高,为 59.0 kg/kg。综合考虑产量和效率二方面,优化施钾量为 120 kg/hm²。

表 34-9

不同钾水平对小麦产量和肥料偏生产力的影响

处理	产量 /(kg/hm²)	亩穗数 /(万/亩)	穗粒数	千粒重 /g	偏生产力/(kg/kg)		
					N	P₂O₅	K₂O
K0	5 913c	36.5b	35c	40.5b	23.2	39.4	—
K48	7 443b	39.9a	37bc	42.6ab	29.2	49.6	155.1
K84	8 314a	40.1a	38ab	43.7a	32.6	55.4	99.0
K120	8 847a	40.1a	40a	44.0a	34.7	59.0	73.7
K156	8 435a	41.3a	38ab	43.6a	33.1	56.2	54.1

(3)春季追肥定量化　根据冬小麦季施肥状况和返青期群体数量的调查,于冬小麦返青期选择群体差异较大的田块分别作为壮苗和弱苗区(返青期主茎≥70 万株/亩为壮苗,返青期主茎≤50 万株/亩为弱苗),对壮苗和弱苗的最佳追肥时期和追肥量进行了定量化。

2011—2012 年冬小麦季和 2012—2013 年冬小麦季壮苗区四个追肥处理较不追肥处理籽粒产量均有明显的增加,第一年试验结果中冬小麦增产最高幅度可达 38%,第二年试验增产幅度更明显,最高达到 60% 左右,说明后期追施氮肥对壮苗来说有明显的增产效果。而对比这两季冬小麦壮苗区的四个后期追肥处理可以发现,拔节期追肥(S3、S4 和 S5)较返青至起身期追肥(S2)籽粒产量有显著增加,且两季试验结果均以拔节期追施纯氮 75 kg/hm² 的 S4 处理最高(表 34-10)。

表 34-10

壮苗区追肥处理对冬小麦籽粒产量的影响

处理	2011—2012 年冬小麦		2012—2013 年冬小麦	
	籽粒产量/(kg/hm²)	增产幅度/%	籽粒产量/(kg/hm²)	增产幅度/%
不追肥(S1)	6 795d	—	5 169d	—
返青至起身追纯 N 75 kg/hm²(S2)	7 755c	14.1	6 546c	26.6
拔节期追纯 N 45 kg/hm²(S3)	8 160bc	20.1	7 032b	47.8
拔节期追纯 N 75 kg/hm²(S4)	9 360a	37.7	8 230a	59.2
拔节期追纯 N 105 kg/hm²(S5)	8 895b	30.9	7 638b	36.0

由图 34-2 可看出壮苗区冬小麦成熟期 0～90 cm 土壤硝态氮累积量在 62.2～289 kg/hm² 之间。后期追施氮肥的四个处理中以 S5 处理的硝态氮平均累积量为最高,可达到 289 kg/hm²,显著高于 S2、S3 和 S4 处理。S2、S3 和 S4 处理间没有显著差异,两年试验结果均以拔节期(六叶期)追施纯氮 75 kg/hm² 的 S4 处理各土层硝态氮累积量为最低。在耕层(0～30 cm)中,土壤硝态氮累积量 S5＞S3＞S4＞S2＞S1,随着土层深度的增加硝态氮累积量逐渐降低,以 S4 处理的降低幅度最大。综合考虑产量和环境两方面,对于返青期小麦主茎数≥70 万/亩的田块,以拔节期追施纯氮 75 kg/hm² 为最优。

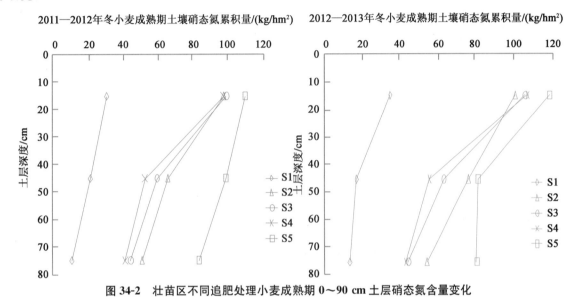

图 34-2　壮苗区不同追肥处理小麦成熟期 0～90 cm 土层硝态氮含量变化

2011—2012 年冬小麦季与 2012—2013 年冬小麦季弱苗区的四个追肥处理较不追肥处理籽粒产量均有明显的增加,两年结果均显示后期追施氮肥最高增产幅度可达 30% 左右,说明追施氮肥对弱苗来说也有明显的增产效果。对于后期追肥的四个处理来说,返青至起身期追肥(W2,W3 和 W4)较拔节期追肥(W5)籽粒产量显著增加,同一时期追肥的 W2,W3 和 W4 相比,籽粒产量也出现显著性差异,两年试验结果均以返青至起身期(四叶期)追施纯氮 135 kg/hm² 的 W4 处理为最高(表 34-11)。这与当地农民习惯追肥时期和追肥量基本相同。

表 34-11

弱苗区追肥处理对冬小麦籽粒产量的影响

处理	2011—2012 年冬小麦		2012—2013 年冬小麦	
	籽粒产量/(kg/hm²)	增产幅度/%	籽粒产量/(kg/hm²)	增产幅度/%
不追肥(W1)	6 030c	—	4 473c	—
返青至起身追 N 75 kg/hm²(W2)	7 005b	16.2	5 456b	14.3
返青至起身追 N 105 kg/hm²(W3)	7 605a	26.9	5 857b	22.7
返青至起身追 N 135 kg/hm²(W4)	7 935a	31.1	6 484a	35.9
拔节期追纯 N 105 kg/hm²(W5)	6 550bc	8.6	5 078c	6.4

由图 34-3 弱苗区冬小麦成熟期 0～90 cm 土壤硝态氮累积量可以看出,W2,W3,W4 和 W5 处理的土壤硝态氮平均累积量都显著高于 W1 处理,W2,W3,W4 和 W5 处理之间没有显著差异,但两年试验结果均以 W3 处理硝态氮累积量最低。W4 处理除耕层(0～30 cm)土壤硝态氮累积量明显高于其他处理外,30～90 cm 土层的硝态氮累积量均较低。因此 W4 处理较其他处理相比,降低了硝态氮向深层土壤淋失的风险。综合考虑产量和环境两方面,对于返青期小麦主茎数≤50 万/亩的田块,以返青期追施

纯氮 135 kg/hm² 为最优。

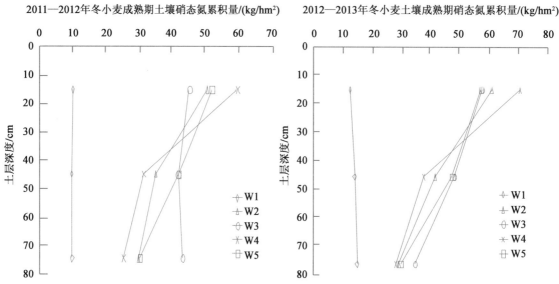

图 34-3　弱苗区不同追肥处理小麦成熟期 0~90 cm 土层硝态氮含量变化

（4）小麦后期补微技术　针对小麦后期干热风和倒伏等问题，提出了补微技术，即后期喷施磷酸二氢钾和硫酸锌。由 2011—2012 年和 2012—2013 年两个冬小麦季进行的后期喷施 KH_2PO_4 试验结果（表 34-12）可以发现，后期喷施 KH_2PO_4 可显著提高籽粒产量，增产可达 10％以上。

表 34-12

后期喷施 KH_2PO_4 和锌肥对产量的影响　　　　　　　　　　　　　　　　　　　　　　　　　　　t/hm²

处理	2010—2011 年	2011—2012 年
	产量	产量
喷施 KH_2PO_4	9.7a	7.4a
对照	8.4b	6.7b

2011—2012 年冬小麦季后期喷施锌肥试验结果（表 34-13）可以发现，各种植模式喷施锌肥均表现出了增产效果，以再高产高效模式增产率最高，达到 14.6％，农民习惯模式增产 10.5％；千粒重也有显著提高，仍以再高产高效模式增重最高，为 10.1％，农民习惯模式增重 6.9％。

表 34-13

后期喷施 KH_2PO_4 和锌肥对产量的影响

处理	对照		喷锌		增产率/％	增重率/％
	产量/(t/hm²)	千粒重/g	产量/(t/hm²)	千粒重/g		
农民习惯	7.6	41.8	8.4	44.7	10.5	6.9
高产高效	8.3	43	9.2	45.1	10.8	4.9
再高产	9.6	43.4	10.0	47.3	4.2	9.0
再高产高效	8.2	42.6	9.4	46.9	14.6	10.1

后期补微技术对于延长小麦叶片功能期，提高光合作用，防病抗倒，减轻干热风危害，增加粒重提高产量具有重要意义，可以作为一项重要的技术，进行大面积推广示范。

3. 技术规程

河北山前平原区小麦高产高效技术模式图见表 34-14。

表34-14
河北山前平原区小麦高产高效技术模式图

时期	整地·播种（9月下旬至10月上中旬）	出苗·越冬（10月中旬）	返青·拔节（3~4月）	孕穗·灌浆（4月底至6月初）	收获（6月中旬）
生育期图片					
适宜区域	该技术操作规程适用于河北省山前平原小麦亩产500~550 kg/亩的地区推广应用				
主攻目标	提高整地质量和播种质量，确保苗全、苗齐、苗壮	促进分蘖，培育壮苗，保证安全过冬	控蘖壮株，防病防虫防倒，建立合理群体结构	防病虫，防早衰，促灌浆，增粒重	适时收获
技术指标	精细整地，选用良种，适时适量适墒播种	每亩苗25万~30万，冬前总茎数70万~80万	每亩最大总茎数80万~100万	每亩穗数44万~50万，每穗粒数33~38个，千粒重40~46 g	
主要技术措施	1. 良种准备：选节水性、丰产性和抗逆性兼顾的石新733、石新828等品种。播种前用精选种子包衣或拌种，杀菌剂及生长调节剂包衣，保证苗全、苗齐、苗壮，杀传、种传病害及地下害虫。 2. 浇足底墒水：玉米收获前10~15天或收获后浇水造墒，需可浇造墒时，播玉米马上灌"蒙头水"。 3. 精细整地：玉米秸秆粉碎后长度小于10 cm，一般粉碎2遍。每三年深耕（30 cm）一次。每亩底肥施N 5~6 kg，P_2O_5 4~6 kg，K_2O 3~5 kg，$ZnSO_4$ 1 kg。 4. 播期、播量：南部适宜播期10月5~15日，最佳播期10月8~13日，每亩播量11~13 kg，基本苗20万~25万；北部最适播期10月5~10日，每亩播量14~15 kg，播基本苗30万左右。以后每推迟1 d增加播量0.5 kg；播深一般为4~5 cm。旋耕整地作业的播种量增加10%~15%。特别注意播后田面镇压踏实，不跑风漏气，确保小麦越冬安全	灌冻水：11月下旬至12月上旬，日平均气温在3~4℃，夜冻昼消时灌水。麦苗弱小但土壤墒情较好的地块可不浇水。灌水量控制在每亩50 m³左右	（1）早春施肥灌水：苗情差的地块在起身早期浇水施肥，一般苗情地块起身至末期浇到拔节时期浇水施肥。拔节肥（4~10日是增加粒数的最佳时期）选用一般品种的氮肥（7~9 kgN），结合浇水一次施入。 （2）化学除草：结合灌水用巨星、苯黄隆或2,4-D除草剂喷雾。对杂草不严重地块也可人工除草	（1）灌水：灌溉时期以开花期为宜。 （2）"一喷综防"：第一次一般于5月初，在小麦抽穗开花后用杀虫剂（吡虫啉等）和杀菌剂（甲基托布津、多菌灵等+粉锈宁）及叶面肥（磷酸二氢钾、磷酸二铵或尿素溶液等）混合喷施，可预防蚜虫、白粉病、锈病和赤霉病等。第二次一般于5月中下旬喷一次，既能防治病，又能促进小麦灌浆，又提高千粒重，防止干热风的危害	适时收获：在蜡熟末期到完熟初期适时收获。种子含量在18%左右收获为佳

4.技术应用效果

(1)"一整二适三补微"技术应用效果 2010—2013 年冬小麦和夏玉米不同种植模式的产量如表 34-15 所示。可以看出,对于冬小麦,与农民习惯模式相比,其余各管理模式的产量在各年份均有显著提高。农民习惯、高产高效、再高产和再高产高效四个处理三年的平均产量分别为 6.3,7.3,7.9 和 7.5 Mg/hm²,再高产模式产量显著高于其他模式,高产高效和再高产高效模式产量无显著差异。对于冬小麦,农民习惯、高产高效、再高产和再高产高效三年平均 PFP 分别为 23.3,37.4,26.4 kg/kg 和 29.3 kg/kg。较农民习惯模式相比,其余三个模式增产均达 15% 以上,增效 10% 以上。

表 34-15
2010—2013 年冬小麦季不同种植模式对产量及效率的影响

试验年度	冬小麦				
	处理	籽粒产量/(kg/hm²)	增产率/%	氮肥偏生产力/(kg/kg)	增效/%
2010—2011	农民习惯	7 643c	—	28.3c	—
	高产高效	9 224b	20.7	47.3a	67.1
	再高产	9 972a	30.5	33.2b	17.3
	再高产高效	9 359b	22.5	36.7b	29.7
2011—2012	农民习惯	7 200c	—	26.7c	—
	高产高效	8 088b	12.3	41.5a	55.5
	再高产	8 846a	22.9	29.5b	10.6
	再高产高效	8 292b	15.2	32.5b	21.9
2012—2013	农民习惯	4 019c	—	14.9c	—
	高产高效	4 543b	13	23.3a	56.4
	再高产	4 934a	22.7	16.4bc	16.4
	再高产高效	4 732ab	17.7	18.6b	24.6
平均值	农民习惯	6 287c	—	23.3c	—
	高产高效	7 285b	15.9	37.4a	60.5
	再高产	7 917a	25.9	26.4b	13.3
	再高产高效	7 461b	18.7	29.3b	25.8

(2)大面积应用效果 本课题组通过田间试验、田间指导、培训、现场观摩会等在河北地区进行了冬小麦大面积示范推广,并取得了增产 15%～20%,增效 15%～20% 的效果。

34.3.2 玉米"增密、调肥、晚收"技术

1.技术思路

通过相关文献资料查阅和农户跟踪调查,明确了河北省夏玉米大面积实现高产高效的关键限制因子,并设计各项试验进行验证,最后建立"增密、调肥、晚收"的高产高效技术体系(图 34-4)。主要内容包括:增密,即合理增加种植密度,种植密度要与品种要求相适应;调肥,即推广配方施肥技术,一般地块要做到氮、磷、钾等平衡施肥,根据产量指标和地力基础确定施肥量,注意增施磷、钾肥和微肥。氮肥分期施用,轻施苗肥、重施穗肥、补追花粒肥。晚收,即适时晚收保增产。

2.关键技术突破

(1)增密技术 针对农户玉米留苗密度偏低问题,通过大样本调研,提出增密技术。通过对调研结

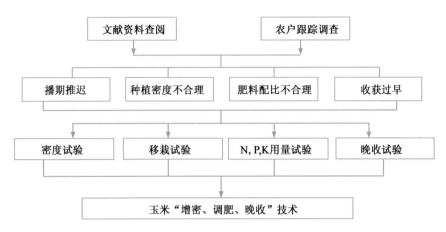

图 34-4　玉米"增密、调肥、晚收"技术思路

果中 3 年的高产和低产农户密度进行分析发现,高产农户的平均种植密度均高于低产农户(表 34-16)。因此在实际种植中选择较为耐密的品种,是保证高产的重要方法,一般耐密紧凑型玉米品种留苗 4 200~4 700 株/亩,大穗型品种留苗 3 200~3 700 株/亩,高产田适当增加。

表 34-16

2009—2011 年玉米高、低产田密度与产量统计

年份	农户	产量/(t/hm²)	密度/(万株/hm²)	样本数
2009	高产农户	11.3*	6.6	13
	低产农户	8.0	6.3	20
2010	高产农户	8.7*	7.0	17
	低产农户	6.4	5.9	16
2011	高产农户	10.9*	7.3	15
	低产农户	7.4	6.3	18

(2)优化施肥技术

A. 优化施氮对玉米产量的影响:通过多年定点氮肥用量试验结果发现(表 34-17),在不同的施氮水平下,夏玉米两季的平均产量及产量构成因素都有一定的差异。从产量上看,其他氮水平与 N0 相比分别增产 18.4%,18.7%,16.0%,16.4%,N0 水平的产量低于其他施氮水平。夏玉米产量在氮水平 0~180 kg/hm² 范围内,随着氮肥施用量的增加而增加,以 N180 水平下最高,为 9 022 kg/hm²,当氮肥用量为 255 和 330 kg/hm² 产量反而降低,与 N180 处理相比,产量分别降低了 2.3% 和 2.0%。从产量构成因素来看,N0 水平的千粒重、粒数最低,说明不施氮可导致夏玉米粒数和千粒重的降低,最终导致夏玉米的产量降低,但过量施氮也会使千粒重和粒数下降,使夏玉米的产量降低。

表 34-17

不同氮水平夏玉米产量和肥料偏生产力的影响

处理	密度/(株/hm²)	粒数	千粒重/g	产量/(kg/hm²)	偏生产力/(kg/kg)		
					N	P₂O₅	K₂O
N0	62 030	464b	291.5b	7 603c	—	84.5	52.8
N100	67 052	504a	299.0a	9 004ab	90.0	100.0	62.5
N180	69 201	504a	301.4a	9 022a	50.1	100.2	62.7
N255	66 792	499a	299.3a	8 817b	34.6	98	61.2
N330	62 366	501a	299.8a	8 848b	26.8	98.3	61.4

夏玉米两季平均氮肥偏生产力随施氮量的增加而降低,即氮肥偏生产力与施氮量成反比,磷肥偏生产力在不同施氮水平下以施氮量 180 kg/hm² 水平下最高,为 100.2 kg/kg,相较于其他四个施氮水平处理相比,分别增加了 15.8,0.2,2.3,1.9 kg/kg;钾肥偏生产力也是在施氮量 180 kg/hm² 水平下最高,为 62.7 kg/kg,相较于其他三个施氮水平处理相比,分别增加了 9.9,0.1,1.4,1.2 kg/kg。综合考虑产量和肥料利用率两方面,优化施氮量为 180 kg/hm²。

B. 优化施磷对玉米产量的影响:通过磷肥用量试验结果发现(表 34-18),不同的施磷处理产量及产量构成因素都有一定的差异。从产量上看,其他三个磷水平与 P0 相比,分别增产 1.2%,6.8%,4.8%,P0 水平的产量相较于其他施磷水平都是最低的。在施磷水平 0～90 kg/hm² 范围内,随磷肥用量的不断增加夏玉米产量也增加,P90 水平时产量最高,为 10 694.2 kg/hm²,当磷肥用量为 117 kg/hm² 时,夏玉米产量反而降低,相较于 P90 处理降低了 1.9%。从产量构成因素来看,其他三个施磷水平的千粒重和粒数都大于 P0 水平。说明不施磷肥夏玉米的粒数和千粒重同样会受到影响,致使夏玉米的产量降低。当磷肥用量过多时也会导致粒数、千粒重和产量下降。

随施磷量的增加,夏玉米磷肥偏生产力表现为 P63 最大,P90 次之,P117 最小,也就是说夏玉米磷肥偏生产力与施磷量成反比;不同施磷水平下氮肥偏生产力的最高值为 P90 水平,为 47.5 kg/kg,相较于其他三个施磷水平处理相比,分别增加了 3.0,2.0,0.9 kg/kg;钾肥偏生产力的最高值同样为 P90 水平,为 89.1 kg/kg,相较于其他 3 个施磷水平相比,分别增加了 5.6,3.8,1.6 kg/kg。施磷量在 63～117 kg/hm² 范围内,磷肥利用率随施磷量的提高,表现为和磷肥偏生产力一样的趋势,以施磷量 117 kg/hm² 水平下最低通过分析得出,在施磷量逐渐减少的同时,能够显著提高夏玉米对化肥偏生产力和磷素的利用率。综合考虑产量和肥料利用率两方面,优化施磷量为 90 kg/hm²。

表 34-18

不同磷水平夏玉米产量和肥料偏生产力的影响

处理	产量 /(kg/hm²)	密度 /(株/hm²)	粒数	千粒重 /g	偏生产力/(kg/kg)		
					N	P₂O₅	K₂O
P0	10 016c	63 029	537c	322.5c	44.5	—	83.5
P63	10 238b	65 811	558b	335.3ab	45.5	162.5	85.3
P90	10 694a	64 254	581a	344.0a	47.5	118.8	89.1
P117	10 494ab	63 250	562b	337.9ab	46.6	89.7	87.5

C. 优化施钾对玉米产量的影响:通过定点钾肥用量试验结果发现(表 34-19),在不同的施钾水平下,夏玉米两季的平均产量及产量构成因素都有一定的差异。从产量上看,其他钾水平与 K0 相比分别增产 9.2%,12.9%,30%,8.9%,K0 水平的产量低于其他施氮水平。夏玉米产量在氮水平 0～180 kg/hm² 范围内,随着氮肥施用量的增加而增加,以 K120 水平下最高,为 10 793.9 kg/hm²,当钾肥用量为 156 kg/hm² 产量反而降低。从产量构成因素来看,K0 水平的千粒重显著低于其他处理,说明不施钾可导致夏玉米千粒重的降低,最终导致夏玉米的产量降低,但过量施钾也会使千粒重下降,使夏玉米的产量降低。

表 34-19

不同钾水平夏玉米产量和肥料偏生产力的影响

处理	产量 /(kg/hm²)	密度 /(株/hm²)	粒数	千粒重 /g	偏生产力/(kg/kg)		
					N	P₂O₅	K₂O
K0	8 323c	76 224a	490a	278.1c	32.6	92.5	—
K48	9 089bc	76 476a	495a	285.6bc	35.6	101.0	189.4
K84	9 398b	76 532a	508a	305.1a	36.9	104.4	111.9
K120	10 794a	76 572a	515a	301.8a	42.3	119.9	89.9
K156	9 061bc	76 546a	493a	294.5ab	35.5	100.7	58.1

夏玉米两季平均钾肥偏生产力随施钾量的增加而降低,即钾肥偏生产力与施钾量成反比,磷肥偏生产力在不同施钾水平下以施氮量 120 kg/hm² 水平下最高,为 119.9 kg/kg,钾肥偏生产力也是在施钾量 120 kg/hm² 水平下最高,为 62.7 kg/kg,综合考虑产量和肥料利用率两方面,优化施钾量为 120 kg/hm²。

(3)晚收增产技术 针对玉米过早收获问题,从 2013 年夏玉米季的同田对比试验结果(表 34-20)可以看出,适时晚收可实现每亩增产大于 50 kg。因此,应改变过去"苞叶变黄、籽粒变硬即可收获"为"苞叶干枯、籽粒基部出现黑层、籽粒乳线消失时收获",一般在 9 月底 10 月初进行收获。

表 34-20

晚收技术对产量的影响

项目	增产/(kg/亩)
对照	—
晚收增产技术	≥50

(4)玉米移栽技术 针对播期推迟导致的华北地区玉米减产减收问题,通过大田试验及苗期试验,提出了移栽苗龄、播期、品种以及苗期的养分调控等关键技术。

A. 对于胚乳未消失的 3 叶幼苗来说,玉米幼苗阶段进行外源 N,P,K 养分的施用,可促进幼苗生长发育,但是要根据实际情况控制在一定的水平下。对于微量元素,硼锌配施会对幼苗的生长发育产生抑制作用,而锰的施用会促进植株的光合作用(表 34-21)。

表 34-21

不同微量元素处理下玉米幼苗干、鲜重 g

处理	地上部鲜重	地下部鲜重	总鲜重	地上部干重	地下部干重	总干重	根冠比
CK	0.83ab	1.15ab	1.99b	0.10b	0.13b	0.23b	1.3a
CK+Zn+B+Mn	0.80b	1.21ab	2.01ab	0.10a	0.14ab	0.24b	1.4a
CK+Zn+B	0.78b	1.08b	1.86b	0.11b	0.12ab	0.22b	0.9b
CK+Zn+Mn	0.89a	1.38a	2.27a	0.14a	0.16a	0.30a	1.1b
CK+B+Mn	0.83ab	1.15ab	1.98b	0.13b	0.13b	0.26a	1.0b

B. 6.20 日播期,尤其是 6 月 25 日以后,移栽是稳产、高产的重要手段。若播期推迟至 6 月 25 日以后,可采用 2 叶玉米幼苗移栽以达到稳产保收的效果如表 34-22 所示,6 月 25 日移栽玉米与其同时播种的 6 月 15 日直播玉米相比,产量有显著的下降,虽然穗粒数没有明显差异,但是百粒重却明显减小。6 月 25 日移栽玉米与其同播期的 6 月 25 日直播玉米相比,产量及百粒重都有显著增加(表 34-22)。

表 34-22

不同播期和栽培方式对产量及产量构成的影响

播期	产量/(kg/hm²)	密度/(万株/hm²)	穗粒数/粒	百粒重/g
6.15 直播	12 600a	6.75	568a	32.9a
6.25 移栽	11 400b	6.75	559ab	30.3b
6.25 直播	8 900c	6.75	479b	27.6c

C. 在品种选择方面,可选择先玉 335、郑单 958 等中晚熟品种,在其适应当地气候的条件下,可达到更好地稳产增产目的。

3. 技术规程

河北山前平原区夏小麦高产高效技术模式图见表 34-23。

表34-23　河北山前平原区夏玉米高产高效技术模式图

时期	播前准备-播种（6月中旬）	出苗-拔节（6月中旬至7月中旬）	大喇叭口期（7月底至8月初）	抽雄-灌浆（8月中旬至9月底）	收获（10月上旬）
生育期图片					
适宜区域	该技术操作规程适用于河北省山前平原区夏玉米产600~650 kg的地区推广应用				
主功目标	保证种子质量、确保苗全、苗齐苗壮	培育壮苗	重水肥、防病虫	防早衰、促灌浆、增粒重	适时收获
技术指标		郑单958留苗5 000~5 500株/亩；浚单20留苗4 500~5 000株/亩		每亩穗数4 300~4 800个，每穗粒数460个左右，千粒重330 g左右	
主要技术措施	1. 良种准备：选用紧凑耐密型、抗逆性强、增产潜力大、生长期在95~105天之间的郑单958、浚单20等新品种包衣种子。如果是非包衣种子，播前要晒种、拣种和拌种。 2. 施底（种）肥：每亩施30%氮肥4~5 kg N，磷肥3~5 kg P_2O_5，钾肥5~7 kg K_2O，锌肥利锰肥1 kg。 3. 抢时早播：一般在6月18日前切茬播种，采用60 cm等行距种植，播后浇蒙头水	1. 化学除草：在杂草出土前进行浇水或降雨后地面湿润时，每亩用40%乙莠玉米除草剂0.2~0.3 kg作土壤封闭处理。 2. 病虫防治：用10%吡虫啉每桶20 g加4.5%高效氯氰菊酯30 mL，25%快杀灵20 mL，进行全田喷雾，可兼治玉米田土蝗、蟋蟀，叶蝉等害虫。 3. 3叶期间苗，5叶期定苗。 4. 化控防倒：8~10叶期用缩节胺8~10 g加水30 kg喷雾防倒	1. 水肥管理：充分利用自然降雨并保证吐丝发育关键生长发育时期的水分供应，一般结合浇水每亩追施氮肥（N）8~10 kg。 2. 病虫害防治：重点防治玉米心叶用辛硫磷颗粒剂灌心或用4.5%高效氯氰菊酯或50%辛硫磷乳油心叶喷雾防治	1. 水肥管理：充分利用自然降雨时注意浇水以保证玉米灌浆对水分的需求；保证后期灌浆不脱肥。 2. 病虫害防治：穗期应重点防治褐斑病，用12.5%禾果利或12.5%粉锈宁叶面喷雾防治	在条件允许的情况下尽量晚收以保证籽粒充分灌浆和成熟。一般在9月底10月初收获，保证籽粒灌浆期在50 d以上

4.技术应用效果

(1)"增密、调肥、晚收"技术对产量和环境的影响　2011—2013年夏玉米产量如表34-24所示,与农民习惯模式相比,其余各管理模式的产量在各年份均有显著提高。农民习惯、高产高效、再高产和再高产高效4个处理三年的平均产量分别为8.8,10.0,11.1和10.4 Mg/hm²。夏玉米产量仍以再高产模式为最高,再高产高效和高产高效模式无显著差异。夏玉米年际间产量也存在变异。三年产量以2011年产量最高,为10.6 Mg/hm²,2012年和2013年产量出现下降,主要原因是气候因素,2012年和2013年9月降雨较多,太阳辐射累积量减少,籽粒灌浆受到影响,从而使千粒重受到限制。对于氮肥偏生产力,农民习惯、高产高效、再高产和再高产高效三年平均PFP分别为42.0,55.5,36.9和40.6 kg/kg,高产高效模式增效达30%左右。

表34-24

2011—2013年夏玉米季不同种植模式对产量及效率的影响

试验年度	处理	籽粒产量/(kg/hm²)	增产率/%	氮肥偏生产力/(kg/kg)	增效/%
2011	农民习惯	9 988c	—	47.6b	—
	高产高效	10 639b	6.5	59.1a	24.1
	再高产	11 623a	16.4	38.7d	−0.2
	再高产高效	10 722b	7.3	42.1c	−0.1
2012	农民习惯	8 353a	—	39.8b	—
	高产高效	9 971b	19.7	55.4a	39.2
	再高产	10 961a	31.2	36.5c	−0.1
	再高产高效	10 459ab	25.2	41b	0
2013	农民习惯	8 093c	—	38.5b	—
	高产高效	9 337b	15.4	51.9a	34.7
	再高产	10 667a	28.4	35.6c	−5.7
	再高产高效	9 910ab	22.5	38.9b	1
平均值	农民习惯	8 812c	—	42.0b	—
	高产高效	9 982b	13.3	55.5a	32.1
	再高产	11 084a	25.8	36.9c	−12.0
	再高产高效	10 364b	17.6	40.6b	−3.0

3个轮作季之后土壤剖面硝态氮运移及深层积累状况,如图34-5可以看出,土壤硝态氮出现了显著淋溶,运移前锋已经深达300 cm处,硝态氮在120～150和270～330 cm两处都出现了累积峰。各处理硝态氮含量均以270～330 cm处为最大,分别为38.95,30.06,48.78和36.67 mg/kg,显著高于120～150 cm处的23.29,19.98,33.22和22.49 mg/kg。0～100 cm根区硝态氮含量较低,各处理平均含量分别为14.42,10.06,13.28和12.27 mg/kg,330 cm土层以下硝态氮的累积量逐渐减少,到400 cm处土壤硝态氮含量在8 mg/kg左右。

农民习惯、高产高效、再高产和再高产高效四个模式0～400 cm硝态氮总累积量分别达到890.14,768.44,1 133.33,864.78 kg/hm²,随着施肥量的增加而增加,以再高产模式土壤硝态氮淋失最为严重,在120～250和300～330 cm土层中再高产模式的硝态氮含量均显著高于其他处理,这与该处理氮肥投入量最高,超出了作物最大需氮量有关,因此长期过量增施氮肥给地下水环境带来了严重的隐患。农民习惯模式淋失也较严重,270～300 cm处淋溶峰值达38.95 mg/kg,明显高于模式高产高效和再高产高效。再高产高效模式也出现了硝态氮淋溶,淋溶程度较低,但仍显著高于处理高产高效。

高产高效模式硝态氮淋失现象不明显,浓度基本维持在 30 mg/kg 以下,可见高产高效管理模式硝态氮累积量处于偏低水平,对环境也是较友好的。

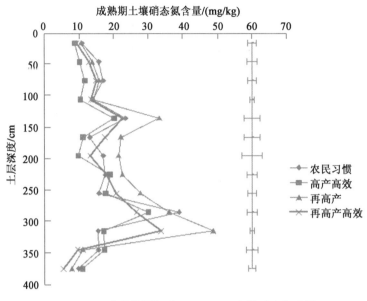

成熟期土壤硝态氮含量/(mg/kg)

图 34-5　3 个轮作周期后 0～400 cm 土壤硝态氮含量

　　(2)大面积应用效果　本课题组通过田间试验、田间指导、培训,现场观摩会等在河北地区进行了夏玉米大面积示范推广,并取得了增产 15%～20%,增效 15%～20%的效果。

34.4　区域养分管理技术创新与应用的未来发展

　　目前,小麦、玉米体系区域养分管理技术的研究工作已基本完成,未来的发展重点是该技术体系在河北山前平原区小麦、玉米主产区的大面积示范推广及如何熟化再高产高效技术并大面积应用。当前正在实施的全国测土配方施肥项目和科技小院网络为技术和产品的结合提供了良好的契机,为这一项技术的推广应用展示了美好的前景。主要内容包括:

　　(1)小麦、玉米增产增效 30%～50%的技术途径;

　　(2)结合全国测土配方施肥项目,对小麦、玉米体系区域养分管理技术在小麦、玉米主产区的参数进行校验和推广应用;

　　(3)利用科技小院网络,对小麦、玉米体系区域养分管理技术进行宣传、示范、推广。

参考文献

[1] 陈新平. 小麦-玉米轮作体系养分资源综合管理研究小组. 张福锁. 根际过程与养分资源高效利用研究群体简介. 北京,中国农业大学出版社,2008.

[2] 高肖贤. 河北省北部山前平原区夏玉米高产高效制约因素及关键技术研究. 保定:河北农业大学,2013.

[3] 高肖贤,张华芳,等. 不同施氮量对夏玉米产量和氮素利用的影响. 玉米科学 2014,22(1):121-126,131.

[4] 高肖贤,张华芳,等. 河北省农户夏玉米产量差异及其制约因素分析. 江苏农业科学,2013,41(9):68-72.

［5］郭彩娟,徐振华,等.河北山前平原区农户小麦生产制约因素的调查分析.麦类作物学报,2011,31 (2):352-357.

［6］籍姿杰.夏玉米育苗移栽技术及其产量效应研究.保定:河北农业大学,2014.

［7］贾春林,郭洪海,张勇,等.玉米秸秆全量还田下不同播种方式对土壤结构及小麦苗期生长的影响. 中国农学通报,2010,26(8):243-248.

［8］李仁岗.不同土壤供氮水平下冬小麦氮磷肥效应与经济合理施肥量的确定.国际平衡施肥学术讨论 会论文集.北京:农业出版社,1989.

［9］刘胜尧,孟建,等.播期播量对冀东地区冬小麦生育特性及产量性状的影响.安徽农业科学,2013,41 (34):13136-13138.

［10］牛新胜,张宏彦.华北平原冬小麦-夏玉米生产肥料管理现状分析.耕作与栽培,2010:5.

［11］秦双月,张振栓,刘克桐,等.河北省土壤肥料工作商榷.河北省土壤肥料研与应用进展.北京:中国 农业出版社,1999.

［12］史晶.冬小麦/夏玉米氮磷肥安全高效施肥量研究.保定:河北农业大学,2013.

［13］孙菁菁.不同管理技术对河北山前平原区冬小麦产量及养分利用的影响.保定:河北农业大 学,2012.

［14］孙菁菁,魏静,等.不同管理模式对冬小麦产量和养分吸收的影响.安徽农业科学,2012,40(26): 12833-12835.

［15］佟丙辛.测土配方施肥技术推广的限制因素分析及其解决途径.保定:河北农业大学,2014.

［16］夏爱萍.河北平原冬小麦-夏玉米两熟生产的限制因素研究.河北农业大学,2006.

［17］赵同科,曹云者,张国印,等.冬小麦氮肥的植株诊断与推荐施用指标研究.华北农学报,1999,14 (增刊):131-134.

［18］周进宝,杨国航,孙世贤,等.黄淮海夏播玉米区玉米生产现状和发展趋势.作物杂志,2008:2.

(执笔人:魏静 米慧玲 高肖贤 籍姿杰 佟丙辛 孟庆健 杨晓卡 马文奇)

35.1　河北省中低产田养分管理技术发展历程

关于中低产田的概念,主要基于土壤的障碍因素和改造措施两方面来认识。国内多数学者认为,中低产田土是指土壤环境因素不良或土体内存在一种或几种障碍因子,影响了土壤生产力发挥,从而导致农作物产量低而不稳的一类耕地,或者说中低产田土是指那些环境条件不良、综合农业技术措施(包括农田水利设计、作物布局、耕作制度、施肥措施等)不高,农作物全部环境因素(包括光照、温度、降水、地形地貌、作物布局、土壤属性等)配合不相协调、产量水平低的耕地。

中低产田形成的原因是多方面的,总结起来主要有两方面:一是自然条件的限制,如气温偏低、干旱缺水、土层较薄、土壤贫瘠等;二是人为因素,如田间管理不善等。在农业生产过程中,不论正常或非正常肥力消耗,都是从土壤中拿走了有机物和矿质营养元素。如果人们又不以有机肥等形式及时地归还给土壤,则农田生态系统的分解者微生物将由于缺乏适生环境而降低活力,土壤理化性质随之变坏,久而久之则演变成中低产田。另外,一些地区为了提高作物产量,只重视化肥的投入而忽视有机肥投入,人为加重土壤关系失衡,使土壤肥力下降,生产成本增加,结果中低产田不仅得不到改良,而且面积不断扩大。此外,随着工业化进程的加快,农业自然资源的开发利用前所未有,对自然资源的盲目开发和不合理使用也是造成土地生产力下降的原因之一。

河北省中低产田占总耕地面积的 78.5%,总面积约 400 万 hm^2。主要分布在河北省低平原区的邯郸、邢台东部、衡水、沧州大部以及张家口、承德坝上丘陵区,太行山、燕山丘陵区等。这些地区的土壤类型主要以潮土、盐化潮土、褐土、灰漠土、风沙土为主,部分地区受盐碱威胁较大。主要种植模式以小麦玉米轮作、春玉米单作、棉花、谷子、高粱等为主。其中小麦玉米是本区域最主要的种植方式。经过20 世纪 80 年代以来的治理与改造,中低产粮田基础产量有了大幅度提升,但与高产农田相比仍存在很大差距,作物产量进一步提升困难,不能实现高产和稳产,经济效益低下、肥料资源浪费严重、造成的潜在环境风险加大。

中低产农田施用肥料过量与不足并存,沿用高产粮田的养分管理模式对发挥中低产良田生产潜力影响很大。随着高产作物品种的采用和集约化程度的提高,农业生产中越来越重视化肥的施用,忽视有机肥投入。同时,肥料施用结构不合理,偏施氮磷、忽略钾肥和中微量元素的现象十分普遍,由此造成土壤有机质含量下降,养分供应失衡,土壤缓冲能力降低。本课题组的多年多点的施肥调查结果表明,该区域小麦-玉米轮作体系氮的平均用量在 $500 \sim 600$ kg N/(hm^2 · 年)之间,磷肥平均用量在

150～200 kg P$_2$O$_5$/(hm^2·年)之间,而钾肥用量不足 100 kg K$_2$O/(hm^2·年),基本不施中微量元素;作物收获后带走的氮素约为 320 kg N/(hm^2·年),磷素约为 100 kg P$_2$O$_5$/(hm^2·年),钾素约为 300 kg K$_2$O/(hm^2·年)。常年养分投入不平衡,亏缺与盈余并存,必然会引起中低产田土壤养分供应的失衡,导致土壤养分缓冲能力变差,作物产量低而不稳。

提高中低产田土壤质量和肥力水平对保障国家粮食安全意义重大。农田土壤质量是耕地质量的基础和核心。农田土壤质量的提升是保障国家粮食安全、提高农产品品质和实现资源高效、环境友好的农业可持续发展的重要前提。提高耕地质量、解决华北平原农田耕地质量不高、土地基础生产力低而不稳、中低产田面积大、产量低而不稳等影响国家粮食安全的问题;解决水肥效率低下、资源浪费严重等一系列问题,快速提升中低产田的综合治理和定向培肥,提高华北平原农田生产力,实现国家"藏粮于地"的目标,对保障我国粮食安全与区域可持续发展具有重要意义。

35.2　河北省中低产田粮食生产中存在的问题

瘠薄型中低产田占河北省中低产田总量的 35.7%(图 35-1),主要分布在河北省冀中平原区的衡水、沧州、邢台、邯郸等地。

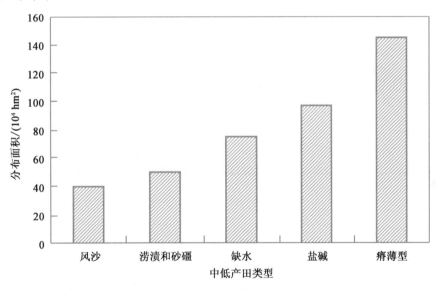

图 35-1　河北省中低产田主要类型及分布面积

35.2.1　河北省低平原区农田土壤肥力现状

河北省冀东南中低产田区土壤肥力较山前平原要低,从土壤有机质、全氮、速效磷、速效钾分布来看,山前平原要显著高于冀东南低平原区。而从多年的产量结果来看,山前平原区土壤肥力(有机质和全氮)较高地区的作物产量也较冀东南低平原区要高(图 35-2)。土壤有机质导致土壤的缓冲能力差,肥力不均衡。河北省低平原区多属于典型的潮土类型,土壤分布主要有潮土、盐化潮土等。由于地下水位较高,历史上多属于盐碱地区,土壤有机质含量低,由于属于河流冲击物堆积,且属于河流冲击的末端,土壤结构差、大多存在各种类型的障碍层,漏水漏肥,因此属于典型的中低产地区。

低平原区较低的土壤肥力现状对农田养分管理提出了更高的要求。在高产高效养分管理体系中需要考虑尽快提升当地的土壤有机质水平,构建高产的基础。

35.2.2　河北省低平原区农田土壤肥力演变情况

河北省低平原区(邯郸、邢台、衡水)的农田土壤肥力状况变化如表 35-1 所示。土壤有机质和土壤速效磷含量均呈显著的增加趋势,其中邯郸的土壤有机质在从 1980 年的 9.7 g/kg 增加到 2010 年的 13.6 g/kg,邢台则从 1980 年的 9.0 g/kg 增加到 2010 年的 16.4 g/kg,衡水从 1980 年的 10.1 g/kg 增加到 2010 年的 14.9 g/kg。土壤速效磷一直呈上升趋势,至 2010 年,邯郸、邢台、衡水的土壤速效磷含量均高于 20 mg/kg。土壤速效钾含量在 1980—2000 年间邯郸、邢台和衡水均呈下降的趋势,分别下降 56.5,14.6 和 25.6 mg/kg,而 2000—2010 年间邯郸和衡水为增加趋势,分别增加了 32 和 3.1 mg/kg,而邢台地区仍然呈下降趋势,但下降趋势减缓。

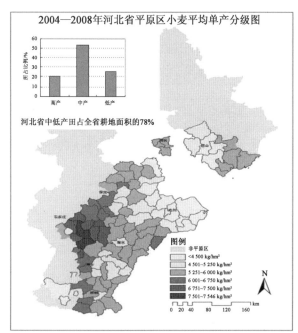
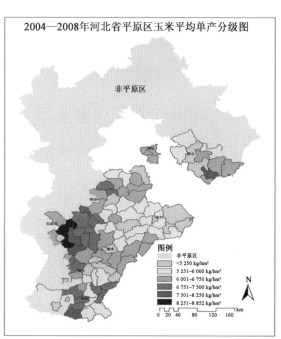

图 35-2　河北省 2004—2008 年平原区小麦玉米平均单产分布图

表 35-1

河北省低平原区(邯郸、邢台、衡水)土壤肥力状况

	数据来源	有机质/(g/kg)	速效磷/(mg/kg)	速效钾/(mg/kg)
邯郸	1980 年二次土壤普查	9.7	9.4	153
	2000 年调查数据	11.7	11.5	96.5
	2010 年测土配方施肥	13.6	21.3	128.5
邢台	1980 年二次土壤普查	9	5.4	129
	2000 年调查数据	12.5	9.4	114.4
	2010 年测土配方施肥	16.4	25.4	113.3
衡水	1980 年二次土壤普查	10.1	4.8	140.1
	2000 年调查数据	11.7	8.4	115.5
	2010 年测土配方施肥	14.9	21.3	118.6
沧州	1980 年二次土壤普查	10	6.8	161
	2000 年调查数据	11.6	8.8	135.3
	2010 年测土配方施肥	12.5	18.6	116.5

从土壤有机质含量的分布图来看(图 35-3),土壤有机质含量样本主要集中在 12~18 g/kg 之间,低于 14 g/kg 的样本分布很多,说明当地土壤有机质仍处于较低的水平,增加有机质含量是提高当地土壤肥力的关键因素。

河北省低平原区土壤速效磷含量分布如图 35-4 所示。土壤速效磷含量样本主要分布在 13~

30 mg/kg 之间,大于 16 mg/kg 的样本数量约占总样本量的 80%,说明冀东南低平原去土壤速效磷含量已经处于相对较高的水平,在农田养分管理中应当适当控制农田磷素的投入水平。

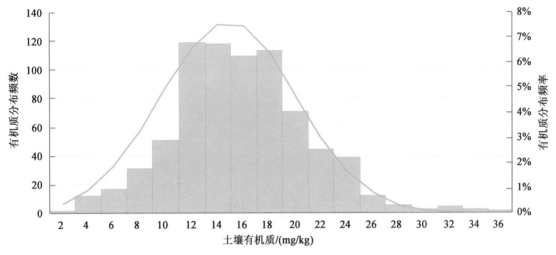

图 35-3　河北省低平原区土壤有机质含量分布

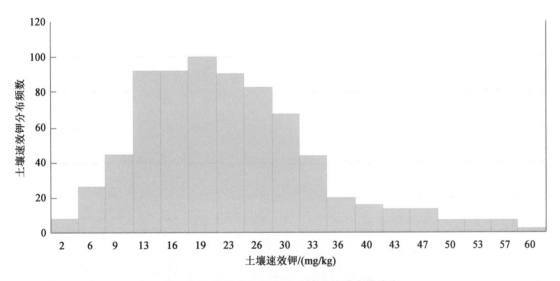

图 35-4　河北省低平原区土壤速效磷含量分布

从低平原地区土壤速效钾含量分布来看(图 35-5),当地土壤速效钾含量主要分布在 84～165 mg/kg 范围内,低于 100 mg/kg 的样本数量较多,约占总样本数量的 42%。可以认为冀东南低平原区夏玉米区土壤速效钾含量处于中等偏低的水平。

35.2.3　河北省低平原区中低产田作物生产中的关键问题

1.农田养分管理问题

农田不合理施肥时低平原区困扰作物生产的主要问题之一。由于中低产田肥力水平低,土壤结构差,作物产量水平低,农民更偏爱通过过量的化肥施用来获得高产。在衡水深州、邢台宁晋等地的调查中发现,农民施肥中普遍存在的问题是:①过量施肥;②氮肥分配不合理,小麦重基肥轻追肥,玉米"一炮轰"现象比较突出,追肥比例很低;③磷钾肥分配不合理。由于小麦、玉米专用肥配方不合理,磷肥施用量总体偏高,钾肥施用量不足。总体来看钾肥在小麦玉米季施用量比较接近,玉米季钾肥施用量不足(表 35-2、表 35-3)。

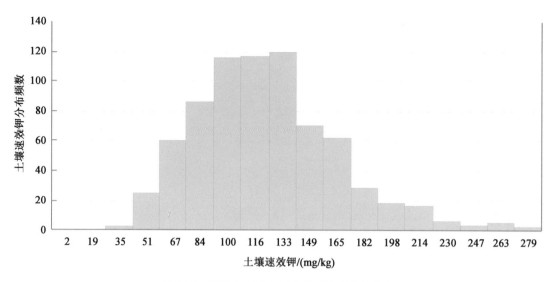

图 35-5　河北省低平原区土壤速效钾含量分布

表 35-2

小麦施肥情况调查

地区	氮肥	磷肥	钾肥
	基肥＋追肥	基肥	基肥
辛集($n=152$)	182＋108	90	75
正定($n=356$)	166＋122	90	75
深州($n=52$)	145＋183	75	75
宁晋($n=122$)	203＋125	55	43
冀州($n=63$)	167＋136	68	60

表 35-3

夏玉米施肥情况调查

地区	氮肥	磷肥	钾肥
	基肥＋追肥	基肥	基肥
辛集($n=68$)	209＋13	53	60
正定($n=53$)	210＋7	47	45
深州($n=133$)	180＋12	56	60
宁晋($n=122$)	197＋6	83	45
冀州($n=63$)	211＋11	102	80

　　微量元素缺乏成为限制中低产农田粮食产量潜力发挥的重要因素。微量元素的缺乏主要表现在小麦和玉米的缺 Zn、小麦的缺硼和缺硫等。在田间试验中,微量元素表现出了明显的增产作用。此外,在田间调查中也在很多地区发现了明显的微量元素缺乏现象。

　　2. 耕作、栽培管理措施不到位

　　(1)小麦播种日期偏早,冬前生长旺盛易受冻害影响　从 2009—2012 年的农户播种日期调查情况来看(表 35-4),河北省低平原区小麦播种日期偏早。根据常年气候分析,河北省山前平原区和冀东南平原区小麦的最佳播种时间应在 10 月 5—10 日,最迟不要晚于 15 日,晚播种 1 天,小麦播种量要适当增加 7.5～15 kg/hm²。小麦播种过早容易造成冬前生长过于旺盛,在冬季容易受到冻害影响;过迟则容易导致冬前分蘖不足,影响后期的群体建成。根据调查结果来看,河北省山前平原区早播现象比较突出,10 月 5 日前播种比例在正定最高达到 41%,适期播种的仅为 12%～33%;而宁晋和深州等低平原区,则推迟播种问题比较突出,10 月 10 日以后播种比例高达 39%~47%,适期播种的比例也仅为 23%~35%。由于近年来的暖冬天气,小麦冬前旺长现象突出,很容易造成冬季的死苗问题(图 35-6;彩图 35-6)。

表 35-4
河北省不同地区小麦播种日期调查结果

地点	所占比例/%				
	9 月 25—30 日	10 月 1—5 日	10 月 5—10 日	10 月 10—15 日	10 月 15—20 日
辛集	8	27	33	22	10
正定	41	36	12	9	2
藁城	33	27	25	13	2
无极	29	28	19	21	3
宁晋	12	26	23	24	15
深州	3	15	35	27	20

早播冬季冻害死苗　　　　　　　　　　　　播量过大春季旺长

图 35-6　播期早冬前旺长冻害严重

(2)玉米收获偏早,影响玉米灌浆和产量　由小麦播种日期偏早带来的是河北省玉米的收获期普遍偏早。根据调查,河北省山前平原区夏玉米收获期普遍提前到 9 月 25 日至 10 月 5 日,其中约 65% 以上在 10 月 1 日前收获完毕。过早收获造成玉米成熟度不足,灌浆不充分,很多地区甚至没有出现乳线即开始收获。提早收获一方面造成严重减产,另一方面也因为成熟度不够,玉米机械收获困难(主要体现在机械剥皮),不能进行机械收粒;同时由于果穗水分含量过高,也非常不容易储存与晾晒,造成收获后的粮食损失。

(3)耕作措施以旋耕为主,耕层变浅,不保水易受灾害影响　河北省山前平原区小麦播种前普遍以旋耕为主(表 35-5),根据调查,使用旋耕占总调查样本的 80% 以上,其中大型机械旋耕(15~75 马力机械)占 70% 以上,小型机械旋耕(15 马力以下机械)约占 30%。翻耕很少,在无极、辛集等部分地区有部分田块采用深翻耕后旋耕技术,但普遍整地质量不高。

河北省玉米秸秆还田比较普遍,在正定等地存在秸秆青贮,秸秆还田面积占玉米总面积 80% 以上。秸秆还田后旋耕通常不能保证良好的土壤与秸秆混合,播种质量不能保证,小麦缺苗断垄严重,大型机械旋耕的效果稍好于小型机械旋耕,但均较深翻耕后旋耕的整地质量要差。由于玉米秸秆还田量大,秸秆粉碎机械不足和粉碎能力差,还田质量难以保证。在这种情况下的旋耕土层深度浅,土壤与秸秆混合程度较差,整地质量不足以保证良好的土壤结构。因此导致播种时非常容易出现种子悬空、种子漏播等问题(图 35-7;彩图 35-7)。此外,河北省低平原区"小麦-玉米"轮作体系下,近 20 年来大多采用小麦季旋耕、玉米季免耕的土壤耕作制,导致土壤耕层变浅、犁底层加厚、土壤紧实,根系下扎困难,蓄水保肥能力下降。因此,迫切需要能够改变现有的农艺操作方式,打破犁底层,提高根系活动空间。

表 35-5

不同地区玉米收获后农田耕作状况调查

地区	所占比例/%		
	旋耕	翻耕	翻耕＋旋耕
辛集(32)	72	28	28
正定(13)	90	10	10
藁城(35)	92	8	8
无极(34)	78	22	22
宁晋(22)	80	20	20
深州(55)	86	14	14

图 35-7 由于整地质量差、播种质量差导致的小麦缺苗断垄现象

此外,由于相关农艺措施如播后镇压等手段的不足,播种后种子悬空等问题十分突出,一方面造成死苗,另一方面也因为土壤疏松、保水性差等问题导致春季干旱死苗现象(图 35-8;彩图 35-8)。

图 35-8 由于冬前农艺措施不到位,小麦春季的死苗现象十分突出(左为未镇压田块,右为相邻镇压田块)

在玉米群体的构建上,播种质量是影响玉米出苗率、整齐度的关键因素。河北省玉米普遍实行贴茬播种,即小麦收获后直接播种,由于小麦收获前后土壤墒情通常较差,因此一般在玉米播种后灌水造墒。由于土壤墒情差,小型机械播种(小于 15 马力拖拉机)非常容易造成播种不齐,另外小麦收获后的残茬也对播种造成影响(图 35-9;彩图 35-9)。

(4)玉米播种密度低,产量潜力难以发挥 玉米播种密度低是限制低平原区玉米产量潜力的关键限制因素。根据调查发现(表 35-6),河北省低平原区的玉米播种密度平均在 3 560~4 200 株/亩之间,收获穗数只有 3 000~3 500 穗/亩,严重限制了产量潜力的发挥。播种密度不足导致玉米收获成穗数不足,

图 35-9　夏玉米播种质量

直接影响了产量潜力的发挥。因此,适当增加地平原区玉米播种密度,保证成穗数,是中低产区夏玉米高产的关键因素。夏玉米区如果能保证 4 500 株/亩的播种密度,收获穗数就能达到 4 200 穗/亩。

表 35-6

河北省低平原区夏玉米播种密度			株/亩
地区	密度		
	最高	最低	平均
辛集(n=20)	4 235	3 694	3 945
正定(n=22)	4 560	3 920	4 206
深州(n=20)	4 150	3 790	3 853
宁晋(n=15)	4 025	3 300	3 560

35.3　中低产田养分管理技术创新与应用

35.3.1　农田土壤有机质提升技术

1. 秸秆还田技术

秸秆还田能够提供大量的有机物质,从而促进土壤有机质的生成,加快土壤有机质的循环转化进程。在河北辛集 1992 年开始的定位试验中,土壤有机质因受到秸秆还田等的影响而呈显著的增加趋势(图 35-10)。从不同年代土壤有机质的变化情况来看,在试验开始(1992 年)至 2000 年前后,辛集马兰钾定位试验的土壤有机质各处理间变异不大,年际间小幅波动。2001 年开始至今,不同处理间的土壤有机质开始变化,其中 NPKSt 和 NPK 处理的土壤有机质呈增加趋势,至 2012 年,NPKSt 处理的有机质由试验开始时的 8.5 g/kg,上升到 12.1 g/kg,增加了 42.3%,年均增加 0.18 g/kg;NPK 处理的有机质由试验开始时的 8.5 g/kg,增加到 2012 年的 10.56 g/kg,增加了 24.2%,年均增长 0.11 g/kg。NP 和 NPSt 处理的土壤有机质变化不明显,呈年际间波动趋势,至 2012 年土壤有机质与试验开始时差异不大,略有增加。总体来看,NPKSt 处理和 NPK 处理的土壤有机质增加较明显,表明在目前的耕作管理条件下,合理的施肥能够促进土壤有机质的增加。NPKSt 处理较 NPK 处理的有机质提升更明显,表明在本试验条件下,虽然仅有小麦秸秆还田,但仍对土壤有机质提升有明显的促进作用。

在国内其他定位试验中,化肥结合有机肥施用(粪肥)的土壤有机质增加幅度都较单施化肥要多(袁玲等,1993;宋勇林等,2007;赵广帅等,2012)。已有的研究证明,秸秆根茬碳还田量与土壤有机质变化量之间均呈极显著正相关关系(王文静等,2010),农田氮磷钾肥的投入必然促进了作物根系的发育,从而在土壤中储存了更多的有机物,也大幅度提高了土壤的有机质含量。

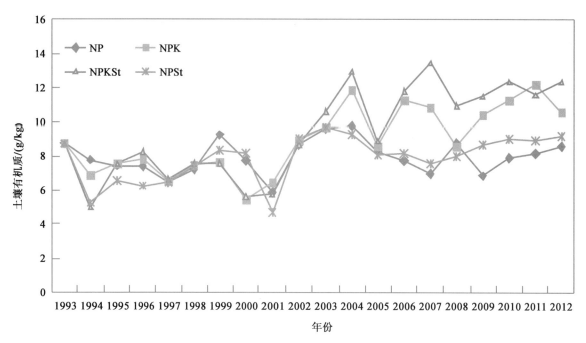

图 35-10　辛集钾肥长期定位试验土壤有机质含量变化

2. 农田养分的有机替代、调氮固碳技术

通过以适量的有机肥料代替无机氮肥，可以有效地减少农田化学肥料投入，同时提高农田生态系统的有机质投入量，增加活性有机质成分，促进土壤有机质和土壤肥力的提升。

自 2008 年开始，在河北省沧州市青县布置中低产田调氮固碳和有机替代培肥试验。小麦季：每个小区磷钾用量相同（$P_2O_5 - K_2O = 120 - 60$ kg/hm²）一次底施，秸秆还田，氮肥用量和方式不同，氮素处理如下：空白（CK，N0 kg/hm²）；当地农民习惯＋秸秆（FP，N 270 kg/hm²），氮肥基施 50%，小麦拔节期追施 50%氮肥；优化施肥（OPT，N 180 kg/hm²），氮肥基施 40%，小麦拔节期追施 60%氮肥；减量优化施肥＋有机肥（牛粪 9 000 kg/hm²）（OPTM，无机 N 126 kg/hm²＋有机 N 54 kg/hm²），有机肥一次底施，氮肥基施 40%，小麦拔节期追施 60%氮肥；玉米季：不施有机肥，处理设置参照小麦处理，各处理的磷钾肥施用量均相同，玉米季 P_2O_5 为 60 kg/hm²、K_2O 均为 90 kg/hm²。玉米季灌水和病虫害防治等田间管理按当地习惯方式进行。

结果表明，在优化氮肥用量的基础上，通过有机肥替代部分氮肥，并没有对小麦玉米产量造成影响，有机替代处理 OPTM 略高于农民习惯处理 FP，而随着试验的进行 OPTM 与 OPT 处理之间的产量差异减小，有机替代很好地保持了作物的产量水平（表 35-7）。

表 35-7

不同施肥处理下对小麦产量的影响

品种		2009		2010	
		产量/(kg/hm²)	与 FP 比/%	产量/(kg/hm²)	与 FP 比/%
小麦	CK	4 382c	—	3 390c	—
	FP	6 889ab	—	6 724ab	—
	OPT	7 395a	7.35	7 388a	9.88
	OPTM	7 260a	5.39	7 255a	7.90
玉米	CK	5 606b	—	4 482c	—
	FP	7 651a	—	7 721ab	—
	OPT	7 979a	4.30	800a	3.74
	OPTM	7 802a	1.98	7 925a	2.65

同时,有机替代显著地促进了农田土壤有机质的增加,从本试验来看,虽然在较高的基础土壤有机质含量条件下,经过两年 4 季作物的连续种植,土壤有机质含量就有了很明显的变化,有机替代 OPTM 处理的土壤有机质含量较农民习惯处理明显增加,到 2010 年玉米收获后土壤有机质分别较 FP 处理增加了 8.61%(图 35-11)。

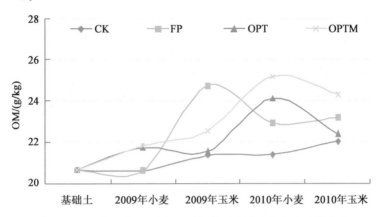

图 35-11　两个小麦/玉米轮作周期表层土壤中有机质含量分布

3.秸秆切碎还田、深松技术

改变传统的秸秆粉碎还田方式为秸秆切碎还田方式。秸秆粉碎还田情况下,在目前以浅旋耕为主整地这一方面会因土壤深度不够而出现秸秆淤积、腐解缓不均匀等现象;另一方面因秸秆与土壤混合程度相对较高,秸秆细碎,很容易出现冬前腐解迅速、与小麦苗期生长争氮等问题。此外,秸秆粉碎还田质量较差,也容易出现种子悬空、土壤保墒下降等现象。玉米秸秆切碎还田是指将秸秆在田间切碎呈 2～3 cm 样段,田间切碎程度较高,整齐划一,在旋耕条件下与土壤颗粒大小比较接近,不容易出现秸秆淤积等问题,不影响播种质量。另外因为秸秆切碎还田时破碎程度小,不容易快速腐解,因此也免除了冬前快速腐解与小麦苗期争氮的难题(图 35-12)。

同时,在玉米秸秆切碎还田中,改传统的旋耕两遍为深松＋旋耕两遍,有效打破犁底层,扩大了植物根系的活动空间,续墒保水,对整地质量有明显的提升。为减少机械操作成本,可以隔年深松或三年深松一次,即可以达到良好的田间效果。

35.3.2　中低产田养分均衡供应与土壤培肥技术

1.氮肥总量控制与分期调控、磷钾肥恒量监控技术

小麦基肥以氮磷钾肥为基肥。根据小麦百千克籽粒养分吸氮量 2.43 kg,确定在 8.5～9 t/hm^2 产量水平下的小麦氮肥需要量在 210～220 kg/hm^2 之间,根据当地肥力水平和培肥地力的需要,考虑秸秆还田下前期秸秆矿化过程中微生物活动对土壤氮素的需求,设定氮肥施用量为 225 kg/hm^2,1/3 为基肥、2/3 为拔节期追肥。磷钾肥均为基肥,根据"恒量监控原则"进行推荐,磷肥 P$_2$O$_5$ 为 75 kg/hm^2,钾肥 K$_2$O 为 60 kg/hm^2。

2.微量元素因缺补缺技术

针对生产中普遍出现的微量元素缺乏问题,适当增加了微量元素特别是锌、硼、锰肥和中量元素硫的投入。通过田间试验发现,例如在小麦上,增施锌肥、硼肥、硫肥和锰肥的增产效果分别达到了 10.2%、13.2%、14.0% 和 6.7%,综合增施锌锰硼和硫肥的增产效果达到了 25.1%,增产效果明显(表 35-8)。

此外,为解决夏玉米苗期生长障碍,微量元素缺乏问题,在增施微肥的基础上提出了以微肥拌种解决小麦玉米苗期生长障碍等问题。通过微肥拌种,显著促进了玉米的苗期根系生长,有效地减少了玉米苗期微量元素缺乏问题。同时通过拌种,适当拌入磷肥,也解决了春玉米种植区早春地温低,土壤磷活性差而造成的缺磷问题,田间表现良好。即使在夏玉米区,微肥和磷肥拌种玉米的长势也明显好于对照处理(图 35-13;彩图 35-13)。这充分说明在河北省低平原区增施微量元素的重要性。

粉碎还田　　　　　　　　　切碎还田

图 35-12　秸秆还田质量差导致春季小麦苗情差异大

表 35-8

微肥试验小麦产量

	籽粒产量/(kg/亩)	比对照提高/%
CK 不施微肥	6 863b	
加锌肥	7 562ab	10.2
加硼肥	7 767ab	13.2
开花期喷硼肥	7 688ab	12.0
加硫肥	7 827ab	14.0
加锰肥	7 322b	6.66
微量元素全	8 589a	25.1

图 35-13　以微量元素拌种剂解决玉米苗期微量元素缺乏问题

35.3.3　病虫草害综合防治技术

小麦的病虫草害防治以预防为主,重点在种子质量(种子拌种包衣)和春季病虫草害管理。小麦包衣剂可考虑吡虫啉等,另外可以考虑添加微量元素硼和磷酸二氢钾。小麦春季起身后,草害容易发生,要及时进行预防与控制。4月底至5月初小麦蚜虫开始发生,要注意防治。5月中旬后期要注意防治吸浆虫的发生,可以采取毒土法和喷药相结合,逐步减少吸浆虫的发生危害;在小麦生育后期要防止早衰发生,即根腐病的发生,在种子处理上要采用多菌灵等消毒,对已发生的田块要采用甲托布津等农药进行防止。小麦中后期的管理要结合"一喷三防"开展,实现高产高效。

玉米病虫草害防治要掌握提前防治、预防为主的方针。首先要保证玉米种子包衣质量,包衣剂以杀菌剂和杀虫剂为主,以防治苗期病虫。玉米播种后要在出苗前喷洒除草剂,可用百草枯等,出苗后要用维特红玉除草,以减少草害发生。对病虫害,出苗后在玉米苗期要注意防治地老虎、蓟马、黏虫、棉铃虫、瑞典蝇等虫害。拔节期—吐丝期要注意防治叶斑病、茎腐病、玉米螟,吐丝期—灌浆期要注意防治玉米螟、棉铃虫、蚜虫等病虫害。

35.3.4　配套农艺措施

农艺配套措施是低平原区小麦玉米高产的关键因素,在生产上要保证农业措施配套到位。如玉米的适时收获,要确保玉米乳线出现 2/3 以上时再收获(以乳线消失为最佳,但至少要 2/3 以上时才可收获)。此外,如精细整地、精细播种等技术的应用也对粮食产量的稳定提高十分重要。

35.3.5　中低产农田最佳养分管理技术模式

1. 小麦高产高效关键技术

(1)精细整地、提高播种质量

①秸秆还田,玉米秸秆全部还田,还田以机械粉碎还田和机械切碎还田为主(建议机械切碎还田,长度<5 cm,可有效减少冬前矿化争氮);②大型机械翻耕(或深松)后旋耕 1～2 遍,耙耱压实,整地中去掉难以切碎的根茬,做到地平整干净;③精细播种,尽量以 18.39 kW 以上机械进行播种,播种机速度均匀,下种量一致;④播种后划畦,根据田块宽度,畦长适当划定,一般畦长不长于 30 m,每畦面积在 100 m² 以内。

(2)控制播期,调整播量　小麦播期要控制在 10 月 10 日以前,以 10 月 5—10 日为最佳,最晚不要晚于 10 月 15 日。播种量控制在 150～200 kg/hm²。10 月 10 日以后,每推迟一天播种,播种量增加 7.5～10 kg/hm²。

(3)冬前水肥管理　小麦基肥以氮磷钾肥为基肥。根据小麦百千克籽粒养分吸收量 2.43 kg,确定在 8.5～9 t/hm² 产量水平下的小麦氮肥需要量在 210～220 kg/hm² 之间,根据当地肥力水平和培肥地力的需要,考虑秸秆还田下前期秸秆矿化过程中微生物活动对土壤氮素的需求,设定氮肥施用量为 225 kg/hm²,1/3 为基肥、2/3 为拔节期追肥。磷钾肥均为基肥,根据"恒量监控原则"进行推荐,磷肥 P_2O_5 为 75 kg/hm²,钾肥 K_2O 为 60 kg/hm²。

(4)春季水肥草病害管理控制群体,提高群体质量　春季的水肥管理目的是建立合理的群体结构,保证成熟期最佳。春季小麦起身后,草害容易发生,要及时进行预防与控制。4月底至5月初小麦蚜虫开始发生,要注意防治。5月中旬后期要注意防治吸浆虫的发生,可以采取毒土法和喷药相结合,逐步减少吸浆虫的发生危害;在小麦生育后期要防止早衰发生,即根腐病的发生,在种子处理上要采用多菌灵等消毒,对已发生的田块要采用甲托布津等农药进行防止。

(5)产量与效率协同提高 15%～20% 的技术集成

①精细整地,深翻(深松)加旋耕,秸秆还田基础上+有机肥,培肥地力,播种后强调镇压以减少土

壤水分蒸发,使种子与土壤充分接触;

②精细播种。确定合理的播期为 10 月 5—10 日,最迟到 10 月 15 日,播量控制在 150～200 kg/hm²。10 月 15 日以后,每推迟 1 天播种,播种量增加 7.5～10 kg/hm²;采用精量播种机配合中型机械,保证播种质量;

③采用高产品种,适于冀东南平原区的小麦品种主要有石麦 18、衡观 35、良星 99、济麦 22 等中多穗型品种;

④氮肥总量控制、分期调控,基追比 1∶2。后期微肥叶面喷施技术,延缓叶片与根系衰老,促进灌浆;

⑤综合病虫草害防治技术,春季预防蚜虫、后期预防白粉病与吸浆虫,适当化控调节株高,减少倒伏风险。

具体技术模式见表 35-9。

2.夏玉米高产高效技术

(1)夏玉米播种和苗期管理　夏玉米播种质量是保证苗齐苗壮的保证。玉米种子的选择十分重要,一定要保证发芽率在 95% 以上,对于没有拌种的玉米种,要进行拌种处理,以有效防止土壤虫害,另外也可以对玉米粗缩病、茎腐病等进行预防。

玉米品种选择适合高产密植的品种,如先玉 335、郑单 958、浚单 20 等品种,根据品种特性确定最佳播种密度,其中先玉 335 可以控制密度在 4 800～5 200 株/亩、郑单 958 和浚单 20 可以控制密度在 4 500～4 800 株/亩。玉米播种期间土壤比较坚硬,建议选用大型机械进行播种,做到播种深浅一致,密度一致。播种后浇水保证出苗。

玉米宽窄行种植,宽行 80 cm,窄行 20 cm,可以有效提高玉米田间通风透光。另外有条件的情况下,建议对小麦收获后的田块进行灭茬,这一方面可以增加地表覆盖,减少蒸发,为播种创造良好的苗床;另一方面也可以减少玉米早期病虫害的发生。

(2)夏玉米施肥　在夏玉米生产上,农民习惯是一炮轰的施肥方式,在播种时随种子一次性施入肥料,施肥量在 180～225 kg/hm² 之间。根据百千克籽粒吸氮量夏玉米为 1.92～2.17 kg 计算,夏玉米 10 t/hm² 产量时的氮素吸收量为 192～217 kg/hm²,改 1 次底肥为底肥＋追肥方式,其中追肥在 6 叶期(一方面 6 叶期是夏玉米拔节期,是养分快速吸收期;另一方面此时夏玉米株高还不算高,田间操作比较方便)。基追比例为 1∶2。其中底肥以复合肥为主,施用时以播种和施肥同时进行,种肥施于种子斜下方 3～5 cm 处。

夏玉米磷钾肥施用量以根据"恒量监控"原则,同时为保证玉米早期对磷的需求,适当施入磷肥,以 30 kg/hm² 左右;钾肥施用量为 60 kg/hm²,建议分为基肥和追肥两部分,基追比为 1∶2,追肥在喇叭口期为宜,但根据农事操作的方便,也可以追施于 6 叶期。

微量元素肥料,特别是锌肥对提高夏玉米产量效果明显,建议锌肥施用量以 15 kg/hm² 为宜。

(3)夏玉米病虫草害防治　玉米播种后要在出苗前喷洒除草剂,可用百草枯等,出苗后要用维特红玉除草,以减少草害发生。对病虫害,出苗后在玉米苗期要注意防治地老虎、蓟马、黏虫、棉铃虫、瑞典蝇等虫害。拔节期-吐丝期要注意防治叶斑病、茎腐病、玉米螟,吐丝期-灌浆期要注意防治玉米螟、棉铃虫、蚜虫等病虫害。

具体技术模式见表 35-10。

35.3.6　应用效果

1.田间试验效果

从 6 年定位试验的小麦产量结果来看,高产高效模式和在再高产高效模式在多数年份的作物产量

表35-9

河北省黑龙港区域冬小麦高产高效技术模式图

适宜区域	该技术模式适用于河北省黑龙港区域应用			
高产高效目标	冬小麦目标产450~550 kg			
时期	10月上中旬 整地、播种	10月中旬至翌年2月上旬 出苗、越冬	2月上旬至6月上旬 返青、拔节、孕穗、灌浆	6月上中旬 收获
生育期图片				
主攻目标	保证整地和播种质量，确保苗全、苗齐、苗壮	促进分蘖，培育壮苗，保证安全过冬	控叶促壮株，防病虫害、防早衰、防倒，促灌浆、增粒重	适时收获
技术要求	精细整地，选用良种，适时适量适墒播种	每亩基本苗20万~25万、冬前总茎数80万~90万	最大每亩总茎数90万~110万，每亩穗数45万~50万，干粒重大于38 g	完熟初期及时收获，每穗粒数28~34个，干粒重大于38 g

主要技术措施：

1　播前准备：
1.1　该区域适宜冬小麦高产品种新828、石麦18、石麦19
1.2　种子处理用杀菌剂。首选采用12.5%全蚀净200 mL+6 kg水，拌种100 kg；堆闷8 h，晾干播种之后用50%辛硫磷乳油240 mL，拌小麦种子100 kg，堆闷8 h，晾干播种。应注意先采杀虫剂，晾干后，种子堆闷后，再采杀菌剂。
1.3　浇足底墒水，在玉米收获前10~15天或收获后，或整地后浇水。每亩灌水40~45 m³。灌溉水矿化度<3 g/L。
1.4　秸秆还田，玉米收获后及时粉碎，铺匀。
1.5　施用底肥，整地前每亩施N 4~4.5 kg，P₂O₅ 6~8 kg，K₂O 4~5 kg的肥料。
1.6　整地和修整垄沟整地深耕20 cm以上，耕后耙糖，同时修整好田间灌溉用垄沟，提且用地下输水的垄沟宽不超过0.7 m。

2　播种：
2.1　播种期，以10月2~10日为宜，不晚于10月15日。
2.2　播种形式，采用等行距均匀播种，行距15 cm左右。
2.3　播种量，10月2~10日播种的，每亩播种量为每亩10~13 kg。10月10日以后播种的，每推迟1天每亩增加播量0.5 kg。
2.4　播种深度要求3~5 cm。
2.5　镇压，播种后根据墒情适当镇压。
2.6　做畦，要求畦宽4~5 m，畦长7~10 m。

3　冬前管理：
3.1　查苗补苗：垄内10~15 cm缺苗处应及时用浸种催芽过的种子补种；分蘖期发现缺苗断垄就就地移栽，补种或成株移栽补齐。
3.2　病虫草害防治：出苗后防治土蝗、蟋蟀、灰飞虱。防治麦阔叶杂草及禾本科杂草。药剂选用方法参照有关农药使用说明。
3.3　灌溉：土壤缺墒或温度稳定下降到3℃，即在"小雪"节气节前始从北向南顺次灌冻水。每亩灌水40~50 m³。灌水后及时划锄以松土保墒。

4　春季管理：
4.1　锄划：在小麦返青期前后及时锄划以增温保墒。
4.2　浇水：一般年份在起身拔节期浇春季第一水；抽穗扬花年份在返青至拔节后10~25天浇第三水。每次每亩灌水量40 m³。
4.3　追肥：一般结合浇春季第一水一次性追施N 8~9 kg的肥料。
4.4　喷施化控剂：对于旺长麦田和株高偏高的品种，在起身期前后施用化控药剂。
4.5　病虫草害防治：返青至拔节期，以防治麦蜘蛛为主，兼治白粉病、锈病、纹枯病、根腐病，麦蚜等；以防治吸浆虫为主，兼治白粉病、锈病、赤霉病、锈病等。灌浆期防治在小麦抽穗后扬花前进行；5月要防治的主要病虫害：麦蚜、白粉病和赤霉病、锈病等。成虫期防治在小麦抽穗后扬花前进行；5天内用药。成虫期防治间隔3~5天用药；扬花初期喷第一次药，1周后再防治一遍，对准穗部均匀喷。

5　收获：完熟初期及时收获

表 35-10　河北省黑龙港区域夏玉米高产高效技术模式图

适宜区域	该技术模式适用于河北省黑龙港区域应用				
高产高效目标	夏玉米目标亩产 600～700 kg				
时期	6月中下旬 播前准备、播种	6月下旬至7月下旬 苗期	7月下旬至8月下旬 穗期	8月下旬至9月下旬 花粒期	9月下旬至10月上旬 收获
生育期图片					
主攻目标	保证播种质量，力争苗全、苗齐、苗壮	苗期管理，培育壮苗	穗期管理，防病防倒	防早衰，促灌浆，增粒重	适时收获
技术要点	做好播种前准备，抢时早我播种，及时除草	及时间苗、定苗，保留苗密度保证	及时追肥，防病虫害、防旱，保证果穗正常发育	及时防病虫害，防旱，保证籽粒正常发育	确保籽粒完全成熟收获
主要技术措施	1　播前准备 1.1　适合本地区播种品种包括郑单 958，先玉 335 等。 1.2　种子最好选用包衣种子，可以有效防治玉米粗缩病等。 2　播种： 2.1　播种期即小麦即及时抢播，即不晚于 6 月 18 日。 2.2　播种形式即采用等行距播种，行距 60 cm 左右。 2.3　免耕播种即小麦收获后秸秆还田，抢时免耕播种，保证播种质量。播种作业速度 ≤4 km/h，防止漏播。 2.4　施种肥即播种期间每亩随播种机施入纯 N 2～3 kg。 3　除草： 玉米播种后出苗前，使用除草剂均匀喷洒地面进行封闭。玉米出苗后，采用除草剂均匀喷洒行间地面除草。	4　苗期管理： 4.1　间苗、定苗，施苗肥即 2 片展叶时间苗，4～5 片叶展开叶时定苗。要留壮苗、匀苗、剂留壮苗。缺苗时可就近留双株。间苗后在苗旁开 10～15 cm 施肥沟或穴，每 667 m² 施入纯 N 2～2.7 kg，P_2O_5 4～5 kg，K_2O 4～5 kg，硫酸锌 2 kg 的肥料，施后覆土。 4.2　留苗密度对紧凑型品种留苗密度 4 500～5 000 株/亩，半紧凑型品种留苗 4 000～4 500 株/亩。 4.3　防治虫害即出苗后注意防治地老虎、粘虫、蓟马、棉铃虫、瑞典蝇等虫害。	5　穗期管理： 5.1　追穗肥即大喇叭口期每亩追施纯 N 8～10 kg 的肥料。 5.2　防治病虫害，茎腐病、玉米叶斑病防治病虫害应用方法参照 GB/T 8321.6～2000。 5.3　防旱即大喇叭口干旱时每亩灌水 4 m³。	6　花粒期管理： 6.1　防旱即抽雄至叶丝吐土壤干旱时每亩灌水 4 m³。 6.2　防治虫害即注意防治玉米螟、棉铃虫、蚜虫，药剂应用方法参照 GB/T 8321.6～2000。	7　收获： 保证籽粒灌浆期 ≥45 d，一般在 9 月 25 日以后，当籽粒乳线消失，黑层出现时收获（玉米成熟的标志为时收获）。

均高于农民习惯和超高产模式,在一些年份达到了显著水平(表 35-11),说明优化管理模式对中低产田作物产量有明显的促进作用。

表 35-11
不同年度作物产量　　　　　　　　　　　　　　　　　　　　　　　　　　　　　　　　　　kg/hm²

项目	施肥量			小麦产量					
	N	P₂O₅	K₂O	2007—2008 年	2008—2009 年	2009—2010 年	2010—2011 年	2011—2012 年	2012—2013 年
农民习惯	250	75	75	6 985bc	8 061b	6 176ab	7 120b	6 546b	5 589c
高产高效	180~210	60	60	7 140b	8 833a	6 432a	7 322ab	6 601ab	6 536b
超高产	300	120	90	7 146b	8 411ab	6 563a	7 256ab	6 735a	7 310a
再高产高效	210~225	90	60	7 940a	8 954a	6 947a	7 562a	6 831a	6 999ab

而从 6 年小麦的养分利用效率来看(表 35-12),高产高效和再高产高效养分管理模式下的小麦氮肥偏生产力 PFP 明显高于农民习惯管理模式,且随着时间的推移,优化管理模式夏玉米氮肥偏生产力与农民习惯管理方式相比差异逐渐加大。

表 35-12
优化处理与农民习惯处理氮肥偏生产力 PFP　　　　　　　　　　　　　　　　　　　　　　　kg/kg

项目	2007—2008 年	2008—2009 年	2009—2010 年	2010—2011 年	2011—2012 年	2012—2013 年
农民习惯	27.9	32.2	24.7	28.5	26.2	22.4
高产高效	35.7	44.2	32.2	36.6	33.0	32.7
超高产	23.8	28.0	21.9	24.2	22.5	24.4
再高产高效	37.8	42.6	33.1	36.0	32.5	33.3

经过 4 年的定位实验,不同农田管理模式的耕层土壤有机质含量有了很大的变化(图 35-14)。不施肥处理 HCK 和 CCK 基本上维持不变,仅在年际间有所变化,8 季作物后分别从初始的 12.13 g/kg 变为 12.59 和 12.11 g/kg。农民习惯管理模式下的土壤有机质与试验开始前相比略有上升,从初始的 12.13 g/kg 增加到 12.86 g/kg,增加了 6%。与农民习惯管理模式相比,优化管理模式下的土壤有机质呈明显的增加趋势,其增长趋势自试验开始的第 2 季开始有明显的增加,且在 4 年 8 季作物试验过程中保持相对的稳定,至 2011 年小麦收获,已经从初始的 12.13 g/kg 增加到 15.23 g/kg,增加了 25.6%。

在夏玉米上,基于土壤综合培肥技术的处理 OPT1 较农民习惯增产达到了 6.2%,而基于土壤培肥基础上增密+微肥调控处理显著增产达到 10.1%,显著高于农民习惯处理(图 35-15)。这充分说明这一技术的良好应用前景。

2. 技术示范与应用

2009—2013 年在河北省曲周、深州、青县、宁晋、冀州等多地开展了小麦玉米最佳养分管理技术田间示范,并取得了良好的应用效果。

深州市示范田在采用最佳养分管理技术及科学防控病虫草害的情况下,夏玉米长势良好、整齐一致、病虫危害轻、籽粒饱满。经测定:示范田产量构成为亩穗数 4 028,穗粒数 538.1,千粒重 320 g,按照 85%折算,平均产量为 589.5 kg;对照区产量构成为亩穗数 3 861,穗粒数 508.5,千粒重 320 g,按照 85%折算,平均产量为 534.0 kg,示范田与对照区相比增产 10.4%,经济效益提高约 100 元/亩氮肥偏生产力较农民习惯提高 32%。

青县示范田在采用最佳养分管理技术及科学防控病虫草害的情况下,夏玉米长势良好、整齐一致、

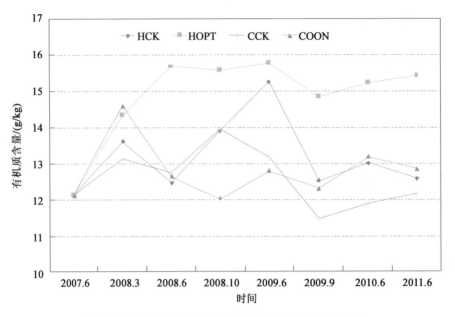

图 35-14　不同管理措施对耕层土壤有机质含量的影响

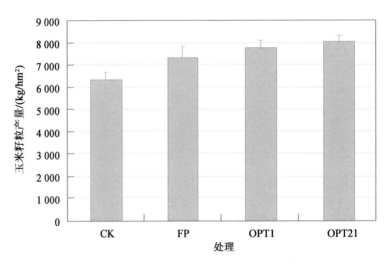

图 35-15　不同养分管理模式下夏玉米产量

病虫危害轻、籽粒饱满。经测定:示范田产量构成为亩穗数 4 333,穗粒数 529.5,千粒重 320 g,按照 85%折算,平均产量为 624.1 kg;对照区产量构成为亩穗数 4 267,穗粒数 496.7,千粒重 320 g,按照 85%折算,平均产量为 576.5 kg,示范田与对照区相比增产 8.3%,经济效益提高约 100 元/亩,氮肥偏生产力较农民习惯提高 28.2%。

2012 年 6 月曲周艾台和辛集马庄各 20 亩小麦测产:艾台 633 kg/亩,辛集 661 kg/亩;玉米艾台 620 kg/亩,辛集 655 kg/亩。2013 年曲周艾台小麦产量 610 kg/亩,玉米 600 kg/亩;辛集小麦 623 kg/亩,玉米 681 kg/亩。较农民管理田块分别增产 21%和 13%,PFP 分别提高 22%和 31%。

此外,在农户示范中,通过农田养分的调控,有效降低了氮肥的投入量,同时保持较高的作物产量,大幅度降低了农田温室气体的排放强度(表 35-13)。其中玉米增产 6.61%~10.8%,PFP 与农民习惯相比增加 74.8%,单位产量温室气体排放强度降低了 43%;小麦增产 6.6%~13.9%,PFP 与农民习惯相比增加 75.3%,单位产量温室气体排放强度降低 46.7%。

表 35-13

中低产田最佳养分管理技术对农田温室气体减排的贡献

年份	作物	示范数量	产量/(kg/hm²)		PFP-N/(kg/hm²)		GHG emission intensity/(kg CO₂ eq/t)	
			OPT	FP	OPT	FP	OPT	FP
2010	玉米	32	7 883	7 794	58.4	33.2	285	462
2012	玉米	11	6 727	6 590	44.8	22.1	361	720
2011	玉米	17	8 121	7 991	44.6	32.4	358	483
2012	玉米	9	9 921	9 276	54.5	28	293	619
平均			8 163	8 013	50.5	28.9	324	571
2010—2011	小麦	31	7 638	7 363	44.9	22.7	341	796
2011—2012	小麦	12	7 115	6 846	47.5	25	375	748
2011—2012	小麦	8	6 765	6 430	37.2	26.2	460	663
平均			7 173	6 880	43.2	24.6	392	735

35.4 中低产田养分管理技术创新与应用的未来发展前景

河北省中低产田面积广大,盐碱、涝渍、风沙、干旱等都有较大面积的分布。这些地区的中低产田障碍因素与低平原区的有所不同,解决手段也需要进行新的创新与拓展。目前针对河北省中低产田需要开展的养分管理技术创新主要包括:

(1)秸秆还田技术需要进一步的提升和改进 在玉米秸秆还田方面,这一技术已经扩展到河北省全省范围,在冀中南地区十分普遍。但在张家口、承德、唐山北部地区以及太行山、燕山山脉丘陵区秸秆还田明显不足。主要原因在于机械粉碎差,还田质量不高,在张北坝上等地还田效果不好。而在平原区,虽然秸秆粉碎质量能够保证,但由于耕作技术如深松、深翻耕技术的普及仍有难度,因此仍然存在还田效果差,影响下茬作物生长等问题。对小麦秸秆来说,目前小麦玉米轮作区基本上均为全部还田,但也存在秸秆量大,影响玉米播种、病虫害较多(如二点委夜蛾)等问题。因此,河北省中低产平原区如何提高秸秆还田质量,提高秸秆腐解速度是需要进一步开展技术创新的重要课题。

(2)农田养分综合管理技术创新 针对不同土壤类型和中低产田障碍因素,合理调控农田养分供应,持续提高中低产农田土壤肥力是目前生产中需要重视的课题。中低产农田障碍因素众多,土壤结构是影响农田养分状况的重要方面,如何构建良好的土壤结构,如何保证不同层次土壤养分的充分供应是下一步提升中低产田生产力水平的关键。

(3)中低产田节水农业技术创新 河北省中低产农田区处于冀中南地下水漏斗区,包括冀枣衡漏斗等多个地下水漏斗成为当地工农业生产发展的主要障碍因素。针对这一课题,国家已经启动了"地下水压采"工程,通过减少地下水抽取来减轻环境危害。这为当地节水农业技术创新提出了新的挑战。目前,在中低产田节水农业技术中,微喷灌技术和水肥一体化技术已经成为农业生产中必不可少的课题。如何充分利用上述技术,协调作物养分需求、中低产田土壤养分供应与培肥、水肥一体化协调供应成为下一步需要系统研究的重要课题。

(4)中低产田土壤肥力演变规律研究及快速培肥技术创新 传统的土壤培肥一般是通过大量的有机物的投入和化学肥料的投入,但对中低产田来说,由于土壤障碍因素差异很大,单纯依靠物质投入增加来达到快速培肥的目的仍显不足。因此通过中低产田土壤肥力演变长期定位试验规律,探索中低产田土壤肥力演变规律,提出相应的快速培肥技术模式需要进一步深入研究。

总之,中低产农田的养分管理技术虽然已经有了明显的进步,已经将大部分低产田改造成了中产田和高产田，但仍有大量的中低产田因各种原因生产力水平难以发挥。快速提升中低产田农田土壤肥力、提高农田生产力，仍然需要科研工作者通过大量的田间试验研究来研究和探索。

（执笔人：贾良良　刘孟朝　韩宝文　孙世友　杨云马　孙彦铭）

第36章

曲周县冬小麦-夏玉米高产高效技术与应用

我国人多地少、资环环境压力大的国情决定了未来农业发展必须走高产高效("双高")的可持续发展之路。华北地区是我国重要的粮食产区,该地区粮食生产以小麦玉米周年轮作为主,其特点是生产集约化程度高、小农户分散经营、水资源缺乏、资源环境代价大、可比效益低。在实现粮食产量不断增加的同时,如何通过技术革新实现资源投入水平的降低和资源利用效率的提高,是该地区可持续农业发展面临的显示挑战。曲周县位于河北省南部,华北粮食产区的中心位置,该地区粮食生产所处的资源环境特点与华北其他地区类似。由于土壤、栽培等方面的原因,农户小麦、玉米平均产量仅分别为可获得产量潜力的63%和52%。通过栽培技术优化提高小麦和玉米产量的潜力巨大。另外,该地区粮食生产小农户分散经营特点明显,平均每个农业人口耕地不足 1.5 亩、户均耕地不足 0.5 hm²。自2006 年起,中国农业大学资源环境学院粮食安全中心与曲周县委、县政府开展合作,建立华北高产高效现代可持续农业发展道路研究基地,同时建立"双高"技术示范基地,在农村一线建立科技小院,教师和研究生常驻科技小院,与当地农技人员和农民群众同吃、同住、同劳动,围绕该地区小麦玉米生产可持续发展问题,开展小麦玉米轮作体系"双高"技术集成创新以及示范推广模式创新。探索华北小农户、分散经营条件下"双高"技术大面积实现的新途径。

36.1 曲周县小麦玉米"双高"技术的形成

曲周科技小院建立以来,采用农户访谈、田间调研等方式,对曲周县小麦玉米生产现状和制约高产高效的生产问题进行了系统调研和分析,汇总如表36-1、表36-2所示。在调研的基础上,提出了相应的解决技术对策。

表 36-1

制约曲周县冬小麦高产高效生产的主要问题及解决对策

主要问题	可能的技术对策
土壤有机质含量不高,耕层浅、整地质量差	玉米秸秆还田技术,深耕、深松技术
品种不合理、种子质量差	高产、抗逆优良品种选用技术
肥料用量、时期、比例不合理	基于养分综合管理的测土施肥技术
水分利用效率低	灌溉优化技术、地膜覆盖技术、滴灌技术
播种质量差、播量、播期不合理	精量播种技术,宽幅、宽窄行播种技术,适期播种
冬季、早春干旱,冻害、冷害	土壤划锄技术,冻害冷害综合防治技术

续表 36-1

主要问题	可能的技术对策
春季施肥灌溉偏早、杂草危害重	水肥后移、科学除草
白穗病发生严重	白穗病综合防治技术
中后期倒伏	合理群体调控技术
后期早衰、干热风	叶面喷肥技术、氮肥后移技术

表 36-2

制约曲周县夏玉米高产高效生产的主要问题及解决对策

针对主要问题	可能的技术对策
土壤有机质含量低、盐分和 pH 高	小麦秸秆还田技术、土壤深松技术
品种耐密性、抗逆性差	耐密抗倒抗病新品种选用技术
养分供应不平衡,后期脱肥	测土施肥技术、氮肥后移技术
密度小	合理密植技术
播期不适宜	节水播种技术
播种质量差、整齐度差	精量播种技术
灭茬和秸秆移走	种肥同播技术
旺长倒伏	合理群体调控技术(化控、水肥、病虫害)
后期缺肥	氮肥后移技术、中期追肥技术
顶腐病、褐斑病等危害	病虫害综合防治技术
后期病虫害防治缺失	飞机喷药技术
生育期密度损失大	生育期止损技术
收获过早	晚收技术

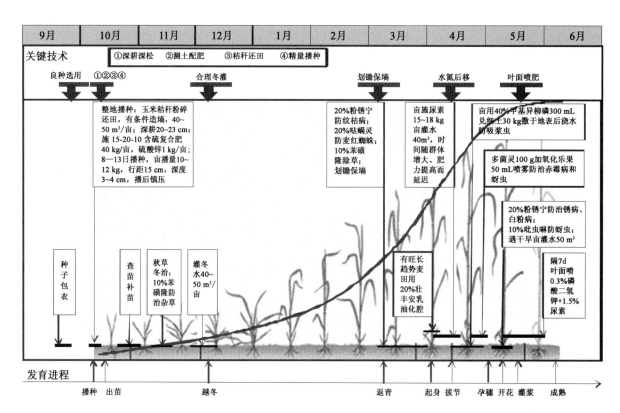

图 36-1　曲周县小麦高产高效栽培技术模式示意图(张宏彦等,2013)

在对上述技术进行田间试验和校验的基础上,提出了适合当地生产特点的冬小麦和夏玉米高产高效栽培技术模式,示意于图36-1和图36-2。其中在品种选择上,推广了济麦22、良星99、冀麦585等高产、抗逆小麦品种以及先玉335、郑单958等耐密、抗倒伏夏玉米品种。在提高播种质量上,小麦上引进了深耕、深松技术,宽幅精播技术;夏玉米上引进了秸秆灭茬、秸秆移走技术以及精量播种和种肥同播技术。在肥料使用上提出了小麦和玉米合理的基肥配方以及追肥用量,同时引进了冬小麦"水氮后移"技术和夏玉米中期机械追肥技术;病虫草害管理中,引进应用了小麦"春草秋治"技术、夏玉米中后期飞机喷药技术。在群体调控上,引进了精量播种、款窄行种质、"氮肥后移"等技术。

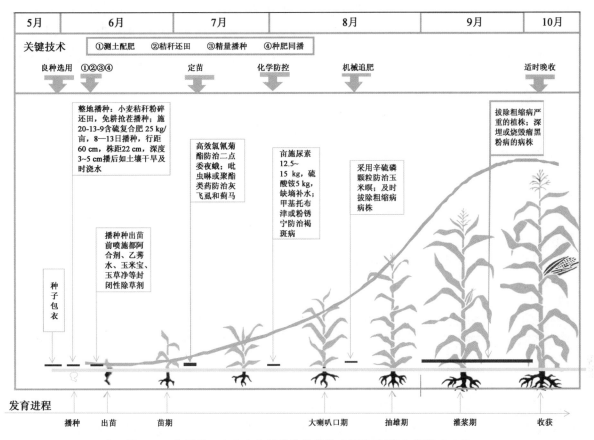

图36-2 曲周县玉米高产高效栽培技术模式示意图(张宏彦等,2013)

在提出综合技术模式的同时,先后引进了小麦播前圆盘耙整地、宽幅精播、机械撒肥和注肥,玉米灭茬、机械追肥、后期飞机喷药等技术,实现了技术的机械化,提出了小麦玉米"全程机械化"生产模式。通过与肥料生产企业和农资部门合作,推广测土配方肥,实现技术物化。通过推动技术的标准化、简化、机械化和物化,使其与当地农业生产特点和生产方式进一步融合,实现技术的本地化。

36.2 曲周县小麦玉米"双高"技术示范推广

36.2.1 "双高"技术大面积示范推广面临的问题

由于曲周县小麦玉米生产的小农户、分散经营特点,导致技术示范推广难度较大。通过多年来调查发现,在技术示范推广方面存在的主要问题有:地块狭小分散制约机械化技术应用;农民科技文化素质低导致技术接受能力差;从事农业生产的农民以老人和妇女为主,生产的组织化程度低,导致技术到位率低;基层农技人员缺乏,难以提供及时、便捷的服务,导致技术的正确应用率低。

36.2.2 曲周县小麦玉米"双高"技术大面积示范的主要做法

为了解决"双高"技术示范推广中存在的问题,曲周科技小院围绕着解决如何让农民了解技术、接受技术,以及如何让农民在了解技术的基础上掌握技术并正确应用技术开展了一系列的方法和模式的探索。

1.建立核心示范方,集中展示技术效果,满足农民"眼见为实"的心理愿望

曲周县科技小院在每个科技小院所在的村都建立了50~100亩的"双高"技术示范方。在示范方内,集中应用所提出的小麦和玉米"双高"技术,向农民展示技术效果。在示范方小麦和玉米生长表现出良好效果时,及时组织、召开现场会,进行田间观摩活动,举行农民测产活动,进行现场技术讲解。通过这些活动,让农民真切地看到、深切感到"双高"技术的效果,从而从内心产生应用"双高"技术的愿望。

2.强化对"双高"技术效果的宣传,扩大技术的影响面

在开展技术效果展示的基础上,曲周科技小院采用多种方式向农民宣传高产高效技术,如通过举办田间观摩活动,讲技术模式印发为技术明白纸发给农民,在田间地头建立科技长廊,利用"冬季大培训"的机会向农民群众宣传高产高效技术。每年利用"世界粮食日"机会,举行技术培训会、高产高校示范评比表彰等活动,同时借助承担的邯郸市科技局重点项目和河北省科技厅重大技术创新项目平台,促使技术向更大区域传播。同时还通过电视台、报纸等媒体进行宣传等方法进行技术宣传。先后被中央电视台、人民日报、农民日报、科技日报、中国教育报、河北省新闻联播等报道多次,产生良好社会反响和示范效应。

3.开展"四零"培训,提高农民应用"双高"技术的能力

科技小院针对当地从事粮食生产的农民科技文化素质较低而制约"双高"技术认知、采纳的问题,通过初步摸索,建立了以"零距离、零费用、零门槛、零时差"为主要内容的"四零"农民科技培训体系,开展多种形式的农民科技培训,向农民普及"双高"生产理念、促使农民学习并掌握"双高"技术;通过在科技小院所在村建立农民田间学校,培养一批留得住、能服务的科技农民,推动"双高"技术传播。

4.推动生产组织化程度,实现"土地不流转,也能规模化"

针对当地农民小农户分散经营制约机械化和技术到位率,最终降低粮食产量、资源利用效率和生产效益的问题,以及短期内难以实现大面积土地流转的特点,科技小院通过长期探索,逐步形成了以"土地不流转,也能规模化"为特点以多元化的组织方式为手段的适度规模化生产模式,包括村干部和科技农民组织农户采用"大方操作"方式实现统耕、统种的模式;粮食生产合作社组织农户统一订购农资、统一耕种和统一销售的生产组织方式;以及农机合作社向散户提供农业技术服务的社会化服务模式。如扶持第四疃镇王庄村"金科富"小麦专用合作社发展规模化小麦生产,实现了"统购农资、统一耕作、统一肥料、统一品种"。扶持白寨乡北油村志玉农机合作社发展农机社会化服务进行土地托管试点。扶持白寨乡范李庄村妇女自发组织起来建立示范方,带动全村应用技术。通过这些模式的建立,为农民采用"双高"技术提供了保障。同时提高了技术到位率和小麦、玉米的产量,如王庄合作社规模化生产的小麦和玉米分别比散会对照提高了12%以上,亩降低农机、农资投入80元以上,经济效益明显。

5.农技人员与群众同吃、同住、同劳动,向农民提供"手把手"的服务

针对农民在应用"双高"技术中出现的问题,科技小院组织驻小院师生和当地农技部门技术人员一起,与群众同吃、同住、同劳动,深入田间地头,与群众"零距离"接触,给群众提供及时的服务和帮助。如在农忙季节驾驶小三轮车改装的"科技小车",穿梭于田间地头,发现并解决农民应用"双高"技术过程中的问题;在田间地头竖起小黑板,把关键栽培技术要点写在黑板上,方便农民及时掌握并应用技术;利用安装在科技小院或村委会的扩音器,及时提醒农民进行追肥作业、病虫草害防治等工作。在科技小院及时解答前来咨询的农民提出的问题。通过这些措施,提高了农民采用技术的正确率。

6.构建多种网络,提高技术的扩散率

为了推动"双高"技术向更大的面推广应用,科技小院先后参与构建并利用了多种技术示范推广网络。一是在曲周县建立了由分布在 5 个乡镇 9 个村的 9 个科技小院为核心的科技小院"双高"技术示范推广网络,建立示范田、开办农民田间学校、组织各种形式的技术培训和田间观摩,扩大示范推广;二是依靠曲周县与中国农业大学的县校合作平台,以及曲周县实施"吨粮县"的契机,与曲周县农牧局、曲周县科技局等部门的技术人员共同组成农业技术推广队伍,利用政府在各个乡镇建立的示范方、示范片,讲"双高"技术作为其支撑技术;三是与新洋丰、鲁西化工等肥料企业合作,生产适合当地小麦和玉米生产的复合肥料,将"双高"技术以物化的形式进行推广,为此构建了覆盖全县 9 个乡镇的 90 多名科技农民组成的科技农民网络,对科技农民进行系统培训和多种形式指导,通过发挥他们的示范带动作用,推动"双高"技术向更大范围内扩散。

36.3　小麦玉米"双高"技术应用效果及展望

曲周科技小院建立以来,通过集成创新小麦玉米"双高"栽培技术,以及建立以科技小院为核心的多元化的农业技术推广模式,利用承担的邯郸市、河北省和国家科技项目平台,不断推动"双高"技术在粮食生产中的应用。曲周县全县采用小麦玉米"双高"技术的面积从 2009 年夏玉米的不足 300 亩,到 2009 年冬小麦的 8 600 亩、2010 年夏玉米上向全县示范推广,2011 年扩散。而多种技术服务模式互相补充,为农民提供了及时、有效的田间指导和服务,帮农民解决了应用"双高"技术中的问题,打通了"双高"技术推广"最后一公里",提高了技术到位率,如白寨乡核心示范方玉米优良品种的采用率从 2009 年的 13% 增加到 2011 年的 68%,玉米采用精量播种的比例从 2009 年的 3% 增加到目前的 90% 以上。技术到位率的提高增加了小麦和玉米的产量,不仅示范方小麦玉米产量普遍比农民习惯增加 12% 以上,而且技术示范推广工作推动了曲周县全县粮食大面积均衡增产,从 2009 年到 2012 年,曲周县小麦玉米周年产量从 815 kg/亩增加到 1 095 kg/亩。不仅如此,"双高"技术的应用尤其是采用合作社和村干部组织大方生产等提高了生产的规模化程度,降低了生产成本。生产成本的降低和产量的提高增加了农民从事小麦和玉米生产的经济效益,得到了农民群众的欢迎和当地政府和社会媒体的肯定。中央电视台新闻联播、河北电视台先闻联播等多次进行了报道,产生了较大的社会反响。

通过 5 年多的努力,曲周科技小院在小麦和玉米"双高"技术模式的集成创新和示范推广模式的探索创新方面取得了较大进展。在技术集成创新方面,不仅提出了适应当地小农户经营特点的以"简化、机械化、物化"为特征的"双高"技术,而且探索出了一条也逐步摸索出了一条如何将技术研究与生产实践紧密结合的高效技术集成思路,探索出"从生产中发现问题、在农民田间试验研究对策,提出相应解决办法,到相关区域示范推广"的工作思路。在示范推广模式探索方面,建立了以科技人员深入一线,与农民、农业生产"零距离"、"面对面"接触的理论联系实际、研究与生产紧密结合的技术集成和示范推广的"科技小院模式",以及所建立的以"土地不流转,也能规模化"为特征的以多元化的组织方式(村干部、科技农民、合作社、农机服务队)为手段的小农户生产条件下的适度规模化组织方式,"四零"农民科技培训体系和多元化的农业技术服务模式。这些模式的建立对于解决小农户分散经营条件下农民科技文化素质不高,生产机械化程度低,技术到位率低,产量、资源利用效率和生产经济效益不高而制约"双高"技术大面积应用的问题开出了处方。

(执笔人:张宏彦)

第37章
河南省小麦-玉米养分管理技术创新与应用

37.1 河南省小麦玉米生产状况

河南省是我国粮食主产区,2013 年小麦播种面积 8 010 万亩,占到全国播种面积的 22.00%,总产 3 177.4 万 t,占全国总产的 26.25%;玉米播种面积 4 650 万亩,总产 1 747.8 万 t,分别占到全国的 8.85%,8.50%,小麦玉米播种面积占到河南省粮食播种面积的 84.75%,总产占到河南粮食总产的 87.36%。河南省小麦、玉米平均产量为 5 950,5 638 kg/hm²。2014 年河南修武县郇封镇小位村小麦高产攻关田单产达 12 321 kg/hm²,河南修武县周庄乡孟村百亩示范方单产 11 325 kg/hm²,千亩示范方单产 10 705.5 kg/hm²,郇封镇万箱铺万亩示范方区平均单产达 10 456.5 kg/hm²,河南温县 10 万亩连片核心示范区平均单产 9 763.5 kg/hm²。2012 年河南省淇滨区钜桥玉米万亩高产核心示范区平均亩产达到 858 kg,滑县 10 万亩整建制夏玉米高产示范方平均单产达 737.9 kg,浚县 15 亩夏玉米高产攻关田在同一块地上连续两年产量突破 1 000 kg,刷新了世界夏玉米同面积的最高产量纪录,农户产量与高产纪录之间还有很大差距。

37.2 河南省小麦玉米生产中存在的问题

1.养分管理

2013 年河南省化肥用量为 684.4 万 t,其中氮肥、磷肥、钾肥、复合肥用量分别为 245.5 万,121.7 万,64.6 万,252.7 万 t,化肥用量占到全国化肥用量的 11.72%,氮肥、磷肥、钾肥、复合肥用量分别占到全国的 10.23%,14.60%,10.46%,12.70%。农户调查表明(表 37-1),小麦的氮、磷、钾肥偏生产力主要分布在 15~30,45~75,45~75 kg/kg 之间,玉米的氮、磷、钾肥偏生产力主要分布在 15~20,45~75,45~75 kg/kg 之间,效率还有待于提高。

氮肥是小麦生产中投入最大的养分,对小麦、玉米群体影响较大。我们连续 6 年的农户施肥调查表明(表 37-2),不同年份间、不同农户间施氮量差异较大,大于 300 kg/hm² 的农户占到调查农户的 8.68%~32.23%,而小于 75 kg/hm² 的也占到 1.24%~11.35%,而从基追比例来看,氮肥全部用作基肥的"一炮轰"现象仍然占到调查农户的 1/3 左右,而玉米上 80% 以上的农户都是在播种或出苗后一次性施肥,说明施氮不合理现象依然存在。

表 37-1

2007—2012 年调查农户河南省小麦、玉米氮肥施用分布情况　　　　　　　　　　　　　　　　　　　%

作物	氮肥用量/(kg/hm²)	2007 年	2008 年	2009 年	2010 年	2011 年	2012 年
小麦	0	4.55	0.73	0.00	0.13	0.00	5.84
	0~75	5.79	10.62	1.24	7.62	2.09	3.05
	75~150	33.06	37.73	14.39	29.46	33.80	22.34
	150~225	35.95	13.19	40.50	28.55	20.21	36.04
	225~300	11.98	5.49	29.31	20.28	23.00	16.75
	>300	8.68	32.23	14.56	13.82	20.91	15.99
玉米	0	18.92	16.27	0.00	7.99	4.44	1.23
	0~75	18.92	3.83	3.66	4.99	5.93	7.08
	75~150	18.02	23.21	21.14	22.35	21.48	32.31
	150~225	19.82	24.88	48.17	28.71	31.48	34.77
	225~300	15.32	16.51	16.06	15.23	20.37	11.69
	>300	9.01	15.31	10.98	20.72	16.30	12.92

表 37-2

2007—2012 年调查农户河南省小麦上磷、钾肥施用分布情况　　　　　　　　　　　　　　　　　　　%

	用量/(kg/hm²)	2007 年	2008 年	2009 年	2010 年	2011 年	2012 年
P_2O_5	0	36.36	17.58	2.84	28.68	7.67	5.58
	≤45	24.38	10.62	5.68	10.21	6.27	13.45
	45~90	28.93	45.05	40.67	28.55	29.62	20.81
	90~135	9.09	19.78	40.67	16.28	35.54	40.36
	165~180	0.83	2.56	7.28	9.95	13.24	10.66
	>180	0.41	4.40	2.84	6.33	7.67	9.39
K_2O	0	42.56	31.87	12.79	41.73	21.25	27.92
	≤45	27.69	15.38	39.79	28.55	23.69	19.04
	45~90	23.97	35.53	36.23	22.22	29.62	23.35
	90~135	5.79	17.22	10.48	6.85	20.21	24.87
	165~180	0.00	1.10	0.71	0.26	1.74	3.05
	>180	0.00	4.03	0.00	0.39	3.48	2.03

　　我们对不同施氮水平下小麦赤霉病、倒伏率调查表明(图 37-1,图 37-2),豫麦 49-198 在施氮(N)0,
120,180,240,360 kg/hm² 下,赤霉病发病率分别为 22.11%,28.63%,35.94%,44.97%,51.27%,倒
伏率分别为 4.5%,28.1%,37.5%,81.6%,55.6%;周麦 16 赤霉病发病率分别为 28.61%,40.74%,
52.64%,69.71%,74.90%,倒伏率分别为 0,10.2%,18.4%,23.6%,24.0%。虽然两个品种之间发病
率和倒伏率差别较大,但相关分析表明,施氮量与豫麦 49-198 和周麦 16 赤霉病发病率相关系数分别为
0.856,0.913,倒伏率相关系数分别为 0.645 2 和 0.632 1,都达到极显著水平,说明氮肥过高施用可以

增加小麦赤霉病和倒伏的发生。

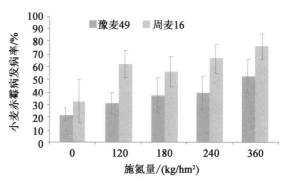

图 37-1 不同氮肥用量对小麦赤霉病发病率的影响

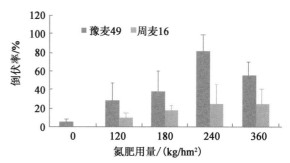

图 37-2 不同氮肥用量对小麦倒伏率的影响

磷钾肥施用对小麦群、玉米体结构和产量也影响很大,农户调查表明,小麦上不施磷、钾肥的比例分别占到 2.84%～36.36% 和 12.79%～42.56%,磷钾肥不足和过量的问题也普遍存在,对小麦、玉米产量也造成很大的影响。

2.土壤质量

随着小麦、玉米生产中肥料投入的增加,我国农田土壤肥力发生了很大变化(表 37-3)。与第二次土壤普查相比,河南省土壤有机质含量增加 30.98%,土壤全氮含量增加 20%,土壤速效磷含量增加 194.36%,土壤有效铜含量增加 22.89%,有效锌含量增加 107.74%,水溶性硼含量增加 65.13%,土壤速效钾含量降低 8.13%,有效锰含量下降 3.37%,有效铁减少 29.37%。

表 37-3

河南省土壤养分变化状况

土壤养分	第二次土壤普查	2005—2009 年	与第二次土壤普查相比	
			变化量	变化率/%
有机质/(g/kg)	12.2	15.98	3.78	30.98
全氮/(g/kg)	0.80	0.96	0.16	20.00
速效磷/(mg/kg)	5.9	17.37	11.47	194.36
速效钾/(mg/kg)	132.7	121.91	−10.79	−8.13
有效铁/(mg/kg)	15.9	11.23	−4.67	−29.37
有效锰/(mg/kg)	17.04	16.47	−0.57	−3.37
有效铜/(mg/kg)	1.21	1.49	0.28	22.89
有效锌/(mg/kg)	0.66	1.38	0.72	107.74
有效硼/(mg/kg)	0.39	0.64	0.252	65.13

同时，全省约 70 万亩耕地有机质含量较低，约 200 万亩耕地速效磷含量较低，约 290 万亩耕地速效钾含量较低，约 310 万亩耕地有效硼含量较低，约 80 万亩耕地有效锌含量较低，约 90 万亩耕地有效铁含量较低（表 37-4，表 37-5）。

表 37-4

河南省土壤有机质和大量元素养分指标与丰缺状况

分级	养分指标				养分丰缺面积/%			
	有机质/(g/kg)	全氮/(g/kg)	速效磷/(mg/kg)	速效钾/(mg/kg)	有机质	全氮	速效磷	速效钾
低	<6	<0.2	<5	<50	1.21	0.06	6.47	3.93
较低	6～10	0.2～0.5	5～10	50～100	8.56	2.92	24.4	36.25
中	10～20	0.5～1	10～20	100～150	72.45	59.27	41.46	33.98
较高	20～30	1～1.5	20～30	150～200	16.23	34.58	15.6	17.2
高	30～40	1.5～2	30～40	200～250	1.49	3.05	5.96	6.24
极高	40	2	40	250	0.07	0.12	5.11	2.41

表 37-5

河南省微量元素土壤养分指标与丰缺状况

分级	养分指标/(mg/kg)					养分丰缺面积/%				
	有效硼	有效锌	有效铜	有效铁	有效锰	有效硼	有效锌	有效铜	有效铁	有效锰
低	<0.2	<0.3	<0.1	<2.5	<1	9.61	1.75	0.15	2.55	0.22
较低	0.2～0.5	0.3～0.5	0.1～0.2	2.5～4.5	1～5	33.71	9.81	0.21	9.91	6.02
中	0.5～1	0.5～1	0.2～1	4.5～10	5～15	40.82	33.01	27.82	44.38	44.37
较高	1～2	1～3	1～1.8	10～20	15～30	15.38	48.11	46.22	30.16	40.84
高	2	3	1.8	20	30	0.48	7.32	25.61	13	8.55

易玉林，2012。

近年来，小麦、玉米播种和收割都采用机械化，而生产中普遍采用的小型农机具耕作深度浅，作业幅窄，拖拉机在田间反复碾压，导致土壤耕层逐年变浅，容重增加，犁底层逐年加厚，严重板结，耕层有效土壤量大幅降低，理化性状恶化。调查表明，黄淮海平原玉米土壤耕层平均为 17.2，5～10 cm 耕层土壤容重为 1.37 cm³，犁底层土壤容重平均为 1.51 g/cm³（国家玉米产业体系，2009），而河南省西华、西平、浚县等高产创建示范区 0～10 cm 土壤容重平均也在 1.45～1.60 g/cm³ 之间。土壤水、肥、气、热不协调，造成土壤纳雨保墒和保肥供肥能力减弱，同时，作物根系难以穿透犁底层，根系分布浅，吸收营养范围减少，肥水利用率下降，已经严重阻碍小麦、玉米产量潜力的正常发挥，还易引起倒伏早衰，降低了土壤的抗逆减灾能力和产出能力，这已成为小麦、玉米高产高效的重要限制因素。

由于化肥合理施用，导致土壤酸化、盐渍化，土壤缓冲能力下降，土壤养分不平衡加剧，严重限制了作物根系的生长和发育，对产量和品质要造成很大影响。

3.干旱频发水资源短缺

近年来，干旱频发，对小麦、玉米生长造成了严重影响。2014 年河南省平均降雨量 96 mm，较多年同期均值偏少 60%，较去年同期偏少 44%。汛期以来，高温、少雨、干旱天气持续发展，特别是 6 月以来，高温时间长，平均降雨量仅有 90.2 mm，是 1951 年以来最小年份。2014 年 7 月，河南大中型水库总蓄水 28.38 亿 m³，较多年同期均值少 13.5 亿 m³，近 35% 的小型水库干涸。主要河道径流比多年同期均值少四到九成,50%以上的中小河流断流。秋粮受旱面积已达 2 310 万亩,严重干旱 610 万亩。

4. 播种质量差缺苗断垄严重

由于品种选择不恰当,播量、播期、播深等掌握不好,小麦玉米生产中播种质量差,缺苗断垄现象普遍,严重影响了小麦、玉米的群体质量,导致产量和养分效率难以提高。我们的调查表明,而生产中播量超过 225 kg/hm^2 的依然普遍,个别地方则高达 300 kg/hm^2 以上。由于播量过大,造成小麦冬前和春季旺长、群体偏大,茎秆细弱,易于倒伏,穗多穗小,易于早衰,产量不高等问题在生产中也普遍存在。而生产中小麦早播的问题也普遍存在,如河南省驻马店、商丘地区适宜的播期在 10 月 8—15 日之间,但调查表明,只有 40%~65% 的农户在适宜播期里播种,有 1/3 左右的农户在 10 月 7 日之前播种,20% 左右在 10 月 15 日以后播种。

5. 农机农艺不配套

近年来,河南省玉米种肥同播面积占到玉米播种面积的 60% 以上,而小麦种肥同播的面积要也在逐年增加,尤其是合作社、种粮大户等规模化种植的农户,为了降低人工成本,他们更多的考虑机械化管理。但由于缺乏与种肥同播配套的机械与肥料,导致农机与农艺不配套,影响了小麦玉米高产高效。科技小院对康城村 2013 年玉米种肥同播情况调查表明,玉米种肥同播烧种烧苗率在 15%~55% 之间,后期倒伏率在 10%~25% 之间,但听从科技小院的指导,选用科技小院推荐的配方肥的农户烧种烧苗情况和倒伏率明显降低。

为了应对水资源短缺,减少灌水的成本,一些农户也在开始尝试水肥一体化,由于设备投入跟不上,水溶肥价格昂贵等问题,也影响了灌溉施肥技术的推广应用。

6. 田间管理

随着小麦栽培水平和机械化程度的提高,小麦田间管理的比重也比以往减少,但要想提高小麦产量和品质,田间管理仍然是非常重要环节。小麦、玉米生产中,由于除草剂、化控措施应用不当,病虫害防治不及时,水肥管理不合理,都会影响到作物产量和养分效率。尤其是现在一些种植大户、合作社等规模化种植的不断增加,小麦、玉米大面积栽培,对田间管理提出了更高的要求。科技小院的调查表明,大部分的种粮大户之所以产量不高,效益不好,就是田间管理技术不到位。

37.3 养分管理技术创新与集成

1. 小麦、玉米养分管理技术要点

根据干物质累积和养分吸收规律,小麦养分管理要在播种前施好基肥,促苗、齐、匀、壮,促进分蘖和次生根形成,为构建合理群体奠定基础(图 37-3)。要在起身-拔节期施好追肥,促营养生长生殖生长协调,主攻穗数。有条件的田块,要在开花-灌浆期补施孕穗肥,防止早衰,主攻粒多、粒重,提高产量、改善品质。玉米要在播种时施好苗肥,促苗、齐、匀、壮,大喇叭口-孕穗期施好追肥,促叶、壮根、穗多、穗大,促营养生长生殖生长协调(图 37-4)。有条件的田块,要在开花-灌浆期补施孕穗肥,保护叶片、提高光合强度,促进粒多、粒重。

2. 小麦、玉米养分管理技术体系

研究表明,河南省小麦上最高产量施氮量平均为 212 kg/hm^2,最佳经济效益施氮平均为 177 kg/hm^2;最高产量施磷量平均为 P$_2$O$_5$ 106.8 kg/hm^2,经济最佳施磷量平均为 P$_2$O$_5$ 96 kg/hm^2;最高产量施钾平均为 K$_2$O 92 kg/hm^2,经济最佳施钾量平均为 K$_2$O 78 kg/hm^2。河南省玉米上最高产量施氮量平均为 263 kg/hm^2,最佳经济效益施氮平均为 211 kg/hm^2;最高产量施磷量平均为 P$_2$O$_5$ 105 kg/hm^2,经济最佳施磷量平均为 P$_2$O$_5$ 96 kg/hm^2;最高产量施钾量平均为 K$_2$O 92 kg/hm^2,经济最佳施钾量平均为 K$_2$O 78 kg/hm^2。

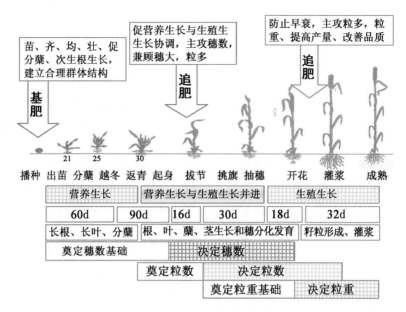

图 37-3　小麦养分管理技术要点

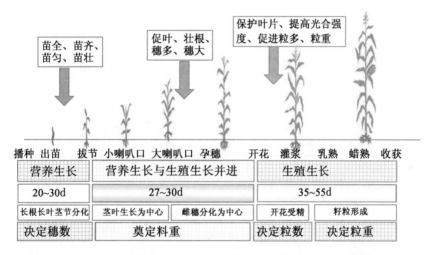

图 37-4　玉米养分管理技术要点

根据氮素总量控制、分期调控,磷钾恒量监控,中微量元素因缺补缺的原则,建立河南省小麦、玉米高产高效磷、钾管理技术体系(表 37-6,表 37-7)。

表 37-6

河南省小麦、玉米磷丰缺指标与推荐用量

肥力等级	小麦		玉米	
	土壤速效磷含量 (P)/(mg/kg)	磷肥推荐用量 (P_2O_5)/(kg/hm²)	土壤速效磷含量 (P)/(mg/kg)	磷肥推荐用量 (P_2O_5)/(kg/hm²)
极高	>35	0~30	>26	0
高	24~35	30~60	15~26	0~30
中	13~24	60~90	9~15	30~60
低	7~13	90~120	5~9	60~90
极低	<7	120~150	<5	90~120

表 37-7

河南小麦钾丰缺指标与推荐用量

肥力等级	小麦		玉米		备注
	土壤速效钾含量(K)/(mg/kg)	钾肥推荐用量(K₂O)/(mg/kg)	土壤速效钾含量(K)/(mg/kg)	钾肥推荐用量(K₂O)/(kg/hm²)	
极高	>160	0～30	>160	0～30	连续3年以上实行秸秆还田的田块适当减少用量
高	120～160	30～60	110～160	30～60	
中	70～120	60～90	70～110	60～90	
低	40～70	90～120	40～70	90～120	
极低	<40	120～150	<40	120～150	

3. 小麦、玉米养分管理技术集成

根据河南小麦玉米生产中的问题,建立了以提升土壤质量、播种质量、管理质量为核心的高产高效养分管理技术集成(图 37-5)。

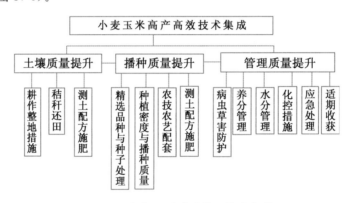

图 37-5 小麦、玉米养分管理技术集成

4. 小麦、玉米养分管理技术模式

为了便于养分管理技术在生产中的推广应用,我们也制作了高产高效养分管理技术模式图(表 37-8 至表 37-11)。

37.4 养分管理技术的大面积推广应用

37.4.1 技术推广途径

1. 结合测土配方施肥、高产创建项目

养分管理技术为测土配方施肥项目的开展提供了重要的理论基础,养分管理技术也通过不同方式在测土配方施肥、高产创建项目的示范区进行推广应用,也取得了非常好的应用效果,为河南省粮食 12 连增发挥了重要作用。

2. 与肥料企业结合

借助农业部农企结合推广配方肥行动,与肥料企业结合,以养分管理技术为基础,设计作物肥料配方,由肥料企业生产销售配方肥,通过政府-专家-企业联合服务,实现配方肥的大面积推广应用。

表 37-8
河南豫北灌区冬小麦高产高效技术模式

适宜区域	该技术操作规程适用于河南省豫北灌区小麦亩产 500 kg 以上的地区推广应用				
高产高效目标	小麦产量 600~700 kg/hm² 以上，氮肥生产效率（PFP）30~40 kg/kg				
时期	9 月下旬至 10 月上中旬 整地-播种	10 月上中旬至 12 月下旬 出苗-越冬	2 月中旬至 3 月中旬 返青-拔节	4 月下旬至 5 月中下旬 孕穗-灌浆	6 月上中旬 收获
生育期图片					
主攻目标	提高整地质量和播种质量，确保苗全、苗齐、苗壮	促进分蘖，培育壮苗，保证安全过冬	控蘖壮株，防病防倒	防病虫，防早衰，促灌浆，增粒重	适时收获
技术指标	精细整地，表面没有明显的秸秆	苗基本苗 12 万~20 万，冬前总茎数 40 万~50 万	最大苗总茎数 70~100 万	苗穗数 42 万~50 万，每穗粒数 35~45 个，千粒重 40~50 g	适时收获：种子含水量在 18% 左右收获最佳
主要技术措施	1. 良种准备：该区域适宜冬小麦高产品种豫麦 49-198，偃抗 58，周麦 22，新麦 19。 2. 足墒播种：为了缩短衣耗时间，可以在玉米收获前 10~15 天浇水。 3. 提高整地质量：提高整地质量：玉米秸秆粉碎长度应小于 10 cm，一般粉碎两遍，旋耕深度 15 cm 以上 2 遍，旋耕和播种后镇压以保全苗和壮苗。 4. 适期播种：该气候区适宜直播期兰冬性品种为 10 月 8~15 日，弱春性品种为 10 月 15~25 日，以后每推迟 1 d 增加播量 0.5 kg；播深一般为 3~5 cm。15 cm 等行距播。 5. 推荐播肥适宜用量：亩底施纯氮 5~9 cm，P₂O₅ 4~9 cm，K₂O 4~6 cm。 6. 种子处理：首选包衣种子，如果购买的是非包衣种子，播前一定要选种和晒种。具体方法：首选采用 12.5% 全蚀净 200 mL＋6 kg 水，拌种 100 kg，堆闷 8 h，弱春性品种，之后用 50% 辛硫磷乳油 240 mL，拌小麦种子 100 kg，堆闷 8 h，晾干播种。在采取杀虫剂，杀菌剂混合拌种时，应注意先杀虫剂，种子堆闷，晾干后，再拌杀菌剂。	灌冻水：冻水不宜过早，应在夜预气温节时进行。如果降水充足且土壤墒情较好的地块可不浇冬前水。灌水量控制在 70 mm	1. 浇拔节水并重施拔节肥，可在起身后期或拔节初期随灌水施入 6~10 kg 纯氮。 2. 化学除草：当 1 m² 有草 3~5 株时用苯磺隆、巨星和杜邦巨星喷雾等化学喷雾，时间以小麦起身期为宜，即 3 月 10~20 日。 3. 防治病虫害：防治纹枯病、白粉病和麦蜘蛛，小麦返青时期可根据病虫草发生情况混合用药，杀虫、治病，防草药剂可混合施用达到一喷综防	1. 灌水：保证孕穗扬花水，此时的水分供应应非常重要；根据灌浆期气候状况，麦田墒情确定是否浇灌浆水。 2. 施肥：叶面追施尿素，磷酸二氢钾和硼锌等微量元素肥料。 3. 病虫害防治：小麦抽穗扬花期防治虫蛹期防治在小麦抽穗前 3~5 d 用药；成虫期防治在抽穗后扬花前进行；5 月主要防治的主要病害：麦蚜、白粉病、扬花初期再防治病、锈病等。扬花初期再喷第一次药，一周后再防治一遍。对植穗部均匀用	适时收获：种子含水量在 18% 左右收获最佳

表 37-9

河南豫中地区冬小麦高产高效技术模式

适宜区域	该技术操作规程适用于河南省豫中地区冬小麦亩产 500 kg 以上的地区推广应用				
高产高效目标	小麦产量 600~700 kg/hm²，氮肥生产效率（PFP）30~40 kg/kg				
时期	9 月下旬至 10 月上中旬 整地-播种	10 月上中旬至 12 月下旬 出苗-越冬	2 月中旬至 3 月中旬 返青-拔节	4 月下旬至 5 月中下旬 孕穗-灌浆	6 月上中旬 收获
生育期图片					
主攻目标	提高整地质量和播种质量，确保苗全、苗齐、苗壮	促进分蘖，培育壮苗，保证安全过冬	控蘖壮株，防病防倒	防病虫，防早衰，促灌浆，增粒重	适时收获
技术指标	精细整地，表面没有明显的秸秆	苗基本苗 12 万~20 万，冬前总茎数 40 万~50 万	最大苗总茎数 70 万~100 万	苗穗数 42 万~50 万，每穗粒数 35~45 个，千粒重 40~50 g	适时收获：种子含量在 18% 左右收获信
主要技术措施	1. 良种准备：该区域适宜冬小麦高产品种豫麦 49-198、矮抗 58、周麦 22、新麦 19。 2. 足墒播种：为了缩短农耗时间，可以在玉米收获前 10~15 d 浇水。 3. 提高整地质量：玉米秸秆粉碎两遍，一般粉碎长度应小于 10 cm，一般粉碎两遍，旋耕深度 15 cm 以上 2 遍，旋耕和播种后镇压以保全苗和壮苗。 4. 适期播种和播量：该气候区适宜播期冬性品种为 10 月 8~15 日，弱春性品种为 10 月 15~25 日，以后每推迟 1 d 增加播量 0.5 kg；播深一般为 3~5 cm。15 cm 等行距播种。 5. 推荐底肥适宜用量：苗底施纯氮 5~9 cm，P₂O₅ 4~9 cm，K₂O 4~6 cm。 6. 种子处理：首选包衣种子，如果购买的是非包衣种子，播前一定要拌种和晒种。具体采用方法：首选采用 12.5% 全蚀净 200 mL＋6 kg 水，拌种 100 kg，堆闷 8 h，晾干播种，之后用 50% 辛硫磷乳油 240 mL，拌小麦种子 100 kg，堆闷 8 h，晾干播种。在采取杀虫剂、杀菌剂混合拌种时，应注意先拌杀虫剂，种子堆闷、晾干后，再拌杀菌剂	1. 灌冻水：冻水不宜过早，应在夜夜降温昼消时进行。如果降水充足且土壤墒情较好的地块可不浇冬前水。灌水量控制在 70 mm	1. 浇拔节水并重施拔节肥，可在起身期或拔节初期随拔水施入 6~10 kg 纯氮。 2. 化学除草：当 1 m² 有草 3~5 株时用苯亿力进行化学喷雾，时间以小麦起身期为宜，即 3 月 10~20 日。 3. 防治病虫害：防治纹枯病、白粉病和麦蜘蛛，小麦此时期可根据病虫草发生情况用药混合剂可混合施药，治病，防草药剂一喷综防	1. 灌水：保证孕穗扬花水，此时的水分供应非常重要；根据灌浆期气候状况，麦田墒情确定是否浇灌浆水。 2. 施肥：叶面追施尿素、磷酸二氢钾和硼锌等微量元素肥料。 3. 病虫害防治：小麦吸浆虫蛹期防治在小麦抽穗前 3~5 d 用药；成虫期防治在小麦抽穗后扬花前进行；5 月要防的主要病虫害：麦蚜、白粉病和赤霉病、锈病等。扬花初期喷第一次药，一周后再防治，对准穗部均匀喷一遍。	适时收获：种子含量在 18% 左右收获信

表37-10

河南豫北灌区夏玉米高产高效技术模式

适宜区域	该技术操作规程适用于河南省豫北灌区夏玉米亩产700 kg以上的地区推广应用				
高产高效目标	玉米产量700~800 kg/hm²，氮肥偏生产效率(PFP)35~45 kg/kg				
时期	5月下旬至6月上旬 准备-播种	6月上旬至7月上旬 出苗-拔节	7月上旬至8月中旬 拔节-吐丝	8月中旬至9月中旬 吐丝-灌浆	9月中旬至10月上旬 灌浆-成熟
生育期图片					
主攻目标	高质量播种，确保苗全、苗齐	促根壮苗	促叶、壮根、穗大	增加穗粒数、提高粒重	提高千粒重
技术指标	秸秆粉碎还田，残茬高度不超过20 cm	苗齐、苗壮、苗匀	确保高质量群体指标，根壮、源足、空间结构合理	保证源足、库大、流畅、提高光合强度	养根护叶，防早衰
主要技术措施	(1)选种：郑单958、浚单20、先玉335、登海602等。(2)种子处理：种衣剂包衣、药剂或钼酸剂拌种。(3)适期播种：6月3~10日播种，每亩播量2~3 kg，种植80 cm宽窄行或60 cm等行距，株距24~26 cm，播深3~5 cm。郑单985、浚单20、新单26等每亩5 000~5 500株。等每亩4 500~5 000株	(1)补苗：每亩4 500~5 500株。(2)化学除草：喷施40%烟嘧磺乙阿合剂或4%烟嘧磺隆。(3)防虫：3~5叶期用烟嘧磺隆与莠去津复配剂加上三氟氯菊酯喷雾，定苗后用氮氟氯氟氰菊酯+氧化乐果喷雾。(4)追苗肥，拔节期施苗期施纯氮4~6 kg，氧化钾3~6 kg，氧化钾4~8 kg，硫酸锌1~2 kg	(1)防玉米螟：用1.5%辛硫磷颗粒剂或杀螟丹颗粒剂，也可在玉米螟成虫盛发期用黑光灯诱杀。(2)化控抑制株高：分别在13叶和油雄前喷洒化学抑制剂抑制株高	(1)施肥：每亩施纯氮6~8 kg，隔行条施、深施覆土，建议在距植株7 cm左右穴施，深度7~10 cm，叶面喷施锌硼和磷酸二氢钾。(2)病害防治：防治叶斑病、茎腐病、青枯病和玉米螟；用200倍双效灵喷雾或2.5%辛硫磷颗粒剂撒入心叶。用2.5%的敌杀死1 000倍液或50%辛硫磷1 500倍液抹花丝，防治玉米螟。(3)灌水：需水关键期，及时浇水	(1)补施粒肥：每亩追施纯氮2~4 kg，叶面喷施锌硼和磷酸二氢钾。(2)防虫：用2.5%辛硫磷1 000倍液杀死1 000倍液或50%辛硫磷1 500倍液防治玉米螟、黏虫、棉铃虫和蚜虫。(3)灌水

表37-11
河南豫中补灌区夏玉米高产高效技术模式

适宜区域	该技术操作规程适用于河南省豫中补灌区夏玉米亩产600 kg以上的地区推广应用				
高产高效目标	玉米产量600~700 kg/hm²,氮肥偏生产效率(PFP)30~40 kg/kg				
时期	5月中旬至6月上旬 准备-播种	5月下旬至6月下旬 出苗-拔节	6月下旬至8月上旬 拔节-吐丝	8月上旬至9月上旬 吐丝-灌浆	9月中下旬 灌浆-成熟
生育期图片					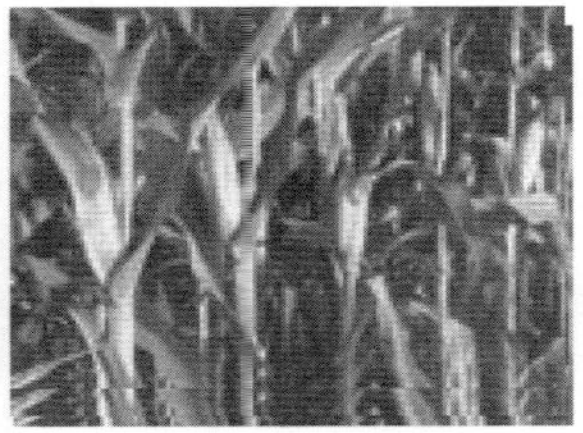
主攻目标	高质量播种,确保苗全、苗齐	促根壮苗	促根、壮根、穗大	增加穗粒数、提高粒重	提高千粒重
技术指标	秸秆粉碎还田,残茬高度不超过20 cm	苗齐、苗壮、苗匀	确保高质量群体指标,根壮、源足、空间结构合理	保证源足、库大、流畅、提高光合强度	养根护叶,防旱衰
主要技术措施	(1)选种:郑单958、浚单20,先玉335、登海602等。(2)种子处理:种衣剂包衣,药剂或钼肥拌种。(3)适期播种:6月1~5日播种,每亩播量2~3 kg或等行80 cm宽窄行或60 cm等行距,株距24~26 cm,播深3~5 cm。郑单985等为每亩5 000~5 500株;浚单20,新单26等每亩4 500~5 000株	(1)补苗:每亩4 500~5 500株。(2)化学除草:喷施40%乙阿合剂或4%烟嘧磺隆。	(1)防玉米螟:用1.5%辛硫磷颗粒剂或杀螟丹颗粒剂,也可在玉米螟成虫盛发期用黑光灯诱杀。(2)化控抑制株高:分别在13叶和抽雄前喷洒化学抑制剂抑制株高	(1)施肥:每亩施纯氮6~8 kg,隔行条施,深施覆土,建议在距植株7 cm左右穴施,深度7~10 cm,叶面喷施硼锌磷酸二氢钾。(2)病害防治:防治叶斑病、茎腐病、青枯病和玉米螟:用200倍双效灵喷雾或2.5%辛硫磷颗粒剂撒入心叶;用2.5%的敌杀死1 000倍液或50%辛硫磷1 500倍液防治玉米螟;抹花丝。(3)灌水:需水关键期,及时浇水	(1)补施粒肥:每亩追施纯氮2~4 kg,叶面喷施锌硼施磷酸二氢钾。(2)防虫:用2.5%辛硫磷1 500倍液杀死1 000倍液防治玉米螟、蚜虫,黏铃虫和蜘蛛。(3)灌水

608

3.与粮食加工企业结合,开展订单农业

为了拓宽养分管理技术的应用范围,近年来,我们又与粮食加工企业、粮食贸易企业结合,通过订单农业调动农户应用科学技术的积极性,农户在完成订单任务过程中,养分管理技术就得到了很好的推广应用。

4.带动种植大户、合作社应用

随着土地种植规模化的增加,种植大户、合作社、家庭农场等新型种植主题不断涌现,由于土地面积的增加,这些新型农民对于科学技术的应用比一般农户积极性更高。借助国家政策引导,利用各种培训技术,养分管理技术在滑县、长葛、许昌、扶沟等地的种植大户得到了很好的应用。

5.通过科技小院技术推广

科技小院的建立创新了农业技术推广模式,打破了技术推广"最后一公里"的瓶颈,我们在河南省建立的禹州科技小院、杞县科技小院、实佳科技小院都是以养分管理技术为核心,在各地取得了非常好的应用效果。

37.4.2　应用效果

我们的田间试验表明(图 37-6),与农民习惯施肥相比,高产高效管理在小麦上两年分别增产25.4%、13.1%,增效 36.1%和 15.5%,玉米上两年分别增产 33.3%、35.0%,增效 29.0%和 31.3%。

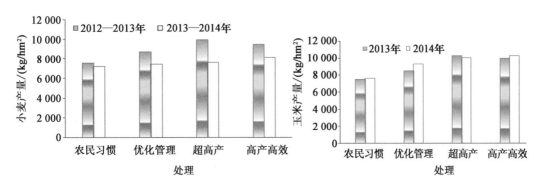

图 37-6　不同施肥管理对小麦、玉米产量的影响

禹州科技小院研究表明(图 37-7),2013 年以配方为载体的养分管理示范村小麦、玉米产量分别达到 7.7,11.4 t/hm²,比对照村产量分别增加 17.16%,29.16%,氮肥用量分别减少 3.02%,42.89%,氮肥偏生产力分别增加 20.81%,126.17%,磷肥偏生产力分别增加 24.21%,43.92%。

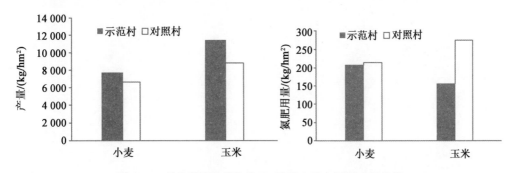

图 37-7　养分管理技术在小麦、玉米上的大面积应用效果

结合测土配方施肥、高产创建等项目在河南省多点示范表明(表 37-12),应用高产高效养分管理技术,小麦、玉米产量增加 8%～20%,氮肥用量减少 20%～30%,氮肥偏生产力提高 20%～50%。

表 37-12
河南省不同地点养分管理示范情况

地点	小麦产量 /(kg/kg)	小麦 PFP/(kg/kg)			玉米产量/ (kg/亩)	玉米 PFP(kg/亩)		
		N	P_2O_5	K_2O		N	P_2O_5	K_2O
温县	9 615	40	80	80	11 565	35	64	96
浚县	0 015	41	83	83	12 870	50	214	214
滑县	9 135	34	87	68	9 900	33	73	47
许昌	8 265	50	69	157	9 240	34	68	—
孟津	8 700	38	65	135	9 510	49	106	211
新郑	8 250	39	68	89	9 825	28	82	109
扶沟	8 400	37	62	140	9 600	49	128	160
禹州	8 820	37	73	98	10 155	38	113	85
柘城	8 475	38	75	94	9 675	46	161	143

（执笔人：叶优良　黄玉芳）

河南省土壤共有 7 个土纲,17 大土类,总面积 20 623 万亩。其中耕地土壤 12 大土类,总面积 13 436 万亩,这其中潮土、褐土、黄褐土、砂姜黑土和水稻土为五大耕地土壤类型,总面积 12 970 万亩,占全省耕地的 96.5%。而砂姜黑土和潮土是河南旱地耕作土壤中开垦利用程度最高的两大土类(表 38-1),砂姜黑土耕地面积占其资源面积的 98.1%,潮土占其资源面积的 93.0% 为耕地,是河南省小麦-玉米最主要产地土壤类型,同时也是河南粮食增产的最大潜力区。二者总耕地面积占全省耕地的 57.1%,占五大土类耕地面积的 59.2%。由此可见其在河南省农业生产的重要性。

表 38-1

河南省五大耕地土壤类型及其所占比例

项目	主要土类					合计
	潮土	砂姜黑土	褐土	黄褐土	水稻土	
土壤面积/万亩	6 241	1 908	3 562	2 444	1 041	15 196
耕地面积/万亩	5 805	1 871	2 214	2 065	1 015	12 970
开垦利用程度/%	93.0	98.1	62.2	84.5	97.5	85.4
占全省耕地/%	43.2	13.9	16.5	15.4	7.5	96.5

38.1 河南小麦-玉米生产中存在的主要问题

38.1.1 秸秆还田利用问题

河南省作物秸秆年理论产生量达 9 000 多万 t,主要作物秸秆可收集量达 7 790 万 t,其中,小麦秸秆占 47%,玉米秸秆占 35%。对全省各地秸秆利用方式调查表明,河南省秸秆以还田利用为主,秸秆直接还田率达 51.36%,但各地相差很大。

以豫北、豫东和豫中部还田比例较高,秸秆直接还田率均在 60% 以上。这些区域主要以潮土为主(豫西北为褐土区,但灌溉条件较好),土壤耕性好,灌溉条件好,多以粮食作物为主。近年来在政府强力推动下,配套机械化程度较高。其中,郑州市、安阳市、鹤壁市、新乡市、焦作市、许昌市、济源市和商丘市秸秆还田程度较高(表 38-2),秸秆直接还田率分别为 73.26%,78.04%,97.08%,90.47%,89.32%,85.64%,74.81% 和 70.39%。开封市、濮阳市、漯河市秸秆还田量处于中等水平,分别为 63.66%,66.12%,62.06%。这三个地市内县域之间秸秆还田比例差异较大。

而豫南、豫西及豫西南地区秸秆直接还田率较低,秸秆直接还田比例分别为洛阳市 40.10%,三门峡市 23.62%,南阳市 10.02%,信阳市 12.45%,周口市 31.38%,驻马店市 22.97%,平顶山市 57.01%。其中,豫西的洛阳市、三门峡市、平顶山市主要为低山丘陵褐土区域,农业生产水平较低,农田灌溉条件欠缺;信阳市土壤类型为水稻土,以水稻种植为主;中部的周口市、驻马店市及西南的南阳市土壤类型为黄褐土和砂姜黑土,多以补充灌溉种植为主,耕作上主要采用浅耕或旋耕,秸秆还田率较低。据统计,河南砂姜黑土和黄褐土区秸秆还田率 26.29%。

表 38-2
河南省各地市农作物秸秆去向 %

地市	秸秆产生量/万 t	丢弃	田间焚烧	直接还田	堆肥	饲料	燃料	原料	其他
郑州市	290.1	8.0	0.4	73.3	10.3	6.8	0.4	0.7	0.2
开封市	393.4	3.9	2.9	63.7	12.4	4.7	9.4	1.9	1.2
洛阳市	276.9	18.8	1.8	40.1	5.7	19.9	5.2	3.0	5.5
平顶山市	280.5	13.9	2.6	57.0	3.8	7.8	9.3	3.6	2.0
安阳市	488.2	8.8	0.4	78.0	3.3	3.0	1.9	2.1	2.4
鹤壁市	147.6	1.3	0.7	97.1	0.5	0.3	0.0	0.0	0.1
新乡市	498.7	0.4	0.0	90.5	1.0	1.9	1.5	3.5	1.3
焦作市	203.1	0.7	0.1	91.6	0.7	2.7	0.8	1.7	1.8
濮阳市	259.3	1.3	0.1	66.1	11.3	4.8	3.0	8.8	4.7
漯河市	206.6	5.4	0.6	62.1	2.5	4.4	6.8	15.5	2.7
许昌市	373.3	2.3	0.3	85.6	1.7	2.7	3.6	1.6	2.1
三门峡市	70.2	22.8	5.0	23.6	4.6	30.4	10.4	0.1	3.0
南阳市	906.8	8.1	13.4	10.0	1.5	11.4	45.3	3.3	7.1
商丘市	828.3	1.1	2.4	70.4	8.2	3.4	11.3	2.0	1.1
信阳市	167.3	4.6	20.4	12.5	7.0	17.3	32.0	4.0	2.3
周口市	1 075.1	9.8	1.7	31.4	9.2	7.3	31.3	7.8	1.4
驻马店市	881.4	10.1	0.4	23.0	2.4	4.6	49.6	6.4	3.5
济源市	32.2	10.7	0.1	74.8	0.6	6.3	0.7	3.5	3.3
平均	7 379.0	6.9	3.1	51.4	5.2	6.5	19.9	4.3	2.7

以秸秆直接还田、堆肥和用作饲料合计作为秸秆综合还田,其分布与秸秆直接还田有类似分布。

38.1.2 河南小麦、玉米施肥情况

1. 小麦施肥情况

小麦是河南省最主要作物,常年播种面积在 8 000 万亩以上,近 10 年来,河南小麦实现了连续增产。然而,在小麦生产管理中,过量施肥特别是过量施用氮肥的不合理现象普遍,由此导致肥料养分效应较低。图 38-1 为我们近年来对河南省小麦施肥的调查结果,从图 38-1 可以看出,河南小麦平均施氮量 218.4 kg/hm², 氮肥偏生产力仅 27.8。河南小麦氮肥用量变幅很大(图 38-2,图 38-3),有 30% 施氮量在较低范围(<120 kg/hm²),近 40% 氮肥用量偏高(>225 kg/hm²),>300 kg/hm² 也占到了 20%~30%,高

的甚至达到 500 kg/hm² 以上。同时,在施肥时期上,约一半调查农户氮肥全部用作底肥,约 15% 全部用作追肥,仅约 1/3 采用不同底追比分期施用,且其中有相当大部分追肥在返青期(图 38-3)。

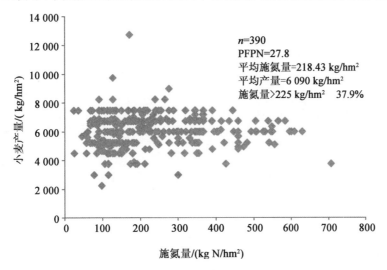

图 38-1　河南小麦氮肥用量及效率

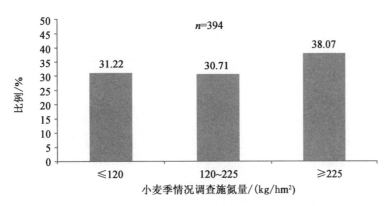

图 38-2　河南小麦氮肥用量分布

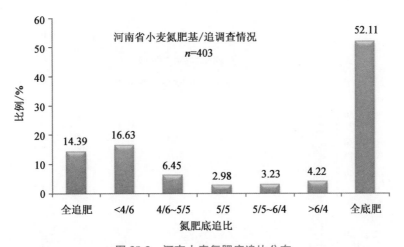

图 38-3　河南小麦氮肥底追比分布

从对河南省豫北潮土和豫南砂姜黑土连续多年的调查表明(表 38-3),作为粮食核心区和河南传统高产区,小麦过量施用氮肥现象十分普遍。

表38-3
河南豫北潮土区和豫南砂姜黑土区小麦施肥

地点	施肥时期	氮肥 /(kg N/hm²)	磷肥 /(kg P₂O₅/hm²)	钾肥 /(kg K₂O/hm²)
豫北潮土	基肥	150	30	30
	n	60	60	60
	追肥	162	0	0
	n	30	30	30
豫南砂姜黑土	基肥	180	54	40
	n	50	50	50
	追肥	69	0	0
	n	50	50	50

2. 玉米施肥情况

玉米是河南的第二大作物,目前常年播种面积在4 000万亩以上。我们近年来对河南省玉米施肥的调查结果表明(图38-4),河南玉米平均施氮量234.0 kg/hm²,氮肥偏生产力仅27.4。河南玉米过量施用氮肥现象也较为普遍,有约30%的调查农户氮肥用量超过270 kg/hm²。同时,在施肥时期上,约1/3调查农户氮肥全部用作玉米底肥,约50%农户氮肥全部用作玉米追肥,仅约20%采用不同底追比分期施用氮肥(图38-5)。

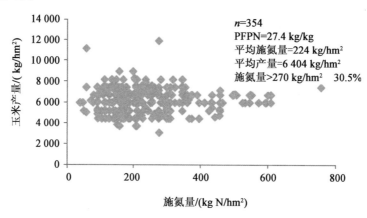

图38-4 河南玉米氮肥用量及效率

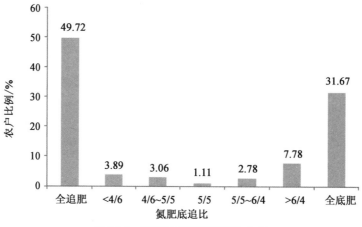

图38-5 河南玉米氮肥底追比分布

从对河南省豫北潮土和豫南砂姜黑土连续多年的调查表明(表38-4),作为河南粮食核心区,玉米过量施用氮肥现象也很普遍。

表38-4

河南豫北潮土区和豫南砂姜黑土区玉米施肥

区域	施肥时期	氮肥 (kg N/hm²)	磷肥 (kg P₂O₅/hm²)	钾肥 (kg K₂O/hm²)
豫北潮土	基肥	78	18	18
	田块数	80	80	80
	追肥	276	0	0
	田块数	60	60	60
豫南砂姜黑土	基肥	168	36	36
	田块数	80	80	80
	追肥	69	0	0
	田块数	60	60	60

38.1.3 长期浅耕、旋耕导致耕层浅

对河南省豫北潮土和豫南砂姜黑土连续多年的调查表明(表38-5),无论是在豫北潮土区还是豫南砂姜黑土区,在耕作方式上,均以浅翻或旋耕为主。在潮土区,以小型拖拉机耕作为主,其比例占近80%,旋耕占约10%,而深耕仅占约10%;在砂姜黑土区(包括黄褐土区)旋耕占50%,浅耕占约30%,深耕约占20%。

表38-5

河南豫北潮土和豫南砂姜黑土区耕作方式

区域		耕作方式			
豫北潮土区	耕作方式	深翻后播种	旋耕后播种	浅翻后播种	深翻+旋耕后播种
	所占百分比	4.4	11.0	79.5	5.1
	田块数	21	52	376	24
豫南砂姜黑土区	耕作方式	深翻后播种	旋耕后播种	浅翻后播种	深翻+旋耕后播种
	所占百分比	5.3	50.0	30.1	14.6
	田块数	12	113	68	33

浅耕耕深14~16 cm,旋耕耕深12~14 cm,长期如此,致使耕层变浅,土壤结构质量退化。砂姜黑土土质黏重,适耕期短,整地困难,从表观上看,以旋耕和浅耕更易于耕地整平,但也同时使秸秆还田难以实施。从而不利于耕地质量的提升。

38.1.4 适期适量播种问题

在小麦收获后,玉米一般能在适播期内播种,关键是播种质量问题。但对小麦来说,豫北地区在玉米收获后,通过及时秸秆处理、耕翻整地,一般能够保障在适播期内播种小麦。但在豫中南部,玉米收

获与小麦适期播种之间有 20 d 左右的间隔期,因砂姜黑土适耕期短,农户为了趁墒整地,往往早耕早播,造成冬前旺苗,致使小麦冻害时有发生,特别是早几年弱春性品种面积较大情况下。

在小麦播量方面,对河南省豫北潮土和豫南砂姜黑土连续多年的调查表明(表 38-6),适宜播量比例在 30%~40%,播量较高比例最大,占 45%~55%。

表 38-6

河南豫北潮土和豫南砂姜黑土区小麦播量情况

区域	耕作方式				
豫北潮土区	播量/(kg/亩)	较低<10	合适 10~15	较高 15~25	过高>25
	比例/%	5	30	55	10
	田块数	30	180	390	60
豫南砂姜黑土区	播量/(kg/亩)	较低<8	合适 8~13	较高 13~20	过高>20
	比例/%	10	40	45	5
	田块数	40	160	200	20

对于豫西南地区,此期降水较多,也是影响小麦适期、适量播种的重要因素。

38.1.5 养殖业有机废弃物资源未加充分利用

河南省不仅是种植业大省,同时也是养殖业大省。2012 年,河南省肉类产量、禽蛋产量、奶类产量达 677.4 万,404.2 万,330.4 万 t,肉猪出栏头数 5 711.2 万头。2012 年末畜禽存栏总数 75 554.6 万头(只、羽),其中大牲畜 942.3 万头,猪 4 587.3 万头,肉用禽 94 358.7 万只,均名列全国前茅。根据河南省畜牧局对 2011 年河南养殖业的调查结果计算(表 38-7),河南省生猪、牛、羊、肉蛋禽每年产生的粪便量达 1.90 亿 t,其中,产生的粪量为 1.25 亿 t,尿 0.65 亿 t。氮、磷、钾养分量分别达 197.1 万,115.9 万和 169.7 万 t,若全部用于耕地,相当于每公顷承载的氮、磷、钾量分别为 273.6,160.8 和 235.6 kg。但由于河南省畜禽养殖业集群化、区域化布局明显,特别是集约化养殖具有一定的地域分布特点,如以安阳、鹤壁、周口、平顶山、焦作、郑州的集约化养殖场较多,其中安阳、平顶山、周口的规模化养猪场占全省规模化养猪场总数的 51.8%;安阳、鹤壁的规模化家禽养殖场占全省规模化家禽养殖场总数的 58.1%;焦作、周口、郑州三地的养牛场占全省规模化养牛场总数的 57%。而相应的粪便无害化、商品化等技术处理率较低,大量粪便难以充分利用。图 38-6、图 38-7 和图 38-8 分别为我们根据 2011 年河南省养殖情况计算的河南省不同区域以生猪、牛、羊、肉蛋禽年产生粪便中氮、磷和钾的单位耕地面积承载量分布。

表 38-7

河南省畜禽粪便产生量

畜种	排放量/万 t				
	粪	尿液	氮	磷	钾
生猪	4 999.6	5 390.2			
牛	3 370.7	775.3			
羊	1 143.0	285.7			
肉禽	429.2				
蛋禽	2 595.3				
合计	12 537.8	6 451.2	197.1	115.9	169.7

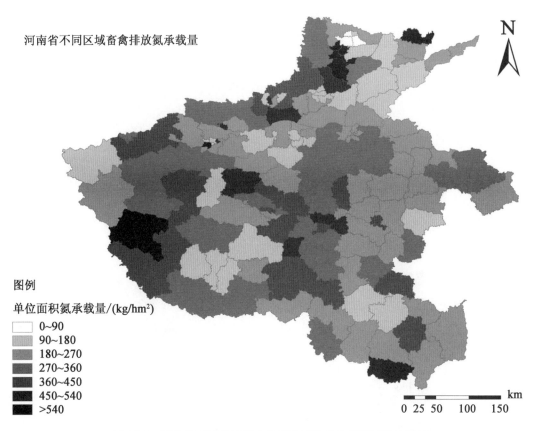

河南省不同区域畜禽排放氮承载量

图例

单位面积氮承载量/(kg/hm²)

- 0~90
- 90~180
- 180~270
- 270~360
- 360~450
- 450~540
- >540

km
0 25 50 　100　　150

图 38-6　河南省不同区域畜禽粪便中氮的单位耕地面积承载量

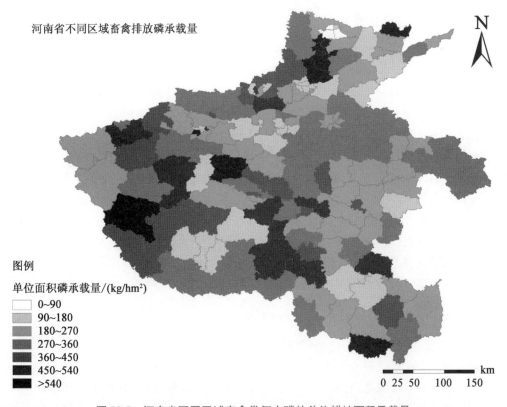

河南省不同区域畜禽排放磷承载量

图例

单位面积磷承载量/(kg/hm²)

- 0~90
- 90~180
- 180~270
- 270~360
- 360~450
- 450~540
- >540

km
0 25 50 　100　　150

图 38-7　河南省不同区域畜禽粪便中磷的单位耕地面积承载量

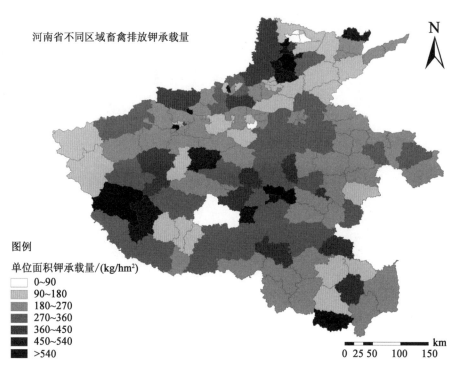

图 38-8　河南省不同区域畜禽粪便中钾的单位耕地面积承载量

38.2　河南省砂姜黑土与潮土小麦-玉米最佳养分管理技术研究与应用

38.2.1　土壤供肥能力研究

处理设置：①单施氮肥；②施磷钾肥；③施氮钾肥；④施氮磷肥；⑤施有机肥 30 000 kg/hm²；⑥施有机肥 22 500 kg/hm²；⑦施有机肥 15 000 kg/hm²；⑧施有机肥 7 500 kg/hm²；⑨不施肥，秸秆不还田；⑩不施肥，秸秆还田；⑪施氮磷钾肥，秸秆不还田；⑫施氮磷钾肥，秸秆还田。试验各处理肥料用量为：

氮肥（N）：小麦、玉米均为 225 kg/hm²；磷肥（P_2O_5）用量：小麦季 120 kg/hm²，玉米季为 90 kg/hm²；钾肥（K_2O）用量：小麦、玉米季均为 120 kg/hm²。有机肥作为小麦底肥施用。

根据 2005—2013 年的研究（图 38-9；彩图 38-9；图 38-10），在豫北潮土上，小麦玉米轮作制中，PFPN 为 30.93 kg/kg，PFPP 为 31.25 kg/kg，PFPK 为 9.13 kg/kg。在不施肥条件下，连年秸秆全量还田比秸秆不还田小麦增产 11.83%，玉米增产 20.92%，两季总产增 15.14%；在施肥条件下，两季秸秆连年全量还田比不还田小麦增产 5.04%，玉米增产 3.10%，两季总产增 3.31%。依靠土壤自身供肥能力（即不施肥，秸秆不还田）的情况下，小麦玉米总产常年维持在 9 600 kg/hm²。常年小麦季施 30 000 kg/hm² 有机肥（羊粪）作物产量维持在 12 900 kg/hm² 左右，比不施肥增产 35.7%，施有机肥 22 500，15 000，7 500 kg/hm² 分别比不施肥增产 18.3%，11.3%，1.4%。

38.2.2　豫北潮土化肥与有机肥配施研究

1. 小麦、玉米两季都施有机肥与化肥配施技术研究

试验处理设置：有机肥设 5 个水平（0，7 500，15 000，22 500，30 000 kg/hm²），氮肥设三个水平（180，225，270 kg N/hm²），小麦、玉米季施肥量相同。采用裂区设计，以有机肥施用水平为主区，氮肥水平为副区，共 15 个处理。各处理的磷钾肥用量（P_2O_5，K_2O）相同，即小麦季分别为 120，120 kg/hm²，玉米季分别为 90，120 kg/hm²。

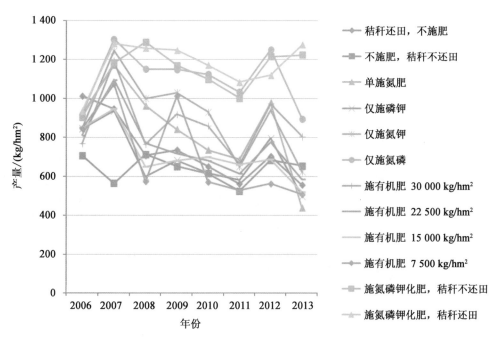

图 38-9　不同处理对历年作物产量影响

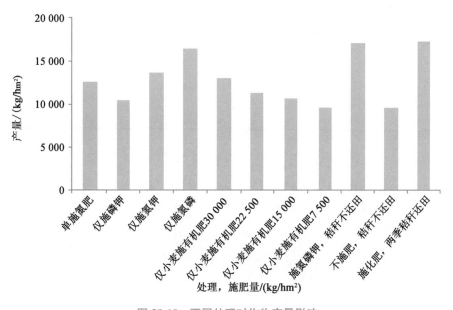

图 38-10　不同处理对作物产量影响

从 2005—2013 年的研究结果来看(图 38-11;彩图 38-11;图 38-12),有机肥(小麦、玉米季全施)15 000 kg/hm² 配施化肥对小麦、玉米的增产效果明显,平均增产 5.6%,尤其以化肥氮 225 kg/hm² 配施 15 000 kg/hm² 有机肥(小麦季、玉米季全施)增产效果最为明显,比不配施有机肥增产 7.9%。

2. 仅小麦季施用有机肥与化肥配施技术研究

试验处理设置:有机肥设 5 个水平(0,7 500,15 000,22 500,30 000 kg/hm²),氮肥设三个水平(180,225,270 kg/hm²),小麦、玉米季施肥量相同。采用裂区设计,以有机肥施用水平为主区,氮肥水平为副区,共 15 个处理。各处理的磷钾肥用量(P_2O_5,K_2O)相同,即小麦为 120,120 kg/hm²,玉米季为 80,120 kg/hm²。

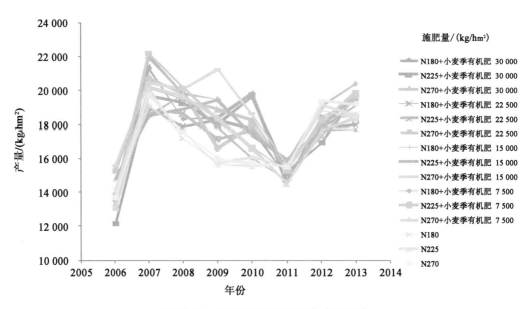

图 38-11　不同处理对作物历年产量影响

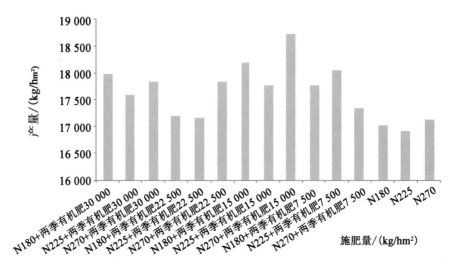

图 38-12　不同处理对作物产量影响

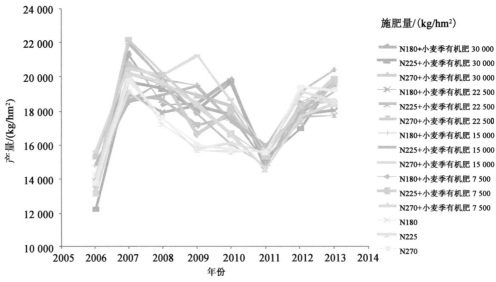

图 38-13　不同处理对作物历年产量影响

从 2005—2013 年的研究结果来看(图 38-13,图 38-14),有机肥(仅小麦季)15 000 kg/hm² 配施化肥对小麦、玉米的增产效果表现不太一致,配施 30 000 kg/hm² 有机肥组平均增产 4.5%,配施 22 500 kg/hm² 有机肥组平均增产 2.2%,配施 15 000 kg/hm² 有机肥组平均增产 6.9%,配施 7 500 kg/hm² 有机肥组平均增产 4.02%,尤其以化肥氮 270 kg/hm² 配施 15 000 kg/hm² 有机肥(小麦季施羊粪)增产效果最为明显,比不配施有机肥增产 9.3%。

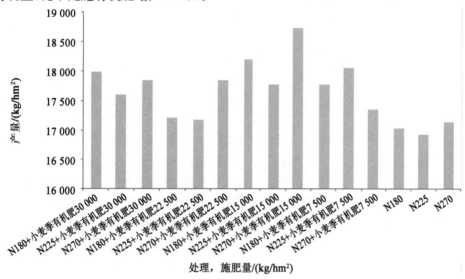

图 38-14　不同处理对作物产量影响

38.2.3　养分实时监控与根层氮素调控技术研究

1.潮土养分实时监控与根层氮素调控技术研究

小麦季处理设置:①对照(CK):不施氮肥;②传统施肥(Con.N):农民的习惯施肥量,氮肥总量为 N 228 kg/hm²,基追比 6∶9.2,追肥时期为返青期,基肥以种肥的方式施入,追肥沟施;③优化施氮 1(Opt.N):采用以根层养分调控为核心的氮素实时监控技术,根据作物在不同生育阶段的氮素需求等确定氮素供应的目标值,结合土壤无机氮测试,来确定不同时期的氮肥用量,以达到土壤和肥料的氮素供应与作物氮素需求同步的目的。对于冬小麦,在播种底施 90 kg N/hm²,可以满足播种—返青期的需求,在返青期和拔节期 2 个阶段追肥;④优化施氮 2(Opt.N×150%):按照优化施肥 1(Opt.N)的量上调 50%;⑤优化施氮 3(Opt.N× 50%):按照优化施肥 1(Opt.N)的量下调 50%。P₂O₅ 135 kg/hm²,K 肥:玉米季为 K₂O 90 kg/hm²,全部作为种肥施入,同时,为保证土壤不缺 Zn,每季作物均施用 ZnSO₄·7H₂O 30 kg/hm² 作为基肥。

根据 2009—2013 年的研究结果进行拟合曲线(图 38-15),在豫北潮土区小麦养分实时监控与根层氮素调控,最佳施氮量为 211.25 kg N/hm²,此时产量最高,达到 8 040.7 kg/hm²。

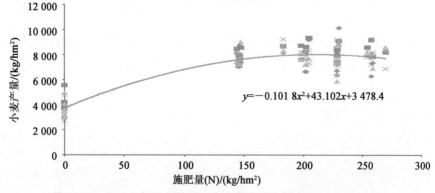

$$y = -0.101\ 8x^2 + 43.102x + 3\ 478.4$$

图 38-15　潮土区根层调控对小麦产量结果的影响(2009—2013 年)

依据 2009—2013 年研究结果的平均值显示（图 38-15，表 38-8），最佳施肥量比传统施肥节约施 N 5.75 kg/hm²，而最高产量比农民习惯增产 10.9%，PFPN 提高 27.6%。

表 38-8

豫北潮土区小麦养分根层氮素调控结果（2009—2013 年平均）

处理号	处理设置	施肥量/(kg N/hm²)	PFPN
1	CK（不施 N）	0	
2	习惯（传统施肥）	228	31.9
3	优化 1（Opt. N）	198	40.7
4	优化 2（Opt. N×150%）	253.5	33.1
5	优化 3（Opt. N×50%）	145.5	52.5

玉米季设置：①对照（CK）：不施氮肥；②传统施肥（Con. N）：农民的习惯施肥量，玉米季氮肥总量为 354 kg/hm²，基追比 5.2∶18.4，追肥时期为 V10 期，基肥以种肥的方式施入，追肥沟施；③优化施氮 1（Opt. N）：采用以根层养分调控为核心的氮素实时监控技术，根据作物在不同生育阶段的氮素需求等确定氮素供应的目标值，结合土壤无机氮测试，来确定不同时期的氮肥用量，以达到土壤和肥料的氮素供应与作物氮素需求同步的目的。对于夏玉米，在播种时以种肥的形式施入 N 45 kg/hm²，可以满足玉米播种-V6 期的生长，在 V6 期和 V10 期 2 个阶段追肥；④优化施氮 2（Opt. N×150%）：按照优化施肥 1（Opt. N）的量上调 50%。优化施氮 3（Opt. N×50%）：按照优化施肥 1（Opt. N）的量下调 50%。玉米季 P_2O_5 82.5 kg/hm²，全部作为种肥施入，K_2O 127.5 kg/hm²，其中 60 kg 作为种肥施入，67.5 kg 在 V10 期与氮肥一起沟施。为保证土壤不缺 Zn，每季作物作为基肥施用 $ZnSO_4 \cdot 7H_2O$ 30 kg/hm²。

根据 2009—2013 年的研究结果进行拟合曲线（图 38-16），在豫北潮土区玉米养分实时监控与根层氮素调控，最佳施氮量为 226.4 kg N/hm²，此时产量最高，达到 8 798.3 kg/hm²。

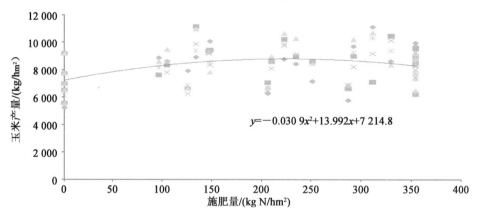

$$y = -0.030\ 9x^2 + 13.992x + 7\ 214.8$$

图 38-16　潮土区根层调控对玉米产量的影响（2009—2013 年）

依据 2009—2013 年研究结果的平均值显示（图 38-16，表 38-9），最佳施肥量比传统施肥节约施 N 127.6 kg/hm²，而最高产量比农民习惯增产 19.26%，此时 PFPN 提高 65.6%。

表 38-9

豫北潮土区养分根层氮素调控结果（玉米）

处理号	处理设置	施肥量/(kg N/hm²)	PFPN
1	CK（不施 N）	0	
2	习惯（传统施肥）	354	24.1

续表 38-9

处理号	处理设置	施肥量/(kg N/hm²)	PFPN
3	优化 1（Opt. N）	204	44.2
4	优化 2（Opt. N×150%）	295.5	31.7
5	优化 3（Opt. N×50%）	120	73.3

潮土区周年最佳施肥总量为 427.95 kg N/hm²，最高产量为 17 452.5 kg/hm²，比习惯产量提高 10.5%，PFPN 比习惯处理提高 50.29%（图 38-17）。

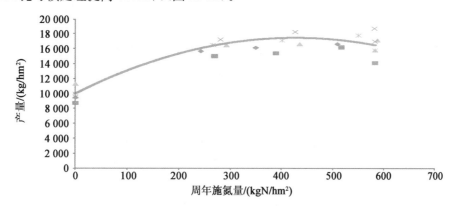

图 38-17　潮土区根层调控对玉米产量结果的影响（2009—2013 年）

2. 砂姜黑土区土壤养分实时监控与根层氮素调控技术研究

小麦季处理设置：①对照（CK）：不施氮肥。②传统施肥（Con. N）：农民的习惯施肥量，氮总量为 210 kg/hm²，基追比 9.8∶4.2，追肥时期为返青期，基肥以种肥的方式施入，追肥沟施。③优化施氮 1(Opt. N)：采用以根层养分调控为核心的氮素实时监控技术，根据作物在不同生育阶段的氮素需求等确定氮素供应的目标值，结合土壤无机氮测试，来确定不同时期的氮肥用量，以达到土壤和肥料的氮素供应与作物氮素需求同步的目的。对于冬小麦，在播种时以种肥的形式施入 90 kg N/hm²，可以满足小麦播种—返青期的生长，在返青期和拔节期 2 个阶段追肥。④优化施氮 2(Opt. N×150%)：按照优化施肥 1(Opt. N)的量上调 50%。⑤优化施氮 3(Opt. N×50%)：按照优化施肥 1(Opt. N)的量下调 50%。磷肥 135 kg/hm²，全部作为种肥施入。K 肥 90 kg/hm²，同时，为保证土壤不缺 Zn，每季作物施用 $ZnSO_4 \cdot 7H_2O$ 30 kg/hm² 作为基肥。

根据 2009—2013 年的研究结果进行拟合曲线（图 38-18），在砂姜黑土区小麦养分实时监控与根层氮素调控，最高产量施氮量为 294 kg N/hm²，此时产量最高，达到 8 613.4 kg/hm²。

根据历年来在砂姜黑土区小麦季根层调控的结果（图 38-18，表 38-10），最佳施肥量比传统施肥节约氮量 64.3 kg/hm²，而最高产量比农民习惯增产 24.3%，此时 PFPN 提高 23.7%。

表 38-10

砂姜黑土区小麦根层调控对产量影响结果

处理	施肥量/(kg N/hm²)	2009—2010 年/(kg/hm²)	2010—2011 年/(kg/hm²)	2011—2012 年/(kg/hm²)	2012—2013 年/(kg/hm²)	平均/(kg/hm²)	PFPN/(kg/kg)
CK	0	4 759.5	6 300	5 677.5	4 759.5	5 374.5	
习惯	228	5 704.5	8 209.5	7 002	7 470	7 096.5	28.5
优化 1	198	7 584	11 517	7 842	8 346	8 821.5	35.3
优化 2	253.5	7 386	11 322	7 441.5	8 403	8 638.5	26.0
优化 3	145.5	7 593	11 952	7 129.5	8 436	8 778	52.1

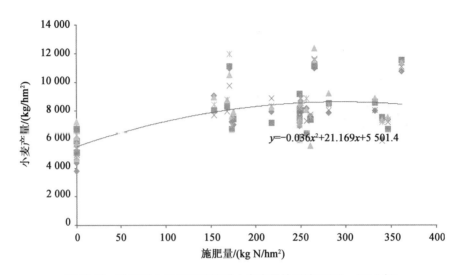

图 38-18　砂姜黑土区根层调控对小麦产量的影响(2009—2013 年)

玉米季设置:①对照(CK):不施氮肥;②传统施肥(Con. N):农民的习惯施肥量,玉米季氮肥总量为 237 kg/hm²,基追比 11.2∶4.6,追肥时期为 V6 期,基肥以种肥的方式施入,追肥沟施;③优化施氮 1(Opt. N):采用以根层养分调控为核心的氮素实时监控技术,根据作物在不同生育阶段的氮素需求等确定氮素供应的目标值,结合土壤无机氮测试,来确定不同时期的氮肥用量,以达到土壤和肥料的氮素供应与作物氮素需求同步的目的。对于夏玉米,在播种时以种肥的形式施入 N 45 kg/hm²,可以满足玉米播种-V6 期的生长,在 V6 期和 V10 期 2 个阶段追肥;④优化施氮 2(Opt. N×150%):按照优化施肥 1(Opt. N)的量上调 50%;⑤优化施氮 3(Opt. N×50%)按照优化施肥 1(Opt. N)的量下调 50%。磷肥 52.5 kg/hm²,全部作为种肥施入。钾肥 75 kg/hm²,其中 50% 作为种肥施入,50% 在 V10 期与氮肥一起沟施。同时,为保证土壤不缺 Zn,施用 $ZnSO_4 \cdot 7H_2O$ 30 kg/hm² 的作为基肥。

根据 2009—2013 年的研究结果进行拟合曲线(图 38-19),在砂姜黑土区玉米养分实时监控与根层氮素调控,最佳施氮量为 313.54 kgN/ hm²,此时产量最高,达到 8 279.5 kg/hm²。

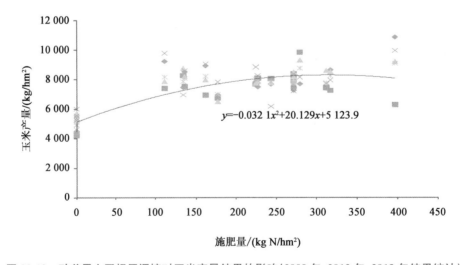

图 38-19　砂姜黑土区根层调控对玉米产量结果的影响(2009 年、2012 年、2013 年结果统计)

根据历年来在砂姜黑土区玉米季根层调控的结果(图 38-19,表 38-11),最佳施肥量比传统施肥节约施 N 11.8 kg/hm²,而最高产量比农民习惯增产 8.82%,此时 PFPN 提高 28.4%。

表 38-11

砂姜黑土区玉米根层调控结果

处理	施肥量 /(kg N/hm²)	2009 年 /(kg/hm²)	2012 年 /(kg/hm²)	2013 年 /(kg/hm²)	平均 /(kg/hm²)	PFPN /(kg/kg)
CK	0	4 590	4 950	5 100	4 879.5	
习惯	271.5	7 687.5	7 701	7 792.5	7 726.5	28.5
优化 1	226.5	8 004	8 733	8 490	8 409	37
优化 2	318	7 768.5	9 060	7 819.5	8 217	25.9
优化 3	136.5	7 842	8 203.5	8 143.5	8 062.5	59.4

38.2.4　养分实时监控与根层氮素调控技术土壤无机氮供应

砂姜黑土区小麦季在返青期、拔节期调控，玉米季在拔节期、大喇叭口期都需要进行调控，根据 2009—2013 年的研究结果，调控的结果见表 38-12。

表 38-12

根据无机氮供应的情况砂浆黑土与潮土区氮肥追肥时期与施用量的分配　　　　　　　　　　　　　　　　kg/hm²

土壤类型	小麦季(N)		玉米季(N)	
	返青期	拔节期	拔节期	大喇叭口期
砂姜黑土	49.5	141	45	129
潮土	15	82.5	21	126

从图 38-20、图 38-21 可以看出，潮土区小麦季主要在拔节期进行调控，玉米季主要在大喇叭口期进行调控。

根据潮土区和砂姜黑土区土壤 N_{min} 供应情况显示（图 38-22）：砂姜黑土在小麦返青—拔节期，玉米抽雄—灌浆期，土壤 N_{min} 明显供应不足，低于潮土 80~100 kg/hm²。

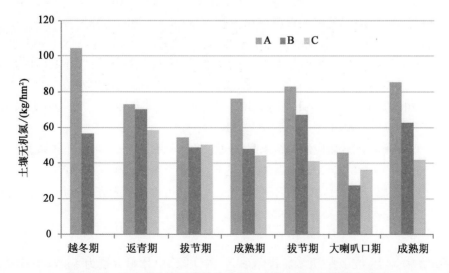

图 38-20　潮土区小麦玉米轮作主要生育期土壤无机氮供应情况

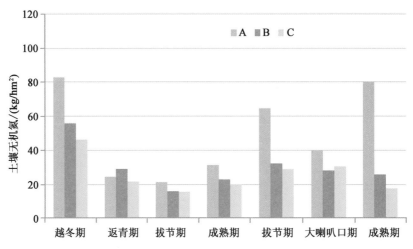

图 38-21　砂姜黑土区小麦玉米轮作主要生育期土壤无机氮供应情况

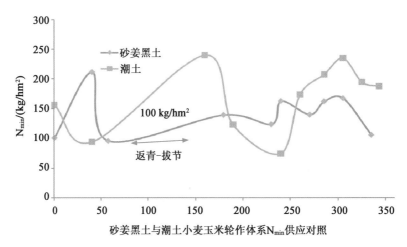

图 38-22　砂姜黑土与潮土土壤无机氮供应对照

38.2.5　小麦、夏玉米轮作体系化肥一体化氮钾配合施用技术研究

处理设置:在秸秆还田的基础上,按小麦-玉米轮作体系氮、磷、钾用量 360,120 和 180 kg/hm²。磷肥全部在小麦季用作基肥施用,氮肥和钾肥在小麦和玉米两季作物间的分配分别设 3 个比例水平,即 40:60,50:50,60:40,共计 9 个处理。①小麦 40%N＋40%K,玉米 60%N＋60%K;②小麦 40%N＋50%K,玉米 60%N＋50%K;③小麦 40%N＋60%K ,玉米 60%N＋40%K;④小麦 50%N＋40%K,玉米 50%N＋60%K;⑤小麦 50%N＋50%K,玉米 50%N＋50%K;⑥小麦 50%N＋60%K,玉米 50%N＋40%K;⑦小麦 60%N＋40%K,玉米 40%N＋60%K;⑧小麦 60%N＋50%K,玉米 40%N＋50%K;⑨小麦 60%N＋60%K,玉米 40%N＋40%K。

从 2007—2009 年氮钾配合效应研究结果显示(图 38-23),在小麦-玉米轮作体系氮(N)、磷(P_2O_5)、钾(K_2O)用量 360,120 和 180 kg/hm² 施肥的情况下,小麦季分配 60%N＋50%K,玉米季分配 40%N＋50%K 的一体化施肥,达到最高产 21 180 kg/hm²,这样可以是玉米充分利用小麦季肥料的后效。

38.2.6　小麦、夏玉米轮作体系化肥一体化氮磷配合施用技术研究

在秸秆还田的基础上,按小麦-玉米轮作体系 N,P_2O_5,K_2O 用量分别为 450,180,180 kg/hm²。氮肥在小麦和玉米间的分配设 3 个比例水平,即 40:60,50:50,60:40,磷肥在小麦和玉米间的分配设三个水平,即小麦 100%,2/3,1/3,玉米 0,1/3,2/3。各处理钾肥用量相同,即小麦施用总量的 1/3,玉

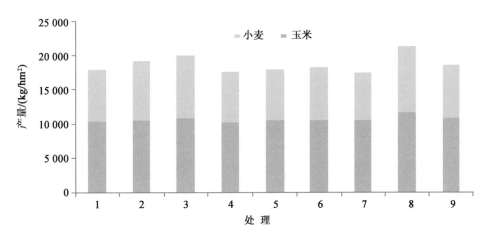

图 38-23 小麦玉米一体化氮磷施肥技术对产量影响（2007—2009 年研究结果）

米季用 2/3。各处理重复 3 次,随机排列。小麦季的氮肥按 6∶4 的基追比施用,玉米季的氮肥按 4∶6 的基追比施用,其他肥料作基肥施用。处理如下:①小麦 N12P12,玉米 N18P0;②小麦 N12P8,玉米 N18P4;③小麦 N12P4,玉米 N18P8;④小麦 N15P12,玉米 N15P0;⑤小麦 N15P8,玉米 N15P4;⑥小麦 N15P4,玉米 N15P8;⑦小麦 N18P12,玉米 N12P0;⑧小麦 N18P8,玉米 N12P4;⑨小麦 N18P4,玉米 N12P8。

从 2007—2009 年氮磷配合效应研究结果显示(图 38-24),在小麦-玉米轮作体系氮(N)、磷(P_2O_5)、钾(K_2O)用量 450,180 和 180 kg/hm² 施的情况下,小麦季分配 50% N+1/3 P_2O_5,玉米季分配 50% N+2/3 P_2O_5 的一体化施肥,达到最高产 19 970 kg/hm²,这样可以是玉米充分利用小麦季肥料的后效。

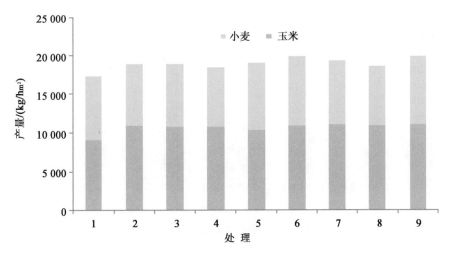

图 38-24 小麦玉米一体化氮钾施肥技术对产量影响（2007—2009 年研究结果）

在豫北潮土区,根据小麦玉米一体化施肥的结果(图 38-23,图 38-24),小麦季的施肥分配为:氮肥(N) 5/5～6/4,磷肥(P_2O_5)为 1/2～1/3,钾肥(K_2O)为 1/2～1/3,这样可以是玉米充分利用小麦季肥料的后效。

38.2.7 有机肥替代技术研究

以鸡粪替代不同比例化肥,研究有机肥持续提升地力和替代化肥的产量与环境效应,各处理设置如表 38-13 所示。

表 38-13

有机肥替代技术研究处理设置   kg/hm²

处理号	有机肥量	小 麦								
		N		P₂O₅		K₂O		总量		
		化肥	有机	化肥	有机	化肥	有机	N	P₂O₅	K₂O
1.20% N+补齐	2 106	180	45	47.55	42.45	51.45	38.55	225	90	90
2.40% N+补齐	4 212	135	90	5.25	84.75	12.9	77.1	225	90	90
3.60% N+补齐	6 318	90	135	0	127.2	0	115.65	225	127.2	115.65
4.80% N+补齐	8 422.5	45	180	0	169.5	0	154.2	225	169.5	154.2
5.80%+20% N	2 106	180	45	72	42.45	72	38.55	225	114.45	110.55
6.60%+40% N	4 212	135	90	54	84.75	54	77.1	225	138.75	131.1

在氮肥总量控制一致（225 kg/hm²）的情况下（图 38-25）：用有机肥（鸡粪，下同）中的 N 代替 80%
总氮量，小麦产量达到最高 9 675 kg/hm²，此时有机肥用量为 8 400 kg/hm²，磷、钾肥用量分别为
169.5,154.2 kg/hm²；其次用有机肥中的 N 代替 20% 总氮量，小麦产量 9 375 kg/hm²，磷、钾肥用量
114.0,110.6 kg/hm²。

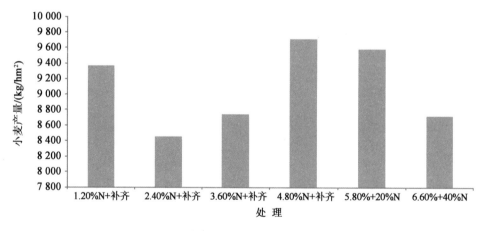

图 38-25　有机肥替代化肥对小麦产量影响

38.3　小麦-玉米最佳养分管理技术研究与应用效果

38.3.1　砂姜黑土与潮土最佳养分管理技术应用效果

几年来，在试验研究的同时，及时总结研究成果并加以试验示范应用，通过小范围示范校验，进行
技术的熟化、简化，以便大面积推广应用。表 38-14、表 38-15 为 2008 年以来在西平、浚县砂姜黑土和潮
土上开展的小麦、玉米最佳养分管理技术应用的效果。

表 38-14

砂姜黑土与潮土小麦最佳养分管理技术应用效果　　　　　　　　　　　　　　　　　　　　　　　　kg/hm²

试验地点	年份	n	传 统			n	优 化		
			施氮量	产量	PFP		施氮量	产量	PFP
西平	2013—2014	22	249	7 541	30.3	22	187.5	9 909	52.8
浚县		17	247.5	9 285	37.1	17	225	10 263	45.6
西平	2012—2013	22	249	6 315	25.4	22	187.5	7 650	40.8
浚县		17	247.5	7 720	31.2	17	225	8 375	37.2
西平	2011—2012	8	249	7 200	28.9	8	187.5	7 935	42.3
浚县		17	247.5	7 950	32.1	17	225	9 510	42.3
西平	2010—2011	8	249	6 513	26.2	8	187.5	9 876	52.7
浚县		17	247.5	6 893	27.9	17	225	7 808	34.7
西平	2009—2010	20	249	6 690	26.9	20	187.5	7 695	41.0
浚县		24	247.5	6 983	28.2	24	225	8 379	37.2
西平	2008—2009	12	249	7 503	30.1	12	187.5	9 988	53.3
浚县		24	247.5	6 707	27.1	24	225	8 981	39.9

　　由表 38-14 可以看出,在西平砂姜黑土区,最佳养分管理技术小麦平均增产 27.04%,PFPN 提高 68.59%,浚县潮土区,平均增产 17.08%,PFPN 提高 29.03%。

表 38-15

砂姜黑土与潮土玉米最佳养分管理技术应用效果　　　　　　　　　　　　　　　　　　　　　　　　kg/hm²

年份	试验地点	n	传 统			n	优 化		
			施氮量	产量	PFP		施氮量	产量	PFP
2013	西平	22	271.5	7 442	27.41	22	228	9 199.7	40.35
	浚县	17	354	9 040	25.54	17	240	11 103.9	46.27
2012	西平	8	271.5	7 995	29.45	8	228	8 955	39.28
	浚县	17	354	8 700	24.58	17	240	10 545	43.94
2011	西平	8	271.5	6 600	24.31	8	228	7 800	34.21
	浚县	17	354	7 050	19.92	17	240	8 700	36.25
2010	西平	20	271.5	倒伏	—	20	228	倒伏	—
	浚县	24	354	7 575	24.45	24	240	9 495	39.56
2009	西平	12	271.5	5 985	22.04	12	228	7 215	31.64
	浚县	24	354	8 250	23.31	24	240	9 645	40.19

　　由表 38-15 可以看出,西平砂姜黑土区,最佳养分管理技术玉米平均增产 18.59%,PFPN 提高 41.22%,浚县潮土区,平均增产 21.94%,PFPN 提高 75.22%。

38.3.2　砂姜黑土与潮土集成技术示范及其效果

　　几年来,针对砂姜黑土和潮土小麦、玉米等粮食作物的生产现状和面临的问题,以"攻单产,节资源,提效益"为目标,在相关研究的基础上,深入开展了中低产田地力提升、丰产节资技术等高产高效科技增粮现代农业技术研发与集成示范,促进了大面积均衡增粮。

1.形成的相关单项技术

(1)小麦玉米秸秆全面还田技术;

(2)耕地质量的评价、定级,分区管理;

(3)砂姜黑土简化耕作培肥增产技术;

(4)测土配方施肥和养分资源优化管理技术;

(5)小麦-玉米轮作田土壤退化阻控和地力提升技术;

(6)适种性小麦玉米新品种筛选及配套高产栽培技术;

(7)基于土壤 N_{min} 实时监控与根层氮素调控技术;

(8)微量元素施用技术;

(9)一方一品(种)分区配套管理技术。

2.形成的集成技术

(1)中低产田障碍因子消减的工程改造技术 针对中低产田土壤衍生障碍因子,通过实施规范化、标准化、机械化工程治理,控制格田和林网面积;优化井、渠、管网和机电配置,实现防旱、防涝、节地、节水、节能的"两防三节"效果;数值化治理区农田基本信息等,有效提高旱、涝、渍灾害的防控能力。

(2)农田地力快速提升与定向培育关键技术 实施机械化配套的耕翻下压秸秆还田技术,促进秸秆快速分解和有机质快速积累,有效提高农田地力;"3+1"深旋(免)耕结合,保持耕层深度的少免耕培育地力技术;养殖废弃物回田技术,结合秸秆还田,亩施 150～200 kg 有机肥,推进养殖废弃物资源化回田利用,培育农田地力。

(3)耕地土壤质量评价与测土配方施肥技术 完善了土壤质量评价指标体系,完成了西平全县土壤质量的野外调查。通过 2 km×2 km 网格法和 500 m×500 m 网格和重点地区加密,完成了西平县域范围的土壤表层样品和亚表层样品的采集以及部分表层和亚表层的环刀样品采集。对土壤容重、pH、CEC、速效磷、速效 K、全 N、全 P、全 K、有机质等进行了测定,完成了全县耕地肥力状况评价和分等定级工作。采用指数和法分别计算了表层和亚表层的土壤综合质量总分值,将土壤综合质量分为 3 级,对土壤质量各等级面积进行了统计。以宋集乡为例,表层土壤主要为二级,占 70.67％,一级占 7.28％,三级占 21.05％(图 38-26)。

图 38-26 西平县及宋集乡耕地分级评价结果

(4)小麦、玉米生产体系高产高效管理技术 针对生产中存在的关于限制群体起点与群体构建的问题,集成技术如下(以西平砂姜黑土区为例)(表 38-16):

①优选适宜性新品种,推荐最适宜当地气候和土壤条件的优良品种,最大限度地挖掘审定品种的

生产潜力；

②适期播种，播期 10 月 10—15 日，播量 10～13 kg/亩；采用高产潜力大的中多穗型品种，如周麦 27、百农 207、西农 979 等；

③精细整地，深翻加旋耕，耙地等操作，秸秆还田的田块着重强调播后镇压，确保匀苗和壮苗；

④精量播种，提高播种质量；

⑤水肥调控技术，构建高产群体和产量要素。氮肥总量控制，依据实时监控研究结果，分期调控，基追比 6∶4 或 7∶3，磷钾肥采用衡量监控；

⑥实施病虫害综合防控技术，利用低毒高效的化控配方，结合生物农药和线虫生防技术，提高病虫害防治效果和环保效益；

⑦花后叶面微肥调控，延缓叶片与根系早衰，促灌浆。

玉米：整理秸秆，均匀撒于地面；适期播种，播期 6 月 10—15 日；播后及时喷洒除草剂；采用高产潜力大的品种，如浚县 20，郑单 958 等；采用精量播种机，提高播种质量，不间苗，播量在 1.5～2.0 kg/亩；氮肥总量控制，分期调控，基追比例降低为 6∶4，或者 5∶3∶2；适期收获，用大型玉米收获机进行收获，节省时间，为小麦及时耕作提供有效时间（表 38-17）。

表 38-16
小麦产量和效率协同提高 15%～20%的集成技术

产量/ (t/hm²)	整地	品种	播期	播量/ (kg/亩)	种子	施氮量/ (kg/hm²)	追肥时期	追肥量
7～8	质量差	常规种 自留种	播期早 10月5—10日	播量大 20～30	自留种 不精选 不拌种	>300	多数返青期、 拔节期偏早	用量大，基 追比例不 协调
9	质量高	高产潜力 大品种	播期适中 10月10—15日	播量适中 10～13	精选种 拌种	200～240	拔节期-扬花 期追后灌水	优化基追的 比例

表 38-17
河南玉米产量和效率协同提高 15%～20%的集成技术

产量/ (t/hm²)	秸秆	品种	除草剂	播期	播量/ (kg/亩)	苗	种子	施氮量/ (kg/hm²)	病虫害	追肥时期	追肥量	收获
7.5～8.5	覆盖不 均匀	常规 品种	喷洒不 及时	播期早 或晚	播量大 2.5～3	间苗	不精 选	>300	防治不 及时	多数偏早	用量大，基 追比例不 协调	人工采收， 收获偏早
9～10	覆盖 均匀	高产 品种	喷洒 及时	播期 适中	播量适中 1.5～2.0	不 间苗	精选 种	200～240	防治 及时	大喇叭口 期-开花期	优化基追 的比例 40%～50%	机械收获， 适时收获

通过上述四项专项技术组合及其相关技术的配套，形成地力-产量双跨越的中低产田治理技术体系，使中低产田每季粮食单产能提高 150 kg/亩以上。通过集成农田地力提升技术、作物新品种生产潜力挖掘技术和水肥资源高效利用技术等专项技术及其相关配套技术，形成丰产-节资双赢的超高产创建技术体系，使高产田每季粮食单产提高 50 kg/亩以上。

与西平县农业局、浚县农业局密切协作，根据"聚拢政策、整合资金、集中布局、逐步推进、强化管理、服务配套"的总体原则，依托当地政府"统筹安排，整合资金，提高标准，统筹规划布局，合力推进建设"等政策，2009 年以来，在西平县共改造中低产田 16.2 万亩。同时，通过集成技术，集中要素，加大投入，以及统一品种，统一机耕机播，统一施肥，统一防治病虫害，统一技术服务等"五统一"措施，指导农民科学管理创高产，挖掘增产潜力，实现了单产新突破，发挥了更大的示范带动作用。2010 年以来，在西平县建立了高产高效集成技术百、千、万亩示范方 150，15 和 7 个，在浚县建立百亩方 5 个，千亩方 3 个，万亩方（18 000 亩）1 个。取得显著的增产效果（表 38-18 至表 38-20）。

表 38-18

2009 年来西平示范方及产量情况 kg/亩

年份	作物	百亩方	千亩方	万亩方	全县平均
2009	小麦	553.2	531.3	525.6	484.1
	玉米	542.5	526.8	508.9	440.8
2010	小麦	652.1	631.1	619.1	503.2
	玉米	719.4	685.7	673.2	516.4
2011	小麦	673.5	645.5	653.7	512.6
	玉米	739.9	689.2	668.5	518.6
2012	小麦	575.2	551.2	537.6	483.3
	玉米	688.3	656.8	639.6	541.2
2013	小麦	543.2	521.1	508.5	
2014	小麦	711.1	673.7	631.4	

表 38-19

近几年浚县示范方及产量情况 kg/亩

年份	作物	万亩方	全县平均
2010	小麦	611.6	477.8
	玉米	782.7	483.7
2011	小麦	615.6	478.3
	玉米	751.5	484.0
2012	小麦	617.3	481.5
	玉米	766.0	553.0
2014	小麦	643.6	

表 38-20

西平县高产示范典型地块产量

年份	作物	地点	品种	面积/亩	产量/(kg/亩)
2009	小麦	二郎乡祝王寨村 11 组	西农 979	170	553.2
		宋集乡崔庄村	西农 979	100	548.6
		二郎乡张尧村	西农 979	112	535.5
	玉米	宋集乡宋集村	郑单 958	98	542.5
		盆尧乡陈老庄村	郑单 958	7.8	538.5
		二郎乡张尧村	郑单 958	5.4	546.3

续表 38-20

年份	作物	地点	品种	面积/亩	产量/(kg/亩)
2010	小麦	二郎乡祝王寨村	西农 979	100	652.1
		宋集乡崔庄村	西农 979	100	649.8
		二郎乡张尧村	西农 979	100	636.4
	玉米	宋集乡宋集村	郑单 958	23	719.4
		盆尧乡陈老庄村	郑单 958	72	675.4
		二郎乡张尧村	郑单 958	6.5	735.4
2011	小麦	二郎乡祝王寨村 11 组	豫农 416	170	722.3
		宋集乡崔庄村 4 组	豫麦 49-198	100	677.8
		二郎乡张尧村 8 组	新麦 20	85	675.9
	玉米	宋集乡宋集村	郑单 958	6	780.2
		盆尧乡陈老庄村	郑单 958	12	769.7
		二郎乡张尧村	郑单 958	17	763.4
2012	小麦	二郎乡张尧村 6 组	西农 979	112.5	575.2
		宋集乡宋集村 2 组	豫农 416	91.8	564.6
		盆尧乡陈老庄村 8 组	西农 889	87	573.1
	玉米	重渠乡敬庄村	隆平 206	11.8	731.2
		二郎乡张尧村	郑单 958	31	713.4
		盆尧乡陈老庄村	伟科 202	36	710.7
		宋集乡张湾村	郑单 958	23	716.4
2013	小麦	二郎乡张尧村	百农 207	60	575
		二郎乡祝王寨村	郑麦 7698	100	520
		二郎乡张尧村	周麦 27	110	566.4
2014	小麦	二郎乡张尧村 7 组	周麦 27	100	744.9
		二郎乡张尧村 9 组	百农 207	67	720.0
		二郎乡张尧村 8 组	豫农 416	100	700.0
		二郎乡张尧村 14 组	郑麦 7698	100	650.0

（执笔人：寇长林　马政华）

第39章

山西省春玉米高产高效养分管理技术创新与应用

山西省受立地条件和自然气候的影响,水土资源不足的局面非常严峻,水浇地面积仅占耕地面积的 30%,人地矛盾十分突出。自新中国成立以来,山西省春玉米体系由单纯施用有机肥逐步改变为化学肥料与有机肥相结合,作物产量有了大幅度提高,但 20 世纪 80 年代以后,有机肥用量逐渐减少,作物过分依赖化肥,有些地方甚至超量施用化肥,施肥不仅没有大幅度提高作物产量,反而造成严重的环境污染和资源浪费。山西农业年鉴的统计,全省玉米单产只有 5 250 kg/hm²,低于全国的玉米单产水平,更远远落后于山东、河南、吉林等玉米主产省份,而据我们多年的研究,全省农业主产区每千克养分只能生产 20~30 kg 玉米,养分效率低于欧美等发达国家几乎一倍。通过对春玉米主要种植区域传统种植方式与施肥习惯的调查分析,农民传统的施肥习惯存在着施肥时期与作物生长不同步、种植密度不够、施肥不足与过量现象并存等问题。本项目针对山西省春玉米主要种植区域生产中限制玉米高产高效的关键问题,从土壤-作物养分管理的角度,深入研究了高产高效春玉米三大基本规律、群体构建,高产高效实现途径,集成了山西省春玉米高产高效技术体系,形成了技术模式。同时利用春玉米高产高效技术,应用政府主导+企业加盟+技术支撑+农户参与的推广模式,在县市区域内,进行大范围的技术示范推广,为解决山西省人多地少、粮食安全和资源环境尖锐矛盾,实现作物高产、环境友好和资源高效的可持续农业奠定了基础,做出了贡献。

39.1 山西省春玉米产业发展现状

39.1.1 山西省玉米分布概况

山西省地处黄土高原,南北跨越 6 个纬度(北纬 33°34′~40°43′),东西跨越 4.19 个经度(东经 110°14′~114°33′),地形复杂,地势起伏较大。气温南北差异较大,降水量由东南向西北递减,属北方半干旱及半湿润易旱地区。种植制度、生产条件及人文社会条件的差异,使山西玉米生产形成了多种多样的分布格局,全省境内从南到北、从东到西都有玉米种植分布(图 39-1)。玉米种植划分为春播极早熟区、春播早熟区、春播中晚熟区、夏播中早熟区四大生态种植类型区,是全国少有的多生态省份。光照充足,雨热同步,水浇地及肥旱地地力水平较高是玉米生产的资源优势。

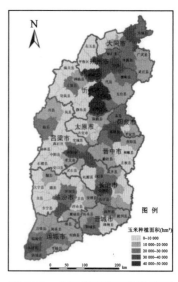

图 39-1 山西省玉米种植分布图

39.1.2　山西省玉米生产状况

山西省处于我国的黄金玉米带当中,非常适合玉米的种植,根据中国农业年鉴统计,山西省玉米种植面积位居全国第五的位置(图 39-2),玉米总产量占粮食总产的比例位居全国第二,说明在粮食生产中,玉米占据山西粮食生产的主导地位。

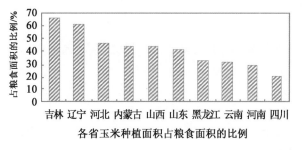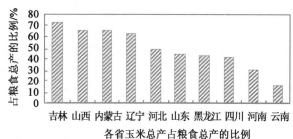

图 39-2　山西省玉米生产在全国的地位

2000—2012 年,全省玉米面积实现 12 连增(图 39-3),由 7.94×10^5 hm² 增加到 1.767×10^6 hm²,增长 123%,实现翻番,占耕地面积的比重由 20% 上升到 52%,占据山西粮食种植面积的半壁江山;玉米总产量不断跨越新高,由 355 万 t 提高到 904 万 t,增长 155%,对粮食总产量的贡献率由 42% 上升到 71%,占到山西粮食总产量的七分天下。

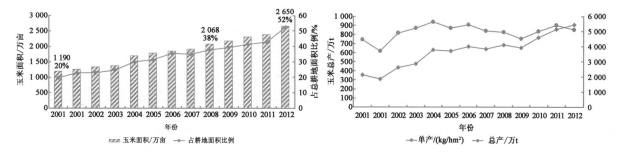

图 39-3　山西省玉米种植面积的发展趋势

但是,从图 39-3 也看到,山西省玉米单产十多年间没有提高,单产最低的一年在 2001 年,只有 3 699 kg/hm²,最高的一年在 2004 年,单产也只有 5 614 kg/hm²,12 年间平均单产 4 964 kg/hm²,远落后于山东、河南等玉米种植大省。总产量的提高完全依赖于种植面积的扩增,而单产则年际间波动很大,说明玉米单产受不可控因素的影响很大,主要受气候变化的影响,旱年减产,丰水年增产。而技术的变革对单产的影响不占主导地位,影响力不大,技术作为生产力没有发挥应有的作用。从图 39-4 对

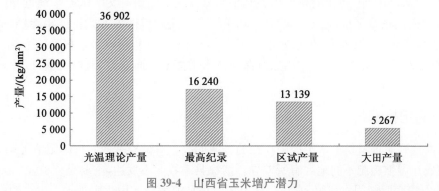

图 39-4　山西省玉米增产潜力

山西省玉米大田产量、区试产量、记录产量和光温理论产量的对比分析,大田产量只实现了光温理论产量的 14.3%,而区试产量实现了光温理论产量的 36.4%,最高纪录产量实现了光温理论产量的 46.7%,从这个现象说明一方面说明山西省玉米增产潜力巨大,另一方面说明通过技术的提升可以不断提高玉米单产,使之逐渐向高产超高产迈进。

39.2　山西省春玉米产业发展中的生产技术问题

山西省玉米多年来单产低、波动大,主要受气候和技术落后两大因素的影响,其次是技术推广不得力问题。

39.2.1　气候因素

山西省为北方半干旱及半湿润易旱地区,光照充足,雨热同步是玉米大面积种植的主要原因,对项目区 2000—2013 年降雨量统计(图 39-5),7—9 月是降雨高峰期,也是玉米的需水高峰期。但是降雨总量不够和季节性干旱是影响玉米单产关键。据报道,春玉米单产为 10 500~12 000 kg/hm² 时,需水量为 400~700 mm,平均 550 mm。项目区玉米生长期间降雨平均只有 370 mm,缺水 100~200 mm。从图 39-5 也看到,不同年际间同 1 月降雨量变化也比较大。因此,采取有效技术措施高效利用降雨,灌溉区进行合理灌溉,科学用水是提高玉米单产的必要措施之一。

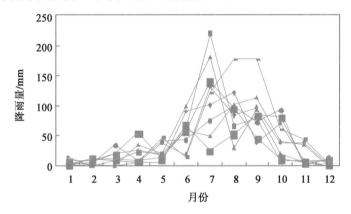

图 39-5　项目区 2000—2013 年降雨量分布

39.2.2　土壤管理

水、肥、气、热协调良好的土壤环境是玉米高产稳产的基础条件。山西省土壤瘠薄,肥力较低,多数土壤有机质低于 10.0 g/kg,质地硬,结构差,通透性不良。多年对项目区土壤状况调研,结果显示,由于小农户经营土地单元狭小,传统的耕作措施几乎不复存在。例如对文水试验基地近 60 户农户调查,只有 19% 的农户采用秋季深耕,近 81% 的农户均采用春季浅旋耕播种方式。连年旋耕,造成土壤耕作层逐年变浅,平均只有 15 cm 左右,土壤容重 1.35 g/cm³ 以上,严重影响玉米根系的下扎。重视土壤管理,增加有机肥投入,强调秸秆还田,采用深耕深松技术增强土壤通透性,疏松土壤,以此培育高产土壤环境势在必行。

39.2.3　施肥技术

施肥盲目以及施肥过量是玉米生产中存在的普遍问题。对试验基地农户施肥情况调研(图 39-6 和图 39-7),发现农户习惯施肥不同地区有所差异。清徐县畜牧业不发达,主要是种植业,农肥肥源少,因此只有 23% 的农户底肥施用农家肥,农户传统习惯以播种前大量施用化肥为主。大多数农户在玉米生长中期进行一次追肥。文水县、祁县试验基地畜牧业发展比较好,文水县以养牛居多,祁县以养殖牛和养鸡为主。因此,对这两个试验基地的调研发现,87%的农户以施用农家肥为主,底肥的化肥量很少,只有13%的农户底肥进行化肥投入,几乎90%的农户采用拔节期追肥的方式。从调研结果看,农户传统施肥存在以下问题:

(1)氮肥施用量及分配时期不合理,过量与不足现象共存;重基肥、轻追肥与轻基肥、重追肥现象并存。

(2)氮磷钾施用比例不合理。

(3)氮肥利用效率随施肥量的增多而降低(图 39-8)。

(4)由于(农户习惯问题、肥源问题等),有机肥施用存在明显的区域性。

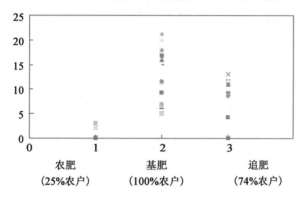

图 39-6　清徐县农户施肥状况

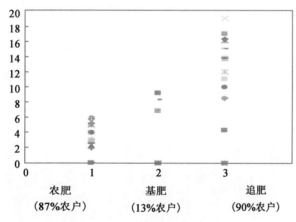

图 39-7　文水祁县农户施肥状况调

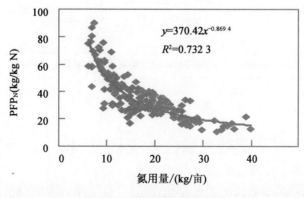

图 39-8　肥料利用状况调研

39.2.4　品种和密度问题

2010 年 8 月,课题组对山西春玉米主产区的文水、祁县、寿阳、忻府和原平进行了调研。调研结果(表 39-1),我省春玉米种植品种呈现"多、乱、杂"的局势,品种的区域性减弱,种植面积相对比较人的是先锋系列品种,以先玉 335 和人丰 26 居多。这些品种种植中存在的典型问题是种植密度不够,农户长期受个体愈大产量愈高观念的束缚,普遍种植密度在 3 000～3 500 株/亩,严重影响了品种产量潜力的发挥。除此之外,播种质量差,管理粗放等因素导致玉米缺苗断垄也是影响玉米密度的原因之一。

表 39-1
农户传统种植田调研结果

品种	密度/(株/亩)
先玉 335	3 000～3 500
大丰 26	3 000～3 500
大民 390	3 000～3 500
晋玉 811	2 500～2 800

39.2.5　播期问题

温度是影响玉米生长发育的关键环境因素之一,玉米喜温但怕高温,在吐丝期避过高温期,延长灌浆期,同时防止后期低温早霜是山西春玉米夺取高产的关键。Hybrid-Maize 模型可以很好的模拟出高产玉米的最适播种日期,对项目区玉米生长模拟结果,5 月 5—15 日之间播种,玉米有获得 15 000 kg/hm^2 以上的高产潜力。但是农户调研发现,项目区玉米播种普遍过早,在 4 月底之前,几乎所有玉米田都播种完毕。早播不仅影响玉米获得高产,而且容易倒伏,严重影响玉米产量。

39.2.6　玉米实现高产高效的途径

通过限制玉米高产高效因素的调研与分析,品种、密度、施肥、田间管理等方面总结出了实现高产高效的途径如图 39-9 所示。

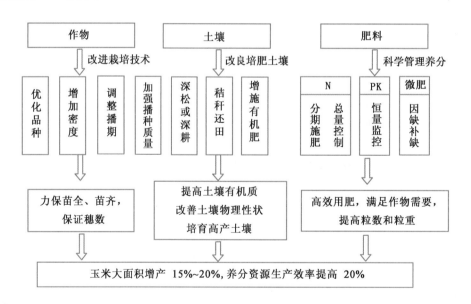

图 39-9　高产高效途径

39.3　山西省春玉米高产高效关键技术突破与创新

为深入探讨春玉米高产高效的技术实现途径,项目设计了单因素试验包括氮水平试验、氮运筹试验、品种对比试验、密度试验、种植方式试验、播期试验等,同时设计了 4＋X 模式试验,在太原市清徐县、晋中地区的东阳和祁县、吕梁地区的文水县建立基地，从 2009 年开始开展试验研究和示范推广工作，近 5 年的研究，在春玉米的高产高效技术上取得一定的突破。

39.3.1　山西省春玉米高产高效干物质累积和氮素养分吸收规律

通过 4+X 试验，总结多年试验的结果，得出春玉米高产高效的干物质积累规律以及氮素养分的吸收累积规律。图 39-10 为干物质累积规律，10 t/hm² 代表目前农户平均产量水平，12 t/hm² 代表高产高效水平，大于 12 t/hm² 代表超高产高效水平。从图中看出，高产高效和超高产高效水平下玉米不同生长发育阶段干物质累积量均大于农户水平，在玉米出苗、拔节到大喇叭口期阶段这种差距不明显，而吐丝期以后差距逐渐拉大，分异明显。比较花前和花后干物质累积的量和累积比例，可以看出，高产高效和超高产高效花后累积的量高于花前，农户模式下花前和花后干物质累积量几乎相当。而且产量越高，后期干物质累积占全生育期干物质的比例越大。

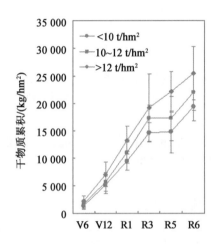

	产量/(kg/hm²)	花前	花后	HI
累积量	<10 t/hm²	9 797	9 636	0.527
	10~12	10 800	11 256	0.532
	>12	11 458	13 144	0.542
累积比例	<10	0.50	0.50	
	10~12	0.49	0.51	
	>12	0.47	0.53	

图 39-10　不同产量水平下干物质累积规律和花前花后比例

干物质积累是籽粒产量形成的物质基础，获得高产的基本途径就是尽量增加干物质产量，并尽可能多的分配到籽粒中。4+X 试验中高产高效和超高产高效两种模式下干物质转移对籽粒的贡献率为 15.30% 和 13.96%（表 39-2），均大于农户水平，主要是促进了叶片和茎秆的干物质转移，最终也获得较高的收获指数。

表 39-2

不同产量水平下吐丝-成熟期各营养器官干物质的转运							%
产量/(t/hm²)	叶片干物质转运		茎秆干物质转运		苞叶干物质转运		总干物质转运对籽粒贡献率
	转运率	对籽粒贡献率	转运率	对籽粒贡献率	转运率	对籽粒贡献率	
<10	13.33	3.23	10.30	3.08	23.83	4.15	10.46
10~12	16.45	4.30	13.27	4.40	40.10	6.59	15.30
>12	23.47	5.83	15.67	5.59	14.22	1.68	13.96

从图 39-11 看氮素养分吸收规律，10 t/hm² 产量水平下氮素吸收总量在 213，12 t/hm² 产量水平下氮素吸收总量在 239 kg/hm²，12 t/hm² 以上产量水平下氮素吸收总量在 266 kg/hm²。比较不同产量水平下氮素吸收规律，其趋势与干物质累积趋势相似，高产和超高产水平下不同生育阶段氮素的吸收量均高于农户水平，同样吐丝期是一个结点，吐丝期以前氮素吸收量差异不很明显，吐丝期以后差别加大。高产和超高产水平花后氮素吸收比例均高于农户水平。

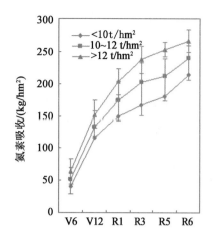

	产量/(kg/hm²)	花前	花后
累积量	<10	149.76	63.48
	10~12	159.97	78.85
	>12	171.27	05.11
累积比例	<10	0.70	0.30
	10~12	0.67	0.33
	>12	0.64	0.36

图 39-11　不同产量水平下干物质累积规律和花前花后比例

39.3.2　山西省春玉米高产氮素高效管理技术

氮素养分管理是春玉米高产高效养分管理技术的核心,主要是因为氮素资源具有流向多源性的特点,除作物吸收外,大气损失和土壤淋失是主要损失途径。大量氮肥的投入不仅造成环境的污染,而且严重降低氮肥的利用效率。

从 2009 年开始研究春玉米高产氮素高效利用研究,分别在清徐县、榆次市东阳镇、祁县、文水县设立 4 个氮水平试验,进行长期研究。经过 5 年的试验,取得了以下创新性结果。

1. 氮素的最佳用量

"总量控制、分期调控"是氮肥施用的原则,氮肥总量的优化是施肥的关键。图 39-12 为 5 年来各个

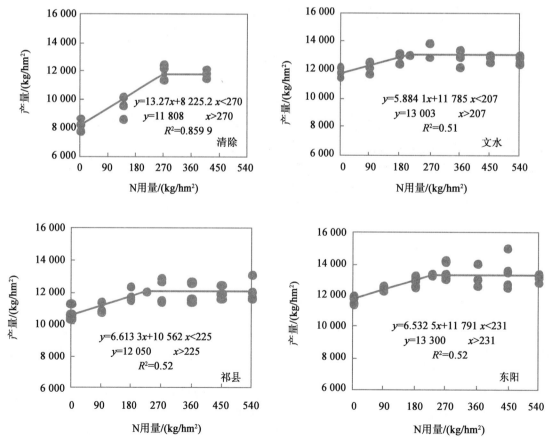

图 39-12　各试验点最高产量时氮最佳用量

试验点的氮最佳用量研究结果,图 39-13 为所有氮水平试验产量结果的汇总。从单个的氮水平试验研究,不同地区由于气候和土壤属性,以及土壤质地等因素,氮肥最佳用量有所差异。达到 12 t/hm² 及以上产量时,清徐县最佳用量为 270 kg/hm²,东阳镇为 231 kg/hm²,祁县为 225 kg/hm²,文水县为 207 kg/hm²。对这些区域的试验结果进行汇总,得出山西省春玉米高产氮肥总量平均为 223 kg/hm²,玉米可以实现 12 t 以上的产量,达到高产高效的目的,与农户传统施肥量 300 kg/hm² 比较,可以节约氮肥 80 kg/hm²,有很大的节氮空间。

2. 氮素养分总量控制,分期施用技术

山西省玉米种植中一些地区农民重施底肥,轻施追肥,甚至有一炮轰的做法;而另一些地区例如祁县、文水等地的农民则不施底肥,一次性追肥过量,追肥时期偏早。两种施肥措施均存在氮素养分供应与高产玉米养分需求不同步问题。我们在氮素优化施肥总量研究基础上总结得出了氮素养分总量控制和分期调控技术具体使用方法,主要针对山西省中北部地区有灌溉条件的春玉米农田氮肥的合理施用。

设定玉米目标产量为 12 000 kg/hm² 以上,氮素吸收总量为 240 kg/hm²(图 39-11),氮素最优施肥量为 223 kg/hm²(图 39-13),因此我们设定目标产量下氮素总量需控制在 225~240 kg/hm²。依据玉米不同生育时期氮素吸收分配比例实施分期施肥措施,玉米出苗-大喇叭口期氮素阶段吸收量与大喇叭口-收获期氮素阶段吸收量比例为 1:2,为此,氮肥在播前施入总量的 1/3,即 75~80 kg/hm²,大喇叭口期施入总量的 2/3,即 150~160 kg/hm²。本关键技术的提出与应用,解决了农户存在的氮肥不合理施用问题,实现了氮素养分供应与玉米高产养分需求在数量上、时间上的相匹配,减少了氮素养分的挥发与淋失(图 39-14)。

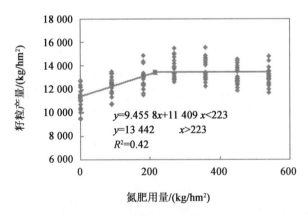

图 39-13　氮最佳用量试验汇总结果

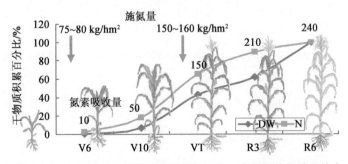

图 39-14　山西省中北部地区灌溉条件下春玉米氮肥优化管理技术

39.3.3　高产高效玉米品种选用

在试验基地设置了 10 个品种的筛选试验,其中国审品种 3 个,分别为先玉 335、农华 101、中地 77;省审品种 7 个,分别为大丰 26、大丰 30、强盛 51、福盛园 52、潞玉 19、晋单 55、并单 390;试验同时设计3个氮水平梯度:0,225,300 kg/hm²,进行氮肥高效品种筛选。图 39-15 中 A,B,C,分别表示施氮量在 0,15 和 20 水平下 10 个玉米品种对肥效的反应。从 39-15A 看出,并单 390 对土壤中氮素的利用效率比较高,属于氮高效品种,其次为先玉 335。图 39-15B 为施入氮素 225 kg/hm² 水平下玉米品种的反应。看出,先玉 335 对氮肥的吸收利用要明显高于其他品种,并单 390 次之,大丰 26 和大丰 30 排第三,其他 6 个品种产量最低。说明先玉 335 和并单 390 氮肥利用效率高。这两个品种值得在当地推广应用。施肥为 300 kg/hm² 时(图 39-15C)变化与 225 kg/hm² 区别不大。

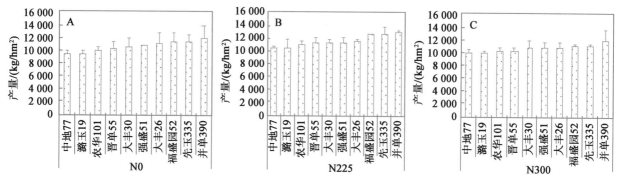

图 39-15　3 个氮肥梯度下玉米品种的筛选

39.3.4　筛选出最佳玉米种植密度

项目每年都在基地进行密度试验,选用 2 个品种(先玉 335 和强盛 51),8 个密度(37 500,45 000,52 500,60 000,67 500,75 000,82 500,90 000 株/hm²)进行密度试验。从图 39-16 看出,先玉 335 密度增加到 67 500 株时产量达到最高,强盛 51 密度增加到 75 000 株时产量达到最高。超过 75 000 株时产量开始下降。因先玉 335 密度 75 000 株时产量与 67 500 株产量差异不大,综合考虑 2 个品种,确定试验基地最适密度为 75 000 株/hm²。

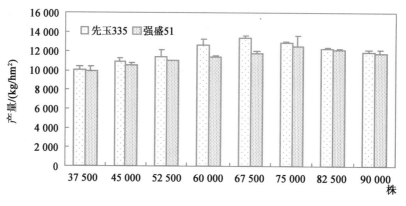

图 39-16　最适密度的筛选

39.3.5　玉米最佳播种日期的选择

玉米品种光温潜力的发挥,对玉米产量的增加非常关键。但目前无论是国审还是省审品种,均没有清楚的标出品种的有效积温,只是简单说明玉米的生育期,导致品种的播种日期选择上比较模糊,农户播种无论是何品种,都沿用当地传统播种日期,导致山西省春玉米的播种日期普遍偏早,结果造成玉米营养生长期偏长,前期生长过快,遇到七八月份风雨易倒伏,而生殖生长期缩短,灌浆时间不够,产量不高。为此,项目利用美国 Hybrid-Maize 模型,利用近 30 年的气象资料,对试验区玉米的播种日期进行了模拟并进行了验证。

Hybrid-Maize 模型是目前国际上较先进的模拟玉米生长的模型。对试验区玉米的模拟（表 39-3），结果显示，采用先玉 335，积温（GDD）达 1584，播种日期可以从 4 月 25 日到 5 月 20 日都可以种植，播种时间长达 1 个月，但从模拟的密度和长期平均产量潜力看，播种时间越晚，产量越高，密度从 65 000～85 000 株/hm²，密度越大，产量越高。但综合当地气候和土壤条件，根据模拟结果，得出试验区玉米高产最佳的播种时间在 5 月 5—15 日，密度最高以 75 000 株/hm² 为宜，产量潜力可以达到 13～14 t。

表 39-3

Hybrid-Maize 模型对试验区玉米播种日期的模拟结果

品种名称	吐丝 GDD	品种 GDD	出苗	播期	密度/(株/hm²)	成熟	产量潜力/(t/hm²)		
							长期平均	最高	最低
先玉 335	894	1584	5 月 5 日	4 月 25 日	65 000	9 月上中旬	12.49	14.92	9.92
					75 000	9 月上中旬	13.26	15.71	10.35
					85 000	9 月上中旬	13.73	16.21	10.64
先玉 335	894	1584	5 月 10 日	5 月 5 日	65 000	9 月上中旬	12.77	15.32	10.42
					75 000	9 月上中旬	13.55	16.4	10.87
					85 000	9 月上中旬	14.01	16.96	11.18
先玉 335	894	1584	5 月 15 日	5 月 10 日	65 000	9 月中下旬	13.14	18.19	11.13
					75 000	9 月中下旬	13.93	19.28	11.62
					85 000	9 月中下旬	14.41	20.00	11.94
先玉 335	894	1584	5 月 20 日	5 月 15 日	65 000	9 月底	13.70	18.47	11.49
					75 000	9 月底	14.53	19.6	12.53
					85 000	9 月底	15.03	20.38	13.09
先玉 335	894	1584	5 月 25 日	5 月 20 日	85 000	10 月上中旬	15.99	20.27	12.15

39.4　山西省春玉米高产高效技术验证

39.4.1　单因素试验效果

1. 土壤深松试验

土壤是限制玉米高产高效的关键限制因素，其中，解决土壤结构差、通透不良、根系浅、易倒伏的主要技术是实行深松技术。为此，2012 年在试验基地开展了深松和浅耕的简单对比试验（图 39-17；彩图 39-17），结果证明深松增加了玉米单株的穗重和粒重，使产量结果增加 5.7%（表 39-4）。土壤容重由深松前 1.43 g/cm³ 下降至 1.35 g/cm³。

图 39-17　浅旋与深松

表 39-4

土壤深松与浅耕的产量对比

试验年度	品种	处理	实收穗数	单株穗重/(g/株)	每穗粒重/g	产量/(kg/亩)	增产率/%
2012	大丰 30	秋深松(35 cm)	4 337	294	249.5	13 844	5.7
		春旋耕(15 cm)	4 302	289	245.0	13 094	

2.播期和密度试验

为验证 Hybrid-Maize 模拟结果,项目在试验基地开展了播期试验。试验设计播种日期处理:5 月 4 日,5 月 12 日,5 月 16 日,5 月 20 日,4 次重复。从表 39-5 结果看,5 月 12 日播种的玉米产量最高,16 日播种的产量略低,但与 12 日播种产量没有显著性差异。而早播玉米产量最低。分析产量构成因素,可以发现,12 日播种的玉米较其他播种日期穗粒数多、穗粒重高。

2 年播期试验结果证明:确定试验区 5 月 10 日左右播种比较适宜,主要是合理调整播期后玉米能高效利用光热资源,产量形成处于最佳气候条件下,灌浆充足,穗粒数和穗粒重均高于其他播种时期。播期适当推迟 10 天左右,产量和养分效率均增加 7.3%。

表 39-5

播期试验产量结果及构成因素分析

播期(月/日)	产量/(kg/hm²)	穗长/cm	穗粗/cm	秃尖/cm	穗粒数	穗粒重/(g/穗)	百粒重
4/5	12 871±439b	20.75±0.24	5.38±0.42	1.24±0.28	595±26.24	188.31±15.29	34.5
12/5	13 813±57a	21.03±1.31	5.52±0.48	1.28±0.80	647±60.33	193.46±2.31	34.0
16/5	13 577±350a	21.72±1.52	5.38±0.65	1.65±0.27	615±27.77	186.67±11.35	34.9
20/5	13 069±278b	21.51±0.56	5.44±0.37	2.07±0.33	603±32.20	177.17±12.46	35.0

为进一步佐证最适密度的可行性,同样在试验基地进行了密度试验验证。设计的密度范围为 52 500,60 000,67 500,75 000,82 500,90 000 株/hm²,品种为山西省播种面积比较大的省审定品种"强盛 51"。试验结果见图 39-18,试验进一步证明了密度 75 000 株/hm² 产量最高。从 52 500～75 000 株/hm² 之间,每增加 7 500 株/hm²,产量和养分效率分别增加 7.5% 和 11.2%。

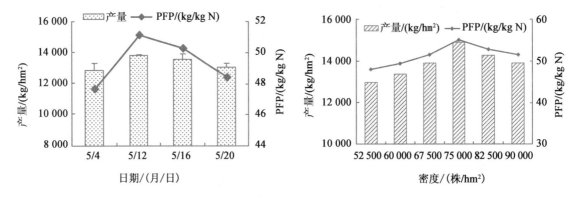

图 39-18　播期和密度的验证试验结果

3.氮水平试验

(1)百千克籽粒需氮量的确定　在上述通过氮水平试验明确高产条件下氮肥最佳用量的同时,项目详细研究了高产条件下的百千克籽粒的需氮量,为精确到田块的氮素的合理施用提供推荐参数。从图 39-19 可以看出,在三个试验基地,达到玉米最高产量时,文水(高肥力试验点)氮素吸收总量 2 年平均为 290 kg/hm²,祁县(中等肥力)氮素吸收总量为 250 kg/hm²,东阳(中低肥力)氮素吸收总量为 240 kg/hm²。据此计算三地百千克籽粒需氮量分别为文水 2.24,祁县 1.99,东阳 1.79。传统的概念认为玉米百千克籽粒需氮量 3.0,根据此参数推荐的玉米氮肥用量往往偏高。从图 39-18 还可看到,氮素吸收与氮肥用量之间是线性加平台的一个关系,吸收总量达到最高量时,即使施肥量再增加,吸收总量不会增加。因此,氮肥的过量使用,不会增加玉米氮吸收总量,反而会造成氮素在秸秆中的奢侈吸收。

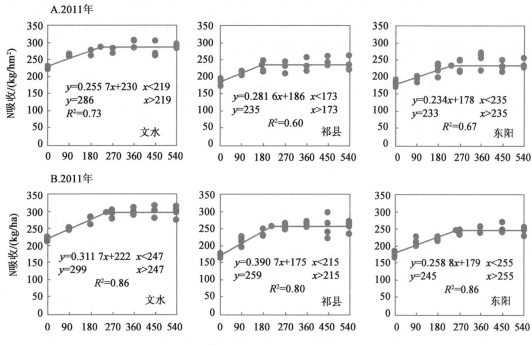

图 39-19 三个基地氮水平试验氮素吸收总量(2012 年)

(2)氮矿化与氮损失 试验同时量化了氮素矿化和氮素损失量。从表 39-6 可看出,三个试验基地氮素的表观矿化值范围为 100.6～119.8 kg/hm²,平均 109.7 kg/hm²,氮素损失与氮用量之间呈指数关系(图 39-20),在优化施氮量下表观损失值范围在 92.8～115.8 kg/hm²,平均 101.1 kg/hm²。氮表观矿化和表观损失参数的确定对测土施肥推荐中氮肥合理推荐提供可靠参数。

表 39-6

试验基地氮素表观矿化和表观损失

地点	N 表观矿化 /(kg/hm²)	OPT-N 表观损失/(kg/hm²)
清徐	119.8	115.8
祁县	113.9	95.9
文水	104.5	92.8
东阳	100.6	99.9
平均	109.7	101.1

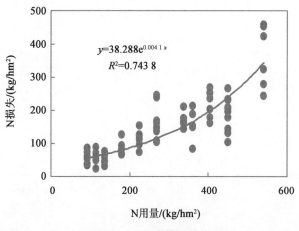

图 39-20 氮素表观损失

39.4.2 4+X试验效果

1.4+X试验设计

4+X试验设计4种模式,传统模式依据试验基地农户调研总结得出,优化模式是在传统模式基础上不改变品种,对密度和播种日期进行适当调整,土壤耕作方式改为冬前深松,对肥料进行优化,目标是增产和增效10%～15%。高产模式是传统栽培学家倡导的不计成本的一种高产模式,品种改为密植品种先玉335,密度增加到75 000株/hm²。增加有机肥的施用,增加了肥料投入,氮肥追肥4次,最终目标是产量增产30%～50%。高产高效模式是项目的终极目标,要求增产和增效同时达到30%～50%,为此,根据氮水平试验的对高产模式的肥料管理进行了优化。

2.4+X试验产量结果

2009—2013年项目共完成4+X试验13项次(表39-7),结果表明,优化模式产量比传统模式的产量增加17.65%,高产模式比传统模式的产量增加29.99%,高产高效模式比传统模式的产量增加27.19%,基本实现了项目预定的增产目标(表39-8)。

表39-7

4+X试验方案

方案	农户模式	优化模式 (增产增效10%～15%)	高产模式 (增产30%～50%)	高产高效模式 (增产增效30%～50%)
品种	晋玉811(清徐、东阳) 福盛园52(祁县) 大民390(文水)	晋玉811(清徐、东阳) 福盛园52(祁县) 大民390(文水)	先玉335	先玉335
密度/ (株/hm²)	45 000	60 000	75 000	75 000
播期	4月25—30日	5月5—10日	5月5—10日	5月5—10日
土壤管理	播前浅旋耕 秸秆还田 浇水2～3次	冬前深松 秸秆还田 浇水2～3次	冬前深松 有机肥 秸秆还田 浇水2～3次	冬前深松 有机肥; 秸秆还田 浇水2～3次
肥料管理	300-90-90; N:底:30% 喇叭口期:70%	225-120-75; N:底:30% 喇叭口期:70%	450-150-150; N:底:20% 拔节期:20% 喇叭口期:40% 灌浆:20% 4 m³ 牛粪(1 600 kg)	270-120-75; N:底:30% 拔节期:20% 喇叭口期:50% 4 m³ 牛粪(1 600 kg)

表39-8

4+X试验产量结果

处理	产量/(kg/hm²) (n=13)	增产/(kg/hm²)	增产/%
传统模式	9 974±1 388b	—	—

续表 39-8

处理	产量/(kg/hm²) (n=13)	增产/(kg/hm²)	增产/%
优化模式	11 734±1 588ab	1 760	17.65
高产模式	13 327±1 770a	3 075	29.99
高产高效模式	13 039±1 918a	2 787	27.19

3.4＋X 试验增效结果

氮利用效果我们以氮素的偏生产率来表征,即每千克氮生产的籽粒量。从图 39-21 和表 39-9 看出,优化模式的增效比较显著,13 个试验的氮效率范围为 40.79～59.48,比传统模式增效 55.76%,高产模式由于用肥量过大,尽管获得了最高的产量,但是氮效率为负增长。高产高效模式比传统模式的效率提高 35.70%,实现了项目预定的既增产又增效的双重目标。

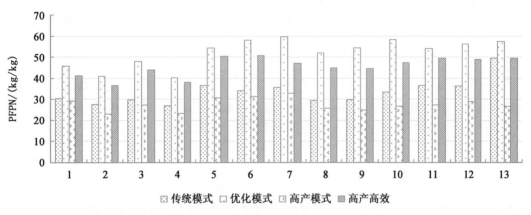

图 39-21　4＋X 试验各试验点的氮效率

表 39-9

4＋X 试验氮效率结果

处理	PFPN 变化范围(n=13)	PFPN 平均值	增效/%
传统模式	27.66～36.65	33.53	—
优化模式	40.79～59.48	52.23	55.76
高产模式	23.16～32.84	27.57	—
高产高效模式	36.51～50.61	45.54	35.70

39.5　山西省春玉米高产高效技术规程与技术模式

为便于玉米高产高效技术在山西省玉米种植区的广泛推广,项目组制定了山西省春玉米高产高效技术规程与技术模式。

39.5.1 山西省春玉米高产高效技术规程

本技术规程适用于山西省春玉米种植区域推广应用,针对产量 800 kg/亩,氮肥生产效率 45~50 kg/kg N 的目标制定,供生产中参考使用。

1. 选地与整地

选择土层深厚、结构良好、疏松通气、保水保肥的土壤,耕层深度 20 cm 以上田块。秋收后立即进行秸秆还田、深耕、整地,耕翻深度 25 cm 以上,打破犁底层,并及时耙耱保墒。

2. 品种选用与种子质量

根据当地自然条件,因地制宜地选用经国家和省品种审定委员会审定通过的优质、高产、抗逆性强的优良品种。水肥条件好的地块以耐密品种为主。种子选用达到或超过国家种子标准二级以上。(晋中地区水浇地适宜品种:强盛 51、大丰 30、福盛园 55 和先玉 335)

3. 播种

(1)播种期 当土壤 5~10 cm 处地温稳定通过 10~12℃、土壤耕层含水量在 20% 左右,即可播种。山西春玉米区多在 4 月下旬、5 月上旬播种。

(2)播种技术 采用机械化精量播种方式播种,播深 5~6 cm,播种要深浅一致,覆土均匀。

(3)种植密度 适当增加播种密度,以每亩 4 500~5 000 株为标准。

4. 施肥

(1)底肥 每亩施优质农肥 2~3 m^3,结合秋翻地或春季整地一次施入。在此基础上,每亩施纯 N:5~6 kg,P_2O_5:4~5 kg,K_2O:4~5 kg,$ZnSO_4$:1 kg。化肥混匀后结合旋耕深施于耕层 10~15 cm。

(2)种肥 播种时每亩施入 1 kg P_2O_5,侧施或侧下施,施肥深度为 3~5 cm。

(3)追肥 在玉米 10~13 个展开叶(大喇叭口期),结合灌水每亩施入纯 N 8~10 kg。

5. 田间管理

(1)苗期管理

①播种后要抓紧查苗补种工作,凡是漏播的,在刚出苗时要及时催芽坐水补种。

②幼苗 3~4 叶期间苗,5~6 叶期定苗。去大小苗,留均匀苗,等距留苗。防止地下害虫和化学除草。

(2)穗期管理

①大喇叭口期应结合施肥进行中耕培土,促进支持根的大量发生。

②在播种 20 d 后,玉米茎基部的分蘖及时拔除,以利主茎生长。

③防治玉米螟、红蜘蛛、大小斑病、黏虫等:在拔节孕穗期,常有玉米螟、红蜘蛛、黏虫等危害。

(3)花粒期管理

继续防治玉米螟。对于易遭风灾的地块和植株高的品种,适期喷施矮壮素,防止倒伏。

6. 收获

适当晚收,依照玉米成熟标准收获,即叶色变白,苞叶干枯,伤口松开,黑层出现,籽粒乳线消失开始收获,切勿过早收获。

39.5.2 技术模式图(表 39-10)

39.6 山西省春玉米高产高效技术应用与效果

项目自 2008 年开展以来,建立了 4 个试验示范基地,12 个技术示范县,进行了大面积的试验示范,形成了山西省主要作物养分最佳管理技术体系,通过实施,取得了显著的经济社会效益。首先,项目研究成果积极应用于测土配方施肥、科技入户工程、农业综合开发等省和国家行动,对其进行科技指导,

表 39-10
山西省春玉米高产高效技术模式图

适宜区域	该技术规程适用于山西省有灌溉条件的春玉米种植区域推广应用
高产高效目标	产量 800 kg/亩以上，氮肥生产效率 45~50 kg/kg N

日期	10—11月	2—3月	4月上旬	4月中旬	4月下旬	5月上旬	5月中旬	5月下旬	6月上旬	6月中旬	6月下旬	7月上旬	7月中旬	7月下旬	8月上旬	8月中旬	8月下旬	9月上旬	9月中旬	9月下旬	10月上旬
生育时期	秋深耕 整地-备耕 播种						出苗-拔节期			拔节-大喇叭口期			大喇叭口-抽雄开花			灌浆期			成熟期		
主攻目标	打好播种基础，确保整地、播种质量达标，苗齐、匀、壮、全						促根、壮苗，增密度，争穗多，提高群体整齐度				促叶、壮秆，争穗大					保叶、延衰，争粒重					
技术指标	整地精细，无明暗坷垃，上虚下实，足墒播种，播深 5~6 cm						基本苗达到 4 000 株以上，无缺苗断垄现象									单株生产力在 200 g 以上，千粒重（14%水分）在 360 g 以上，收获密度在 4 000 株以上					
技术措施	秋耕，秸秆还田；春耙，深施有机肥，每亩 2~3 m³；底肥：每亩深施纯氮 5~6 kg，P₂O₅ 4~5 kg，K₂O 4~5 kg，ZnSO₄ 1 kg；品种：采用耐密品种（先玉 335、大丰 26 等）。播期：5 月 1—15 日为适宜播种期，播种深度：5~6 cm						三叶期间苗，5 叶期定苗、去大小苗，留苗均匀、等距留苗。中耕除草。预防食心虫、蛴螬虫等			小喇叭口期中耕除草。拔除小弱病株；及时防治地老虎、蓟马、玉米螟、黏虫等，适当供应水分。大喇叭口抽雄期重施穗肥，每亩施入纯氮 8~10 kg。适当供应水分。预防大小斑病、玉米螟、红蜘蛛						保证充足水分供应，防控病虫害，适期收获				

并通过编写农事操作指南、作物高产技术操作指南等小册子和宣传材料,对农户和农技员进行技术培训,与各县市农业局、农技推广中心合作,进行了大范围的示范推广,从根本上改变了农户、基层科技人员、技术推广人员的传统施肥弊端,项目所倡导的总量控制,分期调控技术被广泛接受与应用。其次,本项目技术应用于肥料企业,对其进行科学配方技术指导,所生产的配方肥广泛应用,进一步推动了技术的示范与推广。

39.6.1 技术推广的方式

分析以往技术示范推广的制约性因素,主要存在以下几方面:
(1)农业比较效益低,增产幅度低,农民积极性不高;
(2)农艺农机一体化程度低,影响了高产高效技术的推广;
(3)宣传力度不够,没有引起政府和农技推广部门的重视;
(4)技术的精简化和物化程度低,没有与当地企业很好地结合。

为此,项目组提出了示范推广的主要方式:

政府主导+科技支撑+企业合作+农户竞赛+培训+宣传

并提出了主要的实施办法:
(1)研发简易、物化的产品,与企业结合,用到农民手上;
(2)与农村合作社和种粮大户结合进行示范,在同一地块进行高产高效施肥技术与农户传统管理技术比较,教给农民干;
(3)加入山西省农业技术示范推广行动,建设玉米高产示范田,"做给农民看,教给农民干";
(4)与政府合作开展配方施肥技术推广,农科院出配方,政府出补贴,企业做促销,农民得实惠;
(5)组织农民开展高产竞赛,调动农民自身的积极性。

39.6.2 技术推广实施

1.重点示范户、种粮大户进行的技术示范

每年跟踪 5~10 户示范户,进行高产高效技术的示范,结果显示,传统施肥产量平均只有 660 kg/亩,而应用配方肥结合高产栽培技术产量平均 753 kg/亩。平均增产 14.32%(图 39-22)。

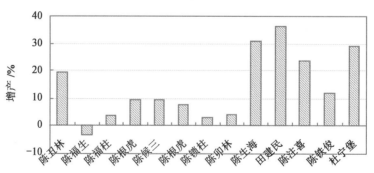

图 39-22 重点示范户的技术示范

项目同时与基地种粮大户进行对接,对他们进行玉米高产高效的技术指导,种植户受益很大,增产效果显著。项目组在 2010 年邀请山西省农业厅、科技厅、山西省农科院、山西农大的 5 位专家对清徐基地种粮大户陈根生承包的百亩连片玉米地进行了测产,该种粮大户承包的土地为下湿盐碱地,土壤结构不良,耕性较差。课题组从 2008 年开始,对其进行高产高效技术的指导,经过 3 年的技术示范,2010 年专家进行现场的实测验收,测产结果为 803.5 kg/亩,而临近农田农户传统管理产量为619.7 kg/亩,采用该技术增产 183.8 kg,增产率为 29.7%。

2.示范基地的核心示范

项目建立了 3 个高标准百亩核心示范基地,作为技术示范的窗口,每年组织农户进行技术的现场观摩与交流。从表 39-11 看到,应用"双高技术",提高玉米单株的生产力,籽粒产量比农户习惯增产15%左右,增效 26.7%,达到了增产增效的目的。

表 39-11

示范基地高产高效技术的示范结果

地点	处理	籽粒产量/(kg/亩)	增产/%		PFP/(kg/kg)	△PFP		单株穗重/(g/株)	每穗粒重/g
东阳	农户习惯	871.24	—		43.56			331	278
	双高技术	985.95	13.2		54.78	25.74		337	286
祁县	农户习惯	759.09	—	14.6	37.95		26.71	251	209
	双高技术	844.93	1.6		46.94	23.67		266	225
文水	农户习惯	804.88	—		40.24			316	253
	双高技术	946.79	18.9		52.60	30.70		355	290

39.6.3　大面积的示范推广工作

为实现示范推广的规模化,课题组采取了产品研发＋宣传＋企业合作＋政策扶持的路线,首先研发了适宜山西省中北部玉米的配方肥,然后与企业合作生产,在山西省中部和北部的清徐、祁县、应县等地进行大规模的示范推广。

1.山西省中北部地区玉米配方肥的设计

项目依据"氮肥总量控制分期调控"、"磷钾肥恒量监控"理论,采用目标产量与养分丰缺指标法建立了晋中和晋北区域的施肥推荐系统,设计出了区域大配方,分别是晋中地区水浇地配方为 16-19-10,晋北地区配方为 19-18-8。

2.大面积的示范推广

项目以研发产品为核心,在太原市科技局、祁县农业局、应县农业综合开发办公室、应县农业局、山西晨雨集团、山西凯盛肥业等政府和企业财力物力扶持下,在全省玉米种植的 12 个县市进行了示范推广,在祁县谷恋村实施整村推广,示范配方肥 200 t 左右,示范 3 000 余亩,平均亩产 753 kg,与传统农户比较,增产 14.3%,增效 27.2%,实现了大面积上增产增效 10%～15% 的目标。在应县实施的万亩示范推广中,采用区域配方肥—统一品种—统一栽培模式的方法,连续 3 年进行高产高效技术的推广,对其中示范户的测产,平均的玉米产量达 897.5 kg,比农户传统模式提高 9.7%,每亩节约氮肥 5～6 kg,氮生产效率提高近 40%,每亩的节本增收在 100～150 元。

3.山西省玉米高产高效技术推广应用前景

玉米是山西省粮食产业的支柱,在全省粮食稳产丰产中扮演重要角色,对高产高效技术的需求非常迫切,农民渴望得到简约化高效化可操作性强的高产高效技术。

项目多年总结出的玉米高产高效技术集养分最佳管理技术、高产栽培技术与土壤培肥技术于一体,并实现了产品的物化,多年来在山西省中北部地区的太原市、清徐县、祁县、文水等县市玉米生产中开展推广应用,增产幅度 8.5%～25.5%,增效在 20% 以上,实践证明是一项行之有效的技术,有望在山西省春玉米种植地区 2 450 万亩农田上广泛应用,前景非常广阔。

(执笔人:张强　杨治平)

第 40 章

山西省主要杂粮作物水分养分管理
技术研究及应用

　　杂粮是小宗粮豆作物的俗称,泛指生育期短、种植面积小、地域性强、种植方法特殊、有特种用途的多种粮豆。我国是世界上杂粮作物种类最多、栽培面积最大的国家,据统计,我国杂粮常年种植面积约 1 000 万 hm²,占全国粮食作物播种面积的 9% 左右,产量 1 500 万～2 000 万 t,产区主要集中在我国中西部干旱、半干旱地区,特别是黄土高原地区,是这些地区主要的粮食作物和重要的经济作物。山西省杂粮生产在全国占有比较重要的位置,常年种植面积约 70 万 hm²,约占山西省粮食作物种植面积的 1/5,总产量约 100 万 t,占全省粮食总产量的 1/9,在山西省粮食种植结构中占有相当比重,是稳定山西省粮食生产的重要作物。其中谷子种植面积约 25 万 hm²,在全国排名第二位,荞麦种植面积约 3 万 hm²。同时杂粮具有耐旱耐瘠、适应性强、籽实营养丰富、医食同源且耐贮藏特点,具有一定的国际国内竞争力,市场潜力大,也是我省"老、边、贫"地区农民增收的主要作物。我国杂粮作物的栽培历史虽然悠久,但是目前杂粮的单产水平低、品质差、种植效益不高,其资源优势和生产优势没有得到充分发挥。

40.1　山西省杂粮种植情况及施肥技术调查

　　为明确杂粮种植中的主要限制因素,对山西省 7 个市,11 个县(含县级市),331 个农户,以谷子、荞麦为代表的山西省主要杂粮作物种植情况进行入户调查,基本涵盖了山西省杂粮典型种植区域。

40.1.1　谷子种植情况调查

　　山西省谷子籽粒产量随纬度呈现显著的南高北低趋势(图 40-1),即春播晚熟区产量最高,平均产量达到 3.7 t/hm²,春播中熟区平均产量为 2.7 t/hm²,春播早熟区产量最低、平均产量 1.5 t/hm²,区域间谷子平均产量相差近 2.5 倍。

　1. 高产群体起点,即谷子播前整地和播种问题

　　播前整地、播期的选择、播量设置和播种质量直接关系到谷子的高产。由于地区积温影响,目前在山西省中北部地区多种植生育期在 120 d 左右的品种,播种日期通常在 4 月底至 5 月初,山西省东南部地区多选择生育期在 130 d 左右的品种,播种日子一般在 5 月中下旬,这都与当地无霜期有较好的吻合。根据调查(表 40-1),山西省谷子种植中品种混杂,高产品种的种植较少,采用晋谷 21 号等较陈旧品种的占到了 68%,甚至有大约 30% 农户选择自留种,而以晋谷 29 号为代表的较新的高产品种仅占到 28%。

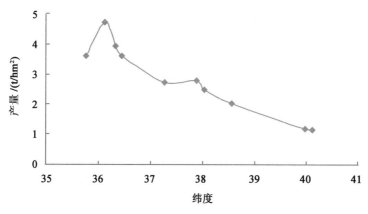

图 40-1　山西省谷子产量区域化趋势

整地方面,68.3%的农户不进行深翻(表40-1),整地方式粗放。播量和种植密度方面,以山西省寿阳县和沁县为例,均存在播量和种植密度偏低的情况(表40-2)。

表 40-1

山西省谷子种植播前整地情况调查

整地方式	秋深翻施有机肥＋播前旋耕	秋季深翻＋播前旋耕施肥	播前旋耕施肥
户数	11	72	179
%	4.2	27.5	68.3

表 40-2

山西省谷子播量与种植密度调查情况

地区	播量/(kg/hm²)			种植密度/(万株/hm²)		
	较低(<12)	适宜(12~18)	较高(>18)	较低(<36)	适宜(36~45)	较高(>45)
寿阳/%	67.4	30.6	2	87.6	12.4	0
沁县/%	47.6	51.3	1.1	83.3	10.8	5.9

2.群体发育过程问题,即谷子水肥管理问题

由于山西省特有的地形地貌特征以及杂粮种植的主要地域特点,基本不存在灌溉管理方面的问题。主要存在问题是谷子肥料投入和生育期的氮素管理。

根据调查,谷子种植中基肥投入整体偏低和施肥量差异较大,且缺少必要的生育期养分管理措施(表40-3),结合较低的种植密度是造成谷子产量始终徘徊低水平的重要原因。

表 40-3

山西省典型农户谷子养分投入状况

养分		平均值/(kg/hm²)	最小值/(kg/hm²)	最大值/(kg/hm²)	标准差/(kg/hm²)	变异系数/%
N	化肥	199.80	0	690.00	124.54	62.33
	有机肥	27.45	0	540.00	86.14	313.81
	总量	227.25	0	690.00	135.34	59.56
P_2O_5	化肥	64.95	0	210.00	47.09	72.50
	有机肥	10.65	0	270.00	37.19	349.20
	总量	75.60	0	270.00	55.07	72.84

续表 40-3

	养分	平均值/(kg/hm²)	最小值/(kg/hm²)	最大值/(kg/hm²)	标准差/(kg/hm²)	变异系数/%
K₂O	化肥	16.95	0	150.00	34.39	202.89
	有机肥	20.10	0	298.50	58.29	290.00
	总量	37.05	0	298.50	64.42	173.87

40.1.2 荞麦种植情况调查

根据农户调查资料,山西省荞麦平均产量在 1.18 t/hm² 左右,由于荞麦多种植于较为瘠薄的田块,针对其的一般田间管理较少,因此,合理的播种量和种植密度,适宜的肥料投入,对荞麦最终产量的形成有着极为重要的作用。

荞麦种植中存在的主要问题有:

1. 品种选择

山西省农户选择的荞麦品种较少,主要为当地品种和自留用种,缺少获得优种的途径及原有品种的提纯复壮等。

2. 播量和种植密度问题

在调查区域的大部分农户,均存在荞麦播量较少的问题,由于荞麦种植管理中投入极少,也就直接影响到荞麦的整体种植密度(表 40-4)。

表 40-4

山西省荞麦播量和种植密度

项目	播量/(kg/hm²)			种植密度/(万株/hm²)		
	较低(<15)	适宜(22.5~30)	较高(>30)	较低(<30)	适宜(30~45)	较高(>45)
农户/户	73	46	5	64	60	0
比例/%	58.9	37.1	4.0	51.6	48.4	0

3. 肥料投入和生育期 N 管理

由于荞麦特有的生长发育特点,生育期内的无限生长特性和较长的花期与籽粒成熟期的重合,导致荞麦的养分供应和管理成为很难解决的问题。在生产实践中,高投入的养分条件,往往带来极高的生物产量,增大荞麦植株倒伏风险,在一定程度上可能造成产量降低。基于此,荞麦的养分管理基本上没有生育期的 N 素管理,施肥量也保持在较低的水平上。

40.2 山西省主要杂粮作物生长发育规律与养分、水分需求特征研究

40.2.1 春播谷子生长发育规律与养分、水分需求特征

1. 春播谷子生长发育规律

为明确谷子的生育期干物质积累和主要养分(N,P,K)及水分吸收特征,于 2010—2012 年分别于山西省晋中市寿阳县,长治市沁县和壶关县进行了不同水分养分管理技术的多项试验研究。各试验均设置 5 个以上的处理,采用完整试验方式(设置重复)进行的试验 10 个;采用示范与试验结合方式(不设置重复)进行的试验 23 个。

综合 2010—2012 年的不同区域种植模式谷子生育期调查数据(谷子干物质积累量仅限于地上部植株),研究不同栽培条件下谷子体内干物质积累与分配规律,并分析在不同种植区域和不同产量水平下,谷子的干物质积累特征,以期为提出春播谷子高产高效最佳养分管理技术提供理论依据。

为了明晰在不同区域,不同产量水平下的谷子干物质积累的规律,综合各试验调查结果,将不同种

植区域,依照不同籽粒产量水平下的谷子地上部植株干物质积累量情况(生物量)进行汇总,得出在不同区域不同产量水平下的谷子生育期干物质积累状况(图 40-2、图 40-3)。

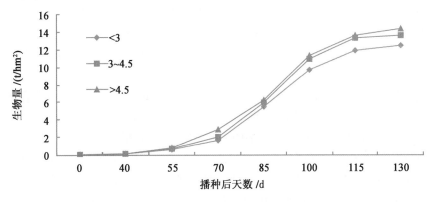

图 40-2　山西省中部谷子干物质积累

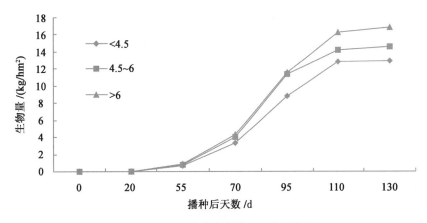

图 40-3　山西省东南部谷子干物质积累

　　山西省中部春谷子在不同产量水平下的干物质积累规律,有着明显的相似性,谷子生育期干物质积累大体可分为以下几个阶段:①苗期(0~40 d),干物质积累缓慢,这一时期的干物质积累量仅占全生育期的1.3%~3%,且不同种植模式间差异并不显著;②拔节期(40~70 d),干物质积累速度和量增加明显,积累量为 8%左右;③孕穗-开花期(70~110 d),干物质积累速度最快,积累量最大的阶段,这一阶段的干物质积累量占到全生育期的 54%~66%,在这一阶段,不同产量水平间的差异扩大;④灌浆-成熟期(110~130 d),这一阶段的干物质积累速度放缓,净积累量为 24%~36%。在进入拔节后期(孕穗期)至成熟期的约70 d 时间里,谷子干物质积累量占到全生育期的 90%左右,而不同产量水平间的干物质积累和籽粒产量差异,都在这个时期出现并逐渐增加。山西省中部地区的谷子在播后 55 d 后进入快速生长阶段,在播后70~100 d 干物质积累量呈线性增长,在播后 100 d 之后干物质积累速度放缓(表 40-5)。

表 40-5

山西省中部不同产量水平谷子不同生育期干物质积累速度					kg/(d·hm²)
	生育时期				
	苗期	拔节-孕穗	抽穗-开花	灌浆	成熟
<3 t/hm²	2.91	50.63	269.30	147.41	34.00
3~4.5 t/hm²	2.73	63.62	295.47	161.17	22.11
>4.5 t/hm²	2.95	91.82	282.52	150.03	51.87

　　于 2011 年进行的以沁县为代表的山西省东南部不同产量水平谷子生育期干物质积累情况调查

（图40-3），山西省东南部地区谷子与中部地区有着相似的干物质积累曲线。各生育阶段的干物质积累速度，不同产量水平谷子均以抽穗-开花期最高，其次是灌浆期和拔节-孕穗期，较高产量水平在以上的关键生育期内均有着较高的干物质积累速度。不同产量水平间的干物质积累差异，主要体现在最终的积累量上，同一区域不同产量水平下的积累量差异分别达 9.62%～15.61%（中部）和 12.86%～30.52%（东南部），不同区域不同产量水平间的干物质积累量最大差异达到了 35.50%。

2.春播谷子养分需求特征

在掌握不同区域和不同产量水平谷子生长发育规律之后，如何遵照谷子生长发育的特点进行有针对性的养分管理，是解决谷子高产高效种植的关键性问题。为了探明不同区域，不同产量水平谷子生育期内的养分吸收特征，选取部分试验，以期阐明生育期内的谷子养分吸收规律。

谷子 N 素养分吸收的规律：①苗期（0～40 d），N 吸收积累缓慢，这一时期的 N 吸收积累量仅占全生育期的 3%～6%；②拔节期（40～70 d），N 吸收速度和量明显增加，吸收积累量为 9%～15%；③孕穗-开花期（70～110 d），N 吸收积累速度最快，积累量最大的阶段，这一阶段的吸收积累量占到全生育期的 42%～66%；④灌浆-成熟期（110～130 d），N 吸收积累量占全生育期的 12%～40%。

为了更清晰地认识谷子干物质积累和养分吸收在生育期内的关系，将谷子不同生育期谷子干物质的积累与 N 吸收积累占全生育期的百分含量相结合，绘制在不同产量水平谷子干物质积累与养分吸收的下的协同变化趋势。如图40-4、图40-5 所示，在不同产量水平即不同管理模式下（模式1为农户习惯管理模式，模式5为综合管理模式），谷子生育期干物质积累和 N 吸收在时间上有着很好的一致性。如何确保谷子关键生育期的养分供应，以保证谷子生长发育，是谷子养分管理中要解决的关键问题。

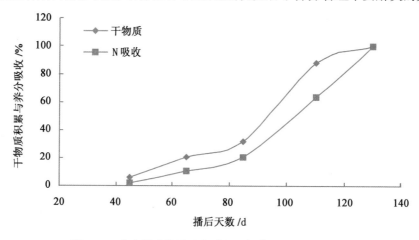

图40-4　农户模式谷子干物质积累与养分吸收协同变化

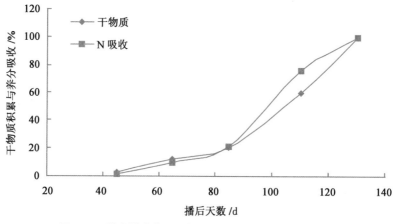

图40-5　综合模式谷子干物质积累与养分吸收协同变化

谷子对氮素的需求,不同品种和不同养分管理方式下,氮素养分的吸收规律和吸收量都会有所变化。如何在确定目标产量的情况下,确保谷子生长中氮素养分需求,通过对多年来的研究资料中百千克籽粒的氮需求量汇总(表 40-6),用以估算在山西省主要谷子种植区合理的氮素投入。汇总数据显示,山西省不同谷子种植区域的百千克籽粒需氮量,东南部(2.76 kg)整体略高于中部(2.71 kg),不同年度间差异较大,可能同种植品种以及当年的水分供应情况有关。

表 40-6
山西省谷子百千克籽粒需氮量   kg

数据量	均值	变异	区域	数据来源
8	2.63	2.33~3.00	山西晋中	2005 年,试验数据总结
8	2.81	2.42~3.54	山西晋城	2006 年,试验数据总结
24	2.67	2.50~2.86	山西晋中	2006 年,试验数据总结
10	2.84	2.43~3.02	山西晋中	2009 年,试验数据总结
10	2.68	1.75~3.83	山西晋中	2010 年,试验数据总结
24	2.71	1.83~3.36	山西长治	2011 年,试验数据总结
平均	2.72	1.75~3.83		

在谷子的种植中,磷钾肥料的配合施用,对于提高其产量有着促进作用。现有的研究通常关注磷钾养分的吸收总量和供应总量的控制。为了更好地了解谷子对磷钾养分的吸收规律及其在不同产量水平下的需求量,将谷子不同生育期的植株养分吸收状况,研究了谷子不同生育期磷钾养分吸收规律;并整理多年多点的全生育吸收总量资料,参考谷子氮素养分吸收和需求的评估方式,以百千克籽粒的需磷和需钾量为指标,帮助确定目标产量下的谷子磷钾养分投入。

如图 40-6、图 40-7 所示,在不施肥(CK)即土壤基础肥力条件下,春谷子以苗期和籽粒形成期吸收磷、钾量较少,分别占总吸收量的 1.70%,3.13%,5.67%,5.10%;而拔节期春谷子吸收钾量占总吸收量的 41.78%,是钾素吸收的高峰期,磷的吸收量占总吸收量的 19.33%;孕穗期养分吸收量较少,磷、钾的吸收量基本一致,占总吸收量的 20%~24%;抽穗灌浆期磷吸收量最大,占总吸收量的 52.73%,钾的吸收量占总吸收量的 26.44%。

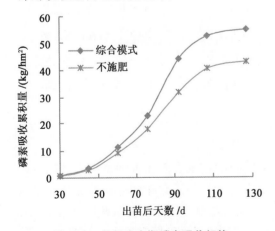

图 40-6　谷子生育期磷素吸收规律

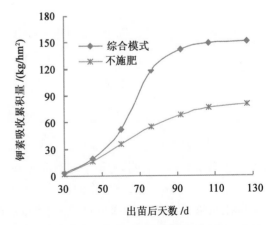

图 40-7　谷子生育期钾素吸收规律

在综合模式下,春谷子各生育期吸收磷、钾养分的数量较多。表现为苗期和籽粒形成期养分吸收总量少,苗期磷、钾的吸收量仅占总吸收量的 1%~2%,籽粒形成期为 1.5%~4.5%,这与不施肥处理的相对吸收量基本一致。孕穗期春谷子吸收钾量占总吸收量的 44.12%,是钾素吸收的高峰期;磷的吸收量占总吸收量的20.83%;钾的相对吸收量较不施肥处理有明显提高。拔节期磷、钾的吸收量分别占总吸收量的19.28%,32.67%,这个时期可以看作是钾吸收的第二高峰期。抽穗灌浆期磷的吸收量占总吸收量的54.13%,是磷吸收的高峰期;钾的吸收量占总吸收量的19.70%;磷的相对吸收量较不施肥处理略有提高。整个生育期磷、钾的累积吸收量分别为54.96,151.46,分别较不施肥处理增加了49.99,11.91,71.02,P_2O_5:K_2O为1:2.76。

如表40-7,表40-8所示,山西省东南部地区谷子籽粒的需磷量略高于中部地区,同一区域内的白千克籽粒需磷量差异不大;籽粒需钾量则是东南部明显高于中部地区,且同区域内不同年度间的变化较大。

表 40-7

春谷子百千克籽粒需磷量
kg

数据量	均值	变异	区域	数据来源
8	0.77	0.67~0.88	山西晋中	2005年,试验数据总结
8	1.10	0.78~1.57	山西晋城	2006年,试验数据总结
24	1.03	0.50~1.67	山西晋中	2006年,试验数据总结
10	0.97	0.72~1.13	山西晋中	2009年,试验数据总结
10	0.87	0.61~1.17	山西晋中	2010年,试验数据总结
24	1.04	0.82~1.31	山西长治	2011年,试验数据总结
平均	0.96	0.50~1.67		

表 40-8

春谷子百千克籽粒需钾量
kg

数据量	均值	变异	区域	数据来源
8	1.85	1.22~2.41	山西晋中	2005年,试验数据总结
8	3.15	2.87~4.01	山西晋城	2006年,试验数据总结
24	2.87	1.71~4.57	山西晋中	2006年,试验数据总结
10	2.34	1.56~2.77	山西晋中	2009年,试验数据总结
10	1.65	1.21~2.26	山西晋中	2010年,试验数据总结
24	2.05	1.62~2.38	山西长治	2011年,试验数据总结
平均	2.32	1.21~4.01		

3.春播谷子水分需求特征

已有研究结果表明,谷子平均根深130 cm,0~20 cm土层中的根系表面积占到总根系表面积的70%左右,而0~50 cm土层中的根系长度占总根长的70%;同时,大量的研究资料显示,在半干旱地区的降雨入渗通常仅在0~200 cm层次土壤内造成影响。因此,项目组对不同年份的试验中0~200 cm深度土壤水分样品进行采集,希望通过对这一深度内土壤水分变化的分析,探究谷子水分吸收特征。以2011年试验为例,对比0~100与0~200 cm土壤深度范围内的土壤贮水量变化(表40-9),0~200 cm土壤贮水量增加量较0~100 cm高32%~138%,这说明采用0~200 cm深度范围内的土壤水分变化来表征谷子水分需求特征更为合理。

2012年度寿阳县谷子生育期降雨量398 mm,有效降雨量393 mm,占到总降水量的98.76%,降雨量和有效降雨量均为该区域正常水平。以 2012 年谷子不同生育期水分消耗和阶段降水量绘制成图，如图 40-8 所示，谷子生育期的水分需求与其干物质积累规律间极为相似，在其生长发育最快的拔节-抽穗期内，水分消耗也最为旺盛，阶段耗水量达 4.69 mm/d，从阶段水分消耗量占全生育期总耗水量的比例看，这一阶段的水分消耗占到全生育期的 69.21%。

表 40-9

全生育期谷子土壤贮水量变化情况（2011 年试验）　　　　　　　　　　　　　　　　　　　　　　mm

管理模式	播前土壤贮水量		收获期土壤贮水量		贮水量变化	
	0～100 cm	0～200 cm	0～100 cm	0～200 cm	0～100 cm	0～200 cm
1	233.80	480.22	282.98	597.19	49.19	116.97
2	233.80	480.22	289.25	558.44	55.45	78.21
3	233.80	480.22	269.27	546.15	35.47	65.93
4	233.80	480.22	265.92	541.27	32.13	61.04
5	233.80	480.22	286.61	574.48	52.81	94.26
6	233.80	480.22	317.98	591.49	84.18	111.26

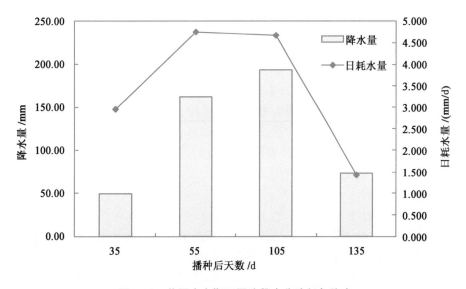

图 40-8　谷子生育期不同阶段水分消耗与降水

　　结合不同生育期谷子植株的生长发育规律和 0～200 cm 土壤贮水量的变化情况（图 40-9），可以更清楚了解谷子生长发育中的水分供求特征。幼苗期谷子植株发育较慢，日均耗水量较低，但降水量极少，主要依靠土壤储水满足生长需求，在这一阶段的 0～80 cm 土壤贮水量减少 24.59 mm，降低了 14.83%；由苗期进入拔节期过程中，植株生长速度加快，日均耗水量和季节性降水大幅增加，但整体阶段耗水量低于降水量，从而补充了土壤储水，仅在 0～80 cm 土壤贮水量就增加 46.95 mm，提高了 33.24%；拔节期到抽穗期的谷子旺盛生长期内，日均水分消耗保持较高速度，而在这一时期的有效降水量也达到最大，虽然仍需要土壤贮水量的补充（0～80 cm 土壤贮水量减少 32.76 mm，降低了 17.41%），但降水量占到耗水量的 82.87%，已经基本满足谷子生长发育所需，；进入成熟期谷子水分消耗明显降低，此时降水量保持较高水平，在满足谷子生长所需水分后也有效补偿乃至增加了土壤储水，0～80 cm 土壤贮水量增加了 11.18 mm，提高 7.19%。0～200 cm 土壤贮水量较播前提高 3.94 mm，说明在全生育期内的降水满足谷子需水量,并略有盈余。

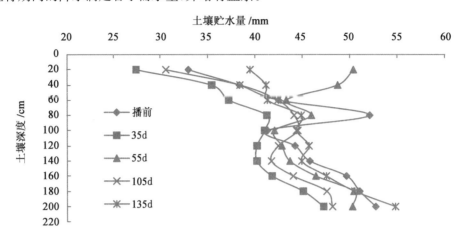

图 40-9　谷子不同生育期土壤贮水量变化

依据谷子的生长发育规律和水分需求特征,如何保证在谷子关键生育期内的水分供应,特别是0～80 cm内土壤水分的供应,确保谷子生长和产量形成,实现水分养分高效利用目标,成为谷子种植中的重要问题。关于这方面的技术及其应用效果,将在后面进行介绍和讨论。

40.2.2　苦荞麦生长发育规律与养分、水分需求特征

针对荞麦的生长发育特点,以其生育期干物质积累和主要养分(N,P,K)及水分吸收特征为主要研究问题,项目组于2010—2012年在山西省晋中市寿阳县进行了多项试验研究。涉及的研究内容有:不同地力条件下的荞麦养分吸收量能力比较,不同氮磷肥料配施下的产量效应,氮素调控(前氮后移)对于荞麦产量影响。通过对试验中荞麦不同生育期植株样品、土壤养分样品和水分样品的采集,以及降水等相关资料的整理,全面研究产量水平下的荞麦生育期生长特征及环境养分水分供应特点。根据不同的试验目的,试验分别设置3～8个处理,采用完整试验方案的(设置重复)试验共12个,采用试验示范相结合方案(不设置重复)的试验共12个。

1.苦荞麦生长发育规律

苦荞麦生育期较短,一般在90 d以内,在其生育期内,干物质积累在不同生育时期都有着不同的特点。以2012年试验为例,针对不同养分管理条件下苦荞麦生育期内的地上部干物质积累量进行分析,大致可以将苦荞麦生育期内干物质积累分为如下几个阶段(图40-10):①苗期-分枝期(0～40 d),植株生长速度缓慢,干物质积累速度0.02～0.09 g/(株·d),在播种后20～40 d,不同产量水平下苦荞麦植株干物质积累量出现差异;②分枝期-初花期(40～55 d),植株生长速度加快,干物质积累速度达到0.09～0.36 g/(株·d),不同产量水平下苦荞麦植株干物质积累量差异扩大;③初花期-盛花期(55～70 d),植株生长速度陡增,干物质积累速度达到0.18～0.72 g/(株·d),干物质累积量占全生育期的16%～46%,干物质积累量的差异进一步拉大;④成熟期(70～90 d),植株生长速度降低,干物质积累速度下降为0.02～0.45 g/(株·d)。其中,从播后40 d和播后55 d到成熟期的共计50与35 d时间里,苦荞麦的干物重积累分别占到了全生育期的72%～89%及42%～76%。

2.苦荞麦养分需求特征

由于荞麦生育后期落叶与籽粒脱落较为严重,出现了成熟期单株养分吸收量较盛花期降低,因此,仅以在正常生长情况下的养分吸收情况进行分析。荞麦N素养分吸收量在幼苗期没有明显的差异,进入分枝期后,随着干物质积累量的差异日渐明显,其N素养分吸收量的差异也逐渐显著整体随N素养分投入的高低,对应呈现出N素养分吸收量的高低趋势。N素养分的吸收速度在分枝期到盛花期这一阶段为0.002～0.010 g/(株·d),养分吸收速度基本与N素投入量高低相吻合,该阶段的养分吸收量

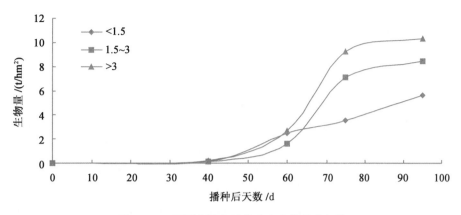

图 40-10　不同产量水平苦荞麦生长发育规律

占到全生育期的 36%～49%。从播后 40 d 和播后 55 d 到成熟期的共计 50 与 35 d 时间里,荞麦的 N 吸收量分别占到了全生育期的 68%～79% 及 39%～67%。可见,在进入到播后 40 d,即分枝期的阶段,荞麦植株对于 N 素养分的需求开始明显增加。

在苦荞麦种植中,磷钾肥料的施用不被重视,但其对于苦荞麦植株的生长和产量提升有促进作用。通过比较不施肥(CK)与综合模式下的荞麦生育期磷钾素养分吸收情况(图 40-11、图 40-12),可以发现苦荞麦磷钾素养分吸收的特点及其规律。苗期到花期,不施肥与综合模式下的磷吸收量极为接近,不施肥处理两个阶段磷吸收量分别占到全生育期吸收量的 8.91% 和 72%,综合模式下的磷吸收量分别占到全生育期吸收量的 7.13% 和 54.89%;花期至成熟期,不施肥处理磷吸收量仅占到全生育期的 19.09%,综合模式的磷吸收量则达到全生育期的 37.98%,以花期为界限,磷的吸收表现为前期的迅速吸收积累和后期逐渐放缓的趋势。与磷的吸收相似,钾的吸收积累也以花期前的积累为主,不施肥处理和综合模式下花期前吸收量分别占到全生育期的 85.07% 和 68.86%;花期到成熟期的吸收量仅占到全生育期的 14.93% 和 31.14%。从不同养分投入条件下的养分吸收的整体规律看,在进入关键生育期后的环境养分供应能力是导致生育后期磷钾养分吸收差异的重要原因。

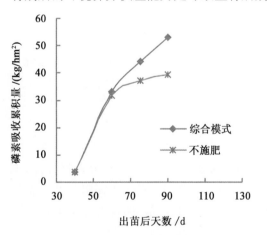

图 40-11　苦荞麦生育期磷素吸收规律

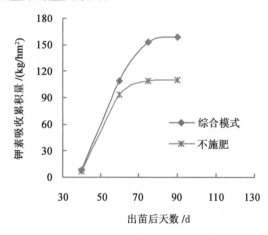

图 40-12　苦荞麦生育期钾素吸收规律

与一般大田作物不同,苦荞麦生长发育处于无限生长的状态,开花和籽粒形成同步进行,已有的研究显示,较高的干物质积累量和较多的花数并不一定能带来较高的产量。在本项目中,高量养分投入的处理,虽然普遍有着较高的籽粒产量,但由于植株生长过旺,后期倒伏较为严重,较大的影响了最终产量。如何通过有效的技术手段结合荞麦的生长特性进行关键生育期的养分调控,是解决荞麦高产的关键。

3. 苦荞麦水分需求特征

对于荞麦根系发育以及水分需求的研究,极少见报道。在荞麦生长发育过程中,何种层次土壤储水是其水分供应的主要来源,是首先需要解决的问题。

以 2012 年试验苦荞麦不同生育期 0～200 cm 土壤贮水量变化以及水分消耗量和降水量为例(图 40-13、表 40-10)来说明荞麦生育期水分需求特征。在苗期,苦荞麦生长缓慢,平均耗水量为3.33 mm/d,这一时期降水充沛,阶段有效降水量占到苦荞麦全生育期的 66.52%,大量降水转化为土壤储水,0～60 与 0～200 cm 土壤贮水量分别上升了 15.07% 和 27.29%;分枝期到花期的这段时间里,苦荞麦植株生长迅速,平均耗水量也明显升高,达到了 3.57 mm/d,由于这一阶段的降水较少,主要依靠土壤贮水保证苦荞麦的正常生长,0～60 cm 土壤贮水量降低了 38.41%,占到阶段耗水量的 82.17%;花期到成熟期,苦荞麦生长速度放缓,水分消耗明显降低,平均耗水量仅为 0.55 mm/d,这一阶段降水较充沛,满足苦荞麦生长所需,也一定程度上补充了土壤贮水。

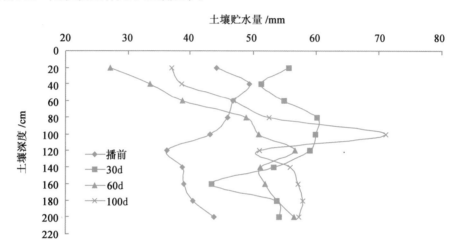

图 40-13　苦荞麦不同生育期土壤贮水量变化

表 40-10

苦荞麦不同生育期耗水量与降水量变化情况　　　　　　　　　　　　　　　　　　　　　　　　　　　　　　　mm

播后天数/d	有效降水	阶段耗水	0～60 cm 土壤贮水量变化	0～200 cm 土壤贮水量变化
30	216.72	99.82	161.78	116.90
60	31.37	106.99	−62.13	−75.62
100	77.71	21.96	23.07	55.75

苦荞麦播种前 0～200 cm 土壤贮水量为 428.4 mm,生育期有效降水量 325.8 mm,苦荞麦收获后 0～200 cm 土壤贮水量为 525.4 mm,0～200 cm 土壤贮水量增加了 97.1 mm。在苦荞麦整个生育期内,由于恰好处于降水充沛的时期,且试验年度总降水量较高,水分供应充足,土壤贮水量在成熟期较播前有所提高。

40.3　山西省不同生态区域典型杂粮作物的水肥管理技术模式研究与应用

针对山西省不同区域杂粮种植的产量水平和施肥状况,将现有杂粮种植的主要高产种植技术以技术模式的方式进行了分区域的试验验证。其中,谷子分别在长治市沁县、壶关县的 4 个行政村共进行模式验证试验 23 处,在寿阳县两个行政村设置了 20 处;荞麦模式验证试验于晋中市和吕梁市共计开展了 21 处。以此为基础,总结以往的研究结果,提出山西省谷子和荞麦的主要杂粮作物(谷子、荞麦)的水肥管理技术规程。

40.3.1　山西省谷子高产高效水肥管理技术规程

1.山西省中北部地区谷子高产高效水肥管理技术规程

区域范围:忻州、太原、晋中及吕梁。

目标产量:4 000~5 000 kg/hm²。

地块选择:选择中高肥力的旱坪地。

整地措施:秋季深翻耕、清明节前后进行顶凌耙耱、播前精细整地。

品种选择:采用精选后的晋谷 29 号、36 号,大同 29 号谷子,使用多效唑拌种控制株高。

总施肥量:氮肥(纯 N)180~210 kg/hm²,磷肥(P₂O₅)90~150 kg/hm²,钾肥(K₂O)90 kg/hm²,全部磷肥、钾肥、2/3 氮肥在秋季深耕翻时底施,建议施用 2 000 kg/亩优质农家肥,1/3 的氮肥(纯 N 60 kg/亩)于拔节中期开沟追施覆土。

栽培措施:采用渗水地膜覆盖,膜上穴播,宽窄行种植模式。一般播深 4~5 cm,深浅一致,落籽均匀,播行直,不漏播,不重播,无缺苗断垄,注意播后的镇压踏实,于 4 月下旬至 5 月上旬完成播种,苗密度 345 000~420 000 株/hm²。

管理措施:于开花期喷施 0.25% KH₂PO₄ 加 0.03%硼酸溶液 100~150 kg/亩,注意除草和防治病虫害。

2.山西省东南部地区谷子高产高效水肥管理技术规程

区域范围:长治、晋城。

目标产量:5 000~6 000 kg/hm²。

地块选择:选择中高肥力的旱坪地。

整地措施:秋季深翻耕结合施用有机肥,播前精细整地。

品种选择:采用精选后的晋谷 36 号,长农 35、36 号谷子。

总施肥量:氮肥(纯 N)210~240 kg/hm²,磷肥(P₂O₅)90~150 kg/hm²,钾肥(K₂O)90 kg/hm²,全部磷肥、钾肥、2/3 氮肥在秋季深耕翻时底施,建议施用 2 000 kg/亩优质农家肥,1/3 的氮肥(纯 N 60 kg/亩)于拔节中期开沟追施覆土。

栽培措施:一般播深 4~5 cm,深浅一致,落籽均匀,播行直,不漏播,不重播,无缺苗断垄,注意播后的镇压踏实,于 5 月中下旬完成播种,苗密度 420 000~495 000 株/hm²。

管理措施:于开花期喷施 0.25% KH₂PO₄ 加 0.03%硼酸溶液 100~150 kg/亩,注意除草和防治病虫害。

40.3.2　山西省荞麦稳产高效水肥管理技术规程

区域范围:山西低山丘陵苦荞麦种植区。

目标产量:3 000~4 500 kg/hm²。

品种选择:采用精选后的黑丰 1 号,晋荞麦 1 号、2 号等品种。

地块选择:中等肥力的旱坪地。

整地措施:秋季深翻耕、清明节前后进行顶凌耙耱、播前精细整地。

总施肥量:氮肥(纯 N)75~120 kg/hm²,磷肥(P₂O₅)90 kg/hm²,建议施用有机肥,全部肥料于播种前半月内翻耕地时施入,施肥后精细耙耱。

栽培措施:播深 4~6 cm,等行距 33~37 cm 种植,播量 22.5~30 kg/hm²,于 6 月中下旬至 7 月初完成播种。

管理措施:于开花初期和中期用速灭杀丁或溴氰菊酯 4 000 倍液喷雾防治,苗期和初花期中耕除草,初花期根部培土(5 cm 左右)防倒伏。

收获事项:于 9 月下旬至 10 月上旬收获,2/3 荞麦籽实呈现黑褐色时,早晨收获。

40.4 示范应用情况及经济、社会和生态效益分析

40.4.1 山西省谷子高产高效综合管理技术应用效果

根据山西省不同区域春谷子的种植条件,将谷子高产优质品种、水分养分管理技术、土壤培肥以及栽培技术相结合,建立了适用于山西省中北部地磷钾适量供应、中微量元素因缺补缺技术为核心,辅助以秋季深翻耕施肥、清明节前后进行顶凌耙糖、播前精细整地等土壤管理措施,选用优质、高产谷子品种,提高播种质量并适当增加密度,地膜覆盖等栽培技术措施。通过该综合技术措施的应用,达到谷子高产高效目标。

解决的针对性问题:依据项目组对山西省不同区域种植谷子农户在施肥和栽培方面的调查,普遍存在的主要问题有:①品种选择多、乱,缺少对高产优质品种的了解和选用;②施肥品种和数量的盲目性和依据习惯经验,忽视有机肥和磷肥的投入,氮磷钾肥料比例需要进一步优化;③施肥方式上沟施和追肥比例小;④栽培方式上播种质量较低,不注重提高种植密度,普遍未采用地膜覆盖。

综合技术措施种植模式的实际效果:

在山西省中北部地区采用4+X设计方案的试验实施,对综合技术模式进行了验证(详见表40-11和表40-12),主要体现在:

(1)通过选用高产优质谷子品种、土壤深翻、适量有机肥与氮磷无机肥的合理配施,以及地膜覆盖等措施的实施,综合管理技术模式谷子生长状况明显优于农户传统管理模式,产量较传统管理增产62.70%(沟河地)和89.08%(塬坪地)。

(2)综合管理技术模式下,氮肥生产效率(PFPN)较传统管理模式提高8.5%(沟河地)(表40-11)和26.0%(塬坪地)(表40-12),氮效率有所提高。

表 40-11

山西省中北部地区谷子综合管理技术模式应用效果(沟河地)

模式	施氮量/(kg/hm²)	产量/(kg/hm²)	增产率/%	PFPN/(kg/kg)	PFPN/%
农户模式	120	3 217.80	—	26.82	
综合模式	180	5 234.70	62.70	29.09	8.5

表 40-12

山西省中北部地区谷子综合管理技术模式应用效果(塬坪地)

模式	施氮量/(kg/hm²)	产量/(kg/hm²)	增产率/%	PFPN/(kg/kg)	PFPN/%
农户模式	120	2 364.60	—	19.71	
综合模式	180	4 470.90	89.08	24.84	26.0

(3)针对山西省中北部地区谷子种植环境,水肥条件较差的塬坪地更具有代表性,相对传统管理模式下沟河地较塬坪地谷子籽粒产量和氮肥生产效率具有36.1%优势的情况,在综合管理技术模式下,这一优势明显减小,下降了19个百分点;同时,就谷子籽粒增产率和氮肥利用效率的提高幅度,塬坪地也明显高于沟河地。由于在该域内,谷子种植以塬坪地为主,因此,综合管理技术模式在水分养分高效利用和增产方面有着极为显著的优势。

在山西省东南部地区进行的模式验证试验,以长治市沁县的中等产量地块(2011年试验一)和壶关县的高产地块(2011年试验二)为例,有如下主要结果:

(1)通过选用高产优质谷子品种、土壤深翻、适量有机肥与氮磷无机肥的合理配施,以及地膜覆盖

等措施的实施,综合管理技术模式谷子生长状况均优于农户传统管理模式,产量较农户传统管理模式有了明显的增加,中低产地块的增产效果较高产地块更为显著。

(2)综合管理技术模式下,氮肥生产效率(PFPN)仅在中低产田块较传统管理模式有所提高,在高产地块,肥料利用效率略有降低。

(3)鉴于在山西省东南部地区,以2011年试验一为代表的中低产田块在谷子种植中的水肥条件更具有代表性,相对传统管理模式下高产地块较中低产地块谷子籽粒产量和氮肥生产效率具有46.25%和21.87%优势的情况,在综合管理技术模式下,这一优势明显减小,分别下降了32和22个百分点。由于在该域内,谷子种植地块多为中低产田地,因此,综合管理技术模式在水分养分高效利用和增产方面有着极为显著的优势(表40-13和表40-14)。

表40-13

综合管理技术模式应用效果(2011年试验一)

模式	施氮量/(kg/hm²)	产量/(kg/hm²)	增产率/%	PFPN/(kg/kg)	PFPN/%
农户模式	150	4 348.05	—	28.99	—
综合模式	210	6 784.65	56.04	32.31	11.46

表40-14

综合管理技术模式应用效果(2011年试验二)

模式	施氮量/(kg/hm²)	产量/(kg/hm²)	增产率/%	PFPN/(kg/kg)	PFPN/%
农户模式	180	6 358.8	—	35.33	—
综合模式	240	7 759.5	22.03	32.33	−8.48

40.4.2　山西省中部荞麦高产高效综合管理技术应用效果

根据山西省低山丘陵区荞麦的种植条件,将荞麦优质品种、养分管理技术、土壤培肥以及栽培技术相结合,建立了适用于山西省低山丘陵区荞麦高产高效养分资源综合管理技术体系。该技术体系将秋季深翻耕、清明节前后进行顶凌耙糖、播前精细整地等土壤管理措施,选用优质荞麦品种,提高播种质量并适当增加密度,沟播防倒伏等栽培技术措施综合运用。通过该综合技术措施的应用,达到荞麦高产高效目标。

解决的关键问题:通过两年以来对山西省主要杂粮产区荞麦种植户情况的调查,归纳山西省荞麦种植中的主要问题如下:①不注重施肥的科学性,肥料以尿素为主,很少施用有机肥;②不重视播种质量和种植密度;③忽视田间管理。

2010年于寿阳县进行的模式验证试验,该综合技术模式的效果主要体现在荞麦产量的显著增加,采用综合技术模式较传统模式的荞麦增产达到100.71%(表40-15),但是在氮素肥料利用效率PFPN方面,未能实现与产量的协同提高。

表40-15

山西省中部地区荞麦综合管理技术模式应用效果(2010年)

模式	施氮量/(kg/hm²)	产量/(kg/hm²)	增产率/%	PFPN/(kg/kg)	PFPN/%
传统模式	45	1 470.75	—	32.68	—
综合模式	90	2 952.00	100.71	32.80	0.37

(执笔人:关春林　周怀平　解文艳　杨振兴)

第41章

山东省小麦-玉米高产高效技术构建与应用

41.1 单个典型试验研究

41.1.1 冬小麦/夏玉米高产高效调控技术试验研究

通过施用有机肥和秸秆还田增加土壤碳库,优化施氮量和改变氮肥类型减少农田氮投入,明确增碳减氮对作物生长和土壤碳氮的影响,形成冬小麦/夏玉米轮作模式下的土壤碳氮的调控技术。

1. 试验设计

试验点位于桓台新城镇逯家村,试验点地势平坦,土壤为潮褐土,土壤有机质为 18.8 g/kg,全氮 1.087 g/kg,速效磷 8.4 mg/kg,速效钾 86.2 mg/kg,碱解氮 31.2 mg/kg,pH 为 8.5。试验共设置 7 个处理,3 次重复,随机排列,试验小区面积 51 m²。玉米季不施有机肥,各处理的磷钾肥施用量均相同,小麦季 P_2O_5 105 kg/hm²、K_2O 60 kg/hm²;玉米季 P_2O_5 和 K_2O 均为 110 kg/hm²,各处理的施肥用量见表 41-1。

表 41-1

试验处理肥料用量 kg/hm²

编号	试验处理	代表符号	玉米季		小麦季		
			化肥 N	基追比	有机肥 N	化肥 N	基追比
1	对照	CK	0	1:1	0	0	3:2
2	农民习惯	FP	330	1:1	0	270	1:1
3	优化施肥	OPT	240	1:1	0	180	1:1
4	有机肥+化肥	OPT+OF	240	1:1	54	126	1:1
5	有机肥+控释肥	CRF+OF	240	1:0	54	126	1:0
6	控释肥	CRF	168	1:0	0	126	1:0
7	秸秆不还田	NS	240	1:1	0	180	1:1

作物主要生长期选择有代表性的植株,测定株高、叶面积、生物量及养分含量;收获时,每小区量取 1.5 m×3 m 的样方测产;小麦量取 1 m 长样段,测定穗数、千粒重、穗粒数等产量结构指标;玉米选取有代表性的样穗 10 穗,考察穗行数、穗粒数和百粒重;小麦和玉米收获后用土钻采取 0~20,20~40,40~60,60~80,80~100,100~120 cm 土样,鲜土用 2 mol/L KCl 浸提,滤液通过流动注射分析仪测定土壤硝态氮含量。植株全氮含量采用浓硫酸-双氧水消煮,半微量凯氏定氮法测定。土壤有机质采用重铬酸钾氧化法,全 N 采用凯式法测定。在每次灌溉后的第 2~4 天,下次灌溉之前采集水样,量取溶液总量,水样总氮的测定——碱性过硫酸钾消解-紫外分光光度计比色法;水样中硝态氮、铵态氮的测定——流动注射分析仪法;水样中总磷的测定——硫酸钾氧化-钼蓝比色法。

2.结果与分析

(1)不同施肥模式调控下作物生长规律

①冬小麦/夏玉米轮作系统作物叶面积变化规律 小麦叶面积生长动态与株高相似,自返青期至拔节期是小麦叶面积快速增加阶段,各处理均增加了近 3 倍。有研究结果表明小麦在挑旗期叶面积指数达最大值,但本研究期间受田间虫害的影响,扬花期小麦叶片不完整,导致叶面积减少(图 41-1),但在第二年试验中得出相似结果。小麦不同生育期内,施肥处理下小麦叶面积明显高于对照,尤其是 FP 处理,较对照增加了 0.33~2.32 倍。小麦生育前期,天气寒冷,小麦生长缓慢,对养分的吸收不敏感,因此各施肥处理对小麦叶面积的影响没有显著性差异。自返青期,小麦生长旺盛对养分吸收量大,各施肥处理下的小麦叶面积有所差别,尤其是 OPT＋OF 与 CRF 处理,较 FP 处理下小麦叶面积降低了 17.6％~28.8％,达显著性差异。

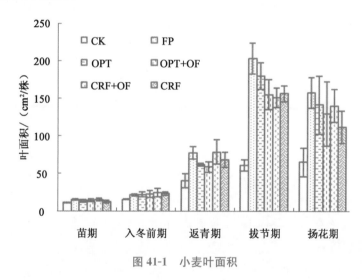

图 41-1　小麦叶面积

玉米叶面积随作物的生长而增加(图 41-2),在吐丝期达最大值,后逐渐降低;整个生长期内,各施肥处理下玉米的叶面积均显著高于对照处理,5.2％~93.5％;总体来看,处理中叶面积大小顺序为:CRF＋OF＞CRF＞OPT＞FP＞OPT＋OF＞CK,以控释肥处理下的叶面积最大,优化施肥处理略高于传统施肥,但差异不显著。

无论是小麦还是玉米,增施有机肥能增加叶面积,如 CRF＋OF 处理下整个生育期小麦叶面积较 CRF 处理增加 10％。而本研究中有机肥替代部分化肥处理下叶面积有所降低,如 OPT 处理下小麦和玉米叶面积分别较 OPT＋OF 减少 9.7％和 4.6％,有机肥替代化肥比例有待进一步研究。

②冬小麦/夏玉米轮作系统作物干物质积累变化规律 随生长期的延长,小麦单位面积根茎叶重量呈逐渐增加的趋势,在 5 月初的扬花期达最高值,根茎叶重量分别达 70.3,581.9,173.2 g/m²。5 月初小麦扬花,当月中旬开始灌浆,麦穗干物重逐渐增加,至收获麦穗干物质每亩增加 215 kg,平均每天增加 5.8 kg/亩。就根茎叶干物质积累速率来看,3—4 月,即小麦返青期至拔节期是小麦干

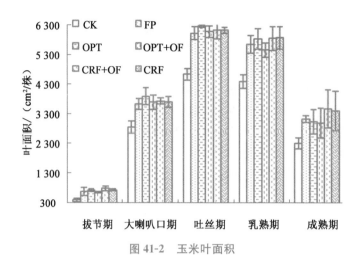

图 41-2　玉米叶面积

物质快速积累阶段，这一阶段根茎叶的生物累积量分别占小麦根茎叶干物质积累量的 60.7%，61.4% 和 53.6%。

　　从整个生育期来看，小麦茎秆物质的比例呈先增加后降低的趋势，而根和叶的干物质比例则逐渐下降。从苗期到返青期，小麦干物质的积累主要以叶为主，占总生物量的 50%～60%，其次是茎 20%～40%，根在 10%～20% 之间；从返青期到孕穗期，小麦茎干物质积累超过叶片，占总生物量的 45%～60%，小麦叶的干物质积累降为 20%～40%，根干物质积累量在 10% 左右；孕穗期至收获期，小麦籽粒干物质积累量逐渐增加并超过茎秆，占总生物量的 45%（图 41-3）。

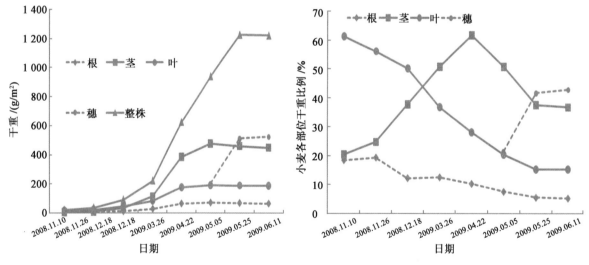

图 41-3　小麦干物质积累动态

　　玉米生长期根茎叶的干物质积累规律与小麦相似，均为先增加后降低过程，在乳熟期达最高值，根茎叶干物质分别为 16.6，86 和 51.7 g/株。9 月初玉米开始灌浆，至收获玉米干物质迅速增加，每株增加 70 g，平均每天增加 3 g/株。从拔节期到吐丝期是玉米的生物量快速积累阶段，这一阶段的积累量约占生物累积量的 54.5%。

　　从苗期到拔节期玉米干物质积累以叶片为主（图 41-4），占总干物质积累量的 45%～60%，随生育期的延长所占比例下降；在大喇叭口期茎的干物质积累量超过叶，占整株干重的 60%；吐丝期后籽粒干物质积累呈线性增加，至成熟期达最高，占干物质中的 45% 左右，茎干物质比重占 40%，叶片干物质比重降为 20%。玉米根的干物质所占比例则由 14% 直线下降至 4%。

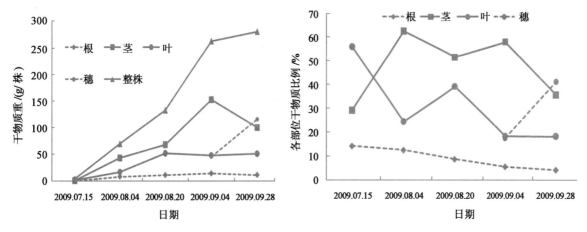

图 41-4　玉米干物质积累动态

（2）不同调控措施对作物产量的影响　从四年8季作物产量来看（表41-2），均以不施氮肥的 CK 处理下小麦和玉米的产量最低，平均亩产仅分别为 214.3 和 388.8 kg。施氮肥能够显著提高作物产量，平均增产率为 56.6%。与 FP 处理相比，OPT 处理氮肥减量 30%，但作物产量未减反略增，平均每亩增产 19.3 kg；施用新型控释氮肥，即使减氮 50%，产量仍与 FP 持平；说明当下农民氮肥施用量仍过高，可以通过优化施肥或用新型氮肥来降低氮肥投入，且不会造成减产。与 NR 处理相比，施氮量相等的 OPT 处理下连续 8 季作物产量显著增加，小麦和玉米产量分别提高 12.1% 和 17.6%；此外，在 CRF 处理上增施有机肥，作物产量也有所提高，尤其是后四季作物效果更明显，平均亩产增加 5.2%，表明秸秆还田和增施有机肥两种土壤增碳措施都具有增产作用。但值得注意的是，有机肥替代化肥的 OPT＋OF 处理较 OPT 减产 5.08%，可能与前者基肥为有机肥，养分释放速率较慢，土壤有效养分少，不能及时满足小麦生长的需求有关。可见，化肥在促进小麦前期生长、搭起丰产架子等方面起重要作用，有机肥替代化肥的农业生产中，尤其是在土地肥力较薄的地块，必须合理调节有机肥与化肥的比例，才能充分发挥有机氮部分替代无机氮的增产潜力。

表 41-2

不同施肥处理对小麦/玉米产量的影响

项目	CK	FP	OPT	OPT＋OF	CRF＋OF	CRF	NR
2008—2009 年小麦	202.2c	349.1a	363.1a	325.2b	358.1a	360.0a	314.1b
2009 年玉米	436.5d	556.1abc	595.6a	549.6bc	581.1ab	575.4abc	536.5c
2009—2010 年冬小麦	210.1d	460.7a	457.9a	425.0b	438.9ab	426.6b	390.2c
2010 年玉米	335.2c	409.4a	413.0a	409.6a	406.2a	413.0a	375.9b
2010—2011 年小麦	221.1c	511.7ab	522.1a	523.7a	526.0a	493.0b	499.3c
2011 年玉米	340.4e	504.2bc	537.7a	513.0ab	533.0ab	475.1c	419.0 d
2011—2012 年冬小麦	223.7d	481.3ab	483.4ab	484.8ab	511.3a	461.1b	426.0c
2012 年玉米	442.9d	537.7b	591.9a	531.9b	586.3a	542.0b	486.1c
均值	301.5d	476.3b	495.6a	470.4b	492.6a	468.3b	430.9c

从玉米产量构成来看（以 2009 年玉米为例），施肥能够显著提高玉米的穗粒数、百粒重及亩穗数（表41-3）；OPT 处理下的穗粒数和百粒重都要高于 FP，其中百粒重的增加最大，较 FP 增加了近 9.2%，差异性显著。较 FP 增产的 CRF＋OF 和 CRF 两处理下的产量构成要素中只有百粒重提高，说明百粒重的降低是 FP 产量小于 OPT、CRF 及 CRF＋OF 三处理的主要原因。由于玉米季未施有机

肥,所以 CRF+OF 和 CRF 处理下的产量构成因素差异不明显。秸秆不还田,产量构成三要素都有不同程度的降低,尤其是穗粒数,NR 较 OPT 降低 6%。

表 41-3

不同施肥处理对作物产量构成因素的影响

处理	2009 年玉米			2009—2010 年小麦		
	穗粒数/个	百粒重/g	亩穗数/个	穗数/(万 hm²)	千粒重/g	穗粒数/(粒/穗)
CK	422.8c	24.7d	4 369.4d	410.2c	47.2a	24.1c
FP	492.2a	27.3c	4 658.5a	573.9ab	42.9d	41.4a
OPT	500.4a	29.8a	4 604.6b	559.5ab	45.4b	40.4ab
OPT+OF	485.55a	27.8bc	4 619.9ab	548.9ab	44.1c	37.9ab
CRF+OF	492.2a	29.4ab	4 592.8bc	597.8a	43.8cd	37.0b
CRF	483.6a	29.4a	4 595.8bc	538.5ab	44.4bc	38.9ab
NR	470.2b	28.2abc	4 546.0c	509.8b	44.6bc	38.9ab

从小麦产量构成上来看(以 2009—2010 年小麦为例),施氮处理下小麦穗数及穗粒数均显著提高,较 CK 分别增加 35.2% 及 62.2%,但千粒重降低了约 6.4%。各施氮肥处理相比,高施氮量的 FP 处理,成穗数和穗粒数增加,但千粒重却较其他处理显著降低了 3.5%。由此看来,千粒重的降低是 FP 产量小于 OPT、CRF 及 CRF+OF 三处理的主要原因。增施有机肥会增加小麦成穗数,CRF+OF 较 CRF 增加 11%;秸秆还田产量构成三要素都有所提高,主要以成穗数为主,OPT 较 NR 增加 9.7%。

(3)调控措施对冬小麦/夏玉米轮作系统肥料利用率的影响 以 2010—2011 年数据为例(表 41-4),氮肥运筹处理间,FP 处理因其氮肥的大量施用导致其氮肥利用率及氮肥农学效率最低,轮作周年分别达 26.4% 和 11.4%,与其他氮肥处理间达显著性差异。本试验条件下,控释氮肥一次性施用,养分释放基本满足作物需求,CRF 处理下的氮肥利用率和氮肥农学效率较 FP 处理提高了一倍,显著高于其他处理。还可以看出,有机肥的施用提高了氮肥利用率及氮肥农学效率,OPT+OF 较 OPT 麦季氮肥利用率提高 23.1%,氮肥农学效率降低 29.5%;CRF+OF 处理下的两项指标分别比 CRF 降低 17.6% 和 1.2%。秸秆还田亦会提高氮肥利用率,OPT 较 NR 轮作周年的氮肥利用率及农学效率分别提升 12 个百分点和 5 个百分点,两者达显著性差异。

表 41-4

氮肥运筹对冬小麦/玉米轮作氮肥利用率的影响

作物		FP	OPT	OPT+OF	CRF+OF	CRF	NR
2010—2011 冬小麦	氮肥利用率/%	38.7e	55.3c	68.1b	76.1a	64.7b	46.2d
	氮肥农学效率/(kg/kg)	16.1d	25.1b	32.5a	32.8a	32.4a	23.2c
2011 玉米	氮肥利用率/%	16.3c	29.7a	24.0b	25.6b	24.4b	15.2c
	氮肥农学效率/(kg/kg)	7.4b	12.3a	10.8a	12.0a	12.0a	4.9c
2010—2011 轮作周年	氮肥利用率/%	26.4c	40.7b	40.2b	44.1a	41.6ab	28.5c
	氮肥农学效率/(kg/kg)	11.4d	17.8c	18.8bc	19.7ab	20.7a	12.7d

与对照相比,施用氮肥使小麦/玉米平均效益增加 40.3%(表 41-5)。不同调控措施之间有所差异,氮肥投入量最多的 FP 处理并未获得最高经济效益,其平均经济效益比减少施氮量 30% 的 OPT 处理低 7.2%;控释氮肥的价格较高,但肥料投入量少,且一次性投入节省人工费,降低了控释氮肥的成本,CRF 处理较 FP 增收 6.9%。因施用有机肥增加的成本,抵消了部分产值,OPT+OF 和 CRF+OF 产

生的经济效益比相应的 OPT 和 CRF 处理分别降低 8.4% 和 9.7%。秸秆还田能够提高经济收益，OPT 较 NR 平均增值 187.6 元/亩。

表 41-5

不同施肥处理下对小麦/玉米经济效益的影响

效益/(元/亩)	CK	FP	OPT	OPT+OF	CRF+OF	CRF	NR
2008—2009 小麦	380.2	566.4	616.1	425.7	495.7	625.3	483.6
2009 玉米	829.3	951.1	1 049.5	962.1	1 005.9	1 024.6	896.8
2009—2010 冬小麦	395.0	776.2	794.2	613.3	647.6	750.5	626.7
2010 玉米	729.8	785.8	816.9	809.5	786.1	830.4	591.7
2010—2011 小麦	464.3	984.1	1 029.4	817.0	823.0	983.7	941.5
2011 玉米	748.9	1 003.2	1 100.4	1 046.0	1 074.5	976.4	799.2
2011—2012 冬小麦	469.8	920.3	948.1	735.3	792.2	916.8	787.5
2012 玉米	974.4	1 076.8	1 219.6	1 087.6	1 191.7	1 123.7	946.8
均值	624.0	883.0	946.8	867.3	852.1	943.7	759.2

（4）不同调控措施对农田土壤肥力和环境的影响

①对土壤有机质和全氮含量的影响　试验 3 年后，仅有不施肥 CK 处理有机质含量略有下降，约 0.27%（表 41-6）；其他施肥处理有机质含量均有不同程度的增加，尤其是施有机肥处理，OPT+OF 和 CRF+OF 较起始分别增加 4.4% 和 4.5%，较不施有机肥的 OPT 和 CRF 分别提高 0.67% 和 2.24%。秸秆还田亦增加土壤有机质含量，OPT 较 NR 增加 1.88%。过量施肥会降低土壤有机质含量，施肥量最高的 FP 较减氮 30% 的 OPT 处理减少 1.89%。

施氮肥会增加表层土壤全氮含量，尤其是过量施肥 FP 处理较起始增加 6.7%，其他施肥处理增幅在 0.1%～2.0%。增施有机肥和秸秆还田均会增加土壤全氮，CRF+OF 较 CRF 增加 0.5%，OPT 较 NR 增加 1.6%。

从土壤表层 C/N 比来看，仅有 FP 和 CK 处理下的 C/N 比较起始有所降低，尤其是前者，降幅达 4.5%，可见氮肥过量施用，土壤全氮的增幅超过有机质积累，会降低土壤 C/N；而合理施氮，即氮肥减施 30% 会提高土壤 C/N，OPT 较 FP 提高 6.6%。施有机肥和秸秆还田均会增加土壤 C/N，CRF+OF 较 CRF 增加 1.7%，OPT 较 NR 增加 0.2%，可见有机无机配施对土壤 C/N 的提升高于秸秆还田。

表 41-6

2011—2012 年小麦收获 0～20 cm 土壤有机质和全氮含量　　　　　　　　　　g/kg

项目	起始	CK	FP	OPT	OPT+OF	CRF+OF	CRF	NR
有机质	18.81	18.76	19.16	19.53	19.66	19.64	19.21	19.17
全氮	1.087	1.086	1.160	1.109	1.094	1.094	1.088	1.091
C/N	10.03	10.02	9.58	10.22	10.42	10.41	10.24	10.19

②对土壤剖面硝态氮积累的影响　从图 41-5 中可以看出，不同氮肥运筹处理下，各土层中硝态氮积累量均比不施氮处理显著增加，0～120 cm 土体中硝态氮总累积量平均升高 33.9 kg/hm²。各处理土壤中硝态氮的累积变化趋势均表现为随土层深度的增加而降低，表层土壤中的硝态氮积累量最高，介于 22.4～29.5 kg/hm²。氮肥运筹处理之间的土壤硝态氮累积略有差异，FP 处理下各层土壤的硝态氮浓度均最高，0～20 cm 表层累积量占 0～120 cm 硝态氮总积累量的 25.5%，随土层深度的增加硝态氮累积量逐渐减少，但其在 120 cm 土层中硝态氮累积量仍高达 11.8 kg/hm²，积累率高于 10%，较其他

施氮处理增加 0.25～2.15 倍,达显著性差异。氮肥投入量减少 30% 的 OPT 处理下,0～120 cm 土体中硝态氮的积累量次之,较 FP 降低 27.06%。两个控释氮肥处理下土壤硝态氮累积量最小,且主要积累在 0～40 cm 土层,累积量占 0～120 cm 土层硝态氮总量的 60% 以上,变化趋势与对照土壤极相似。

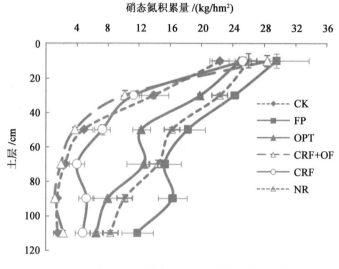

图 41-5　2008—2009 年小麦土壤硝态氮积累量

施用有机肥可以减少土壤中硝态氮的累积,OPT＋OF 与 CRF＋OF 处理下 0～120 cm 土层中硝态氮总累积量分别比相应的 OPT 和 CRF 处理减少 23.9% 和 17.5%。此外,有机肥料的施用可在一定程度上抑制化学肥料中硝态氮向深层土壤移动,OPT＋OF 与 CRF＋OF 处理在 40～120 cm 土层中硝态氮累积量分别比相应的 OPT 和 CRF 处理减少 36.6% 和 56.8%。秸秆还田降低了土体中硝态氮的累积,OPT 较 NR 处理 0～120 cm 土层中减少 13.3 kg/hm²。

2009 年玉米收获后(图 41-6),各处理土壤中硝态氮的累积变化趋势均表现为随土层深度的增加而降低,表层土壤中的硝态氮积累量最高,介于 14.99～41.16 kg/hm²,100～120 cm 土壤中硝态氮含量降至 4.15～12.50 kg/hm²。施氮处理各土层中硝态氮积累量均比不施氮处理显著增加,0～120 cm 土体中硝态氮总累积量平均升高 42.29 kg/hm²。不同氮肥运筹处理间的土壤硝态氮累积略有差异,FP 处理下各层土壤的硝态氮浓度均最高,0～120 cm 土壤中的累积量高达 130.92 kg/hm²,0～20 cm 表层累积量占 0～120 cm 硝态氮总积累量的 31.43%,随土层深度的增加硝态氮累积量逐渐减少,但其在 120 cm 土层

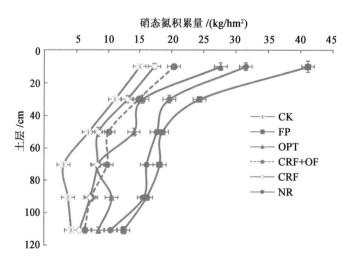

图 41-6　2009 年玉米土壤硝态氮积累量

中硝态氮累积量仍高达 12.50 mg/kg,远高于其他施氮处理,差异显著;其次是氮肥投入量减少 30% 的 OPT 处理,0~120 cm 土体中硝态氮的积累量近 85 kg/hm²,较 FP 降低 35.29%;两个控释氮肥处理下土壤硝态氮累积量最小。另外,OPT 与 CRF+OF 施氮量相等,尽管前者作物吸收的氮量高,但土壤中硝态氮累积量较后者高出约 16 kg/hm²,这可能与小麦季 OPT 土壤中硝态氮残留量较 CRF+OF 高出近 30 kg/hm² 有关。秸秆还田的仍能降低土壤硝态氮的累积量,0~120 cm 土体中,OPT 较 NR 降低 26.4 kg/hm²。

③对氮素淋失的影响　从氮素淋溶时间来看,小麦季降水量较小,淋溶主要发生在灌水后,2008—2009 年小麦共取到 2 次淋溶水,分别是冬水后和 5 月 25 日大雨过后;2009—2010 年小麦季共取到 3 次淋溶水,分别为播种水、冬水和灌浆水后。玉米季正值北方雨季,整个生长季不浇水,淋溶多发生在暴雨后,2009 年玉米共取到淋溶水三次。

因施肥量较高、降水量、强度及次数的增加玉米季氮素淋溶量略高于小麦季(表 41-7),玉米季(2009 年)各处理的平均硝态氮和总氮素淋失量较小麦季(2009 年和 2010 年两年平均值)分别高 0.12 kg/hm² 和 1.26 kg/hm²;小麦季铵态氮反而比玉米高 0.06 kg/hm²。因玉米季施肥量较高,氮肥淋失率较麦季略低 0.57%。

氮素淋失形态来看,无机氮素占总氮素淋失量的 35.3%~55.8%,有 50% 无机氮淋失比例在 50% 以下,说明淋失的氮素中有很大一部分以有机氮态向下淋失,这部分氮若要淋出土体,对地下水的影响还有待研究。此外,硝态氮淋失量占无机氮素淋失量的 98% 以上,说明无机氮素的主要淋洗形态为硝态氮。

各处理下氮素的淋失量有一定差异,从表 41-17 可以看出,不施肥的 CK 处理下也出现氮素淋失,说明土壤受作物生长和外界环境的影响,也发生着有机氮向无机氮的转化,也有自身淋洗。无论是无机态氮还是总氮素淋失量,无论是小麦季还是玉米季,施氮处理间相比,均以 FP 氮素淋失量最高,三季硝态氮,铵态氮和总氮淋失量的平均值分别为 10.5,0.11 和 22.1 kg/hm²,较对照分别增加 1.04,1.37 和 1.19 倍。其次是 OPT 处理,比 FP 分别降低 26.8%,33.2% 和 21.2%。CRF 处理下氮肥的淋失量最低,三季硝态氮、铵态氮和总氮淋失量的平均值分别为 7.7,0.06 和 13.2 kg/hm²,较 FP 分别减少 35.0%,12.1% 和 40.1%。一方面施氮量少,另一方面缓控释肥的养分缓慢释放,符合作物生长需要,因此降低了氮素的淋溶风险。CRF+OF 处理下硝态氮和总氮素平均淋失量分别较 CRF 增加 0.53 和 1.8 kg/hm²,说明施用有机肥会增加氮素淋溶风险。秸秆还田条件下,也会略增氮素淋失量,OPT 较 NR 三季作物的总氮淋失量增加 1.6%。

表 41-7

不同施肥处理对氮素淋失的影响　　　　　　　　　　　　　　　　　　　　　　　　　　　　　　kg/hm²

处理	硝态氮淋失量	铵态氮淋失量	总氮淋失量	氮肥淋失率/%
	08 小麦/09 玉米/10 小麦	09 玉米/10 小麦	08 小麦/09 玉米/10 小麦	08 小麦/09 玉米/10 小麦
CK	4.3/5.6/5.6	0.023/0.071	8.3/10.7/11.3	—
FP	10.7/11.2/9.5	0.053/0.17	23.9/22.4/20.0	5.8/3.7/3.2
OPT	8.6/7.9/6.5	0.039/0.11	17.3/18.6/16.3	5.0/3.4/2.8
OPT+OF	7.4/6.6/5.6	0.033/0.09	15.7/18.8/16.0	4.1/3.5/2.6
CRF+OF	7.8/6.7/7.5	0.038/0.073	14.0/15.6/15.5	3.6/2.2/2.3
CRF	6.6/6.3/7.5	0.026/0.091	12.8/13.2/13.7	3.5/1.7/1.9
NR	8.4/7.7/6.3	0.035/0.09	16.8/18.4/16.2	4.7/3.2/2.7

④气体排放的环境效应分析　如图 41-7 所示,各施肥处理的年度 N_2O 排放量介于 N 1.77~5.26 kg/hm² 之间,平均为 N 3.75 kg/hm²,都显著高于无肥料对照(平均 N 0.6 kg/hm²),但不同施肥处理之间的差异有所不同。相对于农民习惯氮肥用量,其他各个处理的氮肥用量减少了 30%~51%,N_2O 排放也有不同程度的降低,尤其是 CRF 和 CRFM 处理显著降低 N_2O 排放 60% 以上。增施有机肥会增加 N_2O 排放,CRF+OF 较 CRF 增加 15.8%;有机肥替代化肥可降低 N_2O 排放,OPT+OF 较

OPT降低23.2%;秸秆还田下N_2O排放略有减少,OPT较NR每公顷减少0.2 kg N。这些结果表明,施用控释氮肥可以比较稳定地显著削减冬小麦-夏玉米轮作农田的N_2O排放。

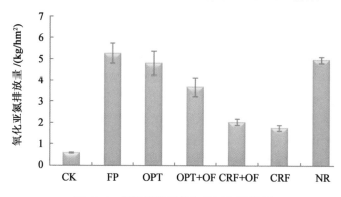

图41-7　调控措施下的氧化亚氮排放量

3.小结

化肥对小麦-玉米的增产作用是不容忽视的,但未必与产量、经济和环境效益成正比。试验证明,采取秸秆还田条件下优化施肥和控释肥措施,可以提高产量、经济效益、肥料利用率及环境质量。增施有机肥对土壤肥力和产量的提高有一定作用,但需要控制有机肥的投入成本,以增加收益。综合而言,本试验中,OPT和CRF措施效果最好,与FP相比,分别节约氮肥30%和50%,作物平均增产4.1%或平产;肥料利用率提高50%以上;农民每亩分别增收127.6和41.9元/年;氮素损失降低16.7%和39.8%。

41.1.2　鲁南冬小麦/夏玉米高产高效调控技术试验研究

在土壤有机质和全氮含量中等偏上、C/N值9.86、产量水平中等的山东微山县布置了有机肥和秸秆还田增加土壤碳库,优化施氮和新型氮肥品种应用减少氮投入等措施的试验,以探明不同施肥运筹对作物生长、养分利用及减少流失的影响。

1.试验设计

(1)基本概况　试验在2009年6月至2012年6月期间进行,位于山东省微山县南四湖东岸昭阳街道办事处,处于新薛河西(该河水直接流入南四湖)。土壤类型为潮土,0~20 cm土层有机质含量为15.3 g/kg,全氮含量为0.09%,碱解氮为65.3 mg/kg,速效磷为9.3 mg/kg,速效钾140.8 mg/kg,pH为8.3。

(2)试验处理设置　CK(空白处理:不施用任何肥料);FP:16-11.5-0/23-0-0(指每亩的N,P_2O_5,K_2O纯养分含量,/前指小麦季投入量,/后指玉米季投入量,下同)(此为农民习惯施肥处理:是试验地周围15个农户调查的平均数据,所施肥料为尿素和重钙,按农民习惯方式操作);PK:0-6-4/0-4.4-6.6(只施用磷钾肥处理:所用肥料为重钙和氯化钾,小麦和玉米播种前全部底施);OPT:12-6-4/12-4.4-6.6(优化施肥处理:所用肥料为尿素、重钙和氯化钾,其中尿素底施和追施各半,磷钾肥全部在播种前底施);CRF:9.6-6-4/9.6-4.4-6.6(控释肥处理:所用肥料为树脂包膜控释氮肥、重钙和氯化钾,全部肥料在播种前底施);80% OPT+M:9.6-4.8-3.2和80 kg干鸭粪/9.6-3.52-5.28和80 kg干鸭粪(优化施肥的80%肥料养分量加干鸭粪处理,即有机肥替代部分化肥养分:总养分投入量约等同于OPT处理,所施肥料为普通尿素,底施和追施各半,重钙、氯化钾与干鸭粪全部底施);OPT+St:12-6-4和500 kg玉米干秸秆/12-4.4-6.6和400 kg小麦干秸秆(所用肥料为尿素,底施和追施各半,重钙和氯化钾全部底施,玉米秸秆粉碎还田旋耕,小麦秸秆粉碎还田覆盖)。其中干鸭粪含N 1.76%,P_2O_5 2.50%,K_2O 1.50%,有机质含量为16.5%。

(3)试验操作与田间管理　种植制度为华北地区典型粮食种植制度:小麦、玉米轮作,一年两熟。三个轮作周年供试小麦品种为济麦22,均于10月4日播种,采用机械25 cm等行距播种,每亩播种量为 12.5 kg；玉米品种为中玉 9 号，于 6 月 12 日播种，方式为点种，等行距播种，行距 60 cm，株距 25 cm。小麦底肥为肥料撒播玉米秸秆还田后机械旋耕 2 遍，玉米基肥为开沟均匀施入各种肥料及鸭粪，相应处理氮肥的追施均在小麦的拔节期及玉米大喇叭口期开沟进行。各小区随机区组排列，每处理重复 3 次，小区面积 45 m²。各处理其他管理措施均等同于大田生产。

（4）样品采集与指标测定　小麦、玉米生长关键生育时期采样，测得干物质量及氮磷钾养分含量，于收获期进行测产。成熟期各处理取 0～100 cm 土壤剖面土，鲜土用 2 mol/L 的氯化钾溶液（水土比为 5：1）提取硝铵态氮，用流动分析仪进行含量测定。

氮肥利用率：$RE_N = (U_{NPK} - U_{PK})/F_N \times 100\%$，$U_{NPK}$ 和 U_{PK} 分别是 NPK 和 PK 处理地上部分植株的氮素吸收量，F_N 是该处理的氮素投入量。

氮肥农学效率：$AE_N = (Y_{NPK} - Y_{PK})/F_N$，$Y_{NPK}$ 和 Y_{PK} 分别是 NPK 和 PK 处理的籽粒产量，F_N 是该处理的氮素投入量，单位：kg/kg。

作物各生育期阶段内降水通过安装在试验田附近（距离 50 m）的 SDM6A 型雨量器收集观测，玉米生长不同生育时期（拔节期、喇叭口期、开花期、乳熟期和完熟期）和小麦生长典型生育时期（入冬期、返青期、拔节期、扬花期和成熟期）将淋溶水和径流水收集，收集前后将水样混匀，并将淋溶水接液瓶中的水和径流池中的水排空。收集到的水样立即放置 0 ℃ 以下保存或即时测定。

测定指标及方法：径流水体积—容积法；硝态氮（$NO_3^- \text{-N}$）和铵态氮（$NH_4^+ \text{-N}$）浓度过 0.45 μm 滤膜后用全自动流动分析仪法测定；总磷和可溶性磷（可溶性磷需过 0.45 μm 滤膜）经过硫酸钾消化后再进行分光光度计比色，颗粒态磷等于总磷与可溶性磷之差。

利用 DPS 7.05 软件（LSD $P < 0.05$）进行显著性差异分析。

2. 结果分析

（1）不同碳氮调控措施下的作物生长规律　不同施肥处理下玉米的植株性状和产量性状有明显不同（表 41-8）：株高上，不施肥处理（CK）和只施用磷钾肥处理（PK）植株高度显著低于其他 5 个处理，可见在此试验地块以氮肥为主的肥料投入对于建立健壮的植株群体影响较大；优化施肥处理（OPT）、控释肥处理（CRF）、优化减量施肥加鸭粪处理（80% OPT＋M）以及优化施肥加秸秆还田处理（OPT＋St）的穗长显著高于农民习惯施肥处理（FP），CK 和 PK 处理穗长显著低于其他 5 处理；由于缺少肥料养分投入，CK 与 PK 处理的穗秃顶长显著大于其他 5 施肥处理；五个施肥模式下玉米的收获指数均高于 FP 和 CK 处理。

表 41-8

不同碳氮调控模式对玉米植株性状的影响

处理	株高/cm	穗长/cm	秃顶长/cm	收获指数/%
CK	214b	15.4c	2.5a	55.5c
PF	236a	16.9b	1.8b	57.3b
PK	213b	14.0 d	2.1a	57.9ab
OPT	237a	17.9a	1.5b	57.3b
CRF	235a	17.6a	1.6b	57.9ab
80% OPT＋M	229a	17.6a	1.7b	59.0a
OPT＋St	228a	17.5a	1.8b	58.2ab

注：同一地区各处理不同小写字母表示 0.05 水平上差异显著（LSD 法），下同。

从图 41-8 可看出，不同施肥处理下的干物质积累随生育期呈上升的一致趋势，在拔节至孕穗期干物质量增长速度较快,不同碳氮调控条件下在生长前期没有显著差异,在拔节期前后,投入大量氮素的 FP 处理在所有处理中干物质量最高,但随生育进程,有大量碳投入的鸭粪和秸秆还田处理干物质积累逐渐高于习惯施肥 FP 处理,为保证籽粒产量奠定了基础。

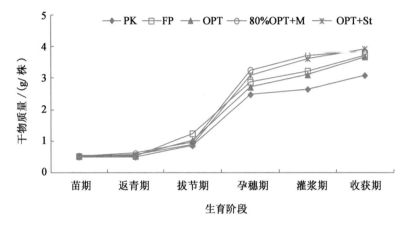

图 41-8　不同碳氮调控措施下小麦不同生育阶段的干物质积累

从图 41-9 看出,有大量氮素投入的 FP 处理从生育期开始单株干物质量就高于其他施肥处理,在追肥后的抽丝期 FP 处理干物质量与其他处理差异较大,而通过有机替代部分化肥处理的 80% OPT＋M 处理干物质量没有明显的优势,至成熟期处理间除 PK 外干物质量差异不明显。

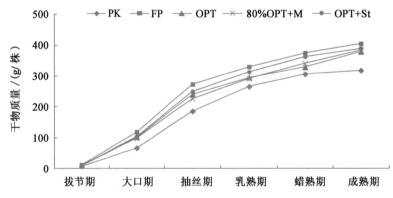

图 41-9　不同碳氮调控措施下玉米不同生育阶段的干物质积累

(2)不同施肥调控措施下的产量情况

表 41-9

不同碳氮调控模式对玉米产量构成的影响

处理	亩实收穗数/个	穗粒数/个	百粒重/g	出籽率/%
CK	4 192c	345c	29.5c	90.5b
PF	4 347ab	427b	33.9b	90.8ab
PK	4 293b	314c	29.6c	91.6a
OPT	4 409a	447a	34.9a	91.7a
CRF	4 407a	455a	35.0a	91.6a
80% OPT＋M	4 304b	454a	34.5ab	91.4a
OPT＋St	4 301b	457a	33.4b	91.6a

从表41-9得知,在播种密度相同条件下实际收获穗数因肥料养分投入不均衡等因素影响,OPT和CRF处理收获穗数最高;优化肥料施用、氮肥的控释、有机肥和秸秆还田等措施的应用可显著提高穗粒数和百粒重;五个施肥模式下玉米的收获指数均高于FP和CK处理,可见无肥投入以及偏重氮肥投入对玉米籽粒的产量构成以及产出比均产生不利影响。

习惯施肥处理(FP)下的单位面积小麦穗数与其他有氮投入处理无显著差异(表41-10),但穗粒数和千粒重低于有机肥替代、施用控释氮肥和秸秆还田处理,且经济系数也显著降低。综合分析,相比大量氮素投入处理,通过秸秆还田、有机替代或者优化施肥等措施能够优化小麦产量构成要素,提高籽粒的收获比例。

表 41-10

不同碳氮调控模式对小麦产量构成要素的影响

处理	亩穗数/万	穗粒数/个	千粒重/g	经济系数/%
CK	16.1c	30.9b	39.0b	46.3a
PF	44.4a	33.6ab	40.2b	42.8b
PK	24.9c	31.6b	36.9c	42.5b
OPT	44.9a	35.3a	43.4a	45.8a
CRF	43.6a	34.8a	39.9b	46.2a
80% OPT+M	39.9b	35.2a	44.9a	46.7a
OPT+St	45.0a	34.8a	43.0a	47.0a

通过三个轮作周期的种植收获,不同处理玉米和小麦产量有明显差别(表41-11)。

表 41-11

小麦玉米轮作周年不同调控措施对产量的影响

处理	小麦		玉米	
	产量/(kg/hm²)	较FP增产/%	产量/(kg/hm²)	较FP增产/%
CK	1 455c	—	5 286b	—
FP	6 902a	—	9 688a	—
PK	1 327c	—	5 490b	—
OPT	6 529ab	−5.41	9 835a	1.52
CRF	6 195b	−10.25	9 720a	0.33
80% OPT+M	6 027b	−12.68	9 426a	−2.71
OPT+St	6 127b	−11.23	10 050a	3.73

小麦作物上,FP处理产量最高,相比FP处理,OPT、CRF、80% OPT+M和OPT+St处理分别增产−5.41%、−10.25%、−12.68%和−11.23%,由于小麦季氮磷投入量的大量减少,小麦施肥处理产量较FP处理均有不同程度的下降,其中OPT处理下降幅度最小与FP差异不显著;玉米作物上,OPT+St处理产量最高,相比FP处理,OPT、CRF、80% OPT+M和OPT+St处理分别增产1.52%、0.33%、−2.71%和3.73%,处理间差异不显著。综合三季作物产量分析,在小麦作物上采用优化施肥或应用控释氮肥、在玉米作物上采用优化施肥或配合小麦秸秆还田及施用控释氮肥是比较理想的周年施肥运筹模式。

(3)不同调控措施下的肥料利用率和经济效益　由图 41-10 可以看出,不同碳氮调控模式对不同作物氮农学效率及氮偏生产力的影响不同。玉米作物上,氮磷钾肥平衡施用处理(OPT)、有机肥(鸭粪)投入处理(80% OPT＋M)和秸秆还田处理(OPT＋St)的氮农学效率均高于农民习惯施肥(FP),其中 CRF 处理的氮肥农学效率最高,可达到 22.0 kg/kg;小麦作物上,除 CRF 外,其他处理的氮农学效率均高于 FP,其中 OPT＋St 处理最高;从两季作物总的氮农学效率分析,不同施肥模式下的氮总农学效率为 OPT 处理最高,其次是鸭粪替代部分化肥及秸秆还田处理,均显著高于农民习惯施肥。

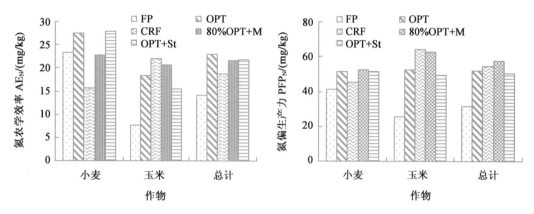

图 41-10　不同调控措施对氮农学效率及偏生产力的影响

氮肥偏生产力基本表现与氮农学效率一致的趋势,但也有例外:小麦上各施肥处理的氮偏生产力均高于习惯施肥处理,80% OPT＋M 处理总的氮偏生产力在所有处理中表现最高。

从氮磷钾总农学效率及偏生产力分析(图 41-11),玉米作物上的表现与氮的农学效率和偏生产力一致。在小麦上,只有优化施肥处理和配合秸秆还田处理的氮磷钾农学效率高于农民习惯施肥,且 CRF 处理在两季作物总的农学效率较低;偏生产力方面,总养分的偏生产力在各处理间差异缩小,但 80% OPT＋M 处理的总偏生产力在两种作物或周年总的效果看均高于其他处理。

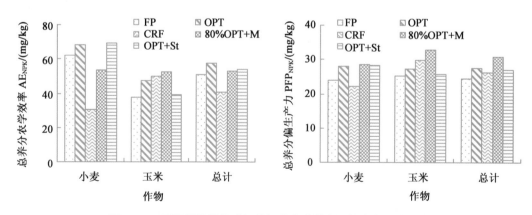

图 41-11　不同调控措施对氮磷钾总农学效率及偏生产力的影响

从农民的收益看(表 41-12),小麦作物上,农民习惯施肥 FP 处理的收益最高,其次是优化施肥＋秸秆还田处理(OPT＋St)和优化施肥处理(OPT);玉米作物上,施用控释肥的 CRF 处理和 OPT 处理收益较高,秸秆还田处理和有机肥替代处理收益其次,均高于习惯施肥处理,从周年增收效益看,FP,OPT 和 OPT＋St 处理收益基本相当,在几种施肥模式下周年产量增益效果显著。

表 41-12

小麦玉米轮作周年不同碳氮调控措施对经济效益的影响

处理	增加收益/(元/hm²)		
	小麦	玉米	总计
CK	—	—	—
FP	7 055	3 238	10 293
PK	−1 347	−704	−2 051
OPT	6 241	4 532	10 772
CRF	2 107	4 550	6 657
80% OPT+M	3 245	3 558	6 803
OPT+St	6 370	3 711	10 081

　　在所有有氮素投入的施肥处理中,优化施肥处理(OPT)周年的氮肥利用率最高(图 41-12),由于大量氮肥的施用导致 FP 处理的利用率最低,增加了有机肥的 80% OPT+M 处理和两季作物秸秆还田的 OPT+St 处理的氮肥利用率接近 40%,同样高于 FP 处理。

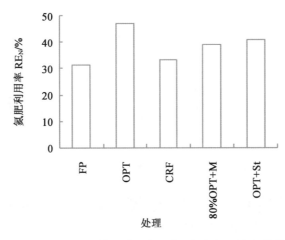

图 41-12　不同调控模式对小麦玉米周年氮肥利用率的影响

　　(4)不同碳氮调控措施对土壤肥力及环境的影响

　　①土壤硝铵态氮含量　小麦收获后,各处理土壤剖面的硝态氮含量随土层深度呈现先下降后升高的趋势(图 41-13),但 FP 处理例外。

　　FP 处理在表层土壤有较高的硝态氮含量。随土层加深含量下降,其他处理在土深 50 cm 左右含量表现最低,而后又升高,除优化施肥处理外,其他处理在同一层次中的硝态氮含量差异不显著;剖面土壤铵态氮含量基本不随土壤层次发生变化,含量均在 3~5 mg/kg 之间。

　　由图 41-14 可以看出,在相同基础地力条件下不同施肥模式对玉米收获时 0~100 cm 土层内硝态氮含量有显著影响。不同施肥处理硝态氮含量在土壤剖面不同土层中的分布基本一致,0~20 cm 土层中含量最高,在 0~60 cm 范围内,随土层加深硝态氮含量逐渐下降,在 60 cm 深度上下基本达到最低值,而 60~100 cm 土层内,随土层变深又有一上升趋势,但上升幅度不明显。从不同施肥处理看,CK 和 PK 处理在各个土层中含量最低,FP 处理中由于基肥和追肥中的尿素氮投入量最高,因此在不同土层中的硝态氮含量高出其他处理,其中在 0~60 cm 范围内的不同土层中与其他处理差别十分明显:相同土壤层次下 FP 处理土壤硝态氮含量较其他处理高出一倍以上;OPT、CRF、80% OPT+M 与 OPT+St 处理在不同土层中的硝态氮含量差异不明显,在 0~20 cm 土层内,80% OPT+M 与 OPT+St 处理的硝态氮含量稍低于另外两处理,这可能由于微生物在分解有机质过程中要分解一部分氮素从而减少其在土壤中残留的缘故。铵态氮在不同深度土层中含量则基本相当,没有特定的规律。同一深度土层中不同处理的含量差异有所不同,总体看来 CRF 处理的铵态氮含量略高于其他处理,而 80% OPT+M 与 OPT+St 处理的含量略低。

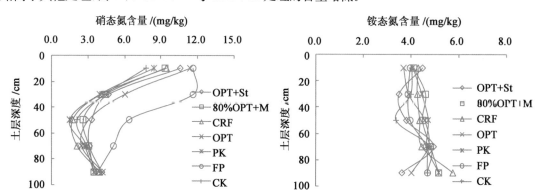

图 41-13　小麦收获后不同调控模式对 0~100 cm 剖面土壤硝、铵态氮含量的影响

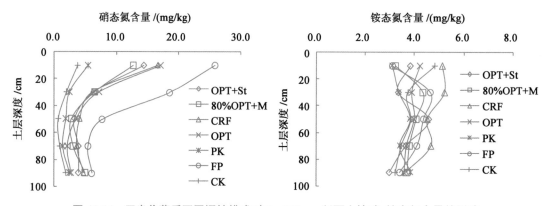

图 41-14　玉米收获后不同调控模式对 0~100 cm 剖面土壤硝、铵态氮含量的影响

②氮的淋溶径流流失　玉米季内各处理通过径流途径损失的硝铵态氮量见图 41-15。硝态氮与铵态氮径流损失量在处理间表现趋势基本一致:FP 处理硝态氮和铵态氮损失量均表现最高,分别达到 2.464 和 0.493 kg/hm²,显著高于其他处理,其次是 OPT 处理,相比之下,CRF、80% OPT+M 和 OPT+St 处理的径流氮损失量显著低于 FP 和 OPT 处理,在有氮投入处理中,OPT+St 处理的硝态氮和铵态氮径流损失较小。玉米季内径流损失的无机氮素中,硝态氮占主要形式(82.5%~86.4%)。

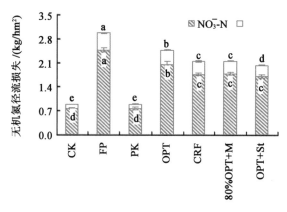

图 41-15　玉米季内各处理硝、铵态氮径流损失量

在小麦季内通过径流途径损失的无机氮量见图 41-16,其中硝态氮亦是氮流失的主要形态,在不同处理中占无机氮损失总量的 94.2%~96.5%。FP 与 OPT 处理的硝态氮和铵态氮损失量在各处理中表现较高,其次是 80% OPT+M 处理,OPT+St 和 CRF 处理硝态氮损失相对较小,与其他有氮投入

处理差异达显著水平,而 PK 和 CK 处理的无机氮损失在所有处理中表现最小。比较图 41-15 和图 41-16,同一处理下在玉米季内的径流硝态氮和铵态氮数量均高于小麦季。

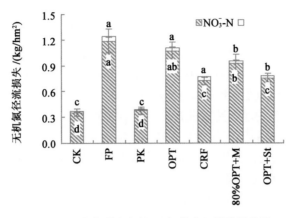

图 41-16　小麦季内各处理硝、铵态氮淋溶损失量

在玉米季和小麦季生育期内随水淋溶到 90 cm 深度土层的硝态氮和铵态氮总量见图 41-17 和图 41-18。在玉米季(图 41-17),不同施肥处理对土壤淋溶水无机氮(硝态氮+铵态氮)量的影响显著,FP 处理硝态氮淋溶量和铵态氮淋溶量均在各处理中表现最高,总量可达 1.167 kg/hm²,其中硝态氮淋溶量显著高于其他所有处理,其次是 OPT+St 和 OPT 处理,控释氮肥处理(CRF)和有机肥替代部分化肥处理(80%OPT+M)硝铵态氮淋溶量均低于其他有氮投入处理,其中硝态氮淋溶量与另外三个有氮处理(FP、OPT+ST、OPT)差异显著,无氮投入两处理(CK 和 PK)硝铵态氮淋溶损失量均最低。从玉米季硝铵态氮淋溶比例看,硝态氮淋溶损失在无机氮总淋溶损失的 65%～70%,是无机氮淋溶损失的主要形态。

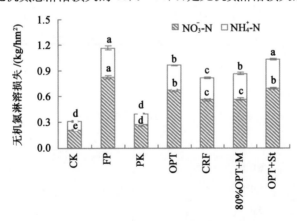

图 41-17　玉米季内各处理硝、铵态氮淋溶损失量

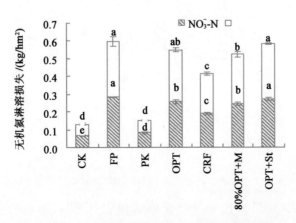

图 41-18　小麦季内各处理硝、铵态氮淋溶损失量

而在小麦整个生育季(图 41-18),硝态氮和铵态氮的淋溶损失量相当(所有处理硝态氮的平均淋溶量占无机氮总淋溶量的 48.7%)。FP 处理的硝铵态氮损失在所有处理中均表现最高,无机氮总量为 0.597 kg/hm²,但与 OPT+St 处理差异不显著,OPT+St 处理的硝态氮和铵态氮淋溶量仅次于 FP 处理,却显著高于其他处理,其次是 OPT 和 80% OPT+St 处理的氮淋溶损失较高,CRF 处理的硝铵态氮淋溶量均显著低于其他四个有氮投入处理,PK 和 CK 处理的硝铵态淋溶损失量在所有处理均表现最低。综合图 41-17 图 41-18 分析,同一处理下在玉米季和小麦季通过淋溶损失的铵态氮数量相当,但在玉米季通过淋溶损失的硝态氮含量明显高于小麦季。

通过径流和淋溶途径损失的水溶液无机氮数量在小麦和玉米茬口间分布见图 41-19。在整个轮作周期内,FP 处理随水溶液损失的无机氮数量最高,达 5.96 kg/hm²,其次是 OPT 处理,而 CRF、80% OPT+M 和 OPT+St 处理的无机氮损失量相当,均低于 FP 和 OPT 处理,其中 CRF 处理在所有有氮投入处理中表现最低,只占 FP 处理损失量的 69.4%。作物茬口间比较:玉米季内的无机氮损失高于小麦季,玉米季内无机氮损失量占整个轮作周期损失量的 67.0%~71.4%,处理间差异不大。损失途径比较:通过径流损失的无机氮数量占 63.4%~73.8%(图 41-20),其中 OPT+St 处理通过径流途径损失的无机氮比例最小,CK 处理的径流损失比例最大。

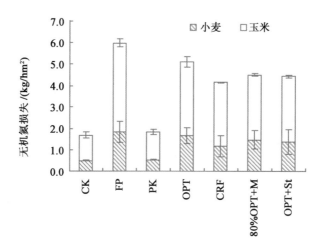

图 41-19 不同作物茬口无机氮损失情况

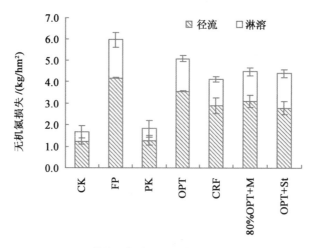

图 41-20 轮作周年内不同途径无机氮损失情况

3. 小结

(1)通过优化氮磷钾肥(OPT)、控释氮肥配施磷钾肥(CRF)、有机肥替代部分化肥投入(80%

OPT＋M)以及小麦秸秆还田(OPT＋St)措施的应用均可优化小麦玉米植株性状及产量构成要素,提高出籽率和收获指数,从两季作物产量和农民收益总体分析看,氮磷钾的优化施用、控释氮肥一次性施肥、有机肥替代投入以及小麦秸秆还田都是保证作物增产农民增收的几种施肥模式。

(2)不同碳氮调控措施相比农民习惯施肥均可显著提高氮肥利用率及农学效率、氮肥偏生产力。其中优化施氮磷钾、有机替代部分化肥及秸秆还田处理由于优化氮素的投入以及补充有机碳源使农田的碳氮比更加合理,从而充分发挥化学氮的效率。

(3)在 0~100 cm 土层中可以看出保证作物稳产增收的四种施肥技术(OPT,CRF,80％ OPT＋M、OPT＋St)相比 FP 处理均有利于减少硝态氮在土壤中的累积,从而降低硝酸盐淋溶到地下水中的风险,是降低硝酸盐污染的有效施肥技术。

(4)有机物料部分替代化肥、秸秆还田措施的施用增加了土壤中碳的含量,同时秸秆还田与有机肥等物料投入可改变淋溶水和地表径流水量,在防控氮流失造成的水体污染方面具有显著作用。结合玉米小麦周年作物产量与减少通过水溶液损失的无机氮素两方面,在玉米季采用控释氮肥或优化施肥配合小麦秸秆还田、在小麦作物上采用优化施肥或应用控释氮肥是相对理想的肥料运筹搭配模式。

41.1.3　冬小麦简化施肥技术试验

近年来,虽然小麦施肥技术一直在不断地改进和发展,推广了小麦氮肥后移、高产小麦灌浆期养分分次供应的施肥方法,但"一炮轰"、追肥撒施、速效肥不进行分次施用等不科学的方法带来的负面效应与当前发展节本农业、增效农业是不相适应的。近年来控释肥料研究和应用实践证明,控释肥可以延缓养分释放速率能够有效地减少土壤氮素的淋失,提高氮肥利用率,从而提高作物的产量和品质。基于以上方面,通过新型控释肥一次侧深的施肥技术,与种子同时施入土壤,小麦生育期内不再追肥,由于控释氮肥生产成本较普通肥料高,本研究试图通过控释肥氮养分的减量施用,明确其对小麦产量、养分效率、节本增收及土壤剖面硝态氮含量的影响,为建立与完善小麦简化生产体系提供有效的技术支撑。

1.试验设计

(1)试验点概况　试验点位于鲁西南菏泽地区的定陶县和郓城县,分别于 2008—2009 年和 2009—2010 年进行两年试验,供试土壤均为壤质潮土,地势平坦、土壤肥力均匀、具有代表性。土壤理化性状见表 41-13。

表 41-13

各试验点土壤基本理化性状

年份	试验地点	有机质/(g/kg)	pH	碱解 N/(mg/kg)	有效 P/(mg/kg)	速效 K/(mg/kg)
2008—2009	定陶孔朱庄	15.1	8.0	87.0	16.4	110.4
	定陶县苏家	12.1	8.2	50.3	19.2	132.2
	郓城黄东村	11.8	7.9	77.2	13.8	103.0
	郓城马屯村	10.9	7.7	81.4	12.6	109.2
2009—2010	菏泽富苑楼	13.1	7.4	83.0	15.2	117.3
	定陶刘楼村	7.7	8.0	61.2	6.3	89.0
	郓城大梁村	12.8	8.3	93.1	15.9	135.1
	郓城河东村	14.7	7.3	86.4	10.0	146.0

(2)试验方案　试验地块小麦播种前玉米秸秆不还田,不使用有机肥,设置 3 个处理,每处理 3 次重复,随机区组排列,小区面积 50 m²。各试验点处理施肥量和基追肥用量见表 41-14,各点基本试验处

理如下：

①习惯施肥处理(FP)：系调查试验地块周围 5 个以上农户施肥情况确定的施氮量，2009 年试验点为 5 个，2010 年试验点为 3 个，不同试验点该处理每公顷投入量为 N 189.75，244.5 和 219 kg，磷钾肥用量各处理统一设置：即各试验点 P_2O_5 均为 105.0 kg，K_2O 均为 75.0 kg，部分氮肥和全部磷钾肥作为底肥撒施，然后旋耕翻地，部分氮肥(主要肥料品种为尿素)作为追肥进行沟施。

表 41-14

各试验点小麦氮素投入情况

年份	地点	施肥处理施氮量(基追比)/(kg/hm²)				
		FP	OPT	CRF	CRF 较 FP 减氮	CRF 较 OPT 减氮
2009	定陶孔朱庄村	189.75(1.8∶1)	210(1∶1)	147(全部底施)	42.75	63
	定陶县苏家村	189.75(1.8∶1)	210(1∶1)	150(全部底施)	39.75	60
	郓城黄东村	244.5(1∶1)	180(1∶1)	150(全部底施)	94.5	30
	郓城马屯村	244.5(1∶1)	210(1∶1)	147(全部底施)	97.5	63
2010	菏泽富苑楼	244.5(1∶1)	210(1∶1)	147(全部底施)	97.5	63
	定陶刘楼村	219(1.1∶1)	180(1∶1)	150(全部底施)	69.0	30
	郓城大梁村	244.5(1∶1)	180(1∶1)	150(全部底施)	94.5	30
	郓城河东村	244.5(1∶1)	180(1∶1)	150(全部底施)	94.5	30

②优化施肥处理(OPT，施肥量依据当地近三年的氮养分梯度试验研究结果并结合测土配方施肥数据确定)：每公顷投入量分别为 N 180.0 和 210.0 kg，P_2O_5 为 105.0 kg，K_2O 为 75.0 kg，氮为普通尿素，全部磷钾肥和 1/2 的氮肥底施，施用方式为撒施后旋耕，1/2 的尿素进行追施，施肥方式为沟施。

③控释肥处理(CRF)：控释肥减量是氮肥减量，磷、钾用量不减，即每公顷投入量分别为 N 150.0 和147.0 kg，P_2O_5 为 105.0 kg，K_2O 为 75.0 kg，氮为控释尿素，在播种时，利用播种施肥机一次性施入(进行侧深施，横向距离种子 4～6 cm，纵向距离种 5～6 cm 处)，播种前全部的磷钾肥作为底肥，撒施旋耕后播种。

(3)试验管理　在同一条件下进行，FP 和 OPT 处理氮肥追施的时间在返青至拔节期，各试验点不同处理追肥时间相同。

氮素回收率＝植株吸收氮素量/氮素投入量×100%；氮素偏生产力(kg/kg)＝籽粒产量/氮素投入量

2．结果与分析

(1)控释肥对小麦群体及产量构成因素的影响　从表 41-15 中可以看出，综合分析三个试验点，不同施肥处理下小麦的植株群体性状和产量构成因素有明显不同。

表 41-15

2010 年不同施肥处理对小麦群体及产量构成因素的影响

	处理	定陶刘楼	郓城大梁	郓城河东	平均
株高/cm	FP	68.0	57.5	67.0	64.2±5.8
	OPT	68.2	60.5	69.5	66.1±4.9
	CRF	67.8	59.8	64.0	63.9±4.0

续表41-15

	处理	定陶刘楼	郓城大梁	郓城河东	平均
冬前分蘖/(万/hm²)	FP	546.0	547.5	795.0	629.5±143.3
	OPT	517.5	547.5	789.0	618.0±148.8
	CRF	507.0	537.0	783.0	609.0±151.4
春季分蘖/(万/hm²)	FP	1 179	1 194	1 276.5	1 216.5±52.5
	OPT	1 176	1 188	1 272.0	1 212.0±52.3
	CRF	1 179	1 192.5	1 281.0	1 217.5±55.4
公顷穗数/(万/hm²)	FP	441.0	409.5	394.5	415.0±23.7
	OPT	448.5	418.5	388.5	418.5±30.0
	CRF	442.5	418.5	387.0	416.0±27.8
穗粒数	FP	38.3	35.6	28.6	34.2±5.0
	OPT	38.0	35.8	29.6	34.5±4.4
	CRF	38.2	35.9	29.2	34.4±4.7
千粒重/(g/1 000 粒)	FP	47.4	43.1	46.6	45.7±2.3
	OPT	48.9	44.5	46.5	46.6±2.2
	CRF	48.8	43.9	47.4	46.7±2.5

株高上,CRF 相比 FP 和 OPT 处理植株相对较矮,具有一定的抗倒伏能力,为小麦的稳产打下了良好的基础。不同施肥处理中以 CRF 处理的小麦冬前分蘖少,但后期氮素养分的持续供应使春季最大分蘖与单位公顷穗数却与其他两个处理基本相同。不同处理的小麦穗粒数相差不大,但 CRF 处理的千粒重却相比其他两个处理更好。从表 41-3 综合分析,在纯氮施用量减少的条件下,CRF 处理相比 FP 和 OPT 处理亦可以表现出优异的群体性状和相当的产量构成指标。

(2)不同施肥处理小麦产量及成本效益分析　从表 41-16 和表 41-17 可以看出,控释肥减量施用可使小麦产量保持在一较高水平,CRF 处理在两年内各点的平均产量均高于 FP 处理。与 FP 处理相比,CRF 处理平均节氮为 74.4 kg/hm²(2009 年)和 86.0 kg/hm²(2010 年),较优化施肥处理(OPT)节约氮素投入 55.8 kg/hm²(2009 年)和 30.0 kg/hm²(2010 年)。与 FP 处理相比,CRF 处理平均每公顷增加收益 1 632 和 1 143 元,虽然优化处理(OPT)也有较大增益,但因追肥的劳动力成本较高,在效益上与控释肥相比仍然有很大差异。

表 41-16

2008—2009 年不同处理小麦产量及成本效益

处理	小麦产量/(kg/hm²)					平均	节本增效(与 FP 相比)	
	定陶孔朱庄村	定陶县苏家村	郓城黄东村	郓城马屯村	菏泽富苑楼		减少氮素/(kg/hm²)	增益/(元/hm²)
FP	6 557b	5 973b	5 778a	6 078ab	7 422b	6 362b	—	—
OPT	7 604a	6 791a	5 573a	6 300a	8 094a	6 872a	18.6	1 191
CRF	7 451a	6 684a	5 682a	5 934b	7 754ab	6 701a	74.4	1 632

注:同一列不同小写字母表示在 0.05 水平上差异显著,下同;效益计算方法:除了肥料投入、追肥务工、产量方面其他认为相同。

2009—2010 年不同处理小麦产量及成本效益

| 处理 | 小麦产量/(kg/hm²) | | | 平均 | 节本增效（与FP相比） | |
	定陶刘楼村	郓城大梁村	郓城河东村		减少氮素/(kg/hm²)	增益/(元/hm²)
FP	6 840ab	6 768ab	4 495a	6 034a	—	—
OPT	6 725b	6 668b	4 329a	5 907a	56.0	192
CRF	7 134a	6 849 a	4 399a	6 127a	86.0	1 143

（3）不同施肥处理氮素回收率和氮偏生产力　表 41-18 可以看出，从 2009 年和 2010 年两年 8 个试验平均结果，CRF 处理氮素回收率均高于 FP、OPT 两个处理，氮素回收率可达到 25.8%。相比 FP 处理，CRF 和 OPT 处理的氮素回收率分别提高 30.3% 和 13.1%。

表 41-18

试验点不同处理小麦氮素回收率比较

| 处理 | 2009 年 | | | | | 2010 年 | | | 平均/% | 氮素回收率提高/% |
	定陶孔朱庄村	定陶县苏家村	郓城黄东村	郓城马屯村	菏泽富苑楼	定陶刘楼村	郓城大梁村	郓城河东村		
FP	22.5	23.2	20.6	17.9	19.7	15.1	19.3	20.1	19.8±2.6	—
OPT	21.8	23.1	24.9	21.3	22.0	21.7	22.6	21.9	22.4±1.1	13.1
CRF	26.3	27.5	25.8	25.2	26.8	24.1	25.8	24.6	25.8±1.1	30.3

由表 41-19 可以看出，虽然不同试验点和不同年份的氮偏生产力有所波动，但总体趋势较为一致，即 CRF＞OPT＞FP。FP、OPT、CRF 三个处理两年各点的平均氮偏生产力分别为 27.8，33.3，43.7 kg/kg，CRF 处理的氮偏生产力明显高于其他两个处理。与 FP 相比，CRF 和 OPT 处理的平均氮偏生产力分别提高 57.2% 和 19.8%。

表 41-19

各试验点不同处理小麦氮偏生产力比较

| 处理 | 2009 年 | | | | | 2010 年 | | | 平均/(kg/kg) | 氮偏生产力提高/% |
	定陶孔朱庄村	定陶县苏家村	郓城黄东村	郓城马屯村	菏泽富苑楼	定陶刘楼村	郓城大梁村	郓城河东村		
FP	34.6	31.5	23.6	24.9	30.4	31.2	27.7	18.4	27.8±5.2	—
OPT	36.2	32.3	31.0	30.0	38.5	37.4	37.0	24.0	33.3±4.9	19.8
CRF	50.7	45.5	37.9	40.4	52.7	47.6	45.7	29.3	43.7±7.6	57.2

（4）不同施肥处理对土壤有效氮养分含量及分布的影响　试验选择 2010 年三个试验点 0～120 cm 剖面土硝态氮和铵态氮平均含量进行数据分析（见图 41-21 和图 41-22）。不同施肥处理随土层变深其硝态氮含量变化趋势基本一致，即 0～30 cm 土层中含量最高，随土层加深硝态氮含量逐渐下降。但在同一深度土层内不同施肥处理硝态氮含量有显著不同，CRF 处理在各个土层中含量最低，在 90～120 cm 土层内，FP 处理土壤仍保持较高的硝态氮含量，增加了向土体深处淋溶的风险。

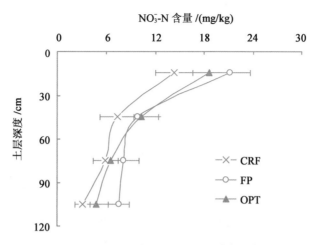

图41-21　不同施肥处理对 0～120 cm 土硝态氮含量的影响

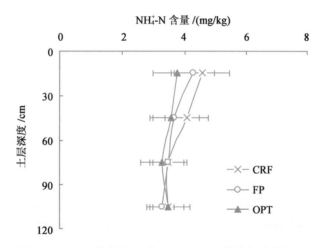

图 41-22　不同施肥处理对 0～120 cm 土铵态氮含量的影

　　不同处理的铵态氮含量随土壤层次变深有降低的趋势,但同一土壤层次内各施肥处理铵态氮含量差异不显著,CRF 处理在表层土含量稍高于 FP 和 OPT 处理。

　　3. 小结

　　(1)控释肥能够控制养分释放速度,使养分缓慢释放,减少挥发流失,能够供应小麦生长发育的氮肥相对要多,可保证小麦产量的稳定,但对效益有很大影响。由于控释肥在小麦上一次性施用在减少氮素投入量的同时并减少追肥劳动力的投入,可达到节本增效的目的,较农民习惯施肥,控释肥处理在2009 年和 2010 年各试验点平均每公顷增益 1 632 和 1 143 元,增益效果明显。

　　(2)控释肥料能够协调养分的释放时间和强度,使养分释放速率与作物对养分的需求同步,因而可使氮素利用率得以大幅度提高。本试验研究得出:控释肥处理的平均氮素回收率和氮偏生产力分别比FP 处理提高 30.3％和 57.2％,较优化施肥处理也有明显的提高。这是由于控释氮肥在作物生长期内能够有效减缓氮素在生育前期的释放量,在生育中后期稳定释放,肥效持续时间长,可满足小麦后期对氮素营养的需求,使氮素利用率得以大幅度提高。

　　(3)不同施肥处理硝态氮在土壤剖面中含量分布基本一致,随土层加深硝态氮含量逐渐下降,由于控释肥处理氮投入绝对量较小,且由于肥料本身缓慢释放的特性,因此该处理硝态氮在各个土层中含量最低,相比农民习惯施肥不存在向土壤深层次淋溶的风险,从而减少对潜在地下水的硝酸盐污染。而各土层中铵态氮含量在不同施肥处理间差异不显著。

　　(4)综合产量、效益、养分效率和生态环境等方面考虑,在小麦上减量使用控释肥可以实现一次性施肥,具有简化生产环节、节本增收、提高养分利用和减少硝酸盐淋溶造成的环境污染等优势,具有应用前景。

41.2 形成的关键技术

41.2.1 小麦宽畦田群体精播高产攻关技术

这项关键技术需要几方面因素的实现:一是对播种机械有严格要求,改传统密集条播籽粒拥挤一条线为宽播幅种子分散式粒播,有利于种子分布均匀,特别是后期的通风透光条件得到明显改善,无缺苗断垄、疙瘩苗现象出现。宽幅播种机的行距可根据地力、品种类型进行行距调节,一般高产地块可调22~26 cm。二是能起到一次性镇压土壤,耙平压实,播后形成波浪形沟垄增加雨水积累等优点。三是要求地势平坦,整地更加精细,对灌溉条件要求规格较高,即使田块较长亦不会对灌溉制造障碍。

具体操作:在玉米秸秆全部还田的条件下,施足氮磷钾化肥和有机肥,由深耕机深耕田块1遍,旋耕2~3遍,然后耙平,该农民习惯的播种规格,即1.6 m畦田播种6行小麦改变为3.0 m畦田播种12行小麦,实际小麦播种行距减少1.7 cm,同时改籽粒播种一条直线变为沿一条线适当分散,使之均与分布。

下面是具体的田间图示(图41-23;彩图41-23)。

图41-23 小麦田间不同种植规格条件下苗期及成熟期长势比较

1. 解决的关键问题

目前小麦田间生产中,由于习惯思维原因,小麦播种畦较窄,少则播种2行小麦,多则播种6行,畦间起垄较宽,平均有20~30 cm的宽度,极大的浪费了有限的土地资源,降低了土地实际利用率,主要原因还是由于整地规格不够精细,土壤表面坷垃多且土块较大,地势不平,使灌溉水无法遍及整块田地,而窄畦高垄的田间操作有利于灌溉水的横向流动。

此外,小麦播种量较高是普遍存在的问题,一般情况下农民的播种量都在10 kg/亩以上,且都是直行密集播种,在这种情形下容易造成行内基本苗密集,冬前群体过大而后期通风透光性差,无效分蘖较多以及由此种情况造成的养分浪费。因此该技术可以充分利用田间的空间资源,创建合理的小麦群体结构。

2. 取得的主要成果

传统的小麦播种考虑较多的管理措施(如灌溉)后使思维产生定势,不利于高产目标的实现。该技术是在小麦精播高产栽培处理好麦田群体与个体矛盾的基础上,适当减小行距、扩大小麦播种畦的宽度、播种均匀,增加小麦实际种植面积,提高单位面积土地上的产量构成因素之一的亩穗数,从而提高籽粒产量,这是显著增产的一项农机农艺相结合的高产高效栽培技术。

2008 年 10 月至 2009 年 6 月在青州市采用此种技术进行多点冬小麦高产攻关试验,实际效果非常显著。

由表 20 可以看出,各个处理小麦株高差异不明显;由于种植规格的改变(处理 1 农民习惯施肥采用 1.6 m 种植六行小麦,而处理 2、处理 3、处理 4 采用 3.0 m 种植 12 行小麦),小麦的行距有原来的 26.7 cm 变为 25 cm,因此增加了亩穗数,处理 2、处理 3、处理 4 的亩穗数显著高于处理 1,其中处理 3 达到每亩 48.0 万;千粒重方面处理 3 略高,其余三处理差异不显著;穗粒数和经济系数各个处理之间差异均不显著。从小区实收测产得出来的数据看,处理 2、处理 3、处理 4 与处理 1 产量差异均达到显著水平,从增产率看,处理 2、处理 3、处理 4 较处理 1 分别增产 27.8%,31.8%,30.4%,增产幅度较接近。

表 41-20

不同播种规格小麦产量构成因素产量对比

处理	亩穗数/万	千粒重/g	穗粒数	实际产量/(kg/亩)	增产量/(kg/亩)	增产率/%
1	38.9b	42.9b	35.4a	422.2b	—	—
2	44.7a	42.7b	36.7a	539.6a	117.4	27.8
3	48.0a	45.4a	36.2a	556.5a	134.3	31.8
4	47.8a	43.8ab	35.8a	550.5a	128.3	30.4

由此看出,在改变种植规格显著增加亩基本苗的条件下较农民传统种植多达 6 万~9 万的亩穗数,这是产量提高的关键因素。

41.2.2 小麦/玉米轮作地区两季作物秸秆全还田生产技术

该技术由原来只有小麦秸秆单季还田,改成小麦和玉米在收获籽粒的同时进行其秸秆的粉碎还田,加大碳的投入量。

小麦秸秆还田:机械收获小麦、机械粉碎秸秆覆盖、免耕播种机械播种玉米或补施氮磷肥后深耕翻埋、整地后播种玉米;玉米秸秆还田:人工收获玉米果穗后,机械粉碎玉米秸秆,或机械联合收获,同时粉碎秸秆铺在地表,补施氮磷肥后深耕翻埋或旋耕,整地后播种小麦。该技术在小麦/玉米轮作地区,要求地势较平坦,小麦和玉米收割机可方便进入田地(图 41-24)。

1. 解决的关键问题

传统生产中,玉米籽粒收获后,由于没有相应的配套机械,大部分秸秆就地焚烧或储存作为燃料、畜禽的饲料或者是随意丢弃,燃烧产生的浓烟严重影响了高速公路和飞机航线的安全,不但造成环境的污染且浪费了大量有机资源。两季作物秸秆全还田特别是玉米秸秆还田技术的产生和配套机械的出现有效的解决了上述问题。

2. 取得的主要成果

秸秆还田可改善土壤结构,提高土壤有机质,培肥肥力和提高作物产量。目前山东省小麦/玉米轮作体系种植模式中,小麦秸秆还田已经得到广泛普及,秸秆还田率已达到 90% 以上,而由于玉米的秸秆植株个体较大,没有合适的农机具进行操作以及玉米秸秆还田到土壤中不易腐烂等因素影响,秸秆还田率低于小麦秸秆还田,所占比例在 60%~70%,但随着相应农艺措施的配套应用,这种两季作物全还田的农田比例会日益上升。

图 41-24　小麦玉米两季作物秸秆还田操作及田间秸秆处理情况

玉米秸秆覆盖田,年均增加土壤有机质 0.05%~0.1%,全氮 0.003%,全磷 0.006%,全钾 0.07%,整株处理、粉碎处理分别比清茬处理多增收约 1 000 和 600 元/hm²,一般亩纯收入较不还田增加 50 元以上,实现土地生产力的可持续利用;实行作物秸秆还田的机械化,能有效地提高劳动生产率,是实现农业现代化的重要组成部分,从而为向城市和第三产业输出劳动力创造了条件。

由图 41-25 可以看出,两季作物秸秆全还田情况下,特别是玉米秸秆还田下当年小麦籽粒产量在所有示范户内均表现增产趋势:示范区籽粒亩产 385~678 kg,平均产量达 540 kg/亩,农民习惯亩产 325~667 kg,平均 503 kg/亩,示范技术增产 7.4%,玉米秸秆还田示范技术节肥 17.6%,亩增收 77.8 元,经济效益较农民习惯增加 11.1%。

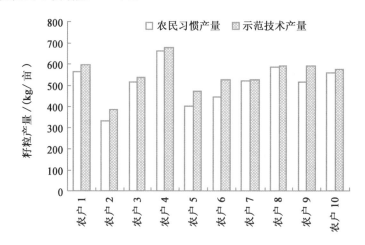

图 41-25　两季作物秸秆全还田条件下示范户小麦籽粒和秸秆产量(2009—2010 年)

41.2.3　长效肥在小麦上的应用及简化施肥技术

利用不同包膜材料及添加剂制成的不同释放期或不同品种的长效缓控释肥,在小麦播种时通过逐步研制应用和推广的播种施肥机械在整好的田块上一次性完成操作,简化施肥和种子两次操作工序,肥料在小麦种子侧下方,横向距离 3~5 cm,纵向深度为 5~7 cm。一般田块亦可将来年的追肥省略。该项技术中自制的包膜肥料或长效肥可根据小麦养分的吸收规律以及气温湿度变化缓慢释放养分,基本可供应小麦整个生育期的需求,保证小麦产量并节省劳动力。

1. 解决的关键问题

目前小麦生产中施用速效肥料养分的释放速度较快,不能满足小麦各阶段养分的需求,施肥后浇水的生产习惯会加大氮素向下淋溶的风险,从而影响地下水水质,且近年农村劳动力特别是青壮年劳动者大部分向城市转移,劳力的限制使小麦施肥次数有减少的趋势,部分农户有省略来年追肥的习惯,后期会造成脱肥的现象,这种操作习惯会大大降低作物的产量从而降低收益。该关键技术的提出及应用有效地解决了小麦不同阶段的养分供应,保证了小麦的产量,且在一定程度上缓解了劳动力的紧缺,具有推广前景。

2. 取得的主要成果

长效肥在小麦上的应用及简化施肥技术受到农民朋友的热情关注,且通过我们两年的田间试验,具有较好的推广前景。下面是我们在2009—2010年两个不同地点的小麦控释肥一次性施用试验:

从表41-21和表41-22看,控释肥在小麦上一次性施用处理较农民习惯施肥处理乃至优化施肥(底肥和追氮肥共两次操作)的产量优势比较显著,特别是在产量构成因素之一的亩穗数上有较大的优势。另若考虑进收益因素,降低氮素投入并减少一次追肥工序的控释肥处理具有节省投入成本的优势,增益较明显。

表 41-21
不同处理小麦产量构成因素及产量情况(点1)

处理	亩穗数/万	穗粒数/粒	千粒重/g	产量/(kg/亩)	增产量/(kg/亩)	增产率/%
农民习惯	33.67b	30.25b	47.83b	371.0c	—	—
优化施肥	37.67a	33.04a	48.13b	442.7b	71.7	19.3
控释肥(-N)	39.47a	32.11ab	48.23b	467.1a	96.1	25.9

表 41-22
不同处理小麦产量构成因素及产量情况(点2)

处理	亩穗数/万	穗粒数/粒	千粒重/g	产量/(kg/亩)	增产量/(kg/亩)	增产率/%
FP	27.40b	26.98b	43.67b	344.6b	—	—
优化施肥	29.87ab	27.52ab	47.13a	383.6ab	39.0	11.3
控释肥(-N)	32.27a	29.23a	44.40ab	412.8a	68.2	19.8

另外从今年全省布置的17个小麦长效肥一次性试验中,其中12个试验增产,5个试验减产,平均增产率为6.8%,具有一定的稳定性。因此这项技术通过接下来两年的验证并结合新的控释肥材料及技术后在生产上会具有较大的潜力。

41.3 获得重要进展

制定了鲁中地区粮食作物秸秆全还田条件下的冬小麦/夏玉米高产高效养分管理技术(表41-23,表41-24)。

表 41-23
鲁中地区冬小麦高产高效技术模式图

适宜区域	该技术操作规程适用于山东省鲁中山丘川区小麦亩产 500 kg 以上的地区推广应用				
高产高效目标	小麦产量 500 kg/亩以上,氮肥生产效率 35 kg/kg 以上				
时期	9 月下旬至 10 月上中旬 整地-播种	10 月中旬 出苗-越冬	3—4 月 返青-拔节	4 月底至 6 月初 孕穗-灌浆	6 月中旬 收获
生育期图片					
主攻目标	提高整地质量和播种质量,确保苗全、苗齐、苗壮	促进分蘖,培育壮苗,防旺长,保证安全过冬	搭建壮株,防病虫草	防病虫、防早衰、促灌浆、增粒重	适时收获
技术指标	精细整地,无明暗坷垃,无架空,上松下实	苗基本苗 15 万~20 万,冬前总茎数 40 万~50 万	最大苗总茎数 60 万~90 万	亩穗数 37 万~42 万,每穗粒数 32~36 个,千粒重 40~60 g	

续表 41-23

主要技术措施				
1.良种准备：该区域适宜泰农 18、潍麦 8 号、鲁麦及济麦系列等半冬性品种。 2.足墒播种：根据气候条件和土壤墒情，做到足墒下种。若土壤墒情不足，在玉米收获后犁地前浇足底墒水。若因农时紧张应适时抢墒，播后应马上灌"蒙头水"，但尽量避免播后灌水。 3.提高整地质量：已连续 3 年以上旋耕的地块，改旋耕为深耕，打破犁底层，深耕 25 cm 以上，细耙耕深 8~10 cm。条件允许的话尽量进行玉米秸秆还田，但应结合旋耕多操作 2~3 次，做到耕层上虚下实，土面细平。 4.适期播期和播量：该气候区适宜播期 10 月 5~15 日，10 月 5~10 日播种的每亩种量在 10~12 kg，10 月 10~15 日播种的每亩种量 12~15 kg，10 月 15 日以后播种的，每推迟 1 d 每亩增加播种量 0.5 kg，但最大播种量不超过 17.5 kg/亩。播深一般为 3~5 cm，行距 23~26 cm。 5.推荐底肥适宜用量：亩施有机肥 1 500~2 000 kg，亩底施纯氮 5~7 kg，P_2O_5 6~9 kg，K_2O 4~6 kg，并施 1 kg 硫酸锌。 6.种子处理：提倡种子包衣，可用 50%辛硫磷乳油按种子重量的 0.2%拌种，并闷种 4 h，或 48%乐斯本乳油按种子重量的 0.3%拌种，并闷种 4 h，每 100 kg 种子加 50 kg 种子用多菌灵按种子重量的 0.2%拌种，拌匀后堆闷 0.2%拌种，可用 4~5 h，可有效预防白粉病、锈病等。用 3%辛硫磷颗粒剂每亩 3~5 kg 土壤处理。防治蛴螬、金针虫等地下害虫	1.补种：出苗后普查苗情，个别出苗不好的及时补种。 2.灌冻水：冻水不宜过早，一般适宜在 11 月底至 12 月初进行，日平均气温在 3~5℃，在夜冻昼消时进行。如果降水充足且土壤墒情较好的地块冬前可不浇冻水。灌水量控制在 40~50 m³/亩。 3.除草：受地下虫危害较重的麦田，可每亩用 40%甲基异柳磷乳油或 50%辛硫磷乳油 500 mL 兑水 750 kg，防治蛴螬、金针虫。防治野燕麦用 36%野草灵（禾草灵）每亩 130~180 mL，防治毒麦每亩 170~200 mL，防治看麦娘每亩用 200 mL。 4.防旺长：旺长麦田在好天中午镇压 2~3 次或采用化控技术	1.肥水管理：浇拔节水并重施拔节肥，可在起身后期或拔节初期随灌水施入 6~8 kg 纯氮，追肥方法一般为用施肥楼隔行沟施后覆土，深度 6~8 cm。 2.保墒：早春应适时搞好划锄保墒。 3.化学除草：当 1 m² 有草 3~5 株时用苯磺隆、巨星和杜邦邦亿力进行化学喷雾，时间以小麦起身期为宜，即 3 月 10~20 日。 4.防治病虫害：2 月下旬至 3 月上旬用 20%粉锈宁 50 mL 加 20%哒螨灵 50 mL 加水 50 kg 防治纹枯病和红蜘蛛。返青至拔节期用 20%粉锈宁乳油或 1%粉锈宁粉剂防治全蚀病	1.肥水管理：重视挑旗和扬花水、干旱年份注意灌浆水。根据墒情确定是否浇灌浆水。麦田墒情一般为用浇灌浆水适宜在 5 月上、中旬，在无风条件下进行。 2.病虫害防治：4 月下旬至 5 月上旬每亩用多菌灵 100 g、10%吡虫啉 20 g 兑水 50 kg 防治赤霉病和蚜虫；5 月中旬每亩可用 15%三唑酮可湿性粉剂 100 g，或 25%丙环唑乳油 30~35 g，或 30%戊唑醇（得惠）悬浮剂 10~15 mL 加 10%吡虫啉可湿性粉剂 20 g，或 40%毒死蜱乳油 50~75 mL，兑水 50 L 喷雾综合防治锈病、白粉病和蚜虫	1.收获时间：适宜收获期在蜡熟末期，即小麦植株茎秆全部黄色，叶片枯黄，茎秆尚有弹性。一般 6 月 5~15 日收获。 2.收获机器：选用能将麦秸粉碎、抛匀的联合收割机

表 41-24
鲁中地区夏玉米高产高效技术模式图

	6 月上旬至 6 月中旬 整地-播种	6 月中旬至 7 月上旬 出苗-拔节	7 月中旬至 8 月上旬 喇叭口期	8 月中旬至 9 月下旬 开花-灌浆	10 月上旬 收获
适宜区域	该技术操作规程适用于山东省鲁中山丘川区玉米亩产 600～700 kg 的地区推广应用				
高产高效 目标	玉米产量 600～700 kg/亩，氮肥生产效率 40 kg/kg 以上				
时期	6 月上旬至 6 月中旬 整地-播种	6 月中旬至 7 月上旬 出苗-拔节	7 月中旬至 8 月上旬 喇叭口期	8 月中旬至 9 月下旬 开花-灌浆	10 月上旬 收获
生育期图片					
主攻目标	提高整地质量和播种质量，确保苗全、苗齐、苗壮	除弱株，促壮根，防病防倒	防病虫，促灌浆，增粒重	适时收获	
技术指标	精细整地，土壤细碎疏松，无大土块架空，地面平整	亩基本苗 4 000～5 000 株，保证密度和提高整齐度	亩穗数 4 000～5 000 个，每穗粒数 480～550 个，千粒重 300～350 g		

续表 41-24

主要技术措施				

1. 良种准备：郑单958、浚单20、鲁单981等抗病性好、适宜种植区广泛的杂交种。
2. 种子处理：精选种子，挑除掉破碎、发霉变质籽粒和秕粒，选用大小一致的籽粒。做好发芽试验，种子的发芽率应在95%以上，以确保全苗。播种前用40%甲基异柳磷和2%立克秀，按种子量的0.2%进行拌种、防治粗缩病、黑穗病；用辛硫磷、毒死蜱等药剂拌种，防治地老虎、金针虫、蝼蛄、蛴螬等地下害虫。
3. 整地与施肥：建议2~3年深耕（松）1次，深耕应达到30 cm以上。有条件的地区麦收后应及时用圆盘耙等机械整地。深耕时结合施底肥，基肥施肥量可按氮肥（纯N）4~5 kg/亩、磷肥（P_2O_5）5~7 kg/亩、钾肥（K_2O）6~9 kg/亩、硫酸锌1 kg/亩有机肥，每亩施用200~500 kg商品有机肥，或优质腐熟圈肥2 000~3 000 kg。
4. 足墒播种：要在麦收前15~20 d浇足浇匀麦黄水，为足墒播种作好准备。为确保苗齐、苗全、苗壮，播后根据土壤墒情浇蒙头水。
5. 适期播期和播量：一般在6月上旬播种，方式分两种：一是麦收后先用圆盘耙浅耕灭茬然后直接播种，待出苗然后再行间中耕灭茬；二是麦收后再播种，待出苗后再行间中耕灭茬。播种量一般每亩播种3 kg左右。

1. 水分管理：浇水次数可掌握在1~2次，浇水时切不可大水漫灌。灌水量每亩60 m³左右。苗期遇涝，应及时挖沟排水，解除涝渍。
2. 及时间定苗：一般情况下可以把握3片可见叶时间苗，5片叶见叶时定苗。为确保收获密度和提高群体整齐度及补苗充田间伤苗，定苗时要多留划锄度的5%左右，其后在田间管理中拔除病弱株。
3. 化学除草：在播种后出苗前地表选择除草剂种类，准确控制用量。玉米幼苗3~5叶期喷施4%玉农乐悬浮剂（烟嘧磺隆）100 mL/亩，也可在玉米7~8叶期使用灭生性除草剂20%百草枯叶（克无踪）水剂定向喷雾处理。
4. 防治病虫害：粘虫可用灭幼脲、辛硫磷，蓟马可用5%吨磷乳油2 000~3 000倍喷雾防治。虫咪乳油2 000~3 000倍喷雾防治。玉米苗期还容易遭受病侵染，是粗缩病、矮花叶病的易发期。可用5.4%吡虫咪种衣剂或含有吡虫咪的其他种衣剂进行包衣或拌种，小麦收割后对玉米苗立即喷洒吡虫咪或噻虫胺，及时消灭田间和四周的灰飞虱、蚜虫等，能够减轻病害的发生

1. 肥水管理：大喇叭口期追施穗开花期前后追施，追肥条施或穴施，距玉米行15~20 cm，以深施10 cm左右为宜。分别在大喇叭口前后至抽雄前后采用沟灌或隔沟灌溉。灌水量因墒而异，一般每亩45~60 m³，干旱时适当增加。
2. 拔除弱株、中耕除去，及时将分蘖除去，以利于主茎生长。小喇叭口期及时拔除小弱株。拔节至小喇叭口期应深中耕，以促进根系发育；小喇叭口期以后，中耕宜浅，以保根蓄墒。
3. 防治病虫害：这期间主要病虫害有褐斑病、茎腐病及玉米螟等。褐斑病在发病初期可用三唑酮、丙环唑、苯醚甲环唑等药剂防治；玉米茎腐病可用10%双效灵200倍液，在拔节期及抽雄前后各喷1次。防治效果可达80%以上。玉米螟防治在小口期（第9~10叶展开），用1.5%辛硫磷颗粒0.25 kg，掺细沙7.5 kg，混匀后撒入心叶，每株1.5~2 g

1. 肥水管理：一般在雌穗开花期前后追施，追肥以速效氮肥为主，追肥量占总追氮肥的10%~20%，亩施纯氮2~3 kg，注意氮水结合。高产地块玉米生育后期需肥量较大，对灌浆期表现缺肥的地块，还可采用叶面追肥的方法快速补给。玉米花粒期应浇好灌浆水。花粒期灌水要做到因墒而异，灵活运用，沙壤土、轻壤土应当增加灌溉水次数；黏土、壤土可适时适量灌水。籽粒灌浆过程中，如果田间积水，应及时排涝，以防涝害减产。
2. 拔除空株：为减少空株对光、水、肥等资源的竞争和消耗，应在全田植株逐一检查，发现空株将其拔除，以达到提高群体产量的目的

改变过去"苞叶变黄、籽粒变硬即可收获"为"苞叶干枯、黑层出现、籽粒乳线消失即籽粒生理成熟时收获"，一般在10月初收获

41.3.1 解决的生产实际问题

该技术统一了鲁中地区内农民盲目且"一户一策"的生产管理措施,以模式图这种形象的方式从作物的生育期展示以及在一定产量目标下提出的作物不同生育期阶段内高产措施(包括种子选择、肥料施用、病虫害防治、灌溉水量、适宜播种和收获时期等),便于农民接受和生产实践;冬小麦/夏玉米高产高效技术模式图的制定与发放实施不但可以保证粮食的稳产和高产,增加农民的生产知识,同时在水肥措施上实现优化,有利于节约资源,提高效率。

41.3.2 创新性

粮食作物秸秆全还田条件下的冬小麦/夏玉米高产高效养分管理技术是在目前小麦玉米秸秆全部还田的条件下从整地、播种、施肥、农药、灌溉等各方面采用的技术集成,具有全面性,而在特定地区条件下的一定产量目标制定的该项技术具有针对性和创新性。

41.3.3 实际应用效果

下面的例证只是近两年的试验之一,多个试验的结果比较一致,现以 2008—2009 年以及 2009—2010 年在惠民县南部进行的两年小麦高产高效试验为代表进行说明:

从表 41-25 可以看出,实际测产结果,两年的高产高效处理产量均高于农民习惯,增产率分别为3.2%和8.0%,氮肥偏生产力分别提高 17.8%和 25.8%,而灌溉水生产效率也不同程度的提高。高产高效处理表现了较好的增产效果及水肥效率。

表 41-25

不同处理小麦产量及效率比较

年份	处理	实际产量 /(kg/亩)	增产量 /(kg/亩)	增产率 /%	PFPN /(kg/kg)	养分效率 提高/%	灌溉水生产 率/(kg/mm)	水分效率 提高/%
2008—2009	农民习惯	519.4	—	—	32.5	—	2.89	—
	高产高效	536.0	16.6	3.2	38.3	17.8	4.47	54.7
2009—2010	农民习惯	401.3	—	—	28.7	—	2.23	—
	高产高效	433.3	32.0	8.0	36.1	25.8	2.41	7.9

由图 41-26 的 2009 年小麦收获后剖面土的硝铵态氮含量看(处理 1 为农民习惯施肥,处理 2 为高产高效处理),随土层深度的加深,硝铵态氮含量有下降趋势,但高产高效处理较农民习惯可以减少收

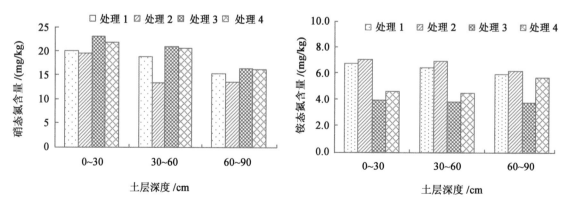

图 41-26　不同处理对不同土层深度硝态氮和铵态氮含量的影响(2008—2009 年)

获期时的硝态氮含量,提高土壤中氮素的利用,处理 3(再高产)的硝态氮含量亦高于处理 4(再高产高效),说明高效措施对于降低氮在土壤中的淋溶风险非常显著。

41.3.4　推广情况

该技术成果"粮食作物秸秆全还田条件下的冬小麦/夏玉米高产高效养分管理技术"在滨州南部地区小麦/玉米作物轮作体系生产中推广应用 1.029 5 万亩,每亩增收小麦/玉米总计 80～120 kg,增产幅度 7.3%～10.9%;每亩增收 85～125 元;每亩降低生产成本 75 元;合计每亩增收、节支 160～200 元;累计增加农民收入约 180 万元。

41.3.5　应用前景

该技术成果节本增效,便于农民接受与田间实施,有望在鲁中地区 1 300 万亩小麦/玉米轮作体系应用,每年预计将增产小麦/玉米 100 kg,增加农民收入约 2 300 万元。成果应用可提高肥料利用率 5%以上,节约肥料 20%以上,节约农药使用量 30%,实现高产高效、节约资源,环境友好,具有广阔的应用前景。

参考文献

[1] 谭德水,江丽华,张骞,等.南四湖过水区不同施肥模式下农田养分径流特征初步研究.植物营养与肥料学报,2011,17(2):464-471.

[2] 谭德水,江丽华,张骞,等.不同施肥模式调控沿湖农田无机氮流失的原位研究—以南四湖过水区粮田为例.生态学报,2011,31(12):3488-3496.

[3] 谭德水,刘兆辉,江丽华,等.不同施肥模式对沿南四湖区玉米产量、效益及土壤硝态氮的影响.土壤通报,2011,42(4):887-890.

[4] 谭德水,刘兆辉,江丽华.黄淮海玉米秸秆还田麦区土壤环境与管理技术.中国农学通报,2014,30(8):156-161.

[5] 徐钰,江丽华,林海涛,等.不同氮肥运筹对玉米产量、效益及土壤硝态氮含量的影响.土壤通报,2011,42(5):1196-1199.

[6] 朱晓霞,刘兆辉,江丽华,等.控释肥减施对冬小麦产量、氮效率及土壤剖面硝态氮的影响.山东农业科学,2012,44(3):63-67.

[7] 朱晓霞,谭德水,江丽华,等.减量施用控释氮肥对小麦产量效率及土壤硝态氮的影响.土壤通报,2013,44(1):179-183.

[8] Tan Deshui,Jiang Lihua,Tan Shuying,et al. An in-situ study of inorganic nitrogen flow under different fertilization treatments on a wheat-maize rotation system surrounding Nansi Lake,China. Agricultural Water Management,2013,123,45-54.

（执笔人:刘兆辉　谭德水　徐钰　魏建林）

第 42 章

山东省小麦-玉米养分管理技术创新与应用

42.1　冬小麦延播增密节氮增效技术研究与集成

42.1.1　氮肥水平和种植密度互作对冬小麦籽粒产量的影响

氮肥水平和种植密度是影响作物生长和产量形成的关键因子,合理的氮肥用量和种植密度有利于冬小麦籽粒产量和氮素利用率的协同提高。基于目前小麦生产中氮肥施用量偏高,而氮素利用率偏低的现象,试验选用中穗型品种济麦 22 和大穗型品种泰农 18 为试验材料,在传统 240 kg/hm² 的施氮基础上设置了 0 和 180 kg/hm² 的减氮处理,根据两品种分蘖能力的不同,济麦 22 在传统种植模式 120 万～180 万/hm² 种植密度,泰农 18 在传统种植模式 135 万～270 万/hm² 种植密度的基础上,分别设置了增加种植密度的 240 万和 405 万/hm² 的种植密度,研究了氮肥水平和种植密度互作对冬小麦籽粒产量、氮素吸收、利用和转运的影响,以期明确冬小麦高产高效生产的氮密组合模式,并阐明其理论基础。

氮肥水平和种植密度以及二者的互作效应显著影响冬小麦籽粒产量(表 42-1)。施用氮肥后济麦 22 和泰农 18 的产量分别比不施氮处理提高了 39.48% 和 38.90%。

表 42-1

氮肥水平和种植密度对冬小麦籽粒产量和产量构成因素、干物质积累和收获指数影响的方差分析

品种	因素	籽粒产量	穗数	穗粒数	粒重	生物产量	收获指数
济麦 22	氮肥水平（N）	316.78***	516.26***	83.80***	57.57***	399.42***	10.8**
	种植密度（D）	208.77***	642.76***	65.05***	75.94***	296.94***	6.19**
	年份（Y）	0.02	0.000 1	32.30*	30.40*	51.12*	104.37**
	N×D	10.23***	16.94***	7.92***	11.90***	1.78	3.17*
	N×Y	60.23***	61.59***	19.87***	3.43	41.81***	0.33
	D×Y	25.99***	42.94***	0.44	3.23	22.02***	0.12
	N×D×Y	1.38	9.07***	1.46	2.35	1.45	0.02

续表 42-1

品种	因素	籽粒产量	穗数	穗粒数	粒重	生物产量	收获指数
泰农 18	氮肥水平（N）	307.26***	475.99***	75.56***	47.22***	353.95***	9.29**
	种植密度（D）	78.70***	289.90***	30.27***	45.16***	130.87***	4.10*
	年份（Y）	1.98	224.78**	71.62*	96.97*	197.86**	336.04**
	N×D	7.32***	0.50	1.36	0.71	1.16	1.47
	N×Y	68.94***	33.75***	4.81***	7.82*	35.73***	0.07
	D×Y	0.39	0.53	1.08	2.40	1.82	0.20
	N×D×Y	2.98*	2.54	0.73	0.34	3.14	0.08

注：*，** 和 *** 分别代表 5%（$P<0.05$），1%（$P<0.01$）和 0.1%（$P<0.001$）显著水平；下同。

　　施氮虽然降低了粒重，但产量的提高主要源于穗数和穗粒数的提高，以及全生育季干物质积累量的提高（表 42-2）。将施氮量从 240 kg/hm² 降低至 180 kg/hm²，济麦 22 和泰农 18 的产量分别降低了 4.35% 和 2.85%，减少氮肥用量虽然提高了穗粒数和粒重，但由于穗数较低从而降低了产量。尽管较低氮肥投入下收获指数较高，但其干物质积累量偏低是产量较低的主要原因，表明高氮肥投入也是通过增加干物质积累量实现了籽粒产量的提高（表 42-2）。

表 42-2
种植密度和氮肥对冬小麦籽粒产量及产量构成因素、干物质生产和收获指数的影响

品种	处理	产量 /(t/hm²)	穗数 /(10⁴/hm²)	穗粒数	粒重 /mg	干物质积累 /(t/hm²)	收获指数
济麦 22	氮肥水平 /(kg/hm²)						
	0	5.80c	412.47c	30.83c	45.68a	10.72c	0.48a
	180	7.91b	537.68b	34.75a	42.54b	14.94b	0.47a
	240	8.27a	598.12a	33.83b	41.32c	16.21a	0.45b
	种植密度 /(万 hm²)						
	120	6.80c	443.80c	34.23a	44.78a	12.83c	0.47a
	180	7.42b	518.37b	33.23b	43.05b	14.06b	0.47a
	240	7.75a	586.07a	31.94c	41.72c	14.98a	0.46b
	年份						
	2012	7.32a	516.07a	33.80a	42.27b	14.58a	0.44b
	2013	7.33a	516.12a	32.47b	44.09a	13.34b	0.49a
泰农 18	氮肥水平 /(kg/hm²)						
	0	5.72c	404.93c	35.26c	40.32a	10.16c	0.50a
	180	7.83b	513.62b	39.62a	38.63b	13.97b	0.50a
	240	8.06a	578.17a	38.08b	36.67c	15.00a	0.48b

续表 42-2

品种	处理	产量 /(t/hm²)	穗数 /(10⁴/hm²)	穗粒数	粒重 /mg	干物质积累 /(t/hm²)	收获指数
	种植密度 /(万 hm²)						
	135	6.91b	456.35c	38.47a	39.48a	12.40c	0.50a
	270	7.22a	493.26b	37.78b	38.75b	13.02b	0.49ab
	405	7.49a	547.11a	36.72c	37.40c	13.72a	0.49b
	年份						
	2012	7.15a	530.37a	36.52b	37.06b	14.16a	0.45b
	2013	7.27a	467.45b	38.79a	40.03a	11.93b	0.54a

注:同一品种在同一主效应处理内不同的字母代表在 5%($P<0.05$)水平上差异显著。下同。

将济麦 22 和泰农 18 的种植密度分别由 120 万/hm² 增加至 240 万/hm² 和由 135 万/hm² 增加至 405 万/hm²,籽粒产量分别增加了 13.97% 和 8.39%,增加种植密度尽管降低了穗粒数和粒重,但籽粒产量的提高主要得益于穗数的增加(表 42-2)。增加种植密度后籽粒产量的提高同时也得益于全生育期干物质积累量的增加,而降低的收获指数则表明增加种植密度降低了干物质向籽粒的分配比例。

氮肥水平和种植密度的互作效应对于籽粒产量的影响主要体现在不同氮肥水平下冬小麦籽粒产量(济麦 22 和泰农 18)及其构成因素(济麦 22)对种植密度的响应的不同(表 42-3)。在不施氮和施氮 180 kg/hm² 条件下,籽粒产量随种植密度增加而提高,在施氮 240 kg/hm² 条件下,籽粒产量随种植密度增加呈现先增加后持平的趋势,且随着施氮量的增加,增加种植密度的增产效应逐渐降低。将济麦 22 和泰农 18 的种植密度分别由 120 万/hm² 增加至 240 万/hm² 和由 135 万/hm² 增加至 405 万/hm²,在不施氮和施氮 180 kg/hm² 条件下,济麦 22 产量分别提高 20.30% 和 16.53%,泰农 18 产量分别提高 15.77% 和 10.52%。在施氮 240 kg/hm² 条件下,将济麦 22 和泰农 18 的种植密度分别由 120 万/hm² 增加至 180 万/hm² 和由 135 万/hm² 增加至 270 万/hm²,籽粒产量分别提高 7.61% 和 3.41%,然而继续增加种植密度籽粒产量未再继续增加。

表 42-3

氮肥水平和种植密度的互作效应对冬小麦籽粒产量及其相关指标的影响

品种	产量及相关指标	种植密度 /(万 hm²)	氮肥水平/(kg/hm²)		
			0	180	240
济麦 22	产量	120	5.27	7.26	7.88
	/(t/hm²)	180	5.80	8.00	8.48
		240	6.34	8.46	8.46
	穗数	120	364.01	458.23	509.27
	/(10⁴/hm²)	180	411.28	542.85	600.99
		240	462.14	611.98	684.10
	穗粒数	120	31.25	35.95	35.50
	(No/spike)	180	30.84	34.77	34.08
		240	30.39	33.53	31.91
	粒重	120	46.20	44.24	43.90
	/mg	180	45.64	42.21	41.32

续表 42-3

品种	产量及相关指标	种植密度（万 hm²）	氮肥水平/(kg/hm²)		
			0	180	240
		240	45.21	41.19	38.76
	收获指数	120	0.48	0.47	0.46
		180	0.48	0.47	0.46
		240	0.48	0.46	0.43
泰农 18	产量/(t/hm²)	135	5.96	7.13	7.63
		270	6.38	7.48	7.89
		405	6.90	7.88	7.84

　　氮肥水平和种植密度的互作效应对籽粒产量影响使得施氮 180 kg/hm² 与最高种植密度（济麦 22 的 240 万/hm² 和泰农 18 的 405 万/hm²）的减氮增密组合收获了和施氮 240 kg/hm² 与较高种植密度（济麦 22 的 180 万/hm² 和 240 万/hm²，泰农 18 的 270 万/hm² 和 405 万/hm²）的氮密组合相当水平的籽粒产量，表明在较低施氮量条件下通过增加种植密度，仍然可以获得与高施氮条件下持平的籽粒产量。

42.1.2　氮肥水平和种植密度互作对冬小麦氮素利用率及其相关指标的影响

1. 氮素利用率及其相关指标分析

　　氮肥水平和种植密度的主效应及其互作效应显著影响冬小麦氮素利用率、氮素吸收效率和氮素利用效率（表 42-4）。

表 42-4

氮肥水平和种植密度对冬小麦氮素利用率及其相关指标影响的方差分析

品种	因素	氮素利用率/(kg/kg)	氮素吸收效率/%	氮素利用效率/(kg/kg)	地上部氮素积累量/(kg/hm²)	氮素收获指数/%	籽粒氮素含量/%
济麦 22	氮肥水平（N）	2 639.93***	1 096.35***	464.16***	1 056.94***	41.75***	150.84***
	种植密度（D）	240.21***	341.69***	5.17*	353.74***	2.44	6.56**
	年份（Y）	19.56*	564.91**	359.87**	81.60*	65.54*	40.20*
	N×D	71.31***	14.23***	7.92***	17.43***	1.27	6.57***
	N×Y	1.22	57.61***	50.24***	58.55***	2.26	27.01***
	D×Y	23.76***	13.61***	0.00	16.32***	1.18	1.04
	N×D×Y	6.03**	2.21	0.29	1.42	0.08	0.44
泰农 18	氮肥水平（N）	2 688.36***	1 241.33***	368.75***	1 044.53***	17.52**	204.82***
	种植密度（D）	99.57***	147.61***	6.74**	172.80***	1.53	5.97**
	年份（Y）	12.96	182.05**	94.65*	18.52*	75.28*	0.11
	N×D	36.73***	7.14***	7.72***	7.03***	1.13	5.61**
	N×Y	1.10	3.25	0.74	33.87***	0.47	0.99
	D×Y	2.64	1.83	0.91	0.29	0.57	0.18
	N×D×Y	3.77*	3.95*	0.17	3.24*	0.05	0.16

　　施用氮肥后济麦 22 和泰农 18 的氮素利用率分别降低了 60.86％和 60.99％,而作为氮素利用率的两个组分的氮素吸收效率分别降低了 45.79％和 46.69％,氮素利用效率分别降低了 28.91％和 26.86％(表 42-5)。虽然施用氮肥后济麦 22 和泰农 18 的地上部氮素积累量分别增加了 90.96％和 89.61％,但其供氮量相对于不施氮肥的 97.99 kg/hm² 平均增加了 249.19％(342.15 kg/hm²),从而导致了施氮后氮素吸收效率的降低。施用氮肥后济麦 22 和泰农 18 的氮素收获指数分别降低了 10.10％和 6.45％,而籽粒氮素含量平均升高了 24.62％和 28.65％,从而导致了施氮后氮素利用效率的下降。将施氮量从 240 kg/hm² 降低至 180 kg/hm²,济麦 22 和泰农 18 的氮素利用率分别增加了 20.47％和 22.59％,作为氮素利用率的两个组分的氮素吸收效率分别增加了 7.14％和 9.04％,氮素利用效率分别增加了 12.43％和 12.20％。减少氮肥投入后虽然济麦 22 和泰农 18 的地上部氮素积累量降低了 14.89％和 13.46％,但总氮素供应量平均降低了 21.11％,由此低氮水平下提高了氮素吸收效率;减少氮肥投入后济麦 22 和泰农 18 的氮素收获指数分别提高了 4.52％和 3.65％,籽粒氮素含量分别降低了 7.00％和 7.78％,从而提高了氮素利用效率(表 42-5)。

表 42-5

氮肥水平和种植密度对冬小麦氮素利用率及其相关指标的影响

品种	处理	氮素利用率/(kg/kg)	氮素吸收效率/%	氮素利用效率/(kg/kg)	地上部氮素积累量/(kg/hm²)	氮素收获指数/%	籽粒氮素含量/%
济麦 22	氮肥水平/(kg/hm²)						
	0	53.93a	135.95a	40.52a	130.44c	79.24a	1.99c
	180	23.07b	76.24b	30.49b	229.06b	72.81b	2.39b
	240	19.15c	71.16c	27.12c	269.12a	69.66c	2.57a
	种植密度/(万/hm²)						
	120	29.44c	86.55c	33.06a	191.42c	74.22a	2.29b
	180	32.28b	94.87b	32.80a	211.09b	74.21a	2.32ab
	240	34.43a	101.92a	32.27b	226.12a	73.27a	2.35a
	年份						
	2012	32.87a	106.08a	29.74b	222.65a	70.88b	2.40a
	2013	31.23b	82.80b	35.68a	196.43b	76.91a	2.23b
泰农 18	氮肥水平/(kg/hm²)						
	0	53.18a	127.78a	41.72a	121.49c	80.27a	1.92c
	180	22.85b	71.06b	32.27b	213.74b	76.44b	2.37b
	240	18.64c	65.17c	28.76c	246.98a	73.75c	2.57a
	种植密度/(万/hm²)						
	135	30.00c	83.27c	34.59a	183.04c	77.20a	2.27b
	270	31.45b	87.42b	34.41a	193.37b	76.94a	2.28b
	405	33.23a	93.32a	33.76b	205.80a	76.32a	2.32a
	年份						
	2012	32.20a	94.04a	32.63b	197.78a	73.42b	2.29a
	2013	30.92a	81.97b	35.87a	188.36b	80.23a	2.28a

将济麦 22 和泰农 18 的种植密度分别由 120 万/hm² 增加至 240 万/hm² 和由 135 增加至 405 万/hm²，氮素利用率分别增加了 16.95％和 10.77％，而作为氮素利用率的两个组分的氮素吸收效率分别提高了 17.76％和 12.07％，氮素利用效率分别降低了 2.39％和 2.40％（表 42-5），大幅提高的氮素吸收效率弥补了氮素利用效率的降低，从而提高了氮素利用率。增加种植密度后地上部氮素积累量的提高是氮素吸收效率提高的主要原因，而籽粒氮素含量的上升则导致了氮素利用效率的降低。

氮肥水平和种植密度的互作效应对于氮素利用率的影响主要体现在不同氮肥水平下冬小麦氮素利用率及相关指标对种植密度的响应的不同（表 42-6）。在不施氮和施氮 180 kg/hm² 条件下，氮素利用率随种植密度增加而提高，而在施氮 240 kg/hm² 条件下，氮素利用率随种植密度增加呈现先增加后持平的趋势，且随着施氮量的增加，增加种植密度后氮素利用率的增加效应逐渐降低。将济麦 22 和泰农 18 的种植密度分别由 120 万/hm² 增加至 240 万/hm² 和由 135 万/hm² 增加至 405 万/hm²，在不施氮和施氮 180 kg/hm² 条件下，济麦 22 氮素利用率分别提高 21.07％和 16.20％，泰农 18 分别提高 13.92％和 9.74％。在施氮 240 kg/hm² 条件下，将济麦 22 和泰农 18 的种植密度分别由 120 万/hm² 增加至 180 万/hm² 和由 135 万/hm² 增加至 270 万/hm²，氮素利用率分别提高 7.16％和 3.29％，然而继续增加种植密度，氮素利用率并未再继续增加。

表 42-6

种植密度和氮肥互作对冬小麦氮素利用率及其相关指标的影响

品种	氮素利用率及相关指标	种植密度/(万/hm²)	施氮水平/(kg/hm²)		
			0	180	240
J22	氮素利用率/(kg/kg)	120	48.80	21.23	18.29
		180	53.93	23.31	19.60
		240	59.08	24.67	19.55
	氮素吸收效率/%	120	125.36	68.72	65.57
		180	135.90	76.99	71.74
		240	146.58	83.01	76.17
	氮素利用效率/(kg/kg)	120	40.02	31.10	28.06
		180	40.49	30.41	27.49
		240	41.04	29.96	25.81
	地上部氮素积累量/(kg/hm²)	120	120.71	206.11	247.44
		180	130.32	231.47	271.47
		240	140.28	249.62	288.45
	籽粒氮素含量/%	120	2.01	2.36	2.50
		180	1.99	2.40	2.56
		240	1.97	2.42	2.65
T18	氮素利用率/(kg/kg)	135	49.99	21.77	18.24
		270	52.62	22.89	18.84
		405	56.95	23.89	18.84
	氮素吸收效率/%	135	121.54	66.59	61.68
		270	126.25	70.99	65.04
		405	135.57	75.61	68.80
	氮素利用效率/(kg/kg)	135	41.22	32.83	29.72
		270	41.80	32.34	29.08
		405	42.14	31.67	27.49
	地上部氮素积累量/(kg/hm²)	135	115.38	200.12	233.61
		270	120.04	213.55	246.50
		405	129.04	227.52	260.80

续表 42-6

品种	氮素利用率及相关指标	种植密度/(万/hm²)	施氮水平/(kg/hm²)		
			0	180	240
	籽粒氮素含量/%	135	1.94	2.35	2.51
		270	1.92	2.37	2.55
		405	1.91	2.39	2.65

施氮 180 kg/hm² 与两品种最高种植密度(济麦 22 的 240 万/hm² 和泰农 18 的 405 万/hm²)的减氮增密组合收获了和施氮 240 kg/hm² 与较高种植密度(济麦 22 的 180 万/hm² 和 240 万/hm²,泰农 18 的 270 万和 405 万/hm²)的氮密组合相当水平的籽粒产量,但其氮素利用率平均比高氮水平高 26.42%,氮素利用率的提高主要源于减氮增密组合处理下平均比高氮处理高 12.61% 的氮素吸收效率和高 12.19% 的氮素利用效率。

2. 氮素利用率及其相关指标的相关性分析

如表 42-7 所示,在各施氮水平下,氮素利用率与氮素吸收效率均呈显著正相关,且氮素吸收效率与地上部氮素积累量呈显著正相关关系,而在高施氮水平下,氮素利用率还与氮素利用效率呈显著负相关关系,氮肥利用效率与地上部氮素积累量呈显著负相关关系,表明在不同氮肥水平下,提高种植密度主要是通过提高地上部氮素积累量,提高氮素吸收效率,实现了氮素利用率的提高。而在较高氮肥水平下,较高的地上部氮素积累量虽然提高了氮素吸收效率,但是也降低了氮素利用效率,降低了单位地上部氮素积累量生产籽粒的能力,降低的氮素利用效率也不利于氮素利用率的提高。

表 42-7

相同供氮水平下氮素利用率相关指标的相关分析

施氮水平/(kg/hm²)	指标	氮素吸收效率	氮素利用效率	地上部氮素积累量	氮素收获指数	籽粒氮素含量
0	氮素利用率	0.61*	−0.13	0.47	−0.17	0.12
	氮素吸收效率		−0.86**	0.97**	−0.69*	0.84**
	氮素利用效率			−0.92**	0.77**	−0.97**
180	氮素利用率	0.82**	−0.46	0.92**	−0.38	0.79**
	氮素吸收效率		−0.88**	0.81**	−0.84**	0.95**
	氮素利用效率			−0.49	0.994**	−0.83**
240	氮素利用率	0.96**	−0.85**	0.46	−0.88**	0.19
	氮素吸收效率		−0.97**	0.59*	−0.93**	0.36
	氮素利用效率			−0.66*	0.93**	−0.46

注:* 和 ** 分别代表 5%(P<0.05)和 1%(P<0.01)显著水平;下同。

相同种植密度下氮素利用率相关指标的相关性分析表明,氮素利用率与氮素吸收效率呈显著正相关关系,而与地上部氮素积累量呈显著负相关关系,氮素利用率与氮素利用效率也呈显著正相关关系,表明增加氮肥投入条件下,氮素利用率的降低主要与氮素吸收效率和氮素利用效率的降低有关(表 42-8)。增加氮肥投入虽然有利于提高地上部氮素积累量,但地上部氮素积累量增加的比例低于总供氮量增加的比例,从而降低了氮素吸收效率,不利于提高氮素利用率。

表 42-8

相同种植密度下氮素利用率及相关指标的相关分析

品种	密度/ (万/hm²)	指标	氮素吸收 效率	氮素利用 效率	地上部氮 素积累量	氮素收获 指数	籽粒氮素 含量
济麦 22	120	氮素利用率	0.93**	0.76*	−0.85*	0.60	−0.77*
		氮素吸收效率		0.42	−0.60	0.34	−0.49
		氮素利用效率			−0.97**	0.86*	−0.98**
	180	氮素利用率	0.93**	0.82*	−0.93**	0.73	−0.84*
		氮素吸收效率		0.56	−0.74	0.52	−0.60
		氮素利用效率			−0.96**	0.87*	−0.99**
	240	氮素利用率	0.93**	0.87*	−0.96**	0.83*	−0.88*
		氮素吸收效率		0.64	−0.80	0.65	−0.66
		氮素利用效率			−0.97**	0.91*	−0.99**
泰农 18	135	氮素利用率	0.98**	0.92*	−0.97**	0.45	−0.98**
		氮素吸收效率		0.83*	−0.92*	0.29	−0.95*
		氮素利用效率			−0.97**	0.76	−0.95*
	270	氮素利用率	0.99**	0.94**	−0.96**	0.54	−0.98**
		氮素吸收效率		0.86*	−0.91*	0.39	−0.95*
		氮素利用效率			−0.97**	0.78	−0.96*
	405	氮素利用率	0.99**	0.94**	−0.95**	0.66	−0.97**
		氮素吸收效率		0.88*	−0.90*	0.52	−0.94*
		氮素利用效率			−0.98**	0.85*	−0.97**

上述相关分析表明,在各施氮水平下,提高种植密度主要是通过提高了地上部氮素积累量提高了氮素吸收效率,从而提高了氮素利用率。而综合产量因素,在维持较高籽粒产量的前提下,总供氮量较低的施氮 180 kg/hm² 处理的地上部氮素积累量仍可满足植株生产需要。然而,提高种植密度如何提高了地上部氮素积累量,而不同氮肥水平下地上部氮素积累量出现差异的原因还有待进一步研究。

42.1.3　氮肥水平和种植密度对不同土层氮素吸收的影响

为研究不同施氮水平和种植密度下不同土层的氮素吸收情况,将稳定性同位素 ^{15}N 标记的尿素放在 20,60 和 100 cm 的土壤深度上,用以分析了冬小麦植株在 180 和 240 kg/hm² 施氮水平和不同种植密度处理下 0～40,40～80 和 80～120 cm 土层内的氮素吸收情况。

在各处理内,^{15}N 吸收量均随着标记层次的下移而逐渐降低。在同一氮肥水平下,两品种在各个土层内的 ^{15}N 吸收量均随着种植密度的增加而增加,相对于最低密度的绝对增加量和相对增加比例均随着土层下移而增加,施氮 180 kg/hm² 条件下 ^{15}N 吸收量增加效应更为明显。

如图 42-1 所示,对济麦 22 而言,在施氮 180 kg/hm² 的条件下,与 120 万/hm² 种植密度相比,180 万/hm² 种植密度对 20,60 和 100 cm 处标记 ^{15}N 的吸收量分别增加了 2.04,3.02 和 3.66 kg/hm²,增加比例分别为 9.37%,19.54% 和 35.89%,240 万/hm² 种植密度分别增加了 2.97,4.23 和 5.31 kg/hm²,增加比例分别为 13.60%,27.36% 和 52.07%;在施氮量 240 kg/hm² 条件下,与 120 万/hm² 种植密度

相比,180 万/hm² 种植密度对 20,60 和 100 cm 处标记 ^{15}N 的吸收量分别增加了 2.06,2.41 和 2.75 kg/hm²,增加比例分别为 8.28%,14.63% 和 29.20%,240 万/hm² 种植密度分别增加了 2.53, 3.24 和 3.86 kg/hm²,增加比例为 10.17%,19.67% 和 40.97%。

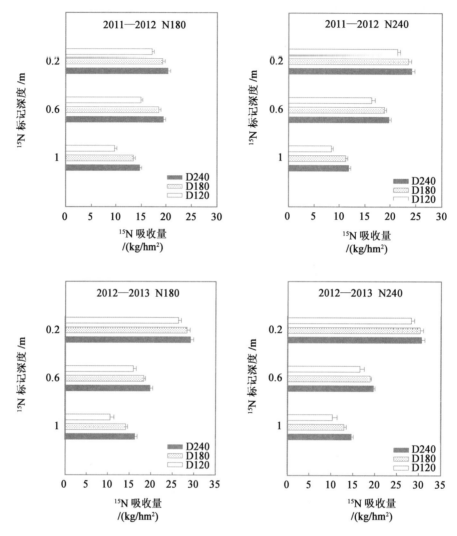

图 42-1 不同种植密度在 180 和 240 kg/hm² 氮肥水平下对不同土壤深度标记 ^{15}N 吸收量的影响(济麦 22)

如图 42-2 所示,对泰农 18 而言,在施氮量 180 kg/hm² 的条件下,与 135 万/hm² 种植密度相比,270 万/hm² 种植密度对 20,60 和 100 cm 处标记 ^{15}N 的吸收量分别增加了 1.37,1.70 和 2.84 kg/hm²,增加比例分别为 6.85%,13.47% 和 49.23%,405 万/hm² 种植密度分别增加了 2.30, 2.69 和 3.62 kg/hm²,增加比例分别为 11.52%,21.27% 和 62.85%;在施氮量 240 kg/hm² 条件下, 与 135 万/hm² 种植密度相比,270 万/hm² 种植密度对 20,60 和 100 cm 处标记 ^{15}N 的吸收量分别增加了 0.98,1.52 和 2.35 kg/hm²,增加比例分别为 4.01%,10.68% 和 44.77%,405 万/hm² 种植密度分别增加了 分别增加了 1.41,2.36 和 2.59 kg/hm²,增加比例分别为 5.73%,16.62% 和 49.26%。

由此表明,增加种植密度主要是通过促进植株对于各个土层,尤其是下层土壤中的氮素吸收,从而提高了地上部氮素积累量,提高氮素吸收效率。

如图 42-3 所示,在各种植密度条件下,施氮 180 kg/hm² 在 0~40 cm 土层的 ^{15}N 吸收量显著低于施氮 240 kg/hm² 处理,在 40~80 cm 土层各种植密度表现略有差异,但在 80~120 cm 土层的 ^{15}N 吸收

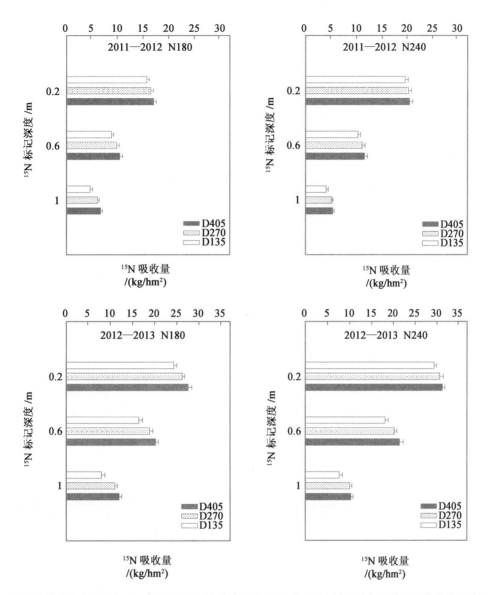

图 42-2　不同种植密度在 180 kg/hm² 和 240 kg/hm² 施肥水平下对不同土壤深度标记¹⁵N 吸收量的影响(泰农 18)

量显著高于施氮 240 kg/hm² 处理。但在 0～40 和 40～80 cm 土层中,施氮 180 kg/hm² 处理相对于施氮 240 kg/hm² 处理的¹⁵N 吸收的绝对降低量随种植密度增加而呈下降趋势,在 80～120 cm 土层施氮 180 kg/hm² 处理相对于施氮 240 kg/hm² 处理的¹⁵N 吸收的绝对增加量随种植密度增加而呈上升趋势。

　　与施氮 180 kg/hm² 处理相比,在施氮 240 kg/hm² 条件下,济麦 22 的 120 万,180 万和 240 万/hm² 种植密度对 20 cm 处标记¹⁵N 的吸收量增加了 3.07,3.09 和 2.63 kg/hm²,增加比例分别为 14.06%,12.93% 和 10.61%;在 100 cm 处标记的¹⁵N 吸收量降低了 0.78,1.68 和 2.23 kg/hm²,降低比例分别为 7.60%,12.15% 和 14.35%;在 60 cm 标记处,2011—2012 年济麦 22 的 120 万/hm² 种植密度¹⁵N 的吸收量增加了 1.34 kg/hm²,增加比例为 8.89%,而 180 万和 240 万/hm² 种植密度¹⁵N 的吸收量在两个氮肥水平间差异并不显著,2012—2013 年济麦 22 的 120 万和 180 万/hm² 种植密度¹⁵N 的吸收量增加了 0.72 和 0.60 kg/hm²,增加比例分别为 4.52% 和 3.28%,而 240 万/hm² 种植密度¹⁵N 的吸收量在两个氮肥水平间差异并不显著。在施氮 240 kg/hm² 条件下,泰农 18 的 135 万,270 万和 405 万/hm² 种植密度比施 180 kg/hm² 对在 20 cm 处标记¹⁵N 的吸收量

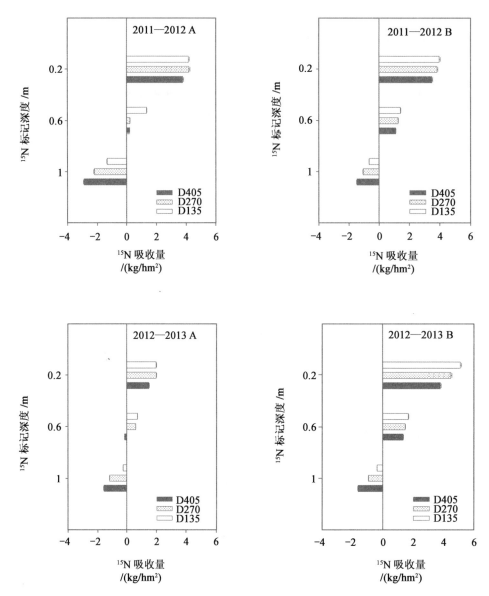

图 42-3 不同种植密度在氮肥水平为 **240** 和 **180 kg/hm²** 标记¹⁵N 吸收量的差值

增加了 4.54,4.15 和 3.64 kg/hm²,增加比例分别为 22.68%,19.41% 和 16.31%;对 60 cm 处标记¹⁵N 的吸收量增加了 1.55,1.37 和 1.22 kg/hm²,增加比例分别为 12.28%,9.52% 和 7.97%;而对 100 cm 处标记¹⁵N 的吸收量降低了 0.51,1.00 和 1.55 kg/hm²,降低比例分别为 8.87%,11.59% 和 16.48%。

由此表明,降低氮肥投入虽然降低了土壤上层的氮素吸收量,但同时也促进了冬小麦植株对于深层次土壤中的氮素吸收,并且增加种植密度更有利于促进植株对于深层次土壤氮素的吸收,从而在减氮增密的栽培组合下获得较高的氮素积累,维持植株生长和籽粒生产。

42.1.4 氮肥水平和种植密度对冬小麦花前贮藏氮素转运和花后氮素吸收的影响

1. 花前贮藏氮素转运和花后氮素吸收分析

氮肥水平和种植密度显著影响冬小麦籽粒氮素积累量,花前贮藏氮素向籽粒的转运和花后的氮素吸收(表 42-9)。

表 42-9

氮肥水平和种植密度对冬小麦籽粒氮素积累、花前贮藏氮素向籽粒转运和花后吸收影响的方差分析

品种	因素	籽粒氮素积累量	花前氮素转运			花后氮素吸收	
			转运量	转运率	对籽粒贡献率	吸收量	对籽粒贡献率
济麦 22	氮肥水平（N）	***	***	***	***	***	***
	种植密度（D）	***	***	**	*	***	*
	年份（Y）	***	***	***	***	***	***
	N×D	**	**	ns	ns	***	ns
	N×Y	***	***	***	***	***	***
	D×Y	***	*	ns	ns	***	ns
	N×D×Y	ns	ns	ns	ns	**	ns
泰农 18	氮肥水平（N）	***	***	***	***	***	***
	种植密度（D）	***	***	*	*	***	*
	年份（Y）	***	***	***	***	***	***
	N×D	ns	*	ns	ns	***	ns
	N×Y	***	***	***	***	***	***
	D×Y	ns	ns	ns	ns	ns	ns
	N×D×Y	ns	*	ns	ns	ns	ns

　　从不施氮增加至施氮 240 kg/hm² ，冬小麦籽粒氮素积累量、花前贮藏氮素向籽粒的转运量和花后氮素吸收量均显著提高，花前氮素转运率和花前氮素转运对籽粒的贡献率显著降低，而花后氮素吸收对籽粒的贡献率显著提高（表 42-10）。将济麦 22 和泰农 18 的种植密度分别由 120 万/hm² 增加至 240 万/hm² 和由 135 万/hm² 增加至 405 万/hm² ，两品种的籽粒氮素积累量、花前贮藏氮素向籽粒的转运量和花后氮素吸收量均显著提高。花前氮素转运率和花前氮素转运对籽粒的贡献率在较低的两种植密度间（济麦 22 的 120 万和 180 万/hm² ，泰农 18 的 135 万和 270 万/hm² ）均无显著差异，但显著高于最高种植密度处理（济麦 22 的 240 万/hm² ，泰农 18 的 405 万/hm² ），花后氮素吸收对籽粒的贡献率在较低的两种植密度间亦无显著差异，但显著低于最高种植密度处理（表 42-10）。

　　氮肥水平和种植密度的互作效应显著影响了冬小麦籽粒氮素积累量（泰农 18 除外）、花前贮藏氮素向籽粒的转运量和花后氮素吸收量（表 42-11）。籽粒氮素积累量随着施氮水平和种植密度的增加均呈现上升趋势，所以高氮高密组合的籽粒氮素积累量最高。氮肥水平和种植密度的互作效应对于花前贮藏氮素向籽粒的转运量的影响主要是指在施氮 240 kg/hm² 条件下，氮素转运量在较高的两个种植密度间（济麦 22 的 180 万和 240 万/hm² ，泰农 18 的 270 万和 405 万/hm² ）均无显著差异，而在花后吸收方面，在不施氮水平下，各种植密度间的差异显著低于施用氮肥处理。

　　开花前植株贮藏的氮素向籽粒的转运是成熟期籽粒氮素积累的重要组成部分，较高的花前氮素转运有利于植株体内氮素的再分配利用，提高氮素收获指数和氮素利用效率，但大量的氮素转运亦容易造成植株早衰，光合能力迅速下降，从而导致干物质生产和籽粒产量的降低。增施氮肥或者增加种植密度虽然降低了花前贮藏氮素向籽粒运转的转运率及其对籽粒的贡献率，但在花后氮素吸收量显著增加的前提下，较低的花前氮素转运率有利于延缓小麦叶片衰老，维持冠层光合性能，确保产量形成。

表 42-10

氮肥水平和种植密度对冬小麦籽粒氮素积累、花前贮藏氮素向籽粒转运和花后氮素吸收的影响

品种	处理	籽粒氮素积累量/(kg/hm²)	花前氮素转运			花后氮素吸收	
			转运量/(kg/hm²)	转运率/%	对籽粒贡献率/%	吸收量/(kg/hm²)	对籽粒贡献率/%
济麦 22	氮肥水平/(kg/hm²)						
	0	102.79c	88.57c	76.52a	85.45a	14.22c	14.55c
	180	166.52b	130.71b	68.10b	78.66b	35.81b	21.35b
	240	187.22a	135.40a	62.52c	72.41c	51.82a	27.59a
	种植密度/(万/hm²)						
	120	139.71c	109.62c	69.62a	79.49a	30.08c	20.51b
	180	154.18b	120.44b	69.51a	79.15a	33.74b	20.85b
	240	162.64a	124.62a	68.02b	77.87b	38.03a	22.13a
	年份						
	2012	155.67a	124.90a	66.24b	81.12a	30.76b	18.88b
	2013	148.69b	111.55b	71.85a	76.56b	37.14a	23.44a
泰农 18	氮肥水平/(kg/hm²)						
	0	96.99c	84.04c	78.04a	86.15a	13.24c	13.85c
	180	163.54b	128.35b	72.01b	78.59b	35.21b	21.41b
	240	182.15a	137.67a	68.00c	75.67c	44.25a	24.34a
	种植密度/(万/hm²)						
	135	140.05c	111.43c	73.18a	80.56a	28.57c	19.44b
	270	147.26b	117.37b	72.98a	80.72a	30.03b	19.28b
	405	155.36a	121.26a	71.90b	79.12b	34.10a	20.88a
	年份						
	2012	145.45b	118.24a	69.47b	82.37a	27.27b	17.63b
	2013	149.66a	115.13b	75.91a	77.90b	34.53a	22.10a

表 42-11

氮密互作对冬小麦籽粒氮素积累、花前贮藏氮素向籽粒转运和花后氮素吸收的影响

品种	籽粒氮素相关指标/(kg/hm²)	种植密度/(万/hm²)	施氮水平/(kg/hm²)		
			0	180	240
济麦 22	籽粒氮素积累量	120	94.50	150.93	173.69
		180	102.94	168.81	190.80
		240	110.93	179.81	197.18
	花前氮素转运量	120	81.74	120.01	127.13
		180	88.64	133.40	139.29
		240	95.33	138.73	139.79

续表 42-11

品种	籽粒氮素相关指标 /(kg/hm²)	种植密度 /(万/hm²)	施氮水平/(kg/hm²)		
			0	180	240
	花后氮素吸收量	120	12.76	30.93	46.57
		180	14.31	35.41	51.51
		240	15.60	41.09	57.39
泰农 18	花前氮素转运量	135	79.49	121.96	132.85
		270	83.42	128.77	139.92
		405	89.21	134.33	140.24
	花后氮素吸收量	135	12.49	32.31	40.91
		270	12.86	34.69	42.54
		405	14.39	38.62	49.30

2. 氮素利用率相关指标与花前贮藏氮素转运和花后氮素吸收的相关分析

无论在何种施氮水平或种植密度条件下,成熟期籽粒氮素积累量与地上部氮素积累量均呈现显著正相关关系(表 42-12 至表 42-14),表明了籽粒氮素积累之于地上部氮素积累总量的重要性,同时也表明优化籽粒氮素积累是提高地上部氮素积累总量的有效途径。

表 42-12

相同氮肥水平下籽粒氮素积累、花前贮藏氮素向籽粒转运和花后氮素吸收相关指标与氮素利用率相关指标的相关性分析

施氮水平 /(kg/hm²)	指标	籽粒氮素积累量	花前氮素转运			花后氮素吸收	
			转运量	转运率	对籽粒贡献率	吸收量	对籽粒贡献率
0	籽粒氮素积累		0.99**	−0.74**	0.81**	−0.09	−0.81**
	氮素利用率	0.51	0.46	−0.18	0.17	0.42	−0.17
	氮素吸收效率	0.98**	0.96**	−0.67*	0.69**	0.09	−0.69**
	氮素利用效率	−0.91**	−0.92**	0.73**	−0.80**	0.20	0.80**
	地上部氮素积累量	1.00**	1.00**	−0.79**	0.85**	−0.16	−0.85**
	氮素收获指数	−0.78**	−0.83**	0.98**	−0.93**	0.58*	0.93**
	籽粒氮素含量	0.86**	0.84**	−0.58*	0.64*	0.00	−0.64*
180	籽粒氮素积累		0.93**	0.24	−0.77**	0.91**	0.77**
	氮素利用率	0.69**	0.86**	−0.43	−0.12	0.39	0.12
	氮素吸收效率	0.23	0.51	−0.86**	0.38	−0.12	−0.38
	氮素利用效率	0.22	−0.06	0.99**	−0.69**	0.52	0.69**
	地上部氮素积累量	0.73**	0.87**	−0.48	−0.20	0.46	0.20
	氮素收获指数	0.3	0.02	1.00**	−0.73**	0.57*	0.73**
	籽粒氮素含量	0.29	0.58*	−0.79**	0.29	−0.04	−0.29

续表 42-12

施氮水平 /(kg/hm²)	指标	籽粒氮素 积累量	花前氮素转运			花后氮素吸收	
			转运量	转运率	对籽粒 贡献率	吸收量	对籽粒 贡献率
240	籽粒氮素积累		0.90**	0.30	−0.69**	0.90**	0.69**
	氮素利用率	−0.28	−0.26	−0.84**	0.20	−0.25	−0.20
	氮素吸收效率	−0.20	−0.28	−0.92**	−0.01	−0.09	0.01
	氮素利用效率	0.13	0.29	0.95**	0.20	−0.06	−0.20
	地上部氮素积累量	0.64*	0.42	−0.53	−0.70**	0.74**	0.70**
	氮素收获指数	0.40	0.55*	0.99**	0.03	0.17	−0.03
	籽粒氮素含量	0.64*	0.56*	−0.17	−0.47	0.58*	0.47

表 42-13

济麦 22 在相同种植密度下籽粒氮素积累、花前贮藏氮素向籽粒转运和花后氮素吸收相关指标与氮素利用率相关指标的相关性分析

密度 /(万/hm²)	指标	籽粒氮素 积累量	花前氮素转运			花后氮素吸收	
			转运量	转运率	对籽粒 贡献率	吸收量	对籽粒 贡献率
120	籽粒氮素积累量		0.97**	−0.79*	−0.72	0.91**	0.72
	氮素利用率	−0.86*	−0.76*	0.72	0.88**	−0.91**	−0.88**
	氮素吸收效率	−0.62	−0.46	0.49	0.90**	−0.80*	−0.90**
	氮素利用效率	−0.95**	−0.98**	0.87*	0.52	−0.76*	−0.52
	地上部氮素积累量	0.98**	0.95**	−0.89**	−0.71	0.89**	0.71
	氮素收获指数	−0.72	−0.73	0.98**	0.44	−0.60	−0.44
	籽粒氮素含量	0.99**	0.99**	−0.78*	−0.60	0.84*	0.60
180	籽粒氮素积累量		0.97**	−0.74	−0.71	0.92**	0.71
	氮素利用率	−0.91**	−0.84*	0.81*	0.83*	−0.92**	−0.83*
	氮素吸收效率	−0.74	−0.61	0.64	0.91**	−0.87*	−0.91**
	氮素利用效率	−0.91**	−0.94**	0.88**	0.49	−0.77*	−0.49
	地上部氮素积累量	0.98**	0.95**	−0.86*	−0.71	0.90**	0.71
	氮素收获指数	−0.67	−0.67	0.98**	0.45	−0.58	−0.45
	籽粒氮素含量	0.96**	0.97**	−0.82*	−0.56	0.81*	0.56
240	籽粒氮素积累量		0.96**	−0.82*	−0.78*	0.92**	0.78*
	氮素利用率	−0.94**	−0.85*	0.89**	0.86*	−0.92**	−0.86*
	氮素吸收效率	−0.78*	−0.62	0.76*	0.92**	−0.89**	−0.92**
	氮素利用效率	−0.93**	−0.94**	0.91**	0.61	−0.77*	−0.61
	地上部氮素积累量	0.98**	0.94**	−0.91**	−0.78*	0.90**	0.78*
	氮素收获指数	−0.75	−0.74	0.98**	0.57	−0.66	−0.57
	籽粒氮素含量	0.96**	0.95**	−0.89**	−0.68	0.83*	0.68

表 42-14

泰农 18 在相同种植密度下籽粒氮素积累、花前贮藏氮素向籽粒转运和花后氮素吸收相关指标与氮素利用率相关指标的相关性分析

密度 /(万/hm²)	指标	籽粒氮素 积累量	花前氮素转运			花后氮素吸收	
			转运量	转运率	对籽粒 贡献率	吸收量	对籽粒 贡献率
135	籽粒氮素积累量		0.99**	−0.57	−0.79*	0.96**	0.79*
	氮素利用率	−0.97**	−0.95**	0.62	0.84*	−0.95**	−0.84*
	氮素吸收效率	−0.95**	−0.91**	0.49	0.91**	−0.97**	−0.91**
	氮素利用效率	−0.90**	−0.91**	0.87*	0.63	−0.80*	−0.63
	地上部氮素积累量	0.98**	0.98**	−0.73	−0.74	0.92**	0.74
	氮素收获指数	−0.41	−0.48	0.97**	0.07	−0.24	−0.07
	籽粒氮素含量	0.97**	0.96**	−0.7	−0.82*	0.95**	0.82*
270	籽粒氮素积累量		0.99**	−0.64	−0.80*	0.97**	0.80*
	氮素利用率	−0.96**	−0.93**	0.71	0.89**	−0.96**	−0.89**
	氮素吸收效率	−0.93**	−0.89**	0.59	0.94**	−0.97**	−0.94**
	氮素利用效率	−0.92**	−0.92**	0.89**	0.71	−0.86*	−0.71
	地上部氮素积累量	0.98**	0.98**	−0.77*	−0.77*	0.94**	0.77*
	氮素收获指数	−0.49	−0.54	0.97**	0.21	−0.36	−0.21
	籽粒氮素含量	0.97**	0.95**	−0.74	−0.85*	0.96**	0.85*
405	籽粒氮素积累量		0.98**	−0.74	−0.74	0.94**	0.74
	氮素利用率	−0.95**	−0.88**	0.80*	0.86*	−0.95**	−0.86*
	氮素吸收效率	−0.92**	−0.83*	0.69	0.92**	−0.96**	−0.92**
	氮素利用效率	−0.93**	−0.90**	0.93**	0.71	−0.87*	−0.71
	地上部氮素积累量	0.98**	0.96**	−0.85*	−0.73	0.92**	0.73
	氮素收获指数	−0.62	−0.66	0.97**	0.33	−0.49	−0.33
	籽粒氮素含量	0.95**	0.89**	−0.86*	−0.83*	0.95**	0.83*

　　如表 42-12 所示,在不施氮条件下,籽粒氮素积累量与花前氮素转运量呈显著正相关关系,而与花后氮素吸收量并无显著相关性,在施氮条件下籽粒氮素积累量与花前氮素转运量和花后氮素吸收量均呈显著正相关关系;在不施氮和施氮 180 kg/hm² 条件下,籽粒氮素含量与花前氮素转运量呈显著正相关关系,而与花后氮素吸收量无显著相关性,在施氮 240 kg/hm² 条件下,籽粒氮素含量与花前氮素转运量和花后氮素吸收量均呈显著正相关关系;地上部氮素积累量仅在施氮 240 kg/hm² 条件下与花后氮素吸收呈显著正相关关系,而在不施氮和施氮 180 kg/hm² 条件下无显著相关性。由此表明在低氮水平下,花前贮藏氮素向籽粒的转运是影响小麦籽粒氮素积累和氮素含量的重要因子,而在高氮水平下,花前氮素转运和花后氮素吸收都能显著影响籽粒氮素积累,并且花后氮素吸收对于地上部氮素积累量具有显著的影响。

如表 42-13、表 42-14 所示,在两品种的各个种植密度条件下,地上部氮素积累量和籽粒氮素积累量均与花前氮素转运量和花后氮素吸收量呈显著正相关关系,表明在增加氮肥投入条件下,花前贮藏氮素向籽粒转运量和花后氮素吸收量的增加是籽粒氮素积累量和地上部氮素积累量增加的主要原因。

在各氮肥水平或者两品种的各种植密度下,氮素收获指数和氮素利用效率均与花前贮藏氮素向籽粒运转的转运率呈显著正相关关系(表 42-12 至表 42-14),表明在较低氮肥水平或较低种植密度条件下,较高的花前氮素转运率是氮素收获指数和氮素利用效率维持较高水平的主要原因,优化花前氮素转运是提高氮素收获指数和氮素利用效率的有效途径。在两品种的各个种植密度条件下,氮素利用效率还与花后氮素吸收量呈显著负相关关系,表明增施氮肥虽然提高了花后氮素吸收和地上部氮素积累量,但同时也降低了单位地上部氮素积累量生产籽粒的能力。

综合氮素利用与花前氮素转运和花后氮素吸收的关系表明,在较低的氮肥或种植密度条件下,较高的花前氮素转运率提高了氮素利用效率,但其偏低的花后氮素吸收量降低了籽粒氮素积累和地上部氮素积累总量,不利于产量的形成。而高氮或高密条件下虽然花后吸收量较多,籽粒氮素积累和地上部氮素积累量较高,但同时也偏低了氮肥利用效率,且氮肥投入较高提高了生产成本。综合产量和氮素利用率,在施氮 180 kg/hm² 条件下,可以通过维持较高的花前氮素转运量从而优化籽粒氮素积累量,确保籽粒氮素积累和氮素含量,维持较高的氮素利用效率,结合增加种植密度的栽培措施,可以适当提高花后氮素吸收量,延缓低氮素水平下的叶片早衰,从而维持植株光合性能,确保产量形成。

42.1.5 播期对小麦产量及氮素利用率的影响

大田条件下,以泰农 18 为供试材料,在高(A1)、低(A2)两地力水平条件下,设置适度早播(10 月 1 日,B1)、传统播期(10 月 8 日,B2)和适度晚播(10 月 15 日,B3)三个播期,研究了不同地力水平下播期对小麦籽粒产量、氮素吸收效率、氮素利用效率、氮素利用率和抗倒性能的影响,以期在不同地力水平下明确小麦高产、高效、稳产的适宜播期并阐明其作用机制。

1. 不同地力条件下播期对小麦产量及产量构成因素的影响

地力水平显著或极显著影响冬小麦单位面积穗数、穗粒数、千粒重和籽粒产量,播期极显著地影响冬小麦单位面积穗数和穗粒数,但对千粒重和籽粒产量无显著影响。地力水平和播期的互作效应对产量和产量构成因素均无显著影响(表 42-15)。

表 42-15
冬小麦产量和产量构成因素的方差分析

变量	单位面积穗数	穗粒数	千粒重	籽粒产量
地力水平(A)	43.47*	298.06**	197.256**	311.93**
播期(B)	19.30***	15.30**	0.50	0.20
A×B	1.34	0.74	0.41	0.071

同一地力水平条件下,单位面积穗数随播期推迟而显著降低,除高地力水平下早播处理的单位面积穗数显著高于低地力水平外,其他播期各处理的单位面积穗数在两地力水平间差异不显著。同一地力水平下,穗粒数随播期推迟而显著增加;同一播期条件下高地力麦田的穗粒数均显著高于低地力水平麦田。同一地力水平下播期对千粒重无显著影响,而播期相同时高地力麦田的千粒重均显著低于低地力水平麦田。同一地力水平下籽粒产量在各播期间均无显著差异,而相同播期条件下高地力麦田的籽粒产量显著高于低地力水平麦田(表 42-16)。

表 42-16

地力水平和播期对籽粒产量及产量构成因素的影响

地力水平	播期/(月/日)	单位面积穗数 /(10⁴/hm²)	穗粒数 /(粒/穗)	千粒重 /g	籽粒产量 /(t/hm²)
高	10/1	719.00a	41.44cd	34.22b	9.18a
	10/8	685.33bc	43.06b	34.61b	9.21a
	10/15	664.66cd	44.80a	34.15b	9.17a
中	10/1	691.33b	39.63e	36.10a	8.58b
	10/8	683.67bc	40.26de	36.54a	8.69b
	10/15	644.33d	41.85bc	36.72a	8.63b

注：同一列不同字母代表处理间 5%($P<0.05$)水平差异显著。

2.不同地力条件下播期对小麦氮素吸收利用的影响

地力水平显著极影响冬小麦地上部氮素积累量、氮素吸收效率、籽粒含氮量、氮素利用效率和氮素利用率。播期极显著地影响冬小麦地上部氮素积累量、氮素吸收效率、氮素收获指数和氮素利用效率,但两因素的互作效应对氮素利用率及氮素利用相关指标均无显著影响(表 42-17)。同一地力水平下氮素利用率在各播期间无显著差异,而同播期高地力水平下氮素利用率均显著低于低地力水平(图 42-4)。

表 42-17

氮素利用率及相关指标的方差分析

变量	地上部氮素积累量	氮素吸收效率	氮素收获指数	籽粒含氮量	氮素利用效率	氮素利用率
地力水平(A)	372.28**	402.21**	2.46	179.84**	49.51**	1 546.50***
播期(B)	25.32***	23.57***	27.06***	1.58	36.70***	0.25
A×B	0.56	0.015	1.20	0.55	0.029	0.10

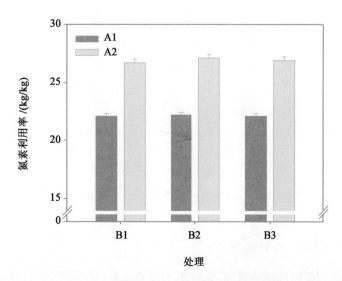

图 42-4　不同处理对小麦氮素利用率的影响

3.不同地力条件下播期对小麦抗倒伏性能的影响

地力水平和播期显著影响小麦灌浆期的茎秆重心高度、基部第二节间机械强度和抗倒指数。同一地力条件下，小麦重心高度随播期的推迟而降低；同播期高地力水平小麦重心高度均高于低地力水平（图 42-5）。

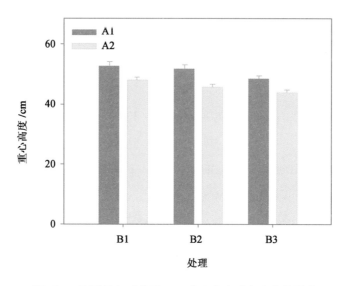

图 42-5　不同处理对花后 25 d 小麦茎秆重心高度的影响

低地力水平小麦基部第二节间机械强度高于高地力水平。同一地力水平条件下，早播和传统播期处理之间小麦第二节间机械强度差异不显著，而晚播显著高于早播和传统播期（图 42-6）。同一播期条件下，地力水平之间抗倒指数差异表现为低地力水平抗倒指数显著高于高地力水平，同一地力水平条件下，小麦抗倒指数随播期的推迟而显著升高（图 42-7）。

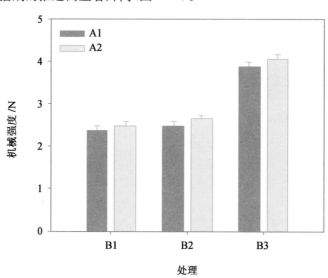

图 42-6　不同处理对小麦花后 25 d 基部第二节间机械强度的影响

42.1.6　冬小麦延播增密节氮增效技术集成

技术要点：针对冬前积温增加的生产实际，在原有适宜播期（10 月 5—8 日）的基础上，延迟 6～7 d；大穗型品种种植密度增加为其适宜成穗数的 1/2～2/3（225 万～300 万 hm²），中穗型品种增加为其适宜成穗数的 1/3～2/5(195 万～240 万 hm²);综合考虑土壤养分供应量、肥料利用率、收获籽粒养分带出量和秸秆还田的效应,每生产 100 kg 小麦籽粒的平均需氮量为 2.4～2.6 kg、需磷量 0.8～0.9 kg、需钾量 0.8～0.9 kg,以前三年平均产量加上 10%～15% 的增产量作为目标产量,根据目标产量计算总施肥量。应用该技术,可以实现产量和氮素利用效率的协同提高,节本增效。

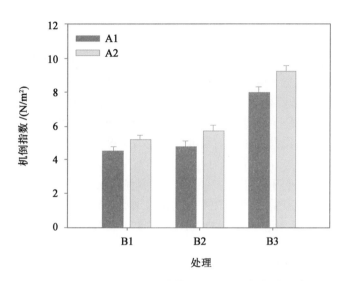

图 42-7　不同处理对小麦花后 25 d 抗倒指数的影响

42.2　山东省夏玉米养分管理技术创新与应用

42.2.1　山东省夏玉米生产中存在的主要问题

山东省小麦、玉米一年两熟,土地利用率高,玉米产量水平居于全国前列,但生长季节高温多雨,生产中存在以下突出问题:

1.种粮效益比较低,规模化经营和机械化生产水平亟待提高

据统计,2011 年全国玉米生产的纯利润平均仅有 3 945 元/hm²。越来越多的农村劳动力选择外出务工,造成劳动力流失,无人种地,粮食产量低,更多的人出去打工的恶性循环。土地种植规模小,机械化生产水平低下。亟须培育新型的农业经营主体,实现规模化经营,提高机械化生产水平和农业科技成果转化效率,实现玉米高产高效生产。

2.玉米新品种难以满足生产需求,种子质量有待于进一步提高

生产中缺乏高产稳产、综合抗逆性强尤其是抗玉米粗缩病毒病、耐密植、中早熟和适合机械化生产的玉米新品种。另外,种子加工质量差、发芽率低、纯度不达标,种子没有分级或者分级不标准,难以适应单粒精播技术的需求。

3.肥料管理技术不科学,氮素利用效率低

中低产田,施肥技术落后,肥料投入不足;高产田,肥料投入量过大,相应技术不配套,氮素利用效率低。

4.小麦玉米周年生产光温资源不足成为限制因素

山东省小麦玉米一年两熟,品种、茬口合理搭配,周年光温资源高效利用是小麦玉米周年高产的保证。近年来,春季低温影响小麦的成熟期推迟导致夏玉米的播期推迟,玉米花粒期又遭遇阴雨寡照的不利气候条件;另外,目前主推玉米品种生育期偏长,后期脱水慢,制约了夏玉米产量的进一步提高。

5. 土地可持续生产能力需进一步提高

长期以来,山东省玉米生产以化肥投入为主,地力衰退严重,有机质含量降低。由于耕作措施不到位或者长期免耕,造成土壤耕层变浅,不利于作物的生长发育。另外,田间基本设施年经失修,基本灌排设施不健全,难以保障玉米高产稳产。

42.2.2 关键技术创新

1. 合理土壤耕作,增施有机肥培肥地力

适宜的土壤耕作,小麦播前耕翻土壤、玉米播前免耕,可为玉米生长提供良好的土壤环境;小麦玉米双季秸秆还田,培肥地力,提高土地的可持续生产能力,实现小麦玉米周年生产的高产高效。

2011—2013 年,以郑单 958(ZD958)为试验材料,设置冬小麦播前旋耕夏玉米播前免耕(RN)、冬小麦播前翻耕夏玉米播前免耕(MN)、冬小麦播前翻耕夏玉米播前旋耕(MR)3 个试验处理,探讨冬小麦夏玉米周年生产条件下不同耕作方式对夏玉米抗倒伏能力及产量的影响。研究结果表明,MR 处理夏玉米的株高、穗位高增高,MN 与 MR 处理的地上第三茎节变粗,MN 处理的地上第三节间茎粗系数最大(表 42-18)。MR 与 MN 处理间抽雄期的基部茎节穿刺强度无显著差异,但较 RN 均显著增强,茎秆皮层厚度和维管束密度及维管束鞘面积较 RN 的也显著增大,茎秆伤流速率较 RN 分别提高 60.60% 和 46.70%,茎秆质量显著提高。此外,MN 与 MR 的根重和根冠比较 RN 显著提高,地上节根根条数与干重也显著提高(表 42-19)。MN 与 MR 较 RN 处理分别增产 26.33% 与 39.21%(表 42-20)。冬小麦播前翻耕可显著提高夏玉米产量及抗倒伏能力。

表 42-18

不同耕作方式对夏玉米茎秆性状的影响

年份	处理	株高/cm	穗位/cm	茎粗/cm	穗位系数	茎粗系数	地上第3茎节长/cm	长粗比
2012	RN	251.33b	110.97b	2.50b	44.13ab	1.00b	9.83a	3.98a
	MN	250.33b	107.30b	2.68a	42.87b	1.07a	9.43a	3.55b
	MR	257.67a	115.93a	2.70a	44.99a	1.05ab	10.07a	3.76ab
2013	RN	255.00b	110.40b	2.34b	43.30b	0.92c	7.96a	3.39a
	MN	250.67a	110.33b	2.60a	43.97b	1.04a	6.93a	2.67b
	MR	252.53a	114.60a	2.51a	45.44a	1.00b	8.08a	3.21ab

注:同一列同一年份内标以不同小写字母的数值表示 5%(P<0.05)水平差异显著性,下同。

表 42-19

不同耕作方式对夏玉米根系干重及根冠比的影响

年份	处理	抽雄期			乳熟期		
		地上部重/(g/株)	根重/(g/株)	根冠比	地上部重/(g/株)	根重/(g/株)	根冠比
2012	RN	109.32c	10.79b	0.10b	184.27c	11.56c	0.06c
	MN	116.10b	16.80a	0.14a	206.53b	19.62a	0.10a
	MR	124.22a	17.77a	0.14a	226.06a	16.93b	0.08b
2013	RN	120.55c	7.14b	0.06b	207.43b	12.19b	0.06b
	MN	142.10a	13.41a	0.09a	253.55a	18.42a	0.07a
	MR	132.85b	10.76a	0.08a	240.19a	15.08b	0.06b

表 42-20

不同耕作方式对夏玉米产量的影响

年份	处理	产量 /(t/hm²)	千粒重 /g	穗粒数	有效穗数 /hm²	倒伏率 /%
2012	RN	7.97c	276c	510b	56 505c	5.10a
	MN	10.04b	292b	582a	59 145b	3.69b
	MR	11.04a	304a	585a	62 100a	4.07b
2013	RN	9.30b	309b	519b	58 029c	28.84a
	MN	11.35a	324a	580a	60 289b	23.64b
	MR	11.40a	322a	563a	62 957a	24.14b

2. 分次施氮,可提高玉米产量和氮素利用效率

苗期和穗期分次施氮,可以显著提高玉米产量和氮素利用效率。花粒期补追氮肥对于高产攻关田具有重要的作用。

2009—2010 年,选用登海 661(DH661)和郑单 958(ZD958)为试验材料,研究了超高产条件下施氮时期对夏玉米籽粒产量、氮素利用率以及转运特性的影响。结果表明,拔节期一次性施氮较不施氮增产不显著;随着施氮次数的增加产量显著提高,灌浆期施氮可以显著提高粒重,从而提高产量。拔节期、大口期、花后 10 d 按 2∶4∶4 施氮,DH661 产量可达 14 189 kg/hm²;基肥、拔节期、大口期、花后 10 d 按 1∶2∶5∶2 施氮,ZD958 产量可达 14 530 kg/hm²(表 42-21)。生长期内分次施氮及灌浆期施氮可显著提高植株和籽粒中氮素积累,延长氮素积累活跃期;同时可以显著提高氮素收获指数、氮肥农学利用率、氮素表观回收率和氮肥偏生产力(表 42-22)。DH661 和 ZD958 在 2∶4∶4 和 3∶5∶2 施肥方式下开花前和开花后氮素吸收比例分别为 51∶49 和 60∶40。开花前分次施氮可显著提高氮素转运量和转运效率,灌浆期施氮可显著提高花后籽粒氮素同化。DH661 和 ZD958 在 2∶4∶4 和 3∶5∶2 施肥方式下花后氮素同化量分别占籽粒吸氮量 63.0% 和 50.5%。本试验条件下,DH661 采用拔节期、大口期、花后 10 d 按 2∶4∶4 施入,ZD958 基肥、拔节期、大口期、花后 10 d 按 1∶2∶5∶2 施入或拔节期、大口期、花后 10 d 按 3∶5∶2 施入可提高氮素利用率,实现高产高效。

表 42-21

施氮时期对夏玉米籽粒产量及其构成因素的影响

品种	处理	2008 年			2009 年		
		穗粒数	千粒重/g	产量/(kg/hm²)	穗粒数	千粒重/g	产量/(kg/hm²)
DH661	T1	449.3b	359.0b	12 097c	448.9b	368.8b	12 307d
	T2	449.6b	363.2b	12 247c	450.4b	371.0b	12 429d
	T3	459.2ab	372.7ab	12 836b	470.1a	376.3b	13 250c
	T4	474.0a	387.4a	13 772a	476.8a	380.7ab	13 589b
	T5	471.4a	397.6a	14 057a	469.6a	404.0a	14 189a
	T6	470.8a	393.5a	13 895a	465.9ab	404.3a	14 103a
ZD958	T1	477.6b	327.8b	11 742d	499.7b	324.3c	12 130d
	T2	480.7a	340.4b	12 272c	509.2b	326.9c	12 447d
	T3	520.1a	350.2ab	13 660b	520.7ab	349.3b	13 631c

续表 42-21

| 品种 | 处理 | 2008 年 | | | 2009 年 | | |
		穗粒数	千粒重/g	产量/(kg/hm²)	穗粒数	千粒重/g	产量/(kg/hm²)
	T4	530.8a	361.6a	14 395a	533.1a	356.2ab	14 202b
	T5	525.3a	361.4a	14 238a	517.4b	361.9a	14 023b
	T6	533.5a	362.5a	14 505a	543.4a	357.1a	14 530a

注：同一列同一品种内标以不同字母表示处理间差异达 5%（$P<0.05$）显著水平，下同。

表 42-22

施氮时期对夏玉米氮素利用率的影响

| 品种 | 处理 | 2008 年 | | | | 2009 年 | | | |
		氮素收获指数/%	氮肥农学利用率/(kg/kg)	氮素表观回收率/%	氮肥偏生产力/(kg/kg)	氮素收获指数/%	氮肥农学利用率/(kg/kg)	氮素表观回收率/%	氮肥偏生产力/(kg/kg)
DH661	T1	62.04c				61.7bc			
	T2	59.26d	0.42e	8.99e	34.0c	58.9c	0.34d	9.56 e	34.5b
	T3	63.96c	2.05d	14.13d	35.7b	59.5c	2.62c	15.61c	36.8b
	T4	67.98b	4.65c	22.86c	38.3a	65.7b	3.56b	24.31d	37.7a
	T5	70.15a	5.44a	31.85a	39.0a	71.0a	5.23a	33.86a	39.4a
	T6	65.84bc	4.99b	27.38b	38.6a	69.6a	4.99a	29.11b	39.2a
ZD958	T1	59.71c				67.2b			
	T2	70.82a	1.47e	8.83c	34.1c	73.0a	0.88 e	9.39d	34.6c
	T3	67.64b	5.33d	20.71b	37.9b	71.6ab	4.17d	18.08c	37.9b
	T4	67.20b	7.37b	32.72a	40.0a	71.1ab	5.76b	30.33a	39.4a
	T5	70.92a	6.93c	29.04a	39.6a	68.6b	5.26c	26.58b	38.9ab
	T6	69.47a	7.67a	31.96a	40.3a	68.7b	6.67a	29.56a	40.4a

3. 优化氮肥用量和种植密度，可提高玉米产量和氮素利用效率

我国玉米单产增长的 35%～40% 归功于品种的遗传改良，而栽培技术的改进、田间管理模式的更新在增产中发挥了主要作用。增加种植密度、提高光温资源利用率、依靠群体发挥增产潜力是获得高产的重要措施之一。然而，随着种植密度的增加，群体与个体之间的矛盾不断加剧，为了充分发挥密植增产效应，氮素管理尤其是施氮量应适当增加。

2010—2011 年，选用 DH661 和 ZD958 为试验材料，设置 0，120，240，360 kg/hm² 4 个施氮水平和 60 000，75 000，90 000 株/hm² 3 个种植密度，研究了施氮量和种植密度对高产夏玉米产量和氮素利用效率的影响。结果表明，与密度 60 000 株/hm² 相比，增施氮肥可显著增加 90 000 株/hm² 的玉米单株干物质积累量、群体干物质积累量、籽粒产量、总氮素积累量、氮素转运量。90 000 株/hm² 种植密度条件下，随施氮量增加，氮素转运效率及贡献率呈上升趋势，而氮肥偏生产力、氮肥农学效率、氮肥利用率呈下降趋势（表 42-23、表 42-24）。本试验条件下，适量增施氮肥可以显著提高高种植密度玉米的籽粒产量和氮素利用效率。综合考虑产量和氮素利用效率两因素，ZD958 和 DH661 两品种适宜的种植密度为 90 000 株/hm²，施氮量为 240～360 kg/hm²。

表 42-23

施氮量和种植密度对夏玉米产量及其构成的影响

品种	密度 /(株/hm²)	施氮量 /(kg/hm²)	产量 /(kg/hm²)	穗行数 /(行/穗)	行粒数 /(粒/行)	穗粒数 /(粒/穗)	千粒重 /g
ZD958	60 000	0	8 769j	15.34abc	31.45c	474d	279c
		120	9 444h	15.53ab	32.38b	505b	287a
		240	10 152g	15.67a	32.42a	541a	284b
		360	10 021gh	15.68a	32.42a	536a	283b
	75 000	0	9 722gh	15.12bc	30.87g	458f	264f
		120	10 735e	15.35abc	31.12f	478cd	276d
		240	11 075d	15.36abc	31.21e	488c	279c
		360	11 775ab	15.53ab	31.41d	502b	283b
	90 000	0	10 459ef	15.00c	29.40k	432g	255g
		120	11 459c	15.31abc	30.27j	454f	270e
		240	11 781ab	15.34abc	30.35i	462ef	272e
		360	12 276a	15.38abc	30.44h	472de	276d
DH661	60 000	0	8 688k	15.40ab	32.76d	508b	258c
		120	9 081ij	15.56a	34.17b	525a	269a
		240	9 276i	15.59a	34.20a	535a	265ab
		360	9 253i	15.59a	34.01c	535a	264b
	75 000	0	9 053ij	15.32ab	31.59g	476d	233g
		120	9 539h	15.34ab	31.92f	489c	247ef
		240	9 753gh	15.38ab	32.19e	495c	249e
		360	10 333f	15.39ab	32.18e	507b	255cd
	90 000	0	9 432h	14.56c	29.86k	420g	236g
		120	10 159g	14.78bc	30.37j	438f	244f
		240	10 623e	14.86bc	30.71i	449f	248ef
		360	11 186d	15.14abc	30.97h	465e	251de

注:同列数据同一品种内标以不同字母表示处理间差异达 5%($P<0.05$)显著水平。

表 42-24

施氮量和种植密度对夏玉米氮素转运效率的影响

品种	密度 /(株/hm²)	施氮量 /(kg/hm²)	氮素转运 量/(kg/hm²)	花后氮素同 化量/(kg/hm²)	氮素转运 效率/%	氮素转运对籽 粒贡献率/%
ZD958	60 000	0	50.5f	68.0f	51.0a	42.6h
		120	55.1e	68.3f	49.5b	44.6f
		240	48.7g	89.7a	46.0e	35.2i
		360	45.6h	88.4b	40.1h	34.0j
	75 000	0	50.6f	67.1a	48.8c	43.0gh
		120	63.0d	66.0h	49.8b	48.8c
		240	68.9b	62.4i	50.8a	52.5a
		360	64.8c	84.1c	45.1f	43.5g
	90 000	0	51.8f	62.1i	49.8b	45.5e
		120	54.1e	70.5e	43.9g	43.4g
		240	68.4b	75.1d	45.9e	47.7d
		360	75.8a	75.2d	48.0d	50.2b

续表 42-24

品种	密度 /(株/hm²)	施氮量 /(kg/hm²)	氮素转运 量/(kg/hm²)	花后氮素同 化量/(kg/hm²)	氮素转运 效率/%	氮素转运对籽 粒贡献率/%
DH661	60 000	0	77.4i	22.7i	61.7e	77.3c
		120	75.8j	48.2a	57.2g	61.1h
		240	98.8f	30.7f	63.1bc	76.3d
		360	84.2h	27.5g	56.0h	75.4e
	75 000	0	102.2e	26.2h	67.6a	79.6b
		120	106.9d	31.0f	62.4d	77.5c
		240	118.0b	26.7h	63.7b	81.5a
		360	128.6a	23.2e	63.3bc	79.5b
	90 000	0	88.2g	22.1i	60.4f	80.0b
		120	103.5e	45.9b	61.2e	69.3g
		240	113.1c	43.2c	61.3e	72.4f
		360	127.3a	39.8d	62.7cd	76.2d

4. 综合农艺管理可以显著提高夏玉米产量和氮素利用效率

关于玉米产量和氮效率,前人已从栽培方式、种植密度及氮肥运筹等方面作了大量的报道,但仅限于对某一个或两个因素交互效应的研究。玉米生产是土、肥、水、种、密、保、工和管等多种农艺措施的综合过程,本试验通过将不同的农艺措施和肥料运筹相结合,研究明确了单一增施氮肥,产量不能持续提高;过量施氮降低了千粒重和亩穗数,影响了产量形成。通过改套种为直播、适当增加种植密度、适期晚收、优化氮肥施用技术等综合农艺管理可以提高产量和氮素利用效率,实现夏玉米的高产高效生产。

2010—2011 年,以目前我国第一主推品种郑单 958 为试验材料,设计综合生产管理试验和施氮量试验。在泰安市大汶口镇(36°11′N,117°06′E,海拔 178 m)进行。试验田土壤为棕壤,播前耕层土壤养分含量两年平均为:有机质 12.76 g/kg、全氮 1.01 g/kg、碱解氮 65.1 mg/kg、速效磷 70.36 mg/kg、速效钾 96.15 mg/kg。综合生产管理试验(MT)即将播种方式、播种时间、收获时间、种植密度、肥料施用量及施用时期进行系统性整合,设置农民习惯栽培(CK)、高产高效栽培(Opt-1)、超高产栽培(HY)和再高产高效栽培(Opt-2)等 4 个试验处理。每处理设 4 次重复,小区面积为 240 m²,随机区组设计。具体栽培管理和肥料运筹见表 42-25。不同处理的其他田间管理一致。施氮量试验(NT)为单一因素试验,设置 4 个施氮水平(N),即 0,129.0,184.5 和 300.0 kg/hm²,分别用 N0,N1,N2 和 N3 表示。4 个氮肥处理的播种方式、播种时间、收获时间及种植密度与 Opt-2 相同。所用氮肥为尿素(N,46.6%),分别于播前、拔节期、抽雄期按照 16.5∶48.5∶35.0 施入,磷钾肥施用量及施用时期均与 Opt-2 完全相同。

表 42-25

综合农艺管理试验的栽培措施

处理	播种 方式	种植密度 /(10⁴株/hm²)	播期/ (月/日)	收获期/ (月/日)	肥料施用时期和施用量/(kg/hm²)				
					肥料	播前	拔节期	抽雄期	抽雄后1周
农民习惯	套种	6.0	5/25	9/23	N	—	225.0		
					P	—	45.0		
					K	—	75.0		

续表 42-25

处理	播种方式	种植密度/(10⁴株/hm²)	播期/(月/日)	收获期/(月/日)	肥料施用时期和施用量/(kg/hm²)				
					肥料	播前	拔节期	抽雄期	抽雄后1周
高产高效 Opt-1	直播	6.0	6/16	10/2	N	45.0	115.5	—	—
					P	45.0		—	—
					K	45.0	30.0	—	—
超高产	直播	8.7	6/16	10/2	N	—	135.0	225.0	90.0
					P	60.0	90.0	—	—
					K	150.0	150.0	—	—
再高产高效 Opt-2	直播	7.5	6/16	10/2	N	30.0	90.0	64.5	—
					P	30.0	25.5	—	—
					K	30.0	70.5	30.0	—

　　研究结果表明,单一增施氮肥,夏玉米产量不能持续提高;过量施氮,产量略有降低。与农民习惯处理相比较,高产高效处理将播期推迟到 6 月中旬,并采用直播的种植方式,其穗粒数和穗数显著高于对照,是产量显著提高的主要原因。高产高效处理将"一炮轰"的施肥方式改为在播种和拔节期分次施入,从一定程度上提高了玉米对氮素的吸收利用效率,利于产量形成。超高产处理将种植密度提高到8.7 万株/hm²,充分发挥了群体增产潜力,玉米产量均为最高。由于投入了大量的肥料,超高产处理的植株吸氮量显著高于其他 3 个处理,导致其氮肥偏生产力和氮素利用效率较低。再高产高效处理(Opt-2)采用合理的肥料运筹(肥料施用时期及施用量)和适宜的种植密度,获得了较高的穗粒数和亩穗数,显著提高了玉米产量(表 42-26)。

表 42-26
综合农艺管理和施氮量对夏玉米产量及其构成的影响

处理		2010				2011			
		穗粒数/(粒/穗)	千粒重/g	穗数/(穗/hm²)	产量/(t/hm²)	穗粒数/(粒/穗)	千粒重/g	穗数/(穗/hm²)	产量/(t/hm²)
MT	CK	444.8c	363.5b	35 228.9d	5.70d	554.8b	259.4b	46 835.7d	6.74d
	OPT-1	500.5a	347.9b	51 710.5c	9.00c	578.6a	291.3a	52 179.7c	8.80c
	HY	454.1c	395.9a	76 292.7a	13.72a	597.4a	299.2a	77 118.4a	13.78a
	OPT-2	487.7b	341.8b	65 372.8b	10.90b	545.0b	305.0a	65 701.2b	10.92b
NT	N0	353.8b	318.3b	63 623.1b	7.17c	323.9c	288.3a	60 753.2b	5.67c
	N1	469.0a	323.1b	64 522.5b	9.78b	488.4b	291.3a	65 364.4a	9.30b
	N2	472.2a	337.8a	67 313.9a	10.74a	557.4a	310.5a	64 142.1a	11.10a
	N3	461.0a	337.7a	66 038.7a	10.28a	573.8a	304.4a	63 864.3a	11.16a

　　注:同一列不同字母表示差异达 5%($P<0.05$)显著,下同。

　　本试验条件下,施氮量不超过 184.5 kg/hm² 时,随着氮肥用量的增加,玉米产量显著提高;施氮量超过 184.5 kg/hm² 后,产量没有显著提高,且土壤硝态氮含量增加。增施氮肥,氮肥偏生产力和氮肥农学利用率显著下降。从不施氮到施氮 184.5 kg/hm²,植株吸氮量和氮素利用效率均显著提高,但当施氮量超过 184.5 kg/hm² 后,植株吸氮量没有显著提高,而氮素利用效率显著下降,且氮收获指数没有显著提高,即氮肥施用量超过了植株对氮素的吸收利用量,氮肥利用率较低。与农民习惯相比,再高产高效处理(Opt-2)的氮肥施用量低 18.0%,但其植株吸氮量却高 7.88%,氮肥偏生产力、氮素利用效率和氮收获指数均较高,且土壤硝态氮积累量较低,显著提高了氮效率(表 42-27、表 42-28)。

表 42-27

综合农艺管理和施氮量对夏玉米氮效率的影响 kg/kg

| 处理 | 2010 年 | | | | 2011 年 | | | |
	氮肥偏生产力	氮素利用效率	氮肥农学利用率	氮素收获指数	氮肥偏生产力	氮素利用效率	氮肥农学利用率	氮素收获指数
CK	25.24b	30.70d	—	0.50c	29.96c	36.57c	—	0.53b
Opt-1	56.07a	43.37b	—	0.54b	54.70b	44.47b	—	0.63a
HY	30.49b	34.46c	—	0.55b	30.62c	36.43c	—	0.60a
Opt-2	58.97a	54.54a	—	0.60a	59.24a	55.04a	—	0.59a
N0	—	38.39c	—	0.50b	—	38.95d	—	0.50b
N1	75.81a	43.86b	30.78a	0.52ab	72.09a	42.85c	28.14a	0.51b
N2	58.16b	46.86a	26.67b	0.54a	60.16b	49.50a	29.43a	0.57a
N3	34.27c	43.88b	14.90c	0.54a	37.20c	46.21b	18.30b	0.58a

表 42-28

综合农艺管理和施氮量对土壤硝态氮积累的影响 mg/kg

| 处理 | 土层/cm | 2010 年 | | | 2011 年 | | |
		播种前	抽雄期	收获后	播种前	抽雄期	收获后
CK	0～30	26.89	28.89	27.44	30.21	28.98	26.57
	30～60	23.37	23.70	16.05	24.22	24.92	22.19
	60～90	8.12	9.93	11.80	11.04	9.34	9.50
Opt-1	0～30	29.59	29.44	22.59	26.43	23.23	20.33
	30～60	24.61	23.58	15.34	24.06	27.82	16.12
	60～90	11.75	9.72	8.66	11.39	12.39	14.01
HY	0～30	38.60	31.09	33.45	34.80	39.71	38.06
	30～60	27.32	27.00	28.81	26.96	27.69	21.01
	60～90	11.38	15.67	8.87	11.59	8.29	13.05
Opt-2	0～30	29.43	28.15	27.40	23.13	23.13	20.31
	30～60	25.98	23.83	15.58	25.96	25.01	16.10
	60～90	13.07	9.73	2.42	12.35	10.70	14.37
N0	0～30	16.56	13.84	15.02	16.77	12.38	14.03
	30～60	12.45	12.16	11.42	12.40	9.86	12.20
	60～90	12.22	8.80	7.02	9.01	13.39	8.69
N1	0～30	25.68	25.93	31.00	24.73	23.74	23.40
	30～60	23.90	22.40	16.45	20.03	19.82	16.77
	60～90	10.22	8.27	8.48	11.36	15.08	10.47

续表 42-28

处理	土层/cm	2010 年			2011 年		
		播种前	抽雄期	收获后	播种前	抽雄期	收获后
N2	0~30	32.93	27.60	28.34	28.64	25.00	29.28
	30~60	23.59	20.08	18.86	19.70	20.48	16.19
	60~90	8.81	9.08	10.72	8.70	12.27	9.07
N3	0~30	32.28	26.35	31.38	29.55	32.58	29.31
	30~60	26.05	20.52	19.56	16.15	26.22	20.04
	60~90	9.46	14.17	10.01	10.65	8.90	9.76

42.2.3　技术集成

针对山东省夏玉米生产中存在的问题,进行夏玉米养分尤其是氮素管理技术创新与应用,集成和优化超级玉米高产栽培技术规程(DB 37/T 1184—2009)、夏玉米高产优质高效生产技术规程(DB 37/T 538—2005)和小麦玉米一体化高产高效生产技术规程(DB 37/T 1889—2011),并在生产中进行大面积推广和应用。

42.3　小麦-玉米一体化高产高效生产技术规程

42.3.1　具体措施

冬小麦将以前的 9 月底 10 月初播种推迟至 10 月 7—12 日,播种量 90~135 kg/hm²,根据品种和播种时间的早晚适当调整播量,可防治冬小麦冬前旺长,促进植株健壮,构建合理群体结构,提高小麦产量。夏玉米改套种为小麦收获后抢茬直播,播种时间由以前的 5 月中下旬麦地套种改为 6 月 10—15 日机械化抢茬直播,既可避开玉米粗缩病的发生,又可实现机械精量播种,提高播种质量。夏玉米的收获时间由以前的 9 月中上旬改为 9 月底或国庆节以后机械收获,充分利用 9 月中下旬的有利光温资源,通过提高籽粒成熟度即粒重来提高玉米产量。

小麦玉米双季秸秆还田,培肥地力。总施肥量计算:综合考虑土壤养分供应量、肥料利用率、收获籽粒养分带出量和秸秆还田的效应,每生产 100 kg 小麦、玉米籽粒的平均需氮量为 2.4~2.6 kg、需磷量 0.8~0.9 kg、需钾量 0.8~0.9 kg,以前三年平均产量加上 10%~15% 的增产量作为目标产量,根据目标产量计算总施肥量。总施肥量中,小麦季氮、磷、钾肥料量分别占 50%,67% 和 33%,玉米季分别占 50%,33% 和 67%。

小麦季的氮肥 50% 作为基肥,50% 在拔节期追施。其中,地力水平较高,群体适宜的条件下,分蘖成穗率低的大穗型品种,一般在拔节初期(雌雄蕊原基分化期,基部第一节间伸出地面 1.5~2 cm),分蘖成穗率高的中穗型品种宜在拔节中期结合浇水追肥。玉米季氮肥,苗肥(拔节期即第 6 片叶展开时)用量占 40%,穗肥(大喇叭口期即第 12 片叶展开时)占 60%。

小麦季施用的磷肥全部作为基肥;钾肥 70% 作为基肥施用,30% 在拔节期追施。玉米免耕直播条件下,磷肥和钾肥全部于拔节期前后施用;玉米若耕作后播种,磷肥的全部和钾肥的 50% 宜作为基肥施用,50% 钾肥在拔节期追施。

42.3.2　注意事项

小麦应选择冬性或半冬性高产品种,夏玉米选择中早熟紧凑耐密植新品种。根据实际土壤养分状况调整总施肥量和施肥时期。

42.4 推广应用

(1)广泛布点,示范带动。在全省 25 个县市区设立示范基点。

(2)重点突破,整建制推进。选择泰安市岱岳区和济宁市兖州市,实施重点突破,整合高标准农田建设、粮食高产创建、测土配方施肥、科技入户工程、现代农业发展基金、财政支农基金、现代农业示范园区建设等项目资源,整县建制推进粮食高产高效生产。

(3)强化培训,提高认识。采取会议培训、现场培训、电视广播讲座、发放技术资料等方式,开展丰富多彩的培训活动,不断提高农户对高产高效的认同水平,逐渐变被动跟着学为主动比着干。

(4)大力宣传,推向全省。充分利用担任省小麦、玉米专家顾问团主任、副主任,现代农业项目专家委员会主任、高产创建项目专家委员会主任、地市农业顾问等职务的有利条件,运用广播电视讲座、专题采访、会议发言等方式积极进行宣传,向各级领导宣传技术的经济社会效益,以取得各方面的支持;向各级农技人员宣传关键技术,以凝聚共识,提高推广应用积极性;向广大农户宣传其他农户的应用效果,以扩大技术的覆盖面。

(5)取得的实效。多年多地的示范效果表明,集成的高产高效技术体系,比农户传统种植方式,平均增产 15.0%,PFP 平均增加 52.5%。各示范点优化栽培模式与传统栽培模式对比见表 42-29。

表 42-29

各示范点优化栽培模式与传统栽培模式对比

试验地点	样点数	年份	传统栽培模式			优化栽培模式		
			施氮量	产量	PFP/(kg/kg)	施氮量	产量	PFP/(kg/kg)
兖州市	20	2010	300	7 290	23.1	225	8 790	39.1
		2011	300	7 365	24.6	225	8 910	39.6
		2012	300	7 335	24.6	225	8 670	38.5
		2013	300	6 975	23.3	225	8 295	36.9
		2014	300	7 563	25.2	225	9 012	40.1
岱岳区	15	2010	285	6 990	24.5	210	8 445	40.2
		2011	285	6 885	24.2	210	8 565	40.8
		2012	285	7 425	26.1	210	8 460	40.3
		2013	285	6 945	24.4	210	8 235	39.2
		2014	285	7 065	24.8	210	8 632	41.1
陵县	10	2010	270	7 515	27.8	210	8 010	38.1
		2011	270	7 665	28.4	210	8 190	39.0
		2012	270	7 545	27.9	210	8 415	40.1
		2013	270	7 440	27.6	210	8 175	38.9
		2014	270	7 569	28.0	210	8 213	39.1

续表 42-29

试验地点	样点数	年份	传统栽培模式			优化栽培模式		
			施氮量	产量	PFP/(kg/kg)	施氮量	产量	PFP/(kg/kg)
鄄城县	10	2010	270	7 125	26.4	210	7 980	38.0
		2011	270	7 230	26.8	210	7 890	37.6
		2012	270	7 365	27.3	210	8 085	38.5
		2013	270	7 020	26.0	210	7 815	37.2
		2014	270	7 369	27.3	210	8 165	38.8
平均			284.3	7 236.5	25.9	215.5	8 384	39.1

参考文献

[1] 曹倩,贺明荣,代兴龙,等. 氮密互作对小麦花后光合特性及籽粒产量的影响. 华北农学报,2012,27(4):206.21.

[2] 曹倩,贺明荣,代兴龙,等. 密度、氮肥互作对小麦产量及氮素利用效率的影响. 植物营养与肥料学报,2011,17(4):815-822.

[3] 曹胜彪,张吉旺,吕鹏,等. 施氮量和种植密度对高产夏玉米产量和氮素利用效率的影响. 植物营养与肥料学报,2012,18(6):1889-2011.

[4] 靳立斌,崔海岩,李波,等. 综合农艺管理对夏玉米氮效率和土壤硝态氮的影响. 作物学报,2013,39(11):2009-2015.

[5] 靳立斌,李波,崔海岩,等. 高产高效夏玉米的冠层结构及其光合特性. 中国农业科学,2013,46(12):2430-2439.

[6] 李霞,张吉旺,任佰朝,等. 小麦玉米周年生产中耕作对夏玉米产量及抗倒伏能力的影响. 作物学报,2014,40(6):1093-1101.

[7] 吕鹏,张吉旺,刘伟,等. 施氮量对超高产夏玉米产量及氮素吸收利用的影响. 植物营养与肥料学报,2011,17(4):852-860.

[8] 吕鹏,张吉旺,刘伟,等. 施氮时期对超高产夏玉米产量及氮素吸收利用的影响. 植物营养与肥料学报,2011,17(5):1099-1107.

[9] 门洪文,张秋,代兴龙,等. 不同灌水模式对冬小麦籽粒产量和水、氮利用效率的影响. 应用生态学报,2011,22(10):2517-2523.

[10] 王成雨,代兴龙,石玉华,等. 氮肥水平和种植密度对冬小麦茎秆抗倒性能的影响. 作物学报,2012,38(1):121-128.

[11] 王成雨,代兴龙,石玉华,等. 花后小麦叶面积指数与光合和产量关系的研究. 植物营养与肥料学报,2012,18(1):27-34.

[12] 王树丽,贺明荣,代兴龙,等. 种植密度对冬小麦氮素吸收利用和分配的影响. 中国生态农业学报,2012,20(10):1276-1281.

[13] 王树丽,贺明荣,代兴龙,等. 种植密度对冬小麦根系时空分布和氮素利用效率的影响. 应用生态学报,2012,23(7):1839-1845.

[14] Libin Jin, Haiyan Cui, Bo Li, et al. ,Effects of integrated agronomic management practices on

yield and nitrogen efficiency of summer maize in North China. Field Crops Research,2012,134,30-35.

[15] Xinglong Dai,Xiaohu Zhou,Dianyong Jia,et al. ,Managing the seeding rate to improve nitrogen-use efficiency of winter wheat. Field Crops Research 154 (2013)100-109.

（执笔人：贺明荣　张吉旺）

第43章

苹果优质高产高效技术

苹果优质高产高效技术,通过土壤有效养分与产量关系研究明确土壤有效养分供应指标和土壤诊断技术,通过对不同施肥时期、不同树体类型、不同枝条开张角度苹果对^{15}N吸收、利用、分配和土壤中迁移特性研究明确苹果需肥特性,通过丰产优质典型果园年周期养分需求和土壤养分供应特点研究明确养分供应准确时期,通过肥效试验明确养分的供应量和适宜的肥料类型,在上述研究基础上集成形成苹果高效施肥技术规程和灌溉施肥技术规程。主要研究内容如下。

43.1　限制苹果产量和效率协同提高的主要因子分析

43.1.1　贮藏营养不足或分配不合理

总体来看,目前我国苹果生产中,树体贮藏营养数量不足和分配不合理是影响高产、高效的主要限制因素之一(图43-1)。苹果树春季的萌芽、开花、坐果、新梢生长、幼果膨大以及根系生长等活动,主要依靠

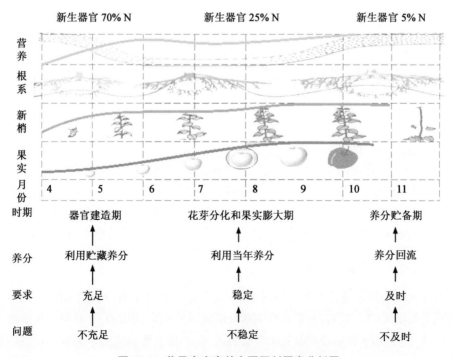

图 43-1　苹果高产高效主要限制因素分析图

树体上年的贮藏养分。贮藏营养数量不足和分配不合理,首先影响花芽质量,引起坐果率下降、幼果膨大减缓,造成当年产量和品质下降;其次,春梢生长不足,秋梢生长过旺,花芽分化不良,影响来年产量和品质。如此反复,从而形成恶性循环。

对其原因及影响因素,可做一简要分析:

1.造成贮藏营养不足的主要原因

根据生产调查,原因主要有几个方面:一是不重视秋季施肥。许多果农不重视秋季施肥,特别在苹果价格不好的年份,秋季施肥的农户比例仅占 20%～30%(图 43-2)。二是秋季养分回流不及时。在我国环渤海湾产区北部的辽宁、北京、河北以及黄土高原产区北部的陕北、晋北等区域,若秋冬季突遇降温,往往会造成叶片养分回流不及时的问题。三是提早落叶造成叶片养分没有回流。秋季叶部病虫害发生严重,常会导致叶片功能部分丧失甚至引起大量早期落叶,使养分难以向树体回流贮存(图 43-3)。

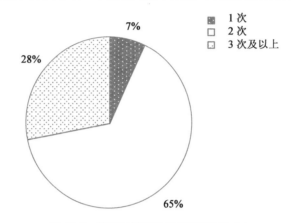

图 43-2　苹果园施肥次数调查(2009 年)

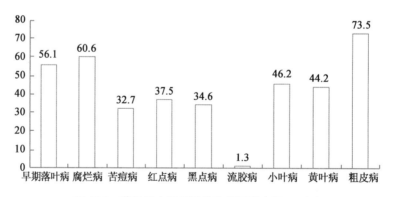

图 43-3　苹果园主要病害发生情况调查(2009 年)

2.贮藏营养分配不合理的影响因素

影响贮藏营养分配不合理的主要因素有:一是新梢旺长引起对贮藏养分的竞争。若冬季修剪过重或树势过强,会造成新梢生长过旺,使贮藏养分更多用于树体营养生长。二是开花坐果过多引起。苹果开花、坐果,会消耗大量贮藏养分,若花量过大、坐果量偏多,极易导致树体养分的浪费。为此,为保证树体贮藏营养合理分配,调节苹果树各器官协调、有节奏生长并保持适宜产量水平至关重要。

43.1.2　果实膨大期养分供应不稳定

在苹果生长年周期中新生器官消耗 N 情况来看,从萌芽到果肉细胞分裂结束消耗 70%左右,从果肉细胞分裂结束到采收消耗 25%左右,从采收后到落叶消耗不足 5%(图 43-1)。在整个果实膨大期,虽然消耗养分仅占 25%左右,但由于该阶段对氮素供应敏感,供应不足会造成果实个头变小,过量则导致品质下降;且该阶段处于雨季,氮素损失严重。因此,该阶段养分管理十分重要,同时管理难度也较大。

果实膨大期养分供应不稳定的表现及其影响主要有以下两个方面:

1. 春季和花芽分化期施肥过多

多数果农习惯于在春季和花芽分化期大量施肥,尤其是春季施肥偏多。在这两个时期,由于根系活动弱,需要的养分主要来源于贮藏养分,此时大量施肥,根系不能完全吸收利用,不仅会造成损失浪费,还有可能因浓度过高而损伤根系;同时,肥料到新梢旺长期才有可能得以利用,容易引起新梢旺长,进而影响花芽分化和下年产量。

2. 雨水淋失导致土壤养分供应不足

在我国苹果主产区,果实膨大期往往正值雨季,若降雨过大,雨水淋失会导致土壤养分供应不足。因而,叶片因缺少养分而功能减弱,一是影响果实发育、膨大,影响当年产量和品质;二是可能造成早期落叶病发生,影响养分贮藏和第二年产量、品质。

43.1.3　养分管理不合理造成土壤质量下降

对我国山东苹果产区栖霞市多年(1984—2012 年)定点测定数据表明,与 1998 年相比,该市 2012 年氮肥施用量增加了 21.58%,P_2O_5 增加了 72.07%,K_2O 增加了 486%(图 43-4、表 43-1),磷、钾肥的施用量显著增加。

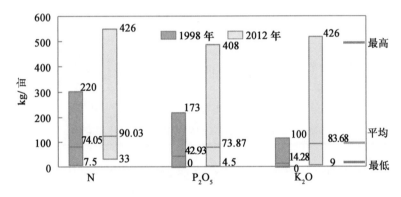

图 43-4　栖霞市苹果园 1998 年和 2012 年施肥情况

表 43-1

栖霞市苹果园施肥情况　　　　　　　　　　　　　　　　　　　　　　　　　　　　　　　　kg/亩

年份	N	P_2O_5	K_2O	$N:P_2O_5:K_2O$ 比例
1998	74.05	42.93	14.28	1:0.58:0.19
2012	90.03	73.87	83.68	1:0.82:0.93
增幅/%	21.58	72.07	486	

长期高量施肥,使苹果园土壤有效养分增加显著。碱解氮由 1984 年的 43.89 mg/kg,增加到 2012 年的 115.75 mg/kg,增加了 2.64 倍;速效磷由 1984 年的 8.11 mg/kg,增加到 2012 年的 129.65 mg/kg,增加了 15.99 倍;速效钾由 1984 年的 45.77 mg/kg,增加到 2012 年的 190.81 mg/kg,增加了 4.17 倍(图 43-5)。

长期高量施肥虽然使苹果园土壤有效养分显著增加,但也对土壤质量带来了不利的影响。土壤 pH 由 1998 年的 6.03 下降到 2012 年的 5.47,下降了约 0.5 个单位(图 43-6),这在自然界需要 1 000 年,而我们的苹果园仅用了 14 年。C/N 比值由 1984 年的 9.45,下降到 2012 年的 7.87(图 43-6)。pH 和 C/N 的显著下降是许多苹果生理性病害产生的根源,也显著影响果园的可持续生产,是苹果高产高效的主要限制因素之一。

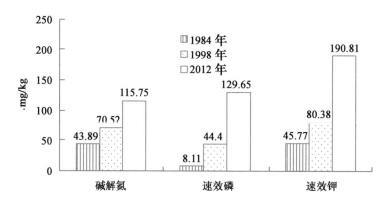

图 43-5　栖霞市苹果园 1984—2012 年土壤有效养分变化

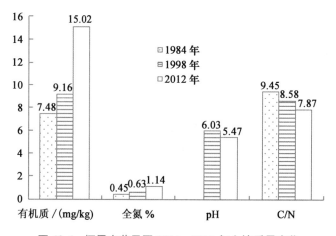

图 43-6　栖霞市苹果园 1984—2012 年土壤质量变化

43.2　山东省果园土壤有效养分状况及其与产量关系研究

43.2.1　山东省苹果园有效养分状况

山东省苹果园主要分布于由花岗岩、片麻岩等发育而成的棕壤土上,由于母质和成土过程的不同,其有效氮磷钾含量存在差异。研究果园土壤中有效养分的丰缺,对于指导区域性施肥,改良施肥方法,提高果树产量,改善果实品质有重要的意义。

山东省半岛苹果园有机质的平均含量为 1.14%、碱解氮含量为 74.9 mg/kg、速效磷含量为 40.9 mg/kg、速效钾含量为 122.7 mg/kg(表 43-2)。根据以往研究成果和近几年生产实践我们重新制定了山东省果园土壤有效养分分级标准(表 43-3),按照这个标准对测定的 1 105 个山东省苹果园有效养分进行分级。有机质含量小于 1.0% 的样本数为 588 个,比例为 53.2%,其中含量小于 0.5% 的样本数为 169 个,比例 10.0%;而含量大于 2.0% 的样本数仅有 110 个,比例 15.3%,表明山东省苹果园有机质的含量较低。碱解氮含量大于 85 mg/kg 样本数有 334 个,比例为 30.2%,小于 50 mg/kg 样本有 249 个,比例 17.6%,表明山东省苹果园碱解氮的含量呈两极分化,总体偏高。速效磷含量小于 10 mg/kg 样本有 180 个,比例为 29.9%,而大于 40 mg/kg 样本有 334 个,比例 30.2%,表明山东省苹果园速效磷的含量偏高。速效钾含量小于 100 mg/kg 样本数有 604 个,比例为 54.7%,大于 200 mg/kg 样本有 198 个,比例 20.5%,表明山东省苹果园速效钾的含量较低(表 43-4)。可见山东省苹果园土壤养分特征为有机质偏低、碱解氮呈两极分化、速效磷偏高,而速效钾偏低。

表 43-2

山东省果园土壤有效养分含量 mg/kg

项目	有机质/%	碱解氮	速效磷	速效钾
平均	1.14	74.9	40.9	122.7
变幅	0.16~4.13	11.2~438.2	0.2~237.4	5.3~780.0

表 43-3

山东省苹果园土壤有效养分分级标准

项目	高	适宜	中等	低	极低
有机质/%	>2.0	1.5~2.0	1.0~1.5	0.6~1.0	<0.6
碱解氮/(mg/kg)	>100	85~100	70~85	50~70	<50
速效磷/(mg/kg)	>50	40~50	20~40	10~20	<10
速效钾/(mg/kg)	>200	150~200	100~150	50~100	<50

表 43-4

山东省苹果园土壤有效养分含量分布

项目	较高样本数（比例/%）	适宜样本数（比例/%）	中等样本数（比例/%）	低样本数（比例/%）	极低样本数（比例/%）
有机质/%	110(10.0)	131(11.9)	276(25.0)	419(37.9)	169(15.3)
速效磷/(mg/kg)	195(17.6)	139(12.6)	179(16.2)	343(31.0)	249(22.5)
速效钾/(mg/kg)	198(17.9)	126(11.4)	177(16.0)	278(34.2)	226(20.5)

43.2.2 三个主产县苹果园土壤有效养分状况

1.栖霞苹果园土壤有效养分状况

栖霞 387 个苹果园有机质的平均含量为 0.99%、碱解氮含量为 73.1 mg/kg、速效磷含量为 41.3 mg/kg、速效钾含量为 86.7 mg/kg(表 43-5)。根据表 2 果园土壤有效养分分级标准对栖霞苹果园有效养分进行分级，有机质含量小于 1.0%的样本数为 240 个，比例为 62.1%，其中含量小于 0.5%的样本数为 31 个，比例为 8%；而含量大于 1.5%的样本数仅有 28 个，比例为 7.2%，表明栖霞苹果园有机质的含量较低。碱解氮含量大于 85 mg/kg 样本数有 87 个，比例为 22.5%，小于 50 mg/kg 样本有 60 个，比例 15.5%，表明栖霞苹果园碱解氮的含量两极分化现象较轻，总体中等。速效磷含量小于 10 mg/kg 样本有 29 个，比例为 7.5%，而大于 40 mg/kg 样本有 149 个，比例 38.6%，表明栖霞苹果园速效磷的含量偏高。速效钾含量小于 100 mg/kg 样本数有 275 个，比例为 71.3%，大于 200 mg/kg 样本有 19 个，比例 4.9%，表明栖霞苹果园速效钾的含量较低(表 43-6)。可见栖霞苹果园土壤养分特征为有机质偏低、碱解氮中等、速效磷偏高，而速效钾偏低。

表 43-5

栖霞苹果园土壤有效养分含量 mg/kg

项目	有机质/%	碱解氮	速效磷	速效钾
平均	0.99	73.1	41.3	86.7
变幅	0.32~4.04	25.5~257.0	1.6~237.4	14~780.0

表 43-6

栖霞苹果园土壤有效养分含量分布

项目	较高样本数 (比例/%)	适宜样本数 (比例/%)	中等样本数 (比例/%)	低样本数 (比例/%)	极低样本数 (比例/%)
有机质/%	14(3.6)	14(3.6)	118(30.6)	209(54.1)	31(8.0)
碱解氮/(mg/kg)	48(12.4)	39(10.1)	82(21.2)	157(40.7)	60(15.5)
速效磷/(mg/kg)	106(27.5)	43(11.1)	121(31.3)	87(22.5)	29(7.5)
速效钾/(mg/kg)	19(4.9)	21(5.4)	71(18.4)	184(47.7)	91(23.6)

2.文登苹果园土壤有效养分状况

文登 210 个苹果园有机质的平均含量为 1.40%、碱解氮含量为 82.6 mg/kg、速效磷含量为 60.8 mg/kg、速效钾含量为 212.7 mg/kg(表 43-7)。根据表 2 果园土壤有效养分分级标准对文登苹果园有效养分进行分级,有机质含量小于 1.0% 的样本数为 78 个,比例为 37.1%,其中含量小于 0.5% 的样本数为 8 个,比例 3.8%;含量大于 1.5% 的样本数有 75 个,比例 35.7%,表明文登苹果园有机质的含量较高。碱解氮含量大于 85 mg/kg 样本数有 93 个,比例为 44.3%,小于 50 mg/kg 样本有 33 个,比例 15.7%,表明文登苹果园碱解氮的含量两极分化现象较重,总体偏高。速效磷含量小于 10 mg/kg 样本仅有 19 个,比例为 9.0%,而大于 40 mg/kg 样本有 139 个,比例高达 66.2%,其中大于 50 mg/kg 样本比例为 55.2%,表明文登苹果园速效磷的含量偏高。速效钾含量小于 100 mg/kg 样本数有 26 个,比例为 12.4%,大于 200 mg/kg 样本有 109 个,比例 51.9%,表明文登苹果园速效钾的含量较高(表 43-8)。可见文登苹果园土壤养分特征为有机质较高、碱解氮两极分化总体偏高、速效磷偏高,而速效钾较高。

表 43-7

文登苹果园土壤有效养分含量   mg/kg

项目	有机质/%	碱解氮	速效磷	速效钾
平均	1.40	82.6	60.8	212.7
变幅	0.34~3.58	27.3~258.1	0.2~159.7	39.1~592.1

表 43-8

文登苹果园土壤有效养分含量分布

项目	较高样本数 (比例%)	适宜样本数 (比例%)	中等样本数 (比例%)	低样本数 (比例%)	极低样本数 (比例%)
有机质/%	41(19.5)	34(16.2)	57(27.1)	70(33.3)	8(3.8)
碱解氮/(mg/kg)	56(26.7)	37(17.6)	28(13.3)	56(26.7)	33(15.7)
速效磷/(mg/kg)	116(55.2)	23(11.0)	41(19.5)	11(5.2)	19(9.0)
速效钾/(mg/kg)	109(51.9)	42(20)	33(15.7)	25(11.9)	1(0.5)

3.环翠苹果园土壤有效养分状况

环翠 195 个苹果园有机质的平均含量为 0.59%、碱解氮含量为 66.1 mg/kg、速效磷含量为 41.6 mg/kg、速效钾含量为 83.5 mg/kg(表 43-9)。根据果园土壤有效养分分级标准对环翠苹果园有效养分进行分级,有机质含量小于 1.0% 的样本数为 188 个,比例为 96.4%,其中含量小于 0.5% 的样本数为 62 个,比例 31.8%;含量大于 1.5% 的样本数有 0 个,表明环翠苹果园有机质的含量很低。碱解氮含量大于 85 mg/kg 样本数有 40 个,比例为 20.5%,小于 50 mg/kg 样本有 72 个,比例 36.9%,表明环翠苹果园碱解氮的含量总体偏低。速效磷含量小于 10 mg/kg 样本仅有 29 个,比例为 14.9%,而大于 40 mg/kg 样本有 85 个,比例达 43.6%,其中大于 50 mg/kg 样本比例为 34.9%,表明环翠苹果园速效磷的含量偏高。速效钾含量小于 100 mg/kg 样本数有 137 个,比例为 75.4%,大于 200 mg/kg 样本仅 7 个,比例 3.6%,表明环翠苹果园速效钾的含量偏低(表 43-10)。可见环翠苹果园土壤养分特征为有机质很低、碱解氮总体偏低、速效磷偏高,而速效钾很低。

表 43-9

环翠苹果园土壤有效养分含量   mg/kg

项目	有机质/%	碱解氮	速效磷	速效钾
平均	0.59	66.1	41.6	83.5
变幅	0.16~1.13	21.0~262.1	1~122.1	22.7~280.5

表 43-10

环翠苹果园土壤有效养分含量分布

项目	较高样本数 (比例%)	适宜样本数 (比例%)	中等样本数 (比例%)	低样本数 (比例%)	极低样本数 (比例%)
有机质/%	0(0)	0(0)	7(3.6)	126(64.6)	62(31.8)
碱解氮/(mg/kg)	24(12.3)	16(8.2)	20(10.3)	63(32.3)	72(36.9)
速效磷/(mg/kg)	68(34.9)	17(8.7)	54(27.7)	27(13.8)	29(14.9)
速效钾/(mg/kg)	7(3.6)	17(8.7)	24(12.3)	98(50.3)	49(25.1)

43.2.3 栖霞果园养分与产量的关系

对栖霞 248 个有产量果园土壤有机质、碱解氮、速效磷、速效钾含量分别与产量进行相关性回归分析(图 43-7 至图 43-10),土壤有机质、碱解氮、速效磷、速效钾与产量均呈一元二次回归关系,其回归方程式分别为:$y=-453.94x^2+3\ 293.8x$, $y=-0.151\ 6x^2+43.943x$,$y=-0.248x^2+62.28x$ 和 $y=-0.143\ 6x^2+42.727x$;R^2 分别为 0.289 3,0.045,-0.422 2 和 -0.132 8。从趋势图上可见:在测定范围内土壤有机质含量与产量呈正相关,增加有机质含量可增加产量;土壤碱解氮、速效磷、速效钾在小于 100,70 和 150 mg/kg 左右以下时,土壤有效氮磷钾养分与产量呈正相关,而超过上述值时二者呈负相关。上述产量多数是估测或果农调查数据,是导致相关系数低的原因。

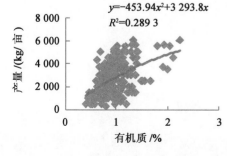

图 43-7 栖霞土壤有机质与苹果产量的关系

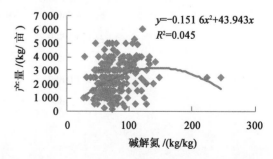

图 43-8 栖霞土壤碱解氮与苹果产量的关系

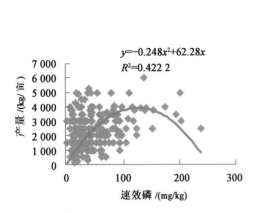

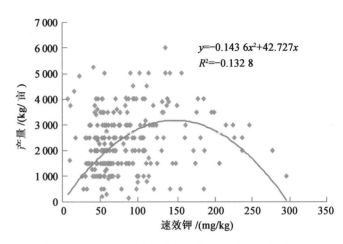

图 43-9　栖霞土壤有效磷与苹果产量的关系

图 43-10　栖霞土壤速效钾与苹果产量的关系

从调查样本果园中选出管理水平、施肥情况、土壤类型及灌溉条件等基本一致的蛇窝泊镇 27 个果园,对土壤碱解氮、有效磷、速效钾分别与产量进行相关性回归分析,土壤碱解氮、有效磷、速效钾与产量、均呈一元二次回归关系,其回归方程式分别为:$y=-0.135\ 7x^2+70.396x-1\ 207.2$,$y=-0.038\ 5x^2+55.885x+661.33$ 和 $y=-0.090\ 6x^2+39.969x-437.88$;$R^2$ 分别为 0.657 1,0.651 9 和 0.701 5(图 43-11 至图 43-13)。经检验差异显著,表明土壤有效氮、磷、钾养分与产量呈正相关。从趋势图可见,蛇窝泊镇 27 个果园除钾有超过 150 mg/kg 的样本,碱解氮和速效磷多数样本均小于 100 和 70 mg/kg,验证了大量土壤普查数据与产量关系的结果。表明在较低范围内增加土壤有效养分的含量可提高果实的产量,尤其速效钾与产量的 R^2 最大,说明果农虽然增加对钾肥投入,但在目前土壤有效钾水平下,增施钾肥仍有较好的增产效果。

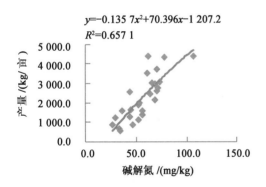

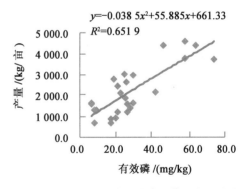

图 43-11　蛇窝泊镇土壤碱解氮与苹果产量的关系

图 43-12　蛇窝泊镇土壤有效磷与苹果产量的关系

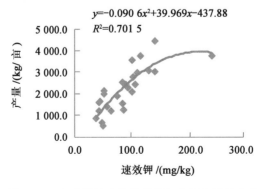

图 43-13　蛇窝泊镇土壤速效钾与苹果产量的关系

43.2.4　不同产量水平果园土壤有效养分状况

根据栖霞 248 个果园的产量情况,将亩产 3 000 kg 以上的果园划为高产园,亩产 1 500～3 000 kg 的果园划为中产园,亩产 1 500 kg 以下的果园划为低产园。对比高、中、低产园的土壤有效养分含量及各含量之间的比例。

表 43-11

不同产量水平果园的土壤养分含量及比例

果园类型	碱解氮/(mg/kg)	速效磷/(mg/kg)	速效钾/(mg/kg)	N∶P∶K
高产园	76.9	50.3	103.4	1∶0.65∶1.34
中产园	70.2	41.3	88.6	1∶0.59∶1.26
低产园	65.3	29.6	77.7	1∶0.45∶1.19

由表 43-11 看出,高产园的土壤有效养分含量均高于中低产园,这种差异是导致产量差别的重要原因之一。与低产园相比,高产园的土壤碱解氮含量增幅为 15.1%;速效磷含量增幅为 70.0%;速效钾含量增幅为 24.9%。其中磷钾增幅较大,磷、钾是产量上升的主要限制因子。建议要提高中低产园的产量,须适当的增加磷钾肥施用量。

43.3　苹果园土壤诊断指标研究

43.3.1　土壤诊断临界值

1.土壤铵态氮含量与产量

通过对土壤铵态氮含量与产量之间非线性平台模型分析可知(图 43-14),当铵态氮含量小于 21.06 mg/kg 时,产量随着土壤铵态氮浓度的增加而较大幅度的提高,当铵态氮浓度增加至 21.06 mg/kg时,产量达到最高值 54 016 kg/hm²;当铵态氮含量超过 21.06 mg/kg 时,产量不再随着铵态氮含量的增加而提高,基本稳定在 54 016 kg/hm² 左右。土壤铵态氮含量与产量间 Spearman 相关性分析相关系数 $r=0.36$,在 $P=0.05$ 时差异显著。

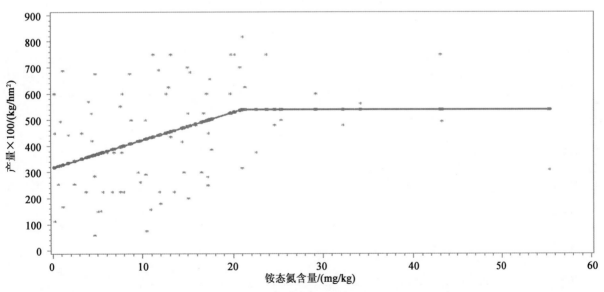

图 43-14　铵态氮含量与产量

2.土壤速效磷含量与产量

通过对土壤速效磷含量与产量之间非线性平台模型分析可知(图 43-15),当速效磷含量小于

34.57 mg/kg 时,产量随着土壤速效磷浓度的增加而逐渐提高,当速效磷含量增加至 34.57 mg/kg 时,产量逐渐达到稳定态 54 328 kg/hm²;当速效磷含量大于 34.57 mg/kg 时,产量不再随着速效磷含量的增加而提高,产量基本稳定在 54 328 kg/hm²。土壤速效磷含量与产量间 Spearman 相关性分析相关系数 $r=0.11$,在 $P=0.05$ 时差异显著。

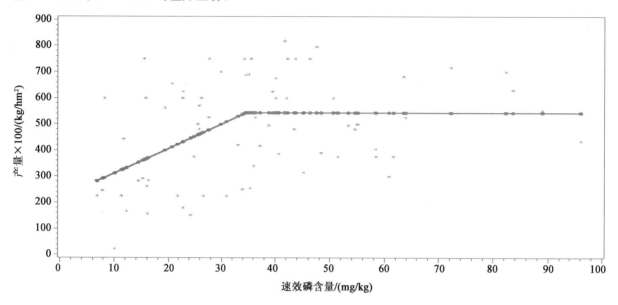

图 43-15 速效磷含量与产量

3. 土壤速效钾含量与产量

通过对土壤速效钾含量与产量之间非线性平台模型分析可知(图 43-16),当速效钾含量小于 344.30 mg/kg 时,产量随着速效钾浓度的增加而较大幅度的提高;当速效钾含量达到 344.30 mg/kg 时,产量逐渐达到稳定值 68 053 kg/hm²;当速效钾含量超过 344.30 mg/kg 时,产量不随着速效钾含量的增加而提高,基本稳定在 68 053 kg/hm²。土壤速效钾含量与产量间 Spearman 相关性分析相关系数 $r=0.59$,在 $P=0.05$ 时差异显著,说明速效钾对产量的提高具有显著作用。

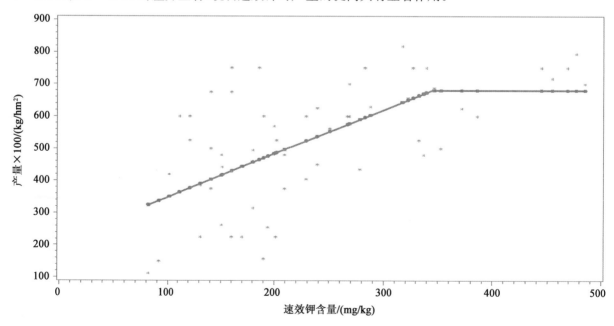

图 43-16 速效钾含量与产量

43.3.2　不同氮磷钾水平与产量的关系

根据上文得到的铵态氮、速效磷、速效钾含量临界值,对果园样本重新分析,当铵态氮、速效磷、速效钾均在临界值范围左右时,共有 6 个样本,其产量最高为(65 595.00±345.53) kg/hm²;而当铵态氮、速效磷、速效钾均不适宜时,有 14 个样本,其产量最低为(34 481.85±286.36) kg/hm²;当铵态氮、速效钾适宜,而速效磷不适宜时,产量次高为(50 271.00±446.98) kg/hm²,而铵态氮、速效磷适宜,而速效钾不适宜时,次低为(35 062.50±237.50) kg/hm²;当速效磷、速效钾适宜,而铵态氮不适宜时,产量为(61 976.25±482.30) kg/hm²(表 43-12)。进一步表明,钾是产量的最大限制因素,氮次之,磷影响较少。也证实了上一步临界值的有效性和准确性,可以作为土壤诊断的标准值。

表 43-12

同铵态氮、速效磷、速效钾水平与产量的关系

项目	铵态氮/(mg/kg)	速效磷/(mg/kg)	速效钾/(mg/kg)	产量/(kg/hm²)	样本数
NoPoKo	20.63±1.71	38.42±2.69	331.25±32.46	65 595.00±345.53	6
NoPoKn	19.32±1.67	42.90±2.26	155.56±24.52	35 062.50±237.50	2
NoPnKo	19.72±1.61	33.54±8.80	326.36±35.73	50 271.00±446.98	5
NnPoKo	10.39±3.10	36.70±1.07	346.21±22.43	61 976.25±482.30	4
NnPnKn	12.47±3.90	31.08±5.93	166.89±10.24	34 481.85±286.36	14

注:① NoPoKo—氮磷钾适宜;NoPoKn—氮磷适宜钾不适宜;NoPnKo—氮钾适宜磷不适宜;NnPoKo—磷钾适宜氮不适宜;NnPnKn—氮磷钾均不适宜。

②表中数据为适宜样本的平均值±S.E.。

43.4　典型苹果园年周期养分需求和土壤养分变化动态研究

43.4.1　叶片氮、磷、钾年周期变化动态

氮作为植物细胞蛋白质、叶绿素、核酸、酶、激素等许多有机物的组成部分,磷作为树体全部代谢活动的直接参与者,钾在碳水化合物代谢、呼吸作用及蛋白质代谢中起重要作用,它们在叶片中的含量随物候期不同而出现消长变化。

1.叶片全氮年周期变化动态

丰稳产园叶片全氮年周期变化动态表现出迅速下降—缓慢下降—迅速下降的趋势(图 43-17)。萌芽期最高为 4.23%,至盛花期迅速下降到 3.08%,降低了 27.19%;从盛花期至果树成熟期呈现缓慢下降趋势,降幅为 19.81%;而从成熟期至采收后又呈现迅速下降趋势,达到年周期最低点为 1.63%,降幅为 34.01%。

变产园叶片全氮年周期变化动态同样表现出迅速下降—缓慢下降—迅速下降的趋势(图 43-17)。萌芽期叶片氮含量最高为 4.24%,至盛花期叶片氮含量呈现迅速下降趋势,降幅达 17.45%;盛花期至第一次果实膨大期叶片全氮含量呈现缓慢下降趋势,降幅仅为 16.86%;此后呈现迅速下降趋势,采收后叶片氮素含量降至最低为 1.286%,降幅高达 58.08%。

2.叶片全磷年周期变化动态

丰稳产园叶片全磷年周期变化动态表现出迅速下降—缓慢下降—迅速下降的趋势(图 43-18)。萌芽期含量最高为 0.32%;至盛花期迅速下降至 0.25%,降幅为 21.25%;新梢旺长期至果实成熟期呈现动态平衡趋势;果实成熟期至采收后呈现迅速下降趋势,达到年周期最低点为 0.14%,降幅为 35.02%。

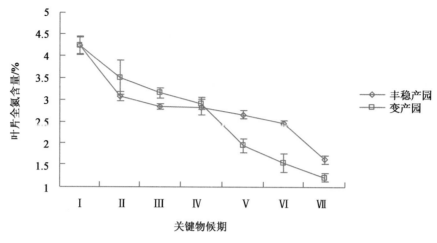

Ⅰ:萌芽期;Ⅱ:盛花期;Ⅲ:新梢旺长期;Ⅳ:第一次果实膨大期;

Ⅴ:第二次果实膨大期;Ⅵ:果实成熟期;Ⅶ:采收后。下同。

图 43-17　叶片全氮含量年周期变化动态

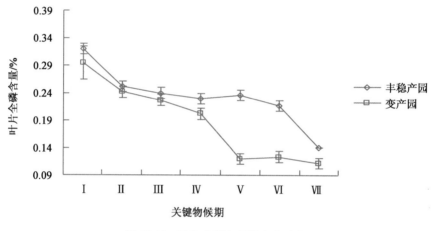

图 43-18　叶片全磷年周期变化动态

变产园叶片全磷年周期变化动态表现出缓慢下降—迅速下降—缓慢下降的趋势(图 43-18)。萌芽期最高为 0.30%,至第一次果实膨大期表现出缓慢下降至 0.20%,降幅为 31.5%;而从第一次果实膨大期至第二次果实膨大期呈现迅速下降趋势,降至 0.11%,降幅为 40.59%;从第二次果实膨大期至采收后呈现动态波动趋势,采收后降至年周期最低点为 0.11%。

3.叶片全钾年周期变化动态

丰稳产园叶片全钾年周期变化动态表现出持续下降趋势(图 43-19)。萌芽期至第一次果实膨大期下降缓慢,降幅仅为 9.75%;第一次果实膨大期至采收后经历了三次剧烈下降阶段,降幅分别为 16.03%,6.22%,15.04%;采收后达到年周期的最低点为 1.92%。

变产园叶片全钾年周期波动剧烈(图 43-19)。萌芽期最高为 2.84%,盛花期迅速下降至 2.48%,降幅为 12.68%;盛花期至第一次果实膨大期变化平稳;第二次果实膨大期迅速下降到 1.9%,降幅为 26.92%;果实成熟期略有回升,采收后下降至年周期最低点为 1.81%。

43.4.2　不同类型果园土壤铵态氮、速效磷、速效钾年周期变化动态

1.土壤铵态氮年周期动态

丰稳产园 0~20,20~40 cm 土层铵态氮含量年周期变化动态呈下降—上升趋势(图 43-20)。萌芽

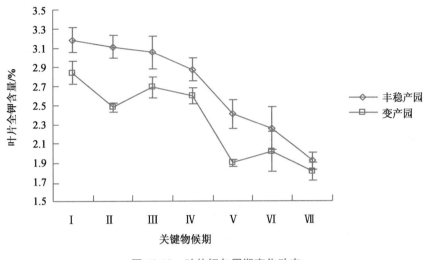

图 43-19　叶片钾年周期变化动态

期至第一次果实膨大期土壤铵态氮含量逐渐下降至年周期的最低点分别为 15.70 和 15.48 mg/kg,降幅分别为 44.62% 和 43.03%;第一次果实膨大期至采收后呈上升趋势,最终达到 17.54 和 20.42 mg/kg,增幅分别为 11.72% 和 31.91%。

变产园 0~20,20~40 cm 土层铵态氮含量年周期变化动态同样呈下降—上升趋势。萌芽期最高,分别为 26.99 和 26.33 mg/kg,萌芽期至第一次果实膨大期均呈下降趋势,降幅分别为 58.69% 和 45.61%;第一次果实膨大期至采收后呈增加趋势,采收后分别增至 19.57 和 19.76 mg/kg,增幅分别为 75.52 和 37.99 mg/kg。

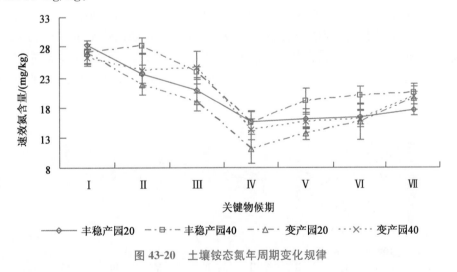

图 43-20　土壤铵态氮年周期变化规律

2. 土壤速效磷年周期变化动态

整个年周期中,丰稳产园 0~20,20~40 cm 土层速效磷含量呈上升—下降趋势(图 43-21)。0~20 cm 土层萌芽期最低为 40.57 mg/kg,第二次果实膨大期最高为 63.90 mg/kg,增幅为 57.51%,果实成熟期下降至 55.00 mg/kg,降幅为 13.93%,采收后恢复到 60.44 mg/kg;20~40 cm 土层最低为 44.18 mg/kg,第一次果实膨大期最高为 61.71 mg/kg,增幅为 39.68%,采收后下降至 58.27 mg/kg,降幅为 5.57%。

变产园土壤速效磷含量变化剧烈,0~20,20~40 cm 土层速效磷含量呈上升—下降—上升趋势。盛花期 0~20 cm 土层最高为 65.23 mg/kg,增加了 144.31%,第一次果实膨大期迅速降至年周期最低

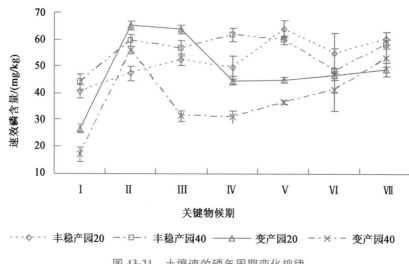

图 43-21　土壤速效磷年周期变化规律

点为 44.63 mg/kg，降幅为 31.58%，第二次果实膨大期至采收后呈逐渐上升趋势，采收后达到 48.78 mg/kg，增幅仅为 9.30%；盛花期 20～40 cm 土层最高 56.01 mg/kg，增加了 227.74%，第一次果实膨大期迅速降至年周期最低点为 31.11 mg/kg，降幅为 44.46%，第二次果实膨大期至采收后呈逐渐上升趋势，采收后达到 53.25 mg/kg，增幅为 71.17%。

3. 土壤速效钾年周期变化动态

丰稳产园 0～20 cm 土层速效钾年周期呈现上升—下降—上升趋势（图 43-22）萌芽期最低为 178.05 mg/kg，盛花期至第一次果实膨大期呈上升趋势，增加至 301.03 mg/kg，增幅为 49.99%，第二次果实膨大期至成熟期呈下降趋势，降幅为 14.49%，采收后恢复到年周期最高点 307.51 mg/kg，增幅为 19.47%；20～40 cm 土层，萌芽期最低为 196.88 mg/kg，盛花期迅速增至 268.53 mg/kg，增幅达 36.39%；新梢旺长期稍有下降为 256.37 mg/kg，降幅仅为 4.53%，第一次果实膨大期和第二次果实膨大期均呈上升趋势，增幅为 24.04%，果实成熟期下降为 275.41 mg/kg，采收后恢复到 320.62 mg/kg。

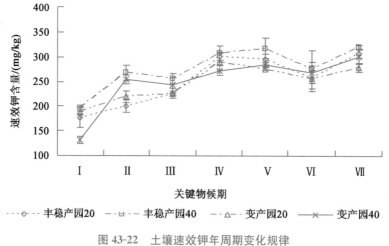

图 43-22　土壤速效钾年周期变化规律

变产园 0～20 cm 土层速效钾年周期呈现上升—下降—上升趋势，萌芽期最低为 190.5 mg/kg，盛花期至第一次果实膨大期呈上升趋势，增加至 290.68 mg/kg，增幅为 52.59%，第二次果实膨大期至成熟期呈下降趋势，降幅为 12.04%，采收后恢复到年周期最高点 279.02 mg/kg，增幅为 12.41%；20～40 cm 土层，萌芽期最低为 131.98 mg/kg，盛花期迅速增至 254.40 mg/kg，增幅达 92.77%；新梢旺长期稍有下降为 242.83 mg/kg,降幅仅为 4.55%,第一次果实膨大期和第二次果实膨大期均呈上升趋势,增幅为 17.60%,果实成熟期下降为 268.66 mg/kg,采收后恢复到 301.99 mg/kg。

43.5　苹果对春施^{15}N-尿素的吸收、利用与分配特性研究

43.5.1　不同物候期植株吸收^{15}N 量与^{15}N 肥利用率

春季土施^{15}N-尿素,可被树体快速吸收、利用,在盛花期,氮肥利用率达 11.38%;随着物候期的推移,苹果对春季土施尿素的利用率逐渐提高,^{15}N 的利用率由低到高依次为盛花期(4 月 20 日)<新梢旺长期(5 月 24 日)<果实膨大期(6 月 26 日)<果实成熟期(8 月 25 日)<采收后(10 月 12 日);在采收后氮肥利用率达最大值,为 27.54%。经方差分析,各时期的氮肥利用率差异显著(图 43-23)。表明,春季土施^{15}N-尿素,可被树体快速吸收、利用,氮肥利用率随物候期的推移逐渐提高,春施氮肥对树体当年新梢生长和果实发育有重要影响。

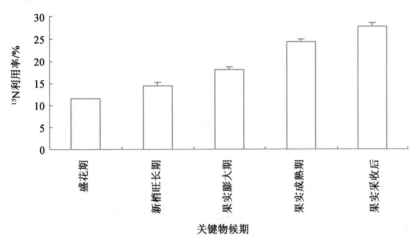

图 43-23　不同物候期植株对氮肥的利用率

43.5.2　年周期苹果不同器官 Ndff% 的变化动态

Ndff 指植株器官从肥料中吸收分配到的^{15}N 量对该器官全氮量的贡献率,它反映了植株器官对肥料^{15}N 的吸收征调能力。春季土施^{15}N-尿素,盛花期以细根中 Ndff 值最高为(2.44±0.06)%(表 43-13),其次为粗根和中心干木质部;地上部新生器官 Ndff 值较低,均在(0.21±0.04)%以下。表明,春季土施^{15}N-尿素,在盛花期植株吸收的^{15}N 主要积累在根系中,而花、叶片等新生器官^{15}N 积累很少。新梢旺长期以粗根中 Ndff 值最高,为(1.79±0.002)%,其次为中长梢叶和果薹叶。与盛花期相比,根系的 Ndff 值开始下降,而地上部新生器官的 Ndff 值快速提高,表明植株在新梢旺长期吸收的^{15}N 主要分配供给新生器官形态建造,其中,叶片对^{15}N 的征调能力高于果实。

表 43-13

关键物候期不同器官中的 Ndff					%
器官	盛花期	新梢旺长期	果实膨大期	果实成熟期	采收后
果(花)	0.22±0.04	0.98±0.01	1.23±0.05	2.85±0.39	—
果薹(新梢)	0.13±0.02	1.20±0.02	2.30±0.02	1.28±0.03	0.39±0.05
果薹叶(新梢叶)	0.14±0.02	1.50±0.01	0.81±0.05	1.30±0.03	0.31±0.06

续表 43-13

器官	盛花期	新梢旺长期	果实膨大期	果实成熟期	采收后
短梢(短枝)	0.08±0.02	1.20±0.04	2.31±0.05	1.32±0.06	0.32±0.03
短(枝)梢叶	0.15±0.01	0.78±0.01	1.18±0.01	0.80±0.02	0.52±0.05
中长(枝)梢	0.09±0.02	1.48±0.01	2.90±0.03	1.27±0.02	0.44±0.07
中长(枝)梢叶	0.20±0.04	1.49±0.01	2.44±0.04	1.52±0.03	0.45±0.08
二年生枝	—	1.02±0.03	1.64±0.03	0.63±0.05	0.94±0.05
二年生枝叶	—	1.10±0.01	1.33±0.03	0.78±0.01	0.42±0.04
多年生枝木质部	0.33±0.04	0.43±0.02	0.95±0.02	0.57±0.01	0.26±0.04
多年生枝皮部	0.18±0.02	0.88±0.03	1.20±0.09	0.46±0.01	0.77±0.05
中心干木质部	0.42±0.03	0.19±0.01	0.67±0.02	0.56±0.01	0.32±0.11
中心干皮部	0.29±0.02	0.27±0.01	2.62±0.04	0.56±0.01	0.62±0.06
粗根	2.08±0.03	1.79±0.002	1.06±0.06	0.64±0.02	2.14±0.10
细根	2.44±0.06	1.22±0.04	1.99±0.004	1.01±0.04	1.98±0.09

注:表中数据为三次重复的平均值±标准误差。

果实膨大期以中长梢中 Ndff 值最高为(2.90±0.03)%,其次是中心干皮部和中长梢叶,地上部新生营养器官的 Ndff 值均处于较高水平。可见,春季土施^{15}N-尿素,到果实膨大期植株吸收的^{15}N 优先分配到生长中心(新生营养器官)。果实成熟期果实中 Ndff 值最高,达(2.85±0.39)%(表 43-13),其次是中长梢叶片为(1.52±0.03)%,新生器官 Ndff 值普遍高于贮藏器官。表明,春季土施^{15}N-尿素,到果实成熟期植株吸收的^{15}N 主要分配给果实,果实成为新的生长中心,而新梢营养器官也有较强的竞争力。

果实采收后粗根和细根中的 Ndff 值最高,分别为(2.14±0.10)%和(1.98±0.09)%(表 43-13);地上贮藏器官(二年生枝、中心干、多年生枝)次之,新生营养器官(新梢、新梢叶片)均下降到较低水平。表明果实采收后^{15}N 开始在根系中积累,叶片中^{15}N 向根系、枝条中回流。

43.5.3 春季土施^{15}N 在各器官对^{15}N 的分配率

各器官中^{15}N 占全株^{15}N 总量的百分率反映了肥料^{15}N 在树体内的分布及其在各器官间迁移的规律。春季土施^{15}N-尿素后,树体盛花期吸收的^{15}N 主要积累在根部,占植株吸收总量的 88.07%(图 43-24),

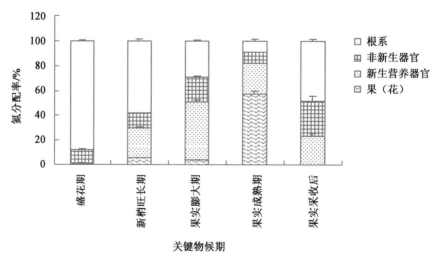

图 43-24 不同关键物候期各器官^{15}N 的分配率/%

主干、多年生枝等非新生器官的分配率为10.73%,新生营养器官、花的分配率最低,分别为0.89%,0.31%。春季施肥后,树体在盛花期吸收的^{15}N优先积累到根部器官中,其次在地上部贮藏器官,花、新梢营养器官分配率很低,这说明春季施氮对树体早春开花、生长发育影响较小。新梢旺长期,^{15}N在根部的分配率迅速下降到58.43%,新梢营养器官的分配率较盛花期提高23.25%,而生殖器官和非新生器官略有提高,分别为5.40%,12.03%。新梢旺长期,根部吸收、利用的氮素主要向地上新梢营养器官运转、分配,而果实对氮肥的分配率依然维持在较低水平。

果实膨大期,各器官的分配率依次为新生营养器官>根系>非新生器官>果实。新生营养器官中^{15}N分配率达46.70%,较新梢速长期提高22.56%;根系分配率较新梢旺长期下降29.54%,非新生器官为20.47%,果实的分配率最低,仅为3.93%。在果实膨大期,根系吸收的^{15}N继续供应地上部分器官,新梢营养器官成为氮素分配中心。果实成熟期,果实中的分配率最高,达57.48%,新生营养器官下降为24.27%,而主干、多年生枝等非新生器官和根部贮藏器官的分配率分别为9.48%,8.77%。表明:果实成为氮素分配中心,春季施氮对树体当年产量形成有重要影响。

果实采收后,根部贮藏器官、非新生器官分配率分别为48.30%,28.43%,较果实成熟期提高39.53%,18.95%,而新生营养器官下降为23.28%。表明,果实采收后,树体氮素营养开始向根部和主干、多年生枝等贮藏器官回流、积累,早春施氮有利于提高树体贮藏营养。

43.6　苹果园春季土施^{15}N-尿素的利用及其在土壤中累积动态研究

43.6.1　不同物候期的春施^{15}N-尿素利用、残留和损失

春季土施^{15}N-尿素,可被树体快速吸收、利用。盛花期氮肥利用率达11.38%;随着物候期的推移,苹果对春季土施尿素的利用率逐渐提高,在采收后氮肥利用率达最高为27.54%(图43-25)。经方差分析,各时期的氮肥利用率差异显著。土施^{15}N-尿素的土壤残留率盛花期最高,达57.10%;随物候期的推迟逐渐降低;在果实采后,残留率最低为16.47%(图43-25)。而氮素损失与土壤残留呈相反的变化趋势,氮素损失率在盛花期最低,为31.53%,随物候期的推迟逐渐升高,在果实采后测定,春施氮素损失率高达58.40%(图43-25)。

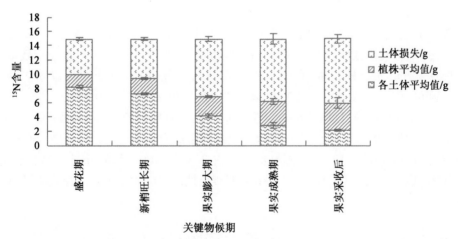

图43-25　当季氮素在不同物候期的利用、残留和损失

43.6.2　年周期^{15}N在土壤中的迁移动态

春季土施尿素后,0~20,20~40 cm土层的氮素残留在整个生长季变化比较剧烈,40~60 cm土层次之,60 cm以下的土层中氮素残留量波动较小。盛花期氮在土壤中残留量最高,其中0~20 cm土

层^{15}N残留量达0.95 g,占残留的11.1%(图43-26);20～40 cm土层残留量最高,达6.93 g,占土壤残留量的80.97%;40～60 cm土层残留量仅有0.43 g,占5.01%,表明氮素下渗缓慢;60～80 cm土层残留量为0.1 g,占1.17%;80～100 cm土层残留0.08 g,仅占残留量的0.88%;100～120 cm土层残留0.05 g,占残留量的0.59%;120 cm以下仅残留0.02 g,占0.28%。

新梢旺长期0～20 cm土层积累迅速增加,达3.53 g,占44.67%,表明根系的吸收作用、地表蒸腾以及土壤的毛吸作用等因素对氮素移动有较大影响;20～40 cm土层^{15}N残留量迅速下降,比盛花期降低3.53 g(降幅50.83%),占残留量的44.14%;40～60 cm土层残留量增加缓慢,仅有0.45 g,占残留量的5.69%;60～80 cm土层残留0.23 g,占2.94%;80～100 cm土层残留量为0.09 g,占1.15%;100～120 cm仅残留0.12 g,占1.47%;120 cm以下残留0.07 g,仅占0.93%。

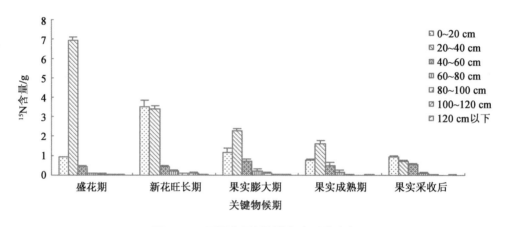

图43-26　不同土层剖面的氮素迁移动态

果实膨大期0～20 cm土层残留量急剧下降为1.19 g,占总残留量的25.64%,降幅是新梢旺长期的66.2%;20～40 cm土层残留量下降减缓,残留量为2.32 g,占总残留量的49.86%;此期40～60 cm土层残留量达到最大为0.75 g,占16.15%;60～80 cm土层残留量占4.7%;80～100土层残留0.09 g,占1.91%;100～120 cm仅残留0.05 g,占1.06%;120 cm以下残留0.03 g,占0.69%,表明此时期地表径流和挥发损失占主导地位,而下渗损失较少。

果实成熟期,各土层^{15}N残留量均呈减少趋势,其中0～20 cm土层残留量为0.789 g,占总残留量的24.97%;20～40 cm土层残留量为1.63 g,占总残留量的51.57%;40～60 cm土层残留量为0.48 g,占15.29%,60～80 cm土层残留量为0.16 g,占5.17%;80～100 cm土层残留0.05 g,占1.67%;100～120 cm残留0.01 g,占0.38%;120 cm以下残留量为0.03 g,占0.95%。

采收后,0～20 cm土层残留量有所增加,增至0.97 g,占总残存量的39.35%;20～40 cm土层残留量仅有0.75 g,占总残存量的30.2%,40～60 cm土层残留量为0.54 g,占22.04%;60～80 cm土层残留量为0.11 g,占4.42%;80～100 cm残留0.06 g,占2.39%;100～120 cm土层残留仅有0.01 g,仅占0.49%;120 cm以下残留0.03 g,占1.06%,表明年周期内60 cm以下各土层残留量很少,且年周期内波动甚微。

43.7　不同类型红富士苹果对春季土施^{15}N-尿素的吸收、分配和利用特性研究

短枝型红富士苹果作为矮化品种,树形紧凑、早果丰产性强,具有短枝结果的特点,受到国内外的普遍重视,目前已成为苹果密植丰产的主要品种。氮素是果树必需矿质元素中的核心元素,氮素供应充足与否直接影响到果树器官的分化、形成以及树体形态建成。应用稳定性同位素^{15}N肥料进行监测

和研究果树对氮的吸收运转及分配是经济合理施肥的必要手段,诸多学者曾利用[15]N示踪技术在短枝红星、短枝元帅品种上做过研究,但到目前为止对短枝红富士的研究多见于引种栽培、品种筛选和生长特性等方面,利用[15]N技术研究短枝红富士的研究还从未见诸于报道。为了揭示短枝红富士氮素吸收利用特征,为此,我们利用[15]N示踪技术,研究了短枝和普通红富士苹果对春季土施[15]N尿素的吸收、分配及利用特性,为红富士苹果的科学施用氮肥提供依据。

试验在山东沂源县中庄镇社庄村果园和山东农业大学园艺科学与工程学院进行。试材为15年生惠民短枝(短枝型)和长富10(普通型)红富士苹果/平邑甜茶,株行距为3 m×4 m。土壤为沙土,土壤有机质含量0.6 g/kg,硝态氮32.24 mg/kg,氨态氮48.46 mg/kg,速效磷31.48 mg/kg,速效钾185.38 mg/kg。

选取生长势基本一致,无病虫害的植株36株,短枝和长枝红富士各18株。于2008年3月14日进行施肥处理,施肥方法是距中心干60 cm处挖深和宽均为25 cm左右的环状沟,在沟内每株均匀施[15]N-尿素(上海化工研究院生产,丰度10.22%)15 g,同时施入普通尿素277.5 g,硫酸钾266.46 g,磷酸氢二铵150 g,施肥后立即浇4 L水/株。分别于盛花期(4月15日)、新梢旺长期(5月21日)、果实膨大期(7月26日)、果实着色期(9月17日)、果树成熟期(10月9日)、落叶期(11月20日)进行整株采样分析,每次解析6株,每株为一次重复。整株解析为细根($d\leqslant0.2$ cm)、粗根($d>0.2$ cm)、中心干、多年生枝、二年生枝、二年生枝叶、中长梢($l\geqslant20$ cm)、中长梢叶、短梢($l<20$ cm)、短梢叶、果(花),多年生枝与中心干分为木质部和皮部。样品按清水→洗涤剂→清水→1%盐酸→3次去离子水顺序冲洗后,105℃下杀青30 min,随后在80℃下烘干至恒重,电磨粉碎后过60目筛,混匀后装袋备用。样品全氮用凯氏定氮法测定。[15]N丰度用ZHT-03(北京分析仪器厂)质谱计(河北省农林科学院遗传生理研究所)测定。计算公式为:NDFF%=(植物样品中[15]N丰度%−[15]N自然丰度%)/(肥料中[15]N丰度%−[15]N自然丰度%)×100;氮肥分配率=各器官从氮肥中吸收的氮量(g)/总吸收氮量(g)×100%;氮肥利用率=[NDFF×器官全氮量(g)]/施肥量(g)×100%。数据采用SAS 9.1系统进行统计分析。

43.7.1　年周期苹果不同器官Ndff%的变化动态

春季土施[15]N尿素,盛花期短枝和普通红富士以细根中NDFF值均最高为$(0.401\ 8\pm0.025\ 7)$%、$(0.291\ 5\pm0.001\ 4)$%,其次为粗根,地上部各器官NDFF值均较低,短枝红富士中NDFF值普遍高于普通型(表43-14)。表明,盛花期短枝红富士对[15]N尿素的征召能力强于普通型。新梢旺长期两品种NDFF值均以粗根中最高,达$(0.383\pm0.037\ 6)$%、$(0.250\ 2\pm0.003\ 5)$%,地上部器官NDFF值较盛花期增长迅速,短枝红富士除长梢叶、短梢叶NDFF值低于普通红富士外,其余器官中NDFF值均高于普通型。表明,新梢旺长期地上部器官NDFF值增长迅速,植株在新梢旺长期吸收的[15]N主要分配供给新生器官形态建造。

果实膨大期短枝红富士以短梢中NDFF值最高为$(0.963\ 6\pm0.026\ 4)$%,其次为长梢、中心干皮部,长枝红富士NDFF值以长梢中最高为$(0.978\ 5\pm0.006)$%,其次为中心干皮部、短梢(表43-14)。与新梢旺长期相比,地上部各器官中NDFF值都有所提高。果实着色期短枝和普通红富士以果实中NDFF值最高为$(1.870\ 5\pm0.062)$%、$(1.682\ 1\pm0.001\ 7)$%,短枝红富士NDFF值其次为长梢、短梢、二年生枝,普通红富士NDFF值其次为长梢叶、长梢、短梢。果实成熟期短枝和普通红富士果实中NDFF值继续升高,达$(2.875\ 3\pm0.059\ 3)$%、$(1.885\ 1\pm0.028\ 9)$%。表明春季土施[15]N尿素,果实成熟期间植株吸收的[15]N主要分配给了果实,果实成为了新的生长中心,短枝红富士果实对尿素比普通型有更强的竞争力。

果树落叶期短枝红富士以粗根中NDFF值最高为$(0.945\ 3\pm0.022\ 2)$%,其次为细根、地上贮藏器官(多年生枝、中心干、二年生枝)。普通红富士以粗根中NDFF值最高为$(0.806\ 2\pm0.021\ 9)$%,其次为细根、地上贮藏器官(中心干、多年生枝、二年生枝)(表43-14)。表明,果树落叶期养分开始回流,营养物质逐渐向贮藏器官转移。

表 43-14

关键物候期不同器官中的 NDFF%

器官	品种	关键物候期					
		盛花期	新梢旺长期	果实膨大期	果实着色期	果实成熟期	落叶期
果(花)	短枝型	0.0778±0.0022	0.3196±0.0345	0.665±0.0253	1.8705±0.062	2.8753±0.0593	
	普通型	0.0671±0.0028	0.277±0.0037	0.4778±0.0106	1.0821±0.0017	1.8851±0.0289	
短梢(短枝)	短枝型	0.0384±0.0023	0.4956±0.0353	0.9636±0.0264	1.2886±0.0177	1.0845±0.0319	0.2701±0.0159
	普通型	0.0264±0.001	0.4389±0.001	0.8067±0.0062	1.1036±0.0175	0.9406±0.013	0.2579±0.0139
短(枝)梢叶	短枝型		0.2262±0.0119	0.4845±0.0307	0.9107±0.0197	0.6409±0.0207	0.2354±0.018
	普通型		0.2332±0.0014	0.5238±0.0015	1.0087±0.0132	0.7898±0.0219	0.1928±0.0145
中长(枝)梢	短枝型	0.0623±0.0013	0.5415±0.0295	0.961±0.0168	1.3572±0.0263	1.2745±0.0222	0.3273±0.0198
	普通型	0.061±0.0027	0.5284±0.0003	0.9785±0.006	1.2216±0.005	1.1469±0.0132	0.2793±0.0188
中长(枝)梢叶	短枝型		0.5504±0.0324	0.7649±0.0193	1.083±0.0259	0.9553±0.0311	0.1623±0.0192
	普通型		0.5918±0.0051	0.8263±0.011	1.2719±0.0009	1.2507±0.0072	0.1557±0.0135
二年生枝	短枝型		0.3903±0.029	0.5497±0.0337	1.1194±0.0113	0.7794±0.0208	0.5366±0.0233
	普通型		0.3804±0.0067	0.5435±0.0019	0.9421±0.0067	0.6283±0.0126	0.4857±0.0179
二年生枝叶	短枝型		0.5142±0.0335	0.4469±0.0159	0.6392±0.0298	0.5257±0.0293	
	普通型		0.4413±0.0071	0.4832±0.0055	0.7345±0.006	0.5422±0.0105	
多年生枝木质部	短枝型	0.0645±0.0029	0.1752±0.0134	0.6385±0.015	0.5222±0.0178	0.559±0.0242	0.6373±0.0224
	普通型	0.0726±0.0008	0.1634±0.0043	0.5594±0.0038	0.4383±0.0085	0.4624±0.0012	0.5404±0.0148
多年生枝皮部	短枝型	0.0666±0.0025	0.2536±0.0191	0.6539±0.0164	0.4963±0.0323	0.5912±0.0182	0.6373±0.022
	普通型	0.064±0.0009	0.2332±0.0079	0.5729±0.001	0.3746±0.0061	0.4671±0.0067	0.3544±0.0183
中心干木质部	短枝型	0.126±0.0088	0.137±0.0142	0.2626±0.0113	0.6413±0.0145	0.6311±0.0268	0.6202±0.0181
	普通型	0.1113±0.0058	0.1292±0.0077	0.225±0.0151	0.5552±0.0176	0.5608±0.0087	0.3544±0.0212
中心干皮部	短枝型	0.1098±0.0088	0.2125±0.011	0.9337±0.0107	0.5447±0.0173	0.5285±0.0155	0.28±0.0198
	普通型	0.0928±0.0088	0.2036±0.0103	0.9067±0.0135	0.4536±0.0186	0.4484±0.0055	0.2205±0.0284
粗根	短枝型	0.383±0.0376	1.0084±0.0693	0.3172±0.0244	0.377±0.015	0.5659±0.0185	0.9453±0.0222
	普通型	0.2502±0.0035	0.8651±0.0073	0.2683±0.0039	0.3357±0.0051	0.465±0.0007	0.8062±0.0219
细根	短枝型	0.4018±0.0257	0.5909±0.0723	0.7772±0.0216	0.6047±0.0246	0.7826±0.0258	0.6758±0.0269
	普通型	0.2915±0.0014	0.458±0.0027	0.7312±0.003	0.5102±0.0046	0.5317±0.0115	0.5157±0.0329

注:表中数据为三次重复的平均值±标准误差。

43.7.2 不同品种红富士春季土施 ^{15}N 各器官对 ^{15}N 的分配率

器官中 ^{15}N 占全株 ^{15}N 总量的百分率反映了肥料在树体内的分布及在各器官迁移的规律。春季土施 ^{15}N-尿素后,盛花期短枝和普通红富士树体吸收的 ^{15}N 主要积累在根部,分别占株吸收总量的 72.603%,71.152%(图 43-27、图 43-28),主干、多年生枝等非新生器官的分配率分为 25.795%、27.701%;花的分配率较低,分别 1.601%,1.145%。表明春季施氮对树体早春开花、生长发育影响较小,短枝和普通红富士各器官氮素分配率相差不大。新梢旺长期,短枝和普通红富士新生营养器官氮素分配率增长迅速,分别为 18.244%,17.831%,而生殖器官略有提高,分别为 3.329%、2.473%。说明新梢旺长期,根部吸收、利用的氮素主要向地上新梢营养器官运转、分配。

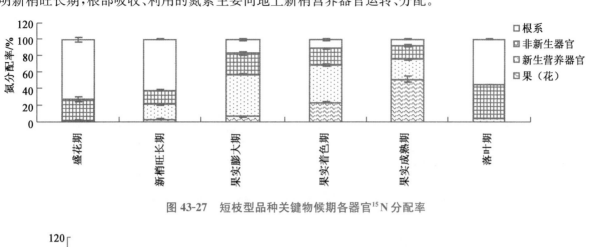

图 43-27 短枝型品种关键物候期各器官^{15}N 分配率

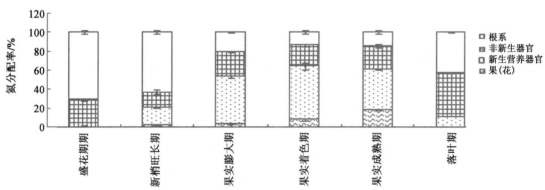

图 43-28 普通型品种关键物候期各器官^{15}N 分配率

果实膨大期,短枝和普通红富士新生营养器官中^{15}N 分配率分别达 50.209%,49.416%,较新梢旺长期提高 63.663%,63.917%;果实的分配率最低,仅为 7.259%,3.744%。果实膨大期根系吸收的^{15}N 继续供应地上部分器官,新生营养器官成为氮素分配中心。果实着色期短枝红富士新生营养器官中的分配率仍最高为 44.228%,与果实膨大期相比下降 13.524%;普通红富士也以新生营养器官中的分配率最高为 55.837%,较果实膨大期增长 11.499%。

果实成熟期短枝红富士果实中的分配率最高,达 51.653%,新生营养器官下降为 24.101%,主干、多年生枝等非新生器官和根部贮藏器官的分配率分别为 16.736%,7.509%。而普通红富士仍以新生营养器官中的分配率最高为 43.025%,果实分配率有所提高为 17.967%,但与同时期短枝红富士相比低 187.479%。表明:果实成熟期果实成为氮素分配中心,短枝红富士果实氮素分配率明显高于普通红富士。果树落叶期短枝红富士根部贮藏器官、非新生器官分配率分别为 54.965%,40.933%,而新生营养器官下降为 4.102%;普通红富士非新生营养器官、根部贮藏器官分别为 46.636%,42.557%,新生营养器官下降为 10.806%。表明,果实采收后,树体氮素营养开始向根部和主干、多年生枝等贮藏器官回流、积累,短枝红富士贮藏器官能够积累贮存更多的氮素营养。

43.7.3 不同品种红富士年周期关键物候期整株^{15}N 利用率

春季土施^{15}N 尿素,从整年的变化趋势来看,短枝和普通红富士氮素利用率呈先升高后下降的趋势,两者变化趋势基本一致(图 43-29)。盛花期两品种红富士氮素利用率最低,分别为 1.701%,1.491%。果实成熟期,两品种氮素利用率达到最高,达 21.221%,14.799%。果树落叶期氮素利用率有所下降,短枝红富士利用率为 17.09%,仍保持较高水平。表明,春季土施^{15}N 尿素,短枝红富士的利用率在各关键物候期比普通型的都要高,短枝红富士对春季土施尿素的征召能力更强。

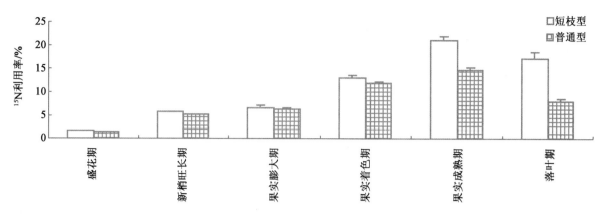

图 43-29　不同品种红富士年周期关键物候期整株^{15}N 利用率

43.8　苹果养分管理优化技术

为提高我国苹果施肥的技术水平,针对我国苹果产区施肥现状与存在问题,结合多年的试验研究结果,按照"产量和养分利用效率协同提高 15%～20%"的原则,现提出苹果最佳养分管理的关键技术及技术集成方案。

43.8.1　氮素养分管理技术

氮肥具有"损失途径多、土壤持续时间短、对果实品质影响大"等特点。研究表明,苹果园土壤氮肥 N_2O 排放损失 0.02%～3.04%、氨挥发损失 2.29%～9.19%、地表径流损失 20.38%～44.29%、渗漏损失 2.50%～6.15%、其他损失 6.0%～10%,果树实际利用率仅占 10%～25%。试验研究表明(图 43-30),一次性施氮肥,氮素在土壤中 15～20 天便损失 60% 以上。因此,氮肥营养需要进行精细化管理。针对苹果树的生长发育规律,结合我国苹果主产区土壤、气候特征,果园氮素养分管理可按"以果定量、总量控制、重视基肥、追肥后移、少量多次"的技术方案实施。

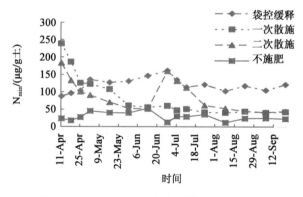

图 43-30　不同施氮肥方式土壤 N_{min} 变化情况

1. 以果定量,总量控制

如图 43-31 所示,苹果各器官中,果实的干物质占其总量的 72.2%。因此,在氮肥施用量上,施氮量的多少要以果实数量为主要参考指标来确定。一般情况下,每 100 kg 目标产量,需施氮 0.8～1.0 kg。在施氮总量确定后,全年氮肥使用量要严格控制。过量施用氮肥,会对果实品质带来不利影响。

2. 重视基肥

研究表明,苹果树春季的萌芽、开花、坐果、新梢生长、幼

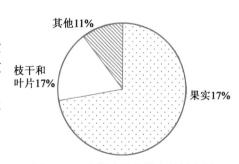

图 43-31　各器官干物质占总量比例

果膨大以及根系生长等主要依靠树体的贮藏养分(图 43-32)。年周期中,需氮最多时期是早春器官发生期,N15 试验结果进一步表明,这个时期 60%～90% 的 N 来源于树体贮藏(图 43-33)。而秋季是氮素营养贮藏的关键时期(图 43-34、表 43-15)。因此,秋施基肥十分关键,一定要高度重视。一般情况下,秋季基肥施用量应占全年施肥总量的 60%～70%(图 43-35)。

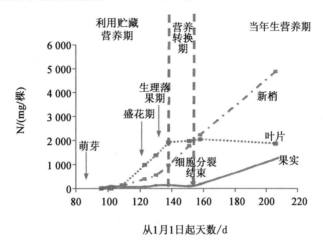

图 43-32　贮藏营养重要性

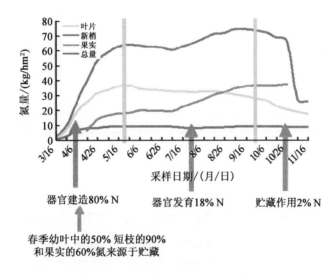

图 43-33　年周期新生器官需氮规律

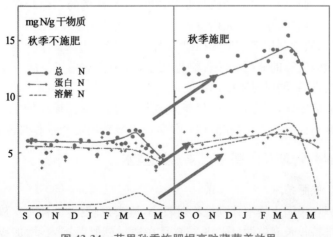

图 43-34　苹果秋季施肥提高贮藏营养效果

表 43-15

苹果施氮时期试验结果比较

评价指标	春施	夏施	秋施
紧接施氮后的反应	良好	极好	没有
氮素的吸收	少-中	多	中
秋季叶片衰老的速度	快	中	慢
春季展叶的迟早	不早	有时早	早
花芽发育的速度	减慢	花瓣快	雄蕊快
花的大小	小	大	小
开花的迟早	不早	早	早
花的质量	低	高	很高
坐果率	低	高	很高

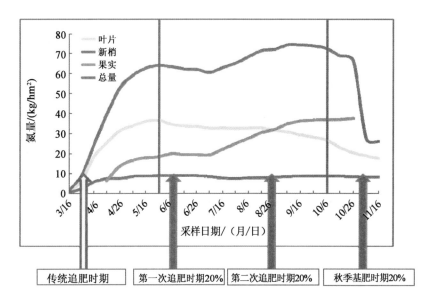

图 43-35　年周期氮肥施用比例示意图

3.追肥后移,少量多次

在前面的内容已经提到年周期中丰产树与变产树叶片 N 含量的变化趋势,生长前期(果实膨大期前),以变产树较高;在生长后期(果实膨大期后),丰产树则显著高于变产树。"富士"的短枝型品种(高产)和普通型品种(低产),氮素利用率也呈现相似的规律。因此,为保证丰产、稳产,追肥时期应适当后移。但由于接近果实成熟,后移的氮肥必须控制施用量,否则会对果实品质产生不良影响。因此,"施肥后移"既要施肥期适当延后,同时氮肥施用量要适宜(图 43-35)。果实膨大期追肥由于该期正处于雨季,高温多雨一是容易造成肥害,二是容易引起养分淋失,因此后移到该期的肥料在施用时还要遵循一个原则是"少量多次",这不仅有利于提高肥料利用率,还可显著增加产量和改善品质。

43.8.2 磷、钾养分管理及中微量元素施肥技术

1.磷、钾"衡量监控"施肥技术

与氮素不同,磷和钾在果园土壤中移动性相对较小,流失也较少,即使一次施入较多也不会造成很大损失,在土壤中可以维持较长有效性(图 43-36);且在适量施肥范围内,增加或减少一定用量不会对

果树生长和产量造成大的波动。因此,在磷、钾养分管理中,为便于生产操作,可对其管理技术加以简化,采取"恒量监控"的方法进行。

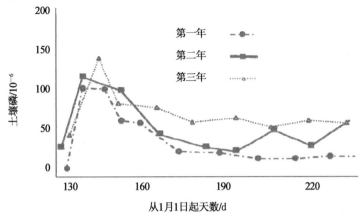

图 43-36　施磷肥的有效性

苹果磷、钾养分的"恒量监控",是通过定期(一般 5 年)对果园土壤磷、钾测试,在土壤测试值基础上,依据土壤磷、钾含量范围(低、中、高),结合果树目标产量的磷、钾养分需要量,制定今后一定时期(5年内)果园的磷、钾施用量。若土壤磷、钾养分含量处于低水平,则磷、钾肥施用不仅要满足果树生长对磷、钾养分的需求,还应通过施肥使土壤磷、钾含量逐步提高到较为适中的水平,因此磷、钾肥推荐量一般超过果树目标产量的需求量;如果土壤磷、钾养分含量适宜,则施用量只要满足果树对磷、钾的需求即可;如果土壤磷、钾含量很高,则应该逐步减少施肥量,促使根系利用土壤磷、钾养分,使土壤磷、钾含量通过果树的吸收、消耗最终维持在一个适宜的范围内(图 43-37)。

苹果园磷、钾肥适宜施用量的确定,可根据目标产量和土壤有效养分含量综合考虑。简易方法见参考表 43-16、表 43-17。

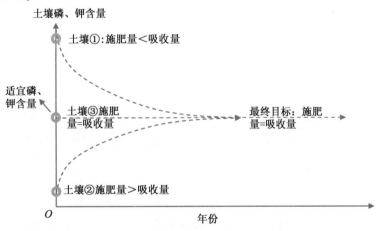

图 43-37　果园磷、钾养分资源衡量监控效果示意图

表 43-16

盛果期富士苹果磷肥追肥推荐用量(P_2O_5 kg/亩)

Olsen-P/(mg/kg)	产量水平(kg/亩)			
	2 000	3 000	4 000	5 000
<15	8～20	10～25	15～30	20～35
15～30	6～15	8～20	10～25	15～30

续表 43-16

Olsen-P/(mg/kg)	产量水平/(kg/亩)			
	2 000	3 000	4 000	5 000
30~45	4~10	6~15	8~20	10~25
45~60	2~4	4~10	6~15	8~20
>60	<2	<60	<00	<120

表 43-17

盛果期富士苹果钾肥追肥推荐用量(K_2O kg/亩)

速效钾/(mg/kg)	产量水平/(kg/亩)			
	2 000	3 000	4 000	5 000
<50	20~40	25~50	30~60	35~70
50~100	15~30	20~40	25~50	30~60
100~150	10~20	15~30	20~40	25~50
150~200	5~10	10~20	15~30	20~40
>200	<5	5~10	10~20	15~30

2. 中微量元素的"因缺补缺"施肥技术

相对于大量元素氮、磷和钾，果树对中、微量元素的需求量相对较少。正常条件下，土壤所含有的中、微量元素基本可满足果树正常生长的需要。但在高产园、有土壤障碍发生或大量元素肥料施用不合理的果园，以及土壤中微量元素含量低的地区，往往会出现中、微量元素缺乏问题。

中、微量元素养分资源管理遵循"因缺补缺"的原则，即根据果园表现出的缺素症状，有针对性的施用所缺乏的中、微量元素肥料（表43-18），而果园未表现出缺素症状的，原则上不施用。

中、微量元素缺乏与否，判断方法有三：一是外观诊断，即根据叶片、树势和果实等表现出的缺素症状；二是进行土壤测试，将果园土壤中、微量元素含量测试结果与适宜值做比较；三是植株测试，即对叶片、果实、叶柄等器官的养分含量进行分析，并与标准值做比较。若并非因土壤养分缺乏而出现果树缺素症时，应通过增施有机肥、调节土壤理化性状等措施加以解决。

表 43-18

苹果中、微量元素施用参考

时期	种类、浓度	作用	备注
萌芽前	1%~2%硫酸锌	矫正小叶病	主要用于易缺锌的果园
萌芽后	0.3%~0.5%硫酸锌	矫正小叶病	出现小叶病时应用
花期	0.3%~0.4%硼砂	提高坐果率	可连续喷2次
新梢旺长期	0.1%~0.2%柠檬酸铁	矫正缺铁黄叶病	可连续2~3次
5—6月	0.3%~0.4%硼砂	防治缩果病	
	0.3%~0.5%硝酸钙	防治苦痘病，增进品质	在果实套袋前连续喷3~4次
落叶前	0.3%~1%硫酸锌	矫正小叶病	主要用于易缺锌的果园
	0.3%~1%硼砂	矫正缺硼症	主要用于易缺硼的果园

43.9　果树最佳养分管理技术应用及效益分析

果树最佳养分管理技术研究与应用,是在 2007 年省财政农业重大应用技术创新项目"苹果园沃土节水降耗优质丰产栽培制度研究"、农业部行业科技专项项目"nyhyzx07-024 苹果砧穗组合筛选及果园树形改造技术及栽培模式研究"山东区域课题、农业部行业科技专项项目"200803030"山东区域课题"山东优势作物最佳养分管理技术研究与应用"果树部分和农业部"948"2006-G28 及 2006-G60 项目子课题"果树养分资源综合管理技术引进与中国技术体系建立与示范"资助下完成的科研成果。根据《农业科研成果经济效益计算办法》,对本项目 2007—2009 年在山东推广应用的直接经济效益各项分析如下:

43.9.1　推广应用面积及增产情况

本项目采用研究与推广应用同步进行的方法,2007—2009 年在山东推广应用 103 万亩,果树产量平均每亩增加 361.7 kg,累计增产果品 37 250 万 kg,取得显著经济和社会效益,近 3 年推广面积和增产情况见表 43-19。

表 43-19

山东省推广面积和增产情况

地点	2007 年 /万亩	2008 年 /万亩	2009 年 /万亩	合计 /万亩	平均增产 /(kg/亩)	累计增产 /万 kg
沂源县		2	5	7	750	5 250
招远市		2	6	8	500	4 000
牟平区		3	7	10	400	4 000
蓬莱市		2	6	8	500	4 000
烟台其他		5	15	20	500	10 000
山东其他	10	15	25	50	200	10 000
合计	10	29	64	103	361.7	37 250

43.9.2　单位面积新增纯效益分析

本项目应用袋控缓释肥、涂层缓释肥、自制生物肥、增加有机肥减少化肥用量、套餐施肥等技术,均有减少投入的效果,各地减少投入情况见表 43-20,平均亩减少投入 164.2 元。苹果价格按照近 3 年各地的平均价格进行计算,各地增产的效益见表 43-20。全部推广面积的平均亩增加效益为 1 235.8 元。

表 43-20

亩增效益分析

地点	亩节约成本 /(元/亩)	平均增产 /(kg/亩)	近 2 年平均价格 /(元/kg)	亩增效益 /(元/亩)
沂源县	225	750	2.2	1 875
招远市	150	500	2.2	1 250
牟平区	240	400	2.4	1 200
蓬莱市	150	500	2.2	1 250

续表 43-20

地点	亩节约成本 /(元/亩)	平均增产 /(kg/亩)	近2年平均价格 /(元/kg)	亩增效益 /(元/亩)
烟台其他	100	500	2.2	1 200
山东其他	120	200	2.6	640
合计	164.2	475	2.3	1 235.8

　　根据《农业科研成果经济效益计算办法》计算可得,本项目已获经济效益为 72 603.8 万元,还可能产生的经济效益为 208 740.9 万元,年均经济效益为 46 890.8 万元,科研投资年均收益率为 13.4。表明本项目已经获得显著的经济效益,并具有广阔的推广应用前景。

（执笔人：姜远茂　葛顺峰　魏绍冲）

发表论文目录

[1] 陈倩,李洪娜,门永阁,魏绍冲,姜远茂.不同聚天冬氨酸水平对盆栽平邑甜茶幼苗生长及 ^{15}N-尿素利用与损失的影响.水土保持学报,2013,27(1):126-129.

[2] 陈倩,门永阁,周乐,魏绍冲,姜远茂.平邑甜茶盆栽土壤中沸石用量对幼苗生长及 ^{15}N-尿素利用的影响.园艺学报,2013,40(10):1976-1982.

[3] 陈汝,姜远茂,魏绍冲,王启明.红富士苹果园酵母多样性研究.菌物学报,2012,31(6):837-844.

[4] 陈汝,王海宁,姜远茂,魏绍冲,陈倩,葛顺峰.不同苹果砧木根际土壤微生物数量及酶活性.中国农业科学,2012,45(10):2009-2106.

[5] 陈学森,苏桂林,姜远茂,毛志泉.可持续发展果园的经营与管理——再谈果园生草培肥地力及其配套技术.落叶果树,2013,45(1):1-3.

[6] 崔同丽,姜远茂,彭福田,魏绍冲.秸秆和氮肥不同配比影响平邑甜茶幼苗的生长和对尿素吸收、分配和利用.植物生态学报,2012,36(2):169-176.

[7] 丁宁,姜远茂,陈倩,彭福田,魏绍冲,刘建才,张大鹏.不同供磷水平对平邑甜茶生长及 ^{15}N-尿素吸收和利用的影响.山东农业大学学报(自然科学版),2012,43(2):223-226.

[8] 丁宁,姜远茂,彭福田,陈倩,王富林,周恩达.等氮量分次追施对盆栽红富士苹果叶片衰老及 ^{15}N-尿素吸收、利用特性的影响.中国农业科学,2012,45(19):4025-4031.

[9] 丁宁,姜远茂,彭福田,魏绍冲,陈汝,陈倩.分次追施氮肥对红富士苹果叶片衰老及 ^{15}N 吸收、利用的影响.植物营养与肥料学报,2012,18(3):758-764.

[10] 丁宁,姜远茂,魏绍冲,陈倩,葛顺峰.分次追施氮肥对苹果砧木—平邑甜茶吸收 ^{15}N-尿素及叶片衰老的影响.植物生态学报,2012,36(12):1286-1292.

[11] 房详吉,姜远茂,彭福田,魏绍冲,葛顺峰,张大鹏,崔同丽.不同沙土配比对盆栽平邑甜茶的生长及 ^{15}N 吸收、利用和损失的影响.水土保持学报,2011,25(4):131-134.

[12] 房祥吉,姜远茂,彭福田,葛顺峰,丁宁,刘建才,王海宁.灌水量对盆栽平邑甜茶生长与 ^{15}N 吸收、利用和损失的影响.水土保持学报,2010,24(6):76-78.

[13] 冯志文,姜远茂,田玉政,宋凯,栾翠华,褚富宽,王燕,张继祥.气象因子对红富士苹果树干茎流特性的影响.山东农业大学学报(自然科学版),2013,44(1):18-24.

[14] 葛顺峰,郝文强,姜翰,魏绍冲,姜远茂.烟台苹果产区土壤有机质和 pH 分布特征及其与土壤养分的关系.中国农学通报,2014,30(13):274-278.

[15] 葛顺峰,郝文强,孙承菊,姜远茂.烟台苹果产业存在问题及对策.现代农业科技,2013(3):

107-110.

[16] 葛顺峰,季萌萌,许海港,郝文强,魏绍冲,姜远茂. 土壤 pH 对富士苹果生长及碳氮利用特性的影响. 园艺学报 2013,40(10):1969-1975.

[17] 葛顺峰,季萌萌,许海港,郝文强,魏绍冲,姜远茂. 土壤 pH 对富士苹果生长及碳氮利用特性的影响. 园艺学报,2013,40(10):1969-1975.

[18] 葛顺峰,姜远茂,陈倩,周恩达,王福林,房祥吉. 土壤有机质含量对平邑甜茶生长及氮素吸收和损失的影响. 水土保持学报,2012,26(1):81-84.

[19] 葛顺峰,姜远茂,彭福田,房祥吉,王海宁,东明学,刘建才. 春季有机肥和化肥配施对苹果园土壤氨挥发的影响. 水土保持学报,2010,24(5):199-203.

[20] 葛顺峰,姜远茂,彭福田,房祥吉,陈汝. 运用气压过程分离法测定旱地苹果园土壤硝化—反硝化作用. 山东农业大学学报,2010,41(3):330-333.

[21] 葛顺峰,姜远茂,魏绍冲,房详吉. 不同供氮水平幼龄苹果园氮素去向初探. 植物营养与肥料学报,2011,17(4):949-955.

[22] 葛顺峰,姜远茂,魏绍冲,王海宁,房详吉,陈汝. 应用 BaPS 技术研究双氰胺及硫对苹果园土壤尿素的硝化抑制效应. 园艺学报,2011,38(5):833-839.

[23] 葛顺峰,姜远茂,魏绍冲. Effect of different nitrogen forms on distribution and utilization of ^{15}N and ^{13}C in young Fuji/Malus hupehensis apple trees,Res. on Crops,2013,14 (4):1135-1139.

[24] 葛顺峰,彭玲,任怡华,姜远茂,秸秆和生物炭对苹果园土壤容重、阳离子交换量和氮素利用的影响. 中国农业科学,2014,47(2):366-373.

[25] 葛顺峰,王海宁,姜远茂,彭福田,刘建才,张大鹏. 硝化抑制剂对苹果园酸化土壤尿素氨挥发的影响. 山东农业科学,2011,2:57-60.

[26] 葛顺峰,许海港,季萌萌,姜远茂. 土壤碳氮比对平邑甜茶幼苗生长和碳氮分配的影响. 植物生态学报,2013,37(10):942-949.

[27] 葛顺峰,周乐,李红娜,门永阁,魏绍冲,姜远茂. 土壤 C/N 对苹果植株生长及氮素利用的影响. 中国生态农业学报,2013,21(7):795-800.

[28] 葛顺峰,周乐,门永阁,李洪娜,魏绍冲,姜远茂. 添加不同碳源对苹果园土壤氮磷淋溶损失的影响. 水土保持学报,2013,27(2):31-35.

[29] 公艳,魏绍冲,姜远茂,刘建才. 硅对红富士苹果植株^{15}N-尿素吸收和分配特性的影响. 天津农业科学,2012,18(2):11-13.

[30] 顾曼如,姜远茂,黄化成,彭福田. 苹果不同施 10B 量与施 10B 期对硼吸收和运转习性的研究. 中国农业科学,1996,29(3):13-19.

[31] 顾曼如,姜远茂,黄化成. 苹果配方肥料的肥效研究简报. 落叶果树,1994,1:10-13.

[32] 顾曼如,姜远茂,彭福田,黄化成. 苹果花期追 10B 的运转与分配. 核农学报,1995,9(2):86-90.

[33] 顾曼如,彭福田,姜远茂,何承顺. 秋施硼肥在苹果植株中的分布与利用动态. 园艺学报,1998,25(2):147-153.

[34] 顾曼如,彭福田,姜远茂 ,何承顺. 秋施硼肥在苹果植株中的分布与利用动态中国园艺学会成立 70 周年纪念优秀论文选编.

[35] 顾曼如,束怀瑞,曲桂敏,姜远茂,苗良. 红星苹果果实的矿质元素含量与品质的关系. 园艺学报,1992,19(4):301-306.

[36] 郝文强,李翠梅,姜远茂,葛顺峰. 栖霞市苹果园养分投入状况调查分析. 山东农业科学 2012,44(6):77-78.

[37] 姜翰,谭雅中,庄德宇,葛顺峰,姜远茂. 土壤酸化改良剂对平邑甜茶幼苗生长的影响. 山东农业科学,2014,46(4):80-82.

[38] 姜远茂,高文胜,王志刚,崔秀峰.苹果园肥水管理技术规程.科技致富向导,2014:2.

[39] 姜远茂,顾曼如,牛增琦.果树缺铁失绿症研究进展.落叶果树,1992,1:69-71.

[40] 姜远茂,顾曼如,彭福田.DRIS、M-DRIS 和 DOP 法在果树上的应用.山东农业大学学报,1995,26(4):531-534.

[41] 姜远茂,顾曼如,束怀瑞,牛增琦.苹果缺铁失绿症的年周期变化.果树学报,1995,12(4):237-239.

[42] 姜远茂,顾曼如,束怀瑞.缺铁失绿与苹果矿质元素含量的关系.园艺学报,1995,22(2):183-184.

[43] 姜远茂,彭福田,张宏彦,李晓林,张福锁.山东省苹果园土壤有机质及养分状况分析.土壤通报,2001,32(4):167-169.

[44] 姜远茂,束怀瑞,顾曼如.红星苹果营养诊断.园艺学报,1995,22(3):215-220.

[45] 姜远茂,束怀瑞,韩明玉,李丙智,张林森.曲受彭连续七年苹果稳产高产经验.西北园艺,2007(4):43.

[46] 姜远茂.苹果年周期套餐施肥方案.农业知识,2010,11:7.

[47] 李丁丁,彭福田,刘丽娟,姜远茂.根际蔗糖处理对平邑甜茶氮素吸收和分配的影响.落叶果树,2008,3:20-23.

[48] 李红波,葛顺峰,姜远茂,彭福田,魏绍冲,房祥吉.嘎啦苹果不同施肥深度对^{15}N-尿素的吸收、分配与利用特性.中国农业科学,2011,44(7):1408-1414.

[49] 李红波,姜远茂,魏绍冲,葛顺峰,房祥吉.'嘎啦'苹果对一次和分次施入^{15}N-尿素的吸收、分配和利用.园艺学报,2011,38(9):1727-1732.

[50] 李洪波,姜远茂,彭福田,赵林,王磊,房祥吉,葛顺峰.不同类型红富士苹果对春施^{15}N-尿素的吸收、分配和利用特性研究.植物营养与肥料学报,2010,16(4):986-991.

[51] 李洪娜,葛顺峰,门永阁,周乐,魏绍冲,姜远茂.苹果树矮化中间砧 SH6 对幼树氮素吸收、分配和贮藏的影响.园艺学报,2014,41(5):851-858.

[52] 李洪娜,彭玲,姜翰,姜远茂.中间砧不同埋土深度对苹果幼树叶片保护酶活性和植株生长的影响.山东农业科学,2014,46(4):39-42.

[53] 李晶,姜远茂,门永阁,李洪娜,周乐.魏绍冲供应铵态和硝态氮对苹果幼树生长及^{15}N 利用特性的影响.中国农业科学,2013,46(18):3818-3825.

[54] 李晶,姜远茂,魏绍冲,王富林,周乐,李洪娜.不同施氮水平对烟富 3/M26/平邑甜茶幼树当年及翌年氮素吸收、利用、分配的影响.植物营养与肥料学报,2014,20(2):407-413.

[55] 李晶,姜远茂,魏绍冲,周恩达,陈汝,葛顺峰.富士苹果秋梢连续摘心对其^{13}C 和^{15}N 利用、分配的影响.园艺学报,2012,39(10):2238-2244.

[56] 刘建才,姜远茂,彭福田,魏绍冲,葛顺峰,王富林,周恩达.不同根域空间施有机肥对苹果^{15}N 吸收利用和产量品质的影响.安徽农业科学,2012,40(15):8508-8511.

[57] 刘建才,姜远茂,彭福田,魏绍冲,公艳.锰过量对平邑甜茶生长及^{15}N 吸收、利用与分配的影响.山东农业科学,2012,44(2):63-66.

[58] 门永阁,任怡华,许海港,姜翰,李洪娜,周乐,魏绍冲,姜远茂.苹果树不同部位新梢叶片^{13}C 同化物的去向.园艺学报,2014,41(6):1063-1068.

[59] 欧志锋,刘利,姜远茂,魏绍冲,李华.采前喷钙对红富士苹果果实品质及贮藏性能的影响.食品与发酵工业,2013,39(12):60-64.

[60] 彭福田,姜远茂,顾曼如,束怀瑞.不同负荷水平氮素对苹果果实生长发育的影响.中国农业科学,2002,35(6):690-69.

[61] 彭福田,姜远茂,顾曼如,束怀瑞.氮素对苹果果实内源激素变化动态与发育进程的影响.植物营养与肥料学报,2003,9(2):208-213.

[62] 彭福田,姜远茂,顾曼如,束怀瑞.落叶果树氮素营养研究进展.果树学报,2003,20(1):54-58.

[63] 彭福田,姜远茂,顾曼如.春季根外追 10B 后苹果对硼的吸收和分配.植物生理通讯,2001,37(5)：401-403.

[64] 彭福田,姜远茂.不同产量水平苹果园氮磷钾营养特点研究.中国农业科学,2006,39(2):361-367.

[65] 彭福田,魏绍冲,姜远茂,顾曼如.生长季苹果硼素营养变化动态及诊断.果树学报,2001,18(3)：136-139.

[66] 彭静,彭福田,魏绍冲,主春福,周鹏,姜远茂.氮素形态对平邑甜茶 IPT3 表达与内源激素含量的影响.中国农业科学,2008,41(11):3716-3721.

[67] 苏秀伟,魏绍冲,姜远茂,黄永业.酸性土壤条件下硅对苹果果实品质和植株锰含量的影响.山东农业科学,2011,6:59-61.

[68] 孙聪伟,冯建忠,陈倩,王富林,周恩达,姜远茂.'嘎啦'苹果不同饱满度芽嫁接幼苗 ^{13}C、^{15}N 分配利用特性研究.园艺学报,2013,40(2):317-324.

[69] 孙聪伟,冯建忠,葛顺峰,姜远茂.不同短截处理对苹果树体内源激素含量的影响.植物营养与肥料学报,2013,19(6):1459-1463.

[70] 仝少伟,时连辉,刘登民,姜远茂,高东升,束怀瑞,胡雨彤.不同有机堆肥对土壤性状及微生物生物量的影响.植物营养与肥料学报,2014,20(1):110-117.

[71] 仝少伟,时连辉,刘登民,姜远茂,束怀瑞,胡雨彤,魏美艳.啤酒污泥堆肥不同施用方式对苹果苗生长和生理特性的影响.中国农业科学,2013,46(18):3842-3849.

[72] 王春燕,魏绍冲,姜远茂,孙华.施硼处理对苹果植株不同形态硼含量及果实品质的影响.山东农业科学,2012,44(3):68-71.

[73] 王富林,丁宁,李洪娜,周乐,门永阁,葛顺峰,姜远茂.喷施不同钙肥对富士苹果果实品质和矿质元素含量的影响.安徽农业科学,2013,41(6):2403-2406.

[74] 王富林,门永阁,葛顺峰,陈汝,丁宁,彭福田,魏绍冲,姜远茂.两大优势产区'红富士'苹果园土壤和叶片营养诊断研究.中国农业科学,2013,46(14):2970-2978.

[75] 王富林,周乐,李洪娜,门永阁,葛顺峰,魏绍冲,姜远茂.不同氮磷配比对富士苹果幼树生长及 ^{15}N-尿素吸收、分配和利用的影响.植物营养与肥料学报,2013,19(5):1102-1108.

[76] 王海宁,葛顺峰,姜远茂,魏绍冲,陈倩,孙聪伟.不同砧木嫁接的富士苹果幼树 ^{13}C 和 ^{15}N 分配利用特性比较.园艺学报,2013,40(4):733-738.

[77] 王海宁,葛顺峰,姜远茂,魏绍冲,彭福田,陈倩.苹果砧木生长及吸收利用硝态氮和铵态氮特性比较,园艺学报,2012,39(2):343-348.

[78] 王海宁,葛顺峰,姜远茂,魏绍冲,周恩达,王富林.施氮水平对五种苹果砧木生长及氮素吸收、分配和利用特性的影响.植物营养与肥料学报,2012,18(5):1262-1268.

[79] 王海云,姜远茂,彭福田,赵凤霞,隋静,刘丙花.胶东苹果园土壤有效养分状况及与产量关系研究.山东农业大学学报,2008,39(1):31-38.

[80] 王磊,姜远茂,彭福田,魏绍冲,葛顺峰,房祥吉.开张角度对苹果植株体内源激素含量及平衡的影响.中国农业科学,2010,43(22):4761-4764.

[81] 王磊,姜远茂,彭福田,魏绍冲,葛顺峰,张大鹏,崔同丽.主枝开张角度对盆栽红富士苹果 ^{13}C 和 ^{15}N 分配、利用的影响.植物营养与肥料学报,2011,17(2):433-437.

[82] 王磊,姜远茂,彭福田,魏绍冲,李洪波,葛顺峰,房祥吉.红富士苹果枝条下垂处理对 ^{15}N 尿素吸收、分配及利用的影响.园艺学报,2010,37(7):1033-1040.

[83] 魏绍冲,姜远茂.山东省苹果园肥料施用现状调查分析.山东农业科学,2012,44(2):77-79.

[84] 张大鹏,姜远茂,彭福田,李艳,刘建材,丁宁.常规施肥和滴灌施肥对苹果园土壤硝态氮分布特性的影响.山东农业科学,2011,10:54-56.

[85] 张大鹏,姜远茂,彭福田,李艳,刘建材,丁宁.铝对盆栽平邑甜茶生长及 ^{15}N 吸收和利用的影响.安

徽农业科学,2011,39(32):19700-19702.

[86] 张大鹏,姜远茂,彭福田,魏绍冲,葛顺峰,李艳,周恩达.滴灌施氮对苹果氮素吸收和利用的影响.植物营养与肥料学报,2012,18(4):1013-1018.

[87] 赵林,姜远茂,彭福田,李盼盼,王磊,李洪波.嘎拉苹果对春施^{15}N-尿素的吸收、利用与分配特性.植物营养与肥料学报,2009,15(6):1439-1443.

[88] 赵林,姜远茂,彭福田,李盼盼,工磊,李洪波.苹果园春季土施尿素的利用及其在土壤中的累积.园艺学报,2009,36(12):1805-1809.

[89] 赵林,姜远茂,彭福田,王海云,李洪波.稳产与变产果园氮磷钾差异性研究.山东农业大学学报,2010,41(4):549-554.

[90] 赵林,姜远茂,彭福田.苹果园土壤营养诊断采样方法研究.落叶果树,2009(4):1-3.

[91] 赵林,姜远茂,彭福田等.控释肥对红将军和嘎拉苹果品种及产量的影响.落叶果树,2010(3):1-4.

[92] 周恩达,杜鹏,门永阁,周乐,李洪娜,魏绍冲,姜远茂.不同淹水处理解除后盆栽平邑甜茶生理活性恢复的研究.安徽农业科学,2013,41(13):5653-5654,5693.

[93] 周恩达,门永阁,周乐,李洪娜,葛顺峰,李晶,魏少冲,姜远茂.过量灌溉条件下起垄栽培对富士苹果生长和^{15}N-尿素利用、分配的影响.植物营养与肥料学报,2013,19(3):650-655.

[94] 周恩达,周乐,李洪娜,门永阁,葛顺峰,魏绍冲,姜远茂.不同淹水处理对盆栽平邑甜茶生长及^{15}N-尿素分配、利用、损失的影响.水土保持学报,2013,27(2):136-139.

[95] 朱西存,姜远茂,赵庚星,王凌,房贤一.基于光谱指数的苹果叶片水分含量估算模型研究.中国农学通报,2014,30(4):120-126.

[96] 朱西存,姜远茂,赵庚星,王凌,李希灿.基于模糊识别的苹果花期冠层钾素含量高光谱估测.光谱学与光谱分析,2013,33(4):1023-1026.

[97] 朱西存,赵庚星,姜远茂,王凌,陈红艳,王利.基于高光谱红边参数的不同物候期苹果叶片的SPAD值估测.红外,2011,19(12):31-38.

[98] 主春福,彭福田,彭静,姜远茂,李光杰.平邑甜茶谷氨酸受体同源基因(MhGLR3·6)的克隆、表达及转化.林业科学,2008,44(9):48-53.

[99] 邹秀华,姜远茂,雷世俊.红富士苹果总枝量对其产量和品质的影响.山东林业科技,2007,171(4):30-31.

[100] 邹秀华,姜远茂,赵登超.红富士苹果产量与土壤有效养分关系的研究.潍坊高等职业教育,2005,1(2):51-53.

[101] 邹秀华,姜远茂.长枝比例对红富士苹果产量品质的影响.山东林业科技,2008,5:32.

[102] 邹秀华,姜远茂.优质短枝比例对红富士苹果产量品质的影响.山东林业科技,2008(4):22-23.

[103] J. Yuanmao,P. Futian and S. Huairui Studies on Terr Architecture in Young 'Red Fuji' Apple Tree. PROCEDINGS OF THE Ⅸ th INTENATIONAL SYMPOSIUM ON INTEGERATION CANOPY,ROOTSTOCK AND ENVIRONMENTAL PHYSIOLOGY IN ORCHARD SYSTEMS Acta Horticulturae 903.

[104] R. Chen,Y. -M. Jiang,S. -C. Wei & Q. -M. Wang Kwoniella shandongensis sp. nov. ,a basidiomycetous yeast isolated from soil and bark from an apple orchard. Int J Syst Evol Microbiol,62:2774-2777.

[105] Ru Chen,Shao-Chong Wei,Yuan-Mao Jiang,Qi-Ming Wang and Feng-Yan Bai ,Kazachstania taianensis sp. nov. ,a novel ascomycetous yeast species from orchard soil,International Journal of Systematic and Evolutionary Microbiology,2010,60:1473-1476.

[106] Shunfeng G E,Yihua Y I N,Ling PENG,Haigang X U,Mengmeng J I,Shaocong W E I,Yuanmao JING Effects of Soil C/N Ratio on Apple Growth and Nitrogen Utilization,Residue and

Loss,Asian Agricultural Research,2014,6(2):69-72,76.

专利目录

[1] 果树肥料控释袋,专利号:ZL200720018329.6,2007.12.
[2] 一种果树钙肥,专利号:ZL200710013449.1,2009.11.
[3] 苹果局部优化根层施肥方法,专利号:ZL 201010225744.5,2011.10.12.
[4] 苹果氮肥总量控制和追肥后移施肥方法 ,ZL 201010225751.5,发明专利,2012.10.24.
[5] 一种苹果专用肥,申请号:201110308180.6,申请日:2011.10.12;公开号:CN102503625A.
[6] 一种红富士苹果叶面肥周年供应方法,专利号:ZL 201310084480.X,20131113.

撰写著作目录

[1] 落叶果树施肥新技术.北京:中国农业出版社,2001.
[2] 北方落叶果树养分资源综合管理理论与实践.北京:中国农业大学出版社,2007.
[3] 现代农业产业技术一万个为什么——苹果技术100问.中国农业出版社,2009.
[4] 果树学研究论文集.中国农业出版社,2009.
[5] 中国主要作物施肥指南.北京:中国农业大学出版社,2009.
[6] 主要作物高产高效技术规程.北京:中国农业大学出版社,2010.
[7] 苹果矮化密植栽培——理论与实践。北京:科学出版社,2011.

获奖成果一览表

[1] 山东省果园土营养素质与生理机能症研究,1992.12,山东省科技进步三等奖.
[2] 苹果硼、铁营养特性与营养诊断技术研究,2001.12,山东省教育厅理论成果二等奖.
[3] "果树氮调控与肥料袋控缓释技术研究",2010.1,获山东省科技进步三等奖.
[4] "果树最佳养分管理技术研究与应用",2011.1,获山东省科技进步二等奖.
[5] "苹果矮砧集约栽培模式及产业关键技术研究与应用",2011.7.15,杨凌示范区科学技术奖一等奖.
[6] "苹果矮砧集约栽培模式及产业关键技术研究与示范",2012.2.8,陕西省科学技术奖一等奖.
[7] "苹果优质丰产资源高效利用关键技术研究与应用",2012.12,获北京市科学技术奖三等奖.
[8] "苹果优质丰产资源高效利用关键技术研究与应用"2013.11.8,获中华农业科技奖一等奖.

地方标准

苹果园肥水管理技术规程(DB37/T 2280—2013) 2013,山东省地方标准.

培养研究生及论文题目

[1] 陈倩,2013,土壤改良剂对平邑甜茶幼苗生长及[15]N-尿素利用、损失的影响研究.
[2] 陈汝,2012,苹果园土壤微生物多样性及酵母菌新种研究(博士).
[3] 崔同丽,2012,碳氮比对苹果园土壤生物学特性和平邑甜茶幼苗生长影响研究.
[4] 丁宁,2012,分次追施氮肥对苹果叶片衰老及[15]N-尿素吸收、利用的影响.
[5] 房详吉,2011,灌水量、沙黏比和施肥处理对苹果[15]N吸收、利用和损失影响的研究.

［6］葛顺峰,2011,苹果园土壤氮素总硝化-反硝化作和氨挥发损失研究.

［7］葛顺峰,2014,我国苹果园土壤质量现状、成因及对树体碳氮利用特性的影响(博士).

［8］李洪波,2010,苹果不同品种和施肥方式的^{15}N吸收利用特性研究.

［9］李洪娜,2014,SH6矮化中间砧苹果幼树氮素吸收、分配及贮藏特性研究.

［10］李晶,2013,供氮水平等对中间砧苹果碳氮营养利用、分配特性影响的研究(博士).

［11］刘建才,2012,红富士苹果不同根域施有机肥对^{15}N吸收、分配和利用特性的研究.

［12］门永阁,2014,苹果^{15}N吸收与^{13}C分配关系及其影响因素研究.

［13］孙聪伟,2013,氮水平对不同质量芽嘎啦苹果半成苗生长及^{13}C、^{15}N利用的影响研究.

［14］王富林,2013,'红富士'苹果营养诊断技术研究.

［15］王海宁,2012,不同苹果砧木碳氮营养特性的研究.

［16］王海云,2008,土壤pH对苹果生长发育影响及其酸害机理研究.

［17］王磊,2010,主枝开张角度对红富士苹果碳氮营养及内源激素的影响.

［18］张大鹏,2012,不同滴灌施肥方案对苹果生长及^{15}N吸收、分配和利用的影响.

［19］赵林,2009,苹果对土壤氮利用特性研究.

［20］周恩达,2013,淹水和起垄对平邑甜茶和红富士苹果生长及^{15}N吸收、利用的影响研究.

［21］周乐,2014,不同时期施氮对苹果氮素吸收利用及内源激素含量的影响研究.

［22］朱西存,2013,基于高光谱的苹果叶片水、氮含量估测研究(博士后).

［23］邹修华,2005,营养诊断技术在胶东红富士苹果上的运用.

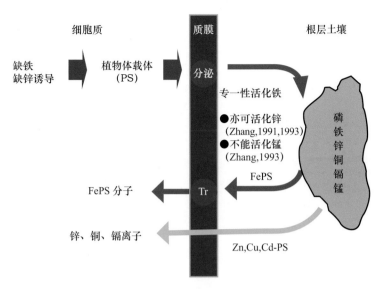

彩图 1-3 铁载体分泌的机理示意图

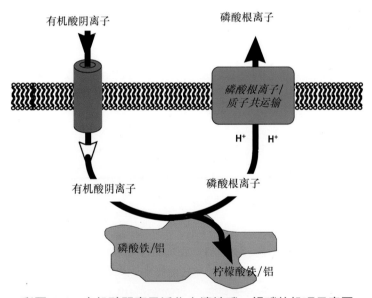

彩图 1-4 有机酸阴离子活化土壤铁磷、铝磷的机理示意图

彩图 2-2 土培条件下石灰性土壤玉米花生间作根际效应改善花生铁营养

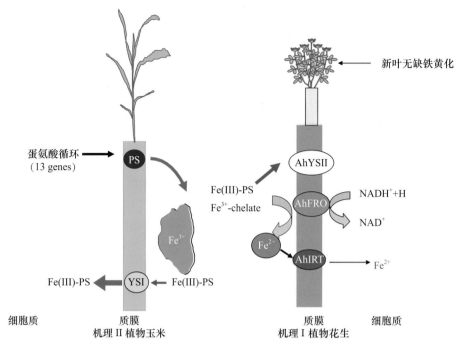

彩图 2-5　间作体系中玉米分泌麦根酸改善花生铁营养的生理和分子机制

彩图 3-3　蚕豆（左）和玉米（右）根际酸化能力的差异（Li et al., 2007）

蚕豆和玉米根系在含 pH 指示剂——溴甲酚紫的琼脂中反应 6h 根际 pH 的变化情况，黄色表明酸化，紫色表明碱化）

彩图 3-6　单作玉米的根系在田间
可侧向生长 40cm

彩图 3-7　玉米与小麦间作时，
其根系只能侧向生长 20cm

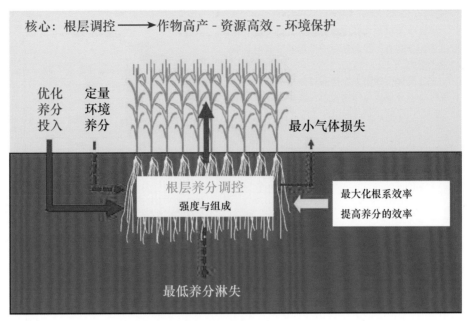

彩图 5-2　根层养分调控实现作物高产高效和环境保护的原理（修改于张福锁等，2008；Zhang et al., 2010）

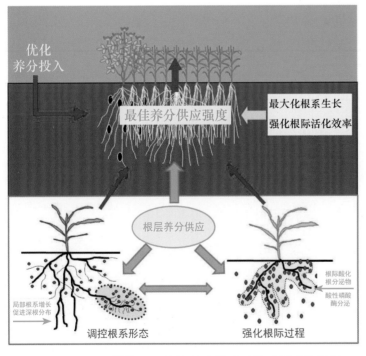

"以根层养分调控为核心"的养分管理思路包括 5 个关键基础研究问题：

（1）养分空间有效性

（2）养分生物有效性

（3）养分时空变异性

（4）根系主动反应

（5）高产作物养分吸收规律

彩图 5-3　根层养分调控的理论基础（修改于张福锁等 2008；Zhang et al., 2010）

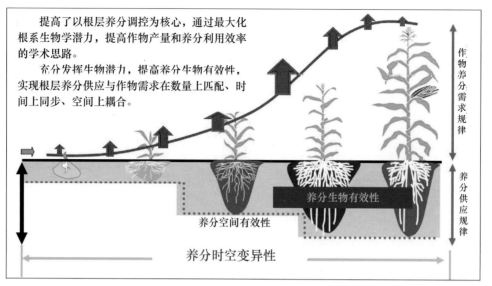

提高了以根层养分调控为核心，通过最大化根系生物学潜力，提高作物产量和养分利用效率的学术思路。

充分发挥生物潜力，提高养分生物有效性，实现根层养分供应与作物需求在数量上匹配、时间上同步、空间上耦合。

作物养分需求规律

养分供应规律

养分生物有效性

养分空间有效性

养分时空变异性

彩图 5-6　基于根际过程的根层养分调控策略　（修改于张福锁等 2008；Zhang et al.，2010）

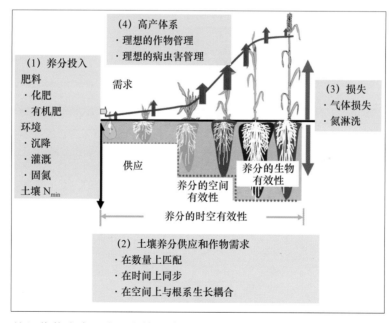

(4) 高产体系
·理想的作物管理
·理想的病虫害管理

(1) 养分投入
肥料
·化肥
·有机肥
环境
·沉降
·灌溉
·固氮
土壤 N_{min}

需求

(3) 损失
·气体损失
·氮淋洗

供应

养分的生物有效性

养分的空间有效性

养分的时空有效性

(2) 土壤养分供应和作物需求
·在数量上匹配
·在时间上同步
·在空间上与根系生长耦合

彩图 7-1　协调作物高产和资源高效的养分资源综合管理理论（Zhang et al.，2012）

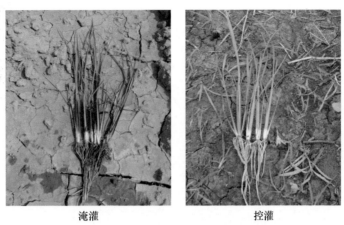

淹灌　　　　　　　　　　　控灌

彩图 15-9　不同灌溉方式下水稻根系

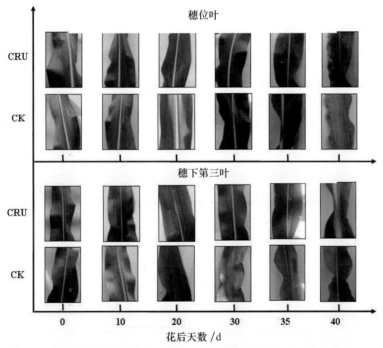

花后天数 /d

彩图 16-4　掺混控释尿素对吐丝后叶片衰老的影响（友谊农场，2010）

彩图 17-4　不同氮用量配施镁肥条件下大豆生长状况（2004）

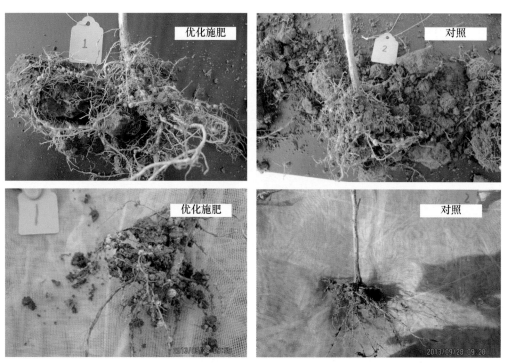

彩图 17-5 养分调控对大豆根系生长的影响（2013）
上：852 农场；下：嫩江

彩图 18-10 从左至右依次为纯钵、大钵、小钵、农户常规处理，
上下两行依次为七星一号 5 月 31 至 6 月 26 日每隔一周取样

彩图 18-14　化控技术效果

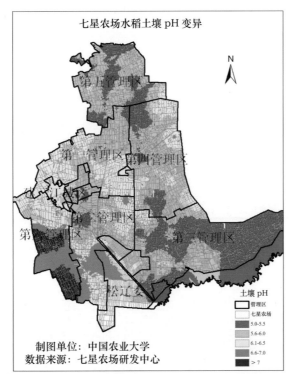

彩图 18-20　建三江管理区七星农场土壤 pH 变异情况

彩图 21-2　玉米播种质量差（缺苗、断垄）

A 单膜覆盖在播种孔上
形成的碱壳

B 人工破碱壳

C 机械破碱壳

D 被碱壳伤害、致死的幼苗

E 单膜覆盖形成明显的
碱壳（箭头所指）

F 双膜覆盖处理没有碱壳，
出苗整齐

彩图 23-3　盐碱地棉花传统单膜覆盖种植中存在的"碱壳"问题、危害以及双膜覆盖的效果

说明：由于土壤蒸发积盐在播种孔形成很硬的碱壳（图 23-3A），碱壳对棉花出苗有显著的抑制作用，影响保苗（图 23-3E），并抑制棉花幼苗生长甚至形成僵苗（图 23-3D）；通常必须采用人工或机械的方式破碱壳，以保证出苗和生长（图 23-3B 和 23-3C）。破碱壳过程中难免伤苗。采用双膜覆盖切断了播种口的水分蒸发，防止了碱壳的形成、提高了地温。促进棉花早发，实现增产（图 23-3F）。

彩图 29-1　周年保水的旱地小麦"垄覆沟播"高产高效栽培与施肥技术

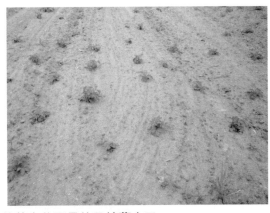

彩图 33-1　播种质量差造成的基本苗不足的马铃薯农田

早播冬季冻害死苗　　　　　　　　　　播量过大春季旺长

彩图 35-6　播期早冬前旺长冻害严重

彩图 35-7　由于整地质量差、播种质量差导致的小麦缺苗断垄现象

彩图 35-8　由于冬前农艺措施不到位，小麦春季的死苗现象十分突出
（左为未镇压田块，右为相邻镇压田块）

彩图 35-9　夏玉米播种质量

彩图 35-13　以微量元素拌种剂解决玉米苗期微量元素缺乏问题

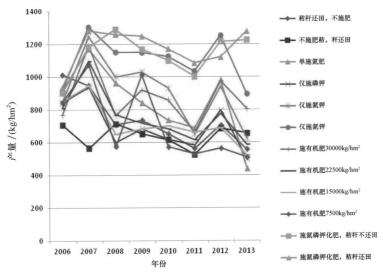

彩图 38-9　不同处理对历年作物产量影响

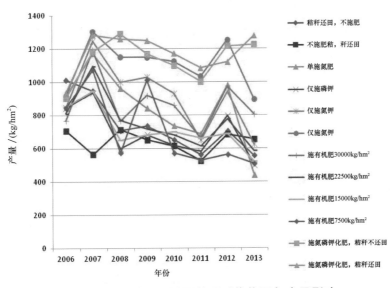

彩图 38-11　不同处理对作物历年产量影响

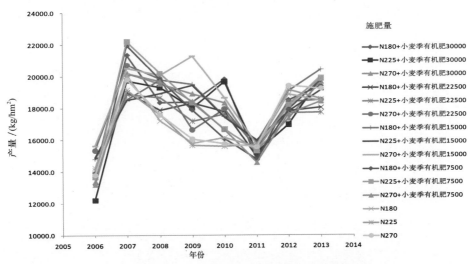

彩图 38-13　不同处理对作物历年产量影响

彩图 39-17　浅旋和深松

彩图 41-23　小麦田间不同种植规格条件下苗期及成熟期长势比较

彩图 41-24　小麦玉米两季作物秸秆还田操作及田间秸秆处理情况